# 中国区域海洋学
## ——海洋地质学

李家彪　主编

海洋出版社

2012 年·北京

## 内 容 简 介

　　《中国区域海洋学》是一部全面、系统反映我国海洋综合调查与评价成果，并以海洋基本自然环境要素描述为主的科学巨著。内容包括海洋地貌、海洋地质、物理海洋、化学海洋、生物海洋、渔业海洋、海洋环境生态和海洋经济等。《中国区域海洋学》按专业分八个分册。本书为"海洋地质学"分册，系统叙述了我国四个海区的物质输运、沉积分布、盆地组成、深部结构、动力演化及主要海底矿产资源的特征、分布和变化规律。

　　本书可供从事海洋科学，以及相关学科的科技人员参考，也可供海洋管理、海洋开发、海洋交通运输和海洋环境保护等部门的工作人员及大专院校师生参阅。

**图书在版编目（CIP）数据**

中国区域海洋学. 海洋地质学／李家彪主编. —北京：海洋出版社，2012.6
ISBN 978 - 7 - 5027 - 8256 - 6

Ⅰ. ①中…　Ⅱ. ①李…　Ⅲ. ①区域地理学 – 海洋学 – 中国 ②海洋地质学 – 中国
Ⅳ. ①P72 ②P736. 5

中国版本图书馆 CIP 数据核字（2012）第 084416 号

责任编辑：王　溪
责任印制：赵麟苏

**海洋出版社**　出版发行

http://www.oceanpress.com.cn
北京市海淀区大慧寺路 8 号　邮编：100081
北京旺都印务刷有限公司印刷　新华书店北京发行所经销
2012 年 6 月第 1 版　2012 年 6 月第 1 次印刷
开本：889mm×1194mm　1/16　印张：35.75
字数：889 千字　定价：210.00 元
发行部：62132549　邮购部：68038093　总编室：62114335
海洋版图书印、装错误可随时退换

# 序

　　我国近海海洋综合调查与评价专项（简称"908专项"）是新中国成立以来国家投入最大、参与人数最多、调查范围最大、调查研究学科最广、采用技术手段最先进的一项重大海洋基础性工程，在我国海洋调查和研究史上具有里程碑的意义。《中国区域海洋学》的编撰是"908专项"的一项重要工作内容，它首次系统总结我国区域海洋学研究成果和最新进展，全面阐述了中国各海区的区域海洋学特征，充分体现了区域特色和学科完整性，是"908专项"的重大成果之一。

　　本书是全国各系统涉海科研院所和高等院校历时4年共同合作完成的成果，是我国海洋工作者集体智慧的结晶。为完成本书的编写，专门成立了以苏纪兰院士为主任委员的编写委员会，并按专业分工开展编写工作，先后有200余名专家学者参与了本书的编写，对中国各海区区域海洋学进行了多学科的综合研究和科学总结。

　　本书的特色之一是资料的翔实性和系统性，充分反映了中国区域海洋学的最新调查和研究成果。书中除尽可能反映"908专项"的调查和研究成果外，还总结了近40～50年来国内外学者在我国海区研究的成就，尤其是近10～20年来的最新成果，而且还应用了由最新海洋技术获得的资料所取得的研究成果，是迄今为止数据资料最为系统、翔实的一部有关中国区域海洋学研究的著作。

　　本书的另一个特色是学科内容齐全、区域覆盖面广，充分反映中国区域海洋学的特色和学科完整性。本书论述的内容不仅涉及传统专业，如海洋地貌学、海洋地质学、物理海洋学、化学海洋学、生物海洋学和渔业海洋学等专业，而且还涉及与国民经济息息相关的海洋环境生态学和海洋经济学等。研究的区域则包括了中国近海的各个海区，包括渤海、黄海、东海、南海及台湾以东海域。因此，本书也是反映我国目前各海区、各专业学科研究成果和学术水平的系统集成之作。

　　本书除研究中国各海区的区域海洋学特征和相关科学问题外，还结合各海区的区位、气候、资源、环境以及沿海地区经济、社会发展情况等，重点关注其海洋经济和社会可持续发展可能引发的资源和环境等问题，突出区域特色，可更好地发挥科技的支撑作用，服务于区域海洋经济和社会的发展，并为海洋资源的可持续利用和海洋环境保护、治理提供科学依据。因此，本书不仅在学术研究方面有一定的参考价值，在我国海洋经济发展、海洋管理和海洋权益维护等方面也具有重要应用价值。

作为一名海洋工作者，我愿意向大家推荐本书，同时也对负责本书编委会的主任苏纪兰院士、副主任乔方利、各位编委以及参与本项工作的全体科研工作者表示衷心的感谢。

国家海洋局局长

2012 年 1 月 9 日于北京

# 编者的话

"我国近海海洋综合调查与评价专项"（简称"908 专项"）于 2003 年 9 月获国务院批准立项，由国家海洋局组织实施。《中国区域海洋学》专著是 2007 年 8 月由"908 专项"办公室下达的研究任务，属专项中近海环境与资源综合评价内容。目的是在以往调查和研究工作基础上，结合"908 专项"获取的最新资料和研究成果，较为系统地总结中国海海洋地貌学、海洋地质学、物理海洋学、化学海洋学、生物海洋学、渔业海洋学、海洋环境生态学及海洋经济学的基本特征和变化规律，逐步提升对中国海区域海洋特征的科学认识。

《中国区域海洋学》专著编写工作由国家海洋局第二海洋研究所苏纪兰院士和国家海洋局第一海洋研究所乔方利研究员负责组织实施，并成立了以苏纪兰院士为主任委员的编写委员会对学术进行把关。《中国区域海洋学》包含八个分册，各分册任务分工如下：《海洋地貌学》分册由南京大学王颖院士和国家海洋局第二海洋研究所谢钦春研究员负责；《海洋地质学》分册由国家海洋局第二海洋研究所李家彪研究员和国家海洋局第一海洋研究所刘保华研究员（后调入国家深海保障基地）、郑彦鹏研究员负责；《物理海洋学》分册由国家海洋局第一海洋研究所乔方利研究员和中国科学院南海海洋研究所甘子钧研究员、王东晓研究员负责；《化学海洋学》分册由厦门大学洪华生教授和国家海洋局第一海洋研究所王保栋研究员负责；《生物海洋学》分册由中国科学院海洋研究所孙松研究员和国家海洋局第二海洋研究所 宁修仁 研究员负责；《渔业海洋学》分册由中国水产科学研究院黄海水产研究所唐启升院士和中国水产科学研究院南海水产研究所贾晓平研究员负责；《海洋环境生态学》分册由中国海洋大学李永祺教授和中国科学院海洋研究所邹景忠研究员负责；《海洋经济学》分册由国家海洋局海洋发展战略研究所刘容子研究员和山东海洋经济研究所孙吉亭研究员负责。本专著在编写过程中，组织了全国 200 余位活跃在海洋科研领域的专家学者集体编写。

八个分册核心内容包括：海洋地貌学主要介绍中国四海一洋海疆与毗邻区的海岸、岛屿与海底地貌特征、沉积结构以及发育演变趋势；海洋地质学主要介绍泥沙输运、表层沉积、浅层结构、沉积盆地、地质构造、地壳结构、地球动力过程以及海底矿产资源的分布特征和演化规律；物理海洋学主要介绍海区气候和天气、水团、海洋环流、潮汐以及海浪要素的分布特征及变化规律；化学海洋学主要介绍基本化学要素、主要生源要素和污染物的基本特征、分布变化规律及其生物地球化学循环；生物海洋学主要介绍微生物、浮游植物、浮游动物、底栖生物的种类组成、丰度与生物量分布特征，能流和物质循环、初级和次级生产力；渔业海洋学主要介绍渔业资源分布特征、季节变化与移动规律、栖息环境及其变化、渔场分布及其形成规律、种群数量变动、大海洋生态系与资源管理；海洋环境生态学主要介绍人类活动和海洋环境污染对海洋生物及生态系统的影响、海洋生物多样性及其保护、海洋生态监测及生态修复；海洋经济学主要介绍产业经济、区域经济、专属经济区与大陆资源开发、海洋生态经济以及海洋发展规划和战略。

本专著在编写过程中，力图吸纳近 50 年来国内外学者在本海区研究的成果，尤其是近 20 年来的最新进展。所应用的主要资料和研究成果包括公开出版或发行的论文、专著和图集等；一些重大勘测研究专项（含国际合作项目）成果；国家、地方政府和主管行政机构发布的统计公报、年鉴等；特别是结合了"908 专项"的最新调查资料和研究成果。在编写过程中，强调以实际调查资料为主，采用资料分析方法，给出区域海洋学现象的客观描述，同时结合数值模式和理论模型，尽可能地给出机制分析；另外，本专著尽可能客观描述不同的学术观点，指出其异同；作为区域海洋学内容，尽量避免高深的数学推导，侧重阐明数学表达的物理本质和在海洋学上的应用及其意义。

本专著在编写过程中尽量结合最新调查资料和研究成果，但由于本专著与"908 专项"其他项目几乎同步进行，专项的研究成果还未能充分地吸纳进来。同时，这是我国区域海洋学的第一套系列专著，编写过程又涉及到众多海洋专家，分属不同专业，前后可能出现不尽一致的表述，甚至谬误在所难免，恳请读者批评指正。

《中国区域海洋学》编委会

2011 年 10 月 25 日

# 前言

　　《中国区域海洋学——海洋地质学》是《中国区域海洋学》系列专著中的海洋地质学分册。本书由渤海、黄海、东海和南海4部分组成，突出区域特色，强调系统性和创新性的统一。在区域划分上，渤海与黄海以辽东半岛南端老铁山至山东半岛蓬莱角之连线为界划分；黄海与东海以长江口北侧至济州岛之连线为界划分；东海与南海以福建省诏安铁炉港至台湾省鹅銮鼻岛之连线为界划分。在撰写过程中以"中国近海海洋综合调查与评价（简称908）专项"获取的最新资料和研究成果为基础，充分吸收和总结了前人调查研究成果。

　　我国海洋地质基础调查始于20世纪50年代末，先后开展了三次全国性的海洋普查和海岸带调查。20世纪70年代开始，以油气资源普查勘探为目的的海洋地质与地球物理调查工作取得重要进展，在我国陆架发现了16个新生代大型含油气沉积盆地。20世纪90年代以来，"专属经济区与大陆架海洋勘测（1995—2001）"、"西太平洋海洋环境调查研究（2000—2005）"、"我国近海海洋综合调查与评价专项"等一系列国家海洋专项相继展开，进一步深化了中国海海洋地质的基本认识。同时，基于调查研究出版了大量海洋地质专著和图集。1985年中国科学院所编著的《渤海地质》是国内第一部综合性的区域海洋地质学专著。1987年和1989年秦蕴珊先生等主编出版了《东海地质》和《黄海地质》专著。1989年金庆焕先生等主编出版了《南海地质与油气资源》专著。1992年金翔龙先生主编出版了《东海海洋地质》专著。1992年刘光鼎先生完成了1∶500万《中国海区及邻域地质地球物理系列图》，并主编出版了《中国海区及领域地质地球物理特征》，这是我国第一部中国海全海域的系统研究专著。2005年李家彪出版了以东海、南海地球动力学为主要研究对象的《中国边缘海形成演化与资源效应》，2008年又出版了《东海区域地质》专著。上述研究成果为中国区域海洋地质学奠定了重要基础。

　　本专著系统探讨了中国四大海域的物质输运与现代沉积过程，表层沉积与区域分布特征，浅地层结构与古环境演变，地质构造与沉积盆地演化，深部结构与地球动力过程，油气资源与矿产资源，并形成如下四大特点。

一是章节安排上贯穿由表及里，由浅部到深部的系统阐述和逻辑关系。与其他专著不同的是，本专著各海区各篇第一章从海洋沉积动力学开始，阐明现代泥沙等物质输运对海洋表层沉积的作用和影响，加深我们对第二章表层沉积分布特征的理解和认识；之后第三章从浅地层结构入手，进一步分析与人类活动较为相关的中、晚更新世以来沉积堆积的内部结构和分布特征；第四章进入以整个沉积系统为对象的沉积盆地分析，论述基底与盖层的基本特征与分布规律，并进一步过渡到以地壳和岩石圈为研究对象的第五章，利用综合地球物理手段，探讨深部结构和地球动力学过程，深化区域基本地质规律和理论的认识。最后是第六章矿产资源的区域分布规律。在学术思想上既体现了"从源到汇"这一现代沉积研究思路，把陆地和海洋地质过程联系起来，又反映了"深部控制浅部、区域控制局部"这一现代地球动力学研究思路，建立浅部沉积到深部构造的内在联系。

二是学科体系上强调系统、综合，覆盖了区域海洋地质学的主要学科和主要内容。专著包含了海洋沉积学、盆地构造学、地球动力学和矿产资源等海洋地质学的主要方面；分析手段上几乎囊括了海洋地质学的全部专业，包括流体动力学、海洋沉积学、古海洋学、古气候学、地球化学、矿物岩石学、岩石地层学、生物地层学、同位素地层学、古地磁学、岩相古地理学、构造地质学、海洋重力学、海洋磁力学、地热学、石油地质学和固体矿产地质学等，体现专业门类的广泛性和综合性。

三是资料使用上以"908专项"新测数据为主，体现新资料和新成果，同时又博采众长，全面反映近一二十年来在国家"973计划"、"863计划"，重大专项、国家自然基金课题以及国家海洋局、国土资源部、中国科学院、高等院校、中国海洋石油总公司、中国石油天然气集团公司和中国石油化工集团公司等单位以及大洋钻探和国外科学家在中国海海洋地质研究方面取得的新资料和新成果，尤其在沉积动力过程、构造演化机制、区域重要地质问题、矿产资源中的油气、砂矿、金属结核、天然气水合物的研究方面均有大量新资料支撑。

四是学术观点上既具有较大的包容性，又有自己统一的观点、认识。专著尽可能对各种科学问题上的不同观点予以全面介绍和客观分析，结合自己的认识提出自己观点，也给读者留下了思考和研究的空间，便于开阔思路。

本书是一项集体研究成果，共分4篇、24章，由李家彪和郑彦鹏负责。李家彪负责拟定本专著各篇、章、节的结构和内容，确定了风格和特色。第1篇第1章由王爱军、李云海、赖志坤、刘焱光执笔，第2章由王昆山、乔淑卿、许冬、刘升发、吴永华、刘焱光执笔，第3章由李西双执笔，第4章由梁瑞才、郑彦鹏执笔，第5章由李官保执笔，第6章由章伟艳、肖国林、张富元、张训华执笔。第2篇第7章由刘焱光执笔，第8章由刘升发、吴永华、乔淑卿、刘焱光执笔，第9章由李西双执笔，第10章由梁瑞才、郑彦鹏执笔，第11章由李官保执笔，第12章由韩宗珠执笔，之后由郑彦鹏、刘焱光对第1至第12章进行统稿。第3篇第13章由夏小明执笔，第14章由刘焱光、王永吉、范维佳和许冬执笔，第15章由李家彪、唐宝根执笔，第16章由郑彦鹏、李家彪、张洁执笔，第17章由高金耀、李家彪执笔，第18章由李家彪、刘建华、方银霞执笔。第4篇第19章由夏小明执笔，第20章由许冬、张富元、潘建明、李家彪、范维佳执笔，第21章由张洁、王舒畋、李家彪执笔，第22章由尚继宏、李家彪执笔，第23章由高金耀、李家彪执笔，第24章由刘建华、方银霞执笔。全书最后由李家彪汇总、统稿，并对全书的结构进行了梳理、调整和统一，对部分章节进行了大量修改甚至改写，对全书的各部分、各区域的观点进行了统一。

在编辑过程中刘建华研究员、杨文达高工、姚伯初高工、王家林教授、孟宪伟研究员、王永吉研究员、吴世迎研究员和谢钦春研究员等专家欣然担任了本书的评审专家，提出了许多宝贵的修改意见，为本书质量的提高做出了重要贡献，刘保华研究员在本专著前期进行的结构与内容的确定上提出了大量宝贵意见，在此表示衷心的感谢。同时刘建华对全书的编辑工作、郑彦鹏为前两篇的编辑工作进行大量卓有成效的组织协调，张洁完成了本书的参考文献的完善、部分图件的修改并进行了持续有效的大量编辑工作，在此一并致谢。本书虽从"908专项"任务提出，大量引用了该专项的最新数据资料，但同时它也是我国海洋地质调查研究近20年来最新成果的总结，并力求反映区域特色，希望有助于我国区域海洋地质学研究的深化，能够为相关调查、科研、教学提供参考，欢迎同行专家批评指正。

李家彪

2011年8月16日

# CONTENTS 目 次

## 第1篇 渤 海

**第1章 物质输运与现代沉积过程** ·················· (3)

1.1 入海河流物质通量及其变化规律 ·················· (3)

1.2 悬浮物质浓度分布与变化特征 ·················· (5)

  1.2.1 平面分布 ·················· (5)

  1.2.2 垂直分布 ·················· (7)

1.3 悬浮物质组成及来源 ·················· (10)

  1.3.1 悬浮物质组成 ·················· (10)

  1.3.2 悬浮体颗粒有机碳/氮的分布规律 ·················· (11)

  1.3.3 悬浮物质来源 ·················· (12)

  1.3.4 黄河入海泥沙的扩散趋势 ·················· (12)

**第2章 表层沉积与区域分布特征** ·················· (14)

2.1 沉积物粒度组成及其分布 ·················· (14)

  2.1.1 粒度定义及分析技术 ·················· (14)

  2.1.2 沉积物粒度分布特征 ·················· (15)

  2.1.3 沉积物粒度参数分布特征 ·················· (16)

  2.1.4 沉积物类型分布特征 ·················· (17)

2.2 沉积物的矿物特征 ·················· (18)

  2.2.1 碎屑矿物 ·················· (18)

  2.2.2 黏土矿物 ·················· (22)

2.3 沉积物地球化学特征 ·················· (25)

  2.3.1 常量元素含量及其分布特征 ·················· (25)

  2.3.2 微量元素含量及其分布特征 ·················· (29)

2.4 沉积物微体古生物特征 ·················· (31)

  2.4.1 有孔虫 ·················· (31)

  2.4.2 介形虫 ·················· (33)

  2.4.3 孢粉 ·················· (34)

  2.4.4 硅藻 ·················· (35)

　　2.5　沉积作用与沉积环境 ……………………………………………（36）

　　　2.5.1　沉积速率 ………………………………………………………（36）

　　　2.5.2　沉积物质输运趋势 ……………………………………………（38）

　　　2.5.3　现代沉积环境与沉积特征分析 ………………………………（41）

第3章　浅地层结构与古环境演变 ………………………………………（44）

　　3.1　晚第四纪地层划分及特征 …………………………………………（44）

　　　3.1.1　晚第四纪地层划分 ……………………………………………（44）

　　　3.1.2　晚第四纪地层特征 ……………………………………………（45）

　　3.2　浅地层剖面层序划分及地质解释 …………………………………（47）

　　　3.2.1　浅地层剖面层序划分 …………………………………………（47）

　　　3.2.2　浅地层剖面层序特征及地质解释 ……………………………（47）

　　3.3　单道地震剖面层序划分及地质解释 ………………………………（48）

　　　3.3.1　地震层序划分 …………………………………………………（48）

　　　3.3.2　地震层序特征及地质解释 ……………………………………（49）

　　3.4　晚第四纪以来沉积地层的时空分布特征 …………………………（52）

　　　3.4.1　主要时期沉积地层的厚度变化特征 …………………………（52）

　　　3.4.2　晚第四纪以来沉积中心的迁移演化趋势 ……………………（52）

　　3.5　晚第四纪沉积环境演化 ……………………………………………（53）

第4章　地质构造与沉积盆地演化 ………………………………………（55）

　　4.1　基底性质与盖层特征 ………………………………………………（55）

　　　4.1.1　基底性质 ………………………………………………………（55）

　　　4.1.2　盖层特征 ………………………………………………………（56）

　　4.2　断裂构造和岩浆活动 ………………………………………………（57）

　　　4.2.1　断裂构造体系 …………………………………………………（57）

　　　4.2.2　主要断裂构造 …………………………………………………（58）

　　　4.2.3　岩浆活动 ………………………………………………………（60）

　　4.3　构造单元划分 ………………………………………………………（61）

　　　4.3.1　区域构造单元划分 ……………………………………………（61）

　　　4.3.2　主要构造单元特征 ……………………………………………（61）

　　4.4　沉积盆地及其构造演化 ……………………………………………（65）

　　　4.4.1　前新生代构造演化 ……………………………………………（65）

　　　4.4.2　新生代构造演化 ………………………………………………（65）

第5章　深部结构与地球动力过程 ………………………………………（67）

　　5.1　地球物理场特征 ……………………………………………………（67）

　　　5.1.1　重力场特征 ……………………………………………………（67）

　　　5.1.2　地磁场特征 ……………………………………………………（68）

　　　5.1.3　地温场特征 ……………………………………………………（69）

5.2　地壳结构 ………………………………………………………… （70）

　　5.2.1　地壳厚度 ………………………………………………… （70）

　　5.2.2　上地幔—岩石圈结构 ………………………………… （71）

5.3　构造应力场特征 ……………………………………………… （72）

5.4　构造演化的动力学机制 ……………………………………… （73）

　　5.4.1　渤海盆地的形成机制探讨 …………………………… （73）

　　5.4.2　华北克拉通破坏与渤海构造演化 …………………… （74）

第6章　油气资源与矿产资源评价 ………………………………… （76）

6.1　油气资源 ……………………………………………………… （76）

　　6.1.1　渤海海域盆地基本油气地质条件 …………………… （76）

　　6.1.2　渤海海域油气资源规模与远景分析 ………………… （83）

6.2　砂矿资源 ……………………………………………………… （85）

　　6.2.1　渤海滨海砂矿 …………………………………………… （85）

　　6.2.2　渤海浅海砂矿资源 …………………………………… （86）

# 第2篇　黄　海

第7章　物质输运与现代沉积过程 ………………………………… （99）

7.1　入海河流物质通量及其变化规律 ………………………… （100）

　　7.1.1　黄海周边的河流及其悬沙通量变化 ………………… （100）

　　7.1.2　河流物质输入对黄海沉积物分布的控制 …………… （101）

7.2　悬浮物质浓度分布与变化特征 …………………………… （103）

　　7.2.1　悬浮体浓度的平面分布与季节性变化 ……………… （103）

　　7.2.2　POC和沉积物有机碳 $\delta^{13}C$ 值的平面分布特征 ……… （107）

7.3　沉积动力学特征 …………………………………………… （109）

　　7.3.1　沉积动力环境 ………………………………………… （109）

　　7.3.2　环流泥质沉积的形成过机制 ………………………… （110）

　　7.3.3　潮流沙脊沉积体系形成的动力过程 ………………… （112）

第8章　表层沉积与区域分布特征 ………………………………… （114）

8.1　沉积物的粒度组成及其分布 ……………………………… （114）

　　8.1.1　沉积物粒度组分分布特征 …………………………… （114）

　　8.1.2　沉积物粒度参数分布特征 …………………………… （116）

　　8.1.3　沉积物类型分布特征 ………………………………… （118）

　　8.1.4　表层沉积物分区 ……………………………………… （120）

8.2　沉积物的矿物组成及其分布 ……………………………… （123）

　　8.2.1　碎屑矿物特征及组合 ………………………………… （123）

　　8.2.2　黏土矿物组成及分布特征 …………………………… （127）

8.3　沉积物地球化学特征 ……………………………………… （130）

8.3.1　常量元素分布特征 ……………………………………（130）

8.3.2　微量元素分布特征 ……………………………………（134）

8.3.3　元素地球化学控制因素分析 …………………………（136）

8.4　沉积物微体古生物特征 ………………………………………（137）

8.4.1　有孔虫 …………………………………………………（137）

8.4.2　介形虫 …………………………………………………（139）

8.4.3　孢粉 ……………………………………………………（139）

8.4.4　藻类 ……………………………………………………（140）

8.5　沉积物模式与物质来源分析 …………………………………（141）

8.5.1　北黄海 …………………………………………………（141）

8.5.2　南黄海 …………………………………………………（142）

第9章　浅地层结构与古环境演化 ……………………………………（145）

9.1　第四系内部界限及地层特征 …………………………………（145）

9.1.1　第四系内部界限 ………………………………………（145）

9.1.2　地层特征 ………………………………………………（145）

9.2　浅地层剖面层序划分及地质解释 ……………………………（149）

9.2.1　南黄海海域 ……………………………………………（149）

9.2.2　北黄海海域 ……………………………………………（150）

9.3　单道地震剖面层序划分及地质解释 …………………………（151）

9.3.1　南黄海海域 ……………………………………………（151）

9.3.2　北黄海海域 ……………………………………………（153）

9.4　埋藏古河道和古三角洲 ………………………………………（154）

9.4.1　埋藏古河道 ……………………………………………（154）

9.4.2　古三角洲 ………………………………………………（155）

9.5　第四纪环境演化 ………………………………………………（156）

第10章　地质构造与沉积盆地演化 …………………………………（158）

10.1　基底性质与盖层特征 ………………………………………（158）

10.1.1　基底性质 ……………………………………………（158）

10.1.2　盖层特征 ……………………………………………（159）

10.2　断裂构造与岩浆活动 ………………………………………（160）

10.2.1　断裂构造体系 ………………………………………（160）

10.2.2　主要断裂构造 ………………………………………（161）

10.2.3　岩浆活动 ……………………………………………（166）

10.3　构造单元与区域分布 ………………………………………（167）

10.3.1　构造单元划分 ………………………………………（167）

10.3.2　主要构造单元特征 …………………………………（167）

10.4　构造演化 ……………………………………………………（177）

10.4.1 北黄海构造演化 …………………………………………… (177)

10.4.2 南黄海构造演化 …………………………………………… (178)

**第11章 深部结构与地球动力过程** ……………………………………… (181)

11.1 地球物理场特征 ………………………………………………… (181)

11.1.1 重力场特征 ………………………………………………… (181)

11.1.2 地磁场特征 ………………………………………………… (182)

11.1.3 地温场特征 ………………………………………………… (185)

11.2 地壳结构 ………………………………………………………… (186)

11.2.1 地壳厚度 …………………………………………………… (186)

11.2.2 P波速度结构 ……………………………………………… (186)

11.3 构造应力场 ……………………………………………………… (190)

11.3.1 现代构造应力场分析 …………………………………… (190)

11.3.2 新近纪以来构造变形揭示的南黄海应力场演化 ……… (190)

11.4 构造演化的动力学机制 ………………………………………… (193)

11.4.1 北黄海 ……………………………………………………… (193)

11.4.2 南黄海 ……………………………………………………… (193)

11.4.3 苏鲁造山带 ………………………………………………… (195)

**第12章 油气资源与矿产资源评价** ……………………………………… (196)

12.1 概述 ……………………………………………………………… (196)

12.2 陆架石油资源 …………………………………………………… (196)

12.2.1 研究现状 …………………………………………………… (196)

12.2.2 南黄海盆地的生储盖组合 ……………………………… (198)

12.2.3 南黄海地区油气勘探现状 ……………………………… (200)

12.2.4 南黄海地区油气资源评价概况 ………………………… (202)

12.3 滨海砂矿资源 …………………………………………………… (202)

12.3.1 北黄海砂矿资源带 ……………………………………… (202)

12.3.2 南黄海砂矿资源带 ……………………………………… (204)

# 第3篇 东 海

**第13章 物质输运与现代沉积过程** ……………………………………… (215)

13.1 入海河流物质通量及其变化规律 ……………………………… (215)

13.1.1 长江入海水、沙通量及其变化规律 …………………… (216)

13.1.2 钱塘江入海水、沙通量及其变化规律 ………………… (217)

13.1.3 浙闽山溪性河流的水、沙通量及其变化规律 ……… (218)

13.1.4 台湾沿岸河流的水、沙通量及其变化规律 ……… (221)

13.2 悬浮物质浓度分布与变化特征 ………………………………… (223)

13.2.1 平面分布 …………………………………………………… (223)

13.2.2　垂向分布 ································································ (225)

13.2.3　时间变化 ································································ (227)

13.3　悬浮物质输运与现代沉积过程 ·············································· (228)

13.3.1　主要河口悬浮物质输运和现代沉积过程 ·················· (228)

13.3.2　陆架区的物质输运与现代沉积过程 ························· (232)

13.3.3　冲绳海槽的物质输运与现代沉积过程 ····················· (234)

第14章　表层沉积特征与区域分布特征 ·············································· (236)

14.1　沉积物的粒度组成及其分布 ·················································· (236)

14.1.1　沉积物粒级组分的分布特征 ································· (236)

14.1.2　沉积物平均粒径的分布特征 ································· (238)

14.1.3　表层沉积物类型及其分布规律 ······························ (239)

14.2　沉积物的矿物组成及其分布 ·················································· (240)

14.2.1　碎屑矿物的组成及其分布 ···································· (240)

14.2.2　黏土矿物的组成及其分布 ···································· (245)

14.3　沉积物地球化学特征 ··························································· (248)

14.3.1　沉积物元素地球化学特征 ···································· (248)

14.3.2　地球化学元素分布特征及组合分区 ························· (253)

14.4　沉积物微体古生物特征 ························································ (256)

14.4.1　有孔虫 ························································· (257)

14.4.2　介形虫 ························································· (260)

14.4.3　钙质超微化石 ················································· (260)

14.4.4　硅藻 ···························································· (261)

14.5　东海的沉积速率 ································································ (262)

第15章　浅地层结构与古环境演化 ···················································· (264)

15.1　晚第四纪地层划分、特征及区域对比 ······································· (264)

15.1.1　地层划分 ······················································ (264)

15.1.2　地层特征 ······················································ (265)

15.1.3　区域地层对比 ················································· (267)

15.2　浅地层层序划分及其地质解释 ··············································· (270)

15.2.1　浅地层剖面层序划分 ·········································· (270)

15.2.2　层序特征与地质解释 ·········································· (271)

15.3　单道地震剖面地震层序划分及其特征 ······································· (274)

15.3.1　东海陆架 ······················································ (274)

15.3.2　冲绳海槽地震层序特征及其地质解释 ······················ (276)

15.4　地震相分析与沉积体系 ························································ (278)

15.4.1　地震相分析 ···················································· (278)

15.4.2　沉积体系特征 ················································· (281)

15.5　古环境演化 ………………………………………………… (284)

　　15.5.1　新近纪沉积环境的演化 ……………………………… (284)

　　15.5.2　第四纪沉积环境的演变 ……………………………… (284)

**第16章　地质构造与沉积盆地演化** …………………………… (287)

16.1　基底性质与盖层特征 ……………………………………… (288)

　　16.1.1　基底性质 ……………………………………………… (288)

　　16.1.2　沉积盖层特征 ………………………………………… (288)

16.2　断裂构造与岩浆活动 ……………………………………… (292)

　　16.2.1　断裂构造 ……………………………………………… (292)

　　16.2.2　岩浆活动 ……………………………………………… (294)

16.3　构造单元与区域分布 ……………………………………… (297)

　　16.3.1　构造单元划分 ………………………………………… (297)

　　16.3.2　陆架盆地特征 ………………………………………… (297)

　　16.3.3　钓鱼岛隆褶带特征 …………………………………… (298)

　　16.3.4　冲绳海槽构造特征 …………………………………… (298)

16.4　沉积盆地分布特征及其构造演化 ………………………… (299)

　　16.4.1　东海陆架盆地西部坳陷带特征 ……………………… (299)

　　16.4.2　东海陆架盆地东部坳陷带特征 ……………………… (300)

　　16.4.3　冲绳海槽盆地特征 …………………………………… (300)

　　16.4.4　构造演化成因机制探讨 ……………………………… (302)

**第17章　深部结构与地球动力过程** …………………………… (303)

17.1　地球物理场特征 …………………………………………… (303)

　　17.1.1　重力场特征 …………………………………………… (303)

　　17.1.2　磁力场特征 …………………………………………… (305)

　　17.1.3　海底热流特征 ………………………………………… (307)

17.2　地壳结构 …………………………………………………… (312)

17.3　构造应力场 ………………………………………………… (315)

　　17.3.1　构造应力分析 ………………………………………… (315)

　　17.3.2　应力场分布规律 ……………………………………… (320)

17.4　区域构造演化的动力学机制 ……………………………… (324)

**第18章　油气资源与矿产资源评价** …………………………… (327)

18.1　油气资源 …………………………………………………… (327)

　　18.1.1　东海陆架盆地油气地质条件 ………………………… (327)

　　18.1.2　冲绳海槽盆地油气地质条件 ………………………… (332)

　　18.1.3　东海油气资源规模与远景分析 ……………………… (332)

18.2　砂矿资源 …………………………………………………… (335)

　　18.2.1　东海滨海砂矿 ………………………………………… (335)

18.2.2　东海浅海砂矿资源 ················· (336)

18.3　热液矿产资源 ················· (338)

18.3.1　热液活动区的分布 ················· (338)

18.3.2　热液矿床的矿物学和地球化学特征 ················· (339)

18.3.3　热液矿产资源潜力评价 ················· (341)

18.4　天然气水合物资源 ················· (342)

18.4.1　天然气水合物资源的成矿地质背景 ················· (342)

18.4.2　天然气水合物资源的分布 ················· (343)

18.4.3　天然气水合物资源潜力评价 ················· (343)

# 第4篇　南　海

第19章　物质输运与现代沉积过程 ················· (359)

19.1　入海河流物质通量及其变化规律 ················· (359)

19.1.1　珠江入海水、沙通量及其变化规律 ················· (359)

19.1.2　华南其他主要入海河流的水、沙通量及其变化
规律 ················· (362)

19.1.3　南海其他主要入海河流的水、沙通量及其变化
规律 ················· (363)

19.2　悬浮物质浓度分布与变化特征 ················· (365)

19.2.1　平面分布 ················· (365)

19.2.2　垂向分布 ················· (367)

19.2.3　时间变化 ················· (369)

19.3　悬浮物质输运与现代沉积过程 ················· (371)

19.3.1　主要河口悬浮物质输运与现代沉积过程 ················· (371)

19.3.2　陆架、陆坡区的悬浮物质输运与现代沉积过程 ····· (372)

19.3.3　南海海盆的悬浮物质输运与现代沉积过程 ··········· (374)

第20章　表层沉积与区域分布特征 ················· (379)

20.1　沉积物粒度组成与分布 ················· (379)

20.1.1　沉积物粒度组成与分布 ················· (379)

20.1.2　粒度参数特征 ················· (382)

20.1.3　沉积物类型及分布特征 ················· (383)

20.2　沉积物矿物特征与分布 ················· (387)

20.2.1　碎屑矿物 ················· (387)

20.2.2　黏土矿物 ················· (389)

20.3　沉积物地球化学特征 ················· (397)

20.4　沉积物微体古生物特征 ················· (403)

20.4.1　有孔虫 ················· (403)

20.4.2　介形虫 ……………………………………………… (407)

20.4.3　放射虫 ……………………………………………… (408)

20.4.4　钙质超微化石 ……………………………………… (410)

20.4.5　硅藻 ………………………………………………… (411)

20.5　沉积作用与物质来源 ……………………………………… (412)

20.5.1　南海陆架沉积作用 ………………………………… (413)

20.5.2　南海陆坡沉积作用 ………………………………… (414)

20.5.3　南海海盆沉积作用 ………………………………… (415)

20.5.4　物质来源与沉积速率 ……………………………… (415)

**第21章　浅地层结构与古环境演化** ……………………………… (418)

21.1　晚第四纪地层划分、特征及区域对比 …………………… (418)

21.1.1　地层划分 …………………………………………… (418)

21.1.2　地层特征 …………………………………………… (418)

21.1.3　区域地层对比 ……………………………………… (427)

21.2　浅地层剖面、地震剖面层序划分 ………………………… (431)

21.2.1　南海北部区域层序划分 …………………………… (431)

21.2.2　南海南部海区 ……………………………………… (434)

21.3　地震相与沉积相 …………………………………………… (435)

21.4　新近纪以来沉积环境的演变 ……………………………… (437)

21.4.1　南海北部沉积环境演化 …………………………… (437)

21.4.2　南海西部和南部沉积环境演化 …………………… (440)

**第22章　地质构造与沉积盆地演化** ……………………………… (441)

22.1　基底性质与盖层特征 ……………………………………… (441)

22.1.1　基底性质 …………………………………………… (444)

22.1.2　盖层特征 …………………………………………… (445)

22.2　断裂构造与岩浆活动 ……………………………………… (447)

22.2.1　断裂构造 …………………………………………… (447)

22.2.2　岩浆活动 …………………………………………… (452)

22.3　构造单元与区域分布 ……………………………………… (457)

22.3.1　构造单元划分 ……………………………………… (457)

22.3.2　北部大陆架裂陷构造带 …………………………… (457)

22.3.3　西部大陆边缘走滑构造带 ………………………… (458)

22.3.4　南部大陆边缘碰撞构造带 ………………………… (460)

22.3.5　东部边缘俯冲构造带 ……………………………… (461)

22.3.6　中央海盆构造区 …………………………………… (462)

22.4　沉积盆地特征与海盆构造成因 …………………………… (464)

22.4.1　南海主要沉积盆地分布及其特征 ………………… (464)

22.4.2　南海海盆演化历史 ·············································· (477)

22.4.3　海盆成因机制探讨 ·············································· (479)

**第23章　深部结构与地球动力过程** ································ (481)

23.1　地球物理场特征 ··················································· (481)

23.1.1　重力异常特征 ·················································· (481)

23.1.2　磁力异常特征 ·················································· (485)

23.1.3　海底热流分布特征 ·············································· (488)

23.2　地壳结构 ··························································· (490)

23.2.1　地壳厚度 ······················································ (490)

23.2.2　纵波速度结构 ·················································· (492)

23.2.3　面波层析成像 ·················································· (498)

23.3　构造应力场 ························································· (499)

23.3.1　构造应力作用特征 ·············································· (499)

23.3.2　构造应力分布特征 ·············································· (500)

23.3.3　构造应力场的动力背景 ·········································· (502)

23.4　区域构造动力学机制 ··············································· (503)

23.4.1　南海成因机制 ·················································· (503)

23.4.2　构造演化背景 ·················································· (505)

23.4.3　构造演化模式 ·················································· (508)

**第24章　油气资源与矿产资源评价** ································ (510)

24.1　油气资源 ··························································· (510)

24.1.1　南海北部 ······················································ (510)

24.1.2　南海南部 ······················································ (515)

24.2　砂矿资源 ··························································· (519)

24.2.1　滨海砂矿 ······················································ (519)

24.2.2　浅海（深海）砂矿 ·············································· (520)

24.3　铁锰结核与结壳矿产 ··············································· (524)

24.3.1　铁锰结核、结壳的分布 ·········································· (524)

24.3.2　结核、结壳的矿物、地球化学特征 ································ (526)

24.4　天然气水合物资源 ················································· (528)

24.4.1　天然气水合物资源的成矿地质背景 ································ (528)

24.4.2　天然气水合物资源的分布 ········································ (529)

24.4.3　天然气水合物资源潜力评价 ······································ (529)

# 第1篇　渤　海

# 第1章 物质输运与现代沉积过程

## 1.1 入海河流物质通量及其变化规律

渤海三面为陆地环绕，仅东面经渤海海峡与黄海连通。流入渤海的主要河流有黄河、海河、辽河和滦河等，各河流的基本特征见表1.1。

表1.1 渤海入海河流基本特征情况一览表

| 河流名称 | 长度/km | 流域面积 /km² | 水文站 | 径流量/ ($\times 10^8$ m³·a⁻¹) | 输沙量/ ($\times 10^4$ t·a⁻¹) | 统计年限 | 数据来源 |
|---|---|---|---|---|---|---|---|
| 黄河 | 5 465 | 75.2×104 | 利津 | 313.30 | 77 800 | 1950—2005 | ① |
| 滦河 | 877 | 4.49×104 | 滦县 | 46.51 | 1739 | 1950—1984 | ② |
| 辽河 | 1 396 | 21.9×104 | — | 39.51 | 1 002.1 | 1963—1982 | ② |
| 大凌河 | 435 | 23 263 | 凌海 | 16.33 | 1 769.5 | 1956—2000 | ③ |
| 海河 | 1 036 | 21.1×104 | 海河闸 | 60.2 | 428 | 1955—1987 | ④ |
| 小凌河 | 206 | 5 475 | 锦州 | 3.46 | 224 | — | ⑤ |
| 徒骇河 | 446.5 | 1 368 | 宝集闸 | 8.97 | 157 | 1956－2000 | ② |
| 六股河 | 158 | 3 080 | 绥中 | 5.93 | 97.56 | — | ⑥ |
| 潍河 | 242 | 6 367 | 辉村 | 14.46 | 92.44 | — | ② |
| 弥河 | 206 | 3 847 | — | 4.30 | 84.09 | — | ② |
| 马颊河 | 448 | 12 239.2 | 大道王 | 2.93 | 76.2 | — | ② |
| 子牙新河 | 143.4 | 5 200 | 周官屯 | 3.09 | 38.6 | — | ② |
| 小清河 | 233 | 10 498.8 | — | 8.78 | 36.9 | — | ② |
| 洋河 | 100 | 1 029 | 洋河水库 | 1 706.00 | 18.4 | — | ② |
| 复州河 | 133.7 | 1 593 | 关家屯 | 1.37 | 16.8 | — | ② |
| 陡河 | 121.4 | 1 340 | 陡河水库 | 13.10 | 12.1 | 1960－1979 | ② |

数据来源：①中华人民共和国水利部，2007；②中国海湾志编纂委员会，1998；③周永德 等，2009；④邢焕政，2003；⑤张锦玉 等，1995；⑥张锦玉 等，2008。

（1）黄河是我国第二大河，发源于青海省巴颜喀拉山北麓的约古宗列盆地，自西向东流经青海、四川、甘肃、宁夏、内蒙古、陕西、山西、河南、山东九省区，在山东省垦利县注入渤海，全长5 464 km，总落差4 830 m，流域面积$7.52 \times 10^5$ km²。流域地势西高东低，自西向东大致可分三级阶梯，即青藏高原、内蒙古高原和黄土高原、华北平原（钱意颖等，1993）。

黄河是世界著名的多沙河流，其年平均径流量为$4.82 \times 10^{11}$ m³，年平均输沙量为$1.2 \times 10^{10}$ t（Qin et al.，1990）。至山东利津站，由于河流引水失沙及河道淤积，输沙量已降为$10.43 \times 10^8$ t，含沙量约为24.5 kg/m³，径流量减至$427 \times 10^8$ m³，流量减至1 340 m³/s。虽然利津站输沙量及含沙量有所减少，但与世界一些国家的河流相比还要高出很多，特别是含沙量甚至高出数十倍，成为年输沙量和含沙量最大的河流。黄河的水量不及长江的1/20，沙量却是长江的3倍。像黄河这样水量少、含沙量高的河流，在世界大江大河中是罕见的。

黄河的年径流量与年输沙量的最大值与最小值相差较大，最大年径流量可达 $9.731 \times 10^{11}$ m$^3$（1964年），最小为 $9.15 \times 10^{10}$ m$^3$（1960年），成了当时年份的最小流量（中国科学院海洋研究所，1985）。特别是自1972年开始至1999年的28年间有21年发生断流，累计断流1091天。黄河的最大年输沙量可达 $2.1 \times 10^{10}$ t（1958年），最小为 $2.42 \times 10^9$ t（1960年），而断流年份的输沙量则大大减少（吴世迎等，2000）。如1996—2000年的年均入海水沙量为1950—1960年间的1/10左右（冯士筰等，2007；杨作升等，2005）。

黄河来水来沙主要在秋汛，即7—10月。由于黄河源远流长，中游地区暴雨洪水下泄，于这一时期常形成全年最大径流与输沙，分别占全年的60%和80%。黄河水少沙多，善淤善决，改道频繁是千古治河难题。每次决口改道均给下游人民带来巨大灾难。随着三角洲不断扩大，中下游河床的不断抬高，黄河堤坝亦不断加固增高。目前，山东及河南省境内的河床已高出两侧地面4~10 m，成为世界上有名的"悬河"。4000多年来，有历史记载的决口共计1 591次，改道范围北达天津，南至淮河，影响面积达 $25 \times 10^4$ km$^2$；1912—1933年的22年中，决口竟达94次之多。

1855年黄河自铜瓦厢决口夺大清河入渤海以来，由于大量泥沙的淤积，使河口不断延伸，河床不断抬高，改道之事也经常发生。百余年来黄河尾闾河道有10次大规模的改道。据统计，自1855年至今，黄河的造陆面积约3 230 km$^2$，三角洲岸线年均向海淤进约150 m。其中，1855—1934年的近代三角洲造陆面积为1 350 km$^2$，蚀于水下35 km$^2$；1937—1976年成陆面积1 580 km$^2$，蚀于水下55 km$^2$。1976年5月黄河自清水沟入海后至1984年造陆约400 km$^2$，而钓口河大嘴则蚀于水下大于10 km$^2$（臧启运等，1996）。

（2）海河为华北平原上最大的河流，它由南运河、子牙河、大清河、永定河和北运河五大河流共同汇合而成。严格地讲，上述五条河流在天津汇合后直到入海的河段，才称之为海河。海河流域西起太行山，东临渤海，北跨燕山，南界黄河，流域面积达 $2.65 \times 10^4$ km$^2$，流域内的年平均降水量在400~600 mm之间；旱年只有200 mm，洪水年多达1 130~1 400 mm。全年雨量分布不均，春季风多雨少，夏秋雨量集中，年雨量的60%~80%集中在7—9三个月。海河流域的这种气候特征，基本上也能代表渤海湾地区的气候特征。海河的年径流量为 $154 \times 10^8$ m$^3$，年输沙量约 $600 \times 10^4$ t。

（3）辽河为我国东北地区南部的最大入海河流，全长1 430 km，流域面积 $2.19 \times 10^4$ km$^2$，流经河北、吉林和辽宁三省。它的上源有二：西辽河源于河北省七老图山脉之光头山，东辽河发源于吉林省的哈达岭西侧，东西辽河在三江口附近汇合后才称辽河，流贯辽宁省中部，在南下途中汇纳了柳河、浑河、太子河等支流到营口附近注入渤海辽东湾。

辽河流域冬季严寒漫长，夏季炎热短促，年平均降水量为465 mm左右，主要集中于每年7月和8月。辽河的年径流量为 $165 \times 10^8$ m$^3$，输沙量高达（2 000~5 000）$\times 10^4$ t。5—6月流量开始上升，7月和8两月径流量最大，9月以后逐渐减小，12月至翌年2月为枯水期，也为结冰期，3月融冰流量渐增。

（4）滦河发源于巴延图古尔山，流经内蒙古高原和燕山山地，在滦县出山区进入平原，至乐亭县入渤海。全长877 km，流域面积 $4.49 \times 10^4$ km$^2$。年平均流量148 m$^3$/s，年输沙量达2 670 $\times 10^4$ t。滦河为季节性河流，每年7—9月洪水时期的输沙量约为全年输沙量的90%，洪水暴涨暴落，流速变化甚大。滦河进入平原区以后，大量泥沙堆积于河口地带，加之海水的作用，形成了滦河三角洲平原。由于滦河的多次改道，泥沙的堆积随着河口位置的迁移而经常发生变化。老的三角洲堆积体随着泥沙来源的中断而遭到不同程度的破坏，新的三角洲体系又在不断地增长，因而构成复杂的地貌形态。由滦河携带的泥沙，除就近在河口地区沉积下来形成三角洲以外，其余部分则被海流带走，沉积在远离滦河三角洲的地区。根据渤海海底沉积物中矿物组合的研究，滦河的物质可影响到渤海中部。

## 1.2 悬浮物质浓度分布与变化特征

渤海周围有许多源远流长的河流，每年携带大量泥沙倾泻入海，特别是有以含沙量高而举世闻名的黄河的流入，因此，渤海海水中悬浮体的含量，不仅远高于邻近大洋，而且其含量分布的区域性和季节性变化都非常明显（中国科学院海洋研究所，1985）。悬浮体含量大于 100 mg/L 的高含量水体只出现在黄河口附近海域，远离黄河口海域后悬浮体含量急降至 50 mg/L 以下；辽东湾内悬浮体含量大于 50 mg/L 的海域仅出现在辽河口附近海域，中央盆地悬浮体含量小于 20 mg/L；受流域径流量的季节性变化及水动力的季节性差异影响，渤海悬浮体的含量以 4 月含量最高，10 月含量最低（张经等，1985；Qin et al.，1990）。

### 1.2.1 平面分布

"908"专项 6 个底质调查区块的悬浮体调查获得的渤海表层、中层和底层水体悬浮体浓度和浊度资料显示，整个渤海水体悬浮体浓/浊度整体上较高，一般大于 10 mg/L 和 10FTU，而且区域差异较大，呈现近岸海域高，中部海域低的趋势。从表层到底层，水体悬浮体浓度逐渐增加，但分布趋势类似（图 1.1，图 1.2）。整个渤海水体悬浮体浓/浊度分布受到入海径流的显著影响，高含量区主要集中在渤海周边主要河流入海口和河流三角洲附近（黄河、辽河和海河等），其中在黄河口附近最高，高浓/浊度水体分布范围也最广，最高含量区位于黄河三角洲北部的废弃黄河口附近。随着离河流入海口距离的增加，水体悬浮体浓/浊度迅速降低，形成显著的变化梯度。辽东半岛西南部的金州湾和山东半岛北部的莱州湾，由于周边无显著径流注入，水体悬浮体浓/浊度相对中等。渤海海峡与中部海域悬浮体浓/浊度较低，变

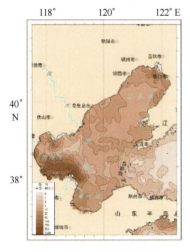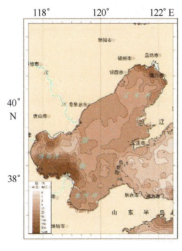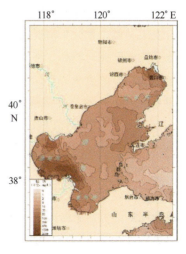

左：表层；中：中层；右：底层

图 1.1 渤海水体悬浮体浓度分布图

化也不大。以下以悬浮体浓度为主进行详细阐述。

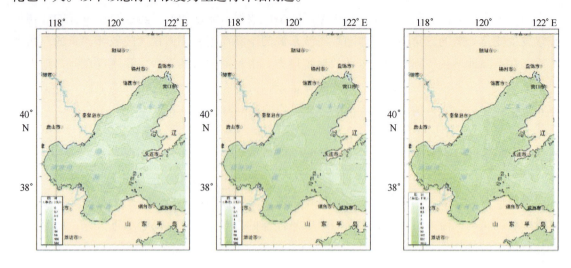

左：表层；中：中层；右：底层

图 1.2　渤海水体浊度分布图

　　渤海海域表层水体悬浮体浓度差异很大，从不足 1 mg/L 到大于 500 mg/L 不等。整体上呈现近岸海域高，中部海域低的趋势。在河流入海口附近悬浮体浓度相对较高，形成高浓度中心，悬浮体浓度从中心海域向外逐渐降低。其中黄河三角洲海域悬浮体浓度最高，可大于 700 mg/L，浓度大于 50 mg/L 的水体分布在整个现行河口及北部废弃河口附近，之后迅速降低，形成明显的浓度变化梯度。另一个高悬浮体浓度中心位于渤海北部辽东湾顶的辽河口附近，悬浮体浓度最高大于 100 mg/L，相对高悬浮体浓度水体基本平行海岸向南扩散。在渤海湾内海河入海口附近也存在一个悬浮体浓度相对较高的水体，悬浮体最大含量大于 100 mg/L，但其在渤海湾内的扩散范围相对很小。辽东半岛南端西北侧的金州湾及渤海南部山东半岛北侧的莱州湾内悬浮体浓度中等，一般在 20 ~ 30 mg/L，含量随着离岸距离增加逐渐降低。渤海海峡附近水体悬浮体浓度最低，一般小于 5 mg/L，部分海域小于 1 mg/L。渤海中部以及河北沿岸海域水体悬浮体浓度普遍较低，变化不大，一般小于 20 mg/L，大部分在 2 ~ 15 mg/L 之间。

　　渤海中层水体的悬浮体浓度比表层水体高，浓度值从不足 2 mg/L 到大于 500 mg/L 不等。与表层类似，其分布情况也呈现出近岸海域高，中部海域低的趋势。在河流入海口附近水体悬浮体浓度相对较高，形成高浓度中心，高浓度中心一般分布在距离海岸 20 ~ 50 km 的海域内，悬浮体浓度从中心向外逐渐降低。其中在黄河三角洲周边海域水体悬浮体浓度最高，最高大于 700 mg/L。在渤海海峡附近水体悬浮体浓度最低，一般小于 10 mg/L，部分海域小于 2 mg/L。在渤海中部以及河北沿海海域水体悬浮体浓度普遍较低，变化不大，一般小于 20 mg/L，大部分在 2 ~ 15 mg/L 之间。

　　渤海底层水体的悬浮体浓度比表、中层水体都高，浓度分布的也呈现近岸海域高，中部海域低的趋势。在河流入海口附近水体悬浮体浓度相对较高，形成高浓度中心，浓度从中心向外逐渐降低。渤海海峡、中部以及河北沿海海域水体悬浮体浓度普遍较低，变化不大。

　　秦蕴珊等（1985）的研究表明，每年春季 4 月，因大风频率较高，海水垂直涡动强烈，渤海海水悬浮体含量为全年最高。在渤海湾、莱州湾、辽东湾等海域，悬浮体含量较高的范围普遍增加，其中辽东湾增加的幅度最大，湾内大部分海域已升到 30 ~ 50 mg/L 以上，辽河口前浅海海域，出现了 100 ~ 150 mg/L 的高含量区，黄河口前，悬浮体含量更增至 150 mg/L 以上。秋季 10 月份海表层海水中悬浮体含量大于 100 mg/L 的高含量区只出现在黄河口前十几千米的范围内。在稍远的海区里，其含量急降至 50 mg/L 以下。由于沿岸河流泥沙输入的大量增加，以及风浪作用引起的海水垂直涡动的增强，渤海 7 月表层海水悬浮体高含量区的面积远较 10 月为大，整个海区悬浮体含量迅速增加，河口区和湾顶浅水区增加逾明显。

综上所述，渤海海水中悬浮体浓/浊度的平面分布具有明显的地区性和季节性，悬浮体浓/浊度含量随离岸距离的增大而减少，而且河口区以及海湾顶部浅海的悬浮体含量显著高于渤海中部和渤海海峡等海区。渤海悬浮体的浓/浊度在同一季节内，不同海区的悬浮体含量不同，同一海区内，不同季节悬浮体含量也有显著差别（中国科学院海洋研究所，1985）。

## 1.2.2 垂直分布

秦蕴珊等（1985）的渤海秋季（10 月）悬浮体浓度调查数据表明：黄河口及渤海湾内，不但水层中悬浮体含量普遍较高，而且自上而下，含量迅速增加，其中，黄河口外海域，悬浮体垂向梯度增加尤为明显。辽东湾内悬浮体含量的垂向分布也是以上小下大为特征，但是，增加的梯度不及上述海域。渤海中央海区及渤海海峡附近深水区，悬浮体含量皆小于上述各区，虽然也表现出下层含量略高于上层的现象，但是总体来说，垂向分布较为均匀。

为了更加直观地分析不同海域中悬浮体垂向分布的连续变化，更清晰地认识渤海悬浮体含量的空间分布特征，利用"908"专项调查在不同季节获得的悬浮体浊度现场连续观测数据，在渤海湾、莱州湾、辽东湾以及渤海海峡选择了 5 条断面（图 1.3），绘制了各断面悬浮体浊度剖面，如图 1.4 ~ 图 1.8。

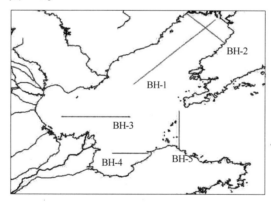

图 1.3 渤海悬浮体浊度断面分布图

### 1.2.2.1 BH-1 断面水体浊度分布特征

BH-1 断面位于辽东湾内，呈东北西南走向，水深在 2 ~ 26 m 之间，全长 182 km，共有站位 27 个，调查时间为 2008 年 6—8 月。如图 1.4 所示，BH-1 断面上水体浊度分布可以分为两部分，断面北部浅水区（水深小于 10 m）水体浊度相对较高，受水体混合影响，浊度分布较均一，无层化。断面南部水深大于 10 m 的海域水体浊度相对较低，在 0.5 ~ 10 FTU 之间，大部分小于 2 FTU。从上到下水体层化明显，浊度逐渐增加，在近底层形成浊度大于 2 FTU 的近底雾状层，其最高浊度值大于 10 FTU。

1.2.2.2　BH-2 断面水体浊度分布特征

BH-2 断面也位于渤海辽东湾内，断面垂直 BH-1 断面呈西北东南走向，水深在 2~11 m 之间，共有站位 23 个，全长 98 km，调查时间为 2008 年 6—8 月。该断面上水体的浊度分布见图 1.5。

整个断面上水体浊度变化不大，一般在 2~10 FTU 之间，大部分海域水体浊度小于 5 FTU。水体垂向混合明显，无层化现象。总体上呈现两侧近岸浅水浊度相对较高，中间较深水体浊度较低的趋势。相对低浊度区主要出现在断面 60~78 km 附近水体的中上层内，浊度一般小于 2 FTU。其他海域水体浊度大部分在 2~5 FTU 之间。在断面西侧水体底层和断面东侧 80~92 km 之间浊度较高，一般大于 10 FTU。

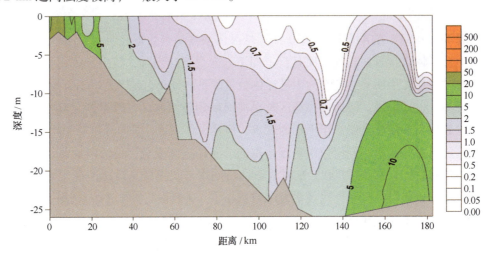

图 1.4　渤海 BH-1 断面浊度（FTU）剖面图

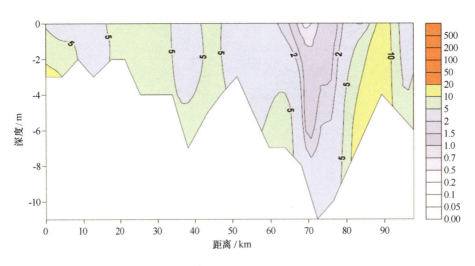

图 1.5　渤海 BH-2 断面浊度（FTU）剖面图

1.2.2.3　BH-3 断面水体浊度分布特征

BH-3 断面位于黄河三角洲北部，水深在 10~26 m 之间，总体上，断面水深由西向东逐渐增加。断面从渤海近岸西向延伸至渤海中部，共有站位 41 个，全长 143 km，调查时间为

2009年3月下旬。该断面水体浊度分布见图1.6。

整个断面上水体浊度相对较高，最高大于200 FTU，水体浊度总体上变化较大，浊度最小小于5 FTU。从西向东呈现逐渐降低的趋势，以10 FTU等值线为界可以将整个断面水体分成两部分，大于10 FTU的水体主要分布在距离断面西端70~80 km的海域内，小于10 FTU的水体主要分布在断面东部。在垂向上，随深度增加水体浊度逐渐增加。大于100 FTU的高浊度水体主要分布在断面的底部，在断面西端水深相对较浅的海域高浊度水体可以扩散至水体表层。

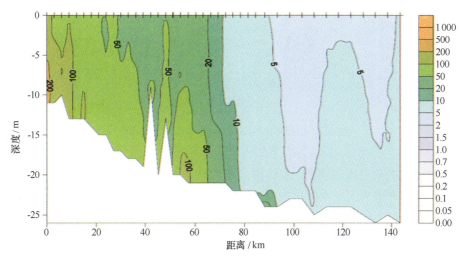

图1.6　渤海BH-3断面浊度（FTU）分布图

### 1.2.2.4　BH-4断面水体浊度分布特征

BH-4断面位于渤海莱州湾北部，由西向东延伸，水深在8~15 m之间，共有站位18个，全长76 km，调查时间为2007年8—9月。其浊度剖面见图1.7。

整个断面水体浊度相对较低，一般在2~20 FTU之间。从上到下水体浊度逐渐增加，表层水体浊度一般在2~5 FTU之间，底层水体浊度一般大于10 FTU。受近岸相对高浊度水体的影响，在断面东西两侧近底层水体浊度比断面中部的略有增加。

### 1.2.2.5　BH-5断面水体浊度分布特征

BH-5断面位于渤海海峡内，老铁山水道东侧，断面垂直岸线从山东半岛北侧向北延伸，水深在16~66 m之间，共有站位10个，全长91 km，调查时间为2006年9—10月。该断面水体浊度分布见图1.8。

相对与其他几个断面，BH-5断面水体浊度相对较低，在0.5~50 FTU之间，大部分海域的水体浊度小于5 FTU，在水深大于20 m的海域水体浊度一般小于2 FTU，上层水体浊度甚至小于1 FTU。高浊度水体主要集中在近岸海域，沿海底向深水区扩散，但扩散距离较短，在距断面南端20 km左右即由大于50 FTU迅速降至5 FTU左右。在老铁山水道底部存在相对高浊度的水体，水体浊度略大于2 FTU，从北向南扩散。

从上述5条剖面中水体浊度的变化趋势可以看出，河流输入海中的泥沙和浅水区强烈的水动力条件对本区水体浊度的分布有十分重要的影响。如黄河输入海中的物质，大多数都是粒径小于0.02 mm的细粒物质（中国科学院海洋研究所，1985），在强烈的季风力影响下，

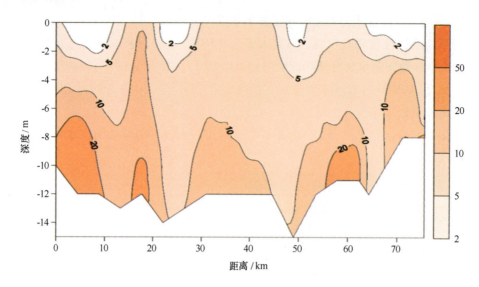

图 1.7　渤海 BH－4 断面浊度（FTU）分布图

渤海近岸浅水区的水动力条件较强，水体混合程度较高，水体上下盐度也基本一致，海底沉积物极易被再悬浮而进入上层水体，造成该海域水体的高浊度。在渤海中部，由于距岸较远，河流入海泥沙影响较小，且水深较大，除了大风浪以外，一般情况下，海水的垂直涡动不能掀动海底的沉积物悬移并扩散至上层。所以，该海域水层的浊度低而且有自上而下逐渐增高的变化趋势。

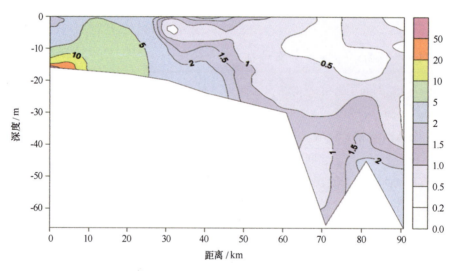

图 1.8　渤海 BH－5 断面浊度（FTU）分布图

## 1.3　悬浮物质组成及来源

### 1.3.1　悬浮物质组成

对于渤海海水中悬浮体的物质组成，秦蕴珊等（1985）做过一些初步研究。其显微镜观察的结果表明，渤海悬浮体物质成分中主要是非生物的陆源碎屑颗粒，其粒径多小于

0.01 mm，较大的颗粒仅在底层海水中分布。悬浮物中往往出现较多的由黏土颗粒凝聚而成的"聚合体"，它们是河流输入海水中的黏土矿物在海水电解质的作用下凝聚而成的。碎屑物质中，主要有石英、云母，此外有长石，角闪石及部分碳酸盐等细粒物。不同海区的水体里，矿物成分有所差异。

浮游生物主要集中在上部水层中。例如，浮游生物之箭虫（*Saglitta*）、真刺唇角镖蚤（*Labidocera euchaeta*）、浮游植物之圆筛硅藻、角毛硅藻等。生物成因的悬浮体颗粒与矿物颗粒相比仅居次要地位。从表1.2中可以看出，在浮游动物比较富集的河口地区，它们也只占悬浮体总含量的1/140～1/500，加上浮游植物的含量，一般也不超过悬浮体含量的1/100。

表1.2 7月渤海河口区浮游动物和悬浮体含量比较　　　　　　　　单位：mg/L

| 海　区 | 黄河口 | 滦河口 | 辽河口 |
|---|---|---|---|
| 浮游动物（$P$） | 0.154 | 0.245 | 0.159 |
| 悬浮体（$S$） | 99.0 | 35.3 | 28.3 |
| $P/S$ | 1/500 | 1/143 | 1/167 |

资料来源：据中国科学院海洋研究所，1985。

据光谱半定量分析，悬浮体样品中部分元素的含量如下：Fe 4%～6%；Mn 0.03%～0.14%；Ga 0.003%～0.036%；Ti 0.1%～0.23%；Li 0.018%～0.020%；Zn 0.01%。此外尚有Pb、Mo、Cu、V、Cr、Ni、Mg、Ca、Co、Th、Al、N、P等20多种元素被检出。

以陆源非生物物质为主的悬浮体成分，是渤海有别于大洋水体中悬浮体的成分，这是渤海作为受陆源碎屑物质强烈影响之内陆海的又一特征。

### 1.3.2 悬浮体颗粒有机碳/氮的分布规律

利用"908"专项悬浮体颗粒有机碳/氮分析资料，编绘了渤海水体表、中、底三层水体悬浮体的颗粒有机碳/氮含量分布图（图1.9，图1.10），调查资料主体所反映的季节为夏季。

#### 1.3.2.1 悬浮体颗粒有机碳分布特征

如图1.9所示，渤海悬浮体颗粒有机碳含量在表层最高，底层次之，中层最低，氮在各水层中的分布规律非常相近，均表现出近岸浅水区高，中部深水区低的特点。黄河口及其北部、辽东湾顶部、秦皇岛岸外等海域的悬浮体颗粒有机碳含量高，一般大于1 000 μg/L，尤以黄河口区最高，且向海逐渐降低的趋势明显。莱州湾、渤海中部及渤海海峡东部悬浮体颗粒有机碳含量较低，一般小于200 μg/L，但分布比较均匀。最低值出现在黄河三角洲东北一近似圆形海域，悬浮体颗粒有机碳含量一般小于100 μg/L。

#### 1.3.2.2 悬浮体颗粒有机氮分布特征

如图1.10所示，渤海悬浮体颗粒有机氮含量在底层最高，中层次之，表层最低，各水层中的分布也很相近，总体表现为南北高中间低的特点。渤海湾南部至黄河口附近海域悬浮体颗粒有机氮含量较高，一般大于200 μg/L，且梯度分布明显，与表层相比，底层悬浮体的高值区向渤海海峡延伸更为明显。辽东湾辽河及双台子河附近海域有机氮含量也较高；相比于表层，秦皇岛市附近海域与渤海湾北侧近岸海域底层水中也出现较高颗粒有机氮含量区域，一般大于100 μg/L。渤海中部和渤海海峡北部悬浮体颗粒有机碳含量较低，一般小于50 μg/L。

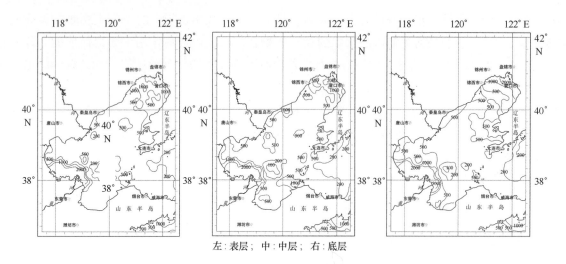

左：表层；中：中层；右：底层

图1.9 渤海悬浮体颗粒有机碳含量分布图

综合上述，渤海颗粒有机碳/氮的分布规律比较相似，总体表现为近岸河口区高，远岸浅海区低的特点，河流物质供应及其向海扩散的规律是主要的控制因素。辽东湾顶部颗粒有机碳较高，主要是由于辽河、双台子河陆源有机质输入的影响，同时河流带来高营养盐有利于海洋生物的生长，高生物量也增大了海源颗粒有机碳的含量；辽东半岛西侧普兰店湾和复州河河口地区颗粒有机碳浓度较高，这些地区同样接受了沿岸河流输入的陆源颗粒物和营养盐；渤海湾南部的高浓度区，主要受黄河带来的陆源物质及人类活动的影响。渤海海峡中部偏北海域颗粒有机碳浓度低，且向渤海延伸，可能与黄海、渤海水流交换有关。

### 1.3.3 悬浮物质来源

水体悬浮体浓度及其分布是自然环境条件的综合反映，与物质来源，海洋环流、潮流、波浪等动力要素密切相关。渤海水体中悬浮体浓度整体上呈现近海海域高，中间海域低的趋势，并从表层向底层逐渐增加。高浓度区主要集中在渤海周边河流入海口和河流三角洲附近（黄河、辽河和海河等），其中在黄河口附近水体悬浮体浓度最高，相对高浓度水体分布范围最广，最高浓度区位于黄河三角洲北部的废弃黄河口附近。另外，在辽东湾顶的辽河入海口，渤海湾西部的海河入海口等都是悬浮体浓度相对较高的海域。

渤海海水中悬浮体的主要物质组成是陆源非生物物质，这些物质则主要来源于河流输入海中的泥沙和海底沉积物的再悬浮。此外，大气中由风力搬运而来的灰尘也是其来源之一（中国科学院海洋研究所，1985）。黄河干流的38.8%流经黄土高原地区，由于该流域内大量的水土流失，黄河平均每年约有数亿吨的泥沙输至河口，占渤海河流泥沙输入量的90%左右。此外，辽河、海河等每年也向海输入大量的泥沙。这些河流泥沙入海后，因为河流径流流速的减弱和水介质变化，细粒物质凝聚，使大部分泥沙沉积在河口三角洲及近海海域，余者则在潮流和海流等因素的影响下，扩散至较远的海区，成为渤海中部和渤海海峡地区悬浮体的主要物质来源。

### 1.3.4 黄河入海泥沙的扩散趋势

Yang等（2011）的最新研究表明，冬季黄河口周边水体盐度一般在29～32之间。温度较低，一般在17℃之下。悬浮体浓度变化较大，从小于5 mg/L至大于1 000 mg/L不等。低

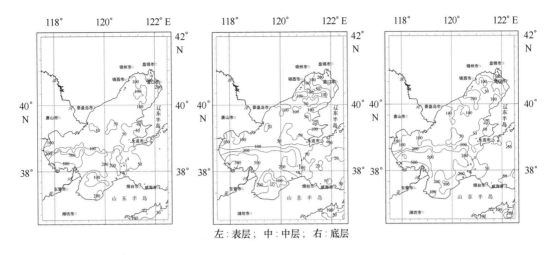

左：表层；中：中层；右：底层

图 1.10　渤海悬浮体颗粒有机氮含量分布图

盐水体主要集中在现行河口附近，向东向北扩散。水体温度从近岸向深水区逐渐增加，悬浮体浓度高值区主要分布在黄河三角洲北部及现行河口附近，向外扩散范围相对较小。从表层向底层，水体中悬浮体浓度逐渐增加，高悬浮体浓度水体扩散范围逐渐增加。

相对于冬季水体悬浮体浓度及分布，夏季黄河口附近悬浮体浓度相对较低，大部分海域都小于 5 mg/L，在现行河口附近，水体悬浮体浓度迅速增加，最大大于 4 000 mg/L。但高悬浮体浓度水体逐渐集中和河口周边，扩散范围较小。从水体表层到底层，水体悬浮体浓度变化不大，高悬浮体浓度水体扩散范围也基本一致。对比冬季和夏季黄河口附近水体悬浮体浓度分布，可以看出，除河口周边，绝大部分海域冬季水体悬浮体浓度显著大于夏季的。河口周边悬浮体浓度在夏季要大于冬季的。这种变化与黄河径流主要集中在夏季有关。由于目前黄河径流较小，高泥沙含量水体在夏季迅速沉降在河口附近，向外扩散较少，在冬季受冬季风的影响，夏季沉积的泥沙在水动力作用下会发生再悬浮，并向周边海域扩散。故冬季是黄河入海泥沙向渤海扩散的主要季节。

在现行河口附近，由于黄河流量较小，泥沙供应相对较低，悬浮体浓度相对黄河三角洲北部侵蚀区要低。受沿岸流（潮流）影响，黄河入海泥沙主要沿海岸向莱州湾附近扩散，导致莱州湾西部靠近黄河口的附近海域悬浮体浓度相对较高。随着输运过程中不断沉降，悬浮体浓度逐渐降低，在莱州湾南部及东部悬浮体浓度进一步降低。

# 第2章　表层沉积与区域分布特征

## 2.1　沉积物粒度组成及其分布

渤海表层沉积物分布特征主要采用了"908"专项调查渤海6个底质调查区块（CJ01~CJ06）的沉积物粒度分析数据。沉积物粒度分布均采用激光粒度仪分析，粒级标准统一使用尤登－温德华氏等比制值Φ粒级标准，粒度参数采用矩法计算公式进行计算。根据粒度分析结果，分别计算了各沉积物样品中砂、粉砂和黏土粒级的相对含量，采用谢帕德三角图对沉积物进行定名（海洋调查规范第8部分：海洋地质地球物理调查，2007）。

### 2.1.1　粒度定义及分析技术

粒度即颗粒的大小。通常球体颗粒的粒度用直径表示，立方体颗粒的粒度用边长表示。对不规则的颗粒，可将与颗粒有相同行为的某一球体直径作为该颗粒的等效直径。粒度资料是沉积学研究的重要基础资料，粒度分析在划分海底沉积类型、区分沉积环境、判断物质输运方式和判别水动力条件等方面都具有重要的作用（Passega，1964；S. Gao et al，1994；程鹏等，2000；孙东怀等，2001；张富元等，2004）。

表2.1　温德华粒度分级

| 粒级名称 | | 粒径/（d·mm$^{-1}$） | 对应的$\Phi$值 |
|---|---|---|---|
| 砾　石 | | 32 | −5 |
| | | 16 | −4 |
| | | 8 | −3 |
| | | 4 | −2 |
| | | 2 | −1 |
| 砂 | 极粗砂 | 1（2~1） | 0 |
| | 粗砂 | 1/2（1~0.5） | 1 |
| | 中砂 | 1/4（0.5~0.25） | 2 |
| | 细砂 | 1/8（0.25~0.125） | 3 |
| | 极细砂 | 1/16（0.125~0.063） | 4 |
| 粉　砂 | 粗粉砂 | 1/32（0.063~0.032） | 5 |
| | | 1/64（0.032~0.016） | 6 |
| | 细粉砂 | 1/128（0.016~0.008） | 7 |
| | | 1/256（0.008~0.004） | 8 |
| 黏　土 | | 1/512（0.004~0.002） | 9 |
| | | 1/1024（0.002~0.001） | 10 |
| | | … | … |

粒级标准的划分有两种，一种是采用真数，即以 mm 或 μm 为单位表示直径，其缺点是各粒级不等距，不便于作图或运算；另一种是采用粒径的对数值来表示，目前广为使用的是尤登·温德华（Uddon – Wentworth）粒级标准，其定义式为：$\Phi = -\log_2 d$，式中 $d$ 为颗粒直径（mm）。温德华粒级划分与 $\Phi$ 值关系见表 2.1。

沉积物粒度分析方法有传统的沉降法、筛析法、综合法（筛析法加沉降法）、显微镜法和现代的激光粒度分析仪测量等方法。激光粒度分析仪具有测量精度高、分析速度快、用样少的优点，并能通过计算机直接处理数据和图像，已经得到了广泛应用。样品预处理方法是影响粒度测试结果准确性的重要因素，对深海沉积物样品进行粒度测试前，应根据研究目的在预处理过程中有效去除碳酸盐和生物硅，同时完好保留陆源碎屑组分，才能使测试结果准确反映古气候和古环境变化（谢昕等，2007）。

### 2.1.2 沉积物粒度分布特征

渤海沉积物颗粒按粒径大小主要可分为砾（$-8 \sim -1\Phi$，$256 \sim 2$ mm）、砂（$-1 \sim 4\Phi$，$2 \sim 0.063$ mm）、粉砂（$4 \sim 8\Phi$，$0.063 \sim 0.004$ mm）和黏土（$>8\Phi$，$\leq 0.004$ mm）4 个粒级组分。

砾：渤海砾粒级组分含量变化较大，从 0.0% 到近 100% 不等，绝大部分区域不含有砾粒级组分。即使含有砾粒级组分的站位，其含量在 50% 以下，大部分在 20% 以下。含砾表层沉积物在渤海的分布范围十分有限，主要分布渤海海峡，尤其是老铁山水道附近海域，少量分布在辽东湾近岸。

砂：砂粒级组分在渤海含量变化较大，从 0 到近 100% 不等，大部分站位砂粒级含量在 50% 以下（图 2.1）。渤海砂粒级组分集中分布在辽东湾、辽东浅滩和渤中浅滩。滦河口外邻近海域、黄河三角洲北部近岸、莱州湾南部和三山岛附近也有少量分布，砂粒级含量一般在 50% 以上。其他区域，如渤海湾、莱州湾靠近黄河三角洲海域、渤海湾西部呈条带状伸向辽东湾的大片海域、辽东湾北部、莱州湾北部和渤海海峡的南部等，砂粒级组分百分含量较低，

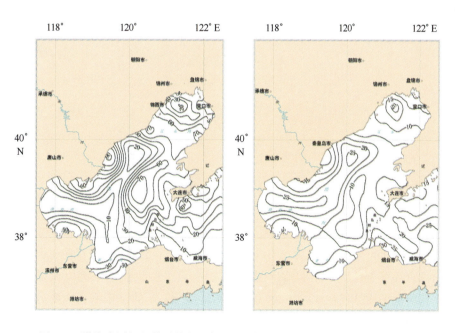

图 2.1　渤海表层沉积物砂粒级（左）和黏土粒级（右）百分含量分布图

在20%以下。

粉砂：粉砂粒级组分含量在渤海内虽变化于0～100%之间，但大部分站位其含量介于50%～80%之间。渤海粉砂粒级组分主要分布在砂粒级含量在20%以下的区域，如渤海湾、莱州湾靠近黄河三角洲海域、渤海湾西部呈条带状伸向辽东湾的大片海域，辽东湾北部、莱州湾北部和渤海海峡的南部，其粉砂含量都在50%以上；砂粒级组分含量比较高的辽东湾、辽东浅滩、渤中浅滩和滦河口外邻近海域等，粉砂粒级组分含量较低，在50%以下。

黏土：黏土粒级组分含量在渤海内变化于0～100%之间，但绝大部分站位其含量介于0～30%之间（图2.1）。黏土粒级组分主要分布在渤海湾西部，呈条带状伸向辽东湾的大片海域和黄河口邻近的莱州湾西部和北部部分海域，含量在20%以上；在辽东湾北部也有零星分布，大部分含量在15%以上；黄河三角洲北部、莱州湾东部和东南部、庙岛群岛附近、渤中浅滩、辽东浅滩、辽东湾和滦河口外等海域黏土含量较低，一般在15%以下。

## 2.1.3 沉积物粒度参数分布特征

粒度参数不仅可以对沉积物的成因作出解释，而且在区分沉积环境方面也具有重要的参考意义。另外，粒度参数可以应用于粒径趋势分析，即在同一个沉积动力环境体系内，粒度参数在平面的变化能指示沉积物的净输运方向。目前计算粒度参数如平均粒径、分选系数、偏度和峰态，普遍应用的有两种方法：一是物理意义明确、精确度很高、广泛应用的福克－沃德图解法，二是应用方便、便于比较的 McManus 矩法。本文粒度参数计算全部采用矩法，分选系数、偏度和峰态的定性描述还是沿用矩法粒度参数（McManus，1988）中的术语。

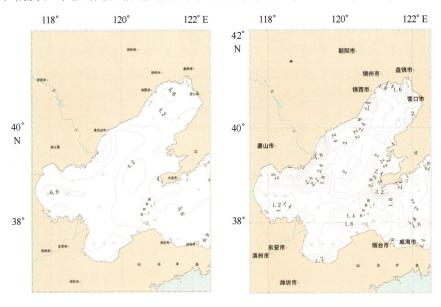

图2.2 渤海表层沉积物平均粒径（左）和分选系数（右，$\sigma$）分布图

平均粒径（$Mz$）：渤海沉积物平均粒径变化范围为 －2.5～10.9Φ，主要集中在 4～8Φ 之间（0.004～0.063 mm），平均值为5.14Φ。这类沉积物广泛分布在莱州湾、渤海湾和辽东湾北部与西南部（秦皇岛、葫芦岛和营口邻近海域）、渤海中央盆地东部以及渤海海峡的南部（图2.2）。其次是平均粒径在0～4Φ之间（0.063～1 mm）的沉积物，主要分布在滦河和六股河口外、渤海海峡北部以及邻近的渤中浅滩和辽东浅滩附近海域。平均粒径大于8Φ（<0.004 mm）和小于－1Φ（>2 mm）的沉积物只是分别零星出现黄河三角洲北部近海和老

铁山水道附近。

分选系数（$\sigma$）：分选系数反映的是沉积物颗粒大小的均匀性，常常用作环境指标。渤海表层沉积物分选系数变化范围为 0.1 ~ 4.9，平均值为 1.89，分选性大致为较差至差。从其区域分布特征来看，渤海老铁山水道附近，分选系数大于 4，分选极差；绝大部分区域的分选系数在 1 ~ 4 之间，分选差，其中细粒级沉积区如渤海湾、莱州湾北部和渤海湾西部呈条带状伸向辽东湾的大片海域沉积物分选性较粗粒级沉积区如滦河口外、渤中浅滩和辽东浅滩等好。只有黄河三角洲北部和滦河口外零星区域的沉积物分选中等（图 2.2）。

偏度（$Sk$）：偏度可判别沉积物粒度分布的对称性，并表明平均值与中位数的相对位置。渤海沉积物偏度变化范围为 −3.87 ~ 4.7，平均值为 1.22。从其区域分布特征来看，渤海绝大部分的区域沉积物偏度为正偏，只有渤海湾西部呈条带状伸向辽东湾的部分海域为负偏。

峰态（$Kg$）：渤海沉积物峰态值变化于 0.5 至 26.52 之间，平均值为 2.7。其平面的分布特征分异性比较明显，细粒级沉积区的沉积物峰态为宽，砂质沉积物大部分为非常宽和很宽。

### 2.1.4 沉积物类型分布特征

沉积物分类命名结果表明，渤海主要分布有砂、粉砂质砂、砂质粉砂、粉砂、黏土质粉砂等沉积物，少量分布着砂砾、砾砂和粉砂质黏土等沉积物。

如图 2.3 所示，砂砾、砾砂等含砾沉积物在渤海的分布范围十分有限，主要分布在渤海海峡北部，即老铁山水道附近海域，辽东湾近岸也零星出现。砂、粉砂质砂和砂质粉砂等粗粒级沉积物的分布主要集中在辽东湾、渤中浅滩、辽东浅滩和滦河外近岸海域，黄河三角洲北部、莱州湾南部和南部以及庙岛群岛附近也少量出现。其中砂集中分布在滦河口外近岸、渤中浅滩和辽东浅滩等海域，辽东湾近岸、黄河三角洲北部和莱州湾三山岛附近也有大面积出现；粉砂质砂类沉积物在渤海的分布范围较广，辽东湾、滦河口外、辽东浅滩以及黄河三

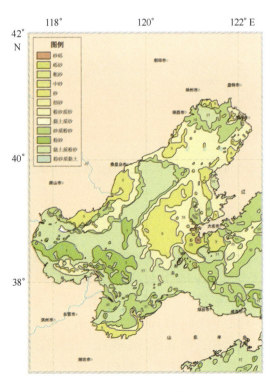

图 2.3 渤海沉积物类型分布图

角洲北部、莱州湾南部等均有分布；砂质粉砂主要分布在河口和近岸海域，如辽东湾北部、黄河口外以及莱州湾中部等。粉砂类型沉积物则集中分布在黄河三角洲东北部、渤海湾以及渤海湾西部呈条带状伸向辽东湾的海域和渤海海峡南部。黏土质粉砂则主要占据了渤海西部和南部的大部海域，在辽东湾顶部也有大片分布。

## 2.2 沉积物的矿物特征

### 2.2.1 碎屑矿物

由于我国近海沉积物中分布多种轻、重矿物，渤海也不例外。"908"专项的实施共在渤海海域获得了重矿物鉴定数据 1 475 个，轻矿物鉴定数据 1 610 个，如图 2.4 所示，矿物分析数据点在海域的分布比较均匀，可有效的反映整个渤海海域的碎屑矿物分布情况。

图 2.4 表层沉积物碎屑矿物鉴定数据点和矿物组合分区示意图

#### 2.2.1.1 碎屑矿物组成及含量分布

在渤海共鉴定出重矿物 56 种，含量较高的矿物（平均含量 >10%）为普通角闪石、绿帘石；分布普遍的矿物（平均含量 >1%）包括黑云母、白云母、水黑云母、石榴石、褐铁矿、钛铁矿、绿泥石、绢云母、磁铁矿、普通辉石、透闪石、榍石、黝帘石、赤铁矿等；含量较低的矿物包括阳起石、自生黄铁矿、白钛石、磷灰石、电气石、透辉石、锆石、自生重晶石、紫苏辉石、金红石、锐钛矿、褐帘石、红柱石、蓝闪石、十字石、硬绿泥石、萤石、蓝晶石、矽线石、球霰石、黄铁矿、菱铁矿、独居石、金云母、白榴石、自生磁黄铁矿、硅灰石、铬铁矿、胶磷矿、软锰矿、直闪石、玄武闪石、锡石、符山石、霓辉石、棕闪石、海绿石、黄玉、顽火辉石、磷钇矿等。另外，样品中还含有少量或微量的风化碎屑、岩屑、风化云母、宇宙尘等。

鉴定出轻矿物 12 种，主要为斜长石、石英、钾长石等，分布较广的矿物有白云母、黑云母、绿泥石、方解石、绢云母、水黑云母、海绿石、火山玻璃、石墨。样品中还含有一定量的岩屑、碳酸岩、生物碎屑、风化云母、有机质、锰结核与有机质的黏结颗粒以及风化碎屑等。各类矿物的颗粒百分含量基本统计见表 2.2。下文选择普通角闪石、云母、石英和长石等 4 种主要矿物探讨其颗粒百分含量在渤海海域的分布特征。

表 2.2　碎屑矿物颗粒百分含量基本统计

| 矿物组分 | 非零数据 | 最小值 | 最大值 | 平均值 | 标准偏差 | 方差 | 偏度 | 峰度 |
|---|---|---|---|---|---|---|---|---|
| 普通角闪石 | 1 472 | 0.3 | 78.3 | 37.0 | 17.20 | 295.94 | -0.05 | -0.46 |
| 绿帘石 | 1 451 | 0.3 | 56.1 | 16.7 | 8.95 | 80.17 | 0.61 | 0.39 |
| 云母 | 1 256 | 0.1 | 95.7 | 11.9 | 17.51 | 306.48 | 2.36 | 5.63 |
| 金属矿物 | 1 471 | 0.2 | 78.7 | 9.9 | 8.88 | 78.83 | 2.58 | 11.12 |
| 极稳定矿物组合 | 1413 | 0.2 | 50.6 | 6.2 | 6.20 | 38.44 | 1.84 | 4.37 |
| 普通辉石 | 1 326 | 0.1 | 27.8 | 2.6 | 2.75 | 7.54 | 3.11 | 15.64 |
| 自生黄铁矿 | 405 | 0.1 | 64.1 | 2.5 | 6.58 | 43.31 | 5.64 | 38.26 |
| 石榴石 | 1 334 | 0.1 | 44 | 4.6 | 5.39 | 29.02 | 1.88 | 4.28 |
| 榍石 | 1 301 | 0.1 | 15.3 | 1.2 | 1.13 | 1.29 | 4.06 | 35.61 |
| 锆石 | 648 | 0.1 | 8.1 | 0.6 | 0.79 | 0.62 | 4.90 | 32.76 |
| 紫苏辉石 | 590 | 0 | 5 | 0.4 | 0.67 | 0.45 | 3.24 | 13.61 |
| 变质矿物 | 465 | 0.1 | 3.9 | 0.3 | 0.28 | 0.08 | 6.06 | 61.51 |
| 赤、褐铁矿 | 1 458 | 0 | 47.8 | 3.6 | 4.68 | 21.88 | 3.10 | 15.27 |
| 磁铁矿 | 1 471 | 0 | 42.2 | 1.8 | 4.02 | 16.17 | 5.58 | 40.43 |
| 钛铁矿 | 1 472 | 0 | 52.1 | 4.4 | 5.87 | 34.42 | 2.31 | 7.80 |
| 电气石 | 1 311 | 0 | 5.5 | 0.4 | 0.52 | 0.28 | 2.79 | 13.04 |
| 氧化铁矿物/稳定铁矿物 | 1 256 | 0 | 73.3 | 2.6 | 6.31 | 39.81 | 4.94 | 32.82 |
| 极稳定矿物/普通角闪石与绿帘石之和 | 1 111 | 0 | 28 | 0.4 | 1.53 | 2.33 | 13.35 | 202.98 |
| 普通角闪石/绿帘石 | 1 440 | 0.1 | 219 | 4.2 | 10.35 | 107.10 | 11.52 | 184.61 |
| 金属矿物/普通角闪石与绿帘石之和 | 1 231 | 0 | 19.5 | 0.3 | 0.61 | 0.37 | 25.94 | 813.82 |
| 云母类/优势粒状矿物之和 | 732 | 0.1 | 11.6 | 0.4 | 0.57 | 0.32 | 11.19 | 208.06 |
| 石英 | 1 610 | 1.3 | 68.3 | 33.5 | 11.71 | 137.23 | -0.14 | -0.27 |
| 长石 | 1 610 | 1.3 | 83.8 | 49.8 | 14.44 | 208.39 | -0.90 | 0.87 |
| 石英/长石 | 1 610 | 0.1 | 5.2 | 0.8 | 0.45 | 0.20 | 2.14 | 10.44 |
| 云母类 | 1 402 | 0.1 | 90.6 | 7.4 | 14.62 | 213.60 | 3.23 | 11.11 |
| 海绿石 | 228 | 0.1 | 6.06 | 0.5 | 0.76 | 0.58 | 4.19 | 22.61 |
| 绿泥石 | 1 208 | 0.1 | 34.9 | 2.0 | 4.14 | 17.16 | 4.21 | 21.18 |
| 碳酸盐矿物（生物） | 1 258 | 0.1 | 75 | 4.9 | 8.12 | 65.86 | 3.50 | 16.29 |

（1）普通角闪石：多以绿色、浅绿的碎粒、薄的长柱状出现，有磨蚀。平均含量 37%，变化范围 0.3% ~78.3%，见表 4.1。源岩多为酸性岩浆岩、中性和基性岩浆岩，因其不稳定的风化性，易风化蚀变为绿帘石，物源指示性较好。整体分布趋势是渤海北部、西部含量高，

南部含量低。特别是在辽东湾东部、渤海中部、渤海湾海河沉积物入海附近、莱州湾刁龙嘴附近出现高含量区，莱州湾、庙岛群岛西部出现低含量区，其分布趋势体现了河流输入、近岸岩石剥蚀以及黄河物质扩散的影响（图2.5）。

（2）云母类（重矿物）：包括黑云母、白云母和水黑云母、绢云母。以黑云母、白云母为主，多为薄片状，有风化。云母类分布广泛，部分站位含量极高，为黄河三角洲沉积物重矿物中的第一优势矿物，平均含量11.9%，最大值95.7%，这与黄河物质输入扩散密切相关，渤海沉积物中云母的含量是中国海区沉积物中含量最高的。整体分布趋势为辽东湾西部、渤海湾东部以及庙岛群岛西部出现高含量，低含量主要出现在老黄河口以及现代黄河口之外的海区。其分布体现了沉积物的扩散趋势，这是辽东湾的沉积物向南以及莱州湾物质向北扩散，以及渤海物质向北黄海扩散的趋势（图2.5）。

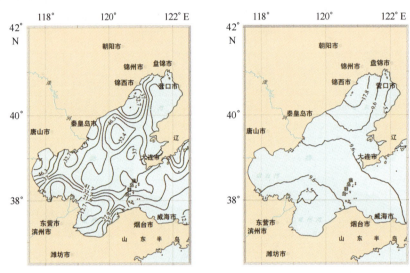

图2.5　渤海表层沉积物中普通角闪石（左）和云母类（右）颗粒百分含量分布图

（3）石英，在碎屑沉积物中广泛分布，形态以粒状、次棱角、次圆状为主，有磨蚀。平均含量33.5%，变化范围在1.3%～68.3%之间。整体分布趋势为东西向条带状分布，渤海中部高，近岸含量低。高含量主要分布在渤海中部，山东半岛西部海区、滦河入海口沉积物中含量也较高（图2.6）。

（4）长石，在渤海分布广泛，为轻矿物中的优势矿物，包括钾长石和斜长石。钾长石多为红色、褐色、浅褐色，粒状，硬度较大。斜长石，体视镜下呈现淡黄、灰白、灰绿等色，粒状为主，表面混浊，光泽暗淡，有磨蚀。平均含量49.8%，变化范围在1.3%～83.8%之间。高含量分布在渤海北部近岸，特别是海河、滦河、大凌河以及辽河等入海区，含量很高，而黄河沉积物中长石的含量相对较低，南北分带性明显（图2.6）。

### 2.2.1.2　碎屑矿物组合分区

综合选择碎屑矿物中含量较高、对物质来源和沉积环境反映较好的7种矿物（普通角闪石、绿帘石、云母类、金属矿物、极稳定矿物、石英、长石）作为Q型聚类分析的变量进行组合分区，利用数学聚类方法并结合矿物分布特征共划分出6个矿物组合区（Ⅰ～Ⅵ区）（图2.4），各组合分区矿物种类和含量变化明显，与底质沉积物类型、物质来源和沉积环境密切相关。

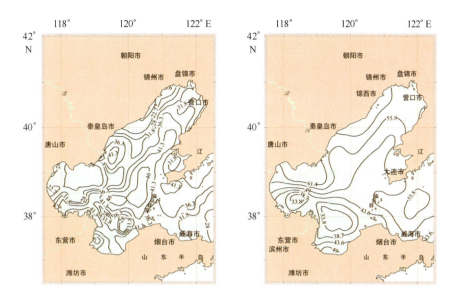

图2.6 渤海表层沉积物中石英（左）和长石（右）颗粒百分含量分布图

Ⅰ区：辽东湾东部矿物区，近南北向条带状分布，重矿物以普通角闪石、绿帘石为优势矿物，石榴石为特征矿物，钛铁矿和磁铁矿的含量相对较高，金属矿物、云母的含量很低，受辽东半岛西部近岸物质影响较大，辽河物质对其北部有影响，物质具有沿岸向南输送的趋势。轻矿物以长石、石英为主，云母的含量较低。本区的矿物组合为普通角闪石－绿帘石－长石－石英，特征矿物为石榴石。沉积物物质来源主要为辽东半岛近岸物质以及辽河物质输入，沉积物具有向南运移的趋势，沉积环境呈现弱氧化。

Ⅱ区：渤海西北部矿物区，中部为一亚区。呈近南北向沿岸分布，重矿物以绿帘石、普通角闪石为优势矿物，稳定的铁矿物（钛铁矿和磁铁矿）的含量较高，为本区的特征矿物，云母的含量较低具有向渤海中部扩散的趋势，极稳定矿物组合含量中等，锆石、榍石含量低并在本区零星出现。轻矿物以长石、石英为主，长石含量向渤海中部递减，云母含量较低。本区受渤海西北部河流输入物质影响较大，在大凌河、六股河以及滦河入海口处具有明显的矿物含量分带性，稳定铁矿含量高于氧化铁矿物，沉积环境为弱氧化。

Ⅲ区：渤海湾西部矿物区，受海河物质影响，重矿物以普通角闪石、绿帘石为优势矿物，特征矿物为石榴石、榍石，极稳定矿物含量较高，钛铁矿、磁铁矿在本区含量较高，氧化铁矿物含量较低。轻矿物以长石、石英为主，云母的分布呈现南高北低。碎屑矿物分布特征表明海河、蓟运河物质是控制该区沉积物矿物组成的主要因素，且影响范围有限，向外部扩散的趋势不明显，而南部受黄河物质影响较大，为弱氧化环境。

Ⅳ区：渤海南部矿物区，受黄河物质影响明显，局部受近岸物质影响。本区碎屑矿物特征分布极具物源特性，重矿物以云母、绿帘石、普通角闪石为优势矿物，氧化铁矿物为本区特征矿物，极稳定矿物含量较低。轻矿物以云母、石英和长石为主。本区碎屑矿物以云母为主，且含量具有向外部逐渐增加并向东部运移的趋势，在黄骅至东营近岸海区沉积物中氧化铁含量高，沉积物侵蚀严重，沉积环境为氧化环境。山东半岛西部出现近岸物质影响区，重矿物含量高，绿帘石新鲜，表明其物源较近。

Ⅴ区：渤海中部矿物区，主要受周边矿物区物质的影响，云母类含量较高，为物质扩散沉积区，矿物分布具有向东运移的趋势。重矿物以云母、普通角闪石、绿帘石为优势矿物，一些稳定的重矿物如石榴石、金属矿物等含量中等，轻矿物以石英、长石为主，石英含量较高。本区自生黄铁矿以局部富集方式出现，为弱还原环境，沉积环境和物质来源较为稳定。

Ⅵ区：渤海东部矿区，为渤海物质向黄海运移的通道，主要在本区南部扩散，北部矿物组成受辽东半岛南部近岸物质影响较大。重矿物以云母、普通角闪石和绿帘石为优势矿物，石榴石、金属矿物在辽东半岛近海沉积物中含量较高，氧化铁矿物在本区南部沿岸含量较高。轻矿物以长石、石英、云母为主，矿物区中部长石含量较高，云母含量变化显示沉积物具有沿山东半岛向东运移的趋势。在渤海海峡沉积物中局部出现自生黄铁矿，表明其北部为弱氧化局部弱还原环境，南部为弱氧化环境。

## 2.2.2 黏土矿物

### 2.2.2.1 表层沉积物黏土矿物含量组成及分布特征

图 2.7 为渤海表层沉积物黏土矿物分析测试的典型图谱。由表 2.3 可知，总体上，伊利石族矿物是渤海表层沉积物的优势矿物，平均含量达到 60% 以上；蒙皂石和绿泥石族次之，平均含量分别达到 14.7% 和 13.5%；高岭石族含量最低，平均含量为 10.7%。

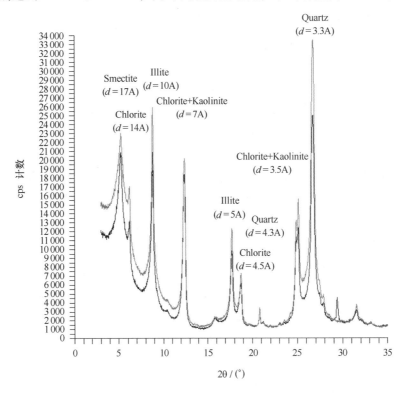

Smectite：蒙皂石；Illite：伊利石；Kaolinite：高岭石；Chlorite：绿泥石；Quartz：石英

图 2.7　渤海黏土矿物分析测试典型图谱

蒙皂石：在渤海蒙皂石含量最高可达 46.2%，最低可至 0，平均值为 14.7%（表 2.3）。蒙皂石含量的分布特征总体为：蒙皂石的含量南高北低，平均值高于 10% 的高值区集中在黄河三角洲及邻近的莱州湾和渤海湾，并一直延伸到渤中浅滩和渤海海峡北部。辽东湾也出现小范围的高值区。低于 8.7% 的低值区主要集中在滦河口外北部、辽东湾北部区域。尤其是滦河口外北部附近海域，出现渤海蒙皂石含量最低值。

其中，在黄河三角洲附近，表层沉积物中蒙皂石都在12.2%以上。部分区域蒙皂石含量在13.5%以上。并且出现由黄河三角洲向海方向逐渐减少的趋势。

伊利石：渤海伊利石的含量较高，变化范围是22.8%～81.3%，平均值为61.1%。伊利石含量变化趋势和蒙皂石的相反，在渤海基本为北高南低的趋势。高含量区分布在滦河口外，尤其是辽东湾、滦河口北部高值区伊利石含量在68%以上。

黄河三角洲及邻近的莱州湾为含量中值区，含量基本在65%以下，具有随着远离黄河三角洲岸线有升高的趋势。黄河口近岸沉积物中伊利石含量一般低于60%。渤中浅滩、辽东浅滩和辽东湾以及渤海海峡的大片区域，伊利石含量较低，大部分低于60%，个别区域伊利石含量低于50%。

表 2.3　渤海表层沉积物黏土矿物百分含量基本统计数据

| | | 蒙皂石 | 伊利石 | 高岭石 | 绿泥石 |
|---|---|---|---|---|---|
| 平均值 | | 14.7 | 61.1 | 10.7 | 13.5 |
| 最小值 | | 0 | 22.81 | 0.15 | 4.1 |
| 最大值 | | 46.2 | 81.34 | 43.61 | 58.1 |
| 百分频率 | 10 | 4.5 | 50.0 | 5.2 | 9.3 |
| | 20 | 7.6 | 55.1 | 7.7 | 10.5 |
| | 25 | 8.7 | 56.7 | 8.8 | 11.0 |
| | 30 | 9.8 | 57.8 | 9.6 | 11.4 |
| | 40 | 11.4 | 59.9 | 10.6 | 12.4 |
| | 50 | 12.8 | 62.2 | 11.3 | 13.4 |
| | 60 | 14.3 | 64.2 | 11.9 | 14.3 |
| | 70 | 16.9 | 66.2 | 12.4 | 15.1 |
| | 75 | 19.1 | 67.0 | 12.7 | 15.5 |
| | 80 | 21.9 | 67.9 | 13.1 | 15.9 |
| | 90 | 28.4 | 70.3 | 14.0 | 16.8 |

高岭石：高岭石的含量范围是0.2%～43.6%，平均值为10.7%。高值区集中在现代黄河三角洲东部和南部，辽东湾南部和滦河口外也存在高值区，高岭石含量在13%以上。明显的低值区出现在渤海湾向东南方向一直延伸到渤海海峡的大片海域，高岭石含量基本在12%以下。其中渤海海峡沉积物中高岭石含量出现全海域最低值，基本在8%以下。

在黄河水下三角洲海域，高岭石含量有向海逐渐降低的趋势。高含量区主要集中在现行河口两侧，含量在13.2%以上。

绿泥石：绿泥石的含量范围是4.1%～58.1%，平均为13.5%。高值区分布在黄河三角洲及邻近的渤海湾和莱州湾等大片海域，含量基本在14%以上。其中，黄河三角洲近岸区域，绿泥石含量可高达16%以上，为渤海最高值区。低值区出现在辽东浅海和渤中浅滩以及辽东湾北部和渤海海峡，含量在12%以下。黄河口外侧，随着与河口距离的增加，沉积物中绿泥石含量有降低的趋势。

#### 2.2.2.2　表层沉积物黏土矿物组合分区

以4种黏土矿物的含量为参数，采用SPSS软件进行Q型聚类分析，可将渤海明显划分为

4 个黏土矿物组合区：现代黄河三角洲及邻近的莱州湾海域（Ⅰ区）、辽东湾北部和滦河北部海域（Ⅱ区）、渤海海峡南部海域（Ⅲ区）和渤海湾北部至滦河口西南海域（Ⅳ区）。各黏土矿物区沉积物中黏土矿物含量的变化特征汇总于表 2.4。

表 2.4　各区表层沉积物黏土矿物百分含量基本统计数据

|  |  | 蒙皂石/% | 伊利石/% | 高岭石/% | 绿泥石/% |
|---|---|---|---|---|---|
| Ⅰ区 | 最小值 | 0.9 | 22.8 | 1.2 | 4.5 |
|  | 最大值 | 26.5 | 71.4 | 43.6 | 58.1 |
|  | 平均值 | 12.2 | 60.4 | 12.8 | 14.6 |
| Ⅱ区 | 最小值 | 0.0 | 61.5 | 7.5 | 7.1 |
|  | 最大值 | 9.6 | 80.7 | 17.2 | 20.8 |
|  | 平均值 | 4.8 | 69.4 | 12.4 | 13.3 |
| Ⅲ区 | 最小值 | 0.0 | 53.2 | 0.2 | 5.4 |
|  | 最大值 | 26.5 | 81.3 | 10.5 | 27.3 |
|  | 平均值 | 16.7 | 64.0 | 5.4 | 13.9 |
| Ⅳ区 | 最小值 | 17.9 | 34.4 | 1.1 | 4.1 |
|  | 最大值 | 46.2 | 60.4 | 14.2 | 25.2 |
|  | 平均值 | 29.0 | 50.9 | 9.0 | 11.0 |

从表 2.4 可以看出，Ⅰ区黏土矿物中蒙皂石、高岭石、伊利石和绿泥石含量平均值分别在 12.2%、60.4%、12.8% 和 14.6%，伊利石含量最高，其他 3 种黏土矿物含量均值都在 12%～15% 之间。与其他区相比较，Ⅰ区蒙皂石和伊利石含量中等，高岭石和绿泥石含量为渤海最高。

Ⅱ区蒙皂石、高岭石、伊利石和绿泥石含量平均值分别在 4.8%、69.4%、12.4% 和 13.3%。与其他分区相比较，蒙皂石含量最低，伊利石含量最高，高岭石和绿泥石含量较高。

Ⅲ区沉积物中绿泥石为渤海最高区，平均值分别在 13.9%，伊利石含量相对较高，平均值为 64.0%，高岭石为全区最低值，平均值为 5.4%，蒙皂石含量较高，平均值为 16.7%。

Ⅳ区蒙皂石含量为渤海最高值区，平均值达 29.0%，伊利石含量为全区最低值区，平均值为 50.9%。高岭石和绿泥石含量也较低。

### 2.2.2.3　黏土矿物分布的控制因素

与反映粗粒物质的碎屑矿物分区不同，黏土矿物的分布主要反映了细粒物质对黏土矿物含量的控制作用。综观渤海黏土矿物分布，发现其控制因素虽复杂，但起主导作用的只有下列两个方面：

1）物质来源

整个渤海黏土矿物的组合基本一致，这是因为输入海域的物质来源于同一气候带。不过由于物质在地域、岩性等方面的差别，造成黏土矿物含量比率等方面的差异。

现代黄河三角洲及邻近的莱州湾海域沉积物的黏土矿物组分基本反映了黄河物质的特点。学者们早期对黄河黏土矿物组合特征、结晶形态和化学成分的研究表明，黄河源沉积物中黏土矿物成分以伊利石为主，含量在 63.6% 左右，其次为蒙皂石（14.1%）、绿泥石（12.5%）和高岭石（9.7%）。黄河伊利石富钾，蒙皂石富钙，绿泥石属于富镁绿泥石（范德江等，2001）。随着距黄河河口距离的增大，表层沉积物中蒙皂石含量总体上逐渐降低。这说明，越远离黄河口位置，表层沉积物受黄河入海泥沙的影响越弱。蒙皂石矿物是黏土矿物中比较细小的矿物，较容易随水搬运（李国刚，1990）。现行黄河三角洲南部和北部以及邻近莱州湾北部蒙皂石含量高达13%以上，而莱州湾莱州湾中部和北部，虽然沉积物受黄河入海泥沙的控制，但是也受到莱州湾东部沿岸河流输入以及其他来源物质的影响，蒙皂石含量较上述区域有所降低，但还是要比莱州湾南部和东部中蒙皂石的含量高。这说明莱州湾东部和南部沉积物主要受到来自沿岸小清河、弥河、潍河等河流输入以及沿岸冲刷物质的影响。高岭石和绿泥石在现代黄河三角洲邻近海域的分布特征与蒙皂石类似，随着距离河口距离的增加，含量逐渐降低。而伊利石含量变化特征与蒙皂石相反，随着距离黄河口距离的增加，伊利石的含量逐渐增加。

渤海湾北部至滦河口西南海域沉积物的黏土矿物组成基本反映了滦河、海河及沿岸物质的特点。在滦河沉积物中蒙皂石、伊利石、高岭石和绿泥石含量依次为63%、27%、10%和5%。同时，海河沉积物中这四种黏土矿物的百分含量分别为35%、52%、8%和5%（刘建国，2007）。

辽东湾北部和滦河北部海域可能受大凌河、双台子和和辽河入海物质的影响。

渤海海峡南部海域的沉积物黏土矿物组成可能受到外海物质以及陆源混合物质的影响。

2）沉积物类型和水动力条件的影响

黏土矿物的分布与沉积物类型也有一定的关系，在同一来源的沉积物中，蒙皂石的含量在细粒级沉积物中比粗粒级沉积物中高。这种现象在黄河口附近表现的比较明显，在河口两侧和莱州湾北部，蒙皂石的含量较高，细颗粒物质含量也较高。造成这种现象的主要原因是水动力作用，即水动力作用强，沉积物粗；水动力作用弱，沉积物细。而蒙皂石是这四种黏土矿物中粒度最小的，也就易在水动力作用弱的海域沉积。

## 2.3 沉积物地球化学特征

沉积物中化学元素的组成和来源与物质来源有密切的关系，同时又受到沉积环境的制约。渤海为中国内海，常年有黄河、海河、滦河、辽河等注入大量泥沙，陆海相互作用强烈，陆海相互作用和人类排放都会在海底沉积物的化学组成中得到体现。

### 2.3.1 常量元素含量及其分布特征

对沉积物的常量组分进行了 $SiO_2$、$Al_2O_3$、$TFe_2O_3$（全铁）、$MgO$、$CaO$、$K_2O$、$Na_2O$、$MnO$、$TiO_2$、$P_2O_5$、TOC（总有机碳）、$CaCO_3$、LOI（灼减量）等指标的分析，结果表明，渤海表层沉积物地球化学组分以 $SiO_2$ 和 $Al_2O_3$ 为主，最高值分别可达87.72%和16.82%（表2.5）；其次为 $CaO$、$Fe_2O_3$ 和 $CaCO_3$，含量分别为4.24%、4.29%和4.66%；$Na_2O$、$K_2O$ 和 $MgO$ 等氧化物的含量变化相当接近，为2.51%、2.79%和2.07%；$TiO_2$、$P_2O_5$ 和 $MnO$ 含量较少，一般小于1%。TOC 的变化范围较大，介于0.01%~1.12%，平均含量为0.37%。灼减量的变化范围也较大，介于0.92%~21.14%之间。

表 2.5　表层沉积物常量组分含量分布

| 常量组分/% | SiO$_2$ | Na$_2$O | K$_2$O | MgO | CaO | Al$_2$O$_3$ | Fe$_2$O$_3$ |
|---|---|---|---|---|---|---|---|
| 最小值 | 34.77 | 0.87 | 1.28 | 0.23 | 0.44 | 4.69 | 0.50 |
| 最大值 | 87.72 | 5.06 | 4.92 | 3.78 | 23.87 | 16.82 | 10.12 |
| 平均值 | 61.97 | 2.51 | 2.79 | 2.07 | 4.24 | 12.35 | 4.29 |
| 标准偏差 | 9.16 | 0.55 | 0.34 | 0.78 | 2.49 | 1.93 | 1.25 |
| 常量组分/% | TiO$_2$ | MnO | P$_2$O$_5$ | CaCO$_3$ | TOC | LOI | |
| 最小值 | 0.06 | 0.02 | 0.03 | 0.1 | 0.01 | 0.92 | |
| 最大值 | 0.88 | 0.57 | 0.54 | 44.59 | 1.74 | 21.14 | |
| 平均值 | 0.51 | 0.09 | 0.18 | 4.66 | 0.45 | 6.62 | |
| 标准偏差 | 0.15 | 0.04 | 0.13 | 4.07 | 0.24 | 2.84 | |

（1）SiO$_2$：为区内沉积物的主要地球化学组分，含量变化介于34.77%～87.72%之间，平均值为61.97%（图2.8，表2.5）。其含量由渤海西侧向东侧逐渐升高，最高值部分出现在滦河河口附近，平均值超过了75%，这可能跟本区处于滦河河口位置，沉积动力环境不稳定，沉积物粒度偏粗有关。本区也是渤海整个地区范围内粒度较粗的部分之一（图2.1），以砂类沉积物为主；另外，这也可能跟流域因素有关，由于滦河源于山区，每年汛期由径流输入了较多的砂质沉积，而枯水期输沙量极少，大量粗粒物质在汛期入海后由于动能的骤然减弱，导致了在河口地区的大量堆积，从而使得本区的SiO$_2$含量最高。除了滦河河口区外，在渤海东部—辽东浅滩和辽东湾顶部的近岸区，SiO$_2$含量也明显偏高。考虑到渤海东部地区沉积动力环境复杂，受黄海暖流的影响，本区潮余流较强，以直线式的强潮流动力环境为主要特征（Zhu et al.，2000），底质则多以砂质沉积为主，故SiO$_2$含量较高。相对而言，在以细颗粒为主要沉积的渤海西部，包括渤海湾、莱州湾及中部泥质区，由于水动力较弱，加之黄河入海物质的粒度相对较细，从而使得这些地区的SiO$_2$含量偏低（范德江等，2001）。因此，沉积物动力环境和流域物源供应是本区SiO$_2$空间分布主要控制因素。

（2）Al$_2$O$_3$：含量变化介于4.69%～16.82%之间，平均含量为12.35%。区域分布上看，高值区见于渤海中部、西部等处，含量都在12%以上；而在辽东浅滩、滦河口、曹妃甸等海域出现低值区，含量在11%以下（图2.8）。Al$_2$O$_3$的分布主要受到沉积物粒级的控制，细颗粒沉积物中含量高，而砂粒级沉积物中含量偏低，这主要是因为Al主要赋存于黏土矿物晶格中，在表生地球化学作用中比较稳定，不易活化迁移，Al$_2$O$_3$的高值分布与细颗粒的粉砂、黏土沉积物分布相一致，常随沉积物粒径变小而含量增高，分布特点与MgO、K$_2$O具有一定的相似性，与SiO$_2$则正好相反。

（3）Fe$_2$O$_3$：含量在本区内变化介于0.50%～10.12%之间，平均含量为4.29%，其分布趋势与Al$_2$O$_3$的分布相近，其高值区主要位于渤海中部、渤海湾、莱州湾等处，而在辽东浅滩、滦河口、曹妃甸等处为低值区（图2.9），表现出明显的粒度控制性。Fe与Al在水溶液中主要以黏土吸附或水合氢氧化物胶体方式迁移，两者在沉积物形成过程中具有相近的迁移、富集规律。Fe的富集除了与黏土矿物、铁的氧化物－氢氧化物等有关外，还可能与沉积区的氧化－还原特性有关，迁移过程中的氧化－还原作用同样能够造成Fe的贫化与富集。由于受黄河物质输入的影响，径流中含铁的胶体和金属离子在河口咸淡水混合的环境中由絮凝作用沉淀而下来，从而在河口地区明显偏高。

（4）P$_2$O$_5$：含量较低，变化介于0.03%～0.54%之间，平均值为0.18%，在渤海湾、中部泥质区和莱州湾内的含量较高，东部在辽东浅滩、滦河口、曹妃甸等处为低值区，表现出

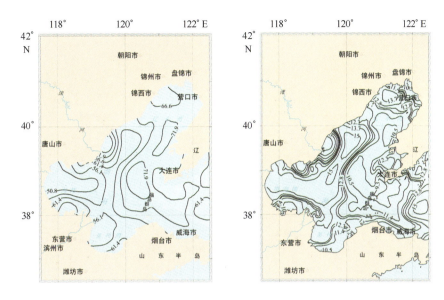

图 2.8  渤海表层沉积物 $SiO_2$ 和 $Al_2O_3$ 含量（%）等值线图

一定的粒度控制性（图 2.9）。P 主要呈磷酸根 $PO_4^{3-}$ 形式在自然界中存在，最常见的含磷矿物是磷灰石，在表生风化作用中磷从矿物或从农田土壤中淋滤析出后以溶液或悬浮物形式被搬运入海。渤海湾和莱州湾内沉积物的 $P_2O_5$ 含量明显偏高，这可能跟黄海等河流的陆源输入有直接的关系。此外，海底沉积物中磷的分布还会受到生物作用控制。

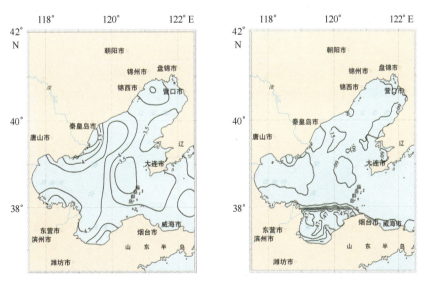

图 2.9  渤海表层沉积物 $Fe_2O_3$（左）和 $P_2O_5$（右）含量（%）等值线图

（5） $TiO_2$ 和 MnO：含量变化较大，介于 0.06% ～ 0.88% 之间，平均为 0.51%，相对 MnO 而言，其空间分布特征则较为均匀，高值区主要在渤海湾和渤海中部泥质区内，在辽东湾顶部的近岸区也有一高值区分布。而在其他海区含量分布则较为均匀，含量普遍较低（图 2.10）。Ti 在表生沉积作用中稳定，属于惰性元素，难以形成可溶性化合物迁移，主要以碎屑形式被搬运入海而沉积。

（6） CaO：作为海洋沉积物中的重要组分，其含量变化介于 0.44% ～23.87% 之间，平均值为 4.24%。总体呈现出南高北低的趋势（图 2.11）。高值区主要分布在渤海湾和莱州湾内，具

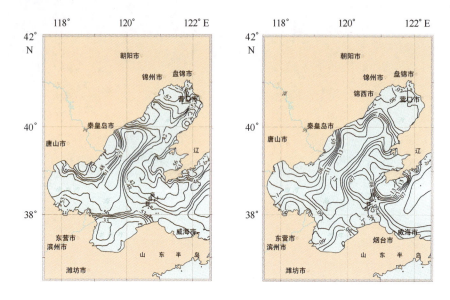

图 2.10　渤海表层沉积物 $TiO_2$（左）和 MnO（右）含量（%）等值线图

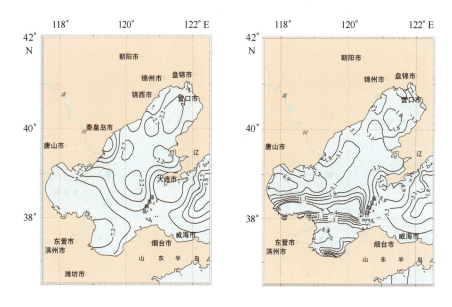

图 2.11　渤海表层沉积物 CaO（左）和 $CaCO_3$（右）含量（%）等值线图

有向海逐渐降低的趋势，这与黄河源沉积物具有较高的碳酸钙含量相一致；除渤海湾和莱州湾两个高值区外，在东部的大连沿岸地区还有一高值中心，含量一般大于 5%，这与该处海洋钙质生物碎片的局部富集和碳酸盐矿物的影响有关，表明该组分主要受到沉积物来源、海洋钙质生物的共同控制。

（7）$CaCO_3$：含量范围变化很大，介于 0.1%～45%，平均含量为 4.66%。从其平面分布平特征来看，主要可分为中西部渤海近岸高值区和中东部低值区（图 2.11）。与 $Al_2O_3$ 的空间分布趋势类似，在渤海湾、莱州湾及其邻近的海区 $CaCO_3$ 含量相对较高，最高值则出现在渤海东部靠近辽东浅滩和老铁山水道靠近渤海海峡的区域内；而在渤海的中部海区，$CaCO_3$ 的含量普遍较低，小于 4%。该分布趋势可能受沉积物粒度、物质来源和生物活动等因素所控制，其中大连附近海域高含量 $CaCO_3$ 与贝壳的富集有密切关系。总体来说，CaO 与

CaCO$_3$ 在全区内分布非常不均匀，局部富集现象显著。由于 Ca 是与生物有关的元素，其分布特征可能明显受到局部生物沉积作用的控制。

（8）TOC：含量变化范围较大，最小值为 0.01%，最大值为 1.74%，平均含量为 0.45%。从其平面分布特征来看，TOC 的空间分布特征与沉积物类型的分布相似。高值区（>0.5%）出现在渤海中部，主要呈南北条带状分布（图2.12），这与渤海中央泥质区中心的分布吻合较好，说明细颗粒物质对于沉积物中有机质的保存作用对于该区 TOC 的分布具有明显的控制作用。此外，渤海西部包括渤海湾在内的区域，TOC 的含量也相对较高，这与该区沉积物粒度较细具有较好的对应关系。另外，调查区东部，靠近辽东半岛的地区 TOC 含量明显较低，受沉积动力环境制约，该区底质特征以颗粒较粗的残留砂质沉积为主。靠近黄河口附近地区个别站位的 TOC 含量较高，最高可达 1.0% 以上，这可能跟河流陆源输入有直接的关系。在滦河口附近海区，该区沉积物 TOC 含量偏低（<0.2%），这与本区沉积物较粗有关，受沉积物粒度的影响明显。总体而言，研究区 TOC 显著受控于沉积物粒度，其含量高低大小与沉积动力环境的强弱密切相关。

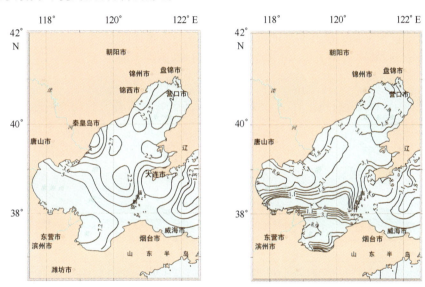

图 2.12　渤海表层沉积物 TOC（左）含量和 LOI（右）（%）等值线图

（9）LOI：沉积物中 LOI 含量的变化范围介于 0.92% ~ 21.14%，平均含量为 6.62%。LOI 的空间分布特征与 CaCO$_3$、Fe$_2$O$_3$ 含量的分布特征相似，基本上可分为中西部高值区和东部低值区（图2.12）。其中，渤海湾、莱州湾靠近黄河口海区和渤海中部泥质区 LOI 较高，大于 7%；调查区块中部靠近辽东半岛的一侧，即辽东浅滩范围内，LOI 则明显降低，小于 4%，这与该区沉积物粒度较粗具有比较好的关联性。此外，靠近大连近岸区，LOI 较高，其分布规律与 CaCO$_3$ 基本一致。

### 2.3.2　微量元素含量及其分布特征

（1）微量元素丰度特征

对微量元素 Cr、Cu、Pb、Zn、Ba、Sr、Zr、V、Co、Ni 的含量变化范围、平均值、变异系数等进行了统计分析（表2.6）。结果表明不同元素的含量变化较大，其中 Ba、Sr、Zr 的含量较高，平均含量分别为 564.81 × 10$^{-6}$，213.88 × 10$^{-6}$ 和 219.25 × 10$^{-6}$，其中 Zr 元素不同站位间的含量变化范围最大，相对标准偏差达48%。其他微量元素 Cu、Pb、Zn、V、Co、Ni 的含量则处于同一数量级范围内，分别为 $21.96 \times 10^{-6}$、$24.21 \times 10^{-6}$、$72.15 \times 10^{-6}$、$68.63 \times 10^{-6}$、$11.58 \times 10^{-6}$、$28.56 \times 10^{-6}$ 和 $54.24 \times 10^{-6}$。

（2）微量元素的空间分布特征

Cu、Pb、Zn、Cr 属于重金属元素，是反映底质环境质量的重要因素。这几种重金属含量都在同一数量级范围内，Cu、Zn 和 Cr 的分布特征比较相近，主要表现在渤海湾和中部泥质区含量相对较高；相比之下，Pb 的空间分布相对比较均匀，其变异系数仅为25%。作为典型的亲硫元素，它们在渤海中的分布趋势非常相似，高值区主要分布在渤海湾、莱州湾和中部泥质区，而东部地区的含量普遍偏低，这与前面常量组分中的受粒度控制较为明显的 TOC，$Fe_2O_3$ 含量的空间分布有较好的一致性，表明了细颗粒物质对于这些微量元素的吸附作用是导致它们富集的主要原因。Cu、Zn、Cr 在辽东湾的北部近岸区还表现出明显的高值区域（如局部 Cr 含量大于 $70 \times 10^{-6}$），反映了重金属污染相对较重，这可能跟辽河流经的区域是东北传统的重工业基地，流域内的工业生产活动不可避免地对河口地区带来一定程度的污染，因此在辽东湾北部及大连湾等近岸区出现的高值区域也可能与人为活动有一定的关系。而 Pb 在此区域的含量则较为平均，没有明显的富集现象。研究表明：Pb 主要以硫化物方铅矿形式存在，表生过程中 Pb 的迁移能力较小，只有少量的 Pb 呈溶解态被带入海洋，在还原条件下生成硫化物沉淀，或为黏土和有机质吸附，Pb 的分布与调查区内金属类矿物的分布关系密切。Cu 在表生作用中以无机或有机络合物、吸附悬浮，甚至可溶的离子形式被搬运，在沉积作用中主要以硫化物存在，或为有机物、黏土和胶体吸附；Zn 常以类质同象形式存在于铁镁硅酸盐矿物和铁的氧化物中，可富集成矿（闪锌矿），岩石风化后部分 Zn 进入溶液，迁移过程中可被黏土矿物、铁锰氧化物、有机物等吸附，常在细颗粒的黏土沉积物中富集。

表2.6 表层沉积物微量组分含量统计表 $\times 10^{-6}$

| 元 素 | Cu | Pb | Ba | Sr | V | Zn | Co | Ni | Cr | Zr |
|---|---|---|---|---|---|---|---|---|---|---|
| 最小值 | 0.40 | 6.82 | 55.40 | 98.80 | 3.09 | 8.80 | 1.00 | 3.30 | 4.30 | 50.40 |
| 最大值 | 53.80 | 60.20 | 2182.32 | 693.20 | 140.70 | 261.00 | 39.40 | 53.96 | 93.56 | 844.00 |
| 平均值 | 21.96 | 24.21 | 564.81 | 213.88 | 72.15 | 68.63 | 11.58 | 28.56 | 54.24 | 219.25 |
| 变异系数/% | 39 | 25 | 29 | 23 | 27 | 38 | 37 | 37 | 37 | 48 |

Ni、V、Co 属于铁族元素，它们的分布趋势与 $Fe_2O_3$ 相类似，高值区主要出现在渤海湾和渤海中部泥质区内，低值区则主要出现在辽东浅滩和渤海海峡等沉积物粒度较粗的地区，这跟河口地区强烈的絮凝 – 吸附 – 沉积过程有直接的关系。其中，Ni、Co 的最高值都出现在渤海湾，最高值含量分别为 $53.9 \times 10^{-6}$，$39.4 \times 10^{-6}$。Ni 在渤海湾内的空间分布特征表现出由海河口向外呈放射状分布，这可能跟海河流域是京津唐经济区，农业，工业和城市活动的排污等因素造成海河污染严重。已有研究表明，海河口水体和沉积物中存在 Ni、Cr、Zn 等超标污染的现象，这与海河流域及河口区主要存在的电镀电子、化工、制药等行业产生的污染物排放有关（孟伟等，2004）。

Zr 在渤海沉积物中的含量较高，平均约为 $219.25 \times 10^{-6}$。Zr 的空间分布特征不均匀，变异系数达48%，高值区主要出现在辽东湾、普兰店湾和莱州湾中东部区域（三山岛）（含量 $>300 \times 10^{-6}$）。Zr 在表生地球化学作用中稳定性较高，常被黏土吸附，但其空间分布特征并不与黏土矿物吸附作用影响明显的 $Fe_2O_3$、$Al_2O_3$ 和重金属等组分的空间分布特征相一致，这可能跟不同区域沉积物来源的差异有关。

Ba 在渤海沉积物中同样具有较高的含量，平均含量约为 $564.81 \times 10^{-6}$，其空间分布具有明显北高南低的特征。总体可分为北部高值区和南部低值区，Ba 在不同区域内表现出较好的空间一致性，空间分布较为均匀。在北部高值区，相对较高的 Ba 主要出现在曹妃甸和大连外侧的辽东潮流砂脊区，最高可达 $2\,000 \times 10^{-6}$；而在渤海南部，大部分地区 Ba 含量低于 $400 \times 10^{-6}$，只在莱州湾东部地区出现局部的富集。

Sr 在渤海沉积物中的含量较高，平均含量为 $213.88 \times 10^{-6}$，大部分站位 Sr 含量在 $200 \sim 300 \times 10^{-6}$ 之间。高值区主要集中在辽东湾西侧近岸区域和大连周边海域。值得注意的是，在渤海南部，即渤海湾和莱州湾的大部分地区 Sr 的含量也相对较高（ $> 200 \times 10^{-6}$），这可能跟黄河物质在这些地区的输入扩散有一定的关系。研究表明，受中游黄土特征的影响，黄河沉积物中 Sr 含量相对偏高（杨守业等，2003）。另外，本区 Sr 含量的最高值出现在大连周边海区和辽东湾西侧近岸，该区沉积物粒度较粗，富含生物碎屑，因此，生物碎屑碳酸盐的贡献对本区 Sr 的局部富集起重要作用。这与沉积物中常量组分 CaO 的空间分布特征相一致，反映了黄河入海物质和海洋生物碳酸盐的共同影响。

综上所述，渤海沉积物元素含量及其分布特征表明，渤海表层沉积物中元素地球化学性质具有明显的粒度分异作用，而在渤海湾、黄河口及其邻近的莱州湾地区以及辽东湾西部的滦河口外等局部地区还不同程度地受到河流入海物质的明显影响。不同区域之间的沉积地球化学过程有所区别，其控制性影响因素是渤海的沉积水动力条件和沉积物物源贡献，即沉积水动力环境和河流入海物质是形成渤海沉积地球化学差异的关键因素。

## 2.4 沉积物微体古生物特征

### 2.4.1 有孔虫

海洋沉积物中的有孔虫分布为研究海流分布和海洋沉积环境演化提供了可靠材料。对渤海的渤海湾、辽东湾、莱州湾等海域有孔虫的分布规律近年来也有报道（李全兴等，1990；林防等，2005；王飞飞等，2009；李小艳等，2010）。由于渤海沉积物中浮游类有孔虫的种类非常少，大多数为泡抱球虫（*Globigerina bulloides*）和红拟抱球虫（*Globigerinoides ruber*），而且它们的含量很低，分布非常零散。因此，在"908"专项调查资料的基础上，下文仅对表层沉积物的底栖有孔虫鉴定数据进行整合归纳，以揭示渤海表层沉积物中底栖有孔虫的分布特征和规律。

#### 2.4.1.1 底栖有孔虫分布特征

从渤海沉积物中共鉴定出底栖有孔虫 85 属 249 种。底栖有孔虫中，百分含量大于 10% 的优势种有毕克卷转虫（*Ammonia beccarii*），同现卷转虫（*Ammonia annectens*），亚易变筛九字虫（*Cribrononion subincertum*）等；百分含量为 10% ~ 5% 的常见种有亚洲希望虫（*Elphidium asiaticum*），结缘寺卷转虫（*Ammonia ketienziensis*），凸背卷转虫（*Ammonia convexidosa*）等；百分含量为 5% ~ 1% 的少见种有多变假小九字虫（*Pseudononionella variabilis*），曼顿半泽虫（*Hanzawaia mantaensis*），大西洋花朵虫（*Florilus atlanticus*）等；百分含量小于 1% 的罕见种有丸桥卷转虫（*Ammonia maruhasii*），科楔箭头虫（*Bolivina cochei*），透明筛九字虫（*Cribro-*

*nonion vitreum*）等。

### 2.4.1.2　底栖有孔虫丰度和分异度

渤海表层沉积物中的底栖有孔虫丰度分布见图 2.13，其最小丰度值为 0，最大丰度为 1753 枚/克干样，出现在渤海莱州湾东部海域。从图中可以看出，整个渤海沉积物中底栖有孔虫丰度高值主要分布在辽东湾北部和莱州湾东部，底栖有孔虫丰度值大于 100 枚/克干样。底栖有孔虫低值区分布在滦河入海口和黄河入海口周围区域，丰度值基本上小于 5 枚/克干样，从河流入海口往外，底栖有孔虫丰度值又逐渐升高。

渤海表层沉积物中的底栖有孔虫简单分异度图最小值为 0，最大值为 44（图 2.13），高值区位于辽东湾、渤海湾以及莱州湾外侧区域，低值区位于滦河、黄河影响的海域。

### 2.4.1.3　底栖有孔虫主要属种分布特征

在统计数据时，只选择鉴定底栖有孔虫总个数大于 50 枚的 1779 个站位进行计算，并选用这些站位鉴定数据作了主要属种百分含量分布图。主要选择在大多数表层沉积物中出现的 7 个重要属种分别进行描述。

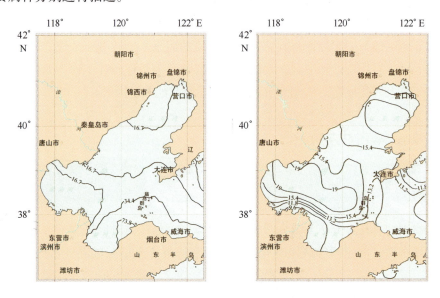

图 2.13　渤海表层沉积物中底栖有孔虫丰度（左）（枚/克干样）和简单分异度（右）分布图

*Ammonia beccarii*：为世界上分布最广的广盐滨岸种，是我国内陆架及其以浅的各种半咸水环境中的优势成分，该种为典型的浅水型底栖有孔虫，是渤海最常见属种之一，不同水深区域均有出现，其最低百分含量为 0，最高为 84.09%，平均含量为 9.48%。高含量区基本上位于辽东湾东北部边缘、黄河入海口附近和渤海湾西部，向深水区含量逐渐降低，低值区位于渤海中部。

*Buccella frigida*：为一冷水、较冷水指示种。其最低百分含量为 0，最高为 70.63%，平均为 6.3%，*Buccella frigida* 主要分布在渤海的中北部，在辽东湾中部及大连市外围区域有两个高值区。

*Cribrononion subincertum*：百分含量最低为 0，最高为 71.80%，平均含量为 8.44%，其低值区位于渤海北部和南部，高值区位于渤海中部和西部。

*Elphidium advenum*：该种为渤海最常见属种之一，在各种水深均有出现，为典型的内陆架种，在表层沉积物底栖有孔虫中的百分含量变化范围为0～53.07%，平均为4.72%，其高含量区分布在辽东湾、莱州湾和渤海中部海域。

*Elphidium magellanicum*：百分含量最低为0，最高为70.50%，平均为7.90%，其低值区位于渤海中部和南部，高值区位于渤海北部和西北部边缘海域。

*Protelphidium tuberculatum*：百分含量最低为0，最高为78.76%，平均为18.86%，其低含量区分布于渤海北部，高含量区位于渤海中部和南部海域。

*Quinqueloculina lamarckiana*：百分含量最低为0，最高为85.77%，平均为3.59%，其高值区分布于莱州湾和渤海湾，而低值区则分布于渤海的中部区域。

*Quinqueloculina akneriana*：百分含量最低为0，最高为75.49%，平均为4.50%，其中高值区分布于莱州湾、渤海湾以及辽东湾的部分区域。

总的来看，渤海底质沉积物中有孔虫类型以底栖有孔虫占绝对优势，只有极个别站位鉴定出泡抱球虫（*Globigerina bulloides*）和红拟抱球虫（*Globigerinoides ruber*）两种浮游有孔虫。其中底栖有孔虫又以玻璃质壳占绝对优势，瓷质壳次之，胶结壳含量最少。渤海南部底栖有孔虫的丰度在有河流入海的近岸低，特别是黄河口周边是丰度最低值区，从河口向外海方向，有孔虫分异度和丰度都逐渐增大。在渤海北部的辽东湾底栖有孔虫丰度和分异度都较高，而中部丰度和分异度值都偏低。渤海沉积物玻璃质壳底栖有孔虫中，以毕克卷转虫（*Ammonia beccarii*），亚易变筛九字虫（*Cribrononion subincertum*），异地希望虫（*Elphidium advenum*），具瘤先希望虫（*Protelphidium tuberculatum*），阿卡尼五玦虫（*Quinqueloculina akneriana*），拉马克五玦虫（*Quinqueloculina lamarckiana*）和冷水面颊虫（*Buccella frigida*）等属种占优势。

## 2.4.2 介形虫

渤海表层沉积中介形虫的分布状况，前人已做过不少调查，分别对渤海海岸带、潮间带、海湾、海峡以及海域底质中的介形虫进行了较为系统的研究，并划分出组合，探讨了介形虫的分布与环境之间的关系（赵全基，1981；赵泉鸿，1985；海洋图集编委会，1990；赵泉鸿等，1990；李淑鸾，1994；阮培华，2000）。综合这些研究成果，可以将渤海表层沉积中介形虫分为3个组合区（图2.14）：

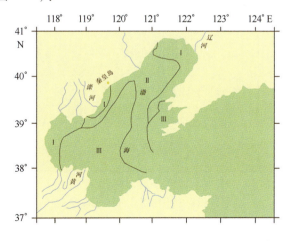

图2.14 渤海表层沉积物中介形虫组合分区（改自海洋图集编委会，1990）

Ⅰ：皱新单角介（*Neomonoceratina cirspata* Hu）组合区

分布于辽东湾东侧及其顶部，秦皇岛至海河口沿岸及渤海湾顶部，为介形虫的高含量区，但属种较为单调，简单分异度小于9（李淑鸾，1994）。其中皱新单角介占全群25%以上，有些站位达50%以上。此外还出现我国东部浅海分布最广的广盐性浅水种如宽卵中华美花介、长中华美花介、美山双角花介、中华洁面介等，还偶见黄海、渤海湾常见的过渡沟眼介、网纹中华花介、背瘤戳花介、穆赛介诸种等浅水分子（赵泉鸿，1985）。

Ⅱ：穆赛介（*Munseyella*）组合区

分布于辽东湾中部及东南部的广大浅海区，属种较为丰富，简单分异度大于9。其中以穆赛介诸种占优势，此外还有泽野翼花介，背瘤戳花介和美山小凯依介等特征种（海洋图集编委会，1990），还可见近日本库土曼介、双脊日本花介、舟耳形介等黄海、渤海区正常浅海类型（赵泉鸿，1985）。

Ⅲ：中华美花介（*Sinocytheridea*）－美山小凯依介〔*Keijella bisanensis*（*Okubo*）〕组合区

分布在水深约20 m以浅的潮下带、潮间带、河口和海湾等少盐至真盐水环境和水深大致为20～50 m的内陆架浅海区，介形虫的含量较Ⅰ组合低，其余种类与Ⅰ组合类同，偶见楔形半尾花介、四针刺面介、眼点弯贝介等。

此外，介形虫在渤海海峡与黄海所见相同，只是其中常常混有个别陆相介形虫，如纯净小玻璃介（*Candoniolla alfieans*）等（赵全基，1981）。

### 2.4.3　孢粉

渤海沉积物的孢粉组合分区较为简单，王开发等（1993）曾对该片海域表层沉积物进行了大量的孢粉分析研究，并根据渤海表层沉积孢粉分布的差异，将其划分为3个孢粉组合区（图2.15）。Ⅰ：松属（*Pinus*）－栎属（*Quercus*）－藜科（Chenopodiaceae）－蒿属（*Artemisia*）孢粉组合区；Ⅱ：松属（*Pinus*）－栎属（*Quercus*）－卷柏属（*Selaginella*）－椭球藻属（*Baltisphaeridium*）孢粉组合区；Ⅲ：藜科（*Chenopodiaceae*）－蒿属（*Artemisia*）－松属（*Pinus*）－栎属（*Quercus*）孢粉组合区。

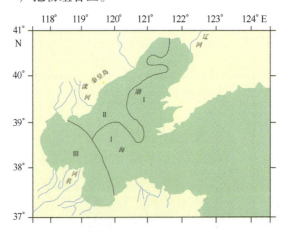

图2.15　渤海表层沉积物中孢粉组合分区（改自王开发等，1993）

其中Ⅰ区主要分布于近辽东半岛和山东半岛海区，呈现出的孢粉组合与现生长于两地半岛的赤松、麻栎针阔叶混交林植被关系密切。Ⅱ区处于渤海西北部，陆缘的冀辽山地丘陵和华北平原区的植被分别主要以油松、辽东栎、榆树林区和栎林、油松和灌丛草原为主（吴征镒，1980）。这些植被每年产生的大量"孢粉雨"，并在风、水流等地质营力作用下源源不断地向本区传播。Ⅲ区与Ⅰ、Ⅱ区相比，草本花粉含量大增，松、栎花粉数量减少，草本花粉含量增高，这与其西部陆缘盐碱滩地以藜蒿植物为主有关，其他草本植物以禾本科和菊科植物较为常见。

### 2.4.4 硅藻

渤海地处温带，表层沉积硅藻基本上以近岸潮间带种类为主，蒋辉（1987）、王开发等（1993）以及商志文等（2006）曾分别对整个渤海表层沉积硅藻组合分布特征进行研究，结果显示，柱状小环藻（*Cyclotella stylorum*）、菱形藻（*Nitzschia* spp.）、圆筛藻（*Coscinodi scus* spp.）、曲壳藻（*Achnanthes* spp.）和具槽直链藻（*Palaria sulcata*）为该海域优势属种；出现了以底栖种类占优势，而浮游种类非常少的硅藻组合面貌，出现这一特点皆因渤海是一个半封闭的陆架浅海的自然地理条件造成的，受外海水海流的影响小，从而浮游种类也很少，水深和盐度就成为控制渤海表层硅藻组合面貌分布的重要因素。根据渤海表层沉积硅藻成分的变化及地质地貌、水文特征，王开发等（1993）将本区硅藻划分为2个组合区5个亚组合区（图2.16）：

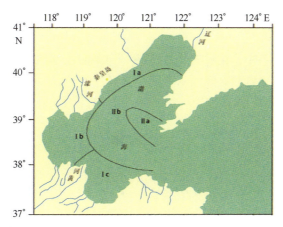

图2.16 渤海表层沉积物中硅藻组合分区（改自王开发等，1993）

Ⅰ：小环藻（*Cyclotella*）－菱形海线藻（*Thalassionema nitzschioides*）－菱形藻（*Nitzschia*）－辐环藻（*Actinocyclus*）组合区

本区见于渤海沿岸20 m水深以浅的水域，以小环藻为主要分子，可见半咸水的弯菱形藻、批针菱形藻，近岸的爱氏辐环藻及其变种以及浅海的具槽直链藻及浮游的菱形海线藻。本区硅藻组合种类复杂，淡水、近岸潮间带、浅海种甚至浮游种均可见。由于陆上不同地方径流淡水注入量不同，造成海区硅藻地方性种类特征明显，还可进一步分为3个亚组合区：

Ⅰa：扭曲小环藻（*Cylotella comta*）－具槽直链藻（*Palaria sulcata*）－菱形海线藻（*Thalassionema nitzschioides*）亚组合区

Ⅰb：柱状小环藻（*Cyclotella stylorum*）－菱形藻（*Nitzschia*）－菱形海线藻（*Thalassionema nitzschioides*）亚组合区

Ⅰc：柱状小环藻（*Cyclotella stylorum*）－爱氏辐环藻（*Actinocyclus ehrenbergi*）亚组合区

Ⅱ：具槽直链藻（*Palaria sulcata*）组合区

该组合分布在渤海水深大于20m的区域，最显著的特点是具槽直链藻为本组合的优势分子，淡水及潮间带种类明显变少，浅海种类以及海生的浮游种类明显增多。根据具槽直链藻的数量及近岸种类的变化，此组合亦可进一步划分为Ⅱa、Ⅱb两个亚组合区：

　　Ⅱa：具槽直链藻（*Palaria sulcata*）－星形柄链藻（*Podosira stelliger*）亚组合区

　　Ⅱb：具槽直链藻（*Palaria sulcata*）－柱状小环藻（*Cyclotella stylorum*）亚组合区

## 2.5　沉积作用与沉积环境

　　渤海为中国唯一的内海，沉积作用主要为滨海和浅海两个沉积环境。来自渤海周边的河流入海物质、外海进入和大气沉降物质进入渤海，在海洋水动力（浪、流、潮等）及物理化学和生物条件作用下，进行搬运、扩散、分解，并在适宜的环境下沉积，构成海底沉积物类型分布图式。同时，先期沉积的物质还将经受各种海洋水动力和物理、化学、生物作用的再造形成新的沉积物。因此，渤海海洋沉积物类型及其分布和沉积物特征，乃是漫长沉积作用的地质记录。

### 2.5.1　沉积速率

#### 2.5.1.1　数据采集与处理方法

　　在百年尺度的沉积计年中，主要有 $^{210}$Pb 测年、$^{137}$Cs 测年和沉积纹理计年，$^{137}$Cs 是研究流域侵蚀和湖泊沉积的一个独特而有效的示踪剂，选择 "908" 专项底质调查在渤海获得的41组 $^{210}$Pb 和 $^{137}$Cs 测试数据（$^{210}$Pb 数据29组，$^{210}$Pb、$^{137}$Cs 数据12组）对渤海的现代沉积速率进行了计算。

　　利用 $^{210}$Pb 数据计算沉积速率时，选择恒定初始浓度模式法（Constant Initial Concentration），即假设沉积物中初始的放射性活度为一常量值，则根据放射性衰变方程，$t$ 时间对应的放射性活度 $Nt$（Bq/g）可表示为 $Nt = Noe^{-\lambda t}$。其中，$No$ 为初始放射性活度，$\lambda$ 为 $^{210}$Pb 的衰变常数，取 0.031/a。对于某一沉积速率 $S$（cm/a），埋藏深度 $H$（cm）处对应的时间 $t$ 可表示为 $t = H/S$。则得 $NH = Noe^{(-\lambda H/S)}$，$NH$ 为 $H$ 深度处的放射性活度。此方程表示，$^{210}$Pb 放射性活度的自然对数值与深度之间存在着线性关系，设两者间的线性系数为 $k$，则有 $k = -\lambda/S$，即 $S = -0.031/k$。

　　在实际计算时，以深度 $Z$ 为自变量轴，以 $Nz$ 为因变量进行投图，对所得的散点图进行线性拟合，拟合出的直线的斜率值即为上式中的 $k$ 值，代入上式即可得相应的沉积速率。

　　对于 $^{137}$Cs 数据，$^{137}$Cs 在地层中的理想分布模式应为：在地层中被首次检出的层位对应于1954，最大峰值对应于1963年的大规模核试验，次级峰值对应于1986年切尔诺贝利核事故。根据 $^{137}$Cs 值计算沉积速率的公式为：

$$S = H/(A1 - A2)$$

　　其中 $S$ 为沉积速率，$H$ 为时标层位深度或两时标层位间的深度差，$A1$ 为样品测量年份或某时标年份，$A2$ 为早于 $A1$ 的某时标年份。

　　假设其最大检出深度对应1955年时标。相应的沉积物速率为 $S = H/(Y - 1955)$，$H$ 为对应于 $^{137}$Cs 检出深度，$Y$ 为取样年代。

#### 2.5.1.2　现代沉积速率的分布与变化

　　$^{210}$Pb 法沉积速率的测定结果表明渤海由于沉积环境的差异，不同海区现代沉积速率变化

大。现将不同海区的典型柱状样的沉积速率进行简单的介绍。

1）废弃黄河三角洲

现代黄河三角洲北部处在海洋环境的改造中，岸滩受冲刷，冲刷泥沙向外海运移，并在较深水部位沉积。由于各期河口三角洲废弃时间长短不一，及现代环境的差异，不同地段具有不同的沉积速率，总体低于5 cm/a，大部分站位小于2 cm/a。

①车子沟河道外海域，水深11.9 m的CJ04－153站（38.2788°N，118.4105°E）沉积速率为0.54 cm/a，水深为15.1 m的CJ04－157站（38.3880°N，118.4104°E）为1.17 cm/a；

②刁口流路外海域，水深18.6 m的CJ04－386站（38.2788°N，118.9299°E）沉积速率为4.31 cm/a，水深19.3m的BH－239站（38.3220°N，118.9103°E）在近100～200年的时间内沉积了75 cm，沉积速率为0.75～0.38 cm/a（$^{137}$Cs显示沉积速率为1.63 cm/a）；

③神仙沟外海域，水深16.2 m的CJ04－479站（38.1695°N，119.1030°E）沉积速率为1.99 cm/a（$^{137}$Cs显示沉积速率为2.72 cm/a），水深20.1 m的BH－264站（38.1454°N，119.3227°E）在近100～200年的时间内沉积了70 cm，大约的沉积速率为0.7～0.35 cm/a（$^{137}$Cs显示沉积速率为0.92cm/a），水深为31.5 m的CJ04－649站（38.1695°N，119.4493°E）沉积速率为0.6 cm/a。

2）现行河口外海域

现行河口为清水沟流路，位于黄河三角洲的南部，黄河入海泥沙主要在近岸堆积。并且以向东南海区供沙为主，向北供沙减少。黄河水下三角洲沉积厚度等厚线呈椭圆形分布于近岸浅水区，水下三角洲沉积体椭圆长轴与黄河口外潮流长轴一致，中心最大厚度12 m以上（李广雪等，1993）。自1996年，黄河自清8分汊入海，与此相对应的是该流路外发生了快速沉积。该区域具体的沉积速率如下。

①清8分汊近岸海域，水深14.8 m的CJ06－98站（37.8198°N，119.3876°E）位于三角洲前缘区。由于该处沉积物的快速沉积和改造作用，无法得出该处的沉积速率；水深18.0 m的CJ06－67站（37.8841°N，119.6151°E）基本处于前三角洲或者三角洲前缘与前三角洲交界区域，从$^{137}$Cs测试数据来看，沉积速率为1.0 cm/a，却无法从$^{210}$Pb测试数据来计算出沉积速率。

②清水沟主流路和清8分汊之间外部海域水深14 m的CJ06－130（37.7650°N，119.4098°E）站与CJ06－98站类似，位于三角洲前缘区，无法估算沉积速率。水深17.6 m的CJ06－898站（37.7971°N，119.8080°E）位于前三角洲区，$^{210}$Pb数据计算出的沉积速率为0.37 cm/a（$^{137}$Cs计算出沉积速率为0.31 cm/a）。水深14.6 m的CJ06－435站（37.5047°N，119.5235°E）位于黄河三角洲东南部，位于前三角洲边缘区，$^{137}$Cs计算出沉积速率为0.48 cm/a。与CJ06－67类似，也无法从$^{210}$Pb测试数据来计算出沉积速率。

可以看出在三角洲前缘区，$^{210}$Pb和$^{137}$Cs方法不太适用。在前三角洲区域，沉积速率基本小于0.5 cm/a。

3）渤海湾三角洲平原（全新世黄河三角洲）

水深10.0 m的CJ02－A435站（38.5977°N，118.0303°E），$^{210}$Pb活度随着深度的变化不是理想的衰减曲线，沉积速率勉强计算为0.62 cm/a。水深15.1 m的CJ04－736站

（38.5877°N，118.2003°E）沉积物速率为 0.69 cm/a。水深 18.6 m 的 BH － 186（38.6758°N，118.2248°E）站，无论 $^{210}$Pb 和 $^{137}$Cs 数据都无法计算出沉积速率。

4）辽河三角洲

水深 12 m 的 CJ01 － A1 － 314 站（40.5511°N，121.4286°E）位于辽河三角洲中部，沉积速率为 0.56 cm/a。东部水深 14 m 的 CJ01 － A1 － 668（40.3347°N，121.8542°E）站，无法进行沉积速率的估算。在整个岩心中 $^{210}$Pb 剩余活度没有呈现明显的指数衰减变化规律。

5）渤海泥质沉积区

渤海泥质沉积区主要为黏土质粉砂沉积物。泥质区内部各区域沉积速率也不尽相同，基本小于 1.0 cm/a。CJ02 － B178 站（38.5976°N，119.2688°E）$^{210}$Pb 活度随着深度的变化的衰减曲线与 CJ02 － A435 类似，沉积速率为 0.53 cm/a。水深为 25.9 m 的 CJ04 － 786 站（38.5877°N，119.3543°E）沉积速率为 0.72 cm/a。水深 27.3 m 的 BH － 195 站（38.6773°N，119.4556°E），$^{210}$Pb 数据不理想，无法依据此计算沉积速率，通过 $^{137}$Cs 数据，得出该点沉积速率为 0.29 cm/a。CJ02 － 127 站（38.9578°N，119.7913°E）和 CJ01 － B122 站（39.3456°N，120.0156°E）依据 $^{210}$Pb 数据计算的沉积速率为 0.86 cm/a（$^{137}$Cs 测试数据计算出沉积速率为 0.74 cm/a）和 0.46 cm/a。

6）砂质沉积区

水深 27.8 m 的 CJ04 － 974 站（38.5877°N，120.2202°E）位于渤中浅滩南部，沉积速率为 0.36 cm/a（$^{137}$Cs 数据显示沉积速率在 0.29 cm/a 左右）。

CJ02 － 521 站（39.7663°N，120.9524°E）基本位于辽东浅滩与辽东湾中部粗粒级沉积的交接处，根据所测的 $^{210}$Pb 数据，无法计算处沉积速率。

渤海海峡附近，莱州湾东北部水深 24.8 m 的 CJ04 － 1055（38.2243°N，120.5087°E）站，沉积速率为 0.33 cm/a。水深 19.3 m 的 CJ05 － 306（37.8759°N，121.1668°E）站，大约近 100 － 200 年沉积了 50 cm，沉积速率在 0.25 ~ 0.5 cm/a 之间。水深 31.4 m 的 CJ05 － 314 站（38.2412°N，121.1668°E），无法估算沉积速率。水深 51.6 m 的 CJ05 － 13（121.3516°E，38.4887°N）站，沉积速率在 0.18 cm/a 左右。位于老铁山水道东侧的 CJ02 － 785 站（38.7331°N，121.4274°E），沉积速率为 0.37 cm/a。

根据对上述计算结果的分析可知，渤海高沉积速率区为黄河三角洲区域，沉积速率可以高达 4.0 cm/a 以上；渤海湾、辽东湾和渤海泥质区沉积速率居中，在 0.5 cm/a 左右；相比较而言，砂质沉积区如渤中浅滩、渤海海峡北部沉积速率相对较低，基本在 0.4 cm/a 以下。特别需要指出的是，$^{210}$Pb 和 $^{137}$Cs 方法在黄河三角洲快速沉积区和水动力较强的区域不能得到很好的应用。

## 2.5.2 沉积物质输运趋势

根据渤海表层沉积物样品粒度分析数据，尝试使用 Gao － Collins（1992）粒径趋势分析方法计算了渤海沉积物的净输运趋势。取样点的间隔大体为 0.15° × 0.20°，具体采样位置见图 2.17。粒径趋势分析所用软件为 Poizot（2008）基于 Gao － Collins（1992）方法所编制的程序。

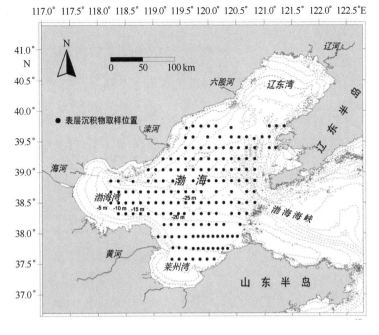

图 2.17　渤海粒径趋势分析所使用的表层沉积物粒度数据点位置

在表层沉积物采样间距的分析方法上，使用了地统计法中的半方差分析，即利用平均粒径、分选系数和偏态等参数，构造以下函数（Poizot et al.，2006；高抒，2009）：

$$\gamma_h = \frac{1}{2N_h} \times \sum_{i=1}^{N_h} (Z_i - Z_{i+h})^2$$

式中 $h$ 为采样间距，$N_h$ 是样品的个数；$Z_i$ 为原点处的参数值，$Z_{i+h}$ 为 $h$ 之外站位的参数值，$\gamma_h$ 为半方差值。以半方差 $\gamma_h$ 为纵坐标，采样间隔 $h$ 为横坐标作图，得到半方差图。在半方差图上，当 $h$ 增大到某一定值时，$\gamma_h$ 达到一个相对稳定的常数（基台值），此时的 $h$ 值即可定义为合适的采样间距。针对 $\gamma_h$ 可能具有各方向异性的特征，本文对 0°、45°、90° 和 135° 个方向进行了计算。

### 2.5.2.1　粒径趋势分析的结果

通过对平均粒径、分选系数和偏态等参数的半方差分析，发现 0°、45°、90° 和 135° 方向上变程和基台值相近，这说明这些参数分维空间变化不大。当采样间距为 0.6（大地坐标中任何两点之间的欧氏距离）左右时，半方差值达到一个相对稳定的常数，所以我们取 0.6 为特征距离（$D_{er}$）。

利用粒径趋势分析方法对研究区沉积物净输运趋势进行研究，这对渤海区域是初次尝试性研究。为了进行比较，我们也选取了经验特征距离值，即略大于采样网格间距的 $\sqrt{2}$ 倍的 0.3、0.4 和 0.5，以求获得研究区合理的沉积物净输运趋势（贾建军等，2004）。因此，分别对特征距离（$D_{er}$）取 0.2、0.4、0.6 和 0.8 等情况下进行了沉积物粒径趋势矢量的计算，具体沉积物净输运矢量分布图见图 2.18。

从图 2.18 看出，当特征距离取 0.2 时，由于比较距离等于或者小于采样的间距，对于绝大多数样品点而言，参与比较和矢量合成的相邻点太少，并在部分站位为"零值"。粒径趋势矢量仅显示出黄河口北部沉积物向渤海湾和滦河口外渤海泥质区运移的趋势，而不能反映其他区域沉积物输运趋势的方向。

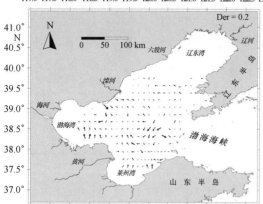
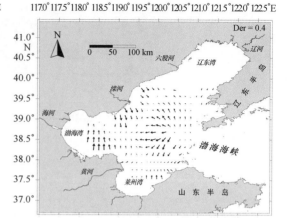
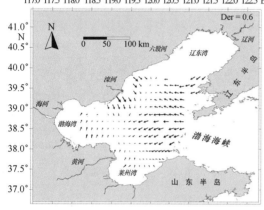
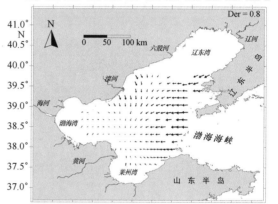

图 2.18　渤海表层沉积物净输运矢量分布

当特征距离为 0.4 时，粒径趋势图已经能较好地反映出渤海沉积物的净输运格局。从图中可以明显看出，沉积物有向渤海泥质区输运的趋势，即渤海沉积物有以渤海中央海盆西部为中心汇聚的趋势。现行黄河口以南，河口区沉积物主要向东、东南方向输运，而黄河口以北，沉积物主要向北、西北方向输运；滦河口外沉积物主要向南、东南方向细粒级沉积区运移；辽东和渤中浅滩附近沉积物大体以 38.7°N，120.6°E 为中心呈舌状向渤海输运。

取特征距离为 0.6 时，渤海沉积物输运格局与特征距离为 0.4 时大体一致，也出现了几点明显的差异。其一，现行黄河口以南，沉积物也出现向北、东北方向运移的趋势；其二，辽东和渤中浅滩附近沉积物向渤海泥质区输运的趋势增强。

当取特征距离等于或者大于 0.8 时，此时的粒径趋势矢量则显示出渤海沉积物向黄河三角洲东北部汇聚的输运格局。

### 2.5.2.2　渤海表层沉积物的输运趋势

渤海是一个典型的半封闭浅海，仅以渤海海峡与黄海相通，其沉积物主要来自周边的河流入海物质、外海进入和大气沉降物质（中国科学院海洋研究所，1985）。其中河流入海物质对渤海沉积物的贡献量大，每年为 $13 \times 10^8$ t 左右，约占 90%，并以黄河、辽河、滦河等为主。河流入海物质绝大部分都沉积物在河口三角洲区域。入海河流泥沙中细粒级部分直接或者通过底质再悬浮的方式被搬运、沉积在渤海泥质沉积区，造成渤海泥质区沉积速率相对较低，西南部低于 0.2 cm/a，东北部也仅在 0.5 cm/a 左右（董太禄，1996）。而且，渤海泥质区西南部和中部受黄河物质的影响较强，而北部沉积物在化学成分上与黄河入海物质有一定差异（刘建国等，2007）。

除了受物质来源，即沉积物颗粒的大小和比重等因素的影响外，渤海表层沉积物的分布和输运还主要与该区域的动力因素有关（中国科学院海洋研究所，1985，1962）。在浅海（如渤海）中，虽然动力因素包括海流、波浪和温盐结构等，但是潮流是渤海非线性动力学系统中永久性主导作用的运动（冯士筰等，2007）。渤海的潮流以半日潮流为主，流速一般在 0.5~1.0 m/s 之间，最强的潮流出现于老铁山水道附近，高达 1.5~2.0 m/s，辽东湾次之，约为 1.0 m/s，莱州湾则仅为 0.5 m/s 左右（冯士筰等，1999）。

本次粒径趋势分析的结果显示，当特征距离（$D_{er}$）取 0.4 时，现行河口北侧有向北和东北方向输运的趋势，而河口南侧底质沉积物有向南输运的趋势。并且，随着特征距离的增加，黄河口沉积物输运向南的趋势减弱（图 2.18）。拉格朗日余流数值模拟的结果显示，黄河口北部以南、东南向为主，而河口南侧以北、东北向流动为主（Wei et al.，2004；Mao et al.，2008）。采用 HAMSOM 模型显示出渤海环流的季节性变化，其中冬季莱州湾内的涡旋为逆时针的，黄河口附近流向南；夏季莱州湾内的涡流为顺时针的，黄河口附近流向北（Hainbucher et al.，2004）。比较最近黄河口沉积物输运的研究结果可以发现，现代黄河入海物质在河口附近主要向南、东南方向搬运（中国海湾编纂委员会，1998；孙效功等，1993；Qiao et al.，2009）。这说明特征距离的选择影响渤海粒径趋势的结果，而特征距离在采样间距 $\sqrt{2}$ 倍以上，即取 0.3、0.4 左右时，渤海底质沉积物输运趋势能够得到较好的揭示（贾建军等，2004）。

## 2.5.3　现代沉积环境与沉积特征分析

根据渤海沉积物类型分布特征，并综合考虑其表层沉积物碎屑矿物、地球化学以及黏土矿物等组分的分布状况和沉积环境的差异，将渤海大致可分为六个沉积区，即Ⅰ. 现代黄河三角洲沉积区；Ⅱ. 渤海湾三角洲平原沉积区（全新世黄河三角洲沉积区）；Ⅲ. 滦河口-曹妃甸沿岸沉积区（滦河三角洲沉积区）；Ⅳ. 渤海陆架浅海泥质沉积区；Ⅴ. 辽河三角洲沉积区；Ⅵ. 渤海砂质沉积区。其中现代黄河三角洲沉积区按近代黄河三角洲的发育与变迁进一步划分为黄河现代河口三角洲沉积和黄河废弃河口三角洲沉积。砂质沉积区又可以划分为渤中浅滩沉积区、辽东浅滩沉积区、老铁山水道沉积区和辽东湾中部沉积区等。沉积区的沉积物类型和粒度参数特征基本在前面已经叙述过，在此不再详加赘述。

### 2.5.3.1　现代黄河三角洲

#### 1）废弃黄河水下三角洲

废弃黄河水下三角洲主要位于现行黄河三角洲的北部，38°N 以北、水深 20 m 以浅的海域。自 1976 年黄河改道由现代黄河三角洲南部入海以来，该废弃黄河水下三角洲经历了复杂的改造过程，近岸区域处于强烈侵蚀状态，离岸区域则出现淤积。近岸 15m 水深以浅区域经过重新改造，侵蚀严重区侵蚀厚度超过 10 m 以上，底质沉积物主要为粗粒级的砂和粉砂质砂。离岸区主要淤积近岸区重新搬运来的细颗粒沉积物，主要为粉砂和黏土质粉砂。相应的，受粒度的控制作用，废弃黄河水下三角洲近岸区域富集 $SiO_2$，而大部分常、微量元素在该区域较低。离岸区沉积物粒度比较细，该区域则富集大部分的常、微量元素。

废弃黄河水下三角洲近岸区域重矿物优势矿物为普通角闪石、云母类、氧化铁矿物以及绿帘石，稳定铁矿物含量较低，几乎不含自生黄铁矿。表明本区沉积物可能为改道前的黄河物质，沉积环境为氧化环境。离岸区重矿物组成与现行黄河口相近，重矿物含量较高，优势重矿物为云母类、普通角闪石，自生黄铁矿和氧化铁矿物含量较高，矿物成熟度低。

从黏土矿物的分布来看，废弃黄河水下三角洲主要是黄河改道前入海物质，蒙皂石含量在13%以上，但已经经过了明显的改造过程，黄河入海物质的有些特征已经消失。

2）三角洲前缘

三角洲前缘位于河口前方水深0~12 m处，其中水深0~7 m处为河口沙坝，水深7~12 m处为远端沙坝。在0~2 m水深范围内，坡度非常平缓，2~12 m水深间，坡度变陡，为0.2°~0.3°（成国栋，1991）。黄河三角洲前缘远端沙坝的部分区域沉积物多为粗粒级的粉砂质砂和砂质粉砂。受黄河径流和潮流的共同影响，该区沉积动力相对较强，沉积物较粗。相对来说，三角洲前缘区域沉积物较富集绝大部分的常、微量元素。只有在沉积物粒度比较粗的河口沙坝区，$SiO_2$含量较高，其他元素含量相对较低。

三角洲前缘沉积物中黑云母、白云母以及水黑云母等矿物组分的含量很高，普通角闪石、绿帘石的含量较低。在远离河口区自生黄铁矿出现富集，黄河物质中携带有较高含量氧化铁矿物，云母含量高，钛铁矿和磁铁矿含量极低，这些矿物分布特征表明本区沉积物分选较好，粒级倾向于细粒，而极稳定矿物组合含量很低，又表明沉积物成熟度低。

三角洲前缘区的黏土矿物组合明显受黄河入海物质的控制，表现在蒙皂石含量较高，在13%以上。

3）前三角洲

前三角洲位于黄河三角洲前缘之外，水深在20 m以内，大部分区域在12~17 m水深的范围内。该区域表层沉积物较细，沉积物组成较为单一，多为黏土质粉砂。动力环境较为稳定。沉积物较细，造成该区域沉积物中$SiO_2$的含量相对较低。重矿物组合特征与三角洲前缘区一样，黑云母、白云母以及水黑云母等的含量高。但是随着距离河口位置的加大，黏土矿物中蒙皂石的含量较三角洲前缘区有所降低。

2.5.3.2　渤海湾三角洲平原

渤海湾是相当典型的"U"字形海湾，有黄河、滦河和海河等河流注入，现代沉积作用进行的十分迅速，因而对海底地形的改造作用也很剧烈。湾内水深基本在20 m以内，只有在渤海湾北部靠近曹妃甸区域，水深可达30 m。

渤海湾北部近岸沉积物为砂质粉砂，靠近曹妃甸区域则出现较多的粉砂质砂和砂。其中较粗的砂和粉砂质砂其延伸方向与海岸线平行，沿北岸向西至湾顶东端即行尖灭。

碎屑矿物分析结果显示，重矿物中普通角闪石以湾顶呈舌状向湾外减少。湾北部曹妃甸海域和湾南部废黄河三角洲区域，普通角闪石颗粒百分含量基本低于20%。轻矿物中石英在南岸较高，可以百分含量在20%以上，北部近岸基本低于15%。而长石的分布则不同，南部长石含量基本在50%以上，而北部近岸在30%以下。

早期研究表明渤海湾的物质主要来自黄河、滦河和海河等，沉积物分布主要是机械分异的结果（秦蕴珊，廖先贵，1962）。方解石是黄河沉积物的特征矿物，云母和磷灰石是主要矿物，角闪石 – 黑云母 – 绿帘石为黄河重矿物的主要特征组合。滦河主要的物质来源为滦河中游山区花岗岩与变质岩的蚀源区，主要重矿物组合为磁铁矿、钛铁矿、辉石、石榴石、榍石和锆石等（张义丰等，1983）。最新的研究结果发现，湾顶受海河、蓟运河物质的影响，但是其影响范围有限，向外部扩散的趋势不明显。北部近岸受滦河的影响，南部则受到黄河物质的影响较大。

### 2.5.3.3 滦河口 – 曹妃甸沿岸沉积区（滦河三角洲）

滦河口 – 曹妃甸沿岸沉积区分布范围基本在曹妃甸到秦皇岛，水深 23 m 左右的范围内。表层沉积物主要为砂和粉砂质砂，还有少量的砂质粉砂。沉积物呈平行海岸的条带状展布，粉砂质砂主要分布在砂和砂质粉砂外围。滦河口以东基本以砂和粉砂质砂为主，以西以粉砂质砂和砂质粉砂为主。

从碎屑矿物的分布来看，滦河口以东至秦皇岛，普通角闪石含量在 30% 以下，河口区含量较高，河口以西曹妃甸区域与河口以东类似。轻矿物中长石颗粒百分含量分布特征与普通角闪石相近，而石英的分布特征则基本与此相反，河口区石英颗粒百分含量在 30% 以上，河口以东略低，河口以西含量基本在 20% 以下。

### 2.5.3.4 渤海陆架浅海泥质沉积区

黄河口外向东、东北方向的渤海陆架区，大致被一条带状分布的细粒级沉积物覆盖，主要为黏土质粉砂，水深范围基本在 25 m 以浅的区域。细粒级沉积物外围主要为砂质粉砂与渤海砂质沉积区分开。

泥质区重矿物的含量相比较砂质沉积区、滦河三角洲和六股河三角洲地区要低，基本含量在 5% 以下。重矿物以普通角闪石为主，绿帘石次之。普通角闪石的含量变化比较大，南部重矿物含量低、普通角闪石含量在 35% 左右，较北部低。该区域沉积物为多来源物质的混合，南部受黄河和沿岸冲刷物质的影响较大，北部则受到滦河和辽东浅滩等物质的影响。

### 2.5.3.5 辽河三角洲沉积区

辽河三角洲区域沉积物比较复杂，以辽河输入陆源物质为主。沉积物主要为砂质粉砂，黏土质粉砂、粉砂质砂和砂次之。沉积物分选差。从碎屑矿物的分布来看，该区域的特征是长石、钛铁矿、磁铁矿以及石榴石的含量高，物理风化为主，不稳定的矿物含量较高。

### 2.5.3.6 渤海砂质沉积区

渤海砂质沉积区主要包括辽东浅滩、渤中浅滩和老铁山水道附近。老铁山水道附近主要为含砾沉积物，分选性差或者极差。渤中浅滩和辽东浅滩沉积物砂和粉砂质砂为主，其中渤中浅滩 20 m 水深以浅区域沉积物较粗，主要为砂。渤海砂质沉积区重矿物含量较高，如石榴石，而普通角闪石和绿帘石等不稳定矿物的含量较低。

# 第3章 浅地层结构与古环境演变

渤海是一个近似封闭的陆内海，平均水深不超过 20 m，仅以渤海海峡与黄海相通。对渤海第四纪的研究工作始于 20 世纪 50 年代，早期的调查研究主要关注于渤海岸线的变迁，如侯仁之（1957）、李世瑜（1962）等，随后开始了海域沉积作用的探讨，如秦蕴珊等（1962）、王颖（1964）等。70 年代后，在莱州湾、渤海湾和辽东湾分别都开展了大范围的钻探工作，并探均在 500 m 左右，为渤海及周边第四纪地层的研究创造了条件。中国科学院、前地质矿产部、同济大学、中国海洋大学等单位利用上述钻孔资料开展了渤海第四纪地层的划分与对比、第四纪海侵海退过程、古海岸线变迁、海面变动、气候变化等一系列古地理问题研究。进入 21 世纪后，在国家专项的支持下，渤海海域获得了大量高分辨率浅地层剖面和单道地震资料，为系统分析渤海晚第四纪以来的沉积结构和古环境演化提供了丰富的基础资料（图 3.1）。

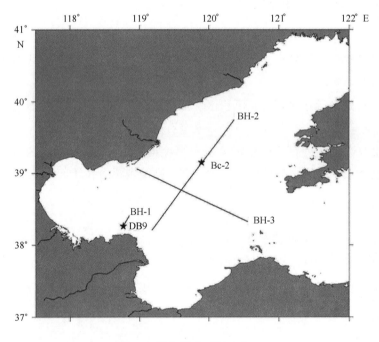

图 3.1　渤海钻孔及剖面位置

## 3.1　晚第四纪地层划分及特征

### 3.1.1　晚第四纪地层划分

渤海湾西岸、莱州湾以及下辽河地区都具有大量的钻孔资料，根据沉积物的岩性和沉积相、古地磁极性、微体古生物、孢粉组合、地球化学和少量的测年数据，渤海及周边地区晚第四纪地层自下而上划分为中更新统、上更新统和全新统。由于缺少精确的测年数据，磁性年代和海相地层的确定是晚第四纪地层划分的重要依据（Qin et al.，1990）。

## 3.1.2 晚第四纪地层特征

迄今为止，1980 年在渤海中部获得的 Bc-1 孔（位置见图 3.1）仍然是渤海海区综合性研究最强的钻孔，该孔坐标为 39°09′N，119°54′E，终孔深度为 240.5 m（图 3.2）。本文以 Bc-1 孔为例对渤海晚第四纪地层特征进行了分析。

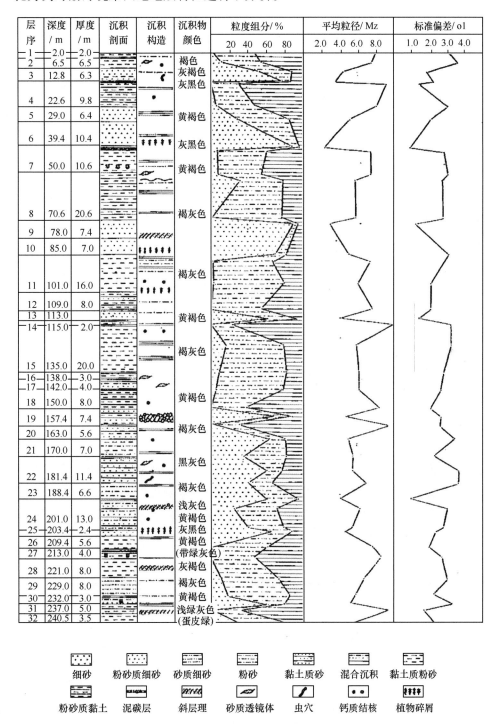

图 3.2　渤海 Bc-1 孔地质钻孔剖面

中国科学院海洋研究所海洋地质研究室，1985

（1）中更新统（Q₂），钻遇厚度 39.5 m，未见底。其中，233.5 m 至孔底为黏土质粉砂，孢粉贫乏，为陆相沉积；220.0～233.5 m 段则含有代表海相的古生物群种，岩性以粉砂－砂为主，属于滨海相沉积；201.0～220.0 m 段含有代表为陆相的古生物群种，岩性粉砂质黏土和黏土质粉砂为主，为湖沼环境沉积。

（2）上更新统（Q₃），钻遇厚度 192.4 m。其中，188.0～201.0 m 为砂、粉砂和黏土的混合体，总体上以粉砂为主，岩心中普遍含海相生物，如帘心蛤属（*Venericardia* sp.）和牡蛎属（*Ostrea* sp.）的软体动物群化石，嗜温转轮虫（*Aammoniatepida.*）和多变加小九字虫（*Pseusorotalia variabilis.*）微体古生物组合，为滨海相。

177.5～188.0 m 为粉砂，古生物较少，有少量陆相属种，如白旋螺（*Gyraulus albus*）动物群，该段属于近河口区的河流相沉积，在 177.5～184.0 m 段的古地磁测试表明，该段属于布莱克事件时期。

150.0～177.5 m 段以砂和粉砂为主，夹泥质沉积，含代表 20～50 m 水深的浅海环境的介形类组合。

141.9～150.0 m 以粉砂质黏土为主，夹泥炭层，古生物组合则指示了湖沼沉积环境。

116.5～141.9 m 以黏土质粉砂和粉砂质黏土为主，普遍含海相沉积生物，如牡蛎属、雪蛤属动物群以及亚三刺星轮虫、异地企虫等组合，代表了浅海相沉积环境。

104.5～116.5 m 为粉砂和粉砂质黏土，含有丰富的陆相生物组合，为陆相沉积。

79.6～104.5 m 以粉砂质细砂、粉砂为主，含丰富的海相沉积生物，含有贝壳碎屑富集层及泥炭层，为浅海相沉积。

49.2～79.6 m 段上部以黏土和粉砂互层为主，下部为均一的细砂，生物较少，零星所见多为陆相，为陆相沉积。

41.1～49.2 m 以黏土质粉砂为主，见贝壳层，出现牡蛎、篮蛤、织纹螺等海相生物，为浅海相沉积；42.4 m 和 41.9 m 处的淤泥的 ¹⁴C 年龄约为 27 ka B. P. 。

8.6～41.1 m 段上部为粉砂质黏土，含钙质结核，下部为粉砂和细砂沉积，普遍出现淡水介形类生物遗壳，为陆相沉积；37.2 m 处淤泥的 ¹⁴C 年龄约为 23 ka B. P. ，22.7 m 处淤泥的 C14 年龄约为 15 ka B. P. 。

（3）全新统（Q₄），0～8.6 m 以粉砂质黏土和黏土质粉砂为主，见蚬、蚶等生物遗壳，生物化石组合均指示了为浅海相或河口浅海沉积环境，为全新世以来的海相沉积。

Bc－1 孔揭示，中更新世末期以来渤海可能出现了 7 次海侵事件，其中晚更新世期间有形成了典型的海陆交互沉积地层（表 3.1）。

表 3.1　中更新世末期以来渤海海相和陆相交互沉积地层

| 地层划分 | 沉积厚度/m | 起止时间/ka B. P. | 持续时间/ka |
|---|---|---|---|
| M1F | 0～8.6（8.6） | 0～8 | 8 |
| C1F | 8.6～41.1（32.5） | 8～22 | 14 |
| M2F | 41.1～49.2（8.1） | 22～39 | 17 |
| C2F | 49.2～79.6（20.4） | 39～53.5 | 14.5 |
| M3F | 79.6～104.5（24.9） | 53.5～65 | 11.5 |
| C3F | 104.5～116.5（12） | 65～70 | 5 |
| M4F | 116.5～141.9（25.4） | 70～85 | 15 |
| C4F | 141.9～150（8.1） | 85～90 | 5 |

| 地层划分 | 沉积厚度/m | 起止时间/ka B. P. | 持续时间/ka |
|---|---|---|---|
| M5F | 150 ~ 177.5（27.5） | 90 ~ 108 | 18 |
| C5F | 177.5 ~ 188（10.5） | 108 ~ 118 | 10 |
| M6F | 188 ~ 201（13） | 118 ~ 128 | 13 |
| C6F | 201 ~ 220（19） | 128 ~ 150 | 19 |
| M7F | 220 ~ 233.5（13.5） | 150 ~ 163 | 13 |
| C7F | 233.5 ~ | 163 ~ | — |

注：MXF 为海相沉积地层，CXF 为陆相沉积地层，$X = 1$，2，3，…，7；据中国科学院海洋研究所，1985。

## 3.2 浅地层剖面层序划分及地质解释

### 3.2.1 浅地层剖面层序划分

渤海浅地层剖面主要分布于近岸海域，且穿透深度只有十几米。通过对剖面的反射结构、波组特征以及反射终止类型进行分析，可对几个主要反射界面连续追踪，自上而下分别为 BS、DB、MFS 和 TS。其中，BS 为海底面；DB 分布在现代黄河水下三角洲海域，为现代黄海三角洲的底界；MFS 为全新世以来的最大海侵面，主要分布在黄河三角洲海域；TS 为海侵面，即全新世海相底界，分布于渤海全区。上述界面将渤海近岸海域末次冰期以来的沉积划分为 4 个主要层序（图 3.3）。

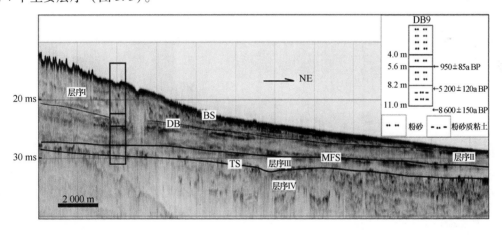

BH - 1 剖面，位置见图 3.1，剖面起点 118.7400778°，38.2340858°，终点 118.8562653°，38.4093992°，DB9 孔分层据刘升发等，2006

图 3.3 渤海近岸末次冰期以来的 4 个层序

### 3.2.2 浅地层剖面层序特征及地质解释

#### 3.2.2.1 层序 I

位于 BS 和 DB 之间，为现代黄河水下三角洲，是 1855 年以来黄河入渤海后形成的。现代黄河三角洲总体表现为具有楔状外形的低角度前积反射相，振幅较弱，其内部还可以划分出 2 ~ 3 更小的具有楔状外形的前积反射体。陆域钻孔研究表明，现代黄河三角洲在渔洼的厚度基本为 0 m，这里与 1855 年海岸线基本吻合，从渔洼向海方向厚度逐渐增加，然后从现代岸线向外又逐渐减小，剖面上呈透镜状，平面上呈扇形，现代三角洲的最外缘大致位于 15 m 等深线处。

### 3.2.2.2　层序 II

位于 BS/DB 与 MFS 面之间，形成于 7~0 ka B. P.，在渤海大部区域都有分布。渤海海平面和其他海域基本一致，大约在 7 ka B. P. 到达最高海平面，现代潮流体系域也是在最高海平面只有开始稳定。因此，沉积物供应和潮流体系共同控制了高位体系域中沉积相及其分布。总的来说，层序 II 主要包括现代三角洲沉积、近岸具有平行或低角度前积反射层理的滨－浅海相以及具有前积反射的潮流沉积，厚度超过 10 m，由岸向海变薄。

### 3.2.2.3　层序 III

位于 MFS 面和 TS 面之间，形成于 9~7 ka B. P.，分布较为局限，仅在黄河三角洲区分布，厚度较小，主要表现为向海微微倾斜的前积反射或平行反射，振幅较弱，可见到与底界面 TS 的下超关系，海侵体系域主要由滨浅海相沉积构成。

### 3.2.2.4　层序 IV

位于 TS 面之下，以杂乱反射为主，为末次冰期时的陆相沉积，通常具有三种地震相：

1）平行强反射地震相

分布广泛但不连续，其厚度较小不均一。海域钻孔的资料表明，位于 TS 面之下的平行强反射地震相所对应的沉积层中富含有机质或泥炭，为海水尚未到达前渤海海域局部发育的湖沼相沉积。$^{14}$C 测年结果表明湖沼相沉积的年龄在 9~11 ka B. P. 之间（庄振业等，1999；刘升发等，2006；商志文等，2010）。

2）古河道充填相

在 TS 面或平行强反射相之下，浅地层剖面上显示识别出末次冰期的埋藏古河道及其充填沉积，在地震相上主要表现为清晰的凹形下侵边界以及杂乱反射相得充填。河道的宽度由数百米至数千米不等，向下侵蚀的深度也由数米到 20 余米不等。

3）杂乱相

是上述两种地震相 LMD 和 BCF 主要以镶嵌的方式存在于杂乱相中，为主要地震相。在浅地层声学剖面中，杂乱反射层通常认为是典型的陆相（河流、湖泊等）沉积。区内大部浅地层剖面未探测到杂乱相反射层的底界。根据海域的钻孔测年资料，渤海全新统之下的杂乱相反射层的年代通常大于 11 ka B. P.。

## 3.3　单道地震剖面层序划分及地质解释

### 3.3.1　地震层序划分

地震层序的划分主要根据地震反射相特征（外部形态、内部结构）和反射终止模式进行。

其中，地震反射相特征主要包括地震单元的外部形态（如席状、楔状等）和内部反射结构（如平行反射、前积反射、杂乱反射等）。反射终止模式主要包括顶超、削蚀、上超和下超等。

在渤海区域追踪了 7 个主要反射面，按照形成时间的先后顺序分别命名为 $R_{10}$、$R_{20}$、$R_{30}$、$R_{40}$、$R_{50}$、$R_{60}$ 和 $R_{70}$。其中，$R_{70}$ 为全新统/更新统的分界面，$R_{10}$ 为晚更新统/中更新统的分界面，$R_{20}$、$R_{30}$、$R_{40}$、$R_{50}$ 和 $R_{60}$ 为晚更新世内部的反射界面。上述界面将海底以下的沉积地层划分为 8 个地震层序，从老到新依次命名为 $U_0$、$U_{10}$、$U_{20}$、$U_{30}$、$U_{40}$、$U_{50}$、$U_{60}$、$U_{70}$（图 3.4 和图 3.5）。

### 3.3.2 地震层序特征及地质解释

（1）$U_0$ 层序位于反射界面 $R_{10}$ 以下，未见底。从总体上看，$U_0$ 单元的地震反射特征比较均一，以平行低频反射为主，中—强振幅，连续性好，局部为杂乱反射。该层序的厚度随着覆盖的构造单元而变化：凸起处厚度小，凹陷处厚度大。在构造凸起处，$U_0$ 层序常受到断裂的错动而发生变形。根据庄振业等（1999）对渤海南部 $S_3$ 孔沉积环境的研究、王绍鸿等（1985）和杨怀仁（1990）对沾 4 孔有孔虫及古地磁的研究，$U_0$ 层序为早更新世—中更新世以陆相为主的海陆交互沉积，陆相沉积以淡水湖泊和河流沉积为主，海相以浅海—滨岸相。

（2）$U_{10}$ 层序位于反射面 $R_{10}$ 和 $R_{20}$ 之间，地震反射相特征比较均一，主要以中等振幅的平行反射结构为主，其厚度在构造凹陷处略大于构造凸起处。$U_{10}$ 层序对应渤海 Bc - 1 孔 177.5～201.0 m 段，包含了 1 个海相沉积层（$M_6F$）和 1 个陆相沉积层（$C_5F$）。

（3）$U_{20}$ 层序位于反射面 $R_{20}$ 和 $R_{30}$ 之间，地震反射表现为低频平行强反射相，局部为杂乱反射，其厚度特征同样表现为在构造凹陷处大、构造凸起处略小。$U_{20}$ 层序对应渤海 Bc - 1 孔 141.9～177.5m 段，包含了 1 个海相沉积层（$M_5F$）和 1 个陆相沉积层。

（4）$U_{30}$ 层序位于反射面 $R_{30}$ 和 $R_{40}$ 之间，表现为弱—中等振幅的平行反射地震相，局部可见侵蚀河道，内部表现为杂乱反射地震相。总体上，$U_{30}$ 层序的厚度变化不大，但依旧受到构造作用控制。在构造凸起处平行反射常受到断裂的错动，并且在凸起顶部受褶皱作用而发生变形，沉积厚度略小。$U_{30}$ 层序对应渤海 Bc - 1 孔 104.5～141.9 m 段，该段岩心下部代表了海相沉积环境（$M_4F$），上部代表了陆相沉积层（$C_3F$）。

（5）$U_{40}$ 层序位于反射面 $R_{40}$ 和 $R_{50}$ 之间，以中等振幅的平行反射地震相为主。总体上，$U_{40}$ 层序的厚度变化不大，但依旧受到构造的控制。在凸起处，规则的平行反射常受到断裂的错动，并且在凸起顶部受褶皱作用而发生变形，沉积厚度小。$U_{40}$ 层序对应渤海 Bc - 1 孔 79.2～104.5 m 段，为海相沉积环境（$M_3F$），以互层的粉砂、细砂为主。

（6）$U_{50}$ 层序位于反射面 $R_{50}$ 和 $R_{60}$ 之间，主要表现为弱杂乱反射地震相，局部见平行反射相和侵蚀河道，其厚度变化较大，在构造凹陷处远大于构造凸起处。$U_{50}$ 对应渤海 Bc - 1 孔 41.1～79.2 m 段。根据对该孔岩心沉积环境的研究（中国科学院海洋研究所，1985），该段岩心上部为海相沉积环境（$M_2F$），下部为陆相沉积环境（$C_2F$）。

（7）$U_{60}$ 层序 $U_{60}$ 层序位于反射面 $R_{60}$ 和 $R_{70}$ 之间，以不连续反射为特征，根据地震相可细划分为上、下两部分，上部为强反射，局部受到侵蚀/剥蚀；下部局部为前积弱反射（图3.5）。该层序厚度比较稳定，构造凹陷处稍厚。$U_{60}$ 层序对应渤海 Bc - 1 孔 8.6～49.2 m，以粉砂沉积、粗颗粒砂和粉砂质黏土沉积为主，推测为湖泊相。

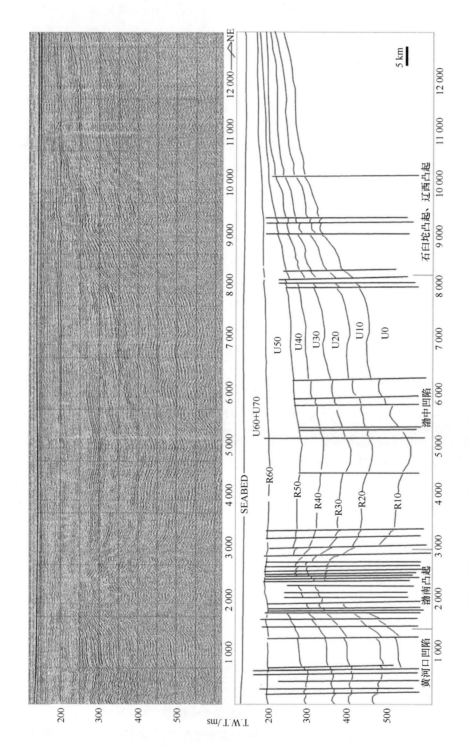

BH-2 剖面，位置见图 3.1：起点 38.2113310° N, 119.181794° E；终点 39.7411880° N, 120.3619689° E

图3.4 渤海单道地震剖面地震层序划分

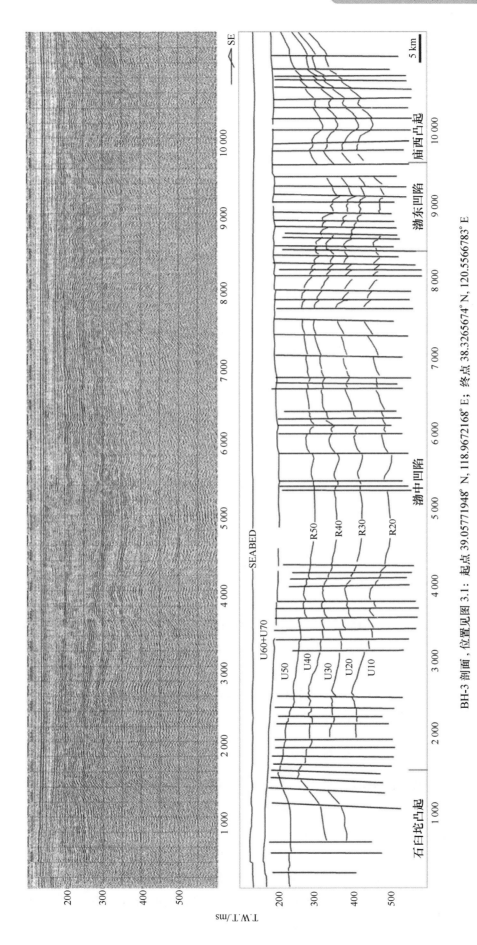

BH-3 剖面，位置见图 3.1：起点 39.05771948° N，118.9672168° E；终点 38.3265674° N，120.5566783° E

图3.5 渤海单道地震剖面地震层序划分

（8）$U_{70}$层序 $U_{70}$是最年轻的地震层序，在不同位置具有不同的反射特征：在莱州湾，$U_{70}$层序的底部具有中等振幅的平行反射，并可以见到上超现象；靠近现代黄河三角洲外侧，$U_{70}$上部具有微微向海倾斜的前积反射，中—弱振幅，厚度由岸向海厚度逐渐变薄；在渤海湾中部，$U_{70}$层序具有弱振幅的近平行反射结构；靠近现代黄河三角洲，$U_{70}$层序具有倾斜的前积反射结构，振幅强，频率低，推测为现代水下黄河三角洲的前缘沉积；在曹妃甸外侧由于受现代潮流的侵蚀，$U_{70}$厚度极小，甚至缺失，局部出露晚更新世地层；在渤海的中部主要以弱振幅的平行反射为主，但在39°N，120°E附近存在一个以细砂沉积为主的现代潮流浅滩沉积，内部具微微倾斜的前积反射结构，振幅较弱，局部呈透明状，前积方向为SSE150°。$U_{70}$层序代表了渤海全新世以来的海相沉积。

## 3.4 晚第四纪以来沉积地层的时空分布特征

### 3.4.1 主要时期沉积地层的厚度变化特征

（1）128~65 ka B. P. 时期，这一时期的沉积以海相沉积为主。厚度等值线图（图3.6a）显示，这一时期最大厚度位于渤中凹陷、黄河口凹陷和秦南凹陷，其中，秦南凹陷和黄河口凹陷最大厚度超过175 m；渤南凸起-沙垒田凸起一带沉积厚度在100~115 m范围内。渤海盆地东侧边界处厚度等值线密集，沉积厚度由大于100 m迅速减薄到25 m。在39°N以北，等值线比较平缓，厚度从南部的100 m逐渐减小到北部的50 m左右。

（2）3.4.2 65~22 ka B. P. 时期，这一时期的沉积总体上以陆相沉积为主，其厚度变化趋势见图3.6b。最大厚度位于渤中凹陷和黄河口凹陷，可达80 m；构造隆起部位，如沙垒田凸起、渤南凸起等沉积厚度相对较薄，通常不超过50 m。在39°N以北等值线比较平缓，厚度从南部的50 m向北逐渐减小到十余米。

（3）3.4.3 22~9 ka B. P. 时期，其厚度特征是由位于渤海中央的凹陷向四周变浅（图3.6c）。凹陷最深处厚度超过50 m；凹陷北缘、东南缘及西缘厚度由30余米向外逐渐减薄到20 m左右。

（4）3.4.4 9~0 ka B. P. 时期，这一时期的沉积为全新世海相沉积。图3.6d显示，沉积厚度在39°N，120°E附近的潮流浅滩处最大，超过15 m；渤海中部厚度在5 m左右；莱州湾内厚度10 m左右；渤海湾内厚度变化较大，3~11 m不等；滦河口外侧由于受现代潮流冲刷，沉积厚度只有3~5 m；黄河口外侧沉积厚度约10 m，并向外侧厚度减薄。现代潮流和入海泥沙对全新世沉积起着重要的控制作用。

### 3.4.2 晚第四纪以来沉积中心的迁移演化趋势

渤海湾盆地新生代构造和沉积中心迁移表现的十分明显，主要表现为自西向东（冀中—黄骅—渤中）和自南向北（惠民—东营—沾化—渤中），其交汇点是渤中坳陷，它是新近纪—第四纪的构造和沉积中心（何海清等，1998；何斌等，2001）。

主要时期的沉积厚度特征表明，晚更新世以来渤海的沉积中心主要位于渤海坳陷，并且同样表现出自西向东、自南向北的变化。在晚更新世初期，渤海出现3个沉积中心，分别为黄河口凹陷、秦南凹陷和渤中凹陷，庙西凹陷不明显；晚更新世中期，沉积中心位于黄河口凹陷和渤中凹陷，庙西凹陷已较明显；晚更新世晚期，渤中凹陷和庙西凹陷表现为沉积中心；

而至全新世，沉积中心已移至庙西凹陷附近。晚第四纪渤海沉积中心与沉降中心基本相吻合，并且表现出自西向东、自南向北的变化趋势，这种一致的变化趋势表明了持续的构造沉降对沉积的控制。

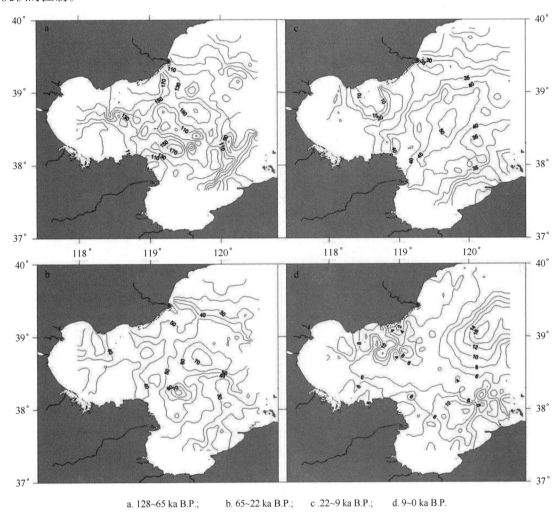

a. 128~65 ka B.P.;    b. 65~22 ka B.P.;    c. 22~9 ka B.P.;    d. 9~0 ka B.P.

图 3.6　渤海晚更新世以来不同时期的沉积厚度特征

## 3.5　晚第四纪沉积环境演化

依据钻孔资料开展的研究表明，渤海海域在第四纪时受到全球海平面变化的影响，海水多次进出渤海并形成海陆相互叠置的地层。但是，对于究竟发生过多少次海进，目前仍是众说纷纭。王绍鸿（1985）在沾 4 孔中埋深 650 m 以上发现了 13 个有孔虫层，杨怀仁等（1990）认为这些层位可视为海进层，并认为第四纪以来（2.2 Ma）黄河三角洲地区存在 11 个海侵层，其中，早更新世存在 3 次海侵，中更新世 4 次，晚更新世 3 次，全新世 1 次。然而，对位于现代黄河三角洲顶端的 S3 孔的研究表明（庄振业，1999），早更新世—中更新世中期该孔附近以淡水湖泊及河流环境，而出现的最早海相地层时代为 460 ~ 417 ka B. P.（ESR 年龄），至全新世共有 7 个海相层位。位于海域的钻孔只有渤海 Bc - 1 孔研究较为详细，中更新世末期以来共发现了 7 个海相层位。根据前人的研究成果，结合本次调查获得资料，可以初步了解渤海晚第四纪以来的沉积环境变化。

约128 ka B. P.，渤海进入温暖的间冰期，海面开始上升，渤海发生海侵，海侵大约至70 ka B. P. 结束。在此期间，现代黄河三角洲地区沉积了2套海相地层 $H_5$ 和 $H_4$（庄振业，1999）；Bc-1孔揭示渤海海域则有3套海相沉积地层（$M_6F$、$M_5F$ 和 $M_4F$）（中国科学院海洋研究所，1985），海相沉积地层中间被薄薄的陆相沉积所隔开，可能代表了海平面在此间冰期的波动；而渤海湾西岸平原区则只见到1个海相地层，称为沧州海侵层（杨怀等，1990）。108~114 ka B. P. 的 Black 反极性事件位于 Bc-1 孔的 $M_6F$ 和 $M_5F$ 之间，显示了 $M_6F$、$M_5F$ 和 $M_4F$ 三次海侵与末次间冰期氧同位素曲线5e、5c 和5a 相一致。

70~11 ka B. P. 为寒冷的冰期，海平面逐渐下降至最低点，海水退出渤海，然而期间也经历过2次相对温暖的海平面上升阶段，在黄河三角洲地区形成了 $H_3$ 和 $H_2$ 海相沉积层（庄振业，1999）；Bc-1 孔则揭示 $M_3F$ 和 $M_2F$ 两个海相沉积层（中国科学院海洋研究所，1985）；渤海湾西岸平原区则只见到1个海相地层，称为献县海侵层（杨怀仁等，1990）。

冰后期气候变暖，大约于11 ka B. P. 海平面开始迅速上升，于8.5 ka B. P. 进入渤海，形成渤海地区最后一次海侵。研究表明，约7 ka B. P. 左右到达现在的岸线附近，6 ka B. P. 左右达到最大范围（庄振业，1991）。

# 第4章 地质构造与沉积盆地演化

渤海海域属于渤海湾盆地的东北部。渤海湾盆地是在白垩纪末至古新世初的区域隆起背景上发育形成的，是由6个相对独立的古近纪裂陷盆地和一个统一的新近纪至第四纪坳陷盆地上下叠合而成（陆克政等，1997），渤海湾盆地内存在许多深断裂带，地壳具水平成层和横向不均匀的特征。

## 4.1 基底性质与盖层特征

### 4.1.1 基底性质

一般认为渤海与周边陆域具有相同的结晶基底。胶辽—渤鲁地块的结晶基底为太古界—下元古界花岗质片麻岩和变质沉积岩等，这些岩石经历了强烈的区域变质作用（周立宏等，2003），并发生了不同程度的构造变形（漆家福等，2004）。

根据区域磁异常特征，以庙岛群岛以西的NE向正异常梯度带为界，把渤海分为东西两部分：东部为变化的负磁异常区，南北分别与胶东隆起、辽东隆起相连，显示出它们基底的一致性，为元古界的辽河群或粉子山群。西部则以大而平缓的块状正异常为特征，向南与鲁西隆起的正异常区相连，向北与营口—山海关隆起正异常衔接，同样反映出它们基底的一致性。因此，推断渤海湾的基底岩性属于泰山群花岗片麻岩与混合岩，辽东湾的基底岩性属于鞍山群，西部的基底岩性属于五台群。

刘光夏等（1996）采用频率域三维磁性层反演方法和程序，计算了渤海及周边的居里面埋深，认为燕山褶皱带、渤海湾盆地和胶辽隆起等构造单元的居里面深度迥然不同。北部（即40°~41°N），锦西—绥中一线以西地区，居里面的深度为全区最大，梯度最小，抬升缓慢。遵化向南抬升较快，遵化、迁西、迁安的21 km等值线线向北弯曲和凸起，以致在唐山、丰润、宁河形成了一个"蘑菇"状的弯曲，似有一个NE走向的居里面隆起，向南至塘沽和渤海湾。承德至唐山居里面抬升了3~4 km。渤海湾盆地则完全是另外一种特征：居里面深度为全区最浅；相对于周边抬升快，梯度大；共有四个拱起中心。渤中居里面拱起最高达13 km；渤海湾、辽东湾各为16 km；垦利以西，沾化以南为17 km。19 km等值线把渤海湾海域连成了NE和近东西两个方向的居里面隆起区，20 km等值线又把垦利、沾化和渤海分开，胶辽则仅有21、22两条稀疏的等值线，瓦房店到金县形成一个走向南北的23 km等值线小圈闭。

王家林等（1992）对辽东湾地层岩性的分布和磁性、密度进行了综合研究后认为，辽东湾前寒武纪变质岩的视密度较高，磁性中等但不均匀，主要分布在辽西低凸起及辽东凸起上，在辽西凹陷也有分布。古生代碳酸盐岩以弱磁性高密度为典型特征，沿地层走向分布，主要分布在辽西低凸起和辽中凹陷的南段。中生代火山岩反应为磁性强又不均匀及密度不高，主要分布在辽东湾北部，如辽西凹陷、辽西低凸起及辽中凹陷的北段，在南部仅局部出现。侏罗—白垩系碎屑岩反映为低磁低密度，主要分布在辽东湾3个凹陷中。侵入岩反映为较强磁性，密度中等，形状为椭圆状。主要分布在辽西凹陷西部、辽东凸起和辽西凹陷北部。

## 4.1.2 盖层特征

### 4.1.2.1 前新生界盖层

在太古界—早元古界结晶基底之上，发育了中、上元古界海相硅质碳酸盐岩、碎屑岩沉积，下古生界浅海碳酸盐岩沉积和上古生界滨海沼泽相向内陆湖盆转化的碎屑岩沉积，其中上古生界证实为一套巨型含煤沉积（陈世悦等，2001）。中生界除部分凸起外均有分布，主要是侏罗系和白垩系地层，为河湖相碎屑岩和火山碎屑岩，受燕山运动影响强烈。渤海湾盆地前新生界盖层岩性分布具有南北差异特征，北部缺失中、晚元古代和古生代，古近系直接覆盖在下元古界或中生界之上，南部古近系之下则可能为中生界，或前寒武系、或中、上元古界和古生界。

### 4.1.2.2 新生界盖层

渤海新生界厚度超过万米，研究程度较深入，层组划分详细，自下而上依次分为孔店组、沙河街组、东营组、馆陶组、明化镇组和平原组。古近系包括始新统孔店组、始新—渐新统沙河街组和渐新统东营组，为滨浅海相和海陆交互相碎屑岩、碳酸盐岩等；新近系包括中新统馆陶组和中—上新统明化镇组，为滨浅海相和海陆交互相碎屑岩；第四系平原组为全区范围的稳定沉积，主要为浅海相碎屑岩（表4.1）。

表4.1　渤海湾盆地区域地层层序简表

| 地层层位 | | | 主要岩性 |
|---|---|---|---|
| 界 | 系 | 统层 | |
| 新生界 | 第四系 | 平原组 | 灰黄色黏土层与浅灰绿色粉细砂层互层 |
| | 新近系 | 明化镇组 | 上部：砂砾岩、砂岩与灰绿色、棕红色泥岩互层 |
| | | 馆陶组 | 下部：粗碎屑岩普遍发育，夹紫红色、灰绿色泥岩 |
| | 古近系 | 东营组 上段 | 砂岩与泥岩互层 |
| | | 东营组 下段 | 以深灰色泥岩为主 |
| | | 沙河街组 一段 | 为页岩、泥岩、白云岩互层 |
| | | 沙河街组 二段 | 为粗碎屑岩夹泥岩，局部见生物碎屑灰岩等 |
| | | 沙河街组 三段 | 为深灰色泥岩夹油页岩、生物灰岩 |
| | | 沙河街组 四段 | 为灰褐色泥岩夹砂岩、含砾砂岩 |
| | | 孔店组 | 为暗紫红色、紫红色泥岩夹砂岩 |
| 中生界 | 白垩系 | 下统 | 东部见大段安山岩夹凝灰质泥岩；其他为砂岩、泥灰岩夹石灰岩等 |
| | 侏罗系 | | 石臼坨地区见玄武岩、安山质玄武岩、安山岩、凝灰岩；其他地区为砂砾岩、褐色泥岩夹煤层、碳质页岩 |
| 古生界 | 二叠系 | | 紫红色、深灰色泥岩夹砂岩、碳质泥岩、霏细岩 |
| | 石炭系 | | 粉晶灰岩夹砂岩、泥岩、煤层 |
| | 奥陶系 | | 粒屑灰岩、生物屑灰岩、豹皮灰岩夹细晶白云岩、泥晶白云岩 |
| | 寒武系 | | 石灰岩、白云岩、泥岩等 |
| | 上元古界 | | 灰岩、白云岩和砂岩等 |
| | 下元古界—太古界 | | 变质花岗岩、混合岩等 |

## 4.2 断裂构造和岩浆活动

### 4.2.1 断裂构造体系

渤海断裂构造十分发育，不同走向的断裂纵横交错，控制了区内凹陷的形成和发育。根据断裂的规模和在区域演化中的作用，可以划分成岩石圈大断裂、凹陷边界断裂和凹陷内部断裂三大类。

#### 4.2.1.1 岩石圈断裂

深部地球物理探测表明，渤海湾盆地区发育有多组地壳或岩石圈尺度的深断裂破碎带。这些深断裂是坳陷的基底弱化带，是坳陷形成的基础，无论切割深度还是延伸长度都十分巨大。其中，NNE—NE 向和 NW—EW 向两组最为明显，它们将地壳分成不同尺度和不同形态的块体。NNE 向的郯庐深断裂规模最大，在下辽河地区的深地震测深剖面上，下辽河东部凹陷所对应区段的地壳内部界面和莫霍面反射全部中断，形成测深剖面上无反射或零乱反射的空白区。在山东境内横穿郯庐深断裂的深地震测深剖面上也有类似的特征。地壳内部反射界面消失、扭曲或错落等现象表明郯庐深断裂是一条地壳或岩石圈规模的巨型深断裂破碎带（陆克政等，1997；高瑞祺等，2004）。

此外，还有一系列 NNE 向和 NWW 向深断裂破碎带，但规模相对较小。例如，NE—NNE 向深断裂有穿过黄骅盆地中央的盐山深断裂、穿过冀中盆地和临清—东濮盆地的三河—曹家务断裂、束鹿—宁晋深断裂、太行山山前断裂，以及兰考—聊城深断裂等。NW—NWW 向深断裂有张家口—蓬莱深断裂、衡水—济阳深断裂、济源—黄口深断裂等。在渤海海区，最重要的深大断裂是郯庐深断裂和张家口—蓬莱深断裂。

#### 4.2.1.2 凹陷边界断裂

凹陷边界断裂即控制凹陷形状、规模和总体走向的主干断裂，切割坳陷基底。渤海的凹陷边界断裂多具有铲式或坡坪式正断层特征，导致绝大部分凹陷表现为半地堑形态。断裂的延伸距离一般为数十千米，深度数千米。断裂走向在北部为 NNE—NE 向，南部则主要为 NWW 或近 EW 向。断裂倾向各异，在同一坳陷的各个凹陷中总体倾向基本一致，不同坳陷中各个凹陷的倾向一般不同，如在下辽河—辽东湾坳陷中倾向为 NW—NWW，济阳坳陷中则倾向 SE。这些主干断裂连同基底次级断裂以及沉积盖层断裂一起，共同构成了所谓的"伸展型连锁断层系统"（陆克政等，1997）。

#### 4.2.1.3 凹陷内部断裂

凹陷内部断裂包括凹陷内部的基底次级断裂以及大量发育的沉积盖层断裂。在渤海的每个凹陷中，除了主干断裂，还发育很多基底断裂，这些断裂对沉积层的切割程度相对于主干断层一般较弱，在凹陷内形成了数量很多的微型凹陷或凸起。次级基底断裂的形成可能与主干断裂同时形成，只是后期的发育速度较慢，造成这些断裂在盆地的演化中不占主要地位，其受主干断裂的影响较小；也有部分次级基底断裂形成晚于主干断裂，是在主干断裂的影响下派生而成。通常这些次级基底断层与主干断层具有大致相近的产状，是凹陷发育过程中应力释放的重要补充。

此外，凹陷的沉积盖层中还发育大量小断裂，断裂只切割了部分沉积层，延伸距离较小，产状各异，数量繁多，很多切割至海底，形成活动断层。这些沉积盖层断裂通常与凹陷基底的伸展作用密切相关，很多是在其诱发产生的重力滑动作用或者底辟作用下形成的。

## 4.2.2 主要断裂构造

### 4.2.2.1 郯庐断裂带

郯庐断裂带纵贯中国大陆东部，对中国大陆东部中、新生代的区域构造演化与含油气盆地的形成具有重要控制作用。断裂在潍坊—郯城段，地面露头上逆冲现象明显，在伊兰—伊通段则总体表现为平移扭动性质。郯庐断裂带在渤海海域的延伸，一般认为断裂带在莱州湾入海，沿渤海湾盆地东缘呈 NEE 方向延伸，一直到下辽河坳陷。但关于郯庐断裂带在海域的详细分布，目前仍存在一些争议。

郯庐断裂带对渤海前新生界地层的控制比较明显。震旦系主要分布在郯庐断裂以东；寒武—奥陶系和石炭—二叠系以平行不整合接触，广泛分布在郯庐断裂以西海域，在断裂带以东基本缺失；上侏罗—下白垩统仅在隆起顶部局部缺失，其他地区都有分布。前新生界沉积厚度最大达 4 000 m，其厚度变化明显受郯庐断裂活动控制，表明郯庐断裂在渤海海域表现为继承性断裂。

郯庐断裂带在地震剖面上有清晰显示，表现出明显的分段性特征，在南部渤南和莱州湾、中部渤中地区、北部辽东湾表现出不同的特征，显示该断裂带活动的复杂性。

在渤南和莱州湾地区，总体上处于两组区域断裂的交叉部位，东西向构造发育，构造格局比较复杂。凹陷、凸起的排列以近 EW 向为主，但受 NNE 向断裂带强烈切割或限制。这种构造格局与基底构造有关。断裂在莱州湾分为东、西两支，西支表现为断层上部近直立，为同沉积活动的张扭性断层，几乎通达海底，两侧地层均显示逆牵引现象，深部断面倾角略缓；东支断面直立，断层两侧地层无法进行对比。

在黄河口凹陷和渤南凸起，郯庐断裂带表现为 3 个分支：西支从垦东凸起西侧进入渤海；中支表现为错列分段式形态，在纵向上由老到新、自下而上发散，断裂数量由少而多，呈树枝状向上伸展（图 4.1），在渤南及渤中地区的新近系中极为发育，称为"耙式断层"，在平面上由先存主干断裂逐步向两侧派生、延展、发散，由单一断裂发展成断裂带和断裂系统。

在渤中地区，郯庐断裂带仅在局部存在，大部分地段不发育，平面位置较辽东湾段向东偏移约 40 km。始新世前受 NW 向老断裂影响，在局部地段以 NE 向断裂形式存在。渐新世以来郯庐断裂带走滑活动加强，出现东、西两支，控制了渤中凹陷、渤东低凸起、渤东凹陷、庙西凸起和庙西凹陷的结构和沉积物充填。在西支断裂以东，新近纪断裂数量显著增加，成为渤海海域断裂发育最密集的地段，但单条断裂规模均较小（图 4.2）。由老至新，近 NNE 向较单一的断裂逐步转为大量近 NEE70°方向的羽状断裂，断裂间距仅 1 km 左右，每条断裂长 3~5 km，断距仅为 10~30 m。至第四纪时断裂数量更多，单条断裂规模更小（龚再升等，2007）。

在辽东湾地区，郯庐断裂带在古、始新世有东、西两支主干断裂，以伸展裂陷为主，把辽东湾分为 NE 向凹凸相隔的单元（图 4.3）。西支主干断裂在辽西的中、北段，断距大，基底落差大于 3 000 m，伴随断裂形成了辽西低凸起构造带，其南段仅局部存在规模较小的断

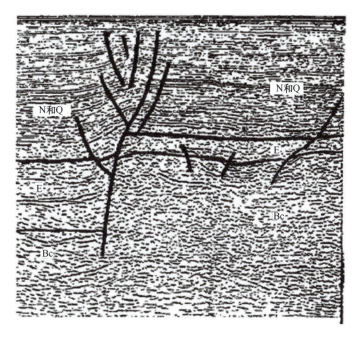

图4.1 郯庐断裂渤南段剖面的"耙式断层"特征（严俊君等，1992）

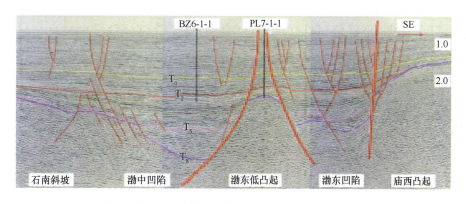

图4.2 郯庐断裂渤中段剖面特征（龚再升等，2007）

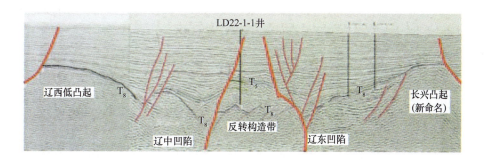

图4.3 郯庐断裂辽东湾段剖面特征（龚再升等，2007）

裂。东支主干断裂在北段断距规模大，形成了高凸起，中、南段断裂不活跃，仅南端存在断距较小的断裂。在渐新世，郯庐断裂带辽东湾段非常活跃，东西两支主干断裂均由伸展为主的活动转为走滑为主的活动，特别是在辽中凹陷中央发育了一条规模巨大的陡倾走滑断裂，引起凹陷中的泥底辟活动和地层反转，形成了辽中凹陷的反转构造带。这条走滑断裂呈NNE向延伸，纵贯辽东湾，长达200 km。新近纪以来，辽东湾段郯庐断裂活动逐渐变弱，特别是

**59**

中新世以后逐步转入相对平静期，虽仍有微弱活动，但断距逐渐减小，断裂强度逐渐减弱。东支主断裂带分解成沿主断裂分布的众多羽状断裂系，一端收敛在古近纪主断裂位置，另一端约呈 NE70°方向发散。西支自新近纪以来活动更弱，仅在古近纪主断裂位置有规模很小的羽状断裂出现，至第四纪显得更加平静（龚再升等，2007）。

郯庐断裂作为一条区域性大断裂带，受到区域构造演化的影响，在不同的历史时期也表现出不同的活动性质，一般认为郯庐断裂带的发育演化主要经历了如下三个阶段：三叠纪末—晚侏罗世晚期的大规模左行平移（压扭性）阶段、白垩纪—古近纪的张裂构造活动（裂谷）阶段以及新近纪以后的挤压和小幅度右移阶段。有资料表明，渤海地区郯庐断裂带的活动自古近纪开始（主要从始新世晚期开始）就具有右旋张扭的特征，古近纪断裂活动强烈，控制着沉积。而在整个新近纪，断裂活动基本趋于静止，只在其末期才再一次发生比较强烈而短暂的断裂活动，仍然表现出右行平移（张扭）的特征。

### 4.2.2.2 张家口—蓬莱断裂带

张家口—蓬莱断裂带是一条横贯燕山、华北平原和渤海海域的北西向断裂构造带，断裂带从张家口经北京，伸入渤海至蓬莱，由一系列雁行排列的 NW 向断裂组成。该断裂带控制着京津唐地区，包括渤海西部的石油、煤炭等能源的分布，并且新生代以来活动明显加强，尤其是 1998 年 1 月在张北县发生的 6.2 级地震，正是发生在渤张断裂带的西北端（侯贵廷等，1999）。

张家口—蓬莱断裂带在陆上从天津唐山一带 NW 向延伸至张家口一带，由一系列雁列式的 NW 向断层组成，主要断裂包括：洋河断裂、永定河断裂、南口—孙河断裂、潮白河断裂、柏各庄断裂、海河断裂和埕北断裂等。陆上断裂表现出强烈的新构造活动特征，并显示出明显的左旋走滑性质。断裂带从永定河经京津在塘沽附近进入渤海西部海域，海底地貌特征显示多条陆上断裂均延伸至渤海海域。

穿过断裂带西缘的折射地震探测结果表明，断裂带壳内界面及莫霍面较其两侧有 110～210 km 的不同程度的上隆，表明断裂带的深断裂性质（聂文英等，1998）。

张家口—蓬莱断裂带形成于中生代晚期，具剪张性，走滑方向为右旋，在新生代转为左旋走滑。断裂带是中新生代渤海湾盆地内一条重要的 NW 向断裂构造带，并且新生代以来仍然一直活动，断裂活动与渤海湾盆地区的构造演化密切相关，并且与中生代以来西北太平洋构造演化的大背景紧密联系。

中生代由于扬子板块向北楔入华北板块以及太平洋板块向 NNW 俯冲，使 NNE 向的郯庐断裂带发生左旋走滑运动，致使郯庐断裂带以西地区处于左旋剪切应力场，在渤海湾地区和鲁西南地区发育了一系列雁行排列的 NW 向断裂，这些 NW 向断裂是具有右旋走滑成分的张性正断层。进入新生代，太平洋板块由 NNW 向俯冲转为 NWW 向俯冲，加之印度板块的 NNE 向俯冲，使郯庐断裂带转为右旋走滑运动，致使渤海湾盆地处于右旋剪切伸展的应力场中，先存的 NW 向断裂带在 NNE 向的拉分作用下转为左旋走滑伸展。

### 4.2.3 岩浆活动

渤海海底的火山活动是古渤海形成与发育的重要因素之一。根据钻井资料，古渤海的海底火山活动主要集中于现代渤海底，平面上呈现北多南少、东多西少的趋势。渤海中生代（侏罗系和白垩系）火山活动强烈，形成一套火山岩 – 火山碎屑岩 – 沉积岩组合。第四纪火山岩除了少数玄武岩外，多为火山碎屑岩。在地震剖面上可以清晰地识别出古近纪和新近纪玄武岩沿断裂侵入，几乎穿透了古近纪和新近纪，形成一条巨大的岩墙带，反映出渤海中部地幔深部热物质向地壳上涌、深部复杂的断裂展布、以及厚层的沉积建造。

渤海湾盆地中新生代火山活动可以分成五个大的旋回，即燕山中期、燕山晚期、喜山一期、喜山二期和喜山三期，不同规模的浅层侵入体与各期火山作用相伴而生（高瑞祺等，2004）。下辽河坳陷的火山岩分布广泛，各个时代的火山岩均有发育，岩性包括玄武岩、安山玄武岩、粗面岩和安山岩等，早期火山喷发中心位于凹陷中段，呈 NW 向展布，可能与 NW 向断裂的早期活动有关。随着时代变新，喷发中心向南北两个方向迁移，深部岩浆物质沿深大断裂上升，并通过次一级断裂喷出地表。济阳坳陷火成岩主要分布在古近纪和新近纪，不同时期岩性略有差异，主要为基性喷出岩和火山碎屑岩等。黄骅坳陷中生代火山岩包括基性、中性和酸性火山岩，其中基性火山岩分布最广，酸性范围最小；古近系和新近系火山岩包括拉斑玄武岩、碱性玄武岩和火山碎屑岩等，主要分布在坳陷的边缘，与次级断裂密切相关。

古近纪和新近纪时在渤海及其周边地区的隐伏玄武岩主要受控于断裂。新近纪玄武岩在华北平原周边山区广泛出露，主要为橄榄玄武岩和斜长玄武岩。第四纪玄武岩在华北平原周边山区中不甚发育，仅作为小火山堆或第四系夹层零星地分布于受断裂控制的新生代山间盆地内，主要为粗面玄武岩，其次是霞石玄武岩、白榴玄武岩和玻基辉橄岩。在岩石成分上，华北平原下面隐伏的古近纪玄武岩以钙碱质的拉斑玄武岩为主，属于大洋橄榄拉班玄武岩系，而周边山区的新近纪玄武岩和第四纪玄武岩分别以碱质和过碱质火山岩为主，属于大陆拉班玄武岩。玄武岩中的碱质及碱质中钾含量时代越新则含量约高，反映了渤海地区深部热物质运移与形成的深部特异构造背景（滕吉文等，1997）。

## 4.3  构造单元划分

### 4.3.1  区域构造单元划分

在大地构造上，渤海湾地区位于华北板块东部。渤海西部的主体属于通常所说的渤海湾盆地区，或渤海湾坳陷区，此外东南部和北部的少部分地区分别属于胶辽隆起区和燕山褶皱带。

综合前人在渤海及周缘地区的研究成果，将渤海湾地区分成 3 个一级构造单元，即渤海湾盆地区、胶辽隆起区和燕山褶皱带，渤海湾盆地区可以进一步划分为 4 个二级坳陷（辽东湾、渤中、济阳和黄骅）和埕宁隆起，每个坳陷和隆起又包含数个凹陷和凸起（见图 4.4）。

### 4.3.2  主要构造单元特征

#### 4.3.2.1  渤海湾盆地区

渤海湾盆地区是地质概念上的一个新生代沉积盆地，其范围涵盖了华北平原、下辽河平原和渤海海域 3 个主要的地理区域，与周边的构造隆起区相对，其在新生代经历了强烈的裂陷和坳陷作用，并发育了最大厚度近万米的新生界陆相沉积地层。

渤海湾盆地区表现出"东西分带，南北分块"的构造格局。自北向南、自东向西可以依次分成辽东湾坳陷、渤中坳陷、济阳坳陷、埕宁隆起和黄骅坳陷等 5 个二级构造单元，这些

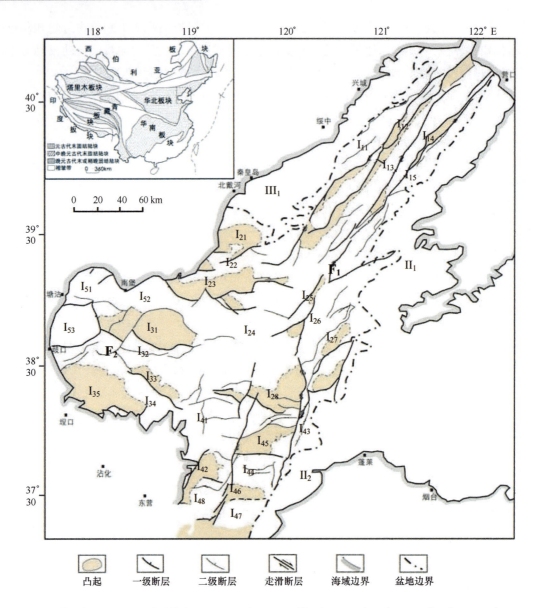

凸起　　一级断层　　二级断层　　走滑断层　　海域边界　　盆地边界

I—渤海湾盆地区：I$_1$ 辽东湾坳陷（I$_{11}$辽西凹陷、I$_{12}$辽西低凸起、I$_{13}$辽中凹陷、I$_{14}$辽东凸起、I$_{15}$辽东凹陷）；I$_2$ 渤中坳陷（I$_{21}$秦南凸起、I$_{22}$秦南凹陷、I$_{23}$石臼坨凸起、I$_{24}$渤中凹陷、I$_{25}$渤东凸起、I$_{26}$渤东凹陷、I$_{27}$庙西凸起、I$_{28}$渤南凸起）；I$_3$ 埕宁隆起（I$_{31}$沙垒田凸起、I$_{32}$沙南凹陷、I$_{33}$埕北凸起、I$_{34}$埕北凹陷、I$_{35}$埕子口凸起）；I$_4$ 济阳坳陷（I$_{41}$黄河口凹陷、I$_{42}$垦东凸起、I$_{43}$庙西凹陷、I$_{44}$莱州湾凹陷、I$_{45}$莱北低凸起、I$_{46}$潍北凸起、I$_{47}$莱南凹陷、I$_{48}$青东凹陷）；I$_5$ 黄骅坳陷（I$_{51}$北塘凹陷、I$_{52}$南堡凹陷、I$_{53}$歧口凹陷）；

Ⅱ—胶辽隆起区：Ⅱ$_1$ 辽东隆起；Ⅱ$_2$ 胶北隆起；

Ⅲ—燕山褶皱带：Ⅲ$_1$ 山海关隆起

F$_1$—郯庐断裂带；F$_2$—张家口—蓬莱断裂带

图 4.4　渤海构造纲要图

据汤良杰等，2008；周心怀等，2010，修改

　　坳陷和隆起的基底是被大量的 NNE—NE、NWW 和近 EW 向主干断裂分割的一系列大的断块，在古近纪时期多是被隆起围限的相对独立的沉积区域，而彼此间又是基本相同的构造背景下形成的，且在新近纪至第四纪时期演化成统一的沉积盆地，即渤海湾盆地。

　　在同一个坳陷或隆起内又包含了多个小的凹陷和凸起。这些凹陷和凸起是相对独立的最

基本的盆地单元，其基底是次级断裂分割一级断块形成的次级断块，断块的倾没端发育凹陷，翘起端则形成凸起，导致多数凹陷之间相互分隔，构成了渤海湾盆地区内凹陷和凸起相间排列的构造格局。

### 1）辽东湾坳陷

辽东湾坳陷位于渤海湾盆地区的东北隅，其范围大致相当于辽河平原和辽东湾海域两个地理单元中被古近纪地层覆盖的部分。辽东湾坳陷与其东侧的辽东隆起和西侧的山海关隆起之间没有明显的构造边界限定，是一个 NNE 向的狭长坳陷，在其最南端的小部分区域，在重力场上表现为多条明显的 NNE 向带状正负重力异常近平行展布。

辽东湾坳陷在剖面上表现为"三凹夹两凸"的特点。其中，辽东凸起和辽东凹陷早期是辽东凹陷东缘断阶带的一部分，后来才受走滑构造影响分离出来，形成一个相对独立的部分。整个坳陷由两个并联平行的西倾东断式半地堑构成，辽西凹陷是下辽河地区西部凹陷的南延部分，辽中凹陷和辽东凹陷则与下辽河地区的东部凹陷相对应。

### 2）渤中坳陷

渤中坳陷绝大部分位于现代渤海海域，坳陷的北侧、西侧和南侧分别与辽东湾坳陷、黄骅坳陷和济阳坳陷衔接，东侧则与胶辽隆起区相邻。渤中坳陷也是 NNE 向的郯庐断裂带和 NWW 向的张家口—蓬莱断裂带的交汇区域，坳陷的结构以及构造演化受这两条断裂带的控制。

渤中坳陷的主体部分包括秦南、渤中和渤东 3 个古近纪凹陷和若干个分隔凹陷边缘的凸起。这些凹陷和凸起受三组不同走向的伸展断层的控制（陆克政等，1997）。第一组是 NNE 走向且倾向 NWW 的断层，是渤中坳陷新生代构造的主体部分，秦南凹陷、石臼坨凸起、渤中凹陷都受其控制，其结构与构造样式与辽东湾坳陷类似，可以看做是其南延部分。第二组是 NE 走向且倾向 SE 的断层，主要分布在坳陷东部，控制了渤东凹陷和渤东凸起。第三组是 NWW 走向和近 EW 走向且倾向南的断层，分布在坳陷南部，渤南凸起主要受其控制。这些不同方向的断层推测被一条区域性的拆离断层联系在一起，同时又受到区域性走滑深断裂的改造，构成复杂的叠加构造样式。

上述渤中坳陷几组不同走向的基底断裂都有一定的断层距离，表明在演化过程中具有水平方向上的二维伸展构造变形特征，其中 NWW 方向为主要伸展方向。坳陷基底面总体上自 SW 向 NE 方向倾斜，坳陷北部以东断西超的半地堑凹陷为主，南部则以北断南超的半地堑凹陷为主。渤中凹陷是整个坳陷在新生代的沉降中心，充填的新生界地层厚达万米以上。

### 3）埕宁隆起

埕宁隆起位于济阳坳陷的北部，呈北东向展布。隆起基底由泰山群、寒武系及石炭－二叠系组成，新近系不整合超覆其上，构造简单。隆起的边界主要受 NNE 向和 NW 向断层控制。埕宁隆起包括沙垒田凸起、沙南凹陷、埕北凸起和埕北凹陷等部分，总体呈基底隆起将渤中坳陷和黄骅坳陷分开。

### 4）济阳坳陷

济阳坳陷位于渤海湾盆地东南部。坳陷西北侧由埕宁隆起与黄骅坳陷相隔，东南侧与鲁西隆起和胶北隆起相邻，东北侧伸入渤海至渤中坳陷，西南端则与临清—东濮坳陷衔接，总体走向为 NE 向，包括黄河口凹陷、垦东凸起、庙西凹陷、莱州湾凹陷和潍北凸起等三级单元。

济阳坳陷的构造样式可以看作渤中坳陷向南的延伸。与渤中坳陷南部类似，包括黄河口凹陷、垦东凸起、莱州湾凹陷和潍北凸起在内，均受到走向近 EW 且倾向南的断层控制，表现为北断南超的半地堑构造。而庙西凹陷则延续了渤中坳陷东部的构造样式，主要受 NE 走向且倾向 SE 的断层控制。

5）黄骅坳陷

黄骅坳陷位于渤海湾盆地地区中部，西侧和北侧以基底断裂与 NNE 向的沧县隆起和近 EW 向的燕山褶皱带分隔，东南侧以断裂分隔或盖层超覆形式过渡到 NE—NEE 向的埕宁隆起。

坳陷共发育十余个凹陷和若干个分隔凹陷的潜山凸起，位于渤海海域的仅为北塘、南堡和歧口三个凹陷。凹陷走向 NNE，受 NNE 向基底正断层控制，断层倾向 SE，使凹陷表现为西断东超的半地堑构造。黄骅坳陷西缘的沧东断裂则是控制整个坳陷构造演化的主干断层，其在不同的构造部位表现出不同的断面形态，在歧口凹陷以下主要为铲式断面，控制着上盘不同级次的断块发生掀斜。

## 4.3.2.2　胶辽隆起区

胶辽隆起区主要包括胶东、辽东和吉林南部地区。其基底由太古代和早元古代变质岩系、混合花岗岩和混合岩组成，结晶基底在分布区大面积出露（辽宁省地质矿产局，1989）。自中元古代开始直至中生代早期，总体处于隆升状态，仅在个别地区发育坳陷，并形成了一定厚度的地层。燕山运动以来，受太平洋板块的俯冲作用控制，一系列 NNE—NE，NWW—NW 和近 SN 向断裂构造的强烈活动，形成众多大小不等的断陷盆地，并有中酸性岩浆侵入。进入新生代，大部分地区处于发生隆起剥蚀，在一些山间盆地区沉积了厚度不大的古近系、新近系和第四系沉积。

胶辽隆起区的胶北隆起西、南、东三面分别以沂沭断裂带、胶莱坳陷以及桃村断裂带为界。区内发育的前寒武系以下元古界富铝泥砂质—钙镁质碳酸盐岩变质岩为主，其中中高级变质岩为荆山群，中低级变质岩为粉子山群；其次为上太古界变质火山碎屑沉积岩 - 胶东岩群；下元古界石英岩系 - 芝罘群，经历了中低级变质，震旦系为低级变质浅海相陆源碎屑—碳酸盐岩建造 - 蓬莱群（凌贤长等，1997）。胶辽隆起区广泛分布的花岗质侵入体包括元古宙花岗质片麻岩和块状花岗岩以及中生代印支 - 燕山期花岗岩等。

区域早期变形表现为 EW 向构造体系，尔后又相继发生了 NE—NNE 向、NW 向等不同时代、不同层次、不同机制变形的强烈叠加与改造。晚元古宙时，扬子陆块向华北陆块下俯冲导致强烈的陆 - 陆碰撞造山作用，引发了由 SE 向 NW 的大规模逆冲推覆运动，基底连续褶皱上隆。造山作用后期，在重力均衡调整与压应变恢复机制下，因地壳回翘而发生构造松弛，导致出现 NW—NWW 方向的伸展作用。这种地壳伸展作用自晚元古宙开始，断续延到中生代印支 - 燕山期，区域构造处于十分激化的状态，导致褶皱变形及大规模花岗质岩浆侵位。古近纪的喜马拉雅运动，促使渤海盆地强烈断陷，山东半岛与辽东半岛中断分离。

## 4.3.2.3　燕山褶皱带

燕山褶皱带为华北板块基底活动性较大的一个次级构造单元。自太古代—早元古代结晶基底形成以来，基本上处于迭次沉降的状态。中元古代—晚元古代早期，曾具有轴缘坳陷的性质，形成与北邻内蒙地轴轴向平行的近 EW 向帚状海槽，中心地区沉积厚度近万米。古生代，海相及海陆交互相沉积发育。晚三叠世以来，地壳活化显著，在山间坳陷中陆续沉积了巨厚的陆相含煤建造、类磨拉石建造和基 – 酸性火山岩建造，以及大量花岗岩类岩浆的侵入，期间又遭受燕山运动的多次强烈改造，构造变形剧烈，盖层普遍褶皱（河北省地质矿产局，1989）。进入喜山期，以继承性活动为主，山区继续抬升，仅在山间或山前小盆地中发育了厚度不等的古近系、新近系和第四系沉积。

燕山褶皱带的山海关隆起向北和向两侧与冀北、辽西坳陷相邻，东南以辽东湾坳陷分隔，是一个规模较小的三角形构造单元。在各个造山运动周期，受相邻构造单元活动的影响较大。基底岩性为太古界片麻岩、花岗片麻岩、震旦纪石英岩以及前寒武纪粗粒花岗岩等，震旦纪以后基本以上升运动为主，古老地层广泛出露。

## 4.4 沉积盆地及其构造演化

渤海湾盆地区是在古老地台基底之上形成的新生代断陷盆地，在新生代以前与华北板块其他地区经历了相似的构造演化过程，直到新生代开始盆地才逐渐形成。

### 4.4.1 前新生代构造演化

华北地区在古生代时期属于稳定地台发育阶段，大致经历了三个构造演化阶段，即①太古宙至古元古代地台结晶基底的形成、形变和固结阶段，赵宗溥（1993）认为华北地台的结晶基底是早太古代硅铝质陆壳经过阶段性克拉通化垂直生长而成；②中、新元古代至古生代（包括早中三叠世）稳定地台盖层发育阶段；③中、新生代地台解体、陆相盆地盖层形成阶段（高瑞祺等，2004）。现今的渤海湾盆地内寒武—奥陶系和石炭—二叠系的原始地层厚度和沉积相带虽然可能存在差异，但是在中生代之前基本上应该是呈毯状覆盖整个区域。新生代盆地基底构造变形实际上是中、新生代时期各期次构造变形的综合反映。

中生代是中国东部构造演化的重要时期，发生了一系列重要的区域大地构造事件。任纪舜等将三叠纪时期的印支运动分为早、晚两期褶皱造山作用，将燕山运动分为早、中、晚三 期褶皱造山作用。这些褶皱作用在燕山地区形成了三叠系内部和侏罗—白垩系内部的多个角度不整合面和强烈的挤压构造变形。渤海湾盆地处于克拉通内部，基岩地层的褶皱强度相对较低，但是也明显表现出受到印支运动、燕山运动等褶皱作用的影响。上侏罗—下白垩统与上白垩统之间的角度不整合面可能代表了燕山运动引起的区域性隆升。在侏罗纪时期，郯庐断裂带等 NNE 向深断裂发生左旋走滑活动，导致渤海湾盆地东部地区形成与深断裂带斜交的局部挤压应力场，叠加在近 SN 向的区域挤压应力场之上，使东、西部的区域应力场格局有所差异。

### 4.4.2 新生代构造演化

受燕山晚期构造运动影响，渤海湾及周缘地区经历了晚白垩世至古新世早期的区域隆升剥蚀均夷过程，形成了古新世北台期准平原地貌，并在此基础上开始了新生代裂陷作用旋回，形成了渤海湾新生代盆地区。

作为一个大型陆内裂谷盆地，渤海湾盆地新生代演化包括了古近纪裂陷阶段和新近纪以来的裂后沉降两个发展阶段，其中裂陷阶段是主要时期，基本确定了盆地的构造格局，可以进一步划分出 3 个裂陷幕：孔店 – 沙四期、沙三期和沙二 – 沙一 – 东营期。

孔店 – 沙四期是新生代裂陷活动的序幕，形成于燕山晚期区域性隆起和侵蚀夷平背景之上，裂陷区分布局限，互不连通；沙三期之前经历了短暂的区域性构造隆升，然后沿前期主干断裂发生继承性活动，是盆地的主裂陷幕，主要凹陷的雏形已经形成，最大沉积厚度超过 3 000 m。沙二段—沙一段—东营期，在先存盆地基础上发生进一步裂陷，并发育大量盖层断层，导致沉降中心的迁移，区域性断裂的走滑运动也对盆地的发育起到了重要的改造作用。

渐新世末期，裂陷活动基本结束，发生了短暂隆升，先期地层遭受均夷剥蚀。中新世以后，开始进入了区域性坳陷发育阶段。不同时期沉积中心也略有变化，现代的沉积中心在渤中地区。

# 第5章 深部结构与地球动力过程

## 5.1 地球物理场特征

### 5.1.1 重力场特征

渤海位于华北板块东部，包括了燕山褶皱带、渤海湾盆地（东部）和胶辽隆起带三个构造单元，各构造单元不同的深部地壳结构决定了渤海重力场的宏观特征，而构造单元内部的构造活动、岩浆作用和地层发育则通过局部异常反映出来。

渤海及周边的重力异常变化相对平缓，总体上表现为"东高西低"，大部分区域异常为负值，异常值在 $-10 \times 10^{-5} \sim -30 \times 10^{-5} \, \text{m/s}^2$ 之间变化，只有在海域北部沿岸一侧和胶东半岛沿岸一侧的部分区域重力异常为正值，异常值在 $0 \sim 20 \times 10^{-5} \, \text{m/s}^2$ 之间变化。以 NE—SW 向的郯庐断裂为界，其西侧以负的空间重力异常为主，而郯庐断裂带以东则以大面积升高的正异常为主。布格异常分布特征与空间异常基本一致，但异常值稍有抬高，等值线形态相对简单。

胶辽隆起带空间重力异常以升高的正异常为主，异常的最大值在 $40 \times 10^{-5} \, \text{m/s}^2$ 左右。在北黄海中部相对独立，呈块状分布的负异常，异常走向不明显。燕山褶皱带位于渤海西北部，表现为 NE—SW 走向的正的空间重力异常带，包括两个正异常圈闭，空间重力异常的最高值在 $24 \times 10^{-5} \, \text{m/s}^2$ 左右。

渤海湾盆地是一个大型的新生代断陷盆地，渤海海域属其东半部分，空间重力异常表

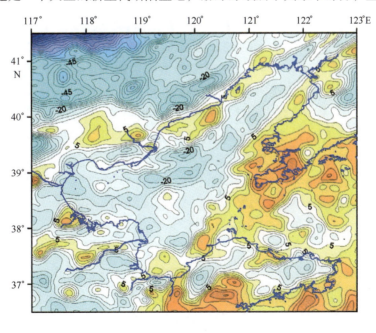

图 5.1 渤海及周边空间重力异常图

现为以负异常为主，正负异常相间的特征，异常总体呈 NNE 走向。各次级构造单元的异常特征存在局部差异。下辽河坳陷的重力异常是由一系列 NE—SW 走向正负相间的条带状异常组成；渤中坳陷整体表现为负异常背景上的正、负异常高圈闭；埕宁隆起表现为负异常背景上的正异常高圈闭；黄骅坳陷重力异常走向为近 E—W 向，异常的最低值在 $-14 \times 10^{-5}$ m/s$^2$ 左右；济阳坳陷重力异常的最低值在 $-20 \times 10^{-5}$ m/s$^2$ 左右；莱州湾凹陷与胶辽隆起之间为密集的重力梯度带（见图 5.1）。

## 5.1.2 地磁场特征

渤海的磁场特征总体上以负异常为主，异常走向主要呈 NE 向。在渤海中部存在一明显的 NE 走向的高磁异常带，该异常带在渤中附近被一 NW 向负异常所截切，同时以此 NW 向异常为界将渤海磁场分为南北两个部分，两部分磁力异常特征明显不同。南部在 NE 走向的异常背景上，NW 向排列的串珠状异常十分发育，一定程度上掩盖了 NE 走向特征；北部则主要表现为 NE 向线性异常梯级带，在梯级带中正负串珠状异常带平行展布，具有显著的线性构造特点。上述地磁异常特征反映了渤海南、北部深部构造环境的差异。

渤海各个构造单元在地磁异常的走向、幅值和组合方面表现出不同的特征。

燕山褶皱带是华北板块基底活动性较大的一个次级构造单元，结晶基底自形成以来基本上处于叠次沉降的状态。晚三叠世以来，地壳活化显著，大量花岗岩类岩浆侵入，期间又遭受燕山运动的多次强烈改造，构造变形剧烈（河北省地质矿产局，1989），造成地磁异常变化剧烈，正、负异常分区明显，异常范围在 $-620 \sim 360$ nT 之间，异常总体走向为 NE—SW 向，NE 异常明显被 NW 向异常错动，推测是一条 NW 向断裂在磁场上的反映。

渤海湾盆地渤中坳陷异常区磁力异常有数个规模较大、强度较强的局部异常组成，局部的正、负异常组合发育，中部的正异常被多个负异常所环绕，磁力值在 $-210 \sim 230$ nT 之间变化。埕宁隆起异常区可以划分为南、北两个次级异常区：北部次级异常区表现为负异常，幅值约在 $-50 \sim -200$ nT 之间，异常走向不明显，略显近 E—W 走向的特征；南部次级异常区表现为升高的线性异常带，异常带走向呈 NW 向，异常值具有"西部高、东部低"的特征，西部的最大异常值超过 500 nT，海河断裂和沙南断裂穿过此处。

济阳坳陷异常区进一步划分为黄河口凹陷、庙西凹陷、莱州湾凹陷和中部凸起 4 个次级异常区。黄河口凹陷次级异常区以大面积平缓负异常为背景，局部异常不发育，异常值在 $-200 \sim 100$ nT 之间，区内异常走向不明显，略显近 E—W 走向特征；庙西凹陷次级异常区同样以负异常为背景，局部异常较为发育，异常值在 $-400 \sim 0$ nT 之间，区内异常走向为 NNE 向；莱州湾凹陷次级异常区以负异常为背景，在北部边界和东部边界存在正异常，大部分异常值在 $-350 \sim 350$ nT 之间，区内异常走向为 NNE 向，在异常区东部边界发育一 NNE 向正磁力异常条带；中部凸起次级异常区局部异常发育，以 NE 走向为主，兼具近 E—W 走向特征。

辽东湾磁力异常范围在 $-130 \sim 370$ nT 之间，总体为 NE—SW 走向，与构造单元走向高度一致，存在两条升高磁力异常带纵贯全区。在下辽河－辽东湾坳陷异常区中部，磁力异常明显被 NW 向异常错动，推测是一条 NW 向断裂在磁场上的反映。

胶辽隆起带的胶北隆起出露基底为新太古代胶东群绿岩建造和元古代荆山群、粉子山群孔兹岩系，上覆新元古代蓬莱群沉积，晚中生代花岗岩类侵入体十分发育、岩浆活动强烈（邱连贵，2008；张田，2008）。胶北隆起以 NW 向走向的低值平缓负异常为背景，异常幅值在 $-100 \sim 200$ nT 之间。

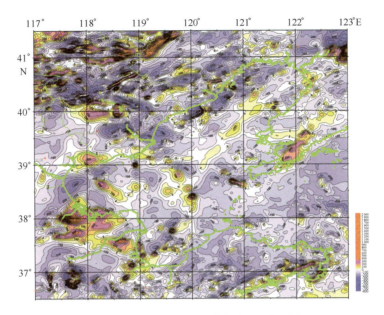

图 5.2 渤海及周边磁力异常平面等值线图

### 5.1.3 地温场特征

截至 2006 年底，渤海累计钻探 511 口井（朱伟林等，2008），部分井位采集了油温数据，这为了解渤海的地温场特征提供了条件。肖卫勇等（2001）根据 8 口井的系统测温资料和 142 口井的油层测温资料研究了渤海盆地的地温梯度分布特征，结果显示整个渤海的地温梯度介于 18 ~ 47℃/km 之间，平均值约为 33℃/km。其中，渤中区域的地温梯度最大，达到 35℃/km，锦州和金县的地温梯度最低，仅为 29℃/km。分析表明，地温梯度的区域差异主要受基底埋深的控制，在基底凸起较高的区域，上覆沉积层中的地温梯度也相对较高（表 5.1）。

王良书等（2002）在 142 口井试油测温数据和 86 块岩石样品热导率测试结果的基础上，确定了渤海的 76 个热流值（图 5.3），认为渤海具有相对较高的热流背景，平均值为 65.8 $mW/m^2$，热流的分布在各构造单元之间有明显差异。渤中坳陷是一个中—低热流区，热流值介于 60 ~ 65 $mW/m^2$，其周围的凸起区是高热流区。辽东湾是低热流区，最低的热流区域位于辽东湾坳陷与渤中坳陷的交汇部位。

表 5.1 渤海盆地不同构造单元平均地温梯度统计表

| 构造单元 | 平均地温梯度/（℃·$km^{-1}$） | 构造单元 | 平均地温梯度/（℃·$km^{-1}$） |
| --- | --- | --- | --- |
| 辽中凹陷北洼 | 28.1 | 沙垒田凸起 | 46.8 |
| 辽中凹陷中洼 | 29.2 | 渤南凸起 | 36.4 |
| 辽中凹陷南洼 | 25.3 | 石臼坨凸起 | 35.3 |
| 辽西凹陷 | 29.1 | 埕北低凸起 | 36.2 |
| 沙南凹陷 | 29.5 | 莱北低凸起 | 34.8 |
| 黄河口凹陷 | 33.2 | 渤东低凸起 | 32.0 |
| 莱州湾凹陷 | 30.5 | 辽西凸起 | 36.5 |
| 歧口凹陷 | 32.4 | | |

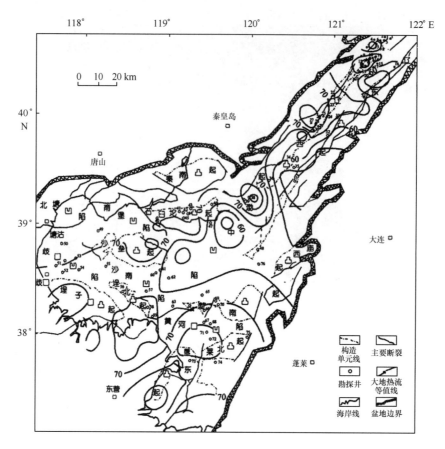

图 5.3　渤海湾盆地的热流值分布图（王良书等，2002）

## 5.2　地壳结构

### 5.2.1　地壳厚度

利用布格重力异常反演方法得到的渤海的莫霍面深度等值线图（图 5.4），图中显示渤中坳陷是一个莫霍面隆起区，深度最小在 25 km 以内，山海关隆起和胶北隆起为莫霍面沉降区，其中山海关隆起埋深在 32 km 以上，胶北隆起埋深最大超过 35 km，整体表现为中央隆升、四周下降、略向东倾斜的上地幔穿隆特征。

在下辽河坳陷和辽东湾坳陷，莫霍面深度在 30 km 左右，等深线以 NE 走向为主，并且一直延伸到渤中坳陷东北部。渤中坳陷是渤海莫霍面深度最大的地区，也是深度变化最大的地区，在 23～30 km 之间变化。除了在渤中坳陷部位出现的全区最大深度外，东西两侧分别有一个规模较小的莫霍面隆起，相对隆起幅度在 2 km 左右，与秦南凹陷和渤东凹陷大致对应，等深线走向总体为 NE 向，在坳陷北部最为明显，但在南部发生不同程度的扭曲，推测与 NW 向深大断裂有关。济阳坳陷的莫霍面深度在 29～34 km 之间，等深线走向在东侧为 NE 向，西侧为 NWW 或近 EW 向，总体向南弯曲，在黄河口凹陷和莱州湾凹陷对应位置上形成两个小型莫霍面隆起，相对高度 2～3 km。黄骅坳陷的歧口凹陷也是一个莫霍面隆起区，等深线走向 NW，深度小于 31 km，自 SE 向 NW 向坳陷中心部位深度逐渐减小。埕宁隆起为莫霍面降低区，在沙垒田凸起部位有一个明显的深度高值圈闭，相对深度 2～3 km。由此向南，

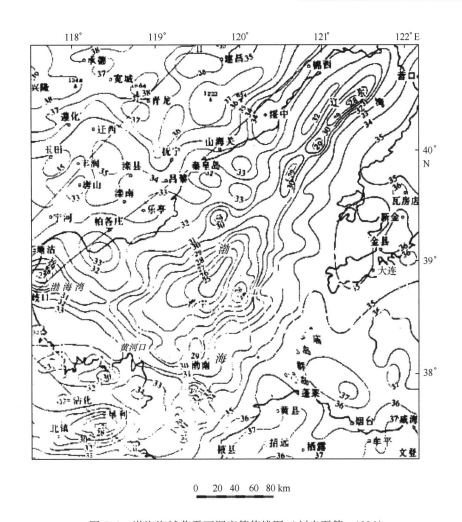

0   20  40  60  80 km

图 5.4　渤海海域莫霍面深度等值线图（刘光夏等，1996）

在渤中坳陷和黄骅坳陷对应的莫霍面隆起之间存在一个鞍部，深度在 31 km 左右，继续向南则很快增加到 33 km 以上。对比莫霍面等深图和沉积厚度图，可以发现莫霍面起伏与基底面起伏大致呈镜像关系（陆克政等，1997）。

　　人工深地震测深研究结果表明，渤海湾盆地区的地壳由高速和低速相间的成层介质组成，同时存在明显的横向不均匀性。地壳分上、中、下三层结构，在中地壳层内存在低速层，速度极小值分布深度 15 ~ 20 km，层厚 5 ~ 10 km，并有由平原盆地向周围山区低速层埋深和层厚逐渐增大的趋势，燕山地区壳内低速层厚度 12 ~ 14 km（刘光夏等，1996；陆克政等，1997；高瑞祺等，2004）。华北平原区大地电磁测深表明，渤海盆地的中层壳内普遍发育高导层，埋深 15 ~ 25 km，与地震测深揭示的壳内低速层基本相当。大量天然地震震源多分布在 10 ~ 18 km 的中、上层地壳，相当于壳内低速层或高导层的顶面之上，表明壳内低速层或高导层是上部地壳弹性应变累积和脆性破裂的下限，是壳内软弱层或韧性层的反映（魏文博等，2006）。

## 5.2.2　上地幔—岩石圈结构

　　渤海迄今缺少深地震探测和大地电磁测深等深部探测资料，只能依据周边陆地的大地电磁测深资料，辅以热流和天然地震资料数据处理结果，来大致确定海域岩石圈的厚度变化。

渤海湾盆地的坳陷对应了莫霍面隆起带，隆起带对应了软流圈坳陷带。周围的燕山褶皱带和胶辽隆起区的软流圈顶面埋深则更大，一方面反映了岩石圈结构与基底结构同样具有镜像关系，另一方面也表明整个渤海湾盆地区的岩石圈都有明显减薄的迹象。

渤海及邻区岩石圈的厚度介于 50~140 km 之间（图 5.5），上地幔软流圈形态主要反映为以渤海湾—下辽河为中心的隆起区，隆起区走向 NE，其顶部位置位于辽东湾–渤海湾西侧（魏文博等，2006）。渤海湾盆地区上地幔软流层顶部埋深为 50~60 km，其东、西两侧分别为岩石层厚度变化的梯度带。郯庐深断裂北段处于岩石层厚度急剧变化的斜坡带上（卢造勋等，1999）。岩石圈厚度变化不仅可作为大地构造分区及确定深部断裂的标志，上地幔软流层隆起幅度亦可作为构造活动与地震活动性的主要深部标志。

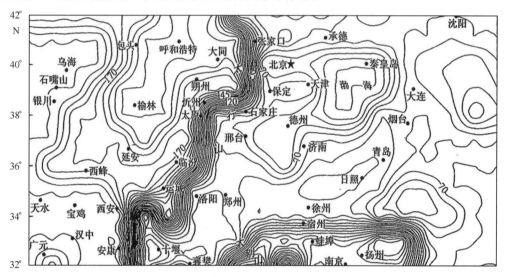

图 5.5　华北岩石圈厚度等值线图（据魏文博等，2006）

渤海周边陆地地震观测资料进行地震层析成像的研究结果也能够粗略地反映出上地幔—岩石圈结构。研究结果表明，环渤海地区地壳上地幔的速度结构具有明显的横向不均匀性。京津唐地区地壳中上部的速度异常反映了浅表层的地质构造特征，造山带和隆起区对应于高速异常，坳陷区和沉积盆地对应于低速异常，地壳下部出现大规模的低速异常与华北地区广泛存在的高导层相对应，估计与壳内的滑脱层和局部熔融、岩浆活动有关。莫霍面附近的速度异常反映了地壳厚度的变化及壳幔边界附近热状态的差异，上地幔顶部大范围的低速异常可能是上地幔软流层热物质大规模上涌所致（李志伟等，2006）。

## 5.3　构造应力场特征

渤海地区断裂构造发育，地震活动频繁，通过构造应力场的研究有助于探讨这些构造活动的应力来源。渤海的现代构造运动是以水平构造应力作用下的走滑运动为主。渤海海域发生的所有 6 级以上地震均发生在郯庐断裂带及其共轭的 NNW 向断裂上，全部 7 级以上地震均发生在 NNE 和 NNW 两个方向的构造交汇部位（滕吉文等，1997）。

陈国光等（2004）根据对 38 个震源机制解和 75 个井区应力场等资料的分析，结合构造应力场二维数值模拟，得出渤海及邻区现代构造应力场以水平和近水平应力作用为主，压应力方向为 NE60°—90°，张应力为 SN—NW30°。不同构造区域的应力场方向有细微差别，渤东南和渤东北均为 NE80°～SE80°，渤西南为 NE70°～80°，渤西北为 NE60°～80°（图5.6）。

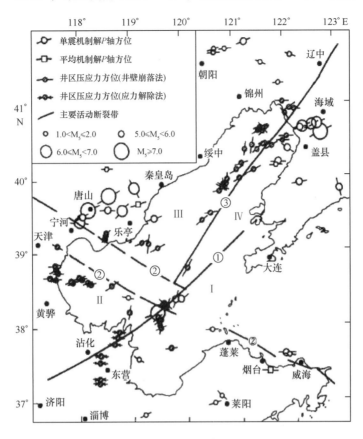

Ⅰ.渤东南；Ⅱ.渤西南；Ⅲ.渤西北；Ⅳ.渤东北；①庙西北—黄河口—临邑断裂带；②张家口—蓬莱断裂带大致边界；③营口—潍坊断裂带北段西界

图5.6 渤海及邻区新构造分区、震源机制解和井区压力轴分布图（据陈国光等，2004）

## 5.4 构造演化的动力学机制

### 5.4.1 渤海盆地的形成机制探讨

关于渤海湾盆地的形成机制，有很多不同的观点，这些观点大致可以概括成以下五类：

（1）主动裂谷成因：盆地的形成或者起因于上地幔隆起导致的岩石圈侧向拉张作用（李德生）或者大陆板块向洋的扩张或蠕散作用（张抗，1988）。

（2）被动裂谷成因：形成盆地的上地幔隆起作用或分层组合伸展作用由板块俯冲碰撞作用引起（陈发景，1996）。

（3）伸展走滑成因：主要形成于伸展作用，在伸展作用的同时叠加了后期走滑作用形成，走滑作用对伸展构造有改造作用（漆家福，1995；陆克政等，1997）。

（4）伸展拉分成因：在早期伸展的背景下叠加了后期的走滑拉分作用形成的伸展—拉分复合作用（李鹏举，1995）。

（5）走滑拉分成因：在两侧的郯庐断裂带和太行山断裂带的走滑拉伸作用下形成，在此背景下产生了大规模伸展作用（侯贵廷，1998；许浚远，2000）。

盆地的拉伸作用是公认的，但走滑作用也越来越受到重视，并且盆地的形成脱离不开西北太平洋边缘海盆地构造系统演化的大背景。

新生代时期，西太平洋俯冲带向东后退，为中国乃至亚洲东部的岩石圈向东伸展、蠕散提供了应变空间。深大断裂的分割作用，造成中国东部岩石圈向东位移的速率发生变化，从而造成沉降带和隆起带相间排列的构造格局。同时深大断裂构成幔源物质的垂向通道。岩石圈伸展减薄是中国东部新生代构造演化的共同趋势，能够在华北东部地区形成规模巨大的裂谷盆地，与华北陆块比较古老、岩石圈刚化程度高和深大断裂发育有关。

三大板块相互作用所产生的应力场，为中国东部岩石圈块体东移提供了动力源，也是华北东部裂谷系形成的主要动力源泉。新生代时期，由于太平洋板块运动方向的改变和印度板块向北的强烈楔入，在整个中国大陆形成了扇形展布的应力场，控制了中国大陆新生代构造变形。中国西部主要受印度板块向欧亚板块强烈推进挤压的影响，以地壳缩短变形为特色，从而引起造山带的复活和形成相应的山前挠曲盆地。中国东部主要受滨太平洋构造域发展影响，因岩石圈分体东移，以引张裂陷作用为新生代构造发展的主旋律。

华北陆块内部的应力分布特点决定了区内断块以斜滑为主，且盆地内各部分构造活动特点存在差异。在 NE 向应力场的作用下，断块活动存在向东和向北的两个分量，所以盆地内的多数断裂表现为剪切—引张活动。渤海湾新生代裂谷盆地的形成机制就可以认为是 NW—SE 向斜拉张的结果。陆块南部的主应力向东偏转，块体向东位移的分量大于向北位移的分量，因而南华北盆地以继承前新生代的 NWW—EW 向构造线为主。陆块北部的主应力则向北偏转，越向北，向北位移的分量越大，所以渤海湾盆地主要发育 NNE—NE 向构造。陆块内部次级块体的速率变化导致挤压抬升和引张裂陷双重构造的形成。

## 5.4.2 华北克拉通破坏与渤海构造演化

"华北克拉通破坏"是用来表述华北克拉通自中生代（也有人认为是古生代末）以来发生的构造活化、岩石圈减薄、成分改造乃至置换等构造现象的概念。早在 50 多年前，以陈国达为代表的老一辈地质学家就提出了华北稳定地台活化和大陆裂谷岩浆作用与演化的观点。后来的科学家相继阐述了华北岩石圈减薄、裂谷形成与沉积盆地发育的学术思想，认识到华北岩石圈减薄是中国东部地质演化的重大事件。并在 20 世纪 90 年代以后把华北克拉通岩石圈减薄推向国际地球科学研究的前沿。2007 年开始，中国国家自然科学基金委员会正式提出"华北克拉通破坏"这一概念，同时推出的为期 8 年的"华北克拉通破坏"重大研究计划进一步将该领域的研究推向新的高潮。

"华北克拉通破坏"强调从深部构造的角度研究华北地区自中生代以来发生的剧烈构造活动，其最显著的特征是岩石圈的减薄，研究表明，华北克拉通东部在最近的 400 Ma 至少有 120 km 的岩石圈厚度丢失（林舸等，2008）。目前在"华北克拉通破坏"重大研究计划支持下，大量的科学家在努力工作，力求解决华北克拉通破坏的时空分布、动力学机制、浅部构造响应以及成矿作用等关键科学问题。

渤海湾盆地处于华北克拉通东部地块的中心位置，有证据表明渤海湾盆地是华北克拉通一个重要的岩石圈减薄中心。大地电磁测深结果表明，渤海湾地区岩石圈厚度在 60 km 以内，不仅与西部地块相比厚度小得多，即使与周边的松辽盆地、冀中盆地等减薄中心相比厚度也较小。华北克拉通破坏的提出最初基于火山岩捕虏体岩石地球化学的研究成果，而后续开展的深地震测深结果则提供岩石圈减薄的进一步证据。目前在渤海湾盆地还缺少这些方面的证据。

关于华北岩石圈减薄的机制、驱动力和动力学，目前代表性的构造模式有两种，分别强调软流圈侵蚀和下地壳的拆沉作用。滕吉文等（1997）基于对重力、航磁、古地磁、天然地震、地热、应力场、壳幔结构与地震层析成像等资料的综合分析，提出以渤中坳陷为中心存在一个潜在的尚在发展中的地幔柱的观点。地幔柱的存在可以解释岩石圈的减薄，但有待高精度、高分辨率地震层析成像实验的进一步证实。

华北克拉通地区是晚中生代岩石圈减薄最为强烈的地区，也是伸展构造最为发育的地区，其中渤海湾盆地的伸展构造尤为典型。晚中生代岩石圈减薄的重要浅部构造响应在于地壳的拆离作用（刘俊来等，2008），表现为包括拆离断层、变质核杂岩和断陷盆地在内的大量伸展构造的发育。它们是不同程度地壳伸展和拆离作用的表现。它们的发育对于地壳减薄的特点、时空分布、减薄方式与减薄机制等提供了浅部的反映。

郯庐断裂在华北克拉通破坏和岩石圈减薄过程中的大地构造作用应得到的重视（嵇少丞等，2008）。郯庐断裂早期左旋剪切运动主要是为了调节扬子板块东西两侧向 NNW 汇聚速率的差异。随着华北和扬子板块碰撞挤压的深入发展，郯庐断裂迅速向 NE 方向传播延伸，其东侧的地块沿左旋剪切的郯庐断裂向 NE 方向逃逸。郯庐断裂的传播延伸可能继承和利用了华北克拉通岩石圈内部先存的薄弱带。同时，扬子板块向北强烈的碰撞挤压在华北地块内造成近东西向拉伸，类似于青藏高原近期的南北向缩短而东西向伸展。郯庐断裂的左旋伸展剪切造成其南北向延伸的次级断裂主要呈伸展拉张状态，岩石圈减薄首先在这些薄弱的部位开始，因为这些薄弱带是地幔热流最集中的地方。郯庐断裂全线及其次级断层作为薄弱带成为软流圈物质上涌的首选通道。俯冲扬子板片脱水作用析出的流体以及来自软流圈富硅、富碳酸盐的熔体优先选择左旋伸展剪切郯庐断裂的局部拉分地段上升。这可能就是为什么中国东部岩石圈减薄中心沿 NNE 方向分布的原因。

# 第6章　油气资源与矿产资源评价

## 6.1　油气资源

　　渤海海域是我国近海油气勘探程度相对较高的一个海区，至2009年，全区除已进行高精度的重力、海磁和航磁（飞行高度600m）勘探外，海区全部完成了1 km×1 km数字地震勘探。渤海海域内共完成2D地震测线27.5×10⁴ km，3D地震工作量近3×10⁴ km²，完成各类探井和评价井（包括浅滩地区）800余口。在水深大于5 m的渤海海域发现了58个油气田和含油气构造，目前评价出绥中36 – 1、秦皇岛32 – 6、蓬莱19 – 3、锦州9 – 3等具经济储量的油田41个，锦州20 – 2等气田2个。在水深小于5m的浅滩地区，也进行了大量的油气勘探开发活动，发现和评价出具经济储量的油（气）田20个，其中辽河滩海发现和评价出葵花岛、太阳岛、笔架岭、海南 – 月东4个油田，冀东滩海发现和评价出南堡油田，大港滩海发现和评价出埕海油田（包括赵东、关家堡、张巨河、张东东4个油田）和北大港油田（包括马东、唐家河、联盟、六间房、港东、港中和港西7个油田），胜利滩海发现和评价出埕岛、新滩、新北、英雄滩等油田。其中绥中36 – 1、秦皇岛32 – 6、蓬莱19 – 3、曹妃甸11 – 1和渤中25 – 1（S）、埕岛和南堡油田均是探明储量在1×10⁸ t以上的特大油田。尤其是新发现的南堡油田以其探明储量石油4.45×10⁸ t，溶解气536×10⁸ m³，控制＋预测石油储量6.39×10⁸ t，地质储量引世人瞩目。可以说，渤海（包括浅滩地区）是我国近海勘探成效较高的一个海区。

### 6.1.1　渤海海域盆地基本油气地质条件

#### 6.1.1.1　烃源岩

1）烃源岩的时空分布

　　目前的勘探证实，渤海盆地发育有古近系和前古近系烃源岩。古近系烃源岩主要发育沙河街组和东营组两套主要烃源岩，前古近系烃源岩主要下白垩统和古生界碳酸盐岩。

　　古近系烃源岩具备层系多、厚度大、有机质丰度高、分布面积广、有效厚度大和成烃条件好的特点。渤海湾盆地古近系暗色泥岩烃源岩有五套层系，厚度1 250～3 000 m，它们以湖相暗色泥岩为主，夹薄层泥灰岩。古近系孔店组二段，厚度200～400 m，多分布在盆地边缘靠近南部地带，是一套半封闭、半咸水、半深湖相非补偿阶段的沉积。沙河街组四段和三段沉积时期，是渤海湾裂谷盆地演化最强烈的断陷期，既是湖盆主要扩张期，也是湖盆主要形成期，更是盆地烃源岩主要发育期。沙河街组四段烃源岩厚度300～600 m，沙河街组三段厚度400～1 200 m，沙河街组四段和三段烃源岩在盆地各坳陷均有分布。由于湖盆呈继承性稳定沉降，发育了半深湖—深湖相沉积，这两套烃源岩是渤海湾盆地的主力烃源岩系。沙河街组一段和东营组下段沉积时期，是渤海湾裂谷盆地在沙河街组二段湖退之后，再次进入稳定扩张发展阶段，沉积中心向盆地东部迁移，在盆地东部地区发育大规模水进体系域而形成沙河街组一段和东营组二段两套烃源岩。沙河街组一段厚度150~400 m，东营组下段厚200~400 m，主要分布在盆地东部的滩海地区和渤海海域。

需要特别指出的是，首先受沉积－沉降控制，从盆地周边向渤中坳陷，烃源岩层位逐渐变新，渤中坳陷除了沙河街组烃源岩之外，东营组烃源岩也进入成熟门限，即源岩层发生了变化，其成藏主控因素也随之发生改变。

①古近系沙河街组烃源岩：古近系沙河街组是渤海湾盆地最主要的一套烃源岩，分布范围广，几乎遍布渤海湾盆地的所有坳陷区，隆起区则无该套地层发育。包括了沙四段、沙三段和沙一段。在海域主体的渤中凹陷由于沙三段、沙四段和沙一段埋藏较深，钻井揭露的不多，但从低凸起和凹陷向凸起过渡部位上的探井揭示的地层分析表明，渤海海域和渤海湾盆地一样，沙河街组除沙二段外，都是很好的烃源岩。据钻井揭示的厚度和地震资料概略计算，沙河街组沉积岩体积达28 180 km$^3$，暗色泥岩体积达15 447 km$^3$，暗色泥岩占总沉积岩体积的54.8%。

辽东湾坳陷包括了辽中、辽东和辽西凹陷，辽中凹陷是最重要的生油凹陷，沙三段有效烃源岩最大厚度达2 500 m以上，总体上由北向南，有效烃源岩厚度逐渐减小。

黄骅坳陷主要包括了北塘凹陷、板桥凹陷、歧口凹陷、南堡凹陷、沧东－南皮凹陷和盐山凹陷等，总体上黄晔坳陷北部较其南部暗色泥岩厚度大，在北部板桥凹陷、歧口凹陷和南堡凹陷，沙河街组暗色泥岩厚度达到900~700 m，而在南部的沧东－南皮凹陷和盐山凹陷，沙河街组暗色泥岩厚度仅有100 m。

济阳坳陷是渤海湾海域盆地勘探程度较高的地区之一，主要包括了东营凹陷、惠民凹陷、车镇凹陷、沾化凹陷等，沙河街组暗色泥岩主要分布于凹陷中，绝大部分区域厚度多大于1 000 m，东营凹陷最厚处可大于1 500 m。

渤中坳陷包含了渤中凹陷、秦南凹陷、渤东凹陷、庙西凹陷和黄河口凹陷，其有效烃源岩厚度普遍大于陆上部分，渤中凹陷最大厚度大于3 000 m，其他凹陷厚度也大于1 500 m。

②古近系东营组烃源岩：古近系东营组下段是渤海另一套重要的成熟烃源岩，但其平面分布范围较沙河街组烃源岩小，且主要分布于海域（在陆区的辽河坳陷和南堡凹陷也有部分分布）。钻井资料证实，东营组沉积期，渤中凹陷成为全盆地的沉降沉积中心，东下段沉积了一套较厚的暗色泥岩，且埋藏适中，其厚度和分布范围略小于沙河街组，总体积达22 980 km$^3$，暗色泥岩计11 950 km$^3$，占总体积的52%。

辽东湾坳陷，有效生油岩厚度最大可达1 200 m以上，总体上由北向南，有效生油岩厚度呈现出与沙河街组同样的变化趋势，逐渐变小。

渤中坳陷，是渤海湾盆地海域的主坳陷区，东下段在渤中坳陷分布范围广泛，包括有中凹陷、渤东凹陷等，在渤中凹陷东下段有效生油岩厚度最大可达2 400 m以上，渤东凹陷次之，最厚处有1 200 m。

在济阳坳陷的黄河口凹陷，曾钻遇孔二段的暗色泥岩段，厚度300~400 m，其正烷烃OEP值为1.09，已达到成熟阶段，分布面积超过1 000 km$^2$。该段地层在沙南和埕北凹陷中也曾钻遇，也是一套值得重视的烃源岩。

③前古近系烃源岩：迄今的勘探在石臼陀凸起上钻遇一套下白垩统深灰、灰黑色泥岩夹凝灰岩的湖相地层，钻厚304 m，有机碳含量为0.79%，氯仿沥青"A"含量为577×10$^{-6}$，

产烃潜量（$S_1 + S_2$）为 4.38 mg/g，$S_2/S_3$ 为 2.81，有一定的成烃物质基础，应是海域内的一套潜在烃源岩，但其分布情况目前尚不清楚。

组成海区内中新生代盆地的基础构造层的古生界碳酸盐岩，分布很广，也有一定的厚度，但对其成烃条件目前缺乏研究资料，从理论上推断，也不能排除生油气的可能。

2）有机质类型与丰度

依据蒂索 1978 年提出的 H/C 比和埃斯皮塔诺 1977 年提出的 $I_H$ 指标以及干酪根组成来划定的，即：腐泥型（Ⅰ型）、混合型（Ⅱ型）和腐殖型（Ⅲ型）。根据渤海海域古近系干酪根镜下组成和元素类型的特点，又可把混合型干酪根（Ⅱ型）区别成 Ⅱ₁ 型和 Ⅱ₂ 型。

渤海海域古近系的有机质干酪根主要属混合型。沙三段为Ⅰ型和Ⅱ₁型；沙一段以Ⅱ₁型居多，少量为Ⅰ型；东下段Ⅰ型区、Ⅱ型区、Ⅲ型区都有分布，不过Ⅰ型区和Ⅲ型区内都少，以Ⅱ₁型区最多，Ⅱ₂型区次之（图 6.1）。

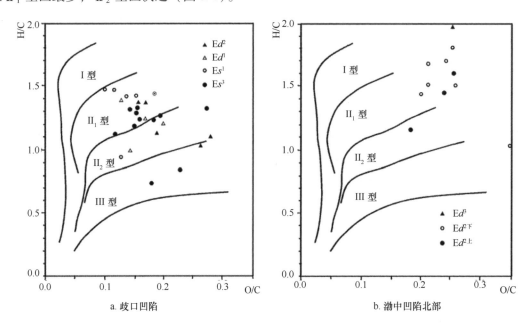

图 6.1　渤海海域古近系干酪根元素类型划分图（据于晓果等，1992 修改）

沙三段沉积期湖盆范围广，暗色泥岩厚度大，烃源岩类型最好。在空间上，渤中凹陷、辽中凹陷和歧口凹陷面积大，暗色泥岩分布广，沉降速度快，主要发育Ⅱ1型烃源岩。

东下段沉积期间，虽然湖盆范围进一步扩大，但周边陆区隆起较快，碎屑来源充足，堆积速度和沉降幅度大致相当，除渤中凹陷、歧口凹陷、辽中凹陷等几个大凹陷发育有较深湖相区外，大都为滨浅湖及三角洲相区，烃源岩干酪根以Ⅱ₂型和Ⅲ型为主。

从海域内探井揭示的沙三段、沙一段和东下段三套主要烃源岩有机质丰度数据的统计（表 6.1）可以看出：

①在主要生烃凹陷中，三套烃源岩的有机碳含量总体上以沙一段最高，沙三段略低，东下段最低。因沉积环境的差异，各凹陷各层有机碳的分布也有所不同。

②沙三段烃源岩，各个凹陷均具有好的烃源岩，TOC 最高者仍为沙南凹陷，可达 3.56%，其次为渤中凹陷，达 2.59%。

③沙一段烃源岩，各个凹陷均以高有机碳含量为特征，含量也相对较稳定，除莱州湾凹

陷外，均属好烃源岩。其中 TOC 含量最高者为沙南凹陷，达 5.31%，其次为渤中凹陷，达 3.28% 。

④东下段烃源岩，以辽西凹陷、辽中凹陷、渤中凹陷、庙西凹陷和沙南凹陷有机碳含量较高（平均 >1%），属好烃源岩；黄河口凹陷、莱州湾凹陷、歧口凹陷和秦南凹陷有机碳含量较低（一般介于 0.5%~1%），为中等烃源岩。

⑤在各凹陷范围内各层烃源岩中有机碳的分布还受水深或沉积环境的影响，通常是在凸起边缘或斜坡上部烃源岩质量较差，向凹陷中心烃源岩质量逐渐变好。

表 6.1 渤海海域烃源岩有机碳含量统计表

| 凹 陷 | 层 位 | 岩 性 | TOC/% | 干酪根类型 | 总烃/×10⁻⁶ | 总烃/TOC/% | $S_1 + S_2$/ (μg·g⁻¹) |
|---|---|---|---|---|---|---|---|
| 辽中 | Ed下 | 泥岩 | 1.46 | Ⅱ₁~Ⅱ₂ | 1 852 | 12.68 | 4.53 |
| | Es¹ | 泥岩 | 2.18 | Ⅰ~Ⅱ | 1 695 | 7.78 | 13.81 |
| | Es³ | 泥岩 | 1.48 | Ⅱ~Ⅱ₁ | 1 395 | 9.43 | 5.94 |
| 辽西 | Ed下 | 泥岩 | 1.66 | Ⅱ | 248 | 1.49 | 6.19 |
| | Es¹ | 泥岩 | 2.28 | Ⅱ₁ | 1 074 | 4.71 | 10.18 |
| | Es³ | 泥岩 | 1.41 | Ⅱ₂ | 860 | 6.10 | 3.95 |
| 渤中 | Ed下 | 泥岩 | 1.75 | Ⅱ₂ | 2 080 | 11.886 | 3.23 |
| | Es¹ | 泥岩 | 3.28 | Ⅱ₁ | 2 811 | 8.57 | 23.46 |
| | Es³ | 泥岩 | 2.59 | Ⅱ₁~Ⅱ₂ | 2 390 | 9.23 | 17.88 |
| 黄河口 | Ed下 | 泥岩 | 0.99 | Ⅱ | 504 | 5.1 | 2.71 |
| | Es¹ | 泥岩 | 1.14 | Ⅱ | 543 | 4.76 | 4.83 |
| | Es³ | 泥岩 | 1.75 | Ⅱ | 1 305 | 7.46 | 7.11 |
| 莱州湾 | Ed下 | 泥岩 | 0.55 | Ⅱ | 207 | 3.76 | 0.9 |
| | Es¹ | 泥岩 | 0.89 | Ⅱ₂ | 361 | 4.06 | 1.63 |
| | Es³ | 泥岩 | 2.06 | Ⅱ₁ | 1 158 | 5.62 | 12.02 |
| 歧口 | Ed下 | 泥岩 | 0.92 | Ⅱ₁ | 467 | 5.08 | 2.48 |
| | Es¹ | 泥岩 | 2.02 | Ⅱ₁ | 1 029 | 5.09 | 10.23 |
| | Es³ | 泥岩 | 1.94 | Ⅱ₁ | 2 666 | 13.74 | 11.99 |
| 庙西 | Ed下 | 泥岩 | 2.50 | Ⅱ | 6 009 | 24.04 | 16.00 |
| | Es¹ | 泥岩 | 1.73 | | 3 738 | 21.61 | 5.84 |
| 秦南 | Ed下 | 泥岩 | 0.94 | Ⅲ | 65 | 0.69 | 0.41 |
| | Es² | 泥岩 | 1.44 | Ⅱ | 217 | 1.51 | 3.85 |
| | Es³ | 泥岩 | 1.72 | Ⅱ₁ | 414 | 2.41 | 7.90 |
| 沙南 | Ed下 | 泥岩 | 1.20 | Ⅱ | 450 | 3.75 | 4.58 |
| | Es¹ | 泥岩 | 5.31 | Ⅱ₁ | 5 201 | 9.79 | 41.18 |
| | Es³ | 泥岩 | 3.56 | Ⅱ₁~Ⅱ | 4 073 | 11.44 | 29.00 |
| 南堡 | Ed下 | 泥岩 | 1.2~2.6 | | 644~9.70 | 5.37~3.73 | |
| | Es¹ | 泥岩 | 1.2~2.3 | | 799 | 6.66~3.48 | |
| | Es³ | 泥岩 | 1.5~4.5 | | 510 | 3.40~1.13 | |

资料来源：据段仲雄等，1993；朱伟林 等，2000，周海民，2007；郑菊红，2007，综合修改。

3）有机质成熟度

目前，一般用测定有机质中镜质体的反射率（$R_0$）来衡量有机质热演化程度。镜质体反射率通常随地层埋深而增加，反射率大表明有机质热演化程度（即成熟度）高。但是由于地温梯度和有机质类型及地层年代的差别，相对于同一 $R_0$ 值的对应深度也有较大的差异。

此外，时间温度指数（TTI）也经常应用于研究有机质热演化程度，其优点在于，同一地点可以根据推测的古地温来计算各个沉积界面以前各个层位的 TTI 值，并在平面上勾画出不同时代的等值图，从而分析有机质在各个埋藏时代（或埋藏深度）的演化情况。

时间温度指数（TTI）和有机质镜质体反射率（$R_0$）的对应关系如表 6.2。

表 6.2　渤海海域 TTI 指数和 $R_0$ 的对应表

| $R_0$/% | TTI | 有机质成熟阶段 |
|---|---|---|
| 0.5 | 1 | 未成熟 |
| | | 低成熟 |
| 0.75 | 8 | |
| | | 成熟 |
| 1.35 | 64 | |
| | | 高成熟 |
| 2.00 | 256 | |
| | | 过成熟 |

以新生界沉积最齐全的渤中凹陷西南端为代表，该区有机质类型为 $II_1$ 型和 $II_2$ 型，平均地温梯度 3.26 ℃/100 m，进入成熟门限（$R_0 = 0.5\%$）的深度为 2 800 m，相应地温为 105 ℃；进入主成熟门限（$R_0 = 1.0$）的深度为 4 200 m，相应地温为 150 ℃。

地温梯度不同，有机质进入成熟门限也有较大差异。高地温梯度区的例子为辽西凸起北段，地温梯度 3.6 ℃/100m，进入成熟门限（$R_0 = 0.5$）的深度为 1 700 m，相应地温为 73.5℃。低地温梯度区的例子为渤中凹陷沉积中心区，地温梯度 2.47 ℃/100m，有机质开始成熟的深度约 4 000 m，相应地温为 112℃。

以地层分布比较齐全的渤中凹陷 BZ6 - 1 - 1 井作为研究对象，分析其各层段的生油气演化史（图 6.2）。

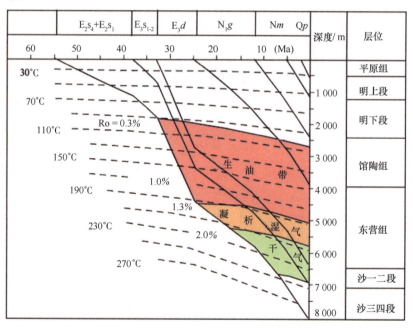

图 6.2　BZ6 - 1 - 1 井烃源岩埋藏史、热史、生烃史演化图（据郭永华等，2008）

沙四段、沙三段在东营组中期（$E_3d^2$）进入生油门限（$R_0 = 0.5\%$，地温 110℃）；至馆陶组中期进入生油高峰期，即大量生油和排油阶段（$R_0 = 1.0\%$ 地温 170℃）；在明化镇组早期进入高成熟凝析油气阶段（$R_0 = 1.3\%$，地温 210℃），于明化镇组中期进入过成熟成气阶段（$R_0 = 2.0\%$ 地温，230℃埋深达 6 500 m）。沙一段在东营组末期或馆陶组早期进入生油门限；馆陶组末期进入生油高峰期，埋深约4 000 m；明化镇组晚期进入高成熟阶段，至现今可能进入过成熟成气阶段。

东营组在明化镇组时期进入生油门限；现今已进入生油高峰，即大量生排油阶段。

4）烃源岩生烃特征

①沙三段烃源岩：液态烃石油有利生成区主要分布于歧口凹陷外缘、黄河口凹陷的东西两侧、辽西凹陷和辽中凹陷西侧以及莱州湾凹陷等地区。向凹陷的中心，多为凝析油、湿气有利区。在歧口凹陷、渤中凹陷和辽中凹陷的中部，由于烃源岩埋藏过深主要形成干气（刘星利等，1990）。

②沙一段烃源岩：生成液态烃石油为主的有利区主要分布于歧口凹陷、渤中凹陷西南部、黄河口凹陷、秦南凹陷、辽中凹陷北部等地区。

③东下段烃源岩：生成液态烃为主的有利成烃区主要分布于歧口凹陷、渤中凹陷西南部、黄河口凹陷西部和辽西、辽中凹陷北部；而较有利成烃区分布在秦南凹陷、黄河口凹陷东部及向北延伸至渤南凸起以及莱州湾凹陷等地区。渤中凹陷主体部位为形成凝析油及湿气为主的有利区及形成干气的过成熟区。

## 6.1.1.2 储集层

渤海盆地储集层岩性以砂岩为主，另有灰岩及火成岩等。

具孔隙性和渗透性是储集层的最基本特征（表6.3），从油气储集角度上说，要成为一个真正的储集层既要具备一定数量孔隙体积，并且这些孔隙相互连通而具渗透性，烃类可以进入并储集起来的含孔隙具渗透的岩类，是我们要讨论的储集层的范畴。从这个意义上，各个层系中包含的各类碎屑岩、碳酸盐岩和火成岩都可成为储集层。目前，渤海海域内已经获得油气产出或已证实其中储集了油气的储集层岩性以新生界的砂岩为主，另有下古生界碳酸盐岩类及中生界火山岩等。

1）古近系和新近系砂岩储集层

古近系和新近系砂岩储集层是渤海海域内最主要的储集层，其岩性包括了粉－细砂岩、砂岩（细粒－粗粒）、砂砾岩和细砾岩。具有分布广、层系多和物性好的特点，已获油气流的砂岩储集层有古近系沙河街组、东营组、新近系馆陶组和明化镇组几套层系。

表6.3　沙三段砂岩储集岩物性统计表

| 构造部位 | 分析样品/个 | 孔隙度 | | 渗透率 | |
|---|---|---|---|---|---|
| | | 孔隙度＞10%样品数/个 | 占总样品/% | 渗透率＞$0.98 \times 10^{-3} \mu m^2$样品数/个 | 占总样品/% |
| 渤南凸起西倾部 | 135 | 44 | 32.5 | 29 | 21.0 |
| 黄河口凹陷 | 94 | 88 | 94.0 | 83 | 88.6 |
| | | | | 43（＞$9.86 \times 10^{-3} \mu m^2$） | 45.45 |
| 岐南断阶带东段 | 26 | 26 | 100 | 26 | 、100 |
| | | | | 23（＞$9.86 \times 10^{-3} \mu m^2$） | 88.9 |
| 渤南凸起中段 | 22 | 0 | 0 | 6 | 27.0 |
| 渤中凹陷南坡 | 26 | 23 | 88 | 5 | 22.0 |

2）下古生界碳酸盐岩储集层

从已有的资料分析，下古生界碳酸盐岩储集层孔隙类型是晶间孔和粒间孔，重要孔隙是后生裂缝和溶洞，它们之间的连通性构成了碳酸盐岩储集层产能上的差别。

下古生界碳酸盐岩储集层物性极不均匀。马家沟组碳酸盐岩孔喉半径小于 $0.03\mu m$ 的连通孔隙占 50%，大于 $1.0~\mu m$ 的连通孔隙只占 6.2% ~ 12.6%，说明其基质储集性能较差，能获得高产油气流的因素主要靠裂缝和溶蚀孔连通。据对石臼坨凸起西南部的钻井岩心资料统计，在 3 429 $cm^2$ 的岩心面上见裂缝 1241 条，其中未充填和半充填的占 27%，孔缝面孔率仅为 0.55%，说明裂缝孔洞连通性较差，无液流产出。而据渤南凸起中段钻井岩心资料统计，孔缝面孔率为 14.2%，可见其储集性能和连通性能都较好而获得高产液流。

3）中生界火山岩储集层

渤海海域中生界火山岩成为储集层以古潜山圈闭形式出现，集中在中生界火山岩发育的石臼坨凸起东段地区，已发现了两个小型的火山岩油田和一些含油构造。目前发现的含油气火山岩层的岩类主要是安山岩、安山质火山角砾岩、安山质火山角砾熔岩，次为凝灰岩。其储集空间为次生孔隙，包括溶蚀孔洞和构造缝，原生孔缝包括气孔、晶间孔、屑间孔和冷缩缝。次生和原生混合孔隙是油气主要储集空间，其中尤以去碳酸盐化作用形成的次生孔隙为好，具有孔隙大、连通性好的特点。沿构造裂缝发育有呈串珠状分布的溶蚀孔，是油气连通和运移的主要通道。

火山岩储集层的特征和碳酸盐岩储集层相比是孔隙度较高，但渗透率较低，据对 110 块岩样的分析统计，有效孔隙度为 4.6% ~ 22.8%，平均为 10.17%，其主峰值分布范围在 7% ~ 12%。据 55 块岩样的分析统计，空气渗透率为 $0.29 \times 10^{-3}$ ~ $16.77 \times 10^{-3}~\mu m^2$，平均为 $2.1 \times 10^{-3}~\mu m^2$，其主峰值分布在小于 $0.98 \times 10^{-3}~\mu m^2$ 范围内。由于这种"高孔低渗"的特点，造成火山岩储集层非均质性强，含油气性极不均匀，在一个构造的小范围内高产井和干井同时出现。

## 6.1.1.3　封盖条件

渤海海域盆地内泥岩层沉积发育，盖层条件好，在古近纪断陷盆地的发育沉积过程中，良好的烃源岩同时又是良好的封闭盖层，沙三段中透镜状的砂层储集体本身就被泥质岩包围，不需要任何构造因素就能形成岩性封闭。当然古近系和新近系的岩性剖面中大多数情况是砂泥岩间互层，也就是说，储集层和盖层的交替出现本身就可而形成良好的储盖组合。渤海海域内在新近系以砂岩层占优势的馆陶组中，也往往存在 3 m、5 m 厚的泥岩夹层就可封盖圈闭起一块含油气面积。这些砂泥层间互的剖面在经过后来的断层切割后，既能形成开启式的运移通道，同时又形成了储层上倾方向的侧向封堵。当然这种封堵的随机性很大，但确实增加了海域内断裂背斜、岩性圈闭中的封闭条件。

## 6.1.1.4　圈闭条件

1）圈闭类型

因渤海湾盆地在其形成发育上的特性，尤其以走滑的张性和张扭性生长断层的多期活动为主要特征，使盆地中形成的局部构造圈闭具有多期性和多样性，并且在空间和时间关系上在一种或几种应力场作用下形成了不同的圈闭类型。但它们在圈闭成因上、平面组合上和油气藏形成上却密切相关，这样形成了渤海湾裂谷型断陷盆地中特有的复合构造圈闭带的概念，目前已经确认的复合圈闭带已超过 50 个。

据裂谷型断陷盆地中形成的构造圈闭的应力特征，将圈闭分为构造圈闭和地层圈闭两大类，据其发育部位和形态特征又进一步分四个亚类共 12 种圈闭形式（表 6.4）。

从现阶段的勘探结果来看，12 种圈闭中以断鼻、断背斜（半背斜）和断块这一类与断层有关的圈闭最重要（表 6.5）。

表 6.4　渤海海域圈闭分类表

| 类别 | 亚类 | 形式 |
| --- | --- | --- |
| 构造圈闭 | 背斜圈闭 | 披覆背斜、滚动背斜、背斜（包括走滑扭背斜，反转构造）、"浅层"挤压或"扭动"背斜、穿隆 |
| | 断层圈闭 | 断鼻（断背斜或半背斜）、断块 |
| 地层圈闭 | 潜山圈闭 | 低潜山、高潜山、潜山半地堑 |
| | 超覆/不整合圈闭 | 超覆、不整合 |

表 6.5　各反射层圈闭类型及数量统计

| 层位 | 断块 | | 背斜/断背斜 | | 断鼻 | | 基岩残丘及潜山 | |
| --- | --- | --- | --- | --- | --- | --- | --- | --- |
| | 数量 | 占该层圈闭百分比/% | 数量 | 占该层圈闭百分比/% | 数量 | 占该层圈闭百分比/% | 数量 | 占该层圈闭百分比/% |
| $T_0^1$ | 31 | 38 | 34 | 41 | 17 | 21 | | |
| $T_0$ | 66 | 39 | 53 | 32 | 49 | 29 | | |
| $T_2$ | 63 | 35 | 93 | 52 | 24 | 13 | | |
| $T_3$ | 40 | 40 | 43 | 43 | 16 | 17 | | |
| $T_5$ | 53 | 68 | 18 | 23 | 7 | 9 | | |
| $T_8$ | 25 | 15 | 11 | 7 | 2 | 1 | 130 | 77 |

资料来源：据中海石油，2008。

2）圈闭构造空间分布

如前所说，一些局部圈闭在时空关系上有内在联系，在平面上，若干个圈闭成群成带地组合在一起形成复式构造圈闭带，渤海海域以复式圈闭发育为主要特征。目前的勘探证实，复式圈闭带主要包括五种类型，即低潜山－披覆带，高潜山带，断鼻（半背斜）带，断裂构造带及超覆、不整合尖灭带。在这五种类型中，以断裂构造带两类最多，共占 62%。在区域上，黄骅坳陷以断裂构造带为主。超覆、不整合尖灭带主要分布在辽东湾坳陷，渤西、渤南和渤中地区均以断鼻、断背斜（半背斜）和断块类圈闭为主。

## 6.1.2　渤海海域油气资源规模与远景分析

### 6.1.2.1　渤海油气资源规模及其分布

（1）新一轮油气资源评价表明，渤海海域新生界石油地质资源量为 $41.8 \times 10^8 \sim 71.4 \times 10^8$

t，天然气地质资源量为 $1\,329 \times 10^8 \sim 3\,565 \times 10^8\,m^3$。石油地质资源量期望值 $56.8 \times 10^8\,t$，天然气地质资源量期望值 $2\,466 \times 10^8\,m^3$（张宽等，2007）。在地理区域上，石油和天然气均主要分布于平原地区，浅海区和滩海区的石油远景资源量占 37.75%，天然气远景资源量占 38.0%。

在构造区域上，渤海湾盆地潜在的石油资源主要赋存于济阳坳陷（跨越海陆）、渤中坳陷以及辽河坳陷（跨越海陆）内。新生界石油潜力最大，主要富油凹陷包括东营凹陷、渤中凹陷、辽河西部凹陷、沾化凹陷和歧口凹陷等；中生界石油潜力主要集中在东营凹陷、沾化凹陷和滩海地区；上古生界仍然是东营凹陷、沾化凹陷和滩海地区；下古生界以冀中坳陷的饶阳凹陷、东营凹陷和辽河坳陷的西部凹陷和大民屯凹陷为主。

渤海湾盆地潜在天然气主要赋存于黄骅坳陷的歧口凹陷、板桥凹陷，冀中坳陷的东营凹陷、渤中坳陷的渤中凹陷，辽河坳陷的西部凹陷、辽中凹陷，济阳坳陷的黄河口凹陷和沾化凹陷等。以新生界天然气潜力最大；中生界主要是冀中坳陷石家庄凹陷；上古生界主要是冀中坳陷廊固凹陷；下古生界主要在歧口凹陷、廊固凹陷、武清凹陷。

（2）渤海湾盆地石油地质资源量在各层系分布及所占比例从大到小顺序是：新生界占 88.6%，下古生界占 7.8%，中生界占 2.6%，上古生界占 0.98%。渤海湾盆地天然气地质资源量在新生界占 74.91%，中生界占 0.73%，上古生界占 3.26%，下古生界占 21.10%。

渤海湾盆地石油地质资源量主要分布于浅层和中深层，占 85% 以上。与石油的分布明显不同，天然气在各个深度域分布相对均衡，但以中深层和深层占优势，反映出天然气聚集比石油更需要盖层的保护，其中浅层占 16.04%，中深层占 30.43%，深层占 33.13%，超深层占 20.40%。

（3）从烃资源品位看，渤海湾盆地以常规油气资源为主，常规油占石油资源总量的 62.27%，其次为稠油，占 27.50%，低渗油、特低渗油和高凝油所占比例较小。天然气也以常规气为主，占天然气总资源量的 99.32%。

### 6.1.2.2 渤海油气勘探开发状况

渤海海域盆地总面积约 $62\,282.5\,km^2$，由渤海湾盆地济阳坳陷、黄骅坳陷、辽东湾坳陷和埕宁隆起四个次级构造单元由陆地延伸到海域的部分以及海域内的渤中坳陷共五个次级级构造单元组成。其中 $50\,179.5\,km^2$ 的海域探区由中海石油天津分公司进行勘探开发，辽东湾坳陷 $3\,475\,km^2$ 滩浅海区由中国石油天然气总公司辽河油田公司进行勘探；黄骅坳陷滩浅海面积 $3\,758\,km^2$，中国石油天然气总公司的大港油田公司和冀东油田公司分别拥有 $2\,758\,km^2$ 和 $1\,000\,km^2$ 的滩浅海勘探区块；济阳坳陷和埕宁隆起 $4\,870\,km^2$ 滩浅海区，由中国石油化工集团公司胜利油田公司在其中的 $3\,700\,km^2$ 探区进行油气的勘探开发。

上世纪 90 年代中期，秦皇岛 32 - 6 构造浅层获得重要发现，并成功评价获得了 $1.63 \times 10^8\,t$ 石油探明储量。蓬莱 19 - 3 油田浅层油藏成功评价获得 $3.24 \times 10^8\,t$ 石油探明储量。

1993 年，我国海上第一个超亿吨的绥中 36 - 1 大型重质稠油油田地质储量达 $2.978 \times 10^8\,t$，一期工程于当年投产。另外还有探明石油地质储量亿吨以上的曹妃甸 11 - 1 油田、渤中 25 - 1 南油田、埕岛油田、孤东油田和南堡油田，以及地质储量近亿吨的南堡 35 - 2 油田、锦州 25 - 1 南油田等。上述这些浅层、晚期成藏的亿吨级特大油气藏的发现，不仅打破了当时渤海海域长期针对古近系和潜山的油气勘探未能获得重要突破的沉闷局面，更重要的是为渤海的勘探提供了新思路，发现了新的勘探领域——新近系浅层油藏，直接促成了渤海油气勘探和储量增长高潮。

至 2009 年底，渤海海域（包括滩浅海）已发现的 79 个油气田，拥有逾 $40 \times 10^8$ t 吨的石油探明储量和近 $3\,500 \times 10^8$ m³ 的天然气探明储量。笔者曾以多种方法从不同角度计算和评价渤海海域盆地各区带可能获得的油气聚集量为 $96.33 \times 10^8 \sim 104.29 \times 10^8$ t。扣除目前已探明的油气资源，渤海海域剩余油气资源仍十分丰富，勘探潜力巨大。近年来在中深层勘探获得重要突破，分别在锦州 25 – 1 构造、金县 1 – 1 构造、黄河口凹陷北半段、渤中凹陷及莱州湾凹陷获得了重大突破。今后通过立足富生烃凹陷、探索新区新领域，加强新近系、古近系和前新生界潜山的勘探力度和综合研究，一定会获得越来越多的重大发现，满足产量增加对储量增长的要求。

综上所述，渤海海域在油气累计探明储量、技术可采储量、剩余技术可采储量和产量各方面均居我国海域已勘探开发油气田之首。锦州 25 – 1 南混合花岗岩潜山大油气田的发现，又为渤海的油气勘探开启了另一个新的领域。按近 5 年来渤海油气发现和储量增长趋势，预计在 2010—2020 年间，渤海海域（包括滩浅海）将新增石油探明储量可达 $20 \times 10^8 \sim 30 \times 10^8$ t。渤海石油储量和产量的迅速上升，使渤海在石油储量、产量等指标上居我国海域油气勘探开发之首。2010 年，中海石油天津分公司达到年产 $3\,000 \times 10^4$ t 油当量，预计滩浅海地区 2015 年前后也可达年产 $2\,000 \times 10^4$ t 油当量的产能，无论在油气潜力、储量、还是产量等各个方面，渤海都是我国近海目前油气勘探前景最好的一个海区，也是对我国油气储量和产量接替贡献最大的海区。渤海海域已成为中国海域石油产量上升和全国油气产量接替的一支主要力量。

## 6.2　砂矿资源

### 6.2.1　渤海滨海砂矿

滨海砂矿系指位于现今海岸低潮线以上分布的砂矿，主要形成于第四纪高海面及现代时间，具有工业价值的重矿物在海洋水动力等因素的作用下，于有利的海岸地貌部位富集成矿（谭启新，1998）。我国目前已探明具有工业储量的滨海砂矿矿种有：钛铁矿、金红石、锆石、磷钇矿、独居石、磁铁矿、锡砂矿、铬铁矿、铌铁矿、钽铁矿、石英砂、砂金，以及金刚石和砷铂矿。我国现已探明的海洋砂矿床及矿点有几百处。这些矿产在我国沿海各地分布不均，地处热带、亚热带的海南、广东、广西、台湾、福建等省份的矿床数占全国矿床总数的 80% 以上，而位于温带的其余各省则不足 1/5。

渤海滨岸包括辽宁西部、河北沿岸和山东北部海岸，分布着两个海滨砂矿成矿带，即辽东半岛滨海带和山东半岛海滨带。统计表明，渤海主要滨海砂矿有 6 处，主要矿种为金刚石、锆石、独居石、石英砂和金，伴生矿种为磷钇矿、钛铁矿、金红石、锡石。辽宁西部海岸有 2 处砂矿产地，主要为金刚石、锆石、独居石，河北仅有 1 处砂矿产生，矿种为锆石、独居石，山东北部海岸有 3 处砂产生，矿种以砂金和石英砂为主（表 6.6，图 6.3）。

山东三山岛砂金矿属残坡积型，矿体长 20 ~ 80 m，厚 0.1 ~ 1.8 m，呈透镜状不连续分布，无固定层位，品位 0.27 ~ 5.592 g/m³，主要含矿岩性为砂砾层，含砾砂质黏土、基岩风化壳，砂金颗粒不均一，呈树枝状、片状，因搬运距离不远，其磨损不大。

山东诸流河下游冲积型砂金矿，矿体呈似层状、透镜状，长 1 600 m，宽 9 ~ 30 m，平均厚 1.7 ~ 1.18 m，平均品位 0.36 ~ 0.64 g/m³，砂金颗粒一般为 0.1 ~ 1 mm，受不同距离的搬运和磨损，呈片状、粒状、板状和不规则状，近河口区砂金颗粒由粗变细，在垂向剖面上一般为上细下粗，底部层位含金较富。在紧接基岩及其裂隙、节理和凹坑中砂金变较富集。

表6.6 渤海主要滨海砂矿

| 省份 | 编号 | 产地 | 主要矿种 | 伴生矿种 | 成因 | 规模 |
|---|---|---|---|---|---|---|
| 辽宁 | 1 | 瓦房店复州河岚崮山 | 金刚石 | | 冲积 | |
| | 2 | 盖州市仙仁岛 | 锆石、独居石 | 磷钇矿、钛铁矿、金红石 | 海积 | 矿点 |
| 河北 | 3 | 山海关—秦皇岛—北戴河 | 锆石、独居石 | 金红石、锡石 | 海积 | 矿点 |
| 山东 | 4 | 莱州三山岛 | 金 | | 残坡积海积 | 小型 |
| | 5 | 招远诸流河 | 金 | | 冲积、冲洪积 | 小型 |
| | 6 | 龙口屺姆岛 | 石英砂 | | 海积 | 中型 |

资料来源：谭启新，1988。

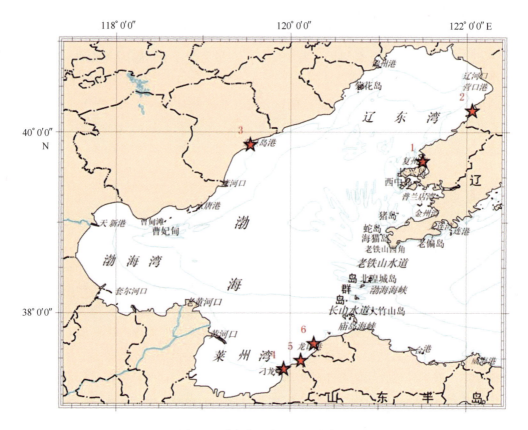

图6.3 渤海主要滨海砂矿分布点

辽东半岛西部复州河口阶地第四纪沉积物中的滨海金刚石砂矿，金刚石含量局部达工业品位，个别颗粒达39.74克拉[①]，具有搬运磨蚀特征，多数为宝石级，其物源为距滨海地带20~25 km出露的金伯利岩管、岸脉群。金刚石砂矿的成矿时代可能为中、晚更新世。

## 6.2.2 渤海浅海砂矿资源

浅海砂矿系指现今海面低潮线以下至水深约200 m范围内所形成的砂矿（谭启新，1998）。根据所形成的砂矿用途可将渤海海域内的浅海砂矿细分为有用重矿物砂矿和建筑用海砂。

---

① 1 克拉 = 0.0002 千克。

### 6.2.2.1 浅海重矿物高含量区

我国海洋砂矿的勘察和开采主要限于滨海砂矿，浅海砂矿除建筑用海砂外，虽然发现了不少重矿物高含量区或异常区（谭启新，1998），但因其工作程度低，尚未探明具有工业储量的浅海砂矿。具有远景的矿种主要有锆石、钛铁矿、金红石、独居石、磷钇矿、磁铁矿、石榴石、砂金等。因浅海砂矿尚没有进行针对性的勘探，往往仅根据底质调查成果来划分重砂矿物的高含量区和异常区。高含量区系指某种工业重矿物在海底表层沉积中的含量相对较高的区域。其确定原则是对所分析样品粒级中某种工业矿物含量占其重矿物部分或占全样重量百分数相对较高的区域。异常区的确定原则是据国家计委地质局1972年颁发的《矿产工业要求参考手册》和国家海洋局1975年《海洋调查规范》确定的。对于高含量区和异常区的圈定标准，因受到资料的限制，每个海区圈定的标准并不统一。根据我国近海海洋综合调查与评价专项调查获得数据，对渤海重矿物高含量区进行圈定。圈定标准为钛铁矿大于20%、石榴石大于6%、锆石大于0.4%、电气石大于2%、磁铁矿大于20%（李家彪，2008），对于金红石则采用平均值与3倍标准差之和作为高含量的圈定标准，金红石为>0.36%。根据上述标准，圈定渤海浅海重矿物高含量区（图6.4，表6.7）。渤海重矿物高值区主要富集在8处，即老铁山水道近岸、辽东浅滩、辽东湾东岸、兴城—绥中近岸、秦皇岛近岸、曹妃甸、莱州浅滩、登州浅滩。

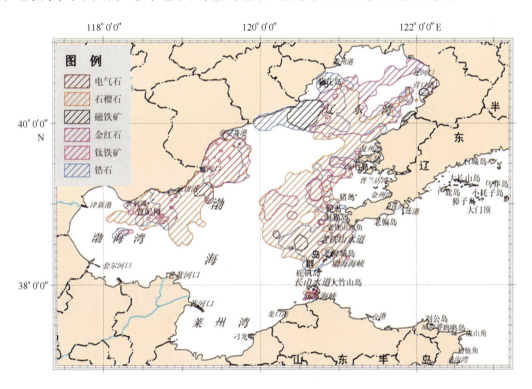

图6.4 渤海重矿物高含量分布区

磁铁矿高含量区（含量>20%）主要分布在辽东湾内的绥中六股河口处，兴城菊花岛东南侧和渤海海峡西侧海域。辽东湾六股河口处中心区域含量可达35%，且面积最大，其他地方面积较小。

钛铁矿高含量区（含量>20%）主要分布在河北乐亭县大清河口西南侧的滦南曹妃甸附近，兴城磨盘山岛东南侧的辽东湾海域，蛇岛西北侧的辽东浅滩。六股河口南北两侧海域。

表 6.7　渤海浅海重矿物重量百分含量高值区一览表

| 类型 | 圈定依据/% | 面积/km² | 海域分布特征 |
|---|---|---|---|
| 钛铁矿 | >20 | 983.66 | 老铁山水道近岸呈斑点分布 |
| | | | 辽东浅滩东北部和东部零星斑点分布 |
| | | | 辽东湾东岸最南端长兴岛附近有零星分布 |
| | | | 兴城—绥中近岸呈一个小斑块分布在菊花岛的东南侧，含量20%～30%，中心区域含量大于30% |
| | | | 秦皇岛近岸零星分散，范围极小 |
| | | | 高含量区呈斑块状分布在曹妃甸南部，含量20%～30% |
| | | | 登州浅滩北部偏东区域，呈圆斑状，含量20%～35% |
| 石榴石 | >6 | 22 774.83 | 老铁山水道近岸比较富集，含量6%～18%，旅顺口东南侧和老铁山水道附近含量为18%～24%，中心值大于24% |
| | | | 辽东浅滩基本上全部覆盖，含量6%～18% |
| | | | 从辽东湾东岸北部一直延伸到其南部呈宽的长条带状，范围广，面积大，含量6%～12% |
| | | | 兴城—绥中近岸靠近辽东湾中部，分布面积较大，含量6%～18% |
| | | | 秦皇岛近岸分布面积广泛，整个区域除北部一小块外，其他区域含量6%～24% |
| | | | 曹妃甸全区含量在6%～18% |
| | | | 登州浅滩集中在北部，呈东西向长斑块，含量6%～9% |
| 锆石 | >0.4 | 14 547.29 | 老铁山水道近岸非常富集，含量0.4%～3%，水道附近最高约7% |
| | | | 基本覆盖了辽东浅滩的东北部、东部和南部区域，含量0.4%～1%，西部呈斑块分布的区域面积不大 |
| | | | 从辽东湾东岸北部一直延伸到其南部呈长条带状，含量0.4%～1%，北端最高含量大于6% |
| | | | 兴城—绥中近岸面积广泛，多数小于2% |
| | | | 秦皇岛近岸范围较大，一般含量小于1%，中部可达2%～4% |
| | | | 曹妃甸区域含量0.4%～1%，面积比石榴石高含量区略小 |
| | | | 莱州浅滩刁龙咀东北近岸区域呈极小的斑状分布，含量0.4%～1% |
| | | | 登州浅滩含量0.8%～3.6%，南部中心区域含量大于6.8% |
| 电气石 | >2 | 773.57 | 老铁山水道近岸呈斑点分布 |
| | | | 辽东湾东岸盖州市近岸斑块状分布，含量2%～4%，中心值大于14% |
| | | | 秦皇岛近岸零星分散，范围极小 |
| 金红石 | >0.36 | 10 560.72 | 老铁山水道近岸主要在旅顺口东南侧附近海域分布，大部分含量0.36%～1%，其南端中心值大于4% |
| | | | 辽东浅滩主要分布在东北部、北部和西部区域，面积大，含量0.36%～0.5% |
| | | | 辽东湾东岸营口市沙岗镇到瓦房店市东港镇一带，距岸稍远，含量0.36%～1.5% |
| | | | 兴城—绥中近岸靠近辽东湾中部、六股河口北岸大块区域分布，含量0.5%～1% |
| | | | 秦皇岛近岸分布与锆石类似，含量多为0.5%～1% |
| | | | 曹妃甸主要在中部大清河口处，含量0.36%～0.5% |
| | | | 莱州浅滩位于刁龙咀附近，呈很小的斑状 |
| | | | 登州浅滩主要分布东部和南部区域，含量0.36%～1.8%，南部中心值大于2.1% |
| 磁铁矿 | >20 | 1560.44 | 辽东浅滩的东南边界处，呈极小的斑点分布 |
| | | | 兴城—绥中近岸绥中二河口南侧较为富集，整个区域含量20%～35% |
| | | | 登州浅滩呈斑点状分布在东北和西南侧，含量20%～35% |

资料来源：我国近海海洋综合调查与评价专项。

电气石高含量区（含量＞2%）在河北乐亭县滦河口南侧，盖州市西侧的辽东湾东岸海域。

锆石的高含量区（含量＞0.4%）在大面积存在，滦南曹妃甸，滦河口北侧秦皇岛近岸，六股河口南北两侧的兴城—绥中近岸，辽东半岛西侧的辽东湾海域、辽东浅滩有大面积展布。

金红石的高含量区（含量＞0.36%）主要集中在渤海海域辽东湾内，金红石含量在0.5%～1.5%。其次是滦河口南北两侧的秦皇岛近岸，滦南曹妃甸，以及长兴岛与辽东浅滩西侧海域。

石榴石的高含量区（含量＞6%）呈东西两块大面积展布。东部为辽东半岛西侧的渤海海域，西侧从秦皇岛近岸直到曹妃甸近岸海域。

据渤海滨海砂矿、浅海重矿物高含量分布特征、成矿条件及成矿规律分析，按其矿种或其组合，可划分为成四个远景区：①渤海辽东湾轻质重矿物砂矿；②渤海复洲湾金刚石砂矿；③渤海莱州湾莱州浅滩石英砂矿；④渤海莱州湾东部砂金矿。

### 6.2.2.2　浅海海砂

近海海砂资源是指在200 m水深以浅的近海由地质作用形成具有经济意义的海砂富集物，根据产出形式、数量和质量可以预期最终开采是技术上可行、经济上合理的（石玉臣等，2004）。建筑用海砂以中砂和粗砂为主，包括部分细砂和砾石。由于海砂分选良好，品质优良，可以作为海洋工程用料使用，经脱盐后的海砂可作为建筑集料使用，广泛用于城市建设、公路、铁路和桥梁等混凝土结构建筑。

建筑用海砂圈定的标准为大于0.125 mm粒级累计含量大于50%的沉积物为海砂远景区。沉积物内大于0.125 mm粒级（细砂）累计含量大于75%为重点远景区。根据上述评价标准，获得渤海浅海海砂资源分布区，主要位于老铁山水道、秦皇岛、曹妃甸、登州浅滩、莱州浅滩和渤海海峡等地（图6.5，表6.8）。辽宁省近海海砂远景区最多，主要位于辽东半岛南部西部海域、辽东湾东西两侧；山东省近海海砂远景区主要位于莱州浅滩、登州浅滩。重点远景区多分布在大河河口附近，主要位于老铁山南部、辽东浅滩、浮渡河口、六股河口、滦河口、曹妃甸等区域。

表6.8　海砂远景区与重点远景区面积一览表

| 区域 | 海砂远景区面积/km² | 重点远景区面积/km² |
| --- | --- | --- |
| 老铁山水道近岸海砂资源区 | 1 364 | 308.0 |
| 辽东浅滩海砂资源区 | 3 522 | 198.2 |
| 辽东湾东岸海砂资源区 | 1 728 | 343.3 |
| 兴城绥中近岸海砂资源区 | 2 373 | 350.5 |
| 秦皇岛近岸海砂资源区 | 2 125 | 1 044.5 |
| 曹妃甸海砂资源区 | 1 107 | 370.8 |
| 莱州浅滩海砂资源区 | 86 | 30.4 |
| 登州浅滩海砂资源区 | 77 | 8.6 |

资料来源：我国近海海洋综合调查与评价专项。

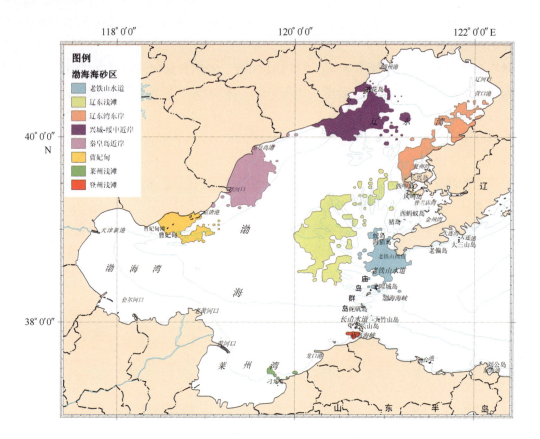

图 6.5  渤海海砂远景区分布

老铁山水道近岸砂矿资源区位于辽东半岛南部近岸海域、老铁山水道内，横跨黄渤海分界线，面积 1 364 km²。由于位于老铁山水道内，本区水深较深，主要在 40 m 以深，最深处近 70 m。本海砂资源区位于旅顺东侧和南侧，沉积物平均粒径较大，主要在 0 ~ 2 Φ，沉积物类型老铁山外海域为砂质砾，向外主要为砾质砂。

辽东浅滩海砂资源区位于大连市西侧海域的辽东浅滩和渤中浅滩，南至黄渤海分界线，北至长兴岛海域，面积 3 522 km²，水深 10 ~ 30 m。海砂资源粒径较细（3 ~ 4 Φ），沉积物类型以粉砂质砂、泥质砂为主，砾质砂、中细砂、细砂零星散布。

辽东湾东岸海砂资源区位于辽东湾东岸，大连长兴岛近岸至营口盖州近岸海域，面积 1 728 km²。本区水深北部较浅，最大水深 20 m，10 m 以浅水域面积较大；南部水深较深，主要为 10 ~ 30 m，靠近长兴岛海域水深逐渐变深。本海砂资源区分为南北两部，南部从长兴岛至瓦房店红沿河海域，平均粒径主要在 3 ~ 4 Φ，底质类型以粉砂质砂、砾质砂、泥质砂为主，零星分布中粗砂、中细砂；北部主要位于太平湾和浮渡河口近岸海域，平均粒径主要在 1 ~ 4 Φ，底质类型主要为粉砂质砂，近岸处砾质砂、中粗砂较多。

兴城—绥中近岸海砂资源区位于辽东湾西侧葫芦岛市兴城至绥中近岸海域，面积 2 373 km²。水深小于 30 m，靠近六股河河口及其他河口处水深较浅，向外逐渐变深，最深处近 30 m。海砂资源区内靠近六股河河口及其他河口处底质平均粒径较大，1 ~ 3 Φ，底质类型为中粗砂，往外平均粒径逐渐变小至 4 Φ，底质类型以粉砂质砂为主，北部局部区域存在砾质砂。

秦皇岛近岸海砂资源区位于河北省秦皇岛市近岸海域，区域面积 2 125 km²。水深小于 20 m，10 ~ 20 m 海域面积略大于 10 m 以浅海域。近岸处平均粒径 2 ~ 3 Φ，中部平均粒径最大，为 1 ~ 2 Φ。中西部底质类型为中细砂，面积较大，向外平均粒径逐渐减小，底质类型以粉砂质砂为主。

曹妃甸海砂资源区主要位于曹妃甸海域，面积 1 107 km²。水深小于 20 m，近岸水深较浅，向外逐渐变深，最深处 24.5 m。近岸处平均粒径主要在 2 ~ 3 Φ，中部可达到 1 Φ，中部底质类型为中细砂，向外平均粒径逐渐减小至 4 Φ，底质类型以粉砂质砂为主，局部为泥质砂。

莱州浅滩海砂资源区主要位于山东莱州市近岸莱州浅滩海域，刁龙嘴西北侧，面积 86 km²。水深较浅（< 10 m），中部水深最浅处 0.5 m。底质平均粒径主要在 1 ~ 3 Φ，区域中部平均粒径最大，大于 1 Φ，向外逐渐变小至 4 Φ，中部底质类型为粗砂或中粗砂，往外为粉砂质砂。

登州浅滩海砂资源区位于烟台市蓬莱与长岛之间的登州浅滩和登州水道区域，面积 77 km²。本区西南侧为登州浅滩，水深较浅，主要在 5 m 以浅，东侧为登州水道，水深较深，大于 20 m，最深处大于 30 m。中北部平均粒径主要在 − 1 ~ 3 Φ，底质类型为砾质砂、砂质砾、砂，南部和西部平均粒径较小，主要在 3 ~ 4 Φ，底质类型为粉砂质砂。

# 参 考 文 献

池英柳.2001.渤海新生代含油气系统基本特征与油气分布规律[J].中国海上油气(地质),15(1)：3 – 10.

陈发景,漆家福.1996.中国东部中、新生代伸展构造特征及地球动力学背景[J].地球科学,21(4)：
357 – 365.

陈国光,徐杰,马宗晋,等.2004.渤海盆地现代构造应力场与强震活动[J].地震学报,26(4)：396 – 403.

陈世悦,等.2001.华北晚古生代层序地层与聚煤规律[M].石油大学出版社.

董太禄.1996.渤海现代沉积作用与模式的研究[J].海洋地质与第四纪地质,16(4)：43 – 53.

冯士筰,张经,魏皓,等.2007.渤海环境动力学导论[M].北京：科学出版社.

范德江,杨作升,毛登,等.2001.长江与黄河沉积物中黏土矿物及地化成分的组成[J].海洋地质与第四纪
地质,21(4)：7 – 12.

方样林.2006.渤海中部郯庐断裂带的近期活动与渤海新近纪新生断裂[J].地质科学,41(2)：355 – 364.

国土资源部油气资源战略研究中心.2010.全国石油天然气资源评价(上册)[M].北京：中国大地出版社.

葛建党.2001.郯庐断裂在渤中凹陷的构造特征与油气藏藏的关系[J].海洋石油.(1)：14 – 19.

龚再升,蔡东升,张功成.2007.郯庐断裂对渤海海域东部油气成藏的控制作用[J].石油学报,28
(4)：1 – 10.

高瑞祺,赵文智,孔凡仙.2004.青年勘探家论渤海湾盆地石油地质[M].北京：石油工业出版社.

郭永华,周心怀,李建平,等.2008.渤中凹陷北部QHD34 – 4 – 1井钻探的油气地质意义[J].中国海上油
气,20(6)：367 – 378.

何斌.2001.渤海湾复式盆地动力学探讨[J].石油实验地质,23(1)：28 – 31.

何海清,王兆云,韩品龙.1998.华北地区构造演化对渤海湾盆地油气形成和分布的控制[J].地质学报,72
(4)：313 – 322.

侯贵廷,钱祥麟.1998.渤海湾盆地形成机制研究[J].北京大学学报(自然科学版),34(4)：503 – 509.

侯贵廷,叶良新,杜庆娥.1999.渤张断裂带的构造机制及其地质意义[J].地质科学,34(3)：375 – 380.

河北省地质矿产局.1989.河北省北京市天津市区域地质志[M].北京：地质出版社.

贾建军,等.2004.利用插值试验分析采样网格对粒度趋势分析的影响[J].海洋地质与第四纪地质,　24
(3)：

嵇少丞,等.2008.华北克拉通破坏与岩石圈减薄[J].地质学报,82(2)：174 – 193.

嵇少丞,王茜,许志琴.2008.华北克拉通破坏与岩石圈减薄[J].地质学报,82(2)：174 – 193.

林舸,赵崇斌,肖焕钦,等.2008.华北克拉通构造活化的动力学机制与模型[J].大地构造与成矿学,32
(2)：133 – 142.

李德生.1981.渤海湾含油气盆地的地质构造特征与油气田分布规律[J].海洋地质研究,1(1)：11 – 20.

李广雪,薛春汀.1993.黄河水下三角洲沉积厚度、沉积速率及砂体形态[J].海洋地质与第四纪地质,13
(4)：35 – 44.

李家彪.2008.东海区域海洋学[M].北京：海洋出版社,520 – 539.

李鹏举,卢华复,施央申.1995.渤海湾盆地东濮凹陷的形成及断裂构造研究[J].南京大学学报(自然科学
版),31(1)：128 – 139.

李晓光,等.2007辽东湾北部滩海大型油气田形成条件与勘探实践[M].北京：石油工业出版社.

李志伟,胥颐,郝天珧,等.2006.环渤海地区的地震层析成像与地壳上地幔结构[J].地球物理学报,49
(3)：797 – 804.

卢造勋,蒋秀琴,白云,等.1999.胶辽渤海地区地壳上地幔结构特征与介质的横向非均匀性[J].华北地震
科学,17(2)：43 – 51.

罗群,吏锋兵,黄捍东,等.2006.中小型隐蔽油气藏形成的地质背景与成藏模式——以渤海湾盆地南堡凹

陷为例[J]. 石油实验地质. 28(6)：560 – 565.

刘光夏，张先，贺为民，等. 1996a. 渤海及其邻区居里等温面的研究[J]. 地震地质，18(4)：398 – 402.

刘光夏，赵文俊，任文菊，等. 1996b. 渤海地壳厚度研究[J]. 物探与化探，20(4)：316 – 317.

刘光夏，赵文俊，张先. 1996c. 郯庐断裂带渤海段的深部构造特征——地壳厚度和居里面的研究结果[J]. 长春地质学院学报，26(4)：388 – 391.

刘建国，李安春，陈木宏，等. 2007. 全新世渤海泥质沉积物地球化学特征[J]. 地球化学，36(6)：559 – 568.

刘俊来，等. 2008. 地壳的拆离作用与华北克拉通破坏：晚中生代伸展构造约束[J]. 地学前缘，15(3)：72 – 81.

刘升发，庄振业，吕海青，等. 2006. 埕岛及现代黄河三角洲海域晚第四纪地层与环境演变. 海洋湖沼通报，4：32 – 37.

凌贤长，等. 1997. 初论胶北隆起地壳伸展作用[J]. 长春地质学院学报，27(1)：31 – 35.

陆光亮. 2005. 渤海湾盆地新生代断裂活动及其对含油气系统和油气分布的影响[J]. 油气地质与采收率，12(3)：31 – 35.

陆克政，漆家福，戴俊生，等. 1997. 渤海湾新生代含油气盆地构造模式[M]. 北京：地质出版社.

辽宁省地质矿产局. 1989. 辽宁省区域地质志[M]. 北京：地质出版社.

孟伟，刘征涛，范薇. 2004. 渤海主要河口污染特征研究[J]. 环境科学研究，17(6)：66 – 69.

聂文英，祝治平，张先康. 1998. 穿过张家口—渤海地震带西缘的折射剖面所揭示的地壳上地幔构造与速度结构[J]. 地震研究，21(1)：94 – 102.

邱连贵，任凤楼，曹忠祥，等. 2008. 胶东地区晚中生代岩浆活动及对大地构造的制约[J]. 大地构造与成矿学，32(1)：117 – 123.

秦蕴珊，赵松龄，赵一阳，等. 1985. 渤海地质[M]. 北京：科学出版社.

秦蕴珊，廖先贵. 1962. 渤海湾海底沉积作用的初步探讨[J]. 海洋与湖沼，1962，4(3)：199 – 205.

钱意颖，叶青超，周文浩. 1993. 黄河干流水沙变化与河床演变[M]. 中国建材工业出版社.

邱中建，龚再生. 1999. 中国油气勘探[M]. 北京：地质出版社.

漆家福，杨桥，陆克政，等. 2004. 渤海湾盆地基岩地质图及其所包含的构造运动信息[J]. 地学前缘. 11(3)：299 – 307.

漆家福，张一伟，陆克政，等. 1995. 渤海湾新生代裂陷盆地的伸展模式及其动力学过程[J]. 石油实验地质，17(4)：316 – 323.

石玉臣，方长青，刘长春，等. 2004. 山东省近海砂矿分布及其基本特征[J]. 海洋地质与第四纪地质，24(2)：89 – 93.

商志文，田立柱，王宏，等. 2010. 渤海湾西北部 CH19 孔全新统硅藻组合、年代学与古环境[J]. 地质通报，29(5)：675 – 681.

宋国奇. 2007. 郯庐断裂带渤海段的深部构造与动力学意义[J]. 合肥工业大学学报(自然科学版)，30(6)：663 – 667.

孙东怀，安芷生，苏瑞侠，等. 2001. 古环境中沉积物粒度组分分离的数学方法及其应用[J]. 自然科学进展，11(3)：269 – 276.

孙效功，等. 1993. 现行黄河口海域泥沙冲淤的定量计算及其规律探讨[J]. 海洋学报(中文版)，15(1)：129 – 136.

藤吉文，张中杰，张秉铭，等. 1997. 渤海地球物理场与深部潜在地幔热柱的异常构造背景[J]. 地球物理学报，40(4)：468 – 480.

谭启新，1998，中国的海洋砂矿[J]，中国地质，251(4)：23 – 26.

谭启新，孙岩. 1988. 中国滨海砂矿[M]，北京：科学出版社：1 – 156.

王家林，王一新，钟慧智，等. 1992. 辽东湾基底结构的综合地球物理特征∥刘光鼎主编. 中国海区及邻域地质地球物理特征[M]. 北京：科学出版社：137 – 147.

王良书，刘绍文，肖卫勇. 2002. 渤海盆地大地热流分布特征[J]. 科学通报，47(2)：151 – 155.

王绍鸿. 1985. 黄河三角洲沾4孔的有孔虫//微体古生物选集[M]. 北京：科学出版社：37 – 44

吴磊，徐怀民，季汉成. 2006. 渤海湾盆地渤中凹陷古近系沉积体系演化及物源分析[J]. 海洋地质与第四纪地质，26(1)：81 – 88.

吴世迎，石学法，刘焱光. 2000. 黄河断流对三角洲油气开发环境的影响[J]. 海岸工程，19(4)，33 – 40.

徐杰，高战武，孙建宝，等. 2001. 1969年渤海7.4级地震区地质构造和发震构造的初步研究[J]. 中国地震，17(1)：121 – 133.

徐杰，张进，等. 2007. 渤海东南部NE向黄河口—庙西北新生断裂带的存在[J]. 地震地质，29(4)：845 – 854.

肖卫勇，王良书，李华，等. 2001. 渤海盆地地温场研究[J]. 中国海上油气（地质），15(2)：105 – 110.

肖国林，周才凡. 油气资源补充评价方法探讨[J]. 青岛海洋大学学报（自然科学版），2002，32(3)：434 – 439.

许浚远，张凌云. 2000. 西北太平洋边缘新生代盆地成因（中）：连锁右行拉分裂谷系统[J]. 石油与天然气地质，21(3)：185 – 190.

许浚远，张凌云. 2000. 西北太平洋边缘新生代盆地成因成盆机制述评[J]. 石油与天然气地质，21(2)：93 – 98.

谢昕，郑洪波，陈国成，等. 2007. 古环境研究中深海沉积物粒度测试的预处理方法[J]. 沉积学报，25(5)：684 – 692.

于晓果，王光盈. 1992. 芳烃显微荧光光谱的热演化特征——渤西海域第三系生油岩评价[J]. 中国海上油气地质，6(6)：27 – 33.

杨怀仁，王建. 1990. 黄河三角洲地区第四纪海进与岸线变迁[J]. 海洋地质与第四纪地质，10(3)：1 – 14.

杨守业，李从先，Lee C. B.，等. 2003. 黄海周边河流的稀土元素地球化学及沉积物物源示踪[J]. 科学通报，48(11)：1233 – 1236.

赵宗溥，等. 1993. 中朝准地台前寒武纪地壳演化[M]. 北京：科学出版社.

中国海湾志编纂委员会. 1998. 中国海湾志. 第14分册[M]. 北京：海洋出版社.

中国科学院海洋研究所海洋地质研究室. 1985. 渤海地质[M]. 北京：科学出版社.

周海民. 2007. 南堡油田勘探技术文集[M]. 北京：石油工业出版社.

周立宏，李三忠，刘建忠，等. 2003. 渤海湾盆地区前第三系构造演化与潜山油气成藏模式[M]. 北京：中国科学技术出版社.

周士科，魏泽典，邓宏文，等. 2006. 渤中凹陷古近系构造层序研究[J]. 中国海上油气18(4)：236 – 240.

朱伟林，米立军，龚再升，等著. 2009. 渤海海域油气成藏与勘探[M]. 北京：科学出版社：1 – 368.

朱伟林，王国纯. 2000. 渤海油气资源浅析[J]. 石油学报，21(3)：1 – 7.

庄振业，许卫东，刘东生，等. 1999. 渤海南部S3孔晚第四纪海相地层的划分及环境演变[J]. 海洋地质与第四纪地质，19(2)：27 – 35.

庄振业. 1991. 渤海南岸6000年来的岸线演变[J]. 青岛海洋大学学报，21(2)：99 – 109.

臧启运，等. 1996. 黄河三角洲近岸泥沙[M]. 北京：海洋出版社.

张富元，章伟艳，张德玉，等. 2004. 南海东部海域表层沉积物类型的研究[J]. 海洋学报，26(5)：94 – 104.

张经，黄薇文，刘敏光. 1985. 黄河口及邻近海域中悬浮体的分布特征和季节性变化[J]. 山东海洋学院学报，15(2)：96 – 104.

张抗. 1988. "新生代东亚地壳演化及其机制的探讨"断块构造理论及其应用[M]. 北京：科学出版社：213 – 220.

张田，张岳桥. 2008. 胶北隆起晚中生代构造 – 岩浆演化历史[J]. 地质学报，82(9)：1210 – 1228.

Folk R, Andrews P, Lewis D. 1970. Detrital sedimentary rock classification and nomenclature for use in New Zealand [J]. New Zealand journal of geology and geophysics, 13(4): 937 – 968.

Gao S, Collins M. 1994. Analysis of grain size trends for defining sediment transport pathways in marine environments [J]. Journal of Coastal Research, 10(1): 70 – 78.

McManus J. 1988. Grain size determination and interpretation[J]//TUCKER M, eds. Techniques in sedimentology, Oxford Backwell: 63 – 85.

Passega R. 1964. Grain size representation by CM patterns as a geological tool[J]. Jour. Sed. Petrology, 34: 830 – 847.

Qin Y S, Zhao Y Y, Chen L R, et al. 1990. GeoLogy of Bohai Sea[M]. Beijing: China Ocean Press: 80 – 97.

Shepard F. 1954. Nomenclasture based on sand – silt – clay ratios [J]. Journal of Sedimentary Geology, 24(3): 151 – 158.

Zhu Y, Chang R. 2000. Preliminary Study of the Dynamic Origin of the Distribution Pattern of Bottom Sediments on the Continental Shelves of the Bohai Sea, Yellow Sea and East China Sea[J]. Estuarine, Coastal and Shelf Science, 51(5): 663 – 680.

第 2 篇　黄　海

# 第 7 章 物质输运与现代沉积过程

黄海位于中国大陆和朝鲜半岛之间，为一近似南北向的半封闭陆架浅海。北面由山东半岛的蓬莱角至辽东半岛的老铁山岬连线与渤海分界，南面由长江口北岸的启东嘴至济州岛西南角连线与东海相接。黄海自身又以东西向宽度最窄的地方，即山东半岛最东端成山头与朝鲜半岛长山串连线为界，分为北黄海和南黄海。黄海南北长约 870 km，东西宽约 556 km，面积约为 $38 \times 10^4$ km$^2$，其地形总体上由西、北、东三面向东南及偏东部倾斜，平均坡度为 $1'21''$（秦蕴珊等，1989a），平均水深为 55 m，最大水深约 100 m（Chough et al.，2000）。水深为 $100 \sim 70$ m 的黄海海槽从海区的东南大致沿 $124°30'$E 经线向北伸展，其西侧是广阔的浅滩地形，等深线大致与岸线平行，而东侧多岛屿与海湾，等深线较密集（图 7.1）。

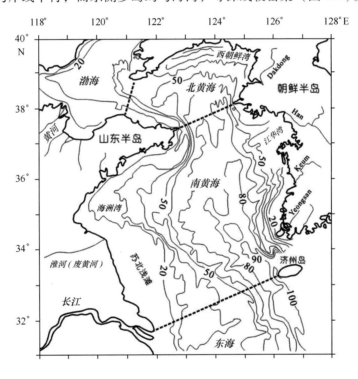

等深线单位为 m，虚线表示渤海、北黄海、南黄海、东海的分界线

图 7.1 黄海地理位置及其水深地形略图

黄海处于一个构造相对稳定的冰后期沉溺盆地中，海底分布着三角洲、埋藏古河道、潮流沙脊、海底堆积平原等地貌单元。其海底沉积物主要来源于长江、黄河及周边小型河流输运的悬浮物质，部分来自朝鲜半岛，其沉积作用和沉积环境受到陆源物质输入和海洋动力作用（潮流、海浪、环流）的制约，在世界同类陆架海中具有独特的沉积特征（Shi et al.，2003）。再加上近年来无机氮、磷、重金属和有机污染物的大量排放对黄海生态系统的环境压力迅速增加（Hong et al.，2002；徐恒振等，2000；Ma et al.，2001；Wu et al.，2001），更使得黄海成为海洋科学研究的重点和热点。

## 7.1 入海河流物质通量及其变化规律

### 7.1.1 黄海周边的河流及其悬沙通量变化

黄海周边有流量和悬沙量差别很大的数条河流直接或间接入海，每年从中国大陆和朝鲜半岛搬运大量的陆源物质进入黄海。鸭绿江、淮河、Han 江、Yeongsan 江等直接流入黄海，黄河、海河、滦河、辽河等也将通过沿岸流携带部分的入海物质达到黄海，而长江入海口则位黄、东海交界处（图7.1，表7.1）。位于华北克拉通（全球最老的太古代克拉通之一）的青藏高原是黄河和长江的发源地，大约90%的黄河泥沙均来源于其中游的黄土高原，而长江流域因扬子克拉通和华南造山带的存在使得其泥沙成分比较复杂（Yang and Li，2000）。发源于朝鲜半岛的河流（Keum，Han，Yeongsan 等）很短，流域也很小，流域内主要为侏罗系和白垩系的花岗岩、前寒武系片麻岩（Chough et al.，2000）。

**表 7.1  黄海周边河流的年平均悬沙输入量**

| | 长度/km | 降雨量/(mm·a$^{-1}$) | 流域面积/km$^2$ | 流 量/(×10$^9$ m$^3$·a$^{-1}$) | 悬沙输入量/(×10$^9$ m$^3$·a$^{-1}$) | 资料来源 |
|---|---|---|---|---|---|---|
| 黄河 | 5 464 | 460 | 0.752×10$^6$ | 49 | 1080 | Hay，1998 |
| 长江 | 6 300 | 1 100 | 1.8×10$^6$ | 900 | 500 | |
| 淮河 | 830 | 894 | 0.26×10$^6$<br>0.13×10$^6$a | 64.4 | 14 | |
| 其他中国河流 | >40~150 | <800 | 1.9×10$^4$ | 30.6 | 5.2 | 秦蕴珊等，1989a |
| 鸭绿江 | 800 859[a] | 1 050 | 6.1×10$^4$ | 34.7,25[a],28b | 2.04,1.13[a],4.8[b] | Schubel et al.，1984 |
| HanRiver | 488 | 1 000~1 100[c] | 2.6×10$^4$ | 25,19[c] | 4[d],12.4[e] | |
| KeumRiver | 401 | 1 220[c] | 9.9×10$^3$ | 5.0,7[c],5.8[e] | 1.3,5.6[e],3.95[e],11[f] | |
| YeongsanRiver | 115 | 1 222[c] | 2.8×10$^3$ | 1.6,2.1[e] | 1.24[e] | |

注：[a] 秦蕴珊等，1989a；[b] Wang et al.，1987；[c] Chough et al.，1981；[d] Chang et al.，1991；[e] Hong et al.，2002；[f] Lee et al.，2001。

虽然现代黄河和长江都不直接注入黄海，但其悬沙输入量几乎占全球河流悬沙输入总量的10%，根据多年平均统计结果，长江携带的泥沙入海总量为 $4.7×10^8 \sim 5×10^8$ t/a，而黄河则高达 $10×10^8$ t/a（Milliman and Meade，1983）。大量的研究标明，在全新世时期，长江和黄河入海泥沙对黄海大部分地区的沉积物分布起着控制作用（Milliman et al.，1985；Alexander et al.，1991；Martin et al.，1993；Yang et al.，1998）。黄河在公元 1128—1855 年间于淮阴一带夺淮河河道入海，行河 727 年，在苏北地区形成巨大的老黄河三角洲。现代每年有 10%~36% 的黄河物质脱离三角洲地区向外海扩散（Bornhold et al.，1986）。虽然长江物质有很大一部分北沿岸流往南搬运，但夏季长江冲淡水一般指向济州岛，某些年份指向南黄海中部（林金祥，王宗山，1985），冲淡水扩展范围一般年份可达125°E，洪水年可超过127°E，最远到达九州岛西侧的冲绳海槽北部。

由于天然降水减少，工农业耗水增加，以及流域内多级水库的建立，20 世纪中期以来长江和黄河的入海径流量和泥沙量均出现大幅度的降低（Pang et al.，1999）。黄河自 1972—1998 年 27 年间，有 21 年发生过断流，且在断流时间和断流长度上逐年增加。20 世纪 70 年代黄河断流长度为 242 km，80 年代为 256 km，到 90 年代增加到 430 km。断流时间最长和断流长度最大的年份是 1997 年，这一年利津站断流时间长达 226 天，断流 13 次，按距口门 25 km 处的丁字路水文站过水天数算，1997 年断流天数达 333 天，一年中仅有不到两个月的时间有黄河水入海。相应的，黄河的年输沙量也从 1953—1963 年间的 $12.4 \times 10^8$ t 降低到 1986—1994 年间的 $4.95 \times 10^8$ t。近年来，由于小浪底水库的调水调沙作用，黄河未出现断流情况。长江也有相似的情况出现，年均输沙量从 20 世纪 60 年代的 $5.08 \times 10^8$ t 降低到 $4.36 \times 10^8$ t（20 世纪 80 年代）和 $3.45 \times 10^8$ t（20 世纪 90 年代）（Shen et al.，2000）。

如表 7.1 所示，虽然不同来源的河流输沙量数据差异很大，可看出目前直接注入黄海的河流的年输沙量几乎都小于 $0.2 \times 10^8$ t。中国小型河流的年输沙量是朝鲜半岛的小型河流的 2 倍左右。朝鲜半岛河流全年仅能携带小于 $1 \times 10^7$ t 的沉积物注入黄海，而且季节性变化大，目前也因一些水库的影响而出现输沙量降低（Schubel et al.，1984）。

## 7.1.2　河流物质输入对黄海沉积物分布的控制

黄海的沉积作用受到周围陆源物质的强烈影响，其海底沉积物的物质来源包括河流输沙、海岸侵蚀、大气粉尘、海流输运、海底侵蚀和自生物质等，但黄河和长江等大河输入的陆源物质自始至终都是黄海沉积物的主要来源。仅黄河在全新世期间就有 $3000 \times 10^9$ t 的泥沙被输送到黄海及其邻近地区（Milliman et al.，1987）。黄河在苏北入海期间形成了黄海西南部泥，在渤海入海时黄河泥沙又成为北黄海中部泥、南黄海中部泥和济州岛西南部泥质沉积物的主要来源。

北黄海的物质输入量为 $(15 \sim 20) \times 10^6$ t/a，其中以黄河物质为主。$CaCO_3$ 含量、浅地层剖面、沉积物黏土矿物和地球化学特征分析表明北黄海中部泥质沉积是以现代黄河物质为主的多源沉积体，沉积速率为 $1 \sim 2$ mm/a（秦蕴珊等，1989a；程鹏，2000）。

每年有 $9\% \sim 15\%$ 的现代黄河物质经由渤海海峡进入南黄海，其中有 $6\% \sim 10\%$ 的物质沉积在山东水下三角洲上，采用 $^{210}$Pb 活度数据计算沉积速率结果表明，该水下三角洲顶积层的沉积物堆积为 1.6 mm/a，而在前积层和底积层的近端沉积物堆积速率较高，最高达 8.6 mm/a，可见有大量的现代黄河物质沉积在山东水下三角洲的前积层和底积层的近端（Alexander C. R.，et al.，1991）。部分现代黄河细粒物质（$3\% \sim 5\%$，Alexander C. R. et al.，1991）被扩散至山东水下三角洲底积层的远端沉积，并成为黄海中部泥质沉积物的主要来源之一。但 Martin 等（1993）和 Qin（1994）计算的现代黄河物质在黄海的净输入量比其他学者的结果要低得多，分别只有 $6.8 \times 10^6$ t/a 和 $(5 \sim 10) \times 10^6$ t/a，几乎不到黄河总输入量的 1%，其影响范围被限制在 36°N 以北，124°E 以东的黄海海域，对东部的影响较小。Liu et al.，（2004）的浅地层资料显示现代黄河输入物质可扩散至 35°N。沉积物捕获器资料表明，海州湾外侧、黄海中部冷水团和黄、东海毗邻海域底层颗粒物沉降通量分别为 215.44 g/（$m^2 \cdot$ d）、165.51 g/（$m^2 \cdot$ d）和 873.91 g/（$m^2 \cdot$ d），证明河流输入的海底沉积物的再悬浮对黄海沉积作用的影响（张岩松等，2005）。

对南黄海中部泥质沉积的物质来源一直众说纷纭，李凡等（1993）根据海水中悬浮体的化学成分分析，认为南黄海中部泥是长江和黄河输入泥沙的混合物，而且长江的成分略高。李国刚（1990）分析了中部泥质沉积的黏土矿物和地球化学特征，根据其低 Ca、Sr，高 Fe、Rb，绿泥石含量高而高岭石含量低的特征，推测认为南黄海中部泥质沉积为晚更新世末期的"陆架残留泥"，其物源可能是古长江细粒沉积物，也可能是古黄河物质的细粒沉积区。黏土矿物（Wei et al.，2003）和地球化学分析（Zhao et al.，2001）等还表明，南黄海中部泥的物源不完全来自于黄河和长江，具有多源沉积的特征。赵松龄（1991）则认为它是末次冰期陆架沙漠化时形成的衍生沉积。黄海中部泥质沉积的沉积速率表现为西高（1.6～2.7 mm/a）东低（0.3～1.1 mm/a），且相对较高的沉积速率值都分布在泥质区的西部边缘，也证明了在黄海冷水团的控制下，来源于老黄河三角洲的细粒物质被从西向东搬运，而来源于现代黄河的细粒物质输入量较小（Park et al.，1992；Alexander et al.，1991）。

黄海东部泥质沉积体系中部厚，边缘薄，表层呈微波状（李绍全等，1998），下伏地层为潮流沙脊，因而呈断续透镜状，沉积体厚度随下伏地形变化而变化。对其物质来源也有较多的研究，但目前观点尚不统一，有的认为其物源是朝鲜半岛的河流，特别是 Keum 河（Chough et al.，1981；Lee et al.，1989；Cho et al.，1999；Park et al.，2000；Zhao et al.，2001）。李绍全等（1998）认为黄海东部泥的一个主要来源是冰后期海侵对黄海陆架冰期沉积物的改造所产生的细颗粒物质。赵一阳等（1998）根据东部泥的黏土矿物和地球化学特征，认为东部泥的主要来源是黄海暖流携带来的东海北部物质。该泥质沉积区的沉积速率南部和北部相差较大，南部（1.65 cm/a）大于北部（0.12 cm/a）（李凤业等，1999）。根据黄海中部泥和东部泥之间砂质沉积体的位置和其他的沉积学、矿物学和地球化学证据，大部分的韩国学者认为黄海东部泥质沉积区的物质主要为 Keum 河供应（Chough et al.，2002）。

济州岛西南部泥质沉积区被看做是黄河物质在东海扩散的远端（DeMaster et al.，1985；Alexander et al.，1991），其物质主要来源于现代黄河和对老黄河三角洲的侵蚀改造物质。它具有中等的堆积速率（2～3 mm/a）（Alexander et al.，1991）。

苏北浅滩辐射沙脊群位于老黄河三角洲和现代长江口之间，其物质可能来源于古长江水下三角洲上的长江泥沙（傅命佐等，1987；朱大奎等，1993），或在古长江、古黄河水下三角洲基础上发育起来（李从先等，1979；杨长恕，1985；黄易畅等，1987；陈报章等，1996；Li et al.，2001），或来自黄河与淮河（张光威，1991），还有学者认为潮流沙脊群是在古长江、古黄河、古淮河三角洲基础上发育而成的，物质来源于长江、黄河与淮河（杨子赓等，1985；万延森等，1985）；赵松龄等（1991）认为潮流沙脊群是在古沙漠堆积体（沙丘群）的基础上发育而成，物质主要来源于陆架沙漠堆积体。这么多不同观点的存在，实际上说明了潮流沙脊群物质来源的复杂性和多样性。组成潮流沙脊群的物质实际上是潮流沙脊群分布区及其周围地区各种类型的沉积物以及在沙脊群发育过程中各种动力（包括河流、潮流、海流、风暴流及风等）输入物质的混合物，它不仅包括长江、黄河、淮河三角洲沉积，而且还包括潮流沙脊发育之前分布于沙脊群所在区域及其周围区域的潮坪沉积、沼泽沉积、河床沉积、浅海沉积、滨岸沉积或沙丘等各种类型的沉积物。黄海东部西朝鲜湾潮流沙脊沉积物主要来自于朝鲜半岛河流输入及强潮流对岸滩的侵蚀（Klein et al.，1982；Lee and Yoon，1997），可能代表了全新世海平面上升期间的海侵基底层（Lee and Yoon，1997）。

有学者认为长江曾直接流入南黄海并形成古长江三角洲（Zhu and An，1993），但 Li 等（2001）和 Yang 等（2002）的研究表明长江河道在晚第四纪都比较稳定，并没有经历明显的变迁，大部分的长江悬浮泥沙都沉积在河口湾和邻近的近岸海域。受海洋环流的影响，现代长江输入物质在黄海的分布十分有限，主要局限在长江口东北和苏北浅滩的南部，但向北可以扩散到 34°N；长江物质的向北和向东扩散主要与长江冲淡水和北上的台湾暖流有关（朱建荣等，1998）。

## 7.2 悬浮物质浓度分布与变化特征

顾名思义,"悬浮体"是指水体中的悬浮颗粒物,一般来说,它被定义为能在水体中悬浮相当长时间的固体颗粒,其时空分布、组成、水平或垂直移动速率与海洋科学的许多方面有密切关系。在黄海现代沉积作用研究中,悬浮体浓度、组成及其来源的研究对了解现代黄河和长江物质的扩散运移规律非常重要。早在 1959 年 5 月、7 月和 10 月,中国科学院海洋研究所就在南黄海南部海水中悬浮体调查中发现了悬浮体含量分布的层化现象(李凡,1990)。1983 年 11 月和 1984 年 7 月,中国科学院海洋研究所和美国伍兹霍尔海洋研究所又对南黄海悬浮体分布进行了调查(秦蕴珊等,1986a,1989b;Milliman et al. ,1986),1988 年 4 月还进行了补充调查(李凡,1990)。根据可见光和近红外光卫星遥感资料所得的海面反射率图像,孙效功等(2000)解译了黄、东海陆架区高浓度悬浮体锋面前缘线。国外学者也对黄海悬浮体有过一些调查研究(Park et al. ,1986)。过去黄海悬浮体调查区域有一定的局限性,中国学者的研究区一般在南黄海西侧,而韩国学者一般在南黄海东侧(Park et al. ,1986)。

1998 年 5 月(春季)和 10 月(秋季),在南黄海地区进行了两个航次的悬浮体野外调查工作。春季航次利用 GCC4 – 1 型颠倒采水器进行了 7 个断面 66 个站位的悬浮体采样,采样层位分别为:表层 0 ~ 1 m,次表层 5 ~ 10 m,中层 10 ~ 20 m,次底层 30 ~ 50 m,底层距海底沉积物 3 ~ 5 m(图 7.2a),进行悬浮体采样的同时还采取了表层沉积物样品。秋季航次在南黄海和黄东海毗邻区共完成悬浮体调查站位 64 站(图 7.3a),站位分布比春季偏南。以下的论述主要是根据上述悬浮体调查资料,通过对悬浮体浓度以及颗粒有机碳(POC)稳定同位素组成和沉积有机碳稳定同位素组成的分析结果,来解释南黄海悬浮体的组成、来源和扩散过程,相关的测试分析方法见 Cai 等(2003)。

### 7.2.1 悬浮体浓度的平面分布与季节性变化

(1)悬浮体浓度的春季平面分布特征

表层悬浮体的数值范围为 0.66 至 13.30 mg/L,平均值为 3.08 ± 3.05 mg/L(n =66)(图 7.2b)。它有如下 5 个明显特征:① 由长江口向北东东方向有舌型 2.0 mg/L 等值线发展,悬浮体含量由 4 mg/L 左右向海逐渐下降至 1 mg/dm³ 以下,标志着长江冲淡水的一个主要扩散方向;但是,在长江口外 123°E 附近悬浮体含量较低,仅为 2.07 ~ 2.67 mg/L,较东、西两侧都低,由黄、东海的流系分析可能是台湾暖流支脉影响的结果。②在苏北沿岸有平行岸线方向的等值线分布,是表层悬浮体含量的高值区。随着离岸距离的增加,水深加大,悬浮体含量从最大值 13 mg/L 左右很快降至 2 mg/L 以下;③在山东半岛东南侧有平行于岸线的 2.0mg/L 和 1.5 mg/L 等值线分布,这是来自现代黄河物质的显示;④在黄海东南角显示有一个低悬浮体含量的舌形 1.5 mg/L 等值线向北北西方向伸展,可能意味着来自黄海暖流的影响。

次表层的悬浮体含量范围是 0.86 ~ 43.53 mg/L,平均值为 5.11 ± 8.26 mg/L(n =56)(图 1.2c),高于表层,这是因为在春季本区是浮游植物繁殖较快的季节,次表层营养盐丰富、光照强,因此,浮游植物浓度一般较表层高。悬浮体含量在次表层的分布特征与表层相似,也是在苏北老黄河口以南有一高值区,其最大值大于 40 mg/L,较表层更高。另一高值出现在成山头角外。在调查区的东南角,同样也有低悬浮体含量的黄海暖流水体的表现。

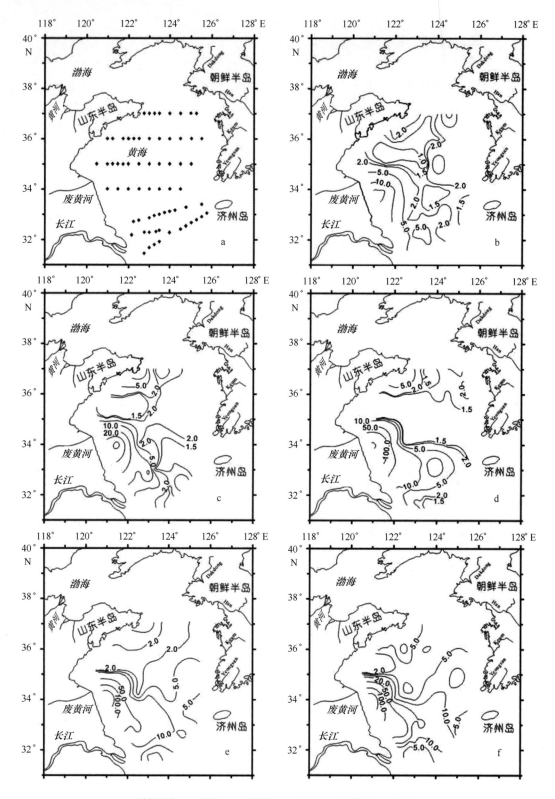

a. 采样站位　b. 表层　c. 次表层　d. 中层　e. 次底层　f. 底层

图 7.2　南黄海春季悬浮体浓度的平面分布图（单位：mg/L）

中层悬浮体含量范围为1.15～205.25 mg/L，平均值为11.43±34.02 mg/L（n=56）（图7.2d），高于表层和次表层。如果不考虑老黄河水下三角洲上两个浅水站位高浓度（×100 mg/L）数据，其余54个数据的平均值为5.19 mg/L，与次表层的含量相当，说明中层与次表层一样也是海洋浮游植物繁殖多的层位。中层的高值区出现在苏北老黄河口以南。另一高值区是5 mg/L等值线从长江口外向东北方向一直延伸到33.5°N，125°E附近的区域。第三个高值区在成山头角外。这三个高值区可能都是沉积物再悬浮或陆源物质运移的显示。

在不包括苏北老黄河口以南浅水区的海域中，次底层悬浮体含量范围为0.74~20.35 mg/L，平均值为5.03±4.22 mg/L（$n=46$）（图7.2e），低于中层，这表明次底层中浮游植物的繁殖由于其光照度下降而降低，同时底层沉积物的再悬浮一般也达不到此层。但是，5 mg/L等值线已经向东扩展到朝鲜半岛西南角沿岸海域。

底层悬浮体含量范围为1.28~209.44 mg/L，平均值为15.05±33.09 mg/L（$n=55$）（图7.2f），是水柱中悬浮体含量最高的层位，显然，这主要是由沉积物再悬浮所造成。在底层，悬浮体含量的最高值仍然出现在苏北老黄河口以南。另一个高值区是10 mg/L等值线从长江口外124°E到124°45′E水下三角洲前缘开始，向东北方向一直延伸到34°N以北，这可能是长江向黄海中部深水区进行物质输送的主要通道。

（2）悬浮体浓度的秋季平面分布特征

秋季表层悬浮体浓度值要高于春季（图7.3a），浓度范围为0.63~46.5 mg/L，平均值为5.05 mg/L（$n=45$），春季平均值仅为3.08 mg/L。1983年11月、1984年7月和1988年4月南黄海悬浮体浓度的测量结果表明一年中悬浮体浓度冬季最高、夏季次之、春季最低（李凡，1990）。由于采样站位偏南，秋季悬浮体浓度的高值区出现在苏北浅滩至启东一带，最高值达46.5 mg/L，高值区的等值线呈平行苏北海岸线走向，1.5 mg/L等值线在33°N以南可推进至125°E附近。在南黄海的其他大部分区域悬浮体浓度基本上呈现出北低南高的特点，在34°N以北基本上小于1 mg/L，而在34°N以南则大于1 mg/L。在长江口和济州岛连线方向上，在124°E与125°E之间有大于2 mg/L的等值线分布，可能是长江冲淡水影响的显示。1.5 mg/L的等值线在黄、东海的分布与卫星遥感资料解译的高浓度悬浮体锋面前缘10月至翌年4月的图形非常相似（孙效功等，2000）。

次表层悬浮体浓度要略高于表层，平均值为5.73 mg/L（$n=23$）（图7.3b），悬浮体高浓度区比之表层更向海方向扩展，而次表层2 mg/L等值线在南黄海海域呈现出西北—东南走向，在长江口与济州岛的连线上可抵达124.5°E处。中层悬浮体浓度为0.65~53.65 mg/L，平均值为7.05 mg/L（$n=23$），高值区范围更扩大些。

中部深水区的悬浮体浓度亦较次表层高一些。在33°40′N以南悬浮体浓度几乎均在1.5 mg/L以上（图7.3c）。次底层的悬浮体浓度平均值达到了9.93 mg/L（$n=22$），这一点跟春季有些不同，春季次底层的浓度值低于中层。产生这种差别的原因可能主要是由于秋季的海底沉积物再悬浮作用要比春季强烈得多。除34°N以北，123°E附近的小区域外，南黄海整个调查区的悬浮体浓度都在2 mg/L以上（图7.3e）。秋季底层仍然是悬浮体浓度最高的层位，其平均值为16.34 mg/L（$n=23$）。悬浮体浓度等值线从高浓度直至20 mg/L亦呈现平行苏北海岸线的走向，且20 mg/L等值线已抵达123°E位置，10 mg/L等值线更是伸向了济州岛（图7.3f）。由此可看到，秋季底层高悬浮体浓度水团的分布远较春季广泛，而且浓度值更高。在长江口与济州岛连线上123.5°E附近有一小于5 mg/L舌型等值线由东南向西北方向伸展，这可能是台湾暖流的支脉侵入南黄海的显示（Cai et al.，2003）。

从春、秋两个航次的悬浮体调查结果看，五层悬浮体的平面分布趋势基本上是一致的。尽管海浪对悬浮体浓度有很大影响，但黄海环流是黄海悬浮体运移的主要动力和控制因素。秋季和春季在不同层位上代表悬浮体高浓度水团由苏北浅滩和长江口向东北方向扩散的等值

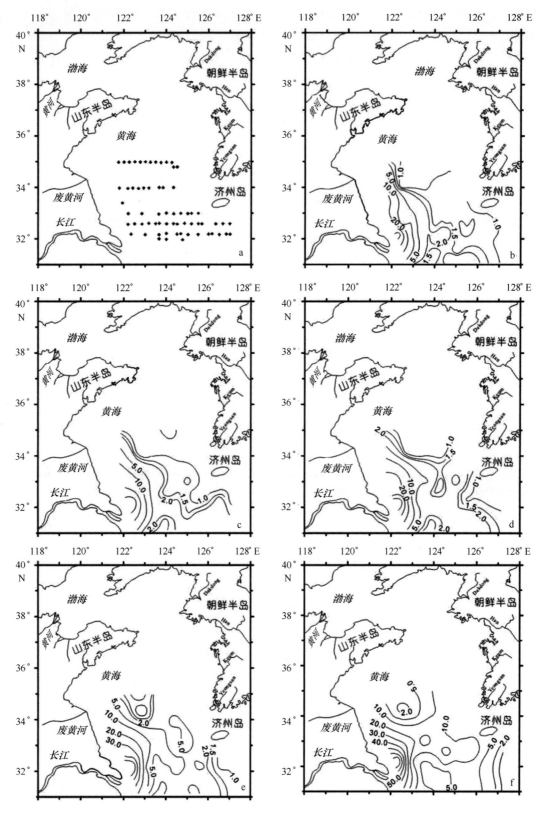

a. 采样站位　b. 表层　c. 次表层　d. 中层　e. 次底层　f. 底层

图 7.3　南黄海秋季悬浮体浓度（mg/L）的平面分布图

线分布可能是由北向南的黄海沿岸流与由南向东北方向的台湾暖流支脉交汇而造成的。这是来自苏北老黄河口以南的古黄河物质和现代长江物质向黄海陆架深水区扩散的主要途径。在陆源物质向南黄海中部深水区输送过程中，秋冬季起着比春夏季更为重要的作用，底层起着比其上覆水层更为重要的作用。现代黄河物质则是由鲁北沿岸流携带经渤海绕过成山头角进入南黄海，沿山东半岛水下三角洲方向输送。

### 7.2.2　POC 和沉积物有机碳 $\delta^{13}C$ 值的平面分布特征

通过有机质碳同位素组成的研究可以确定沉积物中海相和陆相有机质的相对比例，因此用其作为一种天然存在的示踪剂的特性来确定河口和近海环境中有机质的物质来源在国际学术界一直受到广泛的关注（Thornton et al.，1994）。即使在深海环境中它也可为研究颗粒动力学提供信息（Saino，1992）。由于悬浮有机质的沉降速度很小，因此，它将随水的运动而水平流动。悬浮体中的颗粒有机质由生命物质与非生命物质构成，它既可能是现场形成，也可能是随水体流动搬运而来。因而，由悬浮有机质的碳同位素数据还可以了解水柱中颗粒有机质的动力学行为。我们根据 1998 年 5 月春季航次的悬浮体和表层沉积物样品的有机碳碳稳定同位素组成数据，探讨南黄海海域悬浮体的 $\delta^{13}C$ 分布特征及其物源指示意义。

（1）POC$\delta^{13}C$ 值的平面分布特征，表层 POC$\delta^{13}C$ 值的分布（图 7.4a）呈现出以下特点：在山东半岛东端成山头外有 −26‰等值线沿岸线向西南方向扩散，这是来自现代黄河的陆源物质越过渤海海峡后向黄海输送的直接证据。对山东半岛北岸表层沉积物运用粒度趋势分析方法可证明其具有向东和向东北的输运趋势，进一步证明了在山东半岛北侧存在着一条现代黄河物质输运到南黄海海域的通道（程鹏，2000）。在 125°E 以东可以见到小于 −26‰$\delta^{13}C$ 值出现，显示可能是由朝鲜半岛河流入海的陆源物质的影响。

与表层相类似，底层 POC$\delta^{13}C$ 值的分布（图 7.4e）在长江口外同样也显示出来自台湾暖流的浮游生物的影响，但是，在其他区域它与表层 POC$\delta^{13}C$ 值的分布还是有相当的不同。底层 POC $\delta^{13}C$ 值有两个非常明显的特征：①在山东半岛东端成山头东有一最负的舌型 $\delta^{13}C$ 等值线沿东南方向向海伸展，其方向与山东半岛水下三角洲的伸展方向是完全一致的，从而证明了现在发育非常迅速的山东半岛水下三角洲其主要物质来源是现代黄河沉积物。②−25‰等值线的走向基本上反映了来自现代黄河和古黄河物质向黄海深水区输送的路径，这一路径与黄海环流路径是完全一致的，进一步证明了黄海环流是将陆源物质由近岸向黄海中央区输送的主要动力。

次底层 POC$\delta^{13}C$ 值的分布情况（图 7.4d）大致上与底层相似，以下三点特征仍是明显的：①成山头东也显示出黄河陆源物质运移的路径。②黄海环流将陆源物质输送至黄海深水区。③陆源物质的来源主要还是来自现代黄河和古黄河的物质，而长江来源的物质相对较少。

次表层和中层的 POC$\delta^{13}C$ 值的分布情况（图 7.4b、c）与以上三层差别比较明显，这显然是因为在透光层中浮游生物大量繁殖造成在 POC 中浮游生物所占比例明显增高的缘故。但是，成山头东黄河物质和长江口外台湾暖流支脉浮游生物（Cai et al.，2003）的影响仍然可以在这两层中明显看到。

（2）表层沉积物中总有机质的 $\delta^{13}C$ 值的分布特征，水体中悬浮体 $\delta^{13}C$ 值的分布代表海水中悬浮物质的搬运过程，而底质沉积物中总有机质的 $\delta^{13}C$ 值则可以反映沉积过程中海陆相物质的相对比例。由图 7.4f 可以发现以下几个明显特征：①山东半岛水下三角洲的沉积物总有机质 $\delta^{13}C$ 值显示出十分明显的现代黄河沉积物特征，其沉积速率在黄海地区也是最高的

a. 表层　b. 次表层　c. 中层　d. 次底层　e. 底层　f. 表层沉积物

图 7.4　南黄海悬浮体颗粒有机碳（春季）和表层沉积物有机碳 $\delta^{13}C$（‰）平面分布图

（Alexander et al.，1991）。②老黄河沉积物在苏北浅滩交替频繁地发生沉积作用和再悬浮作用，并随黄海环流向黄海中部深水区搬运。③高温高盐的台湾暖流支脉所携带的浮游生物对长江口外的沉积物总有机质的 $\delta^{13}C$ 值产生影响，使它随离河口距离的增加呈波动方式增加的趋势，反映了在122°45′E 和124°30′E 处附近台湾暖流支脉的影响要更强一些。此外，台湾暖流支脉的入侵也为如何解释长江口外二级水下阶地前缘处（124°~124°30′E）底质沉积物粒级较粗但底层悬浮体浓度较高（秦蕴珊等，1989b）提供了线索：长江冲淡水中的溶解物质在与高温高盐的台湾暖流支脉相遇后，通过絮凝作用会使底层悬浮体浓度升高，这一解释要比认为底层高悬浮体浓度是海底沉积物发生再悬浮作用的结果似乎更合理些。④在调查区的东北角，可看见一个 $\delta^{13}C$ 值为 −23.5‰的等值线，可能是来自朝鲜半岛河流物质的反映。

Cai et al.（2003）还利用二端员混合模式，根据有机碳 $\delta^{13}C$ 值计算得到的沉积有机质中陆源有机质含量也清楚地表明：陆源有机质的高值区主要在山东水下三角洲和苏北浅滩，黄海中部为陆源有机质含量较低，这与该区沉积速率低（Alexander et al.，1991）相一致。沉积物捕获器资料也表明，与周边地区相比，黄海中部底层颗粒物沉降通量较低（张岩松等，2005）。

综上所述，通过对南黄海悬浮体浓度、POC$\delta^{13}C$ 值和沉积有机碳 $\delta^{13}C$ 值分布的分析研究，可以得到南黄海悬浮体的分布、来源与扩散过程概括如下。

（1）由悬浮体浓度和POC$\delta^{13}C$ 值的分布特征可以认为南黄海陆源物质搬运和扩散的主要格局为：由鲁北沿岸流输送经由渤海海峡进入黄海的现代黄河沉积物大部分沉积在山东水下三角洲上，导致该区的沉积速率为全黄海的最高值。在苏北浅滩上由于水深较浅和水动力作用强烈，造成了沉积物强烈的沉积和再悬浮过程，在该区形成了高悬浮体浓度的水体，部分由浓度梯度推动由岸向海扩散；部分由黄海沿岸流向南输送，在长江口附近遇到台湾暖流支脉的顶托作用，使其流向转向北东东方向，而使黄河细颗粒物质转向黄海中央深水区运送。这是一个边输运边沉积的过程。调查区的东北角可以观察到来自朝鲜半岛河流物质的小范围的影响。所以，可以认为黄海环流是形成这一格局的主要水动力因素。在陆源物质向南黄海中部深水区的输送过程中底层起着比表层更为重要的作用。

（2）由沉积有机质的碳同位素信号证实，山东半岛水下三角洲高沉积速率沉积物的主要物质来源是现代黄河物质。在南黄海深水区的陆源沉积物质主要来自废黄河物质和现代黄河物质，现代长江物质所占比例相对较少。来自朝鲜半岛的陆源物质其数量和影响范围都是有限的。

## 7.3  沉积动力学特征

### 7.3.1  沉积动力环境

作为一个典型的陆架浅水环境，黄海受两侧陆地的控制，从东海进入的海洋动力与风、沿岸流、河流等区域性动力因素相叠加，形成了复杂的海洋动力环境，海底便沉积了与不同的动力环境相适应多种类型的沉积物。根据不同区域的动力环境条件可将黄海大体划分为两种沉积动力环境：低能沉积环境和高能沉积环境。

（1）低能沉积环境，黄海最主要洋流系统—黄海暖流由济州岛西南流入黄海后，逐渐转向北，并沿黄海海槽北上，进入北黄海后逐渐偏西，冬强夏弱。在冬季其延伸部分可进入渤海，但其盐度已降到32‰以下（Guan，1994；Le et al.，1993）。在冬半年（12月至翌年4月），黄海暖流及其余脉与东、西两侧的沿岸流组成的黄海环流控制着整个黄海；而暖半年（5—11月）则主要存在着因黄海冷水团密度环流出现而形成的近乎封闭的循环，黄海暖流并不明显。

黄海暖流具有较高的水温，从南向北将黄海分成东西两部分，与东西两侧的黄海沿岸流、朝鲜沿岸流相互作用，在暖流的西侧常形成气旋型涡旋（逆时针向）、南黄海中部气旋型涡旋和北黄海气旋型涡旋，其环流体系较大，特别是南黄海中部的冷水团环流体系更为庞大。多数学者认为其水平环流基本上是一海盆尺度的气旋式环流，其垂向环流流速的量值甚小，一般为10～5 cm/s的量级（Takahashi et al.，1995）。南黄海中部冷水团呈气旋型环流形式，边缘的水平流速约为5 cm/s，与深海底层流及水团的实测流速相似，显示了一个较弱的水动力环境。南黄海潮流场数值模拟的分布趋势进一步表明，冷水团环流区是弱潮流区（董礼先等，1989），只能影响细粒（>4Φ）悬浮物质。在黄海暖流的东侧与朝鲜沿岸流在黄海东南部则形成反气旋型涡旋环流（顺时针向），该反气旋涡旋是一个垂向双环结构，它的下部为气旋型环流，中心区域海水的上层为下降流，而下层为上升流，上层强于下层，其性质与黄海冷水团的垂向双环结构有明显差异（苏纪兰等，1995）。它所分布的范围较小，其动力强于气旋型涡旋环境的动力。这些涡旋基本都具有比周边海域低的水温，因此也常被称为冷水团或"冷窝"，在黄海大面积分布的泥质沉积物就对应于气旋涡旋区和反气旋涡旋区这些黄海陆架上的低能沉积环境，因此又被称为"冷窝沉积"、"小环流沉积"或"涡旋泥质沉积"。由于气旋型涡旋和反气旋型涡旋性质的差别，它们所形成的泥质沉积物也有所区别，形成机制也不同。

（2）高能沉积环境，半日潮（M2分潮）自大洋以前进波形式传入东海北部并进入黄海，并在黄海海域占明显优势。在北黄海，流速由东向西逐渐递减：西朝鲜湾M2分潮流流速在60 cm/s以上，最大达80cm/s左右，到北黄海中部M2分潮流流速为40 cm/s；南黄海M2分潮流流速呈现中心弱而四周强，除南黄海冷水团外，沿岸海域M2分潮流流速为40～60 cm/s，尤其是东岸的江华湾，M2分潮流流速达100 cm/s以上。另外，在苏北浅滩一带，M2分潮流速也在60 cm/s以上，为南黄海另一个强潮流区。因此，北黄海的东部西朝鲜湾和南黄海两侧沿岸海域的强潮流环境便构成了黄海的高能沉积环境。另外这些高能沉积环境区的潮差也相当大，如苏北沿岸的平均潮差在2.5～3.0 m之间，而朝鲜半岛沿岸的潮差要比西岸显著得多，大部分区域的潮差均在4 m以上（如西朝鲜湾和江华湾顶，潮差都在5 m以上）。对应于如此高的流速和潮差，再加上风暴潮、波浪以及陆架锋的综合作用，海底沉积物中的一些细粒组分被再悬浮，并不断被搬运到低能沉积区沉积，因此，在高能沉积环境区沉积了以砂质组分为主、形态特殊、地形复杂多变的潮流沙脊沉积。

## 7.3.2　环流泥质沉积的形成过机制

（1）气旋型涡旋及其泥质沉积

北黄海泥质沉积和南黄海中部泥质沉积属于气旋型涡旋泥质沉积，它们分别对应了2个北黄海气旋型涡旋和南黄海气旋型涡旋。气旋型涡旋泥质沉积分布面积较大，构成了黄海泥质沉积体的主要部分，东海北部（济州岛西南）的泥质沉积也属于气旋型涡旋。

Hu（1984）曾从动力学的角度对东海北部（济州岛西南）海域，坡度较大的海底泥质沉积物做了研究，指出该泥质的沉积的产生，主要是"气旋型涡旋的存在起了决定性的作用"，并通过实测海流，计算了各层海水的平均水平散度，证实该气旋型涡旋中心区以 50 m 层为界，以上为辐散区，以下为辐聚区。可见气旋型涡旋中心区分为上、下两个动力性质不同的"辐聚区"和"辐散区"。据此我们可以这样推论，在气旋型涡旋作用下，近底层的悬浮物质由于"幅聚作用"不断向涡旋中心输送，然后在上升流的作用下向上搬运，到达涡旋上部后，由于"辐散作用"又不断向两边扩散，最终沿涡旋中心周围堆积于海底，形成了泥质沉积（图7.5a），随着涡旋中心位置的变化迁移，泥质沉积的面积也不断扩大。显然这样形成的泥质沉积物面积较大而厚度较薄，而沉积中心区也不是沉积厚度最大的地区。沉积物粒径趋势分析显示，南黄海中部沉积物的净输移方向是由周边地区指向南黄海中部泥质沉积区，表明南黄海中部冷水团对该区沉积物沉降和输移的控制作用，而且合成矢量的方向也证明了该冷水团的逆时针气旋的特征（Shi et al.，2003）。同样，北黄海的分析也证明了在北黄海西部和北部沉积物也存在着向中部扩散的分量（程鹏，2000）。

（2）反气旋型涡旋及其泥质沉积

黄海东南部的泥质沉积属于反气旋型涡旋泥质沉积，其规模远不能与气旋型涡旋泥质沉积相比。据研究，该泥质沉积下面还发育一层有泥质沉积（申顺喜等，2000），其分布面积远大于上层的反气旋型涡旋的泥质沉积，因此在反气旋型涡旋沉积未能覆盖的地区它便直接出露于海底。下面这层泥质沉积物形成时的沉积动力与现代沉积动力条件有一定的差别，即它并非现在沉积动力环境的产物，而是在以前的某个时期沉积的，其后在现代水动力环境的作用下，不断被冲刷侵蚀，细粒物质一再被悬浮和搬运，本身受到明显的改造。

反气旋型涡旋环流具有双环结构。由于海水上层的反气旋型涡旋具有高压涡的性质，在它的控制下，迫使周围海水中的悬浮沉积物，包括浮游生物在上层海水中不断向涡旋的中心区辐聚，并在下降流的作用下向底层输送（图7.5b）。下层海水虽有上升流活动，但因其能量远小于上层的下降流，因此悬浮的沉积物逐渐在涡旋中心部位沉积于海底，形成了面积较小而厚度较大的沉积，体现了反气旋型涡旋环境的沉积动力强于气旋型涡旋环境的动力特征。即使反气旋型涡旋中心不断迁移，其泥质沉积的规模也远较气旋型涡旋泥质为小。

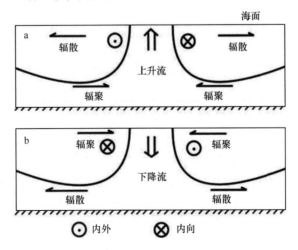

a. 气旋型涡旋沉积模式　b. 反气旋型涡旋沉积模式

图7.5　黄海涡旋泥质沉积区的沉积动力模式

（3）气旋型涡旋沉积与反气旋型涡旋沉积比较

气旋型涡旋沉积与反气旋型涡旋沉积的特征的相似之处在于，其成分主要是由黏土矿物组成，自生黄铁矿丰富，沉积体都呈近圆形分布，沉积物结构均匀、含水量高等。它们之间的差别主要表现在沉积厚度、沉积物粒度以及沉积速率等方面。以南黄海中部气旋型涡旋沉积和东南部的反气旋型涡旋泥质沉积为代表进行比较，可以看出前者的沉积动力较弱，沉积环境还原性较强，形成的沉积物更细，黄铁矿含量很高，沉积速率和沉积厚度也较小，分布范围较大；而后者具有较强的沉积动力，沉积环境还原性较弱，沉积物的粒度较粗，黄铁矿含量较低，沉积速率较大，沉积厚度也较大，分布范围较小（表7.2）。为了对比，表7.2中还列出了北黄海和东海北部气旋型涡旋泥质沉积的主要特征。气旋型涡旋和反气旋型涡旋动力性质的差别，决定了沉积环境的区别，进而控制了所形成沉积物的差别。

**表7.2 气旋型涡旋泥质沉积与反气旋型涡旋泥质沉积特征对比**

| 泥质沉积区 | 环流特征 | 底部水温/℃ | 平均粒径/Φ | 冰后期最大沉积厚度/m | 沉积速率/（cm·ka$^{-1}$） | 黄铁矿含量 |
|---|---|---|---|---|---|---|
| 南黄海中部 | 气旋型 | <8 | 8.5（Shi et al.，2003） | 2.8（申顺喜等，2000） | | >80 |
| 东海北部 | 气旋型 | 6~8 | 8 | 3 | | >80 |
| 北黄海中部 | 气旋型 | 5.8~10（杜兵等，1996） | 7.0~7.5（程鹏等，2000） | | | |
| 黄海东南部 | 反气旋型 | | 6~7 | 50 | 3.3~5.4 mm/a（Park et al.，2000；Kong et al.，2006） | <5 |

### 7.3.3 潮流沙脊沉积体系形成的动力过程

潮流沙脊群是大陆架浅海大型的海底堆积体，分布于有丰富砂质沉积与强潮流作用的大陆架浅海域（Collins, et al.，1995）。在黄海内潮差变化大，潮流作用强，并有古河口、古河道砂质堆积富聚区，一般都发育有潮流沙脊群或沙脊群（Milliman et al.，1983）。目前，学术界对南黄海辐射状潮流沙脊群（又称苏北辐射沙洲）的研究程度较高，对西朝鲜湾潮流沙脊群和黄海东南缘潮流沙脊的研究比较少。

南黄海辐射状潮流沙脊群分布于江苏岸外，呈褶扇状向海，由70多条沙脊与潮流通道组成，脊槽相间，水深界于0~25 m。诸裕良等（1998）基于二维潮流数学模型，对南黄海辐射状潮流沙脊群海域潮流运动平面分布特征进行了分析，沙脊群海域为南部太平洋前进潮波和北部旋转潮波所控制，并在弶港地区辐聚，且具有大潮差的特点。其潮波的能流率分布对辐射沙洲南北沙脊、深槽空间的分布与形态有巨大的影响。北部沙脊的面积及长度大于南部，而其深槽断面宽要小于南部。独特的潮波系统形成了辐射状的流速分布，无论从潮流椭圆，还是从水质点迹线看，具有明显的定向往复流形式，10天潮流平均流速一般为0.7~0.9 m/s，往复流性质强弱的不同造成北部沙脊较长而南部沙脊较短。

在潮流场与辐射沙脊群的关系上，目前有两种观点。杨长恕（1985）等认为地质历史时期，弶港地区曾为古长江的主要入海口，现代的辐射沙脊群是以古长江水下三角洲作为初始形态，且以古长江水下三角洲的厚层沉积物作为物源，在弶港湾内形成的，辐射沙脊群形成后，产生了辐射状潮流场。朱玉荣和常瑞芳（1997）根据潮流模拟结果认为南黄海的辐射状潮流场与海底地形无关，在潮流与辐射沙脊群的关系中，潮流是控制因素，是辐射状潮流产生和塑造了辐射沙脊群。宋志尧等（1998）的三维潮流数学模型显示辐射沙脊群区底层流速具有旋转流特征，其横断面在潮流运动中大都会出现次生横向环流或滚流，其地形坡折处也存在着近0.5 m/s的上升流和下切流，这些不仅有利于沙脊的塑造，也极利于沙脊的发育。在均匀倾斜海底条件下，辐射沙脊群区潮流模拟的结果表明南黄海的辐射状潮流场与海底地形无关，在潮流与辐射沙洲的关系中，潮流是控制因素，是辐射状潮流产生和塑造了辐射沙脊群。南黄海的辐射状潮流场是由岸线轮廓、海域形状和黄海两大潮波系统在此交汇的潜在驻波性质决定的。

王颖等（1998）认为"海侵－动力－泥沙"是沙脊群得以形成发育的基本成因因素，辐射沙脊地层剖面中出现数次沙脊与深槽相叠的记录，反映出发育过程的阶段性。冰期低海面时黄海沿岸形成了广为分布的砂质沉积物；冰后期海平面上升至 － 20 m 时，潮波辐聚形成辐射流场，提供了潮流沙脊发育的动力条件；持续上升的海面，使潮流动力与波浪作用增强，侵蚀改造波场的厚层泥沙堆积，并进一步塑造成沿辐射流场分布的宽大沙脊与潮流深槽的地貌组合。

# 第8章 表层沉积与区域分布特征

前人关于黄海的底质调查，最早可追溯到 20 世纪 20 年代。此后 F. P. 谢帕德（1979 译版）、H. Niino 和 K. O. Emery（1961）等先后对黄海表层沉积物进行过研究。我国对黄海进行大规模综合调查始于 1958 年，特别是近 20 年来，我国各海洋院所对黄海近岸和陆架区完成了多项国家专项，获得了大量的样品和实测资料，在黄海的沉积环境、沉积物分布特征与物质来源等方面取得了一批丰硕的研究成果，出版了《黄海地质》（秦蕴珊等，1987）、《黄海晚第四纪沉积》（刘敏厚等，1987）等专著和大量的研究论文与图件。本文依据"908"专项在黄海完成的 CJ03、CJ05、CJ07、CJ08、CJ09 和 CJ10 等 6 个底质调查区块的 3000 余组表层沉积物调查数据（图 8.1），并参考前人研究资料，对黄海表层沉积物的沉积特征及其区域分布情况进行简要论述。

## 8.1 沉积物的粒度组成及其分布

### 8.1.1 沉积物粒度组分分布特征

（1）砂粒级组分含量分布

黄海表层沉积物中的砂粒级组分主要由细砂和极细砂组成（图 8.2），砂粒级含量变化较大：山东半岛周边的近岸一直向南延伸到南黄海中部的区域砂粒级沉积物含量小于 10%，局部的泥质区可以达到 0；另外，在废黄河口和射阳河之间的近岸区域砂粒级含量也较低，平均小于 20%。而北黄海东部近朝鲜半岛一侧和长江口东侧海域砂粒级含量可以达到 60%，局部的砂质区可以达到 90%。在海州湾中部和南黄海辐射状沙脊群外侧海区，也出现了砂粒级含量的高值区，这与废黄河水下三角洲是密切相关的。

砂粒级含量可以用来指示相应区域的沉积动力条件的强弱，在水动力条件较强的海区，砂粒级的含量较高；而在沉积动力条件较弱的海区，砂粒级的含量相应较低。在研究区北部，砂粒级含量的分布规律是整体上由西向东含量增加，注意到：在南黄海中部的沉积中心砂粒级含量由里向外，逐渐增高。这种分布趋势与其相应的低能、气旋型沉积环境密切相关。

（2）粉砂粒级组分含量分布

粉砂粒级的百分含量变化较为剧烈（图 8.2），其范围大多在 20%～70% 之间，反映了海洋沉积物的细粒特点。粉砂粒级含量大于 60% 的区域主要位于山东半岛周边区域，可能指示了沿岸流对沉积物的输运特征；其次粉砂粒级介于 40%～60% 之间的沉积物主要分布在南黄海北部和中部的广大地区；而粉砂粒级小于 20% 的低值区则主要分布在北黄海的东部近韩国一侧、南部长江口外侧、海州湾中部和苏北浅滩外侧海区，正好与砂粒级含量高值区相对应。

（3）黏土粒级组分含量分布

黏土级百分含量和砂粒级含量可以用来指示沉积物类型的大致分布和该区的沉积动力环境：中高值（>40%）主要分布在南黄海的中部地区和东南部靠近济州岛的区域，指示其所

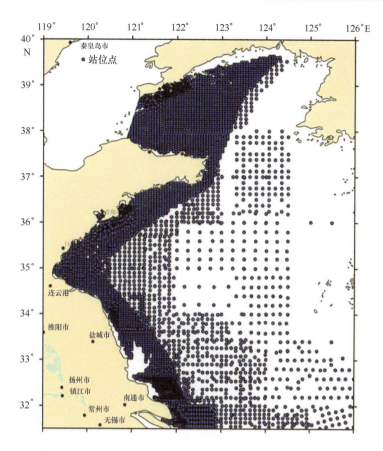

图 8.1　黄海表层沉积物粒度分析数据点

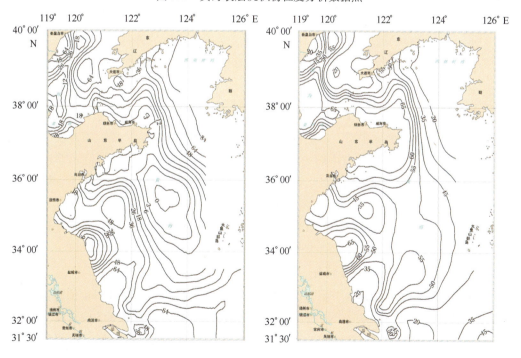

图 8.2　黄海表层沉积物砂粒级（左）和粉砂粒级（右）组分百分含量分布图

代表的泥质沉积区；小于15%的低值则主要分布在调查区的东部近朝鲜半岛一侧及南部长江口外侧，另外在海州湾中部和苏北浅滩外也相应出现了黏土的含量的低值区（图8.3）。

黏土粒级的含量和砂粒级含量互为反相关，当黏土粒级的含量高时，砂粒级含量就低；

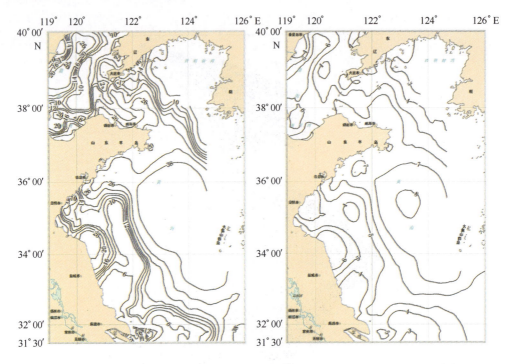

图 8.3　黄海表层沉积物黏土粒级组分百分含量（左）和平均粒径（Mz，右）分布图

相反的，当砂粒级含量高时，黏土粒级的含量就相应的低。它们可以用来指示沉积环境动力条件的强弱程度。其在南黄海中部的高值区，黏土粒级的含量由中心向四周呈明显的降低趋势，约在（35.10°N，123.40°E）达到最高。这从另一个角度证实了南黄海中部泥质区的沉积物主要是受该区反时针气旋式的冷水团控制。

### 8.1.2　沉积物粒度参数分布特征

粒度参数不仅可以对沉积物的成因作出解释，而且在区分沉积环境方面也具有重要的参考意义。目前计算粒度参数如平均粒径、分选系数、偏度和峰态，普遍应用的有两种方法：一是物理意义明确、精确度很高、广泛应用的福克 - 沃德图解法；二是应用方便、便于比较的 McManus 矩法。两种方法所获取的平均粒径和分选系数基本相同，偏度值相差较大（但仍存在显著相关性），而峰态值不能相互转换。相比较而言，矩法反映了样品的总体特征，计算方法比较精确，但目前对分选好与差、偏度和峰态的描述目前没有统一的标准（贾建军等，2002）。本节粒度参数计算全部采用矩法，分选系数、偏度和峰态的定性描述还是沿用矩法粒度参数（McManus，1988）中的术语。

（1）平均粒径（Mz）的分布特征

如图 8.3 所示，山东半岛近岸至南黄海的中部广大地区，表层沉积物 Mz 值较高，一般大于 7Φ。该区域与山东半岛沿岸泥质沉积、南黄海中部反时针气旋型涡旋的位置相对应，代表了这些海域以细粒的黏土质沉积物为主和以分选性良好为特征的沉积类型，反映了冷水团和涡旋的低能、还原的沉积环境。南黄海中部地区的高 Mz 值区，由中心（35.5°N，123.5°E）向四周，其 Mz 值呈明显的逐渐降低趋势，这同样从另一个角度证明了该海区的反时针涡旋常年存在。

近岸区沉积物 Mz 值较低，一般小于 4Φ，主要包括海州湾、南黄海辐射状沙脊群、长江口附近海域及附近陆架、辽东半岛周边、朝鲜半岛附近。很明显，该区受到大陆河流和沿岸流的强烈作用，水动力条件强盛，而且陆源物质对其影响巨大。因此，低 Mz 值的样品以粗颗粒、分选好为特征，反映了其形成时所经受的动荡水动力环境的长期筛选、搬运和沉积作用。黄海其他海域沉积物的 Mz 值一般在 4~7Φ，这些海域既有着各种动力因素的影响，又有现代、古代沉积物质的混杂，因此沉积物表现出的粒度特征最为复杂。

（2）分选系数（σ））的分布

分选系数是反映沉积物分选好坏的一个标志，代表沉积物粒度的集中态势。分选好坏的界限，各家所定不一。根据福克·沃德（1957）和弗里德曼（1962）的对分选系数（又称标准离差，（σ））的分级标准，黄海表层沉积物的 σ 值大部分区域大于 1（图 8.4），属于分选较差的范围。但根据 σ 值分布的情况考虑到用弗里德曼的分级标准，更能反映沉积物分选好坏的变化。因此，采用了费里德曼的分级标准，对 σ 值的区域分布进行论述。

在细粒的黏土质沉积区和粗颗粒的砂质沉积区之间的 σ 值大都在 1.0~2.0，属分选较差。其在分布范围上和上文的 Mz 值 4~7Φ 的分布区具有可比性，σ 值较高的主要原因是因为复杂的水动力环境和物质来源。

辽东湾附近海域、海州湾附近海域、长江口附近（33.5°N 以南）及相邻陆架地区，许多局部海区 σ 值可达到 2.5 以上，分选差。这种粒度参数特征与河口、湾口入海物质控制因素的多元化有密切关系。

南黄海辐射状沙脊群、西朝鲜湾砂质沉积区 σ 值一般小于 1.6。南黄海中部海域沉积物的 σ 值小于 0.6，分选相对较好，这和南黄海中部地区的冷水团或"冷涡"有着成因上的关联。

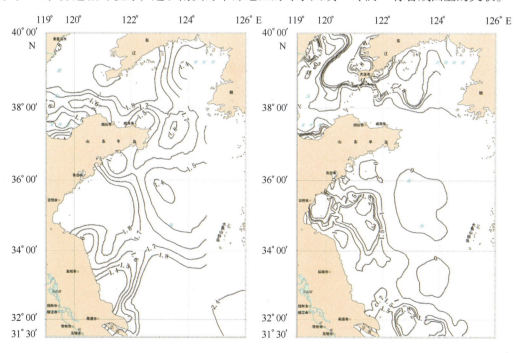

图 8.4　黄海表层沉积物分选系数（左）和偏度（右）分布图

（3）偏度（Sk）的分布

偏度可以用来判别沉积物粒度分布的对称性，表明平均值与中位数的相对位置，研究偏度对于了解沉积物的成因有一定的作用。当偏度为零时，粒度曲线呈对称分布；若为负偏，则此沉积物是粗偏，平均值将向中位数的较粗方向移动，粒度集中在颗粒的细端部分；正偏则是细偏，平均值向中位数的较细方向移动，粒度集中在颗粒的粗端部分。

在获得黄海表层沉积物的偏度（Sk）数据的基础上，可以作出黄海表层沉积物偏度（Sk）的等值线图（图8.4）。根据福克·沃德的分级标准，本区的偏度（Sk）可以分为三个级别。

①偏度（Sk）值小于－0.1，指示沉积物为负偏类型。该类沉积物的粒度集中在颗粒的细端部分，主要分布在南黄海的中、东部海区，其在空间上和南黄海中部的泥质区有着密切的关联，并向东南方向一直向济州岛方向延伸，据此推测其与经过该区的黄海暖流之间有一定成因上的关系。

②偏度（Sk）值在－0.1~0.1之间，指示了沉积物的粒度曲线呈对称分布。在调查区内此类沉积物主要分布在山东半岛周边海域，其在空间上与沿岸流有着密切的关联，大致指示了其对现代黄河入海物质的输运路径。

③偏度（Sk）值大于0.1，指示沉积物为正偏类型。这说明此类沉积物的粒度集中在粗粒部分，在研究区内主要分布在北黄海在38°N以北区域和南黄海西部近岸区域。这表明物质来源这一因素在偏度中的决定作用：北黄海偏度高值区大致与非黄河物质控制区相对应，而南部高值区则可能指示了长江携带物质和古黄河水下三角洲物质对沉积物形成时的影响，造成了它们影响调查区内沉积物的粒度集中在粗粒端这一现象。

## 8.1.3　沉积物类型分布特征

秦蕴珊等（1989）把南黄海的沉积物类型分为含钙质结核砂和砂、富含钙质结核粉砂质砂、粉砂质砂、泥（黏土）质砂、黏土质粉砂、粉砂质黏土和黏土—粉砂—砂等；Park. Y. A.（1990）采用了以中值粒径为基础，并参考粒径小于0.0 1mm的物理性粘粒的含量（因为这种分类方法有比较明确的沉积动力学的意义），将黄海的海底表层沉积物类型分为：砾石和石块、砂、粉砂质软泥、粉砂质黏土软泥、黏土质软泥和结核，并指出海底沉积类型的形成和分布特征是陆源沉积物性质（河流输砂量大小和粗细）、水动力条件和海平面变化三者的函数，它们服从三者中的优势条件；H. J LEE等（1989）根据中韩科学家对黄海的研究成果论述了整个黄海和渤海表层沉积物的分布情况。他所依据的沉积物分类标准是福克（1954）三角图，并将两个海区的表层沉积物分为砂、泥质砂、砂质泥和泥四种类型，他认为主要分布在黄海中部泥质细粒沉积物来源于黄河（$2.2 \times 10^8$ t/a，相当于黄河每年总输入量的20%）；分布于黄海东部（36°N以北）的大片砂质沉积则来源于朝鲜半岛的现代物质输入，但输入量较少；分布于36°N以南朝鲜半岛沿岸的带状泥质沉积来源于韩国的Keum河；残留砂主要分布在黄海的北部。

"908"专项调查采用谢帕德三角图对沉积物进行分类定名（海洋调查规范第8部分：海洋地质地球物理调查，2007），主要将黄海表层沉积物划分为：砂（S）、粉砂质砂（TS）、砂质粉砂（ST）、黏土质粉砂（YT）、粉砂质黏土（TY）和黏土质砂（YS）等6种类型，下文将主要针对上述沉积物类型的分布特征进行论述。

（1）砂（S）

黄海的砂主要包括含钙质结核砂和砂，砂的分布除了在部分地区呈斑状分布外，主要分布在下述几个海区：①黄海东部靠近朝鲜半岛一侧的海域；②南部的长江口外部海域（图8.5）；③南黄海辐射状沙脊群及古黄河三角洲外侧海域。南黄海辐射状沙脊群东南的砂质沉积为晚更新世末期至全新世低海面时期的滨海相残留砂，含泥少，分选较好，但混有砾石、石块，其中常见有软体动物遗壳。

该类沉积物的粒度组分特征是：粒度组分中砂粒级占绝对优势，且主要为细砂和极细砂，砂粒级的百分含量多在90%以上（75.63%～100.00%），平均含量为89.05%。Mz值平均为2.55 Φ，σ值平均为1.35，表明分选较差，Sk值平均为1.62，属于极正偏，粒度多集中在粗端部分（以砂组分为主），峰态很窄。

（2）粉砂质砂（TS）和砂质粉砂（ST）

粉砂质砂和砂质粉砂的分布主要呈条带状和斑块状分布在砂质区的外侧和泥质区内，二者呈递变关系（图8.5）。主要分布在以下几个海区：①黄海东部大黑山岛附近的条带状海域；②南部的长江口外部海域（研究区最大的粉砂质砂的分布区）；③南黄海辐射状沙脊群外侧海域斑状残留砂席的周围海区；④黄海北部靠近长山群岛的海域。

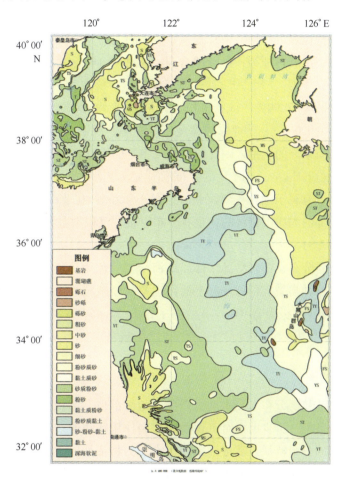

图8.5 黄海底质类型分布图（谢帕德分类）

粉砂质砂的粒度组分特征是：以砂为主，多在50%以上（平均为57.50%）；其次为粉砂粒级，一般为20%～40%之间（平均值为33.47%），略大于黏土粒级（平均值8.75%）。Mz值平均为3.92 Φ；σ值平均为2.11，说明此类沉积物的分选差；Sk值平均为2.05，属于极正偏，说明粒度集中在粗端部分，即粉砂质砂中的砂粒级组分占主要部分。

（3）黏土质粉砂（YT）

这是一种以粉砂粒级物质为主的沉积物类型，它是黄海陆架分布面积最广的沉积类型之一，主要分布在山东半岛近岸海域、废黄河口以南海域、以（35.1°N，123.4°E）为中心的南黄海中部的泥质区（图8.5）。黏土质粉砂的表层常含有2～3 cm厚的半流动状黄褐色软泥，下部常见有机质污染的黑色斑块或条纹。

黏土质粉砂粒度组成上的特点是：以粉砂粒级为主，其含量可达40%~70%；其次为黏土粒级，其含量为20%~50%；砂粒级的含量最低，平均只有4.46%。此类沉积物的 Mz 值平均为6.77 Φ，σ 值平均1.71，分选较差；偏度值平均为0.01，为近对称的粒度分布；峰态较宽，这同样表明：此类沉积物中尽管以粉砂粒级为主，黏土粒级的含量也占重要地位，故曲线呈现出较宽的峰态。

（4）粉砂质黏土（TY）

粉砂质黏土是以黏土粒级和粉砂粒级为主的沉积物，主要分布在以（35.1°N，123.4°E）为中心的南黄海中部的泥质区及区块东南部的部分海区（图8.5）。该类沉积物手感软，砂感较弱，在研究区北部多呈黄褐色至黄灰色，南部多为黄灰色至深灰色，其上部2~3 cm 呈半流动状，向下渐有可塑性。沉积物层中常有生物活动的痕迹及生物活动形成的泥质团块。

粉砂质黏土的粒度组成特征为：砂粒级含量一般小于1%，其平均值仅为0.08%；而黏土粒级的含量可达47.59%~55.90%，平均51.94%；其次为粉砂粒级的含量，一般为44.02%~49.95%，平均47.99%。此类沉积物的 Mz 值平均8.05 Φ，σ 值平均为1.32，分选较差；偏度平均值为−0.06，为近对称的偏度，宽峰态，说明沉积物中，黏土组分占优势，粉砂组分也接近黏土质组分的含量，因此曲线呈现出宽的峰态。

如图8.5所示，粉砂质黏土（TY）的分布范围大致与南黄海中部冷水区吻合，那里为上升流区，水平流速小，有利于细粒物质沉积；而黏土质粉砂（YT）的分布范围则相对较广，既有分布于研究区中部的泥质沉积区的，也有分布于粗粒沉积物向泥质沉积物过渡区的。

（5）黏土质砂（YS）

俗称泥质砂，主要分布在山东半岛东部局部海域。颜色为褐灰—灰色，有明显砂感，性质接近于砂质类型，这种类型沉积物粒度上的特点是：以砂粒级为主占43.3%~67.4%，平均54.18%；其次是黏土粒级为20.0%~37.6%，平均27.45%，粉砂小于20%。Mz 值平均为5.51 Φ，分选差。

## 8.1.4　表层沉积物分区

南海表层沉积物的粒度分布，受水动力条件、地貌部位、沉积历史等因素控制。其中最活跃的因素是水动力条件，不少因素对沉积物的控制作用往往通过水动力作用表现出来。因此，黄海表层沉积物的分布特征，都可以用现代水动力特征加以说明。同时，沉积物的某些分布特征亦是现代水动力某些特征的佐证。

根据黄海沉积物类型及其粒度组分的分布特征，参考刘敏厚等（1987）的沉积区划，并考虑水动力条件等其他因素，将黄海表层沉积物划分为八个沉积区（图8.6）。

（1）南黄海中部泥质沉积区

南黄海中部分布的粉砂质黏土和黏土质粉砂沉积物的沉积动力学特征与南黄海冷水团密切相关，该冷水团环流具气旋型环流性质（石学法等，2001）。它的粒度参数所反映的沉积动力明显低于周围其他地区，这表明其是在低能环境下生成的。由于黄东海地处北半球，因此，这里的气旋型涡旋中心地带的水体能够自下而上缓慢流动，形成上升流，底层水体具有向涡旋中心地区的辐聚，而反气旋型涡旋则性质相反，即底层水体辐散，中心水体产生下降流，它的沉积动力学方面的特殊作用，导致了南黄海中部浅海泥质沉积物（冷涡沉积）的形成；同样，在黄海东南部（济州岛西北部）由于反气旋型涡旋的控制也形成了细粒的泥质沉积，即反气旋型涡旋沉积，并依此讨论了气旋型涡旋与反气旋型涡旋在沉积动力方面的差异（申顺喜，2000）。

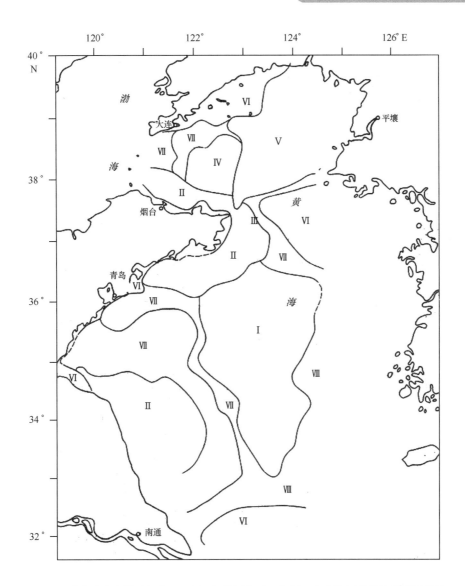

Ⅰ. 南黄海中部泥质沉积区；Ⅱ. 老黄河水下三角洲 – 南黄海辐射状沙脊群沉积区；
Ⅲ. 山东半岛水下三角洲沉积区；Ⅳ. 北黄海环流沉积区；Ⅴ. 西朝鲜湾潮流沙脊沉积区；
Ⅵ. 近岸沉积区；Ⅶ和Ⅷ. 混合沉积区

图 8.6　黄海表层沉积物分区示意图（据刘敏厚等，1987）

（2）老黄河水下三角洲 – 南黄海辐射状沙脊群沉积区

世界上输沙量较大的黄河，历史上曾经多次夺淮从苏北入海，在苏北近海留下了一个巨大的堆积体——老黄河水下三角洲。但是，仅从粒度分布看，这个水下三角洲显然已经经过改造。其中部沉积物比较细，为黏土质粉砂，软滑可塑，Mz 值多大于 8.0Φ，黏土粒级组分含量多在 60% 以上，分选较差。从中部到外围，颗粒变粗，由粉砂质黏土转化为砂质粉砂，呈褐灰—灰色，表层往往有一层流动状态的黄褐色浮泥。

上述资料说明，目前老黄河水下三角洲是多种因素作用的产物。在黄河由此入海期间，大量泥沙输入，在河流及海水综合作用下，水下三角洲迅速发育，沉积了以粉砂为主的物质。黄河最近一次（1855 年）北迁入渤海之后，这里的物质来源濒于断绝，水动力条件亦发生根本变化，三角洲不再发育。岸边以波浪为主的营力一方面侵蚀海岸，使之后退；另一方面将侵蚀下来的物质淘洗簸选，较粗的留在岸边，较细的则被带走，主要堆积在水下三角洲的中

**121**

部，这种细粒物质的影响范围目前仍有扩大的趋势。

南黄海辐射状沙脊群内表层沉积物以砂和粉砂质砂为主，砂粒级组分含量一般大于60%，沙脊顶部的含砂量最高，脊间沟槽中砂含量低于沙脊。沙脊群北部至老黄河三角洲南部海域由于沉积物易于起动且水动力较强，悬砂浓度最高，悬浮颗粒的粒度分布多呈双峰态，粗峰代表本地沉积物再悬浮，细峰则可能反映来自老黄河三角洲的细粒悬浮泥沙输入。沙脊群南部脊槽因水动力条件较弱，底质偏粗，再悬浮作用弱，又缺乏外来泥沙输入，悬砂含量处于较低水平，沉积物组分也明显受到现代长江物质的影响（国家海洋局第一海洋研究所，2011）。

（3）黄海沿岸流沉积区

黄海沿岸流主要是出自山东蓬莱北侧的庙岛海峡，沿山东半岛北岸东流，绕过成山头南下的一股低温、低盐水流。该流流路比较稳定，但流幅与流速都有明显的区域变化。在黄海中部狭处，流幅较窄，流速较大，最大流速可达0.8 kn（刘敏厚等，1987）。

与黄海沿岸流相适应的沉积物表现了明显的机械分异作用。在渤海海峡，有黏土质粉砂细粒沉积呈舌状东伸。该处沉积物以粉砂为主，含少量的砂，向东粉砂含量逐渐增加。山东半岛北岸外沉积物也为黏土质粉砂，粉砂含量在60%以上。绕过成山头向南，沉积物继续变细，粉砂粒级组分含量逐渐降低，黏土粒级组分含量逐渐增加。

（4）北黄海环流沉积区

在北黄海中部存在着一个绕北黄海冷水团反时针旋转的密度环流，尤以夏季最明显。这个环流随着黄海冷水团的盛衰而增减，其中央流速为零，越向外围流速越大。与此环流相适应，沉积了以粉砂和黏土质粉砂为主的细粒物质，沉积物呈灰—青灰色，滑腻可塑。中部为黏土质粉砂，粉砂粒级组分含量在40%～60%之间，Mz值多大于5.0Φ。

（5）西朝鲜湾潮流沙脊沉积区

北黄海东部为一半开阔的海湾——西朝鲜湾。海湾的形状与大小正好与潮汐运动的周期相应，使潮汐运动共振增强，产生了相当大的往复（涨落）潮流，最大流速近3 kn。强大的往复流堆积了以细砂为主的粗粒沉积物，塑造了脊槽相间的特殊地貌。

潮流沙脊沉积均为很纯的细砂，局部为中砂，呈褐—灰色，质纯、致密。细砂含量多超过70%，最高达100%。

（6）近岸沉积区

辽南长山列岛及山东半岛南部沿岸，沉积了一种混杂的沉积物。这种沉积物岩性变化很大，但多数样品都含有黏土、粉砂和砂三个粒级组分，三者含量相差不大，Mz值从2.0～7.0Φ不等，分选差至很差。沉积物中多含有少量贝壳及小砾石，少数样品砾石含量达10%以上，个别样品几乎全部为贝壳砂。

近岸沉积区的粒度特征及其分布位置都说明它主要是直接来自大陆和岛屿，在以波浪为主的水动力条件下侵蚀、搬运、堆积而成的。岸边及海岛之间地形极为复杂，导致水动力条件多变，因此形成相当复杂的沉积类型。

（7）混合沉积区

刘敏厚等（1987）将图8.6中的Ⅶ和Ⅷ沉积区称为残留沉积区和变余沉积区，分别表示非现代水动力作用下的沉积体和由残留沉积到现代沉积的过渡沉积体。这类沉积物主要分布在渤海海峡、成山头以东、海州湾以及黄海中部泥质区的周边。其沉积物类型均以砂质粉砂和粉砂质砂等混合型为主。黏土、粉砂、砂各组分的含量尽管各处不相同，但含量相差不大，很难确定哪种组分更占优势，表明这些沉积物是后期原地沉积物被改造并混入其他来源物质的产物，因此统称为混合沉积物。

## 8.2 沉积物的矿物组成及其分布

### 8.2.1 碎屑矿物特征及组合

#### 8.2.1.1 碎屑矿物组成特征

根据黄海表层沉积物 3069 组碎屑矿物鉴定数据（其中重矿物鉴定数据 1669 组，轻矿物鉴定数据 1400 组，图 8.7），对沉积物中碎屑矿物组成及其分布特征进行了详细研究。

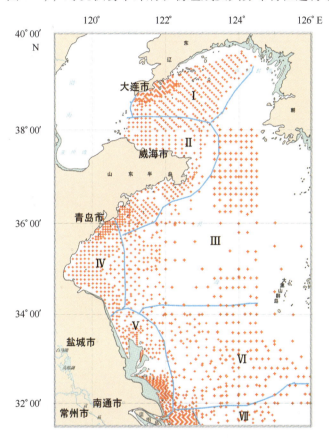

图 8.7 黄海表层沉积物碎屑矿物分析站位及碎屑矿物组合分区示意图

在黄海沉积物中共鉴定出重矿物 57 种：含量较高的矿物（平均含量 >10%）为普通角闪石、绿帘石、斜黝帘石，分布普遍的矿物（平均含量 >1%）包括黑云母、白云母、石榴子石、水黑云母、褐铁矿、钛铁矿、绿泥石、阳起石、透闪石、赤铁矿、普通辉石、楣石、绢云母、磁铁矿，含量较低的矿物包括自生黄铁矿、白钛石、磷灰石、透辉石、锆石、电气石、紫苏辉石、菱镁矿、金红石、萤石、褐帘石、十字石、海绿石、蓝闪石、蓝晶石、红柱石、锐钛矿、硬绿泥石、矽线石、胶磷矿、菱铁矿、霓辉石、金云母、黄铁矿、锡石、霓石、玄武闪石、白榴石、独居石、符山石、软锰矿、硅灰石、磷钇矿、自生磁黄铁矿、棕闪石、蔷薇辉石、球霰石、直闪石、顽火辉石、磁黄铁矿；样品中含有少量或微量的岩屑、风化碎屑、风化云母、宇宙尘、磁性小球等。鉴定出轻矿物 12 种，包括石英、斜长石、钾长石、绿泥石、白云母、黑云母、海绿石、方解石、绢云母、水黑云母、石墨、火山玻璃等；样品中有一定含量的岩屑、少量的碳酸岩、风化云母、生物碎屑、风化碎屑、有机质、锰结核与有机质的黏结颗粒。各矿物颗粒百分含量基本统计见表 8.1。

表 8.1 黄海沉积物主要碎屑矿物种类颗粒百分含量统计表

| 矿物组成 | 非零数据 | 最小值 | 最大值 | 平均值 | 标准偏差 | 方差 | 偏度 | 峰度 |
|---|---|---|---|---|---|---|---|---|
| 重矿物组分 | | | | | | | | |
| | | | | | | | | |
| 普通角闪石 | 1 661 | 0.3 | 75.9 | 34.9 | 12.6 | 158.2 | −0.3 | 0.1 |
| 绿帘石 | 1 579 | 0.2 | 66.7 | 17.6 | 9.8 | 96.1 | 0.8 | 0.9 |
| 云母 | 1 352 | 0.2 | 100 | 10.6 | 16.2 | 262.5 | 2.6 | 7.5 |
| 金属矿物 | 1 654 | 0.3 | 80 | 10.2 | 8.3 | 69.5 | 2.3 | 8.4 |
| 极稳定矿物组合 | 1413 | 0.1 | 45.5 | 4.4 | 4.7 | 22.5 | 2.9 | 13.1 |
| 钛铁矿 | 1 206 | 0.1 | 28.7 | 4.4 | 4.6 | 21.5 | 2.0 | 5.1 |
| 石榴子石 | 1 292 | 0.1 | 47 | 3.8 | 6.3 | 39.1 | 3.4 | 14.1 |
| 赤、褐铁矿 | 1 266 | 0 | 45.9 | 3.6 | 4.4 | 19.1 | 4.3 | 27.5 |
| 自生黄铁矿 | 737 | 0.1 | 92.3 | 3.4 | 8.9 | 79.7 | 5.9 | 44.0 |
| 普通辉石 | 1 281 | 0.1 | 50 | 3.3 | 3.7 | 13.9 | 3.7 | 26.4 |
| 磁铁矿 | 853 | 0.2 | 18.3 | 1.8 | 2.0 | 4.0 | 2.9 | 12.3 |
| 榍石 | 1 125 | 0.1 | 9.2 | 1.4 | 1.3 | 1.8 | 1.8 | 4.2 |
| 电气石 | 1 118 | 0 | 44.7 | 1.2 | 3.5 | 12.6 | 6.3 | 52.9 |
| 锆石 | 692 | 0.1 | 13 | 1.0 | 1.3 | 1.8 | 3.7 | 18.4 |
| 变质矿物 | 616 | 0.1 | 3 | 0.5 | 0.4 | 0.2 | 2.0 | 5.7 |
| 紫苏辉石 | 1 074 | 0 | 7.5 | 0.3 | 0.7 | 0.5 | 4.6 | 30.0 |
| 轻矿物组分 | | | | | | | | |
| | | | | | | | | |
| 长石 | 1 399 | 2.3 | 87 | 46.3 | 17.1 | 292.7 | −0.4 | −0.3 |
| 石英 | 1 400 | 1.6 | 87.3 | 37.1 | 14.2 | 200.4 | 0.7 | 0.6 |
| 绿泥石 | 1 315 | 0.1 | 49.3 | 6.0 | 7.1 | 50.9 | 2.4 | 7.7 |
| 云母类 | 1 154 | 0.1 | 65.6 | 4.7 | 8.2 | 67.2 | 3.9 | 17.6 |
| 海绿石 | 657 | 0.08 | 31.67 | 2.2 | 3.3 | 10.9 | 4.2 | 24.6 |
| 碳酸盐矿物 | 498 | 0.2 | 93.5 | 1.6 | 4.4 | 19.4 | 18.6 | 385.6 |

## 8.2.1.2 碎屑矿物含量分布特征

总体来讲，黄海表层沉积物的碎屑矿物含量变化较为明显，具有一定的规律性，重矿物以普通角闪石、绿帘石、云母和金属矿物为主（平均含量 >10%，表 8.1），特征矿物为钛铁矿、石榴子石、自生黄铁矿。轻矿物中石英和长石占主导地位。矿物分布突出了三大沉积环境的特点，包括北黄海北部近岸区、南黄海中部泥质区、南黄海辐射状沙脊群。北黄海北部沉积物中富集斜长石，多普通角闪石、绿帘石，稳定铁矿物含量高，突出了其沉积环境以物理风化为主的特点；南黄海中部泥质区沉积物中富集自生黄铁矿；南黄海辐射状沙脊群沉积物中富集普通角闪石、稳定重矿物含量高，云母类含量低。下文主要针对沉积物中含量较高的普通角闪石、绿帘石、云母类、自生黄铁矿、石英和长石 6 种矿物的颗粒百分含量在海域内的分布特征进行详细论述。

1）普通角闪石

多以绿色、浅绿、深褐色出现，多为短柱、粒状，有磨蚀。平均含量34.9%，变化范围0.3%～75.9%（表8.1）。源岩多为酸性岩浆岩、中性和基性岩浆岩，因其不稳定的风化性，易风化蚀变为绿帘石，物源指示性较好。整体分布趋势是近岸含量高，陆架中部以中等含量作为背景值分布，向海方向含量逐渐降低。高含量主要有四处，即长山群岛附近海区、山东半岛东部海区、青岛东部海区以及南黄海辐射状沙脊群海区（图8.8）。

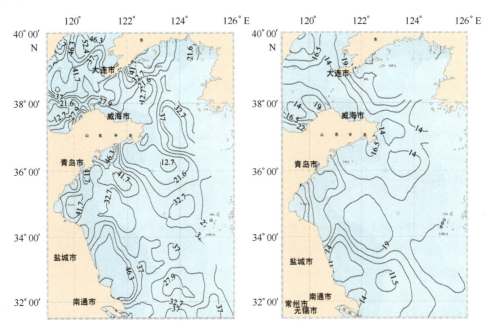

图8.8　黄海表层沉积物中普通角闪石（左）和绿帘石（右）颗粒百分含量分布图

2）绿帘石

黄绿色、次棱角状，半透明，颗粒为主，有风化，多为辉石和闪石类蚀变。为重矿物中的优势矿物，平均含量17.6%，变化范围0.2%～66.7%（表8.1）。总体分布趋势与普通角闪石相近，只是在南黄海辐射状沙脊群沉积物中普通角闪石高含量而绿帘石的含量中等，在北黄海北部绿帘石高含量区大面积分布，由青岛到海州湾外部绿帘石含量较高，南黄海南部绿帘石含量较低（图8.8）。

3）云母

包括黑云母、白云母和水黑云母、绢云母。以黑云母、白云母为主，多为薄片状，有风化。云母类分布广泛，平均含量10.6%，最大值100%。整体分布趋势是近岸含量较高，在南黄海辐射状沙脊群以及长江口北支分布高含量，陆架中部含量中等，向海含量越低，从黄海的云母分布来看，具有北黄海物质扩散趋势，但到南黄海南黄海辐射状沙脊群处为最大，可能此处既有黄河物质来源也有长江物质来源，为二者物质共同输送区（图8.9）。

4）自生黄铁矿

多为生物壳内生成，壳体多破碎，圆球状为主，平均含量3.4%，最大值92.3%（表

8.1）。高含量主要以珠状出现在北黄海北部、南黄海中部，在海州湾、长江口北支附近出现零星较高的含量区（图8.9）。

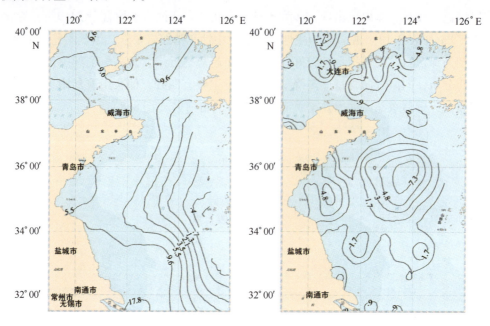

图8.9　黄海表层沉积物中云母类（左）和自生黄铁矿（右）颗粒百分含量分布图

5）石英

在碎屑沉积物中广泛分布，形态以粒状、次棱角、次圆状为主，有磨蚀。平均含量37.1%，变化范围在1.6%~87.3%之间，平均含量低于长石的平均含量。整体分布趋势为南北分带，北黄海沉积物中含量低，而在南黄海辐射状沙脊群东部的南黄海含量高，表明南黄海南部沉积物成熟度高于北黄海。

6）长石

分布广泛，包括钾长石和斜长石，轻矿物中的优势矿物。钾长石多为红色、褐色、浅褐色，粒状，硬度较大。斜长石，体视镜下呈现淡黄、灰白、灰绿等色，粒状为主，表面混浊，光泽暗淡，有磨蚀。平均含量46.3%，变化范围在2.3%~87%之间。高含量分布在北黄海和海州湾内，靠近东海陆架含量很低，与沉积物的近源沉积相关，北黄海分布长石含量高也与此区的沉积物物理风化作用为主相关。

### 8.2.1.3　碎屑矿物组合分区

结合表层沉积物中碎屑矿物含量分布特征及矿物比值分布，在黄海划分出7个碎屑矿物组和分区（图8.7），每个分区矿物种类和含量变化明显，与底质沉积物类型、物质来源和沉积环境密切相关。

Ⅰ区：北黄海北部矿物区

其北部受辽东半岛南部近岸沉积影响较大，矿物区南部受黄河物质影响较大。重矿物以普通角闪石、绿帘石、云母为优势矿物，特征矿物为普通辉石、自生黄铁矿，普通辉石在本区大面积出现高含量区，自生黄铁矿在区域中部富集。极稳定矿物石榴子石、榍石等含量较低，金属矿物含量较低，氧化铁含量更低。自生黄铁矿的富集表明本区为弱还原沉积环境。轻矿物以长石、石英为主，长石含量高而云母含量较低，且具有含量渐变的趋势，表明本区北部受黄河物质影响较弱。

Ⅱ区：山东半岛近岸沉积区

主要为黄河细粒物质通过渤海海峡向黄海输送物质的通道，主要特征为片状矿物含量高，自生黄铁矿含量低。轻矿物中以石英、长石为主，云母含量高。山东半岛河流和海湾的沉积物输入对本区矿物组成影响较小，黄河物质输入为主要的物质来源，呈现弱氧化－氧化的沉积环境。

Ⅲ区：黄海中部矿物区

主要包括两个沉积类型：北部的较粗粒沉积以及南黄海中部的泥质沉积。北部以普通角闪石、金属矿物为优势矿物，稳定矿物石榴子石的含量高，弱氧化沉积环境；泥质沉积区中普通角闪石、绿帘石含量中等，粗粒物质输入较少，自生黄铁矿富集，沉积环境为弱还原。石英的含量有向外含量逐渐增加的趋势，表明沉积物的成熟度逐渐增加，长石的含量在本区较低。本区的物质来源主要为黄河物质的扩散，粗粒物质输入较少。

Ⅳ区：海州湾矿物区

本区的物质来源主要为老黄河物质以及经山东半岛沿岸输送过来的细粒物质，表现为普通角闪石、绿帘石、金属矿物在近岸局部富集，片状矿物具有向南扩散的趋势，沉积环境为弱氧化。长石的含量较高，石英的含量向外逐渐增加，极稳定矿物含量低等这些特征表明本区沉积物成熟度较低。

Ⅴ区：南黄海辐射状沙脊群矿物区

普通角闪石、氧化铁含量较高，片状矿物含量高，表明本区沉积物为侵蚀，且有物质输入。极稳定矿物包括锆石的含量较高，石英含量高，局部出现自生黄铁矿，本区沉积物成熟度较高，且局部为弱还原环境。物质来源主要为黄河物质，从矿物含量分布趋势上分析，南部有部分物质扩散到本区。

Ⅵ区：南黄海南部矿物区

其影响范围有逐渐向北偏移的趋势，在济州岛附近还有与此区类型一致的样品，可见其纵向的影响范围广阔。本区金属矿物含量较高，氧化铁矿物相对较低，片状矿物、石英、稳定矿物如石榴子石、锆石向外含量逐渐增加，沉积物成熟度逐渐增高。表明本区物质输送以细粒为主，云母可以扩散到本区，从矿物含量分布趋势上分析，长江冲淡水所携带的物质对本区矿物组成具有一定的影响。

Ⅶ区：东海北部矿物区

本区碎屑矿物以普通角闪石、绿帘石为主，金属矿物、片状矿物含量较高，石英、长石含量中等，极稳定矿物如石榴子石、榍石等向海含量逐渐增加，矿物分布特征表明长江物质向海输送的趋势。本区优势矿物与特征矿物组合与长江源富普通角闪石、金属矿物以榍石为特征矿物的特征一致，物质来源主要为长江源。

## 8.2.2　黏土矿物组成及分布特征

黄海陆架区位于中纬度地带，属于亚热带气候区，化学风化作用不太充分，黏土矿物停留在脱钾阶段，因此在各类黏土矿物中伊利石含量最高，其次为高岭石和绿泥石，蒙皂石含量最低（刘敏厚等，1987；黄慧珍等，1996）。受资料所限，本次工作仅就黄海西部近岸及陆架海域沉积物的黏土矿物组成及其分布情况进行阐述。

### 8.2.2.1 黏土矿物分布特征

伊利石为黄海表层沉积物中含量最高的黏土矿物，其含量最高可达 81.30%，最低可至 22.80%，平均值为 62.10%。伊利石含量的平面分布总体上较为均匀，多数站位沉积物中伊利石含量都在 50.00% ~ 70.00% 之间；北黄海北部及南黄海青岛周边海域出现多个斑块状的伊利石低值区，含量在 45.00% 以下（图 8.10）。

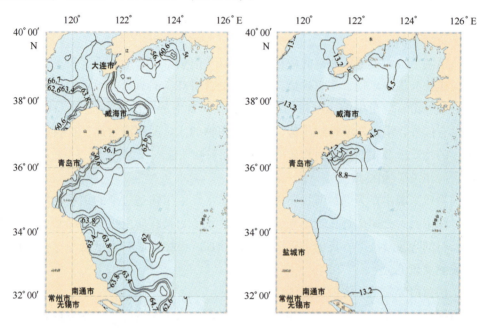

图 8.10　黄海表层沉积物中伊利石（左）和高岭石（右）含量（%）分布图

沉积物中高岭石含量最高可达 43.60%，最低可至 0.20%，平均值为 9.20%。其空间分布大致可以分为两个区：废黄河口以北海域为高岭石的低值区，其含量基本上在 8.0% 以下，尤其是北黄海北部，高岭石含量布超过 5.00%；废黄河口以南海域高岭石含量则相对较高，基本上在 8.50% 以上，其高值中心向北一直延伸到青岛周边海域，而南部的长江口北支周边海域，高岭石含量也可达到 15.00% 以上（图 8.10）。

绿泥石含量空间分布变化不大，基本介于 10.00% ~ 20.00% 之间，最高值出现在北黄海北岸的，最高可至 58.10%，最低值出现在长江口北支周边海域，最低可至 3.70%，另外山东半岛周边也出现斑块状绿泥石的低值区（图 8.11）。

蒙皂石含量最高可达 25.09%，最低可至 0，平均值为 14.00%。蒙皂石含量的分布特征总体上可以分为两个区域。废黄河口以北海域，表层沉积物中蒙皂石含量都在 10.0% 以上。其中出现的数个高值中心蒙皂石含量可达 20.0% 以上，尤其在北黄海西部，为高值区；废黄河口以南海域，蒙皂石含量较低且分布较为均匀，一般在都 5.0% 以下，为低值区（图 8.11）。

### 8.2.2.2 黏土矿物的物源指示意义

黏土矿物大多数是母岩风化产物，而由胶体 $SiO_2$ 及 $Al_2O_3$ 直接形成的自生黏土矿物及由火山灰蚀变产生的是比较少见的（曾允季等，1986）。一般认为控制沉积物组成的因素主要

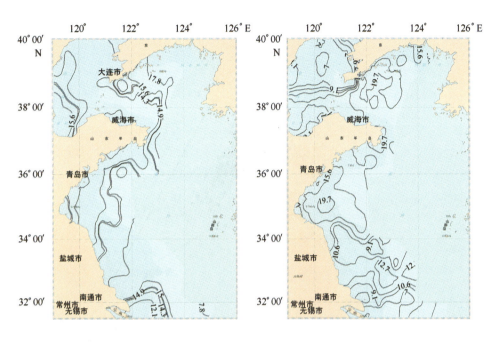

图 8.11　黄海表层沉积物中绿泥石（左）和蒙皂石（右）含量（%）分布图

包括：源岩（流域岩石组成）、构造及气候影响的化学风化与物理风化、水动力作用、沉积盆地地形、沉积环境、沉积介质的物理化学性质、成岩及变质作用等。伊利石主要为长石的风化产物，而长石既是重要的造岩矿物又是各大岩类中普遍存在的矿物。因此，作为陆源物质的伊利石在沉积物中占主要地位。高岭石和绿泥石也是入海陆源细粒物质的主要矿物成分。一般认为，绿泥石的主要母岩是变质岩，主要形成于以物理风化为主的高纬度地区。高岭石则多形成于低纬度地区的温暖潮湿环境中（宋召军，2008），风化产物或者原地残积下来，或者经过搬运而沉积于其他区域。当陆源黏土矿物被搬运到了海洋沉积下来时，其化学性质仍保持入海前的特征（程捷等，2003）。因此海洋沉积物中黏土矿物的分布特征主要受物源、海区的沉积环境（水动力、沉积地球化学、海底的地质地貌特征）和矿物本身的矿物学特征控制（方习生等，2007）。如长江沉积物以伊利石含量高（约 70%）、蒙皂石含量低（约5% ~ 7%）、伊利石与蒙皂石比值大于 8 为特征；黄河型沉积物则以伊利石含量低（约60%）、蒙皂石含量高（约 15%）、伊利石与蒙皂石比值小于 6 为特征（范德江等，2001）。这表明长江与黄河黏土矿物的物源区气候环境不同，黏土矿物含量及其组合特征记录了源区母岩的性质和环境，即侵蚀区的环境。

　　黄海的黏土矿物主要为陆源物质，系通过周围径流搬运而来。根据前人的研究，黄海西部有两大明显物质来源：①由沿岸流携带而来的现代黄河物质与苏北老黄河口堆积体受侵蚀再搬运而来的物质（秦蕴珊，1986b）；②长江向东偏北方向运移进入南黄海中部的物质（杨光复，1984）。为明确调查区黏土矿物组合特征及其物源指示意义，将该区站位黏土矿物数据投在 ISKc 图上（图 8.12），参考范德江等（2001）划分长江与黄河河流沉积物黏土矿物组合在 ISKc 图上的分布区间，结果显示大部分的数据点位于黄河来源区域，指示了黄海源物质对黄海陆架区至少是黄海西部陆架沉积物的控制作用，大量的黄河入海物质由渤海进入北黄海，在沿岸流的作用下绕过成山头继续南下，并在黄海暖流及潮流影响下，在南黄海广大区域发生沉积。

　　另外，南黄海为典型的半封闭陆架海，其黏土矿物的特征及其分布除受陆源区的母岩类

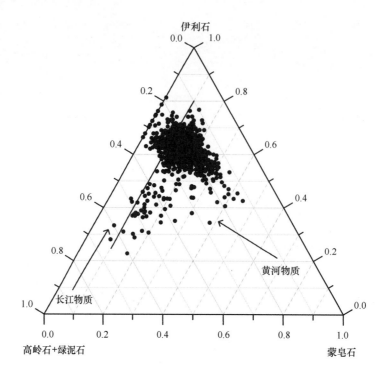

图 8.12　黄海沉积物伊利石－蒙皂石－高岭石＋绿泥石端元图（ISKc 图）

型和气候环境影响外，还受搬运过程以及沉积区的沉积水动力条件控制，其环流系统为包括黑潮系统及沿岸流系统的气旋式环流系统，黑潮的分支之一黄海暖流对南黄海的影响较大。从黄海沉积物中黏土矿物的空间分布可以看出，黄海暖流向西南的分支运移过程中，由于水深逐渐变浅，环流系统携带的来自黄河的黏土物质逐渐沉积，形成南黄海中部蒙皂石高含量的分布，而伊利石含量相对低。另外值得一提的是，该区内伊利石/蒙皂石比值分布并不均匀，推测其物源并不完全单一，其中山东半岛南岸就可能受残留沉积物的影响（秦蕴珊等，1989a）；部分黄海最南部样品的黏土矿物数据点则位于长江来源区域，可能主要指示了长江冲淡水输运的陆源物质向长江口北支周边小规模的运移。

黄海西部陆架区沉积物伊利石/蒙皂石比值分析显示，大部分站位的伊利石/蒙皂石比值小于 6，平均为 5.7，可能暗示长江入海泥沙对黄海西部的影响有限，而黄河（包括老黄河）入海泥沙则在很大程度上影响区内的沉积作用。

## 8.3　沉积物地球化学特征

沉积物地球化学成分是地球化学和海洋沉积学研究的重要内容，它与沉积物粒度、矿物组成及沉积环境条件等关系密切（王国庆等，2007）。下文基于"908"专项在黄海西部近岸和陆架区获得的近 1 300 个表层沉积物地球化学分析数据（图 8.7），对沉积物地球化学组成及其分布特征进行系统阐述。

### 8.3.1　常量元素分布特征

黄海陆架区表层沉积物常量元素以 $SiO_2$ 和 $Al_2O_3$ 为主，平均值分别为 64.57% 和 11.85%，$Fe_2O_3$、$MgO$、$CaO$、$Na_2O$、$K_2O$ 和 $TiO_2$ 的平均含量分别为 4.38%、1.96%、

4.37%、2.49%、2.64% 和 0.58%，P_2O_5 和 MnO 含量最低，其平均值只有 0.13% 和 0.12%。

黄海陆架区内常量元素的含量与沉积物类型及沉积物平均粒径有着密切的关系。为确定表层沉积物中常量元素氧化物的含量与沉积物类型的关系，将五种主要类型沉积物的常量元素含量平均值与总沉积物平均值的比值 ［Mean（s）/Mean（t）］按元素投图，得到图 8.13。由该图可以看出，砂质粉砂、粉砂和黏土质粉砂中各常量元素平均值与总平均值均十分相似，多数元素 Mean(s)/Mean(t) 的比值在 1 以上，表现出元素的"粒度控制律"效应。

根据表层沉积物常量元素含量编制了黄海陆架区内表层沉积物 SiO_2、Al_2O_3、Fe_2O_3、CaO、MgO、MnO、TiO_2、P_2O_5、K_2O、Na_2O 及烧失量的含量等值线图，现将各常量元素的区域分布规律简述如下：

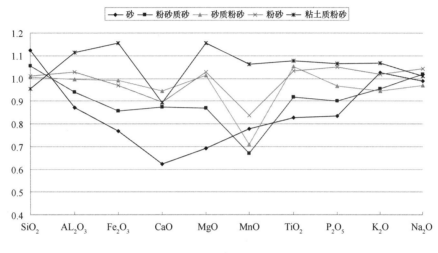

图 8.13　常量元素含量随沉积物类型的变化趋势图

（1）SiO_2

SiO_2 为黄海陆架区底质沉积物的主要地球化学组分，其含量变化于 29.16% ~ 79.50% 之间，主要集中于 55.0% ~ 70.0%，平均值为 64.57%（图 8.14）。从区域分布特征来看，其含量南北两端高而中部海域低。SiO_2 含量的高值区主要分布在调查区南部的长江水下三角洲—南黄海中部海域以及北黄海西北部接近于西朝鲜湾周边的海域，一般高于 65.00%；而调查区中部的海州湾周边海域 SiO_2 含量基本低于 50.00%。SiO_2 主要富集于中粗粒沉积组分中，因此与沉积物粒度的平均粒径值呈负相关。

（2）Al_2O_3

Al_2O_3 含量在黄海陆架区内变化于 4.89% ~ 17.57% 之间，主要集中于 9.00% ~ 15.00% 之间，平均值为 11.85%（图 8.14）。铝元素主要以铝硅酸盐的形式赋存于细粒的黏土粒级组分中，其区域分布特征与 SiO_2 相反，在山东半岛周边的近岸海域 Al_2O_3 含量较高，一般在 11.00% 以上，可能指示了现代黄河入海物质的输运路径；南黄海大部分海域，Al_2O_3 含量相对较低，基本在 9.00% ~ 11.00% 之间。

（3）Fe_2O_3

Fe_2O_3 含量变化于 1.08% ~ 11.34% 之间，主要集中于 3.50% ~ 5.50% 之间，平均值为 4.38%（图 8.15）。Fe_2O_3 空间分布与 Al_2O_3 相似，在近岸海域，Fe_2O_3 含量均相对较高，在 5.00% 以上。沉积物中的铁元素一方面由黄河等河径流中的含铁的胶体和金属离子在河口咸、淡水混合的环境中由絮凝作用沉淀而下来；另一方面也来源于陆源碎屑矿物，如褐铁矿和赤

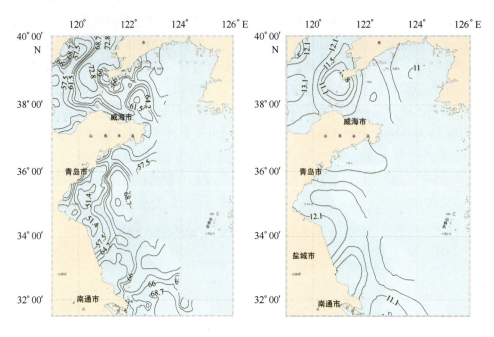

图 8.14　黄海西部沉积物 $SiO_2$（左）和 $Al_2O_3$ 含量（％，右）分布图

铁矿等在黄海是较为常见的富铁矿物。而南黄海陆架中部和北黄海东部海区，$Fe_2O_3$ 含量则较低，基本在 3.50％ 以下。

（4）CaO

黄海陆架区 CaO 含量变化范围为 0.69％ ～ 26.22％，主要集中分布于 4.00％ ～ 10.00％ 之间，平均值为 4.37％（图 8.15）。高值区出现在南黄海的海州湾区域，其含量基本在 10.00％ 以上，可能主要受控于生源要素的控制；而在北黄海东部海域 CaO 含量较低，尤其是北部近岸海域，CaO 含量基本低于 1.50％。

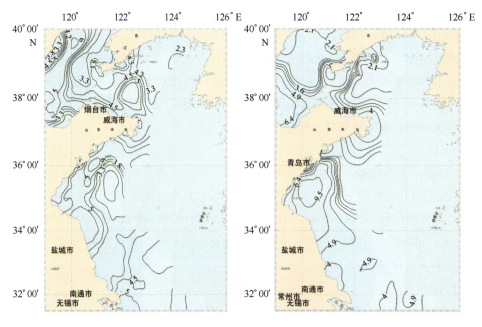

图 8.15　黄海西部沉积物 $Fe_2O_3$（左）和 CaO 含量（％，右）分布图

（5）MgO

MgO 含量在黄海陆架区内变化于 0.32% ~ 3.47% 之间，主要集中于 1.50% ~ 2.60% 之间，平均值为 1.96%（图 8.16）。高值区出现在南黄海近岸一带及北黄海南部海域，低值区则出现在北黄海东部靠近西朝鲜湾的区域，MgO 含量基本在 1.00% 以下。

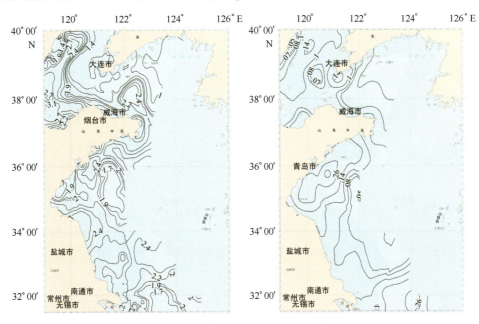

图 8.16　黄海西部沉积物 MgO（左）和 MnO 含量（%，右）分布图

（6）MnO

MnO 含量较低，变化于 0.02% ~ 8.60% 之间，平均值为 0.12%。北黄海整体上 MnO 含量低，含量基本在 0.05% 以下（图 8.16）；而南黄海 MnO 含量相对较高，尤其是成山角至海州湾近岸一带，另外一个 MnO 高值区出现在南部长江三角洲外边缘周边海域。

（7）TiO$_2$

黄海陆架区 TiO$_2$ 含量变化于 0.12% ~ 3.05% 间，平均值为 0.58%（图 8.17）。TiO$_2$ 空间分布较为均匀，基本在 0.40% ~ 0.50% 之间，仅在南黄海南部和北黄海东北部出现两个小范围的低值区，TiO$_2$ 含量低于 0.35%；另外 TiO$_2$ 空间分布表现出自岸向海逐渐降低的趋势，可能指示了陆源物质的扩散过程。

（8）P$_2$O$_5$

黄海陆架区 P$_2$O$_5$ 含量变化于 0.03% ~ 0.29% 间，平均值为 0.13%（图 8.17）。南黄海 P$_2$O$_5$ 空间分布表现出自西部近岸向东部水深较大海域逐渐降低的趋势，而北黄海则表现出在南部近岸向北逐渐降低的趋势，这种分布特征可能指示了河流携带陆源物质向外海的输运路径。

（9）K$_2$O

黄海陆架区 K$_2$O 含量变化于 1.05% ~ 4.51% 之间，主要分布在 2.00% ~ 3.50% 范围内，平均值为 2.64%（图 8.18）。K$_2$O 含量空间分布大致呈北高南低的趋势，高值区出现在北黄海靠近西朝鲜湾周边海域，含量在 3.5% 以上，低值区则出现在长江三角洲北支及南黄海辐射沙脊区，其含量基本在 2.5% 以下。

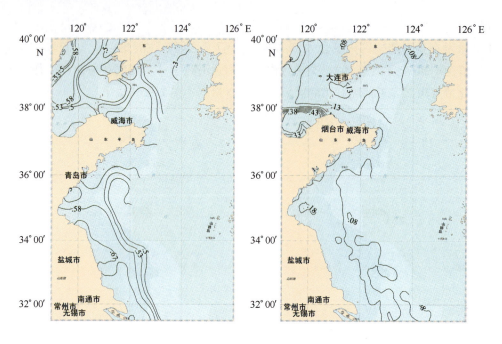

图 8.17　黄海西部沉积物 $TiO_2$（左）和 $P_2O_5$ 含量（％，右）分布图

（10）$Na_2O$

黄海陆架区 $Na_2O$ 含量变化于 1.16％ ~5.22％，主要集中于 2.00％ ~3.00％之间，平均值为 2.49％（图 8.18），海州湾以南海域 $Na_2O$ 含量相对较高，而其北部则较低。

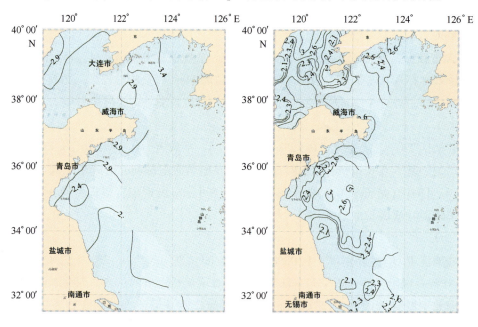

图 8.18　黄海西部沉积物 $K_2O$（左）和 $Na_2O$ 含量（％，右）分布图

### 8.3.2　微量元素分布特征

（1）Ni、Co、Cr、V

黄海西部陆架区沉积物 Ni、Co、Cr、V 平均含量分别为 $28.07 \times 10^{-6}$、$12.17 \times 10^{-6}$、

$59.19 \times 10^{-6}$ 和 $73.70 \times 10^{-6}$，其空间分布较为相似，高值区大致出现在山东半岛周边海域、废黄河口周边海域及调查区南部的长江三角洲北支周边海域，而北黄海靠近西朝鲜湾周边海域这四种微量元素的含量则相对较低（图8.19）。

（2）Cu、Pb、Zn

黄海西部陆架区沉积物中 Cu 平均含量分别为 $21.57 \times 10^{-6}$，其空间分布变化较大，长江口北支、废黄河口及北黄海北部的长山列岛周边海域含量较高，而调查区东部水深较大区域含量则相对较低，另外一个明显的低值中心出现在渤海海峡（图8.19）。

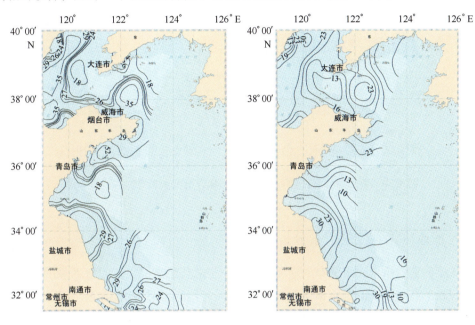

图 8.19 黄海西部沉积物 Ni（左）和 Cu 含量（$\times 10^{-6}$，右）分布图

沉积物中 Pb 含量主要分布于 $20.00 \times 10^{-6} \sim 40.00 \times 10^{-6}$ 之间。空间分布特征明显，山东半岛周边近岸区域 Pb 含量明显偏高，尤其是海州湾至青岛周边海域，最高可达 $87.10 \times 10^{-6}$，而其他区域则相对较低。

Zn 含量变化较大，介于 $15.59 \times 10^{-6} \sim 1209.41 \times 10^{-6}$ 之间，平均值为 $68.19 \times 10^{-6}$。空间分布上，海州湾以南海域 Zn 含量空间分布较为均匀，而海州湾以北海域则波动较大，出现多个斑块状的高值和低值中心。

（3）Zr

黄海西部陆架区 Zr 元素平面分布变化较大，主要变化范围介于 $35.29 \times 10^{-6} \sim 4\,079.14 \times 10^{-6}$，平均值为 $201.39 \times 10^{-6}$，最高值出现在北黄海北部的长山列岛周边海域，而山东半岛周边及长江口以北海域 Zr 元素含量则较低（图8.20）。

（4）Sr、Ba

黄海陆架区 Sr 空间分布的大致表现出含量由近岸向外海逐渐减小，最高值出现在北黄海北部，可达 $3\,955.36 \times 10^{-6}$，而在北黄海中部则出现一低值中心。

沉积物中 Ba 的含量相对较高，变化于 $162.60 \times 10^{-6} \sim 42\,233 \times 10^{-6}$ 之间，多集中在 $400 \times 10^{-6} \sim 800 \times 10^{-6}$ 之间，平均值为 $504.68 \times 10^{-6}$。Ba 元素含量空间上表现出北高南低的趋势，北黄海北岸含量基本在 $500 \times 10^{-6}$ 以上，而海州湾以南海域则在 $400 \times 10^{-6}$ 以下（图8.20）。

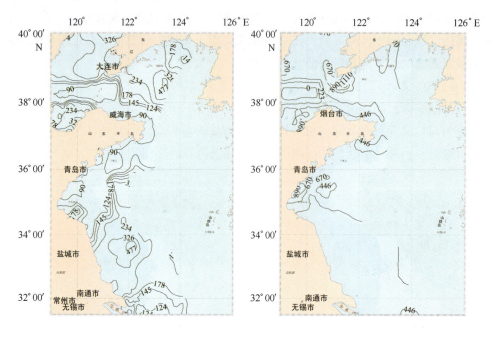

图 8.20　黄海西部沉积物 Zn（左）和 Ba 含量（×10$^{-6}$，右）分布图

### 8.3.3　元素地球化学控制因素分析

影响陆架区常、微量元素分布的主要因素，一是沉积物来源，二是该区域的水动力条件。该区域沉积物的最主要来源是黄河等河流挟带的入海物质（中国海湾志，1990）。另外，侵蚀海岸来沙、火山来源及自生组分也对该区域沉积物有一定的贡献，但其数量和河流输沙相比甚微（孟宪伟等，2001，2007）。

物源是控制沉积物地球化学组成的主要因素之一，CaO 富集通常被认为是新老黄河物质的主要特征之一（赵一阳等，1994；陈志华，2000）；现代黄河物质受潮流和沿岸流作用沿山东半岛一侧进入南黄海，由于沉积环境发生变化（如海域变得开阔，水深加大，黄海沿岸流与黄海暖流发生较强的对流混合作用），大部分在成山头附近水下台地迅速沉积下来，其余则继续向南或东南扩散。因此，山东半岛近岸 CaO 含量相对较高可能主要受现代黄河物质输入的控制。SiO$_2$ 在长江口周边海域出现多个高值中心，可能主要受长江源粗颗粒物质高硅酸盐的影响（刘升发等，2010）。

另外，粒度是影响沉积物的地球化学组成的重要因素（赵一阳等，2004；王国庆等，2007）。在长江口以北周边海域，SiO$_2$ 和 Zr 含量较高，该高值区主要残留沉积物组成，粒度测结果表明其沉积物以粗颗粒的粉砂质砂和砂为主。在山东半岛近岸及废黄河口周边区域，Al$_2$O$_3$、Fe$_2$O$_3$、MgO、K$_2$O、Co、V 和 Pb 含量较高。尤其是在山东半岛近岸，这些元素含量为调查区最高值区。由粒度测试结果可以，该区域主要为细粒级沉积物，平均粒径小于 11.00 μm，这表明调查区表层沉积物中大部分元素含量还受沉积物粒度组成的影响。前已述及，黄海陆架区内的常、微量元素含量对沉积物粒度有着比较敏感的反映，Al、Fe、K、Cu、Ni 等元素与黏土粒级组分有明显的正相关，而 Si 元素的高含量区则出现在粗粒的砂、粉砂质砂沉积区。通过对元素含量与砂、粉砂、黏土粒级组分的相关分析，发现常、微量元素与黏土粒级组分的相关性与其对平均粒径的相关性基本一致，可见黏土粒级组分对元素的含量有着决定性的影响。这可能说明黄海陆架区内元素的浓集与细粒黏土矿物的吸附作用有较大的关系。

沉积物中矿物是常、微量元素的直接载体，其种类及其组成比例直接影响到元素的含量。在黄海陆架区内，黏土矿物含量高的地区，如山东半岛周边细颗物沉积区，与黏土矿物相关的 Al、K、Cu、Co、Cr 等的含量就相对增高；在发现富 Zr 矿物锆石的站位，Zr 的含量也相应增高；在轻矿物组成以石英为主时，$SiO_2$ 含量就相对增高，而以方解石为主时，则 Ca 与 Sr 的含量高。

对于亲生物成因的 Ba 与 Sr 元素而言，其富集受生物沉积作用支配。在生物碳酸盐介壳相对富集的地区，如调查区东部水深较大的区域，Ba 与 Sr 的含量就高。此外，水动力条件、物理化学条件及水深地形等因素亦在元素的富集、迁移等地球化学过程中都会产生不同程度的影响。

## 8.4　沉积物微体古生物特征

### 8.4.1　有孔虫

黄海表层沉积物中有孔虫含量丰富，但从整个黄海陆架来说，表层沉积物中有孔虫个体数量分布又相差悬殊，有些站位高达万枚以上；有的站位则含量很低，仅有数十枚。在成山头附近海域及海州湾和渤海海峡残留沉积区，有孔虫数量高达 5 000 枚以上，其中少数站位超过 10 000 枚。而在老黄河口水下三角洲、灌河及鸭绿江、大洋河等河口区，有孔虫个数一般都在 500 枚以下，少数站位仅有数十枚（刘敏厚等，1987）。根据"908"专项表层沉积物有孔虫分析结果，对黄海西部沉积物中有孔虫的含量及其分布情况概述如下。

#### 8.4.1.1　浮游类有孔虫

浮游类有孔虫是喜高温、高盐的生物群。因此有人把浮游有孔虫群比作海流的一面镜子。浮游有孔虫在东海陆架表层沉积物中广为分布，而在黄海表层沉积物中浮游有孔虫不仅含量很低，且个体小，分布零散，仅限于成山头以南海域。这条界线大致相当于 34°30′N（刘敏厚等，1987）。

#### 8.4.1.2　底栖类有孔虫

1）种类

"908"专项调查在黄海西部沉积物中共发现底栖有孔虫属种 200 多种，其中优势种有 *Ammonia beccarii*（Linné）var.、*Ammonia compressiuscula*（Brady）、*Ammonia pauciloculata*（Phleger et Parker）、*Cavarotalia annectens*（Parker et Jones）、*Buccella frigida*（Cushman）、*Eggerella advena*（Cushman）、*Preteonina atlantica Cushman*、*Ammonia maruhasii*（Kuwano）、*Protelphidium tuberculatum*（d'Orbigny）、*Elphidium advenum*（Cushman）、*Brizalina striatula*（Cushman）、*Bolivina robusta Brady*、*Ammonia ketienziensis*（Ishizaki）、*Ammonia convexidorsa Zheng*、*Ammobaculides formosensis Nakamura*、*Florilus decorus*（Cushman et McCulloch）、*Cribrononion subincertum*（Asano）、*Spiroloculina communis Cushman et Todd* 和 *Lagena spicata Cushman and McCulloch* 等。上述底栖有孔虫优势种占底栖有孔虫种群的 80% 以上。

根据有孔虫壳壁成分及结构的不同一般把有孔虫分为假几丁质壳、胶结质壳、瓷质壳和玻璃质壳四种，一般常见的底栖有孔虫为后三种。

黄海的底栖有孔虫中玻璃质壳体占绝大多数，其平均含量占底栖有孔虫总数的82.6%；胶结壳含量次之，平均含量为10.8%；瓷质壳含量最低，平均为6.6%。

### 2）丰度

黄海西部沉积物底栖有孔虫丰度（枚/g）变化较大，丰度平均约为67枚/g，最大丰度大于1 000枚/g，整体上，北黄海底栖有孔虫丰度要小于南黄海。在近岸浅水区底栖有孔虫丰度普遍较低，西朝鲜湾有孔虫分度普遍最低，多数站位未见底栖有孔虫。随着离岸距离的增大，底栖有孔虫的丰度呈增加趋势。

对比研究发现，黄海西部陆架底栖有孔虫的丰度受水深的影响较为明显，高丰度区域一般位于水深大于50 m的中部海域，水深小于50 m的近岸浅水区丰度较低。同时，由于近岸浅水区受到入海河流淡水的影响，海水盐度较低，所以也使底栖有孔虫的数量减少，尤其在北黄海北—东北部，由于鸭绿江冲淡水影响强烈，加上水温较低，所以该海域沉积物中底栖有孔虫含量极低。

### 3）分异度

分异度是对样品中研究对象多样性的描述，通过对黄海西部表层沉积物样品中有孔虫简单分异度S（样品中有孔虫种的个数）和复合分异度H（S）的分析可以看出，与丰度分布趋势及范围相对应，北黄海S和H（S）普遍比南黄海要低，而近岸浅水区比远岸深水区要低，尤其在北黄海东北角S和H（S）均达到最低值0。反映了底栖有孔虫受水深、水温、盐度等因素的影响，当水深较小、水体受沿岸水影响明显时，底栖有孔虫种类减少，丰度降低，相反，则分异度变大。

### 4）底栖有孔虫优势组合分布特征

黄海表层沉积物中有孔虫常见种有数十种，其埋藏群的组合面貌具有明显的区域性特征。通过对底栖有孔虫全群优势种的分析，可以将黄海西部底栖有孔虫分布划分为4个组合，其中北黄海2个组合，南黄海2个组合。

组合I位于北黄海东北角，该组合以胶结壳 *Eggerella advena* 和 *Preteonina atlantica* 为主，有孔虫丰度较低，基本上都小于100枚/g，同时有孔虫简单分异S和复合分异度H（S）也很低，甚至有大量站位没有底栖有孔虫发现。分析发现，该组合位于西朝鲜湾潮流沙脊区，沉积物主要为粗颗粒砂，所以该组合特征可能主要受到沉积物粒度的控制与影响（孙荣涛等，2009），因为胶结壳有孔虫主要富集于较粗的沉积物中（汪品先等，1988）。

组合II位于北黄海西南部及南黄海西北部，有孔虫丰度较高，主要以 *Buccella frigida*、*Protelphidium tuberculatum*、*Eggerella advena* 等冷水种为代表。该组合主要位于北黄海冷水团的影响范围之内，所以其冷水组合特征则反映了黄海冷水团对底栖有孔虫分布的控制作用。

组合III主要位于南黄海中北部及水深大于20 m的近岸区，以 *Ammonia compressiuscula* 和 *Elphidium advenum* 为主要代表种，同时还有较多的 *Preteonina atlantica*、*Elphidium magellanicum*、*Protelphidium tuberculatum*、*Bulimina marginata* 等，该组合可能主要受到水深的影响，属于内陆架浅水有孔虫组合。在该组合分布区东南角，*Astrononion tasmanensis* 等中陆架属种增

多，显示了底栖有孔虫由内陆架组合向中陆架组合的转变。

组合 IV 主要位于从长江口到老黄河三角洲水深小于 20 m 的区域，有孔虫主要以 *Ammonia beccarii* 为主，同时还有较多的 *Ammonia pauciloculata*、*Brizalina striatula* 等。该组合有孔虫主要以广盐种为主，反映了由于沿岸河流淡水的注入，近岸区域海水盐度变化比较剧烈。

### 8.4.2 介形虫

不同属种的介形虫受水深、水温及盐度等因素的控制。黄海表层沉积物的介形虫，根据它们所处的深度，与有孔虫一样，可以划分为水深小于 20 m、20～50 m 和大于 50 m 3 个海区（刘敏厚等，1987）：

（1）水深小于 20 m 滨岸区。在这一海区常见的主要属种有：

宽卵中华美花介 *Sinocytheridea latiovata Hou et Chen*

皱新单角介 *Neomonoceratina crispate Hu*

中华洁面介 *Albileberis sinensis Hou*

美山双角花介 *Bicornucythere bisanensis*（*Okubo*）

长中华美花介 *Sinocytheridea longa Hou et Chen*

上述各种均为 20 m 等深线以浅的分子，其中尤以宽卵中华美花介和皱新单角介含量最丰富，分布较普遍，其余各种含量较低，而且分布零散，如美山双角花介主要分布在成山头及蓬莱—威海沿岸海域；另外，在灌河口及山东沿岸灵山岛附近也有分布。

（2）水深 20～50 m 海区。主要分子有：

日本穆赛介 *Munseyella japonica*（*Hanai*）

瞳孔穆赛介 *M. pupilla Chen*

三浦翼花介 *Cotheropteron miurense Hanai*

二津满棘皮介 *Acanthocythereis niitsumai*（*Ishizaki*）

粗楔粗面介 *Trachyleberis scabrocuneata*（*Brad y*）

背瘤戳花介 *Stigmatocythere dorsinoda Chen*

江苏翼花介 *Cytheropteron jiangsuense Yang*

上述各种是这一海域内表层沉积物中常见分子，其中以日本穆赛介、瞳孔穆赛介和三浦翼花介含量较高，特别是在南黄海分布较北黄海更为普遍。

（3）水深大于 50 m 海区。本区较常见的主要分子有：

芽克利特介 *Krithe papillosa*（*Bosquet*）

窗孔"翼花介" *Cytheropteron fenestratum Brady*

糙齿渊花介 *Abyssocythere squalidentata*（*Brady*）

隐艳花介未定种 *Occultocythereis sp.*

双花介未定种 *Ambocythere sp.*

棘皮亨氏介 *Henrynowella acanthoderma*（*Brady*）

以上各属种都是黄海常见的较深水分子，其中棘皮亨氏介在北黄海尚未发现，属南黄海特有种。

### 8.4.3 孢粉

黄海表层沉积物中，除粗粒物质（大于细砂）外，均含有丰富的孢粉，为海洋孢粉学及陆架沉积环境的研究，提供了大量资料（王开发等，1980）。黄海表层沉积物的孢粉、藻类较为复杂，成分有：云杉属（*Picea*）、冷杉属（*Abies*）、松属（*Pinus*）、落叶松属（*Larix*）、柏科（*Cupressaceae*）、麻黄属（*Ephedr* a、柳属（*Salix*）、胡桃属（*Juglans*）、枫杨属（*Pterocarya*）、橙木属（*Alnus*）、桦属（*Betula*）、鹅耳枥属（*Carpinus*）、榛属（*Corylus*）、栎属（*Quercus*）、山毛榉属（*Fagus*）、朴属（*Celtis*）、木兰属（*Magnolia*）、枫香属（*Liauidambar*）、卫矛属（*Euonymus*）、槭属（*Acer*）、椴属（*Tilia*）、杜鹃科（*Ericaceae*）、红树科（*Rhztophora*）、香蒲属（*Typha*）、黑山棱属（*Sparganium*）、眼子菜属（*Potamogeton*）、泽泻属（*Alisma*）、禾本科（*Gramineae*）、莎草科（*Cyperaceae*）、蓼属（*Polygonum*）、藜科（*Chenopodiaceae*）、毛茛科（*Ranunculaceae*）、十字花科（*Cruciferae*）、豆科（*Leguminosae*）、马鞭草科（*Verbenaceae*）、唇形科（*Labiatae*）、车前属（*Plantago*）、菊科（*Compositae*）、蒿属（*Artemisia*）等。孢子有石松属（*Lycopodium*）、卷柏属（*Selaginella*）、紫萁属（*Osmunda*）、水龙骨科（*Polypodiaceae*）、铁线蕨属（*Adiantum*）、水蕨属（*Ceratoptris*）、蕨属（*Pteridium*）、凤尾蕨属（*Pteris*）、槐叶萍属（*Salvinia*）等。还有一定数量的再沉积孢粉如：小松粉、大拟落叶松、罗汉松粉、皱球粉、无口器粉、内环粉、粗糙栎粉、波形榆粉、大型木兰粉、心形椴粉、菱形漆树粉、三孔沟粉、瘤纹凤尾蕨孢、凤尾蕨孢、粒面球藻以及桦、栎、云杉、藜科、蒿属、菊科等（刘敏厚等，1987）。

在黄海表层沉积物的孢粉藻类中，是以松、栎、栗、榆、柏、禾木科、蒿、藜、蕨属、水龙骨科以及刺球藻（*Hysrichosphaera*）、椭球藻（*Baltisphaeridium*）等为主要，硅藻的数量也非常多。

## 8.4.4　藻类

刘敏厚等（1987）对黄海表层沉积物中刺球藻、椭球藻、硅藻的分布特征进行了初步的研究工作。刺球藻为亲缘关系尚不清楚的海生单细胞藻体，在黄海表层沉积含有相当数量，而且种类也较多，整个海区都有分布，但以南黄海西北部各站含量较多，占孢粉总数的9.6%～22.5%。在黄海、东海的岩心中以及浙江、上海、江苏等地的海相沉积中都见有刺球藻化石。因此，它是浅海相沉积的一种标志化石。

椭球藻为一种厚壁具核的藻体。它在整个海区东部水域较深的各站都有广泛分布，有的站其数量竟超过孢粉，在组合中成为优势种。其繁盛的分布界线，基本上是在50米等深线以深的海域，是一种指示深度的良好标志的藻体。

南黄海西北部的表层沉积，所见硅藻可分为2个组合：一个是以小环藻（*Cyclotella*）为主的近岸浅水组合，分布在山东半岛以南20 m等深线以浅的海域；另一个是明盘藻（*Hyalodiscus*）、圆筛藻（*Coscinodiscus*）为主的沿岸—近海硅藻组合，见于南黄海西北部20～30 m以深的广大海域。

黄海表层沉积中还发现有种类繁多的再沉积孢粉、藻类化石。其分布，北黄海多于南黄海，而南黄海的北部又多于其南部。这些化石在一定程度上揭示了海盆的物质来源和移动。红树植物花粉所见不多，仅在南黄海个别站发现，但它与海流有密切关系。水生草本花粉在陆缘附近的海域表层沉积中都有一定数量，它为河流入海携带而来。水生植物是生长在河边、湖泊沼泽中的植物，它们的孢粉基本上降落在原地，是孢粉中搬运能力最弱的。海中水生植物孢粉绝大多数由陆上江河带来，因而它们的正常分布规律应该是河口附近的含量最多。影响黄海表层沉积的，主要是老黄河与鸭绿江等大小河流。鸭绿江口外的现代潮流三角洲及老黄河水下三角洲北部的站位，水生植物含量较多，变化在 4% ~ 19% 之间，反映了水生植物分布与大河口的密切关系。

## 8.5 沉积物模式与物质来源分析

### 8.5.1 北黄海

北黄海是现代黄河沉积物向外海扩散的通道，也是黄海暖流进入渤海的通道所在，水动力条件复杂，物质来源多样（王伟等，2009）。近年来，许多研究者运用多种方法研究了该区域的沉积物组成及其物质来源。秦蕴珊等（1986b）认为黄河物质进入渤海后经渤海海峡进入北黄海，在沿岸流的作用下，在山东半岛北岸沉积，其特征是富含 $CaCO_3$ 与片状矿物（陈丽蓉，1989）。Lee 等（1989）认为黄海暖流和北上的长江冲淡水限制了黄河物质向东运移。程鹏的计算结果表明，北黄海西部沉积物有向北黄海中部汇集的趋势（程鹏等，2000），而蒋东辉（2001）认为北黄海西部沉积物净输运趋势形成一个反时针方向的旋涡。齐君等（2004）和林承坤（1992）的研究结果甚至表明，北黄海中部的细颗粒沉积明显受到了长江物质的影响。Liu 等（2004）和 Liu 等（2007）利用浅层地震剖面及其他资料分别探讨了北黄海黄河水下三角洲和山东半岛东部水下斜坡沉积体的形成过程。

已有研究表明影响北黄海调查区沉积模式的主要因素是物源、地形和水动力条件（王伟等，2009）。从黄海不同粒级沉积物空间分布图（图 8.2，图 8.3）可以看出，在北黄海西南部，粉砂组分和黏土组分含量高，而且各有一个向北延伸的趋势。沉积物粒度的这种分布格局与山东半岛北部沿岸流是密切相关的。携带大量细颗粒物质的沿岸流沿山东半岛向东运移，遭遇经渤海海峡进入渤海的黄海水体后，分布一支向北偏东方向的流系，携带的细颗粒物质沉积下来，形成了向北突出的泥质区，粒径趋势分析结果也表明山东半岛北岸沉积物受到黄海水体的定托作用（程鹏等，2000）。沿岸流继续向前，细颗粒物质在烟台—威海以北的弱流区沉积下来（董礼先等，1989），至成山角与北上的水体交汇，主体部分向南流入南黄海，在成山角以东形成厚层楔状沉积（Liu et al.，2004），而部分物质因受阻减速沉积下来形成了狭长的粉砂底质区（孔祥淮等，2006），并在北上潮流的影响下向北扩散，最后在北黄海中部沉积下来。北黄海西南部细颗粒沉积物为多物源沉积，其物源由山东半岛沿岸流携带而来的渤海物质和近岸侵蚀物，也可能由北上水体携带而来的南黄海物质以及强潮流侵蚀的残留沉积物（王伟等，2009）。

在 123°E 以东海域，沉积物主要粗颗粒的砂为主，而且与西部较细颗粒沉积物有明显的南北向边界，董礼先等（1989）的计算结果表明在 M2 潮流的作用下，北黄海东部粒径为 0.25 mm 的 0.063 mm 沉积物向鸭绿江口—大孤山一线运移，124°E 以西区域运移方向为南北向。王伟等（2009）研究了北黄海北部长山列岛附近沉积物粒度组成，结果显示该区域内沉积物中砾石的磨圆度较差，搬运距离不远，应为近源沉积物，而在东部海区，则是强潮流场改造来自于沿岸流以及全新世海侵前残留的物质。而在鸭绿江入海口周边，受其携带陆源物质的控制作用明显，受入海淡水自东向西沿辽南沿岸运动的影响（高建华等，2003），较粗颗粒沉积物也有向西延伸的趋势。

由沉积物粒度平面分布特征可以看出，从南黄海进入北黄海的水体限制了山东半岛沿岸流所携带细粒物质向东和东北方向的扩散，Lee 等（1989）认为那是黄海暖流造成的，而

Ternberg 等（1985）的夏季调查表明，北黄海的泥沙启动主要是潮流引起的，蒋东辉（2001）的计算结果也显示北黄海中部大潮低潮后，悬沙浓度呈南北向条带状分布，并由东向西递减。相对于流速较低的黄海暖流，潮流对沉积物的搬运能力更强一些。因此，不能认为仅是黄海暖流影响了研究区沉积物分布，M2 潮流也起了重要作用，甚至是主要作用（王伟等，2009）。

粒径趋势分析是研究沉积物运移模式的有效方法，该方法已经被应用于河口、海岸、三角洲、潮流沙脊等多种海洋环境，所得结果与流场观测、人工示踪砂实验和地貌沉积特征显示的物质输运格局较为吻合（Gao et al.，1994a，1994b；程鹏等，2000；石学法等，2002；王国庆等，2007）。由程鹏等（2000）对北黄海粒径趋势分析结果显示整个研究区域的沉积物净输运趋势很有规律，南部的海底沉积物净输运方向向东，同时，还有强烈的向东北（北黄海中部地区）的输运趋势。西部的沉积物向东南输运，汇入南侧沉积后转而向东。北部沉积物向南输运，西北部沉积物向东南输运，这样总体上呈向北黄海中部汇聚的趋势。"粒度趋势分析"得出北黄海南部沉积物具有向东净输运的趋势，这与以往的研究相符合。渤海海峡区的环流结构的基本特征是"北进南出"，即黄海暖流及辽南沿岸流从海峡北部进入渤海，分别形成各自的环流后，再由海峡南部流向黄海。流出的水体便携带黄河入海泥沙进入北黄海，在沿岸流的作用下，在山东半岛北岸沿途沉积（秦蕴珊等，1986）。元素地球化学结果表明，以高 CaO 为特征的黄河源物质主要分布于山东半岛周边，这与北黄海中北部差异性显著，指示了物源对沉积模式的控制作用，而黄河物质呈沿岸条带状分布则主要是沿岸流作用的结果。悬浮体通量的观测结果（Martin et al.，1993）进一步证实了这一结论。

沉积物净输运趋势还显示出一个明显特征是，沉积物有以北黄海为中心汇聚的趋势。北黄海中部为一冷水团控制的弱流区，根据北黄海的环流格局和水交换特征，北进的黄海暖流、辽南沿岸流及南出的山东沿岸流与中部冷水团进行水交换，向冷水团中心，流速逐渐减弱，沿岸流和黄海暖流所携带的沉积物也逐步沉积，粒径逐渐变细，在北黄海中部形成泥质沉积。这一特征在平均粒径分布图（图 8.3）上也有清楚的表现。

## 8.5.2　南黄海

南黄海沉积物来源及其沉积模式分析研究已做过大量工作。王颖等（1998）和张家强等（1998）对潮流沙脊沉积特点和水动力的研究，认为潮流沙脊的物质来源主要受古长江—现代长江流域的影响，黄河物质主要在全新世最大海侵以来对其北部产生影响。申顺喜（1993）认为南黄海中部泥质沉积和济州岛西部泥质沉积之间有通道，泥质沉积物质来源主要是全新世最大海侵以来对海底古近纪和新近纪砂岩风化产物的侵蚀、搬运和再沉积，而不是黄河或长江物质。秦蕴珊等（1989）发现晚更新世低海面时期在南黄海西部存在埋藏古河道，分布在水深 40 ~ 80 m，根据古河道的地理位置和沉积物中富含 $CaCO_3$，认为是古黄河河道，并向南及东南方向延伸，在济州岛南水深 68 ~ 115 m 处也发现了古黄河河道；杨子赓（1994）通过对南黄海西部岩心沉积物粒度、浅层剖面和矿物组合研究认为黄河对南黄海陆架的作用仅限于全新世近 2 000 多年来，而长江则从早更新世到现代一直在对南黄海陆架起作用，古长江三角洲位于南黄海陆架中部；李凡等（1998）根据浅层剖面、重矿物资料认为在南黄海中部存在古黄河三角洲，说明在晚更新世低海面时黄河入海口在南黄海中部陆架深水区；杨守业等（1999）研究了苏北滨海平原全新世沉积物来源后认为全新世早期黄河并不直接由苏北入海，最近 2 000 多年才为苏北滨海平原提供了大量泥沙。

黏土矿物的类型和共生组合特点指示了南黄海沉积物主要来自于周边黄河、长江水系等携带的大量陆源物质和邻近海域沉积物的再悬浮作用。杨作升（1988）根据黄河、长江黏土矿物含量差异特征和化学元素组合对东海北部陆架沉积物的来源和分区进行了研究。研究认为海域外陆架沉积物泥质部分主要属黄河型，长江入海沉积物的影响仅限制在长江口外 123°E 以西的海域。魏建伟等（2002）发现南黄海中部泥质沉积可分为南北 2 个部分，并依据地理位置及各种黏土矿物含量与黄河、长江沉积物黏土矿物含量特征的关系将南黄海泥质区划为以黄河（包括老黄河）物质为主的北部和"多源"混合沉积而成的中部和南部。

利用地球化学方法判断黄海物源，主要是利用沉积物的常量元素、微量元素及稳定同位素，与邻区或者黄河、长江的地球化学特征对比，然后判断物质来源。赵一阳等（1994）认为黄海化学元素在区域分布上既有相似之处，也有独特之点，自然形成一定的组合，构成一定的地球化学区，初步认为黄海西部为黄河源，中部及东部主要为长江源，还有韩国海区影响。赵一阳等（1991）在北黄海、海阳（山东半岛）以东、老黄河口及南黄海中部的泥质区取样，测定了元素含量。以 Ca、Sr、Ti、Rb 为指标，把南黄海中部泥与其他三个海底泥有效的区分开来。明显受黄河影响的泥质区中 Mn/Fe、Ca/Ti、Sr/Rb 和 Ca/K 值比较高。而长江沉积物，则 Fe、Ti、Rb 的含量高。郭志刚（2000）研究认为济州岛西南泥质区主要元素的含量分布模式除 Ca 以外与黄河沉积物元素含量的分布模式（Al、Ca、Fe、Na、K 和 Mg）一致。Ca 的含量较低，可能说明该区沉积物地球化学性质除与黄河源沉积物表现出强的亲缘性外，还与生物源甚至其他源沉积物有一定的关系。

蓝先洪等（2000，2002）分析了南黄海中部泥质区柱状样岩心地球化学特征，发现微量元素 Ni、Co、Cu、Pb 和稀土元素的富集因子都较小，反映出该区域的物源主要为陆源，且该富集因子小于长江沉积物和深海黏土的富集因子而与黄河沉积物的相似，表明本区物质来源与黄河的物质有更密切的联系，只有西南、东南部有长江物质和朝鲜半岛物质的影响。蔡德陵等（2001）来自碳同位素组成分析认为陆源物质向南黄海中部深水区的输送过程中底层起着比表层更为重要的作用，黄海环流是决定南黄海沉积物搬运格局的一个重要控制因素。由沉积有机质的碳同位素信号证实，山东水下三角洲高沉积速率沉积物的主要物质来源是现代黄河物质，在南黄海深水区的陆源沉积物主要来源废黄河和现代黄河物质，现代长江物质所占的比例相对较少，来自朝鲜半岛的陆源物质数量和影响范围都是有限的。

综上所述，黄海，特别是南黄海，因受河流输入、地形地貌、水动力条件等因素的影响，其沉积模式和物质来源的复杂性突出，争论一直不断，大致可概括如下。

现代黄河注入渤海后，因河口区径流动能的突然减弱和水介质条件的改变，约 70% 的泥沙沉积在河口三角洲及近河口浅海区，其余向外扩散。在沿岸流和潮流作用下，黄河泥沙进入黄海，一部分在山东半岛北岸近海和北黄海中部气旋型涡流区发生沉积，其余的绕过成山头进入南黄海。进入南黄海的现代黄河物质由于沉积环境发生变化，大部分在成山头附近水下台地迅速沉积下来，少量继续向南或东南方向扩散，扩散范围东部大致以黄海槽或黄海暖流为界，南部近岸带大致到达 32°N 左右，外海区可以到济州岛西南泥质区。因河流物质成分受地带性的生物气候和河流地球化学环境制约，进入南黄海的河流携带黏土矿物、元素地球化学组合特征的差异，造成了南黄海黏土矿物、元素组合明显分区，表层沉积物中的蒙皂石和绿泥石含量、CaO 和 CaCO₃ 含量、Sr/Ba 比值等明显西高东低，说明现代黄河物质自成山头进入南黄海后，在复杂动力条件下分别向南、向东搬运和扩散。因此，北黄海中部、成山头以南及南黄海中部泥质沉积主要为现代黄河物质。

公元 1194—1855 年黄河从苏北注入南黄海，使苏北古黄河三角洲及古黄河与古长江联合三角洲沉积表现出明显的黄河特征，沉积物以富碳酸盐、CaO、Sr 为特征，Mn、Ba 异常等反映其曾为河口环境。此外，由于黄海沿岸流和潮流等影响，该区沉积物侵蚀与改造强烈，表层沉积物粒度变化较大，各主要元素和微量元素的变化亦较大。现在苏北古黄河三角洲受潮流和沿岸流侵蚀强烈，这些物质先在沿岸流作用下向东南方向搬运，随后在长江口附近受到台湾暖流和长江冲淡水的顶托作用改向东搬运，最终在济州岛西南气旋型涡旋区沉降下来。

长江物质控制区位于长江口以东，在南黄海中部有向北延伸的趋势。沉积物以细砂为主，分选性好；沉积物中 Pb、$TiO_2$ 的含量远远高于其黄河丰度而接近于长江丰度，显示南黄海南端 32°E 以南区段沉积物中有大量长江源沉积物成分。该海区水动力条件复杂，受长江径流、黄海西部沿岸流、台湾暖流、特别是潮流影响。矿物组合为相对不稳定的斜长石和方解石，黏土矿物以伊利石/蒙皂石比值大于 8 为特征，说明长江对南黄海南部的物质来源起很大的作用，长江冲淡水对长江物质的运移方向起主要作用。而长江物质的影响则从重矿物组合特征、黏土矿物组合特征、地球化学方面相互证实了对南黄海 32°N 以南，东达 125°E 海域的影响（蓝先洪等，2005）。

朝鲜半岛物质控制区主要位于南黄海 125°E 以东海域，沉积物中 K、Ba 含量较高，Na/K、Sr/Ba 比值极低，贫 $CaCO_3$、CaO 及 Al、Fe、Mg、Na、Ti、V、Cr、Co、Ni、Cu 等元素，沉积物明显受来自朝鲜半岛物质的影响（Yeong Gil et al.，1999）；黏土矿物以绿泥石较高为典型特征，反映了朝鲜半岛上锦江和英山江物质的影响（Chough，1985）。南黄海东部泥质区 $CaCO_3$、Sr 含量较低、Rb 含量偏高，反映了现代黄河物质和废黄河口受侵蚀的物质未能扩散搬运到南黄海的东部泥质区；南黄海东部泥质区 Ti 含量与南黄海中、西部相比相对偏高，反映了长江物质对南黄海东部泥质区有某些贡献。黄海槽沉积区与黄海暖流路径基本一致，沉积物以黏土质粉砂或砂质粉砂为主，实际上应为介于黄海槽沉积与中部泥质区沉积之间的过渡类型，贫 $CaCO_3$、CaO、Sr，其他化学元素含量中等，富 Ba、Na/K 比值较低，受黄海暖流或东部朝鲜半岛物质的影响较大，南黄海东部包含部分被海水侵蚀的朝鲜半岛沿岸基岩和海底基岩及黑潮物质（蓝先洪等，2005）。

# 第9章 浅地层结构与古环境演化

黄海是一个半封闭的陆架海。南黄海地形西高东低，平均水深46 m，北黄海地形则由西北向东南缓慢倾斜。黄海海域的调查研究工作开始于20世纪30年代，先后经历了近海综合调查阶段（1956—1962）、地球物理调查阶段（1963—1972）、海上钻探和海洋地质综合调查阶段（1973—1979年）以及第四纪地层学和沉积动力研究阶段（1980年至今）。迄今，黄海海域已获得了大量浅地层剖面、单道地震剖面以及多个第四纪钻孔。上述资料为深入了解黄海第四纪海平面的升降变化、古地理、古环境的变迁奠定了基础。

## 9.1 第四系内部界限及地层特征

### 9.1.1 第四系内部界限

有关黄海海域第四纪以来沉积地层年代的划分，秦蕴珊（1989a）、杨子赓等（1989，1996）、郑光膺等（1989）做了大量的工作。对于全新统/晚更新统的分界线，一般使用国际第四纪联合会建议的10ka BP左右。晚更新统/中更新统的分界线通常以氧同位素5/6期的界线为界，对应的地质年代约为128 ka B. P.。对我国东部陆架地层划分研究中更新统/下更新统的界线通常以古地磁布容（Brunhes）/松山（Matsuyama）极性时的分界线为界，对应的地质年代约为0.73Ma BP，与第十二届INQUA会议建议的早更新世与中更新世的分界线——0.73Ma BP（布容/松山的转换面）基本一致。

### 9.1.2 地层特征

南黄海海域获得的第四纪钻孔较多，北黄海缺乏。QC2和YA2是南黄海海域穿透地层最多的两个钻孔（图9.1），它们揭示了早更新世末期以来的沉积地层。其中，QC2孔岩心进行了系统的热释光法测年（图9.2），该井孔深108.83 m，全新统与晚更新统的分界线在17.84 m处，晚更新统/中更新统分界线在54.66 m处，中更新统/下更新统的分界线在79.82 m处。

（1）下更新统（$Q_1$）

下更新统钻遇厚度为28.48 m。

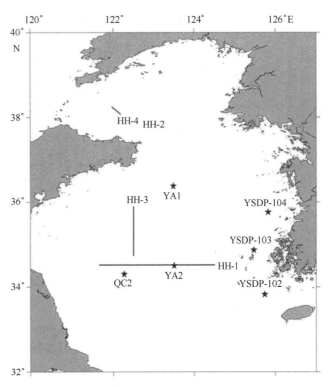

图9.1 黄海海域钻孔及剖面分布

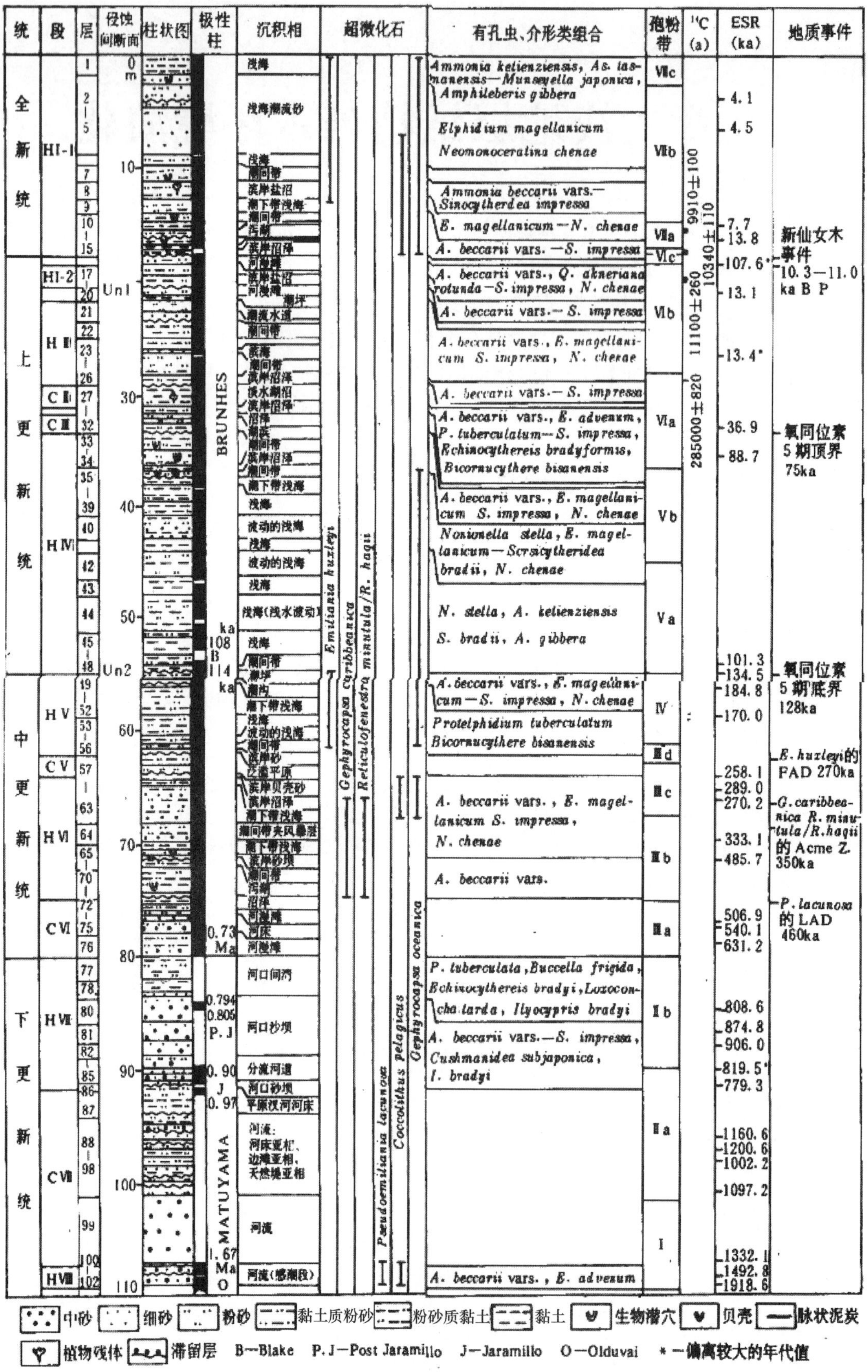

图 9.2　南黄海 QC2 沉积相及地层划分（据杨子赓等，1996）

106.95～孔底为灰色中细砂，具低角度倾斜层理及交错层理，具多个向上变细的旋回，为河流相。

91.33～106.95 m 岩性为褐色、灰色粉砂、粉砂质黏土及细砂，内部具多个侵蚀界面，层理发育，为河流相沉积。

79.82～91.33m 岩性为褐色粉砂质黏土、粉砂，具多个向上变粗的旋回和倾斜层理，为河口水下三角洲相。

（2）中更新统（$Q_2$）

中更新统钻遇厚度为 25.16 m。

74.64～79.82 m 岩性为灰色黏土、粉砂和砂，向下变粗，层理发育，为沼泽相和河漫滩相。

63.70～74.64 m 内部存在 2 个侵蚀接触面，分为上、中、下 3 层；最上层（63.70～63.88 m）为灰绿色粉砂，含贝壳碎片，生物潜穴发育，为滨岸相贝壳砂；中部（63.88～71.04 m）岩性暗色粉砂、细砂及粉砂质黏土，层理发育，含贝壳碎片，为潮间带及潮间带夹浅海相沉积；下部（71.04～74.64）岩性灰色粉砂质黏土及黏土质粉砂，含贝壳碎片，为潮坪沉积。

62.05～63.70 m 岩性为灰绿色粉砂质黏土、粉砂夹透镜状薄层暗灰色粉砂、细砂，为泛滥平原相沉积。

54.66～62.05 m 岩性为深灰色粉砂质黏土夹粉砂、细砂，遭受氧化，底部含贝壳碎片。其中存在 1 个侵蚀界面，分为上、下两层，最上部（54.66～55.86 m）为潮坪潮沟沉积；下部为（55.86～62.05 m）为浅海相沉积，岩性为黑灰色粉砂质黏土夹粉砂层，顶部夹碳质细脉，底部为灰绿色粉、细砂及粉砂质黏土。

（3）上更新统（$Q_3$）

上更新统钻遇厚度为 36.82 m。

46.15～54.66 m 岩性为黑灰色黏土夹浅灰色粉砂，含贝壳碎片和黄铁矿结核，主要为高海平面浅海相沉积，底部为潮间带沉积，反映了海平面上升初期的沉积物质。

40.86～46.15 m 岩性为黑灰色或灰褐色黏土、灰色粉砂与黄褐色粉细砂互层，为浅海相低海平面沉积。

37.45～40.86 m 岩性为深灰色粉砂质黏土与粉砂互层，局部有机质富集，为浅海相高海平面沉积

33.22～37.45 m 岩性为褐灰色粉砂质黏土、粉砂夹碳质细脉，为滨岸潮间带沉积。

29.07～33.22 m 岩性为深色黏土、粉砂和粉细砂，含碳，为湖沼相沉积，具波状、平行或交错层理。

23.51～29.07 m 岩性为灰色或深灰色砂质黏土、细砂和粉砂质黏土互层，含贝壳碎片，具波状和平行层理，其沉积相为浅海相或滨岸相。

17.8～23.51 m 岩性为陆相黏土质粉砂、粉砂和细砂，其沉积相为河漫滩相或泛滥平原相。

（4）全新统（$Q_4$）

全新统钻遇厚度为 17.84 m，为一套浅海、浅海潮流及湖泊沼泽相地层。根据层内存在的两个侵蚀接触界面可进一步划分为 3 个亚层：上部亚层岩性为松软的灰黑色淤泥或深灰色粉砂质黏土，中间亚层为潮流沙脊，下部亚层为一套灰黑色黏土和粉砂质黏土的地层，底部夹脉状泥炭。

QC2 孔和其他钻孔对比剖面见图 9.3。

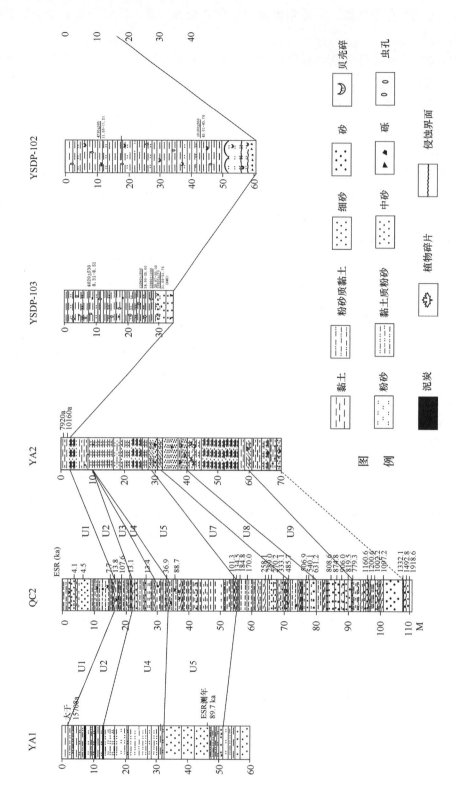

图9.3 南黄海钻孔剖面对比（引自赵月霞，2003）

## 9.2 浅地层剖面层序划分及地质解释

### 9.2.1 南黄海海域

依据南黄海陆架浅地层剖面的反射结构、波组特征以及反射终止类型，可识别出 7 个较为连续的反射界面，自上而下分别为：$R_0$、$R_1$、$R_2$、$R_3$、$R_{4-1}$、$R_4$ 和 $R_5$。在上述基础上可划分出 7 个声学层序：层序 I ~ 层序 VII（图 9.4）。

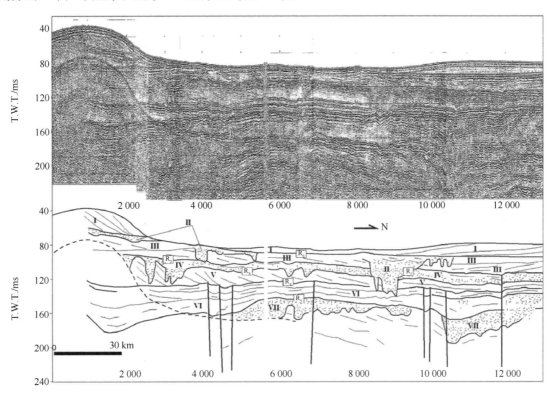

图 9.4 南黄海浅地层层序划分（HH - 1 剖面，位置见图 9.1；起点 34.5175426667°N，121.669312°E；终点 34.5175426667°N，124.498696°E）

（1）层序 I 位于海底和 $R_0$ 之间，为全新世浅海相地层，根据其地震相特征和接触关系，可分为 3 个亚层，自上而下分别为为 $I_3$、$I_2$ 和 $I_1$。

亚层 $I_3$ 主要位于南黄海 50 ~ 80 m 水深范围的海底之下，通常呈席状披盖型地震相，薄层透明状，厚度数米，层内无反射波或极弱，底界为一削蚀型沉积间断面，声学反射波具强振幅、低频特征，与海底地形平行，最大厚度 8 m；底界可连续追踪，向东呈楔形逐渐与海底重合；在南黄海西部海底地形剧烈变化处，亚层 $I_3$ 厚度变薄，其底界声学反射波与海底反射波的余波相混，难以识别。

亚层 $I_2$ 为潮流沙脊层，发育于南黄海的西南部，底部为一强反射波界面，连续性好，该界面向东延伸，逐渐与海底重合，层内反射波呈平行斜交层状进积层理，声学相位连续清晰，向南黄海中部倾斜，上部反射波的频率高于下部反射波的频率，与下伏地层呈下超接触，底部为一套受强烈水动力剥蚀作用的陆相地层，或有薄层透明层存在。

亚层 $I_1$ 发育于南黄海西部和东部局部区域内，在南黄海西部通常埋藏在层组 $I_3$ 之下，其上下界面均为强反射波，层内反射波表现为弱振幅，具半透明特征，发散充填或复合充填结构。

（2）层序Ⅱ位于 $R_0$ 和 $R_1$ 之间，分布于整个南黄海。其上、下界面均具强反射波特征，上界为削蚀型假整合界面，上覆层序Ⅰ，在局部地区由于受到强烈的海流冲刷剥蚀作用裸露于海底；下界为刻蚀型界面，具不规则形态，与多套地层接触。

层序Ⅱ为末次冰期形成的沉积地层，属陆相沉积，厚度变化很大：在123°E以西海区通常埋藏于层组Ⅰ的亚层 $I_2$ 之下，层内反射波振幅强，呈杂乱相，厚度约 15 m，为泛滥平原相或河漫滩相地层；在123°E以东海区，层序Ⅱ与下部的层序Ⅳ相混。

（3）层序Ⅲ位于 $R_1$ 和 $R_2$ 之间，为中、厚层古三角洲相沉积，厚度在 20～30 m 之间，在南黄海西部保存完整，顶界和底界均为强声学反射波，上覆层序Ⅱ，向东受侵蚀作用变薄尖灭或缺失。

层序Ⅲ内部反射波具中高频、弱振幅特征，呈半透明状，根据层内反射波的产状可进一步划分为上、下两个亚层：下部亚层反射波呈亚平行层状，倾角较小；上部亚层反射波倾角较大，具斜交前积层理或波状层理，上、下两个亚层之间呈下超接触关系，并与下伏地层呈下超接触。

（4）层序Ⅳ位于 $R_2$ 和 $R_3$ 之间，为薄层陆相沉积，厚度一般在 10 m 左右，主要发育在南黄海西部，顶界和底界均为强侵蚀不规则界面，上覆地层为层序Ⅲ或层序Ⅱ。

层序Ⅳ内部反射波具强振幅、低频特征，连续性差，常呈杂乱相、粗面相或蠕虫状，在南黄海东部与层序Ⅱ相混（有时将上述情况称为层序Ⅱ+Ⅳ）。

（5）层序Ⅴ位于 $R_3$ 和 $R_4$ 之间，为厚层浅海相沉积，厚度稳定，一般在 20 m 左右，主要发育于南黄海东部（34°N以北）。其顶界为一不规则侵蚀界面，上覆层序Ⅳ或层序Ⅱ+Ⅳ；底界为一强振幅、低频反射波界面，可连续追踪，与层序Ⅵ呈平行不整合接触。

层序Ⅴ内部反射波具弱振幅特征，根据层内存在的一个低频强反射波可进一步划分为上、下两个亚层，上部亚层具平行倾斜层理，向北下倾，其顶部反射波相对而言振幅较强，为古三角洲相地层；下部亚层具亚水平层理，为浅海相地层，上部亚层下超于下部亚层之上。

（6）层序Ⅵ位于 $R_4$ 和 $R_5$ 之间，为中、厚层浅海相沉积，一般厚度在 15 m 左右。相对于层序Ⅴ而言，层序Ⅵ受到较弱的侵蚀作用，因而分布区域略大，与层序Ⅴ呈平行假整合接触，与下伏地层呈不整合接触关系，向西侧上超于层序Ⅶ之上，层内反射波总体具半透明状，弱振幅，平行成层状。层序Ⅵ上部有一连续性较好的强振幅反射波组。

（7）层序Ⅶ位于 $R_5$ 之下，广泛分布于南黄海，为中、厚层陆相沉积，厚度达 20 m 以上。顶界为一强反射波特征的区域性不整合界面，亚水平状延伸，底界反射波连续性差，不易追踪。

### 9.2.2 北黄海海域

依据北黄海陆架浅地层剖面反射结构、波组特征以及反射终止类型，可识别出 4 个较为连续的反射界面，自上而下分别为 $R_0$、$R_1$、$R_2$、$R_3$，在此基础上可划分出 4 个声学层序：层序Ⅰ～层序Ⅳ（图9.5）。

（1）层序Ⅰ位于 $R_0$ 和 $R_1$ 之间，为全新世形成的海相沉积地层，底界为区域性侵蚀面，内部为弱振幅平行反射或前积反射。层序Ⅰ的厚度在不同位置变化较大：在山东半岛外侧表

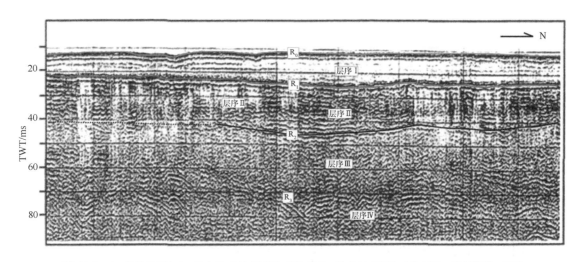

剖面 HH–2，位置见图9.1：起点 37.966 667°N，122.7°E；终点 38.05°N，122.7°E，据刘欣等，2005

图 9.5　北黄海浅地层层序划分

现为楔状堆积体，最大超过 40 m；在北黄海中部厚度约 10 m，厚度稳定；在西朝鲜湾由于受到潮流侵蚀和冲刷左右造成厚度较小，甚至缺失。

（2）层序 II 位于 $R_1$ 和 $R_2$ 之间，为杂乱相反射层，局部具有明显的侵蚀充填结构，为末次冰期形成的古河道。层序 II 平均厚度为 15 m。

（3）层序 III 位于 $R_2$ 和 $R_3$ 之间，底部近平行反射层明显上超于层序 IV，地震波组振幅变化较大，反映其内部夹层岩性的复杂多变。层序 II 厚度变化较稳定，平均厚度 20 m 左右，从山东半岛向西朝鲜湾逐渐减薄。

（4）层序 IV 位于 $R_3$ 之下，表现为不连续的、杂乱反射层，具有高能或低能多变的相位，厚度在 15 m 左右。

## 9.3　单道地震剖面层序划分及地质解释

### 9.3.1　南黄海海域

单道地震剖面对地层由较深的穿透深度。在南黄海海域的单道地震剖面上可识别出 3 个区域性的反射界面，自上而下分别为 $T_1$、$T_2$ 和 $T_3$，进而划分出 4 个地震层序：层序 I ~ 层序 IV（图 9.6）。

（1）地震层序 I 位于海底和反射界面 $T_1$ 之间，由几个较强相位的反射波组成，各相位之间近于平行展布。反射界面清晰可见，延续性好，呈近水平状。该层组的横向厚度变化小，分布范围大，在整个南黄海均可连续追踪。

地震层序 I 内部可根据声学反射波特征细分为若干个亚层序。根据与南黄海海域内已有的钻孔资料对比（表9.1 和表9.2），层序 I 为第四纪以来形成的沉积地层。

（2）地震层序 II 位于反射界面 $T_1$ 和 $T_2$ 之间，在地震反射波组特征上表现为强相位，反射强度较大，层面清晰，延续性好。与层序 I 相比，其层面相对前者略有所起伏，两者之间存在着一个明显的剥蚀面，呈角度不整合接触关系。层序 II 为上新世的陆相砂泥岩沉积。

（3）地震层序 III

位于反射界面 $T_2$ 和 $T_3$ 之间，其内部各反射波组的反射强度较弱且不连续，成层性较差，层内变形剧烈且多处被断层错断。地震层序 III 在横向上厚度变化较大，其厚度受下部反射波

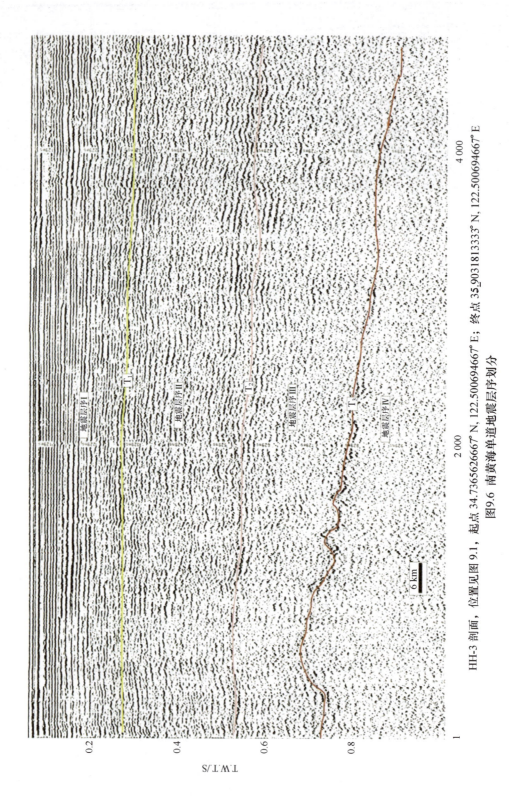

HH-3 剖面，位置见图 9.1，起点 34.7365626667° N, 122.500694667° E；终点 35.9031813333° N, 122.500694667° E

图9.6 南黄海单道地震地层层序划分

界面 $T_3$ 起伏所控制。

地震层序Ⅲ与层序Ⅱ之间的接触关系不明显，推测两者之间为一渐变的接触关系。下部地层为基岩，界面起伏较大，两者之间呈明显的角度不整合接触关系。层序Ⅲ为中新世的陆相砂岩、泥岩沉积。

表9.1　南黄海北部盆地地震地层与钻井地层对比表

| 地震反射波层组 | 黄2井 深度/m | 黄9井 深度/m | 岩　性 | 地层时代 | 构造运动 |
|---|---|---|---|---|---|
| 层Ⅰ | 317 | 253.5 | 顶部为海相层其下为浅灰色松散砂层 | 第四系 | 黄海运动 |
| 层Ⅱ | 492 | 410.5 | 杂色砂泥岩 | | |
| 层Ⅲ | 1 083 | 857 | 浅灰、杂色砂泥岩夹砾岩 | 上、中新统 | 凡川运动 |
| | 1 185 | 1 023 | | | |
| | 1 388 | 1 284 | | | |
| 层Ⅳ | 1 537.5 | | 砂泥岩 | 渐新统 | 三垛运动 |
| | | | 砂泥岩、碳质页岩 | | |
| | 略 | 略 | 略 | | 真武运动 |

9.2　南黄海南部盆地地震地层与钻井地层对比略表

| 地震波层组 | 黄4井 深度/m | 黄1井 深度/m | 黄6井 深度/m | 无锡20-1井 深度/m | 岩　性 | 地层时代 | 构造运动 |
|---|---|---|---|---|---|---|---|
| 层Ⅰ | 287 | 266 | 205 | 266 | 黏土、砂层、砂砾层 | 第四系 | 黄海运动 |
| 层Ⅱ | 428 | 395.5 | 452.5 | 481 | 泥岩和砂砾岩 | 上新统 | |
| | 841 | 678 | 886.5 | 933 | 泥岩和砂砾岩 | | 凡川运动 |
| 层Ⅲ | 972 | 883 | 990.5 | 1042 | 泥岩夹粉砂岩 | 中新统 | |
| | 1 374 | 1 301 | 1 465.5 | 1 582 | 砂砾岩夹泥岩 | | 三垛运动 |
| 层Ⅳ | 1 458.5 | 1 357 | 1 578 | 1 785 | 泥岩夹砂岩 | 渐新统 | |
| | 1 534 | 1 434 | 1 957 | 2 274 | 砂砾岩 | | 真武运动 |
| | 略 | 略 | 略 | 略 | 略 | | |

（4）第Ⅳ地震层序仅被部分地震剖面所揭示，其顶部为一套强相位的地震反射波界面 $T_3$，反射强度大，表现为起伏大、连续性差、断裂发育的特征，是全区性的标准界面，在盆地基底的隆起部位清晰可辨，在凹陷区域深度过大不能追踪。内部声学反射波杂乱，不易辨别。层序Ⅳ为古近系和新近系、中生界或前中生界地层，局部地段为岩浆浅层侵入体。

## 9.3.2　北黄海海域

在北黄海海域，单道地震剖面上可识别出 $T_1$、$T_2$、和 $T_3$ 3个主要反射界面，均为不整合面。根据地震层序划分原则及反射波组特征，结合北黄海海域新近系发育情况，将单道地震剖面从上自下划分出Ⅰ、Ⅱ、Ⅲ和Ⅳ4套地震层序（图9.7）。

（1）地震层序Ⅰ反射波界面 $T_1$ 之上的反射波组为地震层序Ⅰ。层序底部呈假整合接触，内部以平行强反射为主，连续性好，外形呈席状，内部产状平缓。

地震层序Ⅰ在整个北黄海均有分布，其地层属性为上更新统。

**153**

（2）地震层序Ⅱ　反射波界面 $T_1$ 与 $T_2$ 之间的反射波组为地震层序Ⅱ。层序顶部呈假整合接触，底部呈上超接触或整合接触，层序内部以平行强反射为主，连续性好，层次清晰，内部产状平缓。

地震层序Ⅱ在整个北黄海均有分布，其地层属性为中—下更新统。

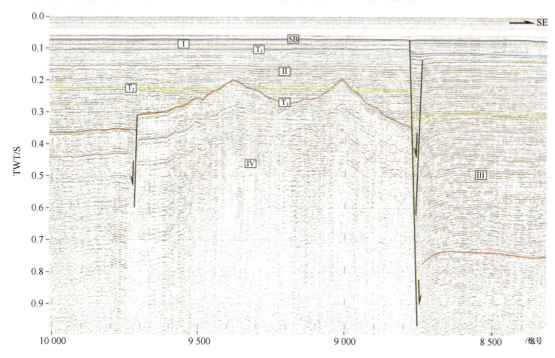

图 9.7　北黄海单道地震层序划分

HH-4 剖面，位置见图 9.1：起点 38.2418017077°N，121.972475846°E；终点 38.0829647616°N，122.175524912°E

（3）地震层序Ⅲ，反射波界面 $T_2$ 与 $T_3$ 面之间的反射波组为地震层序Ⅲ。层序顶部呈假整合或整合接触，底部呈上超接触，层序内部以平行反射为主，局部为前积反射，反射能量中等，连续性好。

地震层序Ⅲ的地层属性为新近纪中—上新统。

（4）地震层序Ⅳ，反射波界面 $T_3$ 面之下的反射波组为地震层序Ⅳ。层序表现出多种地震相，杂乱反射、水平地层反射、斜列式平行反射，以及可能与地层褶皱形态相关的弯曲状平行反射，能量强中等，顶部呈削截接触，未见底。

地震层序Ⅳ的地层属性为古近系、中生界或古生界。

## 9.4　埋藏古河道和古三角洲

### 9.4.1　埋藏古河道

第四纪以来，由于冰期—间冰期海平面升降更替，使得南黄海陆架区处于频繁的海陆交替沉积环境。在冰期的低海平面时期，古长江、淮河、黄河及鸭绿江等水系纵横在广阔的陆架平原上，形成不同期次、相互叠置的河流冲积、三角洲堆积及湖泊沼泽相沉积。

黄海陆架区的埋藏古河道十分发育，规模也大小不一。从浅层地震剖面上可识别出两期古河道（图 9.8），分别是在末次盛冰期（氧同位素 2 期）和中更新世末次冰期（氧同位素 6

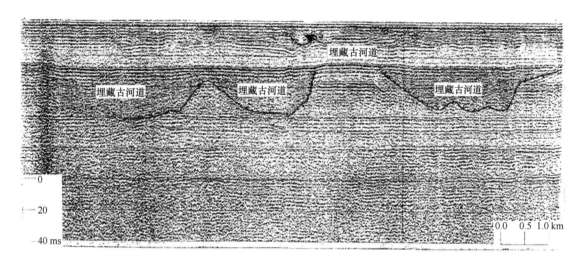

图9.8　南黄海晚更新世地层中的两期埋藏古河道（引自李凡等，1998）

期）形成的，这两期河道有的自成体系，有的地方相互叠置在一起。在地震剖面上河道底界的反射特征为连续的波状起伏的强反射，呈"U"和"V"字形，内部反射多为杂乱相，有的则为波状和前积结构。

地层剖面资料揭示，末次盛冰期古河道具有多种类型的充填样式，如上超型、前积型、发散型、杂乱型等。河道的埋藏深度一般为10~30 m，分布广，厚度大，河道的断面形态以不对称的、窄陡的或宽阔的复式（具多期充填发育）形态为主。中更新世末期的里斯冰期河道主要发育在南黄海东部，埋深一般在50 m左右，充填物多表现为杂乱相，局部为层状反射结构。李凡等（1998）曾根据浅地层剖面粗略勾出黄海的埋藏古河道，但由于剖面密度过于稀疏，其可靠性仍需要进一步考证。

### 9.4.2　古三角洲

古三角洲前缘通常具有大尺度交错及复合"S"形或前积反射结构，在浅地层剖面上非常易于识别。在南黄海陆架区的浅地层剖面中发现了多处古三角洲相沉积（李凡等，1998；赵月霞等，2003；陶倩倩，2009）。但由于陆架区几度出露成陆，遭受剥蚀，故保留相对不完整。陶倩倩（2009）利用浅地层剖面资料结合钻孔资料在南黄海西部陆架区识别出多期的三角洲沉积，其中包括中更新世晚期的古长江三角洲（形成于200~128 ka B. P.），地震相的前积方向（SW—NE）与古长江流向相近；晚更新世地层中共发现4期古长江三角洲（图9.9），形成时间分别

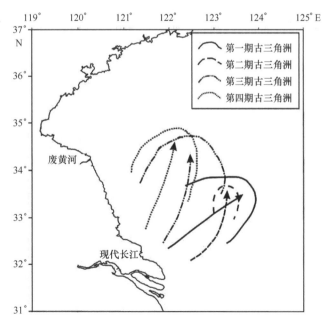

第一期：120~110 ka B. P.；第二期：100~90 ka B. P.；第三期：75~65 ka B. P.；第四期：30~20ka B. P.

图9.9　南黄海西部陆架中更新世以来的4期古长江三角洲（据陶倩倩，2009）

为 120～110 ka B. P. 、100～90 ka B. P. 、75～65 ka B. P. 、30～20 ka B. P. ；晚更新世以来黄河形成了 4 套古三角洲沉积（图 9.10），3 套形成于氧同位素 3 期，最新的为 1128—1855 年黄河夺淮由苏北平原注入南黄海形成。

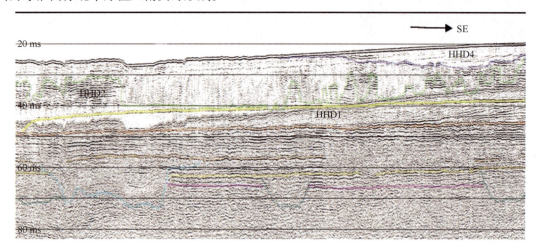

图 9.10　南黄海西部陆架古黄河长江三角洲典型剖面（据陶倩倩，2009）

## 9.5　第四纪环境演化

上新世末期中国东部陆架气温一直处于下降趋势。进入第四纪（2.4 Ma，古地磁松山/高斯分界）后，中国东部陆架气温继续降低。从南黄海获得的钻孔资料和地震剖面资料揭示，早更新世时的大部分时期为陆相环境，尤其是 124°E 以东为基底抬升区，向东沉积地层逐渐缺失。直到奥尔都维亚时（1.87～1.67 Ma）暖期开始到来，形成了陆架区第四纪的早期海侵（QC2 孔的第Ⅷ海侵层）。在 1.67～0.97 Ma 时气候变冷，黄海陆架发生海退，沉积了河流相地层（QC2 孔的第Ⅶ陆相层）。在早更新世晚期（0.97～0.73 Ma，贾拉米洛亚时至布容/松山的界限），气候变暖，发生了陆架海侵，形成了半咸水潟湖和滨浅海相沉积（QC2 孔的第Ⅶ海侵层）。

中更新世早期（0.73～0.5 Ma），气候变冷导致海退，形成了第Ⅵ陆相层（QC2 孔的第Ⅵ陆相层）。中更新世中期（0.5～0.3 Ma），气候变暖，陆架发生海侵，形成了滨海相沉积（QC2 孔的第Ⅵ海侵层）。0.3～0.27 Ma 期间，气候变冷，发生海退，形成了第Ⅴ陆相层（QC2 孔的第Ⅴ陆相层）。0.27～0.2Ma 期间，气候变暖，陆架发生海侵，为滨海和浅海环境，形成了第Ⅴ海侵层（QC2 孔的第Ⅴ海侵层）。第Ⅴ海侵层形成之后，再度海退，该海侵层的顶部遭受侵蚀，没有保存陆相沉积。

晚更新世早期海侵发生，形成了第Ⅳ海侵层（QC2 孔的第Ⅳ海侵层）。这次海侵的规模较大，与现代海岸线相比，当时的海侵范围伸入陆地达 200 km，海侵层的厚度为 22.44 m。持续时间从 128 Ka B. P. 至 75 Ka B. P. ，相当于氧同位素 5 期。底栖有孔虫的研究表明，当时的 QC2 孔处的水深大约 50 m，并且有冷水团发育。75 Ka B. P. 以后的海退，陆架地区沉积了第Ⅲ陆相层（QC2 孔的第Ⅲ陆相层），为泛滥平原相沉积。第Ⅲ陆相层后再度发生海侵，形成了第Ⅲ海侵层，该海侵层的厚度仅 0.46 m，分布范围十分局限，第Ⅲ海侵层之上的第Ⅱ陆相层为沼泽相沉积。在 29～21 Ka B. P. 黄海发生了晚更新世晚期的海侵，形成了第Ⅱ海侵层，为浅海相沉积，晚更新世晚期的海侵范围也伸入陆地达 200 km，其底部的 $^{14}$C 年代为 28500 ± 820 a. B. P.。21～14 Ka B. P. 的末次冰期使海平面下降到 - 130 m，黄海陆架完全暴露，发育了河流相和沼泽相沉积（QC2 孔的第 I 陆相层），这一陆相地层在黄海、苏北平原、上海地区以及朝鲜海峡广泛出露。在黄海中部的 YA01 钻孔揭露有晚更新世的三角洲沉积。

在末次冰期结束后 13 ka B. P.，全球气候开始转暖，海平面上升，根据南黄海东侧南部古潮沙脊的分布以及南黄海现代海底地形特征，推测黄海冰消期的海侵是从济州岛两侧开始向西北方向推进的，当海侵达到现代海平面 - 123 m 时，济州岛西北部 123°30′N 以东的区域已经被海水淹没，在潮流等水动力条件下，济州岛西北海区形成了 NW—SE 向的潮流沙脊。同时期，南黄海其他区域由于还没有海水入侵，以河流湖沼等陆相沉积为主。QC2 孔冰消期以来的沉积，下部为滨岸岩沼沉积，向上为潮间带沉积和河漫滩相沉积。大约 10 ka B. P.，全球气候回暖造成海平面开始急剧上升，海水大规模涌入，南黄海的环流体系开始形成。南黄海陆架上广泛分布了海进形成的浅海相沉积，厚度较薄，局部区域受到侵蚀作用而缺失，朝鲜半岛岸外开始形成泥质沉积。7 ka B. P. 左右海平面相对稳定，在南黄海的整个区域内已经逐渐形成稳定的环流体系。南黄海稳定环流的形成标志着现代动力环境作用的开始，现代潮沙脊、泥质沉积和滨岸沙坝的形成与分布都与南黄海环流体系的形成有关（石学法等，2001）。

# 第10章 地质构造与沉积盆地演化

## 10.1 基底性质与盖层特征

### 10.1.1 基底性质

整个黄海并不存在一个统一的结晶基底，南、北黄海分属不同的地质构造单元。北黄海结晶基底为太古代—古元古代变质岩系，南黄海为双层结晶基底，即中—新元古代浅变质岩与太古代—早元古代深变质岩（秦蕴珊，1989a；蔡峰，1996；汪龙文，1989）。

南黄海结晶基底深度一般为 5~6 km，向西最深可达 7~8 km，向东变浅，总体表现为 NEE 走向的深坳陷。坳陷轴部位于 34°~35°N 之间，与南黄海中部新生代隆起区基本吻合，向南、北、东抬升。

南黄海存在几条基底深断裂，它们不仅对新生代盆地的形成具有重要的控制作用，同时对结晶基底的构造、岩性也起到重要的分割作用。在千里岩断裂带西侧基底深度大于 5 km，东侧一般约为 2~3 km；至南黄海南部盆地南缘断裂以东地区，基底深度进一步变浅，通常小于 1 km，为下元古代具有磁性的变质岩系。此外，基底岩性与 NW 向延伸的南黄海北部盆地南缘断裂有关，断裂东北侧为无磁性的中上元古代变质岩锦屏山组和云台组，断裂西南侧则为具有磁性的太古代—下元古代胸山组。

根据磁测资料，整个南黄海海域的结晶基底是不均一的，不同构造部位其构造岩相有一定的差别。

在北部盆地，前震旦纪变质岩系在苏北淮阴至沭阳地区广泛分布。地震和钻井资料证实，新生界之下即为前震旦纪结晶基底，其降低的负地磁异常主要是由前震旦纪弱磁性的基底变质岩——锦屏山组和云台组的片岩和片麻岩所引起。负地磁异常带从海区向西南延伸到陆地，与苏北平原北部的淮阴—滨海地磁低异常带相连，向东沿 NEE 方向可一直延伸到 124°E 以东。

在中部隆起西部、南部盆地和勿南沙隆起，存在一个具有磁性的古老刚硬地块，该结晶地块是由几个大小及走向不同的具有磁性的结晶岩块拼合而成，视磁化强度大都在 $200~600 \times 10^{-6}$ CGSM 之间，代表了经高度混合岩化和花岗岩化作用的结晶杂质之核心，并构成了南黄海结晶地块的主体。结晶基底的埋约为 5.0~8.0 km，为一前震旦纪基底深坳陷，岩性为具有磁性的深变质岩系。

在中部隆起东侧，结晶基底深度约为 2~3 km，主要为中上元古界变质岩系，和北部盆地的结晶基底具有相似的组成。

在东部火山岩隆起区，根据重、磁、地震及前人资料推测其结晶基底为前震旦纪具有磁性的结晶杂岩系。推测岩性以前震旦纪斜长片麻岩、花岗片麻岩和斜长角闪岩为主，并夹有少量片岩、大理岩等岩石。在东部火山岩隆起区的中南部，地磁场特征为一片剧烈变化的升高异常，磁性岩埋深普遍小于 1.0 km，甚至接近海底，推断这些磁性体主要是由基岩及侵入其中的岩浆岩和喷出岩所组成。

北黄海岛屿上出露的元古界结晶基底一般为浅变质岩，其磁化率一般在（0～100）×
$10^{-6}$ CGSM 左右，属于无磁性。例如，南、北长山岛、大、小竹山岛、海洋岛、獐子岛、大
鹿岛、大王家岛、大长山等岛屿上出露的岩石基本是无磁性的。表明其原岩均为沉积岩建造，
在区域上仅仅经受了较低级的变质作用以及较轻的岩石混合岩化作用；虽然哈仙岛出露的绢
云母石英片岩变质程度也不深，但由于其含有少量磁铁矿，呈现出弱磁性特征，磁化率达
$250 \times 10^{-6}$ CGSM。因此。整个北黄海岛屿地区的岩石，除了砣矶岛出现的矿化带、大黑山岛
喷发的玄武岩、大耗岛的辉绿岩脉具有较强的磁性外，其他各岛岩石基本上属于无磁性或极
弱磁性（杨艳秋，2003）。

北黄海海域的地球物理场呈现高重力异常和低地磁异常的特点，反映场源应为弱磁性的
变质岩，表明北黄海基底为元古代变质岩，埋深浅，这与岛屿地质调查结果相一致。在北黄
海盆地东部、海洋岛周围和盆地西部分布有大面积的负地磁异常区，与胶东半岛及辽东半岛
的地磁场特征基本一致，沿庙岛群岛、渤海海峡、长山群岛及辽东半岛近海分布，推测为早
元古代与太古代的变质基底。

## 10.1.2　盖层特征

南黄海地区的前震旦系结晶基底之上存在有一套古生界至早、中三叠系，其岩性可能为
一套浅海碳酸盐建造和碎屑岩沉积。除泥盆纪一度接受陆相砂砾岩沉积、二叠纪发育局部含
煤建造外，主要为碳酸盐沉积。

根据磁测资料推测的基岩埋深图，这套地层厚度一般为 2 000～2 500 m，结合西部陆地
苏、浙地区古生代地层有由南向北变薄的趋势，南部盆地和中部隆起区古生界厚度较北部盆
地大，并且地层有由西向东逐渐减薄之势，往东至东部火山岩隆起区的古生界的残存厚度可
能很薄或缺失。

北部盆地的古生界以嘉山—响水断裂带为界，断裂带以北缺失古生界，以南广泛发育古
生界。在北部盆地内发现的古生界多为较古老的下古生界，而上古生界和中古生界并不发育
甚至缺失。黄二井钻井深度为 1 769.44 m，在 1 706 m 以下见 C－Z 系。

中部隆起区西部的陆地滨 2、滨 3、滨 5、滨 7、滨 8 和滨 9 井揭示，400 m 左右的新生界
直接覆盖在二叠系或石炭系之上；滨 1 井揭示，400 m 左右的新生界直接覆盖在白垩系或侏
罗系之上。中部隆起区前震旦纪基岩埋深 6～8 km，地震揭示新生界厚度仅 400～800 m。

南部盆地中的 WX5－ST1、WX13－3－1、常 12－1－1 和常 24－1－1 四口钻井揭示，新
生界之下为下扬子地块上的石炭系—三叠系地层。新近系和古近系的厚度在 2 000～3 000 m
左右，而古生界和三叠系的厚度约为 2 000 m。

勿南沙隆起向西延展到苏北平原的如皋、如东等地。皋 1 井于 437 m 处见中、下三叠系，
其上的侏罗系和白垩系缺失或不全。勿南沙隆起与苏南隆起相连，称为苏南—勿南沙隆起。
位于苏南隆起的靖江、如皋等地，基岩深度可达 5.0～6.0 km，一方面表明基岩呈下凹构造；
另一方面表明古生界和中、下三叠系的厚度大于 5.0 km。但到 122°E 以东其厚度明显变小，
仅 1～2 km。

东南部火山岩隆起区，磁性基岩埋深较浅，一般 1～2 km，甚至出露海底。推测该隆起
的部分地区还残存着较薄的古生界。

北黄海盆地的上部沉积盖层主要为中生代陆相碎屑岩，它们均为弱磁性或无磁性，因此，

北黄海的地磁异常为平静异常，具有北弱南强、西弱东强的特点。

## 10.2 断裂构造与岩浆活动

### 10.2.1 断裂构造体系

黄海断裂构造较发育（图10.1），断裂走向多为 NE 向和 NW 向，次为近 EW 向。断裂构造发育的规模大小不一，性质不同，具有不同的活动性。根据断裂的规模及其对区域构造的控制作用，可以划分为岩石圈大断裂、基底断裂和盖层断裂三大类。

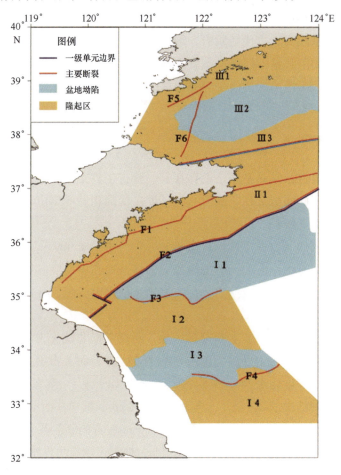

图 10.1 黄海主要构造单元及断裂构造分布

Ⅰ扬子准地台：Ⅰ1南黄海北部盆地；Ⅰ2南黄海中部隆起区；Ⅰ3苏北—南黄海南部盆地；Ⅰ4勿南沙隆起区；Ⅱ苏鲁造山带：Ⅱ1千里岩隆起区；Ⅲ中朝地台：Ⅲ1海洋岛隆起；Ⅲ2北黄海盆地；Ⅲ3刘公岛隆起区；

F1：千里岩断裂带；F2：嘉山—响水断裂带；F3：南黄海北部盆地南缘断裂；

F4：苏北—南黄海南部盆地南缘断裂；F5：鸭绿江断裂带；F6：北黄海西缘断裂带

#### 10.2.1.1 岩石圈断裂

指发展上具有长期性和继承性，空间上延伸很远，深度上往往切割岩石圈或者下地壳的大断裂，断裂在地球物理场上具有大规模的线性特征，往往作为一级构造单元的边界。例如千里岩断裂带和嘉山—响水断裂带均为岩石圈断裂（图10.1）。

### 10.2.1.2 基底断裂

作为边界控制了二级构造单元，即盆地和隆起区，多通过断裂分割，这些断裂规模中等，在地球物理场上多表现为规模较小的线性异常带或异常梯度带，一般切割基底，并控制了盆地内部沉积层的发育和变形。例如，南黄海北部盆地南缘断裂、南黄海南部盆地南缘断裂等(图10.1)。

### 10.2.1.3 盖层断裂

盖层断裂的规模和切割深度都比较小，一般只切割盆地内部沉积层，到达盆地结晶基底顶面。层断裂一般作为盆地内部次级构造单元的分界线，控制了盆地的坳陷和隆起、凹陷和凸起的发育。区内的盆地和隆起区均发育大量盖层断裂（图10.1），这些断裂在新近纪以来的沉积层内有明显的显示，表明了断裂较强的活动性。

## 10.2.2 主要断裂构造

### 10.2.2.1 千里岩断裂带

千里岩断裂带是胶南隆起区与千里岩隆起区的边界断裂，属岩石圈大断裂。断裂带西起郯庐断裂带东侧，经江苏泗阳、沭阳和海州，由赣榆东侧入海州湾后一直延伸至千里岩以东的黄海中。断裂两侧地层差异明显，北西侧为胶南隆起区的印支期超高压变质的含柯石英榴辉岩，南东侧为高压变质的蓝晶石片岩和蓝闪石片岩，断裂面近直立（杨文采等，2005）。地震测深资料表明北西侧地壳厚度达 30 km 以上，而东南侧仅 20 km，电测深资料表明该断裂切割了莫霍面（张训华，2008）。

在重力异常图上，千里岩断裂带表现为 NE 向的异常梯度带。在磁力异常图上，断裂带表现为强磁异常梯度带，梯度带两侧磁异常场差异明显。

王志才等（2008）根据声学反射剖面揭示的晚第四纪断裂活动性差异，大致以朝连岛断裂为界，把千里岩断裂带分为两段，认为南段在晚更新世以来没有发生活动，而北段在晚更新世晚期发生了活动。

### 10.2.2.2 嘉山—响水断裂带

嘉山—响水断裂带是南黄海北部盆地与千里岩隆起区的边界断裂，也是控制南黄海北部盆地形成与发展的主控断裂带，属岩石圈大断裂。断裂带西起郯庐断裂带东侧，经嘉山、响水延伸入南黄海。断裂由数条南倾或北倾的正断层组成断阶带，断裂带宽度可达 1.5 km。断裂西北侧地层为苏鲁造山带的中、下元古界和零星的震旦系（张训华，2008），东南侧则发育扬子准地台的中新生界盖层以及前古生代结晶基底。

在重力异常图上，断裂带表现为异常梯度带，等值线走向 NE，局部有扭曲，重力向上延拓结果表明，断裂带在深部表现为重力梯度带和异常等值线的扭曲带。在磁力异常图上，断裂带表现为不同类型磁异常区的分界线，垂直断裂方向的水平梯度很大。地震测深资料表明北西侧地壳厚度达 30 km 以上，而东南侧地壳则明显减薄（赵志新等，2009）。电测深资料表明，该断裂切割了莫霍面（杨文采等，2005；魏文博等，2008）。

嘉山—响水断裂带发育时期可分为两个阶段，初始形成于印支运动早期，是一条由北向南逆冲的断裂系。该断裂带以北的中、古生代地层减薄抬升，而其南侧则明显加厚。在中晚侏罗世，随着区域应力场的改变，断层发生反转成为同生正断层，断层落差大，控制着中生代晚期和古近纪的沉积活动。

新近纪以来，断裂带仍有活动，导致新近系及上覆沉积层发生变形（图10.2）。该断裂带南段的浅层地震剖面上显示断裂带上覆新近纪和第四纪早期地层被错断，但断距不大。相比断裂带北段（图10.3）强烈切割晚更新世地层以及基岩断块强烈上升的特点，断裂带的确显示出新近纪以来的分段性活动特征。

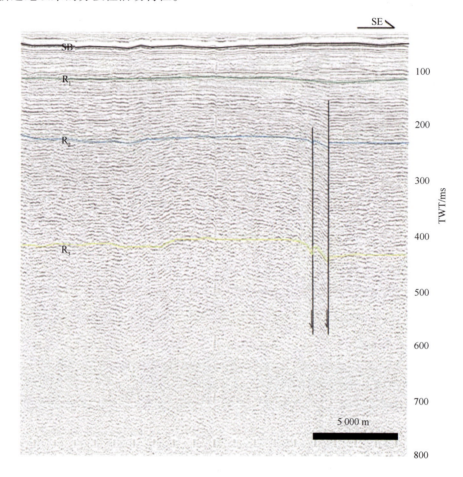

图10.2　沿嘉山—响水断裂带新近纪以来的构造变形

### 10.2.2.3　南黄海北部盆地南缘断裂

南黄海北部盆地南缘断裂是北部盆地发生、发展的主控断裂，属基底断裂。该断裂由多段组成，自西向东由 NE 向转为近 EW 走向，再转为 NE 向，倾向 NE 或 NW。断裂下降盘接受了巨厚的白垩系和古近系沉积，上升盘为中部隆起区的古生界，中新生代的多套地层缺失。

南黄海北部盆地南缘断裂开始发育于早中生代末，渐新世时东段继续沉降，西段发生走滑。断层在中新世以来仍有活动，向盆地侧地层上升，隆起侧地层下降，断层面附近底层发生牵引变形（图10.4），断裂主要活动时代为第四纪早期。

### 10.2.2.4　南黄海南部盆地南缘断裂

南黄海南部盆地南缘断裂为东部坳陷与勿南沙隆起区的分界断裂，呈 NWW 走向，倾向NNE，正断层性质。该断裂控制了南五凹陷渐新世三垛组沉积，使之成为南深北浅的"箕状断陷"，第四系底部已受断裂影响发生扰动，为第四纪活动断裂（图10.5）。

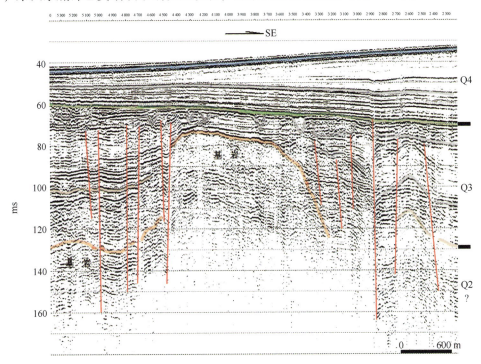

图10.3 嘉山—响水断裂带北段（石岛附近海域）中晚更新世构造变形

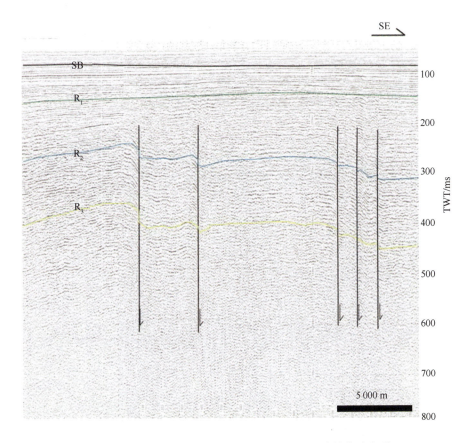

图10.4 南黄海北部盆地南缘断裂带新近纪以来的构造变形

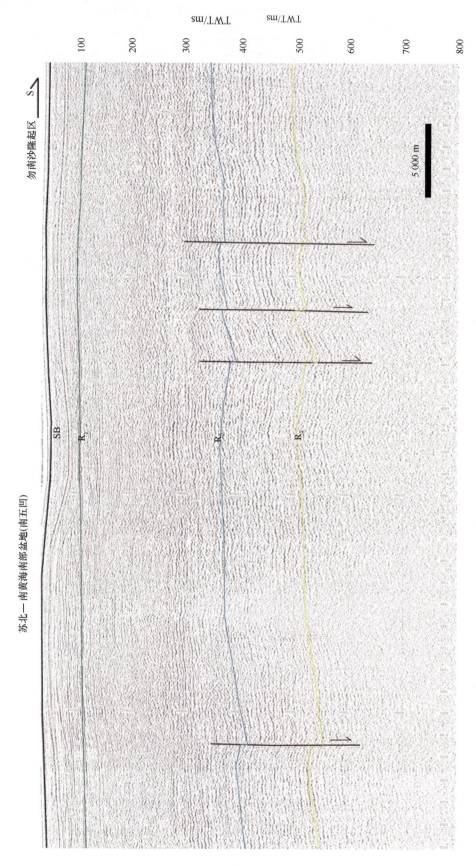

图10.5 苏北—南黄海南部盆地南缘断裂新近纪以来的构造变形（测线DW04-L4）

#### 10.2.2.5　鸭绿江断裂带

鸭绿江断裂带，一些文献中也称为北黄海（盆地）北缘断裂带（郝天珧等，1998，2002；田振兴等，2007），断裂带为陆域鸭绿江断裂带向海域的延伸，其东段穿过了辽东—海洋岛隆起内部，大致沿海陆边界展布，仅在其西段作为北黄海盆地与辽东海洋岛隆起的边界存在，因此本文沿用陆域名称，将其称为鸭绿江断裂带。

由于相关资料限制，鸭绿江断裂带过去受到的关注较少。郝天珧等（1998，2002）根据黄海及周边的重力资料，认为鸭绿江断裂带深度较浅，为 5 km 左右，规模和影响都比较小。然而最新研究表明，鸭绿江断裂带可能切穿至下地壳，是一条重要的大断裂带（田振兴等，2007）。

鸭绿江断裂带在重力和磁力异常图上反映明显。在重力异常图上表现为走向 NE—NEE 的密集的重力异常梯度带，线性特征明显，处在重力场异常不同分区的分界线上。在磁力异常图上，表现为走向 NE—NEE 的异常梯度带，与海岸线大致平行，异常线性特征明显。断裂带西北侧的地磁异常走向为 NE 向，异常变化复杂，在低正值异常背景上分布有部分正高值圈闭；断裂带东南侧则以平静的低负异常为主，地理位置上与北黄海相对应。

鸭绿江断裂带在多道地震剖面上有明显反映（田振兴等，2007）。地震剖面显示该断裂切割深度深达元古界，中、新生界地层通过该断层与元古界潜山直接接触，断裂产状向东南倾。断裂带反演深度较大，达 30～31 km，属地壳断裂带。

断裂带在新近纪以来有活动，最新活动时代为早第四纪，以垂直升降运动为主（图10.6）。

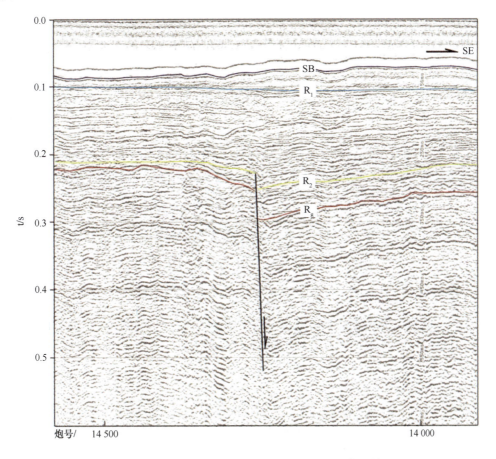

图 10.6　横切鸭绿江断裂带（14 250 炮处）的典型剖面

### 10.2.2.6　北黄海西缘断裂带

在北黄海盆地区次级构造单元西部坳陷的边缘发育了一条断裂带，有些文献中称为北黄海西缘断裂带（田振兴等，2007）。北黄海西缘断裂带在重力异常图上表现为密集的异常梯度带，在磁力异常图上表现为串珠状正负带，两侧磁异常特征差异明显，断裂以东以平缓的负异常为主，含多个正异常圈闭，断裂以西则以平缓的正异常为主。郝天珧等（2002）根据重力资料提出即墨—牟平断裂带进入北黄海后走向变为 NEE 向，一直延伸到朝鲜半岛西海岸。因此，北黄海西缘断裂带应该是即墨—牟平断裂带向北延伸至黄海海域的部分。对即墨—牟平断裂带的研究表明，它是鲁东地区一条重要的断裂带，总体走向 NE，倾向不一，倾角一般较陡。

北黄海西缘断裂带控制了西部坳陷的形成与演化。根据浅层地震资料（图 10.7），断裂带呈 NNE 走向，主要由两条倾向相反的、近平行的 NNE 向断裂组成，总长度约 100 km。断裂带的最新活动时代为晚更新世，是一条活动性较强的断裂，这也与西部坳陷为新近纪以来沉积中心的特征相对应。

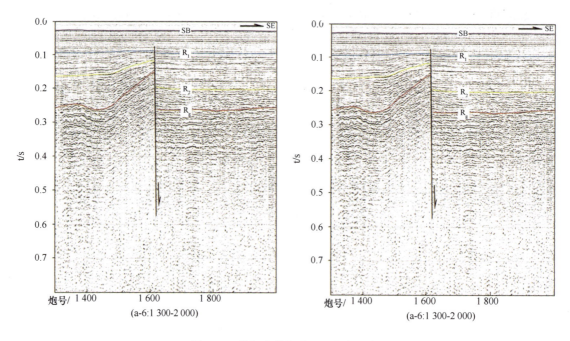

图 10.7　横切北黄海盆地西缘断裂带

### 10.2.3　岩浆活动

相比于周边陆地，黄海地区岩浆活动的直接资料比较少。目前根据地球物理场和零星的地震剖面和钻孔等资料推测，黄海海域的岩浆活动比较微弱，远逊于周边陆地。

岩浆岩主要为侵入岩和少量的火山岩，侵入岩主要为中生代燕山期和新生代喜山期，个别地区也存在元古代晚期侵入岩。

燕山期侵入岩广泛出露于苏鲁造山带、扬子准地台和华南造山带，发育广泛，可分为早、晚两期。其中，燕山早期（侏罗纪）岩浆岩主要表现为中酸性－酸性侵入岩，呈岩基、岩株产出；燕山晚期岩浆岩主要以中酸性－酸性侵入岩为主，多呈岩基、岩株类型。此外，尚可见呈小岩株、边缘相、脉状产出的基性－超基性侵入岩和碱性侵入岩。燕山期岩浆活动具有多期次活动的特点，强度大且频繁，岩浆岩体多受 NE 向断裂的控制。基于重磁资料和钻孔资料推测海域的岩浆侵入活动以南黄海北部盆地和浙闽隆起区最为发育，侵入体多沿盆地内的次级断裂分布，优势走向为 NE 向。韩国在南黄海北部盆地 Haema - 1 井（36°10′N，123°43′E）2 076~2 480 m 段白垩系中统见浅灰色、浅绿灰色花岗岩。南黄海北部盆地南侧和中部隆起东侧也有零星分布。燕山期火山岩在北部盆地钻遇，Inga - 1 井（35°24′N，124°57′E）2 728~4 103 m 段白垩系下统钻遇红褐色玄武岩，偶夹火山碎屑岩。K - Ar 法测定其绝对年龄值为：78.6 ± 4.3Ma、114.0 ± 5.0Ma、88.9 ± 4.5Ma、107.1 ± 1.6Ma 和 110.5 ± 5.5Ma，应属白垩纪。KACHI - 1 井（35°18′N，123°21′E）在 2 362~2 386m 段白垩系下统砂泥岩中钻遇一层流纹质凝灰岩，下部见隐晶质中 - 基性火山岩。

在喜山期，火山岩发育是岩浆活动的一个重要特征。钻孔资料表明，在南黄海和东海大陆架区隐伏有玄武岩，明显受 NE 向断裂的控制，呈夹层分布于坳陷区的古近纪和新近纪地层中。新生代喜马拉雅期火山岩以玄武岩为主，主要分布于南黄海北部盆地、中部隆起东段和南部盆地东段，勿南沙隆起也有少量分布。南黄海南部盆地 W13 - 3 - 1 井（33°38′N，122°06′E）1 721.5~1 862 m 段渐新统三垛组二段地层中钻遇深灰、灰绿、黑灰色玄武岩，属喜山期 I 幕 。

## 10.3 构造单元与区域分布

### 10.3.1 构造单元划分

黄海海域中国大陆向海的自然延伸，表现为典型的大陆架地质构造特征。在大地构造位置上，南、北黄海分属于一级构造单元扬子准地台和中朝地台，两者之间的结合部则属于苏鲁造山带（任纪舜等，1999）。

关于南黄海的构造单元划分，一直存在争议，代表性的有两种观点：第一种观点将千里岩隆起以南的南黄海和苏北作为一个统一的二级构造单元，称为南黄海盆地或者苏北—南黄海盆地，其内部进一步划分为北部坳陷、中部隆起、南部坳陷和勿南沙隆起 4 个三级单元（金翔龙，喻普之，1982；翟光明，1992；姚永坚等，2008）；第二种观点认为南黄海北部和南部具有不同的地层发育和构造演化特征，因此两者是相对独立的二级构造单元，因此扬子准地台东部的南黄海部分划分南黄海北部盆地、南黄海中部隆起区、苏北—南黄海南部盆地和苏南—勿南沙隆起区四个二级构造单元（许薇龄，1982；刘光鼎，1992a，b；李乃胜，1995；蔡乾忠，2005；尹延鸿等，2005；张训华等，2008；冯志强等，2002，2008）。

综合重、磁场特征和反射地震分析结果，结合前人的研究成果，将黄海分成 3 个一级构造单元，即中朝地台、苏鲁造山带和扬子准地台，其中扬子准地台进一步划分成南黄海北部盆地、南黄海中部隆起区、苏北—南黄海南部盆地以及勿南沙隆起区 4 个二级单元，各个盆地可以进一步划分出数个三级构造单元：坳陷和隆起（图 10.1）。

### 10.3.2 主要构造单元特征

#### 10.3.2.1 扬子准地台

扬子准地台包括从云南东部到江苏的几乎整个长江流域和南黄海，是一个晚元古代末扬子旋回形成的地块。扬子准地台的结晶基底岩系由变质较深的下元古界—太古界和浅变质的中元古界、上元古界三套岩系所组成。扬子准地台的发展经历了地台稳定发展阶段和地台活化阶段两个时期。经晋宁和澄江两期运动后，扬子准地台才最终形成，从震旦纪开始至三叠世该地台处于稳定的发展阶段。扬子准地台自晚三叠世起进入了一个新的构造演变时期，在此期间，构造活动频繁发生，使地台沉积盖层普遍变形，岩浆活动大规模出现，形成了一系列拉张断陷盆地。中生代的印支和燕山运动在我国东部地质发展史中占有极其重要的地位，而印支和燕山期的构造运动对扬子地台则有着重要的影响。印支运动使我国东部地区上升成陆，结束了海侵的历史，开始形成以 NE、NNE 向褶皱为主的构造；继后的燕山运动发生了强烈的断裂和褶皱，并伴有频繁的岩浆活动，造成大型隆起和坳陷，为中、新生代盆地的形成和发展奠定了基础。

1）南黄海北部盆地

南黄海北部盆地位于南黄海的北部，千里岩隆起区之南并以嘉山—响水断裂带与之为界，盆地南部以超覆或断续存在的断层为界和南黄海中部隆起区相接。盆地总体走向为 NEE，是一个晚白垩世以来发育的断坳盆地。基底主要为古生界和部分元古界，盆地盖层主要发育晚白垩世以来的沉积，并以白垩系—古近系为主，厚度可达 7 000 m。盆地内断裂发育，以 NEE 向为主，其次为 NW—NNW 向断裂。

根据南黄海北部盆地基底的起伏、中、新生界盖层的发育和构造演化特征，可以进一步划分为中部坳陷、西部隆起和南部坳陷 3 个次级构造单元，这些单元在重磁场上均有不同程度的反映，浅层地震剖面揭示了其中新世以来的断裂发育和构造活动特征。

中部坳陷位于千里岩隆起区和北部隆起之南，总体走向近 EW。基底以中、古生界为主，西端局部地区有元古界揭示。坳陷盖层为白垩纪以来的沉积，最厚可达 7 000 m。断裂十分发育，以半地堑和地堑形式发育的凹陷为特征。在重力场上，中部坳陷表现为 NEE 向负异常带，内部包含数个局部正负异常圈闭，表明次级凸起或者凹陷的存在，异常带北侧以强烈的异常梯度带与千里岩隆起区分开。在磁场上，坳陷区为负异常背景上的局部正负异常低圈闭，总体走向 NEE。坳陷总体呈北南双断的地堑构造形态，北边界为 NE 向的嘉山—响水断裂带，南边界通过一条次级断裂与西部隆起分开，北边界断裂断距远大于南边界断裂，导致上部地层厚度向南逐渐减薄。浅层地震探测揭示中部坳陷新近纪以来构造变形较微弱，仅在坳陷边界处由于边界断裂的继承性活动，导致沉积层发生较强变形，主要表现为压性断裂和褶皱等构造形态（图 10.8）。坳陷整体构造沉降较小，与西部隆起区差别不大。

西部隆起位于南黄海北部盆地西部，被夹持于中部坳陷和南部坳陷之间，其走向为NEE。基底由元古界和古生界组成，隆起上缺失白垩系，大部分缺失古近系，西部缺失中新统，上新统和第四系覆盖在基底之上。一般厚度小于 1 500 m，隆起自西向东倾伏。在重力场上，隆起表现为两条由数个正异常圈闭组成的 NEE 向异常带，南带短北带长，两个异常带在隆起西部汇合。在磁场上则表现为相对平缓的负异常低，走向不明显。浅层地震探测结果表明西部隆起新近纪以来构造活动微弱，与相邻的中部坳陷区共同处于相对均匀但微弱的整体沉降阶段。

南部坳陷位于南黄海北部盆地西南部，走向 NEE。推测基底由海相的中、古生界组成。盖层则为白垩纪以来的陆相沉积，厚度可达 4 000～5 000 m。断裂十分发育，表现为北陡（断）南缓（超）的不对称坳陷。在重力场上，南部坳陷表现为平缓正异常背景上的两个负

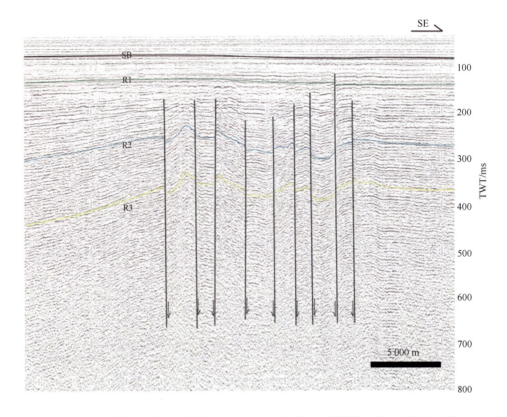

图 10.8　浅层地震剖面（测线 DW04 – L8）揭示的中部坳陷边界处的构造变形

异常圈闭，可能对应着次级的凹陷；磁场上表现为平缓的负异常低，南边界处为正负异常梯度带，反应自北部盆地向中部隆起区基底磁性的变化。浅层地震探测揭示南部坳陷新近纪以来具有较强的活动性，表现为断裂和褶皱构造较发育（图 10.8）。但值得注意的是，南部坳陷新近纪以来的沉积厚度却较小，除了局部地区外，基本上处于向中部隆起区沉积增厚的过渡带上，与坳陷沉积厚度较大的一般认识不同。究其原因，可能由于南黄海北部盆地南边界断裂在新近纪—中更新世受强烈的 N—S 向挤压作用（万天丰，2004），导致早期正断层的两盘沿断层面发生逆向滑动，同断层沉积作用导致上升盘（坳陷侧）沉积厚度减小。

　　2）南黄海中部隆起区

　　南黄海中部隆起区大致位于 34°~35°N 之间，将南黄海北部盆地和苏北—南黄海南部盆地分隔开来，走向近 EW。该隆起区主要由古生界地层组成，主要是震旦系、寒武—奥陶系、志留系，残存了震旦系—下二叠系地层，局部地方保存了较薄的白垩纪地层，下三叠统青龙灰岩和上古生界龙潭煤系现已基本剥蚀殆尽（欧阳凯等，2009）。重力特征为大范围的正异常区，并存在几个规模相对较大的负异常区，这些小负异常区的负异常绝对值较小，推测其为古近纪和新近纪小凹陷。磁场特征为团块状正负相间异常区，具体表现为两个正异常中间夹一个负异常，反映了基底磁性和起伏的差异。

　　浅层地震探测揭示中部隆起区新近纪以来的构造活动具有以下特征：①褶皱和断裂构造较发育（图 10.10）；②上新统及其上覆地层厚度大致介于南部盆地和北部盆地之间，处于过渡位置，地层呈现向南增厚和倾伏的特征；③隆起区局部发育多个小型沉降中心，表明隆起上的小凹陷在新近纪以来仍存在继承性活动。

**169**

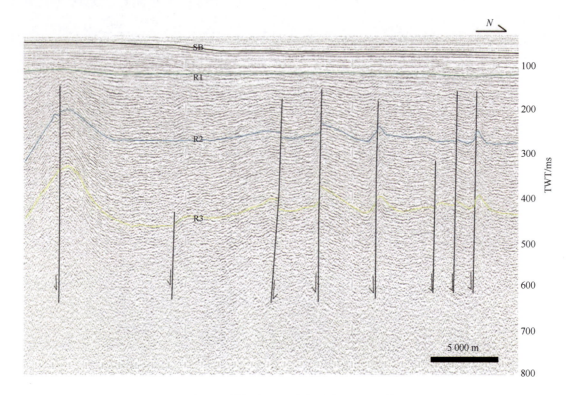

图 10.9　浅层地震剖面揭示的南部坳陷边界处的构造变形

### 3) 南黄海南部盆地

南黄海南部盆地位于南黄海中部隆起区与勿南沙隆起区之间，是发育在扬子准地台中的一个白垩纪—新近纪的断坳盆地。南黄海南部盆地在陆地和海域均有发育。盆地的基底为海相的中、古生界，盖层则为白垩纪以来（主要为古近纪）的沉积。喜山期的吴堡运动和三垛运动比较强烈，分别造成阜宁组与上覆地层的不整合和古近系的褶皱构造。

其次级构造单东部坳陷，走向呈近 EW 向，断裂十分发育，主要为正断层，控制了古近系的沉积。自北而南凹陷与凸起间互排列，其中凹陷多呈现南断北超的箕状地堑，新生界厚度一般 2 000~4 000 m。在重力异常图上，东部坳陷表现为平缓正异常背景上的数个近 EW 向负异常带；在磁力异常图上，则表现为相间的团块状正负异常，磁异常延拓结果表明，东部坳陷基底可能存在大范围的磁性火山岩。

东部坳陷是新近纪以来沉积厚度最大的地区，这与其相对强烈的构造活动不无关系。坳陷内存在两个主要的沉降中心，分别位于东南部和西北部，前者范围较大，后者较小。从上新统底界面埋深特征来看，两个沉降中心早在上新世以前就形成了，这也反映了坳陷内构造沉降明显的继承性特征。两个沉降中心周边断裂在新近纪以来均有不同程度的活动，断裂多具压性或压扭性特征，成组发育，被断裂切割的断块朝向盆地一侧下降，背向盆地一侧上升，多条断裂在剖面上形成叠瓦状构造，并逐渐向盆地内部断落（图 10.11）。

东部坳陷的两个沉降中心在不同的时期沉降程度不同，在上新世，东南沉降中心为主，沉降深度超过西北沉降中心近百米；而在第四纪则是西北沉降中心沉降幅度更大，其沉积厚度比东南沉降中心大 50 m 以上，但其沉降主要发生在早中更新世，自晚更新世以来，东南沉降中心重新占主导地位。上述沉降中心的不断迁移也反映了东部坳陷构造活动在时间和空间上的差异。

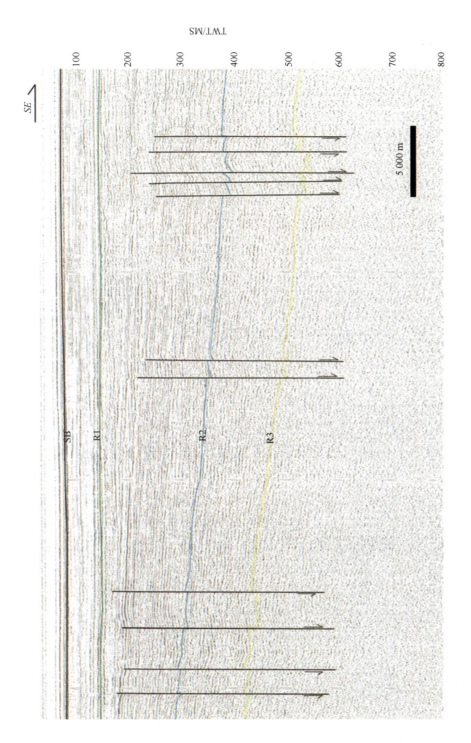

图10.10 浅层地震剖面揭示的南黄海中部隆起区新近纪以来的构造变形

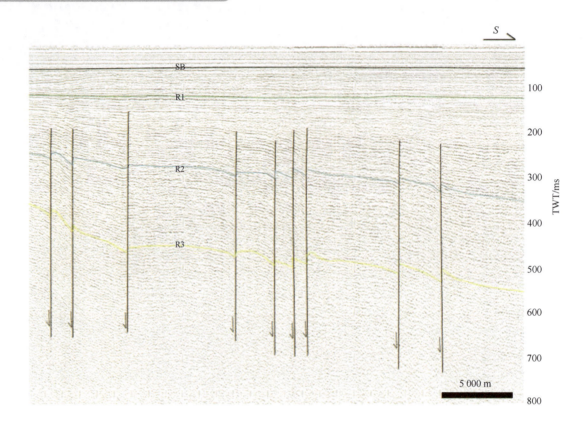

图 10.11　浅层地震剖面揭示的东部坳陷边界处的构造变形

4）勿南沙隆起区

勿南沙隆起区是一个燕山运动以来长期上升为主的基岩隆起区，局部地区发育有中生代陆相碎屑岩和火山岩系，断裂发育，沿断裂有酸性岩浆岩体侵入和中基性岩的喷发。该隆起区除有个别的古近系小凹陷外，广大地区第四系和新近系直接覆盖在中、古生代海相地层之上，其厚度在 600～800 m 之间。零星分布的古近纪小凹陷（勿一、勿二、勿三、勿四和勿五凹陷）一般规模不大、沉积厚度较薄（800～2 000 m）。

勿南沙隆起区的重力异常以大面积的平缓正异常为主，局部分布小的负异常圈闭，可能与古近纪小凹陷对应；在磁场上则表现为大面积的负异常区，东南角为强烈变化的正负异常，该位置已经接近勿南沙隆起与华南造山带的边界，可能与沿边界断裂发育的磁性岩浆岩有关。

勿南沙隆起区新近纪以来构造活动微弱，沉积厚度较小，断裂和褶皱构造仅在局部地区发育，规模也很小。

## 10.3.1.2　苏鲁造山带（千里岩隆起区）

苏鲁造山带位于中朝地台与扬子准地台之间，是秦岭—大别造山带的东延部分。它位于郯庐断裂以东，南界为嘉山—响水断裂带，北界有争议，一般认为五莲—荣成断裂带或者五莲—即墨—牟平断裂带。

苏鲁造山带现今地壳三维结构是对中新生代陆内造山及中国东部滨太平洋体制共同作用的反映，其形成经历了十分复杂的地质演化历史，包括晋宁期的洋壳俯冲、碰撞，印支期的陆内碰撞造山以及燕山期的花岗岩体侵位等。进入新生代，受中始新世—渐新世开始的太平洋板块从西向中国大陆俯冲挤压及中新世开始的喜马拉雅运动的影响，造山带总体在伸展体制控制下继续隆升遭受剥蚀，同时生成新生代的断陷盆地，新生代正断层切割中生代逆掩断层。

千里岩隆起区为胶南隆起区向海域的延伸部分，是一个 NEE 向的狭长地带，南以 NE 向嘉山—响水大断裂与南黄海北部盆地和中部隆起区分界，北以千里岩断裂与胶南隆起分开。千里岩隆起区长期处于隆升状态，其基底主要为元古界和太古界，除局部有白垩系的部分残留外，大部分区域其上直接覆盖新近纪以来地层。基底岩性主要有黑云母质混合岩、黑云母质条纹状混合岩、混合岩化浅粒岩、长石石英岩、黑云母片岩，并有黑云母花岗岩呈岩株状侵入，属胶东岩群。千里岩隆起区的 NEE 向断裂发育，此外还有 NW 向和近 EW 向断裂，这些断裂为前中生代的古老断裂，规模较大。

千里岩隆起区的重力异常为 NE 向正异常高值带，在磁场上则为平缓负异常背景上的正负异常圈闭，反映了基底强磁性侵入体的存在。

新近纪以来千里岩隆起区构造活动性较弱。上新统及上覆地层较薄，而且逐渐向陆地区域减薄甚至尖灭。嘉山—响水断裂带的分支断裂局部有微弱活动，导致上覆地层发生变形，但最新变形时间多在晚更新世以前（图 10.12）。

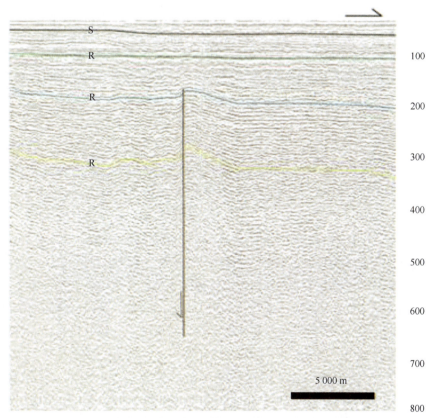

图 10.12　浅层地震剖面揭示的千里岩隆起区边界处的构造变形

### 10.3.1.3　中朝地台

中朝地台结晶基底为一套古老的太古代—早元古代变质岩系，北黄海发育在该变质岩基底之上。李乃胜（1995）认为震旦系地层在北黄海零星发育，缺失整个古生界和下中生界地层。北黄海断陷盆地形成于晚中生代。北黄海盆地的基底是古老的寒武纪地层。蔡峰（1995）推测北黄海盆地的变质基底为华北地台，由太古界—元古界的花岗岩、变粒岩、大理岩、石英岩、板岩和片岩组成。北黄海盆地中的古生界与华北地台上的基本相似，最大区别是北黄海盆地发现了上奥陶统和中上泥盆统及下石炭统地层。杨艳秋等（2003）根据地震和钻井资料，并结合朝鲜西湾盆地的钻探资料，认为北黄海前中生代基底为元古界变质岩和古生界，古生界主要分布在北黄海盆地的中部和东部地区以及朝鲜平南地区，以碳酸盐建造为主；元古界在北黄海盆地中分布广泛，主要围绕古生界分布。

1）海洋岛隆起（$\text{IV}_1$）

分布于辽东半岛的东、西和北侧海域，为辽东隆起的海域延伸，西邻下辽河－辽东湾坳陷和渤中坳陷，东邻北黄海盆地区的西部坳陷、中部坳陷和中西部隆起。在重力异常图上表现为强的正异常，四周通过强烈的异常梯度带与相邻的其他构造单元分开，显示了边界大断裂的存在。在磁力异常图上，以北黄海盆地北缘断裂为界，呈现截然不同的面貌，断裂以西表现为较平缓的正异常区，含个别负异常圈闭；断裂以东则为宽缓的负异常区，仅在海洋岛周边为低的正异常。

隆起的基底为太古代和早元古代变质岩系、混合花岗岩和混合岩，陆域很多地区结晶基底广泛出露，海域滨岸很多区域的第四系直接覆盖在结晶基底之上，甚至基底出露海底。古生代地层不发育，仅分布在个别小型断陷盆地中，三叠纪时由于印支运动的影响，隆起处于构造活化阶段，发生大面积花岗岩侵入。燕山期受滨太平洋活动带影响，NNE、NW 和近 NS 向断裂活动强烈，在形成小型断陷盆地的同时发生中酸性岩侵入。在新生代陆域主要处于抬升和剥蚀状态，而海域则广泛接受第四纪沉积物。

2）北黄海盆地

北黄海盆地区同样表现出"东西分带，南北分块"的构造格局。可以分成西部坳陷、中西部隆起、中部坳陷、中央隆起、东部坳陷和南部凹陷群 6 个次级构造单元（李文勇等，2006；陈玲等，2006）。区域性的拉伸作用导致了北黄海盆地区隆起背景上地堑、半地堑式坳陷的广泛发育，而挤压作用以及扭动作用的叠加则在坳陷内部形成了大量褶皱和走滑断裂等构造。

西部坳陷位于北黄海盆地区最西侧，紧邻胶辽隆起区，重力异常表现为一走向 NNE 的近似三角形负异常圈闭，周边为 3 个重力梯度带所围限。东边界南段梯度带不明显，通过一高异常条带过渡到另一个负异常圈闭，这与其相邻的南部凹陷群以及两者之间的基底凸起相对应。磁力异常显示为团块状平静异常或正异常低，与西侧的胶辽隆起区相近，而不同于北黄海盆地其他二级构造单元，可能表明其与胶辽隆起具有岩性相近的结晶基底。西部坳陷为双断地堑（图 10.13），两边界均为正断层控制，东边界断层走向 NNE，其基底断距（近4 000 m）远大于西边界断层（不足 2 000 m），导致基底向东倾伏，各沉积地层向西逐渐变薄或者尖灭，揭示了西部坳陷自半地堑向地堑构造演化的过程。东边界断裂带 NNE 向次级断层发育，形成了宽度较大的断阶带，依次向坳陷中心断落。局部发育有断背斜和披覆潜山构造（李文勇等，2006；陈玲等，2006）。坳陷内发育了中生界（上侏罗统—下白垩统）和新生界（古近系和新近系—第四系）等地层，最大沉积厚度超过 5 000 m（陈玲等，2006），新生界厚度明显比中生界厚度大。浅层地震剖面揭示了西部坳陷新近纪以来的地层发育与构造变形特征。一方面，新近纪及其上覆地层厚度自西向东增加的趋势没有改变；另一方面，东边界断裂的继承性活动一直持续到第四纪后期，表明坳陷虽然为双断地堑，但西边界断裂对坳陷的控制作用远小于东边界断裂，而且其最新的活动性也不强。图 10.13 中揭示的东边界由一组断裂组成，断裂切割的断块差异性运动明显，这与坳陷下部具有相似的特点。

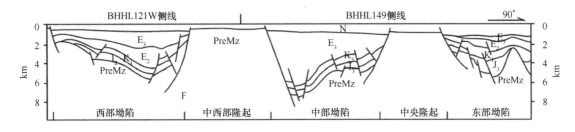

图 10.13　北黄海盆地区东西向构造剖面图（据李文勇等，2006）

中西部隆起四周分别为西部坳陷、辽东－海洋岛隆起、中部坳陷和南部凹陷群，边界皆为正断层控制（图 10.13，图 10.14）。在重力异常图上，中西部隆起对应着负异常背景上的正异常圈闭，异常值小于胶辽隆起区。在磁力异常图上，隆起对应一宽缓负异常区，含多个小的低值正异常圈闭，这与隆起的岩性吻合，主要为前侏罗纪陆相、海陆交互相、碳酸盐台地相等未变质或弱变质的沉积岩系及其下的变质结晶岩系（包括太古界和元古界），其岩性特征与整个华北地台近似，表现为弱磁性。局部岩浆作用相对活跃的地区，磁性较强，形成范围很小的正异常圈闭。隆起南缘为一走向 NEE 的线性负磁异常带，异常变化剧烈，两侧梯度大，可能与边界处走向 NEE 的断裂有关。隆起区地层发育简单，厚度较小，主要为新近纪以来的沉积，新近系甚至第四纪直接覆盖在前中生界基底之上（图 10.15，图 10.16）。

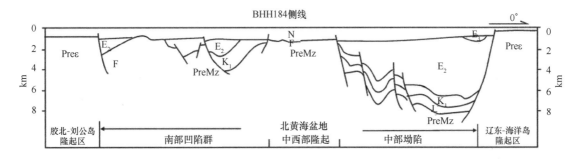

图 10.14　北黄海盆地区南北向构造剖面图（据李文勇等，2006）

中部坳陷重力表现为平缓的正异常区，在磁力异常图上为平静的负异常区，走向 NEE。中部坳陷四周均为正断层所限，西边界断层和南边界断层切割深度大，对坳陷内部沉积层发育具有控制作用；东边界和北边界断层断距相对较小，导致坳陷下部地层向西和向南倾伏。坳陷发育了厚度最大 8 000 m 的沉积层，其中中生界厚度在 0～3 000 m，新生界厚度在 100～5 900 m 之间（陈玲等，2006），主要为渐新统和新近系—第四系。坳陷在中生代范围较小，且表现为西断东翘、南断北翘的半地堑构造，导致中生界仅分布在坳陷的中心部位，厚度向坳陷边缘逐渐减薄或者尖灭。古近纪地层遭受强烈的剥蚀，导致渐新统仅在坳陷东北部和西南部的小范围发育。次级断裂构造发育，走向以 NE 向为主，切割深度不大，主要错断了中生界，进入新生代以来，活动性减弱。局部发育背斜压性构造，导致新近纪以前的地层发生褶皱变形，与晚白垩世和渐新世末—中新世初的两次构造挤压作用有关。

南部凹陷群由 10 余个规模不大的凹陷及其相邻的凸起组成，各个凹陷走向不明显，分布不规则。其西半部分主要包括 3 个凹陷和 3 个凸起，在重力异常图上，表现为正异常背景上的多个负异常圈闭；在磁力异常图上，表现为强的正负异常区，重力和磁力正异常与凸起、

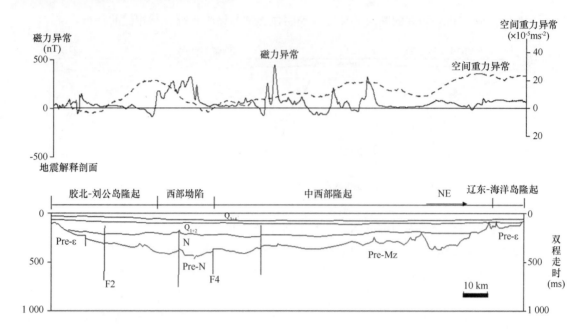

图 10.15　横穿北黄海盆地区的综合解释剖面（JGMSZL6 测线）

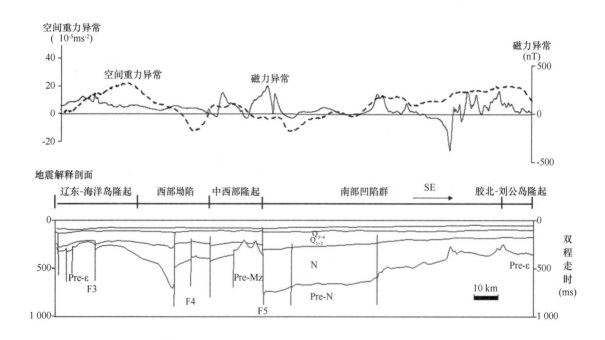

图 10.16　横穿北黄海盆地区的综合解释剖面（JGMSZ9 测线）

负异常圈闭与凹陷有很好的对应关系。南部凹陷群内沉积厚度远小于北黄海盆地区其他坳陷，在 600～3 600 m 之间（陈玲等，2006）。主要地层为下白垩统、古近系和新近系—第四系，中生界厚度很薄，部分凹陷内甚至缺失，导致新生界直接覆盖在前中生界基底之上，表明这些凹陷的形成时代较新。值得注意的是，这些凹陷内新生界的沉积速度甚至超过其他坳陷，浅层反射地震探测的结果就揭示南部凹陷群的新近系和第四系的厚度是北黄海盆地区最大的，而上更新统的厚度最大的区域进一步偏向南部边界，联系东部坳陷、中部坳陷和西部坳陷中生界、新生界厚度的差异，这可能反映了自中生界以来北黄海盆地沉积中心自东向西、自北向南逐步迁移的过程。在构造样式上，以南断北超、东断西超或西断东超的半地堑为主，个别较大的凹陷四周均有断裂发育。南部凹陷群是北黄海盆地研究范围内构造较活跃的次级单元，新近纪以来的沉积厚度分布显示，南部凹陷群是重要的沉积中心，而且具有向西和向南逐渐迁移的趋势，在与中西部隆起的边界上发育的一直切穿海底的活动断裂也表明了南部凹陷群的最新活动性（图 10.15，图 10.16）。

### 3）刘公岛隆起区

刘公岛隆起区属于胶南隆起向东的海域延伸部分，在重力场上表现为平缓的正异常，含多个强正、负异常圈闭。

该区广泛分布花岗质侵入体包括元古宙花岗质片麻岩、块状花岗岩以及中生代印支－燕山期花岗岩等（凌贤长等，1997）。区域早期变形表现为 EW 向构造体系，尔后又相继发生了 NE—NNE 向、NW 向等不同时代、不同层次、不同机制变形的强烈叠加与改造，自晚元古宙开始的 NW—NWW 方向地壳伸展作用，断续延到中生代印支－燕山期，区域构造处于十分激化的状态，导致褶皱变形及大规模花岗质岩浆侵位。古近纪的喜马拉雅运动，促使渤海盆地强烈断陷，山东半岛与辽东半岛中断分离。

在山东烟台以北海域有一个明显的重力负异常圈闭，这可能与张家口—蓬莱断裂带在该区域的最新活动导致的构造沉降有关。研究表明，张家口—蓬莱断裂带的部分分支断裂在该区域有较强的活动性，断裂最新错动了湾更新世早期地层，并可能与多次中强地震活动有关（王志才等，2006）。该区域为发育在隆起背景上的一个 NW 向现代沉积中心，特别是第四纪以来沉积厚度增加的趋势尤为明显。

## 10.4　构造演化

黄海目前的构造格局是经过长时期构造演化的结果。黄海地区分属华北板块、苏鲁造山带和扬子板块 3 个不同的构造单元，具有各自不同的演化过程。北黄海属于华北板块东部地块，在中生代早期以前与华北板块其他地区共同经历了陆核形成的过程，直到印支运动以后，随着太平洋板块向亚洲大陆的俯冲消减，在古亚洲构造系之上的 NNE 向构造叠加造成研究区内活跃的岩浆活动和断陷盆地的发育。南黄海的主体属于苏鲁造山带和扬子板块的东部，与扬子板块其他地区共同经历了中元古代末四堡运动和新元古代晋宁运动的固结和再次活化，形成具双层变质岩的基底结构（陈沪生，1999），之后历经印支期与华北板块的碰撞和燕山期的断陷拉张，在新近纪之后转入区域性构造沉降阶段，其间包括前期的轻微构造挤压和后期的全面披盖沉积过程。南、北黄海连接部位属于苏鲁造山带，以印支期华北和扬子两大陆块的碰撞为主要事件，先后经历碰撞前期、碰撞期、后碰撞期和后造山期四个主要阶段（杨文采等，2005）。

### 10.4.1　北黄海构造演化

35 亿年左右的构造－热事件在华北冀东的迁西、遵化一带形成了以迁西群下部为代表的我国最早的陆核。在 35 亿～30 亿年期间，相继形成了集宁群、桑干群、迁西群上部和鞍山群为代表的古岛链式的陆核。25 亿年左右的阜平运动又相继形成了以登封太华群—鲁西泰山群和朝鲜半岛狼林群为代表的华北狼林古陆核。吕梁运动使上述陆核形成了华北狼林原始古陆的基底。后期的构造运动使上述诸陆核逐渐稳化，向大陆地台过渡。在元古代末期，印支运动使扬子块体向中朝块体北向运动，华北—狼林原始古陆与扬子—京畿原始古陆在秦岭—大别—胶南一带碰撞对接在一起，从而构成了统一的原始中朝古陆（许东禹等，1997）。

185～190 Ma 以来太平洋板块诞生并迅速扩张，驱动着库拉板块沿古亚洲大陆东部边缘俯冲消减。库拉板块的挤压作用形成了中国东部燕山早期主压应力呈 NWW—SEE 向的构造应力场。正是在这区域构造背景下，发生了对中国东部及其邻域构造格局的改造（姚伯初，2006）。晚侏罗世—早白垩世时期，太平洋板块迅速扩张，库拉板块迅速缩小并相对欧亚大陆向 NE 方向漂移，沿千岛—阿留申海沟消减于亚洲大陆之下，从而导致区域主压应力方向转为 NE—SW 向。此构造环境导致了晚侏罗世—早白垩世中国东部重要的裂陷作用，表现为大规模的火山喷发活动和断陷盆地的形成，逐渐形成了渤海湾盆地和北黄海盆地的雏形。

晚侏罗世—早白垩世，由于太平洋板块沿 NW 方向欧亚板块的俯冲，引起中国大陆东部边缘岩石圈拆沉与地幔热流向大陆方向的蠕散，从而导致中国东部大陆边缘的区域性弧后拉张，因此形成了一系列近 EW—NE 向的张性正断层，导致了北黄海盆地的伸展断陷。

中生代末，太平洋板块以 NNW 方向在欧亚板块东部边缘继续俯冲，强烈的挤压作用，在北黄海地区地幔隆升，北黄海盆地整体抬升，遭受剥蚀，这一作用一直持续到古新世末。

至始新世，太平洋板块向欧亚板块的俯冲运动减慢或处于间歇阶段，中国东部处于松弛—拉张状态，岩石圈发生伸展开裂，形成一组以 NNE 方向为主的张性断裂系。同时，印度板块与亚洲板块之间开始初步碰撞，中国东部大陆地壳向东漂移，使 NNE 向断裂进一步拉开，并具有右旋张扭性质，坳陷东西侧产生边界断层，它们按 NNE 方向雁行排列。

随着 NNE 向伸展断裂系的发生以及断陷盆地的逐渐形成，深部地幔物质开始被动上涌，引起地壳深部重力和热能不平衡。在拉张、重力和热力调整作用下，沿着已拉开的断裂面做垂直滑动成为主导因素，上盘向下滑动，不断拉张，形成以半地堑为主的盆地结构形式（李文勇等，2006）。在半地堑中由于后期沉积物不断增加，差异升降不断加剧，在抬升方向上沉积较薄，下倾部位沉积较厚，上覆地层产生同生断层，这些同生断层往往发生于早期断层上盘，其走向与早期断层大致平行。另一种则发育在基底斜坡上，与主干断层相向滑动，构成地堑型凹陷。

古近纪末期，太平洋板块西缘俯冲方向由 NNW 转变为 NWW，同时印度板块与亚洲板块之间碰撞产生的 NE 向挤压应力，使得北黄海地区的构造应力场发生反转，断裂活动由张扭性转变为压扭性，区域升降活动由拉张断陷转变为挤压隆升。

新近纪岩浆活动明显减弱，伸展作用也趋于减弱，沉积盖层厚度不断稳定缓慢增加，在岩石圈的热松弛及重力均衡调整作用下，使裂陷盆地整体下沉，由断陷转为坳陷。

## 10.4.2 南黄海构造演化

根据区域构造－地层学研究结果，从震旦纪至新生代，南黄海大致经历了 6 个构造发展阶段（图 10.17），并且具有与四川盆地有相似的海相地质结构。

（1）震旦纪—早奥陶世板块扩张阶段，从震旦纪开始，华南地区晋宁期的板块汇聚作用被加里东早期的拉张—伸展作用所代替，进入了被动大陆边缘盆地发展阶段。至晚震旦世发生广泛海侵，海水不断加深。在早寒武—中奥陶世，下扬子地区总体表现出"两盆夹一台"的格局，苏北—苏南和南黄海的中部地区主体为稳定的碳酸盐台地沉积。台地北侧为被动大陆边缘盆地，沉积了区内主要的烃源岩系；台地南侧为台缘坳陷，称钱塘坳陷，沉积中心在

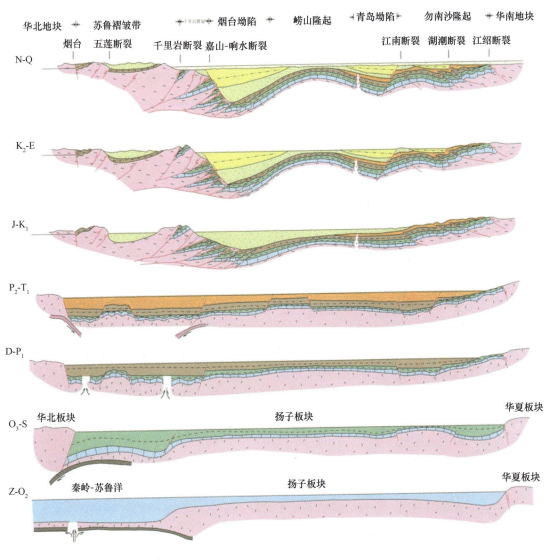

图 10.17 南黄海构造演化模式图

浙西—皖南一带。

（2）晚奥陶世—志留纪板块汇聚阶段，在晚奥陶世—志留纪，扬子板块与华北板块进入汇聚阶段，下扬子北缘开始了前陆盆地发育阶段。在这个阶段中，下扬子地块南部在早期的钱塘坳陷基础上逐渐转变成为一个前陆盆地，其沉积中心位于马金—乌镇断裂一带；在下扬子地块的北缘，苏鲁洋（？）伴随着秦岭洋的关闭而关闭，至志留纪末期，影响整个南方地区构造变动的广西运动发生，使研究区内志留系和中、上奥陶统遭受严重剥蚀，上志留统—中、下泥盆系大面积缺失。

（3）晚泥盆世—早、中三叠世板内裂陷发展阶段，在晚泥盆世—早、中三叠世时期，伴随着特提斯洋的扩张作用，华南板块和扬子板块也进入了板内伸展裂陷发育阶段，出现强烈的板内伸展裂陷，下扬子地块的江苏和南黄海地区亦被卷入其中。扬子地块北部的南秦岭地区形成勉略小洋盆，在华南地块上形成了如“桂湘赣浙裂陷槽”、“苏皖裂陷槽”等裂陷槽地。其中，苏皖裂陷槽已伸向了南黄海中部和南部地区。至中三叠世末期，由于华北板块、扬子板块和华夏板块之间的碰撞挤压，秦岭—大别—苏鲁造山带和华南造山带从南、北两侧向下扬子和南黄海地区推进，形成不同强度的冲断推覆构造和对冲构造格局，下扬子地块上的各裂陷槽逐步关闭。

（4）侏罗纪—早白垩世陆内隆升挤压阶段，在侏罗纪—早、中白垩世，随着华北板块、扬子板块和华夏板块的对接和碰撞造山，南黄海地区再度进入前陆盆地发育时期。

该前陆盆地的发展随着苏鲁造山带的发展而分成两个阶段。第一个阶段是侏罗纪时期，第二个阶段是早、中白垩纪时期。在南黄海北部，苏鲁造山带以嘉山—响水断裂和连云港—千里岩断裂等为主干断裂，叠瓦式由北向南逆冲推覆，使造山带南侧形成侏罗纪前陆盆地。前陆盆地的南界，可达南黄海中部隆起北侧。在白垩纪，燕山中、晚期运动继承了印支期挤压作用的基本格局，使侏罗纪形成的前陆盆地进一步发展，不仅范围扩大，坳陷幅度也加大了，最大沉积厚度可达数千米。特别是早白垩世末期的燕山中期运动，强度远大于印支运动。由此奠定了下扬子及南黄海地区中—古生界的现今构造面貌。

（5）晚白垩世—渐新世陆内裂陷盆地发育阶段，在晚白垩世—始新世期间，由于太平洋板块向欧亚板块俯冲，南黄海处在弧后扩张的动力学环境中，发生了大规模裂陷作用，形成一系列中小型的单断半地堑式盆地或双断地堑式盆地。这些裂陷盆地主要叠加于南、北两个盆地之上，很少见中部隆起。

（6）中新世—第四纪陆内坳陷盆地发育阶段，在中新世—第四纪，研究区进入了陆内造山和坳陷盆地发展阶段。南黄海地区的渐新统—上新统，普遍以角度不整合覆于始新统戴南组及其以下不同层位的地层之上，表明在始新统戴南组沉积之后，研究区再次发生构造反转，形成了一个新的构造不整合面。随后发育的盆地，边缘未曾受到断裂的控制，盆地中沉积厚度也基本稳定，则表明是一种陆内的均衡沉降盆地。

南黄海与四川盆地是扬子地块上的一个"哑铃"的两个头，它们不仅具有相同的结晶基底，都是以1 700 Ma前后中条运动固结的下元古界结晶基底，还具有相同的中、古生界沉积环境和相同的构造格架、构造特征。但由于在中生代以后的构造演化出现了分化，所遭受的中、新生代改造作用不同，导致出现如下显著差异：①晚三叠统—侏罗系在四川盆地的厚度较大、分布广泛，而在南黄海较薄，且仅分布于盆地北部；②在白垩纪四川盆地褶皱平缓，没有火山活动，而南黄海岩浆活动相对发育；③在新生代，四川盆地表现为隆起抬升，而南黄海主要表现为断陷或坳陷沉积；④在印支期和燕山期，下扬子及南黄海逆掩推覆和对冲构造作用显著，而四川盆地没有。

# 第 11 章　深部结构与地球动力过程

## 11.1　地球物理场特征

### 11.1.1　重力场特征

黄海地区空间重力异常以正负镶嵌的异常为特征，由西向东，异常值逐渐增高。由于整个南黄海水深变化较小，地形地貌变化比较平坦，其空间重力异常和布格重力异常的面貌特征相近，幅值相差不大。从总体上看，黄海南北两部分的重力异常面貌有较大差异，北黄海为一相对重力高地区，南黄海为一相对重力低地区。

黄海海域的重力场特征是由黄海及周边地区的深部结构与构造、地层建造组合、断裂构造、岩浆岩与变质岩性质及其分布特征所决定的。黄海海域横跨华北板块、苏鲁造山带和扬子板块三大一级构造单元，涵盖了胶辽隆起带、北黄海盆地、千里岩隆起带、南黄海盆地和浙闽隆起带等构造带，构造走向自北向南逐渐由 NNE—NE 向转变为 NEE—EW 向，重力异常的整体分布特征反映了不同构造单元之间的差异性。

胶辽隆起带空间重力异常以升高的正异常为主，异常的最大值在 $40 \times 10^{-5}$ m/s$^2$ 左右。在北黄海中部相对独立的、呈块状分布的负异常，局部异常走向不明显。隆起带包括辽东 - 海洋岛隆起和胶北—海洋岛隆起两个次级单元。辽东 - 海洋岛隆起空间重力异常以大面积的块状分布的正异常为主，异常值多在 $30 \times 10^{-5}$ m/s$^2$ 以上，异常的最大值在 $40 \times 10^{-5}$ m/s$^2$ 左右。胶北—刘公岛隆起空间重力异常表现为块状升高的正异常，异常的最大值多在 $25 \times 10^{-5}$ m/s$^2$ 以上。

北黄海地区以相对平缓的正异常为主体，在正值背景上发育一些局部的重力低圈闭，总体异常特点是小型的线性异常及半环形异常，延伸长度不大，成断续状分布，优势走向为 NE 向，局部存在 NW 向异常。北黄海北部区域的重力异常呈明显的线形梯级带，近 E—W 向展布，西部由于受郯庐断裂的影响，异常带呈 NNE 向。北黄海中央地区大致呈 NE 向不规则长方形展布，西北和东南两侧高、中间低的布格重力异常格局使本区形成 3 条重力异常带。

千里岩隆起带位于南黄海盆地和北黄海盆地之间，空间重力异常主要表现为团块状正异常圈闭，团块状正异常与两侧的负异常之间出现明显的异常梯级带，异常走向为 NE 向，大部分区域的异常场值在（10～20）$\times 10^{-5}$ m/s$^2$ 之间变化，同时存在少量的异常场值在 $0 \times 10^{-5}$ m/s$^2$ 左右的低负异常。布格重力异常与空间重力异常形态相似，总体表现为串珠状高值异常呈 NE 向分布。

南黄海盆地以正重力异常为主，部分地区有负异常存在，线性异常规模较大。北部盆地以大面积低异常为主，并呈东高西低的变化趋势，局部异常发育，变化平缓，异常走向明显，呈 NE—NEE 向（图 11.1）。空间重力异常的主要背景异常为 $-10 \times 10^{-5}$ m/s$^2$，大部分负异常幅值在 $0 \sim -15 \times 10^{-5}$ m/s$^2$ 之间变化，异常最低值出现在该区的西南角，异常值接近 $-20 \times 10^{-5}$ m/s$^2$。

中部隆起为重力异常相对升高区域，表现为平缓的正异常，与南北两个负异常区域之间有明显的梯级带。根据重力异常场的幅值，可以将该区域分为东西两个区域，两区域大约以121°50′E为界。西部区域的重力正异常值偏高，空间重力异常的幅值大部分在（10～20）×$10^{-5}$ m/s$^2$ 之间变化，总体走向 NE 向，有近 NW 向和 N—S 向的特征叠加显露。该区有一个较高的正异常圈闭，圈闭的走向呈 NE，其最大空间重力异常达到 30×$10^{-5}$ m/s$^2$，向南快速下降为 10×$10^{-5}$ m/s$^2$，直到该异常区的南缘。南部盆地总体为一较大低异常区，变化较平缓。区内空间重力异常分布在（-10～10）×$10^{-5}$ m/s$^2$ 之间，结合水平方向导数可以看出异常展布主体方向以 NW 向为主，局部有 E—W 向和 NE 向异常圈闭，其中最低的异常出现在靠近陆地一侧，接近 -12×$10^{-5}$ m/s$^2$。

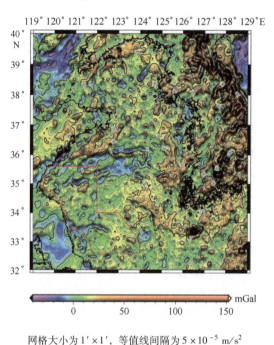

网格大小为 1′×1′，等值线间隔为 5×$10^{-5}$ m/s$^2$

图 11.1　黄海及邻域空间重力异常图（Sandwell et al.，2009）

勿南沙隆起带与南黄海南部盆地降低异常区接壤，正负区域之间有一明显的 NE—NW 向梯级带。区域异常发育在相对升高的背景上，总体走向比较混乱，有 E—W 向和 NW 向叠加的特征。在 122°30′E 附近有一近 N—S 向的梯级带，将该异常区分为东西两部分。在梯度带以东有相对升高的异常区，其走向呈近 NW 向，空间重力异常在 20×$10^{-5}$ ～10×$10^{-5}$ m/s$^2$ 之间变化；而梯度带以西，异常值较低，变化比较平缓，走向不明显，大体呈 E—W 向，空间重力异常在 5×$10^{-5}$ m/s$^2$ 左右变化。布格重力异常的形态和走势与空间重力异常相似，异常值约 5×$10^{-5}$ m/s$^2$。

## 11.1.2　地磁场特征

黄海的地磁场分布特征同样与构造单元密切相关。以苏鲁造山带的千里岩隆起区为界，其南北两侧磁场面貌有很大区别。以南属扬子板块，地磁场为负异常，但非常平缓，大面积在 -50～-100 nT 之间变化；以北属华北板块，磁场总体面貌也为负，但其梯度却较南侧大的多，最大负异常值可达 -300 nT 以上，单个异常方向性也较差。由于各次级构造单元具有不同的地质结构以及岩性，造成地磁场存在区域性差异（图 11.2）。

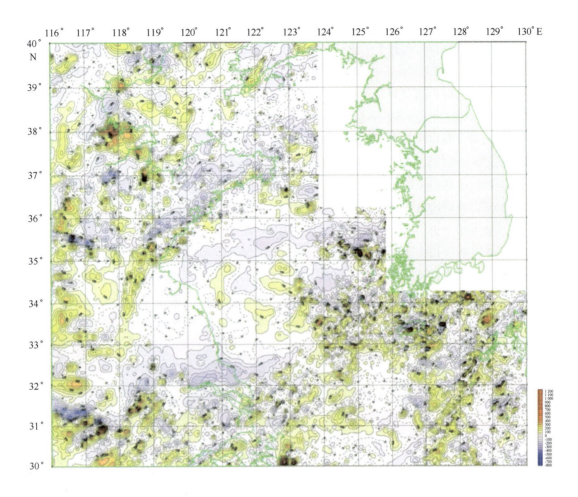

图 11.2　黄海及邻域磁力异常平面等值线图（单位：nT）

胶辽隆起区属于长期隆起构造单元，以正负变化异常为主，南北部差异较大。胶北－刘公岛隆起磁力异常变化较大，磁力值以负值为主，大部分地区幅值在 －130～100 nT 之间变化，只是在长山岛以东 121°E 附近海域存在一团块状高值异常区，异常幅值高于 500 nT，此异常团块在上延 10 km 等值线上仍然存在，在上延 20 km 等值线图中才消失，推测其为巨大的深源火成岩体引起。测区内异常走向以 NE 为主，兼具 NW 走向特征。辽东－海洋岛隆起磁力异常平缓，异常幅值在 －20～210 nT 之间变化，异常走向 NE。

北黄海盆地的上部沉积盖层主要为中生代的陆相碎屑岩，均为弱磁性或无磁性。所以测区内北黄海盆地的 △T 磁异常为平静异常，异常幅值在 －150～230 nT 之间变化，背景异常的走向为 NE 向。北黄海盆地是发育在隆起背景之上的中、新生代沉积盆地，其西面是渤海湾坳陷，东面是朝鲜半岛的狼林地块和平南凹陷，北面是辽东地块，南面是胶东地块，它们都是自元古代以后长期隆起的地块，基底由太古界和元古界两套深浅变质岩组成，基底构造线都呈 NEE—SWW 方向，局部地区在基底之上接受古生代沉积。在基底上叠置了规模不同的中生代断陷—凹陷盆地，接受了一套陆相碎屑岩和火山岩堆积，并有大规模的岩浆岩侵入，后期遭受强烈的构造变动，NNE 方向的断裂复杂化，并接受巨厚的新生代沉积。

千里岩隆起区异常值在 －100～420 nT 之间变化。在此区的西北，有一等值线非常密集的串珠状线形正异常圈闭。这些正异常圈闭规模小、异常幅值大，最大值在 400 nT 以上，总体走向 NE，其间夹杂有范围很小的负异常圈闭。本区的南侧以宽缓负异常背景上的低幅正负异常圈闭为主，异常等值线走向为 NE 向；东侧则以宽缓负异常为主，且向东异常等值线逐渐稀疏。山东半岛沿海分布有若干个规模较小的正异常圈闭。这些圈闭与海岛相对应，是黑云斜长片麻岩、黑云斜长变粒岩、浅粒岩、斜长角闪岩及混合岩化斜长片麻岩等高磁性岩石在磁场上的反映。山东半岛南侧近海的磁异常特征是在负异常的背景上叠加了串珠状线性分布的正异常圈闭，总体走向 NE，揭示断裂带及断裂带两侧磁性物质的存在。沿断裂带地表为大面积闪长花岗岩及细粒花岗岩所占据，长达 520 km，岩体出露范围与升高异常基本对应。千里岩隆起区是一个长期以上升作用为主的基岩隆起区，由胶东群及粉子山群变质岩系组成，是一个长期裸露的基底隆起区，基底埋深较浅，在 3~5 km。其上局部地区发育中生代沉积岩和火山岩系，断裂构造十分发育，沿断裂有酸性、基性岩浆的侵入和喷发。

北部盆地总体上为一降低负磁异常带，整体呈 NEE 向延伸，向西转为 NE 向，与苏北淮阴—滨海磁力低值带相连，大部分区域异常变化在 -30~-80 nT 之间，沿东西向轴部，异常较平缓，而南侧梯度较大。在异常区内部，小规模圈闭的方向，自西向东逐渐从西部的 NW 向变为东部的 NE 向，并且在东北部存在幅值和范围都很小的圆形正异常圈闭，总体上反映了南黄海北部盆地的弱磁性基底。沿该区降低磁异常带向西可一直延续到苏北的连云港附近。连云港周边陆地及海岛调查资料显示，该磁负异常带主要为前震旦纪具弱磁性的变质岩系的反映。淮阴—滨海钻井资料显示，第四系沉积之下即为前震旦纪锦屏山组及云台组巨厚的结晶片岩及片麻岩系。根据陆地岩石磁性资料，该岩系无磁或弱磁性，因此推测本区磁性基底是淮阴—滨海前震旦纪弱磁性基底向海中的延续。另外，由于该区前震旦系结晶基底埋藏较浅，与北部新生代沉积厚度相近，推测结晶基底之上的中古生代地层较薄，据黄 2 井资料，南黄海北部盆地主要发育古老的下古生界（李乃胜，1995），而上古生界及中生界可能缺失。南黄海北部盆地是一个晚白垩世发育而成，并以新生代沉积为主的中新生代继承性盆地，盆地内中—新生代沉积可达 5 000~6 000 m（梁瑞才，2001）。

中部隆起区呈现块状且变化平缓的正负相间的特点。从岸线一直到 121°E 附近，为大面积的正磁异常，大部分磁异常在 40 nT 以上。121°E 两侧，异常值最大可达 140 nT 以上，沿此线由南向北，异常的延伸方向由近 SN 向转为 NE 向；在 122°以东，为近 EW 向延伸的宽缓正磁异常，最大正异常 160 nT；上述两块状正磁异常之间，为一大面积团块状负磁异常带，大体呈 EW 向延伸，大部分区域异常在 -40 nT 以下，最大负异常位于 34°20′N 左右，在此正异常的南部边界，等值线密集，而在其北部边界，磁异常等值线非常稀疏。本区为一磁性基底深坳陷，最大深度可达 7 km 以上，其总体走向为 NEE 向。陆区扬子地台大量资料表明，异常区的西侧其结晶基底可能为具有磁性的朐山组地层，而东侧则很可能是由无磁性的云台组及锦屏组地层所组成（许薇龄，1982），它是北部负异常区结晶基底的延续。而中部变化异常区可能是后期中酸性侵入体所引起的。在中部隆起区，主要出露古生界地层，其上大部分缺失古近纪沉积层，而新近系也较薄。

南部盆地异常区呈 NEE 向转 NWW 向的弧形展布，为苏北盆地向海域的延伸。与南黄海中部隆起区相似，表现为宽缓的正负变化异常。西部为宽缓的正异常带，以 122°E 为界，以西此异常带的场值低，异常平缓，并夹杂有幅度和分布范围都很小的负异常；而在东部即 122°E 附近场值高，异常与西部有较大不同，等值线密集，异常 NW 向分布，总体上异常在 80 nT 以上，最大正异常为 120 nT。盆地的东南侧，为 NEE 向的块状正磁异常，场值在 50 nT 以上，最大值大于 140 nT；两者之间为一 NE 向狭长的负异常，最大负异常为 -80 nT。该区磁性基底埋深大都在 4~5 km，起伏较小，造成磁场较平缓变化的特点。负异常是苏北区负异常在海区的延续，表明南黄海与苏北区处在相同的基底上（戴勤奋，1997）。

勿南沙隆起区以较为平缓的负异常为主，异常值大都小于 – 100 nT。勿南沙隆起区的磁异常显示出海陆较好的连续性，其为 NE 向，而苏北—南黄海南部盆地区为 NEE 向，两个单元之间的界线并不清晰。依据较强的宽缓的负异常磁场面貌可以推测，组成该区基底岩石磁性微弱，其岩性应以浅变质碎屑岩系为主，推测其岩性可能为千枚岩、板岩、片岩以及碳酸盐岩类所构成的弱磁性基底。较平滑的磁异常特征说明磁场反映的基岩埋深较深，构造缓和，区内岩浆活动不强烈，在其发育、发展过程当中并未受到大的改造和干扰。据已有磁性基底埋深资料显示，勿南沙隆起在本测区内的结晶基岩埋深为 3 ~ 4 km，与其西邻的大陆基岩则在 4 km 以上，深度值基本相近，说明其陆海为一个相同的块体，即该异常区实际上是陆地上的苏中凹陷带的向东延续部分（柴利根等，1982）。

### 11.1.3  地温场特征

南黄海是我国近海热流数据较少的海区，一方面，较小的水深限制了采用海底热流计开展原位测量；另一方面，多年来油气资源勘察迟迟无法获得突破导致钻井数量极少。迄今发表的南黄海热流数据来自杨树春等（2003），8 个热流数据是根据钻井温度数据和岩心热导率数据计算获得，主要局限于南黄海南部盆地（图 11.3）。

图 11.3  南黄海南部盆地热流数据分布图

从表 5.1 中可以看出，南黄海南部盆地 8 口井的地温梯度介于 24.7 ~ 32.0℃/km 之间，平均值为 28.6℃/km，相比于我国近海其他沉积盆地，地温梯度相对较低。盆地热流值介于 65.3 ~ 73.6 mW/m² 之间，平均值为 68.8 mW/m²，与相邻的苏北盆地接近，在近海各盆地中属于中等偏下热流值。热流值的背景值及其区域变化主要受基底构造形态和盆地沉积类型等因素控制（杨树春等，2003）。

表 11.1  南黄海南部热流数据表

| 井号 | 大地坐标 | | 深度/m | 地温梯度 / ($℃ \cdot km^{-1}$) | 热导率 /[$W/(m \cdot K)$]$^{-2}$ | 热流 /($mW \cdot m^{-2}$) |
| --- | --- | --- | --- | --- | --- | --- |
| | 经度 | 纬度 | | | | |
| FN23 – 1 – 1 | 29 9270.7 | 3 706 508 | 1 054 ~ 2 739 | 31.8 ± 4.6 | 2.4 | 68.0 |
| CZ24 – 1 – 1 | 407 288.7 | 3 709 364 | 2 359 ~ 3 530 | 28.1 ± 15.1 | 2.4 | 65.5 |
| WX20ST1 | 426 502.8 | 3 705 541 | 1 593 ~ 3 500 | 26.8 ± 6.1 | 2.5 | 57.0 |
| WX13 – 3 – 1 | 419 949.4 | 3 724 083 | 914 ~ 2 220 | 27.2 | 2.4 | 65.3 |

| 井号 | 大地坐标 | | 深度/m | 地温梯度 /（℃·km$^{-1}$） | 热导率 /[W·(m·K)$^{-2}$] | 热流 /（mW·m$^{-2}$） |
|---|---|---|---|---|---|---|
| | 经度 | 纬度 | | | | |
| CZ12 – 1 – 1A | 406 619.9 | 3 742 933 | 2 070 ~ 3 089 | 32.0 | 2.3 | 73.6 |
| CZ6 – 1 – 1A | 403 365.6 | 3 754 532 | 1 707 ~ 3 866 | 29.0 ± 5.2 | 2.3 | 66.7 |
| WX5ST1 | 481 916 | 3 756 685 | 1 045 ~ 2 934.5 | 28.3 ± 1.29 | 2.45 | 69.3 |
| CZ35 – 2 – 1 | 380 005.5 | 3 674 081 | 1 090 ~ 2 710 | 24.7 | 2.85 | 70.4 |

## 11.2 地壳结构

### 11.2.1 地壳厚度

地壳深部构造特征在很大程度上与莫霍面密切相关，研究莫霍面起伏特征有助于探讨深部构造的形成机制等地球动力学问题。

北黄海盆地区的莫霍面深度一般认为在30 km左右（戴明刚，2003）。刘光夏等（1996）计算了北黄海122°E以西的区域的地壳厚度，结果表明，自辽东半岛至胶东半岛一线，莫霍面深度在35 ~ 37 km之间，往东大致对应西部坳陷的位置，莫霍面深度在36 km以内。比较相邻的辽东半岛和胶东半岛地区莫霍面反演的结果（辽宁省地质矿产局，1989；黄太岭等，2002），以上数据明显偏大，可能是由于计算过程中仅有渤海一个控制点（38.9°N，118.2°E），而黄海处于计算区域的边缘所致。郝天珧等（1998）根据重力异常数据应用调和系数法计算了整个黄海和东海的莫霍面深度，结果表明北黄海地区深度在27 ~ 31 km之间，但由于网格间距较大，因此对区域内部次级单元的刻画不够细致。尽管在深度数值方面有差异，但北黄海地区一个明显不同于渤海地区的特点是等深线圈闭多呈团块状，没有明显的延伸方向。

很多学者利用不同方法计算了南黄海及周边地区的莫霍面深度（李桂群等，1994；郝天珧等，1998，2004；王红霞等，2005；赵志新等，2009），虽然计算的深度值略有差异，但对区域莫霍面起伏形态的反映基本一致。

南黄海莫霍面深度在30 km左右，仍属于大陆地壳性质，起伏较平缓，莫霍面深度区域差异1 ~ 2 km（郝天珧等，1998，2004；赵志新等，2009）；一般认为南北两个盆地为莫霍面隆起区，而三个隆起区莫霍面深度则相对较大（图11.4），自南向北呈现"坳—隆—坳—隆—坳"相间的三坳两隆的起伏形态（郝天珧等，2004），与浅部地层起伏大致呈镜像关系。

南黄海莫霍面等深线走向以NEE和近EW向为主，反映出深部构造走向与地壳表层区域构造线一致（李桂群等，1994）。在山东半岛南部及千里岩隆起区，莫霍面深度均明显大于其周围地区，深度在31 km以上，向南向北急剧减薄，形成梯度变化带，约比其周围地区深3 ~ 4 km，表明苏鲁造山带与扬子板块之间的深部差异，以及嘉山—响水断裂带作为区域性构造分界线的特征。

### 11.2.2 P波速度结构

北黄海属于华北板块，具有华北板块壳内结构的一般特点。研究表明，华北板块的视电阻率曲线，在新生代坳陷区视电阻率曲线为低，在隆起区则高；在中、新生代盆地地壳表层为低阻，在隆起构造区上地壳及中新生代盆地之下，古生代基岩及古变质岩露出地表，表现

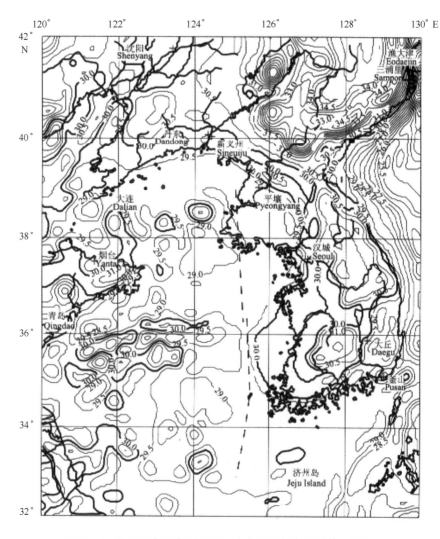

图 11.4 黄海及邻区莫霍面深度分布图（据郝天珧等，2004）

为高阻，在下地壳及上地幔顶部表现为高阻。根据地震速度资料，中朝块体地壳可分为上、中、下三层，在黄海区分别各约 10 km。上地壳平均速度为 2.0～6.3 km/s；中地壳为低速层，其中具有高低速度相间的特征，最低速度为 5.8～6.0 km/s；下地壳为速度梯度层，速度在顶部为 6.2～6.4 km/s，底部为 7.3～7.6 km/s。

　　李志伟等（2006）利用地震层析成像方法计算了环渤海地区的地壳速度结构，计算结果对黄海的壳内结构特征有较好的刻画（图 11.5）。4 km 深度的速度扰动图像反映了地壳上部的特征，在华北西部、燕山地区、辽东半岛和山东半岛均为高速异常，而在渤海湾盆地区以及北黄海盆地区则表现为低速异常，这与速度较高的结晶基底在这些区域埋深的变化有很好的对应关系，构造隆升部位基底埋深大，而构造沉降部位基底埋深小。13 km 速度扰动图像与 4 km 深度相比变化不大，说明地壳中部与地壳浅表层的构造有一定的相关性。燕山褶皱带和胶东、辽东地区仍为高速异常，而渤海湾盆地的低速异常范围则有所缩小，而且在渤海中部显示为与初始模型相近的速度变化。在庙岛群岛附近也表现为低速异常，这与隆起区其他部位不同，可能与该处基底的岩性有关，事实上，在磁力异常图上，庙岛群岛也呈现独特的强正负异常圈闭。23 km 的速度扰动图像主要反映地壳中下部的结构，与 4 km 和 13 km 的图像不同，23 km 的图像与浅表层构造单元不再具有好的对应关系，在华北地区普遍出现低速

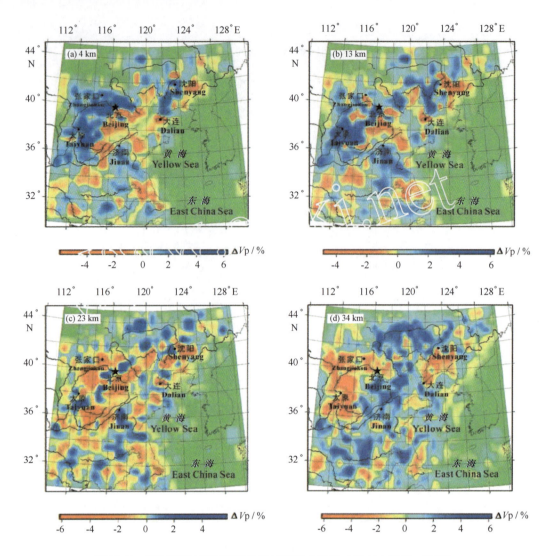

图 11.5　黄海及周边不同深度 P 波速度扰动图像（据李志伟等，2006）

异常，这与华北地区地壳中下部广泛分布的电性高导层相对应，而在渤海湾盆地区和北黄海盆地区则为高速异常，但分布范围较小且表现出一定的带状特征，这是由于在盆地区 23 km已经接近上地幔，高速的地幔物质沿深大断裂的向上运移造成了速度的异常。这一趋势在更接近地幔的 34 km 图像上反映的更为明显。

徐佩芬（2001）研究了胶东、苏北等地区 15 km 深度上的速度图像，反映了中、上地壳分界部位附近的速度分布特点，发现南黄海南部具有明显的低速区，是南黄海裂谷盆地的反映。赵志新等（2009）使用广角反射－折射探测地学断面、深反射地震测深等资料研究了中国东部及黄海地区的地壳三维 P 波速度速度结构特征，对速度结构与构造运动之间的关系进行了分析（图 11.6），郝天珧等（2003）研究了南黄海及邻区的深部结构特点与地质演化。

从 5 km 和 10 km 深度速度分布反映的上地壳 P 波速度结构特征来看，南黄海地区表现为一个低速异常区，P 波波速小于 6.0 km/s，变化平缓，P 波速度大于 6.1 km/s 的高速异常中心区与苏鲁造山带的超高压变质区分布范围基本吻合。

从 20 km 深度速度分布反映的中地壳 P 波速度结构特征来看，南黄海地区的 P 波波速在6.3～6.6 km/s，接近于正常中地壳波速，但分布复杂，在苏鲁造山带存在明显的较大高速异

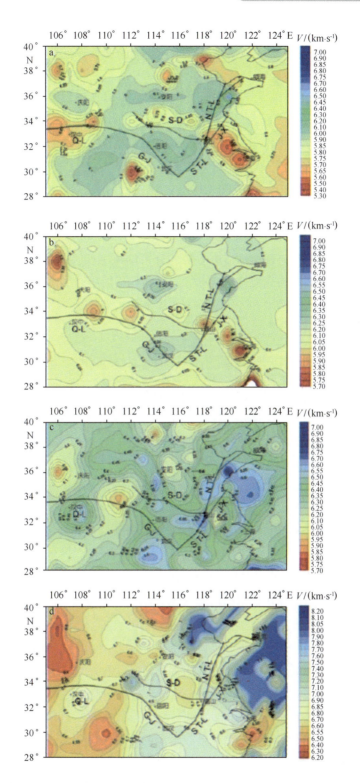

图内数字为P波速度值。a~d分别为5 km, 10 km, 20 km, 30 km深度速度分布图。

S–D: 寿县—定远断裂; G–J: 广济断裂; Q–L: 秦岭; J–X: 嘉山—响水断裂带;

N T–L: 郯庐断裂带北段; S T–L: 郯庐断裂带南段。

图11.6 中国东部及黄海西部P波速度平面等值线分布图（据赵志新，2009）

常区，最大速度等值线异常中心值大于6.6 km/s（赵志新等，2009）。

从30 km深度速度分布反映的下部地壳P波速度结构特征来看，南黄海地区部分已进入上地幔，P 波波速在 7.9~8.0 km/s，但在南黄海中部及南部存在一个孤立的下部地壳块体。需要注意的是，30 km 深处的苏鲁造山带呈现为低速度的 P 波速度分布特征。

## 11.3 构造应力场

### 11.3.1 现代构造应力场分析

井孔孔壁崩落分析是常用的地壳上层应力状态分析方法。许忠淮、吴少武（1997）收集了南黄海盆地 7 口井的孔壁崩落资料，分析表明南黄海的优势崩落方向主要为 NNW—SSE 至 NW—SE。

基于震源机制解对南黄海现代构造应力场的分析结果表明，南黄海地区为数不多的震源机制解的最大压缩变形方向和最大伸张变形方向与井孔崩落推断的水平逐应力方向基本一致，即处于 NNW—SSE 向的引张和 NEE—SWW 向的压缩应力状态之中，这与华北地区现代构造应力场的基本特征一致。

### 11.3.2 新近纪以来构造变形揭示的南黄海应力场演化

新近纪以来是全球地壳形变与造山运动发展演化重要的地质阶段，中国是世界上新近纪以来构造运动最活跃地区之一，这些构造运动不仅对中国自然地理、环境、自然灾害有深刻影响，而且对许多矿藏的形成有重要影响。通过对新近纪以来的构造变形的研究，能够较好地认识区域构造应力场的演化。

进入新近纪，南黄海的断陷发育阶段结束，进入了坳陷和区域性沉降阶段。但由于裂后热沉降期在新的应力场作用下的构造再活动，在盆地某些活跃的部位出现很多继承性和新生的构造变形。中国科学院海洋研究所通过调查揭示出古近纪，乃至第四纪的断层活动形迹，以及断层引起的牵引褶皱（秦蕴珊等，1989a）；李凡等（1998）发现了近 10 ka 以来南黄海陆架沉积物中存在较多的褶皱和断层；郑彦鹏等（2001）根据浅层地震剖面发现南黄海南、北两个盆地的中更新统内均存在地层的褶皱变形和小型的断层存在；戴明刚（2003）提及新近纪末第四纪初南黄海发育了走向 NW 的宽缓褶皱；万天丰（2004）对南黄海中新统—下更新统的 70 余个褶皱的产状进行了统计；李西双等（2006）对南黄海陆架沉积物中的褶皱进行了形态及成因分析，并提出该区域是研究未固结沉积物中褶皱变形的理想"实验室"的观点。除了盆地之外，近来甚至在通常认为比较稳定的隆起区也发现了部分构造活化的证据，如千里岩隆起区的千里岩断裂有晚更新世晚期发生活动的迹象（王志才等，2008）。上述研究表明，南黄海新近纪和第四纪的构造变形在不同的地层层位和不同的区域大量存在。

南黄海新近纪以来变形构造表现出如下特征：

（1）构造变形分布与构造单元边界关系密切：测区构造变形在各个构造单元均有发育，但分布数量有明显差异，主要分布在南北两个盆地，对于隆起区而言，千里岩隆起区和勿南沙隆起区分布较少，在中部隆起区则大量分布。而在两个盆地和中部隆起区，构造变形主要发育在坳陷或凹陷边界部位，显示其与基底边界断裂构造之间的内在联系。除了个别盆地边界断裂部位外，其他大部分部位的构造变形在横向上延伸有限，这也说明多数构造变形只与局部构造有关。

（2）断裂与褶皱构造多相伴而生：主要表现为断层扩展褶皱和断层牵引褶皱两种形式。

断层扩展褶皱是基底断层的活动使断层上部的盖层发生褶皱变形，可以在逆冲断层和高角度正断层上方发育。沿断层面的摩擦力通常产生断层牵引褶皱，可以分成正牵引和逆牵引两种类型。对于未固结沉积物而言，断层扩展褶皱和牵引褶皱之间常常难以确定明显的界限，当下部基底断裂位移较大时，其上发育的扩展褶皱可能在翼部发生明显的位错，导致断裂的形成，原先的扩展褶皱形态也可能会保存下来，并在此基础上产生牵引褶皱。除此之外，部分断裂也可能独立发育（图 11.7）。

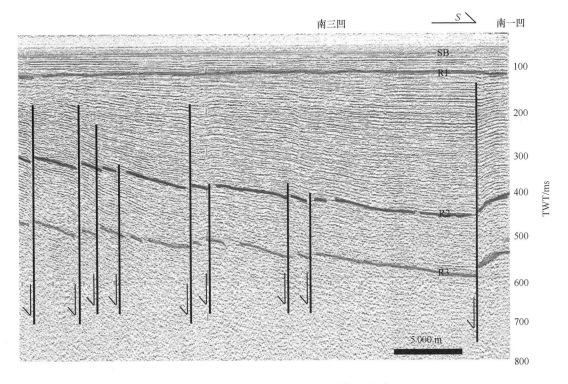

图 11.7　浅层地震剖面揭示的构造变形

　　（3）剖面上呈现压扭性构造组合特征：多数褶皱两翼不对称，较陡的一翼常被断裂切割，并出现向下的位错，较缓的一翼则可能侧向延伸较远，然后发生另一组形态类似的褶皱。褶皱与断裂在局部呈现叠瓦构造组合特征（图 11.7），指向坳陷内部方向的一盘上升，背向坳陷的一盘下降，这一运动特征指示形成坳陷（凹陷）的正断层性质为主的基底边界断裂发生了逆冲运动，也表明沉积层内断裂和褶皱构造形成于一种新的构造应力环境中。

　　（4）构造变形主要在中更新世以前：在浅层地震剖面揭示厚度范围内的沉积物根据其变形特征可以明显地分成两个构造层，上构造层包括层 I 和层 II 的上部，以水平层理为主，除了局部有断裂切割外，基本未发生构造变形；下构造层包括层 II 的下部及其下覆地层，断裂和褶皱构造发育，很多区域地层发生倾斜（图 11.8）。上下两个构造层之间为一不整合面，该界面发育在层 II（$Q_{1+2}$）内部，局部无法追踪，推测可能为早中更新世的分界面。

　　（5）构造变形表现出同沉积特性：相对于南黄海两个盆地古近纪强烈的构造变动，新近纪以来构造变形程度总体较低，断裂的断距一般在数米至数十米，褶皱构造波高最大不过百余米，而且波高与波长之比很小，这与中国东部地区新近纪以来构造变形微弱的大背景吻合（万天丰，2004）。而很多构造变形具有同沉积特征，表现为断裂的断距自下而上逐渐减小直至不可识别，褶皱的波高和两翼坡度也自下而上逐渐减少。显示自新近纪至早更新世，在一个相对平静的构造应力场作用下，地层边沉积边变形的过程。而对于部分断层扩展褶皱而言，

**191**

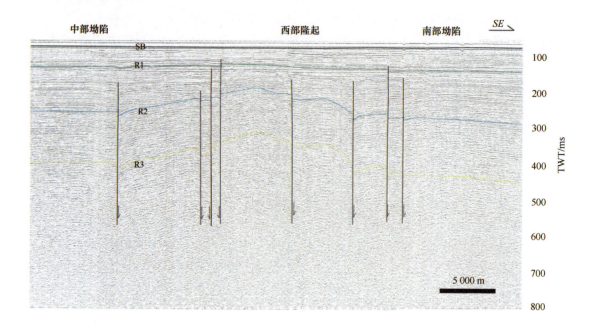

图 11.8　浅层地震剖面揭示的南黄海北部盆地内部新近纪以来的构造变形

尽管其较陡一翼变形更为剧烈，但地层面仍未发生明显错断，表明仍处于应力的累积过程，这些褶皱的应力积累应该作为区域地震危险性评价的重要目标之一。

对中新世以来构造变形成因的解释争论较大。郭玉贵等（1997）认为晚上新世至早更新世，与大陆边缘处于 NWW 向主压应力场作用下相反，东部大陆包括黄海和渤海在内处于局部拉张作用下的盆地沉降；梁瑞才等（2001）、郑彦鹏等（2001）认为古近纪拉张构造背景一直延续到中更新世，并导致了期间地层中张性构造的发育；戴明刚（2003）提出新近纪末和第四纪初，南黄海的主应力方向由 NW 转为 NE 向；万天丰（2004）则认为中新世至早更新世整个中国东部包括黄海、渤海和东海陆架均处于近南北向挤压应力作用之下。也有部分研究者（李西双等，2006）提出南黄海陆架沉积物中褶皱的形成与区域应力场无关，而主要取决于基底断层及其形成的断块。

根据对南黄海构造变形区域分布、平面和剖面组合以及其形成时代等特征的初步分析，认为主要发生在新近纪至早更新世的构造变形应该是在统一的近 N—S 向主应力场作用下，应力挤压和基底断块活动共同作用的结果，其中基底断块的活动在构造边界部位甚至可能居于主导地位，而基底断块在这一时期的活动也与区域构造应力场密不可分。基底构造形成的断裂带在后期构造应力场的作用下重新活动，活动的性质则主要受后期构造应力场的控制，并能在其上部新的构造层内形成相应的新断裂（万天丰，2004）。

历经新近纪以前的多次构造运动，南黄海的基本构造格架已经确立，大的构造边界如嘉山—响水断裂带、南黄海北部盆地南缘断裂带等形成并发生了多次活动。新近纪在印澳板块和菲律宾海板块以不同速度向北运移作用影响下，中国东部受近 N—S 向应力场作用（万天丰，2004），先期形成的 NEE 向和近 E—W 向断裂发生重新活动，由于断裂走向与主应力方向超过 45°甚至近乎垂直，导致老断裂带呈现压性或压扭性特征，剖面上呈"箕状"的老断裂的上盘（坳陷一侧）发生逆冲，并导致上覆沉积层发生相应的变形；老断裂不断活动，上覆地层不断沉积并不断变形，从而形成了剖面上所呈现的构造变形形态。

## 11.4 构造演化的动力学机制

### 11.4.1 北黄海

扬子古陆核由太古宙—古元古代褶皱变质岩系构成（万天丰，2004）。古元古代（2 500～1 800 Ma），变质作用主要为从中高温区域变质作用过渡到低温区域动力变质作用（低绿片岩–低角闪岩相），变质作用的温度和影响范围逐渐降低和缩小。吕梁构造事件并未使扬子准地台形成统一的结晶基底，整个扬子准地台最终形成统一结晶基底的时期为新元古代晋宁期。在中元古代末期北扬子准地台和南扬子准地台发生俯冲、碰撞，从而拼合成为大家所熟知的扬子准地台。新元古代早期（1000～800 Ma），扬子准地台大部分地区都经受了绿片岩相变质，并形成强烈褶皱。通过此期构造变形，扬子准地台形成统一的结晶基底。扬子准地台第一套沉积盖层形成于新元古代南华纪时期（800～680 Ma），志留纪晚期的加里东运动导致下扬子准地台南部普遍隆升，形成了广阔而稳定的后加里东地台，然后南黄海地区开始了晚古生代陆表海发育阶段。

### 11.4.2 南黄海

扬子古陆核由太古宙—古元古代褶皱变质岩系构成（万天丰，2004）。古元古代（2 500～1 800 Ma），变质作用主要为从中高温区域变质作用过渡到低温区域动力变质作用（低绿片岩–低角闪岩相），变质作用的温度和影响范围逐渐降低和缩小。吕梁构造事件并未使扬子准地台形成统一的结晶基底，整个扬子准地台最终形成统一结晶基底的时期为新元古代晋宁期。在中元古代末期北扬子准地台和南扬子准地台发生俯冲、碰撞，从而拼合成为大家所熟知的扬子准地台。新元古代早期（1000～800 Ma），扬子准地台大部分地区都经受了绿片岩相变质，并形成强烈褶皱。通过此期构造变形，扬子准地台形成统一的结晶基底。扬子准地台第一套沉积盖层形成于新元古代南华纪时期（800～680 Ma），志留纪晚期的加里东运动导致下扬子准地台南部普遍隆升，形成了广阔而稳定的后加里东地台，然后南黄海地区开始了晚古生代陆表海发育阶段。

印支构造期是中国大陆主体基本形成的时期，也是西太平洋构造域西缘贝尼奥夫带的形成时期。该时期太平洋板块沿贝尼奥夫带向 NW 向俯冲，同时欧亚大陆相对向南运动，因而在欧亚大陆东缘形成近 S—N 向左行力偶。中国东部形成了规模巨大的郯庐断裂，其东西两侧发生大规模的相对左行平移，破坏了古老基底构造型式。在左行扭动作用下，扬子准地台内部沉积盖层广泛发育褶皱、断裂，形成印支构造体系。西侧靠近嘉山—响水断层附近和勿南沙隆起的西北部等地形成紧闭的倒转褶皱和叠瓦状构造，而中部隆起区的东部因受古东西向构造所控制，古生界呈近东西向分布。扬子准地台北部与东部，参与印支褶皱的地层是从南华系到中晚三叠统，其中志留系中下统的泥岩、页岩和中三叠统的膏盐层常常构成滑脱面，使其上下的地层表现出截然不同的褶皱形态和构造样式。扬子准地台南部由于在加里东期发生过褶皱，印支褶皱常常在早古生代褶皱的基础上发育，而使印支构造事件表现得不太明显。

印支运动后，强烈的断裂活动使南黄海盆地迅速发展，南黄海出现了"两盆三隆"的构造格局，产生了两个不同类型的中生代陆相盆地，按其发展过程可进一步划分为早期北挤南裂、中期转换改造、晚期拉张伸展三个阶段。控制盆地沉积的主断层产生，南黄海完成从广海盆地转变为陆上盆隆相间的构造格局。晚侏罗世—白垩纪属于南黄海应力调整和改造时期，强烈挤压作用逐渐减弱，表现为区域应力场相对松弛状态下的走滑、挤压、拉张。千里岩断裂反转成同生正断层，南黄海北部前陆盆地在断裂作用下发生断陷，盆地性质也发生改变，部分逆断层活化为正断层，中部隆起区和勿南沙隆起区处于相对上升部位，未接受沉积，苏北南黄海南部盆地继续断陷沉积。晚白垩世，受环太平洋构造域的影响，南黄海地壳处于伸展状态，区域应力场进入拉张环境，这一时期以张性正断层为特征，包括继承性和新生的断层，两盆地沉积既受古地形的控制，也受同生断层的控制，沉积范围较前拓宽，厚度变化大，充填河湖相碎屑岩。苏北—南黄海地区在晚白垩世期间经历了一次以褶皱为主的构造运动，因这次运动在苏北西南缘的仪征小河口地区表现最清楚，故而称之为仪征运动。在苏北陆区赤山组砖红色砂岩与泰州组底部浅棕红色砾岩呈波状起伏的不整合接触。而在南部盆地泰州组与赤山组之间存在沉积间断，具"上超下剥"的特点，可能对应于仪征运动。

古新世是断陷盆地发展期，构造活动频繁，南北两个盆地的构造活动性、沉积环境和坳陷发育状况有明显的差别。北部盆地 NEE 向断层活动强烈，坳陷分割性强。南部盆地的分隔性不明显，水体连通。古新世早期北部盆地发生过一次轻微的构造运动，即喜马拉雅山运动第一幕。这一运动在地震剖面上表现为阜三段与阜二段之间的微弱角度不整合，但其影响范围仅限于中部坳陷的东部。古新世末，南黄海发生了吴堡运动。吴堡运动比较强烈，波及全区。

进入始新世后，南黄海以断块运动为主，中部隆起区上升，南、北两个盆地下降，南部盆地内凹陷和凸起明显分化，北部盆地的沉降中心移向中部坳陷，呈现为南、北两个盆地对称于中部隆起区带的箕状结构。北部盆地继承了晚白垩世以来的构造，NEE 向断层继续控制坳陷（凹陷）和隆起（凸起），但沉积范围缩小；南部盆地在 NWW、NEE 和 NW—NNW 向断层的分割控制下，大部分为凸起未接受沉积。始新世末，随着太平洋板块俯冲方向从原有 NNW 向转为 NWW 向，南黄海发生了真武运动，真武运动不如吴堡运动强烈，以整体上升、剥蚀伴有局部挤压活动为特点，局部地区轻微变形而出现不整合。

渐新世时，地形逐渐被夷平，沉积层向凸起和隆起超覆，沉积范围超过始新世，北部盆地中部坳陷的东部和南部盆地的南四凹陷发生过基性火山喷发。渐新世末，由于太平洋板块向 NWW 俯冲作用的加强，本区发生了较强的三垛运动。三垛运动强烈的挤压作用并伴随剪切走滑活动，两盆地从整体沉降阶段转为迅速抬升阶段，使古近系和上白垩统褶皱断裂，形成一系列 NW 向褶皱构造和逆断层，与此同时，东部挤压作用明显，往西逐步减弱。南黄海北部盆地渐新世地层被强烈削蚀而大多缺失，中部隆起区和勿南沙隆起区一直上升，未接受沉积。

进入新近纪，在印—澳板块的向北碰撞挤压和菲律宾海板块向北俯冲的共同作用下，中国大陆东部整体处于近 N—S 向的挤压环境中，南黄海地区的断陷作用结束，中新世开始，黄海地区普遍下降，进入一个以坳陷为主的演化阶段，整个地区的沉积厚度从南向北逐渐变小。

中新世早期南黄海南北两个盆地继续为沉降区，主要同生断层仍有一定控制作用。晚期大部分同生断层相继消失，本区整体下沉，沉积物向其他凹陷、凸起上超覆。南部盆地沉降速度大于北部盆地，塑造了中新统顶面南深北浅的格局。中新世末期南黄海发生凡川运动，在整个黄海地区总体表现为平稳抬升，造成了上新统和中新统之间的平行不整合，仅在局部表现为角度不整合。

上新世继承了中新世发育趋势，继续全面下降。在南部盆地形成了超过 400 m 的上新统，而在北部盆地西部隆起，受边界断裂较强烈活动的影响发生挤压抬升，沉积厚度明显小于周边地区，最小厚度仅 250 m 左右。

直到早更新世，黄海一直处于近 N—S 向的挤压应力场中。自中更新世开始，中国大陆转入现代构造应力场作用时期，黄海地区最大主应力方向变为以近 E—W 向为主，在处于相对稳定时期的现代应力场作用下，南黄海海域稳定而缓慢的下降，全区沉降速度相对比较均匀，多数地区沉积厚度在 50～70 m 之间，最大不足百米。沉积层基本未发生构造变形，仅局部活动性较强的断裂切割至晚更新世。

### 11.4.3 苏鲁造山带

早三叠世以前，苏鲁地区还是处于扬子克拉通和中朝克拉通之间的海域，属于古特提斯洋北支的东段，二叠纪时宽度约为 200～300 km，进入三叠纪，洋盆的岩石圈在中朝克拉通南缘向下俯冲，形成类似今天安第斯山的活动型陆缘造山带。

大约在 240 Ma，南苏鲁段首先与中朝克拉通接触，碰撞开始发生。然后大别—苏鲁地体被下沉的海洋岩石圈拖曳到 150 km 以深处，发生超高压变质作用。随着两个克拉通相反方向的旋转，苏鲁地区从挤压环境变为局部拉张环境，导致超高压变质岩快速折返到地表，然后整个造山带迅速恢复到挤压状态。

早中侏罗世，扬子克拉通向苏鲁地体及中朝克拉通下方的陆内俯冲，造山作用进入高潮。这次俯冲没有折返事件的发生，陆内深俯冲的表壳岩停留在上地幔，可能会局部熔融，并造成后期岩浆的侵位。

随着后碰撞期结束，板块之间的挤压力虽然已经消耗殆尽，但由于碰撞造成的规模宏大的壳幔作用，岩浆活动成为后造山期造山作用持续的动力。苏鲁造山带两次大的岩浆活动事件发生在晚侏罗世和燕山期，分别形成中酸性火山岩和花岗岩侵位。到白垩纪，整个造山过程结束，造山带转入稳定的剥蚀和夷平阶段。受中始新世—渐新世开始的太平洋板块从西向中国大陆俯冲挤压及中新世开始的喜马拉雅运动的影响，造山带总体在伸展体制控制下继续隆升遭受剥蚀，同时生成新生代的断陷盆地，新生代正断层切割中生代逆掩断层。

# 第12章 油气资源与矿产资源评价

## 12.1 概述

黄海已发现和探明的矿产主要有：铜、锌、锆石、沸石、花岗岩、煤、泥炭、石油、天然气、二氧化碳气、矿泉水和地热等。

在海域范围内，目前已经发现的矿产资源类型较多。油气资源是南黄海海域最重要的矿产资源，因为经过几十年的勘探，揭示出南黄海为新生界、中生界和古生界的叠合盆地，油气资源丰富，但目前勘探程度仍较低，在油气资源勘探上未获得突破性进展。海洋砂矿是内第二位重要的矿产资源。另外，在南黄海北部盆地和南黄海南部盆地中还发现有二叠系龙潭组—大隆组的煤系，可作为一种潜在的能源矿产。

## 12.2 陆架石油资源

### 12.2.1 研究现状

黄海中、古生界海相地层分布广泛，可作为我国东部油气资源储量的重要战略接替区之一。

南黄海和苏皖陆地的海相中、古生界沉积特征基本类似，表明二者在古生代和早中生代处于同一沉积盆地或同一沉积环境之中。从展布范围看，南黄海占据了下扬子地块2/3的面积，是下扬子陆块的主体。

南黄海的海相中、古生界有震旦系、寒武系—三叠系，厚度近万米，但南北有差别。其中，震旦—下二叠统分布广泛而稳定，三叠系下统和二叠系上统在南黄海南部盆地分布也广泛，但在北部盆地分布局限。在北部盆地，震旦系—下二叠统分布面积广，残留地层具有北厚南薄、东厚西薄特点；上古生界（龙潭煤系＋大隆组）和青龙组仅发育于坳陷东部的局部地点。在中部隆起上，震旦—下二叠世地层广泛发育，残留厚度在区内变化不大，具有东西薄，中部厚特点，局部地区分布白垩系，与江苏下扬子区的滨海隆起相连。在南部盆地和勿南沙隆起上，震旦系、下古生界、上古生界和中生界均有发育，其中，震旦系—志留系为中间厚、南北薄；泥盆—下二叠统呈近南北向展布，厚度变化不大，也具有南北厚中间薄和东厚西薄的特点；南部盆地和勿南沙隆起的上古生界的上二叠统（龙潭煤系＋大隆组）和中生界青龙组有显著差异，前者有四个局部区块该套地层剥蚀殆尽，而后者为南北厚中间薄。

苏北—南黄海南部盆地在陆区一般称为苏北盆地，在海区一般称为南黄海南部盆地，是我国重要的油气资源潜在基地。苏北盆地已经发现了大量的油气资源，南黄海南部盆地由于勘探程度较低，目前还未发现有工业性油气资源。在南黄海北部盆地也开展了一定的油气勘察工作, 尚未有重大突破 (刑涛等, 2005)。

南黄海地层发育具有明显的可对比性。在地层组成上, 以中生代和古生代地层为主, 陆区的古生代地层较为清楚, 但在海区古生代的范围和发育程度目前还没有确定。海域总体上对于中生代地层的揭露较好, 对于古生代地层的发育情况目前还只是通过地震剖面的解释成果来确定。

区内中、古生界所经历的地质历程比较复杂。古生代地层在印支 – 燕山期受强烈挤压, 后期发生构造反转, 地层破碎程度高。在中—新生代时期能生烃, 但缺少正常组合和良好的保存条件。中、新生代地层生气条件差, 但地层层序及储盖组合正常, 储盖条件好, 两者合二为一, "优势互补", 组成一个跨新生界、中生界—古生界的 "下生上储" 含油气系统, 满足了中、古生界油气聚集的需要 (姚永坚等, 2004)。

南黄海是奠基于下扬子地台前震旦纪变质岩基底之上一个多旋回叠覆盆地 (姚永坚等, 2004)。虽经 20 多年的勘探但始终未获得油气的重要发现。究其原因, 20 世纪 70 年代失之于技术手段的落后, 80 年代后则局限于勘探思路的失衡, 即重视南部, 忽视北部: 重视古近系—新近系, 忽视中生界—古生界; 重视坳陷, 忽视隆起: 重视找油, 忽视找气。近年来, 在总结过去工作经验的基础上, 认为针对埋伏于古近系之下的中生界—古生界揭露和研究不够, 无法对南黄海地质构造特征和油气远景作出全面评价, 在调查工作中以新层位 (海相中生界—古生界为主, 兼顾陆相中生界—新生界)、新区域 (隆起、凸起为主, 兼顾坳陷)、新目标 (油气并重, 以气及轻质油为主) 和新技术为指导思想, 开展了大量的地球物理补充调查工作, 获得了一批高质量的调查成果, 为新一轮南黄海油气资源勘探工作提供了强大的资料基础。

对南黄海进行的地球物理调查始于 1958~1960 年的全国海洋普查工作; 1961 年中国科学院海洋研究所在南黄海进行了海上地震反射点测量; 1968 年地质部第五物探大队在南黄海 124°E 以西, 32°37′N 海区进行了地质地球物理综合调查研究, 主要目的是寻找石油, 共完成地震剖面 6 条, 测线长 18 5614 km, 磁力测线 500 km, 重力点 99 个; 1969 年原地质部物探大队在黄海加密布置了测线, 完成地震剖面 273 116 km, 磁力测线 3 119 km, 重力点 255 个, 测线 2360 km; 1970 年国家计划委员会地质局第一海洋地质调查大队, 在 123°E 以西海域进行地震概查, 完成地震测线 6 334 km, 磁力测线 7 118 km, 重力点 1517 个, 初步探明南黄海南、北两个坳陷盆地及 1 个中部隆起、10 个凹陷、9 个凸起和 7 个构造带; 同时, 国家海洋局第一研究所在 34°~36′N, 120°30′~120°E 间, 进行了海洋磁力和海洋重力测量, 磁力测线 3 499 km, 重力测点 1 091 个。1974—1976 年是南黄海勘探的重要阶段国家计划委员会地质局于 1973 年成立海洋地质调查局, 进一步对南黄海进行了地震、重力和磁力普查, 北部坳陷的概查范围扩大到 124°E, 并用模拟磁带仪取代了光点地震仪, 共完成地震测线 10 552 km, 磁力测线 1 618 km, 重力点 2 901 个。1974 年 6—11 月, 航空物探大队九〇九队在南黄海 (32°20′~37°25′N, 119°00′~124°00′E) 进行了 1:50 万航空磁力测量, 共计完成测线 3 195 215 km; 1977—1979 年第一海洋地质调查大队和第三海洋地质调查大队在南黄海又进行了地震勘探和钻探, 以北部坳陷的局部构造的调查为主, 完成地震测线 8 176 km, 重力加密测点 1 733 个, 磁力测线 7 745 km。石油工业部海洋石油勘探指挥部地调处在南黄海做了一条贯穿南北两坳陷的地震大剖面和几条辅助剖面调查, 测线长 530 km。自 1979 年起, 南黄海石油勘探走上对外合作的道路, 外国各公司在南黄海各自的中标区块进行了地球物理调查和普查钻井工作。截至 1987 年共完成磁力测线 9 538 km，重力测点 5 829 个，地震测线约为 2 000 km。1991—1995 年国家 "八五" 攻关项目("904" 专项)、1996—2000 年国家专项项目、2000—2002 年国家专项等都对本区进行了地球物理调查；2002—2006 年，青岛海洋地质研究所进行 1:100 万南通幅调查，针对油气资源进行评价工作，开展了 1 727.5 km 的多道地质调查，首次揭示了中生界之下地层的内幕反射。另外配合地球物理调查成果，对南黄海海域的油气资源进行了综合研究与评价，并对其油气资源潜力进行了分区。

大量的地球物理调查和资料的综合研究结果表明，南黄海海域海相中、古生界地层普遍发育，有很好的油气资源前景。资料研究表明，南黄海南部盆地生烃潜力大，并以生气为主，具有明显的两次生烃能力、两个生烃高峰期和排烃高峰期，其中第一个生烃高峰期为三叠纪—中侏罗世，以生油为主；第二个生烃高峰期在晚古新世—始新世，以生气为主。排油气高峰稍微滞后于生气高峰，排气作用可持续至今。

南黄海南北两个盆地为叠置在扬子准地台中、古生界海相残余盆地之上的断坳盆地，既有断陷盆地油原岩，又有残余盆地气源岩，具有古生界、中生界和新生界 3 个找油气领域，为中、新生代和古生代多套目的层叠合的含油气盆地。南、北两个盆地是中、新生界含油气远景区，中部隆起和勿南沙隆起是中、古生界含油气远景区。目前已落实有古近系和中生界两套烃源岩，油气资源丰富。

## 12.2.2 南黄海盆地的生储盖组合

由于下扬子地区经历了多次的构造运动，沉积环境多次发生巨大变化，形成多套沉积旋回，其中包含了多套油气生储盖组合。这些生储盖组合可以大致归结为两个大的含油气组合，即通常所称的海相下组合和海相上组合。其中，海相下组合由震旦系—下寒武统、下寒武统—下志留统 2 个生储盖组合构成；海相上组合由志留系下统—三叠系下统的青龙组下段、二叠系龙潭组—大隆组—上白垩统泰州组 2 个生储盖组合构成（图 12.1）。

（1）海相下组合，震旦系—下寒武统组合（Ⅰ）：生油岩及盖层为下寒武统的幕府山组黑色泥岩，储层为震旦系的白云岩。

下寒武统—下志留统组合（Ⅱ）：生油岩为下寒武统的幕府山组黑色泥岩、奥陶下统大湾组—志留系下统的高家边组的暗色泥岩；储层主要为寒武系中统—奥陶系下统的白云岩、生物碎屑灰岩及裂隙溶蚀型灰岩；盖层为奥陶系下统的大湾组—志留系下统的高家边组泥岩。

（2）海相上组合，志留系下统—三叠系下统青龙组下段组合（Ⅲ）：生油岩为奥陶系下统大湾组—志留系下统高家边组的暗色泥岩和二叠系上统龙潭组、大隆组及三叠系下统青龙组下段的暗色泥岩；主要储层为志留系中统至石炭系高骊山组砂岩、石炭系的白云岩、生物碎屑灰岩及裂隙溶蚀型灰岩；主要盖层为二叠系龙潭组、大隆组及三叠系下统青龙组下段的泥岩。

二叠系龙潭组—大隆组—上白垩统泰州组组合（Ⅳ）：生油岩主要是二叠系上统龙潭组、大隆组及三叠系下统青龙组下段、泰州组上段的暗色泥岩；主要的储层是龙潭组砂岩，青龙组的白云岩、生物碎屑灰岩、裂隙溶蚀型灰岩及中三叠统至白垩系的砂岩；主要的盖层为大隆组泥岩及白垩系湖相泥岩。

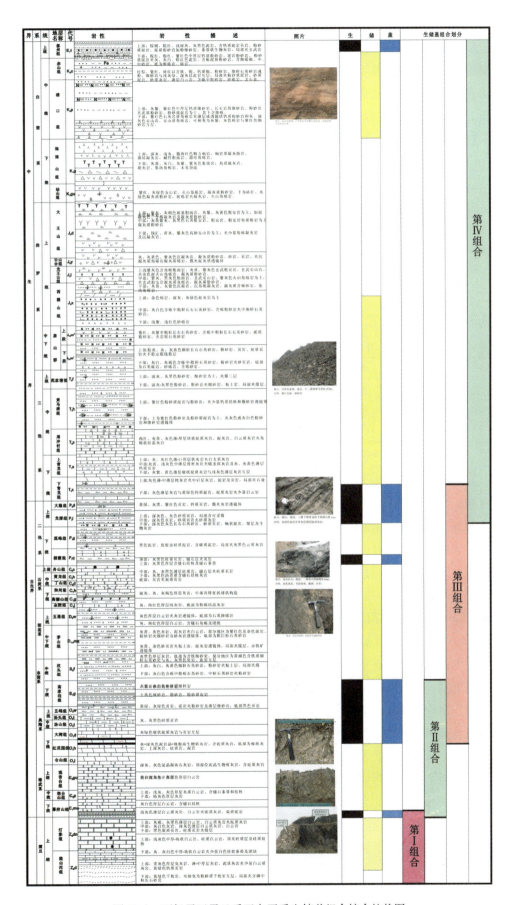

图 12.1 下扬子区震旦系至白垩系生储盖组合综合柱状图

### 12.2.3 南黄海地区油气勘探现状

南黄海地区油气勘探基本状况是：（1）中新生代盆地地震勘探可达普查精度，局部达详查精度。古近系和新近系地震反射特征明显，已有十几口钻井控制；（2）海相中、古生界勘探程度低，地震测网南北向测线间距为 20～40 km；东西向测线间距为 15～60 km，还不到概查精度；（3）海相 $P_2-T_1$ 勘探程度相对较高；$Z-P_1$ 勘探程度极低（表 12.1）。

表 12.1　南黄海油气勘探简况表

| 时 间 | 阶 段 | 工 作 单 位 | 地震/km | 钻 井/m | | | 油气显示钻井 |
|---|---|---|---|---|---|---|---|
| | | | | 地区 | 井数/口 | 进 尺 | |
| 1967—1979 | 概查–普查 | 地质矿产部 | 25 925 | 南部 | 3 | 6 233.92 | |
| | | | | 北部 | 4 | 8 793.72 | |
| 1979—1991 | 区块勘探 | 对外合作 | 11 000 | 南部 | 2 | 6 645 | |
| | | | 8 579 | 北部 | | | |
| 1982—1991 | 区块勘探 | 对外合作 | 6 811 | 南部 | 南北共计7 | 21 088 | 常6–1–1（油流） |
| 1996—1999 | 区块勘探 | 中国海油 | 1 000 | 勿南沙 | 2 | 6 292 | |
| 2005 | 海域调查 | 青岛所 | 1 500± | | | | |
| 2006 | 补充调查 | 青岛所 | 1 541.87 | | | | |
| 2007 | 补充调查 | 青岛所 | 2 061.95 | | | | |
| 合计 | | | 40 725.42 | | 18* | 42 408 | |

注：*未计入韩国在北部盆地东部124°E以东群山凹陷，钻井5口（总共14 054 m）。

近年来，青岛所在南黄海区的补充地球物理调查取得突破性进展，初步揭示南黄海古生界（含震旦系）构造轮廓。但总体看来，深部海相地震资料反射尚不能满足准确预告地层并描述圈闭、解释古生界内幕的要求。

其中，上二叠统和下三叠统及其以上地层地震波组特征明显。其余地层地震波组特征还不清晰，仅能划分出 $Z$、$\in\sim S$、$D\sim P_1$、$P_2$、$T$、$J\sim K$、$E$、$N+Q$ 等。2008 年对全区控制深部的 9 642 km 基础地震剖面进行了地震反射品质评价。反射品质最好的一类剖面 1 057 km，占总数的 11%；二类 4598 km 占总数的 47.6%；三类 3 987 km，占总数的 41.4%。其中，一类和二类剖面主要集中在中西部，三类剖面主要分布在东部。

从日照到启东长 500 km，沿陆地到海洋的整体过渡带宽 110 km（包括滩涂、两栖地带、极浅海地带，面积约 55 000 km²，其中海域面积占 2/5，约 21 600 km²），为地震资料空白带，接近南黄海盆地评价区（139 000 km²）面积 15%（图 12.2）。

对南黄海区域地质背景、盆地结构、构造演化、沉积特征及油气成藏条件进行了比较系统的研究，取得了一系列新的研究成果：

（1）初步形成了一套以高速屏蔽层之下的中、深部弱反射地层地震勘探为目的多道地震采集参数，进行以提高高速屏蔽层之下的中、深部弱反射地层地震信号能量的试验处理研究，初步形成处理流程，增强了深部地震反射能量，提高了资料信噪比；得到部分海相中、古生界反射界面。

（2）南黄海海相中、古生界地震反射可以识别出 7 个反射特征波、四大区域性不整合面（四组标志波），划分为 9 个地震层序；南黄海具有较完整的海相层序，地层厚度过万米。首

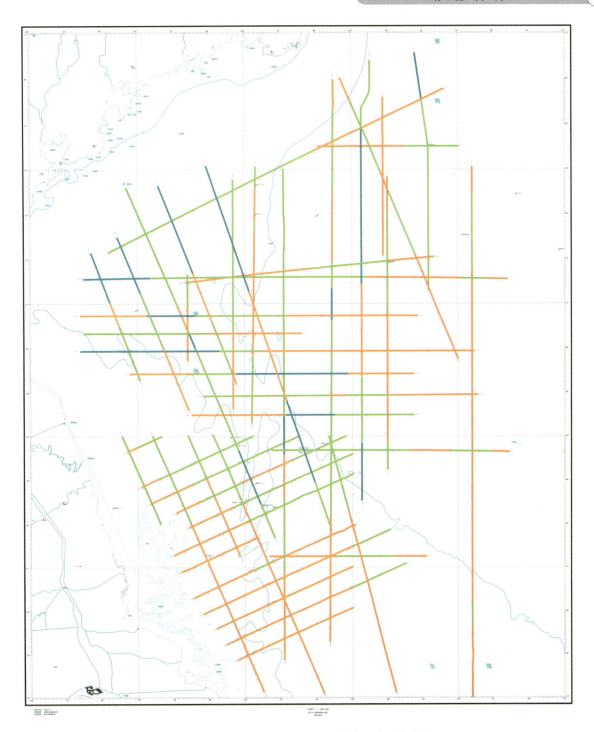

图 12.2　南黄海 2008 年解释地震测线及品质分布图

次描绘了南黄海海相中—古生界分布概貌。

（3）南黄海具有刚性结晶基底，它不仅是扬子板块的延伸，也是下扬子主体。

（4）南黄海为多旋回叠合盆地，可分为 6 个构造层。海相下构造层以大隆大坳为特征，上构造层以逆冲推覆为特色。

（5）南黄海是下扬子区内相对稳定的地块：海区比陆域稳定；下构造层比上构造层稳定；中央隆起比南北两坳稳定。

（6）南黄海大致经历了 7 个构造发展阶段，与四川盆地类似。

（7）粗略分析了主要生储盖层系沉积相类型，总结二次生烃的特征和机理，初步探讨南黄海盆地中—古生界的生烃过程。研究了南黄海和苏北盆地盖层、储集和保存条件，作出初步综合评价。

（8）黄海海相中、古生界具有4套有利生储盖组合，形成上、下两套海相潜在油气系统，具备寻找威远、五伯梯、普光、朱家墩等类型气田的地质层位。

（9）预测南黄海中部隆起为海相下组合气藏首选远景区；南部盆地与勿南沙隆起结合部的西侧为海相上组合气藏首选远景区；南、北两个盆地具有形成古生界气藏远景；北部盆地的北部坳陷为中生代前陆盆地油气远景首选突破区。

### 12.2.4　南黄海地区油气资源评价概况

由于海相古生界埋藏较深，岩层有机质热演化程度较高，黄海的油气资源主要是天然气资源。中海油股份公司针对南黄海四块（南盆、北盆、中部隆起、勿南沙隆起）、两层（白垩系、中—古生界）不同勘探程度和不同评价层系，采用了不同的评价方法。其中，对于勘探程度较高的南部盆地古近系和新近系—上二叠统完成盆地模拟法生烃量计算、成因法资源量计算和圈闭法资源量计算；对中新生界资料较丰富的北部坳陷（盆地面积：18 600 $km^2$），采用了盆模－生烃量法计算中新生代凹陷资源量；而对于前白垩系勘探程度很低的北部坳陷及中部隆起，则采用了类比法来估算资源量。

目前对南黄海油气资源评价存在的主要问题是：

（1）各家对南黄海构造稳定性、高演化烃源岩评价、二次生烃等问题认识不尽相同，导致对研究区的资源量预测结果不同；

（2）各家所掌握的数据水平差异较大，原始数据处理方式和方法也存在差异，导致计算结果差别也很大；

（3）南黄海中新生界构造与中、古生界海相油气的关系不清，叠合盆地油气勘探目标尚难以确定，矛盾比较多。

## 12.3　滨海砂矿资源

滨海砂矿主要指工业矿物在沿海滨海环境下富集而成的具有工业价值的砂矿（谭启新等，1988），地理范围为现代海岸线到向陆地10 km距离内，以及潮间带和潮下带水深15 m以内的浅海地区，以海成为主，形成时代主要为第四纪。我国已探明的具有工业储量的滨海砂矿主要为重矿物砂矿和石英砂矿等，其中重矿物砂矿主要有锆石和钛铁矿等，它们通常形成伴生或共生的矿床，石英砂矿据工业用途还可分为玻璃石英砂矿、型砂用石英砂矿和建筑用石英砂矿等。

建筑用砂砂石资源是指平均粒径大于125 μm（中砂）、细粒模数（F）（建筑用砂规范GB/T 14684—2001）大于1.7的沉积物资源。南黄海建筑用砂资源量估计794.52 $\times 10^9$ t。

### 12.3.1　北黄海砂矿资源带

该资源带主要位于山东半岛，山东半岛滨海区属于胶辽台隆成矿区，从大地构造位置角度分析，该区域濒临太平洋板块与欧亚板块的交汇带，属新构造运动活跃区，成矿条件优越，广泛分布富含锆石、磁铁矿、钛铁矿、金红石等矿物的新元古代、中生代花岗岩类岩石（表

12.2）。砂矿的母岩经过漫长地质历史时期的风化剥蚀，在河流、波浪、海流等水动力条件的搬运作用下，大量富含矿物的陆源碎屑物被带入浅海，成为近海砂矿的物质来源。新近纪晚期以来，由于海平面的升降变化，形成以海积砂矿为主的砂矿类型，混合堆积砂矿分布也比较普遍。虽然多数矿床以共生、伴生矿的形式存在，但不少重要矿产的含量达到或接近工业品位，适合大规模开采。

山东半岛沿海区域陆架砂体分布面积约为 $2.2 \times 10^9 \text{ km}^2$，海砂资源量达 $1\,500 \times 10^9 \text{ t}$，但目前开发也基本是为了满足建筑用砂需求，而且大部分是输出到了日本。

表 12.2　北黄海滨海砂矿资源分布

| 砂矿名称 | 砂矿资源分布 |
| --- | --- |
| 锆石砂矿 | 荣成砾对岛、宁津所—石岛、王家湾、乳山白沙滩、海阳潮里、胶南白果树、青岛王家女姑、沙子口等沿海 |
| 钛铁矿 | 荣成石岛、乳山白沙滩、海阳凤城沿海 |
| 石榴子石 | 北黄海局地不规则条带状分布 |
| 建筑砂 | 蓬莱—烟台—威海—荣成—文登—前岛—海阳潮里—青岛沙子口—日照岚山头沿岸 |
| 型砂 | 牟平云溪、金上寨 |
| 石英砂矿 | 荣成旭口—仙人桥 |

（1）辽东半岛北黄海砂金成矿区

该区处在辽东半岛隆起区南部，鞍山群、下辽河群变质岩和印支-燕山期侵入岩极发育，并形成了一系列原生金矿床。长山海峡两侧和岛屿中也有原生金矿脉分布。丹东地区已发现大型金矿 2 个，中小型 20 余个，均分布在距沿海不远处，成为辽南原生金矿床最集中的地区。

区内已发现滨海砂金矿点多处，其中金厂湾附近一些海底礁石、岛屿周围的沉积物中均有砂金分布，品位比较高；二道江三道江海岸亦发现砂金矿点。由此可以推断，金厂湾到丹东一线是滨海砂金较有利的远景区。

（2）山东半岛北黄海玻璃石英砂成矿区

该区已发现大型玻璃石英砂矿床 1 个，中型 4 个，主要分布在沿岸沙堤、沙嘴和风成沙丘等有利部位。含长石较多，石英品位为 84% ~ 95%。

（3）山东荣成滨海砂矿

山东荣成滨海砂矿位于山东半岛东端石岛湾到荣成湾沿海一带。大地构造单元属华北地台胶东地质的东南边缘。为金红石-锆英石-钛铁矿砂矿床（图 12.3）。

与矿床有关的岩浆岩是燕山晚期甲子正长岩［ξ53（1）］，伟德山花岗闪长岩［γδ53（1）］、槎山花岗岩［δ53（1）］、石岛及龙须岛花岗岩［δ53（2）］。

作为含矿母岩的甲子山岩体长 20 km，宽 7 km，呈岩株状。岩石主要矿物成分有钾微斜长石、角闪石；副矿物有锆英石、钛铁矿、磷灰石、磁铁矿等。似斑状结构，块状构造。其围岩主要是胶东群富阳组。

荣成砂矿划分为 5 个矿区（段）：桃园矿区、港头矿区、褚岛矿区、崮山前矿区、潭村林家矿区。一般有三层矿。桃园矿区较为典型：

矿床剖面自下而上有明显的沉积韵律：

中细粒砂层　　　　　　　　　　　　　　　　一矿层

粗砂层

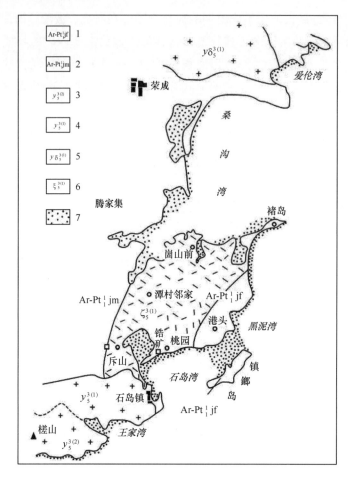

图 12.3　荣成海滨砂矿田基岩分布图

粉细砂及淤泥层

中细粒砂层　　　　　　　　　　　　　　　　　二矿层

粗砂层

粉砂及淤泥层

中细粒砂层

粗砂层　　　　　　　　　　　　　　　　　　　三矿层

古风化壳

原岩：正长岩及片麻岩

矿层出现在粗砂向粉砂细砂的转变部位，即主要赋存于中－细砂中，细砂为主。

矿体呈层状、透镜状、一般几米厚，向海微倾斜，倾角很小。毛矿中以砂为主，杂少量细砾及贝屑。重砂矿物有锆英石、金红石、独居石、磁铁矿、锐钛铁矿、赤铁矿，还有榍石、磷灰石、尖晶石、蓝晶石、矽线石、电气石、石榴石、黑云母、石英、正长石、斜长石、角闪石、绿帘石等。

矿床分布面积大。品位一般 2 kg/m³，最高达 5 kg/m³。工业上综合利用 Zr、Ti、Fe 等，它们分别取自锆英石 $ZrSiO_4$，金红石 $TiO_2$，磁铁矿 $Fe_3O_4$。

## 12.3.2　南黄海砂矿资源带

南黄海砂矿主要分布在山东半岛的南部及江苏沿海，江苏沿海砂矿点分布较少。

（1）山东半岛南黄海锆石、建筑用砂成矿区

主要分布在荣成石岛青岛—日照一带。物源来自于变质岩和燕山期中酸性碱性侵入岩的副矿物。带内已发现大型锆石、建筑砂矿各1个，小型4个、矿点11个，其中石岛湾大型锆石砂矿推测可延伸到海区十余千米。

（2）江苏海域重点海砂分布区（图12.4）

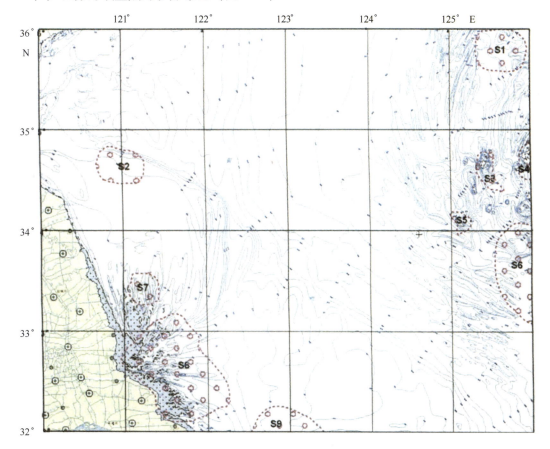

图 12.4　江苏海域重点海砂分布图

S2 分布区，底质沉积物以中粗砂为主，依据已有底质粒度资料计算的细度模数介于1.5～2.3之间，属较好的建筑用砂。重矿物鉴定的结果表明，本区同时也是重矿物含量异常区，包括石榴石、钛铁矿和金红石。

S7 分布区，位于苏北潮流砂脊的北部，底质沉积物以中细砂为主，计算的细度模数介于1.3～1.8之间，属较细的建筑用砂。该区也是石榴石、锆石和金红石的重矿物异常区所覆盖的范围。

S8 分布区，主体位于苏北潮流砂脊上，底质沉积物以中细砂为主，计算的细度模数介于1.4～1.8之间，属较细的建筑用砂。该区也是石榴石、锆石、金红石和钛铁矿的重矿物含量异常区。

S9 分布区，分布于图幅的最南部，底质类型以细砂为主，属扬子大沙滩的北部区域，细度模数较小，介于1.5～1.7之间，属较细的建筑用砂。该区也是石榴石、金红石等重矿物的含量异常区。

对于 S1、S3、S4、S5 和 S6 这 5 个潜在的建筑用砂分布区，它们距离我国海岸线较远，多靠近图幅的东部岛屿附近，分布面积较小，底质沉积物粒度较粗，细度模数多居于1.7～2.3之间，属质量较好的建筑用砂。

## 参 考 文 献

蔡峰.1995.北黄海盆地的油源岩及其勘探领域［J］.海洋地质动态,11（7）：4－6.

蔡峰.1996.北黄海盆地基底地质特征［J］.海洋地质动态,12（12）：1－3.

蔡乾忠.2005.中国海域油气地质学［M］.北京：海洋出版社.

柴利根,王舒畋,等.1982.南黄海构造体系与油气远景评价［J］.海洋地质研究,2（2）：9－19.

程捷,等.2003.黏土矿物在黄河源区古气候研究中的应用［J］.现代地质,17（1）：47－51.

程鹏,高抒.2000.北黄海西部海底沉积物的粒度特征和净输运趋势［J］.海洋与湖沼,31（6）：604－615.

陈报章.1996.苏北弶港地区埋藏潮沙体的发现与现代辐射状潮流沙脊群的成因［J］.海洋通报,15（5）：46－52.

陈沪生,张永鸿.1999.下扬子及邻区岩石圈结构构造特征与油气资源评价［M］.北京：地质出版社.

陈吉余,等.1979.两千年来长江河口发育的模式［J］.海洋学报,1（1）：103－111.

陈玲,白志琳,李文勇.2006.北黄海盆地中新生代沉积坳陷特征及其油气勘探方向［J］.石油物探,45（3）：319－323.

陈志华,石学法,王相芹.2000.南黄海表层沉积物碳酸盐及Ca、Sr、Ba分布特征［J］.海洋地质与第四纪地质,第20（4）,9－16.

戴明刚.2003.黄海地质与地球物理特征研究进展［J］.地球物理学进展,18（4）：583－591.

戴勤奋,王和明.1997.中国近海及邻区地磁场［A］//许东禹等.中国近海地质［C］.北京：地质出版社.

董礼先,苏纪兰,王康墡.1989.黄渤海潮流场及其与沉积物搬运的关系［J］.海洋学报,11（1）：102－114.

杜兵,张义钧,单毅春,等.1996.北黄海底层冷水团的变化特征及其对外长山岛海区养殖扇贝死亡的影响［J］.海洋通报,15（4）：17－28.

范德江,等.2001.长江与黄河沉积物中黏土矿物及地化成分的组成［J］.海洋地质与第四纪地质,21（4）：7－12.

傅命佐,朱大奎.1987.江苏岸外海底沙脊群的物质来源［J］.南京大学学报（自然科学版）,22（3）：536－544.

方习生,等.2007.长江水下三角洲表层沉积物黏土矿物分布及其影响因素［J］.海洋科学进展.

冯志强,陈春峰,姚永坚,等.2008.南黄海北部前陆盆地的构造演化与油气突破［J］.地学前缘,15（6）：219－231.

冯志强,姚永坚,曾祥辉,等.2002.对黄海中、古生界地质构造及油气远景的新认识［J］.中国海上油气（地质）,16（6）：367－373.

郭玉贵,李延成,许东禹,等.1997.黄东海大陆架及邻域大地构造演化史［J］.海洋地质与第四纪地质,17（1）：1－12.

郝天珧,Suh Mancheol,刘建华,等.2004.黄海深部结构与中朝—扬子块体结合带在海区位置的地球物理研究［J］.地学前缘,11（3）：51－61.

郝天珧,Suh Mancheol,王谦身,等.2002.根据重力数据研究黄海周边断裂带在海区的延伸［J］.地球物理学报,45（3）：385－397.

郝天珧,刘建华,Suh mancheol,等.2003.黄海及其邻区深部结构特点与地质演化［J］.地球物理学报,46（6）：803－807.

郝天珧,刘伊克,徐万哲.1998.黄海和邻区重磁场及区域构造特征［J］.地球物理学进展,13（1）：27－39.

黄慧珍,等.1996.长江三角洲沉积地质学［M］.北京：地质出版社.

黄太岭，高建国.2002.山东省区域地球物理场［J］.山东地质，18（3－4）：88－94.

黄易畅，王文清.1987.江苏沿岸辐射状沙脊群的动力机制探讨［J］.海洋学报，9（2）：209－215.

河北省地理研究所.1977.河北平原黑龙港地区古河道图及说明书［M］.

金翔龙，喻普之.1982.黄海、东海地质构造［A］.见：中国科学院海洋研究所海洋地质研究室编著，黄东
　　海地质［C］.北京：科学出版社，1－22.

姜达权.1980.黄河现代地质作用的一些基本特征和开发治理黄河的途径［J］.中国第四纪研究，5（1）：
　　35－47.

林金祥，王宗山.1985.关于长江冲淡水异常变化的分析［J］.黄渤海海洋，3（4）：11－19.

李成治，李本川.1981.苏北沿海暗沙成因的研究［J］.海洋与湖沼，12（4）：321－331.

李从先，郭蓄民，许世远，等.1979.全新世长江三角洲地区砂体的特征和分布［J］.海洋学报，1（2）：
　　252－268.

李凡，姜秀珩，宋怀龙.1993.晚更新世以来黄河、长江入海泥沙对南黄海沉积作用的影响［J］.海洋科学
　　集刊，34：61－72.

李凡，张秀荣，唐宝珏，等.1998.黄海埋藏古河道及灾害地质图集［M］.济南：济南出版社.

李凡.1990.南黄海海水中悬浮体的物质组成及季节变化［J］.南黄海埋藏古河系及悬浮体跃层的研究.中
　　科院海洋研究所，

李风业，杨永亮，何丽娟，等.1999.黄海东南部泥质区的沉积速率和物质来源［J］.海洋科学，5：
　　37－39.

李桂群，姜效典.1994.南黄海海域地壳深部构造特征与地震发震关系［J］.青岛海洋大学学报，24（1）：
　　85－92.

李国刚.1990.中国近海表层沉积物中黏土矿物的组成、分布及其地质意义［J］.海洋学报，12：470－479.

李国玉，吕鸣刚，等.2002.中国含油气盆地图集（第二版）［M］.北京：石油工业出版社.

李乃胜.1995.黄海三大盆地的构造演化［J］.海洋与湖沼，26（4）：354－362.

李绍全，刘健，王圣洁，等.1998.南黄海东侧陆架冰消期以来的沉积层序与环境演化［J］.科学通报，43
　　（8）：876－880.

李廷栋，莫杰，许红.2003.黄海地质构造与油气资源［J］.中国海上油气（地质），17（2）：79－88.

李文勇，李东旭，王后金.2006a.北黄海盆地构造几何学研究新进展［J］.地质力学学报，12（1）：
　　12－22.

李文勇，李东旭，夏斌，等.2006b.北黄海盆地构造演化分析［J］.现代地质，20（2）：268－276.

李西双，李三忠，刘保华，等.2006.南黄海陆架沉积物中褶皱的形态及成因［J］.海洋学报，28（1）：
　　77－84.

李志伟，胥颐，郝天珧，等.2006.环渤海地区的地震层析成像与地壳上地幔结构［J］.地球物理学报，49
　　（3）：797－804.

卢演俦，等.1976.中国黄土物质来源的初步探讨［J］.地球化学，1：17－53.

梁瑞才，韩国忠，郑彦鹏，等.2001.南黄海重磁场与地质构造特征［J］.科学通报，46（增刊）：59－67.

刘东生，等.1965.中国的黄土堆积［M］.北京：科学出版社.

刘光鼎.1992a.中国海区及邻域地质地球物理特征［M］.科学出版社：243－244.

刘光鼎.1992b.中国海区及邻域地质地球物理系列图（1:500万）及说明书［M］.北京：地质出版社.

刘光夏，赵文俊，任文菊，等.1996.渤海地壳厚度研究［J］.物探与化探，20（4）：316－317.

刘敏厚，吴世迎，王永吉，等.1987.黄海晚第四纪沉积［M］.北京：海洋出版社.

刘升发，等.2010.东海内陆架泥质区表层沉积物常量元素地球化学及其他地质意义［J］.海洋科学进展，
　　28（1）：80－86.

刘欣，高抒.2005.北黄海西部晚第四纪浅层地震剖面层序分析［J］.海洋地质与第四纪地质，25（3）：
　　61－67.

辽宁省地质矿产局．1989．辽宁省区域地质志［M］．北京：地质出版社．

孟宪伟，等．2001．冲绳海槽中段表层沉积物物质来源的定量分离：Sr－Nd同位素方法［J］．海洋与湖沼，32（3）：319－326．

孟宪伟，等．2007．冲绳海槽近3.5万年来陆源物质沉积通量及其对气候变化的响应［J］．海洋学报，29（5）：75－81．

欧阳凯，张训华，李刚．2009．南黄海中部隆起地层分布特征［J］．海洋地质与第四纪地质，29（1）：59－66．

庞家珍，司书亨．1979．黄河河口演变Ⅰ，近代历史变迁［J］．海洋与湖沼，10（2）：136－141．

秦蕴珊，赵一阳，陈丽蓉，等．1989a．黄海地质［M］．北京：海洋出版社．

秦蕴珊，李凡，徐善民，等．1989b．南黄海海水中悬浮体的研究［J］．海洋与湖沼，20（2）：101－111．

秦蕴珊，李凡，郑铁民．1986a．南黄海冬季海水中的悬浮体的研究［J］．海洋科学，10（6）：1－7．

秦蕴珊，李凡．1986b．黄河入海泥沙对渤海和黄海沉积作用的影响［J］．海洋科学集刊，27：125－135．

任纪舜．1999．中国及邻区大地构造图（1：500万）及其说明书［M］．北京：地质出版社．

任美锷，曾成开．1980．论现实主义原则在海洋地质学中的应用——以中国海岸带及近海大陆架为例［J］．海洋学报，2（2）：94－111．

苏纪兰，黄大吉．1995．黄海冷水团的环流结构［J］．海洋与湖沼，26（5）增刊：1－7．

石学法，申顺喜，Yi Hi－il，等．2001．南黄海现代沉积环境及动力沉积体系［J］．科学通报，46（增刊）：1－6．

申顺喜，于洪军，张法高．2000．济州岛西北部的反气旋型涡旋沉积［J］．海洋与湖沼，31（2）：215－220．

宋召军，张志询，余继峰，等．2008．南黄海表层沉积物中黏土矿物分布及物源分析［J］．山东科技大学学报，27（3）：1－4．

宋志尧，严以新，薛鸿超，等．1998．南黄海辐射沙洲形成发育水动力机制研究—Ⅱ潮流运动立面特征［J］．中国科学（D辑），28（5）：403－410．

孙效功，方明，黄伟．2000．黄、东海陆架区悬浮体输运的时空变化规律［J］．海洋与湖沼，31（6）：581－587．

田振兴，张训华，肖国林，等．2007．北黄海盆地北缘断裂带及其特征［J］．海洋地质与第四纪地质，27（2）：59－63．

谭启新，孙岩等．1988．中国滨海砂矿［M］．北京：科学出版社．

陶倩倩．2009．南黄海西部陆架埋藏古三角洲研究［D］．中国海洋大学硕士论文．

王国庆，等．2007．长江口南支沉积物元素地球化学分区与环境指示意义［J］．海洋科学进展，25（4）：408－418．

王红霞，郭玉贵．2005．黄海及邻区莫霍面起伏特征［J］．地球物理学进展，20（2）：566－573．

王开发，等．1980．黄海表层沉积物的孢粉、藻类组合［J］．植物学报，22（2）：182－190．

王克鲁，裴静娴．1964．山西隰县午城黄土矿物成分第四纪地质问题［M］．北京：科学出版社：89－110．

王挺梅，鲍芸瑛．1964．黄河中游黄土之粒度分析．第四纪地质问题［M］．北京：科学出版社：126－139．

王颖，朱大奎，周旅复，等．1998．南黄海辐射沙脊群沉积特点及其演变［J］．中国科学（D辑），28（5）：385－393．

王颖．1964．渤海湾西部贝壳堤与古海岸线问题［J］．南京大学学报（自然科学），8（3）：424－440．

王志才，晁洪太，杜宪宋，等．2008．南黄海北部千里岩断裂活动性初探［J］．地震地质，30（1）：176－186．

万天丰．2004．中国大地构造学纲要［M］．北京：地质出版社．

万延森，张耆年．1985．江苏近海辐射状沙脊群的泥沙运动与来源［J］．海洋与湖沼，16（5）：392－399．

吴世迎．1982．从黄海碳酸钙分布特征探讨黄河在黄海沉积过程中的作用［C］．第三届全国第四纪学术会议论文集，中国第四纪研究委员会编，北京：科学出版社：95-102.

魏文博，叶高峰，金胜，等.2008.华北地区东部岩石圈导电性结构研究——减薄的华北岩石圈特点[J].地学前缘，15（4）：204-216.

文启忠，等.1964.有关黄河中游黄土地球化学的某些特征.第四纪地质问题[M].北京：科学出版社：111-125.

汪龙文.1989.南黄海的基本地质构造特征和油气远景[J].海洋地质与第四纪地质，9（3）：41-50.

徐恒振，周传光，马永安，等.2000.中国近海近岸海域沉积物环境质量[J].交通环保，21：16-19.

徐嘉炜.1980.郯庐断裂带的平移及其地质意义[M].北京：地质出版社.

徐佩芬.2001.大别-苏鲁造山带与华北陆块东部岩石层三维速度结构[D].北京：中国科学院地质与地球物理研究所.

许东禹，刘锡清，张训华，等.1997.中国近海地质[M].北京：地质出版社.

许微龄.1982.论南黄海的两个新生代盆地[J].海洋地质研究，2（1）：66-77.

许忠淮，吴少武.1997.南黄海和东海地区现代构造应力场特征的研究[J].地球物理学报，40（6）：773-781.

谢帕德 F P.1979.海洋地质学[M].梁元博、于联生.北京：科学出版社.

杨长恕.1985.琼港辐射沙脊成因探讨[J].海洋地质与第四纪地质，5（3）：35-43.

杨光复.1984.东海大陆架现代沉积作用的初步探讨[J].海洋科学集刊，21 P 281-290.

杨琦，陈红宇.2003.苏北—南黄海盆地构造演化[J].石油实验地质，25（6）：562-565.

杨森楠，等.1985.中国区域大地构造学[M].北京：地质出版社.

杨树春，胡圣标，蔡东升，等.2003.南黄海南部盆地地温场特征及热—构造演化[J].科学通报，48（14）：1564-1569.

杨文采，徐纪人，程振炎，等.2005.苏鲁大别造山带地球物理与壳幔作用[M].北京：地质出版社.

杨艳秋，戴春山，刘万洙.2003.北黄海盆地基底结构特征[J].海洋地质动态，19（5）：25-26.

杨子赓，林和茂，雷祥义，等.1996.中国第四纪地层与国际对比（第一版）[M].北京：地质出版社.

杨子赓，林和茂.1989.中国近海及沿海地区第四纪进程与事件[M].北京：海洋出版社，1-50.

杨子赓.1985.南黄海陆架晚更新世以来的沉积及环境[J].海洋地质与第四纪地质，5（4）：1-19

姚伯初.2006.黄海海域地质构造特征及其油气资源潜力[J].海洋地质与第四纪地质，26（2）：85-93.

姚永坚，冯志强，郝天珧，等.2008.对南黄海盆地构造层特征及含油气性的新认识[J].地学前缘，15（6）：232-240.

姚永坚，等.2004.南黄海构造样式的特征与含油气性[J].地质论评，50（6）：633-640.

喻普之.1989.渤海、黄海和东海的构造性质与演化[J].海洋科学，2：9-15.

尹延鸿，汪企浩，张训华，等.2005.黄东海地区及其邻域地质构造单元划分[C].见：张洪涛，陈邦彦，张海启主编.我国近海地质与矿产资源[M].北京：海洋出版社，14-23.

赵松龄.1991.晚更新世末期中国陆架沙漠化及其衍生沉积的研究[J].海洋与湖沼，22（3）：285-293.

赵一阳，朴龙安，秦蕴珊，等.1998.南黄海沉积学研究新进展—中韩联合调查[J].海洋科学，1：34-37.

赵一阳，鄢明才.1994.中国浅海沉积物地球化学[M].北京：科学出版社.

赵月霞.2003.南黄海第四纪高分辨率地震地层学研究[D].中国海洋大学硕士论文.

赵志新，徐纪人.2009.广角反射地震探测得到的中国东部地壳三维P波速度结构[J].科学通报，54（7）：931-937.

郑光膺，孙嘉诗，林和茂，等.1989.南黄海第四纪层型地层对比（第一版）[M].北京：科学出版社.

郑彦鹏，刘保华，吴金龙，等.2001.南黄海新生代盆地地震地层特征及其构造岩相分析[J].科学通报，46（增刊）：52-58.

中国海湾志，1990.

中国科学院《中国自然地理》编辑委员会.1980. 中国自然地理·地貌［M］. 北京：科学出版社.

中国科学院地球化学研究所第四纪地质组、$^{14}$C 组.1980. 渤海湾西岸全新世海岸变迁［J］. 中国第四纪研究，5（1）：64 – 69.

朱大奎.1993. 江苏岸外辐射沙洲的形成和演变［M］. 南京：南京大学出版社.

朱建荣，肖成猷，沈焕庭.1998. 夏季长江冲淡水扩展的数值模拟［J］. 海洋学报，20（5）：13 – 21.

朱玉荣，常瑞芳.1997. 南黄海辐射沙洲成因的潮流数值模拟解释［J］. 青岛海洋大学学报，27（2）：218 – 224.

仲德林，等.1983. 全新世早期古长江海侵三角洲卫片初步解释. 海洋科学［J］，2：16 – 17.

周长振，孙家淞.1981. 试论苏北岸外浅滩的成因［J］. 海洋地质研究，1（1）：83 – 91.

曾允季，等.1986. 沉积岩石学［M］. 北京：地质出版社.

诸裕良，严以新，薛鸿超.1998. 南黄海辐射沙洲形成发育水动力机制研究 – Ⅰ 潮流运动平面特征［J］. 中国科学（D辑），28（5）：411 –417.

张光威.1991. 南黄海陆架沙脊的形成与演变［J］. 海洋地质与第四纪地质，11（2）：25 – 35.

张训华，等.2008. 中国海域构造地质学［M］. 北京：海洋出版社.

张岩松，章飞军，等.2005. 黄海秋季典型站位沉降颗粒物的垂直通量［J］. 地球化学，34（2）：123 – 128.

翟光明.1992. 中国石油地质志［M］. 北京：石油工业出版社，289 – 389.

Alexander C R, Demaster D J, Nittrouer C A.1991. Sediment accumulation in a modern epicontinental – shelf setting：The Yellow Sea［J］. Mar. Geol. , 98：51 – 72.

Bornhold B D, Yang Z S, Keller G H, et al. 1986. Sedimentary framework of the modern Huanghe（Yellow River）Delta［J］. Geo – Marine Letters，6：77 – 83.

Cai D L, Shi X F, Zhou W J, et al. 2003. Sources and transportation of suspended matter and sediment in the southern Yellow Sea：Evidence from stable carbon isotopes［J］. Chin. Sci. Bull. , 48（Supp. ）：21 – 29.

Chang H D, Oh J K. 1991. Depositional sedimentary environments in the Han River estuary and around the Kyunggi Bay posterior to the Han River's development［J］. J. Korea Soc. Oceanogr. , 26：13 – 23.

Cho Y G, Lee C B, Choi M S. 1999. Geochemistry of surface sediments off the southern and western coasts of Korea［J］. Mar. Geol. , 159：111 – 129.

Chough S K, Kim D C. 1981. Dispersal of fine – grained sediments in the southeastern Yellow Sea：a steady – state model［J］. J. Sediment. Petrol. , 51：721 – 728.

Chough S K, Kim J W, Lee S. H. , et al. 2002. High – resolution acoustic characteristics of epicontinental sea deposits, central – eastern Yellow Sea［J］. Mar. Geol. 188：317 – 331.

Chough S K, Lee H J, Yoon S H. 2000. Marine geology of Korean Seas（2nd Edition）［J］. 1 – 267

Collins M B, Shimwell S J, Gao S, et al. 1995. Water and sediment movement in the vicinity of liner sand banks：the Norfolk Banks, Southern North Sea［J］. Marine Geology, 123：125 – 142

DeMaster D J, Mckee B A, Nittrouer C A, et al. 1985. Rates of sediment accumulation and particle reworking based on radiochemical measurements from continental shelf deposits in the East China Sea［J］. Cont. Shelf Res. 4：143 – 158.

Goudie A S, Sperling C H B 1977. Long distance transport of foraminiferal tests by wind in the Thar Desert, Northwest India［J］. Jour. Sed. Petrology, 47：630 – 633.

Guan B X. 1994. Patterns and structures of the currents in Bohai, Huanghai and East China Seas［J］：3 – 16, In Oceanology of China Seas, Zhou D. eds. , Kluwer Academic Publishers, Dorkreche.

Hay W W. 1998. Detrital sediment fluxes from continents to oceans［J］. Chem. Geol. , 145：287 – 323.

Hong G H, Zhang J, Kim S H, et al. 2002. East Asian marginal seas：river – dominated ocean margin［J］. 233 – 260, In：Hong, G. H. , Zhang J, Chung C S（Eds. ）, Impact of Interface Exchange on the Biogeochemical

Processes of the Yellow and East China Seas, Seoul 2002. Bum Shin Press, Seoul, Korea.

Hu D X. 1984. Upwelling and sedimentation dynamics ［J］. Chin. J. Oceanol. Limnol. , 2: 12 – 19.

Klein G D, Park Y A, Chang J H, et al. 1982. Sedimentology of a subtidal, tide – dominated sand body in the Yellow Sea, Southwest Korea ［J］. Mar. Geol. , 50: 221 – 240.

Kong G S, Park S C, Han H C, et al. 2006. Late Quaternary paleoenvironmental changes in the southeastern Yellow Sea, _ Korea. Quaternary_ International, 144: 38 – 52.

Le K T, Feng M, Wang Y. 1993. A numerical study of wintertime circulation in the Bohai and Haunghai (yellow) Seas, Chin. J. Oceanol. & Limnol. , 11: 149 – 160.

Lee H J, Chough S K. 1989. Sediment distribution, dispersal and budget in the Yellow Sea, Mar. Geol. , 87: 195 – 205.

Lee H J, Chu Y S. 2001. Origin of inner – shelf mud deposit in the southeastern Yellow Sea: Huksan Mud Belt, J. Sediment. Res. , 71: 144 – 154.

Lee H J, Yoon S H. 1997. Development of stratigraphy and sediment distribution in the northeastern Yellow Sea during Holocene sea – level rise ［J］. J. Sediment. Res. , 67: 341 – 349.

Li C X, Zhang J Q, Fan D , et al. 2001. Holocene regression and the tidal radial sand ridge system formation in the Jiangsu coastal zone, east China ［J］. Mar. Geol. , 173: 97 – 120.

Liu J P, Milliman J D, Gao S, et al. 2004. Holocene development of the Yellow River's subaqueous delta, North Yellow Sea ［J］. Mar. Geol. , 209: 45 – 67.

Ma M, Feng Z, Guan C, et al 2001. DDT, PAH and PCB in sediments from the intertidal zone of the Bohai Sea and the Yellow Sea ［J］. Marine Pollution Bulletin, 42: 132 – 136.

Martin J M. , Zhang J, Shi M . , et al. 1993. Actual flux of the Huanghe (Yellow River) sediment to the western Pacific Ocean ［J］. Neth. J. Sea Res. , 31: 243 – 254.

Milliman J D, Li F, Zhao Y Y, et al. 1986. Suspended matter regime in the Yellow Sea ［J］. Prog. Oceanog. , 17: 215 – 227

Milliman J D, Beardsley R C, Yang Z S, Limeburner R. 1985. Modern Huanghe – derived muds on the outer shelf of the East China Sea: identification and potential transport mechanisms ［J］. Cont. Shelf Res. , 4: 175 – 188.

Milliman J. D. , Meade R. H. 1983. World – wide delivery of river sediments to the oceans ［J］. Journal of Geology, 91: 1 – 21.

Milliman J D, Qin Y S, Ren M E, et al. 1987. Man's influence on the erosion and transport of sediment by Asian rivers: the Yellow River (Huanghe) example ［J］. J. Geol. , 95: 751 – 762.

Niino H, Emery K O. 1961. Sediments of shallow portion of East China Sea and South Sea ［J］. Bulletin of the Geological Society of America, 72 (5): 731 – 762.

Pang C G, Milliman J D, Yang Z S, et al. 1999. Flow – cut – off of the Huanghe River downstream and human impact on it ［J］: 27 – 32. In: Saito Y, Ikehara K, Katayama H. (Eds. ), Proceedings of an International Workshop on Sediment Transport and Storage in Coastal Sea – Ocean System, Tsukuba, Japan.

Park S C, Lee H H, Han H S, et al. 2000. Evolution of late Quaternary mud deposits and recent sediment budget in the southeastern Yellow Sea. Marine Geology, 170: 271 – 288.

Park Y A, Khim B K. 1992. Origin and dispersal of recent clay minerals in the Yellow Sea, Mar. Geol. , 104, 205 – 213.

Park Y A, Kim S C, Choi J H. 1986. The distribution and transportation of fine – grained sediments on the inner continental shelf off the Kuem River setuary. Korea ［J］. Cont. Shelf Res. , 5: 499 – 519.

Prospero J M, Glaccum R A, Nees R T. 1981. Atmospheric transport of soil dust from Africa to South America ［J］, Nature, 289: 570 – 572.

Qin Y S. 1994. Sedimentation in northern China Seas ［J］. In: Zhou, D. , Liang, Y. B. , Zeng, C. K. (Eds. ),

Oceanology of China Seas, vol. 2. Klumer Academic Publisher, Dordrecht, pp. 394 – 406.

Saino T. 1992. $^{15}$N and $^{13}$C natural abundance in suspended particulate organic matter from a Kuroshio warm – core ring [J]. Deep – sea Res., 39 (suppl. 1): 5347 – 5362.

Sandwell D T, Smith H F. 2009. Global marine gravity from retracked Geosat and ERS – 1 altimetry: Ridge segmentation versus spreading rate [J]. Journal of Geophysical Research, 114, B01411, doi: 10. 1029/2008JB006008.

Sandwell D T, Smith H. F. 2009. Global marine gravity from retracked Geosat and ERS – 1 altimetry: Ridge segmentation versus spreading rate [J]. Journal of Geophysical Research, 114, B01411, doi: 10. 1029/2008JB006008.

Schubel J R, Shen H T, Park M J. 1984. A comparison of some characteristic sedimentation processes of estuaries entering the Yellow Sea [J]: 286 – 308, In: Park Y A, Pilkey O H, Kim S W (Eds.), Marine Geology and Physical Processes of the Yellow Sea, Proc. Korea – U. S. Seminar and Workshop, Seoul, Korea.

Shen et al. 2000.

Shi X F, Shen S X, Yi H I, et al. 2003. Modern sedimentary environments and dynamic depositional systems in the southern Yellow Sea [J]. Chin. Sci. Bull., 48: 1 – 6.

Takahashi S, Yanagi T. 1995. A numerical study on the formation of circulations in the Yellow Sea during summer [J]. Lamer, 33: 135 – 147.

Thornton S F, McManus J. 1994. Application of organic carbon and nitrogen stable isotope and C/N ratios as source indicators of organic matter provenance in estuarine systems: Evidence from the Tay Estuary, Scotland. Estua [J]. Coast. Shelf Sci., 38: 219 – 233

Wang Y, Aubrey D G. 1987. The characteristics of the China coastline [J]. Cont. Shelf Res., 7: 329 – 349.

Wei J W, Shi X F, Li G B, et al. 2003. Clay mineral distributions in the southern Yellow Sea and their significance [J]. Chin. Sci. Bull., 48: 7 – 11.

Windom H L, Chamberlain C F. 1978. Dust transport of sediments to the North Atlantic Ocean [J]. Jour. Sed. Petrology, 48 (2): 385 – 388.

Wu Y, Zhang J, Mi T Z, et al. 2001. Occurrence of n – alkanes and polycyclic aromatic hydrocarbons in the core sediments of the Yellow Sea. Marine [J]. Chemistry., 76: 1 – 15.

Yang S Y, Jung H S, Choi M S, et al. 2002. The rare earth element compositions of the Changjiang (Yangtze) and Huanghe (Yellow) river sediments [J]. Earth Planet. Sci. Lett., 201: 407 – 419.

Yang S Y, Li C X. 2000. Elemental compositions in the sediments of the Changjiang and the Huanghe and their tracing implication [J]. Prog. Nat. Sci., 10: 612 – 618.

Yang Z S, Sun X G, Chen Z R, et al. 1998. Sediment discharge of the Yellow River to the Sea: its past, present, future and human impact on it [J]: 109 – 127, In: Hong, G. H., Zhang, J., Park, B. K. (Eds.), Health of the Yellow Sea, The Earth Love Publication Association, Seoul.

Zhao Y Y, Park Y A, Qin Y S, et al. 2001. Material source for the Eastern Yellow Sea Mud: evidence of mineralogy and geochemistry from China – Korea joint investigations [J]. The Yellow Sea, 7: 22 – 26.

Zhu D Q, An Z S. 1993. Formation and evolution of radial sand ridges in Jiangsu offshore zones [J]: 142 – 147, Papers collection of Geography on celebrating 80th birthday of Prof. Ren M E, Nanjing University Press, Nanjing.

# 第 3 篇  东  海

# 第 13 章　物质输运与现代沉积过程

## 13.1　入海河流物质通量及其变化规律

东海海域陆架宽广，水动力过程复杂，其悬浮物质的时空分布和输运格局受到陆源物质供应和入海径流、波浪、潮汐、海流等海洋动力的共同影响。

东海悬浮物质的主要来源有二：一是长江及其他入海河流（钱塘江、瓯江、闽江、晋江等）携带入海的陆源物质（图 13.1）；二是黄海沿岸流携带黄海悬浮和再悬浮物质输入东海，包括废黄河口被侵蚀物质，每年有 $2\,500 \times 10^4\,t$（胡敦欣等，2001）～$10\,000 \times 10^4\,t$（李本川，1980；Eisma，1998）。其他还有一定量的风尘沉积输入，黑潮和台湾暖流带来的外洋物质，以及当地环境生长的生物体和陆架内部自身调整的物质。因此，入海物质是东海悬浮体的最主要物源，其通量变化直接影响到东海悬浮物质的分布和输运规律。

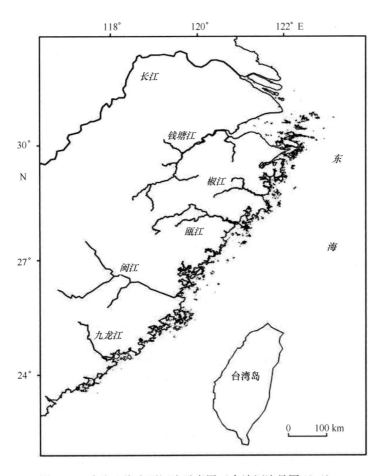

图 13.1　东海入海主要河流示意图（台湾河流见图 13.4）

### 13.1.1 长江入海水、沙通量及其变化规律

据估计，经长江携带入东海的悬浮物质占沿岸河流总输入东海量的95%～99%（程天文等，1984）。由此可见，长江是东海悬浮体的最主要物源，其水、沙通量变化直接影响到东海悬浮物质的分布和输运规律。

据长江下游大通站多年水文资料统计（流量1950—2005年，输沙量1951—2005年），长江挟带入河口区的多年平均径流总量为$9\,034\times10^8\,m^3$，多年平均悬沙输沙总量为$4.14\times10^8\,t$。但长江河口区的来水、来沙年内分配与年际分配极不均匀，5—10月为洪季，6个月的输水量和输沙量分别占全年的71.1%和87.4%（其中7月、8月、9三个月分别占全年的37.9%和52.9%），11月至翌年4月为枯季，其输水量和输沙量分别占全年的28.9%和13.6%。7月为输水、输沙高峰季节，其流量和沙量分别占全年的14%和21%，1月为输水、输沙量最小月份，其流量及沙量分别占全年的3.2%和0.7%。

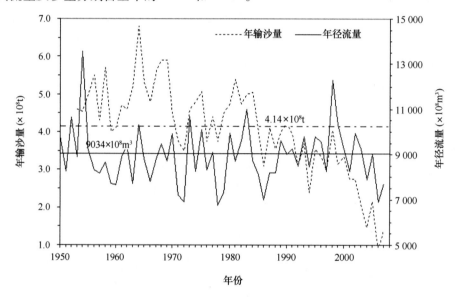

图13.2　长江大通站年径流量与输沙量变化过程（恽才兴，2004；中国河流泥沙公报，2005—2009）

长江河口区的来水、来沙年际分配也极不平衡，从大通站近半个世纪的输水量和输沙量的变化来看（图13.2），长江年径流量无显著的趋势变化，而长江来沙逐年减少的趋势非常明显。1951—2005年间，多年平均输沙量为$4.14\times10^8\,t$，大约以1985年为界，以前的大多数年份的输沙量均超过平均值，而1985年后，所有年份的输沙量均低于平均值。相应的，长江大通站年平均含沙量也从1986年开始大幅降低，从$0.53\,kg/m^3$（1953—1985年）降到$0.29\,kg/m^3$（1986—1999年）。据最新公布的中国河流泥沙公报（表13.1），2006年长江来沙为历年最少，其后基本保持稳定。需要指出的是，大通站泥沙通量仅代表长江进入河口区的泥沙通量，若以口门作为长江与东海的界面，则长江年平均入海泥沙通量约为大通站泥沙通量的82%（沈焕庭等，2001a）。

表13.1　大通站2001—2009年的水沙统计值

| 年份 | 年径流量/m³ | 年输沙量/t | 年平均含沙量/（kg·m⁻³） |
|---|---|---|---|
| 2001 | $8\,250\times10^8$ | $2.76\times10^8$ | 0.336 |
| 2002 | $9\,926\times10^8$ | $2.75\times10^8$ | 0.277 |

| 年份 | 年径流量/m³ | 年输沙量/t | 年平均含沙量/（kg·m⁻³） |
|------|-----------|-----------|------------------------|
| 2003 | $9\ 248 \times 10^8$ | $2.06 \times 10^8$ | 0.223 |
| 2004 | $7\ 884 \times 10^8$ | $1.47 \times 10^8$ | 0.186 |
| 2005 | $9\ 015 \times 10^8$ | $2.16 \times 10^8$ | 0.239 |
| 2006 | $6\ 886 \times 10^8$ | $0.848 \times 10^8$ | 0.123 |
| 2007 | $7\ 708 \times 10^8$ | $1.38 \times 10^8$ | 0.179 |
| 2008 | $8\ 291 \times 10^8$ | $1.30 \times 10^8$ | 0.157 |
| 2009 | $7\ 219 \times 10^8$ | $1.11 \times 10^8$ | 0.142 |

资料来源：中国河流泥沙公报。

### 13.1.2 钱塘江入海水、沙通量及其变化规律

钱塘江全长605 km，流域面积49 900 km²，在浙江省的海盐市澉浦至余姚市西三闸一线注入杭州湾。钱塘江径流主要来自降水，径流量的年内、年际分配与降水相对应。芦茨埠水文站以上为梅雨控制区，径流量年内分配呈单峰型。据1932—1959年芦茨埠水文站观测资料，该站多年平均最大月径流量出现在6月，占年径流量22.1%，3—6月径流量占全年径流量的61.3%；10月至翌年2月为枯水期，5个月的径流量仅占年径流量的18.1%（表13.2）。1960年新安江水库建成后，由于水库的调节作用，芦茨埠水文站径流年内分配有显著变化，汛期（3—7月）下泄水量大幅减小，枯水季节下泄水量明显增大（表13.2），年内分配趋向均匀（韩曾萃等，2003）。

表13.2 多年平均径流量年内分配表（1932—1959年）

| 项目 \ 月份 | 1 | 2 | 3 | 4 | 5 | 6 | 7 | 8 | 9 | 10 | 11 | 12 | 1—12 | 资料年限 |
|-----------|---|---|---|---|---|---|---|---|---|----|----|----|------|---------|
| 径流量/×10⁸ m³ | 10.52 | 20.39 | 33.83 | 33.15 | 56.27 | 69.39 | 34.07 | 14.33 | 16.02 | 10.39 | 8.58 | 7.20 | 314.44 | 1932—1959 |
| 占年径流量/% | 3.3 | 6.5 | 10.8 | 10.5 | 17.9 | 22.1 | 10.8 | 4.6 | 5.1 | 3.3 | 2.7 | 2.3 | 100 | |

根据建库后的芦茨埠水文站资料（1960—1998年）（表13.3），1—3月建库前后变化较小，4—6月以蓄水为主，丰水年蓄水500～850 m³/s，枯水年蓄水100～250 m³/s。7—9月枯水年水库放水量增加约100～200 m³/s，丰水年蓄水。10—12月水库增加放水流量130～300 m³/s。就平水年而言，4—6月为蓄水期，约蓄水400～500 m³/s，7—9月为放水期约增加150 m³/s，10—12月增加放水约250 m³/s，1—3月变化较小，除特枯、特丰年外基本平衡。

钱塘江多年平均径流量，按1932—1995年统计，芦茨埠301×10⁸ m³，闸口386.4×10⁸ m³，澉浦436.7×10⁸ m³（钱塘江志编纂委员会，1998）。径流量年际分配不均，芦茨埠站最大年径流量539×10⁸ m³（1954年），最小年径流量130×10⁸ m³（1979年），前者为后者的4.15倍；实测最大流量29 000 m³/s（1955年），最小流量15.4 m³/s（1934年），前者为后者的1 883倍。闸口最大年径流量692.0×10⁸ m³（1954年），最小年径流量179.0×10⁸ m³（1979年），前者为后者的3.86倍。

**表 13.3　芦茨埠水文站各季建库前、后平均流量值**　　　　　　　单位：$m^3/s$

| 频率/% | 1—3 月 | | | 4—6 月 | | | 7—9 月 | | | 10—12 月 | | |
|---|---|---|---|---|---|---|---|---|---|---|---|---|
| | 前 | 后 | 差 | 前 | 后 | 差 | 前 | 后 | 差 | 前 | 后 | 差 |
| 5 | 1400 | 1 150 | −250 | 3 900 | 3 050 | −850 | 1 650 | 1 650 | 0 | 1 150 | 1 050 | −100 |
| 10 | 1 140 | 1 080 | −60 | 3 150 | 2 450 | −700 | 1 600 | 1350 | −250 | 1 000 | 1 000 | 0 |
| 20 | 1 060 | 1 010 | −50 | 2 800 | 2 300 | −500 | 1 350 | 1200 | −150 | 460 | 760 | 300 |
| 30 | 950 | 950 | 0 | 2 300 | 1 800 | −500 | 850 | 1 050 | 200 | 350 | 630 | 280 |
| 50 | 800 | 860 | 60 | 1 800 | 1 400 | −400 | 750 | 850 | 100 | 240 | 540 | 300 |
| 70 | 620 | 660 | 40 | 1 500 | 1 250 | −250 | 500 | 700 | 200 | 180 | 410 | 230 |
| 80 | 550 | 550 | 0 | 1 350 | 1 200 | −150 | 450 | 550 | 100 | 140 | 340 | 200 |
| 90 | 450 | 380 | −70 | 1 200 | 1 100 | −100 | 300 | 450 | 150 | 80 | 240 | 160 |
| 95 | 410 | 280 | −130 | 600 | 800 | 200 | 200 | 350 | 150 | 50 | 180 | 130 |

钱塘江流域植被覆盖较好，暴雨侵蚀地表随水流进入河流的泥沙，含沙量低，实测最大含沙量 $1.04\ kg/m^3$，多年平均含沙量 $0.25\ kg/m^3$，属少沙河流。钱塘江流域来沙量年内分配和年际变化一般与来水相应，即径流量大，输沙量也大，径流量小，输沙量也小。但输沙量年内分布和年际变化更不均匀（表 13.4）。

**表 13.4　芦茨埠站 1958 年径流量、输沙量月变化表**

| 项目　月份 | 1 | 2 | 3 | 4 | 5 | 6 | 7 | 8 | 9 | 10 | 11 | 12 |
|---|---|---|---|---|---|---|---|---|---|---|---|---|
| 含沙量 /（kg·m$^{-3}$） | 0.007 | 0.019 | 0.359 | 0.274 | 0.413 | 0.104 | 0.02 | 0.073 | 0.058 | 0.037 | 0.006 | 0.004 |
| 径流量/10$^8$ m$^3$ | 5.06 | 8.90 | 45.26 | 44.32 | 109.54 | 9.93 | 2.64 | 4.28 | 13.01 | 12.24 | 2.98 | 1.43 |
| 占年径流量/% | 1.94 | 3.43 | 17.4 | 17.07 | 42.19 | 3.82 | 1.02 | 1.65 | 5.01 | 4.71 | 1.15 | 0.55 |
| 输沙量/10$^4$t | 0.36 | 1.60 | 16.07 | 135.0 | 449.9 | 10.34 | 0.52 | 3.19 | 7.59 | 4.52 | 0.18 | 0.06 |
| 占年输沙量/% | 0.06 | 0.26 | 2.55 | 21.6 | 71.4 | 1.64 | 0.08 | 0.5 | 1.2 | 0.72 | 0.03 | 0.01 |

新安江建库前，潮区界芦茨埠水文站 1956—1959 年实测平均年输沙量为 $616\times10^4 t$，芦茨埠至闸口区间和闸口至澉浦区间多年平均输沙量分别为 $180\times10^4 t$（钱塘江志编纂委员会，1998）、$129\times10^4 t$（浙江省水文志编纂委员会，2000），澉浦以下有曹娥江、甬江汇入。新安江建库后，新安江水库坝址以上流域来沙基本上全部被拦截在水库内。鉴于新安江水库坝址处无实测资料，根据前两站实测资料，推求新安江坝址处 1956—1959 年平均输沙量为 $131.3\times10^4 t$，即新安江建库后，芦茨埠多年平均输沙量减至 $484.7\times10^4 t$。芦茨埠以下各区间因不受建库影响，区间多年平均输沙量保持不变。因此，新安江建库前，闸口、澉浦多年平均输沙量分别为 $796\times10^4 t$、$925\times10^4 t$。新安江建库后，闸口、澉浦的多年平均输沙量分别为 $664.7\times10^4 t$、$793.7\times10^4 t$。

## 13.1.3　浙闽山溪性河流的水、沙通量及其变化规律

浙闽沿岸自北向南分布椒江、瓯江、飞云江、鳌江、闽江、九龙江等数条源短流急的山溪性河流，其入海水沙通量的变化规律基本一致（表 13.5）。

表 13.5　浙闽沿岸山溪性河流入海水沙特征值

| 河　流 | 控制站 | 平均流量 / ( m³·s⁻¹ ) | 最大流量 / ( m³·s⁻¹ ) | 最小流量 / ( m³·s⁻¹ ) | 年输沙量 /10⁴ t | 悬沙通量 / ( kg·s⁻¹ ) | 资料统计年限 |
|---|---|---|---|---|---|---|---|
| 椒江 | 柏枝岙＋沙段 | 110.3 | 191 | 49.5 | 60.82 | 18.98 | 1957—2008 |
| 瓯江 | 圩仁 | 442 | 725 | 213 | 195.2 | 61.49 | 1950—2008 |
| 飞云江 | 峃口 | 74.6 | 123 | 47.6 | 31.49 | 9.63 | 1957—2008 |
| 鳌江 | 埭头 | 16.3 | 28.9 | 8.38 | 7.06 | 2.17 | 1957—2008 |
| 闽江 | 竹岐 | 1 693.8 | 29 400 | 196 | 582.88 | 184.83 | 1950—2008 |

资料来源：宋乐，2011；中国河流泥沙公报（2005—2008），瓯江的输沙资料统计年限是 1957—1998。

### 13.1.3.1　椒江

椒江全长 197.7 km，流域面积 6 519 km²，在台州市以北经台州湾流入东海。椒江多年平均入海流量为 110.3 m³/s，最大和最小年平均入海流量分别为 191 m³/s（1990 年）和 49.5 m³/s（1979 年），相应的模比系数 K 值分别为 1.732 和 0.449，两者之间的比值为 3.859；从各年的月平均流量来看，椒江最大值为 819 m³/s，出现在 1990 年的 9 月，主要是由于连续受 9012、9015、9017、9018 号台风的连续影响，椒江最小值为 0.56 m³/s，出现在 1967 年 10 月份；椒江多年平均入海悬沙量为 60.82×10⁴ t，相应的多年平均悬沙通量为 18.98 kg/s，最大和最小年平均入海悬沙通量分别为 92.9 kg/s(1962 年)和 1.75 kg/s（2003 年），相应的模比系数 K 值分别为 4.89 和 0.09，两者之间的比值为 53.15；从各年的月平均流量来看，椒江最大值为 722 kg·s，出现在 1962 年的 9 月份，主要受到 6214 号台风的影响；流域来沙也主要集中在汛期（4—9 月），输沙量占全年的 91.8%（宋乐，2011）。只有大洪水时，才有可能使较多粉沙级物质运移到椒江口外而沉积于台州湾海域，参与台州湾的塑造过程。河口的含沙量较高，平均含沙量为 4~8 kg/m³，曾记录到底层最大的含沙量达 42 kg/m³。

### 13.1.3.2　瓯江

瓯江全长 338 km，流域面积 17 859 km²，在温州市龙湾区与乐清市之间注入东海。据瓯江圩仁站 1956—2008 年实测资料统计（图 13.3），瓯江多年平均入海流量为 442 m³/s，最大和最小年平均入海流量分别为 725 m³/s（1975 年）和 213 m³/s（1979 年），多年平均入海悬沙量为 195.2×10⁴ t，相应的多年平均悬沙通量为 61.9 kg/s，最大和最小的年均悬沙通量分别是 170 kg/s（1975 年）和 12.5 kg/s（1979 年），沙通量的年际变幅要大于水通量；瓯江入海的水、沙通量洪、枯季变化明显，梅汛期（4—6 月）和台汛期（7—9 月）为主要输水、输沙期，径流量占全年的 74.4%，输沙量占全年的 89.9%。沙通量的季节性变化幅度和不对称性比水通量更为明显（宋乐，2011）。圩仁站实测最大洪峰流量为 22 800 m³/s（1952 年 7 月 20 日），最小流量为 10.6 m³/s（1967 年 10 月 20 日），年际间最大与最小年平均流量和径流总量变化达 3.4 倍，实测最大和最小流量相差可达 2 000 倍。瓯江洪、枯季流量悬殊，洪峰暴涨暴落，洪峰过程是输水、输沙最集中时期。若考虑其推移质，按其悬沙量的 10% 量级估算，推移质也有（20~50）×10⁴ t（李孟国等，2007；吴以喜等，2007）。

### 13.1.3.3　闽江

闽江干流长为 577 km，流域面积为 60 992 km²，在福州市注入东海。闽江径流量变率大，

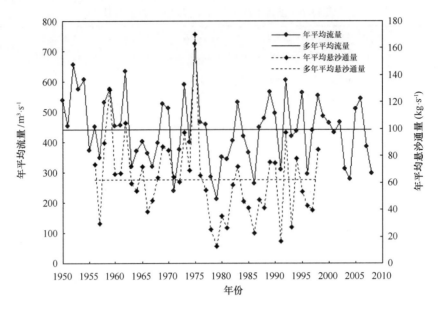

图 13.3　瓯江入海流量和悬沙通量年际变化（宋乐，2011）

最大流量为 29 400 m³/s，最小流量为 196 m³/s，平均流量为 1 750 m³/s。洪季（4—7 月）流量占全年的 61.8%，枯季（10 月至翌年 2 月）流量仅占 14%。闽江悬移质输沙量年平均为 715.5×10⁴ t，最大输沙量为 2 000×10⁴ t，最小为 272×10⁴ t，洪季输沙占全年的 84%，枯季占 4.2%。据闽江干流竹岐水文站历年的水沙统计值（1950—2005）（中国河流泥沙公报，2005—2009），多年平均径流量为 536×10⁸ m³，平均输沙量为 600×10⁴ t，2002 年至 2009 年的最新数据见表 13.6。

表 13.6　闽江干流竹岐水文站 2002 年至 2008 年的水沙统计值

| 年份/年 | 年径流量/m³ | 年输沙量/t | 年平均含沙量/（kg·m⁻³） |
|---|---|---|---|
| 2002 | 620×108 | 272×104 | 0.044 |
| 2003 | 383.6×108 | 64.4×104 | 0.017 |
| 2004 | 307.9×108 | 47.3×104 | 0.015 |
| 2005 | 650.2×108 | 679×104 | 0.015 |
| 2006 | 672.2×108 | 651×104 | 0.097 |
| 2007 | 403×108 | 110×104 | 0.027 |
| 2008 | 420×108 | 28.8×104 | 0.007 |

资料来源：中国河流泥沙公报（2005—2009）。

### 13.1.3.4　九龙江

九龙江干流长 263 km，流域面积为 13 600 km²，在福建省龙海市和厦门市之间流入台湾海峡。据草埔头站资料，多年平均径流量 148×10⁸ m³，最大年径流量 288×10⁸ m³，最小年径流量 99.6×10⁸ m³。多年平均输沙量为 307×10⁴t（陈则实，1998）。

### 13.1.3.5　晋江

晋江位于福建东南沿海，发源于戴云山脉，流域面积 5 629 km²，干流长 182 km。上游主要分为东、西两溪，东、西溪流域面积分别为 1 917 km² 和 3 101 km²。两溪于南安市双溪汇合成晋江干流，向东流经泉州市后于泉州湾注入东海。据干流控制站石砻水文站统计，流域多年平均径流量 $52 \times 10^8$ m³，年内分配极不均匀，汛期 5 月至 9 月占全年径流量的 69.7%，而枯水期 10 月至翌年 3 月占全年总水量的 23.5%。年际变化也很悬殊，最丰和最枯年份水量相差 3 倍以上（黄明聪，2004）。

## 13.1.4　台湾沿岸河流的水、沙通量及其变化规律

台湾岛四面环海，所有河流最终都注入海洋（图 13.4）。台湾地区构造活动频繁和快速隆起，地表坡度陡峭，强台风频繁，导致流域水土流失严重，河流的输沙量很高，全球河流单位面积内产沙量最高的前 10 条河流中，台湾占有七条河流（Milliman et al.，1992；Chen et al.，2004；Dadson et al.，2004）。Y. H. Li(1976)估算台湾河流输沙率高达 20 000 t/（km²·a），大约高于全球平均水平 2 个数量级，目前台湾河流入海输沙量估计为每年 230 ~ 400 Mt（Dadson et al.，2003；Kao et al.，2005）。

台湾有 16 个主要河流（表 13.7），其流域面积介于 350 ~ 3 250 km²，这些河流控制集水面积为 18 700 km²，占台湾土地总面积的一半。长期资料显示流域年降雨量介于 1 600 ~ 3 200 mm，超过 4 000 mm。由于东部的河流是分布在多山区域（图 13.4），降雨和径流往往比西部的河流多，东部年降雨量接近或超过 2 000 mm。通常，7 月至 10 月降雨量占全年降雨量的 75%；在降雨量小的月份，大多数河流平均流量一般不超过 10 ~ 50 m³/s，而在降雨量大的月份，可以超过 1 000 ~ 10 000 m³/s，与西太平洋台风影响有关。台湾平均每年受到 4 个以上的强台风影响，一般在 6 月至 9 月期间。个别台风，在一两天内总雨量可超过 500 mm，导致河流流量暴增，短时间内可达 10 000 m³/s，一些较大的河流甚至超过 20 000 m³/s（Kao et al.，2008）。台湾 16 条河流的年均输沙量介于 0.5 ~ 40 Mt（表 13.8），合计年均输沙量为 180 Mt。大甲溪具有最低产沙率，为 500 t/（km²·a），比二仁溪的产沙率 71 000 t/（km²·a）低约 2 个数量级。16 条台湾河流年均产沙率为 9 500 t/（km²·a），比全球平均流域产沙率 150t/（km²·a）高出 60 倍（Milliman et al.，1992）。

表 13.7　台湾 16 条河流的流域的基本参数

| 河流新名称 | 控制站以上流域面积/km² | 海拔高度/m | 平均坡度/% | 降水量/（mm·a⁻¹） | 径流量/（mm·a⁻¹） | 记录年段 |
|---|---|---|---|---|---|---|
| 头前溪 | 499 | 2 233 | 3.5 | 2 200 | 1 400 | 1951—2005 |
| 后龙溪 | 472 | 2 580 | 4.4 | 1 800 | 1 300 | 1981—2005 |
| 大安溪 | 633 | 3 296 | 3.4 | 2 300 | 1 500 | 1966—2005 |
| 大甲溪 | 916 | 3 639 | 2.6 | 2 200 | 2 000 | 1979—2003 |
| 乌溪 | 1 981 | 2 596 | 2.2 | 1 800 | 1 800 | 1966—2005 |
| 浊水溪 | 2 975 | 3 416 | 1.8 | 2 200 | 1 200 | 1964—2005 |
| 北港溪 | 597 | 516 | 0.6 | 1 600 | 1 300 | 1949—2003 |

续表 13.7

| 河流新名称 | 控制站以上流域面积/km² | 海拔高度/m | 平均坡度/% | 降水量/（mm·a⁻¹） | 径流量/（mm·a⁻¹） | 记录年段 |
|---|---|---|---|---|---|---|
| 八掌溪 | 441 | 1 940 | 2.4 | 1 900 | 1 500 | 1960—2005 |
| 曾文溪 | 988 | 2 440 | 1.8 | 2 300 | 900 | 1960—2005 |
| 二仁溪 | 140 | 460 | 0.7 | 1 800 | 1 700 | 1971—2005 |
| 高屏溪 | 3 076 | 3 997 | 2.3 | 2 500 | 2 400 | 1951—2004 |
| 卑南溪 | 1 584 | 3 666 | 4.4 | 2 000 | 1 900 | 1948—2005 |
| 秀姑峦溪 | 1 539 | 2 360 | 2.9 | 2 300 | 2 200 | 1969—2005 |
| 花莲溪 | 1 506 | 2 260 | 4.0 | 2 600 | 2 100 | 1969—2005 |
| 和平溪 | 553 | 3 742 | 3.7 | 2 900 | 2 100 | 1975—2005 |
| 兰阳溪 | 821 | 3 535 | 4.8 | 3 200 | 2 400 | 1949—2005 |

资料来源：据 Kao et al.，2008。

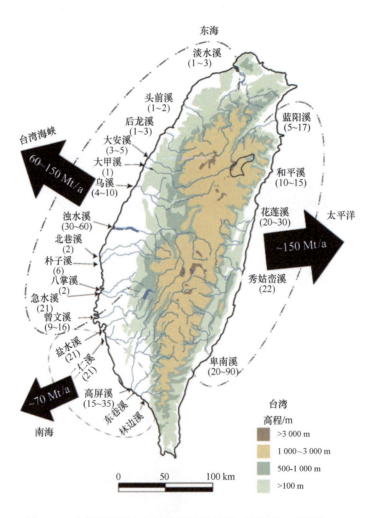

图 13.4  台湾河流分布和河流年均输沙量（J. P. Liu，2008）

表 13.8 台湾 16 条河流的输沙产沙统计表

| 河流新名称 | 最小和最大输沙量/Mt | 年平均输沙量/Mt | 控制站以上流域面积/km² | 输沙量权重均值/(t·km⁻²·a⁻¹) | 上游海拔大于100 m面积/km² | 海拔大于100 m输沙量权重均值/(t·km⁻²·a⁻¹) |
|---|---|---|---|---|---|---|
| 头前溪 | 0.01 ~ 8.5 | 1.1 ± 0.2 | 499 | 2 300 | 481 | 2 300 |
| 后龙溪 | 0.05 ~ 14 | 2.4 ± 0.3 | 472 | 5 100 | 396 | 6 100 |
| 大安溪 | 0.07 ~ 24 | 4.0 ± 0.6 | 756 | 6 300 | 742 | 6 300 |
| 大甲溪 | 0.01 ~ 2.3 | 0.5 ± 0.2 | 1 292 | 500 | 1238 | 550 |
| 乌溪(大肚溪) | 0.48 ~ 38 | 5.3 ± 1.5 | 1 981 | 2 700 | 1 763 | 3 000 |
| 浊水溪 | 2.9 ~ 263 | 40 ± 5.7 | 2 975 | 13 000 | 2 903 | 14 000 |
| 北港溪 | 0.09 ~ 3.9 | 1.4 ± 0.3 | 597 | 2 300 | 179 | 7 800 |
| 八掌溪 | 0.28 ~ 11 | 2.5 ± 0.5 | 441 | 5 700 | 230 | 11 000 |
| 曾文溪 | 0.34 ~ 110 | 12 ± 2.4 | 988 | 12 000 | 912 | 13 000 |
| 二仁溪 | 0.04 ~ 51 | 10 ± 2.1 | 140 | 71 000 | 83 | 120 000 |
| 高屏溪 | 0.67 ~ 110 | 20 ± 3.0 | 3 076 | 6 200 | 2 619 | 7 600 |
| 卑南溪 | 0.06 ~ 123 | 20 ± 2.9 | 1 584 | 13 000 | 1 567 | 13 000 |
| 秀姑峦溪 | 0.24 ~ 44 | 13 ± 1.8 | 1 539 | 8 500 | 1 709 | 8 500 |
| 花莲溪 | 0.37 ~ 109 | 25 ± 3.3 | 1 506 | 17 000 | 1 359 | 18 000 |
| 和平溪 | 0.08 ~ 51 | 15 ± 4.1 | 553 | 27 000 | 545 | 28 000 |
| 兰阳溪 | 0.13 ~ 49 | 6.4 ± 1.7 | 821 | 7 800 | 901 | 7 800 |
| 合计 | | 180 | | 9 500 | | 11 000 |

资料来源：Kao et al.，2008。

## 13.2 悬浮物质浓度分布与变化特征

悬浮物质浓度分布是海洋环境条件的综合反映，与物质来源、海洋环流、潮流、波浪等动力要素密切相关。因此，通过分析悬浮体浓度的时空分布特征可以从一个侧面来研究悬浮物质的输运和沉积过程。

东海悬浮体研究始于 1958 年的全国海洋普查，编制了海区的悬浮体分布图。20 世纪 70 年代，为配合东海大陆架的沉积研究，对东海 28° ~ 34°N，122° ~ 127°E 海区进行了 6 次悬浮体调查，初步得出了东海悬浮体的分布变化规律和运移特征。其后，有关东海悬浮体的调查研究工作迅速开展，比如：20 世纪 80 年代初的中美长江口及东海大陆架海洋沉积作用的联合调查研究；80 年代中期的中法长江口生物地球化学联合调查研究；90 年代的东海海洋通量研究；21 世纪初的国家重点基础研究计划"东海、黄海生态系统动力学与生物资源可持续利用"；等等。基于以上项目获得的大量基础资料，广泛开展了东、黄海悬浮体分布规律及输运过程研究（秦蕴珊等，1989；Yang et al.，1983；谢钦春等，1984；杨作升等，1992；金翔龙，1992；郭志刚等，1997；高抒等，1999；胡敦欣等，2001；王凡等，2004；Dong et al.，2005），一些科学家也结合悬浮物质现场观测资料，用数值计算、遥感反演等方法开展悬浮物质在河口、海岸、陆架区的定量分布与输运研究工作（窦国仁，1995 a，b；李炎，1992；恽才兴，2005）。综合以上成果，东海悬浮物质浓度分布的基本特征分述如下。

### 13.2.1 平面分布

根据卫星遥感反演数据（图 13.5）和现场观测资料（图 13.6），东海悬浮物质浓度在河口区平面分布具有两个特征：（1）悬浮物质浓度自海岸向外海降低，等值线走向基本与等深线平行，长江口外 122°~123°E 之间为浓度变化梯度带；（2）全年悬浮物质浓度高值区主要见于河口区，以长江口、杭州湾悬浮物质浓度最高。

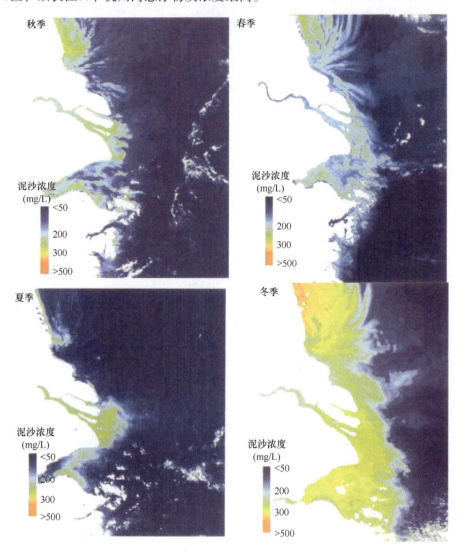

冬季：1998 年 1 月；春季：1998 年 4 月；夏季：1998 年 7 月；秋季：1998 年 10 月

图 13.5　黄海、东海悬浮泥沙浓度分布图（恽才兴，2005）

东海近岸海域表层浓度均大于 100 mg/L，底层大于 200 mg/L，向海方向浓度降低，至 123°E 以东，中、外陆架表层浓度一般小于 5 mg/L，底层浓度小于 10 mg/L。在 122°~123°E 之间浓度急剧降低，从大于 100 mg/L 降到小于 10 mg/L，形成梯度带。综观东海悬浮物质浓度分布，存在 2 个高值舌状分布区，一个在长江口区，另一个在东海北部，预示东海悬浮物质二个主要来源方向。

河口区终年是悬浮物质浓度高值区，以长江口、杭州湾悬浮物质浓度最高，在长江口最大浑浊带，其悬浮物质浓度表层变化在 100~700 mg/L 之间，底层变化在 1 000~8 000 mg/L 之间，它的核心部位近底悬浮泥沙浓度很高时往往出现浮泥层（沈焕庭等，2001 a；沈焕庭等，2001b）。杭州湾的悬浮物质主要来源于长江口，长江冲淡水的次级锋面从杭州湾北侧带入悬浮物质，湾内锋面起到辐聚并向南输运悬浮物质的作用，沿锋面形成高浓度带，其底层

悬浮物质浓度经常大于 5 000 mg/L（苏纪兰等，1992）

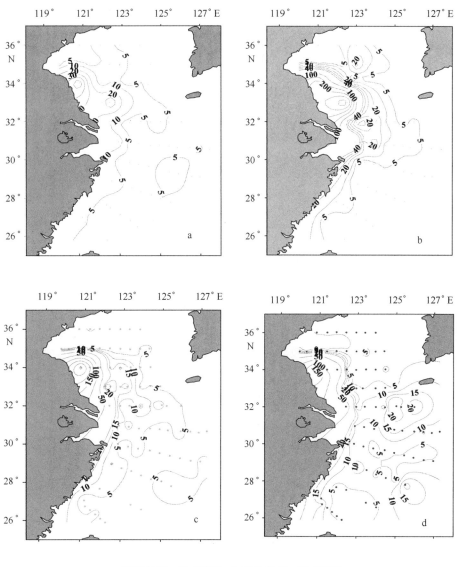

a. 2000 年 10—11 月表层　b. 2000 年 10—11 月底层
c. 2001 年 3—4 月表层　d. 2001 年 3—4 月底层
图 13.6　悬浮物质浓度（mg/L）的平面分布（Dong et al, 2005）

## 13.2.2　垂向分布

悬浮物质浓度通常是表层小，随着深度的增加而增加，河口近岸区的浓度垂向梯度远大于陆架区，夏季大于冬季。在长江口区夏季可观测到底层悬浮物质浓度比表层浓度大一个数量级。

根据 1998 年 7 月长江大洪水期间航次断面观测结果（图 13.7，图 13.8），沿 32°N 断面，长江悬沙直接影响的范围限于 123°E 以西。在长江河口附近是悬沙浓度峰值区，海面及距海底 2 m 处测得的最高值分别达到 10 mg/L、150 mg/L，向东在 50 km 范围内悬沙浓度分别迅速递减至 2 mg/L 及 10 mg/L 以下。从河口附近水体温、盐、密的空间分布来看，尽管水体有一定程度的混合，但表层水体中更多地体现长江入海径流的低盐、高温、低密度特征（图

**225**

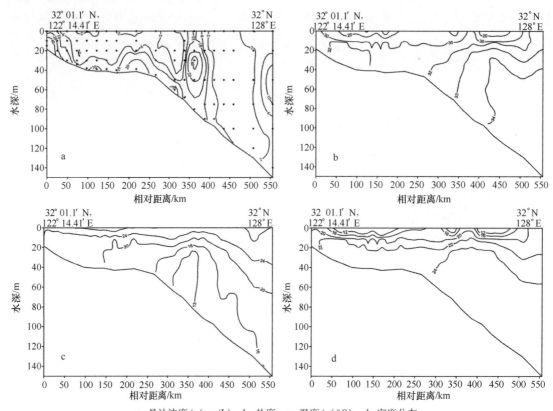

a. 悬沙浓度/（mg/L）；b. 盐度；c. 温度/（℃）；d. 密度分布

图 13.7　32°N 断面（汪亚平等，2001）

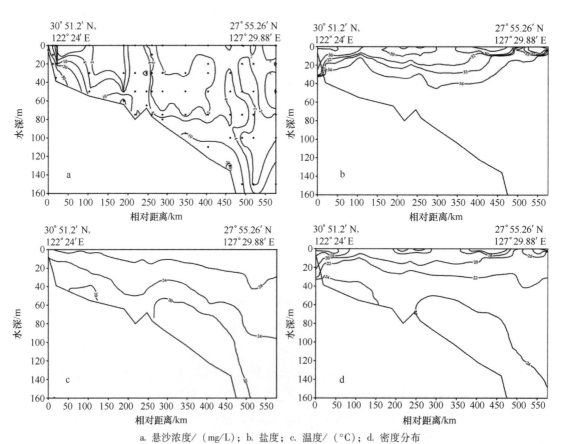

a. 悬沙浓度/（mg/L）；b. 盐度；c. 温度/（℃）；d. 密度分布

图 13.8　PN 断面（汪亚平等，2001）

13.7）；而中、下部水体更多体现低温、高盐和高密等海水特征，可能与台湾暖流的侵入有关。因此，近底部高悬浮物质浓度可能是长江径流中悬沙沉降的结果。在水深 65 ~ 90 m 的济州岛南部泥区陆架坡折处（即 126°E 附近）观测到相对较高的悬浮物质浓度水团，其中央悬浮物质浓度高达 40 mg/L，形成一个次级高浓度中心。它向上伸展到海面，两侧均为低悬浮物质浓度的海水；向海方向被一个约宽 100 km（即 127° ~ 128°E）、悬浮物质浓度小于 2 mg/L 的水体与东部深海区相隔。

沿 PN 断面，长江悬沙可直接影响到 123°E，底部悬沙浓度大于 10 mg/L 的水体可达 123°30′E；在 123°E 以东，中、上层海水的悬沙浓度大都小于 10 mg/L（图 13.8b），其中在 123° ~ 124°E 之间，中、上层海水的悬沙浓度均小于 2 mg/L，低于两侧海水，而盐度却高于两侧海水，显示了台湾暖流的阻断作用（郭志刚，2002）。在距海底 10 m 的水层内，悬沙浓度大于 10 mg/L 的水体可由河口伸展至水深约 130 m 的陆架坡折处，海底的这种较高悬浮物质浓度可能与物质沉降有关，这可从底部盐度较高得到解释（图 13.8）。由于底层海水的盐度较高且没有密度的异常，因此该浑浊水体并不代表密度流，仍可能是水层中悬沙沉降的结果。在陆架外缘水深 100 ~ 150 m 处形成了次级的高悬沙浓度中心（最高值达 22 mg/L），这里正处于黑潮主体在夏季的流路上，出现的较高悬沙浓度仍可能是黑潮向陆爬升、上升流作用的结果。

### 13.2.3　时间变化

悬浮物质浓度随时间的变化主要表现为涨落潮、大小潮、季节和年际变化。

一般河口近岸区悬浮物质浓度具有明显的涨落潮和大小潮变化，即涨潮期始涨—涨急—涨息悬浮泥沙浓度出现低—高—低的周期变化；落潮期始落—落急—落息悬浮泥沙浓度也出现低—高—低的周期变化，两次峰值发生在涨、落急稍后的时刻，是由于泥沙再悬浮作用所造成的。河口近岸区的涨落潮流速大潮一般为小潮的 1.5 ~ 2.0 倍，大潮时水体扰动更为强烈，对床沙的再悬浮作用特别明显，悬浮物质浓度成倍增加，垂向梯度减小，小潮时高悬浮泥沙浓度仅见于近底层。陆架区（123°E 以东）悬浮物质浓度随潮时变化较小。

东海悬浮物质浓度的季节变化比较明显（图 13.5，图 13.6），但各区域有所不同。在长江口，夏季洪水来沙丰富，7 月、8 月、9 月 3 个月输沙量占全年的 52.9%，最大浑浊带的发育比冬季好，悬浮物质浓度夏季大于冬季，其比值为 2 左右。而在长江口两侧的苏北沿岸、杭州湾及浙江沿岸，冬季悬浮物质浓度反而是夏季的 3 ~ 5 倍。这种区域上的差异与东海的沿岸环流系统和季风有关，夏季，台湾暖流加强，盛行偏南风，东海沿岸流北上，黄、东海沿岸各悬浮物质浓度高值区相对孤立；冬季，台湾暖流萎缩，东海盛行偏北风，东海沿岸流南下，苏北浅滩和长江口外沉积物在波、流共同的强烈再悬浮作用下随沿岸流向南输运，苏北浅滩、长江口冲淡水与浙江沿岸悬浮物质浓度高值区连成一片，而且向外海扩展距离远于其他季节。东海陆架区（123°E 以东）悬浮物质浓度一般冬春季大于夏秋季，除东海北部陆架区（30°N 以北）受长江冲淡水和苏北沿岸流扩展的影响而季节变化较大外，其他陆架区季节变化较小，且距岸越远变化越小。

前文已述，以 1985 年为转折，长江入海物质通量逐年减少（图 13.2），导致近年来长江水下三角洲普遍发生冲刷，长江入海物质通量的减少必然带来东海悬浮物质浓度的年际变化。根据 1976 年以来多个航次调查资料的对比（庞重光等，2004），自 20 世纪 70 年代以来，东海调查区，无论表层还是底层，悬浮物质浓度均明显降低，下降幅度在河口近岸区远大于陆架区，这种趋势与长江入海通量的减少基本对应，但两者并非同比例降低。

## 13.3 悬浮物质输运与现代沉积过程

### 13.3.1 主要河口悬浮物质输运和现代沉积过程

#### 13.3.1.1 长江河口悬浮物质输运与现代沉积过程

　　长江口为径流和潮流相互作用极其明显的丰水、多沙、中等潮汐河口，呈三级分汊、四口入海格局：它首先被崇明岛分为南支和北支。南支又被长兴岛分为南港和北港。最后南港被九段沙分为南槽和北槽。由于长江源远流长、口门宽阔、河道多级分汊，其悬浮泥沙的时空变化与输运规律更为复杂，基本上可概括为四种形式：（1）径流作用为主的河段泥沙向海输运，这多发生于各主槽的上口，泥沙净输运各层均为向海方向；（2）潮流作用为主的河段泥沙向陆输移，如北支和南槽下口；（3）异重流起重要作用的河段在纵向断面上的循环输运，即表层向海输运，底层向上游输运，这在南、北槽均有发生；（4）在地形作用和流路分离的影响下泥沙在平面上循环输运，由于长江口门宽阔，浅滩、深槽相间，口门附近深槽多以落潮流为主，浅滩区涨潮流相对较强，构成深槽泥沙下泄，滩地部分泥沙上溯。同一汊道内，涨、落潮流路分离，落潮槽内泥沙向海输运，涨潮槽内泥沙向上游输运，形成平面泥沙环流。长江口泥沙输运总的趋势是通过入海汊道的主槽向海宣泄，现阶段以北港和北槽为主。

　　出口门后的长江口悬浮泥沙，随长江冲淡水向外扩散，沿程挟沙能力降低，悬沙大量落淤，因此长江冲淡水入海后的走向对物质输运有重要影响。一般认为，长江冲淡水主轴在冬季指向东南，而在夏季受多种因素的影响（例如洪水流量、地形效应、风应力、台湾暖流等），表层常发生向东或北东方向的偏转现象（管秉贤，1986；赵保仁，1991；朱建荣等，1997）。但在悬浮泥沙浓度最高、含量最大的底层，其等值线却大致平行等深线向东南方向延伸。因此，大量的长江泥沙是在底层以高浓度悬浮物质形式被海流带向东南方向，从而塑造了呈舌状向东南延伸的现代水下三角洲。受台湾暖流的阻隔作用，一般长江冲淡水的影响直到123°E左右逐渐消失，123°~123°30E一带则是南下的黄海冷水、东去的长江冲淡水及北上的台湾暖流相遇、混合、转向的地方，水动力情形变得相当复杂。在这一带发现大量有机包膜，它们凝集较小的悬浮体，使之成为粒度较大的集合体以较快的速度下沉，形成所谓的"海雪"，长江的许多细粒沉积物在冲淡水中都可能以这种方式在这一带下沉而不会被搬运得更远（杨作升等，1983）。除向东南或东北方向扩展外，位于南槽口门的长江冲淡水次级锋面发育，夏季向南可以直接影响到大、小洋山海区，并与杭州湾中部向西南延伸的锋面汇合，将长江泥沙直接带入杭州湾堆积下来。冬季，堆积于长江口外的沉积物在偏北向风浪与潮流的强烈再悬浮作用下，除随长江冲淡水次级锋面输入杭州湾以外，部分泥沙从杭州湾与嵊泗列岛之间的水域过境，随浙闽沿岸流扩散南下，这可以从长江口与杭州湾毗连海域的现代沉积速率得到佐证（夏小明等，2004）。因此，从某种意义上讲，杭州湾海域现代沉积体可以看成是长江现代水下三角洲的一部分。关于长江泥沙入海后在各海区的堆积量，已有多种估算结果，沈焕庭等（1986）认为51%的长江来沙堆积在123°E以西的口门区；Milliman等（1985 a，b）、林承坤（1989，1992）认为70%~90%堆积于长江口及其邻近内陆架；金翔龙（1992）认为长江入海泥沙的约50%堆积在123°E以西的口门区，20%~30%被浙闽沿岸流携带南下，其余20%～30%的泥沙，则以涡动扩散形式，穿过台湾暖流，带向外陆架及冲绳海槽；沈焕庭（2001a）根据冲淤量计算，认为长江年平均入海泥沙通量占大通断面通量的82%，其中约31%淤积在口门外水下三角洲，约40%淤积在杭州湾及其邻近海域，还有11%主要沉积在浙闽沿岸水域，少量扩散至深海。

长江河口泥沙来源丰富，主要来自流域的冲泻质，在河口潮流不对称和重力环流的作用下，大量泥沙向滞流点辐聚，形成最大浑浊带核心。长江河口最大浑浊带含沙量高，泥沙絮凝沉速快。潮流强劲，导致大量的河床泥沙再悬浮，使浑浊水体含沙量增大。最大浑浊带核心位置的迁移与大通站径流量和中浚站潮差有关（李九发等，1994）。

沙波运动和沙洲迁移是长江河口底沙运动的主要形式，近底底沙运动频繁，河床冲淤演替不断，对入海航道和近岸工程构成严重威胁。长江河口沙波一般分布于江阴至南支间顺直河段，以及吴淞口至南港中下段区间。但近年来，南港沙波发育区域表现出向下游扩展的态势。且长江口沙波发育尺度洪枯季差别较大，空间上则呈自西向东逐渐减弱态势。江阴至南支区间的部分顺直河段内多发育较大尺度的沙波，而南港河段内沙波则以平直沙波为主；南港以上河段内的沙波普遍发育有明显的迎流面，不对称性明显，而南港河段则反之，沙波对称性良好。总体上，枯季时长江河口沙波的发育区域表现出向下游扩展的态势，与产流区域水土保持、流域诸多抽引水工程调水和大型水利工程蓄水等有一定的间接关系（李为华等，2008）。

近10年来，长江口门外水下三角洲由淤积为主（1995—2000年）转变为冲刷为主（2003—2005年），主要与流域人类活动所导致的流域来沙减少特别是三峡工程蓄水引起的来沙锐减有关（李鹏等，2007）。

### 13.3.1.2 浙闽沿岸河口的现代沉积过程

#### 1）杭州湾

杭州湾呈喇叭形强潮河口滩，潮差大（大潮最大潮差为8.9 m），潮流强（最大潮流速超过4～5m/s），悬沙浓度高，悬沙浓度分布（3个高浓度区，两个低浓度区）。悬沙输送，北进南出，量值大，出现大进大出，大冲大於特征。杭州湾的潮沼，悬沙净淤积量1 000×10⁴ t/a，致使杭州湾不断淤积，面积减少（陈吉余等，2007）。

钱塘江河口以潮差大、潮流强、涌潮壮观而闻名于世。河口的悬浮泥沙的物质来源有：流域来沙、海域来沙随潮流输入、河口区的底床冲刷物质。河口段受径流和潮流的共同作用，洪季以径流作用为主，其他时间则以潮流作用为主。河口段水动力条件和泥沙来源的季节性变化，常引起河口段泥沙动力沉积特性的显著季节性差异。洪水强潮时，河口下段缺失推移质组分，也很少发现有悬移质组分，究其原因主要是由钱塘江河口独特的水动力特性所决定。在平水强潮时，钱塘江河口受强烈的涌潮作用，湍急水流几乎使所有的泥沙不断地上下翻滚，处于跃移状态，虽然悬沙中含有约10% 粒径小于4.0μm的黏土级细颗粒。由于湍流很剧烈，远远超过黏性细颗粒泥沙的絮凝临界流速，使之不能在河口盐淡水混合的环境中形成絮团沉积（蒋国俊等，1995）。钱宁（1964）研究了钱塘江河口沙坎后认为，尽管河口泥沙不断来回搬运，河床极不稳定，但沙坎基本上处于平衡状态；陈吉余（1964）则从泥沙运移与河槽变形的角度研究后也得出，钱塘江河口在较长时间之内的冲淤结果，是平衡的。然而，40多年来钱塘江河口出现了巨量的泥沙净淤积。淤积的泥沙造成了沙坎的单向变形，如沙坎顶点的下移、下游坡的抬高等。河口段泥沙淤积的累积曲线呈阶梯状，净淤积的时间集中出现在连续枯水年间，即 1960—1965 年、1978—1980 年和 1996—1998 年。随着治江缩窄位置的下移，泥沙淤积也向下游发展，目前钱塘江口外的杭州湾已出现大量的泥沙淤积（余炯等，2006）。

2）椒江口

椒江口为山溪性强潮河口，潮差大，潮流强，海域来沙丰富，悬沙浓度高。涨潮流优势流明显，落差流出牛头颈后，流束扩散。发生沉积，形成 18 km 的长拦门浅滩，最浅水深 1.2 m，和宽广的潮滩。

椒江属少沙河流，一般洪水时下泄的中细沙物质不出椒江口，而沉积于椒江边滩和心滩上。只有大洪水时，才可能有部分粉沙级物质运移到椒江口外而沉积于台州湾海域，参与台州湾的塑造过程。而浙闽沿岸流南下携带的长江泥沙及内陆架掀沙是椒江河口区悬浮泥沙的主要来源（郭琳等，2007）。椒江口外台州湾水域的泥沙运动以悬沙输运为主，根据在不同季节和不同潮汐情况下的悬浮泥沙浓度分布，椒江口—台州湾悬浮泥沙具有如下特征：①悬浮泥沙浓度从椒江河口至湾外海域沿程逐渐降低。②随着洪、枯季节的交替变化，台州湾悬浮泥沙浓度也呈现出季节性的差异，枯水季节（尤其是冬季）的风浪较丰水季节要大，再加上台州湾总体较浅，底床沉积物在枯季更容易被掀起并悬浮，悬浮泥沙浓度也更大。③大潮、中潮和小潮时的悬浮泥沙分布特征也有所不同，但总体规律相似；一般说来，大潮、中潮和小潮时的潮流流速依次降低，因此它们掀起海底沉积物的能力也依次降低，这种能力表征在海水含沙量上，即在其他条件相同的情况下，大潮时的悬浮泥沙浓度最大，中潮次之，小潮最小。④涨潮与落潮时悬浮泥沙浓度也有所不同；涨潮时，潮流携带外海较清海水驱替近岸较浑浊海水，在丰水季节尤其如此。落潮时，潮流携带着椒江口及浅滩附近高悬浮泥沙浓度的海水及被掀起的底床泥沙向外海运动，驱替相对较清的海水。因此落潮时的平均悬浮泥沙浓度高于涨潮，但在枯水季节这种差异相对于洪水季节来说较小一点。

3）瓯江

瓯江河口属山溪性强潮河口，源短流急，洪峰骤涨骤落。瓯江出海口被灵昆岛分为南口和北口，瓯江口外岛屿林立、浅滩密布、滩槽交错、地形复杂。瓯江口泥沙来源有三个方面：①流域来沙，瓯江流域累年平均年输沙 205.1×10⁴ t；②海域来沙，长江入海泥沙随浙闽沿岸流由北向南输移到本海区；③岸滩或浅滩水域的底床沉积物在波、流作用下掀起并随潮流运移，重新淤积分布（李孟国等，2007；吴以喜等，2007）。河口区含沙量分布的显著特征是在盐淡水交汇处，最大浑浊带发育，其形成的原因是：①丰富的泥沙来源；②河口纵向上存在径、潮流平衡带；③河口环流以及潮汐不对称。与长江口相比，潮汐不对称现象瓯江口更为明显，涨潮流掀沙作用也比长江口更为显著，强大的涨潮流把在口外浅水区的沉积物重新掀浮，涨潮流挟带着掀浮的泥沙向上游推进，犹如河口中的一个"活塞"，在动力平衡点附近。来自海域的高浓度水体滞留在盐淡水交界面河段，形成最大浑浊带。潮汐不对称对瓯江河口最大浑浊带的发育、维持起了第二位作用，这与长江口最大浑浊带的形成机理有显著区别（茅志昌等，2001）。在径流、潮流相互作用下，悬浮泥沙沿程堆积，发育了河口拦门沙浅段，沙头水道与中水道之间的三角沙浅滩，灵昆岛东南侧的温州浅滩等堆积体。中水道东口外黄大岙水道和重山水道之间发育了中沙，刀子沙及重山沙嘴构成了新月形复合沙体。以及温州港主航道黄大岙水道，航道拦门沙（最浅水深 4.2 m）。

4）闽江

闽江属于丰水少沙河流，河口处的悬沙浓度相对较大，并向口外逐渐降低。悬沙在向口外扩散的过程中，部分泥沙沉积在岸边浅水区和汊河口，形成了河口沙嘴和沙坝，但绝大部分沉积在水下三角洲前缘斜坡和前三角洲，少量悬沙可形成沿岸泥沙流南下，一些细粒物质可向东扩散到外沙以外（刘苍字等，2001；陈峰等，1999）。闽江河口参与河口造床作用的泥沙以推移质为主，据估算，闽江河口推移质输沙量是悬移质的 10 倍（刘苍字等，2001），因此，由径流推移下泄的底沙成为河口沙坝建造的物质基础。闽江河口海域水动力作用较强，能带走大量的细颗粒物质，而在河床和海底留下的沉积物较粗。已有调查研究显示，闽江河口海底表层沉积物颗粒粒径较大，以粗中砂—中砂为主。根据闽江河口悬浮泥沙的扩散和沉积特征，将闽江河口由内向外划分为 3 个沉积环境区域：泥沙输移区、悬沙扩散沉降区和口外沿岸流区。泥沙输移区的悬沙浓度较高，基本表现为径流输沙；悬沙扩散沉降区受潮流影响显著，径流作用相对减弱，悬沙浓度低于悬沙输移区，其外界范围与海图 10 m 等深线位置接近；口外沿岸流区的水色较清，水深迅速增大，主要受沿岸流的影响。窦亚伟等（1991）将闽江河口划分为 4 个沉积环境区域：悬沙输移区、悬沙扩散冲淤区、悬沙扩散沉积区、悬沙漂移区，其中，前 3 个区与水下三角洲的三角洲平原、三角洲前缘和前三角洲的分布具有一定的对应关系，而浅海水下岸坡则对应悬沙漂移区。总体上看，两种划分的后两个区域的差别不大，将悬沙扩散冲淤区单独划分出来或许更接近闽江河口的实际情况。

5）九龙江

九龙江是北溪及西溪两个河系的共称，在河口湾还有南溪等小河流注入。该河口湾是径流与潮流相互作用的强潮海区，潮流为非正规半日浅海潮流。九龙江河口湾泥沙主要来源于河流输沙和潮流输沙，由于九龙江河口湾的纳潮量远大于径流量，尤其枯水期，悬浮泥沙的分布、运移和淤积基本受潮流所制约。九龙江河口湾的潮流输沙在枯水期比洪水期更为显著，其悬移质泥沙运动年内变化具有"洪出枯进的趋势。由于重力环流，径流带来的悬沙主要由落潮流上层水（冲淡水）排泄入厦门外港，而厦门外港海底泥沙则主要由涨潮流底层海水携带进入湾内，即本河口湾悬移质泥沙运动在垂直剖面上具有"上出下进"的规律。科氏力作用使本河口湾的涨潮流偏北、落潮流偏南，再加上九龙江径流量主要由南、中港进入湾内，导致湾内形成了逆时针的余环流（蔡锋等，1999）。可见，九龙江河口湾的悬移质泥沙运动还在水平分布上具有"南出北进"的特征。在九龙江河口湾西部，北、中、南港各支汊河口因历年河流输沙已形成各自独立的扇形粗粒砂冲积浅滩。近几十年来，该河口湾底床推移质输沙量主要出现在洪水季节或台风暴潮期间，因海底局部冲淤所致。其结果在地貌上表现为沙洲推移，沙嘴延伸或水下沙体游移。从地域上看，由海门岛、鸡屿隔开的北、中、南水道之狭窄段床面是发生推移质输沙量最显著的地方，且其东侧往往形成沙洲、水下沙体（蔡锋等，1999）。

### 13.3.1.3 台湾沿岸河口的现代沉积过程

台湾岛位于欧亚板块与菲律宾板块的下沉隐没—挤压的碰撞带，河口区物质主要为入海河流携带的陆源物质、黑潮和台湾暖流带来的外洋物质，以及当地环境生长的生物体和陆架内部自身调整的物质。其中入海河流携带的陆源物质是主要来源。台湾河流输沙过程中，异重流起到重要的作用（表13.9），并可直接输运到河口（Mulder et al.，1995 a；Mulder et al.，1995 b；Mulder et al. 2003；Warrick et al.，2003）。异重流，一般呈不均匀的空间和时间分布，往往是短暂的（数小时至数天）。尽管缺乏直接测量异重流事件，一些作者已注意到潜在的重要作用，稀有和极端事件可能对长期平均输沙通量产生影响（Mulder et al.，1995 a；Mulder et al.，1995 b；Syvitski et al.，1999；Meybeck，2003；Mulder et al.，2003；Warrick et al.，2003；Kao et al.，2005）。二仁溪是台湾最混浊的河流，自1971年以来已在26个年份中发生异重流事件，超过80%的河流输沙量发生在异重流期间。台湾地区是台风和地震多发区，台风和地震的共同作用对台湾河流的产沙和输沙产生重大的影响。1999年地震之后，桃芝台风期间，浊水溪计算含沙量 Qc 值为130 000 mg/L（Dadson et al.，2004），而在1996年的贺伯台风期间，类似情况下的含沙量 Qc 值为100 000 mg/L（Milliman et al.，2005）。人类活动对增加和减少台湾地区的输沙量也有很大的影响（Kao et al.，1996，2001，2002）。Milliman 和 Syvitski（1992）根据他们的 BQART 模型得出结论，全球人为因素导致的泥沙量占16%左右。

表 13.9　台湾沿岸河口异重流作用输沙统计表

| 河流新名称 | 输沙量/<br>（Mt·a⁻¹） | 异重作用年数 | 异重流作用的小时 | 异重流输沙/<br>（Mt·a⁻¹） | 异重输沙百分比/% | 记录年段 |
|---|---|---|---|---|---|---|
| 头前溪 | 61 | 4 | 24 | 10 | 16 | 1951—2005 |
| 后龙溪 | 60 | 3 | 9 | 5. 5 | 9 | 1981—2005 |
| 大安溪 | 150 | 3 | 53 | 27 | 18 | 1966—2005 |
| 大甲溪 | 11 | 0 | 0 | 0 | 0 | 1979—2003 |
| 乌溪 | 210 | 2 | 17 | 44 | 21 | 1966—2005 |
| 浊水溪 | 1700 | 13 | 470 | 700 | 42 | 1964—2005 |
| 北港溪 | 73 | 0 | 0 | 0 | 0 | 1949—2003 |
| 八掌溪 | 120 | 1 | 3 | 0. 89 | 0. 76 | 1960—2005 |
| 曾文溪 | 550 | 9 | 384 | 210 | 38 | 1960—2005 |
| 二仁溪 | 340 | 26 | 1 226 | 270 | 79 | 1971—2005 |
| 高屏溪 | 1 100 | 3 | 35 | 96 | 8. 7 | 1951—2004 |
| 卑南溪 | 1 200 | 25 | 512 | 390 | 34 | 1948—2005 |
| 秀姑峦溪 | 490 | 7 | 106 | 110 | 22 | 1969—2005 |
| 花莲溪 | 910 | 17 | 274 | 470 | 51 | 1969—2005 |
| 和平溪 | 440 | 13 | 1 118 | 300 | 68 | 1975—2005 |
| 兰阳溪 | 360 | 8 | 195 | 83 | 23 | 1949—2005 |
| 合计 | 7775 | 134 | 4 426 | 2 716 | 35 | |

资料来源：据 Kao et al.，2008。

## 13.3.2　陆架区的物质输运与现代沉积过程

根据卫星遥感反演数据（图13.5）和观测资料（图13.6），东海悬浮物质浓度在陆架区平面分布具有以下几个特征：（1）以30°N为界，东海陆架北部悬浮物质浓度高于陆架南部；（2）在陆架坡折处和济州岛南部泥质沉积区存在次级的高悬浮物质浓度区。陆架区，北部悬浮物质浓度大于南部，这主要由于北部陆架区靠近长江口冲淡水和黄海沿岸水分布区。从不同季节的悬浮物质浓度的分布来看（图13.6），126°30′E 以东外陆架和冲绳海槽深水区为悬浮物质浓度低值区，一般小于 5 mg/L，在沿岸高值区与外陆架低值区之间的悬浮物质浓度中值区，对应于东海陆架各种变性水团，在这个水域中，经常在陆架坡折区和济州岛西南泥质区观测到次级高浓度区（郭志刚等，1997，2002；孙效功等，2000；汪亚平等，2001；Dong et al.，2005），其形成与北部的黄海沿岸水和黄海冷水南下有关（苏育嵩等，1989），也可能与水团之间界面附近产生的小涡旋、地形引起的外海水涌升和海面生物体的富集有关（胡敦欣等，2001；Gao et al.，2001）。

综合已有的研究成果，可以刻画出长江口外的陆架区悬浮物质输运体系（图13.9），基本上由黄海沿岸流输运体系、东海内陆架输运体系和内陆架物质穿过台湾暖流在外陆架扩散的输运体系构成。

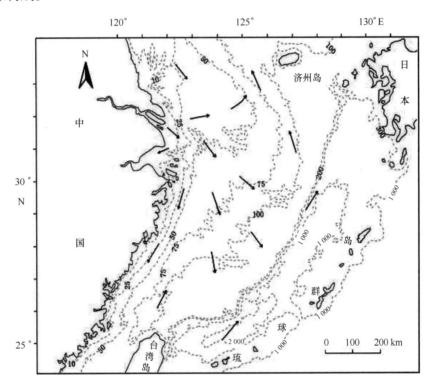

图 13.9 东海海域悬浮物质净输运格局（贾建军等，2001）

黄海沿岸流冬春季节明显、夏秋季节不明显，流向终年向南，它对东海陆架北部的沉积作用有重要意义，它携带黄海悬浮和再悬浮物质输入东海北部，包括废黄河口被侵蚀物质，每年有 $2\,500 \times 10^4$ t（胡敦欣等，2001）~ $10\,000 \times 10^4$ t（李本川，1980；Eisma，1998）。黄海沿岸流在 32°~33°N 附近转向东南流入东海，为东海北部的现代沉积作用提供了丰富的陆域物质。研究表明，在济州岛西南海域（30°~32°N，124°~126°E）出现的黏土-粉砂-砂的混合沉积和现代泥质沉积，主要为黄河型物质（Yang et al.，1983），而且与黄海的沉积连在一起，而长江口的现代泥质沉积与本区隔有一残留砂带，该区域 $^{14}$C 测年的沉积速率为 0.087~0.171 mm/a，用 $^{210}$Pb 测定的沉积速率（百年内）为 2~5 mm/a（金翔龙，1992；DeMaster et al.，1985），仅次于长江口及近岸浅水区，从 $^{210}$Pb 垂直分布剖面看，该区的沉积环境比较稳定。

长江入海悬沙是东海内陆架（水深小于 50 m）细颗粒物质的主要来源，影响悬沙在东海陆架输送的主要动力过程包括潮流、环流与季风、长江冲淡水、风暴事件等，向南方向的运移和沉积作用，主要发生在冬季。东海内陆架区，潮流易引起强烈的再悬浮作用，Sternberg 等（1985）在长江口外东海陆架的两个站位进行了边界层过程的观测，这两个站位分别位于长江口东侧的残留砂区和现代沉积（粉砂质砂）区，观测结果表明，推移质搬运和细颗粒物质的再悬浮、搬运作用都很显著。尤其浙江近海又是上升流的发育海区，更有利于内陆架的悬浮物质向岸搬运，因而造成浙闽沿海冬季的悬浮浓度高和岸滩与浅海普遍发生淤积（谢钦春等，1984），浙江沿岸平均淤积速率一般为 1~2 cm/a，在半封闭的岛屿和港湾区可达到 3~10 cm/a（夏小明，1997，1999，2000）。

从东海外陆架的底质类型分布来看，主要为粗颗粒的残留砂所覆盖，但在离长江口 550 km 的陆架外缘，记录到底部悬浮体含量大于 5 mg/L，一半为陆源，一半为生源。由此可见，东海外陆架有一定数量的陆源物质来源。这些物质在穿过台湾暖流后，经历了搬运—沉积—再悬浮—再沉积的复杂过程，而外陆架残留沉积物不断受到这种作用的改造，致使在内、外陆架交界处形成了混合型沉积，其沉积速率一般为 0~2 mm/a。

### 13.3.3 冲绳海槽的物质输运与现代沉积过程

冲绳海槽有大片软泥分布，关于它的来源及输运机制已有不少研究成果。一般认为这些细颗粒物质是冬季陆架的再悬浮物质通过风生垂向环流向外输运沉降而成，在夏季，风生垂向环流反向，阻止长江入海物质和内陆架物质的外向输运（Hu，1995；Yanagi et al.，1996），这一观点已由投放在冲绳海槽的沉积物捕获器数据所证实（Iseki et al.，1994）。

观测结果显示（Yanagi et al.，1996），在内陆架和陆架中部，春秋两季由于盐度分层导致中等程度的密度分层，夏季密度分层现象进一步发展，海面下 20~50 m 水深处形成季节性的等温度线和等密度线，并从内陆架向陆架边缘倾斜；在冬季，由于海洋表面迅速降温，及强烈季节吹拂，从内陆架直到陆架边缘都发生垂向混合。数学模拟结果显示，夏季南风引起向海的表层 Ekman 输送及相应的底层向陆的补偿性流动。同样，春秋冬三季北风引起表层向陆的 Ekman 输送及底层向海的补偿性流动。由于春冬季海流流速和悬沙浓度均低，悬沙水平通量较小。夏季，垂向平均的水平通量直接向陆，原因是悬沙浓度较高及底部浑浊层向陆流动。秋季，下层的向海对流通量大于上层的向陆通量，且悬浮体向海的净输送（在陆架边缘）是全年最大的。

在春、夏、秋三季，黑潮水体沿底层及近表层侵入陆架水域，而陆架水体自表层和近表层伸入到冲绳海槽的位置；在冬季，黑潮水体进入陆架区域，而陆架水体后退（Lin et al.，1999）。黑潮水沿坡爬升后入侵陆架至 100 m 等深线附近的水域（郭炳火等，1997）。东海陆架区，至少有 6 种水团（水体）参与了台湾东北部海域东海与黑潮的水体交换，即黑潮表层水、黑潮中层水、黑潮热带水、东海水、沿岸水，以及台湾海峡水（Chen et al.，1995）。水体交换的强度夏季最大，春秋居中，冬季最小；平均水体交换通量为 $1.42 \times 10^6$ m³/s，其中黑潮水进入陆架的通量是 $0.58 \times 10^6$ m³/s，陆架水输出的通量是 $0.84 \times 10^6$ m³/s（Lin et al.，1999）。

部分长江入海物质可以紊动扩散方式和水体交换，穿过台湾暖流，带向东海外陆架及冲绳海槽。杨作升等（1992）认为陆架与深海之间的悬沙浓度低值区阻挡了悬沙浓度最高的陆架中、下层水体向深海的平流输送，这道"水障"系由入侵陆架的黑潮爬升水形成。因此，夏季悬浮物质的向海输送主要是通过黑潮水与陆架水的交换而实现的。按 Lin et al.（1999）水体交换通量计算，悬沙的向海扩散通量可达 3.5 t/s（设陆架水悬沙浓度为 4.5 g/m³，黑潮水悬沙浓度为 0.5 g/m$^3$）。在冬季，季风环流和水体交换使陆架悬浮体同时受到平流输送和混合扩散输送的作用，经过陆架边缘过渡区输往冲绳海槽，但平流输送引起的悬沙通量尚无定量分析数据。

按照冲绳海槽上覆水体的悬沙浓度及其沉降速率估算，该处的沉降通量只能达到 $1 \times 10^{-2}$ mm/a 的量级，而实测的数值通常要高得多（Katayama，1999；Chung et al.，2000），其原因之一是季风环流作用造成陆架悬浮体向陆坡输运（见上述），部分高浓度水体可能沿陆坡和海底峡谷重力下沉（谢钦春等，1984）。根据东海南部与冲绳海槽南部之间的沉积物捕集器观测结果，微粒垂向通量的时空变化受底部地形、地形引起的涡旋、潮流强度、捕集器位置和层位以及突发事件的影响。平均通量为 0.77～53.7 g/（m$^2$·d），在海底峡谷中一般大于 30 g/（m$^2$·d），而其他地点一般小于 10 g/（m$^2$·d）（Chung et al.，2000）。每一观测点的通量都是越近海底越高，而峡谷中站位向底增大的更快，可能表明微粒主要通过峡谷输出陆架。流速资料分析结果表明，垂向通量与流速没有显著的对应关系。这些结果都说明了重力作用的重要性。

# 第 14 章　表层沉积特征与区域分布特征

东海陆架是世界上最宽阔平坦的大陆架之一，平均宽度约 400 km。根据沉积和地形特点大致以 50~60 m 等深线为界将陆架分成内陆架和外陆架两部分（秦蕴珊等，1987）。受长江 - 黄河古三角洲沉积体系的影响，东海海底地形显示为西北水深较浅，向东部和东南部逐渐加深，坡度较缓，在水深 150 m 附近，坡度突然加大而进入冲绳海槽，并迅速转变为半深海沉积环境。伴随着第四纪海平面的变化，东海陆架环境发生了多次沧海桑田的变迁。末次冰期最盛期时，东海海平面下降 140 m 左右，绝大部分陆架暴露成陆（P. X. Wang，1999）。每年有来自长江等沿岸河流的近 $20 \times 10^8$ t 陆源物质沉积在东海陆架和冲绳海槽地区（Hu, et al.，1998），受到潮流、沿岸流、风浪、台湾暖流和黑潮暖流的影响，在东海海底表层形成了内陆架带状展布的泥质沉积、外陆架大片分布的砂质沉积和冲绳海槽的半深海细粒沉积。

## 14.1　沉积物的粒度组成及其分布

### 14.1.1　沉积物粒级组分的分布特征

近年来，各类国家专项调查在东海陆架和冲绳海槽累计获得了 7 000 多个表层沉积物样品。这些沉积物样品的粒度分析均按照《海洋调查规范第 8 部分：海洋地质地球物理调查》，利用筛析法和激光粒度分析法完成。粒级标准统一使用伍登 - 温德华氏等比制值 Φ 粒级标准，统计了各样品中砂、粉砂和黏土粒级的含量，采用矩值法计算了粒度参数。

（1）砂粒级组分的分布特征

由粒度分析结果和砂粒级百分含量分布图（图 14.1）可知，在东海近岸和陆架区以及冲绳海槽和陆坡区，砂粒级组分含量低。而在大部分中、外陆架和台湾海峡，砂粒级组分很高，是表层沉积物中的优势粒级。砂组分含量的分布特征与沉积物分布规律大体一致。

在杭州湾及其外侧、浙闽岸外沿岸流控制区，砂粒级组分含量普遍在 10% 以下。该区基本位于黏土质粉砂（YT）、粉砂质黏土（TY）等细粒沉积分布区。由此向东，砂组分含量从 10% 急剧变大至 50% 甚至更高，砂粒级组分含量等值线相对密集。东海陆架中部、南部的广大区域，表层沉积物中砂粒级含量普遍较高，多在 60% 以上。该高砂组分含量区存在南北差异：大致以 30°N 为界，北部砂含量相对低，多介于 50%~75% 之间，值得注意的是在济州岛西南涡旋泥质沉积区，砂粒级含量极低；南部砂含量相对较高，除近岸区域外，基本都在 75% 以上。在东海东南，大约水深 200 m 以外的陆架坡折处，砂组分含量等值线相对密集，含量从 70%、80% 迅速下降到 10% 以下，表明这一地区是陆架与陆坡、海槽环境的过渡地带。由此向东是砂组分含量低的海槽，砂粒级含量基本都在 10% 以下。

（2）粉砂粒级组分的分布特征

图 14.2 所示为粉砂粒级组分百分含量的分布图，在东海内陆架和浅水区、冲绳海槽和陆坡区，粉砂粒级组分含量很高。而在中、外陆架，粉砂粒级组分在表层沉积物中的含量较低。

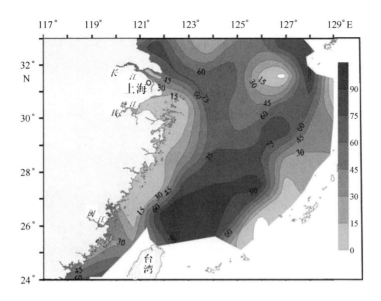

图 14.1 东海表层沉积物砂粒级百分含量分布图

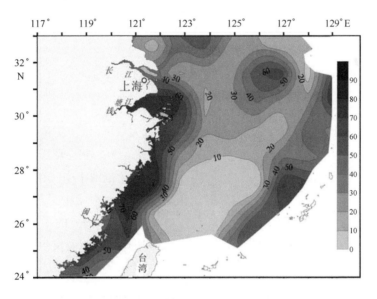

图 14.2 东海表层沉积物粉砂粒级百分含量分布图

表层沉积物中粉砂组分含量最高的区域是杭州湾及其外侧、浙闽岸外沿岸流控制区，这一地区粉砂组分含量基本都在35%以上。粉砂组分含量等值线大体呈 NNE—SSW 向，虽然不同海区等值线疏密程度不一，但总体上粉砂组分含量变化还是较大，即从65%、70%降低至35%或更低。大约在123°E处开始向东直到陆架坡折处，也即属于东海中、外陆架的部分，是粉砂组分含量低值区，大多不超过20%。该低粉砂组分含量区存在南北差异：大致以30°N为界，北部粉砂组分含量相对高，在20%~30%之间；南部较低，基本都在10%以下。

（3）黏土粒级组分的分布特征

与粉砂粒级百分含量分布规律相似，黏土粒级组分在东海近岸和浅水区以及冲绳海槽沉积物中的含量较高（图14.3），而在中、外陆架的含量很低。

在杭州湾以南的内陆架近岸浅水区、济州岛西南以及黄、东海交界处，表层沉积物中黏土粒级组分含量明显高于周边海区，含量普遍在25%以上，最高甚至超过55%。以这些高值区为中心，黏土粒级含量等值线向周边大体呈同心环状延展，含量逐渐减小至 10% 或更低。东海外陆架和台湾海峡为黏土粒级含量低值区，其含量多在 10% 以下。在冲绳海槽内，黏土组分含量的分布呈现南、北高中间低的特点，可能与中部火山沉积作用强烈有关。

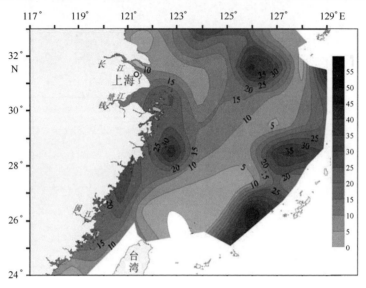

图 14.3　东海表层沉积物黏土粒级百分含量分布图

## 14.1.2　沉积物平均粒径的分布特征

表层沉积物的平均粒径（Mz）的分布如图 14.4，大致可以按照内陆架浅水区和陆架坡折处的 5Φ 等值线为界，将东海分为近岸浅水区（近岸高值）、外陆架区（远岸低值）和海槽区 3 个分区。在近岸浅水区，平均粒径值较高（>5Φ）的范围集中。在陆架区，平均粒径值很低（<4Φ）的范围在 30°N 以北相对分散，在 30°N 以南相对集中。东海陆架坡折线以东是冲绳海槽—陆坡区，这里表层沉积物的平均粒径由陆架—陆坡边界的 2.5Φ 或 3Φ 开始迅速过渡为海槽深水区的 7Φ 或更高，表明由陆架—陆坡到海槽沉积环境发生重大变化，两者的表

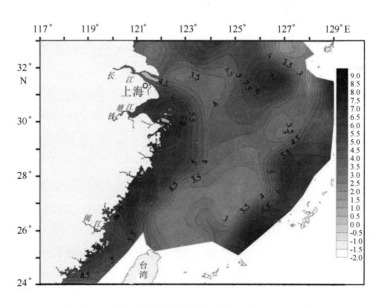

图 14.4　东海表层沉积物平均粒径（Mz）分布图

层沉积物明显不同。

### 14.1.3 表层沉积物类型及其分布规律

有关东海的沉积物专型分布和沉积作用的研究多年来一直受到海洋地质学界的广泛关注。早在 1949 年 Shepard、Emery 和 Gould 就根据海图资料编撰了中国近海底质类型图。1961 年 Niino 和 Emery 又利用这些图件,将其五幅重新编撰成两幅,即东海和南海沉积物类型图,阐述了中国近海陆架表层沉积物分布规律。秦蕴珊等 1963 年首次利用我国的海洋地质调查资料,研究了中国近海的沉积物分布规律,编绘了相应的沉积物类型图,从而奠定了我国近海海洋地质研究的理论基础(秦蕴珊,1963)。国家海洋局第二海洋研究所根据 1978 年完成的调查资料,按 1∶100 万比例尺编绘了东海表层沉积物分布图。随后,秦蕴珊等(1982),金翔龙(1992)分别编绘了详细的东海海底表层沉积物分布图,并就东海陆架沉积物的组成、来源、沉积环境和沉积过程演化模式做了深入探讨。刘光鼎(1992a,b)主持编制出版了 1∶500 万中国海区及邻域地质地球物理系列图。青岛海洋地质研究所等主持的我国大陆架及临近海域基础环境图集编绘工作,完成了黄东海地区 1∶200 万的沉积物类型图(许东禹等,1997)。2005 年,李广雪等总结了自 20 世纪 50 年代以来中国东部海域调查和研究成果,重新编绘了中国东部陆架海海底沉积物类型和成因环境图(李广雪等,2005)。2005—2011 年完成的"我国近海海洋综合调查与评价('908')专项"对长江口、杭州湾、浙闽沿岸带以及台湾海峡近岸海域实施了比例尺为 1∶5 万的海洋底质调查与研究工作,编制了整个东海近岸海域相应比例尺的底质类型分布图。

从 20 世纪 90 年代至今,大量的调查结果表明东海陆架表层沉积物的基本分布格局是在砂质沉积区的背景上分布着两大块泥质沉积区——内陆架泥质沉积区和济州岛西南泥质沉积区,其中内陆架泥质区又可分为长江口泥质区和浙闽沿岸泥质区 2 个亚区,2 个亚区之间以粉砂沉积区相分隔(郭志刚等,2003)。而在冲绳海槽地区,除以细粒陆源物质为主外,生物源和火山源物质对沉积物组成有显著影响。

根据我国历年来海洋地质调查研究成果,可将东海的表层沉积物分布情况概略表示如图 14.5。陆架区表层沉积物的类型主要有中粗砂(MCS)、中细砂(MFS)、细砂(FS)、粉砂质砂(TS)、黏土质砂(YS)、砂质粉砂(ST)、砂-粉砂-黏土(STY)、粉砂(T)、黏土质粉砂(YT)和粉砂质黏土(TY)10 种类型。它们以陆源碎屑组分为主,生物源和火山来源物质的含量较低。冲绳海槽表层沉积物的组分也以陆源碎屑为主,但其生物源(主要为有孔虫壳体)组分和火山源组分较陆架区有较大增加,$CaCO_3$ 含量几乎全部大于 10%(最高可达 70%)。另外在台湾海峡、冲绳海槽东坡,还有大量的砾石、基岩或岩块等特殊沉积物出现。各类沉积物的分布情况简述如下。

(1)砂质沉积物(S)

东海的砂质沉积物主要包括中粗砂(MCS)、中细砂(MFS)、细砂(FS)等类型。细砂是东海陆架砂质沉积物的主要类型,在长江口外、东海外陆架、台湾海峡中部、济州岛东南以及琉球群岛周边地区都有广泛分布,极细砂(VFS)零星分布在细砂质沉积区内。中粗砂和中细砂主要分布在台湾海峡南部,在近岸和岛屿边缘和东海外陆架南部边缘零星出现。砾石一般伴随着砂质沉积物出现,主要分布在台湾海峡南部和外陆架东南缘。陆架边缘的砂质沉积物往往含有大量的完整贝壳或生物碎屑。

（2）粉砂质砂（TS）、黏土质砂（YS）和砂质粉砂（ST）

粉砂质砂、黏土质砂和砂质粉砂主要呈条带状和斑块状分布在砂质和泥质沉积之间或内部，三者往往伴生出现，呈递变关系。呈条带状主要出现在长江口和杭州湾外50m等深线外部海域和东海外陆架细砂沉积与济州岛南侧泥质沉积及浙闽沿岸泥质带之间。另外，在冲绳海槽西部陆坡有呈条带状展布的粉砂质砂和砂质粉砂。黏土质砂的分布有限，常呈斑块状出现于粉砂质砂分布区的边缘。

（3）砂－粉砂－黏土（S－T－Y）

砂－粉砂－黏土多分布在陆架区砂质沉积物的一侧或粗细两类沉积物之间，呈不规则的条带或环带状分布。如长江口外围、浙闽沿岸、台湾岛西南部及济州岛以南海区，代表了一种水动力动荡多变的环境。

（4）黏土质粉砂（YT）和粉砂质黏土（TY）

这两种沉积物在东海外陆架的分布范围较小。在内陆架长江口—浙闽岸外沿岸流控制区和虎皮礁东侧小环流区分布，但在冲绳海槽半深海地区却占据了几乎整个海槽槽底和西部陆坡的下部。根据"我国专属经济区及大陆架"调查研究资料，在冲绳海槽中这两种沉积物中钙质生物碎屑含量一般小于25%，局部大于25%，槽底和靠近西部槽坡的站位火山碎屑含量一般小于10%，靠近基岩出露区和海槽东坡上的站位则大于25%，最高可达96%。

（5）其他沉积物

粉砂（T）类沉积物的分布范围非常有限，主要出现在泥质海岸的潮间带、河口地区，分布的面积较小，多呈条带状。在东海北部陆架存在各种类型的钙质砂岩、粉砂岩、泥岩、页岩等岩石砾石，种类繁多，数量很大，据不完全统计已有300多个测站采获砾石样品，系侵蚀环境的产物（申顺喜等，1993）。在琉球岛弧的岛屿和岛礁周边还有一些有孔虫软泥、有孔虫砂、生物礁屑砾等高生物源组分（有孔虫等生物组分含量一般都大于25%）的沉积物出现。

## 14.2 沉积物的矿物组成及其分布

### 14.2.1 碎屑矿物的组成及其分布

东海沉积物中分布多种轻、重矿物，本节只对优势碎屑矿物和特征碎屑矿物进行描述。如重矿物中的普通角闪石、绿帘石、金属矿物（褐铁矿、赤铁矿、钛铁矿和磁铁矿）、云母类、极稳定矿物组合（包括锆石、石榴石）、自生黄铁矿、普通辉石以及轻矿物中的石英、长石等11种矿物（或组合）。

（1）矿物组成

东海沉积物中共鉴定出重矿物66种，含量较高的矿物（平均含量＞10%）为普通角闪石、绿帘石，分布普遍的矿物（平均含量10%～1%）包括钛铁矿、褐铁矿、赤铁矿、辉钼矿、毒砂、普通辉石、白云母、斜黝帘石、黑云母、白钛石、电气石、磁铁矿、锆石、阳起石、自生黄铁矿、黄铁矿、透闪石、萤石、绿泥石、绢云母、水黑云母、石榴石、锐钛矿，含量较低的矿物包括榍石、金红石、黝帘石、磷灰石、球霰石、紫苏辉石、透辉石、红柱石、自生菱铁矿、独居石、金云母、褐帘石、十字石、菱铁矿、磷钇矿、蓝闪石、矽线石、蓝晶石、胶磷矿、海绿石、红锆石、尖晶石、顽火辉石、棕闪石、红帘石、水锆石、钍石、自然铜、自生重晶石、硅灰石、锡石、板钛矿、直闪石、符山石、黄玉、浊沸石、重晶石、硅线石、刚玉、蛇纹石、自然铅。样品中含有少量或微量的岩屑、风化云母、风化碎屑、宇宙尘、铁锰质小球、磁性小球、渣状铁、鱼牙等。轻矿物14种，包括石英、斜长石、钾长石、绿泥石、绢云母、白云母、海绿石、黑云母、白云石、文石、水黑云母、石墨、方解石、蛋白石。样品中还含有一定量的岩屑、风化碎屑、生物壳、风化云母、有机质、空心宇宙尘等。各矿物颗粒百分含量基本统计见表14.1。

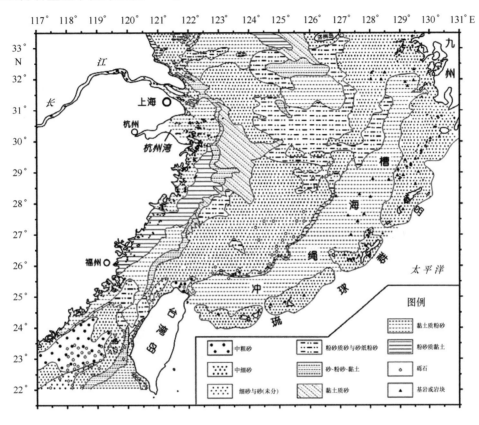

图14.5 东海表层沉积物类型分布概略图

表14.1 碎屑矿物颗粒百分含量基本统计 %

| 碎屑矿物 | 最小值 | 最大值 | 平均值 | 标准偏差 | 方差 | 偏度 | 峰度 |
|---|---|---|---|---|---|---|---|
| 普通角闪石 | 0.2 | 72.1 | 35.1 | 13.8 | 190.9 | −0.5 | −0.3 |
| 绿帘石 | 0.1 | 93.5 | 17.2 | 11.4 | 129.5 | 1.1 | 1.7 |
| 金属矿物 | 0.2 | 98.2 | 14.9 | 15.8 | 248.2 | 2.3 | 5.9 |
| 云母类 | 0.1 | 97.3 | 10.8 | 17.7 | 311.6 | 2.6 | 6.8 |
| 极稳定矿物组合 | 0.1 | 62.5 | 8.8 | 10.0 | 100.0 | 1.7 | 2.7 |
| 辉石类 | 0.1 | 93.8 | 3.9 | 6.8 | 46.8 | 5.0 | 38.9 |
| 自生黄铁矿 | 0.1 | 98 | 3.6 | 11.0 | 120.2 | 5.8 | 37.5 |
| 锆石 | 0 | 39 | 3.5 | 5.2 | 27.2 | 2.2 | 5.7 |
| 石榴石 | 0.1 | 31.7 | 3.0 | 4.4 | 19.7 | 2.9 | 10.3 |
| 石英 | 0.7 | 84.3 | 46.7 | 16.8 | 283.1 | 0.0 | −0.8 |
| 长石 | 0.3 | 71.7 | 29.1 | 15.5 | 241.1 | −0.3 | −0.8 |

（2）矿物含量变化特征

总体来讲，东海碎屑矿物含量变化较为明显，具有一定的规律性，主要体现了长江源与大陆近岸沉积的影响。长江物质从河口输出，向陆架扩散，沿南向南主要为细粒的物质，陆架中部沉积物碎屑矿物组成与长江口碎屑组成具有同源性。自闽江入海口以南海区沉积物中以稳定的铁矿物含量高为特点，而闽江口以北为典型的浙闽沿岸泥质沉积。

重矿物以普通角闪石、绿帘石为主（平均含量＞10%，见表14.2），特征矿物为钛铁矿、锆石。普通角闪石主要在杭州湾、陆架中部富集，绿帘石在台湾海峡近大陆处及东海陆架外部出现高含量区，钛铁矿主要出现在闽江入海口以南海区沉积物中，锆石在东海的含量很高，平均为3.5%，分布广泛。轻矿物中石英在除浙闽沿岸泥质沉积区外的区域含量普遍较高，长石的含量体现了物质来源的特点，高含量出现在长江口、杭州湾、浙闽沿岸带等近岸沉积区内。具体的矿物特征和分布特征详述如下。

普通角闪石多以绿色、浅绿、深褐色出现，多为短柱、粒状，有磨蚀，浙闽沿岸带沉积物中多为绿色、碎片状。平均含量35.1%，变化范围0.2%～72.1%（表14.1）。源岩多为酸性岩浆岩、中性和基性岩浆岩，因其不稳定的风化性，易风化蚀变为绿帘石，物源指示性较好。高含量主要出现在长江物质影响的长江口、杭州湾东部以及陆架的中部和外部，在陆架中部其含量具有向南逐渐增加的趋势。普通角闪石及其他重矿物的含量分布表明，东海陆架沉积物与长江口物质具有同源性（图14.6）。

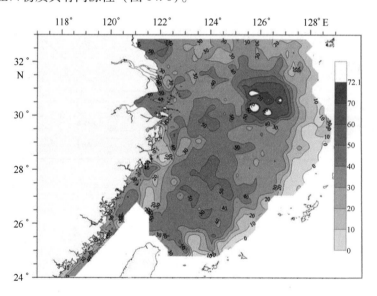

图14.6 东海表层沉积物普通角闪石百分含量分布图

绿帘石黄绿色、次棱角状，半透明，颗粒为主，有风化，多为辉石和闪石类蚀变。为重矿物中的优势矿物，平均含量17.2%，变化范围0.1%～93.5%（表14.1）。高含量区出现在陆架外部，靠近冲绳海槽，另一处高含量区出现在闽江口以南海区，总体分布趋势是靠近大陆含量低，向外含量高（图14.7）。

云母类包括黑云母、白云母和水黑云母、绢云母。以黑云母、白云母为主，多为薄片状，有风化。云母类分布广泛，平均含量10.8%，最大值97.3%（表14.1）。整体分布趋势为靠近大陆含量高，具有沿岸分布高含量的特征。东海北部近岸含量高，南部近岸含量低，体现了长江源物质的输送特点（图14.8）。

金属矿物包括氧化铁矿物和稳定铁矿物。氧化铁矿物为赤铁矿和褐铁矿，两者都为铁的

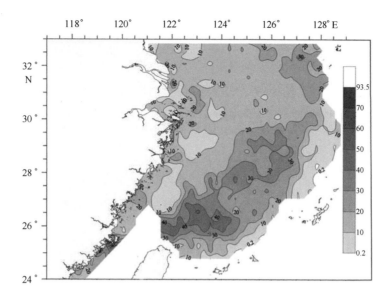

图 14.7 东海表层沉积物绿帘石百分含量分布图

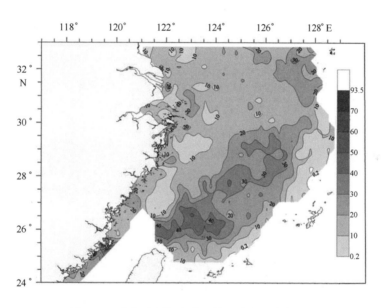

图 14.8 东海表层沉积物云母百分含量分布图

氧化物。赤铁矿，黑色、暗黑色的铁氧化物，多为颗粒。褐铁矿，隐晶质矿物，通常呈现钟乳状、块状等，半金属光泽，褐黑色、棕黄色、褐色。赤、褐铁矿含量较高表明沉积环境倾向于氧化，平均值 6.5%，最大值 72.7%（表 14.1）。稳定铁矿物为钛铁矿和磁铁矿，多为粒状，不规则粒状等形态，亮黑色，强金属光泽，次棱角状居多，在海区多有磨蚀。磁铁矿平均含量 2.9%，最大值 66.8%。钛铁矿平均含量 6.8%，最大值 57.7%。金属矿物的平均含量为 14.9%，最大值 98.2%。高含量区主要有 3 处：长江口东北海区、闽江口以南近岸、台湾岛东北海区。陆架大部分布中含量，从氧化铁与稳定铁矿物的分布来看，稳定铁矿物主要在闽江口以南为高含量区，以长江口以及东部海区、浙闽沿岸带则分布氧化铁矿物的高含量区，这表现了两个因素对其分布的影响，一为物质来源，二为海区的风化作用强度（图 14.9）。

极稳定矿物组合包括石榴石、锆石、榍石、金红石、电气石，平均值 8.8%，最大值

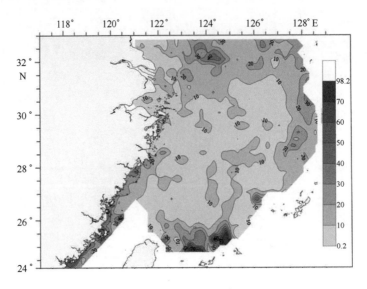

图 14.9　东海表层沉积物金属矿物百分含量分布图

62.5%（表 14.1），锆石、石榴石控制了极稳定矿物组合的分布。其分布明显为近岸含量高，在近岸区的长江口、杭州湾以及闽江口区出现高含量，陆架区含量较低（图 14.10）。

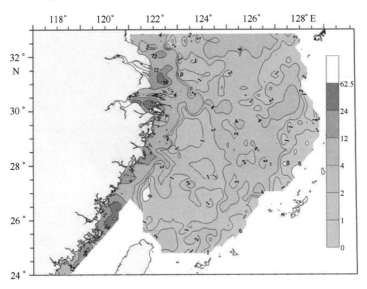

图 14.10　东海表层沉积物极稳定矿物组合百分含量分布图

　　自生黄铁矿多为生物壳内生成，壳体多破碎，圆球状为主，平均含量 3.6%，最大值 98%（表 14.1，585 个数据统计结果）。东海沉积物中的高含量主要出现在台湾岛的东南、洞头列岛的东部海区，其他海区则分布低含量（图 14.11）。

　　辉石类多为浅绿色颗粒状，颜色斑驳表面多磨蚀，抗风化能力弱，易于蚀变成绿帘石。平均含量 3.9%，最高为 93.8%（表 14.1）。高含量主要出现在长江口东部、浙闽沿岸带，以普通辉石为主，台湾岛东部靠近冲绳海槽区出现高含量的紫苏辉石，其他海区沉积物中辉石的含量较低（图 14.12）。

　　石英在碎屑沉积物中广泛分布，形态以粒状、次棱角、次圆状为主，有磨蚀。平均含量 46.7%，变化范围在 0.7%～84.3% 之间（表 14.1），高于长石的平均含量。整体分布趋势为

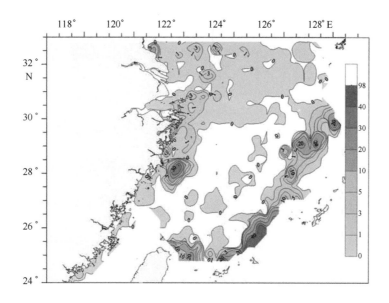

图 14.11　东海表层沉积物自生黄铁矿百分含量分布图

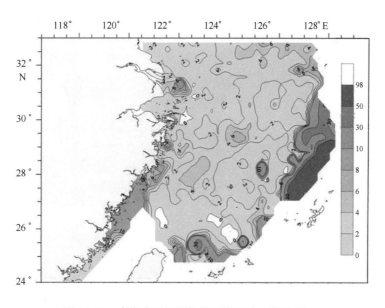

图 14.12　东海表层沉积物辉石类百分含量分布图

东海北部、闽江口南部含量高，浙闽沿岸带泥质区中含量低（图 14.13）。

　　长石分布广泛，包括钾长石和斜长石，轻矿物中的优势矿物。钾长石多为红色、褐色、浅褐色，粒状，硬度较大。斜长石，体视镜下呈现淡黄、灰白、灰绿等色，粒状为主，表面混浊，光泽暗淡，有磨蚀。平均含量 29.1%，变化范围在 0.3% ~ 71.7% 之间（表 14.1）。高含量出现在东海北部，南部含量低，东海陆架外部含量较低，其分布体现了长江源物质输送和扩散的特点（图 14.14）。

## 14.2.2　黏土矿物的组成及其分布

　　研究黏土矿物的方法很多，如 X 衍射、差热分析、红外吸收光谱、电镜等，目前，以 X 衍射为主。不同研究者常常因条件而异，研究的详尽程度不同。此外，不同样品处理方法，得到的结果也有差别。尽管如此，东海黏土矿的组合特点及分布规律，总的来看各研究者得

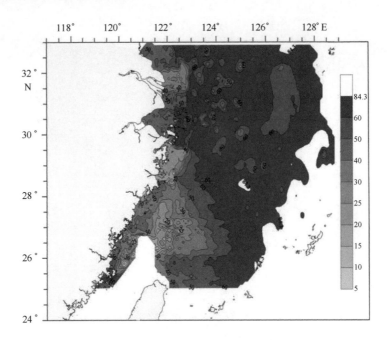

图 14.13　东海表层沉积物石英百分含量分布图

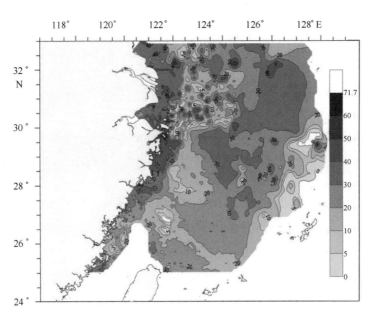

图 14.14　东海表层沉积物长石百分含量分布图

到的结论基本一致。图 14.15 是东海陆架区表层沉积物黏土粒级乙二醇饱和定向片衍射图。

S，I，K，C，分别代表蒙皂石、伊利石、高岭石和绿泥石的特征峰

（1）黏土矿物组分特征

东海黏土矿物有伊利石、绿泥石、高岭石、蒙皂石。半定量的研究结果平均值为：伊利石占 65% ~ 75%；蒙皂石占 3% ~ 24%；绿泥石（含蛭石）占 8% ~ 18%；高岭石占 6% ~ 15%（朱凤冠等，1988）。在黏土矿物粒级中还含有少量非黏土矿物。在冲绳海槽东坡，伊利石含量相对较低，平均值为 56.1%（上海海洋地质调查局，1985）。黏土矿物基本统计数据见表 14.2。

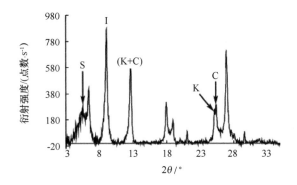

图 14.15 东海陆架区表层沉积物黏土粒级乙二醇饱和定向片衍射图（周晓静等，2010）

表 14.2 黏土矿物基本统计数据

| | | 蒙皂石 | 伊利石 | 高岭石 | 绿泥石 |
|---|---|---|---|---|---|
| 样品数/个 | | 94 | 94 | 94 | 94 |
| 平均值/% | | 6.854 | 65.422 | 5.651 | 15.162 |
| 中值/% | | 6.361 | 66.927 | 6.231 | 18.266 |
| 标准偏差 | | 3.501 | 12.012 | 3.425 | 8.034 |
| 方 差 | | 12.26 | 144.276 | 11.729 | 64.548 |
| 峰 度 | | 1.148 | −4.214 | 0.023 | −1.185 |
| 偏 度 | | 2.86 | 20.889 | 1.442 | −0.074 |
| 最小值/% | | 2.0 | 5.1 | 0 | 0 |
| 最大值/% | | 21.9 | 91 | 18.4 | 29.7 |
| 累积百分量/% | 5 | 2.404 | 56.867 | 0 | 0 |
| | 25 | 4.337 | 64.636 | 5.2 | 15.327 |
| | 75 | 8.797 | 70.147 | 7.336 | 19.717 |
| | 90 | 11.459 | 72.464 | 8.973 | 21.755 |
| | 98 | 15.802 | 77.374 | 14.623 | 24.135 |

资料来源：据孟宪伟 等，2001。

（2）黏土矿物的分布规律

从大的地貌单元来说，根据黏土矿物组分和含量变化，可分为 3 个黏土矿物组合区，即内陆架黏土矿物组合区、外陆架黏土矿物组合区和冲绳海槽黏土矿物组合区。内陆架水深一般小于 60 m，外陆架则位于水深 60～200 m 范围内。内外陆架黏土矿物组分均以伊利石、绿泥石、高岭石、蒙皂石为主，含少量的坡缕石、海饱石、多水高岭石、有机质、碳酸盐等。内外陆架的区别是外陆架有机质、碳酸盐含量明显高于内陆架。此外，多水高岭石在外陆架也偶尔见到。冲绳海槽黏土矿物组分较多，除伊利石、绿泥石、高岭石、蒙皂石这四大组分外，有机质和碳酸盐大量出现，含量高于陆架区。此外，在黏土矿物粒级中还有水白云母、膨胀绿泥石、钛铁矿、无定形 $SiO_2$ 等非黏土矿物。

东海黏土矿物分布具有蒙皂石北高南低，伊利石、绿泥石、高岭石均为北低南高的特征。其次，从等值线分布的形态特征上看，在长江口口门附近，都有一个顺河口向海方向伸延的小舌状。充分显示长江径流物质在河口区的扩散受冲淡水舌控制。在长江河口区以外的陆架北部区（30°N 以北）还有一个由西北向东南及南部伸展的大舌状。显示陆源物质由西北向东南及南部扩散的趋势。另外，在陆架坡折线及冲绳海槽区，黏土矿物等值线分布大致与海槽延伸方向一致（朱凤冠等，1988）。东海陆架表层沉积物中高岭石含量近岸较高，尤其是浙江沿岸最高，高含量区呈北东向分布，向海逐渐减少；伊利石则从岸向海有增加的趋势，研究区东北部和中南部伊利石含量较低，中部大片区域含量较高，以东南部近陆坡区含量最高；蒙皂石分布与伊利石相反，研究区的北部和南部含量较高，中部较低，在陆架东部边缘局部较高；绿泥石含量变化不明显，北部较低，中部外陆架局部较高（图14.16）（周晓静等，2010）。

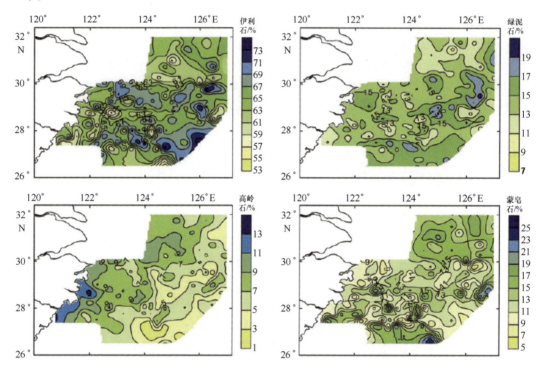

图 14.16　东海陆架区黏土矿物相对含量分布图（周晓静等，2010）

冲绳海槽物源较为复杂，部分地段研究得较详细，图 14.17 是 137 个样品分析资料结果所绘的黏土矿物组合分区图。黏土矿物组合区中各种黏土矿物含量与整个东海特点相似，具有区域性特点，针对海槽具体情况，Ⅰ为伊利石高值区，其含量大于 74%。Ⅱ为绿泥石高值区，其含量大于 17%。Ⅲ为高岭石高值区，其含量大于 15%。Ⅳ为蒙皂石高值区，蒙皂石含量大于 6%。Ⅴ为绿泥石－高岭石组合区，以两者共同高含量为特征，主要分布于海槽西坡。

## 14.3　沉积物地球化学特征

通过沉积物元素丰度、赋存状态、时空分布规律及其控制因素研究可以揭示出沉积作用和沉积环境演化，同时，对有用元素而言，通过元素地球化学特征研究，可以直接评价成矿异常和成矿过程。东海不同地貌单元经历了不同的沉积作用，形成不同的沉积类型，决定了其具有不同的地球化学特征

### 14.3.1　沉积物元素地球化学特征

主要讨论以下 22 个地球化学指标：$SiO_2$、$Al_2O_3$、$K_2O$、$Na_2O$、$Fe_2O_3$（TFe）、$P_2O_5$、

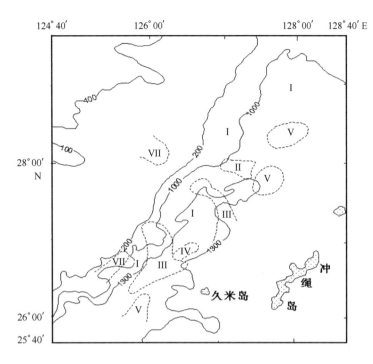

图 14.17 冲绳海槽黏土矿物组合分区（王永吉等 1995）

CaO、MnO、TiO$_2$、MgO、烧失量（L.O.I）、CaCO$_3$、Cu、Pb、Zn、Sr、Ba、Cr、Co、Ni、V、Zr。按元素之间的相关性和空间分布特征的相似性，把这些化学指标分成以下几个元素组合：

　　a）SiO$_2$；

　　b）Al$_2$O$_3$、Fe$_2$O$_3$、MgO、Na$_2$O、K$_2$O、Ba、Cr、Co、Cu、Ni、Zn 和 V；

　　c）CaO、CaCO$_3$、L.O.I、Sr；

　　d）P$_2$O$_5$、TiO$_2$、Zr；

　　e）MnO、Pb。

（1）SiO$_2$ 的地球化学特征

从内陆架—外陆架—海槽西坡—海槽槽底—海槽东坡，SiO$_2$ 变化总趋势是其平均含量逐渐降低，平均值分别为 59.58%、51.9%、47.5%、45.2%、32.08%。但在外陆架特别是槽坡边缘地带，SiO$_2$ 含量高。由北向南，在外陆架和槽坡区，SiO$_2$ 的平均含量也呈现降低的趋势。SiO$_2$ 平均含量由内陆架向海槽槽底降低的趋势表明其含量变化总的来看受粒度变化的制约，即由内陆架—槽底随着粒度的变细，SiO$_2$ 的平均含量降低；在槽东坡及由北向南的降低趋势与该区域内生物碎屑含量增加的规律相一致，体现了生源碎屑的"稀释作用"。与陆源（黄河和长江河流沉积物）物质和冲绳海槽火山玻璃相比，内陆架沉积物中的 SiO$_2$ 平均含量与陆源物质相近（62%），而其他各单元区沉积物中 SiO$_2$ 平均含量不仅低于陆源物质，而且也低于火山玻璃，表明内陆架沉积物主要由陆源物质组成，而在其他各区生源物质可能占有相当大的比例。

　　SiO$_2$ 与其他元素/氧化物的相关性，从分析结果来看，SiO$_2$ 与 CaCO$_3$、CaO、L.O.I 和 Sr 呈显著的负相关，与 Zr、TiO$_2$ 和 Ba 等呈较弱的正相关，而与 Al$_2$O$_3$、TFe 及其他微量元素等几乎不存在相关关系。SiO$_2$ 与其他元素的相关特性进一步表明控制东海沉积物中 SiO$_2$ 含量变化的第一因素是物质来源；第二因素是沉积物粒度特征。

（2）$Al_2O_3$、$Fe_2O_3$、$MgO$、$Na_2O$、$K_2O$、$Ba$、$Cr$、$Co$、$Cu$、$Ni$、$Zn$ 和 $V$ 的地球化学特征

把该组元素与氧化物的平均含量按由西向东（内陆架—海槽东坡）和由北向南次序（01~04调查区块）列于表14.3中。

表14.3　$Al_2O_3$ 等 12 个元素和氧化物的平均含量变化[1]

| 元素氧化物 | 地貌单元区块 | 内陆架 | 外陆架 | 海槽西坡 | 海槽槽底 | 海槽东坡 | 黄河 | 长江 | 火山玻璃 |
|---|---|---|---|---|---|---|---|---|---|
| $Al_2O_3$ | 01 | 10.42 | | | | | 9.2 | 12.3 | 16.3 |
| | 02 | | 6.9 | 7.4 | 10.2 | | | | |
| | 03 | | 8.33 | 11.51 | 12.41 | 9.70 | | | |
| | 04 | | 6.71 | 8.35 | 13.96 | | | | |
| $TFe$ | 01 | 4.31 | | | | | 3.14 | 5.50 | 9.93 |
| | 02 | | 2.70 | 6.40 | 4.1 | | | | |
| | 03 | | 3.71 | 4.31 | 4.60 | 3.76 | | | |
| | 04 | | 3.49 | 6.39 | 5.46 | | | | |
| $MgO$ | 01 | 2.27 | | | | | 1.40 | 2.2 | 3.67 |
| | 02 | | 1.6 | 1.6 | 1.9 | | | | |
| | 03 | | 1.78 | 2.12 | 2.11 | 1.70 | | | |
| | 04 | | 1.72 | 2.34 | 2.59 | | | | |
| $Na_2O$ | 01 | 2.19 | | | | | 2.2 | 1.23 | 3.53 |
| | 02 | | 1.80 | 2.1 | 3.1 | | | | |
| | 03 | | 2.10 | 2.86 | 3.28 | 2.93 | | | |
| | 04 | | 1.60 | 1.80 | 2.81 | | | | |
| $K_2O$ | 01 | 2.35 | | | | | 2.2 | 1.23 | 3.53 |
| | 02 | | 1.80 | 1.80 | 1.90 | | | | |
| | 03 | | 1.91 | 2.50 | 2.45 | 1.50 | | | |
| | 04 | | 1.57 | 1.95 | 2.35 | | | | |
| $Ba$ | 01 | 408 | | | | | 540 | 512 | 96 |
| | 02 | | 366 | 432 | 406 | | | | |
| | 03 | | 359 | 443 | 489 | 348 | | | |
| | 04 | | 309 | 324 | 530 | | | | |
| $Cr$ | 01 | 67 | | | | | 0 | 82 | 49 |
| | 02 | | 35 | 39 | 43 | | | | |
| | 03 | | 53 | 73 | 71 | 43 | | | |
| | 04 | | 48 | 60 | 75 | | | | |
| $Co$ | 01 | 12 | | | | | 9 | 17 | 31 |
| | 02 | | 5.6 | 6.2 | 7.5 | | | | |
| | 03 | | 9 | 11 | 12 | 8 | | | |
| | 04 | | | | | | | | |

---

① 刘振夏等，东海沉积特征研究　2001.12。

| 元素氧化物 | 地貌单元区块 | 内陆架 | 外陆架 | 海槽西坡 | 海槽槽底 | 海槽东坡 | 黄河 | 长江 | 火山玻璃 |
|---|---|---|---|---|---|---|---|---|---|
| Cu | 01 | 12 | | | | | 13 | 35 | 32 |
| | 02 | | 11.6 | 14.5 | 27.5 | | | | |
| | 03 | | 8 | 19 | 32 | 28 | | | |
| | 04 | | 13 | 21 | 46 | | | | |
| Ni | 01 | 31 | | | | | 20 | 33 | 3 |
| | 02 | | 18 | 20 | 28 | | | | |
| | 03 | | 21 | 35 | 44 | 27 | | | |
| | 04 | | 25 | 39 | 56 | | | | |
| Zn | 01 | 93 | | | | | 40 | 78 | 150 |
| | 02 | | 49 | 57 | 86 | | | | |
| | 03 | | 70 | 136 | 136 | 86 | | | |
| | 04 | | 49 | 86 | 108 | | | | |
| V | 01 | 75 | | | | | 60 | 97 | 202 |
| | 02 | | | | | | | | |
| | 03 | | 62 | 90 | 104 | 73 | | | |
| | 04 | | | | | | | | |

注：表中氧化物含量单位 $10^{-2}$；微量元素含量单位为 $10^{-6}$，01～04 为由北向南调查区块，以下各表同。

从表 14.3 中可以看出，各区块元素与氧化物的平均含量相差较大，这可能是各单位分析方法不同造成的结果。因此，对该组元素与氧化物含量变化规律的讨论仅限于每一区块内从西到东的变化。在内陆架沉积物中，该组元素与氧化物的平均含量高于外陆架，而从外陆架—海槽槽底，随着沉积物粒度的变细，其平均含量明显增加，反映了粒度变化对该组元素与氧化物含量的制约。在内陆架除 Zn、Cu 外，其他所有元素与氧化物的平均含量都介于黄河和长江沉积物之间，体现了陆源物质对内陆架沉积物元素与氧化物含量的制约。而 Cu 的平均含量低于陆源物质，Zn 的含量高于陆源物质。Cu、Zn 两元素的不同特征都反映生物碎屑对沉积物中两者含量变化的制约：一方面生物碎屑的增加"稀释"了沉积物中 Cu 的含量；另一方面，由于生物壳相对富集 Zn，因而生物碎屑的增加也相应增大了沉积物中 Zn 的含量。另外，从长江源沉积物和火山玻璃中该组元素与氧化物的含量较高的特点来看，该组元素与氧化物从外陆架至槽底含量增大的趋势不仅体现了粒度逐渐变细的结果，而且也反映了在槽底沉积物中，长江源沉积物仍占相当比重，并以火山碎屑为主。

该组元素中 $Al_2O_3$、TFe、MgO、$K_2O$、Cr、Co、Ni 和 V 之间呈现较强的正相关关系，这些元素与 Ba、Cu 和 Zn 等也具有明显的正相关关系，这一特征仍表明该组元素明显受粒度变化的制约，即粒度变细，其含量相应增大，但与 $SiO_2$ 之间没有明显的相关关系，与 $CaCO_3$、CaO 和 Sr 之间呈现弱的负相关，表明该组元素含量的变化也受生物碎屑的影响。$Na_2O$ 与其他元素的相关特征有别于 $K_2O$，表 14.3 中 $Na_2O$ 除主要源于陆源外，可能也部分源于火山源物质。

（3）CaO、$CaCO_3$、Sr 和 L.O.I 的地球化学特征

把该组元素与氧化物的平均含量按由西向东（内陆架—海槽东坡）和由北向南（01～04

区块）的变化特征列于表 14.4 中。从表中与各区块 4 种元素的含量变化来看，在外陆架和海槽东坡 CaO、CaCO₃ 和 Sr 的平均含量高于其他地貌单元，在内陆架 4 种元素与氧化物的平均含量较低，他们含量变化特征完全不遵从"粒度控制规律"，而仍明显受生物壳碎屑分布的控制：在外陆架和海槽东坡，贝壳砂广泛分布，因此在该区沉积物中 CaO、CaCO₃ 和 Sr 的平均含量较高；L.O.I 含量从内陆架—槽底逐渐增大，但在海槽东坡含量较高，达到最大值，这种特征表明 L.O.I 含量变化一方面遵循粒度控制规律，另一方面也受生源碎屑所制约。

相关分析结果表明，CaO、CaCO₃、Sr 和 L.O.I 之间紧密正相关，与 SiO₂ 具有显著的负相关，但与 Al₂O₃ 等元素之间相关关系不明显，表明该组元素与氧化物明显和生源物质有关，并且在粗粒沉积物中较富集（表 14.4）。

表 14.4　东海表层沉积物中 CaO 等 4 种元素和氧化物的平均含量

| 元素氧化物 | 地貌单元区块 | 内陆架 | 外陆架 | 海槽西坡 | 海槽槽底 | 海槽东坡 | 黄河 | 长江 | 火山玻璃 |
|---|---|---|---|---|---|---|---|---|---|
| CaO | 01 | 6.48 | | | | | | | |
| | 02 | | 15.1 | 14.4 | 14.6 | | 4.61 | 4.0 | 8.09 |
| | 03 | | 13.81 | 12.29 | 13.02 | 24.54 | | | |
| | 04 | | 17.21 | 16.28 | 6.78 | | | | |
| CaCO₃ | 01 | 8.4 | | | | | | | |
| | 02 | | | | | | | | |
| | 03 | | 24.1 | 20.22 | 22.35 | 40.29 | | | |
| | 04 | | | | | | | | |
| L.O.I | 01 | 11.64 | | | | | | | |
| | 02 | | 15.7 | 15 | 19 | | | | |
| | 03 | | 14.05 | 16.26 | 17.54 | 23.38 | | | |
| | 04 | | 16.61 | 20.71 | 45.86 | | | | |
| Sr | 01 | 250 | | | | | | | |
| | 02 | | 762 | 619 | 554 | | 220 | 150 | 216 |
| | 03 | | 602 | 452 | 498 | 855 | | | |
| | 04 | | 842 | 692 | 317 | | | | |

注：表中 Sr 含量单位为 $10^{-6}$，其他参数的单位为 $10^{-2}$。

（4）P₂O₅、TiO₂ 和 Zr 的地球化学特征

各区块 P₂O₅、TiO₂ 和 Zr 的平均含量列于表 14.5 中。P₂O₅ 分布的最大特征是其含量变化相对平缓，空间分布均匀，在局部出现较高的异常值，TiO₂ 和 Zr 的含量变化范围较大，且分布极不均匀。3 种元素的共同特征是受粒度变化的影响不大，但它们较高的异常值往往出现于粗粒沉积物中，且空间分布位置相同，因而不仅表现出它们之间存在正相关，且它们与 SiO₂ 之间也存在弱的正相关。

表 14.5 东海表层沉积物中 $P_2O_5$、$TiO_2$ 和 $Zr$ 的平均含量

| 元素氧化物 | 地貌单元区块 | 内陆架 | 外陆架 | 海槽西坡 | 海槽槽底 | 海槽东坡 |
|---|---|---|---|---|---|---|
| $P_2O_5$ | 01 | 0.13 | | | | |
| | 02 | | 0.1 | 0.1 | 0.1 | |
| | 03 | | 0.13 | 0.13 | 0.15 | 0.13 |
| | 04 | | 0.17 | 0.40 | 0.19 | |
| $TiO_2$ | 01 | 0.57 | | | | |
| | 02 | | 0.40 | 0.50 | 0.60 | |
| | 03 | | 0.47 | 0.56 | 0.55 | 0.37 |
| | 04 | | 0.63 | 0.57 | 0.78 | |
| $Zr$ | 01 | 180 | | | | |
| | 02 | | 107 | 148 | 124 | |
| | 03 | | 160 | 150 | 127 | 65 |
| | 04 | | 231 | 170 | 155 | |

（5）MnO 和 Pb 的地球化学特征

在所测试的 22 个地球化学指标中，MnO 和 Pb 的含量变化及其相关特征都表现得极为特殊。在陆架和海槽北段，MnO 和 Pb 的含量变化和空间分布相对均匀平稳，但从海槽中段开始却发生明显的变化，表现从外陆架至槽底 MnO 的平均含量逐渐增加，特别是在槽底区，其含量增加幅度较大（表 14.6），而且在海槽底 MnO 的含量有由北向南增大的趋势。与陆源物质相比，在陆架区 MnO 和 Pb 的平均含量与陆源物质相近，表明陆架区的 MnO 和 Pb 主要来源于大陆；在海槽东坡 MnO 和 Pb 的平均含量与火山玻璃含量变化趋势完全相似，表明海槽东坡沉积物中的 MnO 和 Pb 可能源于火山碎屑。MnO 和 Pb 的平均含量有自陆架向槽底增大的特点：一方面表明它们的含量遵循粒度变细而增大，另一方面也说明除陆源和火山源碎屑提供 MnO 和 Pb 外，可能海底热液活动也是重要的 MnO 和 Pb 供应源之一。

表 14.6 东海表层沉积物中 MnO 和 Pb 的平均含量

| 元素氧化物 | 地貌单元区块 | 内陆架 | 外陆架 | 海槽西坡 | 海槽槽底 | 海槽东坡 | 黄河 | 长江 | 火山玻璃 |
|---|---|---|---|---|---|---|---|---|---|
| MnO | 01 | 0.09 | | | | | 0.09 | 0.058 | 0.18 |
| | 02 | | 0.1 | 0.1 | 0.1 | | | | |
| | 03 | | 0.068 | 0.083 | 0.26 | 0.19 | | | |
| | 04 | | 17.21 | 16.28 | 6.78 | | | | |
| Pb | 01 | 25 | | | | | 15 | 27 | 32 |
| | 02 | | 52 | 50 | 188 | | | | |
| | 03 | | 23 | 24 | 39 | 38 | | | |
| | 04 | | 83 | 90 | 88 | | | | |

## 14.3.2 地球化学元素分布特征及组合分区

（1）地球化学元素分布特征

某种或某组元素含量分布，受多种因素影响，只不过制约的主导因素不同。沉积物化学

元素地理位置分布特征，可以从单个元素去研究，也可从元素之间相关的元素组合来考虑。

代表性元素在东海分布的状况如图 14.18、图 14.19，除了局部略有差异外，具有明显的相似性。

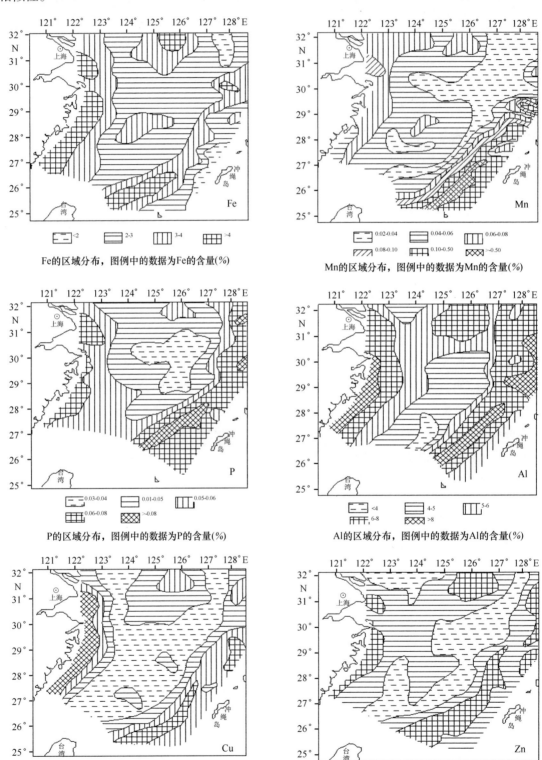

Fe 的区域分布，图例中的数据为 Fe 的含量(%)

Mn 的区域分布，图例中的数据为 Mn 的含量(%)

P 的区域分布，图例中的数据为 P 的含量(%)

Al 的区域分布，图例中的数据为 Al 的含量(%)

Cu 的区域分布，图例中的数据为 Cu 的含量(%)

Zn 的区域分布，图例中的数据为 Zn 的含量(%)

图 14.18　东海表层沉积物化学元素的区域分布（秦蕴珊等，1987）

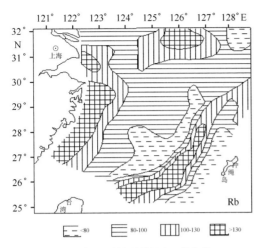

Rb的区域分布，图例中的数据为Rb的含量（×10⁻⁶）

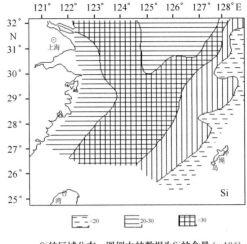

Si的区域分布，图例中的数据为Si的含量（×10⁻⁶）

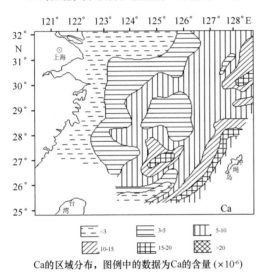

Ca的区域分布，图例中的数据为Ca的含量（×10⁻⁶）

Sr的区域分布，图例中的数据为Sr的含量（×10⁻⁶）

图 14.19　东海表层沉积物化学元素区域分布（秦蕴珊等，1987）

各元素分布特征有着相关性，总的来看，Fr、Mn、Ti、P、K、Al、Cu、Ni、Zn、Rb、Cr的分布，在东海呈中间低三面高的格局，外陆架的残留砂为元素低含量区。Si 的分布与前一组元素相反，是中间高三面低，与砂高含量区一致，而 Ca 和 Sr 等是由近岸的内陆架向冲绳海槽元素的含量依次升高，只是海槽南端例外（秦蕴珊，1987）。

（2）地球化学元素分布的制约因素

粒度变化对元素含量起着普遍的制约作用，绝大多数元素的含量变化遵守"粒度控制规律"，$Al_2O_3$、$Fe_2O_3$、$MgO$、$K_2O$、$Cr$、$Co$、$Ni$、$V$、$Zn$、$Cu$ 等随着粒度的变细含量升高；而 $SiO_2$、$CaCO_3$、$CaO$、$Sr$ 和 $Zr$ 则近似遵守随粒度变细而含量下降的规律。粒度还决定了氧化—还原电位如 $Fe^{3+}$ 和 $Fe^{2+}$ 的比值；全氮、有机质含量、铁含量与分布等地球化学环境，都与粒度有关。

不同的地形地貌单元，沉积物中元素的含量及其空间分布存在明显差异，海槽区是 $Al_2O_3$、$Fe_2O_3$ 及绝大多数微量元素的富集区，海槽中 Hg 和 I 的含量分别是陆架区的60 到 3.5倍，这与海槽热液活动有关。外陆架、陆坡区及海槽东坡是 $CaCO_3$ 和 Sr 等生源物质的富集区，而内陆架和外陆架的大片残留砂区是 $SiO_2$ 的富集区。

某些独立矿物的存在有时也是制约沉积物中元素和氧化物含量变化的因素之一，例如，$TiO_2$、$Zr$ 和 $P_2O_5$ 局部特高值的出现可能与沉积物中局部发育钛铁矿、锆石和磷灰石等独立矿物有关。

　　物质来源是决定东海沉积物中元素含量变化的另一重要的制约因素。东海沉积物中绝大多数元素来源于大陆，表现出沉积物化学组成的亲陆性；但 $CaCO_3$、$CaO$ 和 $Sr$ 则明显受生源物质的制约；$CaCO_3$ 高含量在冲绳海槽某些地点，可达 30% ~ 40%，外陆架为 10% ~ 20%，这都与生产力高，生物介壳含量高有关。又如陆源植物比海洋植物含轻质同位素 $^{12}C$ 的含量高，其 $\delta^{13}C$ 约有 $8 \times 10^{-3}$ 的差值，因而可作为陆源有机碳良好的标志，可推测海洋有机碳的来源，这一点对物源示踪很有意义。$MgO$、$Cu$、$Pb$、$Zn$、$Ba$、和 $Ni$ 则部分受火山碎屑物质的控制，$MnO$ 和 $Pb$ 也受热液活动所制约。

　　（3）地球化学元素组合分区

　　元素组合分区往往具有成因上的专属性，也常常是物质来源分区的依据。在组合分区时常常根据地球化学指标进行因子分析。图 14.20 是东海一典型调查区的元素组合分区图，该区包括了陆架和海槽，是在分析了 242 个表层沉积物样品的 23 个地球化学指标基础上进行的分区，共分了 8 个组合区。

　　①$SiO_2$ 分布区；②$Al_2O_3$、$Fe_2O_3$、$MgO$、$Na_2O$、$K_2O$、$Ba$、$Cr$、$Co$、$Cu$、$Ni$、$Zn$、$Li$ 和 $V$ 分布区；③火山岩出露区；④$CaCO_3$、$CaO$、$L.O.I$ 和 $Sr$ 分布区；⑤$Zr$、$P_2O_5$、和 $TiO_2$ 分布区；⑥$MnO$、$Pb$ 分布区；⑦$MnO$、$Pb$ 和 $Zr$、$P_2O_5$、$TiO2$ 混合分布区；⑧$Al_2O_3$、$Fe_2O_3$、$MgO$、$Na_2O$、$K_2O$、$Ba$、$Cr$、$Co$、$Cu$、$Ni$、$Zn$、$Li$、$V$ 和 $MnO$、$Pb$ 与 $Zr$、$P_2O_5$、$TiO_2$ 混合分布区。

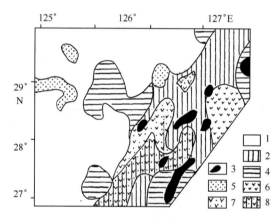

图 14.20　典型研究区表层沉积物地球化学分区（孟宪伟等，2001）

　　在考虑某些典型的环境要素时，也可进行沉积化学的环境分区。把有机质、全氮含量、$C/N$ 比值、$Fe^{3+}/Fe^{2+}$ 值和 $Eh$ 作为主要指标，大致可将东海的沉积划分为五个化学环境区（图 14.21）（金翔龙，1992）：Ⅰ较强还原环境区；Ⅱ弱还原环境区；Ⅲ弱氧化环境区；Ⅳ较弱氧化环境区；Ⅴ特殊氧化环境区。各区化学指标特征（含量、受控因素等）都有区别。

## 14.4　沉积物微体古生物特征

　　海洋生物遗骸是底质沉积物的重要组成部分。东海是典型的陆架浅海，在低海平面时期出露成陆，而在高海平面时期又泛滥成海，故其底质沉积中同时保留了浅海、滨海、河口生

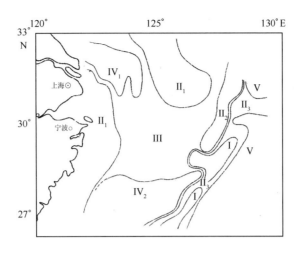

图 2.21 东海表层沉积化学环境分区（金翔龙，1992）

物以及陆生动物化石。这些生物化石的分布特征一方面指示了沉积环境的差异，另一方面又记录了沧海桑田的变迁。以下将介绍研究比较深入的微体古生物，比如：有孔虫、介形虫、钙质超微化石和硅藻等，在沉积物中的分布概况。

### 14.4.1 有孔虫

郑守仪（1988）对东海底栖有孔虫胶结壳和瓷质壳类进行了系统总结，详细描述了胶结壳有孔虫 280 种，瓷质壳有孔虫 146 种。自 1975 年以来，国家海洋局第二海洋研究所与同济大学海洋地质系（现同济大学海洋与地球科学学院）共同协作，对东海沉积中的有孔虫和介形虫进行系统的定量研究，并通过缩小网筛的孔径，发现有更多的底栖性属种生活在东海，更新了往常对东海微体化石分布的认识。有孔虫包括了浮游有孔虫和底栖有孔虫两大类。前者种属数量远不及后者，但其数量却比后者多得多，在水深 700 m 以外海槽区浮游有孔虫数量占 95% 以上；水深 150 m 以浅陆架区浮游有孔虫数量占 70% ~ 90%。

#### 14.4.1.1 浮游有孔虫

东海浮游有孔虫共发现 11 属 32 种（包括亚种）（汪品先等，1988），此处不一一累述。按照与水温的关系，东海常见的浮游有孔虫可分为冷－温水种、温水种、暖－温水和暖水种四类。

冷－温水种：厚壁新方球虫（*Neogloboquadrina pachyderma*）。本种在我国海域系初次报道，仅分布于东海东北部，即 29°30′N 以北的槽坡、海槽区，以南偶见个别标本。厚壁新方球虫是现代分布于两极的主要冷水种，但其右旋壳在温带也有出现。此种虽然主要局限于北纬 30° 以北、南纬 40° 以南，实际上在台湾海峡也有少量出现，只是在赤道太平洋才完全消失。

温水种：泡抱球虫（*Globigerina bulloides*），五叶抱球虫（*G. quinqueloba*）。五叶抱球虫是分布在亚寒带—温带的典型温水种，在东海从长江口、杭州湾直到冲绳海槽都有出现，连台湾海峡和南海也有其踪迹。是我国浮游有孔由主要成分之一。五叶抱球虫的交界范围甚大，各人对种的标准理解不一致，东海、黄海的个体末期房室变长，与正型不同。

暖－温水种：红拟抱球虫（*Globigerinoides ruber*）等种。分布广泛，黄海南部亦有出现。

暖水种：袋拟抱球虫（*Globigerinoides sacculifer*），斜室普林虫（*Pulleniatina obliguiloculata*），

敏纳圆辐虫（*Globorotalia menardii*），肿圆辐虫（*G. tumida*）等，只见于东海东南部暖流控制区，是暖流指示种。

由于浮游有孔虫是窄盐性大洋生物，它们在东海沉积物中的分布，主要受温度和水深控制。所以各种有孔虫只有在陆坡和海槽区，方才出现齐全，而在滨海、浅海区，各种含量差别较大。

一般来说东海底质中浮游有孔虫的丰度、分异度与个体大小都有随着水深加大，离岸变远而增长的趋势，同时也显示出在暖流区增大的规律，这种规律与世界其他陆架海规律相似，即与大洋联系（表现为地理距离、海流关系以及水深等）越密切，沉积物中浮游有孔虫的个数、种数和个体大小也越大。影响和控制东海沉积物中浮游有孔虫分布的因素主要有水深、温度和水流。水深和温度正是陆架浅海与大洋联系的表现，而水流搬运在较大程度上影响着长江口、杭州湾等区域的浮游有孔虫分布（汪品先等，1988）。表 14.7 给出了冲绳海槽表层沉积物中浮游有孔虫含量和简单分异度随深度的变化。

表 14.7　冲绳海槽表层沉积物中浮游有孔虫含量和简单分异度

| 地貌单元 | | 陆架外缘 | 槽　坡 | | 槽底 | 岛　坡 |
|---|---|---|---|---|---|---|
| 水深/m | | 115~150 | 150~500 | 500~1000 | >1000 | 500~1000 |
| 浮游有孔虫 | 平均含量/（枚·g$^{-1}$） | 624 | 1346 | 2320 | 486 | 3038 |
| | 简单分异度/S | 11 | 13 | 14 | 15 | 17 |

#### 14.4.1.2　底栖有孔虫

底栖有孔虫是微体化石中种数最多的一类，东海底栖有孔虫大约有七八百种，其中 426 种胶结质壳有孔虫和资质壳有孔虫由郑守仪进行了详细和系统的分类描述（郑守仪，1988）。

1）底栖有孔虫数量分布

东海表层沉积中底栖有孔虫的含量，也和浮游有孔虫一样由西北向东南呈带状分布。但最高含量不在深水区，而在陆架的中区。水深小于 20 m 的长江口、杭州湾地区，每克干样中个数少于 20 枚，含量最低；水深 50 m 以内的内陆架，数量有所增加，但大多都小于 200 枚，最多不超过 1 000 枚；50~130 m 的中陆架区及外陆架区上部，数量通常达数千至上万枚，为东海底栖有孔虫富集区；水深超过 130 m，为残留沉积区，数量急剧减至数千枚；水深 1 000~2 000 m 的海槽区，底栖有孔虫含量很低，常为数十枚，几乎与河口水平相当（汪品先等，1988）。可见底栖有孔虫含量和水深的关系是两头低、中间高。表 14.8 给出了冲绳海槽表层沉积物中底栖有孔虫含量和简单分异度随深度的变化趋势，从中可见海槽区底栖有孔虫含量随深度递减的趋势。

表 14.8　冲绳海槽表层沉积物中底栖有孔虫含量和简单分异度

| 地貌单元 | | 陆架外缘 | 槽　坡 | | 槽底 | 岛　坡 |
|---|---|---|---|---|---|---|
| 水深/m | | 115~150 | 150~500 | 500~1000 | >1000 | 500~1000 |
| 底栖有孔虫 | 平均含量（枚·g$^{-1}$） | 1053 | 1241 | 130 | 97 | 104 |
| | 简单分异度/S | 18 | 22 | 14 | 9 | 9 |

2）底栖有孔虫属种组合分布

底栖有孔虫种属分布范围或富集程度明显的受环境因素制约，比如：凸背卷转虫（*Ammonia convexidorsa*）集中分布在长江口和钱塘江口，并向苏北沿岸扩散，是长江水下三角洲的特征种；暖水卷转虫（*Ammonia tebida*）主要分布在 20 m 等深线以内沿岸区，向外迅速减少，含量超过 2% 的富集区局限在陆架内区，是典型的滨岸浅水种；压扁卷转虫（*Ammonia compressiuscula*）在 50～100 m 水深的中陆架区富集（一般 >5%），但在黄海水深 20～50 m 的沿岸流流经区含量最高（30% 以上），是中陆架–内陆架种；科契箭头虫（*Bolivina cochei*）则是典型的中陆架代表种，在水深 50～100 m 区富集（>10%）；而小盔虫（*Cossidulina*）和盔球虫（*Clobocassidulina*）一类却在 150 m 等深线以外的陆坡海槽区含量最高（一般大于 20%）；瓶虫类（*Lagenidae*）的高含量值（>10%）分布于水深超过 700 m 的海槽区。可见，底栖有孔虫的属种组合可以反映深度、温度、盐度等环境条件。

根据东海底栖有孔虫分析结果，参考前人的工作，可以把表层沉积物中的近百种有孔虫分成以下几个组合（见图 14.22）。

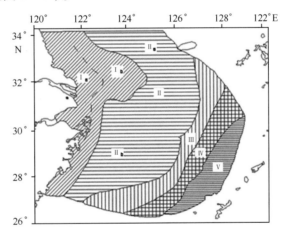

图 14.22　东海表层沉积底栖有孔虫组合分布示意图（李日辉，2001）

Ⅰ．暖水卷转虫—凸背卷转虫（*Ammonia tepida—Ammonia convexidorsa*）组合

以具玻璃质壳的螺旋形、平旋形有孔虫为主，浮游有孔虫含量在 30% 以下。富含滨岸浅水有孔虫，广盐性种尤多，如 *Ammonia tepida*、*Ammonia convexidorsa* 等。本组合分布在水深 50m 以内的陆架内部，是沿岸流低温低盐水的影响范围。内部又可分为以下两个亚组合。

Ⅰa：凸背卷转虫—奈良小尚口虫（*Ammonia convexidorsa—Epistominella naraeniss*）亚组合

小个体玻璃质有孔虫占优势，除 10%～25% 的小个体浮游有孔虫外，常见的底栖种有：*Ammonia convexidorsa*、*Elphidium magellanicum* 等，胶结壳有孔虫罕见。分布在长江口、杭州湾一带，水深一般不超过 20 m。

Ⅰb：暖水卷转虫—裂缝希望虫（*Ammonia tepida—Elphidium advenum*）亚组合

有孔虫个体大小正常，由滨岸浅海种组成，浮游有孔虫不超过 30%，优势种主要有：*Ammonia tepida*、*Elphidium advenum*、*Florilus decorus* 等，分布在 20～50 m 深的陆架内区。

Ⅱ．科契箭头虫—压扁卷转虫（*Bolivina cochei—Ammonia compressiuscula*）组合

底栖有孔虫列式钙质壳含量最高。数量最多的底栖有孔虫如：*Bolivina cochei*、*Ammonia compressiuscula* 等，这两种的含量都在 10% 以上。本组合分布在陆架中部水深 50～100 m 间。

该组合还可细分出两个亚组合。

Ⅱa：塔斯曼管九字虫—结缘寺卷转虫（*Pacinonion tasmanensis—Ammonia ketienziensis*）亚组合

该有孔虫亚组合面貌与南黄海相似，以 *Ammonia ketienziensis*、*Pacinonion tasmanensis* 等种含量较高为特征，这些种也是南黄海大于50m水深区的优势分子，位于约31°N以北，是黄海沿岸流影响的范围。

Ⅱb：假轮虫—压扁卷转虫（*Pseudorotalia—Ammonia compressiuscula*）亚组合

以含较多暖水种为特征，如 *Pseudorotalia indopacifica*、*Heterolepa dutemplei* 等。该亚组合分布在海区的南部，主要受台湾暖流影响。

Ⅲ. 假棱串珠虫—珍珠面包虫（*Textularia pseudocarinata—Cibicides margaritiferus*）组合

含大量暖水种，如：*Textularia pseudocarinata*、*T. transversaria*、*Cibicides margaritiferus*、*Neoponides berthelotianus* 等，分布于陆架外缘水深 100～150 m 处，受黑潮暖流影响。

Ⅳ. 小盔虫—盔球虫（*Cassidulina—Globocassidulina*）组合

底栖有孔虫以 *Cassidulina*、*Globocassidulina* 高含量（>20%）为特征，陆架上的优势种（如 *Bolivina coche*）含量骤减，*Ammonia compressiuscula* 已经绝迹。除陆坡顶部尚保留部分陆架常见种外，大多数底栖有孔虫属于次深海类型，主要有：*Cassidulina carinata*、*Globocassidulina subglobosa* 等，分布范围相当于陆坡区。

Ⅴ. 瓶虫类组合

主要是浮游有孔虫，底栖类稀少（超过或接近 10%）。本组合分布在海槽区，主要分子有 *Cyclammina cancellata*、*Eggerella* sp.、*Trochammina globigeriniformis*、*Uvigerina dirupta* 等。

## 14.4.2　介形虫

东海介形虫经过详细描述的有82属178种，它们的丰度、分异度与属种组合的分布，均与沉积环境有密切联系。对东海海区沉积物中介形虫含量的研究表明，在近岸区，由于陆源沉积速率高，各种微体化石的含量均低；在陆坡和海槽区，尽管陆源碎屑沉积速率较低，但介形虫较为罕见；在中陆架区，单位重量沉积物中介形虫含量最高（汪品先等，1988）。

东海介形虫种数自河口、海岸向海区逐渐增多，接着向陆坡及海槽又行下降。最高数值出现在中陆架南部台湾暖流区，可含30～40种，而近岸和海槽区仅含数种。由上述分布情况不难看出，东海介形虫种数分布与水深、水温关系密切。在东海河口和滨岸区，盐度是控制介形虫分布尤为重要的因素，如在盐度很低的潮上带，常只有一种广盐相介形虫，且个体较多。此外，沉积物粒度也是控制介形虫分布的一个因素，一般来讲在泥质沉积中较多，砂质沉积中种数较少，但也有例外，主要是由于相对于海水温度而言，沉积物粒度显然是一个比较次要的因素（汪品先等，1988）。

## 14.4.3　钙质超微化石

东海表层沉积中钙质超微化石分异度较高。目前，除若干再沉积种外，共见有 39 种（Wang et al.，1985），这些种主要集中在水深 100 m 以外的外陆架（36 种左右），海槽区仅高出前者数种。中陆架区，有 30 种左右。水深小于 50 m 的内陆架，可见 10 余种，然而长江口、杭州湾，一般仅为两三种。实际上，整个东海优势种仅有两种，即 *Emiliania huxleyi* 和 *Gephyrocapsa oceanica*，这两种可占全群的 85%～100%。但是两者在表层沉积中的分布随地理位置而有差异。*E. huxleyi* 向岸减少，*G. Oceanica* 则增加。在水深 100m 以深的深海区，前者占主导地位（平均占全群的 65% 以上）；而在内陆架区，后者占优势。*Floriphaera profunda* 一种在东海中陆架以远表层沉积中亦有少量分布。该种通常分布在 100 m 以下水层中（Okada et al.，1973）。在西太平洋边缘海均见有此种分布，如台湾海峡北部及南海都有出现。该种丰度与深度具有明显的正相关，可能与其深层水栖居特点有关。

一般而言，钙质超微化石的丰度随着离岸距离及水深的增加而增加，外陆架高于内陆架，多则每视域可达 500 枚之多，一般在百枚以上。内陆架很少，大多每视域平均 1 枚左右。冲绳海槽地区，则呈斑块状分布，高者可达数百枚，低者仅数枚，这可能与海底火山的溶解作用和沉积速率较大有关。总之，其丰度的分布特点是南高北低，东高西低，局部由于受其他各种因素控制而成不规则分布（汪品先等，1992）。

### 14.4.4 硅藻

东海是一个西太平洋边缘海。它北部与黄海接连，南部与东部通过众多的海峡和水道与南海、菲律宾海和太平洋进行频繁的水体交换，西部有许多大大小小的陆地径流直接注入。东海这种自然环境赋予表层沉积物中硅藻生态特征的多样性。从鉴定出的 151 个种和变种中，它们出现几率相差悬殊，一些种在各站普遍出现，另一些种则偶尔出现。东海的硅藻种类，大多数属于沿岸种，少数为外洋种和潮间带种。在生活方式上，有固着在动植物体表面营附着生活者，也有随波逐浪营浮游生活者，以及栖居在海底的底栖种类。总之，整个东海表层沉积物中的硅藻，反映了既受内陆影响，又与大洋及邻海有着密切联系的硅藻植物群。

东海表层沉积物中硅藻个体总量的平面分布，表现出硅藻数量呈南—北向条带状和斑块状相间的分布特点（詹玉芬，1992）。硅藻壳体数量最高的站位达 300 个/片以上，最低数量的硅藻个体不足 10 个/片，甚至缺失。整个东海表层沉积物中出现了 3 个硅藻富集区：

（1）江浙沿岸区：包括长江口外，杭州湾和椒江口外等沿岸海区，为东海硅藻含量最高的地区，硅藻数量为 200~300 个/片。

（2）槽坡—海槽区：硅藻含量为 100~200 个/片。

（3）陆架中部区：位于 28°30′~30°40′N，124°00′~125°30′E 之间，呈近南北向的块状分布，硅藻含量大于 100 个/片。东海东北和西南部是硅藻含量的低值区，硅藻的平均含量仅 10~30 个/片。

如不考虑硅藻硅质骨骼的保存问题，那么影响沉积物中硅藻分布的因素主要为盐度和营养盐。其中淡水硅藻分布与长江入海物质的扩散有密切关系。东海表层沉积物中共鉴定出 16 种淡水硅藻，主要见于长江口外的陆架浅水区，呈东南—西北向延伸，其分布大致相当于长江水下三角洲的范围。此外，杭州湾和冲绳海槽的个别站有零星分布。

上升流，陆地径流对硅藻的富集有重要影响。海洋上层水体中的营养盐由于浮游植物的吸收，含量贫乏。海洋表层水体中营养盐的补充主要来自两个渠道：一是靠江河径流入海，把内陆营养不断输送到海洋透光层，尤其是江河入海口的附近海区；二是来自上升流的携带。东海江浙近岸海区和冲绳海槽附近海区底部沉积物中硅藻的相对富集就与上升流有关。

黑潮和黄海冷水团对硅藻组成与分布也有影响。东海表层沉积物中出现的暖水硅藻，如结节圆筛藻、楔形半盘藻、培氏根管藻、非洲圆筛藻、海洋菱形藻、鼓形伪短缝藻等，除较集中地分布在黑潮主干流经的海槽区外，在陆架特别是外陆架处，也广泛出现，虽然数量不多，含量一般不超过 3%，但其分布颇有规律，均显示出由南向北逐渐减少的趋势。例如，结节圆筛藻在海槽南端的一些站位含量为 45.7% ，北端一些站的含量为 22.14% 。培氏根管藻的含量也呈现出类似的分布特点。这些暖水种与太平洋赤道区沉积物中的硅藻对比，具有相似性。上述情况均说明了黑潮对东海硅藻分布影响的广泛性，而黑潮流域中常见的硅藻种培氏根管藻则更是黑潮的指标种。此外，区内出现的偏冷水种如明盘藻、范氏圆箱藻等，主要分布在陆架的东北部，具有南黄海硅藻群的特征，其分布与黄海冷水团在东海的延伸范围大致相适应，可认为是受黄海冷水团影响的结果。

## 14.5　东海的沉积速率

近年来，随着沉积物测试技术的不断提高，东海的沉积速率研究进展迅速。利用 AMS$^{14}$C 年代、$^{210}$Pb 和 $^{137}$Cs 活度数据，中外学者在东海陆架泥质沉积区和冲绳海槽完成了大量的、不同时间尺度的沉积速率研究（DeMaster et al. ，1985；李风业等，1999；李培英等，1999；C. A. Huh et al. ，1999；刘振夏等，2000；刘焱光等，2001；夏小明等，2004；肖尚斌等，2005a），图 14.23 所示便为根据近年来的沉积速率研究结果绘制的东海沉积速率等值线图（主要为 $^{210}$Pb 测试结果）。

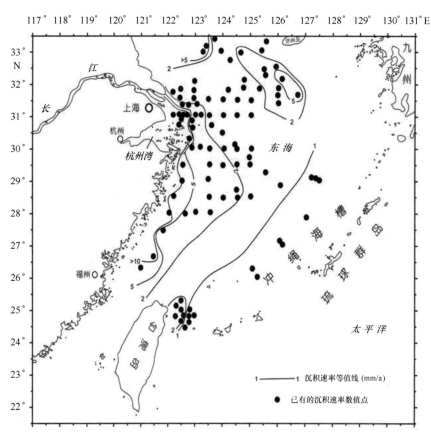

图 14.23　东海沉积速率分布示意图

受到长江入海物质和南黄海辐射沙脊群物质的向海扩散的影响，东海的沉积速率总体上呈现出由岸向海逐渐降低的趋势（图 14.23），长江口区的沉积速率最高，平均沉积速率高达 3.66 cm/a，属高沉积强度区（庄振业等，2002）。为边缘海沉积物的堆积中心，东海的泥质沉积区具有较高的沉积速率，但对同一沉积块体，其沉积作用的空间分布又不完全相同。如

图 14.23 所示，济州岛西南泥质沉积区的沉积速率一般大于 2 mm/a，最高大于 5 mm/a，而长江三角洲、杭州湾和浙闽沿岸泥质沉积区的沉积速率一般大于 5 mm/a，最高大于 10 mm/a，在台湾岛东北部还存在一个沉积速率较高（>2 mm/a）的泥质沉积区。东海外陆架砂质沉积区的沉积速率一般都小于 2 mm/a，冲绳海槽的沉积速率最小，一般小于 1 mm/a。

东海内陆架泥质区的多个重力柱样的沉积速率计算结果也有明显的差异，一般介于 0.79~3.34 cm/a 之间，平均值为 1.97cm/a，属于东海次高沉积强度区（庄振业等，2002）。其沉积速率总体空间分布表现中部最高，向南北两端逐渐降低的趋势。对比东海泥质区进行的浅地层测量（J. P. Liu，2007），$^{210}$Pb 测试所得沉积速率基本上与浅地层剖面现场测试所得泥质区的厚度一致：东海内陆架泥质区泥层最厚处（27°25′N，121°20′E 附近）重力柱样的沉积速率均在 2.3 cm/a 以上，最高可达 3.34 cm/a；向北随着泥层厚度的逐渐减小，沉积速率也相应减小到 1.66 cm/a 和 1.26 cm/a；浙闽沿岸楔形泥质沉积区的东南部边缘处，由于其离长江口距离最远，致使物源匮乏，另外该区域台湾暖流强度最大，在其顶托作用使得沉积速率极低，仅为 0.79 cm/a，其全新世以来沉积厚度的也仅为 3 m 左右。

应该注意的是，由于测试方法的不同，AMS$^{14}$C 测试所得的沉积速率比$^{210}$Pb 活度获得的沉积速率小得多，数量级上的差异致使两种沉积速率的计算结果没有可比性，这主要是因为$^{14}$C 测年法获得的沉积速率是万年尺度中的平均速率，除要考虑到下部沉积物受到上覆沉积物的压实作用外，在万年左右的地质变迁期间，沉积物的形成可能受到海平面的升降和沉积环境的变化等的影响，海域沉积物的堆积可能时快时慢，甚至可能出现沉积物的侵蚀或者间断（李凤业等，2003）。"908"专项对东海内陆架泥质区南部重力柱样的 AMS$^{14}$C 测试结果表明其沉积速率约为 50.41 cm/ka，而肖尚斌等（2004，2005b）对泥质区北部的 DD2 孔和 PC－6 孔的 AMS$^{14}$C 测试结果表明其上部泥层的沉积速率分别为 173.76 cm/ka 和 53.69 cm/ka。该 3 根重力柱样虽然位于东海内陆架泥质区的南北两端，但其沉积速率较为接近，大致表现出北部高于南部的趋势。

# 第 15 章   浅地层结构与古环境演化

东海浅地层结构的研究采用海洋地球物理与海洋地质结合的方法，对浅地层剖面测量、单道地震测量和第四纪地质浅钻等资料进行综合研究与分析，以建立海底面以下 1 500 m 深度范围内的地层层序，并探讨新近纪以来的古环境演化。

## 15.1  晚第四纪地层划分、特征及区域对比

自 1979 年以来，中国科学院海洋研究所、上海海洋地质调查局、浙江省水文地质大队和上海海洋石油局第一海洋地质调查大队等单位在东海进行了一系列的浅钻地层研究工作，奠定了东海晚更新世以来地层结构及其地质演化的研究基础（图 15.1）。

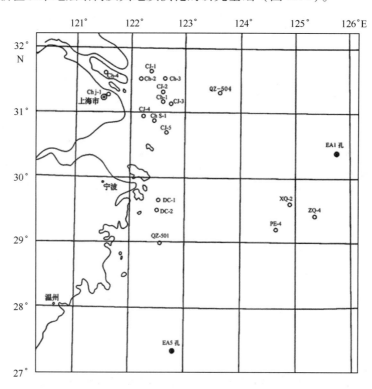

Ch－1、2、3、4 与 DC1、2 孔为中国科学院海洋研究所施工；CJ－1、2、3、4、5 孔，Chj－1（长江一号孔），Chs－1（嵊泗一井），QZ501、504 孔，XQ－2（西浅 2 孔）、PE－4（平湖 4 孔）、ZQ－4 孔均为上海海洋地质调查局施工；EA1、5 孔为上海海洋石油局 2000 年施工

图 15.1   东海陆架钻孔剖面位置

## 15.1.1   地层划分

本文以全国第一届地层会议（1959）确定的第四纪地层划分方案将东海第四系划分为下更新统（$Q_1$）、中更新统（$Q_2$）、上更新统（$Q_3$）、全新统（$Q_4$）。

地层划分以沉积物岩性和岩相特征、结构构造及古风化标志、侵蚀面等为基础，综合分析微体古生物、孢粉组合、古地磁极性、地球化学、同位素测年等方面的系统测试成果，根据岩石地层学、气候地层学、生物地层学、磁性地层学及年代地层学的原则和方法，将东海晚第四纪地层自下而上划分为中更新统、上更新统和全新统。

东海晚第四纪地层的地质年代采用近年来深海钻探所取得的海洋岩心上更新统的研究成果，将上更新统的下界以相当于深海岩心中氧同位素第5期的高海面时期为界，即氧同位素第5期与第6期的界线即128 ka B. P.（郑光膺等，1991；杨子赓等，1996；许东禹等，1997）。全新世与更新世的界线置于 INQUA 所建议的 10 ka B. P.（刘敏厚等，1987；郑光膺等，1991；杨子赓等，1996；许东禹等，1997）。

## 15.1.2 地层特征

### 15.1.2.1 东海西部海区

以 CJ-4 孔剖面为例（图 15.2），该孔终孔孔深 50.14m。坐标：30°57′36″N，122°13′27″E。该剖面各时代地层由老到新叙述之。①上更新统上组上段（$Q_3^{2-3}$）钻遇厚度 6.41m，未见底。下部为绿灰色细砂夹黏土质粉砂，中部为褐黑色炭质黏土与粉砂质黏土互层，上部为深灰-灰黑色黏土质粉砂。无微体古生物化石、硅藻等存在。孔深 44.90m 孢粉以 Artemisia 为主。可能揭示干凉的古气候特征。属末次冰期晚期的海退沉积。相当于长江三角洲平原区

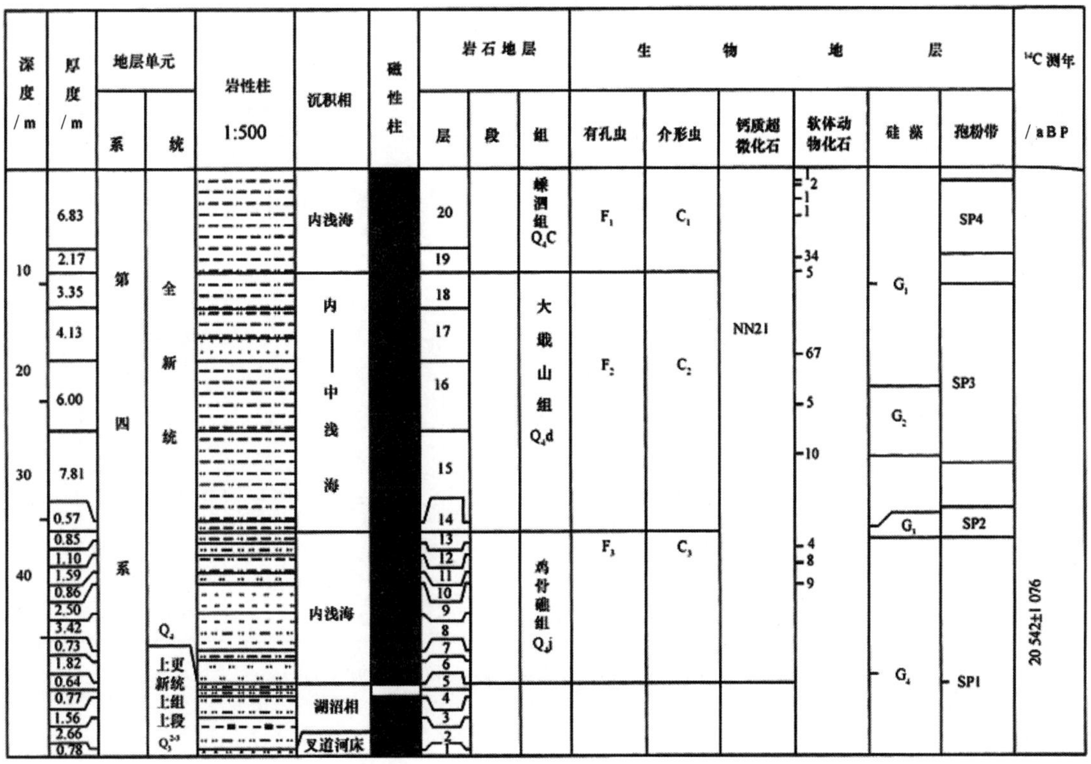

软体动物化石：1. Corbula sp.；2. Siliqua minima（Gmelim）；3. Retusa sp.；4. Zeuxis caelatus（A. Adams）；5. Zeuxis kiiensis（Kira）；6. Scapharca subcrenata（lischke）；7. Gibberulina sp.；8. Strioterebrum（Punctoerebra）sp.；9. Eocallista sp.；10. Polinices（Glossaulax）"reiniana"（Dunker）

图 15.2 CJ-4 孔地层柱状剖面

与绿华山锚地所见之暗绿色硬土层（唐保根等，1992）。②全新统（$Q_4$），孔深43.73 m，自下而上可分为三部分。下全新统鸡骨礁组（$Q_4j$）厚度为12.87 m，与下伏地层呈假整合接触。中、下部以浅灰、灰色粉砂与浅黄、绿灰色砂质粉砂为主，含植物碎片，见水平纹层。上部以灰色粉砂质黏土为主。微体古生物特征与孢粉组合指示温暖稍湿气候条件下的内浅海沉积，形成时代为距今1.0万~0.75万年。中全新统大戟山组（$Q_4d$）厚21.86 m，与下伏地层呈整合接触。岩性以灰色粉砂质黏土为主，局部夹细砂。虫孔发育，见水平透镜状层理。有孔虫与介形虫化石丰富。孢粉组合为 Quercus—Castanea—Pinus，为暖热湿润气候条件下的浅海沉积，其形成年代为距今0.75万~0.25万年。上全新统嵊泗组（$Q_4c$）厚度为9 m，与下伏大戟山组（$Q_4d$）呈整合接触。其岩性为褐灰、灰色黏土质粉砂与粉砂质黏土，属温暖较湿气候条件下的内浅海沉积。形成年代为距今0.25万年至今。

### 15.1.2.2 东海东部海区

以 ZQ-4 孔综合地层柱状剖面为例（图15.3）。该孔坐标为29°24′45″N，125°21′51″E，终孔孔深51.65 m（唐保根，1996 a；唐保根，1996 b）。①中更新统上组（$Q_2^2$）厚12.25 m，未见底。下部为灰绿色细砂夹砂质粉砂，底部为粉砂质砂。该层为水深小于20 m的河口或近河口的河流相沉积。孢粉组合反映寒温略干的古气候。中部为灰绿色细砂，水深约20~50 m的浅海沉积。上部岩性由下往上为灰绿色砂质粉砂夹粉砂至青灰色粉砂与黏土质粉砂互层。中部与上部反映古气候温暖潮湿，顶部反映寒冷干燥的古气候。②上更新统（$Q_3$）孔深

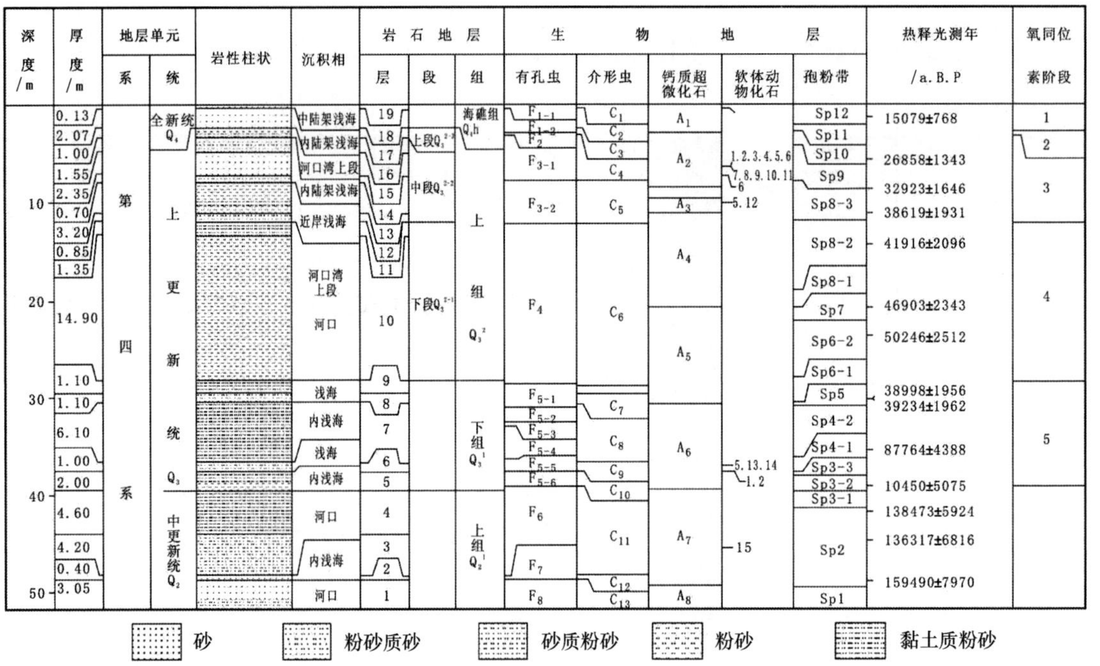

软体动物化石：1. Venus（Antigona）foveolata（Sowerby）；2. Clycymeris taiwanensis Lan；3. Anandara tricenicosta（Nyst）；4. Neverita didyma（Roding）；5. Pecten（Notovata）albicans（Schroter）；6. Venericardia granulicostata Nomura；7. Tellina virgata Linne；8. Corbicula fluminea Muller；9. Nassarius（phrontis）caelatulus Wang；10. Mactra quadrangularisDeshayes；11. Chione isabellina（Philippi）；12. Barbatia parallelogramma（Buseh）；13. Terebratalia sp.；14. Siphonalia spadicea；15. Sacella sematensis（Suzuki et Ishizuka）

图15.3 东海东部 ZQ-4 孔综合地层柱状剖面图

39.40 m 至 2.20 m，厚为 37.2 m，可分为两部分。下组（$Q_3^1$）厚度为 11.30 m，以青灰色黏土质粉砂为主体。有孔虫丰度和属种数均较高，代表受暖流影响的水深 50～100 m 浅海环境与水深 20～50 m 的浅海－河口环境的交互变化，孢粉组合指示温暖或暖热湿润古气候，相当于末次间冰期（或里斯－玉木间冰期）的沉积。与长江三角洲的第三海侵层相当。其年龄为距今 7 万～12.8 万年。$\delta^{18}O$ 值为 -0.217‰～-2.667‰，为高值段，相当于氧同位素第五阶段。与下伏中更新统呈假整合或整合接触。上组（$Q_3^2$）下段（$Q_3^{2-1}$）厚度为 16.25 m，为青灰色粉砂与黏土质粉砂。反映气候冷暖多次变化，水深小于 20 m 的河口相沉积，上部为近河口的河流相沉积，相当于末次冰期早期（即早玉木冰期）的海退沉积。$\delta^{18}O$ 值变化较大，相当于氧同位素第 4 阶段。上组中段（$Q_3^{2-2}$）厚度为 8.65 m。下部为灰绿色粉砂质砂与青灰色粉砂夹黏土质粉砂薄层。指示水深 20 m 或小于 20 m 的近岸浅海相沉积，顶部可能为滨海相。孢粉组合指示当时的古气候温暖稍干，属第二海侵层的下部层位。中部为青灰色粉砂质砂、灰绿色细砂夹灰褐色黏土质粉砂，上部主体为绿灰色砂质粉砂与粉砂质粉砂的互层，顶部为灰绿色细砂。微古组合特征指示水深约 20～50 m 的浅海环境，沉积后曾露出水面遭受侵蚀。孢粉组合代表中部温凉稍干，上部温暖稍湿的古气候，属第二海侵层的中、上部层位。$\delta^{18}O$ 值为高值段，相当于氧同位素第 3 阶段。上段（$Q_3^{2-3}$）厚度为 1.00 m。该段岩性为绿灰色粉砂与黏土质粉砂互层。为近河口的河流相沉积。孢粉组合反映当时气候凉冷而干，末次冰期晚期（晚玉木冰期）的海退期沉积。$\delta^{18}O$ 值为 -0.447‰，属低值段，相当于氧同位素第 2 阶段。③全新统海礁组（$Q_4h$）厚度为 2.20 m。下部为灰绿色细砂，含贝壳碎片，有孔虫化石丰富，优势种为 *Ammonia beccarii vars.* 等，代表水深 20～50 m 的内陆架浅海环境。上部为绿灰色贝壳砂，有孔虫丰度与属种数均高，代表受暖流影响的水深 50～100 m 的正常浅海环境，反映气候大致为上、下温和，中部温暖；中、下部稍湿，上部稍干。刺球藻、极管藻及有孔虫的大量出现，表明全新世海平面上升较快，属第一海侵层。$\delta^{18}O$ 值较高，且下部高于上部，为高值段，相当于氧同位素第一阶段。与下伏地层呈假整合接触。

## 15.1.3 区域地层对比

### 15.1.3.1 东海西部海区

东海西部各钻孔剖面所揭露的第四纪地层上更新统上组（$Q_3^2$）与全新统（图 15.4）。

1）上更新统上组（$Q_3^2$）

本区上更新统上组在钻孔剖面中均未见底。据钻孔资料，在长江口海区上更新统厚度为 50～70 m（长江一号孔、Ch-4 孔、Ch-5 孔），舟山海区约 46 m（DC-2 孔），温东海区据浅地层剖面在 80 m 以上。上更新统厚度具有南厚北薄、东厚西薄的特点，在北部长江口附近局部加厚。CJ-5 孔剖面见有上更新统上组中段（$Q_3^{2-2}$）地层为末次冰期亚间冰期的沉积，属第二海侵层之上部。其他钻孔剖面均见有上更新统上组上段（$Q_3^{2-3}$）地层，一般无海相生物化石，为河流与湖沼相沉积，相当于长江三角洲平原区长江一号孔剖面所见之暗绿色硬土层。

2）全新统（$Q_4$）

全新统沉积特征明显，生物化石较为丰富，与上更新统呈假整合接触，在浅地层剖面上易于区别。全新统地层厚度变化较大，沉积物特征在横向上变化亦较大。在北部长江三角洲沉积区，自陆向海，即由西向东，全新统厚度逐渐变薄，至陆架改造沉积区，通常为 1m 左

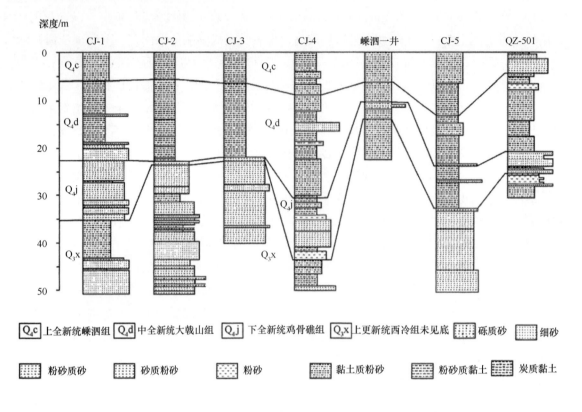

图 15.4 东海西部钻孔剖面地层对比

右。在崇明岛南门港的 Ch－5 孔剖面，全新统为一套灰色黏土质粉砂、粉砂质细砂及细砂沉积，以河口—滨岸浅海相生物群为主，与长江口南岸的长江一号孔剖面相似，在顶部为海陆过渡相沉积。至海区各钻孔剖面，全新统均为灰色海相沉积。在南部浙闽近岸沉积区，QZ－501 孔剖面上仅见第一海侵层，其下部为海陆过渡相，中、上部为浅海相沉积。在舟山群岛以东的 DC－1 孔剖面，全新统厚 19.1 m，沉积物岩性为粉砂质黏土夹黏土质粉砂，富含浅水种有孔虫，代表水深 20～30 m 的近岸浅海环境。据浅地层剖面地质解释结果，本区全新统分布广泛。其厚度一般为 10～30m。大致呈南厚北薄和西厚东薄的变化趋势，即：全新统厚度由陆向海、自河口往陆架呈逐渐变薄的趋势。

### 15.1.3.2 东海东部海区

本区晚第四纪地层区域对比图见图 15.5。

1）中更新统（$Q_2$）

中更新统上组地层在 ZQ－4 孔剖面未见底，厚度为 12.25 m。ZQ－4 孔剖面在中更新世末期以河口相为主，曾有短时的内浅海沉积。在陆区的长江一号孔剖面（唐保根等，1986 a）和东海西部的 DC－2 孔与 Ch－1 孔（秦蕴珊等，1987）等剖面在中更新世晚期显示陆相河流或湖泊沉积的特点。

2）上更新统（$Q_3$）

①下组（$Q_3^1$），上更新统下组地层在 ZQ－4 孔发育完全，厚度为 11.30 m。在 EA1 孔与

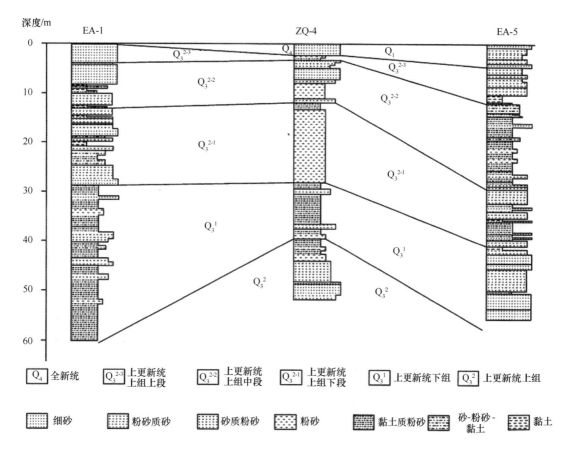

图 15.5 东海东部钻孔剖面地层对比

EA5 孔剖面均未见底（唐保根等，2002）。岩性差异反映了沉积时水动力条件的不同。其海侵层位可以对比，均相当于第三海侵层，为末次间冰期所形成的正常浅海沉积。在舟山群岛附近的 DC－2 孔与其相当的地层岩性为黑灰色中细砂。黄庆福等（1984）将其定为与庐山－大理间冰期相当的黄岩期，年龄为距今 7 万～12 万年。本区上更新统下组（$Q_3^1$）与长江水下三角洲的 Ch－1 孔和三角洲平原区的 Chj－1 孔的上更新统岩性特征相似，且海侵层位可以对比。只是在长江一号孔剖面上更新统全塘组厚度较大，为 26.70 m（唐保根等，1986 a；唐保根等，1986 b）。②上组（$Q_3^2$）下段（$Q_3^{2-1}$）在 EA5 孔剖面厚度较小，沉积物岩性变化较大。EA1 孔剖面该段地层以滨岸、滨海相沉积为主，ZQ－4 孔剖面为河口相沉积，EA5 孔为近岸浅海、浅海与滨海相沉积。均为末次冰期早期海退期沉积。孢粉组合北、中区以松为主，并见有云杉、冷杉等；南区以松、蒿为主，均指示冷干、温凉偏凉、温凉偏干的古气候。中区含有多个孢粉组合，反映了冷暖气候的多次变化。中段（$Q_3^{2-2}$）厚度南区较大。沉积环境在各区基本相似，EA1 孔剖面指示内陆架浅海、近岸浅海及滨海、滨岸的沉积环境，古气候主要为温和或温暖稍湿。ZQ－4 孔剖面为温暖气候条件下的近岸浅海－内浅海环境。南区 EA5 孔从早到晚为内－中陆架浅海－内浅海、滨海沉积环境，古气候由温暖稍湿至温凉稍干。属于末次冰期亚间冰期的海侵沉积，可与长江一号孔等剖面的第二海侵层对比。上段（$Q_3^{2-3}$）地层厚度变化较大，EA5 孔剖面最大，EA1 孔次之，ZQ－4 孔仅厚 1 m。EA1 孔为冷干气候条件下的近岸浅海、滨海沉积，ZQ－4 孔为冷干气候条件下的河口相沉积，南区 EA5 孔剖面为温凉偏凉较干气候条件下的滨海与近岸浅水相沉积。属末次冰期晚期的海退沉积。

3）全新统（$Q_4$）

全新统地层从北往南厚度逐渐加大。EA1 孔剖面为灰绿色粉砂质砂，ZQ – 4 孔剖面为灰绿色细砂，顶部为贝壳砂，EA5 孔剖面为细砂、粉砂质砂及砂质粉砂沉积。生物化石组合特征指示与各钻孔剖面所处位置相同的外陆架浅海沉积环境。北区温和稍干、中区温和 – 温暖与稍湿 – 稍干、南区温暖稍湿的古气候。属冰后期沉积，相当于第一海侵层。

## 15.2 浅地层层序划分及其地质解释

根据层序划分原则和反射界面的识别标志（上超、下超、削减、顶超等），对浅地层剖面进行划层、对比和闭合，将浅地层剖面所揭露的地层划分为 3 个或 4 个层序。

### 15.2.1 浅地层剖面层序划分

通过对东海陆架浅地层剖面的反射结构、波组特征和上超、下超、顶超、削截等反射终止类型的分析，可连续追踪几个层序或准层序组反射界面，自上而下依次为：$QT_0$、$QT_0^1$、$QT_0^2$、$QT_1^0$、$QT_1^1$、$QT_2^0$、$QT_2^1$、$QT_3^0$、$QT_3^1$、$QT_3^2$、$QT_4^0$ 界面。在 123°15′E 以西的西部海区将海底面以下 70m 深度范围内的地层划分为 3 个层序，即Ⅰ、Ⅱ、Ⅲ层序（图 15.6）。在 123°15′E 以东的东部海区将海底面以下 100 m 深度范围内的地层划分为 4 个层序，即Ⅰ、Ⅱ、Ⅲ、Ⅳ层序（图 15.7）。

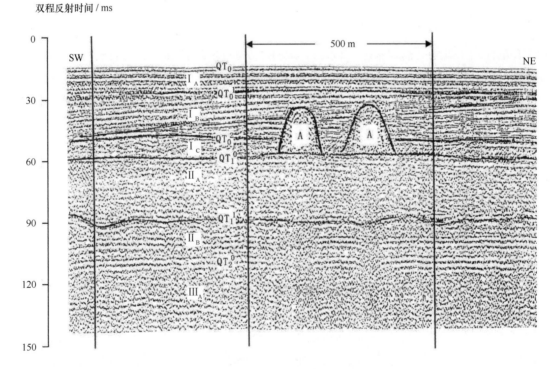

层序Ⅰ的 3 层结构明显，划分为 $I_A$、$I_B$、$I_C$ 准层序组。$QT_1^0$ 界面平直，并削截层序Ⅱ；概位：30°05′N，122°15′E

图 15.6　东海西部 DS – Ⅲ – 3 测线浅地层剖面

## 15.2.2 层序特征与地质解释

### 15.2.2.1 西部海区

1）层序 I

该层序位于 $QT_0$ 与 $QT_1^0$ 界面之间。其厚度在近岸处一般为 24～30 m；向东逐渐变薄，至 122°54′E 处厚度仅 10 m；在 123°E 附近其厚度一般已小于 2 m。根据层序 I 内部反射结构的差异与次一级强反射界面 $QT_0^1$、$QT_0^2$ 界面细分为 $I_A$、$I_B$、$I_{C3}$ 个准层序组（图 15.6）。① $I_A$ 准层序组位于 $QT_0$ 与 $QT_0^1$ 界面之间，具楔状外形，内部呈向东进积的低缓的斜交前积反射结构，反射层连续性良好，具较高振幅和相对均匀的周期宽度。底界为大致呈水平或微微向东倾斜的平整的强反射界面，即 $QT_0^1$ 界面，内部的前积反射层以低角度下超方式终止于该界面上。与下伏 $I_B$ 准层序组呈轻微不整合关系。其厚度为 7～10 m，自西向东渐渐变薄，乃至尖灭，主要分布于 123°E 线以西的近岸海区。与其相当的岩性为褐灰色粉砂质黏土与黏土质粉砂，可能为全新世海面上升变缓以后，在物源供给丰富和快速的条件下形成的晚期高水位（海退）体系域沉积，时代为晚全新世。② $I_B$ 准层序组位于 $QT_0^1$ 与 $QT_0^2$ 反射界面之间，呈席状延伸，全区均有分布。呈似水平状平行反射结构，部分地段出现切线斜交前积结构与叠瓦状前积结构，具较高振幅和较高频率。其厚度为 2～12 m，总趋势为向东变薄。其底界面 $QT_0^2$ 为一强反射界面，反射波以低角度下超终止于该界面上，与下伏 $I_C$ 准层序组呈整一接触关系。以灰色粉砂质黏土为主，属早期高水位体系域，相当于中全新统大戢山组（$Q_4^2$）（黄慧珍等，1996）。③ $I_C$ 准层序组位于 $QT_0^2$ 与 $QT_1^0$ 界面之间，呈水平状平行或亚平行反射结构，在低洼处呈发散充填型反射结构，振幅较弱，频率较高，连续性较好。其底界面 $QT_1^0$ 界面为 I 型层序界面。与下伏 II 层序呈不整合接触关系，为侵蚀不整合界面。相当于下全新统鸡骨礁组（$Q_4^1$），其岩性为青灰色粉砂质砂与黏土质粉砂。厚度变化较大，为 1～20 m，呈西厚东薄变化趋势。

2）层序 II

位于 $QT_1^0$ 与 $QT_2^0$ 界面之间，与下伏 III 层序呈不整合接触关系。根据其内部结构特征和内部的次一级强反射界面 $QT_1^1$ 可划分为 $II_A$ 与 $II_B$ 准层序组。① $II_A$ 准层序组位于 $QT_1^0$ 与 $QT_1^1$ 界面之间。在 122°45′E 以西为似水平亚平行到似乱岗状结构，局部可见小型河道的斜交进积和乱岗状充填结构。在 122°45′～123°15′E 区间为似波状斜交进积结构、"S" 形斜交和上超平行充填、切线斜交进积充填等多种反射结构。具有较高的频率，振幅强弱交替，其顶部呈明显的削截现象。向下以较高的角度沿倾向终止于起伏不平的侵蚀切割底面上，呈高角度的下超，与下伏 $II_B$ 准层序组呈不整合接触。厚度为 10～30 m，向东变薄。122°45′E 以西海区 $II_A$ 准层序组主要为粉砂质砂与中细砂，属河流或湖泊相沉积。至 122°45′～123°15′E 一带岩性以粉砂与细砂为主。其时代为上更新统上组上段（$Q_3^{2-3}$），相当于末次冰期晚期沉积。② $II_B$ 准层序组位于 $QT_1^1$ 与 $QT_2^0$ 界面之间。在 122°45′E 以西为似水平状亚平行反射结构，往东至 123°15′E 一带为似乱岗状—乱岗状反射结构。中-强振幅，中等频率，连续性一般到差。$QT_1^1$ 界面为起伏变化较大的侵蚀不整合面。在 122°45′E 以西 $II_B$ 准层序组为一套杂色粉砂质黏土，属滨海—海陆过渡相沉积。在 122°45′～123°15′E 这种乱岗状结构可能反映一种动荡环境的海陆交互相沉积，岩性以粉砂和粉砂质黏土为主。属晚更新世末次冰期亚间冰期沉积，其时代为上更新统上组中段（$Q_3^{2-2}$）。

3）层序Ⅲ

位于$QT_2^0$与$QT_3^0$界面之间，未见底。根据内部结构特征和次一级的强反射界面$QT_2^1$将其划分为Ⅲ$_A$与Ⅲ$_B$准层序组。①Ⅲ$_A$准层序组位于$QT_2^0$与$QT_2^1$界面之间。呈斜交前积结构与乱岗状反射结构。反射层连续性较差，频率相对较低。与下伏Ⅲ$_B$准层序组呈不整合接触，接触界面为一参差不齐的起伏界面。全区分布普遍，其厚度自西向东变薄。其上部可能为一套颗粒较粗的陆相沉积，下部解释为黏土与粉砂质黏土或黏土质粉砂与粉砂的互层。其时代可能为上更新统上组下段（$Q_3^{2-1}$），相当于末次冰期早期沉积。②Ⅲ$_B$准层序组位于$QT_2^1$界面以下，未见底。呈似水平状平行结构，连续性良好，频率相对较低，周期宽度较均匀。强弱反射常交替出现，具一定的韵律，分布广泛，呈席状延伸。长江一号孔与DC - 2孔等剖面均表明其为海相沉积，厚度30~50 m。其时代属上更新统下组（$Q_3^1$），相当于末次间冰期（大理—庐山间冰期）沉积，属第三海侵层（唐保根等，1986 a）。

### 15.2.2.2　东部海区

1）层序Ⅰ

在本区$QT_1^0$界面被气泡脉冲干扰带所掩盖，因此，该层序未划分出来。为适于整个东海陆架的对比，据部分3.5 kHz浅剖资料及本区柱状沉积描述之。呈席状遍布海底，其厚度为1~2 m。内部呈比较均一、振幅很弱的反射面貌，与下伏层序呈明显的不整合接触（图15.7）。该层序沉积物以灰、青灰、深灰色粉砂质砂、砂质粉砂及细砂等砂质沉积为主。

2）层序Ⅱ

位于$QT_1^0$与$QT_2^0$界面之间。$QT_1^0$界面因被气泡脉冲干扰带覆盖而无法识别，所以，实际上在$QT_0$与$QT_2^0$界面之间为Ⅰ + Ⅱ层序。其上界面$QT_0$为海底面，下界面$QT_2^0$对下削截，起伏较大。在北区与南区Ⅱ层序未分，在中区由$QT_1^1$下超面划分为Ⅱ$_A$准层序组与Ⅱ$_B$准层序组。现分述如下：①Ⅱ$_A$准层序组位于$QT_0$与$QT_1^1$界面之间。为层序Ⅰ + Ⅱ$_A$准层序组，但因层序Ⅰ被气泡脉冲干扰带所掩覆，因此仅见到Ⅱ$_A$准层序组。具较高的频率，中—高振幅，连续性中等。内部常见斜交前积反射结构，部分为似水平状结构，亦见有切线斜交前积结构，其反射层向上发散，向下收敛。前积反射层以低角度向西南方向倾斜，以下超终止于$QT_1^1$界面上。与下伏Ⅱ$_B$准层序组呈明显的不整合接触。中部厚度15 m，向两侧变薄，乃至尖灭。在厚度大的沙脊上，Ⅱ$_A$准层序组具有上粗下细的特点。上部以青灰色细砂为主，下部为一套灰色粉砂质砂 - 黏土质粉砂和砂 - 粉砂 - 黏土组成互层。槽谷部岩性较单一，为青灰色细砂。其时代相当于上更新统上段（$Q_3^{2-3}$），属于晚更新世末次冰期晚期的海退沉积。②Ⅱ$_B$准层序组位于$QT_1^1$与$QT_2^0$界面之间。外部形态呈席状，内部呈水平平行结构，具良好的连续性，中等强度的振幅，相当高的频率，表明其在较为稳定的低能环境中沉积。在局部地段呈斜交前积结构，显示三角洲沉积的特点。Ⅱ$_B$准层序组厚度变化较大，为1.6~29.55 m。相当于上更新统上组中段（$Q_3^{2-2}$）为末次冰期亚间冰期的沉积。在北区SC浅 - 1孔剖面其岩性上部为褐黄灰色贝壳细砂；中部为深灰、灰黑色细砂；下部为砂质粉砂与粉砂质砂。在中区

ZQ-4 孔剖面其岩性上部为灰绿色细砂；下部以青灰、灰绿色粉砂质砂为主。在潮流沙脊不发育的南区层序Ⅱ未分。外部形态呈席状和层状，局部见河道或盆地充填。水平 - 似水平平行状反射结构，具良好的连续性，中等强度的振幅，相当高的频率，表明其在较为稳定的海相低能环境中沉积。层序Ⅱ上部相当于 EA5 孔上更新统上组上段地层（$Q_3^{2-3}$），反映气候变凉、海水变浅的近河口滨海环境，可能为末次冰期晚期形成的海退沉积。与层序Ⅱ下部海侵沉积相当的地层为上更新统上组中段（$Q_3^{2-2}$），即末次冰期亚间冰期沉积，在 EA5 孔剖面以灰色黏土质粉砂为主，为滨海 - 浅海相沉积。

3）层序Ⅲ

位于 $QT_2^0$ 界面与 $QT_3^0$ 界面之间，为分布最广、内部反射结构在横向上变化最为明显的一个沉积层序。其上、下界面均为明显的削蚀面。层序Ⅲ以 $QT_2^1$ 界面为界可划分为Ⅲ$_A$ 准层序组与Ⅲ$_B$ 准层序组（图 15.7）。在 $QT_2^1$ 界面缺失的地区，层序Ⅲ未分层。①Ⅲ$_A$ 准层序组呈层状、楔状，分布于 $QT_2^0$ 界面与 $QT_2^1$ 界面之间。$QT_2^1$ 界面起伏变化较大。在乱岗状结构一侧常发育斜交前积结构，更远处为似水平波状反射结构 - 水平平行状反射结构，表明Ⅲ$_A$ 准层序组发育过程中沉积环境由陆相—滨岸相（或河口湾相） - 浅海相的变化，与下伏Ⅲ$_B$ 准层序组呈明显的削截接触。厚度为 2.90 ~ 35.35 m，在赤尾屿、黄尾屿、钓鱼岛及彭佳屿等岛屿附近基岩隆起区，厚度在 5 m 以下，甚至尖灭为零。在北区上部为深灰色细砂，中部为深灰色粉砂质砂，下部为灰黑色黏土质粉砂。在中区 ZQ-4 孔剖面，顶部 1.35 m 厚为青灰色黏土质粉砂，为近河口的河流相沉积。主体为厚 14.90 m 的青灰色粉砂，为水深小于 20 m 的河口沉积（唐保根，1996 a；唐保根，1996 b）。南区Ⅲ$_A$ 准层序组相当于 EA5 孔上更新统上组下段地层（$Q_3^{2-1}$），以灰 - 深灰色粉砂质砂为主，属末次冰期早期气候相对较为寒冷的海退期

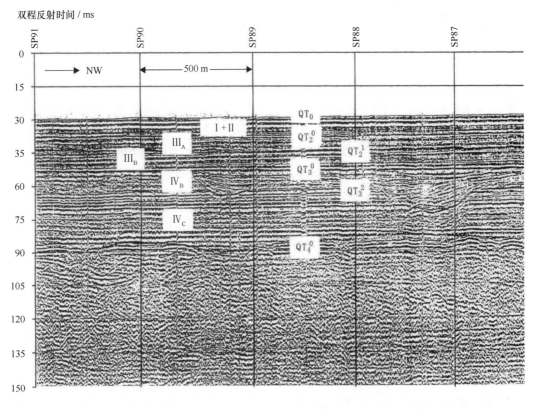

图 15.7　DHL836 测线浅地层剖面显示的反射界面和层序特征（概位：31°46′N，125°49′E）

沉积。②ⅢB准层序组其外形呈楔状、层状。内部结构以水平平行状反射结构为主，在北部大约126°E以东海区发育向海方向的斜交前积结构和S形切线斜交反射结构，指示有古三角洲沉积体的存在。内部由一系列高频、中等振幅、周期宽度较为均匀的反射波组所组成。连续性好。底界面$QT_3^0$上超现象明显。$QT_3^0$界面对下伏地层呈明显的削截关系，该界面为一明显的区域不整合面。在北区 SC 浅-1 孔剖面岩性为灰、深灰色细砂、粉砂及黏土质粉砂，属浅海相沉积，相当于末次间冰期的第三海侵层。中区 ZQ-4 孔剖面岩性为青灰、绿灰色砂质粉砂、黏土质粉砂及粉砂质砂。微体古生物化石特征表明为一套代表水深 20~50 m 的浅海相沉积。南区 EA5 孔岩性以灰色粉砂质砂与砂为主，有孔虫化石组合和孢粉组合特征指示古气候稍温暖的滨海-浅海沉积环境。属上更新统下组地层的上部（$Q_3^1$上部）。因此，推测Ⅲ$_B$准层序组相当于末次（里斯-玉木）间冰期氧同位素第 5 期沉积。Ⅲ$_B$准层序组在测区内分布广泛，厚度变化亦大，为 0~66.1 m。

4）层序Ⅳ

位于$QT_3^0$与$QT_4^0$界面之间。为$QT_3^1$与$QT_3^2$界面进一步划分为Ⅳ$_A$、Ⅳ$_B$、Ⅳ$_C$3 个准层序组。①Ⅳ$_A$准层序组位于$QT_3^0$与$QT_3^1$界面之间，呈透镜状或丘状外形，见于层序Ⅳ顶部，局部分布在北东向剖面，其西南翼较陡，北东翼较缓，内部具有向西南倾斜的斜交前积层，倾角 3°~5°。在南东向剖面，其北西翼较陡，南东翼较缓，内部见有向北西倾斜的斜交前积结构，倾角约 10°，有时为向上发散、向下收敛，与下界面呈切线斜交的反射终止，故下界面$QT_3^1$为下超面。中等频率，强弱振幅相间，同相轴连续性较差。推测为砂质沉积，属滨海相潮流沙脊，可能形成在中更新世末或晚更新世初的海侵初始阶段。主要分布在 125°30′E 线以西、31°30′N 线以南区域，厚度为 0~23.76 m。②Ⅳ$_B$准层序组位于Ⅳ$_A$或Ⅲ$_B$准层序组之下，在$QT_3^0$或$QT_3^1$界面与$QT_3^2$界面之间。呈似层状、层状，内部反射结构有从乱岗状结构—向南倾斜的斜交前积结构（在古砂丘下常为乱岗状结构）—似水平状结构—水平平行状结构的变化趋势。振幅可变，频率高低不定，连续性差。推测其反射结构的横向变化代表了沉积环境由陆相-海陆过渡相-浅海相的变化趋势，属晚期高水位体系域，其厚度为 2.90~36.21 m。③Ⅳ$_C$准层序组位于Ⅳ$_B$准层序组之下，$QT_3^2$与$QT_4^0$界面之间，分布范围很小。外形呈楔状或似层状。内部反射结构以似水平、水平平行状反射结构为主，局部可相变为斜交前积反射结构，振幅强-中等，频率中等，具较宽的周期宽度，连续性中等。厚度为 2.32~42.30 m，在北区与南区均无钻孔钻遇。中区 ZQ-4 孔剖面中更新统上部地层（$Q_2^2$）与层序Ⅳ相当，未见底。岩性为青灰、灰绿色细砂、砂质粉砂、粉砂质砂及粉砂等，以水深小于 20m 的河口或近河口的河流相海退沉积为主体。

## 15.3 单道地震剖面地震层序划分及其特征

### 15.3.1 东海陆架

#### 15.3.1.1 地震层序划分

根据地震反射波的振幅、频率、连续性及接触关系等，选取区内具有一定地质意义的特征反射波进行区域追踪、对比、闭合及解释，在本区大部分地区追踪解释了两个地震反射特征波（即地震层序界面），称为 $T_2^0$ 与 $T_1^1$ 反射界面。据此将测区海底以下约 1 500 m 深度范围内的地层划分为 3 个地震层序，即第Ⅰ、Ⅱ、Ⅲ地震层序（图 15.8）。

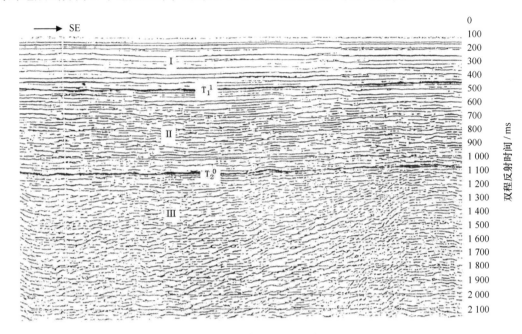

图 15.8　东海北部 D696-1 测线单道地震剖面显示的反射界面和地震层序特征

概位：30°36′48″N，125°12′30″E

### 15.3.1.2　地震层序特征及其地质解释

1）第Ⅰ地震层序

该地震层序位于海底面与 $T_1^1$ 反射波之间。在凹陷区近于水平产出，起伏不大。呈席状披盖，为一套水平层序。地震波丰度高，振幅强烈，连续性好，视频率为 10 ~ 20 Hz，内部为水平至平行状反射结构（图 15.8）。该层序在北部厚度为 190 ~ 559 m，在南部厚度为 8 ~ 764 m。与下伏层接触主要表现为平行不整合，局部可能为整合接触。

在龙井二井第Ⅰ地震层序相当于第四系东海群（Qd）地层，以浅灰色为主的黏土质粉砂层夹粉砂质黏土层，或两者组成互层，底部为含砾砂层，与下伏地层上新统可能呈假整合接触。

在明月峰一井第四系东海群上部灰白色含砾细砂层，中部灰色粉砂质黏土层与浅灰色黏土质粉砂层、粉砂层呈等厚互层，下部浅灰色黏土质粉砂层夹灰色粉砂质黏土层。东海群底部岩性在横向上有所变化，在平湖一井为粉细砂层，龙井二井与玉泉一井为含砾砂层，龙井一井为生物介壳层。粉砂层富含生物化石及其碎片，主要有瓣鳃类、腹足类、珊瑚及虫管等，且富含有孔虫、介形虫、钙质超微化石及孢粉化石，属海相沉积。与下伏地层上新统呈假整合接触。

2）第Ⅱ地震层序

位于 $T_2^0$ 和 $T_1^1$ 反射波之间。在北部的基底抬升区整体上表现为强反射，平行反射结构，连续性较好，局部表现为杂乱相反射；盆地的凹陷处上部为强相位波组，下部为弱相位波组，凸起部位表现为连续的强反射波组。该层具楔状外形，厚度向基底抬升区变薄，局部表现为上超接触。构造作用使地震反射发生错断或弯曲，底界为角度不整合面。在凹陷表现为一套席状披盖形态沉积层，近乎水平层序，地震波丰度高，振幅与连续性中等，局部断续，视频率为 $20 \sim 30$ Hz。层序内部为水平至平行反射结构。该层序在北部厚度为 $273 \sim 831$ m；在南部厚度为 $87 \sim 2\,507$ m。

在龙井二井该地震层序相当于上新统三潭组（$N_2S$）地层。其下段（$N_2S^1$）下部为灰白色含砾砂岩、砂岩，夹泥岩，上部为灰色泥岩夹粉砂质泥岩、泥质粉砂岩。上段（$N_2S^2$）下部灰白色含砾砂岩、中粗砂岩夹灰黄、灰色泥质粉砂岩、粉砂质泥岩，上部为灰色泥岩、粉砂质泥岩夹浅灰、灰色泥质粉砂岩。与下伏中新统呈不整合接触。

与该地震层序在明月峰一井，上部为灰、绿灰色粉砂质泥岩、泥岩，夹浅灰色泥质粉砂岩、粉砂岩；中部浅灰色泥质粉砂岩、粉砂岩夹灰色粉砂质泥岩；下部灰白色砂砾岩、浅灰色泥质粉砂岩夹灰、绿灰、灰绿色及杂色粉砂质泥岩。与下伏地层呈假整合接触。

3）第Ⅲ地震层序

位于 $T_2^0$ 反射波之下。在南部，地震反射波多呈起伏状，显示地层在构造应力作用下褶皱变形，视倾角 $0° \sim 5°$，未见底。顶部被削蚀，层序内地震波丰度中等，连续性中等偏差，局部呈断续状。振幅中等至强，视频率 $20 \sim 30$Hz，平行或准平行反射结构，区域上属席状披盖沉积形态。在北部，整体上该层表现为弱反射，反射波呈杂乱相，连续性差，内部变形剧烈。该层厚度变化大，与下伏地层呈角度不整合接触。在北部的龙井二井（其概位为 $29°58.8875'$N，$125°59.6733'E$）与第Ⅲ层序相当的地层为中新统玉泉组上段（$N_1Y^2$），其岩性为灰、深灰、黄灰色泥岩与灰、灰白色泥质粉砂岩呈频繁互层。与东海陆架南部的明月峰一井（$27°27'53''67N, 122°15'49''78E$）剖面对比，第Ⅲ层序相当于中新统玉泉组（$N_1Y$），上部为灰色粉砂质泥岩、粉砂岩、泥质粉砂岩等，下部为灰白色含砾粉细砂岩、含砾砂岩、砂砾岩等。与下伏地层呈不整合接触。

## 15.3.2 冲绳海槽地震层序特征及其地质解释

### 15.3.2.1 地震层序划分

冲绳海槽的地形地貌变化极为复杂，形成了多种沉积环境，强烈的现代构造运动使沉积层错动，现代岩浆火山作用十分活跃。在这种复杂的构造和沉积背景下，地震反射波的频率和相位无论在横向上还是在纵向上都有较大的变化，特别是沿陆坡陡坡带、断裂破碎带等地方，地震反射界面的追踪相当困难。经分析对比，在所获得的地震剖面上识别出 4 个主要不整合界面，分别为 $T_0^0$、$T_0^1$、$T_1^0$ 和 $T_1^1$ 界面。相应的，它们将海底面以下约 $1\,500$ m 深度范围内的地层划分为 5 个地震层序（图15.9），自上而下为：层序 A、层序 B、层序 C、层序 D 和层序 E。相当于李西双等（2004）命名的 Ua、Ub、Uc、Ud、Ue 5 个地震层序。

### 15.3.2.2 地震层序特征

1）层序 A

在海底面与 $T_0^0$ 界面之间。该层序总体上为平行席状相，视低频，强反射。在陆坡上部、

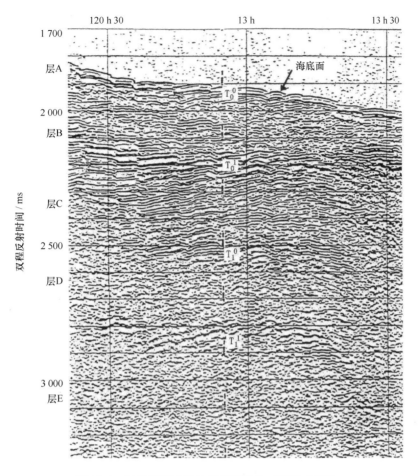

图 15.9　冲绳海槽中段地震层序划分（DCJ3 测线）

中部、坡麓及槽底深海平原等部位有所不同。据国内外现有的关于冲绳海槽地层层序的研究成果（王舒畋等，1986），推测层序 A 为全新世形成的泥质粉砂沉积和半深海相的浊流与黏土沉积。

2）层序 B

位于 $T_0^0$ 与 $T_0^1$ 界面之间。总体上为弱反射，局部为半透明声学相，以平行反射结构为主，局部具杂乱相。顶界面可以连续追踪，底界面连续性差，局部无法追踪。在海底火山出露的槽底，层序 B 变薄直到尖灭缺失。层序 B 的地震相随着水深和构造单元的不同而发生改变。推测层序 B 为晚更新世沉积，主要是陆坡上部浅海相的三角洲沉积、浅海相陆源粉砂质黏土、海槽中半深海相的软泥、凝灰软泥。

3）层序 C

位于 $T_0^1$ 与 $T_1^0$ 界面之间。除了在现代海底火山活动区外，该层序具有和层序 A 与层序 B 相同的分布范围，其顶底界基本上能连续追踪，内部存在若干个不整合面。总体上层序 C 内部反射波振幅的强度较 B 强而较 A 弱，视中—高频，层内反射波的密度大，连续性较好。不同部位层序 C 的地震相差别较大。推测层序 C 为中更新世形成的陆屑海相沉积。

4）层序 D

位于 $T_1^0$ 和 $T_1^1$ 界面之间。具半透明声学相，厚层沉积，厚度在 340~460 m（$V=2$ km/s）之间。层内可鉴定出两个弱反射波，视低频，受掀斜断层错动，底界不连续分布，但反射强度大。该层序底界面 $T_1^1$ 为高角度不整合，可与东海陆架盆地的地震层序界面 $T_1^1$ 相对比，解释为上新统与第四系的分界面。该层序为早更新世沉积的一套浅海相沉积，岩性为砂页岩。

5）层序 E

位于 $T_1^1$ 界面以下，未见底。为一套厚层倾斜沉积层，受断裂掀斜作用强烈。其倾角明显大于上部的地层。呈角度不整合接触。这种特征在坡麓表现最明显。主要包含上新世的地层。

## 15.4 地震相分析与沉积体系

### 15.4.1 地震相分析

通过地震相分析可以实现对沉积环境与沉积类型的研究和岩性的推断解释。地震相分析包括地震反射的内部结构、外部形态、反射振幅、连续性、频率、层速度等参数的研究，每个参数都可提供相当多的地质信息。根据这些参数并结合其他地质资料可以对地震相所代表的沉积体进行沉积过程、沉积背景和环境能量的推测，进而确定地震相可能的岩性。但是，由于本区用于地震相分析的资料主要是浅地层剖面，这种模拟剖面不能提供速度参数，所提供的波形参数（振幅、频率等）也不完全，因此，在本区进行地震相分析时主要依据结构参数（反射的连续性、反射结构、地震相单元的外形与空间部位等），并参考波形参数，这是目前在地震相分析中应用最广、最有效的方法。

#### 15.4.1.1 东海陆架

1）斜交前积相

①切向斜交前积相：具有频率较高、振幅较低及连续性较好的特点。内部具切向斜交前积结构（图 15.10），该结构具上陡下缓，向下呈收敛状，渐变为与底面近于平行呈相切的趋势。其内斜层具有良好的韵律，并以低缓的角度下切于底部界面上，有时可渐变为平行反射结构。其外部形态在横剖面上呈丘状，纵剖面上呈脊状。据钻孔与柱状样资料，其岩性主要为细砂与贝壳细砂，结合上述特征分析，该相为滨岸或河口湾高能环境下形成的沙脊状沉积。在本区这种高能环境可能与潮流作用有关，所形成的沙脊称为"潮流沙脊"。②复合"S"形斜交前积相：具高振幅、高连续性及中低频率的特征，内部结构为"S"形与斜交前积复合类型，沿倾向向上斜交前积可变为水平状平行结构，沿倾向向下以低缓的角度下超在底部界面上，斜层具有一定的韵律性。反映了高能与低能沉积的互相变换，向上加积与前积相互交替。该相可能代表了向前推进的三角洲前缘相的沉积特征。③叠瓦状斜交前积相：该相具有较高的振幅与较低的频率。在上、下两个互相平行的界面内，有一系列平缓倾斜、相互叠置，呈叠瓦状的斜交前积反射面。反射终端为上、下两个界面所限。反映了滨海浅水环境中的高能沉积。

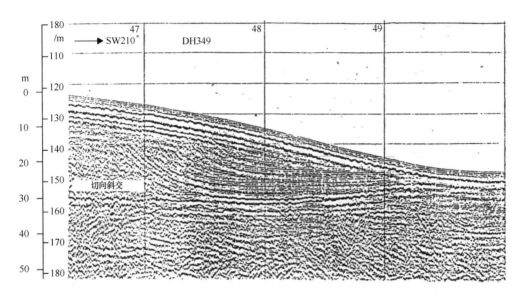

图 15.10　高频率低振幅切向斜交前积相（DH349）

2）席状相

具高振幅、高连续性特征，内部呈水平状平行反射结构，由相互平行的连续性很好的反射层组成，具较好的韵律，强、弱反射波交替出现。空间展布呈席状，延伸较为稳定，在底界面附近的反射层常具有上超终止的现象。该相可能代表了海平面上升时期在广阔平坦陆架上以低能为主有时夹有高能的浅海相沉积特征。

3）斜交前积充填相

该相具有深深切入下伏层系的槽谷形态，内部充填层系常呈斜交前积结构，并以较陡的倾角下超终止于底部下凹的反射界面上，充填层系常具可变振幅，频率与连续性变化较大。被深切的下伏层系常沿充填层系的底面呈侵蚀削截现象（图 15.11）。此类地震相在区内较为常见，其形态多样，但都具有向下深切充填的特征，可能反映一种高能快速的沉积环境，在这种环境下物源充足，有较高的供应速度，沉积物以较快的搬运速度沿沉积前缘形成较陡的原始沉积，常是河道充填与峡谷充填类型的代表，解释为河流相沉积。

4）杂乱堆积相

这是一种由滑坡塌陷堆积而成的地震反射相，与周围的地震相往往不协调。若滑塌堆积体由崩塌作用造成，其内部呈杂乱反射结构；若滑塌体沿边坡整体缓慢向下滑动而成，除边部受到一些牵引外，其内部多半保留原先沉积体的反射结构特征。这种地震相的振幅、频率及连续性均可变，无一定的规律。其反映了一种高能的沉积环境例如陆上的河流或滨岸附近的冲刷槽发育区，水动力作用较强，边坡在水动力冲刷作用与沉积体自身的重力作用下产生崩塌或滑动而形成，分布比较局限，常见于古河谷或古冲刷槽的两侧。

5）均质反射相与无反射相

均质相指那些非层状、内部呈均匀的麻点状反射特征的地震相，其外部形态常见气柱状

**279**

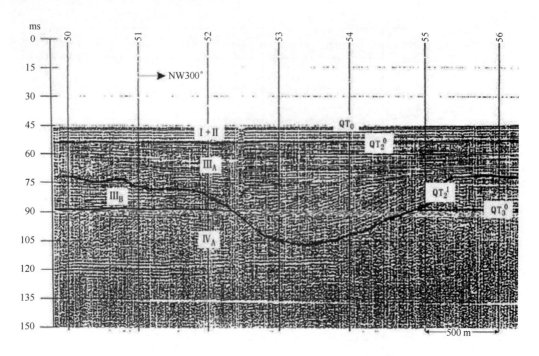

图 15.11　埋藏于 $QT_2^0$ 界面下的古河谷；具斜交前积充填结构

DH187 测线，概位：31°03′N，124°32′E

或囊状，顶部常见一系列的绕射现象。

无反射相的内部呈一片空白区，无任何反射特征，外部形态不规则，呈柱状、囊状及不规则形状。有时可见浅层气溢出海底面而出现塌陷下凹与绕射。这两种地震相在本区浅部层序中均有所见，推断解释为浅层气的反映。

### 15.4.1.2　冲绳海槽典型的斜坡相反射模式

东海大陆坡坡与槽底在现代构造运动、流场、重力等地质营力和海平面升降变化的作用下，沉积类型极为丰富，特别是冲绳海槽的西半侧，从陆坡到槽底包含了一系列不同类型、不同反射特征的地震相。

1）退覆斜坡相

可划分为均匀退覆和削蚀退覆两种，两者通常相互交替出现。这些反射随反射倾角往该带底部的变小可以是倾斜的、平行的、发散的、收敛的和成层的。走向剖面上表现为丘形和披盖状。在均匀退覆处反射振幅很强，连续性很好；在削蚀退覆处反射振幅由很强 – 中等，连续性中等。整体上看，这些反射组成一个楔状到透镜状的单元，向上和下倾方向均尖灭。推断这种地震相是斜坡上的重力流沉积作用、滑塌作用和整个斜坡上的半远海沉积作用所形成。沉积物的持续供给大于沉降作用。该模式以陆源碎屑为主。

2）上超斜坡相

上超斜坡反射模式代表了沉降快、沉积物供给不足的沉积作用。在走向剖面上，反射表现为水平到披盖状、平行层状到杂乱状模式，连续性通常不好，振幅不均匀。在斜坡较陡和海底滑塌普遍的地段，常常是杂乱上超，比较规则的上超出现在坡度较小的地段和峡谷中。

这些反射从整体上组成一个楔状至透镜状的地层层序，向上倾方向尖灭或被陆棚反射削蚀，并向下倾方向尖灭。当大陆架暴露出水面以上、河流沉积经过受侵蚀的陆架边角峡谷直接进入深水沉积下来的时候和在海平面上升期间，发育了上超模式的沉积相。在前一种情况下，岩相以粗粒的碎屑沉积为主；而后一种情况下岩相以细粒的悬浮质或火山物质沉积为主，局部有浊流沉积作用形成的相对较粗的沉积。

3）叠覆斜坡相

这种模式在冲绳海槽的南段比较发育，与这里强烈而持续的构造活动有密切关系。在这种沉积模式中，要求沉降和沉积物供应保持相对平衡。此类叠置的斜坡浊积岩和半远海岩相通常沉积在经历了下沉的断陷盆地。反射表现为对着盆地陡侧上超，并出现盖在古水下凸起上面的各种披盖反射。反射模式是水平到稍微倾斜的、水平成层到偶尔杂乱，并且显示出很好的连续性。叠覆的岩相可能与退覆的岩相相似，但由于构造的原因，细粒成分可能相对较多。

## 15.4.2 沉积体系特征

Fisher 和 Mc Gowen（1967）指出，沉积体系是从成因上由现实的（现代）或推断的（古代）沉积过程和沉积环境联系在一起的岩相的三维组合。沉积体系的基本单元是岩相，它是一个被沉积界面（或侵蚀面）所分开的三维的沉积物或沉积岩体。如河流、三角洲、浅海、滨岸等，它们具有不同的成分、层理、结构及外部形态。

### 15.4.2.1 东海陆架沉积体系特征

1）古河流沉积体系特征

河流沉积体系是东海陆架最为发育、广泛分布的沉积体系之一。在浅地层剖面上清晰常见的埋藏古河谷就是河道充填沉积的反映。

在浅地层剖面上河道底界的反射均表现为连续的波状起伏的强反射，呈"U"或"V"字形。内部反射波呈杂乱状、波状及不同角度的前积反射结构（图15.11）；内部充填物反射有强有弱，振幅较强推测为颗粒较粗的砂砾质充填，代表一种强的能量环境；振幅较弱可推测为泥质充填，代表能量较弱的环境。根据充填结构可将东海陆架上识别出来的河道充填划分为上超型、丘形上超型、发散型、杂乱型、前积型及复合型6种类型。已识别出的古河道主要形成在玉木冰期和里斯冰期。其分布范围见图15.12。由图可见，玉木主冰期形成的古河道埋藏较浅，主要分布于陆架西南部和中段的西部。里斯冰期古河道因其埋深较大，大部分区域受二次波干扰而无法识别，但在陆架中段的剖面上仍可见古河道的存在。

2）三角洲沉积体系特征

这是东海陆架晚第四纪沉积重要的组成部分之一。由于受后期的冲刷、改造和剥蚀作用，大部分三角洲只保存了前缘部分。三角洲沉积体系顶界为一低频强反射波界面，起伏不平，连续性好；底界为一低频强反射波界面。层内反射波具中、高频特征，平行倾斜层理，连续性好，与下伏地层呈下超接触。在局部区域上覆地层缺失，三角洲直接出露于海底，这可能由现代强潮流的侵蚀作用所引起。

根据浅地层剖面东海陆架可以识别的水下三角洲主要属里斯－玉木间冰期和里斯间冰期。前者厚数十米，最大可达43m，分布在水深40～120 m之间的陆架，内部可分几个亚期，从NW、NNW向往SE、SSE向加积，向前延伸数百千米，上部受强烈剥蚀或侵蚀作用，该期三角洲对应氧同位素曲线第5期，形成在130～70 ka B. P.，海平面呈波动性下降。后者主要位于中陆架，30°N以南最为发育，一直延伸到陆架坡折带。东海陆架古三角洲主要分布在西湖凹陷中（图15.12）。

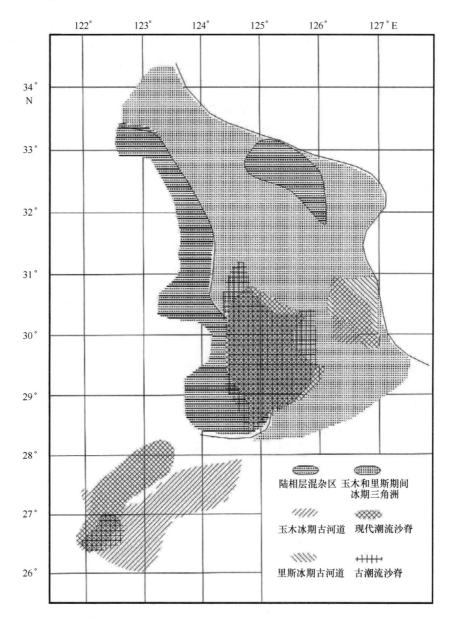

图15.12　东海陆架潮流沙脊、古河道和古三角洲分布图

3）潮流沙脊

潮流沙脊在现代水动力条件下或在以前海平面停滞不动时形成，后受到现代海洋环境影响的一部分残留底形。为东海陆架上较典型的沉积。在浅地层剖面上沙脊的形态为长轴丘状，内部层理清晰，具高频弱振幅特征，斜交前积反射结构，向下终止于一强反射的近水平界面，

该界面多与海底面相平或略低，沙脊的底部界面呈下超接触，沙脊后部缓坡和顶部均发生削蚀。在潮流作用下沙脊后部不断被削蚀，前部不断堆积增生，其长轴方向指示潮流主流向，斜层理的倾向指向沙脊迁移的动力方向。

潮流沙脊主要发育于28°~31°N，124°~126°E之间（图15.12），该区潮流沙脊成群出现，沙脊延伸方向大致为NW—SE向。主要发育于晚更新世末玉木冰期末期和中更新世末里斯陆相层之上。这两期古潮流沙脊出现的地理位置基本相同。前者埋深浅，位于厚2~5 m的全新统之下；后者埋深在海底下50 m左右，上覆上更新统、全新统地层，与下伏古陆相地层呈下超接触，为该沙脊形成后在古潮流作用下形成的残留底形。

### 15.4.2.2　冲绳海槽沉积体系特征

1）斜坡环境下的沉积体系

主要包括陆架边缘退覆三角洲沉积体系、滑塌沉积、水道沉积和重力流沉积等。

三角洲相沉积体系：高分辨率单道地震剖面显示，冲绳海槽中段和北段西侧陆坡的上部三角洲沉积非常发育。具复合S斜交型前积反射结构，层理清晰，连续性较好，振幅中强，局部呈楔形半透明状。这些三角洲沉积体主要形成在中更新世中期之后，受水动型海平面变化的影响，主要发育于海平面下降时期，东海陆架大面积的出露使其成为向海槽斜坡和槽底沉积物质的供应地。

海底滑塌：在西部陆坡部位较大的坡角和来自中国大陆丰富的陆源物质及东海陆架上因潮流侵蚀作用而产生的物质供应造成这里沉积物滑塌十分发育。地震剖面上表现为海底的强相位突然变得不规则或断开，多具丘状外形，滑块后壁外近海沉积物突然终止，以倾斜、不连续、杂乱为反射特征。滑块的主体部分相对地受扰乱较小，有的可以保持原来的层理。

在西部斜坡有两种环境较易发生滑塌，一种是斜坡上部沉积物供应充足，无论缓坡和陡坡都容易产生滑塌，在北段较发育；另一种环境是斜坡上部沉积物相对较少，但斜坡坡度较大或陆坡断裂带构造活动比较强烈，在中、南段相对发育。

水道沉积：在西侧槽坡和海槽中部位置的地震剖面上发现许多水道，按其方向大致可分为两种：沿海槽延伸方向的纵向水道与横切海槽的横向水道。前者向下切割浅而长度大，后者切割较深而长度小，有的为大型峡谷。据成因亦有两种，一种是流的冲刷作用所形成；另一种为现代构造而形成。典型的水道沉积主要发现于海槽中段的北部，其位置为29°N，127°30′~128°E。该剖面主要发育了3个沿横切海槽方向的沉积体，水道沉积呈连续性好的发散型强反射，层理较清晰。在横切海槽的剖面上呈勺形，中间厚两边薄，最厚约400 m，长约40 km，宽7~10 km。沉积体主要形成于晚更新世以来。表明中段北部的沉积环境正在发生转变。晚更新世以前以水道的侵蚀作用为主，沉积作用很少或没有；晚更新世以来该段构造活动相对稳定，对沉积体的形成起了重要的作用，而长江与黄河所携带的大量陆源物质可能对沉积体的形成起了决定性的作用。

重力流（浊流）沉积：在冲绳海槽西侧槽坡发现了大量的重力流（浊流）沉积。在滑塌现象的下面出现一系列的丘状沉积体，内部呈连续性较差的强反射，视中频，沉积体长4 km，厚30~40 m。在冲绳海槽中段和南段发育广泛。

2）槽底沉积环境下的沉积体系

轴部裂谷地堑充填沉积：在横切走向的地震剖面上地堑充填表现为海底强相位被错断，

内部层理清晰，平行强反射，连续性较差，受重力作用各地层发生弯曲，虽受到断层错断，但上超还是比较明显。沿走向的剖面上则表现为平行连续强反射，受断层和重力的作用不明显。地堑内充填沉积主要是晚第四纪以来形成。

深海平原：分布零星，仅在海槽中部某些测线见到。主要为强反射平行结构或小角度前积反射结构。前者代表了相对较弱的静水沉积环境，以黏土或黏土质粉砂为主；后者可能代表了某些海底水流的作用，由水流的侧向加积作用形成。

## 15.5 古环境演化

### 15.5.1 新近纪沉积环境的演化

新近纪中国东部海域扩张断陷，构造活动相对强烈，冲绳海槽开始形成。东海陆架与冲绳海槽在沉积环境的变化方面存在很大的差异。

#### 15.5.1.1 东海陆架区

自上新世以来，虽然菲律宾板块的俯冲与挤压作用仍然影响着欧亚大陆边缘，但是东海陆架区，包括陆架边缘的隆起带在内均已进入了区域沉降阶段，结束了"削岭填盆"的地貌发育过程。从中国大陆搬运而来的大量陆源物质呈披盖式覆盖于日渐夷平的盆岭地貌之上，逐渐形成自西向东缓慢倾斜的统一宽阔的陆架平原。在上新世，早期以平原河流相沉积为主；中期主要为海陆交互相沉积；晚期则变为浅海相沉积（秦蕴珊等，1987）。东海一井钻孔岩心在本层上部含有丰富的有孔虫与海相介形类等生物化石，且总体上自下而上沉积物岩性由粗到细的变化趋势，反映了上新世期间海水逐渐向陆侵进的过程。估计海侵范围北可达长江口至济州岛一线，西侧已接近现今的海岸线。系温暖正常盐度的陆缘浅海环境。

#### 15.5.1.2 冲绳海槽区

在冲绳海槽上新统厚度为 1 700 m。其岩性为白云质泥岩、砂岩、中粒砂岩、火山碎屑岩与熔岩。当时该区被"岛尻海"所淹没。岛尻群中既含 *Anadara sedanensis*、*Chlamys satoi*、*Amusium pleuronectes*、*Cyclina* sp. 等属于潮间带—数米深的内湾属种，也含 *Lamellinucula*、*Ennucula*、*Malletia* 等浅海—半深海属种。指示其沉积环境似有从滨海－浅海－半深海的变化趋势。

### 15.5.2 第四纪沉积环境的演变

#### 15.5.2.1 东海陆架区

根据东海陆架柱状样、钻孔柱状剖面和浅地层剖面以及相邻陆架区第四纪地质孔第四纪地层的研究结果，对东海陆架区的沉积环境演变探讨如下：

距今约248万年，地磁场逆转，由高斯正极性时进入松山负极性时，古气候明显变冷，以人类的出现和冰期与间冰期的交替为标志，进入了第四纪。在长江三角洲及相邻的东海西部海区早更新世以河流、湖泊沉积环境为主。位于长江口南岸的长江一号孔剖面孔深 261.97 m早更新世早期沉积可因短暂的海侵，出现短时期的河口环境，形成可能的第四海侵层，大致为长江三角洲地区的如皋海侵（唐保根，1988）。在124°30′E以东的东部陆架区为浅海沉积环境。

距今73万年，地磁场再次发生倒转，由松山负极性时转变为布容正极性时，古气候又发生了变化，但仍以冰期与间冰期的交替为特征。在中更新世早期初始阶段近陆海区为河流相沉积，至距今42万年左右渐变为河口环境，在东海陆架东部海区仍以滨海、河口、浅海沉积为主。中更新世晚期相当于末次前一次冰期（即里斯冰期），东海陆架气候以冷干为主，在123°30′E以西海区和三角洲平原区为陆相湖泊沉积，位于上海市高桥镇附近的长江一号孔（唐保根等，1986 a）剖面的棕灰、灰绿色粉砂质黏土（硬土层）即为冷期沉积。在123°30′E以东海区为海陆过渡相沉积。

晚更新世是中国近海陆架海陆频繁变迁的一个重要时期。现有的研究资料表明，从晚更新世至今东海陆架至少经历了三次大的海平面波动。

距今12.8万年，晚更新世早期开始，进入末次间冰期，气候转暖，气温回升，海面逐渐升高，发生了向陆方向的海侵。在浙江温黄地区可达黄岩附近，长江三角洲地区可达嘉兴—海宁及启东一带，整个东海陆架被海水淹没，形成与广海连通盐度正常的浅海环境。

距今约7.5万年进入末次冰期早期，气候变冷，海退开始，海水退出东海西部海区。海岸线在125°E附近徘徊。在东海西部形成以河湖相为主的陆相沉积。

距今3.5万～2.3万年为末次冰期亚间冰期，相当于氧同位素3期。气候逐渐回暖，气温升高，海面开始上升，东海陆架再次为海水淹没，岸线向陆推进。形成滨海、内浅海－浅海沉积。距今2.3万～1.0万年为末次冰期晚期，相当于氧同位素2期。气候再度变冷，气温降低，导致全球性海平面下降，达现今海面下130～160 m处。距今1.8万～1.5万年盛冰期时海岸线在外陆架外缘即水深150～160 m附近。在123°30′E以西长江水下三角洲和浙、闽近岸海区形成河流、湖泊相沉积。如嵊泗一井所见之暗绿、黄褐色硬土层。在123°30′E以东海区为海陆过渡相沉积。当时气候冷干，植被稀疏，河流切割深度较大，形成了广阔的滨海平原。在现今浙、闽一带的岛屿均呈低山残丘的地貌景观。

距今1万年进入全新世。气候进一步趋暖，海平面不断上升，发生大规模海侵，岸线向陆推进。距今约1.2万年的海岸线位于内陆架外缘即现今水深50～60 m附近。在123°30′E以西，长江水下三角洲与浙、闽近岸海区全新世沉积具有明显的三分性，指示了古气候由温暖较湿－暖热潮湿－温暖稍湿的变化。沉积环境由早期的滨岸、河口湾至中期的广阔浅海和晚期的内浅海、河口、三角洲。而在123°30′E以东海区形成厚度多为1～2 m的全新世改造砂，指示与现代环境一致的浅海沉积环境，构成了现今东海陆架沉积环境的组合面貌。

### 15.5.2.2　冲绳海槽海区

冲绳海槽中中新世开始陆壳分裂，接受沉积，到早更新世—中更新世末期开始强烈拉张，冲绳海槽洋壳形成，并伴随着槽中央部位剧烈的火山活动。

晚更新世——现在为冲绳海槽的扩张阶段。晚更新世早期频繁的海底火山和热液活动、持续的陆源物质供应为冲绳海槽沉积类型的多样性奠定了基础。冲绳海槽可能同时处于弧后盆地沉积演化的不同阶段中，北段处于盆地成熟或盆地衰落阶段，其总体沉积特征是扩张停止，火山碎屑物质输入减少，远洋和半远洋沉积增加。而中段和南段则处于盆地的扩阔阶段，具有活跃的火山活动和扩张作用，产生不对称的沉积裙。

现有的研究表明，自晚更新世以来在我国东部海域主要经历了间冰期－冰期－冰后期的古环境变化。在间冰期，海平面处于相对较高的位置（含有较小级别的波动），冲绳海槽处于浅海（陆坡上部）、半深海环境中，相对于冰期来说，陆源沉积物的供应大大减少，但由于晚更新世早期活跃的火山活动，火山物质、自生矿物和生物碎屑在槽底沉积物中占有优势，可能维持着较高的沉积速率。在随后的冰期中，海平面大大降低。李铁刚等（1996）根据氧同位素变幅分析认为末次冰期极盛时冲绳海槽北部可能有黄河和长江的淡水影响。海退过程中，海退建造集中在一个或多个沉积中心处，在那里主三角洲体系向陆缘推进并把沉积物直接堆积在陆坡上，冲绳海槽北段的三角洲体系推测为古长江（或联合古黄河）形成的。陆坡上部快速的沉积作用使沉积物处于极度不稳定的状态，在地震或风暴潮等的作用下，顺坡下滑，形成滑塌现象和重力流沉积，并在坡脚下部形成浊积平原或浊积扇。

在冰后期，冲绳海槽再度变为半深海–深海环境，陆源沉积物供应相对减少，但黑潮的流经和生物沉积的加快，仍具有较高的沉积速率（李培英等，1999）。相对于构造活动较弱的北段来说，冲绳海槽的中段和南段在冰后期重力流沉积依然比较发育，可能与强烈的构造活动和地震活动有关。

# 第 16 章　地质构造与沉积盆地演化

在大地构造上，东海大陆架与中国东部大陆构成一个大陆整体，它们具有共同的古老陆核，属于欧亚大陆构造域。冲绳海槽是一个活动性很强的新生边缘盆地，与琉球岛弧是环太平洋构造活动带的重要组成部分，属于向太平洋板块过渡的构造域。中生代以来，太平洋板块与欧亚板块的相互作用逐步形成了目前东海的构造格局。

从断裂构造性质、火山岩浆活动以及基底构造特征看，东海存在着两个盆地及 3 个构造隆起带，分别为浙闽隆起区、东海陆架盆地、钓鱼岛隆褶带、冲绳海槽盆地、琉球隆褶区，即所谓"三隆两盆"的构造格架（图 16.1）。

剖面 1 为图 16.5 的剖面位置

图 16.1　东海构造分区略图（杨文达等，2010）

## 16.1　基底性质与盖层特征

### 16.1.1　基底性质

根据地质地球物理资料，东海的基底与其周边的性质密切相关。不同基底性质的地块往往在重磁场上表现出一定差异。据沪、浙一带的磁场资料对比，华南块体的基岩出露区一般表现为比较明显的磁力高异常，而扬子块体上基底出露区多以低或负的磁异常出现。对比东海磁场分布特征，可以推断长江口外至大黑山群岛的界线西北侧属于扬子块体的基底，基底性质主要为燕山期火成岩以及前震旦纪变质岩。东南侧地区包括海礁凸起、长江凹陷、西湖凹陷北端西侧一带属于华南块体的基底，性质为前中生代浅变质岩类，钻井以及地震反射资料对上述推断提供了支持。例如，灵峰一井在井深 2 373.5 ~ 2 693.18 m 揭示了 300 m 厚的黑云斜长片麻岩，经铷 – 锶法测定其年龄为 1 860 Ma，属于前震旦纪变质岩；石门潭一井在井深 3 306 ~ 3 353.21 m 揭示了厚达 23 m 的燕山期花岗岩，都表明东海陆架盆地中部低隆起及其以西海域的基底性质是浙闽东部基岩向海区的延伸。而东南侧地区虽然缺少钻遇沉积基底的钻井，但获得的一条记录时间长达 18 s 的双船合成排列剖面揭示，在新生界和中生界沉积之下，发育厚 2 000 ~ 5 000 m 的地层，其层速度高达 5 ~ 7 km/s，可能为前中生代浅变质岩类在地震剖面上的反映（曾久岭，2005）。在舟山—国头和鱼山—久米断裂之间的近 100 km 的断裂带内，后期构造活动比较频繁，火山岩、岩浆侵入岩都比较发育，因此，可能是兼有北面和南面的混杂基底。

钓鱼岛隆褶带以东的地层速度测量表明，它与陆区地壳相比，除地壳大大减薄以外，地壳结构中缺失了 6.0 ~ 6.3 km/s 的速度层。中北琉球为晚古生代轻微变质或无变质基底，而南琉球的基底为中生代变质岩类，因而，钓鱼岛隆褶带以东区域可能是古生代—中生代的基底。

冲绳海槽的基底推测与琉球岛弧相同，为上古生界—局部中生界的变质岩系，自中中新世以来接受沉积，最大沉积厚度达 10 000 ~ 11 000 m。冲绳海槽地壳厚度在 16 ~ 24 km 之间，中新统主要发育在海槽北部，最大厚度 5 000 ~ 6 000 m，自北向南自西向东有减薄的趋势，为陆 – 浅海 – 半深海相的碎屑沉积。

琉球群岛最老的岩石以八重山变质岩的津武留组为代表。它由蓝闪石片岩相的绿片岩、蓝片岩、硅质片岩、变辉长岩以及变质程度较低的区域内的枕状熔岩和玄武碎屑岩所组成。该组不仅分布在八重山群岛，而且也分布在宫古群岛，因为含蓝闪石片岩的砾岩出现于宫古群岛的上新世岛尻群底部。变质作用的年代用 K – Ar 法测定为侏罗纪，为 1.59 亿 ~ 0.75 亿年；用 Rb – Sr 法测定为 1.95 亿年。推测原岩可能是三叠纪至古生代的。

八重山的富崎组由千枚岩、砂岩、燧石层和砾岩组成，不含有绿片岩。它是同期低变质的绿泥石 – 绢云母千枚岩。富崎组分布于石垣岛南部到宫古岛以北。该地层在北、中琉球均未见到。

### 16.1.2　沉积盖层特征

#### 16.1.2.1　东海陆架的中生界

陆架盆地的中生界得到了钻井和反射地震等资料的证实（表 16.1）。

表 16.1　钻井揭示的东海陆架中生界特征

| 构造单元 | 井　号 | 中生界岩性及年代 | |
| --- | --- | --- | --- |
| | | 岩　性 | 时　代 |
| 浙闽隆起区 | 嵊泗1井 | 灰绿色黝方石响岩质熔结凝灰岩 | $J_3$ |
| 钱塘凹陷 | 富阳1井 | 棕褐色泥岩、浅色粉细砂岩 | $K_2$（石门潭组） |
| 瓯江凹陷 | 石门潭1井 | 棕红色泥岩夹灰白色砂岩 | $K_2$（石门潭组） |
| | WZ6-1-1井 | | J |
| 海礁凸起 | 海礁1井 | 凝灰岩、英安质凝灰角砾岩 | $K_2$ |
| 闽江凹陷 | FZ13-2-1井 | 石门潭组：安山岩夹杂色碎屑岩 | $K_2$（含丰富的孢粉化石） |
| | | 闽江组：杂色碎屑岩 | |
| | | 渔山组：杂色和红色碎屑岩 | $J_3-K_1$ |
| | | 福州组：暗色碎屑岩夹煤层或炭质泥岩 | $J_{1-2}$（含孢粉化石） |
| | FZ10-1-1井 | | J-K（含$J_2$钙质超微化石） |
| | YCC-1X井 | 砂岩、页岩 | $K_2$ |
| 西湖凹陷 | JDZ-V-2井 | 片麻岩 | |
| | 平湖2井 | 安山凝灰岩 | K |
| 北港-澎湖隆起 | TL-1井 | 砂岩、泥岩等 | K |
| | PK-3井 | 上部为硬化的页岩，下部为细砂岩，底部为底砾岩（砾石主要为石英、少量燧石、结晶灰岩、片岩和板岩） | $K_1$ |
| | | 高度固结并碎裂的暗色砂页岩，向下过渡为暗灰色、部分含钙质的砂岩 | J |
| | MLN-1井 | 上部为硬化的暗色页岩夹砂岩，下部为细砂岩夹粉砂岩、页岩并见碳酸盐物质和煤线 | $K_1$（上部见钙质超微化石） |
| | HP-1井 | | K |
| | WH-1井 | 砂、页岩 | K |
| | | 高度固结的黑色页岩 | J |

　　钻孔主要集中在盆地南部和西部的闽江凹陷、瓯江凹陷、钱塘凹陷和海礁凸起等，从钻井揭示的岩性来看，在不同构造单元中生界的时代和岩性有较明显的差异。

　　在陆架盆地的中部隆起带，包括海礁凸起和鱼山凸起，主要发育了晚侏罗世—白垩纪火山岩。海礁1井在1 403 m深度、中新统龙井组之下钻遇晚白垩世火山岩，岩性为凝灰岩及英安质凝灰角砾岩。对1 500 m以下岩心段凝灰岩所作的同位素年龄测定表明，其年龄约为（69.9±0.81）Ma，相当于晚白垩世。

　　陆架盆地南部，尤其是闽江凹陷，中生界主要为三叠—白垩系，这是迄今为止地震和钻井揭示最全的一套中生界，岩性以陆相杂色、红色碎屑岩为主。穿越该区的地震剖面较清晰地揭示了中生界底部及其内部的反射界面。闽江凹陷的FZ13-2-1井和FZ10-1-1井内发现了一套以杂色、红色为主的中生代碎屑岩系，厚度逾2 000 m。依据岩性并结合同位素绝对年龄测定数据、地震反射面性质和倾角测井等项资料，将该套地层自下而上划分为下侏罗统—中侏罗统、上侏罗统—下白垩统和上白垩统，分别命名为福州组、渔山组、闽江组和石门潭组。

　　除中部隆起带和闽江凹陷之外的广大陆架盆地地区，目前发现的中生界是以陆相碎屑岩为主的白垩系，但不排除其下有侏罗系等更老的中生界的可能性。在位于瓯江凹陷的石门潭

1 井钻遇到一套杂色碎屑岩地层，该套地层位于花岗闪长岩之上、古新统灵峰组之下，由棕红色泥岩夹灰白色砂岩组成，下伏 23 m 厚的橄榄石安山岩。根据周边地区出露的白垩系特征，推断其时代为白垩纪，并被命名为石门潭组。

### 16.1.2.2 东海陆架的新生界

东海陆架的新生界发育比较齐全（表16.2）。

1）古新统

月桂峰组上段：厚149～750 m，下部位灰白色细砂岩、中砂岩、粗砂岩夹黑色泥岩；上部为浅灰、灰白色粉砂岩、细砂岩、中砂岩、含灰质细 – 中砂岩与灰黑色泥岩、粉砂质泥岩互层。

灵峰组：包括两段，下段厚0～396 m，以砂岩为主，夹灰黑色泥岩、粉砂质泥岩，含火山岩屑及大量海相微体古生物化石；上段厚113～556 m，以暗色细碎屑岩为主，含丰富的海相微体古生物化石，是最大海侵期的沉积。

明月峰组：厚400～600 m，灰白色泥岩、粉砂岩、砂岩和砾岩，含少量海相化石，总体属煤系沉积。

2）始新统

瓯江组：分为三段，下段厚32.5～214 m，由暗色细碎屑岩互层组成；中段厚205～393 m，浅色细碎屑岩交互；上段厚130～491 m，下部浅色粗碎屑岩为主，上部浅色细碎屑岩。

平湖组：分为上、中、下三段，下段分为上、下两部分，总体为一套裂陷晚期水退背景下的半封闭海湾沉积岩。

3）渐新统

花港组：厚约1 000～2 500 m，包括上下两个层序，下部为浅色砾岩、砂岩和泥岩，上部是以泥岩为主的湖相沉积。

4）中新统

龙井组：厚250～1 250 m，灰色泥岩、粉砂岩、砂岩和砾岩，夹10～30 m的海相细碎屑岩。

玉泉组：厚200～1 000 m，总体为湖泊扩张背景下的沉积，由东往西碎屑物粒度变粗，沉积厚度变薄。

柳浪组：残留厚度约800 m，由砾岩、浅色粉砂岩、泥岩夹煤层组成，含少量石膏，属氧化环境下的河流 – 湖泊沉积。

5）上新统

三潭组：由浅灰色砂岩、砂质砾岩及黏土夹煤层组成，厚800～900 m。

表16.2 东海陆架新生界地层层序

| 年代地层 | | 国际生物带 | | 绝对时间/Ma | 东海陆架盆地 | | | | | | | | | | 相对海平面变化/m |
|---|---|---|---|---|---|---|---|---|---|---|---|---|---|---|---|
| | | | | | 岩石地层 | | 浮游有孔虫 | 钙质超微 | 层序地层 | | | | | | |
| 系 | 统 | 浮游有孔虫 | 钙质超越 | | 组 | 段 | | | 构造层序 | 超层序 | 层序 | 界面编号 | 界面年龄 | 体系域 | 120 80 40 0 |
| 第四系 | 全新统 | N23 N22 | NN21 NN19 | 0 | 东海群 | | | NH21 NH19 | TS3 | SS7 | VII_B | $T_1^2$ | 1.65 | TST LST | |
| | 更新统 | N21 | NN18 | | 三潭组 | 上段 下段 | | NH18 | | | VII_A | | | HST | |
| 上第三系 | 上新统 上 | N20 | NN16 NN15 NN13 | | | | | NH12 | | | | $T_2^0$ | 5.2 | TST | |
| | 下 | N19 N18 | NN12 | 5 | 柳浪组 | | | | | | VI_C | | | HST TST LST | |
| | 中新统 上 | N17 | NN11 | | | | | | | | | $T_2^2$ | 10.2 | | |
| | | N16 | NN10 | 10 | 玉泉组 | | | | | | VI_B | | | HST | |
| | | N15 | NN9 NN8 | | | | | | | SS6 | | | | | |
| | 中 | N14 N13 | NN7 | | | | | | | | | $T_2^3$ | 16.2 | TST | |
| | | N12 | NN6 | 15 | | | | | | | VI_A | | | HST | |
| | | N11 N10 | NN5 | | 龙井组 | | | | | | | | | TST | |
| | | N9 N8 | NN4 | | | | | | | | | | | | |
| | | N7 N6 | NN3 | | | | | | | | | | | LST | |
| | 下 | N5 | NN2 | 20 | | | | | | | | $T_2^4$ | 25.2 | | |
| | | N4 | NN1 | 25 | | | | | TS2 | | | | | HST | |
| 下第三系 | 渐新统 上 | P22 | NP25 | | 花港组 | 上段 | | | | | V_B | | | TST LST | |
| | | P21 | NP24 | 30 | | | | | | SS2 | | $T_2^3$ | 30.0 | | |
| | 下 | P20 P19 | NP23 | | | 下段 | | | | | V_A | | | HST TST | |
| | | P18 | NP22 | 35 | | | | | | | | $T_3^0$ | 36.0 | LST | |
| | 始新统 上 | P17 | NP21 NP20 | | 平湖组 | 上段 | P17 | NP20 | | | IV_D | $T_3^1$ | 36.5 | H/L | |
| | | P16 | NP19 | | | 中段 | P16 | NP19 | | SS4 | IV_C | $T_3^3$ | 38.1 | H/L HST TST | |
| | | P15 | NP18 | | | 上段上段 | P15 | NP18 | | | IV_B | $T_3^3$ | 39.4 | HST T/L | |
| | | P14 | NP17 | 40 | | 下段上段 | P14 | NP17 | | | IV_A | $T_3^4$ | 41.2 | | |
| | 中 | P13 | NP16 | | 瓯江组 | 三段 | P13 | NP16 | | | III_C | | | HST TST | |
| | | P12 | | | | 二段 | P12 | | | | | | 44.2 | | |
| | | P11 | NP15 | 45 | | | P11 | NP15 | | SS3 | III_B | | | HST TST | |
| | | P10 | | | | 一段 | P10 | | | | | | 48.0 | | |
| | 下 | P9 | NP14 | | | | P9 | NP14 | | | III_A | $T_4^0$ | 50.8 | HST TST LST | |
| | | P8 | NP13 | 50 | | | P8 | NP13 | TS1 | | | $T_4^1$ | 53.5 | HST TST LST | |
| | | P7 | NP12 | | | | P7 | NP12 | | | II_C | | | | |
| | | P6b | NP11 NP10 | | | | P6 | NP11 NP10 | | | | | | | |
| | | P6a | NP9 | | 明月峰 | | P5 | NP9 | | | II_B | $T_4^2$ | 56.2 | HST LST | |
| | 古新统 上 | P3 | NP8 NP7 | 55 | 灵峰组 | | P4 | NP8 NP7 | | SS2 | | | | HST TST LST | |
| | | P4 | NP6 | | | | | NP6 | | | II_A | | | | |
| | | P3b | NP5 | | | | P3 | NP5 | | | | $T_5^0$ | 60.2 | | |
| | | P3a | | 60 | | | | | | | | | | TST LST | |
| | 下 | P2 | NP4 | | 月桂风组 | | P2 | | | | I_B | | 62.8 | | |
| | | P1c | NP3 | | | | | | | SS1 | | | | LST | |
| | | P1b | NP2 | 65 | | | P1 | | | | I_A | | | | |
| | | P1a | NP1 | | | | | | | | | $T_4^0$ | 66.5 | | |
| 白垩系 | | | | | | | | | | | | | | | |

资料来源：据武法东，1998；杨文达等，2010。

6）第四系

东海群：由浅灰色—灰色黏土、粉砂和细砂堆积物组成，夹生物碎屑，为正常海相沉积。

### 16.1.2.3 琉球岛弧的中、新生界

1）中生界—古近系

北、中琉球的四万十超群是日本西南列岛外带的延续，地层时代为中生代—古近纪，岩性主要为复理石砂岩和板岩互层，夹晚白垩世—始新世的玄武质绿岩。超群普遍变质成绿片岩相，局部变质达到了绿帘石角闪岩相，它可能受到了花岗岩侵入的影响。

四万十带为一向东南倒的强烈倒转褶皱，与其上的岛尻群呈不整合接触，其变质作用和地层变形是始新世后、晚中新世前的高千穗运动的结果。

始新世的宫朗组和野底组只出现在南琉球的八重山群岛。

宫朗组由灰岩和砂岩组成，含有孔虫化石。

野底组由火山碎屑岩和安山质熔岩组成，古地磁资料揭示野底组沉积后可能在渐新世发生了40°的顺时针旋转。

2）新近系

八重山群分布于八重山群岛，主要由砂岩组成，夹煤层、泥岩、砾岩、灰岩。煤层、交错层理、痕迹化石表明为滨海环境。据古生物资料，该群属中新世。该群可与台湾、钓鱼群岛、宫古岛岸外和九州北部的早中新世地层对比。该群中的重矿物有锆石、电气石、石榴石、金红石、十字石、独居石。八重山群地层产状呈微倾斜，存在断层，构造变形较弱。

岛尻群主要由夹砂岩、凝灰岩的粉砂岩组成，时代属晚中新世至上新世。它分布于陆上的弧前区和近海。琉球群岛的岛尻群的沉积开始于晚中新世，南、北琉球有明显不同。岛尻群往西变薄，最厚（>5 000 m）处位于琉球岛弧外侧。

3）第四系

中更新世的琉球群主要由夹砂岩、砂砾岩的灰岩组成，分布于吐噶喇水道以南的整个群岛上，厚度小于100 m，以珊瑚礁以及其伴生沉积为特征。该群内部虽未变形，但在部分地区存在地层错断现象。

## 16.2 断裂构造与岩浆活动

### 16.2.1 断裂构造

东海海域的断裂构造较为发育，而且多数断裂带为区域构造单元的分界线，从而控制了东海的区域构造格局。东海较大的断裂按其走向有以下三组：NNE—NE 向、NEE 向和 NW 向，其中，以 NNE—NE 向和 NW 向两组为主（图16.2）。

#### 16.2.1.1 NNE—NE 向断裂

NNE—NE 向断裂是东海地区最主要的断裂构造，一般被认为是各大构造单元的边界断

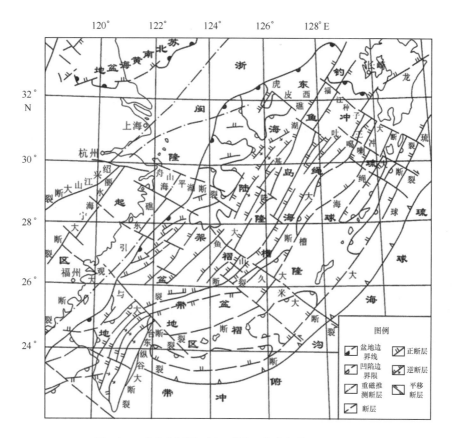

图 16.2　东海断裂构造纲要图（李家彪等，2008）

裂，控制了东海陆架和陆坡的格局，尤其表现为与磁力异常等值线和圈闭的正负变化界线走向非常一致。

位于钓鱼岛隆褶带东、西两侧的两条 NNE—NE 向断裂是东海海域重要的构造分界线，西侧断裂带为东海陆架盆地与钓鱼岛隆褶带的分界，东侧断裂带则将钓鱼岛隆褶带与冲绳海槽盆地分隔开来。这两条断裂带走向近于平行，在地震剖面上具有明显反映，表现为两条阶梯状断裂带，断面分别西倾和东倾。两条断裂带之间的钓鱼岛隆褶带在空间重力异常上表现为一条高值异常带，布格重力异常显示为梯级带，向北延伸到九州岛有加宽的迹象，而往南延伸到台湾岛以北时逐渐消失，西侧断裂带与东侧断裂带合并成一条断裂带后沿台湾中西部SSW 方向延伸。

在东海陆架盆地与浙闽隆起区之间也存在一条 NNE—NE 向断裂，称为东海陆架盆地西侧断裂带，延伸距离超过 450 km，空间重力异常呈现出 NNE 向展布的串珠状的升高重力异常圈闭，为正异常值。在地震剖面资料上并未对东海陆架盆地西侧断裂带进行证实，推测该断裂带可能属于基底深大断裂。根据浙闽沿海的露头资料，推断串珠状升高重力异常圈闭可能是由于沿该深大断裂侵入了火成岩体引起的。

在冲绳海槽西侧的陆架前缘坳陷和海槽西部拉张盆地内发育了大量张性断裂构造，自北向南呈 NNE、NE、NEE 和近 EW 向延伸，表现为被正断层切割的断块沿正断层或犁形断层呈阶梯式下断、掀斜和滚动，使地壳拉张减薄，并造成海底地形的剧烈变化。东海陆架前缘坳陷为一个 NNE—NE 向延伸的狭长半地堑型断陷盆地，主要发育在赤尾屿以北，处于大陆地壳和拉张减薄地壳之间的过渡带上；海槽西南部拉张盆地的断裂走向以 NEE 向和近 EW 向为主,大量正断层切割海底,并发生断块斜掀,控制了盆地和中央裂谷的形成;东海陆架前缘坳陷和海槽西部拉张盆地之间为钓鱼岛隆褶带的倾伏消失端,渐变为东海陆坡断裂带。

### 16.2.1.2　NW向断裂

在东海陆架盆地的南界、北界、宫古海峡口、冲绳—舟山、渔山—久米、奄美—虎皮礁和吐噶喇海峡等位置磁力异常均指示出可能存在NW向断裂分布的证据,表现为磁力异常等值线和圈闭排列走向的扭曲,及正负磁异常剧变,甚至个别NW向断裂穿切了琉球海沟,表现为区域性深大断裂性质。

吐噶喇断裂带位于冲绳海槽中、北段之间,呈NW向延伸,往东南方向延伸分隔了琉球岛弧中北段。重力异常呈现等值线扭折及沿NW向展布的串珠状正值重力高,推测其以走滑运动为主,并伴有近代岩浆活动。

渔山—久米断裂带起自东海陆架盆地东侧中段,往SE方向经冲绳海槽中段,从琉球群岛久米岛以南穿过琉球岛弧中段,至岛尻坳陷北部,呈NWW向展布。重力异常表现出等值线扭折,推测其以走滑运动为主。地震资料揭示断裂附近有近代岩浆岩活动。据此分析,断裂NW段(即东海陆架区)可能为发育在沉积层底部的基底断裂,往SE方向逐步变新,SE段在近代仍在活动。

## 16.2.2　岩浆活动

根据浙闽沿海出露的火成岩和变质岩推测,浙闽隆起区的虎皮礁—海礁—渔山—观音凸起的基底为燕山期火成岩,局部见前震旦纪变质岩和前中生代弱变质岩。东海陆架盆地东部的西湖—基隆凹陷带中心可能有燕山晚期和喜山早期火成岩。钓鱼岛隆褶带的沉积层之下存在燕山期和喜山期的侵入岩(图16.3)。

在东海陆架盆地燕山期的侵入岩和喷发岩均有所揭露。据邻近东海的浙江东部、沿海岛屿资料和陆架盆地钻井来看,燕山期岩浆活动产物有花岗岩、花岗闪长岩等侵入岩脊安山岩、英安质凝灰岩等中酸性喷发岩,而侵入岩又可分为早晚两期,早期属于侏罗纪晚期,晚期属于晚白垩世。

喜山期岩浆活动稍晚于燕山期,东海主要分布在虎皮礁凸起、海礁凸起、鱼山凸起组成的中部中部低隆起部位、盆地边缘的断裂发育带及低隆起与坳陷之间的过渡地带。据海区地震资料分析及钻井资料所见,其活动期次可分为早(古新世—始新世)、中(渐新世—中新世)、晚(上新世—第四纪)三期。

东海陆架盆地的虎皮礁凸起、海礁凸起、鱼山凸起、温东构造带、雁荡构造带、武夷构造带等一系列高部位上出露有喜马拉雅早期岩浆岩($\gamma_6^1$);在陆架盆地东部,沿西湖-基隆大断裂也有出露。以中酸性侵入岩为主,部分为顺层侵入的基性岩,也有喷发岩(安山岩)。

东海陆架盆地东部坳陷与钓鱼岛隆褶带的交接地带,西湖坳陷保俶斜坡南部的平南至初阳地区、陆架盆地中的低隆起的中部发育有喜马拉雅中期岩浆岩($\gamma_6^2$),据岩浆岩的磁场显示,可能中、酸、基性岩类均有发育。据陆架盆地钻井,钻遇有橄榄拉斑玄武岩,玄武岩,凝灰岩,石英安山岩,流纹岩等。

东海陆架盆地东部坳陷西湖-基隆大断裂以东钓鱼岛隆褶带和冲绳海槽一带发育有喜马拉雅晚期岩浆岩($\gamma_6^3$),据拖网资料分析,该期岩浆岩为中基性安山岩、玄武岩和酸性流纹岩。

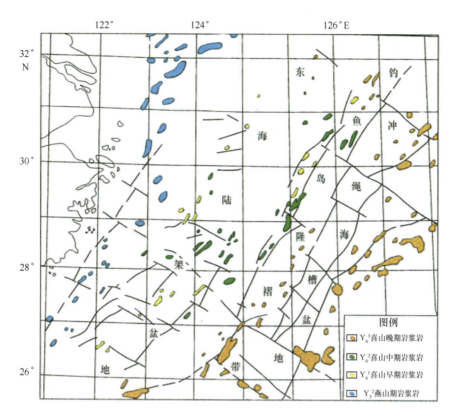

图 16.3　东海岩浆岩分布示意（李家彪等，2008）

　　根据前人研究文献列出的火山岩出露情况来看（表 16.3），火成岩主要出露于钓鱼岛隆褶带南部的台北火山岩带和冲绳海槽轴部的中央裂谷带（图 16.4）。岩浆活动时代、岩石类型与其所处的构造位置和深部构造 – 岩浆作用方式有关，冲绳海槽及其邻区的岩浆活动从 4 Ma一直可延续到现代，可分成 3～4 Ma、1～3 Ma 和小于 1 Ma 3 个阶段，其中，第三阶段最广泛。

表 16.3　冲绳海槽及邻区火山岩岩石年龄测定结果

| 采样地点 | 年龄/Ma | 构造位置 | 岩石类型 | 资料来源 |
|---|---|---|---|---|
| 棉花屿 | 0.5～0.1 | 台北火山岩带 | 玄武质安山岩 | K. L. Wang, 1999 |
| 黄尾屿 | 0.2 | | 玄武岩 | Shinjo, 1998 |
| 赤尾屿 | 2.59 | | 玄武岩 | Shinjo, 1998 |
| Z5 – 10 | 0.054 | 海槽中段 | 流纹岩 | 黄朋等，2006 |
| Z7 – 3 | 0.055 | | 流纹岩 | |
| 琉黄洼地 | 0.07 | | 流纹岩 | Shinjo et al. , 2000 |
| 伊平屋海洼 | 0.3 – 1.58 | | 玄武岩 | 李巍然等，1997a |
| 伊是名海洼 | 0.496 – 0.003 | | 流纹岩 | 陈丽蓉，1993；Shinjo et al. , 2000 |
| 南庵西海洼 | 3.76 – 3.96 | | 英安岩 | 李巍然等，1997a |
| 与那国海洼 | >0.3 | 海槽南段 | 玄武岩 | 李巍然等，1997b |
| E – 5 | 0.088 | 海槽北段 | 流纹岩 | 黄朋等，2006 |
| HD4 – B | 0.017 | | 流纹岩 | |

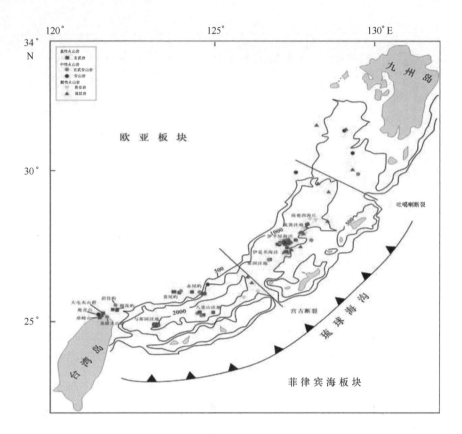

图 16.4　冲绳海槽及邻区火山岩类型与分布

　　台北火山岩带的岩浆活动与菲律宾海板块和北吕宋岛弧在台湾岛东部斜向弧－陆碰撞后形成的板块向西北俯冲作用有关，在赤尾屿、黄尾屿和棉花屿出露了玄武岩或玄武质安山岩，在台湾岛北部的基隆、大屯、观音山和草岭山形成了玄武岩、安山岩或英安岩火山群。

　　冲绳海槽的岩浆活动与菲律宾海板块沿琉球海沟发生的俯冲作用和弧后扩张有关。冲绳海槽的岩石类型比较丰富，包括玄武岩、粗面玄武岩、玄武安山岩、安山岩、粗面安山岩、粗面英安岩、英安岩和流纹岩等，在冲绳海槽南段、中段和北段岩石类型不同。

　　冲绳海槽南段出露的橄榄拉斑玄武岩是属于大洋拉斑玄武岩系列且熔融程度比较高的岩浆。锶同位素组分表明岩浆源自地幔，并且基本未受混染作用或分异作用的影响，这可能是地壳拉张、减薄、地幔物质快速上涌所致。出露的极少量安山岩可能是流纹岩与玄武岩混合作用所产生的；而出露的流纹岩继承了同区段的玄武质岩石的微量元素特点，表明为同源演化，然而，两者数量上的迥异，表明本区的地壳极度伸展减薄并出现一定规模的洋壳，来自幔源的岩浆主要是以快速上涌的方式到达地表，而只在局部地壳减薄程度相对较低的区段分异形成流纹岩。

　　冲绳海槽中段多个洼地出现基性岩石与酸性岩石相伴生。根据常、微量元素特点，存在双峰式火山岩组合，玄武岩来自软流圈地幔，但受到了俯冲组分的影响，且地壳混染程度极低；流纹岩是玄武岩通过分离结晶作用或同化和分离结晶作用所形成的；出露的少量安山岩可由演化的玄武岩浆同其分离结晶作用形成的流纹质岩浆之间的混合作用来解释。

　　冲绳海槽北段出露岩石类型为玄武安山岩、粗面安山岩和流纹岩。玄武安山岩和流纹质岩石的 Sr－Nd 同位素显示其源区为 PREMA 地幔（弱亏损地幔），结合常、微量元素特征，表明流纹岩为玄武安山岩的演化产物，在演化过程中，受到了上地壳及俯冲组分的混染，且经历了斜长石、磷灰石及钛铁矿等矿物相的分离结晶作用，属于过渡性质地壳。

## 16.3 构造单元与区域分布

### 16.3.1 构造单元划分

前已述及，东海在构造单元上可分为五大单元，即浙闽隆起区、东海陆架盆地、钓鱼岛隆褶带、冲绳海槽盆地和琉球隆褶带，所谓"三隆两盆"（图16.1）。这5个构造单元自西向东形成时代逐渐变新，区域上呈现"东西分带"特征（图16.5）。下文将重点对东海陆架盆地、钓鱼岛隆褶带和冲绳海槽盆地进行论述。

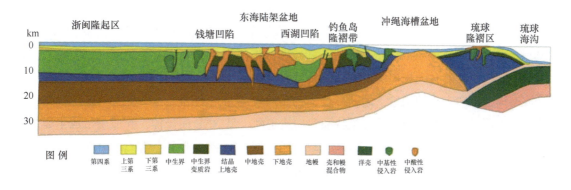

剖面位置见图16.1

图16.5 横穿东海主要构造单元的综合地质解释剖面（据戴明刚，2004）

### 16.3.2 陆架盆地特征

东海陆架盆地位于浙闽隆起区和钓鱼岛隆褶带之间，总体走向为NE—NNE向，是东海陆架的主要组成部分，也是东海陆架上最主要的油气储藏和生产区。东海陆架盆地是一个以新生代沉积为主的中、新生代断坳盆地，其前中生界基底主要为前寒武系变质岩及古生界变质岩系，盆地南部的灵峰一井钻遇到了黑云斜长片麻岩基底，Rb–Sr年龄约为1 860 Ma。在盆地内部的底部发育有侏罗系和白垩系的陆相碎屑和火山堆积沉积，其地震P波速度为4.6~5.3 km/s，在其上部沉积了巨厚的古近系、新近系和第四系，其地震P波速度则为1.8~4.4 km/s，差别较为明显。古近系和新近系与第四系沉积厚度介于4 000~9 000 m之间，其中西湖凹陷的沉积厚度为4 000~8 000 m，自北向南沉积厚度逐渐增大。东海陆架盆地的一个显著特征是在垂向上具有下部（古—始新统）断陷、上部（渐新统以上）坳陷的双层盆地演化结构，在平面上则可以进一步划分为盆地西部坳陷、中部隆起和东部坳陷3个次级构造单元。

钻井揭示的东海陆架盆地沉积地层由老到新为侏罗系（福州组、厦门组）、白垩系（渔山组、闽江组、石门潭组下段）、古新统（石门潭组上段、灵峰组、明月峰组）、始新统（瓯江组、平湖组）、渐新统（花港组）、中新统（龙井组、玉泉组、柳浪组）、上新统（三潭组）和第四系（东海群）。它们在不同的凹陷有不同的层序组合，一般来说，盆地西部坳陷带渐新统和中新统全部或部分缺失，主要沉积侏罗—白垩系、古新统至中下始新统（瓯江组）及上新统和第四系海陆交互相地层；盆地东部坳陷带主要沉积中上始新统（平湖组）及以上地层为主，因而盆地地层层序的发育具有由西向东时代由老变新的规律。

### 16.3.3 钓鱼岛隆褶带特征

钓鱼岛隆褶带也称为东海陆架边缘隆褶带、台湾－肉道褶皱带或钓鱼岛－五岛列岛隆褶带，是位于东海陆架盆地与冲绳海槽盆地之间的一条古基底隆起带。钓鱼岛隆褶带北起日本五岛列岛，向南经钓鱼岛与台湾相连，总体上呈现 NNE—NEE 向弧形展布特征，两侧均以断裂带为界。

根据重力、磁力、地震等海域调查资料和位于隆褶带上的男女群岛、钓鱼岛等出露岩石分析，可以推断钓鱼岛隆褶带是从与琉球岛弧分离而形成的一条中新世—近代岩浆活动带（李桂群等，1995；李学伦等，1997），北段稍宽，南段窄，岩性包括凝灰岩、安山岩、玄武岩等，岩石密度为 $2.6 \times 10^3 \sim 2.9 \times 10^3 \ \mathrm{kg/m^3}$，与其西侧的东海陆架盆地形成一个明显的密度台阶，在空间重力异常上表现为一个明显的梯度变化带。钓鱼岛隆褶带的地磁异常表现为升高正异常特征，异常值呈跳跃变化，最大正异常可达 +300 nT 以上，从背景异常值在 0～+100 nT 之间推断，钓鱼岛隆褶带的磁性基底埋深很浅，在 1～2 km 之间，可能为喜山运动后褶皱隆起阶段伴随有大规模的岩浆活动所形成。

根据构造走向变化和构造活动差异性，钓鱼岛隆褶带可分为北、中、南三段。钓鱼岛隆褶带北、中段具有类似的地球物理场特征和构造走向，呈 NNE 向延伸，其地层组成主要为石炭系和二叠系，以及厚度不大的白垩系，缺失始新统、渐新统和下中新统；中新世末期的龙井运动使东海陆架边缘隆褶带北、中段急剧上升，遭受剥蚀后开始区域性下降，接受了上新世和第四纪的沉积；在地震剖面上表现为东海陆架盆地上部的第四系东海群和上新统三潭组均可延伸到隆褶带上，产状近于水平。钓鱼岛隆褶带南段的构造走向变为 NEE 走向，分布于 26°N 以南，钓鱼岛、赤尾屿等岛屿位于其上；钓鱼岛上的出露地层主要为钓鱼岛组，岩性为厚层砂岩，含砾石，夹有炭质沉积，形成时代为中新世，缺失上新统—更新统，全新世冲积层和珊瑚礁发育；在中新统砂岩中广泛存在晚中新世—上新世的闪长玢岩侵入体，由于岩浆活动区范围较大，使钓鱼岛隆褶带南段的中新统遭受了不同程度的剥蚀、变形和变质作用。因此，通过上述分析可以认为钓鱼岛隆褶带南段发生褶皱隆起的时间可能比北、中段相对要晚，伴随着冲绳海槽的拉张、下沉，逐渐接受了晚第四纪沉积。

### 16.3.4 冲绳海槽构造特征

冲绳海槽属于大陆性地壳向大洋地壳过渡的构造带。由于上地幔的抬升和地壳的减薄，造成冲绳海槽具有广泛分布的活火山、高重力异常、强地震、高热流等显著特征，并且在冲绳海槽南段的中央裂谷带可能已有新生洋壳形成。

（1）海槽的地形变化

冲绳海槽是一个狭长的深水盆地，呈 NNE 向展布。海槽南北长 1 200 km，槽底宽约 100 km，总面积 $19.2 \times 10^4 \ \mathrm{km^2}$，占东海面积的 25.1%。海槽北部水深 600 m，中部 1 200 m，南部水深，更深处超过 2 300 m。沿海槽的中轴线分布中央裂谷带，总体呈雁列排列，局部分布一系列海底山脉，形态陡峻，方向为 NE—NNE。山峰一般高出海底 500 m 左右，最大可达 1 000 m 以上。

（2）海槽东、西两坡的形态差异

冲绳海槽的西坡即通常所称的东海陆坡，地形坡度一般在 4°左右，最陡处为 7°～8°，陆坡宽度一般为 40～50 km。根据重力、磁力调查资料推测海槽西坡之下存在一个基底深坳陷，呈 NE—SW 向展布，基底平均深度 6 km，最大可达 10 km。西坡基底深坳陷内接收的沉积物具有广泛而稳定的蚀源区，构造活动以张性正断层为主。

冲绳海槽的东坡即琉球群岛的西侧岛坡，东坡一般介于 8°～10°之间，相对海槽西坡陡一些，东坡上火山活动频繁、地震活动强烈，与琉球岛弧有着相同的构造活动。其上沉积物较少，这与西坡差异明显。

（3）高重力异常

冲绳海槽的重力异常呈 NE—NNE 方向沿海槽展布，重力异常的最大值总体上与海槽轴部的 NE—NNE 向海山链相对应。空间重力异常介于 $20 \times 10^5 \sim 70 \times 10^{-5}$ m/s$^2$ 之间，布格重力异常介于 $80 \times 10^5 \sim 120 \times 10^{-5}$ m/s$^2$ 之间，南部最大可达 $160 \times 10^{-5}$ m/s$^2$。均衡重力异常全部为正值，北部约 $40 \times 10^{-5}$ m/s$^2$，中部 $50 \times 10^{-5}$ m/s$^2$，南部可达 $90 \times 10^{-5}$ m/s$^2$。冲绳海槽盆地如此高的重力异常，充分揭示了该地区物质的极大"过剩"，构造活动的剧烈，地壳处于极度不均衡状态。

（4）减薄的地壳

冲绳海槽的地壳厚度平均在 21 km 左右，北部较厚，向南部变薄。在海槽北段地壳厚度大多在 20 km 以上，在海槽的中段与南段地壳较薄，近于大洋地壳，地壳厚度为 13～18 km（金翔龙，1987），南段个别区域地壳更薄，地壳呈一巨大的拱形与海槽中轴线相吻合。软流圈顶界深度为 35～40 km，和上地幔都较东海陆架盆地上抬 10 km 以上。由于地幔的抬升，使大量的融熔岩浆沿海槽中轴线的深大断裂侵入并喷出，并产生了一个巨大的张力，从而造成了冲绳海槽盆地的薄地壳、高重力、强磁场、大热流以及频繁的地震活动和强烈的火山活动等一系列构造运动。

（5）火山活动强烈

冲绳海槽的火山活动强烈，主要发育了两条现代火山链，一条位于海槽东坡，沿海槽延伸方向展布，形成了一系列活火山岛，即通常所说的吐噶喇火山链；另一条沿海槽中心张裂带发育，伴随有大量的中、基性火山岩喷发和现代火山活动，岩石 K - Ar 年龄仅为 0.42 ± 0.19Ma（李乃胜，1990 a）。

（6）高热流值

冲绳海槽为世界上罕见的高热流区之一。在冲绳海槽扩张中心具有极高的热流值，189 个站位的平均值为 892 mW/m$^2$，尤其在海槽中部 27°～28°N，127°～128°E 范围内，数十个站位的测量值均大于 1000 mW/m$^2$。冲绳海槽的热流值在数值上不仅超过大洋中脊的热流值，也超过了太平洋西部其他边缘海中的热流值（李乃胜，1995）。冲绳海槽极高的热流值反映了海槽下莫霍面和软流层顶面的抬升，表明冲绳海槽具有强烈的现代构造活动。

## 16.4  沉积盆地分布特征及其构造演化

### 16.4.1  东海陆架盆地西部坳陷带特征

陆架盆地西部坳陷带主要由东海陆架盆地西部的长江凹陷、钱塘凹陷和瓯江凹陷组成。根据穿越三个凹陷的地震剖面和钻井资料（美人峰一井、石门潭一井、灵峰一井等）分析，陆架盆地西部坳陷带表现为"东断西超"的箕状断陷盆地特征，下部厚度为 10 000 m 左右的白垩纪和古新世碎屑岩沉积，上部披覆了 2 000～3 000 m 的下始新统、中新统中段、上新统和第四系，缺失始新统中上段、渐新统及中新统上、下段。

## 16.4.2 东海陆架盆地东部坳陷带特征

陆架盆地东部坳陷带自北向南由福江凹陷、西湖凹陷和基隆凹陷组成。陆架盆地东部坳陷带以新生代沉积为主，沉积厚度最大可达 15 000 m 左右。在西湖凹陷，钻井资料发现了始新统以来的各个时代地层，但是没有发现古新统及中生界。

陆架盆地东部坳陷带内的新生界岩石密度为 $1.9 \times 10^3 \sim 2.5 \times 10^3 \ kg/m^3$，与相邻钓鱼岛隆褶带的物质密度相比要小 $0.2 \times 10^3 \ kg/m^3$，从而在陆架盆地东部坳陷带和钓鱼岛隆褶带之间形成了一个显著的升高重力异常梯度带。

## 16.4.3 冲绳海槽盆地特征

冲绳海槽盆地的主要沉积地层为中新统、上新统和第四系。冲绳海槽盆地的形成经历了两个演化阶段，第一阶段为在中新世早期形成陆架前缘坳陷，第二阶段为在中新世末至上新世形成海槽坳陷及吐噶喇坳陷（表 16.4）。

表 16.4　冲绳海槽地层表

| 系/界 | 统 | 组（群） | 代号 | 厚度/m | 岩性 |
|---|---|---|---|---|---|
| 第四系 | | 冲绳海槽统 | Q | 651 | 浅海沉积，灰黄色中-粗粒砂岩及部分砾质砂岩 |
| 新近系 | 上新统 | 上冲绳盆地统 | $N_2$ | 771 | 浅海沉积，粉砂岩、砂岩、泥岩间夹凝灰岩 |
| | 中新统 | 下冲绳盆地统 | $N_1$ | 1558 | 陆相—浅海相—半深海相碎屑岩及火山碎屑岩、熔岩 |
| 中生界 | | 前冲绳盆地统 | Mz | | 浅变质岩 |
| 古生界 | | | Pz | | 浅变质岩 |

资料来源：据许薇龄，1988 整理。

在冲绳海槽反射地震上存在三个明显的区域不整合界面，即 $T_1^0$、$T_2^0$ 和 $T_g$，对应第四纪和上新世的底界面，以及海槽基底顶面，内部包括中、上中新世（图 16.6）。

第四系（$T_1^0$ 及其以上），在陆架前缘坳陷地层厚度为 600～3 000 m，海槽坳陷为 600～1 800 m，吐噶喇坳陷约为 600～1 600 m。内部可进一步划分为上下两个亚层序。上亚层序主要分布于冲绳海槽盆地内部，自海槽中心向东、西两侧厚度减薄。下亚层序分布范围较广，向西可与钓鱼岛隆褶带及陆架盆地的同期地层对比，往东则可达琉球隆褶区。根据钻井资料分析该套地层由未固结的绿灰色凝灰质黏土、中粒凝灰质砂及淡褐色和绿灰色砂岩组成，属浅海—半深海沉积相，与下伏地层呈不整合接触。

上新统（$T_1^0$ 和 $T_2^0$ 反射界面之间），地层厚度在海槽坳陷中心较大，向两侧变薄。在海槽北部的陆架前缘坳陷中厚度为 1 000～5 500 m，中部的吐噶喇坳陷为 500～3 000 m，在海槽南部的坳陷中为 500～2 000 m。根据钻井资料分析该套地层由泥岩和砂岩以及火成碎屑岩和熔岩组成，属浅海—半深海沉积相，并且可能有礁灰岩体存在，与下伏地层为不整合接触。

中新统或上中新统（$T_2^0$ 和 $T_g$ 反射界面之间），在陆架前缘坳陷和吐噶喇坳陷中地层厚度分别为 500～6 000 m 和 500～1 000 m。根据钻井资料分析该套地层由砂岩、泥岩互层和熔凝灰岩等组成，属海陆过渡相沉积，与下伏的前中新世基底为不整合接触。

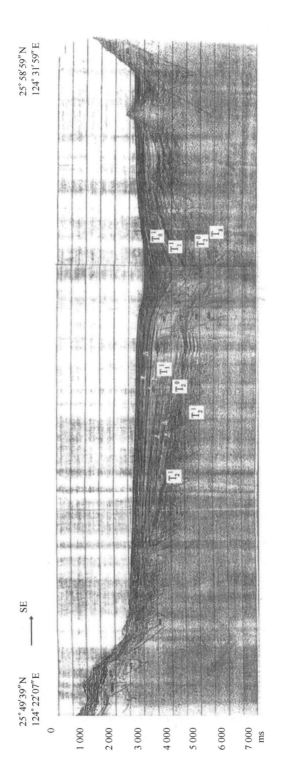

图16.6　冲绳海槽D126-2-2剖面地震反射波组、地震层序及层速度（李家彪 等，2008）

### 16.4.4 构造演化成因机制探讨

#### 16.4.4.1 东海的大地构造演化

东海的大地构造演化经历了以下四个重要阶段。

在晚古生代至三叠纪以前，现今的东亚地区经历了"古华夏海"的海侵、海退和消亡，在三叠纪期间随着古太平洋板块向欧亚大陆东缘的俯冲，形成了呈 NE—SW 向延伸的板块会聚带和消亡带，并沿着欧亚大陆边缘出现区域性的左旋滑动。在印支运动时，沿该古消亡带发生了广泛的流纹质与花岗质岩浆侵入，并形成了一系列的 NE—SW 向裂谷盆地。

在侏罗纪—早白垩世期间，沿欧亚大陆东缘和古板块消亡带发育了大量的区域性走滑断层，这些断层将该区分割成若干长条状陆块，形成褶皱带，并接受了地台沉积，形成了现今的浙闽隆起区。

从晚白垩世开始，再次发生的板块俯冲作用形成了一条穿越现今台湾中央山脉、东海至日本南部的俯冲带，并在现今的东海地区发生广泛的断裂活动，形成一系列 NE—SW 向断层。在始新世时，由于印度板块与欧亚板块之间的碰撞使欧亚大陆东缘向东移动，沿上述 NE 向断裂带发生了构造抬升与断裂活化，形成一系列张性断裂与半地堑，构成现代东海陆架盆地的雏形（于和新，1991）。

在渐新世至中新世期间，东海陆架的 NNE—NE 断裂活动继续发展，在裂谷和坳陷内接受的沉积物厚达 5 000 m，并在中新世—上新世期间地层发生了褶皱与逆断层活动（于和新，1991）。在上新世至更新世期间，东海发生了大规模的区域性沉降，形成一个边缘海盆地，并随着太平洋板块沿琉球海沟向西北方向俯冲，在冲绳海槽发生了地壳张裂和弧后扩张，形成现今的东海陆架盆地—冲绳海槽—琉球岛弧—琉球海沟典型太平洋型板块俯冲体系。

#### 16.4.4.2 冲绳海槽的形成与演化

冲绳海槽的形成与菲律宾海盆的俯冲和台湾—吕宋弧的碰撞紧密相关，且北段和南段的形成机制与形成时间是有差异的。

45 Ma 以来，西菲律宾海盆岩石圈向西北俯冲于琉球海沟之下。海盆的俯冲造成了海槽北段在中中新世晚期开始的拉张，从而为中中新世晚期沉积（相当于陆架盆地中的柳浪组和玉泉组上部）奠定了基础。在中中新世晚期地层沉积之前，位于现今东海陆架边缘的钓鱼岛岩浆岩带与琉球群岛西侧的吐噶喇火山带是相连的，两者属一原始火山弧。此后由于火山弧的分裂，西侧的钓鱼岛火山岩带在上新世之前停止了火山活动，变成了残留弧并沉没于水下，上覆上新世三潭组，该残留弧向北可延至日本的男女群岛，岛上出露中新世—前中新世熔结凝灰岩；而东部的火山岛弧（吐噶喇火山带）至今仍在继续活动。

大约 5.5 Ma 时，发生了吕宋岛弧与台湾岛之间的弧陆碰撞。碰撞首先发生在台湾东海岸的太鲁阁地区，而后自北向南逐步向台湾南部作用。碰撞将菲律宾海盆洋壳上覆的沉积铲刮到现今台湾中央纵谷东侧，形成了以上新世为主的中、上新世地层，组成了海岸山地。由于弧陆碰撞所产生的西向挤压应力，造成台湾纵谷以西的中央山脉隆升，在第四纪时形成了向西逆冲的断层和褶皱。中央山脉西侧山麓现代构造运动非常强烈，浅源地震频繁。由于菲律宾海洋壳向西偏北的挤压变形，在台湾弧陆碰撞侧向挤出应力的触发下，冲绳海槽南段开始出现张裂活动。由于张裂活动，从而诱发地幔上升，造成大陆的边缘块体（八重山群岛）被挤出向东南移散，而在后侧形成了现在的冲绳海槽南段（地堑）。

# 第17章 深部结构与地球动力过程

## 17.1 地球物理场特征

### 17.1.1 重力场特征

东海及邻域包含的主要构造有：琉球沟—弧—盆体系、东海陆架盆地、浙闽隆起区。重力异常的整体分布特征恰为这些东西分带的构造域的客观反应，组成 NE 走向的一个个异常区带。重力异常分区可以这些 NE 走向的异常区来刻画（图17.1，图17.2）。

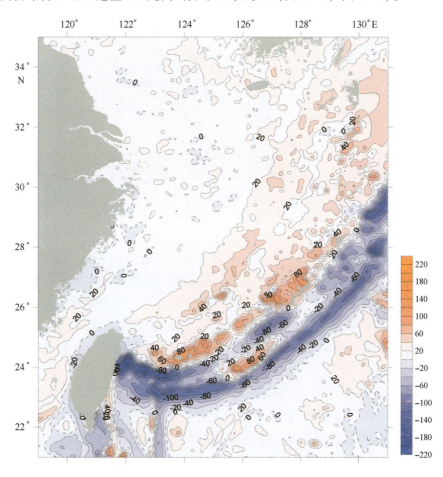

图 17.1　东海空间重力异常（等值线间隔：$15 \times 10^{-5}$ m/s²）

东海陆架空间重力异常在 $0 \times 10^{-5}$ m/s² 上下起伏，总体上自西向东呈高低相间变化，具有东西分带的特征，等值线及圈闭排列方向为 NE 向。陆架盆地区异常变化平缓，幅值一般在 $-10 \times 10^{-5} \sim 20 \times 10^{-5}$ m/s² 之间，其间的凹陷构造出现负异常圈闭，凸起构造出现正异常

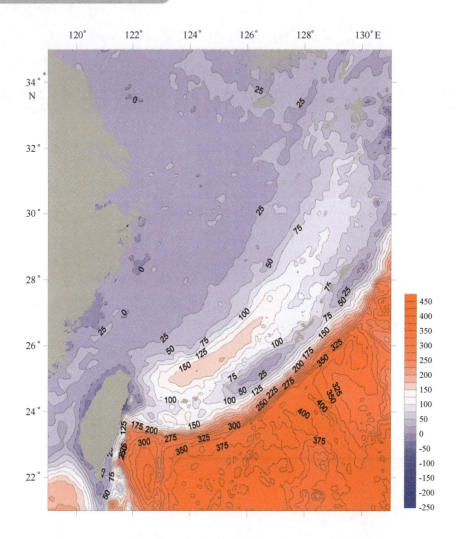

图 17.2　东海布格重力异常（等值线间隔：$15 \times 10^{-5} \, \mathrm{m/s^2}$）

圈闭；陆架外缘隆起带的正异常规模最大、幅值最高，可超过 $70 \times 10^{-5} \, \mathrm{m/s^2}$，反映的 NE 向构造走向最明显。布格重力异常呈 NE 向展布，除局部的小幅负异常外（一般在 $-15 \times 10^{-5} \, \mathrm{m/s^2}$ 以上），以正异常分布为主（最高可达 $75 \times 10^{-5} \, \mathrm{m/s^2}$），等值线形态表现出分带、分块特征。陆架盆地区布格异常在凸起构造部位稍高、在凹陷构造部位稍低；陆架外缘隆起带的布格异常不如空间异常具有明显的独立分带性，而是处在陆架盆地的异常低向冲绳海槽的异常高的过渡梯级带上。

　　陆架外缘隆起的空间重力异常带南起钓鱼岛附近，北至九州五岛列岛，宽度可达百余千米、长度可达 1 500 km、幅值超过 $70 \times 10^{-5} \, \mathrm{m/s^2}$ 正异常带，具有明显的 NE 向构造特征。此带南段为近 E—W 向，靠近台湾岛变窄消失，异常值也显低，不超过 $40 \times 10^{-5} \, \mathrm{m/s^2}$。赤尾屿以北 NE 向异常走向较一致，中段异常值最高，可达到 $75 \times 10^{-5} \, \mathrm{m/s^2}$。吐噶喇海峡以北圈闭异常值均不超过 $60 \times 10^{-5} \, \mathrm{m/s^2}$。布格异常也具有明显的 NE 向构造特征，但不如空间异常具有明显的独立分带性，尤其是南段和中段处在陆架盆地的异常低向冲绳海槽的异常高的过渡梯级带上，只是北段的布格异常形态类似于空间异常。南段布格异常由西侧的 $35 \times 10^{-5} \, \mathrm{m/s^2}$ 可上升到东侧的 $135 \times 10^{-5} \, \mathrm{m/s^2}$；中段布格异常由西侧的 $25 \times 10^{-5} \, \mathrm{m/s^2}$ 可上升到东侧的 $45 \times 10^{-5} \, \mathrm{m/s^2}$；北段布格异常表现为异常升高带，圈闭异常值一般可达到 $25 \times 10^{-5} \sim 75 \times 10^{-5} \, \mathrm{m/s^2}$。

　　沟—弧—盆地区的空间重力异常构造走向出现相应的带状分布特征，沟—弧—盆的北段、中段为 NE 向，南段由 NEE 向近 EW 向转化，台湾段接近 SN 向。冲绳海槽为在 $20 \times 10^{-5}$ m/s$^2$ 上下变化的降低异常带，沿台湾—琉球—日本岛弧则是研究区内规模最大、异常值最高（台湾岛最大可超过 $135 \times 10^{-5}$ m/s$^2$）的升高异常带，而沿台湾—琉球—日本岛弧的弧前盆地又是研究区内规模最大、异常值最低的降低异常带。布格异常等值线与 NE 向构造走向一致，等值线为密集排列的梯级带形式，异常起伏由西向东呈低—高—低变化趋势。冲绳海槽是一个升高异常带，南段最高可超过 $200 \times 10^{-5}$ m/s$^2$，北段的升高幅度弱（最高在 $120 \times 10^{-5}$ m/s$^2$ 左右）；沿台湾—琉球—日本岛弧则是一条异常梯级带，沿琉球岛弧的降低规模、幅度有限，低值中心位于岛弧前缘，接近弧前盆地，基本上不低于 $5 \times 10^{-5}$ m/s$^2$；台湾岛和九州岛的布格异常降低明显些，最低可分别小于 $-50 \times 10^{-5}$、$-120 \times 10^{-5}$ m/s$^2$；沿弧前盆地是岛弧前缘降低异常带向海沟升高异常带过渡的异常梯级带，布格异常由 $0 \times 10^{-5}$ m/s$^2$ 左右上升到 $400 \times 10^{-5}$ m/s$^2$ 以上。

琉球弧前盆地异常区，从台湾岛东侧一直延伸到九州岛东侧，是东海最大、取值最低的降低异常带，其中两端异常降低程度更显著。奄美群岛弧前盆地空间异常构成一个完整的降低异常带，异常圈闭取值可低于 $-75 \times 10^{-5}$ m/s$^2$。冲绳岛弧前异常是整个降低异常带中最弱的，取值不低于 $-50 \times 10^{-5}$ m/s$^2$。在冲绳岛和宫古岛之间的弧前也发育一个完整的降低异常圈闭，可降低到 $-115 \times 10^{-5}$ m/s$^2$ 以下，是宫古断裂及凹陷的反映。宫古岛以西的弧前降低异常是取值最低的，走向近 E—W 向，离台湾越近降低越显著，最低可低于 $-235 \times 10^{-5}$ m/s$^2$。布格异常表现为异常梯级带，由弧前降低异常带向海沟升高异常带过渡，等值线走向宫古岛以北为 NE 向，宫古岛以西为近 E—W 向，可由 $0 \times 10^{-5}$ m/s$^2$ 左右上升到 $400 \times 10^{-5}$ m/s$^2$ 以上。

琉球岛弧异常区，自由空间异常以高值正异常圈闭排列方式组成升高异常带，等值线在宫古岛以北走向为 NE 向，宫古岛以西为近 E—W 向，南段异常取值普遍高于北段，圈闭中心位置与岛弧海山一一对应。奄美群岛的正异常圈闭中心取值范围为 $45 \times 10^{-5} \sim 80 \times 10^{-5}$ m/s$^2$，奄美群岛以北及内侧的负异常圈闭，是奄美凹陷构造的反映，也是双弧构造的反映。靠近奄美群岛南部内侧也存在这种情形。吐噶喇列岛的正异常圈闭中心取值范围为 $35 \times 10^{-5} \sim 65 \times 10^{-5}$ m/s$^2$。冲绳群岛的异常圈闭东西宽度最宽，取值也是带内最高的，南、北两端的圈闭中心取值可超过 $115 \times 10^{-5}$ m/s$^2$，中部取值可低于 $45 \times 10^{-5}$ m/s$^2$，南部内侧还存在负异常圈闭和正异常圈闭，也反映双弧构造的特征。以冲绳岛为分界，南段异常未像北段异常表现出双弧构造特征，但取值较高，可达 $65 \times 10^{-5} \sim 90 \times 10^{-5}$ m/s$^2$。布格异常表现为异常梯级带，由冲绳海槽升高异常带向岛弧前缘降低异常带过渡，等值线走向宫古岛以北为 NE 向，宫古岛以西为近 E—W 向。南段梯级带陡，可由 $100 \times 10^{-5}$ m/s$^2$ 以上下降到 $0 \times 10^{-5}$ m/s$^2$ 左右；北段梯级带缓，可由 $80 \times 10^{-5}$ m/s$^2$ 上下下降到 $0 \times 10^{-5}$ m/s$^2$ 左右，等值线的平行性状远远不如南段，表现为双列岛弧之间的异常圈闭延缓异常降低，加大梯级带宽度。

## 17.1.2　磁力场特征

东海磁异常等值线走向为 NE 向和 NNE 向，其间存在 NW 向的错动与扭曲。东海磁异常由西向东划分为：浙闽沿海磁场复杂区、浙闽滨海—东海陆架西缘结合的磁力高值带、东海陆架盆地平缓正负磁场区、钓鱼岛隆褶带磁力高带、冲绳海槽低缓变化磁场区。

浙闽沿海异常多呈 NE 向分布，滨海结合带磁力高呈 NNE 向沿陆缘展布。两组异常在杭州湾—长江口外交汇。之后 NE 向继续北延与朝鲜半岛东南沿海及济州岛周围的高幅值、剧烈变化异常相接,构成分隔黄海与东海的剧烈变化异常带(图17.3)。浙闽沿海地区磁异常具有分区特征,沿海异常等值线分布与海岸线形态比较协调,而内陆以密布的单峰正负磁异常圈闭为主要特征;滨海结合带的高频、高幅异常十分显著,幅值变化大,异常形态类型也较多,异常以正值为主,等值线及圈闭排列走向有 NNE 向趋势,但在济州岛附近转为 NEE 向。

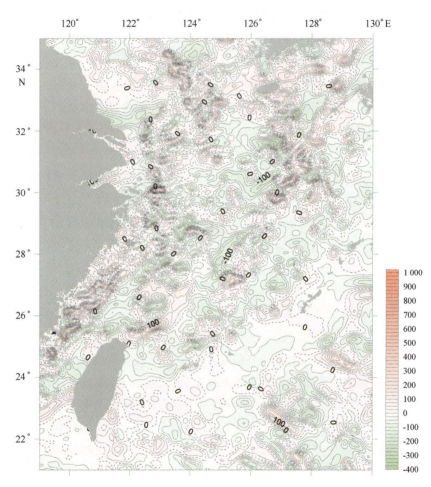

图 17.3　东海磁力异常(等值线间隔:100 nT)

东海陆架盆地磁异常较为宽缓,在低磁场背景上出现一些宽缓的走向不定的块状正异常。东海陆架盆地的南部,磁场变化较大,该区与西边近岸附近的磁异常之间,有一条 NNE 走向、以负异常圈闭为主、正异常镶嵌的异常带隔开,靠近台湾海峡分界不明显。外缘隆起正磁异常非常醒目,明显分隔了陆架盆地和冲绳海槽,往南至宫古海峡被截断。宫古海峡与台湾岛之间的正磁异常带状特征不明显,块状正磁异常一直升入陆架盆地。

冲绳海槽属于低缓变化磁场区,在南冲绳海槽升高的正磁异常幅度和规模突出。海槽磁异常的总体方向与海槽走向一致,但在中段、南段出现的线性条带状磁异常与海槽走向斜交,分别为 NEE 向和 W—E 向。冲绳海槽西坡磁异常以较平缓负异常为主,其西侧为钓鱼岛隆褶带磁力高带,东侧有一条弧形磁异常带与岛弧内侧火山链对应,琉球海沟及岛弧区为平静磁场区。

在东海陆架 NE 约 31°N 附近存在一条显著的 NW 向高异常带,特征与钓鱼岛隆褶带磁力高带相似,且与其斜交,向 NW 可延伸到济州岛,向 SE 延伸到岛弧区。

### 17.1.3 海底热流特征

#### 17.1.3.1 东海陆架盆地

我国东海陆架区水深很浅，进行热流测量不仅测量技术上有许多困难，而且有许多难以消除的影响因素，如海底水温日变、季节变化的影响，孔隙水对流，热导率变化及和海水温度相当的沉积物的快速沉积等，直接影响测量精度。在东海区共有 36 个测站，曾进行过 223 次插底，51 次成功（喻普之等，1992），但所获热流值的可靠性差。

东海陆架区的 8 口钻井是目前了解该区的热流分布特征的典型窗口（许薇岭等，1995）。它们分别位于东海陆架盆地的两个新生代沉积凹陷，即西部的长江凹陷（美人峰一井）及东部的西湖凹陷（净寺一井、花港一井、平湖二井、平湖一井、孤山一井、残雪一井和天外天一井）。钻井在东海陆架区的分布如图 17.4 所示：

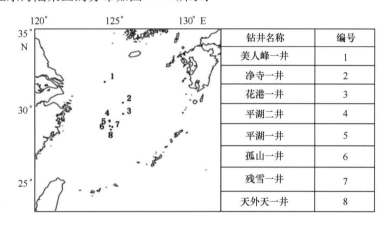

图 17.4　钻井位置图

热流测量中，地温梯度对热流值的计算至关重要，石油钻井井温测量一般有两类：一类为测井温度，是在某一井段完成并下套管之前进行的中途测试时取得的数据；另一类为试油温度，是在钻井完钻后至少静井半个月以上的时间油气测试时获得的。比较这 8 口井的两种测试温度，在相同深度上，试油温度要高于测井温度。由于试油过程较长时间保持了井下的稳定状态，使得试油温度更趋近于地层平衡温度。除各井试油温度大于同深度测井温度外，井深越浅两者偏差越大；井深越大两者渐趋一致，大多数的钻井约在 4 000 m 深处趋于一致。对这种现象的可能解释是测井前洗井对浅部温度扰动较大，使测井井温出现较大的偏离。据此，主要引用试油温度来计算热流，只在某些没有试油温度的条件下才使用测井温度。

8 口井的地温梯度除了根据式子 $G = [T - T_0]/\Delta Z$（其中 $G$ 为地温梯度，$T$ 为井段上端真正地层温度，$T_0$ 为井段下端真正地层温度，$\Delta Z$ 为井段地层厚度）进行计算外，在数据足够多的情况下采用相关统计法以求取温度变化的斜率。设 $k_i$ 为计算地层段中同类岩石的平均热导率；$d_i$ 为计算地层中同类岩石的累计厚度，又计算地层热导率为

$$K = \sum d_i / \sum (d_i/k_i)$$

在地温梯度及地层热导率测算的基础上，根据傅立叶定律计算单井热流密度，其结果见表 17.1。

表17.1　热流密度计算表

| 序号 | 井名 | 经度 | 纬度 | 深度/m | 地温梯度 / (℃·km⁻¹) | 热导率 / (W·mK⁻¹) | 热流 / (mW·m²) |
|---|---|---|---|---|---|---|---|
| 1 | 美人峰一井 | 124°35.55′E | 31°39.78′N | 3 262 ~ 3 525 | 25.57 | 2.19 | 56.0 |
| 2 | 净寺一井 | 125°46.82′E | 30°17.94′N | 2 400 ~ 3 600 | 32.84 | 2.30 | 75.65 |
| 3 | 花港一井 | 125°47.54′E | 29°34.32′N | 3 132.6 ~ 3 148.3 | 28.44 | 3.12 | 87.48 |
| 4 | 平湖二井 | 124°55.50′E | 29°8.2′N | 2 517 ~ 3 506.8 | 29.71 | 2.42 | 71.90 |
| 5 | 平湖一井 | 124°55.21′E | 29°4.13′N | 2 712 ~ 2 970 | 31.06 | 2.03 | 63.05 |
| 6 | 孤山一井 | 124°55.90′E | 28°45.9′N | 2 808 ~ 3 381.3 | 33.10 | 2.63 | 87.05 |
| 7 | 残雪一井 | 125°6.3′E | 28°42.8′N | 2 808.6 ~ 2 987 | 31.10 | 2.24 | 69.66 |
| 8 | 天外天一井 | 125°0.2′E | 28°32.1′N | 2 661.5 ~ 3 389.5 | 28.30 | 2.34 | 66.22 |

由于东海陆架盆地蕴藏着大量的石油天然气，从油气成熟作用的观点来看，陆架区的热流数据尤为重要，有助于分析油气的生成、运移和储存条件。目前，陆架区15个可靠的热流数据全部来自钻井的温度录井资料（栾锡武等，2003 a），它们相差不大，都在50 ~ 87 mW/m²之间，平均66.5 mW/m²，和全球平均热流值一致，为一正常的热流值区域。详细分析还可以看出，整个陆架区各构造单元的热流分布特征稍有不同。瓯江凹陷的热流值偏高，长江凹陷的热流值偏低，而西湖凹陷的热流值则介于其间。热流展布的趋向大致和构造走向一致，为北东方向，显示出热流和构造之间内在的联系。比西邻陆地上的苏南地亘（60.0 mW/m²）略高，又比苏北盆地（68.0 mW/m²）略低，而与东邻的冲绳海槽相比则小得多。

### 17.1.3.2　冲绳海槽

选取冲绳海槽257个热流值绘制热流异常分布特征（图17.5）。为使资料更趋可靠性，将地热探针插底深度不够、地温梯度超过仪器量程，以及站位靠近热液喷发口所造成的不可靠热流值做筛选出来，只选用其中可靠的215个进行计算，其中最高值10 109 mW/m²，最低值为9 mW/m²，平均值为458.48 mW/m²，高出东海陆架平均值的六倍多。这一平均热流值足以说明这是一个高热流地区，且该区热流值变化范围大，高而变化大的热流值特征反映了冲绳海槽区的地质复杂性。

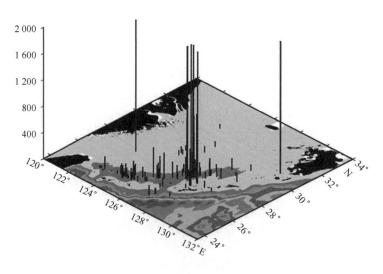

图17.5　冲绳海槽及邻区的热流异常大小分布

冲绳海槽中、高热流（大于 217 mW/m² 和大于 300 mW/m²）出现的位置主要在海槽的中部。其次为南部的八重山地堑和北部的鹿儿岛湾。详细的热流调查表明，冲绳海槽东北段和中部的高热流异常是沿海槽中轴展布的，仅限于沿海槽轴部 10 km 宽的中央裂谷带上。DELP84 和 S034 两个航次中得到的 16 个热流值，其中 15 个超过 220 mW/m²，16 个值平均为 500 mW/m²（Yamano et al.，1986）。另外，海槽中 3 个已探明的巨高热流异常区都位于海槽中轴上。例如，夏岛 84 海凹（27°35′N，127°09′E，水深 1 700~1 800 m）热流值为 508 407 mW/m²；东海凹（27°35′N，127°12′E，水深 1 700~1 800 m）热流值更高为 710 690 mW/m²；伊士名洼陷（27°13′~17′N，127°03′~06′E，水深 1 400~1 300 m）热流值为 360 220 mW/m²。这些数据表明，海槽的热活动是沿海槽的中轴进行的，热流异常可能与热液循环或与裂谷相伴生的火山作用有关，热源可能是位于海槽轴部下方的连续或是断续的岩浆侵入。

高热流值主要集中在海槽中部，即赤尾屿、宫古岛以北和冲永良部岛以南。在该区内 160 个热流值平均 243.4 mW/m²，而且海槽中 3 个巨高热流异常区都位于中部。冲永良部岛以北 10 个热流平均 124.6 mW/m²，仍是高热流异常区。由海槽北部再向北，北东向的热流条带转为北北东向。在吐噶喇海峡、宝岛和横当岛之间热流条带有错断现象。

冲绳海槽除测量到很高的热流值外，同时也测量到很低的热流值。海槽低热流值分布的区域主要在海槽中部、南部和海槽的最南端。低热流值分为两种情况，一是和高热流值相对应的，位于中部和南部海槽的中轴区，和这一区域的高热流成对出现。在赤尾屿、宫古岛南侧，低热流出现频繁，除 6 个热流值超过 100 mW/m² 以外，78 个值平均 78 mW/m²。海槽中央地堑中的热流值也相当低，在 30~200 mW/m² 之间。沿八重山地堑 10 km 范围内测得的 13 个热流值为 36 ± 12 mW/m²。如此低的热流经常被解释成相当迅速的沉积作用造成的，但据 Letouzey & Kimura（1985），地堑中有 3 000~4 000 m 更新世的沉积，平均沉积速率为 2mm/a，沉积物的覆盖只能使地表热流下降 30%。如此看来，沉积物的效应还不能完全解释南部和中部海槽轴部较大的热流差异。

这种低热流的出现，曾经被作为冲绳海槽热流值沿中轴向西南方向降低的规律，但是高、低热流的成对出现使这种向西南降低的趋势出现分散性，台湾的测值又更进一步增强了这种分散性，故目前还难于明确地提出冲绳海槽地热场沿中轴的变化趋势（高金耀，1992）。台湾宜兰平原地震活动表明，有一条断层向岸外延伸了 17 km，直到 122°E 的龟山岛附近。而与这条断层伴生的火山脊则可能是琉球内脊的最西部分，也可能与冲绳海槽的张开有关。在宜兰三角洲平原顶部以外约 20 km 处，始新世到中新世的变质地层中，已在开发一个地热田供发电使用（Lu et al.，1981）。因此，海槽可能在其全部长度范围内实际上拥有很高的热流量，而热液循环则可能局部造成了异常低的传导性热部分。

由于某些站位测量次数较多，求热流平均时会影响整个地区的平均热流水平。为消除这种因素的影响，可对热流测站进行取舍（栾锡武等，2003 a）。原则是经度和纬度都在 5 分之内的两个测站可合并为一个测站，新的测站位置为这两个测站之间的中间位置，热流值取其平均。冲绳海槽中取舍后的热流站数为 60 个（图 17.5），平均值为 161 mW/m²，最小为 8 mW/m²，最大为 991 mW/m²。从取舍的结果看，密集测量站位的高热流大大影响了整个海槽的热流平均值，但取舍后的海槽热流值仍然没有改变其高而变化大的特点。

野水等（1970）在冲绳海槽测量的 10 个热流值的平均值为 124 ± 66 mW/m²，如果把其中位于琉球列岛之间的一个热流值排除掉，则平均值提高到 127 ± 70 mW/m²，Sclater 等（1980）由简单的半空间冷却模型，推断出处于该热流水平的冲绳海槽年龄为 9~20 Ma；当

利用所有大洋和边缘海盆地的经验关系曲线进行推算时，根据冲绳海槽的平均热流值为140
±115 mW/m²，得冲绳海槽地壳年龄只有2Ma。一般来说，这估值是偏小的。刘昭蜀和陈雪
（1984）根据冲绳海槽的11个热流值，建立热传导模型，计算所得冲绳海槽年龄约为5.3Ma。
即使我们采纳Sclater前面的9~20 Ma的估值，与其他边缘海盆地相比，冲绳海槽也是极为年
轻的弧后盆地。冲绳海槽南、北、中段热流分布的差异特征应该与海槽裂谷的发展阶段有关。

### 17.1.3.3 琉球沟弧系

琉球群岛6个热流值平均为65.7 mW/m²，和全球平均热流值相当。单从数值上看，热
流平均值属正常值区。但该区域位于火山前锋，应有热流值的相对偏高。显然，有限个数的
热流值还不能完全说明问题。

琉球海沟的海沟西坡，8个热流值平均为42.8 mW/m²，在全区最低。在沟弧的上盘坡热
流通常是最低的，这一现象可用冷的海洋板块下插过程中吸热来解释。但板块下插区的热结
构不只受下插板块的冷却效应的影响，还受到其他因素如板块边界摩擦生热与下插板片上方
地幔楔对流、海洋地壳脱水等因素的影响。海沟区19个热流值平均为61 mW/m²。

菲律宾海52个热流值平均为50.1 mW/m²，稍低于海沟区的热流值。菲律宾海是西太平
洋的一部分，是一个有40~50 Ma发展史的边缘海，这一热流数值属正常值范围。

从上述可以看出海底热流值在沟弧盆系上的分布差异。海槽的平均热流值超过120
mW/m²，岛弧降为65 mW/m²，海沟的热流值进一步降至50 mW/m²，不排除海槽、岛弧存在
双峰热流高值。

### 17.1.3.4 东海深部温度场特征

为了研究东海地区的地温场，金翔龙、高志清（1986）布置了两条垂直于构造走向的地
温场剖面，与海槽、岛弧、海沟走向垂直，点距15 km，测线长600 km，图17.6的北部剖面
从冲绳岛和奄美大岛之间穿过，图17.7的南部剖面从冲绳岛和宫古岛之间穿过。它们穿过的
构造比较典型，能在一定程度上代表区域的构造特征；它们附近的热流值测点比较多，分布
比较均匀，数值上比较接近。测线上大陆部分热流值取华北地区的热流平均值，测线上其余
部分的数据由周围的热流值内插得到。用有限差分法计算地温场时，取地表温度为0℃，下
部边界的温度开始时取1 000℃，整个剖面的两端达到热流值稳定的地区，而认为无水平方向
的热传递，计算时不考虑物质对流的影响，凡是温度超过1 500℃的点都删去，最后得到的地
温场如图17.6和图17.7所示。根据等温线形态，下面分四个结构区予以说明。

1）东海陆架区

地温场等温线比较平缓，南北两条剖面上的形态比较一致，受沉积层的阻热作用，近地
表的温度梯度高，最高为70℃/km。随着深度的增加，温度梯度迅速减小，在35 km深处，
降为11℃/km，平均温度为750℃，取软流层上界面的温度为1 450℃，则岩石圈厚度可能在
100~110 km之间。东海陆架区的热流主要来源是花岗岩类物质中放射性元素的衰变热。

2）冲绳海槽

本区地温场在南部和北部的差异十分显著，海槽南部温度梯度值很高，近地表为80℃~
150℃/km，与它的高热流是一致的。随着深度的增加，温度梯度值逐渐减小。这里高温异常

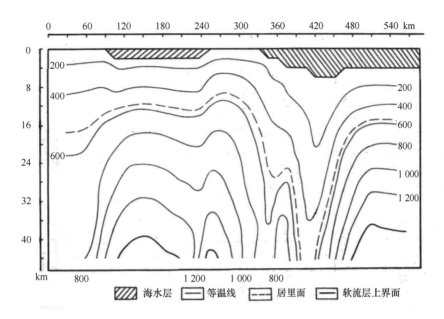

图 17.6 冲绳北段及邻近地区地温剖面结构

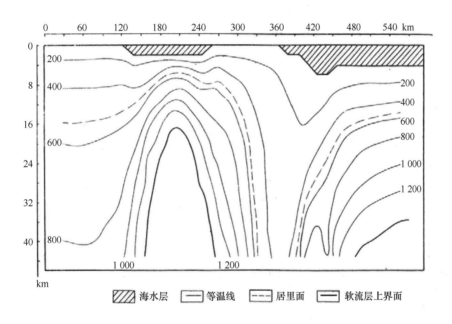

图 17.7 冲绳南段及邻近地区地温剖面结构

地幔发育十分明显，在轴部岩石圈平均厚度只有 24 km，而在海槽的边缘地带厚度达 40 km 以上，整个高温异常地幔的形态在剖面上呈岩锥状。海槽北部温度垂直梯度较低，其变化幅度也较小，近地表处的温度垂直梯度一般在 70~90℃/km 之间，在 30 km 处降为 28℃/km。海槽北部软流层上界面的深度较大，一般在 40 km 以上，高温异常地幔的形态从剖面上看，呈驼峰形。

3）琉球沟弧

本区温度在水平方向上变化非常剧烈，南北剖面上的地温场差异也十分显著。在南部地温剖面上，从琉球岛弧近海槽一侧到岛弧外侧，温度急剧下降，再向外就是低温带，它的位置基本与贝尼奥夫带一致。在低温带，垂直方向上的温度梯度很小，一般小于6℃/km。只在近地表附近才达到20℃/km。北部地温场剖面，温度结构比较复杂，在内弧下伏温度比较高，向外弧方向温度急剧下降，到海沟处为贝尼奥夫低温带。这与岛弧北部的双弧列岛特征和内弧活跃的火山岩浆活动特征是一致的。

4）菲律宾海盆

地温场在南北方向上没有明显的差异，该区的温度梯度也不大，近地表处的温度梯度为50 ℃/km左右，在30 km深处为36 ℃/km。这意味着菲律宾海盆的热流主要来源于地幔，它的岩石圈厚度在32～36 km之间，且在海沟附近急剧增大。

以540℃的等温面为居里面。在南部剖面上，居里面在大陆架深处约16 km，在陆架边缘居里面急剧抬升，在海槽地区深约9 km，最浅只有6 km，由此可以解释这里磁异常值幅度不大，且十分平缓。在北部剖面上，居里面在陆架区深约18 km，至海槽其深度逐渐升到12 km左右。在菲律宾海盆，南北剖面上居里面的深度相差不大，为14～16 km。在海沟附近其深度急剧增加，形态与贝尼奥夫带一致。

在陆架区莫霍面附近的温度南、北剖面上差别不大，皆在600℃～650℃左右。而在海槽区，莫霍面附近的温度南北差异非常大。在海槽南部，温度一般在1 000℃以上，最高可达1 300℃，接近熔融；而在海槽北部，温度一般在800℃～900℃，温度变化也不像南部那样剧烈。菲律宾海盆莫霍面的温度一般在400～440℃，南北无明显差异，温度变化很平缓。

## 17.2  地壳结构

东海陆架盆地沉积基底面最浅处约为2.3 km，较深处约为11 km，起伏深度差最大近9 km，盆地沉积层为中生代以来的沉积，岩性以砂泥岩为主。钓鱼岛岩浆岩带由于岩浆的侵入，其上仅有上新世以来的沉积，沉积基底面深度小于2.5 km。冲绳海槽盆地沉积基底面深度在0.7～5.5 km之间；沉积层平均厚度在2 km左右，各处厚度差异很大，最薄处约为1 km，最厚处约为4 km，主要为新近纪以来的沉积。琉球隆褶区，在510 km剖面处沉积层厚度最大，约为7 km，左右两侧基底面抬升，沉积层变薄，沉积主体为岛尻坳陷，主要为古近纪和新近纪以来的沉积。琉球海沟及菲律宾海盆地区，沉积基底面与海底基本平行，主要为第四纪沉积，平均厚度在500 m左右，基本上等厚分布，自西向东略显减薄趋势（图17.8）。

东海陆架盆地沉积层以下的上地壳主要为前中生代变质岩，在冲绳海槽盆地则为前新生代变质岩，平均密度均为$2.7 \times 10^3$ kg/m$^3$，磁化强度均在$800 \times 10^{-3}$A/m左右。在综合剖面图中130～220 km段有磁化强度为$1 800 \times 10^{-3}$A/m的磁性体存在，依据物性推测其为中基性、基性侵入岩体；在220～245 km段有磁化强度为$1 100 \times 10^{-3}$A/m的磁性体存在，并切穿多套地层，推测其为中酸性侵入岩体。钓鱼岛岩浆岩带，主要由中酸性侵入岩体构成。570km处以西的琉球隆褶区为前中新世变质岩，平均密度为$2.7 \times 10^3$ kg/m$^3$，具弱磁性。琉球海沟及菲律宾海盆仅有玄武岩层，平均密度为$2.9 \times 10^3$ kg/m$^3$，磁化强度平均为$2 000 \times 10^{-3}$A/m，第四系直接覆盖其上。570～620 km段沉积层以下的上地壳，平均密度为$2.6 \times 10^3$ kg/m$^3$，磁化强度为$900 \times 10^{-3}$A/m，推测为杂岩分布区，杂岩是菲律宾板块向西俯冲的产物。

图17.8所示剖面跨越多个构造单元，莫霍面起伏比较大。从整条剖面看，莫霍面显示为

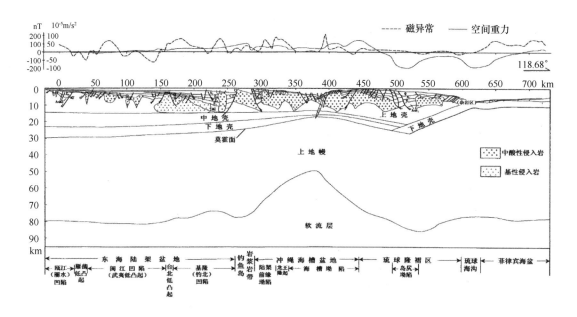

图 17.8　东海地球物理综合探测剖面及岩石圈地学断面（高德章，2004）

两隆两坳，两隆顶点分别位于 380 km、620 km 处，两坳低点则在 0 km 与 520 km 处。自西向东，莫霍面在陆架区由 29.3 km 逐步升至 25 km；至钓鱼岛岩浆岩带东界，抬升至 23 km；至冲绳海槽盆地水深最大处（380 km 处），急剧抬升至 16.7 km；至琉球隆褶区中部（520 km 处），又急剧下降至 27.2 km 左右；至琉球海沟，又急剧抬升，此处深度仅为 11.4 km 左右；自 660 km 至剖面终点，深度一直保持在 10.7 km 左右。

取地壳与上地幔的界面密度差为 0.143g/cm³，标准地壳深度为 30 km。重力反演结果表明大部分海域的莫霍界面埋深在 25~27 km 左右，但冲绳海槽地壳明显减薄，在 17 km 左右（海槽南部只有 16 km），属于过渡型地壳。琉球岛弧区地壳再度增厚，海沟区地壳厚度迅速减薄至 10 km 以下，进入大洋地壳的范畴（图 17.9）。

冲绳海槽的深部重力异常较东海大陆架有较大幅度的提高，最高处恰与海槽的中轴线对应为 $170 \times 10^{-5}$ m/s²，东西两侧较低，约 $100 \times 10^{-5}$ m/s²。海槽的中部地壳厚度约 20 km，东西两侧逐渐加厚到 24 km，莫霍面呈一巨大的拱形，与深部重力异常吻合得很好。由此可以看出，冲绳海槽为大陆型地壳逐渐向大洋型地壳转变的过渡地壳。冲绳海槽的地壳厚度较东海陆架和琉球岛弧明显减薄。Lee 等（1980）用双船折射法获得西南冲绳海槽地壳的纵波数据，得到海槽内莫霍面埋深最浅处厚度只有 16 km，第一次确立了冲绳海槽地壳减薄的概念。这次研究结果表明海槽地区第一层的纵波速度是 1.9~2.0 km/s，第二层为 2.3~3.0 km/s，这两层可能主要为晚中新世至现代的半固结及非固结的沉积物，第三层为 4.5~17.2 km/s，可能是前中新世的花岗岩层，第四层的速度为 6.4~7.2 km/s，可能是辉长岩，上地幔的纵波速度为 8.2 km/s。该处上地幔明显上隆，地壳厚度在 16 km 左右，这个厚度介于陆壳与洋壳之间。在冲绳海槽北部的双船折射和声呐浮标测量中，也测到了与南段第三层相对应的速度层。冲绳海槽北段 TO-KA-1 油井采集到了晚白垩世花岗岩样品，这些岩石上直接覆盖着 2 900 m 厚的上新世岩层，还包含了晚中新世的熔岩流和沉积物。根据重力资料估算（江为为等，2002），东海陆架区地壳厚为 26~30 km，冲绳海槽区为 19~22 km，琉球岛弧区为 24~28 km。因此冲绳海槽的莫霍面较陆架与岛弧区都有不同程度的抬升，其莫霍面呈一带状隆起区，莫霍面等深线的走向呈北东向，在冲绳海槽南部其莫霍面深度在 17~18 km，在冲绳海

**313**

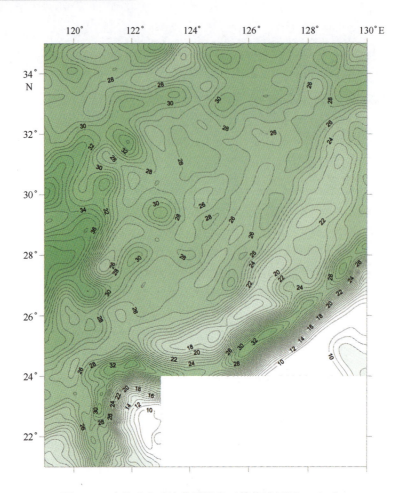

图 17.9　东海重力反演莫霍深度（等值线间隔：1 km）

槽北部莫霍面深度为 18～20 km。因此，冲绳海槽地壳结构应该属于减薄了的大陆型地壳。

琉球岛弧由内、外两弧组成，内弧主要由第四纪的火山岩组成，即所谓的吐噶喇火山链；外弧主要由花岗岩或被辉绿岩侵入的不同时代的沉积岩所组成。地壳厚度最大近 31 km，与深部重力异常的最低点 $30 \times 10^{-5}$ m/s$^2$ 对应得很好，与冲绳海槽的重力异常最高点相比重力异常下降了约 $140 \times 10^{-5}$ m/s$^2$，而地壳厚度却增加了近 10 km。在外弧的顶部和西坡，沉积物较薄，自由空间异常最大达 $95 \times 10^{-5}$ m/s$^2$。从外弧东坡到琉球海沟，地震波速为 6.0 km/s 的层 2 的厚度到琉球海脊显著变薄，地壳结构发生了强烈变化。计算结果表明，地壳厚度以每 10 km 下降 2 km 的梯度向海沟方向急剧变薄，是一种向大洋型地壳转变的典型的过渡型地壳，这里可能是太平洋西部边缘地区地壳结构变化最剧烈的地区。

与琉球海脊毗邻的细长的琉球海沟，其轴部大部分地段的水深超过 6 500 m，海沟中部水深竟达 7 500 m，海沟底部宽约 10 km。其地壳厚度较以上各带都较薄，上地幔自大陆坡迅速抬升，及至海沟底部，地壳厚度一般为 6 km。与之相对应的是在岛弧侧的沟坡上有一个重力的梯度带，从沟坡到海沟轴，重力异常从 $270 \times 10^{-5}$ m/s$^2$ 猛增到 $380 \times 10^{-5}$ m/s$^2$，平均每 10 km 增加 $20 \times 10^{-5}$ m/s$^2$，因此，海沟下面的地壳显然为大洋型地壳。

琉球海沟的莫霍面由 12 km 变化至 20 km 左右，岛弧的莫霍面由 20 km 左右变化至 30 km 左右，组成了一条明显的莫霍面梯级带，这里是东海海区莫霍面等深线急剧变化的地区。岛弧海沟地区的地壳结构总的来说属于过渡型地壳，但是岛弧与海沟的地壳结构不尽相同，各有其独自的特点。琉球海沟北段的地震研究表明，海沟岛弧侧过渡为大洋型地壳（Ludwig

等，1973 年，图 17.10）。吐噶喇海峡以南的琉球海沟南、中段，有两个双船折射点（C18，C19）测到了 4 个速度层，它位于海沟的洋侧，层 1 的纵波速度分别为 2.0 km/s 和 2.8 km/s，厚度分别为 0.06 km 和 2.9 km，层 2 的纵波速度都是 4.4 km/s，厚度分别为 2.3 km 和 0.7 km，层 3 的纵波速度分别为 6.5 km/s 和 6.3 km/s，厚度分别为 2.85 km 和 1.5 km，上地幔速度为 8.1 km/s，可见琉球海沟南、中段洋侧已是大洋型地壳。但是该段岛弧侧的地震折射剖面表明存在一个纵波速度为 5.0 km/s 的厚层（可能大于 6 km）伏于 3.0 km/s 的厚 3 km 的岩层之下，后者上面又覆盖了一层（小于 1 km）纵波速度为 2.0 km/s 的沉积层。而且海沟岛弧侧的自由空间异常比海沟轴部约高出 $100 \times 10^{-5}$ m/s$^2$，说明它的地壳是由较高密度的岩石组成，它或许是与琉球岛弧地壳类似的大陆地壳的一部分（施益忠，1992）。

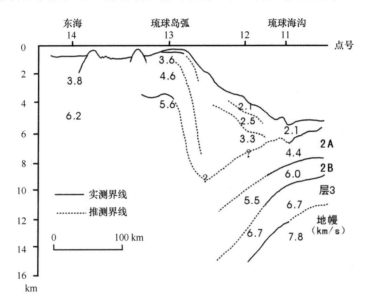

图 17.10　横穿琉球沟 – 弧系北部地壳构造断面图（据 Tomoda et al.，1981）

从琉球海沟往东的西北菲律宾海盆，其莫霍面埋深总体上北深南浅，除海岭外，一般变化于 14 – 11 km 之间，为比较典型的大洋地壳。菲律宾海的莫霍面埋深最浅，不到 10 km，最小可达 4 km 左右。菲律宾海的沉积物也很薄，沉积物直接覆盖于玄武质岩类地壳层之上，而无花岗质岩类地壳层的分布，属于典型的大洋型地壳。其地壳构造形态也比较简单，各地壳层基本上呈水平状平行展布。

## 17.3　构造应力场

### 17.3.1　构造应力分析

#### 17.3.1.1　井孔崩落分析

东海陆架盆地东部与冲绳海槽毗连，南接台湾海峡。由于该地区缺少强地震，海域也无地震台站，因而难以获得作为研究地壳应力场基本资料的地震震源机制解。其他应力测量资料也暂时难以获得，因而过去对该区构造应力场的研究不多，只是做了些推测（汪素云等，1987）。自 20 世纪 80 年代来，随着我国对海域石油的勘探和开发，在该地区积累了一批深钻孔的测井资料。其中，双井径测井曲线包含的孔壁崩落的信息，是研究现代地壳上层构造应力场的宝贵资料（高阿甲等，1990）。井孔孔壁崩落分析是目前常用的分析地壳上层应力状态的方法。理论分析结果表明（Zoback，1985），并经实验证实（Hainson，1986），对竖直井孔，"崩落缺口"所示的优势崩落方向即为最小水平主应力方向，并且崩落缺口越深，说明水平差应力越大。

高建理等（1992）曾公布了我国第一批东海和南海海域井孔孔壁崩落分析得出的水平主应力方向的数据，后经过许忠淮等（1997）对此资料进行重新分析，并且补充了一些东海地区新井孔的资料。他们对收集到的南黄海和东海海域一批井孔的地层倾角测井曲线，分析其中的井径测量及相应的方位曲线，来研究地壳上层现代构造应力场的特征。所分析的井孔名称及编号见表17.2，按编号给出井孔位置见图17.11。

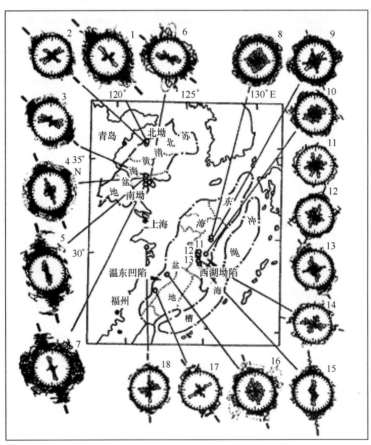

图 17.11　各井孔位置及测井段孔形平面投影图（许忠淮等，1997）

表 17.2　井孔名称和各井孔统计性的优势崩落方向

| 编号 | 孔名 | 优势崩落方向 | 编号 | 孔名 | 优势崩落方向 |
|---|---|---|---|---|---|
| 1 | 诸城 1-2-1 | N45°W | 10 | 玉泉 1 | 不明显 |
| 2 | 诸城 7-2-1 | N50°W | 11 | 平湖 2 | 不明显 |
| 3 | 常州 6-2-1 | N50°W | 12 | 平湖 1 | N20°E |
| 4 | 常州 6-1-1 | N25°W | 13 | 平湖 3 | N30°W |
| 5 | 常州 1-2-1-1 | N15°W | 14 | 孤山 1 | （N80°W） |
| 6 | 无锡 1-3-3-1 | N50°W | 15 | 天外天 1 | N10°W |
| 7 | 常州 2-4-1-1 | N20°W | 16 | 温澜 6-1-1 | （N20°W） |

| 编号 | 孔名 | 优势崩落方向 | 编号 | 孔名 | 优势崩落方向 |
| --- | --- | --- | --- | --- | --- |
| 8 | 东海 1 | 不明显 | 17 | 石门源 1 | （N30°W） |
| 9 | 龙井 2 | （N20°W） | 18 | 宁参 1 | （N10°W） |

注：带括号的结果表示肯定程度较差。

由图 17. 11 可看出，对南黄海的 7 口井孔，都存在明显的优势崩落方向，且优势方向主要为 NNW—SSE 至 NW—SE。东海的 11 口井孔孔壁不存在特别强的崩落方位，表明井孔所在地区的水平差应力作用不可能太强，由微弱的优势孔壁崩落方位可推断东海的最大水平主压应力大致为 NE—SW 向。

### 17.3.1.2　震源机制解分析

冲绳海槽和其东部的琉球岛弧地区是中、强地震的频发区。现今，强地震的频繁发生、现代构造应力场的研究数据和现代大地测量的观测结果表明，该地区现今构造运动仍十分强烈。冲绳海槽是强地震带之一，具有频度高、震级大的特点。一般南段现代地震活动多，震源深度较大，北段相对减弱，震源深度减小。自 1900 年以来，这一地区记录的地震已逾 100 次（Shiono，1980），微地震发生的频率更高。例如，1984 年日本 DELP - 84 航次所布放的 3 个海底地震观测仪一个月内在海槽的中部记录到近 1 000 次微地震。1992 年，5 个海底地震观测仪一个月内在海槽的中部记录到 1 700 次微地震。冲绳海槽在区域构造运动控制下，形成了异常复杂的构造格局和构造运动特征：地震强烈频繁，震源深度的分布遍及地壳的各个部位，断裂纵横交错，构造运动具有明显的分区性。

近 20 年来，现代应力方向广泛采用天然地震资料的断层面解即地震震源机制解来确定，而且取得十分显著的成果。地震震源机制解是分析地壳现代构造应力场的基本资料，地震的最佳双力偶震源机制解答的 P 轴反映了地震时震源区最大的压缩变形方向，而 T 轴则表示了最大伸张变形的方向。

表 17. 2 的震源机制解是黄培华等（1994）由美国 Harvard 大学地球和行星科学系地震数据库中取出，包括 1977—1991 年 mb 大于等于 5.0 地震目录（48 个地震 CMT 震源机制解）和汇编的 1961—1991 年 mb 大于等于 5.0 地震的 68 个震源机制解（包括引用 Shiono，1980；Eguchiet al.，1983；臧绍先等，1989）。Eguchi 和 Uyede（1983）曾研究过 No. 35 地震，它位于海槽北端，T 轴方位角为 352°，反映了海槽受到近南北向的拉伸作用。臧绍先等（1989）研究了 4 个海槽内（包括上述的 No. 35 地震）和 4 个海槽边缘的震源机制解认为，海槽浅震基本上反映 NNW 向的拉伸。黄培华等（1994）依据冲绳海槽区的 11 个新的震源机制解分析认为，海槽北段正进行着与海槽走向一致的近于南北向的拉张运动；海槽中段正进行着与菲律宾海板块向 NW 俯冲方向相一致的 NW 向弧后盆地扩张运动；南段也进行与海槽走向相一致的拉伸运动。结果如图 17.12 和图 17.13 所示。

许忠淮等（1997）根据 69 个地震震源机制解（其中 62 个为 Harvard 大学的矩阵矩张量 CMT 解）研究得出，在琉球岛弧两侧的冲绳海槽和外侧的深海沟地区，震源机制解的 T 轴主要垂直于海槽和海沟的延伸方向（见图 17.14a），而在琉球岛弧上 P 轴主要方向垂直于岛弧延伸方向（图 17.14b），冲绳海槽内接近垂直于海槽走向的 T 轴与东海地区由井孔崩落确定的最小水平主压力 Sh 方向是一致的（图 17.14a），而海槽内 P 轴方向是以顺海槽延伸方向为主，与东海地区的最大主应力 SH 方向也大体一致（图17.14b）。这些结果说明，震源机制解的结论与井孔崩落分析结果是一致的，南黄海地区与我国华北地区有类似的现代构造应力场特征，东海地区的最大水平压应力方向为 NEE—SWW，最小水平压应力方向为 NNW—SSE，它们分别与冲绳海槽地区的最大和最小压应力方向接近。并由此推断，我国东部地区浅部并未受到菲律宾海板块俯冲的推挤作用，而是可能受到垂直于冲绳海槽走向的拉伸作用的影响。

**表 17.3　地震震源机制解**

| 编号 | 日期 年-月-日 | 时间 时:分 | 震源位置 | | 深度/km | 震级 mb | 节面 A/(°) | | 节面 B/(°) | | P 轴/(°) | | N 轴/(°) | | T 轴/(°) | |
|---|---|---|---|---|---|---|---|---|---|---|---|---|---|---|---|---|
| | | | °N | °E | | | 走向 | 倾角 | 走向 | 倾角 | 方位 | 倾角 | 方位 | 倾角 | 方位 | 倾角 |
| 1 | 1984-03-19 | 3:04 | 25.89 | 129.6 | 42 | 5.3 | 64 | 53 | 177 | 62 | 34 | 49 | 204 | 41 | 298 | 5 |
| 2 | 1989-01-03 | 4:41 | 29.2 | 130.99 | 23 | 5.8 | 3 | 35 | 201 | 56 | 142 | 76 | 15 | 8 | 283 | 11 |
| 3 | 1961-07-18 | | 27.74 | 131.73 | 23 | 6.6 | | | | | 177 | 62 | 29 | 24 | 294 | 13 |
| 4 | 1968-08-03 | | 25.6 | 128.4 | 19 | 6.5 | | | | | 274 | 64 | 48 | 20 | 145 | 18 |
| 5 | 1981-12-08 | 5:11 | 29.3 | 131.15 | 28 | 5.5 | 44 | 63 | 221 | 27 | 133 | 18 | 223 | 1 | 317 | 72 |
| 6 | 1988-04-04 | 15:43 | 30.21 | 130.83 | 42 | 5.2 | 46 | 77 | 163 | 27 | 117 | 28 | 220 | 23 | 344 | 55 |
| 7 | 1986-06-02 | 3:56 | 29.58 | 130.67 | 26 | 5.2 | 48 | 73 | 201 | 19 | 131 | 27 | 225 | 8 | 331 | 61 |
| 8 | 1987-03-28 | 11:26 | 30.73 | 131.76 | 15 | 5.1 | 29 | 73 | 168 | 23 | 108 | 26 | 205 | 14 | 321 | 60 |
| 9 | 1980-02-27 | 6:24 | 29.05 | 131.05 | 15 | 5.1 | 29 | 75 | 151 | 26 | 101 | 27 | 203 | 21 | 326 | 55 |
| 10 | 1980-03-29 | 17:04 | 28.95 | 129.89 | 15 | 5.1 | 53 | 75 | 210 | 17 | 137 | 29 | 231 | 6 | 332 | 60 |
| 11 | 1991-08-03 | 8:33 | 29.37 | 129.54 | 24 | 5.4 | 249 | 89 | 339 | 86 | 294 | 2 | 51 | 86 | 204 | 4 |
| 12 | 1978-12-17 | 19:35 | 29.26 | 130.65 | 13 | 5.6 | 123 | 72 | 225 | 58 | 170 | 38 | 8 | 52 | 267 | 10 |
| 13 | 1990-05-17 | 23:28 | 26.31 | 127.42 | 48 | 6.1 | 38 | 63 | 231 | 28 | 133 | 17 | 41 | 5 | 295 | 72 |
| 14 | 1984-08-28 | 19:04 | 27.16 | 128.31 | 33 | 5.9 | 57 | 67 | 207 | 26 | 138 | 21 | 232 | 12 | 349 | 66 |
| 15 | 1985-02-28 | 20:53 | 27.22 | 128.41 | 37 | 5.9 | 51 | 68 | 226 | 22 | 139 | 23 | 230 | 2 | 325 | 67 |
| 16 | 1986-03-24 | 2:01 | 28.36 | 129.86 | 15 | 5.6 | 43 | 79 | 206 | 12 | 130 | 34 | 222 | 3 | 318 | 56 |
| 17 | 1988-10-08 | 14:39 | 28.79 | 130.17 | 53 | 5.2 | 69 | 80 | 180 | 26 | 139 | 31 | 24 | 23 | 5 | 49 |
| 18 | 1984-10-02 | 4:42 | 26.15 | 128.58 | 10 | 5.6 | 51 | 82 | 193 | 10 | 135 | 37 | 230 | 6 | 328 | 53 |
| 19 | 1969-06-19 | 7:03 | 28.13 | 130 | 27 | 5.5 | 110 | 74 | 230 | 30 | 142 | 55 | 12 | 25 | 270 | 25 |
| 20 | 1986-04-30 | 23:14 | 28.6 | 129.72 | 39 | 5.5 | 228 | 86 | 335 | 15 | 153 | 48 | 47 | 14 | 305 | 39 |
| 21 | 1990-09-30 | 19:05 | 24.15 | 125.02 | 20 | 5.9 | 238 | 19 | 35 | 72 | 131 | 27 | 37 | 7 | 294 | 62 |
| 22 | 1980-07-12 | 18:33 | 23.83 | 124.93 | 15 | 5.2 | 234 | 20 | 39 | 71 | 133 | 26 | 40 | 5 | 300 | 64 |
| 23 | 1981-12-12 | 4:52 | 23.96 | 125.95 | 10 | 6.1 | 321 | 58 | 69 | 64 | 283 | 4 | 190 | 46 | 17 | 44 |
| 24 | 1984-05-27 | 3:39 | 28.55 | 127.94 | 13 | 5.7 | 80 | 36 | 272 | 55 | 209 | 79 | 88 | 6 | 357 | 9 |
| 25 | 1990-06-16 | 4:53 | 27.43 | 127.18 | 15 | 5.6 | 9 | 32 | 243 | 69 | 188 | 58 | 53 | 24 | 314 | 20 |
| 26 | 1977-12-22 | 4:45 | 29 | 127.45 | 15 | 5.5 | 92 | 33 | 233 | 64 | 107 | 65 | 242 | 18 | 337 | 16 |
| 27 | 1980-03-02 | 23:29 | 26.67 | 126.12 | 15 | 5.5 | 193 | 81 | 97 | 57 | 60 | 30 | 207 | 55 | 321 | 16 |
| 28 | 1986-07-25 | 23:41 | 26.29 | 125.73 | 15 | 5.5 | 101 | 89 | 11 | 83 | 236 | 4 | 110 | 83 | 326 | 6 |
| 29 | 1980-03-09 | 8:41 | 26.85 | 126.06 | 15 | 5 | 183 | 89 | 93 | 71 | 50 | 14 | 187 | 71 | 317 | 12 |
| 30 | 1989-09-05 | 11:25 | 29.29 | 127.93 | 15 | 5.2 | 30 | 77 | 294 | 64 | 255 | 28 | 54 | 61 | 160 | 9 |
| 31 | 1989-09-03 | 0:19 | 25.61 | 124.78 | 15 | 5.3 | 282 | 87 | 191 | 59 | 52 | 19 | 287 | 59 | 151 | 23 |
| 32 | 1989-11-06 | 15:12 | 25.64 | 124.85 | 15 | 5.2 | 20 | 60 | 271 | 60 | 236 | 45 | 56 | 45 | 146 | 0 |
| 33 | 1985-01-15 | 9:56 | 25.05 | 124.95 | 23 | 5.2 | 264 | 71 | 36 | 27 | 202 | 59 | 77 | 18 | 339 | 23 |

| 编号 | 日期 | 时间 | 震源位置 | | | 震级 | 节面 A/(°) | | 节面 B/(°) | | P 轴/(°) | | N 轴/(°) | | T 轴/(°) | |
|---|---|---|---|---|---|---|---|---|---|---|---|---|---|---|---|---|
| | 年-月-日 | 时:分 | °N | °E | 深度/km | mb | 走向 | 倾角 | 走向 | 倾角 | 方位 | 倾角 | 方位 | 倾角 | 方位 | 倾角 |
| 34 | 1978-09-11 | 7:40 | 24.41 | 124.77 | 15 | 5.7 | 308 | 49 | 142 | 42 | 158 | 82 | 314 | 7 | 44 | 3 |
| 35 | 1977-12-22 | 4:45 | 29.58 | 127.89 | 46 | 5.5 | 211 | 40 | 327 | 70 | 105 | 50 | 250 | 33 | 352 | 17 |
| 36 | 1980-03-02 | 23:28 | 26.99 | 126.73 | 41 | 5.4 | 109 | 58 | 202 | 56 | 70 | 22 | 196 | 56 | 329 | 24 |
| 37 | 1978-05-23 | 7:50 | 31 | 130.45 | 175 | 6.3 | 25 | 69 | 229 | 23 | 122 | 23 | 28 | 9 | 279 | 65 |
| 38 | 1987-07-03 | 10:10 | 30.99 | 130.4 | 166 | 5.8 | 5 | 86 | 239 | 6 | 100 | 41 | 6 | 5 | 270 | 49 |
| 39 | 1983-06-21 | 17:06 | 29.69 | 129.45 | 155 | 5.9 | 8 | 78 | 162 | 13 | 93 | 33 | 187 | 6 | 286 | 57 |
| 40 | 1982-07-05 | 8:57 | 30.77 | 130.47 | 119 | 5.7 | 41 | 89 | 304 | 10 | 141 | 43 | 41 | 10 | 301 | 45 |
| 41 | 1967-05-18 | 23:39 | 30.91 | 130.9 | 64 | 5.5 | 278 | 20 | 43 | 78 | 237 | 32 | 137 | 16 | 54 | 24 |
| 42 | 1978-09-12 | 0:41 | 29.81 | 129.51 | 151 | 5.2 | 106 | 62 | 241 | 38 | 88 | 12 | 184 | 23 | 330 | 63 |
| 43 | 1968-05-14 | 14:05 | 29.93 | 129.39 | 162 | 5.9 | 177 | 28 | 335 | 64 | 162 | 19 | 69 | 10 | 316 | 69 |
| 44 | 1970-03-23 | 12:14 | 29.82 | 129.39 | 162 | 5.7 | 91 | 48 | 280 | 42 | 265 | 5 | 185 | 5 | 13 | 75 |
| 45 | 1969-12-31 | 19:01 | 28.55 | 129.15 | 62 | 5.8 | 92 | 44 | 325 | 60 | 194 | 59 | 37 | 29 | 301 | 9 |
| 46 | 1981-02-24 | 6:45 | 28.02 | 129.81 | 65 | 5.6 | 282 | 66 | 131 | 28 | 168 | 67 | 288 | 12 | 22 | 20 |
| 47 | 1989-03-17 | 2:21 | 26.82 | 127.08 | 102 | 5.8 | 243 | 85 | 348 | 18 | 318 | 38 | 62 | 17 | 171 | 47 |
| 48 | 1991-04-14 | 8:09 | 26.98 | 127.39 | 130 | 6.2 | 230 | 89 | 136 | 14 | 333 | 42 | 230 | 14 | 126 | 44 |
| 49 | 1988-11-07 | 3:24 | 25.69 | 126.09 | 113 | 5.7 | 230 | 80 | 55 | 10 | 321 | 35 | 230 | 1 | 139 | 55 |
| 50 | 1982-04-09 | 11:51 | 25.99 | 126.44 | 114 | 5.5 | 343 | 59 | 103 | 50 | 307 | 55 | 138 | 35 | 44 | 5 |
| 51 | 1980-04-25 | 11:35 | 26.89 | 126.8 | 126 | 5.2 | 303 | 80 | 60 | 20 | 324 | 52 | 210 | 20 | 109 | 34 |
| 52 | 1990-12-12 | 3:25 | 27.2 | 126.12 | 160 | 5.3 | 54 | 73 | 237 | 17 | 323 | 62 | 54 | 1 | 145 | 28 |
| 53 | 1969-03-19 | 13:59 | 28.81 | 128.34 | 168 | 5.6 | 333 | 70 | 84 | 46 | 18 | 47 | 225 | 39 | 123 | 15 |
| 54 | 1987-05-03 | 17:21 | 28.31 | 127.03 | 207 | 5.2 | 276 | 88 | 16 | 11 | 355 | 42 | 95 | 11 | 197 | 46 |
| 55 | 1981-01-2 | 15:39 | 29.03 | 128.38 | 216 | 6.1 | 150 | 34 | 15 | 64 | 323 | 63 | 184 | 21 | 88 | 16 |
| 56 | 1986-05-11 | 1:24 | 26.37 | 125.21 | 203 | 5.9 | 169 | 21 | 18 | 72 | 303 | 62 | 195 | 10 | 100 | 26 |
| 57 | 1977-09-02 | 5:41 | 26.43 | 126.35 | 92 | 5.6 | 228 | 84 | 22 | 58 | 330 | 31 | 198 | 58 | 69 | 18 |
| 58 | 1989-03-20 | 3:36 | 23.96 | 124.67 | 63 | 5.3 | 43 | 63 | 24 | 28 | 140 | 18 | 48 | 8 | 293 | 70 |
| 59 | 1981-04-18 | 2:05 | 25.79 | 125.82 | 84 | 5.6 | 185 | 185 | 353 | 14 | 4 | 32 | 94 | 3 | 186 | 58 |
| 60 | 1965-03-16 | 17:05 | 25.45 | 125.25 | 94 | 5.6 | 220 | 220 | 40 | 80 | 40 | 35 | 130 | 0 | 220 | 55 |
| 61 | 1968-05-03 | 5:32 | 25.19 | 124.68 | 95 | 5.7 | 203 | 203 | 323 | 70 | 290 | 58 | 65 | 29 | 162 | 21 |
| 62 | 1981-04-18 | 2:05 | 25.25 | 125.41 | 98 | 5.6 | 277 | 277 | 111 | 13 | 9 | 32 | 277 | 3 | 182 | 58 |
| 63 | 1973-09-11 | 23:18 | 25.65 | 124.58 | 137 | 5.7 | 10 | 10 | 366 | 70 | 314 | 42 | 151 | 50 | 52 | 10 |
| 64 | 1974-01-02 | 14:41 | 26.02 | 124.38 | 203 | 5.5 | 268 | 68 | 88 | 22 | 267 | 67 | 358 | 0 | 88 | 23 |
| 65 | 1976-11-02 | 19:29 | 26.77 | 125.27 | 215 | 5.5 | 346 | 64 | 240 | 60 | 296 | 42 | 110 | 48 | 222 | 3 |
| 66 | 1983-08-25 | 20:23 | 33.42 | 131.31 | 127 | 6.1 | 9 | 55 | 230 | 42 | 117 | 7 | 25 | 22 | 224 | 67 |
| 67 | 1985-01-26 | 21:36 | 32.26 | 131.36 | 117 | 5.8 | 351 | 66 | 236 | 46 | 102 | 12 | 10 | 37 | 214 | 51 |
| 68 | 1978-07-04 | 2:41 | 32.33 | 131.36 | 120 | 5.7 | 33 | 65 | 286 | 58 | 158 | 4 | 63 | 47 | 252 | 43 |

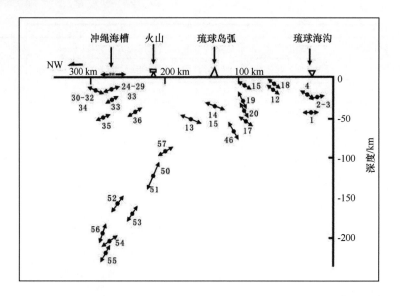

剖面内地震编号见表 17.3 海沟区 No.1~4，琉球岛弧 No.13~20，俯冲板舌 No.46~57，海槽区 No.24~35

图 17.12 垂直于琉球海沟中段区（29°~25°N）剖面主应力轴分布图（黄培华等，1994）

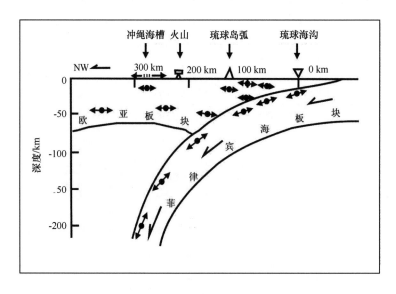

图 17.13 冲绳海槽—琉球海沟 29°~25°N 间菲律宾板块向欧亚
大陆板块俯冲形成的应力场模式图（黄培华等，1994）

## 17.3.2 应力场分布规律

金性春等（1990）对中国现代应力场与相邻板块作用力作了探讨。他设欧亚板块固定不动。沿西南边界，印度板块主要向正北方向推挤，沿东北边界（日本海东缘至系静带），北美板块向 SWW 推挤（自南而北，方位为 260°~255°），东南边界，菲律宾海板块向 NW—NWW 运动（自北向南，方位为 315°~305°）。共划出 306 个单元，180 个节点，计算出主压应力方位如图 17.15 所示。计算结果与部分实测主压应力方位（图 17.15）符合甚好，指示东海及冲绳海槽受欧亚板块和菲律宾海板块的挤压。

李乃胜（1990b）为论证冲绳海槽的水平拉张，采用有限元弹塑性平面问题增量法分别模拟了中新世末和上新世末的古构造应力场。计算中将琉球岛弧、冲绳海槽、陆架外缘隆起

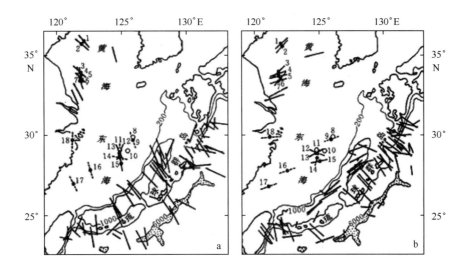

a. 震源机制解 T 轴水平投影（短线）和由井孔崩落推断的最小主压应力 Sh 方向（带点小划线，数字为井号）分布图；

b. 震源机制解 P 轴水平投影和由井孔崩落推断的最大主压应力 SH 方向分布图；只取用震源深度不大于 50 km 的地震，空圈表示看不出水平主应力差异的井孔，虚线表示根据较弱的结果。图中还绘出了等水深线，带点区深于 6 000 m。

图 17.14　水平主应力方向分布图（许忠淮等，1997）

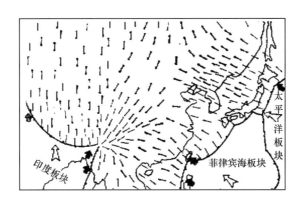

图 17.15　模拟的主压应力轴方位展布（金性春等，1990）

带和东海陆架盆地作为 4 种不同的材料（不同弹性模量和泊松比），建立地质模型，划分了126 个单元进行 3 次增量计算，求出各单元主应力的大小和方向，如图 17.17 和图 17.18 所示。模拟结果表明，海槽两坡处于明显向两侧拉张状态，认为大量发育的犁状正断层正是海槽水平拉张的证据。

　　许忠淮等（1999）认为中国东部陆地和海域地震活动皆以走滑断层型为主，直至冲绳海槽地区，地震仍以走滑型为主，最大和最小主应力皆是水平的，因而推测东海及邻近地区现代构造运动的动力可能主要来自水平力的作用。为此，许忠淮等（1999）作了一个二维线弹性的有限元数值模拟，范围为 20°～40°N，111°～131°E。以孔壁崩落（图 17.19 中用粗黑线段表示）和地震震源机制解分析所得到的水平主应力方向（图 17.19 中用细线段表示）作约束，计算的结果如图 17.20 所示。由此得出结论：该地区现代地壳应力场的优势最大水平主压应力方向为 NE—SW 向，水平差应力量值不大，这可能是该地区很少发生强烈地震的原因，该地区现代应力场的特征与台湾地区受到菲律宾海板块强烈的北西向挤压和琉球岛弧的弧后扩张有关，也与中国大陆东部，自西向东最大主应力方向向东海的南北两侧分开有关，

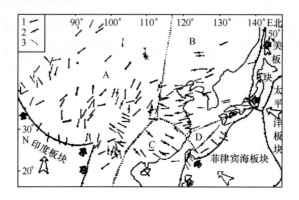

图 17.16  实测的主压应力轴方位与分区（金性春等，1990）

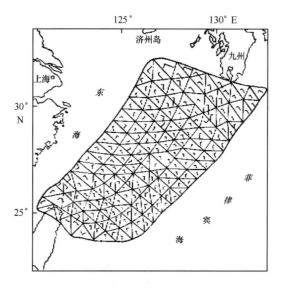

三角形网络为计算单元划分

图 17.17  上新世末主应力（李乃胜，1990 b）

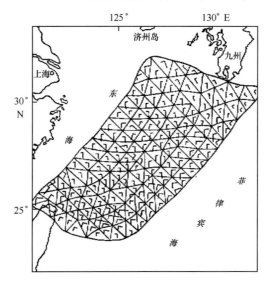

三角形网络为计算单元划分

图 17.18  中新世末主应力（李乃胜，1990 b）

该地区地壳在水平方向上未受到菲律宾海板块向北西向的挤压作用。

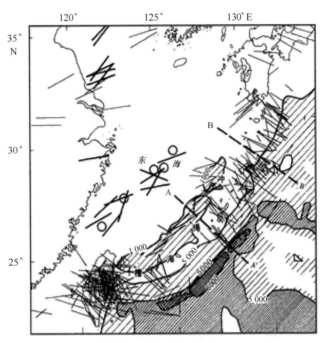

粗线段为由孔壁崩落推断的水平最大主压应力方向，空心圆表示看不出水平主应力方向的井孔，细
线段表示震源机制解的P轴方向水平投影，标数字的线为水深等深线

图17.19　东海及邻区最大水平主压应力方向分布图

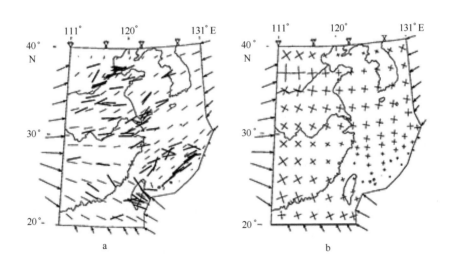

周围边界的箭头表示边界力的作用方向和相对大小，a. 观测与计算的主压应力分布。粗线
段表示震源机制解的P轴和由孔壁崩落推断的水平主压应力轴，细线段表示根据边界力计算出的
主压应力方向；b. 计算的剪切应力分布。交叉线表示根据边界力计算出的剪应力方向，线段长
短表示剪应力相对大小

图17-20　东海及邻近地区地壳应力场二维有限元模拟结果（许忠淮等，1999）

从前面的介绍中，我们可以发现东海及冲绳海槽地区震源机制解、井孔崩落分析以及构造应力场模拟研究，存在两种不同，甚至相反的结果。许忠淮（1997）、李乃胜（1990 b）认为T轴主要垂直于海槽和海沟的延伸方向，而P轴是以顺海槽延伸方向为主，即沿海槽延伸方向是挤压，而垂直海槽走向是拉张。黄培华等（1994）、金性春等（1990）认为，海槽

走向与 T 轴走向基本一致，反映海槽沿走向基本上是拉伸，而垂直海槽走向是挤压的。

# 17.4 区域构造演化的动力学机制

从盆地发育的动力学机制来看，关于东海大陆边缘新生代盆地的形成与演化，存在俯冲成因说（D. E. Karig，1971；郭令智等，1998）与地幔蠕散流动成因说（赵会民等，2002）两种观点。俯冲成因说把太平洋板块的俯冲作为盆地发育的主要动力来源，将大陆边缘新生代盆地纳入弧后盆地范畴，并划分出弧后硅铝层裂陷盆地、弧后前陆盆地、边缘海盆地、弧间盆地、弧后拉分盆地等类型。作为今后边缘海盆地形成机制的研究方向，地幔蠕散流动成因说强调深部地质过程对边缘海盆地演化的决定性作用，认为地幔流的向东蠕散是盆地发育的主要动力来源。它把沉积－沉降中心的东移与俯冲带的后退和地幔流的向东流动有机结合起来，同时指出在地幔流向东蠕散过程中边缘海的性质发生有规律变化，即从具有大陆型地壳的新生阶段，经由过渡型地壳的幼年阶段与青壮年阶段，直到大洋型地壳的成熟阶段。可以发现，这两种成因说都强调东海大陆边缘盆地的新生代充填与演化进程的变异性，认为盆地性质并非单一盆地类型的迁移。

东海陆架盆地由于不同阶段受不同构造机制的制约，因而其构造演化明显表现出阶段性特征（图 17.21）。

（1）晚古生代的拼贴阶段：主要表现为不同来源和不同性质地体的拼合与增生（陈焕疆1993）。他们控制了这一时代的沉积作用与构造演化。

（2）侏罗纪剪切阶段：表现为沿具左旋平移性质的 NNE 向断裂发生巨大的剪切作用。这一作用除造成较大规模的变形和变质作用外，还造成大规模"泄露"火山岩的形成。

（3）早白垩纪俯冲阶段：李武显等（1999）根据岩浆弧的位置变化计算了 180～85 Ma 时间段内古太平洋板块向欧亚板块俯冲角度的变化，认为俯冲角度由 10°左右增加至 80°。因此，可以认为，至少从早白垩世开始，陆架盆地的演化受太平洋板块向欧亚板块俯冲的控制，随着俯冲角度逐渐变陡，呈现出由西向东跳跃式迁移的特征。

（4）中白垩纪改造阶段：由于受库拉、太平洋板块向中国板块斜向俯冲的影响，东海陆架区发生了一次十分重要的区域性构造事件（基隆运动）。这次构造事件使东海陆架区中的古老地层进一步褶皱固结，并由此奠定了该区新生代沉积盆地基底的基本格架。

（5）晚白垩纪裂陷开始阶段：白垩纪末—古新世早期，受局部地幔拱张作用产生的拉张应力的影响，基底产生一系列呈北北东向、雁行式排列的张扭性正断层和断裂，并在此基础上发生断陷而接受沉积。

古新世晚期，地幔活动渐趋平稳，地壳整体又趋于下降，伴随着海平面上升和海侵范围的扩大，在断陷的基础上出现了坳陷的沉积特征。

（6）始新世坳陷发育阶段：进入始新世后，盆地由裂谷盆地向坳陷型盆地转化。晚始新世，太平洋板块的运动方向又由 NNW 向转为 NWW 向，同时菲律宾板块也开始向 NWW 向运动，并斜向俯冲于欧亚板块之下。同时，由于受印度板块的影响，欧亚板块东部的大陆地壳向东蠕散。在上述几方面构造应力的联合作用下，东海陆架区发生了以剪切挤压作用为主的玉泉运动。这个重大的地质事件对东海陆架盆地的地质结构的变动产生了重要的作用。首先，俯冲方向的改变对亚洲东南缘产生了较强的挤压作用，使西带断陷盆地全面隆褶回返，西部坳陷带和中部隆起带抬升并遭受剥蚀，上、下地层间形成了一个区域性角度不整合面。其次，

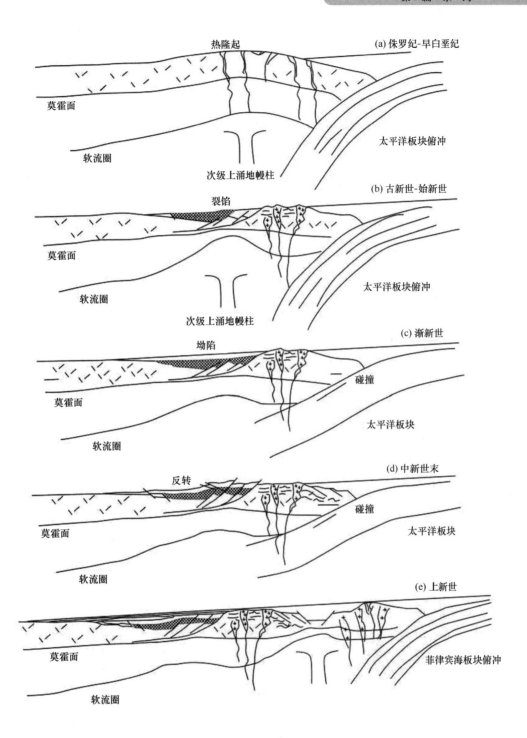

热隆起 (a) 侏罗纪-早白垩纪
莫霍面
软流圈
太平洋板块俯冲
次级上涌地幔柱

裂陷 (b) 古新世-始新世
莫霍面
软流圈
太平洋板块俯冲
次级上涌地幔柱

坳陷 (c) 渐新世
莫霍面
碰撞
软流圈
太平洋板块

反转 (d) 中新世末
莫霍面
碰撞
软流圈
太平洋板块

(e) 上新世
莫霍面
菲律宾海板块俯冲
软流圈

图 17.21 东海陆架盆地中新生代演化模式图（据郑求根等，2005，修编）

后续的板块俯冲使大陆边缘地幔在断裂处发生局部隆起，地壳断坳下陷，开始了东带晚始新世断–坳型盆地的发育。东部坳陷带除短暂抬升外，一直保持沉降。再次，在太平洋板块转为北西西向俯冲的同时，印度板块和亚洲板块南缘也发生强裂碰撞和挤压。这两个方向的作用力所形成的力偶使亚洲板块东南缘处在右旋应力场控制下，原有的北东向断裂处于以张扭为主的应力状态。因此，在晚始新世断坳中仍有一系列正断层形成。新形成的菲律宾板块对东海陆架盆地后来的发展起着直接的影响作用。

（7）渐新世—中新世：太平洋板块俯冲带向东退却，并致使组成日本海西南部海盆的外缘岛弧带拉裂，形成本州海盆。中新世初，由于菲律宾板块俯冲作用的加强，东带中新世坳陷得到充分发育，在台湾岛西侧形成典型的前陆盆地。西部坳陷带以古新世断陷、始新世坳陷和中新世—第四纪区域沉降为特征。

（8）中新世末至今：菲律宾板块不断向西俯冲，在 5.5 Ma 前与欧亚板块发生碰撞，导致吕宋岛弧与台湾岛的碰撞拼贴，这一构造事件造成台湾地区向 NW 向的挤压和东海地区俯冲带的后退，并在琉球岛弧带和钓鱼岛隆褶带之间逐步形成了冲绳海槽断陷盆地。

# 第18章 油气资源与矿产资源评价

## 18.1 油气资源

我国对东海的油气勘探始于 20 世纪 70 年代。1974 年，上海海洋石油局（原地矿部上海海洋地质调查局）开始对东海开展油气勘探。1980 年，中国海洋石油总公司东海公司加入了东海油气勘探的行列。1992 年之后，东海盆地西南地区对外开放，成为自营与对外合作勘探地区。国内对东海开展过地球物理测量的还有国土资源部广州海洋地质调查局、国家海洋局、中国科学院等部门和单位。至 21 世纪初，共完成二维地震约 $21.9 \times 10^4$ km，三维地震约 4 000 km，钻探井 60 口，发现油气田 8 个（平湖、天外天、宝云亭、残雪、断桥、孔雀亭、武云亭、春晓），含油气构造 5 个（龙二、龙四、玉泉、孤山、丽水 36 - 1）。累计获得探明地质储量石油 $1731 \times 10^4$ t，凝析油 $798.5 \times 10^4$ t，天然气 $842.0 \times 10^8$ m³（李国玉等，2002）。

我国台湾中油公司在台湾海峡东部及台湾以北海区开展油气勘探，在新竹凹陷发现了一些小型油气田。

此外，日本和韩国在东海陆架区北部的所谓"日韩共同开发区"先后钻井约 10 口，有多口井见到良好的油气显示。

### 18.1.1 东海陆架盆地油气地质条件

#### 18.1.1.1 烃源岩

1）烃源岩的时空分布

古新统烃源岩：古新统是西部坳陷带主要烃源岩。瓯江凹陷的古新统烃源岩主要发育在瓯西、瓯东两个深凹中，其体积可达 $1.02 \times 10^4$ km³（李家彪，2008）。在东部坳陷带，钻井尚未揭露古新统，根据地震资料分析，古新统埋藏较深，厚度一般大于 4 000 m，主要发育于坳陷带中的西湖和基隆两个凹陷中，推测存在一定厚度的烃源岩。

始新统烃源岩：始新统在陆架盆地各凹陷中均有分布。在西部坳陷带北部的瓯江凹陷、钱塘凹陷和长江凹陷，厚度一般小于 1 000 m，埋藏浅，处于未成熟带，一般不具备生烃条件。在南部的晋江凹陷和九龙江凹陷，沉积厚度逾 3 000 m，暗色泥岩厚约 1 000 m（金庆焕等，1993），但两个凹陷有效烃源岩的规模均较有限，体积约分别为 3 400 km³ 和 3 300 km³。东部坳陷带的始新统厚度大。在西湖凹陷，始新统规模大，体积达 $2.72 \times 10^4$ k m³，是主力烃源岩。西湖凹陷钻井揭示中—上始新统平湖组和下始新统宝石组为半封闭海湾相黑色泥岩和潮坪相暗色泥岩，富含煤系。沉积中心处于凹陷中南部的三潭深凹和白堤深凹，其中暗色泥岩厚达 2 000 m，煤层累计平均厚度约 25 m。基隆凹陷勘探程度低，尚未进行钻探。据地震资料解释，始新统厚度类似于西湖凹陷，为海陆交互相和浅海相沉积，是该凹陷烃源岩最

**327**

发育的地层。烃源岩中心位于凹陷中北部的青草湖深凹和澄清湖深凹，总体积达 $2.72 \times 10^4$ km$^3$，居各凹陷之首。

渐新统—中新统烃源岩：仅发育于东部坳陷带。在西湖凹陷，暗色泥岩为湖泊相，厚度约 1 000 m。基隆凹陷渐新—中新统烃源岩推测属近海湖泊相，最大厚度约 1 000 m。盆地模拟结果表明，它是该凹陷最有效的烃源岩层，约 57.7% 的油气来源于该套岩系。东部凹陷带南、北两侧的新竹凹陷和福江凹陷发育滨浅海相烃源岩，新竹凹陷发育程度优于福江凹陷，烃源岩体积前者为 $2.03 \times 10^4$ km$^3$，后者仅为 $0.61 \times 10^4$ km$^3$。

煤是陆架盆地重要的生烃源岩。陆架盆地的古新统、始新统、渐新—中新统三套成油气组合中煤层发育，其中以古新统明月峰组滨海沼泽相、始新统平湖组潮坪相为最，其次为渐新—中新统湖泊 - 沼泽相。

2）有机质类型与丰度

陆架盆地烃源岩的有机质类型主要为腐殖型（Ⅲ型）干酪根，同时也有过渡型（Ⅱ型）干酪根存在。

表 18.1　东海陆架盆地新生界各组段烃源岩平均有机质丰度表

| 地层 | 指标 | | 烃源岩 | 有机碳/% | 氯仿沥青 "A" / $\times 10^{-6}$ | 总烃/ $\times 10^{-6}$ | 烃源岩评价 | 代表地区 |
|---|---|---|---|---|---|---|---|---|
| 中新统 | 柳浪组 | | 泥岩 | 0.37 | 139.27 | 148.05 | 低 | 西湖凹陷 |
| | | | 煤 | 48.27 | | | | |
| | 玉泉组 | | 泥岩 | 0.85 | 330.54 | 173.65 | 中 | |
| | | | 煤 | 47.24 | 19 281.50 | 4 491.58 | | |
| | 龙井组 | | 泥岩 | 0.47 | 265.69 | 137.70 | 低 | |
| | | | 煤 | 52.31 | | | | |
| 渐新统 | 花港组 | 上段 | 泥岩 | 0.37 | 194.02 | 105.54 | 低 | |
| | | | 煤 | 62.31 | 16875 | 5472.15 | | |
| | | 下段 | 泥岩 | 0.71 | 231.59 | 125.16 | 中 | |
| | | | 煤 | 59.73 | 20130 | 7400.50 | | |
| 始新统 | 平湖组 | | 泥岩 | 1.31 | 530.24 | 253.50 | 较高 | 瓯江凹陷 |
| | | | 煤 | 61.84 | 19 276.63 | 8 566.94 | | |
| | 瓯江组* | | 泥岩 | 0.34 | 109.47 | 30.01 | 低 | |
| 古新统 | 明月峰组 | | 泥岩 | 1.25 | 1 124.33 | | 较高 | |
| | | | 煤 | 29.82 | 1560 | 399.45 | | |
| | 灵峰组 | 上段 | 泥岩 | 0.86 | 349.72 | 111.89 | 中 | |
| | | 下段 | 泥岩 | 1.16 | 490.83 | 190.30 | 较高 | |
| | 月桂峰组上段 | | 泥岩 | 0.89 | 320.01 | 93.02 | 中 | |

注：*仅在西部坳陷诸凹陷内具有代表性。

钻井揭示的陆架盆地各组段烃源岩有机质丰度分析资料统计表明（表 18.1），古新统月桂峰组、灵峰组、明月峰组和始新统平湖组的暗色泥岩有机碳含量在 1.16% ~ 1.31%，氯仿沥青 "A" 为 $349.7 \times 10^{-6}$ ~ $1124.3 \times 10^{-6}$，总烃为 $111.9 \times 10^{-6}$ ~ $399.5 \times 10^{-6}$，达到了较高丰度。渐新统花港组下段和中新统玉泉组暗色泥岩的有机碳、氯仿沥青 "A"、总烃三项丰度指标值分别为 0.71% ～0.89%、231.6×10⁻⁶～3 201×10⁻⁶、93×10⁻⁶～125.2×10⁻⁶，为中等有机质丰度。其他组段则一般属低丰度。

古近系煤的有机碳平均含量可达 61.4%，氯仿沥青"A"为 17 850.7×10⁻⁶，总烃含量为 7 905.5×10⁻⁶。新近系煤的有机碳平均含量为 49%，氯仿沥青"A"为 17 212.8××10⁻⁶，总烃含量为 4 744.6×10⁻⁶。煤热解烃指数（IH）为 200～400 mg/（以有机碳计），其生烃潜力相当于Ⅱ型有机质。可见其有机质丰度远高于泥岩，生烃潜力优于同层暗色泥岩。

3）有机质成熟度

东海陆架盆地烃源岩有机质热演化在纵向上有明显的规律性：$R_0$（镜煤反射率）达到 0.55% 时，进入生油门限；$R_0$ 为 1.30% 时，进入湿气门限；$R_0$ 为 2.20% 时，进入干气门限。

生油门限埋深在西部坳陷带一般在 2 000～2 800 m，层位主要为中古新统；在东部坳陷带一般处于 2 200～3 300 m，层位在始新统至中新统。湿气带和干气带的门限与生油门限的展布规律相似，西部坳陷带相对较浅，一般为 3 600～4 000 m，位于下古新—上白垩统，东部坳陷带一般在 4 400～5 100 m，分布于中—下始新统与古新统中。

4）烃源岩生烃特征

东海陆架盆地烃源岩至少存在着生气型和生油、气型两类生烃模式（图18.1）。

生气型源岩：油、气产率低，按最大产率计，油一般小于 10～50 kg/t(以有机碳计)，终极气产量大于油产量，成油阶段没有生油高峰或显示不明显。气主要是在生油高峰（340°C、

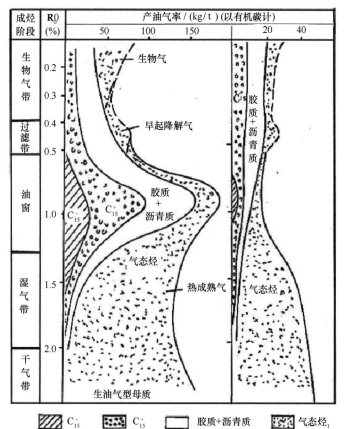

图 18.1　东海西湖与瓯江凹陷生油气模式图

$R_0$ 约 1% ）之后大量生成，与典型Ⅲ型干酪根的热演化生烃规律相一致。

生油、气型源岩：油气产率高，有明显的生油高峰，最大油产率可达 100 ~ 200 kg/t（以有机碳计），最大产气率可达 150 kg/（以有机碳计），生油高峰时的最大油产率与干气带终极气产率之比接近 1∶1。

### 18.1.1.2 储集层

东海陆架盆地储集层岩性以砂岩为主，另有变质岩和火成岩等。

砂岩储集性能受原始岩性和成岩演化的双重影响，可分为三类储集层，各类特征如下。

Ⅰ类储集层：$R_0$ 小于 0.55%，砂质岩埋藏深度较浅，处于生油门限深度以上，成岩作用经历了未成熟期（$R_0 < 0.2\%$）和次成熟期（$0.2\% < R_0 < 0.55\%$）两个阶段。机械压实与胶结作用显著，使原生孔隙大幅度减少，但在次成熟期末已发生脱碳酸盐化，能形成一定量的次生孔隙，此阶段的砂质岩以原生孔为主，孔隙度保持在 25% 以上，渗透率大于 $100 \times 10^{-3} \mu m^2$。

Ⅱ类储集层：$R_0$ 在 0.55% ~ 0.90% 之间。此阶段的砂质岩已进入成岩作用成熟期的早期，原生孔隙趋于消失，次生孔隙因脱碳酸盐化和长石蚀变作用而比较发育。储集性能一般维持在中等水平，孔隙度一般为 12% ~ 25%，渗透率为 $5 \times 10^{-3} ~ 100 \times 10^{-3} \mu m^2$。

Ⅲ类储集层：$R_0$ 介于 0.9% ~ 2.5% 之间。此阶段，因脱碳酸盐化作用和长石蚀变作用趋弱，而石英次生加大作用趋强，砂质岩的次生孔隙迅速减少，储集性能变差。孔隙度一般小于 12%，渗透率小于 $5 \times 10^{-3} \mu m^2$。

东海陆架盆地古新统、始新统、渐新统三套储集层孔隙类型统计表明，以次生孔隙和残留粒间孔为主。孔隙类型主要有粒间溶蚀扩大孔、超大溶蚀孔、骨架颗粒溶孔和残留原生粒间孔。被溶蚀的组分主要是铝硅酸盐。

陆架盆地新生界储集层空间分布具如下特征：

西部坳陷带：主要储集岩为古新统砂砾岩及基底变质岩和花岗岩。中、上古新统各组段在坳陷各次级单元都发育有良好的Ⅰ、Ⅱ类储集层；基底变质岩和花岗岩储层主要分布在凹中隆的基底潜山中，其储集空间主要为裂隙。

东部坳陷带：储集岩主要为始新统和渐新—中新统块状与层状砂体。如西湖凹陷，始新统平湖组、渐新统花港组和中新统各组段砂质岩层一般都发育有Ⅰ、Ⅱ类储集砂体。在凹陷东、西两侧的保俶斜坡、天屏断裂带，平湖组中上段及其以上地层的砂质岩大多具备Ⅰ、Ⅱ类储集条件。白堤深凹由南向北，Ⅰ、Ⅱ类储集层的层位逐渐抬高，南部为始新统平湖组或渐新统花港组，北部则为中新统龙井组及以上地层。基隆凹陷的储集岩推测与西湖凹陷具有相似的区域分布特征。

### 18.1.1.3 封盖条件

东海陆架盆地油气成藏的封盖条件主要取决于断层的遮挡和泥岩盖层的封闭二个因素。

#### 1）泥岩盖层

陆架盆地泥岩盖层发育。已揭露的泥岩盖层，在西部坳陷带为古新统浅海 – 滨海相及滨湖 – 河漫滩相泥岩；在东部坳陷带则为始新统海湾相、潮坪相前三角洲相及三角洲平原相泥岩和渐新统滨湖相、河漫滩相、泛滥平原相泥岩。

泥岩封盖性能主要取决于孔隙结构。按孔隙结构，陆架盆地泥岩盖层在纵向上可分为Ⅰ、Ⅱ、Ⅲ类，它们的深度范围分别为大于3 000 m、3 000~2 000 m和小于2 000 m；突破压力分别为大于10 MPa、10~1 MPa和小于1 MPa。西湖凹陷3 000 m左右存在着一个分布范围很大的区域性"物理界面"，界面之下以Ⅰ类盖层为主，之上则主要是Ⅱ、Ⅲ类盖层。这个物理界面在西湖凹陷保俶斜坡和浙东中央背斜带均有分布。推测基隆凹陷泥岩盖层区域性封盖条件与西湖凹陷相似。在瓯江凹陷灵峰组上部–明月峰组下部也存在区域性泥岩盖层，WZ26–1–1井灵峰组泥岩突破压力达10 MPa，明月峰组达8.7 MPa，体现它们具有很好的封盖能力。

2）断层封盖

东海陆架盆地新生代期间发育的断层有三类，即裂谷期的张扭性正断层、反转期的压扭性逆断层和区域沉降期的剪切断层。

反转期压扭性逆断层对油气的封堵性好，其在西湖凹陷浙东中央背斜带上对春晓、残雪等油气田的封堵作用便是例证。西湖凹陷中发育于裂谷期的同生主断裂同样具备良好的封堵性，利于油气聚集成藏。如平湖主断裂是一条发育于该凹陷西侧缓坡上、控制平湖构造带发生发展的同生主断裂，是促使平湖、宝云亭、武云亭等油气田油气成藏的重要因素。

正断层和剪切断层对油气起输导作用。例如，残雪构造在井深2 600 m有很好的油气显示，但经测试未获工业性油气流，分析原因是北西向的剪切断层发生在冲绳海槽运动时期，下至2 600 m，上达海底，成为油气向上逸散的通道。但剪切断层对油气后期保存的影响程度要视断层的规模和所断层位的深浅而定。

#### 18.1.1.4 圈闭条件

1）圈闭类型

在东海陆架盆地已发现17个构造带，300多个落实程度较高的局部构造，也即可供油气储存的储油圈闭。各类圈闭大多呈叠合型，故层圈闭发育，计有469层，面积达32 122 km$^2$（中国地质调查局等，2004）。局部构造有背斜、半背斜、断块、断鼻和潜山、披覆等类型，其中以背斜、半背斜和断块、断鼻为主，规模大、中、小型兼具（表18.2）。

2）圈闭构造空间分布

圈闭构造发育程度和类型在盆地不同构造单元间差异大，分布不均匀。在盆地东部坳陷带，圈闭构造以渐新—中新统挤压背斜为主，在坳陷带西侧斜坡和东侧断裂带上，始新统断块、断鼻也相当发育，局部构造数量达146个之多，层圈闭总面积达19 296 km$^2$。盆地西部坳陷带（瓯江、钱塘、长江凹陷）则以元古界片麻岩和燕山期花岗闪长岩组成的古潜山和古新统披覆构造为主，断块、断鼻次之。数量上，目前仅发现48个落实程度较高的局部构造，层圈闭面积约1 534 km$^2$。

盆地中部隆起带则发育燕山期、喜山早期岩浆岩和白垩系古潜山以及在这些古潜山之上以中新统为主的披覆构造。构造规模大，层圈闭面积达11 292.5 km$^2$。

3）圈闭形成历史

相比而言，西部坳陷带圈闭构造形成发展早于东部坳陷带圈闭构造。前者形成于晚白垩世初，发展期为晚白垩世至古新世，并于古新世末的瓯江运动基本定型；后者形成和发展期为渐新世至中新世，定型期为中新世末的龙井运动。

表 18.2　东海陆架盆地主要局部构造层圈闭面积统计表

| 构造单元 | | 背斜、半背斜 | | 断块、断鼻 | | 潜山、披覆 | | 合　计 | | | |
|---|---|---|---|---|---|---|---|---|---|---|---|
| | | 构造数/个 | 层圈闭面积/km² | 构造数/个 | 层圈闭面积/km² | 构造数/个 | 层圈闭面积/km² | 构造数/个 | | 层圈闭面积/km² | |
| 东部凹陷带 | 西湖凹陷 | 79 | 12 597.8 | 57 | 2 824.8 | 0 | 0 | 136 | 146 | 15 422.6 | 19 296.1 |
| | 基隆凹陷 | 7 | 2 153 | 2 | 470.5 | 1 | 1 250 | 10 | | 3 873.5 | |
| 中部低隆起 | | 0 | 0 | 0 | 0 | 35 | 11 292.5 | 35 | 35 | 11 292.5 | 11 292.5 |
| 西部凹陷带 | 瓯江凹陷 | 1 | 10.3 | 17 | 344.1 | 23 | 730.2 | 41 | 48 | 1 084.6 | 1 533.6 |
| | 钱塘凹陷 | 2 | 110 | 0 | 0 | 0 | 0 | 2 | | 110 | |
| | 长江凹陷 | 4 | 291 | 1 | 48 | 0 | 0 | 5 | | 339 | |
| 合　计 | | 93 | 15 162.1 | 77 | 3 687.4 | 59 | 13 272.7 | 229 | | 32 122.2 | |

## 18.1.2　冲绳海槽盆地油气地质条件

冲绳海槽盆地油气勘探程度低。钻探工作有日本石油公司在陆架前缘坳陷南部施工的 NIKKAN8-1X 井和 JDZ-Ⅶ-3 井，宫古岛附近海域钻探了基准井。

该盆地是一个以中新统中上部、上新统和第四系为主体的沉积盆地，分析上新统和第四系主要为浅海相的碎屑岩沉积，中新统下部为陆源粗碎屑岩建造，上部属海陆交互相或滨海相含煤沉积。最大沉积厚度分布在陆架前缘坳陷，可达万米以上。

据横切盆地北部的地震测线推测，盆地成油门限深度在 4 000 m 左右，成油主带底界约为 5 400 m，坳陷主体部位上新统已进入成油门限，甚至一部分已处于过成熟演化阶段。而在坳陷边部和隆起带，由于埋藏浅，上新统为未成熟或初成熟阶段，中新统才进入成油门限。因此，该盆地可能的生油层系为上新统与上中新统。"宫古近海"基准井上新统与中新统有机碳含量一般低于 0.5%，部分层段可达 0.8%，生烃总潜量（$S_1 + S_2$）一般为 0.2～0.4 mg/g，个别样品大于 1 mg/g，而且氢指数低于 100，氧指数则普遍较高，结合陆架盆地上新统地化指标，可知海槽盆地上、中新统有机质丰度较低，属腐殖型生油母质。

总的来看，在冲绳海槽盆地中，陆架前缘坳陷可能具备一定的含油气条件，其余地区含油气条件较差。

## 18.1.3　东海油气资源规模与远景分析

### 18.1.3.1　东海油气资源规模及其分布

1）东海油气推测资源量规模及其分布特征

东海油气资源丰富，以陆架盆地为油气主要分布区。东海各构造单元油气推测资源量统计结果表明（表 18.3），其总推测资源量达 $92.70 \times 10^8$ t。其中东海陆架盆地为 $83.33 \times 10^8$ t，占总推测资源量的 89.91%，是东海油气资源主要分布地区，具有极大的油气勘探潜力；冲绳海槽盆地为 $7.57 \times 10^8$ t，钓鱼岛隆褶带为 $1.8 \times 10^8$ t，分别占总推测资源量的 8.15% 和 1.94%。

东海陆架盆地中的油气推测资源量主要集中在东部坳陷带，为 $66.38 \times 10^8$ t，占东海总推测资源量的 71.61%；西部坳陷带和中部隆起带为 13.33×10⁸ t 和 3.62×10⁸ t，分别占 14.39% 和 3.91%。

东部坳陷带油气资源主要集中在西湖凹陷和基隆凹陷，分别为 42.1×10⁸ t 和 11.88×10⁸ t，占总推测资源量的 42.1% 和 12.82%。

东部坳陷带中的西湖凹陷以气资源为主，天然气推测资源量为 34.13×10⁸ t 油当量，约占凹陷总推测资源量的 81%。西部坳陷带中的瓯江凹陷油气推测资源量比例接近，具有油气并重的特点。

由煤岩形成的油气推测资源量在西湖凹陷和瓯江凹陷中分别为 4.44×10⁸ t 和 1.96×10⁸ t，各约占这两个凹陷总油气推测资源量的 10.5% 和 46.6%。可见，煤是陆架盆地、尤其是西部坳陷重要的油气资源提供者。

冲绳海槽盆地油气分布以陆架前缘坳陷为主。该坳陷盆模圈闭聚烃量较大，坳陷内的圈闭聚烃点主要集中分布在北部的 10 个点，是海槽盆地主要的油气聚集区带，可形成一定规模的油气藏。

2）东海陆架盆地油气潜在资源量分析

油气潜在资源量统计分析表明，陆架盆地总潜在资源量非常可观，达 24 745.64×10⁸ m³（表 18.3）。其中潜在资源量最大者为西湖凹陷，达 11 043.1×10⁸ m³，占盆地总潜在资源量的 44.66%，是形成大型油气田的最有利凹陷；其次为瓯江凹陷和台北构造带，分别为 5 222.8×10⁸ m³ 和 4 300×10⁸ m³，

西湖凹陷中南部潜在资源量达 7 969.9×10⁸ m³，占凹陷总潜在资源量的 71.3%。其中苏堤、平湖、西泠构造带和断桥地区是油气主要富集区，是寻找大型油气田的主要区域。

渐新统花港组和始新统平湖组是西湖凹陷油气勘探主要目的层。渐新统花港组层圈闭（T₂⁴ – T₃⁰）的油气潜在资源量达 5 673.8×10⁸ m³，占西湖凹陷总潜在资源量的 51.4%，始新统层圈闭（T₃⁰ – T₄⁰）潜在资源量为 4 165.6×10⁸ m³，占凹陷总圈闭潜在资源量的 37.7%，为凹陷主要油气聚集层段。

表 18.3　东海各构造单元油气资源量及远景评价表

| 构造单元 | | | 生烃量/×10⁸ t | 推测资源量/×10⁸ t | 潜在资源量/×10⁸ m³ | 油气资源远景评价 | |
|---|---|---|---|---|---|---|---|
| 东海陆架盆地 | 东部坳陷 | 福江凹陷 | 294.85 | 2.6 | | 有利区 | Ⅲ类含油气凹陷 |
| | | 西湖凹陷 | 1 318.5 | 42.1 | 1 1043.1 | | Ⅰ类含油气凹陷 |
| | | 基隆凹陷 | 1 702.68 | 11.88 | 1 380.0 | | Ⅰ类含油气凹陷 |
| | | 新竹凹陷 | 1 113.98 | 9.8 | | | Ⅱ类含油气凹陷 |
| | 武夷低凸起 | 台北构造带 | | | 4 300.0 | 较差区 | 基本具油气成藏条件 |
| | | 闽江浅凹 | 219.78 | 3.62 | 1 094.8 | | Ⅲ类含油气凹陷 |
| | | 雁荡构造带 | | | 744.94 | | 油气成藏条件较差 |
| | 西部坳陷 | 长江凹陷 | 44.4 | 1.0 | 600.0 | 较有利区 | Ⅲ类含油气凹陷 |
| | | 钱塘凹陷 | 48.9 | 1.1 | 360.0 | | Ⅲ类含油气凹陷 |
| | | 瓯江凹陷 | 266.79 | 8.33 | 5 222.8 | | Ⅱ类含油气凹陷 |
| | | 晋江凹陷 | 167.00 | 1.5 | | | Ⅲ类含油气凹陷 |
| | | 九龙江凹陷 | 161.24 | 1.4 | | | Ⅲ类含油气凹陷 |
| | 合　计 | | 5 338.12 | 83.33 | 24 745.64 | | |

续表18.3

| | 构造单元 | 生烃量/×10⁸ t | 推测资源量/×10⁸ t | 潜在资源量/×10⁸ m³ | 油气资源远景评价 |
|---|---|---|---|---|---|
| | 钓鱼岛隆褶带 | | 1.8 | | 油气资源远景差区 |
| 冲绳海槽盆地 | 陆架前缘坳陷 | 877.38 | 5.52 | | Ⅱ类含油气坳陷 |
| | 龙王隆起 | 28.92 | 0.46 | | 油气资源远景差区 |
| | 吐噶喇坳陷 | 66.36 | 0.93 | | Ⅲ类含油气坳陷 |
| | 海槽坳陷 | 84.67 | 0.66 | | 油气资源远景差区 |
| | 合计 | 1 057.31 | 7.57 | | |
| 总 计 | | | 92.70 | | |

3）东海油气资源远景分析

东海陆架盆地含油气凹陷资源前景，依据陆架盆地东部坳陷、西部坳陷和中部低隆起含油气系统及含油气凹陷的成藏静态地质条件、动态地质作用、地质事件组合配置优劣和油气资源规模大小，结合油气勘探成果，可划分为有利区、较有利区和较差区等三大类别的油气勘探领域（表18.3，图18.2）。

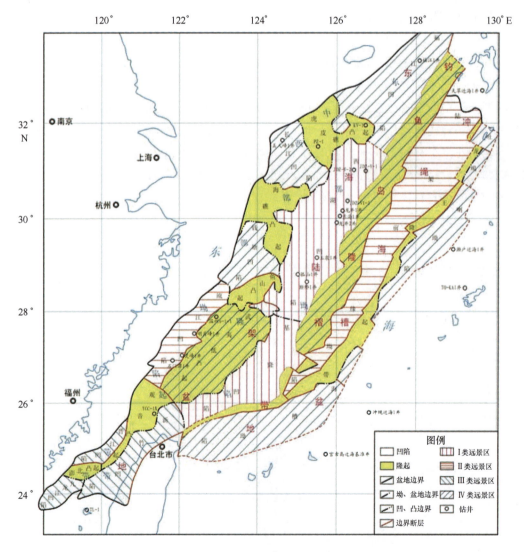

图18.2　东海海盆油气资源远景评价图（据中国地质调查局等，2004）

冲绳海槽盆地油气资源远景，从生油岩、储集岩、圈闭、油气运聚等条件及用盆模法估算的油气推测资源量看，该盆地总体上属于油气资源远景较差区，Ⅱ，Ⅲ类区两者资源量咱海槽盆地的 85%（表 18.3）。

### 18.1.3.2　东海油气开发状况

东海油气经近 30 年勘探，至本世纪初，发现了平湖、宝云亭、孔雀亭、武云亭、天外天、残雪、春晓、断桥 8 个油气田，以及龙二、龙四、玉泉、孤山 4 个含油气构造（彭伟欣，2001）。

1）平湖油气田

是我国在东海投入开发的第一个以天然气为主的中型复合型油气田，于 1998 年建成，分别于 1998 年 11 月 18 日和 1999 年 4 月 8 日采油输气。

平湖油气田位于东海陆架盆地西湖凹陷保俶斜坡中部，面积达 240 km$^2$，首期开发面积为 20 km$^2$。探明储量为天然气 $108 \times 10^8$ m$^3$，凝析油 $177 \times 10^4$ t，轻质油 $1078 \times 10^4$ t。至 2000 年 3 月，平湖油气田日产天然气已经达 $108 \times 10^4$ m$^3$。

2）大春晓地区

包括春晓、天外天、残雪、断桥等油气田，分三期实施开发。2004—2006 年实施一、二期开发工程，2008 年实施三期开发工程。

一期开发工程：建立以春晓气田为龙头的开发基地，在春晓 – 天外天形成天然气年产能力（15～25）× 10$^8$ m$^3$，并可在短期内将产能提高到（30～35）× 10$^8$ m$^3$。

二期开发工程：将开发区域向北拓展，对残雪、断桥油气田实施开发，至 2007 年东海的天然气产能达到（50～60）× 10$^8$ m$^3$。

三期开发工程：实施对春晓开发基地以北约 100 km 的宝云亭、武云亭油气田的开发，使天然气年产能增加 $15 \times 10^8$ m$^3$。

至 2012 年，三期开发工程全部完成后，通过扩储增产等一系列措施，西湖凹陷的天然气年总产量可望达到（80～100）× 10$^8$ m$^3$。

## 18.2　砂矿资源

### 18.2.1　东海滨海砂矿

东海滨岸包括浙江、福建沿岸和台湾西海岸。福建和台湾滨海砂矿资源丰富，浙江砂矿欠发育。据统计，东海主要滨海砂矿点有 52 处，主要矿种为磁铁矿、钛铁矿、锆石、独居石、磷钇矿和石英砂。福建各类矿种均有发育，已发现并圈定大型矿 1 处，中型矿 3 处，小型矿 6 处，矿点 28 处；台湾以发育磁铁矿、钛铁矿、锆石和独居石为主，已发现大型矿 2 处，中型矿 1 处，小型矿 7 处。浙江仅发现锆石和独居石矿点 4 处（表 18.4）。

福建石英砂矿主要大、中型矿床分布在东山梧龙、平潭、漳浦赤湖、晋江华峰、东山山迹等地。含钍独居石主要分布在厦门黄厝，为小型矿床。锆英石 – 钛铁矿主要分布在绍安宫口，也为小型矿床。

台湾石英砂矿主要分布在新竹南海岸的白沙屯附近，共有大型矿床 4 处，中型矿床 2 处，总储量为 $8\,365.4 \times 10^4 t$。磁铁矿砂矿主要分布在北部海岸台北县金山、万里一带及苗栗通屑白沙屯，储量分别为 $35 \times 10^4 t$ 和 $10 \times 10^4 t$。锆英石砂矿主要分布在西海岸的桃园、中圳及新竹等地，储量 $4 \times 10^4 t$（李家彪，2008）。

表 18.4 东海主要滨海砂矿

| | 产地 | 磁铁矿 | 钛铁矿 | 锆石 | 独居石 | 磷钇矿 | 石英砂 |
|---|---|---|---|---|---|---|---|
| 浙江 | 大衢山冷峙 | | | 矿点 | 矿点 | | |
| | 舟山桃花岛 | | | 矿点 | 矿点 | | |
| 福建 | 宁德漳湾 | 小型 | | | | | |
| | 宁德平潭 | | | | | | 中型 |
| | 晋江华峰 | | | | 矿点 | | 中型 |
| | 晋江金井围头 | | | | 矿点 | | |
| | 厦门黄厝 | | 小型 | | 小型 | | |
| | 漳浦赤湖 | | | | | | 中型 |
| | 古林半岛东林 | | 矿点 | 矿点 | | | |
| | 东山梧龙 | | | | | | 大型 |
| | 东山山迹 | | | | | | 小型 |
| | 绍安宫口 | | 小型 | 小型 | | 矿点 | |
| 台湾 | 金山双溪 | 小型 | | | | | |
| | 新竹 | | | 大型 | 大型 | | |
| | 东石 – 石门 | 小型 | | | | | |

资料来源：中国地质调查局等，2004。

## 18.2.2　东海浅海砂矿资源

### 18.2.2.1　重矿物高值区

在东海已圈出重矿物高值区 28 处，主要分布在东海陆架北部和东北部以及台湾海峡。其中铁钛金属、石榴石、黄铁矿高值区各 5 处，锆石高值区 4 处，电气石、红柱石、磷灰石高值区各 3 处。铁钛金属矿物分布范围最大，面积在 $(10 \sim 50) \times 10^3\,km^2$，其次为磷灰石，面积最大达 $55 \times 10^3\,km^2$，第三是石榴石，分布面积在 $(2.4 \sim 8) \times 10^3\,km^2$。每种矿物的含量也存在很大差异，如铁钛矿物的含量在台湾海峡超过 80%，而在东海陆架北部均小于 60%（表 18.5）。

表 18.5　东海浅海重矿物重量百分含量高值区一览表

| 类　型 | 圈定依据/% | 编号 | 面积/（×10⁶m²） | 含量范围/% | 海　域 |
|---|---|---|---|---|---|
| 铁钛金属矿物 | >20 | 1 | 24 982.03 | 20~60 | 北部 |
| | | 2 | 51 223 | 20~40 | 东北部 |
| | | 3 | 10 242.88 | 20~40 | 东部 |
| | | 4 | 47 354.22 | 60~100 | 台湾海峡 |
| | | 5 | 28 294.61 | 20~80 | 台湾东 |
| 石榴石 | >6 | 1 | 7 874.94 | 6~9 | 北部 |
| | | 2 | 2 421.3 | 6~9 | |
| | | 3 | 5 622.4 | 6~9 | 东北部 |
| | | 4 | 3 887.6 | 6~12 | |
| | | 5 | 5 686.41 | 6~15 | 东部 |
| | | 6 | 4 928.65 | >6 | |
| 锆石 | >0.4 | 1 | 4 446.4 | 0.4~0.8 | 北部 |
| | | 2 | 2 151.03 | 0.4~0.6 | 东北部 |
| | | 3 | 1 788.38 | 0.4~1.0 | 北中部 |
| | | 4 | 1 848.58 | 0.4~0.8 | 东部 |
| 电气石 | >2 | 1 | 6 877.84 | 2~4 | 北部 |
| | | 2 | 1 899.19 | 2~3 | 东部 |
| | | 3 | 13 392.9 | 2~5 | 台湾海峡 |
| 红柱石 | >0.4 | 1 | 1 504 | 0.4~0.6 | 东北部 |
| | | 2 | 1 108.79 | 0.4~0.8 | |
| | | 3 | 3 314 | 0.4~1.0 | 中部 |
| 磷灰石 | >20 | 1 | 16 854.78 | 20~30 | 北部 |
| | | 2 | 5 292.91 | 20~30 | 中部 |
| | | 3 | 54 688.14 | 20~40 | 东部 |
| 黄铁矿 | >20 | 1 | 1 705.16 | 20~40 | 长江口南端 |
| | | 2 | 2 546.42 | 20~60 | 东部 |
| | | 3 | 4 423.54 | 40~60 | 浙江海域 |
| | | 4 | 13 400.12 | 20~80 | 琉球群岛 |
| | | 5 | 4 928.84 | 20~60 | 台湾东北 |

资料来源：中国地质调查局等，2004。

## 18.2.2.2　重矿物异常区

在东海已圈出重矿物异常区 12 处，其中石榴石异常区 8 处，锆石异常区 3 处，电气石异常区 1 处。主要分布在陆架北部、陆架东部边缘、台湾海峡和台湾东北部海域，多数分布在重矿物含量高值区范围内，个别呈孤立面貌出现（表 18.6）。

表18.6 东海陆架有用重矿物异常区一览表

| 类 型 | 圈定依据/% | 编号 | 面积/(×10⁶m²) | 含量范围/% | 海 域 |
|---|---|---|---|---|---|
| 石榴石 | >1 | 1 | 1 140.165 | 1~4 | 陆架北部 |
| | | 2 | 371.8 | 1~3 | |
| | | 3 | 875.724 | 1~3 | |
| | | 4 | 1 830.306 | 1~3 | 陆架边缘 |
| | | 5 | 590.882 | 1~3 | |
| | | 6 | 1 537.902 | 1~13 | |
| | | 7 | 2 578.01 | 1~7 | |
| | | 8 | 1 826.609 | 1~11 | 台湾东北 |
| 锆 石 | >0.25 | 1 | 2 794.437 | 1~3 | 陆架北部 |
| | | 2 | 534.325 | 1~2 | |
| | | 3 | 1 062.133 | 1~2 | 台湾东北 |
| 电气石 | >1 | 1 | 444.292 | 1~2 | 陆架北部 |

资料来源：中国地质调查局等，2004。

## 18.3 热液矿产资源

### 18.3.1 热液活动区的分布

冲绳海槽已发现的海底热液活动区主要集中在海槽中部的伊是名海洼区、伊平屋海洼区（包括夏岛84-1海丘和蛤区）、南奄西海丘区及德之岛西海山。此外，在海槽北部鹿儿岛湾的若御子破火山口也发现有热液和气体喷出，在喷口周围可见热液成因的硫化物和碳酸盐；在海槽南部的八重山地堑发现了闪光水和热液生物群落，在海底火山及火山岛附近的热液测定及采样工作都表明有热液喷出的可能。表18.7列出了冲绳海槽各热液活动区环境特征及其有关参数，从中可以看出其热液活动特征是不尽相同的。在上述热液活动区中，以伊是名海洼区、伊平屋海洼区和南奄西海丘区最为重要（图18.3）。

表18.7 冲绳海槽及其邻域热液活动区概况

| 热液活动区 | 夏岛84-1海丘 | 伊平屋区 | 伊是名海洼（Jade） | 南奄西海丘 | 德之岛西海山 | 若御子破火山口 | 八重山海丘 |
|---|---|---|---|---|---|---|---|
| 纬度/N | 27°4.4′ | 27°3′ | 27°6′ | 28°3.5′ | 27°2′ | 31°0′ | 25°6′ |
| 经度/E | 127°8.6′ | 126°8′ | 127°5′ | 127°8.5′ | 127°9.3′ | 130°6′ | 124°4′ |
| 水深/m | 1 540 | 1 400 | 1 350 | 700 | 573 | 200 | 2 050 |
| 发现时间/年月 | 1986.7 | 1988.9 | 1988.6 | 1991.6 | 1983 | 1979 | 1984 |
| 最高水温/℃ | 42 | 220 | 320 | 278 | | 100~200 | |
| 当地沸点/℃ | 350 | 340 | 330 | 285 | | | |
| 岩石类型 | 安山岩-玄武岩 | 英安岩-玄武岩 | 流纹岩-英安岩 | 英安岩 | | | 二辉安山岩 |
| 主要热液沉积物类型 | 铁锰氧化物与氢氧化物 | 碳酸盐 | 硫化物、硫酸盐 | 硫化物、硫酸盐 | 铁锰氧化物 | 硫化物、硫酸盐 | |

资料来源：翟世奎等，2001。

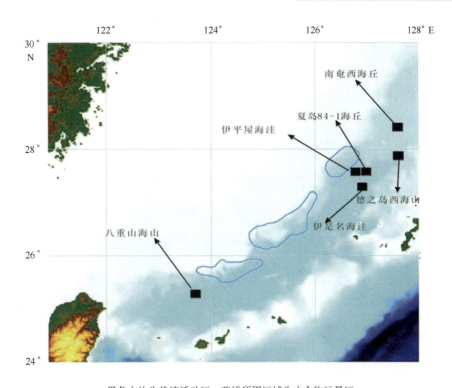

黑色方块为热液活动区，蓝线所圈区域为水合物远景区

图 18.3　冲绳海槽热液活动区分布与天然气水合物找矿远景区预测图（据翟世奎等，2001）

伊是名海洼区位于 27°16′N，127°05′E 附近，距冲绳岛西北部约 110 km。在地形地貌上表现为 NNW—SSE 走向的矩形洼地，长约 6 km，宽约 3 km，水深一般为 1 300～1 400 m，最大水深达 1 665 m。现代海底热液活动及其沉积物主要分布在海洼东北坡水深为 1 345 m 左右的基岩崖上，称作伊是名海洼区 Jade 海底热液矿床。活动的黑烟囱高度在几厘米至 1 米左右。

伊平屋海洼区西侧有一伊平屋脊，脊宽 2～3 km，自西向东延伸 20 km，山脊的相对高度约为 300 m，脊顶水深 900～1 400 m 不等。伊平屋有强烈的现代海底热液活动，在其周围有热液喷溢现象，存在热液沉积物（形成各种烟囱状丘状体）和热液生物活动。蛤区热液活动点（126°58.13′E，27°32.65′N）位于伊平屋脊北侧斜坡，水深为 1 400 m 左右。在其东侧 17 km 处为夏岛 84－1 热液海丘（127°08.6′E，27°34.4′N），水深为 1 060 m。

南奄西海丘区属冲绳海槽最重要的热液沉积物区，位于伊平屋海洼区的东北部（28.392°N，127.642°E），大致呈菱形，东西长 60 km，南北宽 30 km，周围水深约 1 000 m，顶部水深约 600 m。南庵西热液喷溢点位于海丘西北坡，水深约 700 m。热液沉积物自北向南可分为 A 区、B 区和 C 区，直径分别为 600 m、1 000 m 和 1 300 m。其中 C 区是热液沉积物最为发育的地区，有高 50～250 m 的烟囱形成。

## 18.3.2　热液矿床的矿物学和地球化学特征

### 18.3.2.1　伊是名海洼区

伊是名海洼区 Jade 海底热液矿床沉积了块状硫化物、多金属硫化物、网络状矿化和含硫化物的沉积物 4 种类型热液沉积物。矿石矿物以黄铁矿、磁黄铁矿、闪锌矿、黄铜矿、斑铜矿、白铁矿、辉锑矿为主；脉石矿物以重晶石、非晶质二氧化碳为主（Halbach，1993）。成矿元素含量由高向低的变化顺序为 Zn、Pb、Fe、Cu、Mn；其中 Zn 和 Pb 的最高含量可分别达到 42% 和 39%；Cu + Pb + Zn 的值在 30% ~ 50% 之间，Fe + Mn 的值小于 10%（Halbach，1989，1993）（表 18.8）。可见伊是名海洼富集 Zn 和 Pb。

表 18.8　冲绳海槽热液硫化物元素成分

| 地点<br>元素 | Jade | 夏岛 84 - 1 | 蛤区 | 南奄西 |
|---|---|---|---|---|
| Fe | 7.33 | 18.97 | 13.49 | 3.29 |
| Mn | 0.16 | 14.49 | 17.01 | 0.01 |
| Cu | 1.77 | | | 1.46 |
| Pb | 14.27 | | | 5.01 |
| Zn | 22.00 | 17.67 | 30.92 | 12.81 |
| Ni | | 36.66 | 75.63 | |
| Sb | | 24.75 | 37.73 | |
| Mo | | 1080 | 792.50 | 0.05 |
| As | 2.75 | 153.75 | 119.20 | |
| Cd | | | | |
| Se | | | | |
| Fe + Mn | 7.49 | 33.45 | 30.50 | |
| Cu + Pb + Zn | 38.04 | | | |

注：Fe、Mn、Cu、Pb、Zn 含量为%，其余元素含量为 $10^{-6}$。

Jade 热液活动区块状硫化物的稀土元素含量较低，具有明显的负 Eu 异常（δEu = 0.58 ~ 0.71）和 LREE 相对富集 [（La/Yb）N = 1.29 ~ 47.87] 的球粒陨石标准化配分模式，该模式与深海沉积物和火山岩的稀土元素配分模式相似，这表明块状硫化物中的 REE 部分来自深海沉积物和火山岩，其贡献的比例受控于热液流体与沉积物和火山岩相互作用的强度，同时海水的混合作用也对块状硫化物的稀土元素组成产生一定的影响（曾志刚等，2001）。

该区同一类型的热液产物中，不同矿物 REE 的含量不同。除了 La、Lu 之外，其他 REE 的含量从高到低依次为闪锌矿、粗粒硫化物、细粒硫化物；粗粒硫化物中的所有 REE 含量高于细粒硫化物；自然硫的 REE 含量最低。上述特征说明在热液成矿作用的不同阶段，稀土元素的地球化学行为是不同的，矿物沉淀过程同时也是稀土元素的分异过程。

### 18.3.2.2　伊平屋海洼区

主要包括夏岛 84 - 1 海丘和蛤区两个热液区。夏岛 84 - 1 海丘热液喷口的黄绿色物质被黄褐色物质围绕，后者之上覆盖有黑色物质。绿色矿物为 Fe - 蒙皂石，黑色矿物以钠水锰矿为主的锰氧化物。从表 18.8 可看出，该海丘 Fe、Mn、Zn、Ni、Mo、As 的含量较伊是名海洼 Jade 矿床显著增高；另一特点是远离热液喷口，Fe 和 As 含量低，Mn 和 Mo 含量增加。

蛤区上有白色、黄色热液沉积物，按产状可分为皮壳状、墩状及烟囱状。该区热液沉积物的矿物包括 Ca - Mn 系列碳酸盐、非晶质二氧化碳、石膏、自然硫、铅（纤）锌矿、磁黄铁矿、方铅矿、黄铁矿、辉银矿和辰砂等。热液沉积物中的 Fe、Mn 含量一般介于 30% ~ 40% 之间，并以富 Zn、Ni、Sb、Mo、As 为特征。

总体看，蛤区和夏岛 84 - 1 海丘在成矿类型方面具有一致性，表明伊平屋海洼对形成Fe、Mn 金属硫化物矿床更为有利。

### 18.3.2.3 南奄西海丘区

依据矿物组成可将热液沉积物划分为 4 种类型（根建心具等，1992）。Ⅰ型（富硅热液沉积物）：主要矿物为石英，含量大于 60%。矿石矿物含量少，主要为闪锌矿、黄铜矿、方铅矿和黄铁矿。Ⅱ型（富硫酸盐热液沉积物）：主要矿物为硬石膏和石膏。矿石矿物为闪锌矿、黄铜矿、方铅矿。Ⅲ型（块状富硫化物热液沉积物）：以矿石矿物为主，呈条带状分布，如叶蜡石带，闪锌矿带，闪锌矿 - 黄铜矿带，方铅矿、铅矾 - 白铅矿带。同时含少量硬石膏和石膏。Ⅳ型（碎屑状富硫化物热液沉积物）：沉积物由不同的矿石矿物和脉石矿物组成。根据矿物组合分为：闪锌矿、方铅矿、黄铜矿、黄铁矿碎屑沉积；石英、斜长石、钛铁矿及少量金红石、黄铁矿碎屑沉积；热液成因黏土碎屑。

## 18.3.3 热液矿产资源潜力评价

过去 20 多年中，国内外有关机构在冲绳海槽开展的热液硫化物调查均属常规航次调查和深潜调查，尚未进行钻探和矿产资源的评价工作。总体来说，调查程度偏低，能用于资源量估算的关键性参数还非常缺乏。国内有关研究项目根据现有的数据，对其热液矿产资源进行了初步评价。

### 18.3.3.1 伊是名海洼 Jade 热液区的资源量估算

假定 Jade 热液区内均有硫化物产出，平均厚度为 3 m，若以 1 000 m 长、600 m 宽进行估算，该区硫化物的体积应为 $180 \times 10^4$ m³。采用 TAG 热液区块状硫化物的矿石密度 4 g/cm³（Hannington et al.，1998），Jade 热液区内应有硫化物矿石 $720 \times 10^4$ t。这一数据是比较乐观的上限。

1989 年 7 月日本"深海 2000"的 4 次潜航调查表明，伊是名海洼热液活动带宽约 200 m，长约 1 000 m，以其东坡坡底为中心呈 NE 向展布。据此推算，该热液带矿石量为 $60 \times 10^4$ m³，约 $240 \times 10^4$ t。

根据 Jade 热液区内已发现的三个矿址计算，整个热液区的资源量应超过 4 000 t。此数据是 Jade 热液区硫化物资源量的下限。

据上所述推算，Jade 热液区海底硫化物的资源量应介于（4 000 ~ 720）$\times 10^4$ t 之间，若以有一定调查依据的 $240 \times 10^4$ t 减半处理，这个热液区的资源量约为 $100 \times 10^4$ t。

### 18.3.3.2 伊平屋海洼热液区的资源量估算

夏岛 84 - 1 海丘的东西两侧都有热液堆积体产出，以西海丘的堆积体规模最大，长约 20 m，宽约 10 m，高约 5 m。考虑到热液沉积物是沿裂隙或热液喷口呈不规则分布的，仍采用密度为 4 g/cm³，推算块状硫化物的体积为 280 m³，其矿石量应为 1 120 t。除堆积体 A 外，夏岛 84 - 1 海丘上还有其他热液堆积体，但规模相对较小，目前也无确切的数据。以堆积体 A 的数据作参考，推测夏岛 84 - 1 海丘上应有热液沉积物 5 000 ~ 10 000 t 的矿石量。

蛤区呈一长约 50 m，宽约 30 m 的矩形，厚度若以 3 m 计，借用硫化物密度 4 g/cm³ 估算，热液沉积物应为 4 500 m³，矿石量为 18 000 t。考虑到整个"海洋 88 凹地"中有多个与蛤区相似的海丘，推测该凹地热液沉积物的资源量应达数十万吨。

初步推测整个伊平屋海洼区（包括夏岛 84 – 1 海丘和蛤区）热液沉积物的资源量约为 $50 \times 10^4$ t。

### 18.3.3.3 南奄西海丘热液区的资源量估算

南奄西海丘区的 A、B、C3 个凹地均已发现热液硫化物或热液活动，其中 C 凹地的调查资料较为丰富。C 凹地为长约 500 m、宽约 200 m 的 NE 向延伸凹地，若以厚度 3 m 计，矿石密度仍为 4 $g/cm^3$，考虑到硫化物主要分布在南、北两个次凹内，资源量作减半处理，C 凹地的矿石量约为 $60 \times 10^4$ t。整个南奄西海丘区的热液硫化物资源量约为 $200 \times 10^4$ t。

## 18.4 天然气水合物资源

天然气水合物是在高压低温条件下，由天然气和水形成的笼状固态物，广泛分布于大陆边缘陆坡区和永久冻土带。由于水合物的能量密度很高，据理论计算，1 $m^3$ 的饱和天然气水合物在标准条件下可释放出 164 $m^3$ 的甲烷气，为常规天然气能量密度的 2 ~ 5 倍。因此据估算全球水合物中的甲烷碳高达 $10^{16}$ kg 或含 $20 \times 10^{15}$ $m^3$ 的甲烷气，相当于全球已知的煤炭、石油和天然气等化石燃料总储量中甲烷量的两倍。天然气水合物的巨大资源量给人类带来了新的能源前景，同时水合物对全球碳循环与环境变化、海底地质灾害等方面也有重要影响，因此水合物的勘探研究成为当前的热点研究领域，备受世界各国政府和学者的关注。

东海冲绳海槽是晚喜马拉雅期大洋板块俯冲导致火山弧后扩张形成的，属于活动大陆边缘的半深海弧后盆地，海槽内沉积有巨厚的新近纪至第四纪沉积物。由于冲绳海槽所处的位置比较敏感，天然气水合物调查程度远不如南海，但对其构造背景、地质特征、温压条件等的综合分析表明，冲绳海槽及其两侧斜坡具备天然气水合物成矿的有利地质条件，具有良好的资源前景，值得我们作进一步的勘探研究。

### 18.4.1 天然气水合物资源的成矿地质背景

天然气水合物多赋存于温度低于 10℃，压力大于 10 MPa，富含甲烷流体的低温高压沉积层中。冲绳海槽及其邻近海域具有适宜的水深和地温条件、有利的沉积和地质构造环境、充足的气源、有效的运移通道和储集保存条件，具有良好的天然气水合物成矿条件和找矿前景。

东海冲绳海槽的水深北浅南深，平均深度大于 1 000 m，最深处达 2 719 m，而且海槽底部的温度基本保持在 0 ~ 4℃左右，其温压条件非常适合天然气水合物的赋存。

冲绳海槽内堆积了较厚的上新世—第四系沉积层，沉积岩类型主要为黏土质粉砂、粉砂质黏土、有孔虫 – 粉砂 – 黏土和泥，比较适合水合物的形成。海槽内沉积厚度较大，一般为 2 000 ~ 6 000 m，最大沉积厚度可达 12 000 m。晚更新世以来冲绳海槽的沉积速率也较高，在海槽西侧陆坡一带为 6.3 cm/ka，海槽底的北部、中部、西南部则分别为 5.8 cm/ka, 4.4 ~ 6.1 cm/ka, 10 ~ 18.2 cm/ka，海槽西南部的显著增高，系与浊流沉积有关，而高沉积速率有利于有机质的保存和转化。此外，只有当有机质含量高于 0.5% 时，其中的有机质才可能被海底的厌氧菌所消化并产生大量的生化甲烷，冲绳海槽的沉积物分布显示海槽西北侧主要是陆源和生物源成分，海槽内沉积物有机质含量平均为 1.9%，大部分区域都高于 0.5%。

中新世以来，冲绳海槽持续处于张引力控制之下，导致断裂构造发育。地层中的断裂作用有利下部烃类气源在地温梯度的影响下上移，至海底附近适合的温压条件下集聚并形成天然气水合物。当然某些冲顶断裂会导致向上迁移的气体分解逃逸，此外构造活动也可使岩浆沿断裂侵入或喷发，影响水合物矿层的保存和稳定。但岩浆活动及火成岩主要分布在冲绳海槽中北部及东侧岛坡区，海槽西侧陆坡相对平静，对天然气水合物的保存影响很小。

由于冲绳海槽是一个扩张初期的裂谷构造，地热流值高，地温梯度值也较高。有机物的成岩作用中大量烃类过程都发生于80℃以上的温度下，所以高温有利于有机质的成熟与烃类的生成。但高热流值分布区或高地热梯度带一般不利于天然气水合物的保存，好在冲绳海槽高热流值分布范围不大，高热流点的一定范围外热流值就变得极低，表明热流的影响范围比较有限。

综合冲绳海槽及其邻近海域的构造背景和地质特征分析，只要在天然气水合物的稳定温压场分布海域，除去一些如陡坡和裂谷等剥蚀区、火山分布区、海槽底部的深海平原区等，尤其是在海槽的西南坡，表现出具备天然气水合物稳定带分布的特征，表明该海域可能分布有天然气水合物矿藏。

目前，在冲绳海槽及其邻近海域也已经发现了天然气水合物存在的地质、地球物理和地球化学异常标志。如方银霞等（2000）、孟宪伟等（2000）、杨文达等（2000 a，b）、栾锡武等（2001 a，b）都在冲绳海槽发现似海底反射层BSR。方银霞等（2003）、栾锡武等（2003 b）还根据冲绳海槽的温压条件，分析了天然气水合物的可能分布区域以及水合物稳定带的厚度分布状况。此外，在东海也发现了一些天然气水合物的地球化学找矿标志和其他各种异常标志，如卢振权等（2003）在冲绳海槽发现海底浅表层沉积烃类异常；Sakai 等（1990）报道在冲绳海槽发现了 $CO_2$ 型水合物及其脉状 $CO_2$ 流体；俄罗斯 Obzhirov 博士曾对东海的底水进行过系统的气体地球化学调查，在冲绳海槽 JADE 区的西部陆坡和钓鱼岛附近海域发现了多处底水的甲烷含量异常，Tsurushimu 也在东海陆坡区发现海水的甲烷浓度存在异常。

## 18.4.2　天然气水合物资源的分布

由于东海天然气水合物的调查和研究程度相对较低，是西太平洋边缘海中唯一未获得水合物样品的边缘海。因此，目前主要还是利用已有的地震数据、海底温度、热流值等资料，从温压条件、沉积物来源、沉积层厚度、气源条件等水合物成矿条件，通过水合物的稳定域分布范围分析来研究天然气水合物的可能分布，初步分析表明东海天然气水合物主要分布于东海陆坡即冲绳海槽的西坡。

天然气水合物稳定域覆盖的面积从水深约 500 m 的陆坡下缘到冲绳海槽的中 轴部分约70 000 km²，相当于整个东海海域面积的1/10。稳定带的厚度从 400 m（中部）至 1 100 m（北部和南部）不等，适合天然气水合物稳定赋存的地层主要是第四纪（1.8～2.2 km/s）和上新世的沉积地层（2.8 km/s）。从热流、构造活动性和稳定带的厚度分析，海槽的中部由于高热流点的影响成矿条件相对较差，海槽的北部和南部更适合天然气水合物的稳定赋存。图18.3 是根据水合物的稳定域分析，并结合大量地震剖面的分析和 BSR 的识别圈定的天然气水合物可能分布示意图。

## 18.4.3　天然气水合物资源潜力评价

近年来，各有关方面的专家根据东海海域的地质、地球化学、地球物理资料的综合研究，利用已有的地质地球物理资料对冲绳海槽及其邻近海域的天然气水合物远景进行了初步的预测。

在对东海冲绳海槽天然气水合物的甲烷资源量进行评估时，主要考虑水合物分布面积、水合物稳定带平均厚度、沉积物有效孔隙度、孔隙中水合物饱和度、水合物中天然气容积倍率、水合物成矿率等参数，参考 Gornitz 公式进行。

根据地震剖面的分析结果，将剖面中显示清晰 BSR 的剖面段，按相邻测线作了连线圈定，得出一类区域约 3 800 km²，其他 BSR 特征不明显、BSR 上下层的速度差较小等分布区划为二类区域约 7 400 km²。BSR 反射波上部的振幅空主要由于地层中天然气水合物结晶体的胶用，使地层变得均质所致，因此水合物含量越高其空白程度越高。海槽内已识别出 BSR 的剖面中，振幅空白带厚度多在 50~400 m 之间，因此水合物稳定带平均厚度取 220 m 左右。

在理想条件下，已知冲绳海槽及其邻近海域一类天然气水合物远景面积约 3 800 km²，二类天然气水合物远景面积约 7 400 km²，含水合物沉积层平均厚度 220 m，沉积物中的孔隙度取 50%，孔隙中水合物饱和度为 20%~50%，水合物中容积倍率为 160，水合物成矿率为 5%~10%。由此初步估计，冲绳海槽及其邻近海域天然气水合物资源量为 $1.97 \times 10^{12}$ m³~$9.86 \times 10^{12}$ m³，平均为 $5.9 \times 10^{12}$ m³（其中一类区约 $2.0 \times 10^{12}$ m³，二类区约 $3.9 \times 10^{12}$ m³），相当于 $59 \times 10^{8}$ t 的油当量。由于估算尚不包括资料空白区域以及水合物稳定带之下的游离气，因此实际资源量可能还要大。

不同学者都曾对冲绳海槽的水合物资源进行过估算，大致为十万亿立方米的数量级别，由于该海域调查研究程度还很不够，其资源估算肯定不准确，但资源量的估算数值显然是一个比较可观的数字，预示着我国东海天然气水合物的巨大资源潜力。当然，天然气水合物在沉积物中的分布是分散块状、带状的或浸染状的，其天然气资源和常规天然气资源有很大区别，它的开发和利用前景取决于相关技术的发展和提高。但作为巨大的天然气后备资源，其前景无疑是十分诱人的。

# 参 考 文 献

蔡锋，黄敏芬，苏贤泽，等 . 1999. 九龙江河口湾泥沙运移特点与沉积动力机制 ［J］. 台湾海峡，18（4）：418 – 424.

程鹏，高抒 . 2000. 北黄海西部海底沉积物的粒度特征和净输运趋势 ［J］. 海洋与湖沼，31（6）：604 – 615.

程天文，赵楚年 . 1984. 我国沿岸入海河川径流量与输沙量的估算 ［J］. 地理学报，39（4）：418 – 427.

陈峰，张培辉，王海鹏，等 . 1999. 闽江口水下三角洲的形成与演变 II 冰下三角洲平原 ［J］. 台湾海峡，18（1）：1 – 5.

陈焕疆，等 . 1992. 东海北部及相邻地区的构造区划 ［J］. 海洋地质与第四纪地质，12（2）：13 – 16.

陈吉余，罗祖德，陈德昌，等 . 1964. 钱塘江河口沙坎的形成及其历史演变 ［J］，地理学报，30（2）.

陈吉余，陈沈良 . 2007. 中国河口研究五十年：回顾与展望 ＊ ［J］. 海洋与湖沼 . 38（6）：481 – 486.

陈丽蓉，翟世奎，申顺喜 . 1993 冲绳海槽浮岩的同位素特征及年龄测定 ［J］. 中国科学（B 辑），23（3）：324 – 329.

陈则实 . 1998. 中国海湾志第十四分册（重要河口）［M］. 北京：海洋出版社：105 – 233，545 – 753.

戴明刚 . 2004. 东海及邻域的两条剖面地球物理反演与综合解释 ［J］. 地球物理学进展，19（2）：331 – 340

窦国仁，董凤舞 . 1995a. 河口海岸泥沙数学模型研究 ［J］. 中国科学（A 辑），25（9），995 – 1001.

窦国仁，董凤舞，Dou Xibing. 1995b. 潮流和波浪的挟沙能力 ［J］. 科学通报，40（5）：443 – 446.

窦亚伟，林敏基 . 1991. 闽江口悬浮泥沙动态与分区的遥感分析 ［J］. 台湾海峡，10（2）：150 – 155.

方银霞，金翔龙，杨树锋，等 . 2000. 冲绳海槽西北边坡天然气水合物的初步研究 ［J］. 海洋学报，22（增刊）：175 – 179.

方银霞，黎明碧，金翔龙，等 . 2003. 东海冲绳海槽天然气水合物的形成条件 ［J］. 科技通报，19（1）：1 – 5.

方银霞，申屠海港，金翔龙 . 2002. 冲绳海槽水合物稳定带厚度的计算 ［J］. 矿床地质，21（4）：414 – 418.

管秉贤 . 1986. 东海海流结构及涡旋特征概述 ［C］. 海洋科学集刊，27：1 – 22.

高阿甲，许忠淮，陈家庚 . 1990. 用钻孔崩落推断四川盆地的水平主应力方向 ［J］. 地震学报，12（2）：140 – 147.

高德章，唐建，薄玉玲 . 2003. 东海地球物理综合探测剖面及其解释 ［J］. 中国海上油气（地质）. 17（1）：38 – 43.

高德章，赵金海，薄玉玲，等 . 2004. 东海重磁地震综合探测剖面研究 ［J］. 地球物理学报，47（5）：853 – 861.

高德章，赵金海，薄玉玲，等 . 2006. 东海及邻近地区岩石圈三维结构研究 ［J］. 地质科学，41（1）：10 – 26.

高德章，赵金海，唐建，等 . 2005. 东海地区岩石圈三维结构 ［M］朱介寿，等 . 中国华南及东海地区岩石圈三维结构及演化 . 北京：地质出版社，187 – 230.

高建理，丁健民，梁国平，等 . 1992. 中国海区及其邻域的原地应力状态 ［J］. 地震学报，14（1）：17 – 28.

高金耀 . 1992. 冲绳海槽及附近地区地热场 ［M］. 东海海洋地质（金翔龙主编），北京：海洋出版社：367 – 379

高金耀，金翔龙 . 2003. 由多卫星测高大地水准面推断西太平洋边缘海构造动力格局 ［J］. 地球物理学报，46（5）：600 – 608.

高金耀，李家彪，林长松 . 2002. 南冲绳海槽岩石圈构造动力作用机制探讨 ［J］. 海洋与湖沼，33（4）：349 – 355.

高金耀, 叶芳, 李家彪, 金翔龙, 等. 2004. 冲绳海槽断裂, 岩浆构造活动和洋壳化过程 [J]. 中国边缘海海盆演化与资源效应（"中国边缘海形成演化系列研究"丛书第三卷, 李家彪, 高抒主编）. 北京: 海洋出版社: 275-284.

高抒, 程鹏, 汪亚平, 等. 1999. 长江口外海域1998年夏季悬沙浓度特征 [J]. 海洋通报, 18 (6): 44-50.

郭炳火, 葛人峰. 1997. 东海黑潮锋面涡旋在陆架水与黑潮水交换中的作用 [J]. 海洋学报, 19 (6): 1-11.

郭琳, 陈植华. 2007. 椒江口—台州湾悬浮泥沙分布特征遥感研究 [J]. 武汉理工大学学报, 29 (5): 49-52.

郭令智, 马瑞士. 1998. 论西太平洋活动大陆边缘中—新生代弧后盆地的分类和演化 [J]. 成都理工学院学报, 25 (2): 134-144.

郭志刚, 等. 1997. 春季东海北部海域悬浮体的分布结构与沉积效应 [J]. 海洋与湖沼, 28 (增刊): 66-72.

郭志刚, 杨作升, 范德江. 2003. 长江口泥质区的季节性沉积效应. 地理学报. 58 (4): 591-597.

郭志刚, 杨作升, 张东奇, 等. 2002. 冬夏季东海北部悬浮体分布及海流对悬浮体输运的阻隔作用 [J]. 海洋学报, 24 (5): 71-80.

黄庆福, 苟淑名, 孙维敏, 等. 1984. 东海DC-2孔柱状岩心的地层划分 [J]. 海洋地质与第四纪地质, 4 (1): 11-26.

黄慧珍, 唐保根, 杨文达, 等. 1996. 长江三角洲沉积地质学 [M]. 北京: 地质出版社: 244.

黄明聪, 陈能态. 2004. 福建晋江流域水资源承载力研究 [J]. 水利水电技术. 35 (4): 104-106.

黄朋, 李安春, 蒋恒毅. 2006. 冲绳海槽北、中段火山岩地球化学特征及其地质意义 [J]. 岩石学报, 22 (6): 1073-1082.

黄庆福, 苟淑名, 孙维敏, 等, 1984. 东海DC-2孔柱状岩心的地层划分 [J]. 海洋地质与第四纪地质, 4 (1):11-26.

黄培华, 苏维加, 陈金波. 1994. 冲绳海槽和琉球海沟的地震活动和应力场 [J]. 地震学报, 16 (4): 407-415.

胡敦欣, 杨作升. 2001. 东海海洋通量关键过程 [M]. 北京: 海洋出版社: 204.

韩曾萃, 戴泽蘅, 等. 2003. 钱塘江河口治理开发 [M]. 北京: 中国水利水电出版社: 554.

蒋国俊, 张志忠. 1995. 钱塘江河口段动力沉积探讨 [J]. 杭州大学学报, 22 (3): 306-312.

贾建军, 等. 2001. 长江口外和东海海域悬浮泥沙通量与循环过程 [M] // 胡敦欣, 等. 长江、珠江口及邻近海域陆海相互作用. 北京: 海洋出版社, 111-120.

金庆焕. 1993. 台湾海峡中、新生代地质构造及油气地质 [M]. 福州: 福建科技出版社.

金翔龙. 1992. 东海海洋地质. 北京: 海洋出版社, 1-524.

金翔龙, 庄杰枣, 唐宝珏, 等. 1985. 冲绳海槽反射地震的结构特征 [J]. 海洋与湖沼. 16 (6): 481-487.

金翔龙, 喻普之. 1982. 黄海、东海地质构造 [M]. 黄东海地质, 北京: 科学出版社.

金翔龙, 等. 1983. 冲绳海槽地壳结构性质的初步探讨 [J], 海洋与湖沼, 14 (2): 105-116.

金翔龙, 高志清. 1986. 冲绳海槽的深部构造及其在海槽演化的作用 [J]. 《国际大陆边缘地质科学研讨会》论文摘要汇编: 96-97.

金性春, 师先进. 1990. 中国现代应力场与相邻板块作用力的探讨 [J]. 科学通报, 16: 1416-1418.

姜亮. 2003. 东海陆架盆地油气资源勘探现状及含油气远景 [J]. 中国海上油气（地质）, 17 (1): 1-5.

江为为, 刘少华, 郝天珧, 等. 2002. 应用重力资源估算东海冲绳海槽地壳厚度 [J]. 地球物理进展, 17 (1): 35-41.

林承坤. 1989. 长江口的泥沙来源与数量计算的研究 [J]. 地理学报, 44 (1): 22-31.

林承坤. 1992. 长江口及其邻近海域黏性泥沙的数量与输移 [J]. 地理学报, 47 (2): 108-118.

李本川.1980.苏北平原海岸地貌特征及沿岸泥沙运动［J］.海洋科学，3：12－17.

李风业，史玉兰，何丽娟，等.1999.冲绳海槽晚更新世以来沉积速率的变化与沉积环境的关系.海洋与湖沼，30（5）：540－545.

李国玉，吕鸣岗.2002.中国含油气盆地图集［M］.北京：石油工业出版社.

李广雪，杨子赓，刘勇.2005.中国东部海域海底沉积环境成因研究.北京：科学出版社.

李家彪.2008.东海区域地质［M］.北京：海洋出版社：305－539.

李九发，时伟荣，沈焕庭.1994.长江河口最大浑浊带的泥沙特性和输移规律［J］.地理研究，13（1）：51－59.

李孟国，杨华，蒋厚武.2007.瓯江南口工程专题研究［R］.交通部天津水运工程科学研究所.

李乃胜.1990a.冲绳海槽构造属性［J］.海洋与湖沼，2（6）：536－543.

李乃胜.1990b.冲绳海槽横断裂初探［J］.海洋学报，12（4）：455－462.

李乃胜，等.2000，西北太平洋边缘海地质［J］.哈尔滨：黑龙江教育出版社.

李乃胜.1995.冲绳海槽地热［M］.青岛：青岛出版社，75－83.

李培英，王永吉，刘振夏.1999.冲绳海槽年代地层与沉积速率.中国科学（D辑），29（1）：50－55.

李鹏，杨世伦，戴仕宝，等.2007.近10年来长江口水下三角洲的冲淤变化［J］.地理研究，62（7）：707－716.

李培廉，等.1992.试论东海陆架盆地的基底构造演化和盆地形成机制［J］.海洋地质与第四纪地质，22（3）：38.

李培英，王永吉，刘振夏.1999.冲绳海槽年代地层与沉积速率［J］.中国科学（D辑），29（1）：50－55.

李全兴.1990.渤海、黄海、东海海洋图集——地质、地球物理［M］，北京：海洋出版社：50－62.

李日辉，张光威.2001.山东莱阳盆地早白垩世莱阳群的遗迹化石.古生物学报.40（2）：252－261.

李双林.1999.南黄海HY126YA01孔末次冰期多层泥炭的发现及其古气候意义［J］.海洋地质动态，3.

李双林，等.2001.黄海YA01孔沉积物稀土元素组成与源区示踪［J］.海洋地质与第四纪地质，3.

李铁刚，阎军，苍树溪.1996.冲绳海槽北部Rd－82和Rd－86孔氧同位素记录及其环境分析［J］.海洋地质与第四纪地质，16（2）：57－63.

李巍然，等.1997a.冲绳海槽火山岩岩石化学特征及其地质意义［J］.岩石学报，13（4）.

李巍然，等.1997b，冲绳海槽南部橄榄岩拉斑玄武岩研究［J］.海洋与湖沼，28（6）.

李武显，周新民.1999.中国东南部晚中生代俯冲带探索［J］.高校地质学报，5（2）：164－169.

李为华，等.2008.近期长江河口沙波发育规律研究［J］.泥沙研究，（6）：45－51.

李西双，刘保华，吴金龙，等.2004.冲绳海槽西部陆坡地震相模式与沉积体系［J］.海洋与湖沼，35（2）：20－129.

李炎，等.1992.杭州湾锋面及高浑浊带动态的遥感和分析［C］.中国海洋学文集，海洋出版社，2：37－46.

李绍全，刘健，王圣洁，等.1997.南黄海东侧陆架冰消期以来的海侵沉积特征［J］.海洋地质与第四纪地质，17（4）：1－12.

李绍全，刘健，王圣洁，等.1998.南黄海东侧冰消期以来的沉积层序与环境演化［J］.科学通报，43（8）.

卢振权，龚建明，吴必豪，等.2003.东海天然气水合物的地球化学标志与找矿远景［J］.海洋地质与第四纪地质，23（3）：77－81

刘苍字，贾海林，陈祥锋.2001.闽江河口沉积结构与沉积作用［J］.海洋与湖沼，32（2）：177－184.

刘季花，谭启新，韩昌甫.2001.我国东海专属经济区和大陆架固体矿产资源评价［J］.

刘敏厚，吴世迎，王永吉.1987.黄海晚第四纪沉积［M］.北京：海洋出版社：433.

刘光鼎.1992a.中国海区及邻域地质地球物理特征［M］.北京：科学出版社.

刘光鼎，等.1992b.中国海区及邻域地质地球物理系列图（1/500万）［M］.北京：地质出版社.

刘升发，石学法，刘焱光，等. 2010. 东海内陆架泥质区表层沉积物常量元素地球化学及其地质意义［J］. 海洋科学进展，28（1）：80 – 86.

刘焱光，李铁刚，吴世迎，等. 2001. 冲绳海槽中部沉积岩心的古海洋学研究. 科学通报，46（增刊）：68 – 73.

刘振夏，李培英，李铁刚，等. 2000. 冲绳海槽 5 万年以来的古气候事件. 科学通报，45（16）：1776 – 1781.

刘振夏，Saito Y，李铁刚，等. 1999. 冲绳海槽晚第四纪千年尺度的古海洋学研究［J］. 科学通报，44（8）：883 – 887.

刘昭蜀，陈雪. 1984. 冲绳海槽热流值分析及其地质解释［J］. 海洋地质与第四纪地质，4（1）：93 – 100.

梁瑞才，王述功，吴金龙. 2001. 冲绳海槽中段地球物理场及对其新生洋壳的认识［J］. 海洋地质与第四纪地质. 21（1）：51 – 55.

茅志昌，沈焕庭. 2001. 长江河口与瓯江河口最大浑浊带的比较研究［J］. 海洋通报，20（3），8 – 14.

孟宪伟，杜德文，刘焱光，等. 2007. 冲绳海槽近 3.5 万年来陆源物质沉积通量及其对气候变化的响应［J］。海洋学报，29（5）：74 – 80.

孟宪伟，刘保华，石学法，等. 2000. 冲绳海槽中段西陆坡下缘天然气水合物存在的可能性分析［J］. 沉积学报，18（4）：629 – 633.

孟宪伟，杜德文，吴金龙. 2001. 冲绳海槽中段表层沉积物物质来源的定量分离：Sr – Nd 同位素方法［J］. 海洋与湖沼，32（3）：319 – 326.

彭伟欣. 2001. 东海油气勘探成果回顾及开发前景展望［J］. 海洋石油，（3）：1 – 6.

庞重光，王凡，等. 2004. 东海悬浮体的分布特征及其演变［M］//王凡，等. 长江、黄河口及邻近海域陆海相互作用若干重要问题. 北京：海洋出版社：42 – 52.

秦蕴珊. 1963. 中国陆棚的海底地形及沉积物类型的初步研究. 海洋与湖沼，5（1）：71 – 86.

秦蕴珊. 1989. 黄海地质［M］. 北京：海洋出版社.

秦蕴珊，郑铁民. 1982. 东海大陆架沉积物分布特征的初步探讨［M］. 中国科学院海洋研究所海洋底质研究室编. 黄东海地质，北京：科学出版社，31 – 51.

秦蕴珊，赵一阳，陈丽蓉，等. 1987. 东海地质［M］. 北京：海洋出版社.

钱宁，谢汉祥，周志德，等. 1964. 钱塘江河口沙坝的近代过程. 地理学报，30（2）：124 – 142.

钱塘江志编纂委员会. 1998. 钱塘江志［M］. 北京：方志出版社，651.

邱中建，龚再升. 1999. 中国油气勘探—第四卷 近海油气区［M］. 北京：石油工业出版社：1054 – 1087.

栾锡武，高德章，喻普之，等. 2001a. 中国东海及邻近海域一条剖面的地壳速度结构研究［J］. 地球物理学进展. 16（2）：28 – 35.

栾锡武，张训华. 2003a. 东海及琉球沟弧盆系的海底热流测量与热流分布［J］. 地球物理学进展，18（4）：670 – 678.

栾锡武，初凤友，赵一阳，等. 2001b. 我国东海及邻近海域气体水合物可能的分布范围［J］. 沉积学报，19（2）：315 – 319

栾锡武，鲁银涛，赵克斌，等. 2008. 东海陆坡及邻近槽底天然气水合物成藏条件分析及前景［J］. 现代地质，22（3）：342 – 355.

栾锡武，秦蕴珊，张训华，等. 2003b. 东海陆坡及相邻槽底天然气水合物的稳定域分析［J］. 地球物理学报，46（4）：467 – 475.

申顺喜，陈丽蓉. 1993. 南黄海冷涡沉积和通道沉积的发现. 海洋与湖沼，24（6）：563 – 570

沈焕庭，等. 1986. 长江河口悬沙输移特征［J］. 泥沙研究，1：1 – 13.

沈焕庭，等. 2001. 长江河口物质通量［M］. 北京：海洋出版社，178.

沈焕庭，等. 2001. 长江河口最大浑浊带［M］. 海洋出版社，193.

苏纪兰，等，1992. 杭州湾的锋面及其物质输运［C］. 中国海洋学文集，海洋出版社，2：1 – 12.

苏育嵩.黄，东海地理环境与环流分析［J］.青岛海洋大学学报，1989；19（1），（Ⅱ）：1－14.

施益忠.莫霍面及地壳结构.1992.见：中国海区及邻域地质地球物理特征［M］.北京：科学出版社，71－79

宋乐.2011.浙南山溪性河流入海水沙通量变化研究［C］.国家海洋第二海洋研究所硕士学位论文.

孙东怀，安芷生，苏瑞侠等.2001.古环境中沉积物粒度组分分离的数学方法及其应用［J］.自然科学进展，11（3）：269－276.

孙效功，等.2000.黄、东海陆架区悬浮体输运的时空变化规律［J］；海洋与湖沼：20（6）：2－8.

唐保根.1988.长江口南岸第四纪海侵层位的初步研究［M］.水文地质工程地质论丛（4）.北京：地质出版社：123－135.

唐保根.1996a.东海陆架第四纪地层层序的初步研究［J］.上海地质，58：22－30.

唐保根.1996b.东海陆架第四纪地层［M］.中国第四纪地层与国际对比（杨子庚等主编），地质出版社，56－75.

唐保根，陈裕迅，张异彪，等.2002.黄海、东海晚第四纪地层划分、特征及其沉积环境演化的研究［J］.我国专属经济区和大陆架勘测研究论文集.北京：海洋出版社：178－191.

唐保根，昝一平.1986a.长江一号孔第四纪地层的研究［J］.海洋地质专刊，3（1）：1－46.

唐保根，昝一平.1986b.长江水下三角洲浅孔岩心的地层划分［J］.海洋地质与第四纪地质，6（2）：41－52.

唐保根，昝一平.1992.东海西部晚更新世晚期以来地层特征的初步研究［J］.上海地质，43：26－34.

唐勇，金翔龙，方银霞，等.2003.冲绳海槽天然气水合物BSR的地震研究［J］.海洋学报，25（4）：59－66.

王凡，等.2004.长江、黄河口及邻近海域陆海相互作用若干重要问题［J］.北京：海洋出版社：231.

王舒畋，梁寿生.1986.冲绳海槽盆地的地质构造特征与盆地的演化历史［J］.海洋地质与第四纪地质，6（2）：17－29.

王永吉，等.1995.冲绳海槽中段沉积、特征及物质来源，"八五"科技报告.

武法东，李思田，陆永潮，等.1988.东海陆架盆地第三纪海平面变化［J］，地质科学，33（2）：214－221.

吴必豪，张光学，祝有海，等.2003.中国近海天然气水合物的研究进展［J］，地学前缘（中国地质大学，北京），10（1）：177－189.

吴以喜，麦苗，闫勇.2007.瓯江口及其附近海域泥沙淤积环境与冲淤演变分析［R］.交通部天津水运工程科学研究所.

汪品先，章纪军，赵泉鸿，等.1988.东海底质中的有孔虫和介形虫［M］.北京：海洋出版社.

汪品先，成鑫荣.1992.东海底质中钙质超微化石的分布［J］.海洋学报，10（1）：76－85.

汪素云，许忠淮，葛民.1987.黄海，东海及邻区的地震构造应力场［J］.中国地震，3（03）：18－25.

汪亚平，等.2001.东海陆架区悬沙浓度特征［M］//胡敦欣等著.长江、珠江口及邻近海域陆海相互作用［M］.北京：海洋出版社，121－136.

夏小明，谢钦春等.1997.港湾淤泥质潮滩的周期变化［J］.海洋学报，19（4）：99－108.

夏小明，李炎，等.2000.东海沿岸潮流峡道海岸剖面发育及其动力机制［J］.海洋与湖沼，31（5）：543－552.

夏小明，谢钦春，等.1999.东海沿岸海底沉积物210Pb、137Cs剖面分布及其沉积环境解译［J］.东海海洋，4：20－27.

夏小明，李伯根，等.2004.长江口—杭州湾毗连海区的现代沉积速率［J］.沉积学报，22（1）：130－135.

肖尚斌，李安春，蒋富清.2004.近2ka来东海内陆架的泥质沉积记录及其气候意义.科学通报，49（21）：2233－2238.

肖尚斌，李安春.2005a.东海内陆架泥区沉积物的环境敏感粒度组分.沉积学报，23（1）：122－129.

肖尚斌, 李安春, 陈木宏, 等. 2005b. 近8ka东亚冬季风变化的东海内陆架泥质沉积记录. 地球科学：中国地质大学学报, 30 (5)：573 – 581.

肖尚斌, 李安春, 刘卫国, 等. 2009, 闽浙沿岸泥质沉积的物源分析 [J]. 自然科学进展, 19：185 – 191.

许东禹, 刘锡清, 张训华, 等. 1997. 中国近海地质 [M]. 北京：地质出版社, 33 – 310.

许薇龄. 1988. 东海的构造运动及演化 [J]. 8 (1)：18 – 19.

许薇岭, 焦荣昌, 乐俊英. 1995. 东海陆架区地热研究 [J]. 地球物理学进展, 10 (2)：32 – 38.

许忠淮, 吴少武. 1997. 南黄海和东海地区现代构造应力场特征的研究 [J]. 地球物理学报, 40 (6)：773 – 781.

许忠淮, 徐国庆, 吴少武. 1999. 东海地区现代构造应力场及其成因探讨 [J]. 地震学报, 21 (5)：495 – 501

谢钦春, 叶银灿, 陆炳文. 1984. 东海陆架坡折地形和沉积作用过程 [J]. 海洋学报, 6 (1)：61 – 71.

谢昕, 郑洪波, 陈国成, 等. 2007. 古环境研究中深海沉积物粒度测试的预处理方法 [J]. 沉积学报, 25 (5)：684 – 692.

杨文达. 2004a. 东海陆坡天然气水合物地震波特征研究 [J]. 上海地质, (1)：36 – 42.

杨文达, 陆文才. 2000. 东海陆坡—冲绳海槽天然气水合物初探 [J]. 海洋石油, (4)：23 – 28.

杨文达, 曾久岭, 王振宇. 2004b. 东海陆坡天然气水合物成矿远景 [J]. 海洋石油, 24 (2)：1 – 8.

杨文达. 崔征科. 张异彪. 2010. 东海地质与矿产 [M]. 北京：海洋出版社：374 – 389.

杨作升, 米利曼 J D. 1983. 长江入海沉积物的输送及其入海后的运移 [J]. 山东海洋学院学报, 13 (3)：1 – 11.

杨作升, 等. 1992. 黄东海陆架悬浮体向其东部深海区输送的宏观格局 [J]. 海洋学报, 14 (2)：81 – 90.

杨子赓, 林和茂. 1996. 中国第四纪地层与国际对比 [M]. 北京：地质出版社：207.

喻普之, 李乃胜. 1992. 东海地壳热流 [M]. 北京：海洋出版社：52 – 100.

余炯, 曹颖. 2006. 治江缩窄后钱塘江河口泥沙淤积和成因探讨 [J]. 泥沙研究, 2006 (1)：17 – 24.

恽才兴. 2004. 长江河口近期演变基本规律 [M]. 北京：海洋出版社, 290.

恽才兴, 等. 2005. 海岸带及近海卫星遥感综合应用技术 [M]. 北京：海洋出版社, 148.

赵保仁. 1991. 长江冲淡水的转向机制问题 [M]. 北京：海洋出版社, 13 (5)：600 – 610.

赵会民, 武士尧, 林海, 等. 2002. 月海油田古生界古潜山储层特征与油气评价. 特种油气田. 9 (5)：13 – 15.

赵金海, 唐建, 薄玉玲. 2003. 关于东海新生代盆地油气勘探的若干见解 [J]. 中国海上油气（地质）, 17 (1)：14 – 19.

郑守仪. 1988. 东海的胶结质和瓷质壳有孔虫 [M]. 北京：科学出版社.

中国地质调查局, 国家海洋局. 2004. 海洋地质地球物理补充调查及矿产资源评价 [M]. 北京：海洋出版社：428 – 475.

中国海湾志编纂委员会. 1998. 中国海湾志—第十四分册：重要河口 [M]. 北京：海洋出版社, 799.

中华人民共和国水利部. 2006. 中国泥沙河流公报2005 [M]. 北京：中国水利水电出版社.

中华人民共和国水利部. 2007. 中国泥沙河流公报2006 [M]. 北京：中国水利水电出版社.

中华人民共和国水利部. 2008. 中国泥沙河流公报2007 [M]. 北京：中国水利水电出版社.

中华人民共和国水利部. 2009. 中国泥沙河流公报2008 [M]. 北京：中国水利水电出版社.

中华人民共和国水利部. 2010. 中国泥沙河流公报2009 [M]. 北京：中国水利水电出版社.

朱建荣, 沈焕庭. 1997. 长江冲淡水扩展机制 [M]. 北京：华东师范大学出版社.

朱凤冠, 李秀珍, 高水土. 1988. 东海大陆架沉积物中黏土矿物的研究 [J]. 东海海洋, 6 (1)：40 – 50.

朱永其, 等. 东海陆架地貌特征 [J]. 东海海洋 1984, 2 (2)：1 – 13.

周晓静, 李安春, 万世明, 等. 2010. 东海陆架表层沉积物黏土矿物组成分布特征及来源. 海洋与湖沼, 41 (5)：667 – 674.

詹玉芬.1992. 东海表层沉积物中的硅藻 [M] //金翔龙主编. 东海海洋地质. 北京：海洋出版社：431-441.

郑光膺等.1991. 黄海第四纪地质 [M]. 北京：科学出版社：164.

郑求根，周祖翼，蔡立国.2005. 东海陆架盆地中新生代构造背景及演化 [J]. 石油与天然气地质，26 (2)：197-201.

郑彦鹏，刘保华，吴金龙，等.2005. 台湾岛以东海域加瓜"楔形"带对冲绳海槽南段的构造控制 [J]. 中国科学（D辑），35 (1)：88-95

曾志刚，蒋富清，秦蕴珊，等.2001. 冲绳海槽中部 Jade 热液活动区中块状硫化物的稀土元素地球化学特征 [J]. 地质学报，75 (2)：244-249.

浙江省水文志编纂委员会.2000. 浙江省水文志 [M]. 北京：中华书局，647.

祝有海，吴必豪，卢振权.2001. 中国近海天然气水合物找矿前景. 矿床地质，20 (2)：174-180.

臧绍先，凝结元，许力忠.1989. 琉球岛弧地区的地震分布、benioff 带及应力状态 [J]. 地震学报，11：113-123.

张富元，章伟艳，张德玉，等.2004. 南海东部海域表层沉积物类型的研究 [J]. 海洋学报，26 (5)：94-104.

张洪涛，张海启，祝有海.2007. 中国天然气水合物调查研究现状及其进展 [J]. 中国地质，34 (6)：953-961.

翟世奎，等.1995. 冲绳海槽海底热液活动区玄武岩的矿物学和岩石化学特征及其地质意义 [J]. 海洋与湖沼，6 (2)：120-121.

翟世奎，陈丽蓉，张海启，等.2001. 冲绳海槽的岩浆作用与海底热液活动 [M]. 北京：海洋出版社：148-218.

Chen C T A, Ruo R, Pai S C, et al. 1995. Exchange of water masses between the East China Sea and the Kuroshio off northeastern Taiwan [J]. Continental Shelf Research, 15 (1)：19-39.

Chen C T, Liu J, Tsuang B J. 2004. Island - based catchment—the Taiwan example Reg [J]. Environ, 4 (1)：39-48.

Chung Y C, Hung G. W. 2000. Particulate fluxes and transports on the slope between the southern East China Sea and the South Okinawa Trough [J]. Continental Shelf Research, 20：571-597.

Dadson S, Hovius N, Pegg S, et al. 2005. Hyperpycnal river flows from an active mountain belt [J]. J. Geophys. Res. Earth Surf. 110：F4016.

Dadson S J, Hovius N, Chen H, et al. 2003. Links between erosion, runoff variability and seismicity in the Taiwan orogen [J]. Nature. 426 (6967)：648-651.

Dadson S J, Hovius N, Chen H, et al. 2004. Earthquake - triggered increase in sediment delivery from an active mountain belt [J]. Geology, 32 (8)：733-736.

DeMaster D J, McKee B A, Nittrouer C A, et al. 1985. Rates of sediment accumulation and particle reworking based on radiochemical measurements from continental shelf deposits in the East China Sea [J]. Continental Shelf Research, 4 (1)：143-158.

Dong L X, et al. 2005. Distribution characteristics of Suspended sediment Particles in Yellow Sea and East China Sea [J]. Acta Oceanologica Sinica. in press.

Eguchi, Uyeda, Eguchi T, et al. 1983. Seismotectonics of the Okinawa Trough and Ryukyu Arc [J]. Memoir of the Geological Soc. of China, 5：189-210.

Eisma D, et al. 1998. Sediment deposition along the coast of China. In：Land - sea interaction in Chinese coast zones [J]. China Ocean Press：3-22.

Fisher W L, McGowen J H. 1967. Depositional systems in the Wilcox Group of Texas and their relationship to occurrence of oil and gas [J]. Gulf Coast Association Geological Societies Transactions, 17：105-125.

Gao S, Wang Y P, Zhao W H. 2001. Suspended sediment and nutrient concentrations over the East China Sea conti-nental shelf [J] . summer 1998. Journal of Sea Research .

Hainson B C, Herric C G. 1986. Borehole breakouts – a new tool for estimating in situ stress? //proceedings of the international symposium on rock tress measurements [J] . stockholm, 1 – 3 sept: 271 – 280

Halbach P, Nakamura K, Wahsner M, et al. 1989. Probable modern analogue of kuroko – type massive sulfide depos-its in the Okinawa trough back – arc basin [J] . Nature, 338: 496 – 499.

Halbach P, Pracejus B, Marten A. 1993. Geology and mineralogy of massive sulfide ores from the central Okinawa Trough, Japan [J] . Econonic Geology, 88: 2210 – 2225.

Hu D, Saito Y, Kempe S. 1998. Sediment and nutrient transport to the coastal zone. Asian Change in the Context of Global Climate Change: Impact of Natural and Anthropogenic Changes in Asia on Global Biogeochemical Cycles [M] . Cambridge University Press, IGBP Book Series: 245 – 270.

Hu D. 1995. The role of vertical circulation in sediment dynamics. [J] //Ye D, Lin H, et al. China Contribution to Global Change studies. Being: Science Press: 168 – 170.

Huh C A, Su C C, 1999. Sedimentation dynamics in the East China Sea elucidated from 210Pb, 137Cs and 239, 240Pu, Marine Geology 160: 183 – 196.

Iseki K , Okamura K, Tsuchiya Y. 1994. Seasonal variability in particle distribution and fluxes in the East China Sea [J] .//Proceedings of the Sapporo IGBP Symposium (14 – 17 November 1994, Sapporo, Hokkaido, Japan): 189 – 197.

Kao S J , Chan S C , Kuo C H , Liu K K . 2005. Transport – dominated sediment loading in Taiwanese rivers: a case study from the Ma – an Stream [J] . J. Geol. , 113 (2): 217 – 225.

Kao S J , Lin F J , Liu K K. 2003. Organic carbon and nitrogen contents and their isotopic compositions in surficial sediments fromthe East China Sea shelf and the southern Okinawa Trough. Deep – Sea Res [J] . Part 2 – Top. Stud. Oceanogr. 50 (6 – 7): 1203 – 1217.

Kao S J , Milliman J D . 2008. Water and Sediment Discharge from Small Mountainous Rivers, Taiwan: The Roles of Lithology, Episodic Events and Human Activities [J] . J. Geol. , 116 (5): 431 – 448.

Kao S J . 2002. Exacerbation of erosion induced by human perturbation in a typical Oceania watershed: insight from 45 years of hydrological records from the Lanyang – Hsi River, northeastern Taiwan [ J ] . Glob. Biogeochem. Cycles16 (1) .

Kao S J, Liu K K . 1996. Particulate organic carbon export from a subtropical mountainous river (Lanyang Hsi) in Taiwan [J] . Limnol. Oceanogr, 41 (8) : 1749 – 1757.

Kao S J, Liu K K. 2000. Stable carbonandnitrogen isotope systematics in a human – disturbed watershed (Lanyang – Hsi) in Taiwan and the estimation of biogenic particulate organic carbon and nitrogen fluxes [J] . Glob. Biogeo-chem. Cycles 14 (1): 189 – 198.

Karig D E. 1971. Origin and development of marginal basins in thewestern Pacific [J] . J . Geophy. Res: 2 542 – 2 561.

Katayama H. 1999. Transport processes of terrigenous materials to the Okinawa Trough based on chemical and minera-logical analysis of settling particles [J] .//Hu D, Tsunogai S . Margin flux in the East China Sea. Beijing: Chi-na Ocean Press: 42 – 48.

Kimura M, Frukawa M, Izawa E, et al. 1991. Report on DELP1984 cruise in the Okinawa Trough, part 7, Geologic investigation of the central rift in the middle to southern Okinawa Trough [J] . Bull. Eri. Univ. Tokyo, 66 (1): 179 – 210.

Kimura M, Kaneoka I, Kato Y, et al. 1986. Report on DELP 1984 cruises in the middle Okinawa Trough. part V : Topography and geology of the central of grabens and their vicinity [J] . Bull. Earthq. Res. Inst. , 61: 269 – 310.

Kimura M, Uyeda S, Kato Y, et al. 1988. Active hydrothermal mounds in the Okinawa Trough back – arc basin, Japan [J]. Tectonophysics, 145：319 – 324.

Kimura M. 1985. Back – arc rifting in the Okinawa Trough [J]. Mar. Pet. Geol., 2 (3)：222 – 240.

Lee C S, et al. 1980. Okinawa Trough：Origin of a back – arc basin [J], Marine Geol., 35 (1 – 3)：219 – 241.

Lee H J, Chough S K. 1989. Sediment distribution, Dispersal and budget in Yellow Sea [J]. Mar. Geol., 87. 195 – 205.

Letouzey J, Kimura M. 1986. The Okinawa Trough：Genesis of a back arc basin developing along a continental margin [J]. Tectonophysics, 125：209 – 230.

Letouzey J, Kimura M. 1985. Okinawa Trough genesis structure and ecolution of back – arc basin developed in a continent [J]. Marine and Petroleum Geol., (2)：111 – 130.

Lin K, Chen Z, Guo B, Tang Y. 1999. Seasonal transport and exchange between the Kuroshio water and shelf water [J].//Hu D, Tsunogai S. 1999. Margin flux in the East China Sea [M]. Beijing：China Ocean Press：21 – 32.

Liu J P, Liu C S, Xu K H, et al. 2008. Flux and Fate of Small Mountainous Rivers Derived Sediments into the Taiwan Strait [J]. Mar. Geol., 256 (1 – 4)：65 – 76.

Liu J P, Xu K H, Li A C, et al. 2007. Flux and fate of Yangtze River sediment delivered to the East China Sea [J]. Geomorphology, 85：208 – 224.

Liu J T, Chao S Y, Hsu R T. 2002. Numerical modeling study of sediment dispersal by a river plume [J]. Continental Shelf Research, 22 (11 – 3)：1745 – 1774.

Liu J T, Liu K J, Huang J S. 2002. The influence of a submarine canyon on river sediment dispersal and inner shelf sediment movements：a perspective from grain – size distributions [J]. Marine Geology, 181 (4)：357 – 386.

Liu Zhenxia, Berne S, Saito Y, et al. 2000. Quaternary seismic stratigraphy and paleoenvironments on the continental shelf of the East China Sea [J]. J. of Asian Earth Sciences, 18：441 – 452.

Liu Zhenxia, Xia Dongxing, Berne S, et al. 1998. Tidal – depositional systems of China's continental shelf, with special reference to the eastern Bohai Sea [J], Marine Geology, 145 (3 – 4)：225 – 253.

Lu R S, Pan J J, Lee T C, et al. 1981. Heat flow in the Southwestern Okinawa Trough [J]. Earth & Planetary Science Letters, 55 (2)：299 – 310.

Ludwig W J, Murauchi S, Den N, et al. 1973. Structure of East China Sea – West Philippine Sea Margin off Southern Kyushu, Japan [J], J. Geophys. Res., 78 (14)：2526 – 2536.

Meybeck M.. 2003. Global analysis of river systems：from earth system controls to anthropocene syndromes [J]. Philosophical Transactions of The Royal Society of London Series B, 358：1935 – 1955.

Milliman J D, Shen H T, Yang Z S. 1985a. Transport and deposition of river sediment in the Changjiang estuary and adjacent continental shelf [J]. Continental Shelf Research, 4 (1/2)：37 – 45.

Milliman J D, Beardsley R C, Yang Z S, et al. 1985b. Modern Huanghe – derived muds on the outer shelf of the East China Sea：identification and potential transport mechanisms [J]. Continental Shelf Research, 4 (1/2)：175 – 188.

Milliman J D, Kao S J. 2005. Hyperpycnal discharge of fluvial sediment to the ocean：impact of super – typhoon Herb (1996) on Taiwanese rivers：a reply [J]. J. Geol., 114 (6)：766 – 766.

Milliman J D, Lin S W, Kao S J, et al. 2007. Short – Term Changes in Seafloor Character Due to Flood – Derived Hyperpycnal Discharge：Typhoon Mindulle [J]. Geology, 35：779 – 782.

Milliman J D, Qin Y S, Ren Mei E, et al. 1987. Man's influence on the erosion and transport of sediment by Asian Rivers：the Yellow River (Huanghe) example [J]. J. Geol., 95 (6)：751 – 762.

Milliman J D, Syvitski J P M. 1992. Geomorphic/tectonic control of sediment discharge to the ocean：the importance of small mountainous rivers [J]. J. Geol., 100 (5): 525 - 544.

Mulder T, Syvitski J P M, Migeon S, et al. 1995a. Marine hyperpycnal flows: Initation, behavior and related deposits. A review [J]. Marine and Petroleum Geology, 20: 861 - 882.

Mulder T, Syvitski J P M. 1995b. Turbidity currents generated at river mouths during exceptional discharges to the World Oceans [J]. J. Geol., 103 (3): 285 - 299.

Mullenbach B L, Nittrouer C A, Puig P, et al. 2004. Sediment deposition in a modern submarine canyon: Eel Canyon, northern California [J]. Mar. Geol., 211 (1 - 2): 101 - 119.

Niino H, Emery K O. 1961. The Sediments of shallow position of south and East China Sea [J]. Geological Society of America Bulletin, 72: 731 - 762.

Obzhirov A, Salyuk A, Vereshchagina O, et al. 2005. Met hane flux and gas hydrate and seismic activity in t he Sea of Okhot sk [C] //Proceedings of t he Fifth International Conference on Gas Hydrates (ICGH5) Norway: Trondheim, 3: 3038.

Okada H, Honjo S. 1973. The distribution of oceanic coccolithophorids in the Pacific [J]. Deep - Sea Research, 20: 355 - 374.

Postma H. 1967. Sediment transport and sedimentation in the estuarine environment [A]. //Lauf G H (Ed.). Estuaries [C]. Washington: American Association for the Advancement of Science: 158 - 184.

Sakai H, Gamo T, Kim E S, et al. 1990. Venting of dioxide rich fluid and hydrae formation in Mid - Okinawa Trough backarc basin [J]. Science, 248: 1093 - 1096.

Sclater J G., Jaupart C, Galson D. 1980. The heat flow through oceanic and continental crust and the heat loss of the Earth [J]. Rev. Geophys., 18 (1): 269 - 311.

Shinjo R, Kato Y. 2000. Geochemical constraints on the origin of bimodal magmatism at the Okinawa Trough, an incipient back - arc basin [J]. Lithos, 54: 117 - 137.

Shinjo R. 1998. Petrochemistry and tectonic significance of the emerged late Cenozoic basalts behind the Okinawa Trough Ryukyu arc system [J]. Journal of Volcanology and Geothermal Research, 80: 39 - 53.

Shiono K, Mikumo T, Ishikawa Y. 1980. Tectonics of the Kyushu - Ryukyu arc as evidenced from seismicity and focal mechanism of shallow to intermediate - depth earthquakes [J]. Journal of Physics of the Earth, 28: 17 - 43.

Sibuet J C, Letouzey J, et at. 1987. Back Arc Extension in the Okinawa Trough [J]. J. Geophys. Res., 92 (B13): 14041 - 14063.

Sternberg R W, Larsen L H, Miao Y T. 1985. Tidally driven sediment transport on the East China Sea continental shelf [J]. Continental Shelf Research, 4 (1): 105 - 120.

Syvitski J P, Morehead M D. 1999. Estimating river - sediment discharge to the ocean: application to the Eel Margin, northern California [J]. Marine Geology, 154: 13 - 28.

Terrestrial heat flow in the seas round the Nansei Shoto (Ryukyu Islands) [J]. Tectonophysics, 10 (1 - 3): 225 - 234.

Tomoda Y, Fujimoto H, Uchiyama A, et al. 1981. Ocean bottom proton magnetometer (design and test). [J]. Geomag. Geoelectr., 33, (1981): 335 - 339.

Tsurushima N, Watanbe S, Tsunogai S. 1996. Mathane in the East China Sea Water [J]. J. Oceangr., 52: 221 - 233.

Wang K L, Chung S L, Chen C H, et al. 1999. Post - collisional magmatism around northern Taiwan and its relation with opening of the Okinawa Trough [J]. Tectonophysics, 308: 363 - 376.

Wang P X. 1999. Response of western pacific marginal seas to glacial cycles: Paleoceanographic and sedimentological features [J]. Marine Geology, 156: 5 - 39.

Wang P, et al. 1985. Marine Micropaleontology of China [M]. Beijing: China Ocean Press: 151 - 175.

Warrick J A，Milliman J D. 2003. Hyperpycnal sediment discharge from semiarid southern California rivers：implications for coastal sediment budgets ［J］. Geology，31（9），781－784.

Yanagi T，Takahashi S，Hoshira A，et al. 1996. Seasonal variation in the transport of suspended matter in the East China Sea ［J］. Journal of Oceanography，52：539－552.

Yang Z S，Milliman J D. 1983. Fine－grained sediment of the Chaingjiang and Huanghe rivers and sediment sources of the East China Sea ［J］. //Proc. International Symposium on Sedimentation on the Continental Shelf，with Special Reference to the East China Sea. Beijing：China Ocean Press，1：405－415.

Zoback M D，Moos D，Mastin L，et al. 1985. Well Bore Breakouts and in Situ Stress ［J］. J. Geophys. Res.，90（B7）：5523－5530.

根建心具，上野宏共. 1992. 小坂丈予ほか沖縄トテア南奄西海丘の海度热水矿床－特に构成矿物について—［R］. 第 8 回しんかぃシンポシワム报告书. 95－106.

# 第4篇　南　海

# 第19章 物质输运与现代沉积过程

## 19.1 入海河流物质通量及其变化规律

南海海域水动力过程复杂，其悬浮物质的时空分布和输运格局，受到陆源物质供应和入海径流、波浪、潮汐、海流等动力的共同影响。南海悬浮物质来源于珠江及南海周边其他入海河流（韩江、北仑河、南渡江、湄公河、红河等）携带入海的陆源物质（图19.1，图19.2），东海沿岸流携带东海悬浮和再悬浮物质输入南海，其他还有一定量的风尘沉积输入，以及当地环境生长的生物体和陆架内部自身调整的物质。入海河流携带的陆源物质是南海悬浮体的最主要物源，其通量变化直接影响到南海悬浮物质的分布和输运规律。

### 19.1.1 珠江入海水、沙通量及其变化规律

珠江河口是一个三角洲河网和残留河口湾并存的河口。珠江全长2 214 km，流域面积45.37×10⁴ km²，珠江水系的几条干流（东江、西江、北江）在三角洲地区相互沟通而又各保持独立，形成河汊纵横的河网区，最后由虎门、蕉门、洪奇沥、横门、磨刀门、鸡啼门、虎跳门、崖门八大口门汇入南海。

珠江河口具有径流强、潮汐较弱的特点，平均潮差0.86~1.63 m。根据珠江流域入海流量控制站（北江石角站、东江博罗站、西江高要）的长期观测资料（中国河流泥沙公报，2005—2009）（表19.1），珠江多年平均入海径流量为2 849×10⁸ m³，但各分支河流来水差异较大，西江多年平均径流量高达2 200×10⁸ m³，占整个珠江径流量的77%，北江和东江合计仅占23%。珠江流域径流的年内分配不均，4—9月为汛期，汛期径流量占年总量的74~84%。多年平均月径流量最大值，西江出现在7月，其余诸河均出现在6月。最大与最小年径流量之比，为3（西江）~6倍（东江）（赵焕庭，1989）。

珠江平均含沙量不大，属于少沙河流，多年平均含沙量0.126~0.344 kg/m³，最大含沙量在1.23~4.08 kg/m³之间。根据珠江流域入海流量控制站（北江石角站、东江博罗站、西江高要）的长期观测资料（表19.1），珠江多年平均输沙量达7 590×10⁴ t，其中西江年输沙量为6 800×10⁴ t，占总输沙量的90.3%，是珠江河口悬沙的主要来源。而北江、东江仅占珠江年输沙量的9.7%。珠江输沙量年际变化明显，1968年丰水年输沙总量达15 164×10⁴ t，1963年枯水年输沙总量仅1 794×10⁴ t。从1954年至今，珠江流域入海泥沙呈阶段性变化特征：从1955到1983年呈现出显著的上升趋势．而从1984年到2005年呈现出显著的下降趋势。从十年时间平均值比较来看，珠江流域输沙量最大的阶段为1970—1979年，其均值为8 427×10 t/a（戴仕宝等，2007）；而输沙量最小的阶段为2000—2005年，均值为4 039×10 t/a，不到输沙量最大阶段的一半。

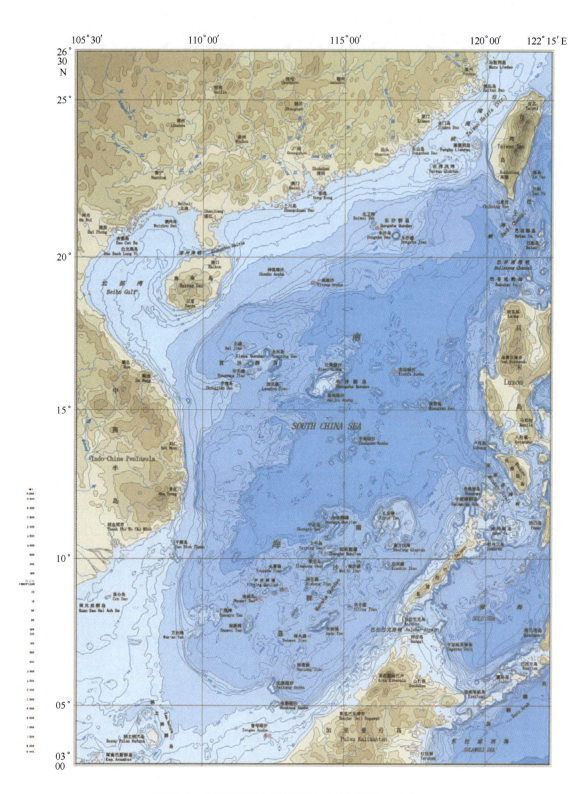

图 19.1　南海地形及入海河流图（李家彪等，2008）

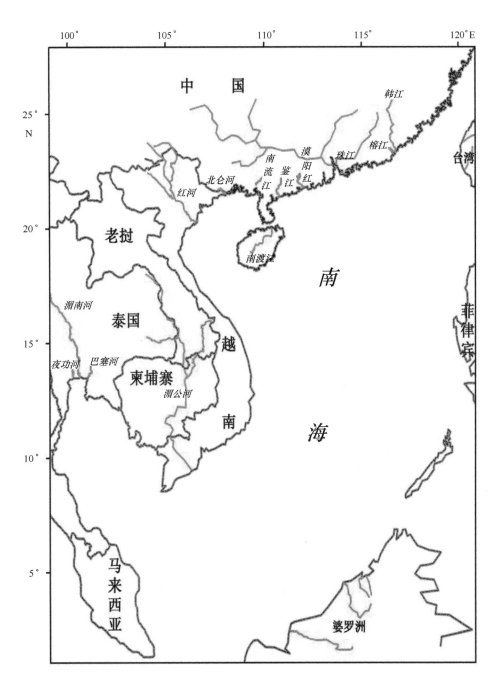

图 19.2 南海主要入海河流

表 19.1 珠江入海径流和泥沙的基本特征（1954—2005）

| 河 流 | 红水河 | 柳江 | 郁江 | 西江 | 北江 | 东江 |
|---|---|---|---|---|---|---|
| 水文站 | 迁江 | 柳州 | 南宁 | 高要 | 石角 | 博罗 |
| 控制流域面积/×10^4 km^2 | 12.89 | 4.54 | 7.27 | 35.15 | 3.84 | 2.53 |
| 年径流量/×10^8 m^3 | 667.2 | 396.7 | 375.1 | 2 200 | 418.6 | 230.8 |
| 年输沙量/×10^4 t | 4 190 | 525 | 904 | 6 800 | 541 | 246 |
| 年平均含沙量/kg·m^-3 | 0.628 | 0.132 | 0.241 | 0.309 | 0.129 | 0.107 |
| 输沙模数/（t·km^-2·a^-1） | 325 | 116 | 124 | 193 | 141 | 97.2 |

资料来源:《中国河流泥沙公报》（2005—2009）。

注：西江的时间序列为 1957—2005。

珠江流域来水来沙经过河网区后，通过八大口门输入南海。据推算，水、沙在八大口门的分配比（表19.2），入海径流量以磨刀门为最多，占珠江总径流量的1/4，其次是虎门和蕉门；悬移质输沙量以磨刀门为最多，占总悬移质输沙量的1/3，再次是横门。

表19.2　珠江河口八大口门入海径流和悬移质输沙量分配比　　　　　　　　　%

| | 虎门 | 蕉门 | 洪奇沥 | 横门 | 磨刀门 | 鸡啼门 | 虎跳门 | 崖门 |
|---|---|---|---|---|---|---|---|---|
| 年径流量 | 18.5 | 17.3 | 6.4 | 11.2 | 28.3 | 6.1 | 6.2 | 6.0 |
| 年悬移质输沙量 | 9.3 | 18.1 | 7.3 | 13.0 | 33.0 | 7.0 | 7.2 | 5.1 |

资料来源：据珠江水利委员会，1987年资料。

珠江来水、来沙的未来变化将主要取决于流域的气候变化和人类活动的状况，其中水土流失的治理和流域水库的建设是最主要的人类活动。过去50多年来，珠江流域气温呈显著的上升趋势，降水量和径流量也呈增加趋势。估计在未来几十年，受全球变化的影响，珠江流域可能继续维持这一趋势，即流域气温、降水量和径流量都呈增加趋势（王永光等，2005；叶柏生等，2004）。降水和径流增加将可能导致流域输沙量的增加。

## 19.1.2　华南其他主要入海河流的水、沙通量及其变化规律

韩江是发源于广东省紫金县的梅江和发源于福建省宁化县的汀江在广东省大浦县三河镇汇合后的河名，自梅江源头白山栋至韩江分流水道东溪的入海口，全长470 km，流域面积30 112 km$^2$。据1951—1983年间水文控制站（潮州站）的观测资料统计，年平均流量为797 m$^3$/s，年平均径流量为241×10$^8$ m$^3$，加上自控制站至河口之间汇入的水量，共计入海径流量为252×10$^8$ m$^3$。1955—1983年间的平均含沙量为0.299 kg/m$^3$，年平均输沙量为760×10$^4$ t。流域来水来沙季节变化明显，年内分配不均，6月平均流量最大，为1 930 m$^3$/s，1月份最小，仅275 m$^3$/s。悬浮泥沙含量低，悬移质输沙量不大。潮州站月平均含沙量最大为0.396 kg/m$^3$（5月），最小仅为0.035 kg/m$^3$（12月）；月平均输沙率最大为708.8 kg/s，最小11.9 kg/s（12月），全年平均为240.7 kg/s（表19.3）。

表19.3　华南沿海主要入海河流水沙特征

| | 韩江 | 榕江 | 漠阳江 | 鉴江 | 南渡江 | 北仑河 |
|---|---|---|---|---|---|---|
| 年流量/（m$^3$·s$^{-1}$） | 797 | — | 187 | 216.57 | 189 | — |
| 年径流量/（×10$^8$ m$^3$） | 241 | 36.7 | 59.1 | 68.3 | 59.7 | 54.4 |
| 年输沙量/（×10$^4$ t） | 80 | 29.2 | 80 | 145.5 | 46.1 | 22.2 |

榕江发源于广东省陆河县凤凰山，自西南流向东北。干流长175 km，流域面积4 408 km$^2$。榕江干流之一的南河的径流量为28.10×10$^8$ m$^3$，年含沙量0.21 kg/m$^3$，年悬移质输沙量为65.40×10$^4$ t，年推移质输沙量6.54×10$^4$ t。另一干流北河的年径流量为8.6×10$^8$ m$^3$，年悬移质输沙量为20.60×10$^4$ t，年推移质输沙量2.06×10$^4$ t（刘昭蜀等，2002）。

漠阳江发源于广东省云浮市西南大云雾山南侧，全长199 km，流域面积6 091 km$^2$。据双捷水文站1956—1979年的资料统计，年平均入海径流量为59.1×10$^8$ m$^3$，多年平均流量为187 m$^3$/s，估计年输沙量为80×10$^4$ t（刘昭蜀等，2002）。

鉴江发源于广东省信宜县北部云开大山，河长231 km，流域面积为6 091 km$^2$。据常乐水

文站 1961—1984 年的统计资料，年平均径流量为 $68.3 \times 10^8$ m³，平均流量 216.57 m³/s，平均含沙量 0.213 kg/m³，年平均悬移质输沙量为 $145.5 \times 10^4$ t。洪水季节（5—8 月）径流量占全年的 50%，输沙量占全年的 61%，枯水季节（12 至翌年 2 月）径流量占全年的 7%，输沙量占 0.093%。

北仑河发源于广西上思县十万大山以南的捕龙山，全长 107 km。据钦州水文站多年观测资料统计，北仑河多年平均径流量为 $54.4 \times 10^8$ m³，多集中于洪季 4—10 月，尤以 6~8 月最甚，洪水季节径流量占全年 80% 以上。径流量与降水直接有关。北仑河口多年平均年降水量 2 884 mm，降水量的月际变化特别明显，冬季 12 月至翌年 2 月，降水量变化不大，月降水量仅 40 mm 左右；7 月降水量为全年雨量的高峰期，月雨量达 600.1 mm。由于大量降水和暴雨天气较多，洪峰暴涨暴落，20 年一遇洪峰流量超过 10 520 m³/s 以上。洪峰下泄时挟带大量泥沙。据统计，北仑河多年平均输沙量为 $22.2 \times 10^4$ t，最大输沙量为 $40 \times 10^4$ t，多集中于夏季汛期。

南流江发源于广西大容山，流经六万大山和云开大山，于合浦县境内分汊为南干江、南西江、南东江、南州江 4 条入海汊道，河口成扇形展布，通过廉州湾流入北部湾，全长 287 km，流域面积 9 439 km²。据常乐水文站 1954—1985 年实测资料统计，多年平均径流量 $53.1 \times 10^8$ m³，最大年径流量 $80.2 \times 10^8$ m³，最小年径流量 $16.94 \times 10^8$ m³；多年平均输沙量 $118 \times 10^4$ t（陈则实，1998）。南流江地处南亚热带季风气候区，洪枯季变化悬殊，每年在热带气旋影响期间，洪峰暴涨暴落，据常乐水文站实测资料统计，多年平均流量为 168.3 m³/s，实测最小流量仅 6.8 m³/s，而洪峰流量高达 4 860 m³/s。

南渡江发源于海南岛中部山地，全长 334 km，流域面积为 7 022 km²，为海南岛的第一大河。根据龙塘站水文资料统计，1956—1979 年间，多年平均径流量为 $59.7 \times 10^8$ m³，多年平均流量为 189 m³/s，多年平均含沙量为 0.077 kg/m³，年平均悬移质输沙量为 $46.1 \times 10^4$ t。推移质输沙量一般按悬移质输沙量的 10% 计算，则为 $4.61 \times 10^4$ t/a。南渡江为山溪性河流，水位暴涨暴落，径流和来沙季节变化极大。其水沙的输出主要在 6—11 月，尤其在 8—10 月台风暴雨形成的洪水为流域泥沙输送的主要动力，暴雨量可占全年降雨量的 30%~40%，洪水时流量可达 2 000 m³/s 以上，曾有洪水期 8 天输沙 $14.92 \times 10^4$ t 的记录（罗宪林，1984）。平时下泄径流和沙量不多。

### 19.1.3　南海其他主要入海河流的水、沙通量及其变化规律

红河发源于云南省巍山彝族回族自治县哀牢山东麓，呈西北—东南流向，上游称礼社江，与东支绿汁江在三江口汇合后称元江，流经河口瑶族自治县进入越南后始称红河。红河流经越池和河内，最后分股注入南海的北部湾。红河因流域内广泛分布红土，使河水呈现红色而得名。全长 1 170 km，流域面积为 119 000 km²，50.3% 位于越南，48.8% 位于中国，0.9% 位于老挝，流经一个土地肥沃，人口稠密的约为 14 000 km² 三角洲平原（Haruyama，1995；Van Maren，2005）。红河流域属于典型的热带季风气候，从 5 月到 10 月为雨季，11 月到 4 月为旱季。夏季温暖湿润，月平均气温在 27~29℃，冬季凉爽干燥，月平均气温在 16℃ 到 21℃（Li et al，2006）。年平均降雨量为 1 600 mm，夏季占 85%~95%（Le et al.，2007）。据红河 Son Tay 水文控制站资料（图 19.3），流量呈明显单峰分布，月平均流量最大为 8 600 m³/s，最小仅 1 085 m³/s，模拟系数为 7.9；极端最大日流量达 33 600 m³/s，极端最小日流量仅为 160 m³/s，多年平均流量为 3 500 m³/s（Thi Ha Dang，2010）。关于年输沙量，有多种

估算结果，Milliman and Meade（1983 a）估算的年输沙量为 $160 \times 10^6$ t，而 Le et al.（2007）估算年平均悬沙输沙量为 $40 \times 10^6$ t，仅为上述量值的 1/4。汛期记录到的悬移泥沙最大含量达 12 kg/m³，汛期输沙量占全年的 90% 以上（Mathers et al.，1999）。

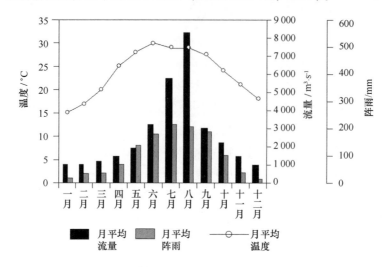

图 19.3　红河 Son Tay 控制站降雨、温度与流量关系示意图（Thi Ha Dang，2010）

　　湄公河是中南半岛上最大河流，发源于中国唐古拉山的东北坡，在中国境内叫澜沧江，流入中南半岛始称湄公河，自北向南流经缅甸、泰国、老挝、柬埔寨和越南注入南海。全长约为 4 500 km，流域面积为 810 000 km²。流域年平均降水量 1 570mm，年平均径流量为 5 100 $\times 10^8$ m³（金栋梁，1986），推算平均流量为 16 181 m³/s，居世界第 9 位。河流平均含沙量为 0.49 kg/m³，年平均输沙量为 $1.7 \times 10^8$ t，侵蚀模数 215 t/（km². a）（Wolanski E et al.，1996；Milliman J D et al.，1983 a）。湄公河径流主要来自降雨和融雪，是典型的季风性河流，季节变化很大（图 19.4）。1—3 月为枯水期，最小径流量为 1 250 m³/s；5 月开始为雨季，水位上升，8—10 月水位最高，汛期最大洪峰流量达 75 700 m³/s。

　　湄南河是泰国第一大河，发源于泰国西北边泰缅国界山脉登劳山，自北而南纵贯泰国全

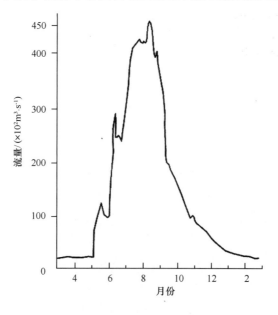

图 19.4　湄公河径流量的季节变化（刘德生，1995）

境，沿程汇集各支流，下游流至那空沙旺开始陆续分汊，最终汇入曼谷湾，发育形成以猜纳附近为顶点的三角洲，干流全长 1 352 km，年均输沙量 $0.2 \times 10^8$ t，流域面积为 177 550 $km^2$。据湄南河那空沙旺水文控制站资料（表 19.4）（湄南河尚未分汊），平均流量 719 $m^3/s$，年均径流量 $226.9 \times 10^8$ $m^3$。在那空沙旺下游约 55 km 处，萨秦河从主流分汊出，与主流几乎平行向南单独汇入曼谷湾。据那空沙旺水文站和猜纳水文站的流量比较，萨秦河从主流获得流量至少 293 $m^3/s$。

湄南河三角洲的西面有一条发源于泰缅国界他念他翁山脉和比劳克东山脉的夜功河，在夜功镇注入曼谷湾，该河流量不大，但雨量大，径流模数颇高，平均流量竟与湄南河猜纳站相当（表 19.4）。湄南河三角洲的东北面有一条源于泰国中北部当佩亚法山的河流叫巴塞河，在大城府附近汇入湄南河主流。

**表 19.4　湄南河三角洲河流水文特征值**

| 河流 | | 湄南河 | | 夜功河 | 巴塞河 |
|---|---|---|---|---|---|
| 水文站 | | 那空沙旺 | 猜纳 | Tha Muang | Kaeng Khai |
| 流域面积/$km^2$ | | 110 569 | 120 693 | 27 220 | 14 522 |
| 水位变幅/m | | 6.50 | 6.70 | 10.40 | 6.50 |
| 流量/$(m^3 \cdot s^{-1})$ | 平均 | 719 | 426 | 401 | 74.5 |
| | 最小 | 131 | 45.0 | 46 | 3.91 |
| | 最大 | 2 812 | 2 276 | 2 316 | 654 |
| 比率（最小/最大） | | 1:21 | 1:51 | 1:50 | 1:167 |
| 年径流量/$\times 10^8$ $m^3$ | | 226.93 | 134.49 | 126.41 | 23.51 |
| 径流模数/$(m^3 \cdot km^{-2} \cdot a^{-1})$ | | 205 238 | 111 431 | 464 401 | 161 892 |
| 统计年份 | | 1963—1970 | 1963—1970 | 1939—1956，1963—1968 | 1958—1970 |

资料来源：据 Donner W（1978）转引泰国水利部资料。

## 19.2　悬浮物质浓度分布与变化特征

悬浮物质浓度分布是海洋环境条件的综合反映，与物质来源、海洋环流、潮流、波浪等动力要素密切相关。因此，通过分析悬浮体浓度的时空分布特征可以从一个侧面来研究悬浮物质的输运和沉积过程。

### 19.2.1　平面分布

从平面分布来看，从河口、陆架至海盆，悬浮物质浓度逐渐降低。

珠江河口是南海东北部沿岸最主要的陆源物质入海通道，其悬浮泥沙浓度的平面分布主要取决于径流、潮流、陆架环流的相互作用。珠江河口最大浑浊带明显，河口环流、絮凝作用和底床再悬浮是最大浑浊带形成的主要原因。据长序列多时相珠江河口悬浮泥沙遥感数据集的统计分析（邓明，2002）（图 19.5），发现八大口门的河口浅滩是悬浮泥沙浓度的高值区，最大浑浊带出现在河口浅滩的前缘，如伶仃洋蕉门口至淇澳岛一线，悬浮泥沙浓度变化幅度最大。珠江河口悬浮泥沙含量随着径流、潮流的相互作用而发生季节变化。枯季，内伶仃洋自西向东呈现明显的高—低—高条带状分布，高值分布在东滩、中滩和西滩 3 个浅滩，低值集中在伶仃水道及矾石水道。洪季，径流作用增强，伶仃洋泥沙浓度分布东西差异相对

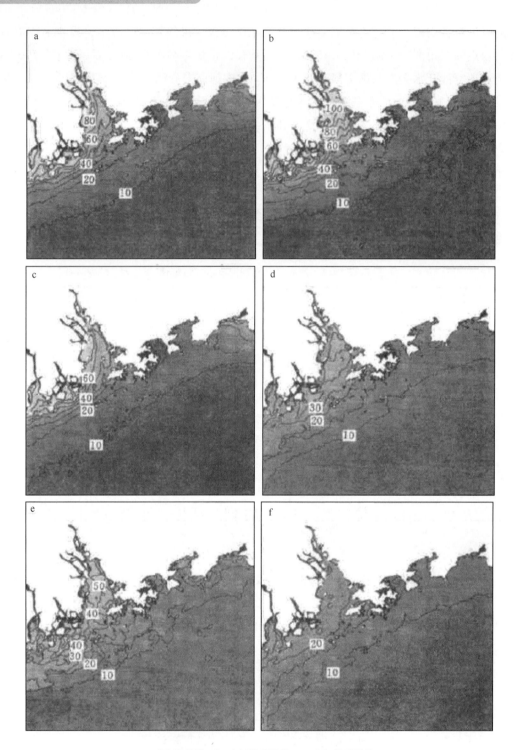

a. 多年总平均；b. 多年洪季平均；c. 多年枯季平均
d. 多年均方差；e. 多年洪季均方差；f. 多年枯季均方差

图 19.5　珠江河口悬浮泥沙浓度统计（单位：mg/L）（邓明，2002）

较小，在西滩淇澳岛附近，以及伶仃水道及矾石水道与虎门交汇处，存在两个显著的高值聚集区，可能分别对应西滩最大浑浊带与虎门最大浑浊带。此外，磨刀门口外的悬沙浓度变化比较大，并且由于磨刀门海域不像伶仃洋受半封闭地形控制，扩散范围最不稳定。

南海西北部的北部湾，是三面被陆地包围的半封闭性浅海，北部为广西海岸、东部为雷州半岛、琼州海峡西口和海南岛所环绕的中国水域，西部为越南东海岸，南端经开阔口门与南海相通，海底自西北向东南倾斜。北部湾沿岸众多大小河流携带大量陆源物质输入其中。根据 2006 年 6 月至 2007 年 5 月 MODIS 卫星遥感数据统计分析（黄以琛，2009），北部湾月平均表层浊度分布具有近岸高、远岸低，北部高、南部低的共同趋势，时间分布具有冬季高、夏季低的共同规律。从琼州海峡西口、广西沿岸至红河口沿岸终年存在浊度高值区。红河口邻近海域的表层浊度为最高，但其分布范围及浓度大小会随季节变化稍有变动（图 19.6）。

在南海深海－半深海区，陆源碎屑所占比例减少，悬浮物质浓度极低，其来源主要受海洋浮游生物的消长以及岩源物质的输入所控制。浮游生物的消长与季风气候的转换关系密切，由季风引发的海水交换与混合使真光层的营养物质增多，从而使初级生产量增大，是颗粒物含量增加的主要原因。从原生矿物和黏土矿物组成来看，岩源物质主要来自南海周围的大陆，部分可能通过洋流从南海以外的水体如西太平洋海水通过巴士海峡，东海海水通过台湾海峡带入。另外，间隙性的火山活动也可以是岩源物质的重要来源。如 1991 年 6 月爆发的菲律宾 Pinatubo 火山使得放置于南海中部的沉积物捕获器收集到了比平时高 2~3 个数量级的颗粒物质。

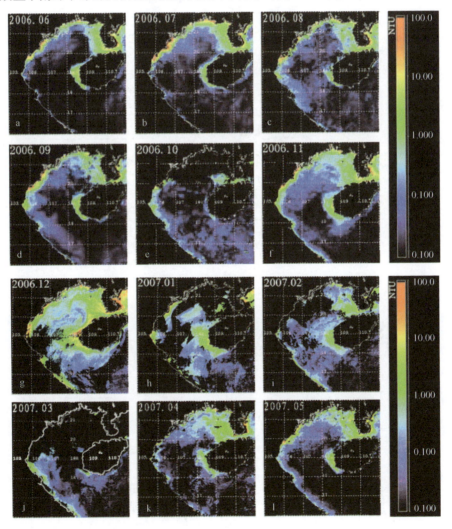

图 19.6　MODIS 北部湾浊度月平均分布图（单位：NTU）（黄以琛，2009）

## 19.2.2　垂向分布

根据 1999 年 7 月和 2000 年 1 月大面站和周日连续站的观测资料（X. M. Xia et al.，2004）

（图 19.7），珠江河口悬浮泥沙浓度的垂向分布具有明显的季节特征。洪季（1999 年 7 月），来自径流的上层水体中悬浮泥沙含量较高，悬浮泥沙难以穿过跃层向下沉降，底层水体由于再悬浮作用导致较高的悬沙浓度，低悬浮泥沙浓度则出现在盐跃层的下方（图 19.8），呈现出独特的垂向分布特征。冬季（2000 年 1 月），径流量减小，外海高盐水入侵，最大混浊带上移，河口区水体垂向混合，导致潮流、温度、盐度和悬浮泥沙浓度垂向分布相对均匀（图 19.9）。

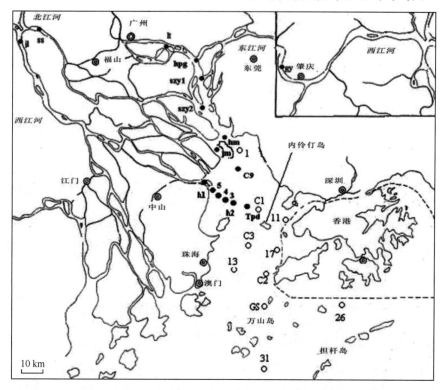

图 19.7　珠江河口观测站位（1999 年 7 月和 2000 年 1 月）

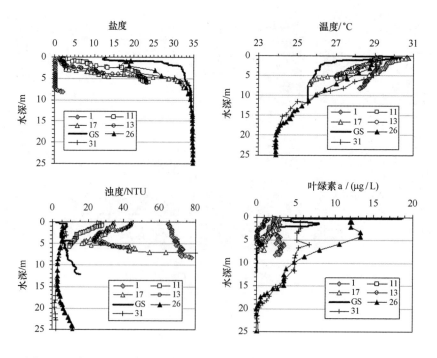

图 19.8　珠江河口盐度、温度、浊度和叶绿素 a 的垂向分布（1999 年 7 月）

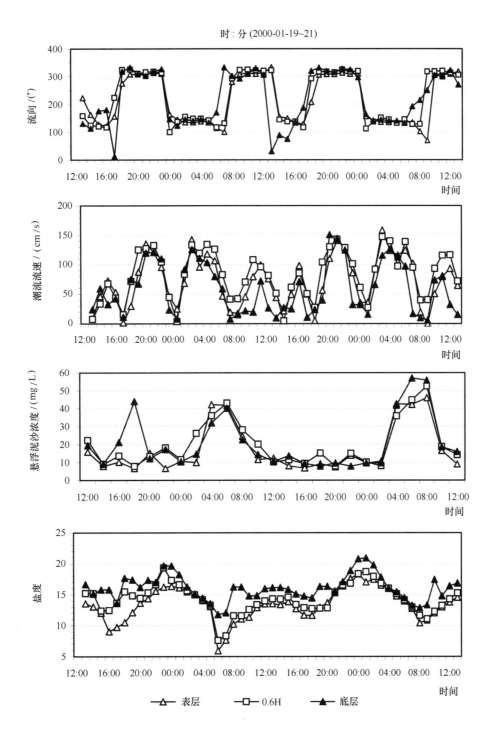

图 19.9　珠江河口连续站（hm 站）潮流、悬沙含量和盐度的周日变化（2000 年 1 月）

## 19.2.3　时间变化

悬浮物质浓度随时间的变化主要表现为潮周期和季节变化。

从珠江河口周日连续站的变化来看，洪季（图 19.10），河口垂向分层明显，上层水体中悬浮泥沙浓度变化不受潮流变化的影响，而底层水体悬沙浓度则随潮流的周期变化而变化，表明底层悬沙浓度受潮流再悬浮作用的控制；枯季（图 19.9），河口垂向混合较均匀，表底层悬浮泥沙浓度变化基本一致，潮流作用是悬沙浓度潮周期变化的主要影响因素。除潮周期变化外，珠江河口悬浮泥沙浓度季节变化明显，据长序列多时相珠江河口悬浮泥沙遥感数据集的统计分析（邓明，2002）（图 19.5），洪季悬浮泥沙浓度明显高于枯季。

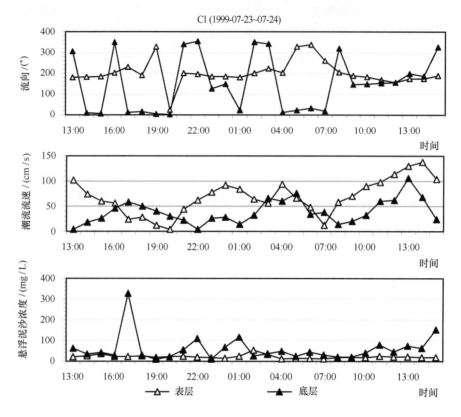

图 19.10    珠江河口连续站（C1 站）潮流、悬沙含量的周日变化（1999 年 7 月）

北部湾海区，悬浮泥沙浓度的季节变化也十分明显（图 19.6）。夏季，越南红河口、琼州海峡西口沿岸、海南岛西部沿岸均存在浊度高值区，各区浊度均在 7 月达到夏季最高，其中红河口浊度高值区的表层浊度可达到 60 ~ 80 NTU，并发育东向扩散的红河口羽状舌。中央海域与北部湾口外浊度值则低于 0.1NTU。秋季，湾北海域的浊度开始升高，琼州海峡西口高值区向东延展，广西沿岸至红河口沿岸的高值区也沿岸向南扩展。中央海域的浊度值也有小幅升高，局部区域可达 0.6 ~ 0.7 NTU。冬季，浊度达到全年最高值。12 月琼州海峡西口、海南岛西部沿岸的浊度高值区均向西扩展，各形成较为宽阔的高浊度带。其中，粤西沿岸流的浊度高值区、琼州海峡西口 30m 以浅水域的浊度高值区，以及沿 30m 等深线在广西沿岸水外缘发育的东北—西南走向 S 型浊度高值带，连成由粤西到红河口的浊度通道。这种分布特征一直维持到 1 月。进入 2 月后，琼州海峡西口、海南岛西侧沿岸，以及中央海域的浊度均有一定幅度的下降。春季，琼州海峡西口、海南岛西侧沿岸的浊度高值区在 2 月的水平上缓慢回落，各高值区范围逐渐退缩，至 5 月已经接近夏季的水平，保存琼州海峡西口沿岸、海南岛西部沿岸、红河口的浊度高值区分布。3 月越南 16° ~ 19°N 区间的沿岸浊度高值带向东扩张，出现该区域的全年最大值。4 月此高值带又往回退缩，18°N 以南的高值区几近消失。中央海域的浊度亦在春季缓慢回落。

## 19.3 悬浮物质输运与现代沉积过程

### 19.3.1 主要河口悬浮物质输运与现代沉积过程

#### 19.3.1.1 珠江河口的悬浮物质输运与现代沉积过程

珠江口现代沉积体系的形成是珠江河口动力和南海动力因素相互作用的结果。珠江口为多口门弱潮河口，口门平均潮差0.86~1.69 m，八大分流河口入海。多年平均输沙量7 529 × $10^4$ t珠江水系地处亚热带区域，降雨量丰富，径流量、输沙量大，为河口区提供了大量的沉积物来源，不过径流量季节分配不均，洪季（4—9月）径流量占全年的80%，而输沙量占全年的81% ~95%，因此珠江口现代沉积物主要是汛期由珠江洪水带来的泥沙淤积而成。珠江口面临南海，常年受到海洋水团的影响，夏季受到南海北部高温高盐的南海水团影响，由表层淡水径流离岸引起的补偿流和海底上升流可以影响到河口湾，对珠江各河口湾的水流结构和沉积环境产生较大影响；风浪则对珠江口浅滩沉积物具有较强掀扬分选作用。

珠江河口的悬浮物来源主要有3种，即河流入海来沙、海域来沙和潮流冲蚀床（槽）底产生的泥沙。①河流入海来沙：进入河口区的流域来沙主要是细沙及其以下的细颗粒泥沙。悬移质占整个珠江流域河口上游悬移质来沙量的87%。珠江河口细沙以下的细颗粒泥沙主要是悬浮搬运。磨刀门下泄悬浮泥沙，部分沉积在拦门沙外缘的斜坡，部分则随近岸流向偏西方向搬运和沉积，横门和洪奇沥等河口和虎跳门下泄的悬浮泥沙分别是两个河口湾沉积的主要来源。②海域来沙：一种"海域来沙"是指原河流输出口外的悬浮泥沙，或是絮凝作用产生的泥沙，因河口环流和波浪、潮流的作用，再次带回河口沉积的细颗粒物质，他们通常被涨潮流带至近岸海滩和河口咸水作用的范围内沉积。另一种是珠江口外陆架地区，伴随底部陆架水的上升作用及其向河口湾的侵入，可能存在着一种由海向陆的沉积物的输送和沉积的过程。③潮流冲蚀床（槽）底产生的泥沙：珠江三角洲地区的晚第四纪松散沉积层一般厚20~30m，其下部由河流相为主的沙砾层和杂色黏土组成（中国科学院南海海洋研究所海洋地质研究室沉积组，1980；李春初等，1981），因此潮流的冲刷可以侵蚀到这套物质，产生再悬浮物质。

总而言之，珠江口沉积作用主要由河口动力、泥沙输运所控制。珠江水系带入泥沙大部分在珠江口云一盒落於。珠江口悬沙多随西向近岸流向西南方向运移，造成本区粉砂质黏土沉积。但是，八个分流河口的流域来水来沙、地形、潮汐及其他海洋动力条件并不相同，发育演变及机理也不同，主要分为两种类型（李春初，1981）：一河流作用为主的河口。以磨刀门、洪奇沥河口最具代表性，特点是径流强，大量淡水的下泄使咸水难以上溯，河口潮差小，潮流作用弱，盐、淡水混合以高度分层型为主，河口多心滩、天然堤、拦门浅滩发育，滩道水深浅（2~3 m）。这类河口的拦门沙位置远在河口口门之外（李春初，1983）。二潮汐作用为主的河口，指虎门和崖门及其以外的河口湾，特点是径流小，进潮量大，潮流作用强，盐、淡水混合以部分混合型为主，枯季可呈充分混合。河口主槽水深可达10m以上，泥沙堆积在口外河口湾中部（伶仃洋和黄茅海）。伶仃洋自虎门河口向南发育了两条潮流深槽及东、中，西三大浅滩。因此，珠江河口沉积作用和地貌发育差异较大，具有如下分布特征：①河口的东、西部是两个喇叭状河口湾，即东部的狮子洋—虎门—伶仃洋河口湾和西部的银洲湖—崖门—黄茅海河口湾；②两河口湾之间的沿岸带，是一个以磨刀门为顶点的向外突出的弧形淤积带，西、北江的主要分流口蕉门、洪奇沥、横门、磨刀门、鸡啼门和虎跳门都在这个淤积带上（李春初等，2004）。

### 19.3.1.2  华南沿岸其他主要河口的现代沉积过程

华南沿岸有大小入海河流数百条，其中流域面积在 1 000 km² 以上的大约 20 条，其中以珠江流域的面积最大，韩江其次，其他的均属于中小河流。来自流域的推移质泥沙粒径较粗，进入河口区后多堆积在河口口门附近，或是在海浪作用下沿海岸输运。河流的悬浮物质进入海域后，它们在潮流、海流或沿岸流的作用下在南海海区扩散输移。

华南入海河流的悬移泥沙的粒径通常很细，这些细颗粒的泥沙由径流携带自上游向下游搬运，其中很少的一部分在沿途沉降，绝大部分进入河口段或是口外海滨，在咸淡水交汇混合的地方，细颗粒泥沙因絮凝沉降的作用，形成最大浑浊带。悬浮泥沙含量自此向外海递减。因此，华南入海河流的悬移质绝大部分在河口段或是在口外海滨沉淤，还有部分被潮流和海流带入附近的海岸或陆架沉积。悬移质在南海北部的扩散方向主要受潮流和海流控制。华南沿海河流的汛期主要出现在夏半年，这期间入海泥沙数量占全年的绝大部分，因此夏半年潮流和海流的活动对河流的入海悬移质的扩散运移尤为重要。珠江夏半年入海的细粒泥沙大部分沉积于河口段和口外海滨以外，有部分通过粤西沿岸流向粤西近岸和雷州半岛的东岸输移，途中汇入漠阳江和鉴江等河流的入海细颗粒泥沙，还在广东外海海流的影响下，向珠江口外和粤东大陆架扩散；粤东沿海河流（韩江、榕江等）的悬移质大部分沉降于河口湾或海湾内，也有部分被海流带入粤东和闽南大陆架。北部湾东北沿岸的河流（昌化江、钦江）入海的悬移质，由于湾内反时针方向的环流存在，它们向北或是向西扩散运移，沉积于附近的海岸或陆架区域。海南岛北部、东部和南部河流入海的悬移质，除了南渡江的细颗沙主要是向西扩散进入海口湾并影响琼州海峡外，万泉河的泥沙主要沿河岸向东北方向运移并进入大陆架（王文介等，2007）。

### 19.3.1.3  台湾南部河口的物质输运与现代沉积过程

台湾岛位于欧亚板块与菲律宾板块的下沉隐没-挤压的碰撞带，河口区物质主要为入海河流携带的陆源物质、黑潮和台湾暖流带来的外洋物质，以及当地环境生长的生物体和陆架内部自身调整的物质。其中入海河流携带的陆源物质是主要来源。位于台湾南部海岸的二仁溪、高屏溪等 4 条河流输入南海北部海域（图 13.4），据估计，合计输沙量达 70Mt/a。

台湾河流输沙过程中，异重流起到重要的作用（表 13.8），并可直接输运到河口（Mulder et al.，1995）。异重流，一般呈不均匀的空间和时间分布，往往是短暂的（数小时至数天）。尽管缺乏直接测量异重流事件，一些作者已注意到潜在的重要作用，稀有和极端事件可能对长期平均输沙通量产生影响（Mulder et al.，1995；Syvitski et al.，2005；Meybeck et al.，2003；Kao et al.，2005）。位于台湾南部的二仁溪是台湾最混浊的河流，自 1971 年以来已在 26 个年份中发生异重流事件，超过 80% 的河流输沙量发生在异重流期间。

### 19.3.2  陆架、陆坡区的悬浮物质输运与现代沉积过程

南海北部陆架区表层的沉积物的由现代沉积、再造沉积和残留沉积组成。分布在 50 m 以浅的内陆架上的黏土质粉砂绝大部分是陆源碎屑，由广东沿岸的河流供给的现代沉积，其中

以珠江水系供给为主。在水深50～100 m陆架上的砂质沉积，是经过了叠加和改造作用的残留沉积，称为"再造沉积"。珠江以东至台湾海峡的南段，由于强的底流，以及风浪和潮汐等的作用，对底质进行了改造，使得原先的沉积物被掀动起来，经过搬运后，而重新有序的沉积下来（罗又郎等，1985）。珠江口以西，则以现代的细粒沉积的叠加为主。珠江口以南的20～60 m水深的陆架上的古三角洲堆积（杨胜明等，1985），没有发现现代沉积覆盖，一方面是由于广东的沿岸流的作用使珠江等的悬移质向西南迁移，另一方面是由于该地区存在的上升流，使海水产生了强烈的涡动，阻止了悬移质的沉降（钟其英，1985）。Liu 等（2009）对珠江口外内陆架高分辨率的声学剖面研究发现，大部分珠江入海沉积物停积在河口，其余沉积物主要顺岸向西运移，随距河口距离增加，全新世沉积厚度减小，在陆架上并没有形成大型陆源堆积中心（图 19.11）。

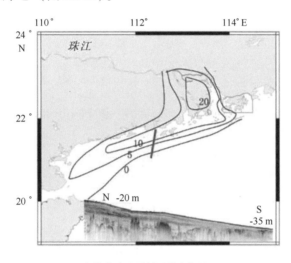

红线代表地震剖面所在位置

图 19.11　全新世珠江入海物质沉积等厚概图（单位：m）（Liu 等，2009）

　　此外，南海北部陆坡区存在 NE—SW 向的深水底流搬运沉积作用，使源自南海北部地区的陆源物质大致沿陆坡等深线位置由东北向西南方向搬运，沿途形成水道以及水道边侧断续分布的高沉积速率堆积体（图 19.12），东沙群岛东南侧发育的沉积堆积体就是其中之一，其内部沉积层明显呈现出由东北向西南进积叠加的特征，指示了该段深水底流搬运方向。深水底流的源头极有可能是侵入南海的西太平洋流在科氏力的作用下演变而来，造成南海北部深海区复杂的搬运沉积格局（邵磊等，2007）。

　　对北部湾海域沉积物输运趋势的研究表明（徐志伟等，2010），北部湾北部存在沉积物输运汇聚中心，其位置与余环流的中心位置基本一致，海南岛西部海域沉积物显示为向北输运的特征，与地貌、水动力特征基本吻合。在北部湾西侧，红河 Ba Lat 河口外，现代前三角洲加积在早全新世陆架砂上，前三角洲前缘具有较高的现代沉积速率，潮汐底流侵蚀陡峭的前三角洲前缘并把泥质沉积物向西南搬运，随着搬运更远，现代沉积速率降低。自1971—1973 年入海口改道后，北部前三角洲堆积速率大大降低，现今沉积速率几乎为 0，或仅在枯季堆积一些源自更北河口的沉积物（Van den Bergh et al.，2007）。

　　南海南部的陆架，由于地理位置处于热带，海洋生物比较繁盛，珊瑚礁的发育，因此生物成因的沉积物来源很丰富。另外，除湄公河外，周围地区岛上的河流都不是很长，流域和流量很小。这些河流所携带的陆源碎屑沉积物，绝大部分在河口及其邻近的沿岸地区沉积。

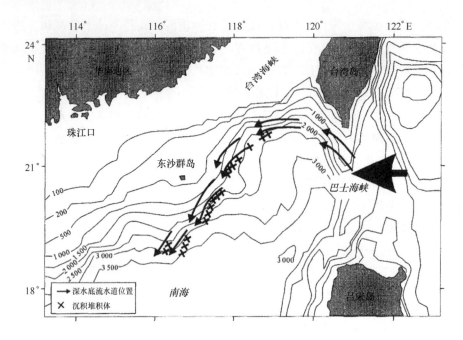

图 19.12　南海北部底流水道及沉积堆积体分布图（邵磊等，2007）

### 19.3.3　南海海盆的悬浮物质输运与现代沉积过程

#### 19.3.3.1　南海海盆悬浮物质输运与沉积作用

在南海深海—半深海沉积环境中，陆源碎屑所占比例减少，生源沉积占据重要地位，具有远洋沉积作用的基本特点。一般把颗粒物质分成生源物质（$CaCO_3$、生物蛋白石、有机质）和岩源物质（即岩屑，为总物质减去生源物质的差）两种、四大类。

南海北部 1987—1988 年收集到的颗粒物质中，$CaCO_3$ 平均占 47.6%，岩源物质占42.9%，有机质占 7.9%，而生物蛋白石通量很低，只占 1.6%。$CaCO_3$ 主要由浮游有孔虫、颗石藻和腹足类、翼足类壳体组成，其中，腹足类、翼足壳主要出现于 1 000 m 层，其数量在 3 350 m 处显著减少，几乎只剩不到原来的 10%（陈文斌等，1993）。腹足类、翼足类多由文石组成其质壳，而大多数有孔虫壳则由方解石组成。在 3 350 m 左右，文石质的腹足类、翼足类先于浮游有孔虫溶去。硅质生物壳最丰富的是硅藻，其次为硅鞭藻和放射虫，总体上硅藻数量要比硅鞭藻和放射虫高 1~2 个数量级。硅藻、硅鞭藻与总通量的变化基本相同（陈文斌等，1993）。另外值得指出的是，南海北部生物蛋白石含量只占总通量的 1.6%，比南海其他海域低一个数量级（见后）。微古鉴定结果也表明，南海中部硅藻通量比南海北部高一个数量级（Wong et al.，1994）。岩源物质（岩屑）的主要组成为斜长石、石英及伊利石，约占 80% 以上，其次还有高岭石、绿泥石并伴有少量角闪石、蒙皂石、黏土矿物的不规则泥层（Wong et al.，1994）。南海北部岩源物质的最高通量也是出现于冬季东北季风期间，而不是出现于珠江的丰水期。这可能反映岩屑通量物质既与水平输运有关，又与大洋颗粒物的沉降机制有关，如平时岩屑沉降速率很慢，只有到高通量时才在"海洋雪"机制（Alldredge et al.，1988）的作用下与生源颗粒一起下沉。另外，在部分样品（1987 年 10 月上层捕获器样品、1987 年 9 月和 1988 年 10 月深层捕获器样品）中还发现了明显的孢子花粉、火山玻璃颗粒或碎片（陈文斌等，1993），表明岩源物质可能通过环流输送和风力由邻近大陆和邻近海区而来。南海北部有机质中 C/N 比为 4.4～7.5 之间，平均为 6.3，具有海洋浮游生物来源的特征。

南海北部的颗粒物总通量，在上层（1 000 m）的变化范围从 11.47 mg/（m² · d）至 179.7 mg/（m² · d）；深层（3 350 m）为 18.67～121.2 mg/（m² · d）。平均通量在 1 000 m 水深处为 90.0 mg/（m² · d），通量高值出现在 1987 年 11 月至 1988 年 2 月东北季风盛行期间。而在由夏季风转向东北季风的 9 月、10 月，总通量仅为 40 mg/（m² · d）以下（图 19.13）。上述特点表明南海北部上层颗粒通量受季风控制比较明显（Jennerjahn et al.，1992；Wiesner et al.，1996；陈建芳等，1998a）。但是在深层（3 350 m 深度）与季风的关系并不显著。深层 3 350 m 处的通量变化与正上方 1 000 m 处在时间上并不一致，上层通量峰出现半月至 2 个月之后跟随出现明显的深层通量峰（Honjo，1996；Honjo et al.，1993；Ramaswamy，1993）的情况（图 19.13）。

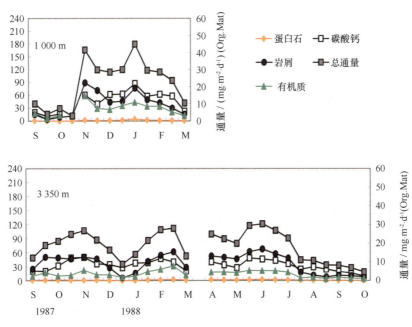

有机质通量见次坐标；其余见主坐标

图 19.13 南海北部 1987—1988 颗粒通量及组成的季节性变化（据 Jennerjahn et al.，1992；Wiesner et al.，1996 的资料改绘）

南海中部，在颗粒物组成方面，CaCO₃ 占 25.3%～61.0%（平均 41.7%），比南海北部略低，生物蛋白石占 15.3%～49.9%（平均 29.3%），远比南海北部的 1.6% 高出一个数量级；有机质占 1.6%～12.5%（平均 8.8%），与南海北部相似；岩源物质占 12.2%～42.0%（平均 20.2%），显著低于南海北部。微生物鉴定与统计表明，有孔虫、颗石藻、腹足类、翼足类以及硅藻、放射虫、硅鞭藻等仍然是 CaCO₃ 及生物蛋白石的主要来源，但与南海北部相比，硅质生物要丰富得多（Wong et al.，1994）。岩源物质通量及相对含量的下降，可能是由于南海中部比北部更加远离大陆，无论是河流、海流搬运还是大气搬运都要经过更长的距离。另外硅质和钙质生物壳的稀释也是岩源物相对含量比北部下降的一个原因。

根据历年发表的资料和部分未发表的资料综合而成的通量随时间和深度的变化图（图 19.14），南海中部上层（水深 1 200 m 左右）年平均通量为 66.3～91.6 mg /（m² · d），历年平均为 81.4 mg /（m² · d），比南海北部略低。通量的峰值大多出现于每年的冬季东北季

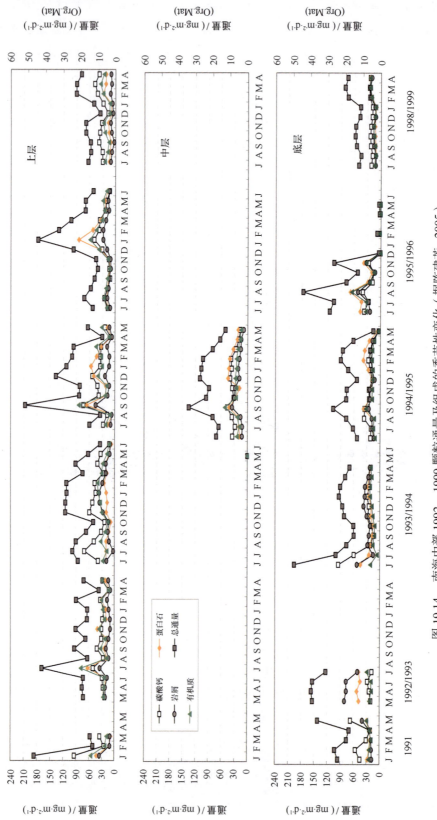

图 19.14 南海中部 1992—1999 颗粒通量及组成的季节性变化（据陈建芳，2005）

风和夏季西南季风期间，表明季风对南海中部的颗粒通量也具有重要的影响。唯一的例外是 1994 年 9 月（时间上为夏季风末期），通量达到 206.7 mg/（m² · d），为历年来的最高值。颗粒总通量在正常年份一般为 80～90 mg/（m² · d），但在 1998/1999 厄尔尼诺年仅为 66.3 mg/（m² · d）。从上下层颗粒通量的变化来看，除了少数时段（如 1994/1995、1998/1999）有比较一致外，大多数时段的上下层变化并不一致。

从上文可以看出，南海颗粒通量的垂向变化呈多样的变化特征。大多数时候上、下通量的变化并不一致（图 19.14）。南海中部 1995 年 12 月—1996 年 5 月期间，甚至出现上层（1 200 m）通量平均为 100 mg/（m² · d），而同期底层（3 750 m）通量 7 个月平均仅为 5 mg/（m² · d）（图 19.14，1995/1996 年时段）。已有的研究表明，上下层颗粒通量的变化是否一致，与颗粒物质通量的高低有密切关系。南海中部长达 7 年的沉积物捕获器布放期间，在下层捕获器中记录到了几个比较高的峰值，但与这些峰对应的上层捕获器（同一时期或前几个月）并没有记录到这么高的峰值，如南海中部 SCS - C 站 1992 年 3—5 月、1993 年 6 月、1995 年 8 月便是。其中下层的岩源物质通量在 1992 年 3—6 月连续三个月比上层高出近 3 倍（图 19.14）。

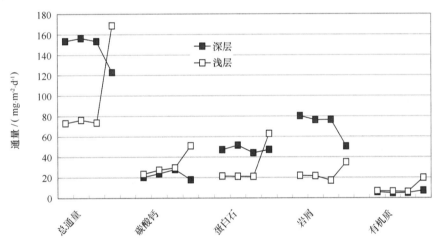

图 19.15　南海中部 1992 年 3—6 月上层和下层通量的比较

南海其他站位也有类似情况。如南海北部 1987 年 9—11 月，下层的通量平均为 77 mg/（m² · d），而上层仅为 24 mg/（m² · d）（图 19.13）。微生物鉴定与统计也表明，在 1987—1988 年间，南海北部 SCS - N 站的硅质壳（如硅藻、放射虫等），在多数情况下上层的通量反而小于下层（陈文斌等，1993）。吕宋岸外（SCS - NE2）站，1999 年 1—4 月，颗粒物总通量和生源组分通量也是中下层反而比上层高出 40%～50%（图 19.14），年平均中下层的通量比上层增加 20%。最近，钟玉嘉等（Chung et al.，2004）发表的南海东北部的沉积物捕获器实验（2000 年 10 月到 2001 年 6 月）的结果，在台湾岛西南、海盆东北角的 M1 站也观测到下层（948 m）通量远高于上层（248 m）的情况，而且在 2000 年 1 月上旬，下层通量高出上层近 10 倍，达到 2 024.6 mg/（m² · d），比南海中部（SCS - C）和北部（SCS - N）多年来的最高值还高一个数量级。

颗粒物质通量上下变化不一致及下层比上层高的原因不外乎 3 种情况：一是原先位于上层捕获器与下层之间水柱的颗粒物质浓度明显高于上层以上水柱，然后在几个月时间内沉降至下层捕获器（"滞后效应"）；二是附近海域中、深部水团的颗粒物质通过侧向运动由高通量的地方飘移而来，或者上层高的通量飘到其他地方去（"侧向运移"）；三是由海底沉积物再悬浮或者海底火山喷发造成（"再悬浮和海底火山活动"）。目前已做矿物分析的数十个捕获器样品表明，除1991年Pinatubo火山灰外，一般样品的岩源物质中缺少海底火山喷发的矿物学证据（Wong et al.，1994）。对于中部和北部捕获器来说，再悬浮不至于把海盆沉积物上扬至离海底600 m处的下层捕获器处，因此"再悬浮和海底火山活动"影响因素可以基本排除。颗粒物在水柱中上、下浓度不均匀和沉降速率的不一样是比较常见的，"滞后效应"的影响并不能完全排除。而种种迹象表明（陈建芳，2005），由于水平流的作用造成的颗粒物的"侧向运动"是造成上下捕获器通量的不一致以及深层捕获器颗粒物质通量反而高于上层的最可能原因。

### 19.3.3.2　南海海盆的沉积速率

从全新世沉积速率来看（表19.5），南海与其他边缘海如东海、日本海相比，其沉积速率稍低，但明显比大洋高。南海沉积速率变化在千年数厘米到十多厘米，具有高沉积速率、横向变化大的半深海沉积特征。这是南海边缘海盆沉积作用的一个重要特征，与其所处地质构造背景、自然地理地貌、沉积物的多源补给，搬运方式以及扩散途径（特别是浊流）有着密切关系。南海深海平原有近代海底火山喷发作用，火山物质普遍参与了深海沉积作用。马尼拉海沟是浊流的主要活动场所，浊积物也是造成沉积速率横向变化大、沉积速率快的一种因素。南海东部沉积通量与物质组成分析表明，末次冰期以来沉积总通量北部陆坡区明显高于深海区，前者是后者2~3倍，并有自北向南逐渐降低的趋势（章伟艳等，2002）。

表 19.5　南海与其他海区沉积速率比较

| 海　区 | 沉积相 | 沉积速率/（cm·ka⁻¹） |
|---|---|---|
| 大　洋 | 钙质黏土 | 1.0~4.0 |
| | 褐黏土 | 0.1~0.4 |
| 南海东部 | 陆坡碳酸盐相 | 3.31~13.75 |
| | 深水相 | 2.58~10.40 |
| 全新世沉积速率/（cm·ka⁻¹） | 变化范围 | 平均值 |
| 东海 | 2.33~36.66 | 10.7 |
| 南海 | 1.67~66.67 | 8.0 |
| 日本海 | 2.92~22.50 | 10.5 |

资料来源：Ku et al，1968；Pinxian Wang，1999；章伟艳等，2002。

# 第20章 表层沉积与区域分布特征

1958年开始的全国海洋普查初次进行了南海底质调查，编绘了包括海底地形、沉积等内容的海洋综合调查图集。随后以中国科学院南海海洋研究所为代表，开始对南海沉积进行深入调查研究。自1964年起，中国科学院南海海洋研究所对南海北部大陆架进行了系统的底质采样，1973年起，又依次开展了南海中部海区、东北部海区和南沙海区的综合调查研究，底质采样的站位从而较均匀地遍布整个南海（刘昭蜀等，2002）。20世纪80年代开始在南海开展的一系列国际合作研究，极大地推进了对南海沉积的认识。20世纪90年代末，国家海洋局，广州海洋地质调查局、中国科学院南海海洋研究所等单位对南海又进行了海洋地质地球物理补充调查，获得了全面、翔实的南海海洋地质资料。2003年，我国启动了近海海洋调查与评价专项，实行大比例尺调查，更加丰富了南海近海海洋地质资料。可以说，对南海沉积的研究，已经积累了相当可观的成果。

## 20.1 沉积物粒度组成与分布

### 20.1.1 沉积物粒度组成与分布

南海海底地貌由陆架、陆坡、海盆三大部分构成，每一部分都有丰富的次一级的地貌单元，粒度组成也各不相同。据粒度分布，南海主要有三种沉积物：一是以粗颗粒为主、具双峰态分布特征，主要分布于南、北宽阔陆架区的沉积物；二是以细颗粒为主、基本呈正态分布，主要见于中、东部深海区的沉积物；三是有多种物源、具双峰或多峰态分布特征，常见于陆坡或深海区的沉积物。

受文字所限，将整个南海概括为砂、粉砂、黏土三大粒级简单加以叙述。

砂：含量分布见图20.1。大部分海域砂含量低于10%，砂含量高于10%的地方主要分布在陆架区（陆源碎屑）和岛礁区（生源碎屑）。在南海北部，砂含量高于50%的地方主要分布在北部湾、琼州海峡、珠江口外的外陆架。砂含量高值区与残留沉积（如珠江口外的外陆架、北部湾中部）或强水动力条件相对应（如琼州海峡）。

粉砂：含量分布见图20.2。粉砂是南海陆坡和陆架沉积物中含量最高的组分。南海粉砂含量东部明显高于西部。张富元等（2003）对南海东部海域179个表层沉积物的粒度分析发现：南海东部表层沉积物主要粒级是 4.0 ~ 10.0 Φ（粗粉砂—粗黏土），占83.95%，核心粒级是 6.0 ~ 8.0 Φ（细粉砂），占36.11%。火山灰平均粒径 4.46 ~ 6.40 Φ，平均 5.69 Φ。沉积物中粉砂和黏土含量总体上由北向南呈线性逐渐增加。17°N以北海区陆源沉积物占优势，17°N以南海区，火山和生物沉积作用加强。

黏土：含量分布见图20.3。黏土含量低值区与砂含量高值区有很好的对应，陆架区黏土含量一般低于30%，陆坡区黏土含量随水深增加而增加，在海盆黏土含量出现最高值。

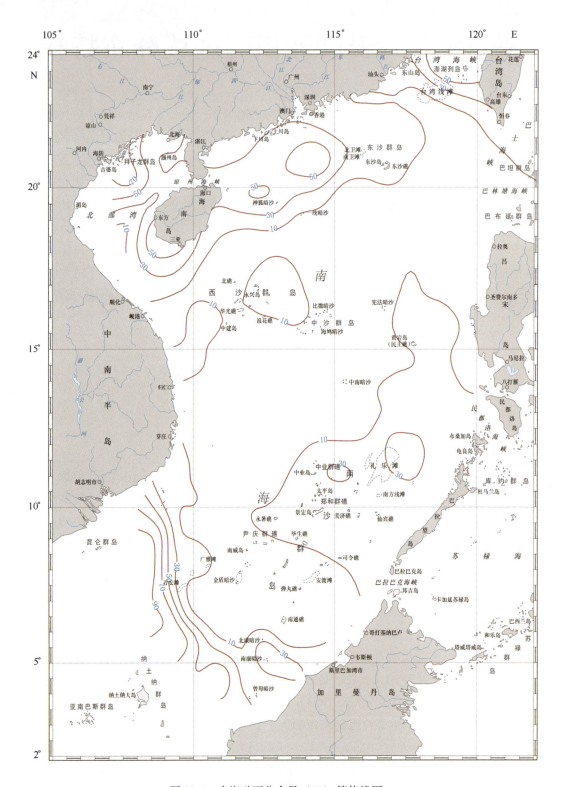

图 20.1 南海砂百分含量（％）等值线图

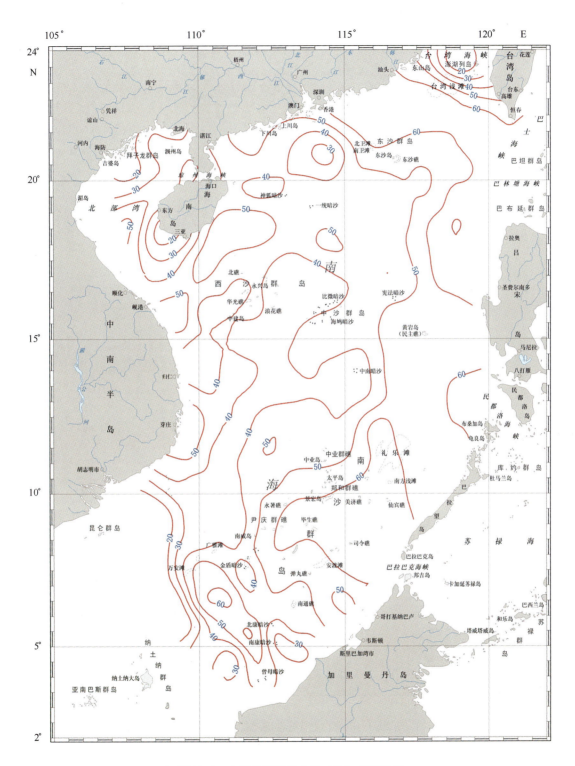

图 20.2　南海粉砂百分含量（％）等值线图

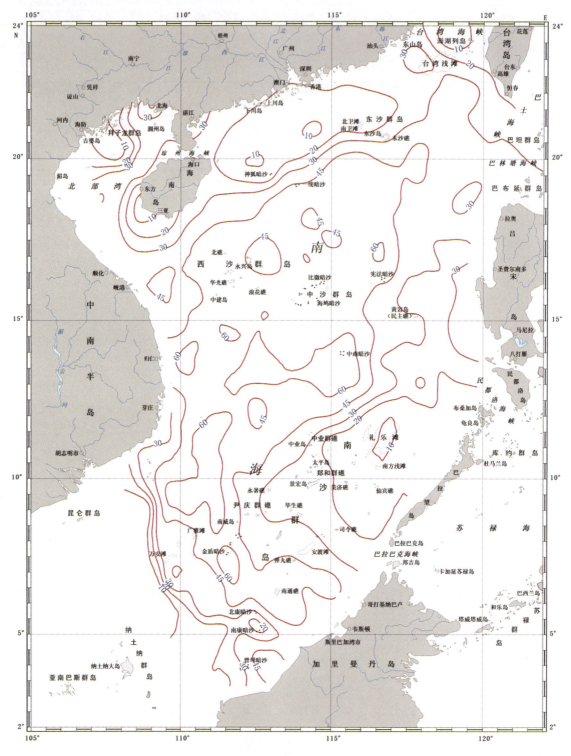

图20.3　南海黏土百分含量（%）等值线图

## 20.1.2　粒度参数特征

沉积物粒度参数主要包括平均粒径（$Mz$）、分选系数（$\sigma_i$）、偏态（$Ski$）和峰态（$Kg$），常用的计算方法主要有图解法（Folk – Ward，1957）和矩法（Mc Manus，1988），刘志杰等（2009）用图解法和矩法计算了南海172个表层沉积物粒级参数，并对两种计算结果进行相关性验证，结果表明：两种方法得到的平均粒径、分选系数、偏态和峰态分别呈显著相关，且相关性依次降低。两种方法计算的平均粒径和分选系数相关性较为稳定，基本不受沉积物类型的影响；而偏态和峰态值与沉积物物质组成密切相关，物质组成单一稳定，则相关性较高，反之表现为不相关。

用 Folk – Ward 公式计算了南海粒度参数，分述如下：

平均粒径（$Mz$）：平均粒径代表粒度分布集中的趋势，可用于反映沉积介质的平均动能。南海表层沉积物平均粒径为 0.14 ~ 9.30 Φ，平均 6.86 Φ。陆架区沉积物较粗，平均粒径 0.14 ~ 9.06 Φ，平均 4.08 Φ（李家彪等，2007）。相较而言，南海南部陆架沉积物比南海北部陆架更粗（图20.4）。陆坡区沉积物生源组分增加，平均粒径 2.64 ~ 9.30 Φ，平均 7.62 Φ。深海区为静水、低能环境，沉积物很细，平均粒径 5.20 ~ 9.10 Φ，平均 7.39 Φ。礼乐滩等广大的岛礁区生物碎屑沉积作用很强，以贝壳或珊瑚碎屑为主，颗粒粗，平均粒径 5.0 ~ 6.5 Φ。总体上南海沉积物平均粒径与水深密切相关，沉积物颗粒大小分布基本上受水深和地形控制。

分选系数（$\sigma_i$）：分选系数是反映沉积物分选好坏的一个标志，分选系数越大，分选越差。南海沉积物分选系数变化较大（0.16 ~ 4.52 Φ），平均 2.03 Φ，属分选差和很差。陆架区分选系数平均 1.87 Φ，陆坡区分选系数平均 2.10 Φ，深海区分选系数 2.07 Φ（李家彪等，2007）。相较而言，陆架的分选要略好于陆坡和海盆区（图20.5）。分选系数相对较低的区域主要分布在陆源砂含量较高的海区，与水流反复作用改造有关。值得一提的是，在台湾岛北端至吕宋岛北端一线西侧附近海区，分选系数相对较小（1.7 ~ 1.8 Φ），是南海东部最小的，这与台湾海峡和巴士海峡水团对那里沉积物的长期作用有关。

偏态（$Ski$）：反映沉积物粒度分布的对称程度，正偏表示粒度集中在粗端部分，负偏表示粒度集中在细端部分。南海表层沉积物偏态为 – 1.70 ~ 2.24，平均 0.06。陆架区偏态最大，$Ski$ – 0.17 ~ 2.24，平均 0.17；陆坡区 $Ski$ – 0.37 ~ 0.73，平均 0.01；深海区 $Ski$ – 0.23 ~ 0.56，平均 0.03（李家彪等，2007）。在南海东部，礼乐滩沉积物偏态最大（0.10 ~ 0.20），16° ~ 20°N，116° ~ 118°E 海区的偏态为负值（ – 0.10）（张富元等，2003）。从整体分析，南海沉积物偏态变化不规律不明显，这与物质来源多样性有关。

峰态（$Kg$）：南海沉积物峰态 0.48 ~ 4.88，平均 1.10。陆架区峰态平均 1.59，陆坡区峰态平均 1.06，深海区峰态平均 0.96（李家彪等，2007）。南海沉积物峰态与水深呈负相关，近岸和陆架沉积物各种物源丰富，呈宽峰态。深海区物源相对较少，呈窄峰态。峰态分布在一定程度上受海底地形影响。

## 20.1.3 沉积物类型及分布特征

分类命名原则：根据不同水深采用不同的沉积物分类与命名。浅海 – 半深海（水深小于3 000 m）沉积物以陆源为主，物质搬运和沉积受水动力因素制约，沉积物颗粒沉降遵循斯托克斯沉降定律。因此，采用粒度三角图分类法来进行浅海—半深海沉积物分类与命名。对深海沉积物分类和命名则采用深海沉积物图解分类法，同时综合考虑特殊沉积物（如生物碎屑、火山灰、岩块、铁锰结核）含量、沉积物与水深关系、粒度多元统计结果。

浅海—半深海沉积：主要分布在水深小于 3 000 m 海域，沉积物以陆源碎屑为主，钙质碎屑或硅质生物碎屑为副，沉积物类型有：砂砾石、砾砂、粗砂、中砂、细砂、粉砂质砂、黏土质砂、粉砂、砂质粉砂、黏土质粉砂、粉砂质黏土、砂 – 粉砂 – 黏土。形容词为砾石质

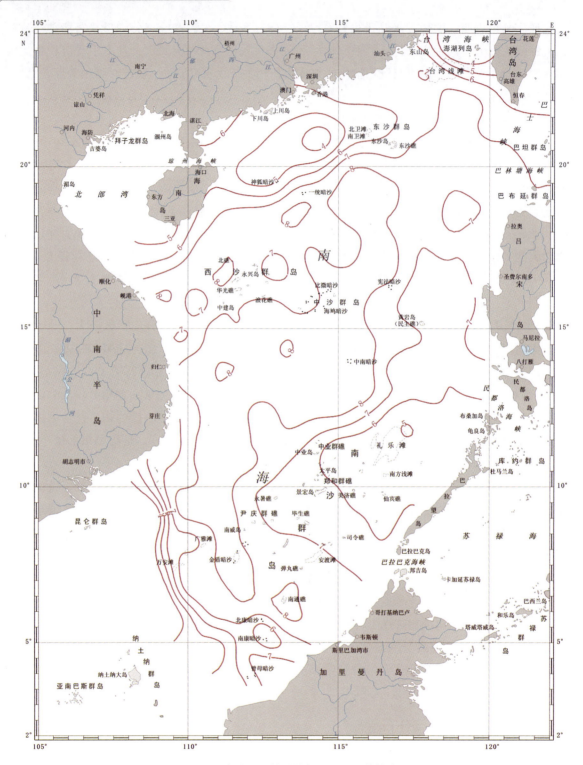

图 20.4　南海沉积物平均粒径（Φ）等值线图

（岩块）、钙质（有孔虫、贝壳、珊瑚）、硅质（硅藻、放射虫）。在粒度三角图分类基础上，生源组分参与定名，当含量为 25%～50% 时，加形容词××质。

深海沉积：主要分布在水深大于 3 000 m 海域，沉积物以黏土（软泥）和粉砂为主，生物碎屑、火山灰和铁锰微粒为副，沉积物类型有：硅质黏土、深海黏土、钙质软泥、硅质软泥、含钙质和硅质的黏土。形容词为铁锰微粒、火山灰。火山物质、铁锰微粒和浊流沉积这些特殊沉积物数量虽然不多，分布也较局限，但它们的形成却是特殊地质作用的产物，对于

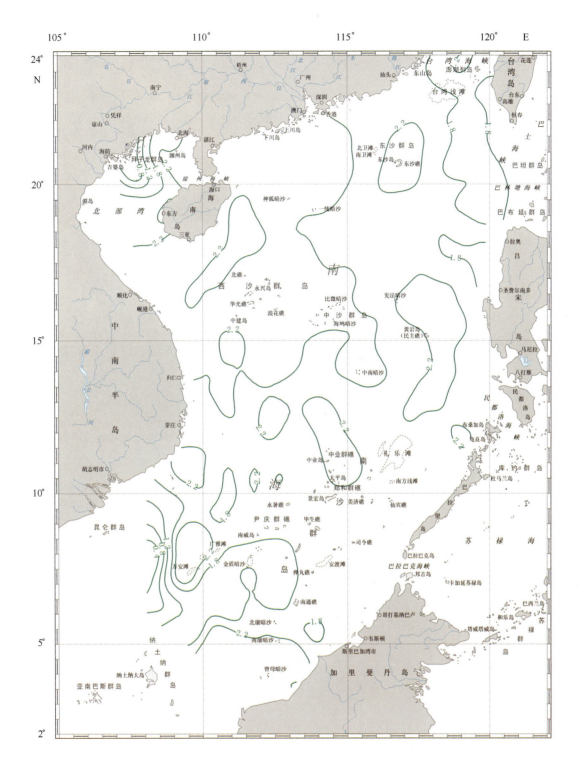

图 20.5　南海沉积物分选系数(Φ) 等值线图

揭示南海地质作用特点与形成演化有着重要的意义。

　　南海表层沉积物共有30种类型（图20.6），按陆架（水深<200 m）、陆坡（水深介于 200～3 000 m）和深海区（水深>3 000 m）分述如下。

　　河口区：流入南海的大型河流主要有珠江、红河、湄公河等，河流携带的粗粒入海物质一般在河口附近卸载堆积，细粒物质则多随海流运移。珠江口的现代沉积是冰后期由珠江水

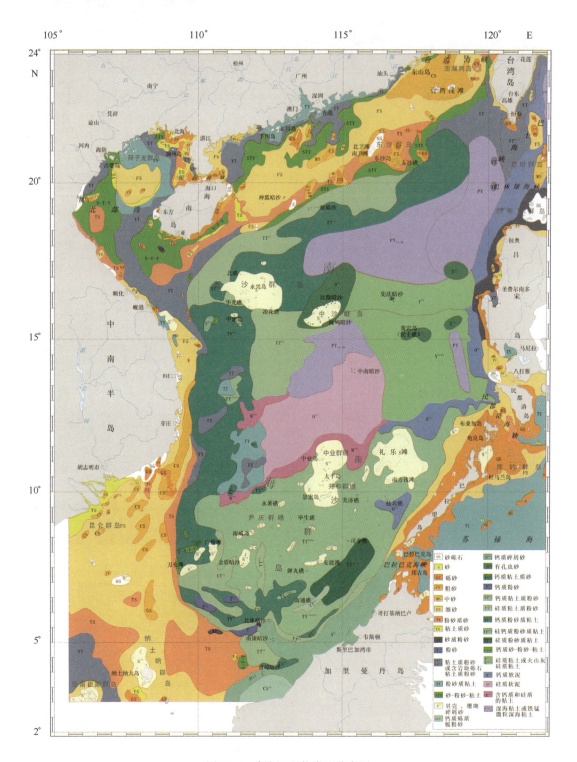

图 20.6　南海沉积物类型分布图

系泥沙不断堆积的结果，分流河口及其附近以砂质堆积为主，分流河口以外广大的浅滩与浅海以粉沙质黏土沉积为主。

　　陆架区：南海陆架有南北宽，东西窄的特点，表层沉积物主要由现代沉积和残留沉积组成，其沉积物类型有砂砾石、砾砂、粗砂、中砂、细砂、粉砂质砂、黏土质砂、粉砂、黏土质粉砂、粉砂质黏土、砂—粉砂—黏土、钙质生物砂、钙质砾质极粗砂、贝壳珊瑚碎屑砂 14

种。其中细砂、粉砂质砂分布最广，砂—粉砂—黏土和黏土质粉砂在北部陆架也有广泛分布，但在其他陆架较少见。南海陆架沉积具有陆源物质丰富、沉积速率高、物质粗、生物碎屑多、碳酸钙含量高的特点。

陆坡区：南海陆坡坡度较陡，地形崎岖，水深变化大（200～3 000 m）。沉积物为陆架向深海过渡类型，包括黏土质粉砂/含岩块砾石黏土质粉砂、粉砂质黏土、钙质碎屑砂、有孔虫砂、贝壳珊瑚碎屑砂、钙质黏土质砂、钙质粉砂、钙质黏土质粉砂、硅质黏土质粉砂、钙质粉砂质黏土、含硅含钙粉砂质黏土、硅质粉砂质黏土、钙质砂—粉砂—黏土 13 种。其中钙质粉砂质黏土和钙质黏土质粉砂在南海北部、西部、南部陆坡都有广泛分布。含硅含钙粉砂质黏土在南海南部分布很广。

深海区：深海区位于南海中部，呈菱形，长轴为 NE—SW 向。在北部广阔平坦的深海平原，分布着深海黏土和含铁锰微粒深海黏土，往南是东西向展布的硅质黏土，再往南的深海区中部分布着高出周围海底数千米的海山，沉积物为含火山灰硅质黏土。西南部深海盆是较平坦的水深最大的深海平原，沉积物主要为硅质软泥。深海盆东部边缘为一套南北向展布长条状钙质软泥。

## 20.2　沉积物矿物特征与分布

矿物指由地质作用所形成的天然单质或化合物。具有相对固定的化学组成，在一定的物理化学条件范围内稳定，是组成岩石和矿石的基本单元。沉积物矿物学研究，对分析物质来源、搬运过程和沉积环境具有重要意义。

### 20.2.1　碎屑矿物

碎屑矿物指的是粒径大于 0.063 mm（4 Φ）的矿物碎屑。重矿物与轻矿物采用比重为 2.8g/cm³ 的三溴甲烷进行分离。0.063～0.125 mm 的重矿物含量在南海普遍低于 1.5%，但在南部陆架较高，普遍在 10% 以上，远高于其他海区，另在海南岛西南海域也较高。

#### 20.2.1.1　碎屑矿物组成与分布

杨群慧等（2002）研究了南海中东部（12°N 以北，110°E 以东）286 个表层沉积物样品的碎屑矿物，共鉴定出矿物 57 种。轻矿物平均含量高达 98.89%，重矿物平均仅占 1.11%，最高含量为 12.82%。轻组分中生物碎屑含量高，平均高达 65.13%，个别站接近 100%，主要矿物为石英、长石、褐色或无色火山玻璃（平均含量为 15.98%，个别站可高达 79.9%）。重组分中矿物以普通角闪石、磁铁矿、铁锰微结核、普通辉石为主，其平均含量的总和占整个重矿物总量的 65.17%。与中国其他海区相比，南海中东部以铁锰微结核、磁铁矿、普通辉石和火山玻璃的高含量为特征。

李学杰等（2008 a）研究了南海西部（4°～16.2°N，111.5°E 以西）345 个表层站位的碎屑矿物，共鉴定近 50 种矿物，主要有石英、长石、磁铁矿、褐铁矿、钛铁矿、黄铁矿、普通角闪石、阳起石、绿帘石、电气石、十字石、白云母、黑云母、微结核、石榴石、火山玻璃、锆石、白钛石、金红石、锐钛矿、独居石、海绿石等。将其分为南、中、北三区，其中南部陆架区碎屑矿物最丰富，中部陆坡－深海盆碎屑矿物丰富程度次之，北部海域相对较少，各区间分界明显，表明各区的物源明显不同。南部物源应以湄公河为主；北区的物源可能包括红河、海南岛和华南大陆；中区物源应主要来自中南半岛，中南半岛大量出露的元古宙变质岩可能是该区碎屑矿物的母岩。

南海碎屑矿物按其成因主要可分为陆源碎屑、火山碎屑、自生沉积、生物骨屑、宇宙来源等几种。

陆源碎屑矿物：主要分布于水深3 000 m以浅的陆架和陆坡区，在深海盆的东北部和西南部也有混入。常见轻矿物为石英、长石；常见重矿物有普通角闪石、磁铁矿、绿帘石、斜黝帘石、黑云母和白云母、榍石、锆石、石榴石、钛铁矿、白钛石、褐铁矿、赤铁矿、阳起石、磷灰石等。此类矿物一般磨圆度较好，呈次棱角状、次圆状和浑圆状，长石等遭受不同程度的次生变化，具有长距离搬运和随水深而分异的特点。

火山碎屑矿物：主要有普通辉石、紫苏辉石、磁铁矿、普通角闪石、无色和褐色火山玻璃、石英、斜长石等，个别站位偶见海底热液矿物黄铁矿、方铅矿和黄铜矿。这些矿物多数晶形较好，表面新鲜，常粘有火山玻璃，大多具泡壁结构，主要分布于南部深海盆地和海山群中。褐色火山玻璃为安山质，高质区范围偏东南，与辉石类、磁铁矿分布相近，系中－基性火山矿物组合；而无色火山玻璃为流纹质，多与普通角闪石、玄武闪石相伴，分布范围偏北，系中－酸性火山矿物组合。

自生沉积矿物：包括铁锰微结核、碳酸盐矿物、黄铁矿、海绿石等。铁锰微结核为黑色、暗黑色，形态变化大，呈球状、葡萄状和不规则状等，多为极细砂级大小，粒径很少有超过250 μm；表面粗糙，疏松多孔，半金属光泽，无磁性，硬度低，容易压碎，主要分布于水深3 000～4 000 m的深海平原。碳酸盐矿物有自生方解石、菱镁矿等；黄铁矿和海绿石含量较低，零星分布。

生物骨屑矿物：乳白色、浅灰色，多呈细粒微晶或隐晶质集合体。多为碳酸盐矿物，蛋白石含量较低，是轻组分中较普遍的矿物。

宇宙来源矿物：包括玻质和铁质宇宙尘，含量极少，仅在个别站位发现微量，最高值为1.5%（19°N，115°59.8′E）（杨群慧等，2002）。

## 20.2.1.2　典型区矿物组合与分区

在聚类分析数学统计的基础上，结合具体地质环境，综合考虑各矿物组中样品的空间分布，对部分分布零散、难以独立划分组合区的样品进行了适当的归并，最终将南海中东部表层矿物划分为陆源矿物、混合矿物、自生矿物和火山矿物4大矿物组合区和14个矿物组合亚区（图20.7、表20.1）

矿物特征揭示陆源矿物多分布于水深500～3 000 m范围的北部陆坡区，主要来源于中国华南，部分源于台湾岛或由洋流经巴士海峡带入。深海区的东北部和西南部存在沉积物块体运动沉积，铁锰微结核形成于沉积速率较低、陆源碎屑量较少、强氧化环境的深海平原，自生黄铁矿则形成于总体富氧、局部还原的微环境。火山碎屑矿物来源于海底火山岩的剥蚀物以及附近弧状列岛的火山喷发物（杨群慧等，2002）。

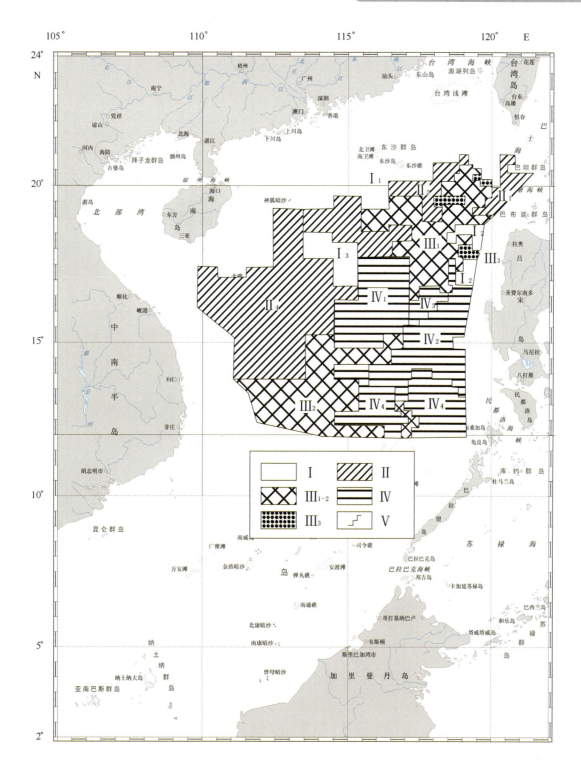

图 20.7 南海典型矿物组合与分区图（修改自杨群慧等，2007）

Ⅰ. 陆源矿物组合区；Ⅱ. 混合矿物组合区；Ⅲ$_{1-2}$. 自生铁锰矿物组合亚区；Ⅲ$_3$. 自生黄铁矿组合亚区；Ⅳ. 火山矿物组合区；Ⅴ. 矿物组合区界

## 20.2.2 黏土矿物

黏土矿物是存在于小于 2 μm 的细粒沉积物中的一组矿物，是由母岩在特定的气候条件下风化蚀变形成的。黏土矿物组合与分布是研究海洋沉积环境、沉积作用与物质来源不可缺

表20.1　南海中东部表层沉积物矿物组合分区（杨群慧等，2002）

| 矿物 | 陆源矿物组合分区（I） | | | 混合矿物组合区（II） | | | | 自生矿物组合区（III） | | | 中基性火山矿物组合区（IV） | | | |
| --- | --- | --- | --- | --- | --- | --- | --- | --- | --- | --- | --- | --- | --- | --- |
| | 北部陆坡亚区（$I_1$） | 澎湖海槽亚区（$I_2$） | 西沙海槽亚区（$I_3$） | 巴士-巴林塘海脊亚区（$II_1$） | 北坡-笔架海山亚区（$II_2$） | 双峰海山亚区（$II_3$） | 中西沙海架亚区（$II_4$） | 北部铁锰矿物亚区（$III_1$） | 南部铁锰矿物亚区（$III_2$） | 自生矿物亚区（$III_3$） | 石星铁中海山亚区（$IV_1$） | 珍贝-涨岩海山亚区（$IV_2$） | 宪北-黄南海山亚区（$IV_3$） | 珍珠海山亚区（$IV_4$） |
| 长石* | 15.08 | 15.92 | 4.50 | 6.70 | 0.46 | 0.50 | 0.08 | 0.70 | 0.67 | 0.33 | 4.85 | 2.18 | 1.58 | 0.85 |
| 石英* | 15.65 | 23.71 | 7.83 | 7.93 | 0.17 | 0.20 | 0.29 | 2.40 | 0.62 | 3.19 | 0.27 | 11.33 | 6.23 | 1.48 |
| 白云母 | 9.82 | 6.97 | 3.98 | 2.81 | 2.61 | 0.48 | 2.47 | 1.20 | 0.19 | 4.77 | 0.00 | 0.28 | 0.10 | 0.16 |
| 黑云母 | 6.28 | 9.18 | 3.39 | 4.70 | 2.36 | 3.90 | 2.69 | 1.44 | 1.75 | 2.51 | 2.56 | 2.80 | 1.17 | 0.93 |
| 绿帘石 | 14.38 | 5.67 | 4.33 | 1.77 | 2.25 | 0.18 | 2.18 | 0.71 | 2.08 | 0.94 | 0.26 | 0.66 | 0.4 | 0.91 |
| 锆石,石榴石,榍石 | 2.46 | 0.80 | 0.18 | 0.15 | 0.61 | 0.13 | 0.89 | 0.60 | 0.44 | 0.66 | 0.20 | 0.13 | 0.07 | 0.26 |
| 阳起石,透闪石透,辉石 | 4.13 | 1.98 | 4.19 | 1.81 | 2.22 | 0.52 | 0.53 | 0.57 | 0.46 | 1.50 | 0.28 | 0.43 | 0.73 | 0.50 |
| 铁锰微结核 | 1.89 | 14.47 | 1.72 | 0.11 | 0.95 | 2.02 | 3.69 | 61.69 | 57.97 | 1.10 | 4.09 | 2.08 | 4.40 | 5.45 |
| 自生黄铁矿 | 1.68 | 3.21 | 12.45 | 0.15 | 1.61 | 0.00 | 2.27 | 0.00 | 0.03 | 49.50 | 0.00 | 0.00 | 0.00 | 0.21 |
| 普通角闪石 | 15.03 | 19.54 | 14.66 | 30.75 | 16.70 | 19.55 | 10.12 | 9.82 | 12.24 | 12.52 | 29.65 | 51.74 | 26.8 | 21.05 |
| 玄武角闪石 | 0.32 | 0.45 | 0.10 | 1.07 | 1.33 | 3.30 | 0.17 | 0.72 | 0.69 | 0.13 | 3.76 | 2.52 | 2.47 | 0.66 |
| 无色玻璃* | 0.06 | 0.71 | 0.00 | 0.63 | 0.14 | 0.52 | 0.09 | 0.80 | 1.24 | 0.19 | 13.16 | 19.64 | 9.88 | 2.03 |
| 褐色玻璃* | 0.12 | 5.08 | 0.08 | 1.93 | 0.34 | 0.25 | 0.13 | 2.06 | 5.24 | 0.19 | 27.58 | 16.44 | 18.52 | 30.78 |
| 普通辉石紫苏辉石 | 3.97 | 16.25 | 4.57 | 24.95 | 20.46 | 4.53 | 4.79 | 5.09 | 3.17 | 7.92 | 26.96 | 4.43 | 9.04 | 19.98 |
| 磁铁矿 | 4.80 | 9.20 | 7.98 | 13.81 | 21.26 | 6.80 | 15.61 | 10.16 | 4.05 | 11.25 | 19.3 | 19.16 | 39.18 | 33.09 |
| 钛铁矿 | 7.83 | 3.46 | 5.17 | 3.15 | 1.50 | 0.50 | 4.77 | 1.45 | 0.89 | 2.06 | 0.15 | 3.26 | 2.17 | 2.41 |
| 岩屑 | 10.19 | 4.72 | 6.74 | 7.43 | 5.47 | 1.33 | 1.46 | 2.87 | 1.37 | 3.07 | 0.97 | 9.56 | 11.13 | 9.17 |
| 地貌部位 | 陆坡,深海水道 | | | 陆坡,海山 | | | | 深海平原 | | | 深海平原,海山 | | | |

注:加＊号矿物为轻矿物,其含量为占轻矿物中的颗粒百分含量;其余均为重矿物,其含量为占重矿物中的颗粒百分含量。

少的资料。目前，黏土矿物分析以 X 射线衍射为主。

海洋沉积物的黏土矿物主要是形成于陆地硅铝酸盐岩的化学风化作用，伊利石和绿泥石被认为是初始矿物，形成于弱的水解作用和岩石的直接侵蚀；高岭石代表了强烈的水解作用，是温暖和潮湿气候条件下化学风化作用的结果（Chamley，1989）；蒙皂石也多形成于温暖和潮湿的气候环境，与火山岩的化学风化作用密切有关（刘志飞，2010）。

### 20.2.2.1　黏土矿物含量与分布

X 射线衍射分析结果表明，南海表层沉积物中黏土矿物主要由伊利石、绿泥石、蒙皂石和高岭石组成，其中伊利石是最主要的黏土矿物，含量 37%～82%，平均 58%；其次为绿泥石，含量 9%～29%，平均 16%；蒙皂石居第三，含量 0～40%，平均 14%；高岭石含量最低，含量 0～24%，平均 12% 左右（李家彪等，2007）。

伊利石：是南海最主要黏土矿物，在南海由北向南、西南和东南三个方向呈明显减少趋势，其最高含量（>70%）区主要位于华南大陆外海，从台湾海峡南端和珠江口外向南、西南和东南大体呈扇形展布；低含量（<50%）区主要位于西南端和中南半岛东南海域，此外在吕宋岛和巴拉望岛以西海域，有分布范围不大的低含量区（图 20.8）。

绿泥石：绿泥石最高含量（>20%）区主要分布于台湾岛以南和吕宋岛西北海域。较高含量（>15%）区主要沿南海周边陆地和东部岛屿分布，并且由周边向深水盆呈逐渐减少趋势，形成了以深水盆为中心的绿泥石低含量（<12.5%）区（图 20.9）。加里曼丹岛以北和巴拉望岛以西海域与东部岛屿以西海域不同，在这里绿泥石含量均（12.5%），属绿泥石低含量区，该区与深水盆连通，形成了绿泥石低含量区。

蒙皂石：含量变化较大、平均含量低，局部海域其含量达 30%～40%，最高含量主要见于吕宋岛以西海域（最高 40%）和西部 112°E 以西，15°N 以南海域（最高 33%）（图 20.10）。蒙皂石在东、西两个海域分别形成了一个沿 NNE 向展布和一个沿 SN 向展布的条带状高含量（>20%）区，连接这两个高含量区的是一呈 NE—SW 向伸展的蒙皂石次高含量（15%～20%）带，将南海分为南、北两个蒙皂石低含量（<15%）区，其中大部分海域小于 10%，特别是华南大陆外海，大都小于 5%。

高岭石：含量低，但分布规律性好（图 20.11），高含量（>15%）区主要出现在西南部中南半岛以南海域和北部湾海域及海南岛周围海域。从西南向北东以及从海南岛向东，该矿物呈逐渐减少趋势，台湾岛东南海域含量达到最低（<7%），从而在台湾岛东南、吕宋岛以西的东北部广大海域形成了高岭石低含量（<10%）区。

总体上讲，南海东部和北部海域，伊利石含量很高，平均大于 60%，蒙皂石和高岭石含量很低，平均含量只有 12% 和 9%。而西部和南部，蒙皂石和高岭石明显增多，其中蒙皂石平均 17%～19%，高岭石平均 16%，伊利石明显减少，平均降到 50% 左右。中部海域，主要特点是伊利石含量最高，平均 68%，蒙皂石、高岭石以及绿泥石普遍减少。

### 20.2.2.2　黏土矿物来源与组合分区

南海黏土矿物组合主要受控于物源区供给和洋流搬运作用，黏土矿物本身不具同时期气候条件特征。以南海北部为例，珠江、台湾和吕宋岛这 3 个主要物源区无论是冰期还是间冰期都提供相同的黏土矿物组合，珠江主要提供高岭石（并含伊利石和绿泥石），台湾主要提供伊利石和绿泥石，而吕宋岛则主要提供蒙皂石。这些黏土矿物在输入到南海后分别受到不

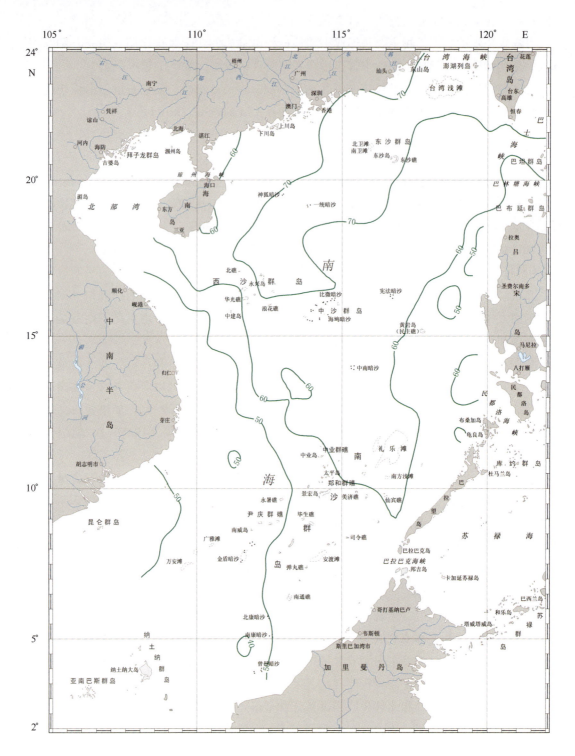

图 20.8　南海沉积物伊利石百分含量（%）等值线图

同洋流的搬运，台湾提供的伊利石和绿泥石组合大部分由深水洋流向西南深水区搬运，部分由广东沿岸流在北部陆架和上陆坡向西搬运；吕宋岛提供的蒙皂石由黑潮侵入后形成的黑潮南海分支表层洋流向西搬运；而珠江提供的高岭石在进入南海后，即受到广东沿岸流和华南近岸流严重影响而向西搬运（刘志飞，2010）。越南岸外的陆坡区的黏土矿物与陆架区有明显的继承性，可能主要来自中南半岛，北部红河物源对本区的影响相对较小。南部陆架－陆坡区主要为湄公河和加里曼丹岛物源，两者特征不同，但也有明显的混合。从总体分布来看，

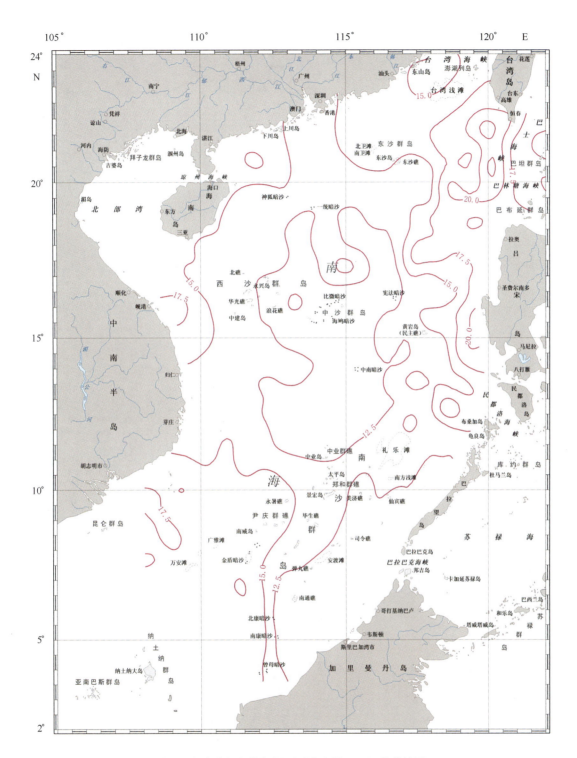

图20.9　南海沉积物绿泥石百分含量（%）等值线图

来自台湾海峡的细粒沉积物对西沙海槽及其东南的深海盆影响最大，这主要是由于冬季盛行的东北季风在表层产生的逆时针环流所致（李学杰等，2008 a，b）。葛倩等（2010）将南海表层黏土矿物资料大致分为东南西北4个部分，并确定各自的物源区。台湾和吕宋岛是南海东部表层黏土矿物的主要来源；湄公河、婆罗洲、巽他陆架和印度尼西亚岛弧是南海南部的主要物源区；南海西部表层黏土矿物主要来自红河、湄公河、珠江、台湾、巽他陆架、印度尼西亚岛弧以及婆罗洲；珠江、台湾、长江和吕宋岛则是南海北部的主要来源。

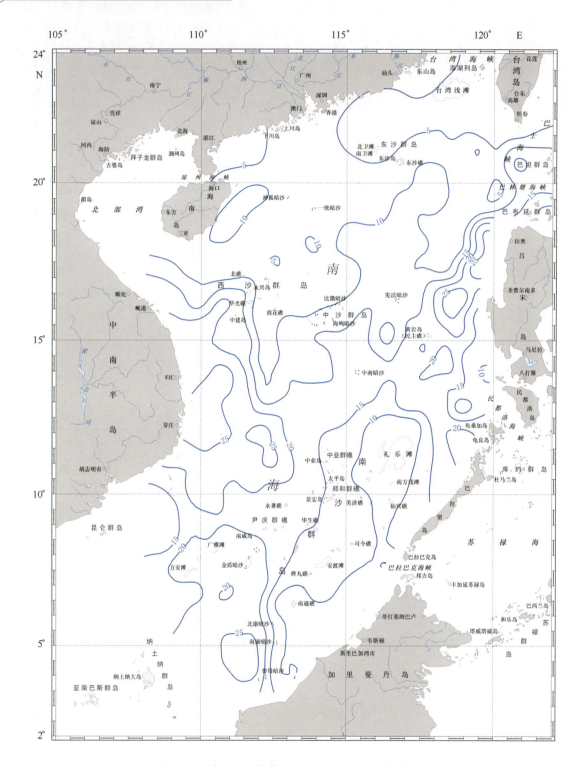

图 20.10　南海沉积物蒙皂石百分含量（%）等值线图

　　南海表层沉积物中黏土矿物具有一定的变化规律：由北部、东北部向西部、南部和东南部，伊利石含量呈减少趋势，而蒙皂石则呈增加趋势；由西南部向东北部、西北部向东部，高岭石明显呈逐渐减少趋势；绿泥石则由南海周边（除加里曼丹岛和巴拉望岛一侧以外）向中央深水盆呈逐渐减少趋势。黏土矿物分布的规律主要与其物质来源和成因有关。根据黏土矿物组合及其分布特征，可将南海表层沉积物黏土矿物分为以下 3 个黏土矿物沉积区：伊利石区、蒙皂石－高岭石－绿泥石区和蒙皂石－绿泥石区（图 20.12）。伊利石区：占据南海大

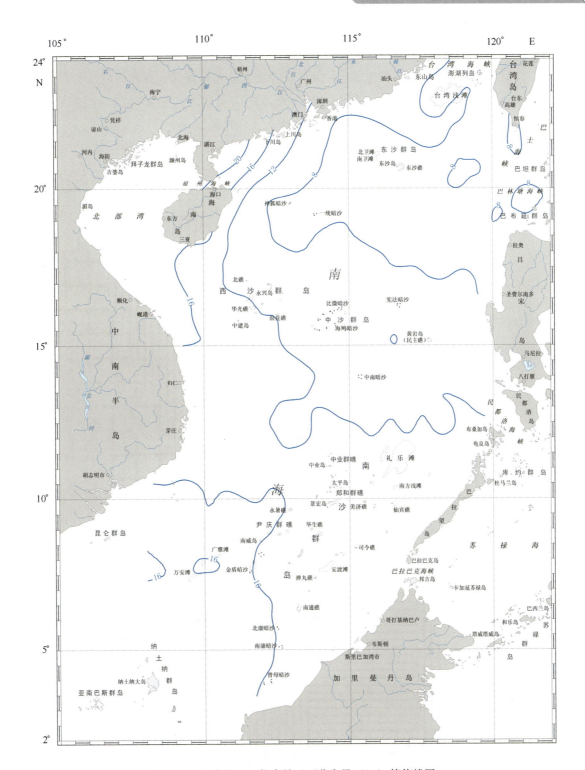

图 20.11　南海沉积物高岭石百分含量（%）等值线图

部分海区，黏土矿物组合为伊利石 - 绿泥石 - 蒙皂石 - 高岭石，其中伊利石含量均大于50%，绿泥石均小于15%，蒙皂石和高岭石大都小于10%，局部海区蒙皂石或高龄时含量达到15%左右。

蒙皂石 - 高岭石 - 绿泥石区：主要分布于西南部海区，黏土矿物组合为伊利石 - 蒙皂石 - 高岭石 - 绿泥石。本区主要特点是蒙皂石和高岭石普遍增高，伊利石大幅减少。蒙皂石含量普遍大于20%，最高大于30%；高岭石含量普遍大于15%，最高大于20%；伊利石含量均小于50%，且大多数是小于45%；绿泥石含量大都大于14%。

蒙皂石–绿泥石区：主要分布于台湾岛以南、吕宋岛以西海区，呈NNE向展布。本区主要特点是蒙皂石和绿泥石含量普遍增高，伊利石含量也是大幅降低，高岭石则处于南海最低含量。蒙皂石含量普遍大于20%，最高40%；绿泥石含量普遍大于15%，最高大于25%；伊利石含量大都小于55%；高岭石含量均小于10%（李家彪等，2007）

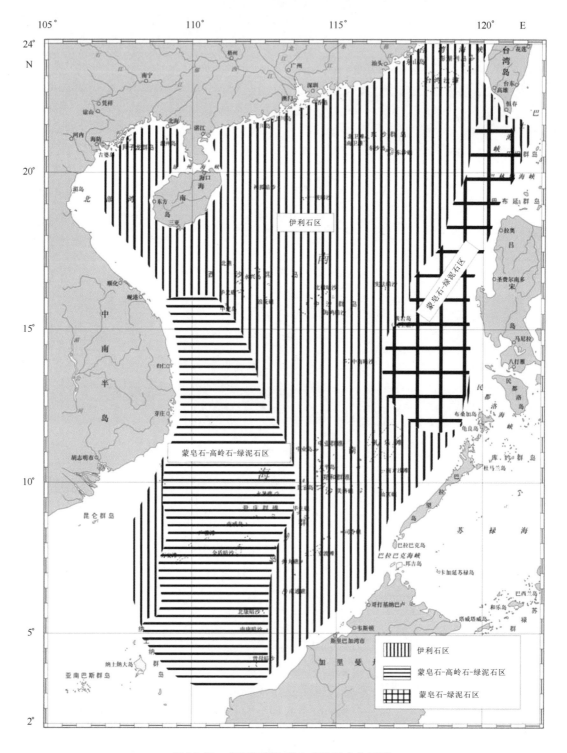

图20.12 南海沉积物黏土矿物组合分区图

## 20.3  沉积物地球化学特征

南海 $SiO_2$ 含量在东部、河口区、陆架区、深海区普遍较高，在西部、南部、陆坡区、岛礁区普遍较低（图 20.13）。$SiO_2$ 主要源自陆源碎屑，而深海区的较高含量说明生物成因的硅

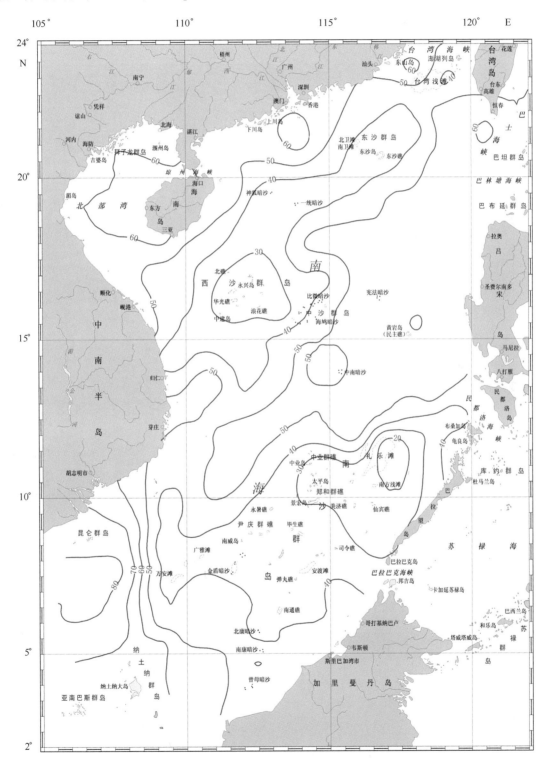

图 20.13  南海沉积物 $SiO_2$ 百分含量（%）等值线图

占有重要地位。南海海水中丰富的硅藻和放射虫等浮游生物能摄取海水中的溶解硅，形成各类生物硅质壳并加入到沉积物的组分中。深海平原还有部分 $SiO_2$ 是来自中酸性火山喷发的火山灰。陆坡 $SiO_2$ 相对较低的含量可能与生源碳酸盐碎屑的稀释作用有一定关系。

Al 是在细粒沉积物中富集的典型元素，南海表层沉积物中 $Al_2O_3$ 表现为东部高，西部和南部低，深海区高，陆坡区中等，陆架区低（图 20.14）。$Al_2O_3$ 与 $SiO_2$ 含量有较强相关性。$Al_2O_3$ 分布几乎完全受进入海洋的陆源或火山源的铝硅酸盐控制。韦刚健等（2003）分析了

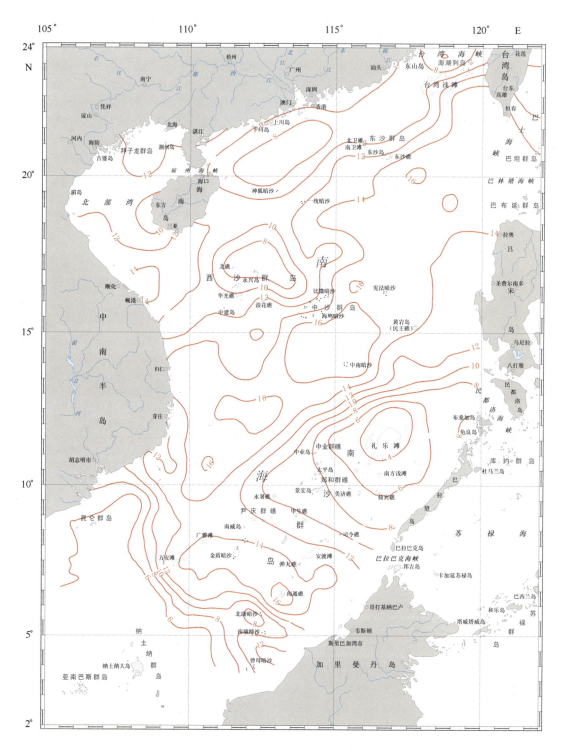

图 20.14　南海沉积物 $Al_2O_3$ 百分含量（%）等值线图

南海2个陆坡区沉积柱状样以后发现，深海沉积物中有相当一部分Al不赋存于陆源碎屑组分，其最高比例可达沉积物全部Al含量的70%。这种自生富集的Al通常称为过剩Al，往往与生物硅的捕获有关（Murray，1996）。

MgO、$K_2O$、$Na_2O$的分布与$Al_2O_3$的分布类似，也是东部高，西部和南部低，深海区高，

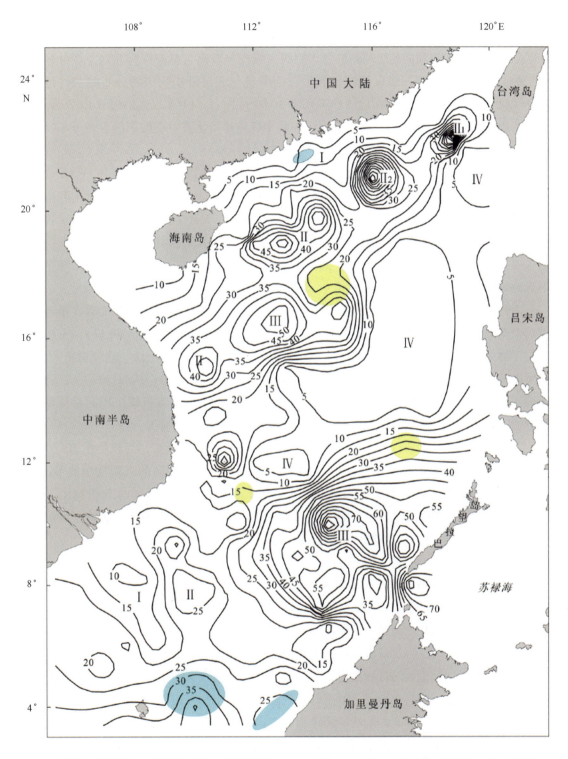

蓝色区域为残留沉积区；黄色区域为深水区高碳酸钙含量分布区；Ⅰ. 河流入海口的浅水陆架区；Ⅱ. 陆坡区；Ⅱ₁. 陆坡上升流区；Ⅱ₂. 陆坡甲烷渗漏区；Ⅲ. 珊瑚礁区；Ⅳ. 深海盆区

图20.15 南海沉积物 $CaCO_3$ 百分含量（%）分布（张兰兰等，2010）

陆架区低。

南海 213 个表层沉积物样品中 $CaCO_3$ 的含量平均值为 23.25%；最低为 1.49%，其中低于 2% 的有 8 个站位，均位于水深大于 3 500 m 的深海区；最高的达到 99.43%，高于 80% 的有 4 个站位，均位于水深小于 1 000 m 的大陆架或大陆坡区（图 20.15）。综合分析结果表明不同的区域海洋环境，控制表层沉积物中碳酸钙含量变化的因素也不尽相同：大陆架区，碳酸钙含量主要受陆源非碳酸盐物质的稀释作用而较低；大陆坡区，碳酸钙因丰富的物源量、低的陆源物质输入量和弱的碳酸钙溶解作用等因素而呈较高含量；深海盆区，碳酸钙含量因强烈的溶解作用而较低。根据碳酸钙含量在南海整个表层沉积物中的分布趋势，推测南海14°N 以北的海域碳酸钙补偿深度（CCD）为 3 700 m 左右，14°N 以南的海域 CCD 为 4 000 m 左右。Pearson 相关分析表明，南海表层沉积物中钙质超微化石对碳酸钙的含量分布具有较高的贡献率（张兰兰等，2010）。

$MnO$ 和 $Fe_2O_3$ 含量总体分布趋势基本一致，陆架和陆坡沉积物中 $MnO$ 和 $Fe_2O_3$ 含量明显受沉积物粒度控制。$MnO$ 高值区分布在东沙群岛以东的下陆坡区，中沙群岛以东和南沙群岛周围，$MnO$ 在下陆坡至深海盆的硅质泥和黏土中最丰富，$MnO$ 高值区对应沉积物矿物中自生成因的铁锰结核富集区；$MnO$ 中值区分布在近岸内陆架区及中沙群岛以南的部分深海盆，含量主要受黏土和有机质所制约；$MnO$ 低值区主要位于内陆架、东沙群岛以及礼乐滩生物岛礁附近海域，与大量生物碳酸盐沉积有关（图 20.16）。

南海有机碳含量分布具有明显的环陆分带性，从内陆架至外陆架，有机碳含量递减，从外陆架至陆坡，含量递增，由下陆坡至深海盆，有机碳含量又减少（图 20.17）。有机碳高值区位于加里曼丹热带岛屿附近海域，由于该区高温多雨、生态系统活跃、陆源物质大量入海，同时南海水团和苏禄海水团在此交汇，沉积速率是附近海域的 2 倍，从而形成有机碳高含量。陆坡区是有机碳含量中值区，沉积速率较快，相较深海盆而言，有机碳沉积后易保存。陆架外源的有机碳含量低值区与沉积物粒度较粗，对有机碳吸附较低有关。

对南海东部海域的研究表明，总体上南海自陆架、陆坡到深海，沉积物中 Ba、Cu 等微量元素含量随着黏土含量的不断增加而增加，然而南海海底扩张区的沉积物中的 Ba、Cu 含量与陆源为主的黏土含量无明显相关（$r = 0.05$）。南海海底扩张区的沉积物中 Fe、Mn、Zn、Ni 等元素的通量普遍高于大西洋海岭和东太平洋海隆沉积物。南海海底扩张区沉积物中的金属主要来自因海底扩张和断裂活动而产生的海底火山喷发和海水与玄武岩的相互作用（张富元等，2005）。

对南海表层沉积物（53 个站位样品）中稀土元素、微量元素的研究发现，$\sum REE$（总稀土）与 Nb、Th、Ta、Rb、Ti、Zr、Hf、Cs、Ga、Li 等在空间分布上相似，呈显著正相关，反映出这些元素在风化、搬运和沉积过程中地球化学行为非常相似。$\sum REE$ 与 Nb、Th、Ta、Rb、Ti、Zr、Hf、Cs、Ga、Li 在陆架区具有沿陆分带特点，在北部陆架区、中南半岛中东部和加里曼丹岛西北部沿大陆区域富集，与陆源河流物质输入和海流分选造成的某些富含稀土和微量元素的重砂矿的富集有关；西南部巽他陆架和东南部岛礁区以及中、西沙附近区域含量很低，与该区域的生源碳酸盐的稀释作用有关。南海各海区沉积物和全海区表层沉积物平均值的球粒陨石标准化稀土元素分布模式，总体上与中国大陆沉积物和浅海沉积物相似。陆架区轻稀土比重稀土明显富集，存在比较明显的 Eu 负异常，而陆坡区和海盆区则轻稀土含量相对降低，重稀土含量有所上升，LREE/HREE 从陆架区、陆坡区到海盆区逐渐降低，显示陆架区主要为陆源，而陆坡和海盆沉积物中则有幔源物质加入。南海表层沉积物稀土元素和

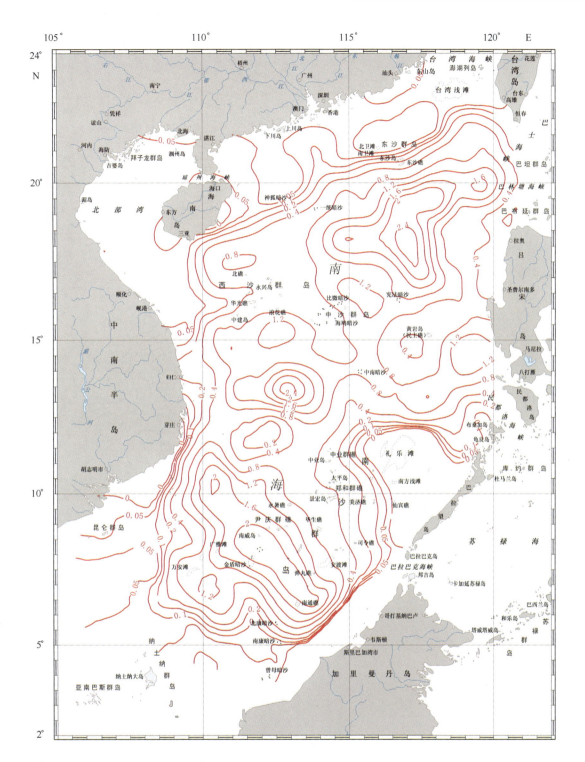

图 20.16 南海沉积物 MnO 百分含量（%）等值线图

微量元素总体上呈现出以陆源沉积为主的特征，其元素平均丰度和各参数值都比较接近陆源河流和中国浅海沉积物，而与太平洋深海黏土和大洋玄武岩差别显著，显示南海沉积物虽然受到火山沉积和生物沉积的混合作用的影响，但其物源仍然主要来自于周缘大陆（朱赖民等，2007）。刘建国等（2010）研究了南海表层沉积物（165 个站位样品）中细粒组分的稀土元素地球化学特征，也认为南海沉积物主要来自于周边大陆。稀土元素趋势分析表明，珠江口往外至海南岛南部海域中沉积物朝东南方向向陆坡输送；台西南至珠江口往外海域沉积物大多向南输

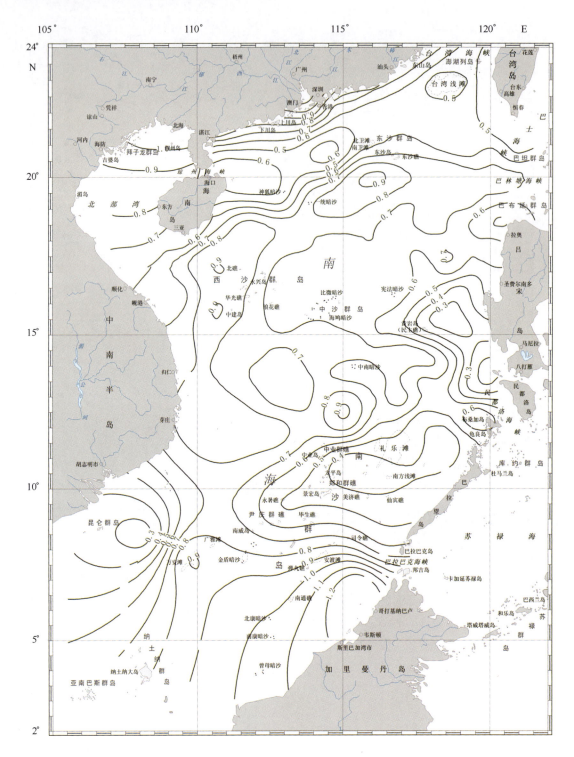

图 20.17　南海沉积物有机碳百分含量（%）等值线图

运；吕宋岛西部海域包括黄岩岛附近海域的火山物质主要向西北方向输送，向西可达 113°E、向北可至 20°N 附近；南海南部沉积物整体上向南沙海槽西北部附近海域输送。

朱赖民等（2010）研究了南海表层沉积物中铂族元素（PGE：Ru、Rh、Pd、Ir、Pt、Au）的丰度及其分布特征，发现整体上随平均粒径的增大，铂族元素含量出现逐渐减少的趋势，表现出一定的粒度控制规律。指出南海铂族元素组成与我国东部上地壳的明显不同，南海表层沉积物与大洋深海沉积物有着相似的铂族元素组成，表现出海洋沉积物普遍富集铂族元素的固有特征。尽管铂族元素在大陆架区有所富集，但明显富集区主要分布在吕宋岛以西至中央海盆区域，指示海底火山喷发作用释放的铂族元素对南海中西部深海盆区沉积物中的铂族元素可能有重要贡献。

海洋沉积物锶同位素组成主要受控于由两大地质作用产生的锶源，即由陆壳风化作用产生的陆源锶和由海底热液和火山活动产生的火山（幔）源锶。陆源锶具有较高的$^{87}Sr/^{86}Sr$值；火山（幔）源锶具有较低的$^{87}Sr/^{86}Sr$的值，它由海底热液和火山活动直接进入海洋。南海沉积物的非碳酸盐相锶同位素组成具有明显的区域性特征（张富元等，2005），西部（114°以东）广大地区除个别站位外，$^{87}Sr/^{86}Sr$的值均大于或接近于地壳平均比值（0.719）；东部$^{87}Sr/^{86}Sr$的值均小于或接近于0.710；海山发育地区$^{87}Sr/^{86}Sr$的值具有火山（幔）源型特征。这种分布规律说明亚洲大陆陆源物质对南海沉积物的贡献由西向东逐渐减小，在海山发育地区火山喷发活动带来的幔源型物质使区域内沉积物具有低的$^{87}Sr/^{86}Sr$值。另外，南海南部表层沉积物中$^{87}Sr/^{86}Sr$的值为0.709 100～0.726 000，平均为0.716 375，南海南部沉积物锶同位素比值的最小值和平均值均比南海东部的大，这说明前者沉积物比后者含有较多的陆源成分。

## 20.4　沉积物微体古生物特征

南海是我国最大的边缘海，是我国乃至国际研究现代海洋学、海洋生物学、海洋地质学、古海洋学以及大陆边缘地质构造演化历史最具特色的实验场所，同时也是我国海洋油气资源宝库。近年来已经在南海采得甲烷水合物样品，且据估计其资源量十分可观。在上述各学科研究以及油气（以及甲烷水合物）资源勘探中，海洋微体古生物学占据着举足轻重的位置（陈木宏等，1996；苏新等，2010）。

南海中钙质海洋微体浮游生物主要由有孔虫、颗石藻以及少量介形虫类。硅质海洋微体生物主要包括硅藻和放射虫。目前，对于上述微体生物化石的研究较为成熟，且广泛的运用于生物地层学、古海洋环境演化、现代海洋生物通量等研究领域。翼足类、海绵骨针、硅鞭藻等海洋微体化石在南海也有一定的分布，但由于在沉积物中的含量少，下文中不作介绍。

### 20.4.1　有孔虫

有孔虫是一类有壳的海洋原生动物，分底栖有孔虫和浮游有孔虫两大类，其中除底栖有孔虫中的胶结质壳类的外壳是由碎屑颗粒（包括砂粒、火山灰、其他生物碎屑等）胶结而成，以及一小部分为文石质壳外，其他所有有孔虫壳均由方解石构成（Kennett，1982）。

#### 20.4.1.1　浮游有孔虫

现代海洋中浮游有孔虫有抱球虫科和圆幅虫2个科，其中又可分为若干个亚科，共30余种。同一种浮游有孔虫有可能会有若干种形态型（morphotypes），如 G. ruber，就有 G. ruber sensu stricto 和 G. ruber sensu lato 两种形态型（Wang et al.，2000）。在南海表层沉积物中，常见种有20余种。

浮游有孔虫在南海表层沉积物中的分布取决于浮游有孔虫的输出、陆源沉积物的堆积速率以及有孔虫的埋藏保存状况，而影响上述条件的因素主要包括生态条件和水深。

1）生态因素

南海内陆架滨浅海很大程度上会受陆源淡水的稀释而盐度较低，如珠江、红河、湄公河等大河流域的淡水注入。受此影响，虽然河口滨岸区营养物质丰富，但浮游有孔虫的产出有限，种数也较少，沉积物中可见的一般只有 5～10 种（涂霞等，1989）。而在外陆架至深海盆地的海域，浮游有孔虫种数明显增多，保存在溶跃面以上沉积物中的种数可达 15～20 种（涂霞等，1989），但是，无论是在水体中还是表层沉积物中，各属种的相对丰度会因海水环境的不同而有所消长。例如，在南海东北部，海水可以通过巴士海峡与西北太平洋海水进行交换，该海域有孔虫属种组成很大程度上受此控制。比如黑潮标志种 *P. obliquiloculata* 在南海东北部（20°N 以北）具有高值区（>10%）（Pflaumann，1999）。现代拖网记录也表明，台湾西南、巴士海峡海域，*P. obliquiloculata* 的丰度较南海其他海区要高，且冬季丰度要高于夏季（Lin，2007）。这说明黑潮南海分支沿巴士海峡的入侵影响了南海东北部海域的浮游有孔虫属种组成，而这种影响是受季风驱动下南海环流的控制。随着现代过程观测的不断深入，有孔虫生态以及其在南海海水表层的分布在逐渐趋于明了。

2）水深

水深决定了陆源物质的稀释作用和碳酸钙的溶解作用的强弱，从而控制着表层沉积物中浮游有孔虫的分布。

（1）稀释作用

南海浮游有孔虫含量在内陆架滨海至浅海相中含量较少（一般 <5%），在中、外陆架浅海相中增多，而在外陆架半深海至深海相中最多（70%～90%），以半深海至深海相中最为富集。这种随水深增大，有孔虫含量逐渐增加的现象即是陆源碎屑沉积物影响随水深增大不断减弱的表现。

（2）溶解作用

在南海下陆坡至海盆的深海中，表层沉积物中浮游有孔虫含量迅速减少，反映南海溶跃面（~2 900 m）以下，浮游有孔虫壳体遭受迅速溶解。南海 3 500 m 以深，沉积物中碳酸盐含量低至 0～5%，是碳酸钙溶解作用的另外一个重要界面，即碳酸盐补偿深度（CCD），也有人认为是碳酸盐临界补偿深度（钱建兴，1999；陈荣华等，2003；郭建卿等，2006；徐建等，2011）。

就有孔虫简单分异度（种数）而言自外陆架浅海相至溶跃面以上，浮游有孔虫种数最多，有 15～20 种（涂霞等，1989），在 2 200～3 500 m 的海域，种数平均为 11 种，而在水深大于 3 500 m 的深海海盆沉积物中，种数平均只有 8 种。陈荣华等（2003）通过浮游有孔虫 Q 型因子分析揭示水深是控制浮游有孔虫属种分布的重要因子，因子 3 主要得分属种为抗溶的 *G. menardii* 和 *G. tumida* 等种类，而该因子的高值主要分布在水深大于 3 500 m 的区域。这种随深度加深分异度减小的趋势表明水深控制下的碳酸盐溶解作用使得易溶种自浅水区至深水区显著减少。郭建卿等（2006）的对不同深度表层沉积物中浮游有孔虫优势种的统计结果十分清楚的支持了上述结论（表 20.2）。

表 20.2 南海北部（12°N 以北）表层沉积物中浮游有孔虫优势种、种数及碳酸钙的含量（郭建卿，2006）

| 海区 | 水深/m | 浮游有孔虫优势组合 | 浮游有孔虫平均个数 | |
| --- | --- | --- | --- | --- |
| | | | 含浊积站位 | 剔除浊积站位 |
| 陆架外缘—上陆坡区 | < 2 200 | *Globigerinoides ruber*<br>*Globigerinoides sacculifer*<br>*Globigerina conglobatus*<br>*Globigerina bulloides*<br>*Globigerinita glutinata* | 1921 | 1921 |

| 海区 | 水深/m | 浮游有孔虫优势组合 | 浮游有孔虫平均个数 | |
| --- | --- | --- | --- | --- |
| | | | 含浊积站位 | 剔除浊积站位 |
| 下陆坡区 | 2 200 ~ 3 500 | Globigerinoides sacculifer<br>Globigerinoides ruber<br>Neogloboquadrina dutertrei<br>Globigerinella aequilateralis<br>Globigerinita glutinata | 291 | 291 |
| 深海盆地区 | > 3 500 | Globorotalia menardii<br>Globigerinella aequilateralis<br>Pulleniatina obliquiloculata | 83 | 8 |

| 海区 | 有孔虫平均种数 | | 碳酸钙平均含量/% | | 硅质生物相对丰度/% |
| --- | --- | --- | --- | --- | --- |
| | 含浊积 | 剔除浊积 | 含浊积 | 剔除浊积 | |
| 陆架外缘－上陆坡区 | 13 | 13 | 25.9 | 25.9 | 40.7 |
| 下陆坡区 | 11 | 11 | 11.2 | 11.2 | 44.2 |
| 深海盆地区 | 8 | 7 | 4.5 | 2.6 | 81.7 |

此外，由于陆坡区会由于地震、海平面变化、沉积物自身支撑失衡等因素而发生滑坡，陆坡沉积物可能会以浊流的形式在下陆坡以及海底平原区快速堆积，使得某些区域具有高的碳酸钙含量异常，沉积物中有孔虫丰度以及分异度均表现出与正常深海海盆沉积物迥异的面貌。对南海北部不同深度表层沉积物中碳酸钙含量及有孔虫丰度的研究表明，水深大于3 500 m的海床，含浊积站位平均种数为8，平均有孔虫丰度为83个/g，碳酸钙含量平均为4.5%，剔除浊积站位后，平均有孔虫种数为7，平均有孔虫丰度仅为8个/g，平均碳酸钙含量也降至仅有2.6%（陈荣华等，2003）（表20.2）。

### 20.4.1.2 底栖有孔虫

南海底栖有孔虫属种繁多，至少有300多种（Wang et al.，1985；Saidova，2007）。底栖有孔虫可以分为胶结壳、瓷质壳和玻璃质壳，而玻璃质壳类又可以分为瓶虫类、列式壳、平旋壳和螺旋壳。胶结质壳在水深2 600 m以上，一般不足10%，而水深2 600 m以下则逐渐增多，在水深3 500 m以下占绝对优势；瓷质壳主要分布在水深200 m以内的陆架区，在陆坡至海盆沉积物中含量甚低，一般不足5%，水深2 600 m以下更为稀少；玻璃质壳在水深小于3 500 m的陆坡区占绝对优势，其中平旋类和螺旋类随深度变化不明显，瓶虫类和列式壳自陆架至上陆坡逐渐增加，上陆坡以下随水深加大明显减少。

南海表层沉积物中底栖有孔虫丰度以陆架区居首，自陆坡至深海盆区，其丰度随水深增加而减少，底栖有孔虫种数与其丰度的分布趋势相同。在南海北部，底栖有孔虫丰度从上陆坡的大于100枚/g到深海盆区的不足20枚/g，尤其以3 500 m以下变化更为明显；种的分异度有相同的趋势，从上陆坡的60~70种过渡到海盆区的几个种；符合分异度H（S）随深度有所下降，但趋势不明显，总体变化在3.36左右，而在2 600 m以深，H（S）降低明显。在南海南部，分异度整体高于南海北部，平均复合分异度H（S）为4.2左右，而丰度和分异度随深度的变化趋势与北部相同。

**表20.3 南海表层沉积物中底栖有孔虫组合**

| 南海北部 | | 南海南部 | |
|---|---|---|---|
| 深度（m） | 底栖有孔虫组合 | 底栖有孔虫组合 | 深度/生物相 |
| 河口 | *Ammonia beccarii* (L.) var. *A. convexidorsa* S. Zheng<br>*Elphidium nakanokawaense* Shirai<br>*Cribrononion vitreum* P. Wang | | 陆 架 |
| 陆架 <50 | *Hanzawaia nipponica* Asano<br>*Brizalina striatula* (Cushman)<br>*Cavarotalia annectens* (Parker et Jones) | *Asterorotalia pulchella*<br>*Pararotalia sp.* 1<br>*Hoeglundina elegans*<br>*Sphaeroidina bulloides*<br>*Ammonia beccarii* | 200~300 上深海 |
| 陆架 50~80 | *Bigenerina taiwanica* Nakamura<br>*Heterolepa dutemplei* (d'Orbigny)<br>*Textularia conica* d'Orbigny<br>*Ammonica compressiuscula* (Brady)<br>*Pseudorotalia indopacifica* (Thalmann)<br>*Cellanthus spp.* | *Uvigerina ex gr. auberiana*<br>*Bolivina robusta*<br>*Nuttallides rugosus*<br>*Paratrochammina challengeri*<br>*Lagenammina difflugiformis*<br>*Ehrenbergina undulata*<br>*Eggerella bradyi* | 300~1 000 中深海 |
| 陆架 80~150（200） | *Siphouvigerina proboscidea* Scheager<br>*Textularia pseudocarinata* Cushman<br>*Spiroplectammina fistulosa* Brady<br>*Cibicides margaritiferus* (Brady)<br>*Hoeglundina elegans* (d'Orbigny) | *Lagenammina difflugiformis*<br>*Uvigerina ex gr. auberiana*<br>*Uvigerina peregrina*<br>*Saccammina sphaerica*<br>*Parrelloides bradyi*<br>*Paratrochammina challengeri* | 1 000~1 300 下深海上部 |
| 陆坡 200~480 | Uvigerina peregrina Cushman<br>Karreiella bradyi (Cushman)<br>Cibicides tenuimargo (Brady) | *Lagenammina difflugiformis*<br>*Saccammina sphaerica*<br>*Paratrochammina challengeri*<br>*Parrelloides bradyi*<br>*Astrononion novozealandicum* | 1 300~2 000 下深海 |
| 陆坡 480~1200 | Glogocassidulina subglobosa<br>Chilostomella oolina<br>Uvigerina proboscidea<br>Cibicidoides bradyi<br>Pullenia bulloides | | |
| 陆坡 1200~2600 | Astrononion novozealandicum<br>Oridorsalis tener<br>Sphaeroidina bulllides<br>Cassidulina carinata<br>Cibicidoides wuellerstorfi | — | 2 000~2 600 |
| 陆坡 南海东北及西部 2600~3500 | Bulinina aculeala<br>Eggerella bradyi<br>Astrononion novozealandicum<br>Epistominella exigna<br>Cibicidoides bradyi | *Eggerella bradyi*<br>*Cibicidoides bradyi*<br>*Gyroidinoides profundus*<br>*Origorsalis tener*<br>*Astrononion novozealandicum* | 中沙群岛及南海东南部 2 600~3 500 |
| 海盆 >3 500 m | *Eggerella bradyi* | | >3 500 |

资料来源：据翦知湣和郑连福，2000 及 Szarek et al.，2009 总结。

水深、底层水团特征、沉积物有机物含量以及溶解作用等沉积环境，决定了底栖有孔虫的分布格局，不同的沉积环境具有不同的优势组合。Wang（1985）等在南海中北部陆架划分了5个有孔虫组合分带，分别为：Ⅰ. Ammonia beccarii—A. convexidorsa 组合，Ⅱ. Hanzawaia nipponica 组合（包括Ⅱa. Elphidium advenum 亚组合和Ⅱb. Florilus japonicus 亚组合），Ⅲ. Bigenerina taiwanica—Heterolepa dutemplei 组合，Ⅳ. Siphouvigerina proboscidea—Textularia pseudocarinata 组合（包括Ⅳa. Pseudorotalia indopacifica 亚组合和Ⅳb. Uvigerina schwageri 亚组合），Ⅴ. Uvigerina peregrina 组合。Saidova（2007）搜集了南海北部（12°N 以北）众多表层样品资料，总结出了不同深度的底栖有孔虫优势种及其组合，结果见表20.3，其中在北部陆

坡区最具典型，有孔虫组合随水深由浅及深的分布如图 20.18。蓟知滑等（1992）认为，1 200 m，2 600 m 和 3 500 m 是 3 个对深水底栖有孔虫分布最重要的分布界线，不同的分带内具有不同的底栖有孔虫组合。Szarek 等（2009）对南海南部越南岸外以及巽他陆架的活的和死的底栖有孔虫进行了详细研究，并在 200~2 000 m 的深度范围内划分出 4 个底栖有孔虫生物相，分别为：Ⅰ. 上深海相（Siphotextularia foliosa—Cibicidoides robertsonianus），Ⅱ. 中深海相（Uvigerina ex gr. auberiana—Nuttallides rugosus），Ⅲ. 下深海顶部相（Lagenammina difflugiformis—Uvigerina peregrina），Ⅳ. 下深海相（Paratrochammina challengeri—Parrelloides bradyi）。

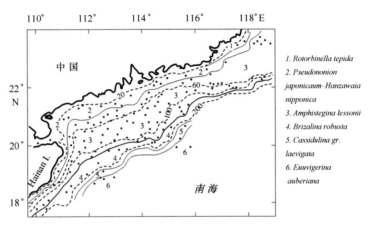

图 20.18　南海北部陆坡底栖有孔虫组合分布（引自 Saidova，2007）

## 20.4.2　介形虫

介形虫属甲壳纲，可以生活在淡水、微咸水和正常海水中，大部分为营底栖生活。底栖介形虫的壳由含有多于 5% 的 $MgCO_3$ 的富几丁质的方解石组成，浮游介形虫的壳为有机质，因此浮游介形虫的壳很难保存下来。

据研究，南海表层沉积物中介形虫有 300 余种，各种类的分布及含量与水深关系密切。介形虫丰度在陆架区（不包括近岸、河口区域）丰度一般为 10~30 枚/g；500~1 000 m 的陆坡上部丰度最大，可达 50 枚/g；1 000 m 以下，至下陆坡及海盆区，其丰度明显减少，3 500 m 以下平均不足 1 枚/g（见图 20.19）。介形虫分异度在陆架区随深度增加而增加，而陆坡区及以下，分异度随深度增加而减少：河口及水深小于 20 m 的近岸海区，种数小于 10，而水深 20~40-60 m 的中陆架区，种数上升到 10~30 种，水深大于 40~60 m 的中、外陆架和陆架外缘区，介形虫分异度较高，平均超过 30 种，最高可达 63 种（赵泉鸿等，1986）。水深小于 500 m 的陆坡区，介形虫平均种数约为 27 种。水深 500~1 000 m 区域是介形虫丰度的高值区，平均种数达 40.9 种。1 500 m 以深，分异度下降明显，至 3 500 m 以下，平均不足 1 种（赵泉鸿等，1996）。

Zhao 等（1985）将南海北部陆架区按照介形虫组合分成 3 个带，不同的组合分别对应不同的环境特征：Ⅰ. Bicornucythere bisanensis—Neomonoceratina crispata 组合，主要分布在水深小于 50 m 的近岸地区；Ⅱ. Uroleberis foveolata—Xestoleberis variegata 组合，分布在 50m 以深的中、外陆架区；Ⅲ. Loxoconcha tumulosum—Neonesidea haikangensis 组合，是与珊瑚礁相关的组合。赵泉鸿和郑连福（1996）综合南海深海介形虫丰度、分异度和属种分布，按水团将深海

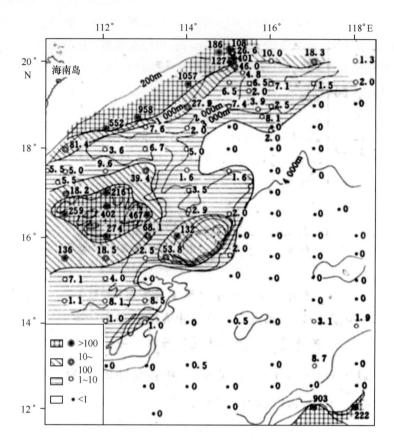

图 20.19　南海北部表层沉积物中介形虫丰度分布（引自赵泉鸿等，1996）

介形虫归纳为个 4 组合：①次表层水组合，分布于 180～300 m 水深的次表层水团，其中 *Neonesidea elegans*、*Cytherelloides sabahensis*、*Acanthocythereis sp.*、*Trachyleberis verrucifera* 和 *Xestoleberis sp. L* 等较丰富；②中层水组合，分布于 300～900 m 的中层水团，组合中优势成分为 *Krithe*，其次为 *Xestoleberis*、*Argilloecia*、*Cytheropteron*、*Cytherella*、*Neonesidea* 和 *Amborcythere*，开始出现少量大洋性深海属种；③深层水组合，分布于水深 900～2 500 m 的深层水团，组成上仍以 *Krithe* 占优势，但其丰度较中层水组合显著增加，其他常见的属有 *Parakrithe*、*Argilloeciae* 和 *Cytheropteron*，产较多的大洋性深海属种，比例较中层水组合增大；④盆地水组合，分布于水深大于 2 500 m 的盆地水团所在区，种群以 *Krithe* 和大洋性深海属种为主，多数分布在 3 500 m 以浅区，该深度以下由于溶解作用分布极少。

对于控制介形虫丰度、分异度以及属种分布的因素，Zhao 等（1985）通过对陆架介形虫的研究认为，表面上介形虫分布与深度有良好的相关性，而实际上介形虫的分布是受控于随深度变化的一系列环境因子，其中最重要的就是水团。滨海、河口区，介形虫组合主要为一些广盐种，同时滨海由于水温多变，因此主要以广温种为主。深海介形虫的分布不能单单解释为水团因素，而是深度、水团性质共同作用的结果。

## 20.4.3　放射虫

放射虫是一种大洋性单细胞浮游动物，多数具有结构精致的蛋白石质骨骼，放射虫化石基本全部由这一类型组成，也有具有有机质和蛋白石混合成分以及硫酸锶质骨骼的种类，但由于此类骨骼易分解，很难在化石中见到。

陈木宏等（1996）首次对南海中北部沉积物中放射虫进行系统研究，共发现286种放射虫，并进行了系统分类。南海沉积物中放射虫主要由泡沫虫目和罩笼虫目两大类组成，其中泡沫虫类种数172种，罩笼虫类种数为114种。所有种类放射虫中个体数量占优势的种类是：*Tetrappyle quadriloba*、*Tetrapyle octacntha*、*Ommatartus tetrathalamus t.*、*Octopyle spp.*、*Monozonium pachystylum*、*Pterocanium praetextum p.*、*Pterocanium trilobum*、*Siphonosphaera polysiphonia*、*Spongaster Tetras*、*Streblacantha circumtexta*、*Pterocorys campanula*、*Giraffospyris angulata*、*Heliodiscus asteriscus*、*Hexacontium senticetum*、*Larcopyle butschlii*、*Dictyocoryne profunda*、*Euchitonia furcata*、*Euchitonia trianglulum*、*Euchitonia elegans*、*Acrosphaera spinosa*、*Amphispyris reticulate*、*Actinomma arcadophorum*、*Anthocyrtidium ophirense*、*Tholospyris sp.* 等。

南海表层沉积物放射虫含量整体随水深增大而逐渐增加，部分上升流区和火山活动区具有异常的高含量，其中最高的是黄岩岛周围区域，含量达30%以上，为放射虫软泥区，并伴随有大量火山碎屑；其次为越南岸外上升流区和南沙陆坡珊瑚礁海域（陈木宏等，1996；2008）（详见图20.20）。放射虫种数与水深也有较好的相关关系，一般沿岸河口区种数小于10种，部分站位未见分布。水深小于200 m的陆架区放射虫种数在10～30种之间，由内陆架向外陆架逐渐增多。至1 000 m水深，种数快速增加至100种左右，而后随水深缓慢增加；1 800 m以深的海底，放射虫种数基本上在120种左右浮动。上述放射虫丰度最高的黄岩岛海域，放射虫分异度也最高，种数超过150种（陈木宏等，1996，2008）。

各种类型放射虫遗壳的分布与水深的关系也十分明显。陆架区的优势类型为三带型，含量在50%以上，其他各类型含量一般在10%以下。随着水深增大，三带型含量迅速减少，在

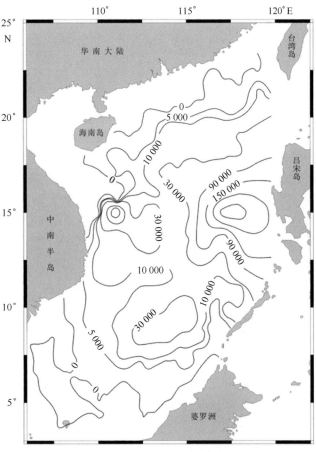

图20.20　南海放射虫丰度（个/g干样）分布图（改编自陈木宏等，2008）

700～2 000 m 范围内，各种类型含量比较均衡，均在 20% 左右，而在 2 000 m 以深，三带型含量又迅速减少，至近 3 000 m 左右，含量为 10% 以下，相应其他类型的含量增高（陈木宏等，1996）。

与其他微体浮游生物一致，沉积物中放射虫的分布是由海洋生态环境和沉积条件综合决定的。陈木宏等认为影响南海放射虫分布格局的因素包括：温盐条件、水团性质、营养盐浓度、水深、水动力条件以及火山活动。通常情况下，上述条件综合决定着放射虫的产出与保存，而在某一特定的海域，某种条件或者某几种条件可能起主导作用。比如：①盐度是河口近岸区域放射虫丰度及分异较低的主要原因；②在深度和温盐条件的共同影响下，地处热带——亚热带气候的南海可以同时出现热带表层水种和一些极地的冷水种；③放射虫含量与营养盐水平在水平上是负相关，在垂直方向上是正相关；④黄岩岛周边的放射虫软泥分布不仅得益于火山活动提供的微量营养物质，同时也得益于远于陆源物质的稀释作用；⑤水团影响是不同物理、化学、营养盐含量和水文特性的综合作用；⑥水深一方面控制了水柱中放射虫的输出通量和属种多样性，另一方面通过对沉积速率以及深海碳酸盐溶解作用的决定性影响，很大程度上影响了放射虫丰度的分布；⑦水动力分选是造成台湾浅滩区放射虫低含量的主要因素，而底层流活动引起的剥蚀以及再沉积是造成老地层放射虫化石在表层沉积物中分布的主因。

## 20.4.4　钙质超微化石

颗石藻是一种光合自养型浮游藻类，是海洋中的原始生产者，但少数种类也同时具有异养能力。颗石是构成颗石藻球形（或卵形）外骨骼（即颗石球）的一定形状的碎片。现代表层沉积物中的钙质超微化石主要由颗石组成。颗石由低镁方解石组成，因此其分布会受到深水碳酸盐溶解作用的影响，但由于颗石主要通过浮游动物粪便的形式沉降到海底，有机质膜很大程度上保护颗石免遭溶解，故其保存状态通常要好于其他的钙质微体化石。

成鑫荣等（1994）的研究表明，表层沉积物中钙质超微化石丰度在西沙—中沙海区、东沙群岛西南部和南沙群岛东南部为高值区。王勇军等（2007）的研究具有更加密集的统计站位，且采用了绝对丰度作为统计值（个/g），将南海按照钙质超微化石的丰度分作 3 个大区（见图 20.21），其中：低丰度主要分布于珠江河口至广州沿岸、湄公河河口和深海海盆区，丰度一般小于 $10^9$（个/g）；高丰度主要集中在西沙—中沙海区和南沙群岛北部—巴拉望群岛西北海区，最高丰度达 $3.8 \times 10^{10}$（个/g）；其余海域丰度居中，一般为 $10^9 \sim 10^{10}$（个/g）。然而，上述研究在吕宋岛西部岸外站位稀少，刘传联等（2001）则在该海域统计了更多的站位，结果表明，高丰度区主要在巴拉望群岛西北海区，东沙群岛东部和南海东南部具有中等丰度，海沟以及深海盆地区丰度较低或钙质超微化石缺失。

据研究，南海表层样中的现代颗石有 20～21 属共 28～29 种，其中最常见的超微化石主要为 *Gephyrocapsa oceanica* Kamptner、*Emiliania Huxleyi*（Lohmann）Hay & Mohler 和 *Florisphaera. Profunda* Okada & Honjo。

就南海海区的 3 大优势种而言，*G. oceanica* 百分含量有随水深增大而降低的趋势，其中 200 m（150 m）以浅陆架区该种含量较高。*G. oceanica* 百分含量高值区分布在靠近华南大陆、中南半岛及加里曼丹岛的沿岸陆架浅水区。*Emiliania Huxley* 是现代大洋分布最广的一种颗石，在南海北部 50 m 以深的陆架及陆坡区相对丰度较高。*F. profunda* 主要生活在透光带下部，因此主要在 150 m 以深有分布，且其相对含量随深度加深而增大，1 500 m 以深，其含量

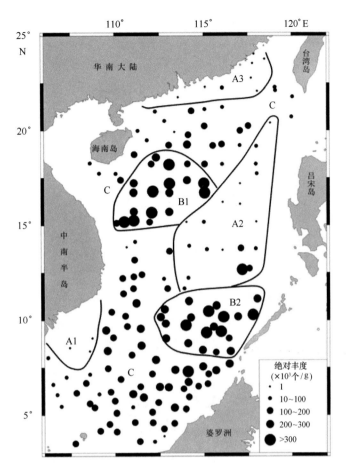

图20.21 南海表层沉积物中钙质超微化石的绝对丰度（个/g干样）及分区（改编自王勇军等，2007）

基本为50%以上（王勇军等，2007）。

控制钙质超微化石分布的主要因素主要有生态因素和沉积因素，前者包括水深、营养盐、上升流等，后者则主要通过陆源物质的稀释作用和深水碳酸盐溶解作用影响钙质超微化石的分布（成鑫荣等，1994）。

## 20.4.5 硅藻

南海北部（12°N以北）表层沉积物中共发现硅藻129种（詹玉芬，1987），而通过对南海3个晚第四纪沉积物柱样中的硅藻进行的属种分析，蓝东兆等发现了289个种和37个变种，这些硅藻隶属于67属（蓝兆先等，1995）。除个别粗颗粒沉积外，南海表层沉积物中均含有丰富的硅藻化石，绝对丰度平均为5 000～6 000个/g，而在海盆区，部分样品中硅藻丰度高达10 000个/g以上（詹玉芬，1987）。因此，硅藻丰度呈现由陆架向海盆递增的总趋势。

近年来对南海表层沉积的系统研究发现，南海表层沉积硅藻的分布主要受到海洋环流的影响，其中优势种为 *Thalassionema nitzshioides*，其同时也是北亚热带太平洋优势种。此外，*Nitzshia marina*，*Azpeitia neocrenulata*，*Azpeitiaa fricana*，*Rhizosolenia bergonii* 等暖水硅藻可作为黑潮暖流及印度洋暖水入侵的指标种，而 *Cyclotella stylorum*，*Cyclotella striata*，*Diploneis bombus*，*Traychneis aspera*，*Tabulariat abulates* 等则可看作判断沿岸流对南海水体影响强度的标志种（冉莉华和蒋辉，2005）。

Jiang 等（2004）根据表层沉积中的硅藻组合将南海分为5个区（如图20.22），表20.4

列出了各区的硅藻组合。这些硅藻组合与海水的水文环境和洋流密切相关。其中，南海北部Ⅴ区即代表了明显受太平洋水影响的特征，而对于组合Ⅱ，这种影响则不明显。印度洋对南海的影响相对较小，与此相关的是组合Ⅰ。组合Ⅰ和Ⅱ在一定程度上均表现出受沿岸水体影响。组合Ⅵ同时受大洋水体和中国沿岸水体影响。组合Ⅲ和Ⅳ位于南海中部和东部，受大洋性水体影响最小。

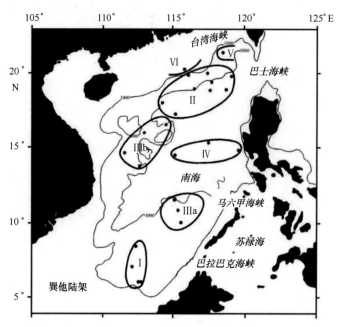

图 20.22  南海表层沉积硅藻组合分区

表 20.4  南海表层沉积硅藻属种组合

| 组 合 | 典型硅藻属种 |
|---|---|
| Ⅰ | *Nitzschia marina*，*Nitzschia cf. braarudii*，*Thalassiosira oestrupii*，<br>*Azpeitia nodulifera*，*Thalassiosira eccentrica* |
| Ⅱ | *Fragilariopsis doliolus*，*Thalassionema frauenfeldii*，*Thalassionema cf. frauenfeldii*，*Thalassiosira eccentrica*，*Thalassiosira oestrupii*，*Azpeitia neocrenulata*，<br>*Nitzschia marina*，*Nitzschia cf. braarudii and Rhizosolenia bergonii* |
| Ⅲ | *Nitzschia braarudii*，*Thalassisira oestrupii*，*Roperia tessalata*，<br>*Thalassionema cf. frauenfeldii*，*Cyclotella spp.* |
| Ⅳ | *F. doliolus*，*N. braarudii*，*and Cyclotella spp.* |
| Ⅴ | *Nitzschia marina*，*Azpeitia nodulifera*，*Azpeitia neocrenulata*，<br>*Rhizosolenia bergonii*，*Thalassionema frauenfeldii* |
| Ⅵ | *Rhizosolenia bergonii*，*Azpeitia nodulifera*，*Cyclotella spp.*，*Diploneis bombus*，<br>*Tabularia tabulate*，*Trachyneis aspera*，*Paralia sulcata* |

## 20.5  沉积作用与物质来源

沉积作用过程是水文、物理、化学、生物、地形、物源、地质构造乃至海平面变化等诸因素，在沉积物形成过程中的综合体现（王永吉，2008）。南海作为边缘海，其复杂的区域地质背景和水文生态等条件决定了其沉积作用过程的多样性和复杂性。

　　总体而言，南海表层沉积物的分布与水深和地貌关系密切，在陆架、陆坡和海盆分别由陆源碎屑沉积、半深海软泥和深海黏土主导。南海表层沉积物按成因分类可分为陆源型、生源型、混合型、火山源－生源－陆源组合型这四大类（图20.23），以及若干小类（Su and Wang，1994）。不同地貌的沉积作用和物质来源有较大差别。

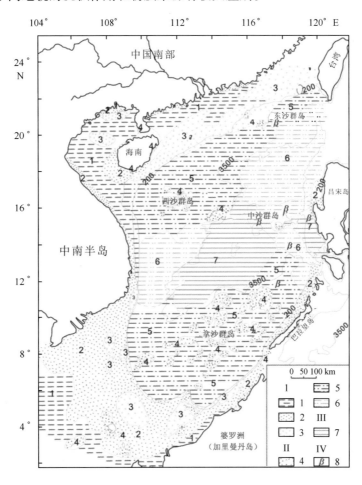

Ⅰ. 陆源型，包括（1）近岸现代陆源泥，（2）近岸现代陆源砂和粉砂，（3）浅海（古滨海）残留砂；

Ⅱ. 生源型，包括（4）浅海珊瑚砂和砾，（5）半深海－深海钙质泥，（6）深海硅质泥；

Ⅲ. 混合型，以（7）深海黏土为代表；Ⅳ. 火山源－生源－陆源组合型，含（8）火山物质（约占沉积物5%）

图20.23　南海表层沉积的成因分类（Su and Wang，1994）

## 20.5.1　南海陆架沉积作用

　　在南海陆架，沉积物主要由两个不同时期的沉积物所组成，一是现代浅海沉积；二是由更新世末期低海平面时期的物质组成的滨浅海沉积。现代浅海沉积的物源主要来自现代河流的输送和海岸侵蚀。南海北部内大陆架水深50 m以浅的黏土质粉砂、粉砂质黏土，主要是由广东沿岸河流供给的现代沉积。北部湾内主要河流入海口附近，也堆积了现代细粒沉积。现代近海粗粒沉积与强水动力条件密切相关，琼州海峡及其东、西口是强潮流沉积环境的代表，沉积物主要源自海岸侵蚀和海底侵蚀，海峡床底仅有少数蚀余粗碎屑物，出海峡有冲刷沟槽和槽间暗沙。沙滩主要堆积的是砂砾、砾砂，到水深30～40 m，沙滩发育，冲刷槽变浅，形成较明显的潮成三角洲，沉积物主要是中粗砂。琼西南是强波浪沉积环境的典型，沉积物以细砂、粉砂等粗颗粒为主，由海浪侵蚀海岸搬运而来，厚度一般为 1.5~2.4 m，与下伏青灰色黏土质粉砂呈不整合接触（陈俊仁，1983）。南海南部大陆架上湄公河口外的砂是现代沉积。从沉积物的粒度参数和粒度曲线特征看，是典型的浅海环境下形成的。物源来自湄公河，沉积物中石英砂的表面微细结构普遍具有典型的河流－三角洲平原的石英砂特征（罗又郎等，1994；冯伟文等，1991）。

更新世末期低海平面时残留在大陆架上的沉积普遍经过改造，有的是经过再搬运与再沉积，和现今的水动力状况重新取得了平衡。有的经历沉积改造虽然不那么强烈，但是有较多的现代沉积物的叠加。在南海北部，珠江口以东至台湾海峡南段的水动力条件活跃，使大陆架上的残留沉积重新被掀动起来，经过搬运之后，重新有序地排列下来（罗又郎等，1985）。珠江口以西的残留沉积，则是以现代的细粒沉积物（粉砂和黏土）的叠加作用为主，海底地形和微地貌直接影响到这些细粒沉积物的积聚，导致它们在这一地区的含量变化较大。至于砂－粉砂－黏土，则是后期沉积物叠加与沉积改造的共同作用结果，属于混合沉积（罗又郎等，1994）。珠江口以南内大陆架上的古三角洲堆积之所以未被现代细粒沉积覆盖，一是由于沿岸流的作用；二是由于该区存在一股上升流，海水产生强烈的涡动，阻止了悬移质的沉降。分布在 113°E 以东的外大陆架前缘 200 m 左右水深的砂质沉积，是保留得较好的残留沉积。这是因为它们远离海岸，加上水深，因而基本上未遭到后期的沉积改造（罗又郎等，1994）。在南海南部陆架，也存在两处残留沉积区，即加里曼丹－巴拉望残留沉积区和亚南巴斯－纳土纳残留沉积区。加里曼丹－巴拉望残留沉积区水深 50~200 m，低海面时，这里是滨海地带和风成沙丘分布区，以砂质沉积为主。此后的海侵使沉积物叠加了生物碎屑和细－极细砂。如今是生物碎屑质砂的分布区。亚南巴斯－纳土纳残留沉积区水深 50~100 m，低海面时，这里是海岸平原区。全新世海侵以来，除叠加现代短源河流陆源碎屑外，有大量的碳酸盐生物沉积，因而改造作用远较加里曼丹－巴拉望残留沉积区强烈（吴时国等，1994）。吴时国等（1994）认为，南海南部大陆架上有沉溺的古河道，晚更新世时，古巽他河从纳土纳群岛沿东北方向建造了自己的三角洲，冰期低海面时，古巽他河提供了残留沉积的物质基础。

南海陆架浅海还有生物成因沉积，主要是珊瑚碎屑，主要见于雷州半岛、海南岛等海岸滨浅海区。

## 20.5.2　南海陆坡沉积作用

南海陆坡坡度较陡，水深变化大，地形崎岖。沉积物为陆架向深海区过渡类型，以钙质黏土质粉砂和钙质粉砂质黏土分布最广（图 20.6）。随水深增加，陆源物质所占比重渐小，生源沉积占据重要地位。南海陆坡主要可分为陆源碎屑沉积区、钙质生物沉积区和含钙的硅质生物沉积区。

陆源碎屑沉积区可进一步划分为南海北部陆坡上部砂砾沉积区和南海南部陆坡上部泥质沉积区。南海北部陆坡上部砂砾沉积区分布于水深 200~500 m 的陆坡上部，个别甚至达到 1 000 m，在空间上与外陆架的残留砂区相邻。其上部可能就是所谓残留砂的一部分，是海水运动通道上沉积物路过不沉积的地区。深部的粗碎屑可能与海底滑塌作用有关，属于再沉积的产物。局部流场的特点和高速水流的存在也可能是这些粗碎屑沉积物形成的重要原因。这里处于珠江口水下三角洲之外，也是陆源物质沉积速率较大的地方。南海南部陆坡上部泥质沉积区位于万安滩以南，经北康暗沙至文莱以北 200~1 000 m 水深处。主要是粉砂质黏土沉积。这里也是陆源物质沉积速率较大的地区，碎屑物质可能来自湄公河的悬浮物（杨子庚，

2006)。

钙质生物沉积区可进一步分为钙质生物泥及软泥沉积区和珊瑚碎屑沉积区。钙质生物泥及软泥沉积区分布在南海 200～3 000 m 以内的整个大陆坡，呈环状展布，是南海最大的沉积区。沉积物中粉砂占 30%～40%，黏土大于 50%，砂 5%～10%，有孔虫达 20%～50%，钙质超微化石 5%～10%，硅藻 3%。珊瑚碎屑沉积区主要分布在西沙、中沙、南沙等海台的珊瑚礁岛发育区。底质类型主要是生物碎屑砂（杨子庚，2006）。

含钙的硅质生物沉积区主要分布在南海西大陆坡和南大陆坡坡底和深海平原的交界地带，水深 3 000 m 左右。底质类型为含钙的硅质软泥，有孔虫含量一般为 5%～15%，放射虫 7%～15%，硅藻 10%～15%（杨子庚，2006）。

### 20.5.3　南海海盆沉积作用

南海海盆呈菱形展布，长轴为 NE—SW 向，主要由半深海 – 深海平原、深海洼地和链状海山（海丘）群三大地貌单元构成，可分为硅质生物沉积区、深海黏土沉积区、含火山物质和铁锰质深海黏土沉积区。

硅质生物沉积区主要分布在中央海盆东部和西南海盆南部，水深 3 500～4 000 m，中央海盆东部主要为放射虫软泥，放射虫含量达 30%～40%，硅藻达 7%～15%。西南海盆南部主要为硅质泥，放射虫含量 10%～20%，硅藻 7%～15%，有孔虫 1%～4%。

深海黏土沉积区主要见于西南海盆北部，即西沙海台南部深海平原，水深大于 4 000 m。沉积物主要为棕褐色黏土，黏土含量大于 70%，碎屑矿物很少。放射虫小于 10%，有孔虫小于 1%（杨子庚，2006）。

含火山物质和铁锰质深海黏土沉积区主要位于海盆中部和西北部，尤其在黄岩海山、宪法海山周围。火山碎屑矿物分布在深海盆地中部海山群分布区，其范围为 12°～18° N，114°～118° E，可以扩散到深海盆地的边缘（陆坡外缘），但扩散量甚微（李志珍，1989）。海底残留扩张轴（15°N）的南北两侧是南海中-基性火山碎屑主要分布区。15°N 以南为基性火山碎屑沉积区，重矿物主要有辉石、磁铁矿和角闪石；15°N 以北为中性火山碎屑沉积区，重矿物以角闪石、黑云母和磁铁矿为主（张富元等，2005）。南海深海铁锰微粒呈微粒状赋存在褐色到黄褐色粉砂质黏土中，微粒的结晶程度很低，晶质相有钠水锰矿。其元素地球化学特征受沉积环境的控制，元素的供给源主要来自大陆（李志珍等，1990）。

在南海，各种物化条件综合作用下产生的碳酸盐溶解现象是深海沉积环境的一个主导因素，而溶解的程度或速率又明显地与水深相对应。南海深海沉积物类型的空间分布随水深增加具有这样的变化特征，即：由钙质泥→有孔虫软泥→含硅质的钙质泥→含钙质的硅质泥→硅质泥→深海黏土→放射虫软泥（或放射虫软泥→深海黏土）（陈木宏等，1989）。此外，半深海—深海沉积的空间展布，还受到海底地形、物源条件和水团状况等因素的控制和影响，从而会形成一些特定的沉积类型，像黄岩岛四周的放射虫软泥便是一个很好的例子（罗又郎等，1994）。

### 20.5.4　物质来源与沉积速率

陆源碎屑、海洋生物沉积、火山碎屑、海洋自生沉积是南海表层沉积的主要来源，只是在不同区域出现不同的物源组合。虽然在沉积物结构、矿物、地球化学、古生物等研究领域均提供了一些追索沉积物来源的方法与手段，但沉积环境、沉积物构成、沉积改造的复杂性使得物质来源的研究依然存在很大的难度。

陆源碎屑主要由河流带入海洋，粗粒部分一般停积在河口三角洲附近，细粒的悬移质则可以随水流搬运很远。黏土矿物的研究表明，珠江、台湾和吕宋岛是南海北部黏土矿物的主要来源，黏土矿物存在西—西南向搬运。台湾和吕宋岛是南海东部表层黏土矿物的主要来源，台湾提供的黏土矿物大部分由深水洋流向西南深水区搬运，部分由广东沿岸流在北部陆架和上陆坡向西搬运；吕宋岛提供的黏土矿物由黑潮侵入后形成的黑潮南海分支表层洋流向西搬运；而珠江提供的黏土矿物在进入南海后，即受到广东沿岸流和华南近岸流严重影响而向西搬运；湄公河、婆罗洲、巽他陆架和印度尼西亚岛弧是南海南部的主要物源区，来自台湾海峡附近的细粒沉积物对西沙海槽及其东南的深海盆有较大影响；南海西部表层黏土矿物主要来自红河、湄公河、珠江、台湾、巽他陆架、印度尼西亚岛弧以及婆罗洲（刘志飞，2010；李学杰等，2008 b；葛倩等，2010）。

对南海北部沉积物碎屑矿物的研究表明，雷州半岛－海南岛以东的南海北部沉积物主要来自珠江；海南岛周围沉积物中钛铁矿、锆石等比重大的矿物富集，是海南岛本身母岩被风化、被冲刷而沉积下来的；北部湾的矽线石、电气石富集，是由红河及其他沿岸河流携带至此沉积所致。来的（陈丽蓉等，1986）。南海西部（4°～16.5°N，109°～112°E）沉积物碎屑矿物的研究表明南区（4°～9°N）物源应以湄公河为主，北区的物源可能包括红河、海南岛和华南大陆，中区（9°～16°N）物源应主要来自中南半岛而不是来自其南面的湄公河和其北面的红河（李学杰等，2008 a）。对南海东部（12°～22°N，116.5°～121°E）158 个表层沉积物样品的分析结果表明，轻矿物来源多样，生物成因矿物含量高。除去生物骨屑后，沉积物中白云母等碎屑轻矿物的分布规律显示，华南大陆是南海东部陆源碎屑物质的主要来源，其影响可达 17°N 线以南。火山玻璃主要分布于 15°N 线附近，其中褐色火山玻璃主要来源于本地海山物质，为火山玻璃的主体，而无色火山玻璃含量较低，它可能来自附近火山喷发物（季福武等，2004）。

稀土元素趋势分析表明，珠江口往外至海南岛南部海域中沉积物朝东南向陆坡输送；台西南至珠江口往外海域沉积物大多向南输运；吕宋岛西部海域包括黄岩岛附近海域的火山物质主要向西北方向输送，向西可达 113°E、向北可至 20°N 附近；南海南部沉积物整体上向南沙海槽西北部附近海域输送（刘建国等，2010）。$^{87}$Sr/$^{86}$Sr 值的分布规律说明亚洲大陆陆源物质对南海沉积物的贡献由西向东逐渐减小，在海山发育地区火山喷发活动带来的幔源型物质使区域内沉积物具有低的 $^{87}$Sr/$^{86}$Sr 值。北部陆源碎屑向南一直扩散到约 17°N，西吕宋海槽是亚洲大陆物质特别是我国大陆物质向南海东部海域输运的主要通道（张富元等，2005）。

现代注入南海的 3 条输沙量最大的河流是湄公河、红河和珠江，年输沙量合计约 300 × $10^6$t，华南的其他河流（如韩江、鉴江、漠阳江）无论是流域面积还是输沙量，都远不及上述 3 条大河，但是岛屿山前的小河可以输送大量沉积物入海（Milliman et al.，1983 b）；在构造强烈隆升的台湾岛，高屏溪和曾文溪尽管流域面积合起来不及珠江的百分之一，输沙量之和却几乎与珠江持平。因此，尽管珠江口入海泥沙靠科氏力的作用主要向西输送，珠江口以东的东北陆坡区堆积速率却为西北陆坡区的 3 倍，可能与台湾岛的入海泥沙相关（黄维等，1998）。

黄维等（1998）对南海大于 100 m 水深区 72 个站位的沉积速率研究结果表明，在全新世，南海东北陆坡区平均沉积速率最高，达 13.30 g/（cm$^2$·ka），南部陆坡次之，为 6.42 g/（cm$^2$·ka），其他海区在 2～5 g/（cm$^2$·ka）（表 20.5）。南海末次冰期时的沉积物堆积速率和沉积量明显高于全新世（表 20.5～20.6），主要是由于陆源碎屑物的堆积速率几乎增加一倍所致，同样保持了南北高，中部低的分布格局。但与全新世不同，末次冰期时南陆坡区的堆积速率高于北部。南海各区中，南陆坡区陆源碎屑物的冰期/全新世堆积速率反差最大（表 20.4），说明冰期低海面时河流（古巽他河，湄公河）直接注入陆坡区是堆积速率增高的主要原因。南海深水区碳酸盐沉积的堆积速率冰期与全新世差别不大，可能是生产力与深海碳酸盐溶解作用加强两者抵消的结果。南海北部陆坡蛋白石堆积速率冰期时为全新世的 4～6 倍，可能反映了冰期冬季风加强增加营养盐供应，造成生产力上升。

表 20.5 南海大于 100 m 水深区末次冰期与全新世各区平均堆积速率　单位：$g/cm^2 \cdot ka$

| 沉积分区 | 总堆积速率 | | 碳酸盐堆积速率 | | 蛋白石堆积速率 | |
|---|---|---|---|---|---|---|
| | 全新世 | 末次冰期 | 全新世 | 末次冰期 | 全新世 | 末次冰期 |
| 东北陆坡区 | 13.3 | 13.7 | 1.76 | 1.35 | 0.47 | 2.69 |
| 西北陆坡区 | 4.33 | 7.21 | 1.47 | 1.22 | 0.16 | 0.72 |
| 越南岸外及中沙区 | 4.86 | 6.34 | 1.40 | 1.28 | 0.14 | 0.24 |
| 南陆坡区 | 6.42 | 17.9 | 1.46 | 1.41 | 0.23 | 0.31 |
| 南沙及沙巴岸外区 | 1.92 | 4.29 | 1.04 | 1.21 | 0.28 | 0.46 |
| 中央海盆区 | 3.29 | 6.31 | 0.63 | 0.94 | 0.26 | 0.87 |

资料来源：据黄维等，1998。

表 20.6 南海大于 100 m 水深区末次冰期与全新世年平均沉积总量　单位：$\times 10^{-6} t/a$

| $\delta^{18}O$ 分期 | 沉积总量 | 陆源碎屑沉积量 | 碳酸盐沉积量 | 蛋白石沉积量 |
|---|---|---|---|---|
| 1（全新世） | 92.0 | 79.4 | 21.9 | 4.6 |
| 2（末次冰期） | 167.4 | 155.6 | 22.4 | 13.3 |

资料来源：黄维等，1998。

# 第 21 章　浅地层结构与古环境演化

南海海域近二三十年来海洋调查工作有很大进展，北部区域的调查工作详于南海其他陆缘区域，而且大多调查限于浅海近岸，涉及深海部分相对较少。第四纪地质调查主要通过浅地层剖面、单道地震及钻探与柱状取样等方法，目前对海区浅部地层有了一定的了解。参与海洋调查工作的单位很多，主要有中国科学院南海研究所、石油部南海西部石油公司、地矿部第二海洋地质调查大队、国家海洋局第二海洋研究所、广州海洋地质调查局等。其中特别是 1985 年地矿部第二海洋地质调查大队在联合国开发计划署（UNDP）的援助下，对南海北部陆架——陆坡区域进行了比例尺为 1∶20 万的以了解近海地质灾害为目的的区域海洋工程地质调查，以及在"八五"期间，广州海洋地质调查局在执行国家科技攻关项目"西沙西南海域勘察试点"时对南海西缘的调查，均为南海的第四纪地质研究积累了丰富的基础资料。

## 21.1　晚第四纪地层划分、特征及区域对比

### 21.1.1　地层划分

本文中所指的浅部地层为第四纪以来的沉积层，其深度在数十米至上百米的范围，可与目前工程钻孔及单道地震的勘探深度相对应。

海区第四纪地层主要根据钻孔地层的岩性、古生物、古气候特征以及古地磁与同位素测年资料进行划分，在海区由于钻孔资料较少，还要适当参照地震反射层资料予以对比。南海第四纪地层可划分为下更新统（$Q_1$）、中更新统（$Q_2$）、上更新统（$Q_3$）、全新统（$Q_4$）（冯志强等，1996；邱燕等 1999；梁金强等，1994；王嘹亮等，1994；刘伯土等；2002；王建华等，2009；孙金龙等，2007）。

### 21.1.2　地层特征

#### 21.1.2.1　南海北部珠江口海区

珠江口海域位于广东省珠江口外南海北部陆架地区，其范围大致在 20°00′—22°00′″N；113°00′—′117°00′E。一般水深在 20~200 m，地质构造属珠江口盆地。据薛万俊等（1996），盆地中的第四纪地层最厚可达 400 m。陆架区的第四纪厚度自北向南逐渐增厚，北部全新统较发育，而南部更新统发育。该区已钻探有 4 个深度为 110~121 m 的工程地质钻孔（图 21.1，表 21.1），较完整地揭示了中更新世以来的地层，下更新世地层也有部分揭示。据冯志强等（1996），区内曾有 3 个钻孔（$ZQ_1$、$ZQ_2$、$ZQ_3$）揭露了到下更新统，但均未穿透，所见地层厚度分别为 23.50 m、26.00 m 和 2.40 m。珠江口海域根据钻孔岩心中各个时代地层的发育情况，选取各统的标准剖面，并以钻孔附近岛礁命名各地层组段，地层综合概况参看图 21.2。

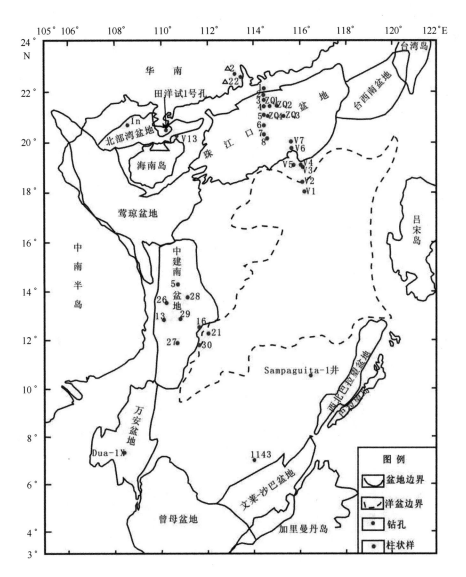

图 21.1　南海区域概况，钻孔，柱样及深海岩心位置图

资料来源：杨胜明等，1996；蓝先洪，1991；龙云作等，1991；陈泓君等，2005；潘国富，2003；冯志强等，1996；邱燕等，1999；匡立春等，1998；陈邦彦，1999；孙龙涛等，2010；李家彪，2008；李学杰等，2002；陈俊仁等，1989

1）下更新统（$Q_1$）

钻孔所见岩性主要为深灰色黏土质粉砂和细砂，层理构造发育。据 $ZQ_2$ 孔资料微体古生物较多，主要为有孔虫。通过对钻孔岩心进行系统的古地磁测量，在 $ZQ_1$、$ZQ_2$ 钻孔中发现了布容/松山转换面，它们分别位于上述钻孔孔深 86.50 m、100.00 m 处。其热释光（TL）测试结果为距今 72.956 万年左右，和距今 72.745 万年左右，接近下更新统的顶部，靠近中更新统北卫组的底部。因此，它可以作为下更新统与中更新统的近似分界面。

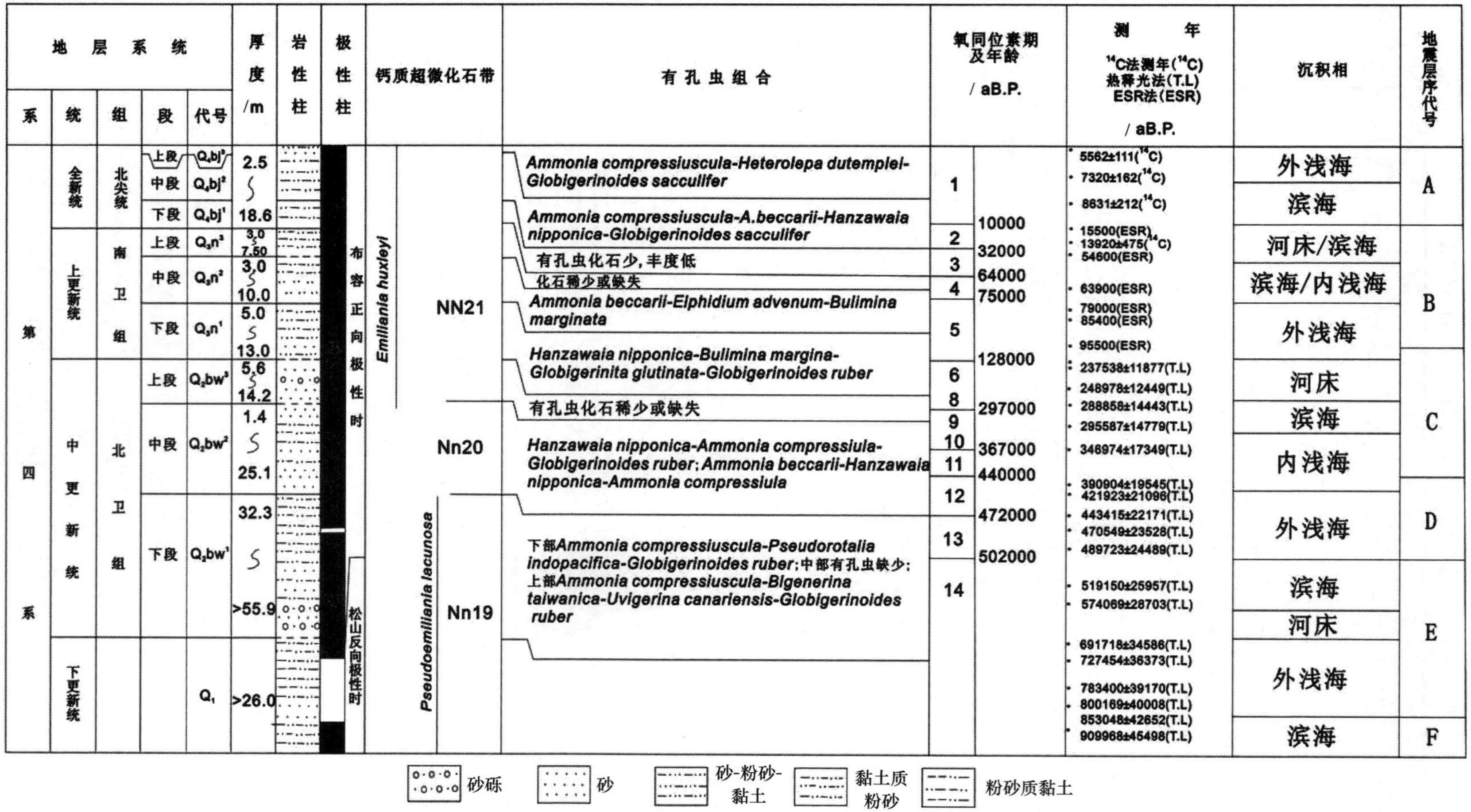

| 地 层 系 统 | | | | | 厚度 /m | 岩性柱 | 极性柱 | 钙质超微化石带 | | 有 孔 虫 组 合 | 氧同位素期及年龄 / aB.P. | 测 年 ¹⁴C法测年(¹⁴C) 热释光法(T.L) ESR法(ESR) / aB.P. | 沉积相 | 地震层序代号 |
|---|---|---|---|---|---|---|---|---|---|---|---|---|---|---|
| 系 | 统 | 组 | 段 | 代号 | | | | | | | | | | |
| 第 四 系 | 全新统 | 北尖组 | 上段 | $Q_4bj^3$ | 2.5 | | | *Emiliania huxleyi* | NN21 | *Ammonia compressiuscula-Heterolepa dutemplei-Globigerinoides sacculifer* | 1 | 5562±111(¹⁴C) 7320±162(¹⁴C) 8631±212(¹⁴C) | 外浅海 | A |
| | | | 中段 | $Q_4bj^2$ | | | | | | | | | 滨海 | |
| | | | 下段 | $Q_4bj^1$ | 18.6 | | | | | *Ammonia compressiuscula-A.beccarii-Hanzawaia nipponica-Globigerinoides sacculifer* | 2 | 10000 15500(ESR) 13920±475(¹⁴C) 54600(ESR) | 河床/滨海 | B |
| | 上更新统 | 南卫组 | 上段 | $Q_3n^3$ | 3.0 7.50 | | | | | 有孔虫化石少,丰度低 | 3 | 32000 64000 | 滨海/内浅海 | |
| | | | 中段 | $Q_3n^2$ | 3.0 10.0 | | 布容正向极性时 | | | 化石稀少或缺失 | 4 | 75000 63900(ESR) | | |
| | | | 下段 | $Q_3n^1$ | 5.0 13.0 | | | | | *Ammonia beccarii-Elphidium advenum-Bulimina marginata* | 5 | 79000(ESR) 85400(ESR) 95500(ESR) | 外浅海 | |
| | 中更新统 | 北卫组 | 上段 | $Q_2bw^3$ | 5.6 14.2 | | | | Nn20 | *Hanzawaia nipponica-Bulimina margina-Globigerinita glutinata-Globigerinoides ruber* | 6 8 | 128000 237538±11877(T.L) 248978±12449(T.L) 288858±14443(T.L) | 河床 | C |
| | | | 中段 | $Q_2bw^2$ | 1.4 25.1 | | | *Pseudoemiliania lacunosa* | | 有孔虫化石稀少或缺失 | 9 10 11 | 297000 295587±14779(T.L) 346974±17349(T.L) | 滨海 | |
| | | | | | | | | | | *Hanzawaia nipponica-Ammonia compressiula-Globigerinoides ruber; Ammonia beccarii-Hanzawaia nipponica-Ammonia compressiula* | | 367000 440000 | 内浅海 | |
| | | | | | 32.3 | | | | | | 12 | 472000 390904±19545(T.L) 421923±21096(T.L) | 外浅海 | D |
| | | | 下段 | $Q_2bw^1$ | >55.9 | | 松山反向极性时 | | Nn19 | 下部*Ammonia compressiuscula-Pseudorotalia indopacifica-Globigerinoides ruber*;中部有孔虫缺少;上部*Ammonia compressiuscula-Bigenerina taiwanica-Uvigerina canariensis-Globigerinoides ruber* | 13 | 502000 443415±22171(T.L) 470549±23528(T.L) 489723±24489(T.L) | 滨海 | E |
| | | | | | | | | | | | 14 | 519150±25957(T.L) 574069±28703(T.L) | 河床 | |
| | 下更新统 | | | $Q_1$ | >26.0 | | | | | | | 691718±34586(T.L) 727454±36373(T.L) 783400±39170(T.L) 800169±40008(T.L) | 外浅海 | |
| | | | | | | | | | | | | 853048±42652(T.L) 909968±45498(T.L) | 滨海 | F |

| ⚬⚬⚬ 砂砾 | ∙∙∙∙ 砂 | ⎯⎯ 砂-粉砂-黏土 | ⎯∙⎯ 黏土质粉砂 | ⎯⎯ 粉砂质黏土 |
|---|---|---|---|---|

图 21.2　珠江口海域第四系地层综合柱状图（据冯志强 等，1996 修改）

表 21.1 南海北部钻孔、柱状样脊深海岩心位置

| 编号 | 地理位置 | | 水 深/m | 钻孔深度/m | 岩心长度/m |
|---|---|---|---|---|---|
| | 北纬（N） | 东经（E） | | | |
| ZQ$_1$ | 21°29′38″ | 114°37′23″ | 74.4 | 110 | |
| ZQ$_2$ | 21°35′28″ | 115°04′35″ | 93.8 | 121 | |
| ZQ$_3$ | 20°57′03″ | 114°29′52″ | 89.6 | 120 | |
| ZQ$_4$ | 21°00′23″ | 115°25′23″ | 125.8 | 121 | |
| V1 | 18°04.2′ | 116°11.4′ | 3821.0 | | 9.06 |
| V2 | 18°33.5′ | 116°08.5′ | | | 5.8 |
| V3 | 19°00.5′ | 116°05.6′ | 2819.0 | | 12.0 |
| V4 | 19°02.0′ | 116°01.1′ | | | 11.75 |
| V5 | 19°06.0′ | 115°54.5′ | 2832.0 | | 12.30 |
| V6 | 19°46.5′ | 115°48.5′ | 1597.0 | | 12.63 |
| V7 | 20°03.2′ | 115°43.0′ | 1304.0 | | 12.87 |

2）中更新统（Q$_2$）

本统以 ZQ$_2$ 孔为代表，命名为北卫组。根据超微化石带把该地层分成 3 段。①北卫组下段岩性为灰色黏土质粉砂，中部夹砂和砂砾层。在黏土质粉砂和砂层中含有海绿石和黄铁矿，CaCO$_3$ 的含量也较高。该段所见厚度 32～55.90 m（未见底）。与下伏更新统呈假整合接触。北卫组下段的顶界是超微化石带 NN20/NN19 之间的界线，其年代在距今 45.8 万年左右，于此界线附近存在安比拉反极性亚时，年代距今为 47 万～48 万年，界线附近的热释光测年距今 42.19 万年左右。②北卫组中段为灰色砂层、中部夹黏土质粉砂层，含有海绿石和黄铁矿。砾石较粗，有的砾径可达 30 mm。该段厚度为 1.44～25.10 m，与下伏地层呈整合接触。北卫组中段的顶界是超微化石带 NN21/NN20 之间的界线，其年代距今约为 27.5 万年，界线附近的热释光年代距今 28.9 万年左右，两者还比较吻合。③北卫组上段岩性为灰色砂夹砂砾层，该段厚度为 5.55～14.20 m。

3）上更新统（Q$_3$）

上更新统分布较广，本处以 ZQ$_4$ 孔为代表，命名为南卫组。根据岩性、氧同位素资料和气候变化特点，可将该组分成 3 段。①南卫组下段一般以黏土质粉砂和砂－粉砂－黏土为主。下部为灰色砂，中部为砂－粉砂－黏土，上部为黏土质粉砂。该段沉积物中有海绿石和黄铁矿。该段沉积厚度为 5.00～13.00 m，与下伏北卫组呈假整合接触。其底界位于氧同位素 5～6 期之间，年代距今约为 12.8 万年左右，电子自旋共振法（ESR）测年为距今 13.38 万～136.1 万年。②南卫组中段的岩性一般为灰色黏土质粉砂与砂互层，在 ZQ$_4$ 孔为深灰色黏土质粉砂夹灰色粉砂，该段厚度为 3.50～10.00 m，与南卫组下段呈假整合接触。底界从氧同位素 4 期开始，年代为距今 7.5 万年左右，底界附近（界面下 2.8 m 处）的 ESR 测年距今为 7.9 万年。③南卫组上段岩性普遍变粗，主要为中砂、粗中砂、粗砂和砂砾，在 ZQ$_4$ 孔中岩性变为灰色黏土质粉砂，并含有黄色泥质团块。该段地层厚度在 3.00～7.50 m，与下伏南卫组中段呈假整合接触。底界以氧同位素 2 期起始其年代为距今 3.2 万年（薛万俊，1996），底界附近的 ESR 测年时代距今 3.46 万年左右。南卫组上段顶界是氧同位素 1～2 期之间的界线，

其年代在距今 1.0 万年左右，顶界附近$^{14}$C 年龄距今 1.19 万～1.39 万年，ESR 年龄距今 1.14 万～1.55 万年，热释光年龄距今 1.1 万年左右。多种方法测年结果，其年代值均比较接近。

4）全新统（$Q_4$）

全新统分布几乎覆盖整个区域。本处全新统以 $ZQ_1$ 孔为代表，命名为北尖组，该组根据岩性差异也可分成 3 段。①北尖组下段岩性一般较粗，主要为砂－粉砂－黏土和细砂。年龄距今 0.76 万～1.07 万年，该段岩性在陆架地区横向变化较大，水深自浅→深，沉积物由细→粗。该段厚度约 5.60 m，与下伏南卫组之间存在一侵蚀间断面。②北尖组中段岩性一般较细，主要为灰色黏土质粉砂，夹有不规则透镜状砂－粉砂－黏土和细砂。年龄距今 0.497 万～0.69 万年，沉积物中含有较多的海绿石和黄铁矿。砂层中含有较多的贝壳碎片，局部有泥砾。该段厚度约 12.60 m，与下伏地层呈整合接触。③北尖组上段岩性较细，主要为黏土质粉砂，含海绿石和黄铁矿。年龄距今 0.069 万～0.149 万年，厚度约 0.40 m，与下伏北尖组中段呈整合接触。

### 21.1.2.2　南海北部珠江口陆坡海区

20 世纪 80 年代初地矿部第二海洋地质调查大队曾与美国拉蒙特－多尔蒂地质观察所合作，在南海北部陆坡进行了综合地质与地球物理调查，从深海平原到陆坡取了 7 个深海柱状岩心样（图 21.1）。据薛万俊等人（1996）对柱状样品的分析与研究，其中 $V_3$ 柱状样揭露的全新统与上更新统较为完整（图 21.6），以此建立上更新统的层型剖面。

1）中更新统（$Q_2$）

孔深 11.62～12.15 m，岩性为深灰色粉砂质黏土。

2）上更新统（$Q_3$）

上更新统尖峰组（孔深 0.90～11.62 m），分上、中、下 3 段。上更新统尖峰组下段（$Q_3j^1$）（孔深 7.60～11.62 m），岩性为深灰色粉砂质黏土，常含火山灰，有时夹砂质黏土。该段厚度为 4.02 m，与下伏中更新统呈整合接触。热释光年龄为距今 9.9 万～13.5 万年，其顶界按氧同位素 4/5 期之间界线，年代距今约为 7.5 万年。其底界按氧同位素 5/6 期之间界线，年代距今约为 12.8 万年。上更新统尖峰组中段（$Q_3j^2$）（孔深 4.00～7.60 m），岩性以深灰色粉砂质黏土为主，其次为深灰色粉砂质黏土与砂质黏土互层，常含火山灰，上部夹有一层厚度为 0.04 m 的灰白色火山灰层。该段厚度 3.60 m，与下伏尖峰组下段呈整合接触。热释光年龄为距今 3.37 万年，其顶界按氧同位素 2/3 期之间界线（距今 3.2 万年）。上更新统尖峰组上段（$Q_3j^3$）（孔深 0.90～4.00 m），岩性主要为深灰色厚层状粉砂质黏土，其次为深灰色粉砂质黏土与砂质黏土互层或夹砂质黏土，含有一定量的黄铁矿。该段厚度 3.1 m，与下伏尖峰组中段呈整合接触。热释光年龄为距今 2.19 万～1.42 万年，其顶界按氧同位素 1/2 期之间界线，年代为距今 1.0 万年。

3）全新统（$Q_4$）

岩性为深灰色粉砂质黏土，厚度 0.90 m，与下伏上更新统尖峰组呈整合接触。其近底界热释光年龄为距今 0.9 万年。

古生物特征方面，在柱状样中浮游有孔虫出现数量和频度较多，较常见的有胖园幅虫（*Globorotalia inflata*）、红拟抱球虫（*Globigerinoides ruber*）、袋拟抱球虫（*Globigerinoides sacculifer*）、疏室抱球虫（*Globigerinoides merardii*）、斜室普林虫（*Pulleniatina obliqueloculata*）和厚形园幅虫（*Globorotalia crassafermis*）等，这些有孔虫均属第四纪。

### 21.1.2.3 南海北部北部湾海区

北部湾海域原石油部做过很多油气勘探工作，但浅层的资料有限，现根据北部湾中部 In 孔为例（图 21.1，图 21.5）。In 孔位于 108°38′05″E 、20°47′06″N ，水深约 40 m，第四系厚 59 m，可划分为下更新统、中更新统、上更新统和全新统（杨胜明等，1996）。

1）下更新统（$Q_1$）

In 孔所见厚度约 26.00m ，下更新统下段（$Q_1^1$）岩性为灰白色陆源含砾质中粗砂，成岩度很差，含水多，松散，为砾砂、砂砾夹黏土质砂和细砂。中段（$Q_1^2$）岩性为深灰色粉砂。上段（$Q_1^3$）岩性为灰色极细砂。主要化石为有孔虫，硅藻，红树花粉，海胆刺和贝壳等。根据岩性，有孔虫种属和旋向变化，确定了下更新统的底界下限为 59 m。

2）中更新统（$Q_2$）

In 孔所见厚度为 13.00 m，中更新统下段（$Q_2^1$）岩性为黑色极细砂夹黏土，中段（$Q_2^2$）岩性为灰白色中粗砂，上段（$Q_2^3$）岩性为灰绿色硬黏土。主要包括红树花粉、有孔虫内核、苔藓虫、海胆刺等化石。在孔深 33 m 发现了布容/松山期的界线，将其定义为中更新统和下更新统的界线。

3）上更新统（$Q_3$）

In 孔所见厚度为 18.20 m，根据沉积相和测年资料，上更新统与中更新统界线在 In 孔为 20 m 处。上更新统下段（$Q_3^1$）岩性为灰色极细砂，中段（$Q_3^2$）岩性为黄褐色砾质中粗砂，上述两段主要包括有孔虫、介形虫、硅藻以及红树花粉化石。上段（$Q_3^3$）岩性为灰黄色硬黏土夹粉砂，包含的化石主要有红树花粉和苔藓虫。

4）全新统（$Q_4$）

海区全新统沉积较薄，在 0.80 m 左右，主要岩性为灰色淤泥。含有有孔虫、介形虫、硅藻等化石，属于浅海相沉积。

### 21.1.2.4 南海西部海区

南海西部浅部地层的探讨主要以中建南盆地附近的浅部地层为例。该区 1993—2006 年期间曾多次进行综合地球物理调查，但始终未实施钻探。"八五"期间，广州海洋地质调查局在南海西缘采集了三个大型重力活塞柱状样和六个有缆重力柱状样，（图 21.1，表 21.2）（邱燕等，1999；陈玲等，2008；高红芳，2006；高红芳等，2007）。该区已有的 9 个柱状样品长度为 75～710 m，5、13、26 站的柱状样未能穿透全新统。28，29 站柱状样较完整的揭示了晚更新统中晚期的地层。27、21、16 站柱状样均未穿透上更新统中段，30 站柱状样揭露了晚更新世早期的地层。本区以 28、30 站为例，如图 21.3。

表 21.2　南海西部取样站位水深与柱状样长度

| 柱样站号 | 取样形式 | 水深/m | 柱样长度/cm |
|---|---|---|---|
| 5 | 有缆重力 | 1210 | 173 |
| 13 | 有缆重力 | 2211 | 114 |
| 16 | 有缆重力 | 3779.5 | 75 |
| 21 | 有缆重力 | 4250 | 170 |
| 26 | 有缆重力 | 2422 | 165 |
| 27 | 有缆重力 | 2650 | 145 |
| 28 | 大型重力活塞 | 2810.8 | 580 |
| 29 | 大型重力活塞 | 2677.4 | 518 |
| 30 | 大型重力活塞 | 3870.1 | 710 |

资料来源：邱燕 等，1999。

1）上更新统（$Q_3$）

上更新统下段（$Q_3^1$），28 站柱状样钙质超微化石以 *Emiiania huxleyihe* 和 *Ghyrocapsa ocean-icca* 为优势分子并贯穿整个柱状样。*Emiiania huxleyihe* 是第四纪晚期的标准化石带分子。该柱状样化石群组合属于 NN21 带，时代为晚更新世 – 全新世。NN21 带以 *Emiiania huxleyihe* 开始出现为底界，28 站柱状样未见 *Emiiania huxleyihe* 的底界，所以 28 柱状样底界地层不会老于晚更新世。上更新统下段以 30 站（540～710 cm）为例，岩性主要为棕灰色粉砂质黏土，在 625～655 cm 层段中钙质生物含量高达 60%～75%，为钙质生物粉砂黏土。含有绿灰色泥质条带和团块，固结程度较高，弱成岩。

上更新统中段（$Q_3^2$），28 站晚更新世中期的上段地层岩性为深灰色含钙质生物粉砂黏土，中间还可根据钙质生物含量的变化分出一薄层粉砂质黏土。下段岩性为深灰色含钙质生物粉砂黏土，含有黄灰色黏土团块。480cm 为氧同位素 3/4 期分界，为上更新统中段的底界。

上更新统上段（$Q_3^3$），28 站柱状样（235～340 cm）晚更新世晚期的地层为灰色粉砂质砂和灰色至深灰色含钙质生物粉灰色砂层交替出现。两层砂层都具有自下而上由粗变细的正韵律特征。340 cm 为氧同位素 2/3 期分界，为上更新统上段的底界。本段中（330～335 cm）有孔虫含量最高达 5 783 个/10g（样品为干样），绝大部分是浮游有孔虫，主要优势分子有 *Globogerinoides rubber*，*G. quidrilobatus*，*Globorotalia menardii*，*G. inflata* 等。

表 21.3　南海西部 28 站、30 站柱样 $^{14}$C 测年结果

| 站位 | 柱状样层段/cm | 岩性/a | $^{14}$C 年龄/a | 正偏/a | 负偏/a |
|---|---|---|---|---|---|
| 28 | 60～70 | 灰色粉砂质黏土 | 2020 | 320 | 310 |
| 28 | 140～150 | 深灰色黏土质粉砂 | 6410 | 450 | 430 |
| 28 | 190～200 | 含钙质生物粉砂黏土 | 8065 | 510 | 480 |
| 28 | 260～270 | 含钙质生物粉砂黏土 | 13030 | 685 | 630 |
| 28 | 320～330 | 含钙质生物粉砂黏土 | 18340 | 1310 | 1165 |
| 30 | 45～50 | 含钙质生物粉砂黏土 | 9175 | 630 | 580 |

资料来源：据邱燕等，1999。

2）全新统（$Q_4$）

28 站柱状样（0～235 cm）的全新世地层分为三段，上段（0～61 cm）岩性自下而上具

有由粗变细的正韵律递变特征，为深灰色粉砂质砂。中段（61～169 cm）岩性为灰色含细砂黏土质粉砂，中段底部处又出现厚约 19 cm 浅灰色粉砂质砂的砂层自下而上具有由粗变细的正韵律特征，并含有大量的生物和贝壳碎屑。下段钙质生物增加，粒度变细，为深灰色含钙质生物粉砂黏土。据邱燕等（1999）对 28 站岩性柱[14]C 测年（表 21.3），认为全新世底界在230 cm（南海全新世底界的年龄为 10 000 年左右）（冯文科等，1988）。据碳酸钙含量变化周期与氧同位素周期相关，同样得到 28 站 235 cm 上下处于氧同位素 1/2 期界限，大致为全新世底界。

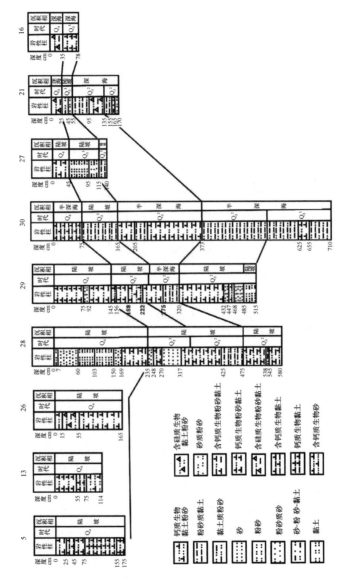

图 21.3 中建南盆地柱状样剖面图（据邱燕等，1999 修改）

### 21.1.2.5 南海南部和东部浅部地层特征

相对于南海北部和西部的浅部地层而言，南海南部和东部虽然目前也有较多的钻井，如Dua-1X 钻井，ODP1143 钻孔，Sampaguita-1 井等（图 21.1，图 21.5）。但研究的目标层普遍放在油气的生储盖层上，对于浅部地层的研究尚未十分深入。

1）南海西南部区域

万安盆地位于南沙海域东部，南海的西南部，介于 4°7′ ~ 10°46′N，107°34′ ~ 110°58′E 之间，总面积约 $11.2 \times 10^4$ km²。截止到 2005 年盆地内一发现 25 个油气田，油气资源丰富（贺清等，2005）。万安盆地第四纪地层的岩性较为统一，为砂泥岩互层（图 21.4），在钻孔 Dau-1X（图 21.1，图 21.5）中第四纪的地层厚度为 610 m，它的岩性为砂岩夹泥岩。

南海西南部海区（万安盆地）的更新统被命名为巴莱组和古毡组。古毡组的岩性为砂岩和泥岩的互层，沉积环境为浅海环境，属于海进体系域，沉积时期海平面不断的上升。巴莱组的岩性与古毡组一样，为砂泥岩互层，沉积时期为滨岸环境，海平面处于相对低的环境下。将全新统命名为后江组，其岩性为砂泥岩互层，沉积体系表现为滨浅海特征，属于高位体系域，海平面相对较高。

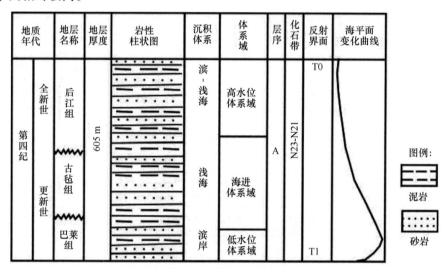

图 21.4　万安盆地第四纪综合地层柱状图

梁金强等，1994；王嶙亮等，1994；刘伯土等，2002；匡立春等，1998

2）南海南部区域

ODP1143 孔位于南海南部（图 21.1，图 21.5），它所揭示的更新世沉积物主要由黄褐色、绿色和浅灰绿色、绿灰色泥质超微化石混合沉积、具超微化石的泥和黏土组成，层理不明显，整个钻孔都具有组成成分逐渐变化的现象，深部出现火山灰层、浊积层和绿泥层等次级岩性。

该层段钙质超微化石和浮游有孔虫丰富，保存完好，底栖有孔虫稀少。碳酸盐含量略有变化，平均值约为 l8%，CR 测试值变化与碳酸盐数据一致，随深度增大而逐渐增高。测井资料，尤其是 CR、MS 和 NGR 值在更新统内显示出增高的趋势，具有轨道尺度旋回的叠加模式，大多数可以与冰期—间冰期旋回和氧同位素周期相对比。磁化率数据显示出一系列明显的峰值，可以与观察到的火山灰层相对应，这种峰值在 20 ~ 30 mcd 和 70 ~ 100 mcd 层段尤其丰富。更新世沉积物的孔隙水以硫酸盐降低为特征，42.5 ~ 43.8 mcd 为布容/松山极性倒转事件的界线，更新统与上新统界线位于 93.5 ~ 94.3 mcd 层段，更新统的线性沉积速率（LSR）平均为 50 m/Ma（陈邦彦等，1999；刘宝林，2002）。

3）南海东南部区域

南海东部区域以 Sampaguita – 1 井为例（图 21.1，图 21.5），井深 4 000 m 左右。第四纪沉积物厚约 300 m，岩性较为均一，为陆架碳酸盐岩、礁灰岩等，整体呈现出陆内滨岸沉积的环境。

## 21.1.3　区域地层对比

由于我国位于南海的北部陆架附近，南海北部的研究程度远高于南海的其他区域。南海南部和东部区域由于他的油气前景，目前也存在着若干口钻井，但第四纪地层的研究却几乎没有。ODP1143 钻孔和 Sampaguita – 1 井（图 21.5）所揭示的南海南部和东南部的第四纪沉积的岩性较为均一，但厚度变化较大，由于资料有限无法进行区域对比。而南海北部和西部的情况较为明朗，下文将对南海北部及西部的地层进行区域对比。

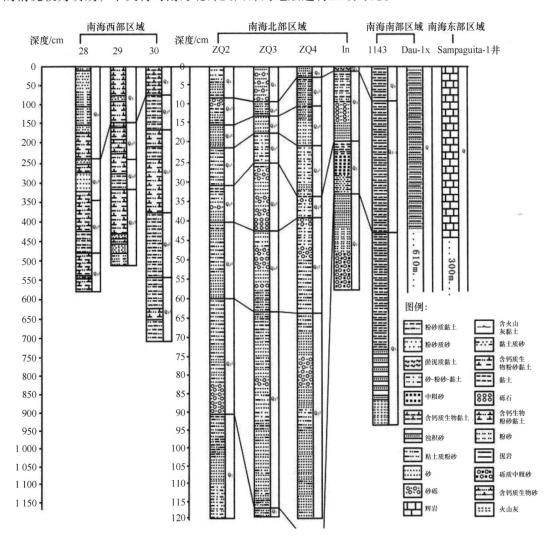

图 21.5　南海第四纪浅部地层柱状样，钻孔剖面对比图

据杨胜明等，1996；蓝先洪，1991；龙云作等，1991；陈泓君等，2005；潘国富，2003；冯志强等，1996；邱燕等，1999；匡立春等，1998；陈邦彦，1999；孙龙涛等 2010

### 21.1.3.1 南海北部海区

根据钻孔及柱状样资料，南海北部第四纪地层可划分为下更新统、中更新统、上更新统及全新统。除下更新统外，其他各统在在陆架均有较完整的揭露，前人已建立了组、段的地层命名。由于南海海域辽阔，第四纪地层变化很大，即使在北部区域第四纪地层的沉积特征（包括岩性、岩相、厚度等）及古生物特征等都有较大的差异。现按地层由老到新的次序做简要的对比（图21.5、图21.6）。

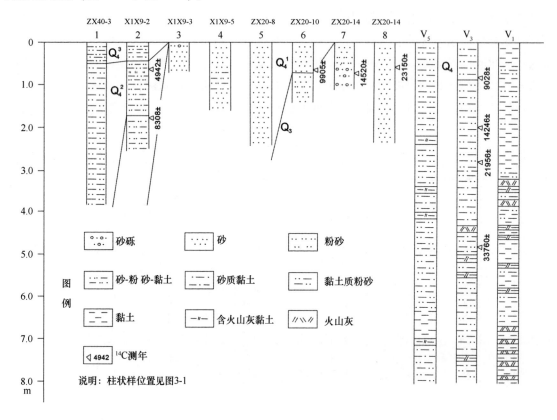

图 21.6　南海北部第四纪浅部地层柱状样对比图（据冯志强等，1996 修编）

### 1）下更新统（$Q_1$）

据杨胜明等（1996）对南海北部陆架的第四纪地层的研究得到南海海底表层沉积物尚未发现有下更新统出露，但钻孔中见到此地层。根据钻孔指示，在北部湾、莺歌海、琼东南、阳江南部海区、珠江口盆地、粤东海区等处均发现较厚的下更新统，估计其分布面积远比上述钻孔为广，推测海底第四纪底部与陆上一样，都发育有下更新统。只是各地地层厚度（厚度比较大，多数地区会超过100 m）、岩性等差异而已。据 In 钻孔资料揭示，下更新统的岩性是以粗碎屑为主，以砂砾、砂夹粉砂占优势。琼州海峡处 VS13 孔为杂色 – 黄色砂、黏土质砂，缺乏海相化石，属陆相沉积，厚度不等（李学杰等，2002）。向东至珠江口海域，岩性变为深灰色黏土质粉砂和细砂，有孔虫较丰富，反映出浅海相与滨海相的特征。而处于深海区的西沙群岛则完全由海相地层组成，主要由礁坪相、礁格架相及泻湖相的泥粒灰岩、藻粒泥灰岩及生物碎屑灰岩等组成，除了上述沉积相与岩性变化外，沉积厚度的变化也很大（杨胜明等，1996）。

2）中更新统（$Q_2$）

中更新统在南海北部有较完整的揭示（如 $ZQ_2$、$ZQ_3$），在珠江口陆架被命名为北卫组，分上、中、下三段，总厚度 59.50～92.60 m，厚度变化从浅水→深水海域，由薄→厚。其岩性主要由含海绿石与黄铁矿的灰色黏土质粉砂和砂组成，夹有砂砾层，呈现浅海相与滨海相特征。在底部与顶部附近都出现一定厚度的河流相砂砾层，从岩性特征看，岩石颗粒由粗→细→粗的变化（图 21.5）。在细粒沉积中有孔虫丰度较高，以深水种为主；在粗粒沉积中有孔虫丰度低，且多为浅水种。这些特征反映了一个由海进→海退的沉积旋回。在北部湾陆架及海南岛与雷州半岛沿海地区中更新统沉积层被命名为北海组，主要岩性为杂色砂砾岩与棕黄色黏土质砂，反映了陆上河流相与洪积相的特征。但在北部湾海区岩性变为灰色砂、粉砂和粉砂质黏土互层（In 孔），厚约 13 m。一般认为北海组属中更新统早期沉积，在北海组沉积之后出现一个较长的沉积间断，遭受风化与剥蚀。与此同时发育了中更新世晚期的火山岩堆积，称为石峁岭火山岩，其岩性为基性火山集块岩、层凝灰岩、伊丁石化、蛇纹石化橄榄玄武岩夹风化红土层。在局部地段由火山口形成的封闭湖盆中沉积有黏土质硅藻土（田洋试1 号孔）（陈俊仁等，1989）。深水区西沙群岛的中更新统称为琛航组，为珊瑚礁之礁顶－礁格架黏结灰岩、格架灰岩及藻粒泥灰岩等，厚度 40 m。由此看来，分布于南海北部各处的中更新统在岩性、岩相上的差异仍然比较大，厚度差异相对较小。钻孔资料表明，中更新统在珠江口陆架地区发育的较好，厚度也较大，是目前南海北部揭露相对较完整的中更新世地层。

3）上更新统（$Q_3$）

上更新统在南海北部广泛发育，在珠江口陆架区域称为南卫组，分上、中、下三段，厚度在 8.50～30.50 m，整个南卫组的厚度大体上随水深的加深而变厚。据 $ZQ_4$ 孔揭示，上段（$Q_3n^3$）主要岩性为深灰色黏土质粉砂，底部为粗粉砂，上部含砾，属滨海相沉积。有孔虫化石稀少，主要为 *Ammonia beccarii*，测年时代为 34 600 年（ESR）。该段沉积在年代上可与珠江三角洲第四纪沉积的第一旋回对比，据黄镇国等（1985）研究，第一沉积旋回底部河流相砂砾岩[14]C 年龄距今 37 000 ± 1 480～30 000 ± 2 800 年，属低海面时期的沉积。其上为深灰色粉砂质黏土，含少量黄铁矿与海绿石，古生物有牡蛎（*Ostrea* sp.）、原双眉藻（*Amphora proteus* sp.），属滨海相，[14]C 年龄距今 28 000 ± 2 200～15 000 ± 500 年，相当于珠江三角洲第一海侵阶段，即玉木亚间冰期后期（距今 32 000～22 000 年）。与此同时，在三角洲的部分地区也沉积有河流相的中砂及粉细砂。另据珠江三角洲△22 孔资料（兰先洪，1991），在孔深 43.91～26.00 m 处出现海相层，岩性为青灰色粉砂质黏土、黏土、中细砂及砂砾，含贝壳与海绿石。有孔虫为毕克卷转虫和颗粒希望虫；介形虫主要有宽卵形中华丽花介、中国中华花介和精美新单角介等；硅藻以半咸水种条纹小环藻为主，其次为咸水种小眼圆筛藻。该海相层属滨海相，为珠江三角洲第一海相层，是玉木亚间冰期时，海面上升时形成。其年代据与顺德大良△2 孔对比，约在 30 000～20 000 年。该海相层在广东红海湾地区也存在，据有关资料（杨胜明，1987），在红海湾第四纪钻孔剖面所划分出的层Ⅳ，岩性为深灰色粉砂质泥，含有海绿石与黄铁矿及较多的牡蛎壳碎片与半咸水的硅藻等古生物，应属滨海相或河口—港湾相沉积，其[14]C 年龄约在 28 000 年，属晚更新世晚期，相当于珠江三角洲的第一海相层，与南卫组上段可以对比。

在陆坡区上更新统称为尖峰组，也分上、中、下三段。据 $V_3$ 柱状样其总厚度为 10.72 m。

尖峰组上段厚 3.10 m（孔深 0.90~4.00 m），主要岩性为深灰色粉砂质黏土，属浊流沉积。其中 4~8 层热释光年龄在 21 959~14 246 年，与珠江口陆架区的南卫组上段可以对比。在尖峰组中、下段，主要岩性为深灰色粉砂质黏土与砂质黏土，含有较多火山灰及火山灰夹层。该处岩性及沉积环境与珠江口陆架南卫组中、下段有所不同，沉积厚度也由陆架向陆坡明显变薄（30.50 m 变为 10.72 m）。据测年资料，尖峰组中、下段的年龄在 34 906~33 760 年（TL），南卫组中、下段的年龄在 36 100~34 600 年，从沉积时代来看，南卫组的中、下段与尖峰组的中、下段基本上可以对比。

从粒度与厚度方面来看，南卫组上段粒度一般较粗，主要是砂和砂砾，中段为砂夹黏土质粉砂。中段与上段岩性总的变化趋势，随水深增加粒度由粗变细。而南卫组下段的岩性较细，主要为黏土质粉砂。南卫组的厚度从浅水到深水由薄变厚。

4）全新统（$Q_4$）

全新统在南海北部广为分布，几乎覆盖了整个海区及沿海地带，在北部陆架、河口三角洲及沿海等地均有较好的发育。晚更新世玉木晚期低海面阶段，气候寒冷干燥，海水退出陆架，盛冰期时甚至退出坡折之外，此时陆架上水系发育，河网纵横，形成侵蚀-剥蚀面。进入全新世气候回暖，海平面上升，随之海水越过坡折向陆架推进，陆架区大面积遭受海侵，沉积了全新世海相地层。

南海北部全新统以海相为主，沿海地带有部分陆相、河口湾相及三角洲前缘相，全新统沉积特征与厚度各处也有很大差异，总体特征是沉积物颗粒从陆向海方向（北→南），由粗变细，厚度由大变小。如位于沿海三角洲中的△22 孔全新统的底部为灰黄色中细砂及砂砾；下部为含海绿石青灰色粉砂质黏土与黏土质粉砂。古生物化石有孔虫以毕克卷转虫、颗粒先希望虫和半缺五块虫为主，介形虫以宽卵中华丽花介、方地豆艳花介和中华花介为主，硅藻以半咸水种的条纹小环藻为主，并含有较多的兰蛤和牡蛎；上部为土黄色黏土，无海相化石。该钻孔的地层剖面自下而上呈现出由陆上河流相-滨海相、河口湾相和三角洲前缘相-三角洲平原相的变化。至内陆架近海区的 $ZQ_1$ 孔沉积物岩性变为下部的砂-粉砂-黏土到上部的灰色黏土质粉砂，自下而上反映了由滨海相到浅海相的变化。至外陆架近坡折处的沉积岩性为黏土质粉砂和砂，反映出浅海相的特征。而位于下陆坡区的 $V_3$ 柱状样揭示该处全新统岩性为深灰色粉砂质黏土，属半深海的沉积环境。

厚度的变化，由陆向海从△22 孔的 20.5 m 到 $ZQ_1$ 孔的 17.5 m，$ZQ_2$ 孔的 8.8 m，$ZQ_4$ 孔的 2.5 m，再到 $V_3$ 孔的 0.85 m，随水深加大逐步减薄。不同地段沉积厚度存在有较大的差异，这与海侵的速度与古海岸停留时间的长短有一定的关系。从珠江口陆架全新统发育情况来看，位于内陆架附近的 $ZQ_1$ 孔全新统比较发育，可分为三段，北尖组下段[14]C 年龄距今 10 648~7 605 年；北尖组中段距今 6 924~4 974 年，北尖组上段距今 1 486~685 年。据黄镇国等（1985）对珠江三角洲沉积特征的研究认为，沉积于玉木晚期低海面长期风化产物——花斑黏土之上的滨海相淤泥的[14]C 年龄距今（8 050±200）~（5 020±150）年，这一年龄与北尖组中、下段的年龄大体上可以对比。

### 21.1.3.2 南海西部海区

1）上更新统（$Q_3$）

本区上更新统下段（$Q_3^1$）在柱状样剖面（图 21.3，图 21.5）中均未底，厚度为 20 m 左右。代表了半深海的沉积环境。上更新统中段（$Q_3^2$）在南海西部晚更新世中期地层的厚度为 28~48 m 之间（29、28、30 孔柱状样），西部海区中部的沉积厚度小于东部。在岩性方面，地层自下而上粒度无变化均为粉砂黏土，但生物以及矿物含量不尽相同。28 孔反映了陆坡的沉积相，29 孔反映了陆坡的沉积相，30 孔柱状样反映了半深海的沉积相，21 孔和 16 孔柱状样代表了深海的沉积相。上更新统上段（$Q_3^3$）在南海西部海区沉积的地层厚度在 3~10 m 范围之内，西部海区陆架的地层厚度在 7m 左右，地层自下向上呈粗变细的正韵律特征。28 孔柱状样为灰色粉砂质砂和灰色至深灰色含钙质生物粉灰色砂层交替出现。29 站柱状样的上部地层为灰色含钙质生物砂、粉砂和黏土，其中黏土 24%~28%、粉砂 22%~35%、砂 35%~50%。中部为浅灰色钙质生物粉砂黏土。下部为含钙质生物砂。30 站柱状样（75~165 cm）晚更新世晚期的地层为棕灰色粉砂质黏土，夹绿灰色泥质团块。

2）全新统（$Q_4$）

全新世以来南海西部海区的地层厚度为 2.5~23.5 m，区域内沉积厚度变化大，从柱状样中可得知，南海西部地区从近岸向远岸处全新世沉积减薄，北部厚度大于南部，而南北部的厚度又大于中间海区的地层厚度。西部海区全新世早期主要以粉砂质黏土，黏土为主，同时含有钙质生物，晚期西部海区的南部仍以粉砂质黏土和黏土为主要沉积类型，沉积物中含有硅质和钙质的生物。北部的沉积物粒度稍粗，为黏土质粉砂和砂为主要类型，不含生物碎屑。

## 21.2 浅地层剖面、地震剖面层序划分

### 21.2.1 南海北部区域层序划分

据冯志强等（1996）在浅地层剖面层序的研究中主要采用 3 种不同勘探深度的浅层高分辨率地震方法，以了解海底下 0~30 m、0~200 m 及 0~1 000 m 三个不同深度的沉积地层与地质构造特征。这 3 种调查方法的地球物理系统性能见表 21.4。

**表 21.4 高分辨率地震的物理系统性能**

| 调查方法 | 频率/kHz | 分辨率（垂直）/m | 穿透深度/m |
|---|---|---|---|
| 浅层剖面 | 3.5~7.0 | 0.2~0.5 | 20~30 |
| 单道地震 | 0.1~2.0 | 1~5 | 100~520 |
| 多道地震 | 0.2~0.3 | 5~10 | 800~1 000 |

资料来源：冯志强等，1996。

通过对这三种不同频率的高分辨率地震剖面的解释，划分出浅部的地震层序，并经与已知钻孔资料的对比，建立了区域浅部地层层序，划分地震层序主要根据反射波的振幅、频率、相位、连续性和波组的组合关系以及反射波的终止方式上超、下超、顶超和削蚀等反映地层接触关系的地震反射特征，来确定地震的反射界面，进而划分出地震层序。据刘宗惠等人（1991）研究，南海北部珠江口盆地的第四系中存在 6 个反射界面，即 $R_0$、$R_1$、$R_2$、$R_3$、$R_4$、$R_5$，存在 3 个较大的地震反射层序，Ⅰ、Ⅱ、Ⅲ层序，进一步划分可分为 A、B、C、D、E、F 6 个地震反射亚层序（表 21.5，图 21.7，图 21.8 和图 21.9）。

**表 21.5 南海北部珠江口盆地地震反射层序**

| 地质时代 | | 地震反射层序 | 地震反射亚层序 | | 浅层剖面小层序 | 地震剖面 | | | |
|---|---|---|---|---|---|---|---|---|---|
| 第<br>四<br>纪 | $Q_4$ | I | A | | $A_1$<br>$A_2$<br>$A_3$ | 浅地<br>层剖<br>面<br>3.5<br>kHz | 单<br>道<br>地<br>震 | 多<br>道<br>地<br>震 | |
| | $Q_3$ | | B | $R_1$ | | | | | |
| | | | C | $R_2$ | | | | | |
| | $Q_2$ | | D | $R_3$ | | | | | |
| | | | E | $R_4$ | | | | | |
| | | | F | $R_5$ | | | | | |
| | $Q_1$ | II | | $T_1^1$ | | | | | |
| | | III | | $T_1$ | | | | | |
| 新近纪 | $N_2$ | | | | | | | | |

资料来源：冯志强 等，1996

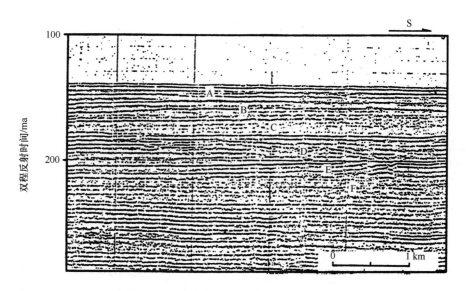

图 21.7 单道地震剖面上的浅部地震层序特征（冯志强等，1996）

层序 I-A，属于 $Q_{3-4}$，为弱—中振幅，连续性好，呈平行或亚平行结构，上超在下伏层序之上。该亚层序在水深 120~130 m 的近陆架边缘处尖灭。

层序 I-B，属于 $Q_3$，北部为强反射，连续性较差，具杂乱状反射结构，丘状外形，底部呈波状起伏，局部可向下切割至 C 层的深部。东部、南部呈中振幅，似平行结构，连续性相对较好，局部底面下凹，其内呈现斜交结构。该层与下伏层序呈不整合或假整合。

层序 I-C，属于 $Q_2$，为中—弱振幅、中—低频率，平行—亚平行结构，连续性较好，向东南在水深 110 m 附近出现斜交反射结构，反映三角洲前积的特征。

层序 I-D，属于 $Q_2$，为振幅中—强，频率中—高，呈平行—亚平行结构，连续性好，厚度稳定。

层序 I-E，属于 $Q_2$，为中—弱振幅，中频、中连续性，该层底界在北部连续性不好，

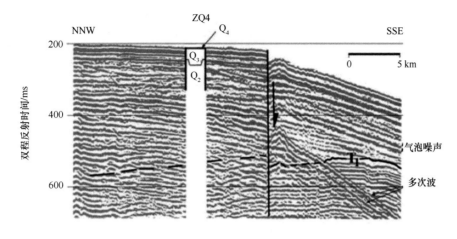

图 21.8　$ZQ_4$ 附近地震剖面反射（T. Lüdmann et al.，2001）

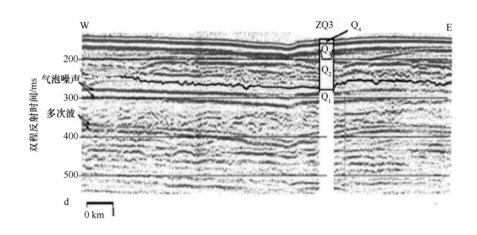

图 21.9　$ZQ_3$ 附近地震剖面反射（T. Lüdmann et al.，2001）

向东南以下超方式终止在下伏层序之上，该亚层序与上覆亚层序呈整合关系，与下伏层序呈不整合接触。

层序 II - F，属于 $Q_1$，在北部为可变振幅，中—低频率，丘状不连续反射，一般呈平行或亚平行结构，但在东南部水深 120 m 处开始出现斜交反射结构，反映了三角洲前积特征，它与上覆层序呈出一种顶超关系。

在 I - A 亚层序中根据 3.5 kHz 频率的浅地层剖面还可细分出 3 个更小的层序 $A_1$、$A_2$ 和 $A_3$。$A_1$ 层：为一套反射能量弱、连续性好的水平状沉积层，大约在 80 m 水深的陆架残留沉积区尖灭，北厚南薄。$A_2$ 层：上部为强反射、连续性好的水平状沉积；下部为弱反射，连续性变差，且具微细斜层理的沉积层。A3 层：为反射能量弱、连续性差、局部出现充填型沉积。

一般认为，地震层序是地层沉积层序在地震剖面上的反映，沉积层序的时代是由钻孔测年资料来确定（以南海北部为例）。通过地震层序与沉积层序的对比，可以确定地震层序的地质年代。如前所述，在南海北部陆架珠江口盆地曾钻探过 $ZQ_1$、$ZQ_2$、$ZQ_3$ 和 $ZQ_4$ 4 个深度在 110～121 m 的钻孔，这 4 个钻孔均为全取芯，并曾进行了各种方法测年及微体古生物分析。据刘宗惠、庞高存（1991）的对比与研究，这些地震层序的地质属性如下：

$A_1$ 层：岩性为青灰色黏土、黏土质含贝壳碎片，其底界地质时代在 7 000 年左右，属全新世中、晚期，代表全新世高水位时的沉积，厚度 0 ~ 10 m。

$A_2$ 层：岩性为灰、褐灰色砂 - 粉砂 - 黏土沉积，其底界地质时代距今 11 000 ~ 12 000 年左右，相当于全新世早期，属冰后期海侵层，厚度一般在 15 m 左右。

$A_3B$ 层：岩性为黄褐色砂砾层和黏土质粉砂层，北部为砂砾层，向东南变为黏土质粉砂层，由陆相逐渐过渡为三角洲相沉积，其地质时代属晚更新世，厚度在 20 ~ 30 m。

C、D、E 三层：主要岩性为细砂、黏土和粉砂层，据 4 个钻孔的测年资料（TL），其年龄在 20 万 ~ 70 万年之间，应属中更新世，相当地层中更新统北卫组。北卫组可分为上、中、下三段，上段和中段大体上相当于 C 层序，而下段基本上与 D、E 二层序相当。北卫组下段的顶界是超微化石带 NN20/NN19 之间的界线，年代在 45 万年左右。$ZQ_2$ 孔在该界线附近的热释光年龄为 42 万年左右，地震层序 C 与 D 的分界，大体上也可与这一界线附近。

F 层：钻孔尚未钻透，已揭露部分岩性为深灰色黏土质粉砂和细砂，据热释光测年时代在 73 万 ~ 92 万年，相当于早更新世晚期，是早更新统顶部沉积的反映。

多道地震资料划分出的 3 个大层，其地质时代据对比，Ⅰ层为全新统—中更新统，Ⅱ层 + Ⅲ层为早更新世。

## 21.2.2　南海南部海区

据刘宝明（2000），姚永坚等（2005）对于南海南部（万安盆地，曾母盆地）地震反射剖面的研究，新生代以来存在 3 个较大的地震反射层序，第四纪主要为超层序Ⅰ，A 地震反射亚层（表 21.6）。

万安盆地地震层序的反射特征（层序 A）为顶界为海底，底界为稳定双相位反射界面 T1，层内为平行，亚平行反射层组，中 - 弱振幅、中连续地震相。为滨浅海到半深海的沉积环境，岩性主要为泥岩砂泥岩的互层，厚度为 250 ~ 1 300 m，地层基本未变形（杨木壮等，1996；王嘹亮等，1994）。

曾母盆地地震层序的反射特征（层序 A + B）为一套中 - 高频、变振幅、高连续反射层组，具有平行的结构、席状披盖外形（图 21.10）。顶界为海底（$T_0$），底界 $T_2$ 与下伏地层呈整一或上超、下超接触（图 21.11），代表一套构造变形微弱、稳定沉降的沉积层，该层为上新世以来的沉积（王立飞等，2002）。

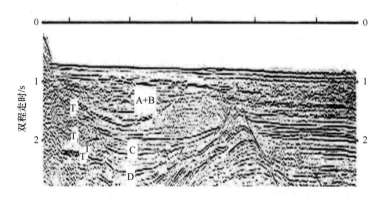

图 21.10　曾母盆地地震解释层位反射特征（据姚永坚等，2005）

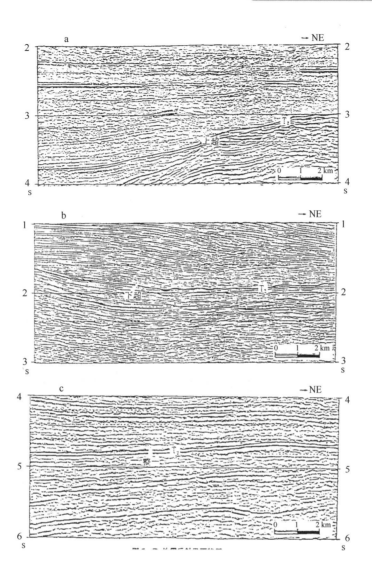

图 21.11 地震反射界面特征（据王立飞等，2002）

表 21.6 南海西部地层层序划分

| 时代 | 盆地名称 | 地层层组 | 超层序 | 地层层序 | | | 沉积环境 |
|------|---------|---------|--------|---------|---|---|---------|
| 第四纪 | 万安盆地 | 第四系 | I | 据杨木壮等（1996） | 据王嚎亮等（1994） | 据刘宝明（2000） | 滨海 – 半浅海 |
| | | | | A | A1，A2 | A + B | |
| 第四纪 | 曾母盆地 | 第四系 | I | 据陈玲（2002） | 据王立飞（2002）；姚永坚等（2005） | | 半深海 |
| | | | | A | A + B | | |

资料来源：据王嚎亮等，1994；杨木壮等，1996；刘宝明等，2000；陈玲，2002；王立飞等，2002；姚永坚等，2005。

## 21.3 地震相与沉积相

地震相是地层内各种沉积特征在地震剖面上的反映，它与地层内的沉积相有一定的联系，但并不一一对应。地震相是一个具有明显特征的地震地层单元，或者是它的一部分，它由地震参数（如振幅、频率、连续性、内部结构、外部形态及各层速度）等不同于相邻地震单元特征的反射组合所构成。但目前的浅地震剖面与单道地震剖面还不能完整地提供各种地震参数，因此，在划分地震相时主要依据反射结构、外部形态、连续性、频率及能量的强弱等进行分析。本节以南海北部的地震相和沉积相为例。

（1）席状相：该相呈平行－亚平行反射结构（图 21.7 中 A 层），席状延伸，部分出现平缓的斜交反射结构，该地震相反映了浅海相、三角洲平原相与泛滥平原相的沉积特点。沉积物的颗粒比较细，主要为黏土质粉砂、砂－粉砂－黏土和黏土质砂等。该相广泛分布 A、B、D、E 等层序中。

（2）平行充填相：外部具下凹的形态，范围有大有小，内部呈平行或亚平行等的反射结构（图 21.12），能量较弱或强弱相间，处于一种能量相对较低的沉积环境之下，反映出平原河流或浅湖相的沉积特征。该相分布较为局部，常见于 A、B 层序中。

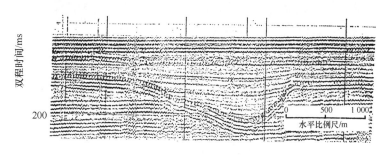

图 21.12　具上超特征的平行充填相（据寇养琪，1990）

（3）斜交充填相：呈下凹充填状反射，能量强弱变化较大，充填物常呈斜交相结构，部分为亚平行状波状反射结构（图 21.13）。该地震相反映了河流侵蚀切割沉积的特点。沉积物颗粒变粗，以砂和砂砾为主。此一地震相广泛分布于 B 层序上部（北卫组上段）和 C 层序（南卫组上段），D 层序（北卫组下段）也有分布。

（4）斜交前积相：呈斜交反射结构（图 21.14），强弱反射交替，彼此平行向前倾斜，有呈斜交型和"S"斜交复合型，这种地震相位往往反映三角洲前缘相和陆坡前缘相的沉积特点，沉积物主要由黏土与砂组成。在 C 层序与 E 层序中较为常见，B 层序中也有一定的发育。

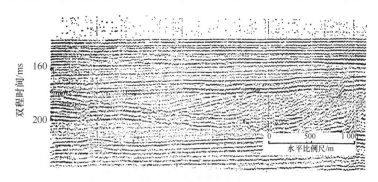

图 21.13　斜交充填相（细层呈单向倾斜的迭瓦状结构）（据寇养琪，1990）

（5）乱岗状地震相：呈乱岗状反射结构（图 21.15），反射能量强弱多变，短而粗的强反射与短而细的弱反射组成不规则的反射层，连续性较差。此种地震相位往往反映不稳定的多变的沉积环境，具有陆相的特征。

（6）杂乱堆积相：外部形态呈丘状起伏，内部呈杂乱反射结构，这种地震相位往往发育

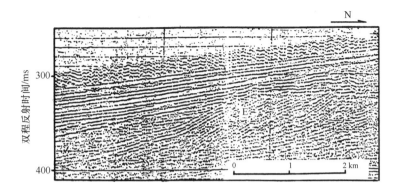

图 21.14　斜交前积相（层 E）（ZD92 测线）（据冯志强等，1996）

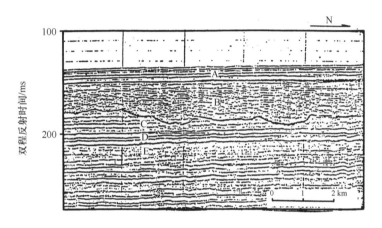

图 21.15　乱岗状地震相（层 B）（ZD96 测线）（据冯志强，1996）

在坡度较陡的陆坡地带和冲刷槽沟边侧的陡坡位置。在水流的作用下，由滑塌作用而产生是重力滑堤塌或浊流沉积的反映，该地震相出现的位置，往往在滑塌沉积与滑坡现象发育的地段，在 A 层序及 B 层序中较为多见。

（7）雾状反射及空白相：外部呈烟囱状、宽柱状及囊状，内部呈雾霭状或空白状，无反射结构，此种地震相常常是浅层气的反映。

## 21.4　新近纪以来沉积环境的演变

### 21.4.1　南海北部沉积环境演化

南海北部地处中国大陆南部边缘地带，新生代以来发育有北部湾、莺歌海、琼东南、珠江口和台西南等多个陆缘盆地。盆地中以陆相碎屑沉积为主，局部夹有灰岩和白垩质沉积，厚度在 4 000 ~ 10 000 m。

古近纪该地带陆缘盆地中以陆相（主要为河湖相）沉积为主，晚渐新世开始沉积环境发生了明显的变化，除北部湾地区外普遍遭受海侵的影响，海侵基本上在晚渐新世剥蚀面上由南东向北西方向推进。除北部湾盆地外，大部分地区接受了滨海、浅海相与三角洲相的陆源碎屑以及部分礁灰岩的沉积。进入中新世早期，海侵进一步加强并扩大，海侵由南向北推进，并进入珠江口盆地的西北部。至早中新世晚期，南海北部的海侵首次达到高潮，并持续到中中新世早期，沉积了以细碎屑岩为主的浅海相地层（如珠江组），在此一时期，海侵也由珠江口盆地的西北经雷州半岛南部首次到达了北部湾地区。在该地区沉积了海相下中新世地层——下洋组。在南海东北部此时海水也淹没了自始新世以来一直处于隆起状态的澎湖－北港地区，沉积了以灰色页岩为主夹有砂岩的北港组地层。

中中新世中晚期至晚中新世早期，由于全球海平面下降，在南海北部也出现具有明显海退特征的沉积，如珠江口盆地韩江组发育的三角洲沉积，此一海退一直持续到晚中新世早期。至晚中新世中晚期，南海北部再次发生海侵，这次海侵比此前的海侵无论是规模与范围都要大得多。那些在晚渐新世—中中新世时处于隆起状态的地区如东沙，也遭受海侵的影响而接受沉积。此海侵一直持续到上新世早期。在这一时期南海北部很多地区都处于相对较深的水深环境之下，沉积了灰色、深灰色泥岩与页岩为主的地层。

到上新世晚期，南海北部发生海退，使一些原先隆起的地区重新露出水面（如东沙和神狐隆起），使珠江口盆地与北部湾盆地部分地区的滨海相沉积有所扩大，而在莺歌海、琼东南等地受海退影响相对较小。

进入第四纪早更新世时期，海退范围进一步扩大，在南海北部广泛发育海陆交互相沉积，部分地区甚至出现陆相地层。如雷州半岛等地湛江组中的河湖相沉积，在珠江口地区现今水深约 74 m 处的 $ZQ_1$ 孔（21°30′N 附近）也曾出现过浅湖相沉积。至中更新世，由于气候回暖，海平面上升，海侵范围较早更新世有所扩大，海水由南向北推进，使原先接受陆相沉积的地区成为滨海与浅海的沉积环境。但在中更新世时期，气候波动较大，有过多次的冷暖交替，这也造成海平面的波动，使沉积环境出现了变化，因此，这一时期海陆交互比较频繁，总体上看海平面是趋于上升，海侵范围在扩大。据位于珠江口地区的 $ZQ_2$ 钻孔资料，在中更新世中期前后，海平面上升达到高峰，此后海平面回落，至中更新世晚期，出现明显的海退现象，在位于 21°30′ ~ 21°35′N 附近的 $ZQ_1$ 孔与 $ZQ_2$ 孔，此时已转为陆相环境，出现了河流相的砂与砂砾层沉积。

进入晚更新世玉木亚间冰期时，海平面再次上升，海侵由南向北推进，海水覆盖了现今水深 70 m 以浅地带，$ZQ_1$ 与 $ZQ_2$ 钻孔所在位置都处于浅海相的环境之中，海侵最终到达现今珠江三角洲的很多地区，使该地区出现第一次海侵现象，形成了珠江三角洲的第一海相层。至晚更新世晚期，由于气候变冷，海平面下降，海水退出珠江三角洲地区，继而退出内陆架并向陆坡方向后退。在海平面下降过程中，在广阔的陆架上发育多期不同水深的古三角洲，同时岸线在这些古三角洲附近都有暂时的停留。在晚更新世晚期最低海平面时期，海水可能一度退至陆架坡折之外（陈泓君等，2005），岸线出现在更低的位置。此一时期珠江三角洲及南海北部陆架，基本上都处在陆相环境之中，其上水系发育，河网纵横，大范围处于风化剥蚀作用之下，具铁质网纹与铁质薄壳的花斑状黏土发育，它们是较长时期风化作用的产物。流经陆架地区的河流由于侧向侵蚀与下切作用形成了众多的河道。在陆架地区坡降较小，地形较为平坦，河流的下切深度有限，可能侧向的摆动，拓展了河道的宽度，心滩的发育，导致水流的分散，河流的频繁改道与截切，形成牛轭湖、沼泽地及众多废弃河道。在总体由北向南的河流流向上发展成纵横交错、辫状水系密布的泛滥平原型的河网特征。陆架上的古河道特征在浅地层与高分辨率单道地震剖面上都有明显的反映，不对称的"V"形、"U"形（图 21.16）。据寇养琦（1990）研究，南海北部陆架上晚第四系的古河道可分为三期，它们分别发育在 A、B、C 3 个地震反射层序中。南海北部陆架近岸海域水深 −50 m 以内的海底发现有多处古河谷的存在。在珠江口海域至少有 5 条古河谷（图 21.17），其中位于高栏岛正南

方向水深 -22 m 的海底面下约 6 m 处发现一古河谷, 谷深 7 m, 宽 150 m, 横剖面形态不对称, 河谷中已被泥沙充填, 类似的埋藏古河谷在韩江口发现有 4 条, 在鉴江口、漠江口也有发现, 它们的上端一般与现代河口相连。

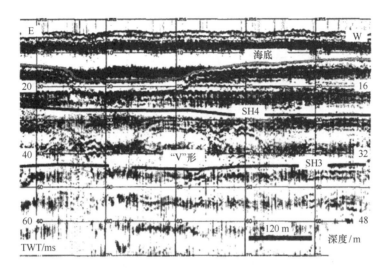

图 21.16 珠江口北部埋藏的 "V" 形古河道 (孙杰等, 2010)

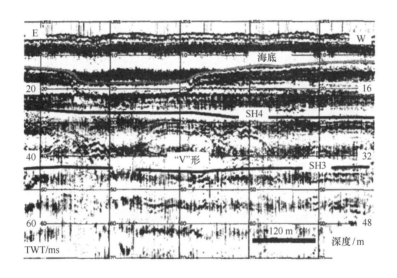

图 21.17 埋藏古河道和古三角洲

经历了寒冷的冰期之后, 在全新世初期, 气候回暖, 海平面再度上升, 开始了冰后期更为广泛的海侵时期, 这次海侵开始于距今 11 000 年左右 (黄元辉等, 2005)。海水淹没了整个陆架地区, 并推进到三角洲的大部分地区, 甚至超越了珠江三角洲第一次海侵的范围, 是珠江三角洲最大的一次海侵, 也是该地区的第二次海侵, 有人称之谓大西洋期海侵。根据徐明广等 (1986) 的分析与研究, 距今 8 000 ~ 7 000 年, 海面有所停滞, 在距今 6 620 ± 170 年时, 海面高度为 -11.4 m, 距今 6 100 ± 150 年时, 海面高度为 -5.89 m, 距今 5 000 ± 190 年时, 海面位于 -4.55 m, 基本上接近现代海面的高度。5 000 年以来, 海平面略有波动上升, 致使珠江三角洲由陆向海逐渐推进, 在其顶部形成海陆交互相沉积。在距今 5 000 ~ 2 500 年的亚北方期 ($Q_4^{2-2}$), 曾有过局部的海退, 而距今 2 500 年以来的亚大西洋期 ($Q_4^3$), 海侵范围又有所扩大，海相沉积也有所扩展。

综观新近纪以来南海北部陆架及珠江口三角洲地区沉积环境的演变，与海平面升降密切相关。海平面的变化导致了海陆沉积环境的变迁，海平面的升降过程也是沉积环境的演变过程。

### 21.4.2　南海西部和南部沉积环境演化

南海西部和南部发育了中建南、万安、北康、曾母、文莱－沙巴等盆地。其沉积环境的演化与全球气候与海平面的变化密切相关。自南极大陆出现较大规模的冰川（36Ma B. P.）以来，全球气候逐步变冷。特别是中新世以来的全球气候经过一系列重大转折，最终进入晚上新世—更新世，南、北两极都具冰盖的冰期。ODP1143 孔（袁金红等，2005）中氧同位素的记录表明 2.6 Ma B. P.，全球气候格局已经发生改变，全球变冷和冰量的增加达到零界值。由于冰盖的变化直接影响到全球海平面的变化，对南海西部与南部的沉积环境存在着重要的影响作用。

古新世—中始新世南海西南部，主体为陆相环境，仅东缘处于海相环（王嘹亮等，2002）。中渐新世时（30 Ma），巽他陆架除加里曼丹东南缘外，均为陆地。112°E 以西区，除中建南盆地为浅海外，其余均为陆地分布。万安盆地晚渐新世全为陆相，盆地以冲积与洪泛环境为主，零星分布湖泊，可见南海西南部此时的沉积相主体为陆相环境，仅东缘处于海相环境。到早中新世，演变为潮上三角洲平原和潮间红树林带（泥岩与煤为主）环境，盆地东北部为潮下港湾环境。早中新世早期，在现今曾母盆地北部和北康盆地南部区（5°50′~6°40′N，109°40′~112°40′E）的西部以海岸平原环境为主，占 60% 面积。往北东方向，依次出现滨—浅海环境，东缘有浅海页岩和碳酸盐岩沉积。到中中新世，巽他地块整体为陆相环境；中中新世晚期—晚中新世，安达曼海张开，出现浅海相环境，现在的泰国湾那时仍为陆地。纳土纳群岛以南的亚南巴斯群岛、淡美兰群岛直到邦加岛一带的广大地区，早上新世时仍为陆相环境。南海西南部的北康盆地在早渐新世，受全球海平面上升影响，古南海海平面升高，接受海侵，中东部普遍成为海相环境，西部的陆相环境分布区较始新世时明显减小。沉积环境由东往西依次为浅海－半深海、滨－浅海、三角洲和冲积平原。主要沉积相为浅－半深海泥砂相－砂泥互层相，滨浅海偏砂相—砂泥相，三角洲砂泥相、滨岸沼泽、河漫沼泽和冲积平原偏砂相。

高红芳等（2000）同样认为位于南海西部的中建南盆地古新世—中始新世早期的沉积环境为典型的陆相湖泊沉积，在晚始新世到渐新世末时不断向大陆边缘海盆逐渐过渡。沉积物从盆地（中建南盆地）四周以河流、冲积扇的形式充填在盆地中，多为近源堆积。湖水平静，湖盆较封闭，发育了 1 500~3 000 m 厚的河流—冲积扇和浅湖沼泽沉积。盆地边部和底部 粗碎屑河流冲积扇沉积为主，盆地中部以细粒的浅湖、沼泽沉积为主，内部可能有煤层。渐新世末期的浅湖沼泽泥岩相和浅胡－半深湖泥。中新世早中期时，水平面不断上升，水体范围加大。

# 第 22 章　地质构造与沉积盆地演化

南海位于欧亚板块、菲律宾海板块和印度板块三大板块交界处，是西太平洋的一个大型的边缘海，同时南海也是我国周边最深、最大的海域，其面积约有 $350 \times 10^4$ km$^2$，是世界上第三大陆缘海。从构造上看，南海北缘为华南大陆，西界为中南半岛和马来半岛，其东为南外缘由一系列岛弧围绕，使得南海成为半封闭的边缘海。其外廓为呈 NE—SW 向伸展之扁菱形，长轴沿 N30°E 向延伸 3 140 km，NW 向宽约 1 250 km（刘昭蜀，2002）。从构造地貌上看，南海海盆由东部海盆、西南海盆和西北海盆三个次海盆组成，其间分布着中 - 西沙及南沙减薄陆壳，周缘被四个不同类型的边缘所围限：北部是张裂边缘构造带、西边是南北向越南陆坡大型平移断裂带、南边是已停止活动的南沙海槽碰撞构造带、东边是正在活动的马尼拉海沟俯冲带。南海是新生代陆缘张裂、海底多期次多方向扩张而形成的边缘海盆。海盆中央发育有深海平原、海沟、链状海山、海底火山等大洋型复杂构造地貌单元，海盆向周边的陆架和陆坡发育有海岭、海谷、海山海丘、陆坡盆地和陆坡海台等多种构造地貌单元（图22.1）。

## 22.1　基底性质与盖层特征

迄今为止，对南海张开为深海盆之前的大地构造属性及动力学状态尚未明朗，有部分学者认为属于华南地块的一部分（金庆焕，1989），也有将其归属于前震旦纪古陆块（即华夏古陆）的一部分（任纪舜等，1990）。在大地构造意义上，南海及其围区有华南地块、印支地块（含东马来西亚）、中缅马地块、西缅地块、锡库勒（Sikuleh）地块群和西婆罗洲地块。按照多数人观点，华南、印支、中缅马地块之间曾以古特提斯洋相隔。晚三叠世华南地块与印支地块拼合，而印支地块和中缅马地块的拼合则始于晚三叠卡尼期，完成于瑞替期。此三个地块拼合后组成巽他陆块，并与西缅地块以特提斯洋相隔，之后于晚白垩世逐渐拼合。特提斯域构造发育的这一历史是印支半岛、马来半岛和加里曼丹岛西南部中生界分布及岩相古地理演化的主要控制因素，使其具有西海东陆、早海晚陆的特点（李家彪等，2008）。中生代之前，华东、华南及南海像现在一样位于欧亚大陆东缘，再往东则是一片开阔的海洋。磁条带的研究表明中生代时期西北太平洋位置先后有菲尼克斯（Phoenix）、法拉隆（Farallon）、伊泽奈崎（Izanagi）、太平洋（Pacific）和库拉（Kula）5 个板块存在。太平洋板块于早侏罗世末产生于菲尼克斯、法拉隆和伊泽奈崎板块之间的一个三角区内，法拉隆板块在东北，伊泽奈崎板块在西北，菲尼克斯板块在南面，4 个板块同时扩张。之后历经碰撞、俯冲等复杂构造运动，发展成为今日西太平洋区域之形势。

中生代晚期至新生代早期以神狐运动为代表的强烈构造运动，改变了南海及邻区的地球动力学状态，中国东南大陆边缘经历由主动大陆边缘向被动大陆边缘的转变（Hall，1995；Li Jiabiao，1997），开创了南海新生代演化的崭新历史。之后历经复杂张裂、多期次不同方向扩张及缓慢热沉降等一系列构造地质运动，最终形成了现今南海之构造格局。晚渐新世至早

**441**

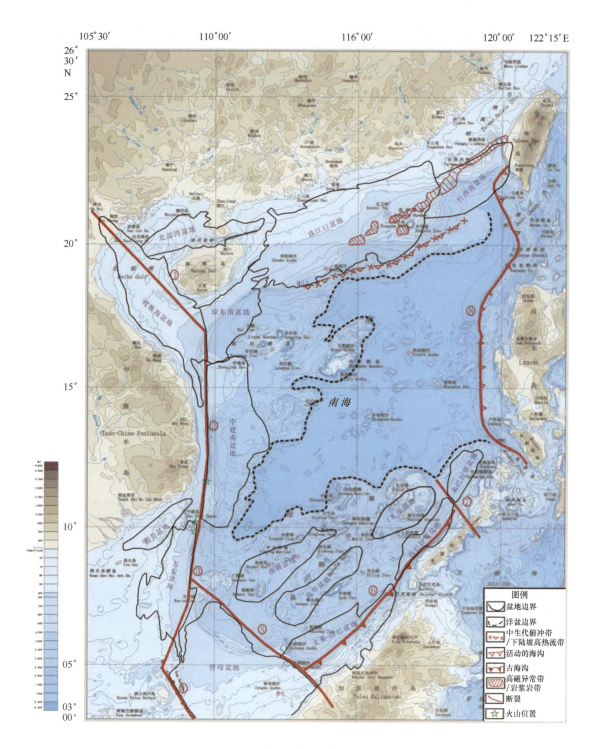

图 22.1　南海及邻区构造纲要图

①红河断裂；②南海西缘断裂；③广雅滩西断裂；④卢帕尔河断裂；⑤廷贾断裂；⑥南沙海槽东南断裂；⑦乌卢根断裂；⑧马尼拉海沟断裂；MSZ：推测中生代太平洋俯冲带

中新世南海张开之后，被分开的南部海域被称之为南沙地块（夏戡原，1995）。而南海北部边缘为华南陆架，其展布方向大致平行于呈 NE 向延伸的海岸线，其内部发育成一系列阶梯状正断层及其所围限的基底地堑和地垒。基底地堑控制了南海北部新生代断坳盆地的形成和发展；南海南部边缘的南沙海槽（巴拉望海槽）亦呈 NE 向展布，在加里曼丹岛北部形成向南凸出的弧形断褶带及一系列叠瓦状冲断层，前第四系遭受不同程度的变形和变质；南海西部演变为狭窄的越东陆架，呈 SN 向展布，与海岸线大致平行。陆架上有一系列平直的阶梯状正断层，具剪切－拉张特征，先剪后张，依次由西向东断落；而近 SN 向的台湾－北吕宋岛弧和马尼拉海沟位于南海海盆东缘，凸向南海。海沟之下的地震资料显示，马尼拉俯冲带的贝尼奥夫带（Benioff）向东倾斜，具有复杂的演化历史。南海及邻区化极磁异常图中清楚显示中央海盆有 EW 向磁条带展布及切割洋壳的 NNW 向大断裂，而珠江口盆地 NE 向延伸至台湾的高磁异常带可能代表了中生代的陆缘岩浆弧，南海南部的高磁异常带应该同南部边缘的碰撞挤压有关（图 22.2）。

基于对南海大地构造运动历史的认知，我们将神狐运动之前的前新生代地层定义为区域基底，而将之后的新生代地层定义为盖层。以下我们基于研究区近年来所获取的钻井资料及

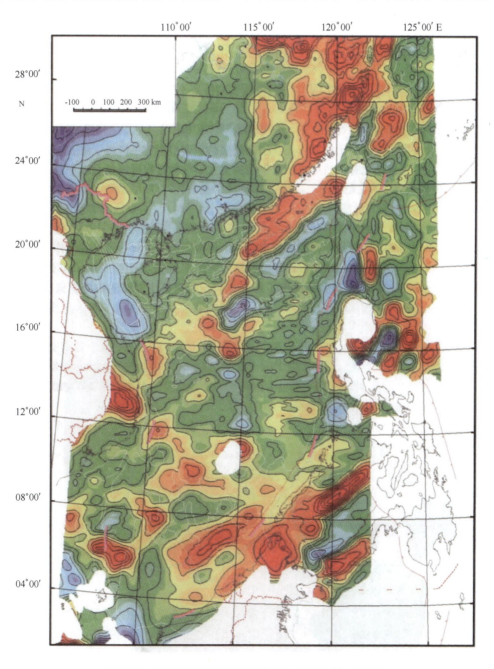

图 22.2　南海及邻区化极磁异常图（龚再升等，2004）

其所揭示的地层层序对南海区域基底及盖层特征进行描述。

## 22.1.1 基底性质

（1）前寒武系：南海西北部地层发育齐全，前寒武系地层被发现主要出露于越南昆嵩、越北、海南岛等地。昆嵩地区为一套由花岗片麻岩等组成的中、深变质岩系，U－Pb 等时线年龄为 2 300 万年（Gatinsky et al.，1984）；海南岛前寒武纪地层由中元古代抱板群混合岩化岩层和晚元古代石碌群中－浅变质岩层组成，海南岛石碌群云母片岩同位素测年为 788Ma（王善书等，1992）；而南海北部大陆坡区西沙群岛永兴岛的钻井（西永一井）揭露，钻区存在一套强烈变质的花岗片麻岩、黑云母花岗片麻岩、黑云母二长片麻岩、变斑状混合岩组成的元古宙深变质岩系，铷－锶法全岩年龄为 627 Ma（王善书等，1992），由此证实海南岛基底与中、西沙群岛同属前寒武系，说明南海在形成之前该区存在一个以前寒武系结晶岩系为基底的古陆块，其沉积盖层是古生界—中生界。北部湾地区属于云开地块西段在区内的延伸，其基底主要由晚元古代云开群和寒武纪八村群组成，为一套中等变质－混合岩化的巨厚复理石碎屑岩（含中酸性火山岩）建造（李家彪，2008）。

（2）古生界：根据南海周边地区资料，古生界均有海相沉积，其中陆缘东部广泛分布有下古生界地层，西部分布有上古生界地层（曾维军，1991）。推测当时除西沙、南沙以外的"南海"海域，在早古生代曾有以浅海碎屑、碳酸盐为主的沉积，而在晚古生代则以浅海相沉积为主。钻井资料也揭示，泰国湾坳陷北部和中部发育有白垩纪花岗岩和含有变质岩的石炭—二叠纪及中生代地层。在台湾岛、菲律宾群岛、加里曼丹岛上，石炭—二叠纪的石灰岩中也曾发现假希瓦格"蜓"（fusulinid）化石（王善书等，1992；李家彪，2008）。华南和印支地区古生代地层虽然岩相变化较大，但也有近似发育历史，据其发育特征大致可分为上、下古生界。下古生界发育巨厚复理石和类复理石沉积建造为特征，但印支地区也有见大量中、基性火山岩夹于晚奥陶世与志留纪地层中，而莺歌海盆地见有中寒武统变质砂岩可以华南陆区同时代地层对比。上古生界岩相和厚度变化较大，有海相碳酸盐岩及陆相－海陆交互相的砂泥质沉积，北部湾盆地钻遇石炭纪灰岩，第三系近底部的砾岩也多来自上古生界灰岩（张训华等，2008）。

（3）中生界：三叠纪早期，本区继续接受沉积，在南海周边地区可见二叠系与三叠系地层渐变过渡。但此时海水逐渐退走，沉积发育以海陆交互相为主的石灰岩、碎屑岩。印支运动之后，除从台湾岛至香港一带以及越南南部至加里曼丹岛一带仍有海相下侏罗统的浅海碎屑岩以外，大部分地区已隆起成陆。侏罗纪、白垩纪至古新世时，在分割状的断陷盆地中堆积了大量陆相碎屑、中酸性火山岩屑、火山碎屑等沉积。它们的厚度变化较大，岩相变化剧烈，盆地沉积中心多有变迁。在白垩系红层中，陆地上发现有恐龙化石，而在临近岛弧带附近，中生界则为浅海相碎屑岩。而南海中央海盆的刚性基底则大多出露于海底山脉区，大多具有火山特征，主要由碱性玄武岩和介于拉斑玄武岩及碱性玄武岩之间的不同岩石组成，地化特点表明这些岩石类似大洋扩张中心形成的玄武岩（刘昭蜀，2002）。在地层上表现为，华南陆缘二叠系为浅海碳酸盐岩及海陆交互相，下、中三叠统主要为浅海相碎屑岩，局部为海相碳酸盐岩或中酸性－基性火山岩。上三叠统—中侏罗统为陆相含煤碎屑岩沉积。晚三叠世起，出现陆相碎屑及含煤沉积，中生代晚期及古近纪早期小型陆相红色盆地发育。珠江口陆区及陆架、陆坡区多处出露有晚三叠—早侏罗世海陆过渡相煤系地层；台西南海区钻井发现白垩纪滨海－浅海相含煤碎屑岩系（李家彪，2008 a）；西纳土纳盆地北侧、西南侧及南海南部陆缘均有中生界地层发现,北部湾钻遇白垩系红色砂砾岩、安山玢岩、凝灰岩等,东沙以东海区钻遇上侏罗—下白垩统浅海 - 半浅海相砂泥岩;礼乐滩地区的 Sampaguita - 1 井及周边地区也揭露出从早白垩系碳酸盐岩、黏土页岩等至二叠系灰岩地层(王善书等,1992;李家彪,2008)。

值得注意的是,从南海西北部与南海北部陆缘东侧珠江口盆地,以及与南海南部南沙海区的基底地层对比发现,南海西北部尤其是海南岛中部及南部,其地层明显有别于华南。南海西北部前新生代基底缺少中生代海相沉积,其寒武纪地层为含锰、磷的碳酸盐岩,产生三叶虫等化石;二叠系下统(栖霞期)具特征的冰碛盐沉积,"口梨"科动物群也与华南明显不同,其特征表明与特提斯有密切关系(张训华等,2008)。另外,珠江口盆地潮汕坳陷中出现的中生代海相沉积向北穿越东沙隆起而与华南陆区的中生代地层相连,向东则与台西南盆地的中生代连成一片,为一套早白垩世、早侏罗和晚三叠世的海相地层(王平等,2000;杨少坤等,2002)。而南沙海区的礼乐等地的拖网表明在安渡—南薇及礼乐两个地方有很厚的中生代和古近系沉积,礼乐滩附近的三叠纪到白垩纪为一套深海 - 浅海沉积(Kudrass et al.,1986),安渡—南薇虽无钻孔和拖网,但地震剖面显示具有相似性。此证据表明古特提斯洋并没有从南海西北部通过,对其中生代的地理展布位置及其走势的探讨左右了对南海整个中生代及新生代早期发展演化历史观点的分歧。

## 22.1.2 盖层特征

古近系地层在华南大陆只有少量沉积,多在南海北部陆架 NE 向的断陷盆地中,陆相多旋回的碎屑岩建造发育,尤其是古近系中期有大量暗色泥岩或油页岩建造,是一个重要的生油层段。新近系—第四系是南海海域中分布最广的地层。由于中新世海侵,南海中新统普遍超覆不整合于老地层之上。上新世的海侵比中新世规模更大,它又超覆于中新统之上,为一套浅海相碎屑岩系(王善书等,1992)。

南海北部陆架区包括珠江口、北部湾、莺歌海、琼东南、台西南及西沙盆地等新生代盆地。新生界地层巨厚,一般在 1 500 ~ 2 500 m,莺歌海坳陷区厚度可达 4 000 ~ 5 000 m,珠江口盆地最厚可达 10 000 m 以上,处于长期隆起的西沙群岛等地,也有 1 250 m 左右以礁灰岩为主的碳酸盐岩建造。区内地层可再划分为上、下两个构造层。下构造层由古新统和始新统组成,主要为内陆断陷盆地的类磨拉石、火山碎屑、膏盐和含油页岩沉积。古新统为红色砂砾岩与泥岩互层,洪积 - 冲积相,见于断陷底部,始新统为砂泥岩互层夹煤的半深 - 深湖相,主要分布于凹陷部位。上构造层由渐新统—现代沉积组成,主要为一套广泛超覆的海相沉积(刘昭蜀,2002)。渐新统分布广泛,为灰白色砂砾岩、粉细砂岩与深灰色泥页岩、沥青质页岩等互层。中新统在各盆地分布广、厚度大,属浅海相 - 滨海相沉积。上新统为近水平沉积层,分布极广,厚度稳定,一般为下细上粗泥岩、砂岩及砾岩组成,属海退旋回沉积。具体地说,大陆架区为滨海 - 浅海相陆源碎屑及三角洲沉积,大陆坡区主要为生物礁和生物碎屑碳酸盐岩沉积。

在南海南部陆架区以曾母盆地为代表,始新统及以下地层均已变质,构成盆地基底。渐新统极为发育,分布广、厚度大,与下伏地层呈不整合接触。曾母盆地的拉让群由泥岩和杂砂岩夹浊积岩组成,上部夹灰岩,属浅 - 半深海相,厚度大,底层已褶皱变质。文莱 - 沙巴盆地的穆鲁组或克罗克组由褶皱变质的千枚岩、板岩及硬砂岩组成,属浅海 - 半深海浊积层系。礼乐滩—南沙海槽一带,下构造层主要由古新统—始新统组成,但具体时代下限始于晚白垩世，上限为中始新世。下构造层可再分为上、下两个层组，上层组为超覆披盖层，下层组为半地堑充填层，两者皆为海相沉积（刘昭蜀，2002）。礼乐滩附近基底高区处的 Sampaguita-1 井钻遇厚约 800 m 的下构造层，其中上层组以半深海相页岩为主，下层组为三角洲-河流相碎屑岩。上构造层可再分为上、中、下三个层组，上层组为中新世—现代深海相泥质或浅海生物沉积，中层组为晚渐新世—早中新世台地相层状碳酸盐岩，厚仅 200～600 m，下层组在大部分地段缺失或很薄，为晚始新世—早渐新世滨海、浅海相碎屑沉积（李家彪，2008）。苏禄海以卡加延火山脊为界分成南北两部分，北部在大陆性基底之上有较厚的中新世以来沉积，南部为洋壳，上覆 2000 沉积物。南海南部许多盆地上新统与第四系不分，与下伏中新统不整合接触（张训华等，2008）。总体来说，南海南部海域新生代地层发育，盆地中沉积巨厚，未变质的新生界最大厚度可达 14 000 m，岩性主要为沉积碎屑岩，碳酸盐岩主要分布在远离大陆的岛礁区，发育层位东部为始新统—下中新统，西部以中—上中新统为主，其他层位零星分布（翟光明，1990）（表 22.1）。

表 22.1　南海新生界地层简表

| 地层 | | | 符号 | 距今时间/Ma | 主要岩性及分布 |
|---|---|---|---|---|---|
| 新生界 | 新近系 | 全新统 | $Q_4$ | —— 0.0115 —— | 珊瑚礁，生物碎屑砂、黏土、软泥等 |
| | | 更新统 | $Q_p$ | —— 1.806 —— | 深海盆中以抱球虫软泥为主的火山灰、放射虫粉砂层，隆起高原上为珊瑚灰岩、生物碎屑岩，陆架上主要为砂、页岩，有火山岩、火山碎屑岩夹层，厚 10～2 000 m |
| | | 上新统 | $N_2$ | —— 5.332 —— | |
| | | 中新统 上 | $N_1^3$ | —— 11.61 —— | 浅海-半深海相砂、泥岩互层，下部常有石灰岩、生物碎屑灰岩，海底高原上为珊瑚礁灰岩，厚 1000～4000m |
| | | 中新统 中 | $N_1^2$ | —— 15.97 —— | |
| | | 中新统 下 | $N_1^1$ | —— 23.03 —— | |
| | 古近系 | 渐新统 | $E_3$ | —— 33.9 —— | 北部为陆相至浅海相碎屑岩；南部为浅海-半深海相页岩、砂岩为主层系；东南部近岛弧处古近系大都遭褶皱而变质 |
| | | 始新统 | $E_2$ | —— 55.8 —— | |
| | | 古新统 | $E_1$ | —— 65.5 —— | |
| 中生界 | 白垩系 | | K | | 北部有陆相碎屑岩，遭后期蚀变，含古新世有孔虫；南部为基性熔岩 |

资料来源：修改自翟光明，1990；尚继宏 等，2006。

近年来国内外学者对南海西南海盆的研究也越来越多，认识逐渐加深。位于西南海盆的扩张中心处的地震反射剖面证实该处新生代沉积层厚度约为 1.5 km，而海盆西部边缘和南部地区的厚度可达 2 km，而在南部边缘地带由于物源缺失、沉积速率较小而使得其沉积厚度变得很薄约 1 km 厚（刘昭蜀，2002）。在整个南沙群岛地区，除了南端的沙巴-文莱盆地和曾母盆地外，新生代沉积皆为断陷式沉积。

在南海中央海盆大洋基底玄武岩之上，新近纪以来沉积了深海抱球虫软泥、褐色黏土及浊流堆积，产状平缓覆盖在崎岖不平的大洋基底之上。海盆北部沉积面积较广，最厚可达 3 km。南部逐渐减薄，一般小于 0.8 km，最厚处约 1.2 km（李家彪，2008；刘昭蜀，2002）。

## 22.2　断裂构造与岩浆活动

### 22.2.1　断裂构造

断裂带是由主断层面及其两侧破碎岩块以及若干次级断层或破裂面组成的地带，作为地壳运动的痕迹，断裂带常表现为地壳表面的不连续，其位置分布、走向、深度、密度等均具深刻的构造含义，是研究区域构造史的重要指示牌。中国海区及邻域位于亚洲大陆边缘，中生代以前经历了块体相对活动及最后拼合成陆；中生代以后处于欧亚板块、太平洋板块、印度板块相互作用，彼此消长的影响范围内，断裂构造发育具有特定的规律。

南海海区位于我国南部大陆边缘，是一个从大陆到大洋地壳之间的过渡带。它处于中、新生代以来地球上两个强烈活动带 – 阿尔卑斯 – 喜马拉雅活动带和环太平洋活动带的交换地带，是欧亚板块、太平洋板块和印度 – 澳大利亚板块的汇聚区，此区域构造较我国东部大陆边缘构造区更为复杂。从区域构造应力对断裂的形成演化角度分析，南海海盆周缘被北部张裂边缘构造带、西部越南陆坡大型平移断裂带、南部南沙海槽碰撞构造带以及东边马尼拉海沟俯冲带四个截然不同的构造断裂带所围限。根据围区变形体的物性、厚薄、作用力大小、方向及时间长短以及形变速度和所处的构造部位不同，从而形成不同方向、不同级别和不同类型的断裂构造。按断裂展布方向大致可分为 NE 向、NW 向、近 EW 向和近 SN 向 4 组，从断裂的力学性质来说，有张性断裂、剪性断裂、压性断裂、张剪性断裂和压剪性断裂等。

#### 22.2.1.1　断裂构造总体特征

对于南海区域各种断裂带的认识和推测至今为止并未统一，但对于中央海盆周缘的几个主要的大型断裂分布及走向已有基本共识。南海区域岩石圈断裂走向以 NE 向为主，NW 向次之，而 S—N 向及 E—W 向的岩石圈断裂也不乏其例（张训华等，2008）。NE 向断裂是控制南海构造格局和地形轮廓的主要断裂，一般发育较早，分布广泛，以张性断裂为主，在东南边缘有少部分为压性断裂（图 22.3）。如南海北部近岸陆上区域的张性断裂带（1～6）、陆坡区北部的断裂（16～19）、南沙海槽南缘的压性断裂（13）等。南海北部拉张性断裂带及地堑系的形成主要受控于华南陆缘晚白垩世至古近纪之间的地壳拉张活动（刘昭蜀等，2002），而南海南部的压性断裂则推测与加里曼丹微板块与南沙微板块的碰撞、俯冲活动有关（李家彪等，2008）；NW 向断裂也很发育，相对 NE 向断裂来说形成时间较晚，多数切割了 NE 向断裂，一般具剪切性质，如南海西北部呈 NW 向展布的红河断裂带以及中南半岛东部的几个主要断裂带（23～26）。另外，南海南部呈 NW 展布的卢帕尔河断裂与廷贾断裂（22～23）则有可能与晚白垩世"古南海"洋底向巽他地块东北缘俯冲有关（刘昭蜀等，2002）；近 S—N 向断裂主要分布在南海东西两侧，如海盆东侧的马尼拉海沟断裂、吕宋海槽东西两侧的断裂以及民都洛断裂等（36～39）形成主要归功于南海在东部边界的俯冲消亡机制，而中南半岛东侧呈走滑性质的南海西缘断裂则应与南海西部陆缘区的大型右旋滑移构造相对应。近 E—W 向断裂主要分布于南海中央海盆和南海北部，这些断裂多与晚渐新世至早中新世南海海盆的第二次大规模扩张有关（姚伯初等，2007；李家彪等，2008）。

#### 22.2.1.2　主要断裂带分布

南海是新生代陆缘扩张而成的陆缘海，处于欧亚板块、太平岩板块和印度 – 澳大利亚板

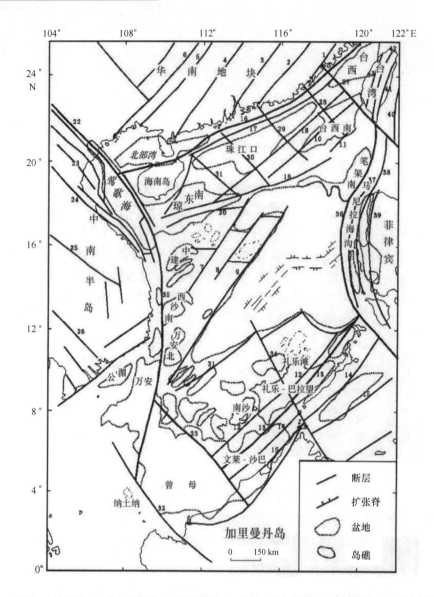

1. 平潭－南澳断裂；2. 莲花山断裂；3. 河源断裂；4. 吴川－四会断裂；5. 合浦断裂；6. 灵山断裂；7. 中沙海槽西北缘断裂；8. 中沙海槽东南缘断裂；9. 中央海盆西缘断裂；10. 东沙断裂；11. 东沙东南缘断裂；12. 南沙海槽西北缘断裂；13. 南沙海槽东南缘断裂；14. 巴拉望东南侧断裂；15. 韦斯顿断裂；16. 华南滨海断裂；17. 珠堑北缘断裂；18. 陆坡北缘断裂；19. 中央海盆北缘断裂；20. 西沙北海槽北缘断裂；21. 中央海盆南缘断裂；22. 红河断裂；23. 马江断裂；24. 长山断裂；25. 他曲断裂；26. 洞里萨湖断裂；27. 九龙江－鹅銮鼻断裂；28. 黄岗水断裂；29. 南卫滩断裂；30. 珠堑中部断裂；31. 七洲断裂；32. 卢帕尔河断裂；33. 廷贾断裂；34. 巴拉巴克断裂；35. 南海西缘断裂；36. 马尼拉海沟断裂；37. 吕宋海槽西缘断裂；38. 吕宋海槽东缘断裂；39. 仁牙因－民都洛断裂；40. 台东滨海断裂；41. 台湾中央山脉断裂；42. 台湾中央断裂；43. 台中断裂

图 22.3　南海及邻区主要断裂带分布（李家彪等，2008a）

块相互作用的交互区域。南海东侧的太平洋板块向欧亚板块俯冲形成了长达几千米的火山岛弧系。南海西北部印度－澳大利亚板块向欧亚板块的碰撞造就了世界最高的山脉和最大的高原（许志琴等，2001）。在这种复杂的地球动力学环境中，南海形成了丰富多彩的地质构造现象和陆壳、过渡壳、洋壳等多种构造单元（周蒂等，2002），周边区域的构造断裂发育具有特定的规律。北部边缘的拉张、南部边缘的挤压、西部边缘的剪切－拉张和东部边缘的俯冲消减等，再加上区域构造变形体物性、厚薄、作用力大小、方向、演化时间、形变速度和所处构造位置的区别，导致形成不同方向、不同深度、不同规模及类型的多种断裂构造。

### 1）红河断裂带

红河断裂带又称哀牢山—红河构造带，为印支半岛与华南地块之间相对运动的主位移带（郭令智等，2001）。Morley（2002）指出印支半岛挤出作用与古南海俯冲带通过红河断裂相连，红河断裂沿走向转变为右旋走滑断裂，辅助完成印支半岛的挤出，推动古南海的俯冲，从而导致南海的扩张。古近纪至新近纪初、中期印度次大陆与欧亚大陆的碰撞汇聚导致印支地块向东南挤出，其东北部边界形成规模巨大的哀牢山-红河左行韧性走滑带。新近纪晚期运动方式转为右行正断层，形成哀牢山东侧的脆性断层，即狭义的红河断裂。

红河断裂带为一强韧性剪切带（Chung et al.，1997）。主断裂走向315°，沿红河流域分布，由一系列相互平行的断裂组成，NW 向延伸与陆上哀牢山断裂相接，SE 向延伸进入海区与莺歌海断裂相连，长逾千余千米，宽约 30 km（张训华等，2008）。红河断裂带沿走向大致以奠边府断裂为界分为两段。

展布于中国西南的红河断裂作为扬子地块与印支地块间的边界断裂，其西北段被认为主要包括 3 期运动（李家彪等，2005）：渐新世早期35 Ma（Leloup et al.，1993，1995）或始新世晚期42 Ma（Wang et al.，2001）开始至中新世早期20 Ma 之间的高温剪切期，以断裂带两侧发育的高钾岩浆活动为特征；22～17 Ma 期间的伴随左旋剪切的冷却抬升阶段，期间发生左旋共200～800 km（洪汉净等，1998），印支地块顺时针旋转约 15°（Yang et al.，1993）；17～5 Ma 期间的平静期及 5 Ma 之后的右旋走滑运动。5 Ma 之后华南地块被顺时针旋转挤出，右旋位错约有 20～50 km（Leloup et al.，1995）。

断裂带东南段由多条 NW 向断裂组成，呈向海撒开状，共同构成河内凹陷变形带。该段变形期大致也可以分为 3 个阶段（Rangin et al.，1995）：30Ma 以前沿 NW 向断裂广泛发育的左旋剪切变形；30～5.5Ma 期间的局部左旋剪切，变形范围集中在约 30 km 范围，凹陷开始反转；5.5Ma 之后，河内凹陷 NW 向断裂无明显活动迹象。

### 2）南海西缘断裂带

南海西缘断裂带，又称越东滨外断裂、越东断裂（带）、越东边界断裂和越东滨海断裂等，目前为止地学界基本上认为它就是印支亚板块与南海亚板块之间的区域性边界断裂（林长松等，2009）。该断裂位于越南东部海岸陆架与陆坡转折处，断裂带由一系列大致呈 S—N 走向的断裂组成，北端与 NW 向红河—莺歌海断裂和 NE 向琼东南断裂相交汇构成相互联系的"Y"形断裂带，南端与 SW 向的万安东断裂和 SE 向的廷贾断裂构成"人"字形断裂带，南北延伸长度为 700 km，十分壮观。通常将 11°30′～17°30′N 之间的北段称为南海西缘断裂带，11°30′N 以南称为万安断裂带，后者构成万安盆地的东界（孙龙涛等，2005），有时又将其统称为南海西缘断裂带（万玲等，2005）。

断裂带西侧印支地块在新生代受印度板块—欧亚板块碰撞作用的影响，沿红河剪切断裂带与华南地块发生相对运动，发生顺时针旋转；断裂东部为西沙地块，沿带分布一系列盆地，如中建南盆地、西南次海盆、曾母盆地等。在南海西缘断裂带右行走滑期间，这些盆地进入主要裂谷期，受以伸展为主的扭张作用。中中新世以后，南海扩张停止，南海西部盆地发生区域性沉降，伴有正断活动，并受扭压构造作用发生叠加。

南海西缘断裂带的成因现存有两种主要观点，一种观点认为南海西缘断裂带是印支旋转挤出的产物，是红河断裂带在海域的延伸（吴进民，1999；林长松等，2009）；另一种观点认为南海西缘断裂带是新生代南海扩张的产物，是印支板块和南海板块的边界（万玲等，2000）。

3）廷贾断裂

廷贾断裂是位于南海西南海域的北康盆地西部边界，同时也是分割在南沙地块和曾母地块之间的巨大 NW 向走滑断裂，在重力、磁力异常和地震反射创面上均有明显的反映，断裂带发育有火成岩（钟广见，1995）。该断裂位于曾母盆地北侧，穿过北康暗沙与南康暗沙之间，往东南方向与加里曼丹岛上的廷贾断裂相连，往西北方向穿过西卫滩与万安滩之间，向西穿过万安东断裂，并延伸到万安盆地东部地区。廷贾断裂长约 480 km（王宏斌等，2001），对南海西南部地区的构造演化有重要影响。

在磁力异常图上，该断裂带对应一条 NW 走向的强磁异常带，廷贾断裂恰好是万安 – 曾母平缓磁场区和南沙变化磁场区的分界；在布格重力异常图上，该断裂反映为 NE 向展布的高值正异常和 EW 到 NW 向展布的低值正异常分界线，正异常对应曾母盆地（李唐跟，1987；王宏斌等，2001）。

根据区域地质资料和断裂特征分析，廷贾断裂活动较晚，可能始于渐新世，其断裂的活动主要有 3 个阶段，即渐新世、中新世和晚中新世—第四纪三期。陆上廷贾断裂错断了古近纪形成的 NE 向穆卢断裂和克拉维特断裂说明廷贾断裂活动最早不超过渐新世，另外从这一错断特征来看，廷贾断裂应为右旋走滑断裂（钟广见，1995；王宏斌等，2001）；早中新世之后，由于南沙地块向南俯冲于沙巴之下，同时曾母地块向西北方向移动，断裂的右旋活动得以加强；中新世晚期，由于望加锡海海峡张开，沙巴克罗克增生带抬升并向北推挤，南沙块体南移趋势被遏制，曾母地块相对南沙地块南移，廷贾断裂变为左旋活动。此时，作为廷贾断裂的次级断裂的近东西向断裂在巴兰三角洲发育，其力学机制说明了廷贾断裂的左旋性质；近代该断裂可能变为右旋活动，沿断裂产生的岩浆活动说明断裂直到近代还在活动。

4）南沙海槽断裂带

南沙海槽位于南沙海域东南缘，介于南沙岛礁区与婆罗洲陆地之间，东部以巴拉望岛和加里曼丹岛为界，为一长 680 km、宽 80 ~ 120 km、水深 2 000 ~ 3 300 m（低于周围陆坡 800 ~ 1 000 m）的 NE 向深水槽地（姚伯初，1996；苏达权等，1996），槽底平坦，两边坡度较陡。南沙海槽断裂带位于南沙海槽的南北两侧，可分为南北两个断裂带，即海槽南缘断裂带和北缘断裂带。

南沙海槽是一个明显的低值自由空间重力异常区，整个海槽均为负值异常，其负值异常分布与地貌形态基本对应，整个南沙海槽被 NE 向负的自由空间重力异常圈出，两侧有明显的重力梯度带（张殿广等，2009）。西北侧为南沙地块的岛礁区，其空间重力异常为低幅值的正异常，此重力异常梯度带可能是南沙海槽和南沙岛礁区之间存在断裂分界的反映，即南沙海槽北缘断裂带存在的反映；南沙海槽东南侧的加里曼丹地区为高幅值的正异常，与海槽之间构成的重力异常梯度带反映了在南沙海槽东南侧与加里曼丹陆块之间存在较大的断裂带，即南沙海槽南缘断裂带。南沙海槽沉积层下之基底向 SE 方向倾斜，海槽西北侧的南沙地块地壳厚度为 24 ~ 26 km，而海槽东南侧的地壳厚度为 8 ~ 9 km（苏达权等，1996）。沉积层向相反方向即 NW 方向倾斜。

早期的研究认为，晚中生代时华南和印支陆块的南缘与婆罗洲陆块之间存在一个古南海，古新世时它已沿着南沙海槽俯冲到加里曼丹—西南巴拉望地块之下（Haile，1969；Ben et al.，1973；Bowin et al.，1978；Hamilton，1979；Ludwig，1979；Taylor et.，1983）；而 Hinz 等（1985，1989）通过对南沙海区多道地震剖面的分析，发现早中新世碳酸盐台地一直向东南延伸并穿过南沙海槽至巴拉望岛之下，他们据此认为南沙海槽下伏的是陆壳，而不是洋壳，并由此认为南沙海槽不是古南海残留俯冲带，而是巴拉望仰冲楔状体推覆前缘因地壳均衡作用形成的地壳下挠。此看法得到了一些地质学家（Hutchison，1988，1992；Tan et al.，1990）的支持。近期的研究表明，新生代古南海洋壳的俯冲带位于巴拉望岛的东南部，婆罗洲微陆块向东北方向的延伸部分为火山弧。北段在俯冲结束后，由于巴拉望岛向西北方向运动，并仰冲于原俯冲带之上，由于外来地体的压力，使地壳弹性弯曲而形成一水槽。但在南沙海槽南段，原俯冲海沟依然存在，只是由于后来沉积物的充填而使水深变浅（Hinz et al.，1991；姚伯初，1996）。

### 5）马尼拉海沟断裂带

马尼拉俯冲带是欧亚板块与菲律宾海板块相互作用的产物，地处南海海盆东缘，空间上呈南北向延伸并呈弧形西凸的反"S"形构造，南、北分别与民都洛地震复杂构造带和台湾弧陆碰撞构造带相连（Sibuet et al.，1997），是一条正在活动的具有特殊构造意义的重要会聚边界。俯冲带西侧与东亚大陆最南端、面积最大的边缘海——南海的东部次海盆相接，东侧则与西菲律宾海盆直接相邻，北端止于台湾弧陆造山带，并与其东北端的琉球俯冲带呈反转俯冲姿态交汇于台湾陆上中坜至花莲一线，而南端则于菲律宾吕宋岛南端的民都洛区域附近逐渐隐没。马尼拉海沟断裂带是作为"沟 - 弧"仰冲系统的一部分，位于俯冲增生楔前缘，沿俯冲带走向而展布，由一系列近似 S—N 向的逆冲断层组组成。

近年来收集到的大量地球物理资料充分证实了此断裂带的存在。Tsai（1986）收集了台湾南部的天然地震资料，显示台南海域深部存有一向东倾斜的贝尼奥夫带，震源深度从南向北变化，反映了从俯冲到碰撞的板块界面改变；Tang 与 Chemenda（2000）通过小波分析的方法进一步分析了在台湾南部收集到的天然地震震源剖面，认为震源位置表明了吕宋岛弧地下存在向东倾斜的浅源的（0～40 km）的震源集中区，而断裂前缘位置则在 21.5°N 附近；李家彪等（2004）则对 14°～18°N 范围内南海东部的地震震中位置及贝尼奥夫带数据资料进行了分析，重点研究了海山的挤入对俯冲断裂发育的控制及对增生楔的改造等。一般来讲，在俯冲板块交接地带，最负的重力异常值常能反映出俯冲带向下俯冲的板片同上覆板片的交界位置（Bowin et al.，1978）。而马尼拉俯冲区域重磁异常图上也能看出（Sibuet et al.，2002），最负的重、磁异常在马尼拉俯冲区出现在北吕宋海槽部位，在台湾东南海域沿台东海槽延伸并与陆上台东纵谷相连，在台湾东南部则是沿台东海槽延伸至台东纵谷之下，明确指示出马尼拉海沟断裂带的走向与位置。

马尼拉海沟俯冲带的成因机制与吕宋弧的北迁及其与亚洲大陆（台湾地区）的碰撞有关，同时受到西侧南海东部海盆及东侧西菲律宾海盆的演化、运动方式制约，更由于缺少关键数据如深海钻井、拖网取样等数据的采集，一直都未完全确定。现存较为普遍的观点是，马尼拉俯冲带形成于南海海盆扩张结束后，并在中新世早期就开始沿着马尼拉海沟向菲律宾海板块俯冲，而中中新世之后，菲律宾海板块开始凌驾于古南海板块之上，从而产生了马尼拉及吕宋岛弧体系（Bachman et al.，1983；Brias et al.，2000；丁巍伟等，2006）。

6）南海北缘断裂带

南海北缘断裂主要以 NE 或 NEE 向张性断裂为主，特点是以正断层为主、基岩断距大、继承性发展、断距下大上小。NE 向断裂同时也是南海地区最主要的断裂，分布面积极广，是控制南海构造格局和地形轮廓的主要断裂。华南沿海陆上区域主要的 NE 向断裂有平潭－南澳断裂、莲花山断裂、河源断裂、吴川－四会断裂、合浦断裂、灵山断裂等；陆架及陆坡区主要有华南滨海断裂、珠堑北缘断裂、陆坡北缘断裂、中央海盆北缘断裂、东沙断裂、东沙东南缘断裂、西沙北海槽北缘断裂等（图 22.3）。

从南海北部自由空间异常来看，南海东北部重力异常走向以 NE 向及 NEE 向为主，东部边缘异常地带为 SN 走向，局部地区 NW 向异常切割 NE 及 NEE 向异常；南海西北部重力异常走向主要是 NW、NE 向，海南岛自由空间重力异常等值线呈明显 NE 走向，总体重力异常走向与分布真实地反映了南海北部陆缘区基地构造走向和断裂展布方向（王善书等，1992；李家彪等，2005）；从南海北部陆缘东部地壳结构来看，从陆架到深海，地壳和岩石圈厚度呈阶梯状减薄，反映了地壳在新生代早期是幕式拉张的；南海北部陆缘区中部与东部类似为拉张性减薄陆壳，并有地幔隆起与上地壳上拱作用；而西部主要是裂陷作用，且张裂同期沉积层厚度巨大，裂后厚度小，而东部的两套沉积厚度相当。这说明标志南海北部陆缘张裂开始的神狐运动是从西向东扩展的（姚伯初等，1994；龚再升等，1997）。

7）南海中央海盆断裂带

南海深海盆总体呈 NE—SW 向菱形展布，大致以 SN 向的中南链状海山为界分为中央海盆和西南海盆。南海中央海盆是华南陆缘在中生代晚期发生的 NE 向断裂及 NW—SE 向拉张后，历经晚渐新世—早中新世（32～17 Ma）期间多期次不同扩张中心和扩张速率后形成（姚伯初，1997；李家彪等，2005）。

南海中央海盆的两次扩张均以黄岩海山链为主扩张轴，早期（32～27 Ma）扩张方向为 SN 向，晚期（26～16 Ma）为北 NW—SE 向（李家彪等，2002）。受两期扩张断裂带控制，东部海盆及周缘广大海区沿张性断裂和扩张脊火山喷溢，形成众多高耸壮观的海底火山，并构成走向明显且密集分布的海山、海丘及线性水下断崖。黄岩链状海山南北两侧，发育了 6 条近 EW 向的链状海山与海丘。之后由于洋壳冷缩及重力均衡作用，使海盆海底总体加深，形成坦荡的深海平原。东部海盆沉积厚度一般在 1 000～2 000 m 之间，上部产状水平，下部则随着基底起伏，并逐渐将其填平（刘忠臣等，2005）。

南海中央海盆的扩张中脊及断裂带向西南方向跨越中南链状海山，可一直延伸至西南海盆。盆内重力、磁力异常均呈 NE 向分布，可鉴别出 13～17 号磁异常条带，对应年代为 42～35 Ma（姚伯初等，1994，1997）。目前对于西南海盆的地球物理资料相对较为缺乏，对其张裂历史、扩张方式，以及演化机制等是否同中央海盆类似，还是另有玄机，相关研究期待更多资料的收集，如中央断裂的深度、走向，深部地壳特征等。

## 22.2.2 岩浆活动

中国海域岩浆活动有岩浆侵入活动和火山喷发活动，形成了侵入岩和火山喷发岩。南海及周围地区各期岩浆活动与构造演化阶段有关，不同阶段形成与之相对应的岩浆序列。按构造演化阶段可分为：前寒武纪、加里东期、海西－印支期、燕山期和喜马拉雅期。其中晚燕山期和喜马拉雅期是南海岩浆活动的重要时期。晚燕山期的岩浆活动出现在陆缘地区,主要为基性、超基性岩浆的侵入和喷发,而华南古生代褶皱基底活动带主要为中、酸性岩浆的侵入和喷发,岩浆活动的前缘明显向东南迁移至现代海区。喜马拉雅期的岩浆活动则主要表现为大规模的基性和超基性岩浆的侵入和喷发。

### 22.2.2.1　南海地区古生代岩浆岩分布及其特点

前寒武纪的岩浆岩构成了各块体的陆核,主要为基性岩类和细碧角斑岩类,与初始地壳的形成有关。如海南抱板群的混合花岗岩,其原岩为基性岩和细碧质玄武岩。西永 1 井的正花岗片麻岩,其原岩也是基性岩类。

加里东岩浆活动主要分布于古陆核周围,如粤西云开地区和印支的昆嵩地区,以花岗岩类的侵入为其特征,与加里东构造运动造成的褶皱带有关,发育地区有限。

海西 - 印支岩浆活动有两类:一类是与块体碰撞有关的中性岩浆岩活动,如南海地区由于南海块体与岭南块体碰撞造山形成的 I 型花岗岩为主的岩浆岩侵位、钦防坳拉槽中由于早二叠世晚期造山运动在褶皱带形成的 S 型为主花岗岩以及印支半岛褶皱带中存在的较大规模花岗岩类侵位。还有一类是在洋壳基础上发育而来,因此有大量基性、超基性岩与放射虫硅质岩和海底喷发火山岩构成的蛇绿岩套,如红河、黑水河、马江一带的印支褶皱带内。海南的军营和盛地区海底喷发的基性枕状熔岩,岩石组合虽不如红河地区齐全,但也是在类似构造背景下产生。

晚二叠世时期我国西南地区强烈的地裂活动波及广西,在一些裂陷中产生基性玄武岩为主的火山熔岩。

### 22.2.2.2　南海地区中生代火山岩分布及其特点

燕山期是岩浆活动最为活跃的时期,在东南亚大陆边缘形成大规模多期次花岗岩类的侵位和延绵数千里的中酸性火山岩喷发,还在欧亚大陆东南陆缘形成一条蛇绿岩的镶边,构成了波澜壮阔的洋陆争斗场面。燕山期岩浆活动阶段性十分明显,一般可分为五个期次,晚侏罗世至早白垩世是岩浆活动最为强烈的时期,大量花岗岩的侵位和强烈的火山活动均在这一阶段。

中生代晚期,太平洋板块向西北聚合,在东亚边缘形成了宽广的陆缘活动区。在华南地区,晚中生代火山活动非常强烈,形成了宽 600 km 的 NE 向火成岩带。在华南三省 640 000 km² 范围内,出露的火山岩面积达到 40%;且向海岸方向火山岩出露面积增加,比例可达 95%。在这些火成岩中,花岗岩和流纹岩各占约 50%,只有极少量的辉长岩、玄武岩,闪长岩和安山岩更少见(Li,2000)。在该火山岩带内,火山岩具有向东南沿岸年轻化并强化的趋势,即从早燕山早期(180 ~ 160 Ma),早燕山晚期(160 ~ 140 Ma)到晚燕山期(140 ~ 90 Ma)的变化趋势。

华南的花岗岩活动还延伸到了南海陆缘和印支地区。珠江口盆地钻井揭示其基底主要由燕山期花岗岩组成,K - Ar 法和 Rb - Sr 等时线法测定的钻井岩石样品年龄为 150 ~ 70 Ma,也具有向东南年轻化的趋势(李平鲁等,1994)。在中南半岛,燕山期(侏罗纪—白垩纪)花岗岩为主的火成岩分布也非常广泛,燕山期岩浆岩主要出露于昆嵩隆起以南。在大叻(Dalat)地区,由闪长岩、花岗闪长岩和花岗岩组成的岩基呈 NE 走向,K - Ar 年龄为 150 ~ 131 Ma(晚侏罗世至早白垩世),侵入下侏罗统红层并使其变质。在沿海地区则出露晚白垩世至古近纪（100~40 Ma）的淡色亚碱性花岗岩岩基，含钨-钼矿化，与 Dongzuong 火山岩组相伴生（Hutchison，1989），由陆核到沿海，岩浆活动时代递新。

在南沙海区西部的湄公河三角洲至纳土纳群岛的陆架区，新生代沉积盆地的基底内发现许多燕山期花岗岩类，时代主要为晚侏罗世至早白垩世，有少量为晚白垩世（Areshev，1992）。例如，白虎油田的中段基底为花岗岩，面积至少有 $5 \times 7$ km$^2$；北段基底为花岗闪长岩基，面积至少有 $6 \times 9$ km$^2$。湄公盆地井下钻遇以中性为主的闪长岩类和花岗闪长岩的深成岩，局部有基性岩（如大熊油田的基底见角闪石辉长岩）。万安盆地（即南昆仑盆地）的基底较湄公河盆地偏基性些，以花岗闪长岩为主，带少量基性岩（如大熊油田基底中见角闪石辉长岩）。除此之外，在东纳土纳盆地还钻遇早白垩世闪长岩及晚白垩世花岗岩（80 Ma），在纳土纳脊出露或钻遇大量花岗岩类，时代在 120~70 Ma 之间，包括纳土纳岛上出露的花岗岩年龄为 73 Ma，淡美兰群岛的石英二长岩属晚白垩世，亚南巴斯群岛花岗岩年龄为 85 Ma（Tate，2001）.

南沙海区东部中生代火山岩较为特殊。在巴拉望的晚白垩世沉积层下见有枕状玄武岩。在仁爱礁西侧（SO23-23 及 SO27-24 站）拖网取样获流纹质凝灰岩、蚀变闪长岩及蚀变橄榄辉长岩（Kudrass et al.，1986），同网主要为晚三叠世至早侏罗世浅变的三角洲相砂岩、粉砂岩、黑色页岩，或中三叠世（?）灰黑色细纹层状硅质页岩（李家彪等，2004）。在仙娥礁西南（SO27-70）也获得蚀变斑状流纹岩样品，其中流纹岩含钾长石斑晶，K$_2$O 含量 3.55%~4.43%，Al$_2$O$_3$/（K$_2$O + Na$_2$O）小于 1，属高钾钙碱性序列。这反映南沙群岛东部海区中生代处于陆缘海相环境，与其西部及南海北部环境明显不同（阎平等，2005）。

### 22.2.2.3 南海地区新生代火山岩分布及其特点

随着新生代的到来，东亚陆缘由挤压转为拉张，东亚大陆边缘开始解体。同时，在太平洋，印-澳板块裂解并向欧亚板块俯冲消减，形成了东亚陆缘壮观的岛弧体系。喜马拉雅期南海地区形成的火山岩在岩性和时空分布上都与中生代火山岩明显不同。南海及其邻区新生代的火山岩主要是喷出岩，以基性玄武岩为主，也有火山碎屑岩、中酸性喷出岩。新生代火山岩分布很广，从华南大陆到南海海区、从台湾到中南半岛都有，但多为零星分布，规模较小。古近纪火山活动集中的地区仅见于广东三水、河源和连平等盆地；新近纪—第四纪火山活动范围比较集中的地区是雷琼地区、珠江口盆地的白云凹陷、东沙隆起南部至陆洋边界、南海海盆扩张脊、越南南部和台湾—吕宋弧（李家彪等，2004）。

1）华南与雷琼地区

在华南沿海的三水、河源和连平 3 个小型裂谷盆地见有古近纪喷出岩。三水盆地内的火山岩岩层厚度达到 1 000 m，主要是铁镁质和长石质玄武岩互层，K-Ar 法熔岩年龄为 64~43 Ma；河源和连平盆地主要见玄武岩和安山岩。海南岛出露的火成岩主要是晚上新世-早第四纪，形成于红河断裂带的重新活动时期。在海南岛的北部和雷州半岛，火山岩面积超过 7 000 km$^2$，沿裂隙喷发的玄武岩流形成了大型熔岩台地，这里的火山活动始于晚渐新世（28.4 Ma），但主要形成于新近纪—第四纪（集中于 4~5 Ma），以玄武岩为主，包括前期的拉斑玄武岩和后期的碱性橄榄石玄武岩。北部湾盆地新生代有 4 期岩浆活动，共 4 期 9 个旋回 33 次喷发，其中 8 个旋回 26 次发生在新近纪及第四纪（李美俊，2006）。莺歌海盆地和琼东南盆地钻井及地震剖面上均有发现火山活动的分布，向东北延伸至台湾海峡及台西南盆地。古新世下部由安长岩和玄武岩的熔岩流和火山碎屑岩组成。

2）南海北部陆缘区

南海北部陆缘的火成岩主要是侵入岩，主要集中在海南岛周围，东沙群岛附近及珠江口外侧的下陆坡区（Yan et al.，2001）。东沙隆起区域的岩浆与火山则可能与中中新世晚期的东沙运动有关，而东沙运动的时间则与台湾弧与欧亚板块碰撞的起始时间一致。钻井资料分析（Zou et al.，1995）表明，珠江口盆地新生代火山岩以玄武岩为主，存在多期喷发。新生代早期的古新世—始新世在珠江口盆地珠一、珠三坳陷部位钻遇古新世流纹岩、安山岩等中酸性喷出岩和火山碎屑岩，K-Ar测年为57~49 Ma；始新世—渐新世在一些钻井中见到玄武岩、安山岩、英安斑岩等中基性和酸性火山喷出岩，主要见于裂谷盆地内，同位素测年为45~24 Ma；新近系主要为碱性玄武岩和拉斑玄武岩。古近纪的火山岩非常分散，规模也很小，跨度仅数千米；而新近纪—第四纪火山岩集中在珠三坳陷北部、珠二坳陷东部的隆起带和东沙隆起的南缘，规模相对较大，跨度达数十千米。

珠江口盆地的火山岩珠江口盆地目前发现最厚的大陆裂谷—海底扩张期火山岩由 BY-7-1-1 井钻遇，该井位于珠二坳陷西部的隆起带上，是目前该海区火山岩资料最丰富的井（庞雄，1988；Pang et al.，2004；Yan et al.，2001）。BY-7-1-1 井在 2 500 m 处钻遇早中新世基性火成岩，这些火成岩上覆于晚渐新世-早中新世陆上-浅海沉积之上，同时又被海洋沉积所覆盖，主要由凝灰岩、角砾岩及喷发岩组成（Yan et al.，2001）。玄武质熔岩层累计厚度达 395 m，玄武岩累计厚度 36 m，橄榄石玄武岩层位于火山丘顶部，其中熔岩和玄武岩测年分别为 20 Ma 和 17.1±2.5 Ma。火山岩中富含玻璃质，上部层间夹有少量生物灰岩，反映了水下喷发。该大套火山岩之下为厚层砂/泥岩（Cao et al.，1988），在井孔底部（3 500~3 527 m）也见有玄武质熔岩层，K-Ar测年为 35.5±2.8 Ma（晚渐新世）。珠二凹陷是珠江口盆地最大的裂谷凹陷，中心部位的基底深度超过 10 000 m，比中央海盆和马尼拉海沟还深。

ODP184 航次的 1148 井位于南海北部陆缘，距洋壳仅 30 km。ODP184 航次没有钻遇大套火山岩，但发现更新统火山灰，含英安-流纹质（dacite-rhyolitic），在北缘（1148 井）年龄小于 1 Ma，在南缘（1143 井）年龄小于 2Ma；越往上火山灰越多，反映更新世以来火山活动增强，或是因为火山玻璃的不稳定性使老的火山灰蚀变。这些火山灰可能是从菲律宾弧吹过来的（Prell et al.，1999）。

在南海北部陆洋过渡带附近存在一条 NEE 向火山岩带（Yan et al.，2001），大部分火山顶部仅有很薄的沉积，一些火山出露至海底形成海山，推断其形成时代为晚中新世—现代，形成于海底扩张之后。在该火山岩带以南，沉积基底向下断落约 1 km，使得洋陆之间形成明显的阶地。

3）南海东部台湾—吕宋弧区域

在台湾岛南部到吕宋岛南部存在数十个大大小小的火山岛，这些岛构成台湾—吕宋火山岛弧。由北向南、自西向东火山年龄显示年轻化的趋势。在台湾西部、澎湖列岛区和台湾南部以及吕宋岛西部都见有早中新世火山岩，而在岛弧东部主要是晚中新世至第四纪火山，至今仍有活动，以安山岩和玄武岩为主。台湾-吕宋岛弧的形成是欧亚板块与菲律宾海板块相聚后，发生碰撞与俯冲作用的结果。

4）南海南部陆缘

南海南部陆缘区公开的火山岩资料较少，尚未发现有新生代早期岩浆活动的报道。据Holloway（1982a），南沙群岛海区东北部的西北巴拉望岛发现 K – Ar 测年为 22 Ma 的流纹岩。在北巴拉望岛的 Capoas 地区的二叠纪—侏罗纪的燧石、页岩和灰岩中发现富金属、高钾钙、碱性、I 型黑云母花岗岩，其锆石年龄为 15 Ma，$^{207}Pb/^{235}U$ 平均年龄 13.4 Ma，即晚中新世；其主要的示踪元素化学以及古生代捕虏晶体锆石表明其由更老的陆壳组成，形成于与俯冲无关的裂谷后非碰撞板内背景。这中间经历了一个熔融的过程，热源为海底扩张期的玄武岩。

5）南海西部陆缘区

在红河断裂带主要见有两期新生代火成岩分别是在 42 ~ 24 Ma 和 16 Ma 以后（Wang et al.，2001）。前期火成岩分布于整个红河断裂带及其北部地区，主要为火山岩加少量侵入岩，岩石包括正长岩、粗面岩、橄榄玄粗煌斑岩和玄武质粗面安山岩，它们携带有含石榴石及单斜辉石的闪岩、麻粒岩、辉岩等捕虏体。根据云南段深成岩计算的温度与压力，以及其化学成分，代表了 23 ~ 43 km 的析出深度。该期岩浆的形成应与俯冲活动有关，而与软流圈与地幔柱无关（李家彪等，2004）。后期火成岩分布于红河断裂带的南段和印支地块南部，岩石类型包括碱性玄武岩、碧玄岩、粗面玄武岩等，捕虏体含尖晶石二辉橄榄岩、石榴石二辉橄榄岩和方辉橄榄岩，其中幔源捕虏体的出现代表幔源高钾熔融体快速上升，未经过与地壳的大规模相互分异作用。后期火山岩具有高碱、高钙 – 钾特点，缺少地壳混染。根据红河断裂北部深成岩计算的温度和压力及其化学成分，该期火山岩析出深度为 55 ~ 76 km。Wang 等（2001）认为前期火山活动与地壳的挤压俯冲有关，后期火山活动与地幔流动拉伸有关，中间经过扭张过渡期（24 ~ 17 Ma）时火山活动间断。

中南半岛的新生代火成岩在越南、柬埔寨、老挝和泰国都有分布，其中一半以上集中在越南南部，如 Dalat、Phuoc Long、Buon Ma Thuot、Pleiku、Xuan Loc 地区及东南近海的 Lle Des Cendres，火山中心具有沿走滑断裂随时间顺时针转动特点。印支半岛新生代火成岩时代较新，几乎都是南海扩张停止以后才形成的。在越南南部较早的火山喷发时间是 15 ~ 10 Ma，最新的火山活动在 1923 年发生于越南东南近海地区，大量喷发则是最近 5 Ma 以来，喷发面积超过 8 000 km²。越南新生代火山岩喷发中心大都位于大断裂交汇处，形成数百米高的玄武岩高原；一般都具有两期喷发，即前期从张裂隙喷发的源自岩石圈地幔的高 $SiO_2$、低 FeO 石英及橄榄拉斑玄武岩，以及后期中心式喷发的源自软流圈的低 $SiO_2$、高 FeO 橄榄拉斑玄武岩和碱性玄武岩（Hoang et al.，1998）。越南南部与海南岛新生代玄武岩非常相似。

6）中央海盆区

在南海海盆散布着一些由火山组成的高耸海山。这些海山集中分布在海盆的扩张轴附近和海盆的北部，呈 NEE 向或 SWW 向自洋中脊向南北两侧由新至老呈规律分布，主要成分为大洋拉斑玄武岩。其形成主要与南海海盆多期扩张历史有关。而在海底扩张停止后，中新世中晚期至第四纪仍然是岩浆活动活跃期，在南海深海盆地、大陆坡和陆架盆地均有岩浆活动，在海底形成一系列高峻的海山。拖网取样显示，海盆地区海山的火山岩成分以橄榄石玄武岩和碱性、强碱性玄武岩为主，K – Ar 年龄分别为 3.5 Ma、4.3 Ma，即时代为上新世。在中南海山采得的碱性玄武岩初始 $\delta$t Sr/Sr 为 0.703，轻稀土相对富集，无 Eu 负异常，显示洋岛碱性玄武岩特征。在西南次海盆以西的陆坡区、礼乐滩北缘及其北面的海盆内拖网也获得强碱性玄武岩，年代以更新世（0.4 Ma）为主，也有上新世（2.7 Ma）。在穿过南沙岛礁区及南沙海槽的地震剖面上多处见到玄武岩，推测其年代主要为上新世至现代。

综上所述，南海及其邻区火成岩具有以下特点：

①古生代早期岩浆活动主要围绕古陆核周围展开，分布范围有限，一般与初始地壳的形成有关；古生代晚期岩浆可分为两类，一类与块体间的碰撞有关，主要形成后期以花岗岩为主的岩浆侵位；另一类则以洋壳为基础发育而成，形成蛇绿岩套组合。

②中生代火成岩以花岗岩为主，连片分布，规模较大，地壳下部无大规模裂谷期岩浆侵入；近陆一侧的华南古生代褶皱基底燕山陆缘活化带的岩浆活动以中、酸性的岩浆侵入和喷发为主，近海一侧的燕山褶皱带，则以基性、超基性的构造侵位为特征，推测其分布与西太平洋俯冲密切相关。

③新生代喜马拉雅期火成岩以玄武岩为主，分布零散，强烈广泛，范围变化较大，属于散布型火成岩区，与大火成岩区明显不同。新生代早期火山岩活动主要在裂谷盆地内部，晚期则沿大型断裂及大型断裂的交会处构成数百米高的隆起；新生代南海北部火山岩活力强度由早至晚，由西至东逐渐增强，从早期的含中酸性岩向后期的单一基性岩转变，在空间上具有从北向南迁移的趋势。海盆周缘地区，裂谷期和海底扩张期间的火山活动规模较小，新生代火山岩的高峰期是第四纪。

## 22.3　构造单元与区域分布

从板块构造学说分析，南海及其周边的整个东南亚大陆边缘正处于欧亚板块、太平洋板块（菲律宾海板块）、印度－澳大利亚板块三个巨型岩石圈板块交接处，在复杂应力作用下，成为一个复杂构造区。

### 22.3.1　构造单元划分

南海地区自中生代以来一直受多个板块的相互作用与控制，历经微陆块、岛弧等构造单元的分离、拼贴、增生、俯冲等强烈而复杂的构造运动过程。从其构造发育历史来看，它具有独特的发育模式，是通过大陆张裂、分离和海底扩张而形成的边缘海盆，其构造演化与周缘的各地质单元具有密切的联系，海区周边各地质构造单元也相应地表现出不同的构造应力形式，即北部拉张、南部挤压、西侧剪切－拉张、东侧俯冲－消减。位于东南亚大陆前缘的南海正是在这种特殊的板块运动背景之下，形成了 4 种不同构造性质的大陆边缘共同圈闭一个中央海盆的特殊构造发育状态，从而界定了南海扩张残留盆地的范围。

根据水深、地形地貌和地球物理特征（何廉声等，1987；金翔龙，1989；任纪舜，1990；刘光鼎，1992；姚伯初等，1991，1994b，1994c，1998a），可以将南海地质构造单元划分为中央海盆及其周缘的北部张裂边缘裂陷构造带、西部南北向大型平移走滑构造带、南部大陆边缘碰撞构造带、东部海沟俯冲带。

### 22.3.2　北部大陆架裂陷构造带

晚侏罗—早白垩世，南海北部陆缘还是亚洲东缘安第斯大陆边缘的一部分，由于库拉板块和太平洋板块的俯冲，在当时的亚洲东缘产生宏伟的火山岩带和花岗岩基。晚白垩世之后在中生代太平洋俯冲带弧后张裂作用下，地幔上隆、地壳减薄，形成众多 NE 或 NNE 向的新生代断陷盆地；渐新世发生的多期次海底扩张形成的一系列 NEE 向张性断裂带夹持着盆地和隆起成带分布，改变了南海北部陆缘之前的 NE 向构造格局。

南海北部陆缘在新生代初期受到两次不同方向张应力控制，早期的 NE—NNE 张性构造线和之后的 NEE 向张性构造线叠加，形成了南北分带、东西分块的断块结构。高者为隆，低着为盆，主要形成珠江口、北部湾、琼东南、莺歌海及台西南 5 个新生代为主的盆地，具体自西向东分别为：北部湾盆地、万山—海南隆起带、珠三—琼东南坳陷带、神狐—西沙隆起带、珠一—珠二坳陷带、澎湖—东沙隆起带、台西南—笔架南坳陷带；由北向南为：北部湾—珠一—台西南坳陷带，海南—神狐—东沙隆起带，琼东南—珠二坳陷带，双峰—笔架隆起带（图 22.4）。

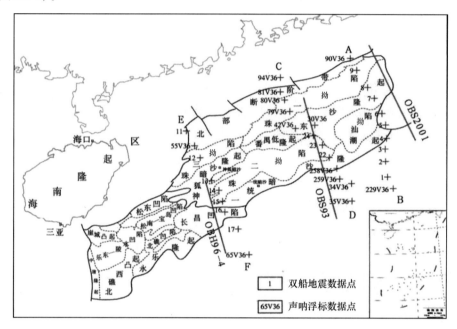

图 22.4 南海北部陆缘各构造单元位置分布（朱伟林等，2007）

值得注意的是，澎湖－东沙隆起带和神狐－西沙隆起是贯穿南海北部陆缘的两条重要 NE 向构造带。前者北段在水深大于 500 m 的等深线上有明显反应；后者是 NEE 向构造线与 NE 向构造线的转折分界线，在重磁图上较为明显，而在地震剖面线上不明显。NE 向构造主要反映和继承了中生代构造格局，并控制了古近纪早期沉积发育。

根据重力资料计算，莫霍面深度在南海北部及大陆边缘由北向南变浅，等深线呈 NE—NEE 向展布。大陆架以北地壳厚 26 ~ 35 km，属陆壳性质，陆坡区为过渡型地壳，厚 10 ~ 26 km，深海区为洋壳，厚度小于 10 km，一般为 5 ~ 9 km，西沙、东沙为大陆碎块，地壳厚 20 ~ 26 km。

南海北部新生代沉积厚度为 1 000 ~ 10 000 m，古近系分割性强，分布于坳陷内，厚约 1 000 ~ 6 000 m，以北部湾、珠三坳陷最厚。新近系在珠二坳陷内厚 4 000 ~ 6 000 m，琼东南及莺歌海盆地厚 2 000 ~ 6 000 m，北部湾盆地厚度只有 1 500 ~ 2 300 m。

## 22.3.3 西部大陆边缘走滑构造带

南海西部大陆边缘是以走滑为主要特征的大陆边缘，地貌上大陆坡折平直呈南北向分布，陆架狭窄，一般认为其活动与红河断裂有关。从区域地质与古地磁资料得知，印支微板块和华南微板块几经离合后，在中生代初期再次联接。但从白垩纪开始，印支微板块相当于欧亚大陆有顺时针方向24°±12°的旋转。Achache等（1983）将其解释为新生代期间华南微板块同印支微板块之间沿红河断裂发生左旋位移的缘故。与此同时，马来半岛却反时针方向旋转离开印支，同时又向南移动了约15°，在泰国湾内形成一系列NW向走滑断裂。

大部分学者认为，46 Ma前印度板块向欧亚板块俯冲碰撞时，一方面致使欧亚板块南部变形隆升形成高耸的喜马拉雅山和具有异常厚度地壳的西藏高原；另一方面则从印度以北俯冲带附近向东亚、东南亚产生若干条大型放射状左旋走向滑移断裂（部分属古缝合线），这些断裂组成数个自西向东加宽的三角形大陆碎块，每个块体自断裂的侧向移动值自南向北减小，沿断裂的侧向运动趋势就是把东南亚朝东挤出，Tapponnier等（1982）将其形象称为"传播式挤出构造（Propagating extrusion tectonics）"模式，其应力机制为剪切兼有拉张（图22.5）。

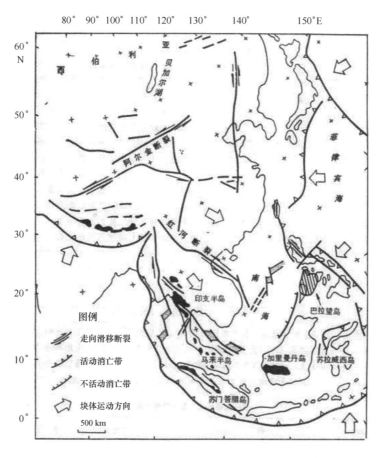

图22.5 东亚、东南亚主要走向滑移断裂图（据金庆焕，1989）

在此构造背景上形成的新生代沉积盆地特点是：盆地围绕印支地块分布并与区域性走向滑移断裂相伴生，如莺歌海盆地、马来盆地等。盆地狭长无明显分割性；盆地内发育巨厚的新生代沉积，以上构造层为主，局部深处偶有古近系；初期以拉张断块作用和沉降为主，类似板内断陷盆地；后期剪切挤压构造作用发育，形成盆地内部构造。褶皱和断裂同时形成，泥底辟构造常见，可出现逆断层（图22.6及图22.7）。

区内值得注意的沉积盆地是大陆架西南外缘的湄公河盆地和西贡盆地，其新生代沉积均为3 000~4 000 m，分别发育有三角洲沉积和许多泥岩穿刺构造。根据已知钻井资料（玫瑰

**459**

一井），区内已见油气，是越南两个已知含油气盆地。

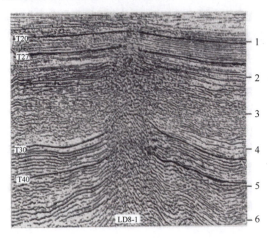

图22.6　莺歌海盆地LD8-1地震剖面揭示的底辟构造（龚再升等，2004）

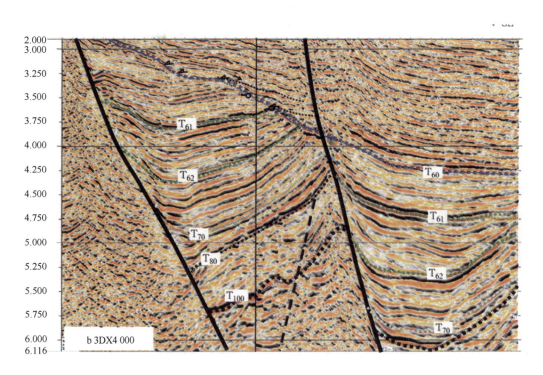

图22.7　莺歌海盆地松南凹陷地震剖面揭示的半地堑构造（朱伟林 等，2007）

## 22.3.4　南部大陆边缘碰撞构造带

晚渐新世-早中新世时，南海中央海盆张开，促使南沙微板块向南漂移并与婆罗洲微板块会聚，形成陆-陆会聚边缘。古地磁资料（Haile，1977，1979）表明，加里曼丹岛西部在晚白垩世-古近纪早期曾反时针旋转50°，因此婆罗洲微板块与南沙微板块之间又构成了剪切状聚敛，两者会聚时间自西向东推迟。中中新世-现代，南海新洋壳冷却下沉，加里曼丹岛受来自南侧的印度-澳大利亚板块俯冲、挤压影响，古造山带不断隆升，南海南部出现挤压作用，沉积中心向北迁移，南沙北侧以张性沉降为主（图22.8）。

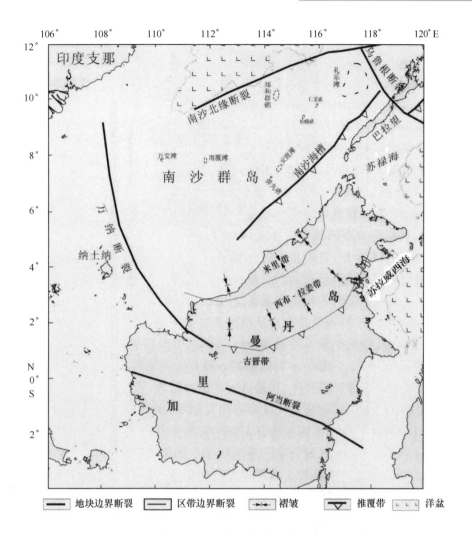

图22.8 南海南部地区构造简图（李家彪，2008）

## 22.3.5 东部边缘俯冲构造带

菲律宾岛弧西侧的马尼拉俯冲带是欧亚板块与菲律宾海板块相互作用的产物，地处南海海盆东缘，空间上呈南北向延伸并呈弧形西凸的反"S"形构造（图22.9），南、北分别与民都洛地震复杂构造带和台湾弧陆碰撞构造带相连（Sibuet et al.，1997），是一条正在活动的具有特殊构造意义的重要会聚边界。菲律宾断裂带从棉兰老岛东部开始呈NW向弧形切割整个群岛，主体是左行横推断裂，伴有右行横推断层。沿断裂带发育有蛇绿岩、蓝闪石片岩和混杂岩。此外还有转换断层切过，使得菲律宾群岛构造格局更加复杂化。岛上岩石类型和同位素年龄变化说明东西两侧的俯冲带不断向洋迁移，而大洋加积物质和火山岩带的发育使得菲律宾岛弧地壳不断向过渡壳变化，新生代沉积盆地的形成和迁移与火山弧的俯冲带的迁移密切相关。

马尼拉俯冲带的形成是南海板块和西菲律宾海板块相向对冲作用的结果，俯冲带地形表现为一系列近SN向延伸的岛弧及沟槽区，其发育主要受控于一系列挤压逆冲断裂带。岛弧在东、西两侧挤压作用下，在台湾岛和吕宋岛之间的岛坡之上发育有两条近SN向展布、长条形的海脊，西侧属于断褶型的恒春构造脊，东侧海脊区火山活动活跃，有的则出露海面成为岛屿。恒春构造脊与吕宋双火山弧西侧弧链之间发育有一大型海槽，为北吕宋海槽，是由俯冲前缘的弧前盆地演化而成，向南地形逐渐拉平，在吕宋主岛西侧成为岛坡深水阶地。增

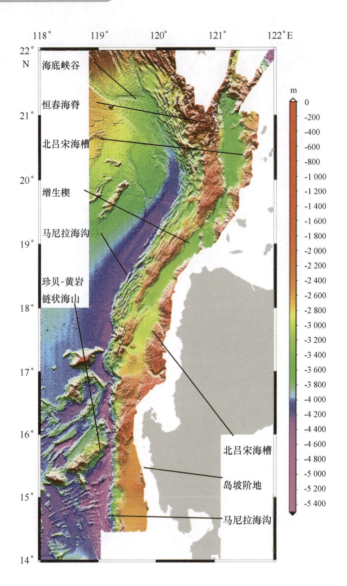

图 22.9 南海东部边缘局部构造地貌示意图

生楔下部的马尼拉海沟延伸至 118°E 的巴拉望西侧坡脚处再向 SE 成为巴拉望海槽（盆地）。海槽平均水深 2 850 m，最深处处于巴拉巴克岛以西为 3 475 m。此海槽 NW 及 SE 两侧均受断层控制，形成地堑式海槽，槽底平坦，有厚的沉积物填充。海槽在礼乐滩附近以一海谷与南海中央海盆区沟通。巴拉望海区油田产层为中新统下部礁相石灰岩，礁的规模较小但成群分布。

俯冲带伴生的盆地特点是盆内具有巨厚的火山岩和火山碎屑岩系，盆地多成狭长状，盆底沉积中心偏往岛弧一侧。

## 22.3.6 中央海盆构造区

南海中央海盆是一个巨大的 NE 向深海平原，其中有两个较为明显的断块、火山及钙质岩礁组成的丘陵区，其中一个范围较大的位于盆地西南，包括南沙群岛及许多小的沙洲和岩礁。另一个较小的丘陵区由中沙群岛、西沙群岛等小的岩礁组成。海盆中部在大洋玄武岩基底之上有新近系和第四系深海软泥、黏土及浊流堆积。由于基底埋深较大，磁异常在海盆南部、西部和北部较弱，而在海盆东侧较强，磁条带明显，且与地形、构造对应关系较好。

南海中央海盆区有多个大型的坳陷带与隆起区,主要有:处于台湾岛与海南岛之间的东沙坳陷带、夹在与南海北部陆坡与西部陆坡之间的西沙北海槽区、南海西部陆坡 1 500 m 等深线之间的中建南盆地、中建南盆地东侧的西沙隆起带、中沙隆起带西侧的中沙坳陷带、南海东南陆坡之上的太平 – 礼乐滩盆地(南沙坳陷带)以及海盆中央的中央坳陷带(图 22.10)。

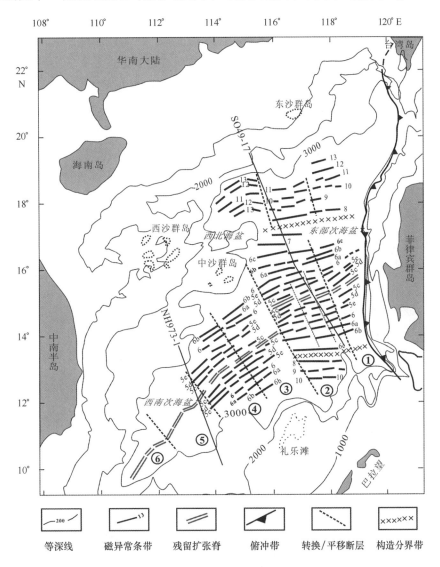

图 22.10 南海中央海盆构造分区与磁异常条带分布(李家彪等,2011)

①~⑥为中央海盆扩张的 6 个洋段

总体来讲,中央海盆区四周的几个大型坳陷与隆起与海盆周缘的演化历史及中央海盆的扩张史有紧密的联系,其中靠近北部陆缘区的几个大型沉积构造单元所获取的资料较多,研究程度也较为深入,但处于西南次海盆及南海南部陆缘区的构造单元研究较为薄弱。而处于南海中央坳陷带的地形特征较为明显,大致以海盆中央的黄岩链状海山为界,两侧呈非对称性多期次扩张而成。现今盆底较为平坦,基底沉积较深,除了凸起的海底山外,已完全或大部分被沉积物所填充。

## 22.4  沉积盆地特征与海盆构造成因

### 22.4.1  南海主要沉积盆地分布及其特征

根据板块构造学理论，沉积盆地的形成与发育取决于岩石圈板块演化的规律，南海沉积盆地的形成与演化同样也受控于南海地区各板块的活动与演化。金庆焕等（1989）就综合国内外资料，在南海海盆区划分出了37个沉积盆地或盆地群，并发现南海新生代沉积盆地发育特点与围区中新生代沉积盆地有明显不同：华南陆上中新生代沉积盆地一般只延续到古近纪早期，发育时间都不长；而南海西部印支半岛上的中生代沉积盆地在新生代期间大都隆起而未接受沉积，新生代沉积盆地则叠加在不同时代的基底之上。蔡乾忠等则在2005年根据盆地的位置及其演化过程中受控的构造运动，将中国海区的盆地划分为21个主要沉积盆地，其中南海海区有14个，分别为台西南盆地、珠江口盆地、琼东南盆地、莺歌海盆地、北部湾盆地、笔架南盆地、万安盆地、北康盆地、南薇盆地、马来盆地、曾母盆地、文莱－沙巴盆地、礼乐盆地和西北巴拉望盆地。这些盆地的确定主要是依据地质地球物理调查，虽多数已被勘探所证实，但仍有少数盆地质情况不明。

中生代晚期至新生代早期，南海北部陆缘区由长期的北西向挤压应力场转化为南东向拉张应力场，陆缘由此解体、张裂，形成一系列彼此分割的北东向地堑及半地堑。现今的南海北部众多北东向延展沉积盆地的形成如琼东南盆地、西沙海槽盆地、珠江口盆地、台西南盆地等，均属陆缘张裂盆地，其形成演化均与此阶段构造历史密切相关；而南海西部受走滑剪切及拉张构造活动的控制，其间发育的盆地如中建南盆地、万安盆地等均属走滑拉张盆地，其主体坐落于印支地块，向东延入中－西沙地块和南沙地块之上，其演化主要经历了伸展断坳、走滑反转和热沉降3个阶段；南海南部发育的众多盆地主要呈北东走向，分别坐落于不同地块之上，其发育主要受控于南部俯冲挤压型边缘构造带，盆地类型较为多样；而南海东部边缘新生代南海停止扩张之后，逐渐与菲律宾海板块相碰撞，沿菲律宾岛弧两侧形成了大致沿南北向伸展、方向相反的俯冲构造带，与之对应的沟弧体系较为发育（图22.10，图22.11）。

#### 22.4.1.1  台西南盆地

台西南盆地西接珠江口盆地东沙隆起区，北部为澎湖北港隆起，东与台湾中央山脉西缘屈尺－老浓断裂为界，北东向展布，按新生界厚度2 000 m计，面积约为$6.5 \times 10^4$ km$^2$，属陆缘裂谷盆地。

目前在盆地划分出4个一级构造单元，包括北部坳陷、中部低隆起、南部坳陷、南部隆起（图22.12）。其中北部坳陷第三系沉积厚度5 000～7 000 m，具多个沉积中心，面积11 800 km$^2$；中部隆起区沉积厚度2 000～3 000 m，最大4 000 m余，缺失中生代－古新世－始新世沉积，且未将南、北坳陷分开，面积仅为8 940 km$^2$左右；南部坳陷面积28 900 km$^2$，最大沉积厚度万米以上，以台湾高雄附近为沉积中心，新近系厚度超过5 000 m，以泥页岩为主，属外浅海—半深海相沉积；南部隆起区最大沉积厚度5 000 m。具体盆地地层及岩性划分见表22.2。

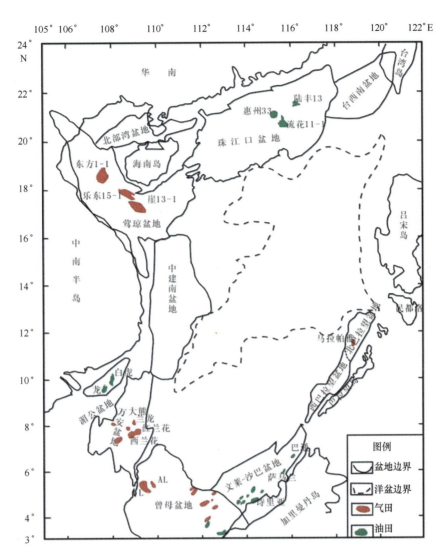

图 22.11　南海主要沉积盆地及油气田分布图

表 22.2　台西南盆地产气层位参数（蔡乾忠等，2005）

| 地　区 | 时　代 | 埋深/m | 岩性 | 厚度/m | 物　性 | |
|---|---|---|---|---|---|---|
| | | | | | 孔隙度/% | 渗透率/（×10⁻³μm²） |
| 牛山 | 上新—更新世 | 300~700 | 细—中粒块状砂岩 | 7 层 260 | 17.2~26.2 | 37.8~222 |
| 六重溪 | 晚中新—上新世 | 600~1 000 | 砂岩 | 1~5 | | 差 |
| 中仑（冰于脚） | 晚中新—上新世 | 600~920 | 砂岩 | | | |
| 竹头崎 | 晚中新世 | 700~1 250 | 砂岩 | 7 层 >10 | >20 | >500 |
| 新营 | 更新世 | 1 000 | 砂岩透镜体 | | | |
| | 早中新世 | 2 500~3 000 | 细—中粒石英砂岩 | 110 | 23.8 | 445~850 |
| 致昌（CFC） | 晚渐新世 | 3 206~3 239 | | 2 层 20 | | |
| | 白垩纪 | 3 355~3 369 | | 5 | | |
| 建丰（CGF） | 白垩纪 | 渐新世 | | | | |
| 致胜（CFS） | 白垩纪 | | | | | |

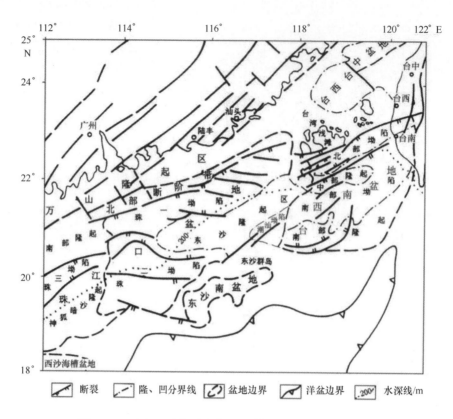

图 22.12 珠江口及台西南盆地区域构造（李家彪，2008）

## 22.4.1.2 珠江口盆地

珠江口盆地是南海北部大陆架以中新生代沉积为主的大型陆缘裂陷盆地，北界粤桂隆起区，南临一统暗沙隆起区，西接海南隆起和琼东南盆地，东跨东沙隆起区与台西南盆地相连（图 22.12）。以沉积厚度 1 000 m 计，面积约为 $14.7 \times 10^4$ km²，其中小于水深 200 m 的大陆架区面积约为 $10 \times 10^4$ km²。

珠江口新生界厚逾万米，其中古近系 6 000 m 余，新近系 3 500 m，第四系小于 400 m。沉积结构为典型"二层结构"：上部海相沉积，下部陆相沉积，之间以明显裂开不整合为界。从 $T_1 - T_g$ 地震层序划分的沉积层序辖九大地层组，其中 $T_7$ 反射界面为海、陆相沉积分界线，具体层位及岩性特征见图 22.13。另外，珠江口盆地自北向南可划分 4 个一级构造带，分别为北部隆起带、北部坳陷带、中央隆起带、南部坳陷带，9 个一级构造单元和 18 个二级构造单元。

## 22.4.1.3 琼东南盆地

琼东南盆地位于海南岛东南部大陆架之上，属陆内裂谷盆地。呈北东向伸展，大体绕海南岛南部呈一弧形展布（图 22.11 和图 22.14），面积约为 60 000 km²。西部以断层与莺歌海为界，东接珠江口盆地，北邻海南隆起，南部向南海海盆开口。以古近系为基底，盖层厚达 10 000 m 以上，水深超过 1 000 m。

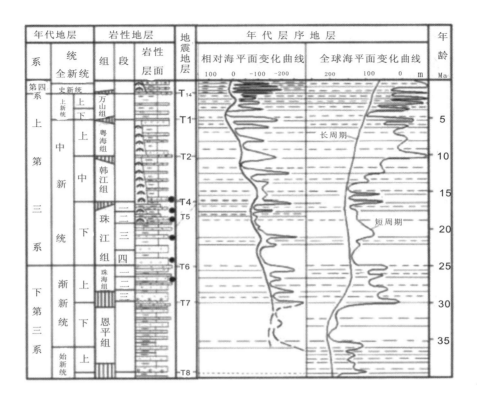

图 22.13 珠江口盆地层序地层格架图（龚再生等，2004）

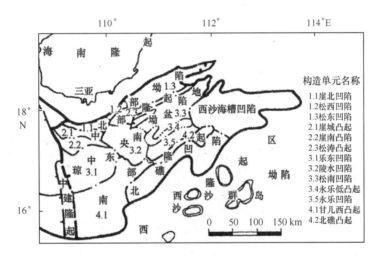

图 22.14 琼东南盆地构造单元（蔡乾忠等，2005）

琼东南盆地是一个基底较为复杂、构造线明显交错的新生代盆地，它的产生与发展与南海的扩张与演化密切相关。盆地的基底由古生代、中生代沉积和火成岩组成。莫霍面深度 $26 \sim 30$ km，属陆壳结构。在此基础上可将新生代以来沉积盖层划分为四个地震层序：$T_1^0 - T_6$、$T_6 - T_4$、$T_4 - T_2$、$T_2$ 以上。盆地内断裂构造非常发育，目前盆地共发现 13 条主干断层，断层走向与区内构造线基本一致，即北东向 5 条主要分布在中部，北西向 3 条主要分布在西部，近东西向 5 条主要分布在中部。图 22.15 和图 22.16 分别为琼东南盆地层序划分图及具典型凹陷特征的地震剖面。

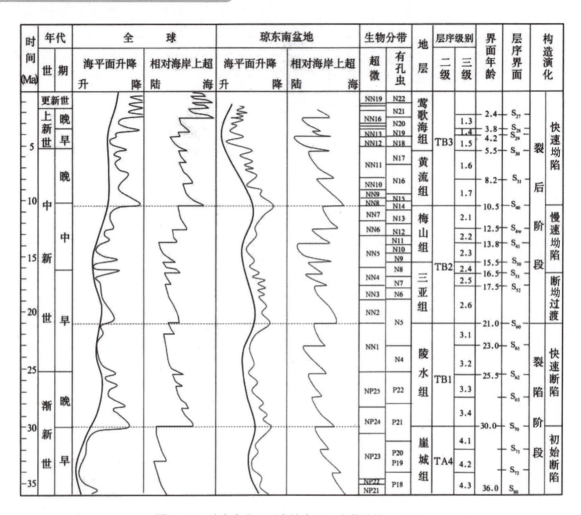

| 时间 (Ma) | 年代 |  | 全 球 |  | 琼东南盆地 |  | 生物分带 |  | 地层 | 层序级别 |  | 界面年龄 | 层序界面 | 构造演化 |
| --- | --- | --- | --- | --- | --- | --- | --- | --- | --- | --- | --- | --- | --- | --- |
|  | 世 | 期 | 海平面升降<br>升　降 | 相对海岸上超<br>陆　海 | 海平面升降<br>升　降 | 相对海岸上超<br>陆　海 | 超微 | 有孔虫 |  | 二级 | 三级 |  |  |  |

图 22.15　琼东南盆地层序综合图（朱伟林等，2007）

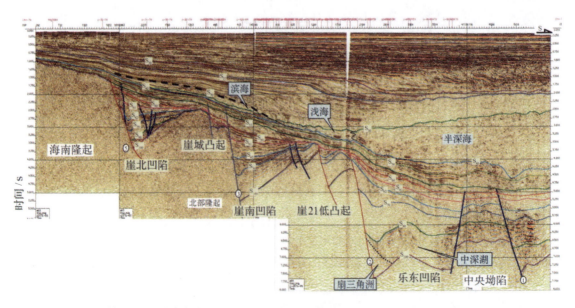

图 22.16　琼东南盆地 C－257－83/84 地震测线剖面（朱伟林等，2007）

#### 22.4.1.4 北部湾盆地

北部湾盆地位于粤桂陆缘隆起以南，海南岛起以北，东跨雷州半岛，西接108°E经线，是一个以新生代沉积为主的陆内裂谷盆地，面积约为 $12 \times 10^4 \ km^2$（蔡乾忠等，2005）。

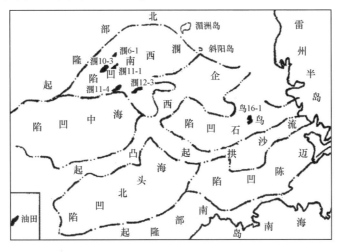

图 22.17　北部湾盆地构造单元（蔡乾忠等，2005）

北部湾盆地主要是属陆相，钻厚 4 777 m，新近系海相，钻厚 2 300 m。目前一般划分 7 个地层组，分别对应 9 个地震构造系。盆内下辖 4 个一级构造带，分别是①涠西南坳陷：辖涠西南凹陷，涠西南低凸起及海中凹陷，该坳陷第三系最大沉积厚度可达 9 000 m；②企西凸起：大面积沉积缺失，仅仅在中、东部有几个 2 000 ~ 3 000 m 次凹。③南部坳陷：辖乌石凹陷，第三系厚 6 000 m；海头北凹陷、迈陈凹陷，第三系厚 7 000 m；福山凹陷，白垩系—第三系厚度达 10 000 m 以上；有流沙港凸起、临高凸起；④东部隆起区：第三系最厚 3 000 m，分布在几个次凹之中（图 22.17）（蔡乾忠等，2005；张训华等，2008）。

#### 22.4.1.5 莺歌海盆地

莺歌海位于海南岛以西、中南半岛以东海域，似橄榄球状，呈 NW—SE 向展布，西北角深入陆地（图 22.18），面积约为 $11.3 \times 10^4 \ km^2$。是一个具有六大奇特地质现象（蔡乾忠等，2005）的新生代走滑拉张盆地：①不存在明显隆坳相间的所谓地堑地垒系；②沉积相序不遵循瓦尔特相律，出现所谓跳相现象；③巨厚第四系＋新近系沉积盖层，第

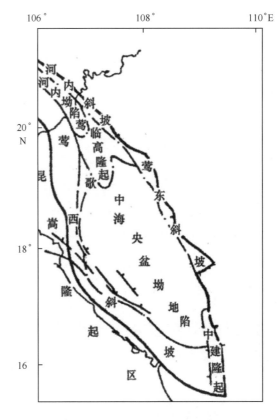

图 22.18　莺歌海盆地构造单元
（蔡乾忠 等，2005）

四系最大沉积厚度已超过 3 700 m，它与新近系累计厚度超过万米，超过古近系沉积厚度，形成"头重脚轻"的负载效应；④强烈的巨型泥岩底辟构造［最大单体面积大于 700 $km^2$，高度大于 10 000 m，体积大于 $1\,200 \times 10^4\ m^3$（单家增，1994）］；⑤异常高温高压［最高平均地温梯度 455℃/100 m，压力梯度 18～22 kPa/m，热流值 62.177 $mW/m^2$（张启明，1990）］；⑥快速沉降史（沉积速率 0.4～1.4 mm/a，沉降速率 0.1～0.5 mm/a）。莺歌海沉积中心厚度达到 $2 \times 10^4$ m 以上，目前最深的乐东 30－1－1 井完钻井深为 5 026.5 m（含水深 126.79 m），尚无一口井揭示古近系沉积，据区域地质资料推测古近系存在一套陆相沉积（图 22.19）。

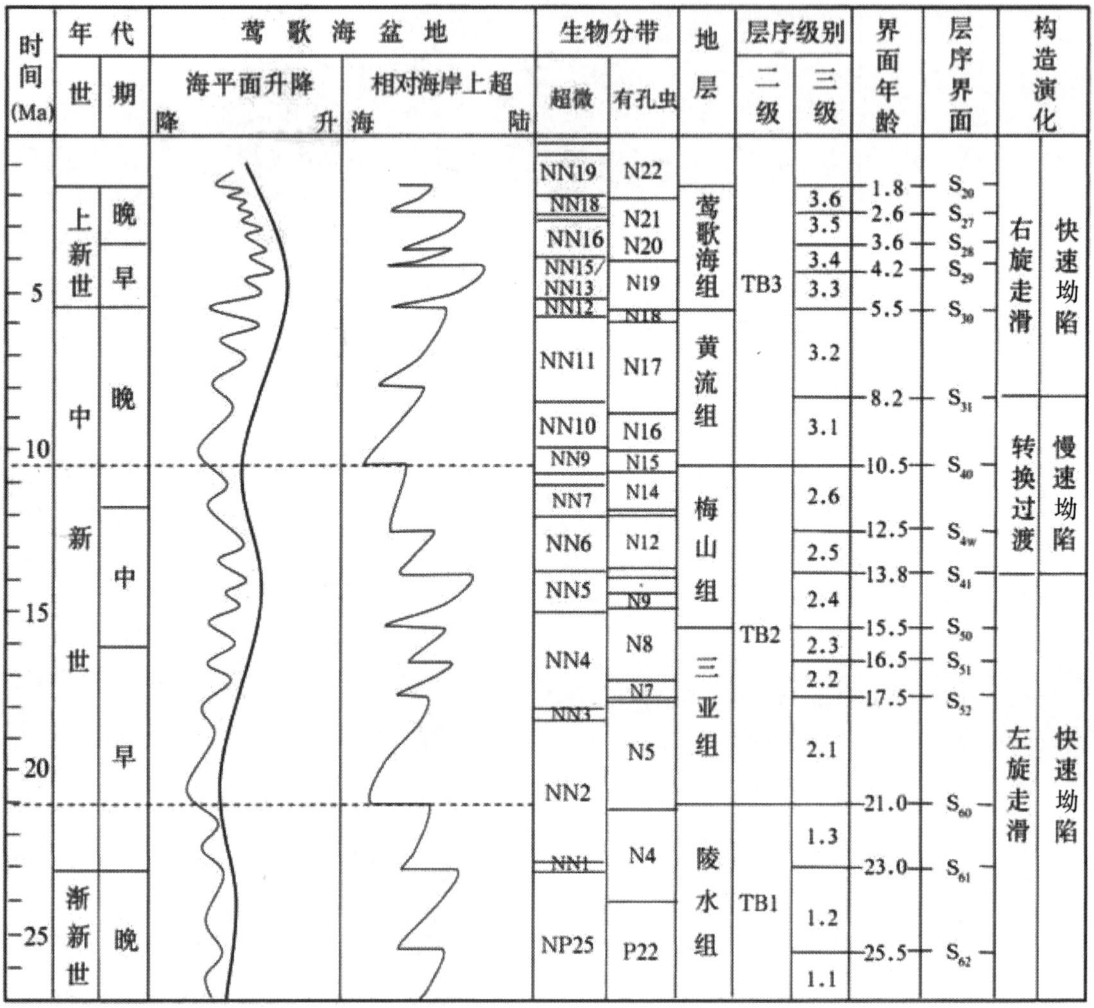

| 时间(Ma) | 年代 世 | 年代 期 | 莺歌海盆地 海平面升降（降/升） | 莺歌海盆地 相对海岸上超（海/陆） | 生物分带 超微 | 生物分带 有孔虫 | 地层 | 层序级别 二级 | 层序级别 三级 | 界面年龄 | 层序界面 | 构造演化 |
|---|---|---|---|---|---|---|---|---|---|---|---|---|
| | 上新世 | 晚 | | | NN19 | N22 | 莺歌海组 | TB3 | 3.6 | 1.8 | S30 | 右旋走滑 快速坳陷 |
| | | 早 | | | NN18 | N21 | | | 3.5 | 2.6 | S27 | |
| 5 | | | | | NN16 | N20 | | | 3.6 | 3.6 | S28 | |
| | | | | | NN15/NN13 | N19 | | | 3.4 | 4.2 | S29 | |
| | | | | | NN12 | N18 | | | 3.3 | 5.5 | S30 | |
| | 中新世 | 晚 | | | NN11 | N17 | 黄流组 | | 3.2 | 8.2 | S31 | |
| 10 | | | | | NN10 | N16 | | | 3.1 | 10.5 | S40 | 转换过渡 慢速坳陷 |
| | | | | | NN9 | N15 | | | | | | |
| | 中新世 | 中 | | | NN7 | N14 | 梅山组 | | 2.6 | 12.5 | S4w | |
| | | | | | NN6 | N12 | | | 2.5 | 13.8 | S41 | |
| 15 | | | | | NN5 | N9 | | TB2 | 2.4 | 15.5 | S50 | |
| | | | | | NN4 | N8 | 三亚组 | | 2.3 | 16.5 | S51 | |
| | | | | | | N7 | | | 2.2 | 17.5 | S52 | 左旋走滑 快速坳陷 |
| | 中新世 | 早 | | | NN3 | | | | 2.1 | | | |
| 20 | | | | | NN2 | N5 | | | | 21.0 | S60 | |
| | | | | | NN1 | N4 | 陵水组 | TB1 | 1.3 | 23.0 | S61 | |
| 25 | 渐新世 | 晚 | | | NP25 | P22 | | | 1.2 | 25.5 | S62 | |
| | | | | | | | | | 1.1 | | | |

图 22.19　莺歌海盆地层序综合图（朱伟林等，2007）

## 22.4.1.6　中建南盆地

中建南盆地位于南海西部中建岛以南，为剪切拉张型盆地，盆地西部为陆坡区。中建南盆地约呈北东走向，面积约 $4 \times 10^4\ km^2$，最大沉积厚度逾 9 000 m。经重力、磁力、单道地震、测深综合地球物理调查，认为该区存在陆壳、洋壳、过渡壳类型（张训华等，2008）。

中建南盆地属离散大陆边缘盆地，根据各构造单元所处位置和表现出的特征，基本以 $T_0$－$T_g$ 等厚度图的 2 000 m 等值线和部分基底大断裂为界，将区域划分为中建南盆地、西雅隆起区、西沙－中沙隆起区、西南海盆区 4 个一级构造单元，其中中建南盆地又可划分为西部陆坡断裂带、中部坳陷、东北部坳陷、南部坳陷、北部坳陷、中－南部缓坡低隆起和北部缓坡低隆起 7 个次级构造单元。

中建南盆地新生代构造演化经历了古新世—中始新世断陷阶段、晚渐新世—中中新世断坳、压扭阶段和晚中新世—第四纪区域沉降三个构造演化阶段，形成了一个较为完整的裂陷—坳陷沉积旋回，最终演变为统一的坳陷盆地。其地层相应地以 $T_5$、$T_3$ 为界将盆内层序划分为三个构造层：$T_5 - T_g$ 为下构造层；$T_5 - T_3$ 为中构造层；$T_3 - T_0$ 为上构造层。

### 22.4.1.7 万安盆地

万安盆地位于越南东南部陆架之上（图 22.11 和图 22.20），近南北向展布，面积约为 $8.5 \times 10^4 \ km^2$，属我国南海九段线内面积约为 $6.3 \times 10^4 \ km^2$。西北与湄公盆地相邻，西南为纳土纳隆起，西接昆仑盆地，东接南海西缘断裂和西雅隆起，总体位于曾母地块与南沙地块和巽他地块交会处，南海西缘断裂带西侧，属走滑拉张盆地。

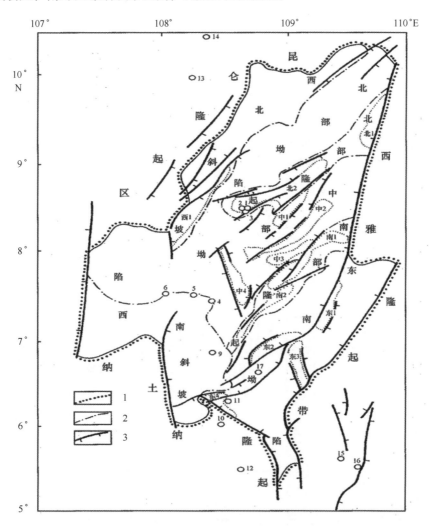

1. 盆地边界 2. 二级构造单元边界 3. 断裂

图 22.20 万安盆地构造单元（蔡乾忠等，2005）

据地震勘探资料解释结果，万安盆地构造单元可划分为"四坳三隆"：北部坳陷、北部隆起、中部坳陷、中部隆起、南部坳陷、南部隆起和东部坳陷。万安盆地的构造特征与南海西缘断裂（又称万安断裂）的活动密切相关。盆内断裂以正断层为主。万安盆地地层划分及演化阶段特征见图 22.21 及表 22.3。

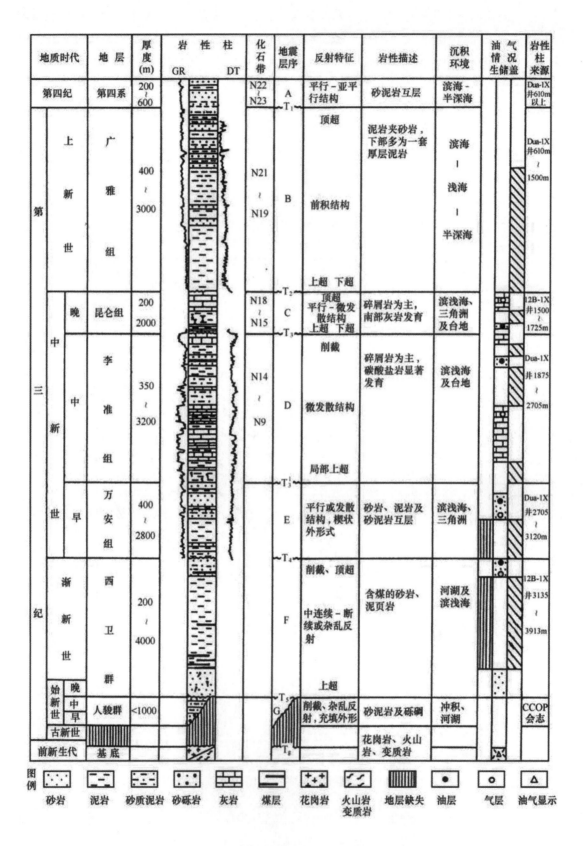

图22.21 万安盆地综合地层柱状图（李家彪，2008）

表 22.3 万安盆地构造演化阶段（李家彪，2008）

| 地质时代 | | 地 层 | 反射界面 | 构造运动 | 盆地演化阶段 |
|---|---|---|---|---|---|
| 第四纪（Q） | | 第四系 | | 万安运动 | 区域热沉降 |
| 上新世（$N_2$） | | 广雅组 | $T_2$ | | |
| 中新世 | 晚（$N_1^3$） | 昆仑组 | $T_3$ | 走滑挤压 | |
| | 中（$N_1^2$） | 李准组 | $T_3^1$ | | |
| | 早（$E_1^1$） | 万安组 | $T_4$ | | 走滑伸展 |
| 渐新世 | 晚（$E_3^2$） | 西卫群 | | 西卫运动 | |
| | 早（$E_3^1$） | | | | |
| 始新世 | 晚（$E_2^3$） | | $T_2$ | | |
| | 中（$E_2^2$） | | | | 大陆裂解 |
| | 早（$E_2^1$） | | | 礼乐运动 | |
| 古新世（$E_1$） | | | $T_2$ | | |

万安盆地新生代沉积最大厚度逾 12 000 m，据有关资料和地震剖面综合分析，主要为渐新世以来沉积。基底为中生代变质岩（$J_{1-2}$）和岩浆岩（花岗岩和花岗闪长岩为主，70~130 Ma）。

### 22.4.1.8 南薇西、南薇东盆地

南薇西、南薇东盆地位于南海西南部半深海区（图 22.5），水体较深。前人曾做过一些粗略的地球物理调查，大致圈出了盆地的边界。按照新生代沉积厚度变化、基底断裂体系及其对沉积层控制，可在沉积物总厚度图上大致以 2 000 m 或 3 000 m 等厚线为界，将区域划分为南薇西盆地、南薇东盆地、南薇隆起区、北康盆地和西雅隆起区 5 个一级构造单元。其中南薇西盆地又可划分为北部坳陷、中部隆起和南部坳陷 3 个次级构造单元，而南薇东盆地则是发育在南薇隆起区之上的一个北东向微型构造盆地，以 2 000 m 沉积等厚度线作为边界。

南薇西、南薇东盆地发育有古新世—第四纪地层，地层厚度总体具有南厚北薄、西厚东薄

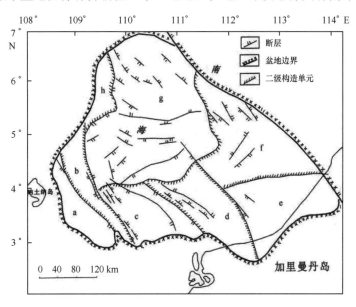

a. 索康坳陷；b. 拉奈隆起；c. 塔陶垒堑区；d. 西巴林坚隆起；e. 东巴林坚坳陷；f. 南康台地；g. 康西坳陷；h. 西部斜坡

图 22.22 曾母盆地构造单元图（李家彪，2008）

的特征，其中南薇西盆地沉积厚度为 3 000 m～11 000 m，南薇东盆地沉积厚度约为 2 000 m～6 000 m。

南薇西、南薇东是叠置在南沙地块之上的新生代沉积盆地，盆地形成及演化主要经历了 3 个阶段：古新世—中始新世的裂解—断陷阶段；晚始新世—中中新世的断坳—挤压阶段以及晚中新世—第四纪的区域沉降阶段。且南薇西、南薇东各阶段的演化特征有所不同。

### 22.4.1.9 曾母盆地

曾母盆地是南海南部陆架最大的新生代盆地（图 22.22），属走滑–周缘前陆盆地。盆地主体位于宽达 300 km 的沙捞越陆架上，部分深入加里曼丹陆地，面积约 18.324 km²，属我国南海九段线内面积约 12.7×10⁴ km²。西邻纳土纳隆起，东界北西向廷贾–巴兰断裂，跨越陆架陆坡两大地貌单元，大部分处于水深 200 m 以内，盆地东南部发育有近南北向岛礁群，其中曾母暗沙是我国最南端的礁群。

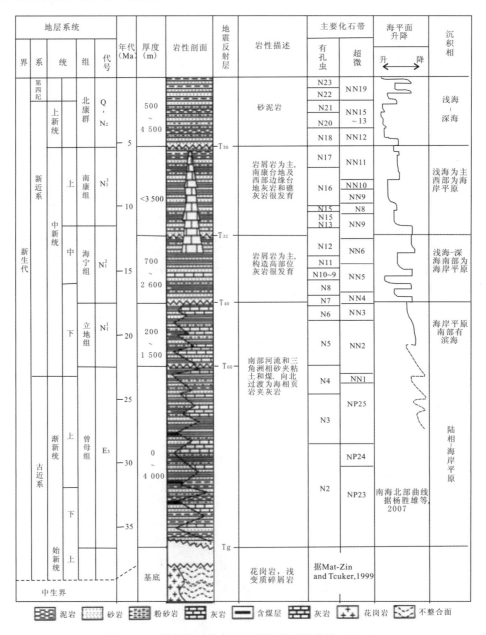

图 22.23 曾母盆地综合地层柱状图（周蒂等，2011）

曾母盆地沉积总厚度超过 11 000 m，由渐新统—第四系组成，按沉积旋回分为 8 个海退旋回。盆地构造特征以断裂为主，褶皱次之。断裂具北西、北东和近东西向三组。盆地南部以北西向张剪性断裂为主，形成箕状及隆坳相间构造格局；盆地东部发育有北东向断块之上沉积大量礁块。盆地北部坳陷以近东西向断裂为主。

根据构造特征可将曾母盆地划分为 8 个次级构造单元：索康坳陷、拉奈隆起、塔陶垒堑区、西巴林坚隆起、东巴林坚坳陷、南康台地、康西坳陷、西部斜坡（图 22.22）。曾母盆地地震层状图见图 22.23。

### 22.4.1.10　文莱－沙巴盆地

文莱－沙巴盆地位于廷贾断裂以东，沙巴岸外及文莱沿海一带，NE 走向，面积约 $9.4 \times 10^4$ km²，处于我国九段线内面积约 $3.3 \times 10^4$ km²，盆内大部分水深处于 500 m 以内（图 22.11，图 22.24）。

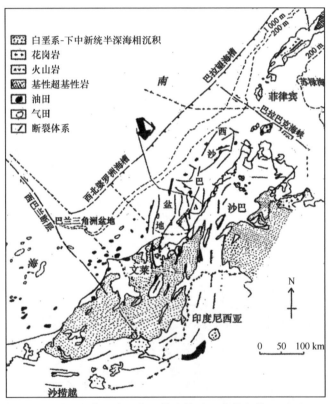

图 22.24　文莱－沙巴盆地构造单元（蔡乾忠等，2005）

该盆地是南沙地块向巽他板块俯冲所形成的弧前盆地，盆地根据基底性质及年代差异而分为沙巴区（东部）和文莱区（西部）两部分，其沉积、构造特征均有所不同。沙巴区基底为变质褶皱的晚始新世—早中新世克罗克组深海复理石，其上沉积由早中新世开始直到现代；文莱区基底为已经褶皱变形的晚渐新世—早中新世梅利甘组－麦粒瑙组－坦布龙组的三角洲平原－浅海陆架－深水页岩地层，沉积盖层从中中新世开始。总体上盆地内发育以海退为主，纵向上表现为后期较粗沉积物依次叠加在前期较细沉积之上，空间上表现为从南向北呈北西向靠近物源区的海岸平原（图 22.25），逐渐过渡为浅海相环境至开阔海洋环境的沉积特征。

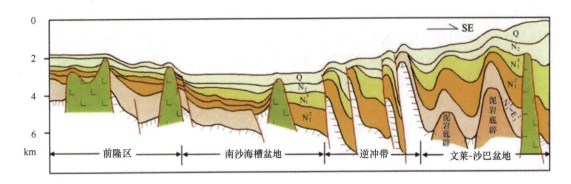

图 22.25　南沙海槽及沙巴－文莱盆地地质剖面（李家彪，2008）

### 22.4.1.11　北巴拉望盆地

北巴拉望盆地位于乌鲁甘（Ulugan）断裂以东的巴拉望岛和卡拉棉岛西北大陆架及大陆坡之上，盆地水深 50~300 m 不等，面积约 $1.68 \times 10^4$ km²。西巴拉望盆地位于北巴拉望盆地南部，乌卢根断裂西南侧，盆地水深与北巴拉望盆地类似，盆内构造以北东向为主。

根据区域地质资料，北巴拉望地块和礼乐地块是连贯的大陆碎块，曾作为亚洲大陆的一部分，一起从中国大陆分离出来。因此，巴拉望盆地和礼乐盆地均属裂离陆块型盆地（图22.26）。

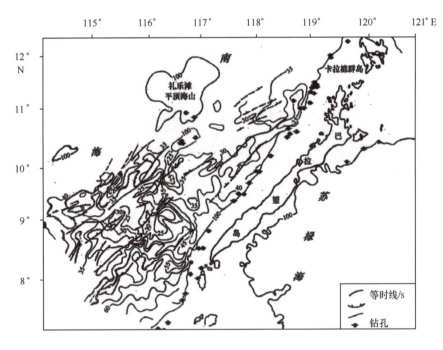

双程时间，等时线距 0.5 s

图 22.26　巴拉望盆地上渐新统—下中新统等时图（蔡乾忠等，2005）

盆地基底为晚古生代变质岩和中生代蛇纹层，前渐新世碎屑岩、灰岩和变质岩，晚新近纪海相沉积盖层呈区域性向西倾斜，为断裂所切割，常见的构造形态包括地堑地垒系、褶皱不整合、礁体及三角洲。常见岩性为滨浅海碎屑岩和碳酸盐岩。构造走向为北东向，控制因素可能是乌鲁甘走滑断层。目前已在盆地中发现 14 个油气田（蔡乾忠等，2005），主要为小型礁油田，如尼多礁油田。

### 22.4.1.12 礼乐盆地

礼乐盆地位于南沙群岛东北端最大的水下浅滩——礼乐滩及其附近的南方浅滩、棕滩、忠孝滩等地区,面积约 $3.2 \times 10^4 km^2$。盆地呈北东向,水深一般小于1 000 m,礁滩水深一般小于200 m,最浅处不及10 m。

礼乐盆地为发育在礼乐地块之上的陆缘断陷-裂离陆块型盆地,而礼乐地块在晚渐新世以前可能位于华南大陆陆缘沉降带中,之后逐渐向南漂移了9.5个纬度(吴进民等,1994)。礼乐盆地基底为一向东南倾斜的掀斜断块,由第三系岩石组成(Sampaguita-1井钻遇白垩系浅海沉积碎屑岩)。盖层以晚渐新世不整合为界,分为特征不同的两层:下层具箕状断陷特征,为上古新统-下渐新统三角洲、滨海相及半深海碎屑岩;上层具广泛沉积坳陷特征,主要为一大套浅海相碳酸盐岩。此双层构造特征与南海北部沉积盆地极为相似。

礼乐盆地以北东向正断层为格架,分为北部坳陷(具有一南一北两个次凹,最大沉积厚度5 000 m)、中部隆起、南部坳陷(坳陷南侧沉积中心最大厚度6 000 m)3个二级构造单元(图22.27)。已证实主要储层为古新统和上始新统砂岩,生烃门限不等。

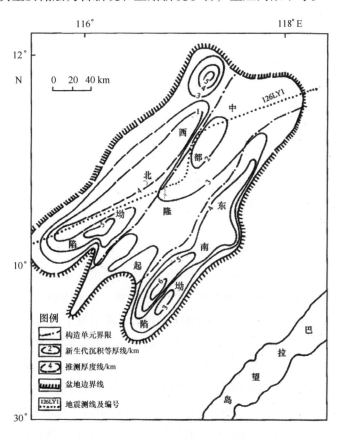

图例
- 构造单元界限
- 新生代沉积等厚线/km
- 推测厚度线/km
- 盆地边界线
- 126LY1 地震测线及编号

图22.27 礼乐盆地构造单元(蔡乾忠等,2005)

## 22.4.2 南海海盆演化历史

我国南海海盆地处欧亚板块、太平洋板块(西菲律宾海板块)和印度板块交接处,是东亚大陆边缘洋陆相互作用的结果,新生代南海海盆经历了陆壳裂解、洋壳形成等复杂构造历史,其内部蕴含着丰富而独特的多期次、多方向的扩张构造演化记录,被认为是研究边缘海形成机制的理想场所。前人研究结果表明，南海海盆的东部和西部具有不同的张裂机制，东部以海底扩张为主，西部以地壳减薄和裂离为主（Lüdmann et al.，2001；李家彪等，2002）。

晚三叠世的印支运动结束了冈瓦纳大陆与劳亚大陆的分裂，使印支地块沿红河褶皱带与扬子、华南地块碰撞拼接，特提斯洋北支关闭，形成广泛的印支岩浆变质带、大规模的断裂褶皱带以及一系列的火成岩侵位和区域性活跃的岩浆活动（森格，1992；刘昭蜀等，1988）。南海西部石油公司在我国南海北部湾与莺歌海盆地已钻遇大量的放射性年龄为 224～235 Ma 的花岗岩与变质岩（Pigott et al.，1994），它们组成了这些海盆的基底，被认为是晚三叠世碰撞的产物。南海东北部陆架区域，岩石的年代及类型都表明太平洋板块的北西向俯冲始于三叠纪，后来逐渐加强（周建波等，2005）。

中生代时期库拉板块俯冲于亚洲大陆之下，南海的演化主要受太平洋板块侧向俯冲控制。侏罗纪至早白垩世的燕山运动，使联合的亚洲大陆东南边缘开始了自北西向南东构造活动逐渐变新的安第斯型主动大陆边缘的演化阶段（Holloway，1982a；Taylor et al.，1983；杨森楠，1997）。洋、陆板块之间的俯冲引发了中国东南部至越南东南部的中侏罗世至早白垩世的钙碱性喷发岩和中酸性侵入岩的大量活动，造成了俯冲大洋板块上先存的大量大陆性地壳碎块的北移（Hamilton，1979）。火山岩地球化学研究证实，中生代浙闽沿海类似于美国西部的盆岭省（Basin and Range Province）（Gilder et al.，1991），具有典型主动大陆边缘特征，盆地的发育主要受控于古太平样板块向西的俯冲作用。中生代晚期到新生代早期，这种俯冲作用逐渐减弱，大陆边缘地体构造由原来的挤压变形逐渐转变为张裂拉伸（姚伯初，1999a；刘忠臣等，2005），自此中国东南大陆边缘实现了由主动大陆边缘向被动大陆边缘的转变。

东亚大陆岩石圈向东南方向的持续裂离，从而在东亚大陆边缘形成了一系列北东向张性断裂，并使原来的安第斯型边缘形成的 NNE—NE 向断裂带重新开始活动（J. B. Li，1997；Hall，1996）。张裂活动还形成了一些北东向张性断层及一系列地堑半地堑盆地，在南海北部陆缘分布广泛，西部地区也有表现（姚伯初，1997），并以一个南海及其周边地区普遍存在的区域性构造不整合为代表（Holloway，1982a）。从古新世到始新世，地壳不断张裂，盆地不断下陷，南海北部边缘逐渐由陆地发展为浅海。Briais 等（1993）认为，张裂活动在渐新世初期达到最高峰，在广东外海造成大陆外缘的拉裂，并引发了南海的扩张。

晚始新世至早渐新世的南海运动，被认为是由于印度板块向欧亚板块碰撞所产生（姚伯初，1999a；Tapponnier et al.，1982），但该构造事件的表现形式和区域的普遍性仍存在争议。Holloway（1982a）认为，南海及周边地区普遍存在一个区域构造不整合，他称之为破裂不整合（Breakup Unconformity），之后在晚渐新世 - 早中新世南海中央海盆由海底扩张产生，西沙海槽断裂活动已开始活动，而同时南海北部陆缘上的北东东至东西向断裂也开始活动，表现为拉张断裂。渐新世晚期（32 Ma），礼乐地块向南漂移，南海海盆开始出现，在热活动和地壳拉薄的双重作用下，台西南盆地地壳发生隆起和断裂（钟建强等，1993）。断块、陷落断块中心接受陆相或内浅海相砂、页岩沉积。由于深大断裂下切强烈，引起明显的火山活动和热活动，导致地壳抬升 - 侵蚀，形成区域不整合。而 Taylor et al.（1980）和 Briais et al.（1993）经过分析磁力异常条带认为，南海的中央海盆扩张应该是从 32 Ma（早中渐新世）以前到 17 Ma 前（中中新世）停止。

渐新世晚期至早中新世阶段，南海北部边缘张裂活动再次减弱，盆地垂直运动处于相对平静期，沉积速度加快。这一阶段，陆架及陆坡区沉积了一套厚度相对较为平均的下中新统地层，分别填充了北部陆架区古近纪大幅张裂所形成的局部凹陷。早中新世晚期，南海北部陆缘开始出现阶段性弱挤压作用，早期的张裂构造部分转变为反转结构（尚继宏等，2009），在南海北部陆架区地震剖面上表现为一系列下中新统地层中出现的逆断层及典型的沉积层的褶皱变形，中央凸起北侧局部范围内下中新统地层顶部形成背斜为特征的拱起。

中中新世以后，由于澳洲陆块与班达弧碰撞，从而在东南亚南部引发强烈的由南东向北西逆冲推覆的构造运动，南海海盆的扩张趋于停止，并代之以马尼拉海沟的向东俯冲（Jolivet et al.，1986）。南海北部陆缘拉薄作用在该时期减弱乃至中止，盆地以冷却－缓慢沉降为特征，进入热沉降演化阶段，构造活动相对平静，形成以页岩为主、夹粉细砂的浅海－半深海相巨厚沉积（钟建强等，1993；丁巍伟等，2004）。上新世之后，现代南海的构造格局基本形成。

## 22.4.3  海盆成因机制探讨

对于边缘海的成因演化一直以来都是板块学说未能完全解决的基本问题之一（Uyeda，1977），而南海作为西太平边缘海的重要组成部分，对其成因演化的讨论从板块学说兴起后就未间断，持不同观点的各大构造学派常将南海归属于各自所划分的大地构造单元，以至于众说纷纭、莫衷一是，如"断块说"（张文佑，1986）、"地台说"（黄汲清，1980；黄福林，1986）；"地洼说"（刘以宣，1984）；以及"地壳的波浪镶嵌构造学说"（张伯声，1980）等。

自从 20 世纪 60 年代海底扩张学说及板块构造学说出现后，在南海的成因构造解释中，坚信板块构造的学者们逐渐增多，并逐渐占据了主导地位。70 年代初，Karig（1971）首先将南海划入了与弧后扩张有关的边缘海范畴；1973 年 Ben - Avrahan 和 Uyeda 发现了南海中部存在东西走向的磁条带，指出将南海作为弧后盆地是不恰当的，他们推测加里曼丹岛在侏罗纪从中国大陆分离出来，南海被拉开，之后海盆又经历了两次收缩；之后 Bowin（1978）又在吕宋岛以西海域发现了新的 N70oE 磁条带，并推测南海经历了 2 期海底扩张，中间新，南北两侧海盆较老；1979 年 Ludwig 等确定南海礼乐滩地块为陆壳；1983 年美国哥伦比亚大学的 Talyor 和 Hayes 首次将南海地磁资料与全球地磁反转时间表相对比，识别出代表近东西向、年龄在 32～17Ma 之间的编号为 11～50 的系列磁条带，并识别出 15°E 附近的一条与磁条带平行的 WE 走向海底火山链，其两侧磁条带具有对称性，证明南海在早渐新至早中新世由一次南北向的海底扩张形成，其扩张轴位于现今的 15°N 附近；之后部分学者对此观点进行了补充，如 Holloway（1982a）在对南海地层发育及周边主要不整合面的分布进行分析后，结合地磁资料得出与上述结论类似的结果；1979—1980 年和 1985 年，我国原地质矿产部南海地质调查指挥部与美国哥伦比亚大学拉蒙特－多哈蒂地质研究所合作进行了南海地质与地球物理综合调查，在之后的"南海海洋地质联合调查中方报告"中指出南海的扩张至少可分为两幕：中渐新世左右的 NEE 向非对称扩张及早中新世左右的对称性扩张。

地球物理学者们普遍认同南海北部陆缘在新生代早期是处于张裂状态的观点（Hilde et al.，1976；Lüdmann et al.，1999；Clift et al.，2001；Lin et al.，2003）。这种特征在南海东北部陆缘区地震剖面上表现为一系列广泛存在于古近系沉积中的滑塌构造及正断层为特征的地堑半地堑沉积，且分布广泛（丁巍伟等，2004；尚继宏等，2006）。S. H. Yu 在 1991 年（钟建强译，1993b）指出，"中渐新世，欧亚板块东南缘明显发生区域隆起。大陆地壳的隆起，导致古新世、始新世和早渐新世沉积层遭受侵蚀和沉积间断。然后，脆性陆壳裂隙下之热地幔的膨胀，使这一隆起区发生拉张"。张健等（2000）认为，南海北部陆缘带 NE 向的阶梯状北倾正断层所形成的拉张型和离散型边缘构造反映的是北部陆缘带在晚白垩世到新生代之间的构造扩张背景，是因为"深部地幔由陆向洋对流而导致北部陆缘带沿北倾断裂带下的地壳薄弱带向洋一侧离散，从而引起陆缘拉张断裂解体，整个岩石圈在拉张背景下减薄和裂陷"所致。

但对于陆缘张裂之后海盆的演化机制如何，依然还有未解的争论。通常我们认为南海中央海盆的扩张是 32 ~17 Ma 之间，大体以黄岩链状海山为扩张中心，经过不同方向、不同扩张中心、多期次海底扩张而形成（Talyor et al.，1979；姚伯初，1998 b；李家彪等，2002）。对于这期间具体的扩张历史及其演化机制，虽出现不同的解释，如三叉点说（唐鑫，1981）、微扩张说（郭令智等，1985）、多中心说（李卢玲等，1985），但总体均属南海海底扩张学说的范畴。而张训华等（2008）则在对比了日本海张开的模式之后，提出了南海海盆的单向拉张模式，认为南海是在单向地幔流的作用下，从北部陆缘区单向拉张并不断裂离、断陷从而打开海盆，从而以地幔流的角度解释了南海的成因。总体来说，由于对不同位置海盆区年代地层学资料的缺失和对南海成因机制的看法不同，导致了现今各家对南海及其几个次海盆的成因观点的分歧。

# 第 23 章　深部结构与地球动力过程

## 23.1　地球物理场特征

### 23.1.1　重力异常特征

南海及周边海域地壳表面的起伏、各大构造单元和不同地壳结构类型在很大程度上决定了南海重力异常的宏观特征及局部异常的面貌，尤其在具不同基底结构、构造、岩浆活动、地层发育史及构造方向的大地构造单元之间，它的宏观特征表现出一定的差异。南海及邻区（特别是南海的北部地区）以大面积的负值空间重力异常为主，局部夹 NE 向或近 SN 向分布的正异常。正异常在中沙群岛、礼乐滩等地最为显著，还对应于一些新生代的沉积盆地。在南海北部陆架地区，优势异常方向为 NNE 向、NE 向，但在海南岛的南部海域有明显的 NW 向分布的异常，并在此与 NE 方向的异常交汇。中南半岛地区以 NW 向异常为主，以大面积平缓的低、负异常为特征，与南海北部陆坡区及海盆区的异常面貌有所区别。北部的陆坡区，异常特点为带状，优势方向也为 NE—NNE 向。中央海盆空间重力异常以 NE 为主，有正有负，大部分在 $\pm 30 \times 10^{-5} \ \mathrm{m/s^2}$ 之间分布。区内布格重力异常总体上表现为从陆区的负值逐渐向海区的正值过渡，在大洋区达到最高（菲律宾海区达到 $400 \times 10^{-5} \ \mathrm{m/s^2}$）。布格重力异常的变化与海底构造的分布有一定的对应关系，比如海沟、岛弧的分布。所有较大面积的海岛均表现为低异常或负异常，而海沟的位置则表现为密集的正异常梯度带，全区地壳物质密度很不均一。布格重力异常与地形之间存在着"镜像"关系。在台湾 - 吕宋群岛、中央海盆的北部和海南岛东南陆架与陆坡的转变带等地区表现为明显的、密集的梯度带，反映出不同构造单元的边界。从陆坡向洋盆过渡处，重力异常有明显的变化。区内布格异常的分区特征与空间异常的分区特点是基本一致的（李家彪，2008）。根据重力异常的幅值、梯度、走向和形态，及所对应的海底构造地貌特征，南海及周边海域的重力异常（图 23.1 和图 23.2）可分为以下 12 个区（表 23.1）：台湾海峡、北部内陆架、北部陆架外缘、北部湾、北巽他陆架、西北次海盆、中/西沙群岛、西南次海盆、南沙群岛、东部次海盆、马尼拉海沟/吕宋海槽、巴拉望海槽/岛弧周围和苏禄海/苏拉威西海。

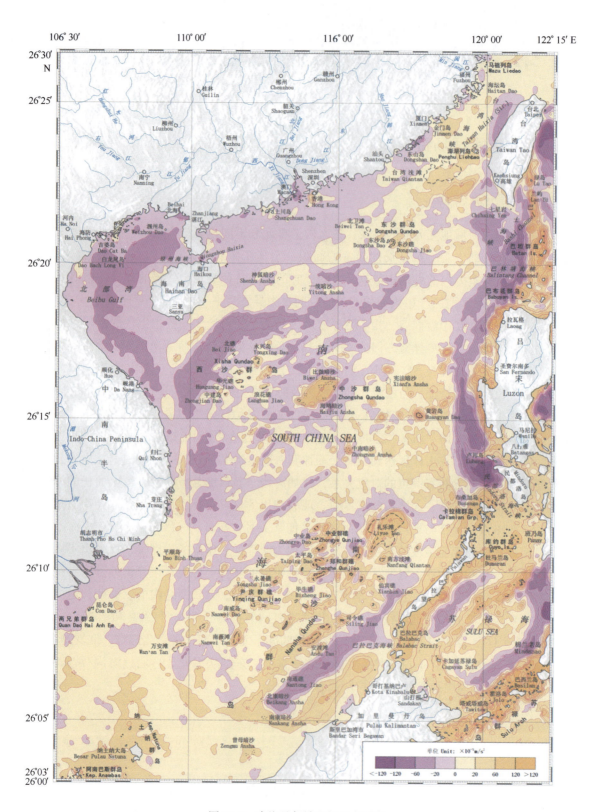

图 23.1  南海及邻域空间重力异常

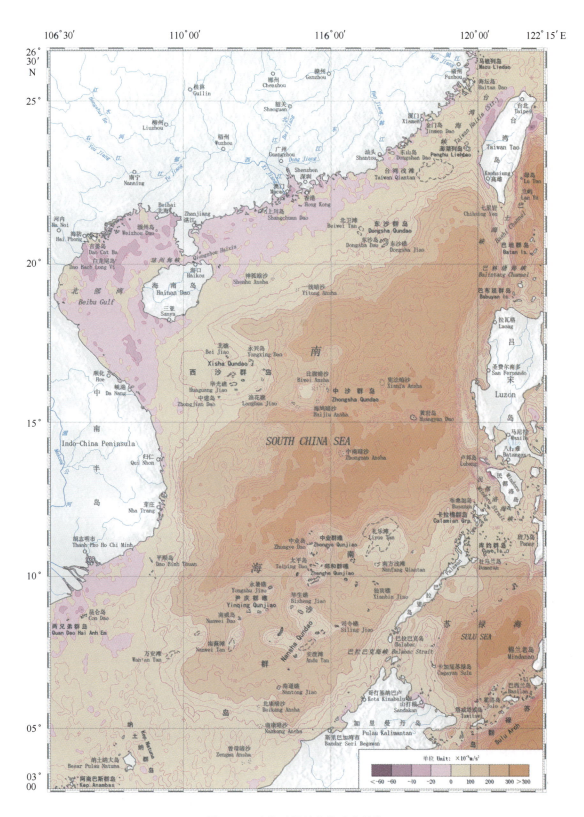

图 23.2　南海及邻域布格重力异常

**表 23.1 南海及邻域重力异常分区特征**

| 分区 | 空间重力异常特征 | 布格重力异常特征 |
|---|---|---|
| 台湾海峡 | 以正异常分布为主，各个异常圈闭中心均超过 $20 \times 10^{-5}$ m/s²，往南有升高的趋势，在澎湖列岛和台湾浅滩可达到 $40 \times 10^{-5}$ m/s²，再往南达到 $60 \times 10^{-5}$ m/s²。正异常圈闭形态及排列走向有 NE 向趋势 | 以平缓的正异常为主，取值在 $(0 \sim 40) \times 10^{-5}$ m/s² 之间，台湾浅滩往南是 NE 向的布格异常梯级带，由 $40 \times 10^{-5}$ m/s² 升高到 $180 \times 10^{-5}$ m/s² |
| 南海北部内陆架 | 在 $0 \times 10^{-5}$ m/s² 上下变化，沿近岸岛屿出现零星的小的正常圈闭，在雷州半岛一端异常可低于 $-20 \times 10^{-5}$ m/s² | 总体上小于 $0 \times 10^{-5}$ m/s²，但有零星的小圈闭大于 $0 \times 10^{-5}$ m/s² |
| 南海北部陆架外缘 | 出现一条醒目的 NE 向正异常带，取值可超过 $20 \times 10^{-5}$ m/s²。珠二坳陷为负异常区，取值 $(-40 \sim 0) \times 10^{-5}$ m/s² | 表现为平行海岸线的梯级带，布格异常朝海盆方向增大，取值为 $(0 \sim 100) \times 10^{-5}$ m/s²，但在崖县岸外取值低于 $30 \times 10^{-5}$ m/s² |
| 北部湾 | 为负异常分布区，普遍低于 $-20 \times 10^{-5}$ m/s²，局部低于 $-40 \times 10^{-5}$ m/s²。莺歌海盆地异常等值线走向为 NNW | 普遍偏负，北部湾盆地可低于 $-20 \times 10^{-5}$ m/s² |
| 北巽他陆架 | 为正异常分布区。万安滩以北近 N—S 向的正异常带向北延伸，局部超过 $40 \times 10^{-5}$ m/s²。在该正异常带西侧是呈负—正—负分布的 NE 向异常带，取值在 $(-20 \sim 20) \times 10^{-5}$ m/s² 之间。万安滩以南异常等值线走向部分表现为 NW 向，取值普遍在 $(0 \sim 20) \times 10^{-5}$ m/s² 之间，仅有零星的小圈闭取负值，在南部岛屿分布区正异常的幅度和范围甚于北部 | 万安滩以北布格异常为近 N—S 向的异常梯级带，万安滩东南布格异常是 NWW 向的异常梯级带，它们朝海盆方向递增，取值 $(20 \sim 100) \times 10^{-5}$ m/s² |
| 南海西北次海盆 | 系统地偏负，有东高 $-20 \times 10^{-5}$ m/s²、西低 $-40 \times 10^{-5}$ m/s² 的趋势，等值线走向取 NEE 向 | 由陆架外缘的 $60 \times 10^{-5}$ m/s² 升到海盆的 $240 \times 10^{-5}$ m/s²，但在西沙北海槽偏低，取值 $(20 \sim 120) \times 10^{-5}$ m/s² |
| 中/西沙群岛 | 表现为正负异常环绕分布，正异常圈闭对应于岛礁分布，一般超过 $20 \times 10^{-5}$ m/s²，其中环绕中沙群岛的正异常圈闭规模和幅度最大，超过 $100 \times 10^{-5}$ m/s²。负异常环绕正异常圈闭分布，一般可低于 $-20 \times 10^{-5}$ m/s² | 围绕西沙群岛和中沙群岛构成低值中心，分别低于 $20 \times 10^{-5}$ m/s² 和 $100 \times 10^{-5}$ m/s²，并整体上向海盆方向增大 |
| 南海西南次海盆 | 沿 NE 向盆地中轴是一条负异常带，可低于 $-20 \times 10^{-5}$ m/s²，两侧是低幅的正异常，取值为 $(0 \sim 20) \times 10^{-5}$ m/s²。西南端表现为正负异常圈闭相间分布，取值范围为 $(-20 \sim 20) \times 10^{-5}$ m/s² 之间，圈闭排列部分表现为 NE 向趋势。西北部分异常偏负，可低于 $-40 \times 10^{-5}$ m/s²，走向不明显 | 等值线呈菱形展布，向西南方向突出。布格异常由两侧的 $180 \times 10^{-5}$ m/s² 升到盆地的 $320 \times 10^{-5}$ m/s²，但沿中轴有下降 $(260 \times 10^{-5}$ m/s²$)$ |
| 南沙群岛 | 以对应于岛礁的正异常圈闭分布为主，兼有对应于水道的负异常圈闭相间分布，正异常圈闭一般超过 $20 \times 10^{-5}$ m/s²，负异常圈闭一般不低于 $-20 \times 10^{-5}$ m/s²。东北部分岛礁的正异常较高，可达 $(80 \sim 100) \times 10^{-5}$ m/s²，其中又以礼乐滩正异常规模最大；这些岛礁、暗滩及与海盆之间的负异常幅度和规模也较明显 | 背景取值为 $(120 \sim 180) \times 10^{-5}$ m/s²，有向海盆方向分别有升高、降低的趋势，同时围绕岛礁、暗滩群体分别构成低值和高值中心，取值分别为 $(60 \sim 80) \times 10^{-5}$ m/s² |
| 南海东部次海盆 | 一个背景取值为 $(0 \sim 20) \times 10^{-5}$ m/s² 的正异常分布区。玳瑁海山以北正异常圈闭走向为 NE 向，而黄岩岛海山链南北两侧的正异常圈闭扭曲、排列方向有 NW 向趋势。对应于黄岩岛海山链及一些孤立海山表现为等轴状或似椭圆状的尖峰异常，取值可达 $(50 \sim 120) \times 10^{-5}$ m/s²。这些海山异常高圈闭均被负或低的异常圈闭环绕 | 为 $(200 \sim 320) \times 10^{-5}$ m/s² 之间，等值线走向与附近的陆（岛）坡、海沟构造走向匹配，对应于黄岩岛海山链及一些孤立海山，布格异常有所降低 $[(200 \sim 260) \times 10^{-5}$ m/s²$]$ |

| 分区 | 空间重力异常特征 | 布格重力异常特征 |
|---|---|---|
| 马尼拉海沟/吕宋海槽 | 马尼拉海沟空间异常系统地取负值，北高南低，北段最低达 $-50 \times 10^{-5}$ m/s²，而南段最低可达 $-100 \times 10^{-5}$ m/s²。与马尼拉海沟相比，吕宋海槽自由空间重力异常更低，也北高南低，北段最低达 $-110 \times 10^{-5}$ m/s²，而南段最低可达$(160 \times 10^{-5}$ m/s²。等值线走向与海沟、海槽形态走向一致。台湾与吕宋之间海沟、海槽的两个负异常带之间有接近于 $0 \times 10^{-5}$ m/s² 的升高异常圈闭相隔，而南段不明显，两者基本融为一体。吕宋海槽西侧是一条明显的正异常带，各个圈闭中心取值可高达$(100 \sim 160) \times 10^{-5}$ m/s² | 等值线形态、走向与海沟和海槽相协调，形成一条醒目的梯级带。海沟处的布格异常为$(200 \sim 260) \times 10^{-5}$ m/s²，朝海槽西侧降低到$(60 \sim 100) \times 10^{-5}$ m/s²，但在海槽东侧又略有升高$(180 \sim 220) \times 10^{-5}$ m/s² |
| 巴拉望海槽/岛弧周围 | 巴拉望海槽空间异常是一条醒目的负异常条带，取值可低于 $-60 \times 10^{-5}$ m/s²，隐约朝 NE 向延伸与巴拉望岛弧平行，取值升到 $0 \times 10^{-5}$ m/s² 左右。加里曼丹岛、巴拉望岛和民都洛岛一带具有岛弧型正异常特征，NE 走向，取值可升到$(60 \sim 100) \times 10^{-5}$ m/s² | 与南沙群岛相比，巴拉望海槽及东北延伸段布格异常略有升高，取值分别为$(140 \sim 160) \times 10^{-5}$ m/s² 和$(80 \sim 120) \times 10^{-5}$ m/s²，朝岛弧方向，布格异常降低到$(20 \sim 100) \times 10^{-5}$ m/s²，呈 NE 向延伸的梯级带 |
| 苏禄海/苏拉威西海 | 苏禄海是空间异常的高值分布区，取值$(20 \sim 120) \times 10^{-5}$ m/s²，西北高东南低，异常走向取 NE 向；海盆与两侧岛弧之间分别有负异常条带存在，NE 向走向，西北侧可低于$(-40 \sim -20) \times 10^{-5}$ m/s²，东南侧可低于$(-80 \sim -60) \times 10^{-5}$ m/s²。图幅内苏拉威西海空间异常也为正值分布区，取值$(10 \sim 40) \times 10^{-5}$ m/s²，与苏禄群岛之间夹持有 NE 向排列的负异常圈闭，可低于 $-20 \times 10^{-5}$ m/s²。苏禄群岛周围具有岛弧型正异常特征，NE 走向，取值可升到$(100 \sim 160) \times 10^{-5}$ m/s² | 等值线围绕苏禄海、苏拉威西海形成两个完整的圈闭中心，苏禄海的布格异常可升高到 $320 \times 10^{-5}$ m/s²，苏拉威西海的布格异常可升到 $380 \times 10^{-5}$ m/s² 以上 |

## 23.1.2 磁力异常特征

据南海及围区现有岩石磁性数据，引起南海及围区磁异常的主要地质体是火成岩体及古老变质岩，南海海盆玄武岩是引起条带状磁异常的主要因素。众多的磁异常类型反映出了区内断裂和岩浆活动的复杂性。研究表明，区内磁异常类型繁多，概括起来可归纳为 6 种类型的磁异常，分别为尖峰状及剧烈跳动的异常、波状起伏异常、宽缓磁异常、正负伴生异常、磁条带、垂直叠加异常。总体上来看，南海及邻区的磁异常值分布在 $-350 \sim 370$ nT 之间。并具有从陆区向海区的、边缘向海盆中央逐渐增加的总趋势。特别是在海盆的中央，异常值最高，这与南海中央海盆的地壳性质有很密切的关系。大量的地质、物探资料已揭示了南海中央海盆的基底由玄武岩构成，而周边则逐渐过渡到陆壳，基底则由大量的花岗岩和变质岩组成。磁异常走向主要有 NE 向、NNE 向、EW 向或近 EW 向、NW 向、NWW 向、SN 向等。根据不同地区磁异常特征，如形态、幅值大小、宽度、梯度、走向等不同组合，可以将区内磁异常分为陆架区、陆坡区和中央海盆区 3 个磁异常大区。总体上，南、北部陆架的磁异常呈现出明显的不同，北部陆架以低值正、负异常为主，NE 走向局部夹杂 NEE 和 NW 向异常；而南部陆架的磁异常则表现为负值背景上的平稳正负异常且波长较长。南、北部陆坡的磁异常分布格局类似于陆架，有明显的差异，磁异常以 NE 向展布于西北陆坡区且变化大，在陆坡与陆架、陆坡与中央海盆交接处均存在 NE 向的线性磁异常；而南部陆坡的磁异常以低值变化较小的磁异常为背景，多呈 NE 走向。近 EW 向展布的中央海盆磁异常以高值波状起伏异常为主，幅值大，波长短，变化大，且中部分布有正负相间的线性磁异常。

根据异常的符号、形态、幅值大小、梯度变化和异常走向等特征（图 23.3），可将南海

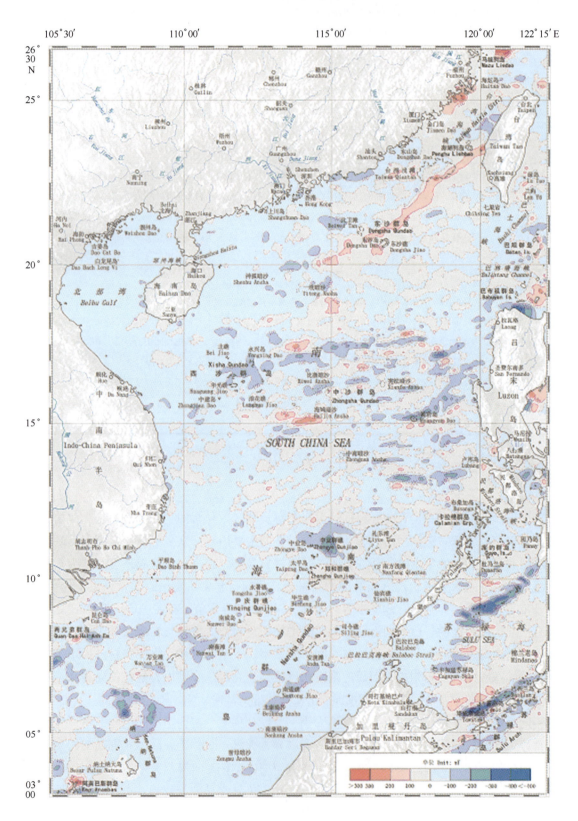

图 23.3　南海及邻域磁力异常

分为15个区（带）（表23.2）：闽粤近岸正负剧烈变化异常带、琼岛—台西陆架低幅值正负变化异常带、北部湾中西部平静负异常区、台湾—吕宋海脊正负剧烈变化异常区、南海东北部宽缓变化异常区、中西沙北降低变化负异常区、马尼拉海沟－吕宋海槽剧烈变化异常区、中央海盆（东部）条带状变化异常区、中西沙正负剧烈变化异常区、西南海盆NE向条带状变化异常区、越东降低正负变化异常区（带）、南沙海槽宽缓变化负异常区、南沙群岛正负变化异常区、加里曼丹北降低平静负异常区、巽他陆架区正负剧烈变化异常区。

**表23.2 南海及邻域磁力异常分区特征**

| 分 区 | 磁 异 常 特 征 |
|---|---|
| 闽粤近岸正负剧烈变化异常带 | 大致沿与闽粤海岸平行的近岸海域分布。异常正负变化剧烈，局部异常发育。它们为大陆异常带向海域的延伸部分。福建沿海海域为背景升高的正异常带，异常值基本在0～400nT之间变化，局部异常发育。局部异常可能为中生代不同期沿断裂侵入的花岗岩及闪长岩类的反映。磁性基底埋深一般为1 km。雷州半岛以东，为背景相对降低的剧烈变化负异常带，背景值约－50 nT，异常值基本在0～－150 nT之间变化。背景场应是前中生代浅变质岩所引起。局部异常应与中生代中、晚期的花岗岩类等磁性岩系相关。磁性基底埋深一般为1～2 km。北部湾东部，为一降低负异常带。基底为下古生界变质岩系，有相当厚度的新生界存在。磁性基底埋深一般为2～3 km |
| 琼岛—台西陆架低幅值正负变化异常带 | 除东沙－北港陆架外缘为高值正异常带之外，区内以背景场降低的负异常为主，为总体呈NE－SW向分布的低幅值正负变化异常带。异常值大部分在－50～50nT之间，部分呈片状分布，变化比较平缓。该带异常特征主要与磁性基底埋藏较深（4～11 km），沉积巨厚有关。背景磁场主要由古生代－中生代的变质岩系所引起，局部异常往往是中生代中晚期侵入的花岗岩体的反映。东沙－北港为总体NE－SW向展布的高值正异常带，异常值50～250 nT之间变化，显示十分醒目。它是陆架与陆坡构造带之间的分界线。磁异常主要由中生代花岗岩以及新生代玄武岩所产生。磁性体埋深1～3 km |
| 北部湾中西部平静负异常区 | 除局部散布一些正的或负的小异常之外，为一整片0～－50 nT负异常，变化极为疏缓。结合邻区资料，其东北部应是陆区古生界变质基底向海域的延伸，其西部为印支地区的海西、印支褶皱带在海域的延伸。基底埋深5～10 km。莺歌海盆地就在此间 |
| 台湾—吕宋海脊正负剧烈变化异常区 | 磁场特征各异，异常正负变化剧烈，局部异常非常发育。异常在－250～300 nT之间变化。磁异常特征主要是该区中新世以来岩浆喷溢堆积和侵入而形成的火成岩体的客观反映。基底埋藏2～4 km |
| 南海东北部宽缓变化异常区 | 包括南海东北部海盆和北部陆坡的广大海域。以低幅值平静宽缓变化为其主要特征，呈现成片的大面积负异常或正异常的片状异常，异常幅值绝大部分在－50～50 nT之间波动变化，梯度极缓。局部异常少发育。台西南海域磁性基底深陷，埋深5～9 km。磁性基底当为中生代变质岩系。局部磁性体埋深2～4 km，应属新生代沿断裂发生的侵入或喷发的基性岩 |
| 中、西沙北降低变化负异常区 | 异常值大部分在0～－100 nT之间变化，其间分布一些－100～－150 nT的局部异常。基底由古生代和中生代早期变质岩组成。磁性基底埋深5～7 km |
| 马尼拉海沟－吕宋海槽剧烈变化异常区 | 磁异常短波长、高振幅，正负变化相当剧烈，异常幅值在－450～250 nT变化，最大可达700 nT。该区局部异常较发育。该区显然是一个岩浆作用强烈的区带。磁性基底5～7 km，往吕宋岛方向抬升至1～3 km |
| 中央海盆（东部）条带状变化异常区 | 总体的面貌特征是广泛发育和分布的东西向或近东西向的，一般称之谓"条带状"的线性异常。异常短波长、高振幅、陡梯度，正负交替剧烈起伏变化。异常变化幅值一般为200～400 nT，最大可达700 nT。局部异常极为发育。磁性基底埋深5～6 km，磁性体埋深3～5 km |
| 中、西沙正负剧烈变化异常区 | 磁异常值在－250～300 nT之间变化，正负变化相当剧烈。在全区0～－100 nT的背景之上，同时散布众多的小的局部异常，总体面貌较为复杂。背景磁场是元古代以及可能的古生代变质基底的反映，局部异常是由沿断裂插入的一些磁性强弱不均匀的燕山期花岗岩类，以及一些新生代多期喷发的火山岩类所引起。磁性基底埋深3～5 km |

海洋地质学

续表 23.2

| 分　区 | 磁　异　常　特　征 |
|---|---|
| 西南海盆 NE 向条带状变化异常区 | 其主体部分为正负交替变化的条带状异常。异常变化幅值在 -150~150 nT 之间，异常走向为 NE 向。关于该区磁异常的成因机制，国内外一些学者试图用海底扩张说来解释，但从形成于早白垩世，或至现今仍在扩张等，各种模式至少有五种之多。基底埋深 5~6 km |
| 越东降低正负变化异常区(带) | 基本平行于越南中南部海岸线展布，其宽度 200~250 km。异常大部分在 -100~50 nT 之间变化。以降低的负异常为背景，背景值大部分在 0~-100 nT 之间，除一些小形体的局部异常之外，总体变化较为平缓。但不同的区段磁异常特征存在一定的差异。背景磁场主要由元古代的变质岩系所引起。该区基底断陷，其上可能发育了古生代和中生代浅变质盖层，并发育了新生代系列盆地，如归仁盆地、中越盆地、万安盆地及昆仑盆地等。局部异常当与中、新生代的火成岩系相关。磁性基底埋深 5~12 km |
| 南沙海槽宽缓变化负异常区 | 为一条变化非常宽缓，总体走向 NE 的负异常窄带。背景值为 0~-50 nT，另星散布一些小形体局部异常。基底可能由元古代 - 古生代的浅变质岩系组成。局部异常可能主要与火山岩相关。基底埋藏 5~7 km |
| 南沙群岛正负变化异常区 | 异常大部分在 -100~50 nT 之间变化，变化较为宽缓。背景磁场可能主要由前寒武纪 - 古生代基底变质岩引起。局部异常则主要由弱磁性的中、新生代花岗岩和火山岩引起。该区发育了一系列的新生代盆地，如礼乐滩盆地、郑和盆地及南薇盆地等。磁性基底埋深 4~9 km，磁性体埋深 2~3 km |
| 加里曼丹北降低平静负异常区 | 以大片的降低的负异常为特征。除极少数局部异常之外，异常在 0~-100 nT 之间变化，异常宽度或长度可达 100~400 km，变化十分平静宽缓。该区磁性基底深陷，埋深大部分 7~17 km。曾母盆地和万安盆地占据该区的主体。基底岩相可能主要为晚古生代浅变质岩系 |
| 巽他陆架区正负剧烈变化异常区 | 磁场背景值为 0~-50 nT。局部异常极为发育，异常值在 -500~300 nT 之间变化，正负变化相当剧烈，负强磁异常尤为突出。磁场特征表明，该区断裂发育，岩浆活动强烈。基底可能由前寒武纪或古生代弱磁性的变质岩系组成，局部异常由中、新生代侵入的花岗岩、基性或超基性岩，以及部分火山岩所引起。磁性体埋深 1~3 km |

### 23.1.3　海底热流分布特征

地热流是大地热流即地壳热流量的简称，是指主要通过传导方式在单位时间内自地球内部输送到地表的热量，通常"地热流"都是针对相当大的一个区域或地热体系而言的。地热流场主要描述岩石的热源、热导率和热流密度，而代表单位面积热流量的热流密度的大小与岩石的热导率及热源有关。大地热流是地球散热的主要方式，热流密度则是研究和了解地球内部热状态、地表岩石圈热历史及其演化的主要参数。热源的分布与构造活动性有关，目前主要应用热流密度的平面变化分析大地构造特征并推测深部岩浆活动状态。整体上，南海热流变化范围为 8~191 mW/m$^2$，而 60~80 mW/m$^2$ 者约占 40%，平均值为 76.9 mW/m$^2$，比中国大陆平均热流值(65.2 ± 26 mW/m$^2$)高得多，所以说南海是一个高热流背景的边缘海区。在此背景下，热流呈现不均匀分布，由陆缘向海盆呈上升趋势，南缘热流最高，西缘和北缘次之，东缘最低。根据热流值及其变化特征(图 23.4)和海底地貌，将南海划分为北部陆架陆坡中等偏低热流区、海盆中高热流区、南沙群岛与南沙海槽低热流区、西缘与西南陆架中高热流区和台湾及东缘高低值变化热流带共 5 个区带(张训华等，2005)。

(1)北部陆架陆坡中等偏低热流区

本区是晚白垩世以来多期幕式张裂及随后热沉降的结果，与莫霍面抬升对应，热流由 NNW 向 SSE 即向海盆方向增高。平均热流值由北部湾盆地的 61 mW/m$^2$ 向珠江口盆地北部坳陷带、中央隆起带、南部坳陷带逐渐升高，最高为 71 mW/m$^2$；陆坡处的平均热流值变化较大，由东部的 78 mW/m$^2$ 变到中部的 73 mW/m$^2$ 再到西部的 95 mW/m$^2$，且在下陆坡处还存在

**488**

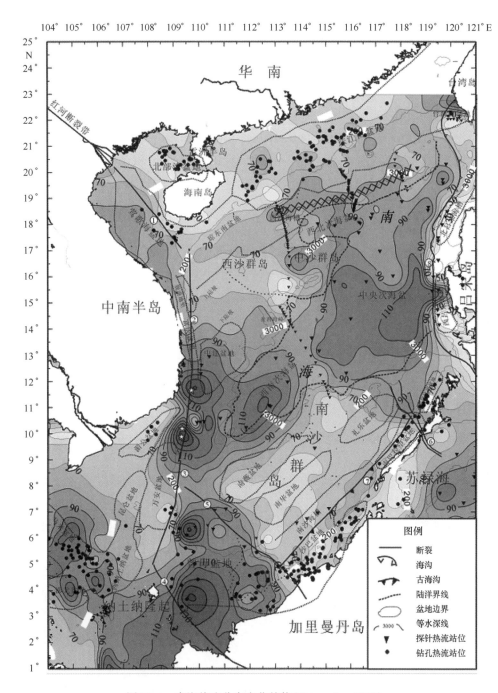

图23.4 南海热流分布变化趋势(Shi et al.,2003)

一条 EW 向展布的平均热流值高达 90 mW/m² 的高热流带(Shi et al.,2003)。

(2)海盆中高热流区

南海海盆由东部次海盆、西北次海盆和西南次海盆组成,海盆整体的热流平均值为 93 mW/m²(除去极值点),属于高热流区。其中东部次海盆和西北次海盆的平均热流值为 94 mW/m²,而西南次海盆的则为 90 mW/m²。

(3)南沙群岛与南沙海槽低热流区

本区北部斜坡带的平均热流值为 61 mW/m²,西界李准 - 廷贾断裂带中部有一异常低热流为 20 mW/m²,南沙海槽区热流界于 60 ~ 50 mW/m² 之间(He et al.,2002;曾维军等,

1997）。

（4）西缘与西南陆架中高热流区

本区断裂带附近总体上具中高热流特征。莺歌海盆地为新生代转换伸展盆地，其平均热流值为 79 mW/m² (He et al., 1990)；越东断裂带伴有多期火山活动，是一明显的高值热异常带，平均热流值可达 103 mW/m² (曾维军等，1997)；万安断裂带、万安盆地的平均热流值为 62 mW/m²，湄公盆地的平均热流值为 60 mW/m² (Tao Tran Cong, 1992)；曾母盆地因晚期边界断裂的走滑活动而处于拉张环境，热流平均值为 102 mW/m²，极值点一般出现在隆起和斜坡以及断裂带附近，而且盆地西部比东南部热流高些；西纳土纳盆地、马来盆地东段及彭尤盆地的平均热流值为 82 mW/m²。

（5）台湾及东缘高低值变化热流带

海沟区具有低热流特征，北吕宋海槽的平均热流值为 36 mW/m²，西吕宋海槽的平均热流值为 29 mW/m²，位于构造增生楔上的台西南盆地西部具有较高的热流，为 78 mW/m² (Shuyu et al., 1998)。

## 23.2　地壳结构

### 23.2.1　地壳厚度

南海及周围地区莫霍面深度分布与地壳结构一样分为 3 个区（图 23.5，图 23.6）：大陆型地壳区、大洋型地壳区和过渡型地壳区。

南海海域的大陆型地壳主要分布于北部陆架地区和南部的巽他陆架。基本上分布于莫霍界面深度为 30~26 km 范围内，形成南海北部和南部的大陆地壳，地壳厚度为 28~20 km。华南沿海莫霍面埋深为 29~32 km，往西北方向逐渐增厚，西部印支区的莫霍面呈由南向北增深之势，越南沿海地区约 28 km。

具大洋型地壳结构的南海海盆，莫霍面深度为 9~13 km，并向四周经陆坡、陆架至陆区逐渐加深，结晶地壳厚度为 4~10 km，向四周陆架增厚，最薄处小于 5 km，其中西南次海盆明显偏薄，整体小于 5 km。

南海海域过渡型地壳主要分布在地壳厚度急剧变化的梯度带上。在南海北部陆缘存在一条明显的地壳厚度急剧变化的梯度带，其莫霍界面深度为 26~16 km，结晶地壳厚度为 20~10 km，基本上分布在比较狭窄区域内，形成明显的地壳过渡带。中央海盆与南沙群岛之间也存在一条较明显的梯度带，莫霍界面深度从 20 km 急剧减少到 12~14 km，结晶地壳厚度为 15~9 km。

在南海海域内还存在多块的微陆壳。西沙、中沙和南沙群岛都呈现微陆块性质。中央海盆西侧，中沙、西沙附近海域莫霍界面深度为 25~19 km，地壳厚度为 20~15 km，该地区较为宽阔的海域也是洋陆壳过渡地带。南沙群岛分布范围较广，莫霍界面深度一般在 20 km 以上，地壳厚度在 15 km 上下；南沙群岛上几个岛礁的地壳较厚，礼乐滩、安渡滩的地壳厚度可达 20 km 以上，中业－郑和－九章群礁的地壳厚度也有 15 km 以上。

莺歌海盆地、曾母盆地莫霍界面深度与其他陆架盆地相比稍薄，但西南次海盆北部陆缘及中建南盆地在 14~16 km 之间，但相较于周边陆壳急剧抬升。这些盆地的地壳减薄明显，曾母盆地大于 10 km，莺歌海盆地减薄到 10 km 以内，西南次海盆北部陆缘及中建南盆地也在 10 km 以内。

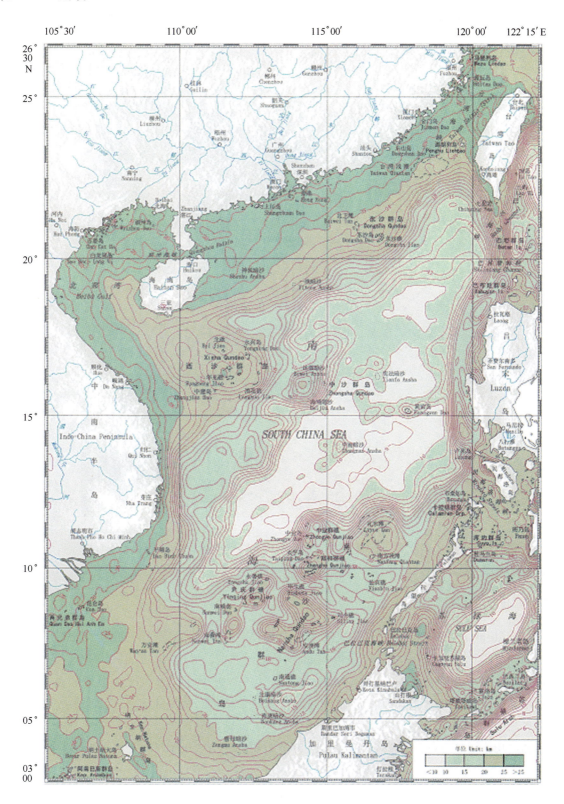

图 23.5　南海及邻域莫霍面埋深

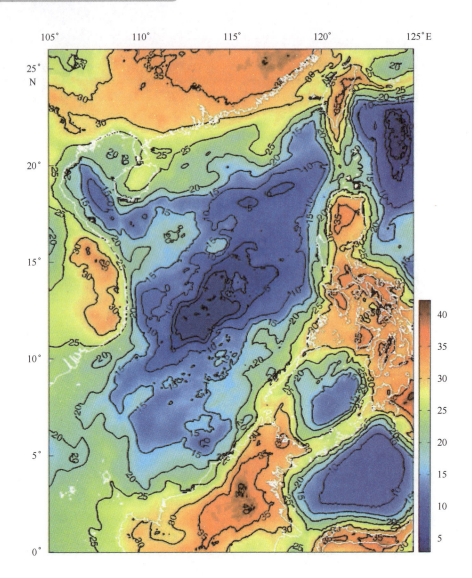

图 23.6　南海及邻域结晶地壳厚度

## 23.2.2　纵波速度结构

自 20 世纪 70 年代以来，国内外在南海地区岩层的地震地层结构方面已经开展了大量的调查研究并取得了丰硕的研究成果（Emery et al.，1972；Ludwig et al.，1979；姜绍仁等，1993；姚伯初等，1994 a，1999 b；Nissen et al.，1995），得到了南海大部分地区岩层的地震地层结构，为南海地区的地层划分和对比提供了科学依据。根据地震剖面的地震波形态、反射界面的接触关系、层速度变化情况，并结合已有的钻井和声呐浮标测量资料，以及考虑区域地质构造背景，南海南、北部陆架和陆坡区的地震地层结构特征相似，均可划分出 3 套构造层（上中下构造层）。

我们根据近年来的南海北部多条折射地震剖面资料，包括 1985 年 10~12 月中美合作第二阶段调查获得的东、中和西 3 条双船地震扩展排列剖面（ESP）（图 23.8，图 23.9，图 23.10），对区域地壳速度结构及密度分步进行了研究，发现南海北部地壳结构由陆架、上陆坡的陆壳结构逐步向过渡壳及洋壳变化，且同一类型地壳在不同地区又有所不同。总结南海北部地区总体密度结构自上而下大致为：第四系 2.1~2.1 g/cm³、新近系 2.3~2.32 g/cm³、

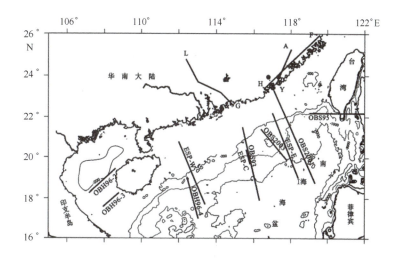

图 23.7　南海北部深地震测线位置

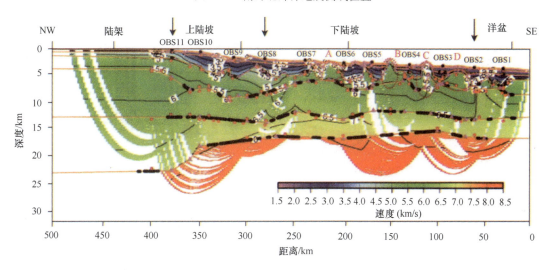

图 23.8　南海东北部 OBS2001 测线地壳结构剖面（Wang et al.，2006）

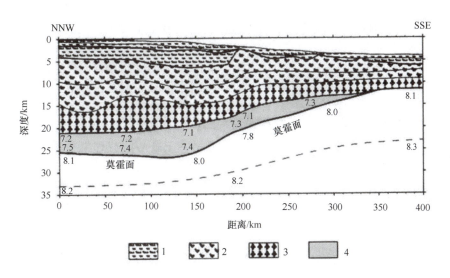

1. 沉积层　2. 上地壳　3. 下地壳　4. 下地壳高速层

图 23.9　南海北部 OBS－93 综合地球物理解释剖面（李家彪等，2008）

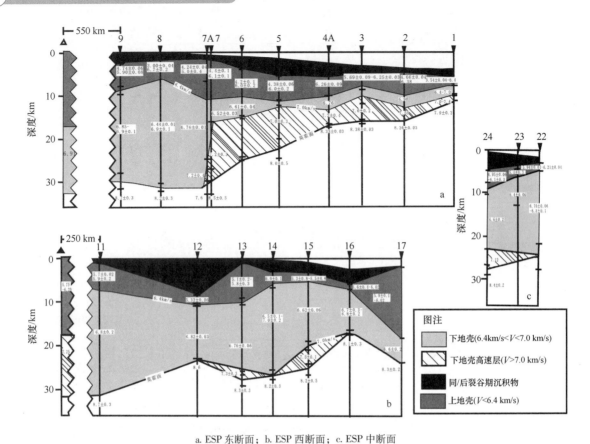

a. ESP 东断面；b. ESP 西断面；c. ESP 中断面

图 23.10　南海北部地壳结构剖面（据 Nissen et al.，1995）

古近系 2.4 ～ 2.47 g/cm³、前新生界 2.55 ～ 2.6 g/cm³、上地壳 2.7 g/cm³、中地壳 2.75 g/cm³、下地壳 2.85 g/cm³（局部高速带 2.89 g/cm³）、上地幔 3.27 g/cm³ 以及位于不同岩层的高密度火成岩体 2.58 ～ 2.78 g/cm³。

（1）南海东北部

台东滨海断裂带（图 22.3）附近滨海地区的地壳平均厚度 28 km，具有正常型陆壳向减薄型陆壳过渡的性质，地壳厚度由陆地向海区逐步变薄，其中主要是上地壳变薄，下地壳变化不大，上地壳（不包括沉积层厚度）与地壳总厚度比值由台东滨海断裂带以北的 0.58 ～ 0.59 降低至滨海断裂以南的 0.46 ～ 0.48，相应地莫霍面深度由 29.5 ～ 30.5 km 逐步减少到 25.0 ～ 28.0 km（图 23.8）。上地壳下部（埋深约 10.0 ～ 18.0 km）存在一层速度为 5.5 ～ 5.9 km/s、厚度为 2.5 ～ 4.0 km 的低速层；下地壳未见高速层（丘学林等，2003；赵明辉等，2004）。从东沙隆起、台西南盆地、北倾断裂带、磁静区到深海平原，地壳厚度不断减薄，由东沙隆起的 19.0 ～ 20.0 km，减薄至深海平原的 6.8 ～ 8.0 km，其中主要是上地壳减薄，上地壳厚度占地壳总厚度比值由陆架区东沙隆起的 0.40 ～ 0.45、台西南盆地的 0.42、磁静区的 0.42，到深海平原的 0.37（Wang et al.，2006）。东沙岛东附近上陆坡地壳厚度局部最厚，达到 30 km，莫霍面埋深超过 32 km；向海盆地壳底部出现 300 km 宽 3 ～ 17 km 厚的高速层（Qiu，2003）。恒春半岛附近区域的地壳厚度（不含沉积层）变化不明显，稳定在 10 km，上、下地壳厚度相当，反映了碰撞前拉张减薄地壳的特征。弧陆碰撞形成的增生楔在恒春半岛达到最大厚度（＞20 km），但增生楔的内部结构并不清楚（Nakamura Y. 1998）。

（2）南海北部陆架

ESP - E 断面中的 8 ~ 9 站位、ESP - W 断面中的 11 ~ 13 站位表明南海北部陆架属大陆型地壳，由沉积层（含新生代和中生代沉积层）和上、下地壳（含高速层）组成（图 23.10）。

新生代沉积层：纵波速度为 1.7 ~ 4.8 km/s，厚度变化很大，一般为 3 ~ 5 km，其中厚度最大的 ESP12 剖面位于珠江口盆地珠三坳陷，达 7.9 km，ESP11 和 ESP13 剖面厚度小，仅为 1.34 km。

中生代沉积层：纵波速度为 5.0 ~ 5.6 km/s，厚度在 3 ~ 3.5 km。该层在位于北部陆架东部的 ESP8 和 ESP9 剖面中见到，位于西部的 ESP11 ~ 13 剖面中尚未见到。

上地壳层：纵波速度变化在 5.6 ~ 6.2 km/s 之间。厚度在东断面较西断面小，前者为 3.5 ~ 4.5 km，后者为 5.2 ~ 5.8 km，但位于珠三坳陷的 ESP12 剖面厚度最小仅为 1.1 km。

下地壳层在东、西断面上速度结构有所差异。

西断面下地壳层：仅出现一层纵波速度为 6.4 ~ 6.8 km/s 的速度层，厚度变化在 14 ~ 21.3 km 之间。

东断面下地壳层：出现上、下两个亚层，上亚层的纵波速度为 6.5 ~ 7.0 km/s，厚度为 2 ~ 12 km；下亚层为高速层，纵波速度大于 7.0 km/s，达 7.1 ~ 7.4 km/s。厚度为 9.5 ~ 12 km。

莫霍面以下，上地幔纵波速度为 8.2 ~ 8.4 km/s，地壳厚度为 26 ~ 28 km。邻近东沙地块的 ESP8 站位地壳厚度较大，达 32 km，位于珠三坳陷的 ESP12 站位厚度较小，为 23 km。

（3）南海北部上陆坡

ESP - E 断面的 7 ~ 5 站位和 ESP - W 断面的 ESP14 - 17 站位揭示了上陆坡的地壳结构，起地壳也由沉积层（含新生代和中生代沉积层）、上地壳层和下地壳层（含高速层）组成。ESP - W断面中仅 ESP16 站位出现高速层。

新生代沉积层：纵波速度变化在 1.6 ~ 4.7 km/s 之间，厚度变化在 2.0 ~ 4.9 km 之间。在 ESP - W 断面中，位于西沙海槽的 ESP16 站位厚度较大，达 3.15 km；位于西沙海槽南坡的 ESP17 站位厚度最小，仅为 0.49 km。

中生代沉积层：主要见于 ESP - E 断面中，纵波速度为 4.9 ~ 5.4 km/s，厚度变化在 1 ~ 3 km。

上地壳：纵波速度一般在 5.8 ~ 6.3 km/s，厚度变化在 1.3 ~ 6.5 km。唯 ESP - W 断面的 ESP17 站位厚度特别大，达 16.07 km；而与之相邻的 ESP16 站位厚度仅为 1.35 km。

东断面下地壳：由上、下亚层组成，下亚层为高速层。其中上亚层纵波速度变化在 6.6 ~ 7.0 km/s，厚度变化在 2 ~ 13.5 km。高速层纵波速度在 7.2 ~ 7.4 km/s，厚度在 7.4 ~ 10 km。整个下地壳的厚度自北而南，由 ESP7 站位的 20.9 km 减薄到 ESP5 站位的 12 km。

西断面下地壳：其上亚层纵波速度和厚度分别为 6.6 km/s 和 3.27 km，高速层纵波速度和厚度分别为 7.1 km/s 和 6.7 km。其余站位下地壳层的纵波速变化在 6.4 ~ 6.8 km/s，厚度一般变化在 20.21 ~ 21.76 km，唯 ESP17 站位由于上地壳层厚度大，本层厚度仅为 5.63 km。

北部上陆坡上地幔纵波速度为 8 ~ 8.2 km/s，除位于西沙海槽的 ESP16 站位之外，莫霍面埋深变化在 24 ~ 29 km，地壳厚度变化在 22 ~ 28 km，属于大陆型地壳。

（4）南海北部下陆坡

ESP - E 断面的 4 ~ 2 站位于下陆坡东部，水深变化在 2 800 ~ 3 300 m。地壳分别由沉积层、上地壳、下地壳（含高速层）组成。

沉积层：纵波速度为 1.6~4.8 km/s，与北部陆架和上陆坡同类地层相近，厚度变化在 1.2~2.2 km，相对较薄，属新生代沉积。

上地壳：纵波速度一般为 5.3~6.3 km/s，与北部陆架和上陆坡相近，厚度变化在 1.2~4.0 km，明显减薄。

下地壳：由上亚层和下亚层(高速层)组成。上亚层纵波速度为 6.6 km/s，厚度为 2~3 km。高速层纵波速度为 7.3 km/s，厚度为 4.8~6.3 km。ESP2 站位下地壳全部由纵波速度为 7.3 km/s 的高速层组成，厚度为 8.8 km。整个下地壳的厚度为 7.8~8.3 km。

下陆坡上地幔速度在 8.2 km/s 左右，莫霍面埋深在 16.3~17.3 km，地壳厚度为 13.4~14 km，属过渡型地壳。该处地壳在新生代受到强烈拉伸，并有较大的减薄。

(5)西沙海槽区

西沙海槽区地壳结构由上到下分成新生代沉积层、地壳(包括前新生代基底)和上地幔顶部三大部分(图 23.11)。地壳的上部发育有 1~4 km 厚的新生代沉积层，新生代沉积以海槽中部最厚，向两侧基底逐渐抬升，沉积层也随之减薄。新生代沉积层之下是速度为 5.5~5.6 km/s 的基底，分界面上的速度差达 1.4~2.1 km/s，是地壳中第一个显著反射－折射界面。基底面以下地壳中的分层并不明显，其分层界面上速度差很小，没有识别明显的速度分界，上下之间基本呈过渡关系，P 波速度从顶部的 5.5~5.6 km/s 逐渐增加到底部的 6.8 km/s，地壳厚度在海槽两侧为 25 km，向中部逐渐减薄到 8 km，若以 6.4 km/s 速度等值线划分上地壳和下地壳，则减薄主要发生在上地壳。地壳底部的莫霍面是另一个显著的地震波反射－折射界面，其纵波速度差强烈，从下地壳底部的 6.8 km/s 跳跃到上地幔顶部的 8.0 km/s，海槽中部莫霍面上拱，莫霍面深部在海槽两侧大于 25 km，向中部上隆至 15 km，莫霍面以下的上地幔 P 波速度从 8.0 km/s 向深部缓慢增加(丘学林等，2000，2003)。

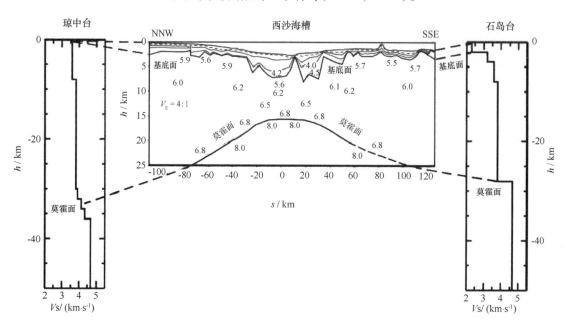

图 23.11　西沙海槽区地壳速度结构(丘学林等，2006)

(6)南海南部陆架和陆坡

目前南部陆架和陆坡区未开展过深部人工地震测量，只能根据重力资料估算地壳结构，从南向北地壳厚度减薄约 10 km，并且不同地段的情况还不完全相同。南沙海槽最大水深超过 3 000 m，是南部陆坡区地壳厚度最薄的地段，只有 12～16 km，其中沉积层的厚度超过 4 km；从南沙海槽往北直至大陆坡 – 深海平原边界，地壳厚度为 16～18 km，在边界地段发生突变，从 14 km 锐减为 8 km 左右；礼乐滩是这一地区地壳最厚的地段，最厚处达 22 km，比周围厚 4～5 km，磁场上属磁异常平静带，滩上的桑帕吉塔 1 井钻遇白垩纪的浅海相及三角洲相沉积(Taylor et al.，1980)，可认为是减薄了的大陆型地壳残块。

(7)南海中央海盆

ESP – E 断面的 1 站位于中央海盆东北部边缘，水深 3 800 m。该处大洋层 1 厚 2 km，其层速度为 1.7～3.6 km/s。大洋层 2 的层速度为 3.6～5.6 km/s，中有两个速度梯度层，上层速度 3.6～3.8 km/s，厚 0.2 km，速度梯度为 1/s，下层速度 5.4～5.6 km/s，厚 0.7 km，速度梯度为 0.29/s。大洋层 3 的速度在 6.5～7.3 km/s，厚 4.6 km，可分出两个亚层，均为梯度层，上亚层(层 3A)的速度为 6.5～6.7 km/s，厚 2.2 km，速度梯度为 0.13/s，下亚层(层 3B)的速度为 7.0～7.3 km/s，厚 2.4 km，速度梯度为 0.13/s(图 23.10)。

总的来看，南海中央海盆属大洋型地壳，由沉积层(大洋层 1)、大洋层 2 和大洋层 3 组成。大洋层 3 的下面是上地幔。

沉积层的纵波速度为 1.55～3.8 km/s，包括 4 个速度层。在海盆不同地段，速度层的分布情况有所不同。在海盆北部和南部，通常都能观测到第 1～3 速度层，而在一些基底低洼的地段才可能观测到第 4 速度层；在海盆中部，通常只能观测到第 1 速度层和第 2 速度层的上部，只有在一些小凹陷地段才能见到第 2 速度层的下部和第 3 速度层。除了直接覆盖在基底上的地层随着基底面略有起伏之外，其余均为水平层。不同地段沉积层的厚度也不相同。其中 17°30N 以北的北部最厚，可达 2～3 km，笔架南可达 3.5 km；南部次之，一般可达 2 km；中部最薄，除个别地段之外，通常只有几百米。中央海盆晚渐新世至中新世形成的玄武岩层之上覆盖了厚几百米至 1000 多米的中新世至现代的沉积层，且在其北缘最大厚度可达 3000 米。总体上南海新生代的沉积序列从古近纪以来表现为一个巨大的海侵序列。古近系中、下部为陆相沉积，上部中、上渐新统为海相沉积，表现出从陆到海的演化序列。

沉积层下面是大洋层 2，它的表面起伏不平，相对高差可达 500～600 m，有三个速度层组成。第 1 层的纵波速度为 4.0～4.5 km/s，第 2 层的纵波速度为 5.0～5.5 km/s，第 3 层的纵波速度则为 5.6～6.3 km/s。除了深海平原西北部和东南部的某些地段三个速度层发育齐全之外，其他地段通常只有第 2 和第 3 速度层，有的地段则只有第 2 速度层。大洋层 2 的厚度比较稳定，除个别地段比较厚(超过 3.0 km)或比较薄(只有 1.0 km)以外，平均厚度约为 2 km，与一般的大洋和边缘海的大洋层 2 相同。

大洋层 2 下面是大洋层 3，它的纵波速度为 6.5～7.4 km/s，可分为上、下两层。上层的纵波速度为 6.5～7.0 km/s，常见值是 6.5～6.7 km/s；下层的纵波速度为 7.2～7.4 km/s，常见值为 7.3～7.4 km/s。具有双层速度结构的大洋层 3 通常出现在中央海盆的东北部和东南部，其他地区一般只有一层，既可能是上层，也可能是下层。大洋层 3 的厚度变化不大，除少数地段小于 2.0 km，个别地段大于 4.0 km 以外，大多数地段为 3.0 km，比通常的大洋和边缘海薄 1.0 km 左右。一般来讲，西部比较薄，仅见一层，东部比较厚，常出现两层。

在接近北部和东南部陆坡—深海平原边界的一些地段，在大洋层 3 下面还观测到地震纵波速度高达 7.4～7.7 km/s 的速度层，在这些地段常常观测不到上地幔的速度资料。实际上它可能是地壳—地幔过渡层，由于这一些速度层的存在，使得这些地段的莫霍面变得模糊不清。

南海中央海盆上地幔的纵波速度为 7.9 ~ 8.45 km/s。地壳厚度的变化范围为 6.0 ~ 8.5 km，平均厚度为 6.8 km。西北部的地壳厚度比平均约薄 1.0 km，东北和东南地区比平均厚度约为 1.0 km。通常，大洋层 3 比较厚的地区，地壳也比较厚，反之则比较薄。

### 23.2.3 面波层析成像

面波层析成像结果显示，一方面，南海的岩石圈结构具有典型年轻洋盆的特点，岩石圈厚度约为 70 km，上地幔低速层埋深浅且规模较大(图 23.12)。而另一方面，南海岩石圈也显示出稳定的、现今不活动的构造地块的特点。从图 23.12 中的南海海盆、西菲律宾海盆和东菲律宾海帕里西维拉海盆的速度结构可以看出，南海岩石圈具有介于西菲律宾海盆和帕里西维拉海盆之间的特点。与较老稳定的西菲律宾海盆相比，南海岩石圈薄而且速度低，软流圈的埋深浅、速度低、规模大。但与帕里西维拉海盆和马里亚纳海槽相比，南海岩石圈不但稍厚且速度明显地高。在南海海盆和华南地块之间的南海陆架地区具有与二者不同的岩石圈结构，陆架地区具有活动大陆的特征，其岩石圈较厚但速度较低。从图 23.13 中发现，南海大陆架具有从洋盆到大陆过渡的性质，岩石圈厚度向大陆方向增大(李家彪，2008)。

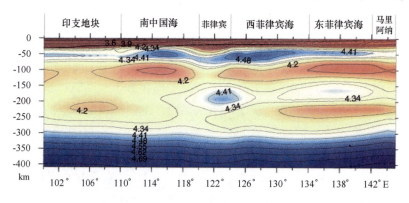

图 23.12　沿 15°N 的 S 波速度剖面

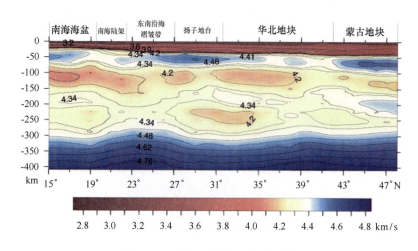

图 23.13　沿 116°E 的 S 波速度剖面

## 23.3　构造应力场

### 23.3.1　构造应力作用特征

构造应力场是指一定空间范围内构造应力的分布，它是与地质构造运动有关的各种动力作用于地质体的综合反映，与构造运动及动力源问题的研究密切相关，揭示构造应力场的展布规律不仅有助于对各种构造现象的解释，而且可为探讨地球构造运动的力源问题提供重要的线索。南海因受到周缘地质构造的相互作用，构造应力场十分复杂（刘以宣等，1984；Chen Guoda，1988；中国科学院南海海洋研究所，1988；金庆焕等，1989；詹文欢，1995，1998；邹和平等，1995；夏戡原等，1996）

陈益明（1992）和康英等（2008）根据华南沿海历史地震的震源机制解分析所显示的现代应力场，认为本区构造应力场的主要特征为水平应力作用，震源错动方式是水平剪切为主。

高建理等（1992）据南海北部的钻孔崩落资料得出的最大水平主应力方向自东而西为50°—10°NW，这与沿海附近陆区的主压应力方向基本一致。南海区的最大水平主应力方向则从 SE 变到 SSE，且随深度变化规律不明显。

孙金龙等（2009）根据南海东北部的地震活动性、震源机制解轴方位和 GPS 观测的现时地壳运动，南海东北部同时受菲律宾海板块沿 NW 向俯冲于台湾－吕宋岛弧的影响和印藏碰撞的侧向应力传递影响。其中前者对该区的影响更为显著，但由于后者的抵消作用，导致了该区地震活动性在东部最强，向西逐渐减弱，而该区应力场的主压应力方位也从东向西呈现顺时针旋转的趋势。

李家彪等（2001）根据南海东部海盆的构造地貌特征、断裂带活动方式、构造带的空间叠加关系、火山活动的空间展布特点及其与断裂带的关系等，认为它自 24 Ma 以来，经历了两期力学性质不同的构造应力场。第一期构造运动发生在 24～17 Ma 之间，南海东部海盆普遍经历北西—南东向的扩张，构造应力场主张应力轴总体方向以 NE148°为代表，形成了奠定南海海盆中部构造格架的北东向张裂线性构造和伴生的北西向转换断层。该期构造应力场进一步又可分为三个亚期，即 24～21 Ma、21～19 Ma 和 19～17 Ma，它们的主张应力轴虽总体相同，但各亚期间均有 3°～5°的主构造应力方向跃变。代表主张应力轴的北西向转换断层的向北东弧凸，说明本期构造张裂具有从北东向南西扩张速度由大变小，扩张海底东宽西窄的特点。本期构造应力场控制下的东部海盆北西向转换断层的活动方式，中部以右行平移为主，西部则以南海中部分界断裂 MBF 为代表的大型左行平移为特征。第二期构造运动发生在南海扩张活动停止后的中中新世（15 Ma）之后，由于澳洲板块在 15 Ma 与东南亚岛弧系前锋的碰撞，东亚大陆边缘分裂地块向东南的位移受阻，应力机制的改变导致苏禄海盆的北北西向扩张、红河断裂左行平移活动的停止、南沙海槽碰撞推覆构造带的形成和马尼拉海沟俯冲带形成。南海东部海盆经历南东东向与马尼拉海沟会聚、俯冲的运动，其主压应力轴转为北西西向。在海沟附近的增生构造带上可以看到形成于海盆的相对刚性的火山杂岩体在俯冲、消减于海沟前沿 NE123°方向挤入到增生构造带中的现象，同时还可发现俯冲板片因不均匀运动导致上覆增生构造带沿俯冲会聚方向错断的迹象，该横切增生构造带断裂的走向为 NE113°。这一构造应力场与 Chamot-Rooke 等（1999）对菲律宾海沟和 Sunda 大陆的 GPS 地壳运动分析及周硕愚等（2000）对福建及其边缘海域的地壳运动定量分析的结果一致。Wang 等（1979）根据西南海盆中部 1965 年 11 月 7 日震源位于约 5 km 的 5.6 级地震的力学机制解得出，南海海盆目前的水平主压应力轴方向为 NE128°，与刚性火山杂岩体在海沟附近俯冲、位移的方向相互印证。

## 23.3.2　构造应力分布特征

李延兴等（2010）利用南海及其周围地区的 GPS 数据，分析了南海及周围地区速度场和应变场的空间变化以及相邻块体间的相对运动（图 23.14）。结果显示，南海块体上主应变率和主应变轴方向的空间变化是有明显规律的：西部（114°E 以西）主压应变大于主张应变，地壳以压缩为主，东部（114°E 以东）主张应变大于主压应变，地壳以扩张为主。111°E 以西和 15°N 以北的北部湾和海南岛地区两个主应变轴都是压应变轴，地壳处于全压缩状态，北部湾西北边缘的压应变最强，主压应变轴 NNW 方向与康英等由震源机制解得到的北部湾地区最大主压应力轴的方位完全一致，主压应变率为（10~11）×$10^{-9}$/a。南海的东北部（113°E 以东和 18°N 以北）是一个强扩张区，主张应变轴 33°N—43°E 方向，主张应变率（11~16）×$10^{-9}$/a。在中央海盆区（18°N 以南），西南部主张应变轴为 NW2SE 方向，东北部主张应变轴为近 SN 方向。在海盆西部（113.5°E 以西），北边缘的主压与主张应率都是最小的，从北边缘向南主压与主张应率都逐渐增加，到南边缘达到最大值。这表明海盆西部 NW—SE 方向的扩张运动是从海盆的北边缘向南逐渐增加的，即西部是从海盆的北边缘向南沿 NW2SE 方向被逐渐打开的。在东部（113.5°E 以东），主张应变率很大而主压应变率则很小，海盆主要表现为近 SN 方向的扩张运动。海盆中心（15°N 附近）的主张应变率最小，从海盆中心向北与向南都是逐渐增加的，到海盆南、北边缘附近都达到最大值，南、北边缘附近的主张应变率分别为 9.8×$10^{-9}$/a 与 11.7×$10^{-9}$/a。这表明海盆东部是从海盆中心沿近 SN 方向，向南、北

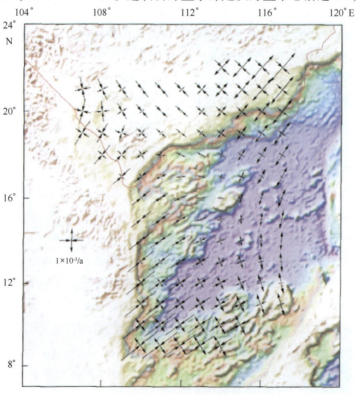

图 23.14　南海的应变场（李延兴等，2010）

两边逐渐打开的，其中向北打开的速率稍大于向南。

南海海盆东侧与菲律宾板块呈被动俯冲边界，西侧以红河断裂南延的走滑断层为界。整个南海及邻域现代构造应力场的分布具有明显的区域特征，大约以北纬5°为界将本区分为南北两部分：

北部地区，主压应力轴方向由西往东从北东向变为南北向再变为北西向，在棉兰老岛地区甚至变为近东西向，在东经105°附近主压应力轴分布呈南北向。这说明西面受印澳板块的作用为主，属特提斯－喜马拉雅构造域，东部受菲律宾海板块作用为主，属滨太平洋构造域，中和区位于东经105°附近，这与前人根据震源机制解推测的结果一致。

南部地区，由西往东主压应力轴由北东变为北东东和东西向。爪哇、佛罗理斯地区的北东向主压应力方向直接和马鲁古群岛地区的东西向主压力方向相衔接，而没有像以往分析的那样。由北东向渐变为南北向再变为北西向、东西向而把爪哇地区的北北东向主压应力方向与华南中部地区的南北向主压应力方向衔接起来。这说明班达海、苏拉威西海地区同时受到印澳板块和菲律宾海板块的共同作用，其主压应力轴方向必须同时顺应两大板块的作用力方向。

从整个主压应力轴分布格局看（图23.15），主压应力轴方向的变化大部分比较协调，呈渐变关系，只是在苏禄海、苏拉威西海附近，主压应力轴方向由西往东由近南北突变为近东西向，比较此处的最大主应力和最小主应力的数值大小，发现两主应力值几乎相等。由于呈东西向的主应力由西往东逐渐增大，使最小主应力逐渐增大最终超过原来的最大主应力方向的应力值而使最大主应力轴方向发生突变。

可将南海及邻域的最大剪应力值分成烈、强、中和弱四等（图23.17），烈应力区大于 $250 \times 10^5 \mathrm{Pa}$；强应力区为 $125 \times 10^5 \mathrm{Pa} \sim 250 \times 10^5 \mathrm{Pa}$；中应力区为 $63 \times 10^5 \mathrm{Pa} \sim 125 \times 10^5 \mathrm{Pa}$；弱应力区小于 $63 \times 10^5 \mathrm{Pa}$（詹文欢，1998）。从图23.16中可以看到应力区的分布呈环带状，由外向内最大剪应力值逐渐减小，烈应力区、强应力区、中应力区及弱应力区依次排列。烈应力区分布于缅甸西部、安达曼－尼科巴群岛、台湾东北部及菲律宾群岛东部、马鲁古群岛、

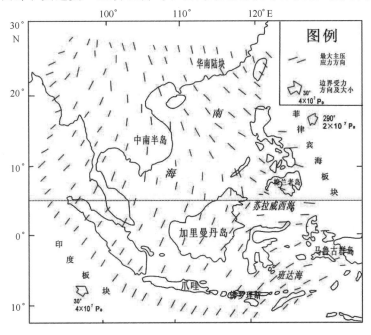

图23.15　最大主压应力轴分布图（据詹文欢，1998）

帝汶—阿鲁群岛一带；强应力区区分布于烈应力内侧、沿缅甸东部、安达曼海、民大威群岛、爪哇岛南侧、班达海、马鲁古海峡、菲律宾群岛中部到台湾海峡呈环形分布；中应力区分布范围较宽，大部分沿强应力区内侧分布，从中国云南经越南北部、老挝北部、泰国、马来半岛、苏门答腊岛、爪哇岛、佛罗理斯海、苏拉威西岛和苏拉威西海东部、菲律宾群岛西部到南海北部及粤东、福建一带，最后沿华南沿海地区向西穿过琼州海峡与中应力区的另一端汇合成圆环带状分布；弱应力区大部分位于中部的南海、印支半岛；巽他陆架、加里曼丹岛地区，四周为烈、强和中应力区所环绕另有部分弱应力区分布于桂、湘和粤西等地区。

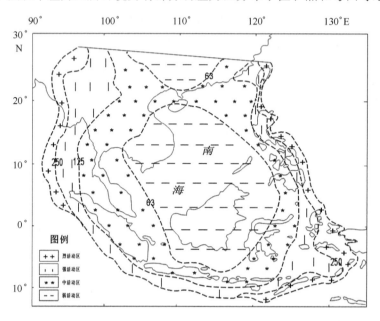

图 23.16　南海及邻域最大剪应力值的分布(单位：$\times 10^5$ Pa)（据丘学林等，1989）

## 23.3.3　构造应力场的动力背景

张健等（2001）通过计算南海地幔对流流场（图23.17），认为在大尺度背景下，南海地幔整体呈单向流动，其流动方向由西北向东南，西北至中央区域具有扩张趋势，在东南区域收缩，且在西南区域受挤压，暗示地幔物质运移可能驱动着南海岩石圈整体从西部以南北方向为主的运动转向东部以东西和南东方向为主的运动。而该区上地幔小尺度局部对流环导致多个汇集和发散中心出现。南海北部大陆边缘的向洋扩张、离散和断裂解体，与地幔总体由西北向东南方向的单向流动密切相关（图23.17和图23.18中黑色箭头所示）。在向洋离散过程中，发生差异性块断运动、形成陆缘地堑系等一系列构造形态，与大陆和海洋岩石圈之下的地幔对流机制的差异及其所激发的上地幔小尺度局部上涌和汇聚对流运动相关（图23.18中白色箭头所示）。南海岩石圈底部的多个地幔对流体共同作用于板块底部，导致海盆洋中脊两侧板块漂离速度不同，地幔物质沿着裂开的空间上涌，并在两侧板块边缘凝固。漂离着的板块不断在上涌物质凝固后沿最薄弱的中心处裂开，于是新的地幔物质又沿着裂开的空间上涌，新的洋壳便不断地生成，洋中脊就会向漂离速度大的一方"偏移"，其下部的地幔对流上涌中心也相对"偏移"。

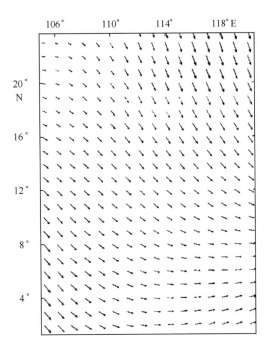

图 23.17 南海地幔对流模型(据张健等,2001)

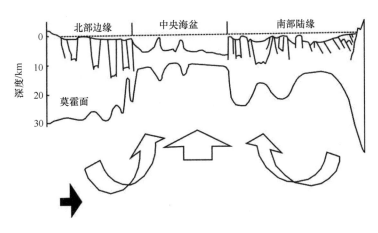

图 23.18 南海深部地球动力学演化机制示意图(据张健等,2001)

## 23.4 区域构造动力学机制

### 23.4.1 南海成因机制

南海成因是西太平洋边缘海动力学研究的重要部分,它的形成演化与周边三大板块的构造运动和相互作用密切相关,也是太平洋和特提斯两大体系联合和叠合影响的地区,也关系到特提斯、环太平洋两大超级会聚带的相互作用,近年来成为国内外研究的热点。自从 Ludwig(1970)首次提出南海中央海盆为洋壳结构的认识以来,周边国家在南海开展了大量的地质、地球物理研究,对南海成因机制和南海海盆的形成时间做了不少工作,中外不同大地构造学派均持有各自的观点和认识,并相应地将南海归属于各自所划分的大地构造单元,他们试图从地质力学(李四光，1973)、多旋回构造学说(黄汲清等，1980)、断块构造学说(张文佑，1984)、地洼学说(薛万俊，1987)、板块构造学说等来解释南海的形成与演化。研究至今，已对南海地质结构和周边板块构造背景有了较清楚的认识，但对其形成、演化过程中的动力学机制及各板块之间相互作用的研究尚无统一观点。目前对南海的成因，提出了板块俯冲弧后扩张、地幔上涌模式、印度－欧亚板块碰撞挤出、海底扩张、陆缘伸展扩张、右行拉分作用、单向拉张、双层地幔流不对称扩张和综合模式9种机制，这些机制的观点看法和主要提出者或支持者分别列于表23.3。

表23.3　南海成因机制一览表

| 机制名称 | 主要提出者或支持者 | 各机制观点的主要内容 |
| --- | --- | --- |
| 1. 板块俯冲弧后扩张 | Karig,1971；Ben et al. ,1973；郭令智等,1983；张文佑,1984；李春昱等,1984；Hawkins 等,1990；Stern et al. ,1990；Aubouin,1990；金性春等,1995；Honza,1995；张进江等,1999；任建业等,2000 | 南海的弧后扩张模式将南海视为西太平洋板块边缘最大的弧后盆地。并且南海的弧后扩张可能与古西太平洋的洋中脊俯冲作用有关 |
| 2. 地幔上涌 | 王贤觉等,1984 a；黄福林,1986；朱炳泉等,1989,2002；解广轰等,1989；Tamaki,1991；范蔚茗等,1992；涂勘等,1992；Wang et al. ,1995；龚再升,1997；李思田等,1998；姚伯初等,1995；曾维军等,1997；张健,2001；崔学军等,2005；鄢全树等,2007 | 地幔柱模式认为南海是在深部地幔柱的作用下,上部发生张裂而形成的。地幔上拱,引起区域隆升,在张应力控制下断断裂活动,裂谷发育,地壳侵蚀变薄,然后强烈沉降,陆壳下沉到热的上地幔中,地幔熔融物质取代原来陆壳形成新洋壳 |
| 3. 印度－欧亚板块碰撞挤出 | Tapponnier et al. ,1976,1982,1986；Briais 等,1993；Leloup 等,1995；Lacassin et al. ,1997；Shen et al. ,2000；詹文欢 等,1993；夏斌等,2005；谢建华 等,2005b | 碰撞挤出模式认为印度板块与欧亚板块发生碰撞和楔人,欧亚大陆沿若干断裂带发生大规模传播式的挤出,在晚渐新世至早中新世,沿哀牢山－红河断裂带发生大规模的走滑运动,在其末端由于拉分作用张开形成拉分盆地——南海 |
| 4. 海底扩张 | Taylor et al. ,1980；Holloway,1982b；Taylor 等,1983；Ru et al. ,1986；何廉声,1987；吕文正,1987；Briais et al. ,1993；姚伯初 等,1994 a | 海底扩张模式认为南海大陆边缘属于大西洋型被动大陆边缘,南海是通过海底扩张作用形成的,海盆基底为完全的洋壳 |
| 5. 陆缘伸展扩张 | 刘昭蜀 等,1983；陈国达,1988,1997；Yukari et al. ,2001；徐义刚等,2002；邹和平,2005 | 陆缘扩张模式认为自新生代以来南海大陆边缘区域应力场由强烈挤压转为强烈拉张,地幔向大洋方向蠕散,由于发生断裂作用导致陆缘断裂、解体并向大洋扩散,海底多期多轴扩张形成南海北部陆缘地堑系 |
| 6. 右行拉分作用 | 许浚远 等,1999,2000a,2000b,2004；周蒂 等,2002； | 南海的张开是近南北向右行剪切力作用下东亚陆缘发生裂解的结果,南海张开的同时在海盆内及其西缘中南半岛上发育大量近南北向右行走滑断裂；晚中生代以来,在西太平洋构造域、特提斯构造域西段(印度)及东段(澳大利亚)三大作用的动力学背景下,东亚陆缘发生了有地幔参加传动的"超级剪切",其应力场经历了左行压扭体制和右行张扭体制交替的阶段性变化,形成了南海和其他内带边缘海 |

| 机制名称 | 主要提出者或支持者 | 各机制观点的主要内容 |
|---|---|---|
| 7. 单向拉张 | 张训华,1997a,1996,1997b | 在欧亚、太平洋、印澳三大板块的相互作用下,南海的地幔流具单向流动的特点。南海海盆在此背景下,经上部地壳被单向拉张、发生断裂并减薄,地壳断陷并发生深部熔融,同时伴随地幔物质侵入、上涌形成洋壳 |
| 8. 双层地幔流不对称扩张 | 高金耀 等,2003;Gao Jinyao et al.,2003 | 大尺度下地幔流应力场牵动上地幔使欧亚板块向东南方向蠕散,地幔柱形式的中尺度上地幔流导致南海张裂,上、下地幔不同尺度地幔流联合引起南海不对称扩张 |
| 9. 综合模式 | 付启基 等,2007 | 中生代早期,华南大陆受印支运动和燕山运动的影响,由地台型的稳定区转化为华夏型的地注区,地壳缩短最显著;新生代,以区域性拉伸运动为主,加之欧亚板块与印度板块的碰撞导致地幔流向东南方向蠕动及中南半岛的部分物质向东南方向逃逸,华南陆缘壳体发生强烈的拉伸减薄,最终形成一条离散型的大陆边缘;随后,火山活动强烈,地幔柱沿地壳减薄处上升,最终导致了海底扩张,同时也使得一些地块发生旋转或漂移,至早中新世,南海中央海盆形成,此时南海受太平洋板块的阻挡而停止东南方向的扩张。地幔流上升所造成的底侵和拆沉作用加速了地壳的减薄坍塌,最终形成南海今日景观 |

## 23.4.2　构造演化背景

研究表明,南海东部的菲律宾海是从太平洋板块孤立出来的圈捕海盆,当时大约 43 Ma 太平洋板块经历着从 NNW 到 NWW 的方向改变运动(Engebretson et al.,1984,1985),大洋钻探和古地磁数据也表明菲律宾板块曾经历顺时针旋转(Fuller et al.,1991;Koyamaet al.,1992)。

Taylor et al.(1980,1983)关于南海打开时间和扩张方向的根据主要来自海盆海底磁条带异常,他们辨认出南海东部地区朝东走向的磁异常条带的存在,并认为活动拉张和扩张时间约为中渐新世到早中新世的 32~17 Ma。这个时期代表了南海中央海盆经历的主要拉张/扩张事件,这些磁条带的方向反映了近 NS 的拉张方向,而在南海西南端的拉张方向改变为 NW—SE 向(Lee et al.,1995),在西北海盆,磁异常走向为 NE—SW 向(Taylor et al.,1980)。南海打开的时间同印度 - 欧亚板块主要碰撞时期和太平洋板块向欧亚板块俯冲时期相吻合。

Zhou 等(1995)通过对南海地质的系统总结,提出该区裂谷成盆的三阶段模式:晚白垩纪到早始新世期间(87~50 Ma),由于太平洋板块的后退,区域性分布的伸展作用产生了若干个半地堑;中始新世,裂谷作用重新开始造成了厚达 1 000 m 的湖泊相沉积层;晚始新世到晚渐新世期间(38~23 Ma),重新开始的强烈盆地伸展作用导致了大陆边缘的裂开而形成了南海(Briais et al.,1993)。

南海西部,印度 - 欧亚大陆的碰撞造成了该区特殊的区域构造变形(图 23.19)。作为楔入体的印度大陆北侧喜马拉雅碰撞带内及其相邻的西缅甸地块和禅泰地块北部表现为强烈的收缩变形,形成了高耸的山脉和一系列近 EW 向和 NW 向的褶皱和逆冲断裂构造,整个岩石圈强烈收缩加厚(Morley,2002)。而在印支地块的东、南和西部边缘,由于岩石圈的伸展变形而形成了平原和低地,强烈断陷的部位成为现今的海湾分布区。在安达曼海扩张之前,该区从晚渐新世到晚中新世,受近 EW 向伸展作用,形成由南向北逐渐尖灭的湄公盆地(谢建华,2006)。印支地块内部及边缘发育有多条作为逃逸构造边界的巨型走滑断裂,其东北侧为

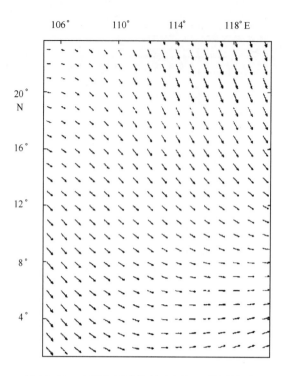

图 23.19　南海与周边块体之间相互作用关系

分隔华南地块和印支地块的 NW 向的哀牢山－红河右旋走滑断裂，它代表了南海和碰撞带之间的重要联系。它是喜马拉雅中央主逆冲带的走滑部分，其陆地上的延伸长度为 1000 km 左右，该带的核心区带为 10～20 km 宽的韧性剪切带，该带内糜棱岩的显微构造和宏观构造运动学研究证实了该剪切带具有左旋剪切的运动过程，位移量在 300～700 km 以上（Leloup et al.，1995），同位素年龄值为 35～22 Ma（Leloup et al.，1995；Scharer et al.，1990）。Wang 等（2001）通过地球化学年代学的方法标定岩样年龄，认为 36～28 Ma 红河断裂带北段经过了左旋挤压作用，28～16 Ma 为左旋拉伸作用。根据地层和构造关系，认为沿哀牢山和红河剪切带的左旋运动主要发生在 35～17 Ma 间，引起大于 500 km 的位错。Leloup 等（1995）认为左旋偏移量的最低值应大于 400 km，而且该位移向断层的东南端逐渐减小。$^{40}$Ar/$^{39}$Ar 年代学研究表明，红河断裂带在 34～25 Ma 之间为一缓慢的冷却作用时期，之后在 25～17Ma 之间经历了快速的隆升（Wang et al.，1998），并且在抬升过程中存在左行走滑的运动分量（Leloup et al.，1995）。Rangin 等（1995）对北部湾的研究表明，红河断裂带在 30Ma 之后位移速率和距离明显减小，仅有几十千米。沿红河断裂的运动主要受巨型左旋剪切所控制，断裂的确切左旋位移可能为 200～800 km 之间的某个值（钟大赉等，1989；Rangin et al.，1995；孙珍等，2003）。第四纪地貌及近代地震震源机制揭示 5 Ma 以来红河断裂带北段表现为右旋走滑运动，滑移速率为（7±3）mm/a（Leloup et al.，1995）。

白垩纪末和新生代之交的构造运动揭开了新生代南海构造演化新阶段的序幕，自此之后整个南海的地壳开始进入总体受张性背景区域构造应力场控制、以张性沉降为主要特征的地质发展时期。在南海白垩纪末与古近纪之交（距今约 65 Ma）、始新世与渐新世之间（距今约 35 Ma）和中中新世（距今约 15Ma）三次重要的构造运动表现最为强烈，形成了整个南海最重要的和十分醒目的 3 个区域性反射界面，与此同时印度－澳大利亚板块的运动速度和方向也发生相应的改变（图 23.20 和图 23.21）。

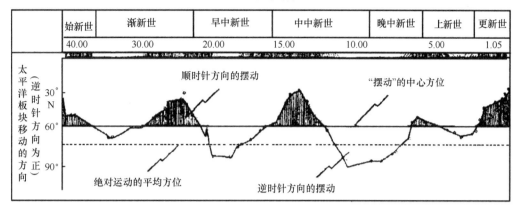

图 23.20 太平洋板块运动方向变化（修改自 Jackson et al.，1975）

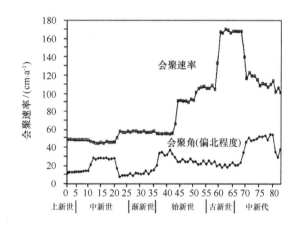

图 23.21 印度－澳大利亚板块和欧亚板块的会聚速率及角度变化（修改自 Lee et al.，1995）

第一次重要的构造运动开启了南海的张性构造运动阶段，以裂谷作用为特征，发生在白垩纪与新生代之交（距今约 65 Ma），其时南海北部陆架发生神狐运动，区内大部分张性断裂开始活动，大量断陷盆地形成。从南海北部陆架至南海南部持续发生了至少 2～4 km 的沉降，在万安盆地发生了最大在 22 km 以上的整体大幅度的沉降运动。这个时期正是太平洋板块和印度－澳大利亚板块的运动速度由晚白垩世的高速扩张急剧降低的转变期，太平洋板块的运动和作用方向开始作重大的调整。南海地区开始出现的大规模应力松弛沉降乃至东亚构造运动已开始由强烈挤压褶皱造山运动形式转为以张性为特征（任继舜等，1990）也应与之相关；几乎在相近时期印度－澳大利亚板块的运动速度也作了较大幅度的下降调整。

第二次重要的构造运动强化了张性构造应力场的控制，红河断裂强烈活动，南海开始了第一次海底扩张阶段，并造就了南海大陆边缘上一系列坳陷盆地。虽然不同区域的盆地的响应时间略有差异。距今约 45 Ma，正是太平洋板块运动方向发生重大变化的时期，此后太平洋板块运动方向总体转为北西西向，只是对印度－澳大利亚板块与欧亚板块碰撞并导致强烈的岩石圈增厚的响应，软流圈物质向东南蠕散，最后至 35 Ma 开始驱动了红河断裂的强烈的左旋平移滑动，南海发生了第一次海底扩张。

第三次重要的构造运动对应南海南沙陆块与巽他陆块的俯冲碰撞。25 Ma 以来的第二次海底扩张就此宣告停止，各主要盆地由前期的坳陷期转为热沉降阶段，太平洋的扩张速率再次降至最低；在相近时期，印度－澳大利亚板块运动的方向再次发生较大变化，运动速度也再次作了较大幅度的下降调整。

南海地区的地壳运动与太平洋板块和印度－澳大利亚板块的构造运动之间有着十分紧密的相互呼应。它是欧亚、太平洋和印度－澳大利亚三大板块相互作用效应的结果和缩影，太平洋和印度－澳大利亚板块的构造变动严重地影响和制约了整个南海地区的构造运动及其演化的地质过程。南海地区构造活动与太平洋和印度－澳大利亚两大板块的岩石圈和软流圈流动（运动）方向、速度和强度的周期性振荡式改变相呼应。

## 23.4.3　构造演化模式

南海的扩张运动是印度板块、太平洋和菲律宾海板块与欧亚板块之间的相互作用，以及南海地区地幔物质上涌共同作用的结果。印度－澳大利亚板块和欧亚板块之间的碰撞引起青藏高原的隆升和高原中部物质向东和东南方向的推挤作用。华南块体西边界中段（30°—35°N），受到青藏高原的向东推挤，而西南边界（30°N 以南）则受到青藏高原的 SE 向推挤，使得华南块体发生逆时针旋转；其东边界受到太平洋和菲律宾海板块的 NWW 向或 NW 向推挤，也使其发生了逆时针方向的旋转，从而使得华南块体南部大陆架上一系列浅海盆地和南海NW—SE 向打开（李延兴等，2010）。

在特提斯构造域和太平洋构造域的双重制约下，在各板块之间会聚速率和会聚方向变化的影响下，欧亚大陆下面地幔流动控制了南海及邻区的区域应力场演化。三大板块的相互运动、相互作用与南海地区构造应力场的变化息息相关，且在时间上也彼此对应。通过分析南海及邻区的区域应力场演化阶段、主要构造事件和南海周边各地块运动之间的相互关系，可以建立南海海盆时空演化模式如下：

（1）晚三叠世—早白垩世，东亚陆缘挤压作用阶段。晚三叠世，古太平洋向欧亚板块东缘 NNW 向左行斜向俯冲，古特提斯洋关闭，印支、缅甸等块体向北与华南板块拼贴，在欧亚板块的东南边缘形成巽他陆块，此时整个东亚陆缘处于压扭性应力场环境。

（2）晚白垩世—早始新世，第一次大规模裂谷作用。白垩世末，大陆边缘上构造属性从主动边缘转为北东边缘。随着印度洋海底扩张，在特提斯构造域中，西段的印度大陆和东段的澳大利亚板块先后脱离南极大陆向北运动，但印度大陆与欧亚板块会聚速率远大于澳大利亚板块与欧亚板块的会聚速率，正是这种会聚方式的差异，从而使得印度大陆在欧亚板块西缘的西藏地区开始碰撞，使得欧亚板块岩石圈由左行压扭应力场向右行张扭转变，形成向东的水平挤压分量，在亚洲东部产生向东的地幔流动；相应的，在西太平洋构造域，太平洋板块向欧亚板块的会聚速率从 80mm/a 迅速减小到 38mm/a（Northrup et al.，1995），主要表现为太平洋板块的后撤，东亚陆缘从压扭性应力场转变到 NW—SE 向的张性应力场。这样，东亚陆缘从主动大陆边缘类型转变为被动大陆边缘类型，并逐步在华南大陆南缘形成一系列NE—NEE向的断陷盆地。

（3）中始新世—始新世末，第二次大规模裂谷作用阶段。中始新世开始，印度－欧亚板块的会聚方向逐渐向北转变，青藏高原开始了第一期缓慢隆升，碰撞带岩石圈加厚，引起碰撞带下部的软流层向周围挤出，从而在亚洲东部岩石圈产生更强烈的东向地幔流。此时（约43 Ma），太平洋板块向欧亚板块的会聚方向由 NNW 向转变为 NWW 向，遏制了向东的地幔流动，促使其向东南运动。此阶段基本继承了上期区域应力场，但右行特征更明显，南海北缘裂陷活动达到高峰，裂陷中心南移，断层伸展作用最强，断裂拉张强烈。

（4）渐新世—中中新世，海底扩张阶段。渐新世开始，太平洋板块向欧亚板块的会聚速率增大，持续的俯冲对南东向的地幔流动产生阻挡作用，促使地幔流向南流动；晚渐新世，印度－欧亚板块碰撞达到高峰，印支地块挤出（Leloup et al.，1995；Wang et al.，2001），哀牢山－红河断裂带的大规模左行走滑等运动。印支地块向 SE 顺时针的旋转挤出和太平洋板块俯冲方向的改变，从而在南海地区产生 NNW 向或 NW 向的拉张应力场，断裂作用的进一步强化，最终导致岩石圈破裂，地幔物质沿断裂上涌，从而在南海东部地区引起第一次海底扩张，产生中央海盆南北两侧的老洋壳，拉张成盆时间为 35～25Ma。25～17Ma 期间，青藏高原开始第二期缓慢隆升，红河断裂带进入新一期左旋走滑运动，澳大利亚板块北缘于 25Ma 左右同巽他陆块发生弧陆碰撞，导致了南海发生了第二次海底扩张，本次扩张从北东部向西南波及整个南海。

（5）中中新世至今，南海海盆封闭形成边缘海。印度－欧亚板块之间会聚的能量主要为青藏高原的变形隆升所消耗，从而削弱了构造传播挤出对亚洲东部的影响，印支地块的挤出逐渐减弱。此时，澳大利亚板块向西北加速运动，阻止了南海的继续扩张；菲律宾海板块向南海东部并向北西向仰冲，形成了马尼拉海沟俯冲带，将南海海盆封闭。

# 第24章 油气资源与矿产资源评价

## 24.1 油气资源

### 24.1.1 南海北部

南海北部陆缘开阔，主要分布有珠江口、北部湾、莺歌海、琼东南和台西南5个含油气盆地（图24.1）。

南海北部油气勘探可追溯到20世纪50年代。1957年，原石油工业部在海南岛西南莺歌海村沿海开展的油气田调查，揭开了南海石油勘探的序幕。此后，北部湾盆地、珠江口盆地和琼东南盆地分别于1963年、1974年和70年代末开始油气勘探。总的来看，油气勘探历程可划分为3个阶段，即1979年前的自营勘探阶段、1979—1984年的对外合作勘探阶段和80年代中期之后的合作与自营并举勘探阶段。

1979年前的自营勘探阶段，采用简易钻机在海南岛西南浅水区钻探莺冲一井、海一井等5口井，1976年引进海上钻井平台钻探了莺一井等3口井；在珠江口盆地钻探的珠五井发现了油流；在北部湾盆地发现了涠洲11-1、涠洲11-4、乌石16-1等含油构造。合作与自营并举阶段，南海油气勘探取得了令世人瞩目的进展。在珠江口盆地发现了包括惠州油田群、西江油田群在内的近30个油气田，其中80年代发现的流花11-1油田含油面积36.3 km$^2$，石油地质储量16 472×10$^8$ m$^3$，是当时我国海上发现的最大油田，也是我国最大的生物礁滩型油田。在琼东南盆地发现了崖13-1气田，天然气地质储量884.96×10$^8$ m$^3$，1996年元旦正式向香港和海南岛输气。在莺歌海盆地，发现了东方1-1、乐东15-1和乐东22-1等3个浅层气田和7个含油构造。在北部湾盆地，发现了涠10-3、涠12-1、涠11-4等8个油气田和9个含油气构造。

勘探证实该区具有较大的油气资源潜力与前景。初步预测上述5个盆地的油气资源量约为（65.66~82.91）×10$^8$t油当量（中国地质调查局等，2004）。目前该区年产原油和天然气分别为1 600×10$^4$t和60×10$^8$ m$^3$，油气产量占我国近海陆架盆地一半以上（何家雄等，2008）。

#### 24.1.1.1 珠江口盆地

珠江口盆地是以中、新生代沉积为主的大型陆缘裂陷盆地，面积约17.8×10$^4$ km$^2$，其中水深小于200m的大陆架区面积为10×10$^4$ km$^2$（王善书，1992）。

1）油气地质条件

①烃源岩：主要烃源岩为古近系文昌组和恩平组的暗色泥岩，尤以文昌组为佳。沉积厚度为600~2 000 m，以湖相、沼泽相、三角洲相沉积为主。生油母质为腐泥-腐殖型、偏腐

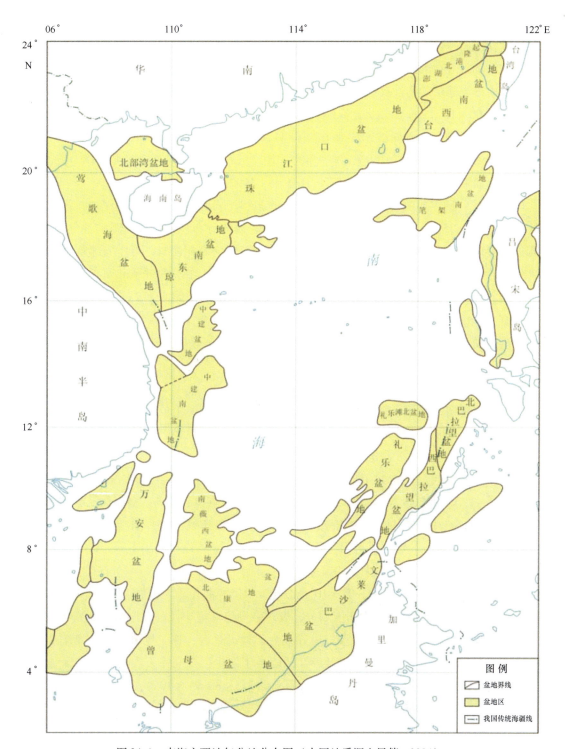

图 24.1　南海主要油气盆地分布图（中国地质调查局等，2004）

泥腐殖混合型干酪根。有机质丰度高，有机碳含量为 1.060% ~ 2.137%，最高达 7.930%，氯仿沥青 "A" 为 0.66% ~ 0.316%，总烃高达 $463.2 \times 10^{-6} \sim 3367 \times 10^{-6}$。平均地温梯度为 3.5℃/100 m，成熟门限在北部坳陷带为 2 500 m，南部坳陷带为 3 000 m。

渐新统珠海组和下中新统珠江组也有较好的海相生油岩。生油母质以腐殖型干酪根为主。此外，生油岩层内含有多层煤层和炭质泥岩，累计厚度为 30 ~ 50 m，对烃类的生成也有着重要的作用。

（2）储集层：珠江口盆地最主要的储集层有 3 套，即珠海组顶部及珠江组下部的海进块状砂岩，厚 140～840 m；珠江组下部的礁滩碳酸盐岩；中中新统韩江组砂岩。此外，中新统低水位的盆底扇砂体、下渐新统—始新统恩平组与始新统文昌组的河湖相砂岩及前新生代基岩储集体等都是潜在的储层。

盆地内砂岩储层的物性良好，孔隙度平均为 18%～25%，最高达 29.1%，渗透率为 800×10$^{-3}$～2 500×10$^{-3}$ μm$^2$，最大达 6 000×10$^{-3}$ μm$^2$，且分布广泛，厚度稳定。礁滩碳酸盐岩主要分布在东沙隆起西部斜坡，数十个礁体组成碳酸盐台地，面积约 2.6×10$^4$ km$^2$。其孔隙度为 16%～25%，渗透率为 150×10$^{-3}$～400×10$^{-3}$ μm$^2$，最大可达 745.4×10$^{-3}$ μm$^2$。在上述 3 套主要储油层中均已获得高产油流（王善书，1992；陈长民等，1996）。

（3）盖层：最主要的盖层是珠江组中上部陆架相泥岩和前三角洲亚相泥岩，厚度一般为 500 m，最大达 895 m，泥岩含量占 60%。该套泥岩横向分布稳定，具极强的油气封盖能力，据测试，突破压力为 14 MPa。此外，古近系也有极好的河湖相泥岩，可作局部盖层。

（4）圈闭：盆地中圈闭十分发育，已发现圈闭构造 308 个。古近系和新近系中圈闭总面积为 7 965.5 km$^2$。其中面积大于 10 km$^2$、幅度超过 30 m 的圈闭有 172 个；面积大于 50 km$^2$ 的圈闭有 41 个；最大圈闭面积为 452 km$^2$。圈闭中约 75% 为构造型，主要是披覆背斜、滚动背斜、半背斜、断鼻构造等。此外，还有岩性、不整合及生物礁、滩等其他圈闭类型。

2）油气资源量与油气远景

油气勘探证实，珠江口盆地油气资源丰富，是目前我国海上原油的主要产区。已发现含油气构造 17 个，油气田 13 个（杜德莉等，2001）。1996 年原油产量即突破 1 000×10$^4$ t 大关，达到年产原油 1 184.2×10$^4$ t，占当年我国海上年产油量的 79% 左右，并已持续稳产多年（蔡乾忠，2005）。目前已有 11 个油田投入开发，它们是西江 24-3、西江 24-1、西江 30-2、惠州 21-1、惠州 26-1、惠州 32-2、惠州 32-3、惠州 32-5、流花 11-1、陆丰 13-1、陆丰 22-1。其中流花 11-1 油田于 1996 年 3 月 29 日正式投产，控制石油地质储量 2.33×10$^8$ m$^3$，属大型海上油田；惠州 21-1、惠州 26-1、陆丰 13-1 油田分别于 1990 年、1991 年、1993 年投入生产，均达到中型油田标准。

珠江口盆地油气资源量为 23.05×10$^8$～32.01×10$^8$ t 油当量，地质储量约 5×10$^8$ t，探明储量为 3.445 9×10$^8$ t。按资源量丰度划分，以珠一坳陷（海丰及韩江凹陷除外）、珠三坳陷、东沙隆起及番禺低凸起的油气资源潜力最好，为 Ⅰ 类远景区；珠二坳陷及潮汕坳陷次之，为 Ⅱ 类远景区；珠一坳陷东北端的海丰及韩江凹陷由于缺少生烃层系，属 Ⅳ 类远景区（中国地质调查局等，2004）。另有预测盆地总油气资源量可达 80.94×10$^8$ t，其中天然气资源量为 1.3×10$^{12}$ m$^3$，石油资源量为 67.94×10$^8$ t（何家雄等，2008）。

### 24.1.1.2 琼东南盆地

位于海南岛东南海域，西沙群岛以北，呈北东走向，面积约 8.92×10$^4$ km$^2$，属陆缘裂陷盆地。

1）油气地质条件

①烃源岩

主要为渐新统崖城组和陵水组，特别是崖城组二段含煤岩系。崖城组有机碳含量达 1.16%，属高有机质含量地层，陵水组有机碳含量为 0.9%，属中等含量地层。推测始新统、中新统三亚组及梅山组也可能具生烃条件。

②生储盖组合

盆地内存在三套生储盖组合。

崖城组生储盖组合：崖城组中上部灰色泥岩夹薄煤层为生油岩，其中所夹砂岩为储层，孔隙度为12.5%，渗透率为$1.25 \times 10^{-3} \mu m^2$，其上部泥岩为盖层。

崖城－陵水组生储盖组合：崖城组上部灰色泥岩夹薄煤层和陵水组中上部深灰色泥岩为生油层，其中所夹砂岩为储层，平均孔隙度为13%～16%，渗透率为（69～111）$\times 10^{-3}$ $\mu m^2$，陵水组上部的泥岩为盖层。

三亚－梅山组生储盖组合：三亚组下部泥岩夹煤层为生油岩，三亚组砂岩及梅山组砂岩和生物（礁）灰岩为储层，孔隙度为32%，平均渗透率为$2 773 \times 10^{-3} \mu m^2$，其上部泥岩为盖层。

2）油气资源量及油气远景

据综合评价法计算，盆地油气资源量为$14.94 \times 10^8$～$19.57 \times 10^8 t$油当量。按资源量丰度划分，其油气资源潜力良好，属 Ⅰ 类远景区（中国地质调查局等，2004）。另有预测盆地总油气资源量可达$57.15 \times 10^8 t$，其中天然气资源量为$3.57 \times 10^{12}$ $m^3$，石油资源量为$21.5 \times 10^8 t$（何家雄等，2008）。

在该盆地内已发现和开发了崖13－1特大气田及一批含油气构造。崖13－1气田开发区总面积为349.04 $km^2$，探明天然气地质储量$884.96 \times 10^8$ $m^3$ 气田探明含气面积45.2 $km^2$（邱中建等，1999）。

### 24.1.1.3 莺歌海盆地

位于海南岛以西海域，印支板块与华南板块的拼接带－红河大断裂带上，面积约$7.7 \times 10^4$ $km^2$，属新生代大陆边缘剪切拉张盆地。盆地有其显著的地质特点：不存在明显的隆坳相间结构；晚新生代沉积巨厚；存在巨型泥底辟构造；异常高温高压；快速的沉积沉降史。

1）油气地质特征

烃源岩：由于钻井所限，对古近系烃源岩尚无揭露。上新统莺歌海组和中新统黄流组、梅山组、三亚组发育多套生烃泥岩，母质类型为 Ⅰ－Ⅲ 型干酪根。梅山组有机碳含量0.44%～2.97%，平均1.33%。根据有机质丰度及类型分析，盆地烃源岩的生油能力较小而生气能力较强。

储集层：主要为上新统莺歌海组和上中新统黄流组砂岩。乐30－1－1A井岩心孔隙度一般大于16%，渗透率为（5～23）$\times 10^{-3} \mu m^2$。

盖层：以区域性披盖沉积形成的莺歌海组和黄流组为最佳。

2）油气资源量与油气远景

据综合评价法计算，该盆地油气资源量为$20.22 \times 10^8$～$23.21 \times 10^8$ t油当量。盆地内中央坳陷的资源量丰度为$1.58 \times 10^4$～$1.82 \times 10^4 t/km^2$，属Ⅱ类油气远景区，且以天然气资源占绝对优势（中国地质调查局等，2004）。另有预测盆地总油气资源量可达$55.2 \times 10^8 t$，其中天然气资源量为$5.05 \times 10^{12}$ $m^3$，石油资源量为$4.7 \times 10^8$ t（何家雄等，2008）。目前已发现东方

1 – 1、乐东 15 – 1、乐东 22 – 1 三个浅层气田及一批含气构造。东方 1 – 1 气田含气面积为 287.7 $km^2$，探明天然气地质储量 996.8 × $10^8$ $m^3$。乐东 22 – 1 气田含气面积 165.8 $km^2$，地质储量为 431.04 × $10^8$ $m^3$（邱中建等，1999）

### 24.1.1.4 北部湾盆地

位于南海北部湾海域，包括雷州半岛南部及海南岛北部部分陆地，面积 3.5 × $10^4$ $km^2$，属陆内断陷盆地。

1) 油气地质特征

①烃源岩

主要为始新统流沙港组暗色泥页岩，有机碳含量为 1.22% ~ 2.3%，氯仿沥青"A"为 0.139% ~ 0.282%，总烃为（738 ~ 1483）× $10^{-6}$，ⅡA 型 – Ⅰ型母质，最大热解峰温 435°C，为成熟生油岩。另有渐新统涠洲组暗色泥岩，有机碳含量为 0.42% ~ 0.92%，氯仿沥青"A"为 0.029% ~ 0.033%，总烃为 186.5 × $10^{-6}$，Ⅲ型干酪根，镜质体反射率（$R_0$）为 0.5%左右，最大热解峰温小于 435°C。

②储集岩

已在石炭系灰岩、流沙港组滨 – 浅湖相及浊积相砂岩、涠洲组河 – 湖相砂岩、中新统角尾组海相砂岩中发现油气层。流沙港组砂岩孔隙度为 15% ~ 20%，渗透率为（8.49 ~ 103.52）× $10^{-3}$ $\mu m^2$；涠洲组砂岩孔隙度为 15%，渗透率可达 200 × $10^{-3}$ $\mu m^2$；中新统角尾组 – 下洋组物性更好，孔隙度大于 20%。

③生储盖组合关系

自生自储型：流沙港组泥页岩生油，其砂岩夹层储油。

古生新储型：流沙港组原油进入涠洲组、下洋组、角尾组砂岩储层，并为上覆泥岩所封盖。

新生古储型：流沙港组原油进入古生界潜山灰岩储层，盖层为灰岩致密层段或上覆泥页岩。

2) 油气资源量与油气远景

根据综合评价法计算，北部湾盆地油气资源量为（4.18 ~ 4.85）× $10^8$ t 油当量。按资源量丰度划分，以涠西南凹陷及乌石凹陷的油气资源潜力最好，属 Ⅰ 类远景区；而海中凹陷及海头北凹陷的油气资源潜力较差，属 Ⅳ 类远景区（中国地质调查局等，2004）。另据预测，盆地总油气资源量可达 18.14 × $10^8$ t，其中天然气资源量为 0.147 × $10^{12}$ $m^3$，石油资源量为 16.67 × $10^8$ t（何家雄等，2008）。

北部湾已开发涠 10 – 3、涠 10 – 3N、涠 11 – 4 及涠 12 – 1 四个油田。涠 10 – 3 油田总石油地质储量为 1900 × $10^4$ t。涠洲 12 – 1 油田含油面积 17.9 $km^2$，探明加控制石油地质储量 3 835 × $10^4$ t，可采储量 1 342 × $10^4$ t；溶解气地质储量 53.61 × $10^8$ $m^3$，可采储量 18.76 × $10^8$ $m^3$。涠洲 11 – 4 油田探明储量 2 367 × $10^4$ t，控制储量 68 × $10^4$ t，全油田地质储量 2 435 × $10^4$ t（邱中建等，1999）。

### 24.1.1.5 台西南盆地

台西南盆地按新生界厚度 2 000 m 计，面积约 6.5 × $10^4$ $km^2$。属陆缘裂陷盆地。

1）油气地质特征

①烃源岩

中生界气源岩：包括上三叠统—下侏罗统和上侏罗统—下白垩统。盆地北缘北港隆起万兴－1井上侏罗统—下白垩统灰黑色泥岩的有机碳含量为 0.573%~0.808%，$R_0$ 为 0.62%~1.69%。已证实 CFC－1 井下白垩统中有一含气层。

古新统—始新统烃源岩：据珠江口盆地和东海陆架盆地同时代地层生烃特征，分析盆地内该套地层也可能是较好的生油气层。

上渐新统—中中新统烃源岩：CFC－1 井页岩有机碳含量 0.4%~0.6%，干酪根属腐殖型，$R_0$ 在 0.6%~1.3%，处于成熟阶段，门限深度 3 200 m。结合台西盆地同时代烃源岩特征，可以认为本套地层是主要源岩层。

上中新统—更新统烃源岩：台南 1 井上新统有机碳含量 0.46%，属Ⅲ型干酪根，镜质体反射率为 0.33%~0.68%，门限深度大（4 200 m），属于差生油气层。

②储集岩

盆地内目前已发现 6 个时代、7 个层位的产气层，均以砂岩为主。

③盖层

盆地中新世以来的深海沉积环境和细粒碎屑沉积厚度大，分布广，可成为区域盖层。

2）油气资源量和油气远景

据 1993 年中国海洋石油总公司二轮资源评价，盆地油气资源潜力为 $3.27 \times 10^8$ t 油当量（李国玉等，2002）。按资源量丰度划分，盆地整体油气资源前景属Ⅲ类远景区。在盆地的中部隆起发现了建峰、致胜和致昌 3 个油气田及含油气构造，推测其资源前景优于盆地内的北部和南部坳陷区。

致昌气田又名 CFC 气田，于 1974 年发现，是一个被断层复杂化的背斜构造。CFC 构造至少已有 4 口井钻遇油气。其中，CFC－9 井在 3 500 m（白垩系砂岩）获天然气 $76 \times 10^4$ m³；CFC－1 井在 3 206~3 222 m 获天然气 $39.96 \times 10^4$ m³，凝析油 28.9 m³。

## 24.1.2  南海南部

南海南部地区含油气盆地众多，主要的有曾母、万安、北康、南薇西、礼乐、北巴拉望、文莱－沙巴、中建南等盆地。盆地面积悬殊较大，大者如曾母盆地面积可达 $18.3 \times 10^4$ km²，小者如北巴拉望盆地面积仅有 $1.68 \times 10^4$ km²。其中曾母、万安、文莱－沙巴、北巴拉望、中建南等盆地位于我国传统海疆线两侧。

南海南部油气勘探已有近 60 年的历史。从 20 世纪 50 年代初以来，马来西亚和印尼、文莱和马来西亚、菲律宾、越南等国及其国外合伙者，分别对文莱－沙巴盆地、曾母盆地、西北巴拉望盆地和礼乐盆地、万安盆地开展油气勘探。据不完全统计，在南海南部盆地陆架区共钻探井 1 000 余口，发现油气田 180 个，其中油田 101 个，气田 79 个，发现含油气构造 300 余个，探明可采储量石油 $11.82 \times 10^8$ t，天然气 $3.2 \times 10^{12}$ m³。年产油达 $4\,043 \times 10^4$ t，天然气 $310 \times 10^8$ m³（李国玉等，2002）（表 24.1）。曾母盆地的 L 气田储量达 $12\,700 \times 10^8$ m³；万安盆地的大熊油田估计油气可采储量分别为 $4\,000 \times 10^4$ t 和 $600 \times 10^8$ m³。在南海南部，我国仅对万安盆地、曾母盆地及礼乐盆地做过不同程度的地球物理调查工作。

表 24.1　南海南部主要盆地特征及油气潜力

| 盆地 | 面积/（×10⁴ km²） | 盆地属性 | 油气资源量/（×10⁸ t） | | 油气远景类别 |
|---|---|---|---|---|---|
| | | | 据文献 1 | 据文献 2 | |
| 曾母 | 18.3 | 前陆 | 51.87~61.90 | 132.05 | I |
| 万安 | 8.5 | 剪切拉张 | 22.90~28.00 | 97.17 | I |
| 北康 | 6.2 | 前陆 | 20.89~24.93 | | I |
| 南薇西 | 4.3 | 剪切拉张 | 8.48~10.11 | | I |
| 礼乐 | 3.9 | 裂离陆块 | 5.34~6.36 | | III |
| 北巴拉望 | 1.68 | 裂离陆块 | 3.49~4.16 | 4.27 | II |
| 文莱－沙巴 | 9.4 | 弧前 | 28.44~33.93 | 65.39 | I |
| 中建南 | 4.4 | 剪切拉张 | 6.89~8.07 | | III |

资料来源：文献 1－中国地质调查局等，2004；文献 2－李国玉等，2002。

### 24.1.2.1　油气地质特征

#### 1）烃源岩

南海南部沉积盆地中，烃源岩主要有两类，一是古近纪湖相、海陆过渡相泥岩，二是新近纪海陆过渡相泥岩、含煤泥岩和海相泥岩。此外，在该区东部还发育白垩系烃源岩。湖相泥岩的有机质类型为 I－II 型干酪根，以产油为主；海陆过渡相泥岩的有机质为 II－III 型干酪根，也以产油为主；海相泥岩的有机质类型为 II－III 型干酪根，以产气为主（Todd et al.，1997）（表 24.2）。

在该区南部的曾母盆地和文莱－沙巴盆地中，烃源岩为渐新统－中新统海陆过渡相炭质泥页岩、煤层和海相泥岩，其中海陆过渡相烃源岩具有良好的生油气潜力，海相泥岩以生气为主。

在该区西部的万安盆地和中建南盆地中，渐新统湖相和海陆过渡相泥岩及下中新统海相泥岩为主要烃源岩，前者处于过成熟阶段，以生气为主，后者处于成熟－高成熟阶段，生烃潜力大；中中新统海相泥岩为次要烃源岩，处于成熟阶段，生烃潜力较差。

位于该区中部的北康盆地、南薇西盆地主要发育中始新统湖相、海陆过渡相泥岩和上始新统—下渐新统海陆过渡相泥岩两套烃源岩，前者处于高成熟—过成熟阶段，以产气为主，后者处于成熟—高成熟阶段，生烃能力强。

在该区东部出现时代较老的烃源岩。礼乐盆地烃源岩以古新统和始新统海相泥岩为主，并发育白垩系页岩烃源岩。北巴拉望盆地以早－中中新世钙质页岩为主要生油岩。

**516**

表24.2 南海南部主要盆地烃源岩特征

| 盆地 | 时代 | 沉积相带 | 岩性 | 干酪根类型 | 有机碳含量（%） |
|------|------|----------|------|-----------|----------------|
| 曾母 | $E_3 - N_1^2$ | 海陆过渡相、海相 | 泥岩、炭质泥岩、煤层 | II - III | 西部 0.63~0.93<br>东部 1~21 |
| 万安 | $N_1^{1-2}$ | 海陆过渡相、海相 | 泥岩 | II - III | 0.69~0.93 |
| | $E_3^2$ | 海陆过渡相、海相 | 泥岩、炭质泥岩、煤层 | I - III | 0.5~2.25 |
| 文莱-沙巴 | $E_3 - N_1^2$ | 海陆过渡相、海相 | 泥岩、炭质泥岩、煤层 | II - III | |
| 礼乐滩 | $E_2 - E_3$ | 海相 | 页岩 | II - III | 0.12~1.9 |
| | $E_1$ | | 泥岩 | II - III | 0.5~1.0 |
| | $K_1$ | 海相 | 页岩 | | 0.3~1.0 |
| 北巴拉望 | $N_1^{1-2}$ | 海相 | 页岩、灰岩 | II - III | |
| | $E_2$ | | 泥岩 | | |
| | K | 海陆过渡相、海相 | 页岩 | | |
| 中建南 | $N_1^{1-2}$ | 湖相 | 泥岩 | II | |
| | $E_2 - E_3$ | 海陆过渡相、海相 | 泥页岩、煤层、炭质泥岩 | II - III | |
| 北康 | $E_3^2 - N_1^2$ | 海相 | 泥岩 | | |
| | $E_2^3 - E_3^1$ | 海陆过渡相 | 泥岩 | | |
| | $E_2^2$ | 陆相、海陆过渡相 | 泥岩 | | |
| 南薇西 | $E_2^3 - E_3^1$ | 海陆过渡相、海相 | 泥岩 | | |
| | $E_2^2$ | 陆相 | 泥岩 | | |

资料来源：据 Todd et al. ，1997 整理。

2）储集层

主要为渐新统—中新统砂岩和中—上中新统碳酸盐岩，此外还见有基岩（郑之逊，1993；Todd et al. ，1997）及浊积岩储层（表24.3）。

砂岩储层主要属河流相、三角洲相、浊积相等相带，孔隙度为10%~29%，渗透率为0.001~7.0μm²，储集性能良好。万安盆地下中新统砂岩层以产油为主，渐新统砂岩储层以产气为主。在曾母盆地巴林坚坳陷，渐新统和中新统砂岩为主要产油层。在文莱-沙巴盆地，中中新统—上新统砂岩为主要产油层。在礼乐盆地，古新统—始新统砂岩为产油气层。在北巴拉望盆地，中新统砂岩储层产一定数量的石油。

灰岩储层主要有台地相灰岩、生物礁灰岩和礁缘塌积相碎屑灰岩，孔隙度为8%~40%，渗透率为0.01~4.0μm²，储集性能良好。在曾母盆地、万安盆地和北康盆地，中—上中新统灰岩为重要的产气层。在北巴拉望盆地，上渐新统—下中新统礁灰岩为重要的产油气层。

基岩储层主要为裂隙性或风化洞穴的花岗岩、花岗闪长岩、变质岩等基岩，其孔隙度为15%~20%。目前，这类储层仅在万安盆地大熊油田中获得少量油流。

浊积岩储层已在北巴拉望盆地和文莱-沙巴盆地中发现，时代分别为早—中中新世和中—晚中新世。

表 24.3　南海南部主要盆地储层、盖层特征

| 盆　地 | 储　层 | | | | | 盖层 |
|---|---|---|---|---|---|---|
| | 时代 | 沉积相 | 岩性 | 孔隙度/% | 渗透率/μm² | |
| 曾母 | $N_1^{2-3}$ | 台地、生物礁 | 灰岩/礁灰岩 | 10～40 | 0～4.0 | 上新统—第四系泥岩 |
| | $E_3-N_1$ | 河流–三角洲、扇砂体 | 砂岩 | 12～29 | 0.001～7.0 | |
| 万安 | $N_1^{2-3}$ | 台地、生物礁 | 灰岩/礁灰岩 | 10～33 | 0.01～0.2 | 上新统—第四系泥岩 |
| | $N_1^1$ | 三角洲、扇砂体 | 砂岩 | 18～25 | | |
| | $E_3$ | 河流–三角洲、扇砂体、沙坝 | 碎屑岩 | 12～16 | | 上中新统页岩 |
| | AnR | 风化/裂缝性基岩 | 花岗岩类 | 15～20 | | |
| 文莱–沙巴 | $N_1^{2-3}$ | 三角洲 | 砂岩 | 12～35 | 0.1～2.2 | 上新统泥岩 |
| 礼乐滩 | $E_1-E_2$ | 三角洲 | 砂岩 | 15～21 | 0.001～0.7 | 始新统—渐新统泥岩 |
| 北巴拉望 | $N_1^1$ | 三角洲 | 礁灰岩 | 5 | 5 | 下—中中新统泥岩 |
| | $N_1^{2-3}$ | 浊积相 | 浊积岩 | 5～20 | 0.12～2.0 | |
| 中建南 | $N_1$ | | 砂岩 | | | 中中新统泥页岩 |
| | AnR | 风化/裂缝性基岩 | 花岗岩类 | | | |
| 北康 | $N_1^{1-2}$ | | 灰岩/礁灰岩 | | | 上新统—第四系泥岩 |
| | $E_3-N_1$ | | 砂岩 | | | |
| 南薇西 | $E-N_1^2$ | 滨–浅海、三角洲 | 砂岩 | | | 上新统—第四系泥岩 |

注：据郑之逊，1993；Woden et al.，1997 整理。

3）区域盖层

主要为上新统—第四系泥岩，个别盆地为下—中中新统泥岩和始新统—渐新统泥岩。上新世—第四纪期间，该区处于区域沉降阶段，沉积了一套富含泥质的浅海–外浅海相碎屑岩，构成大多数盆地的良好区域性盖层。此外，在勘探目的层段中发育的泥岩可构成含油气构造的局部盖层。

### 24.1.2.2　油气资源量及油气远景

南海南部地区由于含油气盆地数量多，总面积大，是一个富含油气的区域，其油气远景甚至超过北部地区。

据对南海南部 8 个主要含油气盆地统计，其油气资源量可达（148.3～177.46）×10⁸ t 油当量。其中以曾母盆地居首，油气资源量为（51.87～61.90）×10⁸ t 油当量。面积最小的北巴拉望盆地油气资源量为（3.49～4.16）×10⁸ t 油当量（表 24.1）（中国地质调查局，2004）。李国玉等（2002）提供了曾母等 5 个盆地油气资源量，均较以上推测量更大（表 24.1）。

按资源量丰度划分，属于Ⅰ类远景区的有曾母、万安、北康、南薇西、文莱–沙巴等 5 个盆地；属于Ⅱ类远景区的有北巴拉望盆地；礼乐盆地和中建南盆地则属Ⅲ类远景区（表 24.1）。

目前，曾母盆地已发现重要气田 43 个，油田 23 个，含气构造 13 个，含油构造 7 个，可划分为 3 个一级油气富集区。

万安盆地已发现 36 个有油气显示的构造，已证实 19 个含油气构造和油气田。国外已先后发现了嘟（DUA）油田、大熊油田、兰龙油田、红兰花/西兰花气田及若干个含油气构造。兰龙、大熊油田分别于 1998 年和 1994 年投入生产。而红兰花/西兰花气田是国外近年来油气勘探的一大发现。除飞马含油构造位于我国传统海疆线以外，大熊油田跨越传统海疆线两侧，其他被国外发现的油气田及含油气构造均位于我国传统海疆线之内。

北巴拉望盆地天然气可采储量为 $1\,226 \times 10^8\,\mathrm{m}^3$，石油可采储量为 $6\,754 \times 10^4\,\mathrm{t}$。自 1976 年发现尼多（Nido）油田以来，又发现了 Cadlao、Matinloc 等一批中小型油气田（刘振湖，2005）。

文莱—沙巴盆地已发现 61 个油气田或含油气构造，以产油为主。区域上可将盆地分为巴兰—文莱三角洲和沙巴两个含油气区。巴兰 - 文莱三角洲含油气区为一大型油气富集区，主体部位跨越马来西亚和文莱海域，已探明 23 个油气田和 8 个气田，探明原油可采储量约 $6.2 \times 10^8\,\mathrm{t}$，天然气可采储量 $3\,400 \times 10^8\,\mathrm{m}^3$，现有 15 个生产油气田和 1 个生产气田，主要有巴罗尼亚油田、安帕西南油田、诗里亚油田、贝蒂油田、昌皮昂油田等，油气田多为背斜构造；沙巴含油气区已探明 18 个油气田，原油可采储量约为 $1.4 \times 10^8\,\mathrm{t}$，天然气可采储量 $849 \times 10^8\,\mathrm{m}^3$，主要有 Samarang 油田、Erb W 油田、St Joseph 油田、Tembungo 油田、Glayzer 气田和 Kinabalu 油田等，油气田多为扭动背斜构造。

## 24.2 砂矿资源

### 24.2.1 滨海砂矿

南海滨海砂矿主要集中在广东、广西、海南三省区，已探明复合型大、中、小型砂矿 100 多处，其中大型矿 10 多处，矿点广泛分布。主要矿种有锆石、独居石、钛铁矿、磷钇矿、铌钽铁矿、铬铁矿、金红石、锐铁矿、锡矿、砂金等（表 24.4）。

广东沿海的滨海砂矿资源相当丰富。砂矿类型多，有独居石、锆石、钛铁矿、褐钇铌矿、金、磷钇矿、锡石、石英砂等矿种，其中独居石、锆石等矿种常与钛铁矿共生，是广东沿海的优势矿产资源。分布广，储量大，但规模以中小型为主，大型矿产仅有 3 处。以全新世中、后期的海相 - 滨海相沉积为主，矿体往往与岸线平行，并呈带状断续分布。可分为惠来—汕头—饶平、台山—新会、吴川—阳江、海丰—陆丰、琼东北—雷州半岛 5 个主要成矿带（杨道斐，1993）。

广西滨海砂矿不论是种类还是大中型矿产都比较少。有用矿种主要为磁铁矿、钛铁矿、石英砂等。石英砂一般与钛铁矿、独居石、锆石等矿物一起富集成矿，单种矿物的富集少见。已发现矿产地 14 处，查明的砂矿床 22 处（叶维强等，1990）。已查明石英砂远景储量超过 $10 \times 10^8\,\mathrm{t}$；钦州市犀牛角和合浦县石康等地钛铁矿的保有储量为 $352.4 \times 10^4\,\mathrm{t}$（廖志成，2003）。

海南省滨海砂矿以大中型矿床多为特点，锆、钛等砂矿储量居全国第一（陈春福，2002）。优势滨海砂矿矿种为钛铁矿、锆石、独居石等，并往往伴生产出。已探明钛铁矿砂矿床 24 处，储量 $2.096\,4 \times 10^7\,\mathrm{t}$；锆石砂矿床 28 处；独居石砂矿床 6 处（张本，1998）。在文昌市龙马新发现 1 处石英砂矿，在铺前锆石—钛铁矿矿区发现伴生石英砂矿床 1 处，储量均在 $2 \times 10^8\,\mathrm{t}$ 以上。

表 24.4　南海滨海砂矿资源概况表

| 地区 | 砂矿数量/个 | | | | 主要矿种 | 伴生矿种 | 成因类型 |
|------|------|------|------|------|----------|----------|----------|
| | 大型 | 中型 | 小型 | 矿点 | | | |
| 广东 | 3 | 23 | 54 | 57 | 独居石、锆石、钛铁矿、褐钇铌矿、金、磷钇矿、锡石、石英砂 | 锆石、钛铁矿、金红石、磁铁矿、独居石、锡石、铌钽（铁）矿、磷钇矿、金 | 冲积、海积 |
| 广西 | 4 | 2 | 5 | 2 | 磁铁矿、钛铁矿、铌钽铁矿、石英砂 | 钛铁矿、铬铁矿、独居石、金红石、锆石、磷钇矿 | 海积、风积 |
| 海南 | 10 | 25 | 37 | 57 | 锆石、钛铁矿、金红石、独居石、铬铁矿、石英砂 | 金红石、铬铁矿、独居石、铌钽铁矿、锡石、砷铂矿、磷钇矿、褐锡铌矿 | 海积、冲积、风积、残坡积 |

注：据谭启新等，1988 整理；砂矿的矿点数含砂金颗粒点。

　　南海滨海砂矿大多为复合矿床，成因类型主要以海积型为主，冲积、风积型次之。其中海积型成因矿床规模大，主要形成于沙堤、沙嘴，其次为沙地、沙滩、海积阶地；冲积、风积型成因矿床规模小，主要形成于河口堆积平原、冲积阶地、风积沙丘，少量形成于河床、河漫滩（谭启新等，1988；李元山，1983；姚伯初等，1998）。

　　南海北部砂矿床可划分为 6 个成矿带，自东向西分别为：粤西独居石 - 磷钇矿砂矿带；粤中锡石 - 铌钽铁矿砂矿带；粤西独居石 - 磷钇矿砂矿带；雷琼钛铁矿 - 锆石砂矿带；琼东南钛铁矿 - 锆石砂矿带；桂西钛铁矿 - 锆石 - 石英砂矿带。

　　成矿带表现为东西分块、南北分带的特点。由陆至海，每个成矿带的基本变化趋势为：砂矿类型由比重大的钛铁矿、砂金、锡石变化为比重小的铌钽铁矿等稀有元素矿床；成因类型由河成型到混合型、海成型、残留型；从北往南，砂矿矿床越来越丰富，规模越来越大（姚伯初等，1998）。

## 24.2.2　浅海（深海）砂矿

　　南海浅海海域具有远景的矿种主要有锆石、钛铁矿、金红石、锐铁矿、独居石、磷钇矿和石榴石等。

### 24.2.2.1　砂矿异常区

　　南海北部浅海砂矿研究较早，研究程度较高，已发现和圈定异常区 30 个（S1～S30）（表 24.5）（中国地质调查局等，2004）。近年在南海其他海域发现和圈定异常区 20 个（S31～S50）。

　　1）南海北部异常区

　　南海北部已发现和圈定的 30 个异常区面积达 9 325 $km^2$。其中Ⅰ级异常区 10 个，面积为 4 210 $km^2$，矿种主要为独居石、金红石、锆石等，主要分布在粤西、雷西、桂东、琼东南浅海区，水深一般在 20 m 以浅，为古滨海砂矿，沉积物主要为中粒砂。Ⅱ级异常区 20 个，面积约为 5 000 $km^2$，矿种主要为钛铁矿、金红石、锆石等，不同水深均有分布，矿床类型为浅滩或水下岸坡堆积砂矿，沉积物主要为中细砂。

2）南海西部异常区

已发现并圈定异常区 5 个（S31～S35），主要分布在海南岛西南部浅水海域（S31～S34）及 12°N，112°E 附近海域（S35）（图24.2，表24.5）。基本呈 NE—SW 向分布。有用矿物主要为钛铁矿和锆石。海南岛西南浅水海域为钛铁矿、锆石复合砂矿异常区，其中Ⅰ级（S31、S34）和Ⅱ级（S32、S33）异常区各 2 个。S35 异常区有用矿物为钛铁矿，伴有锆石和金红石，属Ⅱ级异常区。

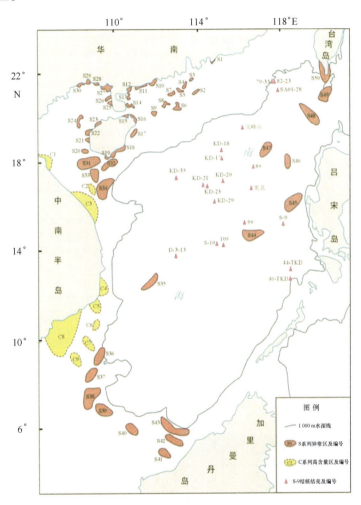

图24.2 南海固体矿产资源分布图（中国地质调查局等，2004）

S 系列为砂矿异常区；C 系列为砂矿高含量区

3）南海南部异常区

共有 8 个异常区（S36～S43），主要分布在万安滩西南与南康暗沙和曾母暗沙海域，呈 SN 向或 NW—SE 向分布，与水深线基本平行。有用矿物为钛铁矿、锆石、金红石及独居石。S38、S39 和 S43 为锆石复合砂矿Ⅰ级异常区；S36、S37、S40、S41、S42 为Ⅱ级异常区，其中 S36～S40 为锆石异常区，其余为钛铁矿、锆石、金红石或独居石复合异常区。

表 24.5  南海滨海、浅海砂矿异常区

| 编号 | 砂矿类型 | 位置 | 级别 | 矿种：品位/（g·m⁻³） | 面积/km² | 水深/m |
|---|---|---|---|---|---|---|
| S1 | 锆石－金红石 | 惠东县平海东岸 | Ⅱ | 锆石：1 944（最高，下同）<br>金红石：500～750（范围，下同） | 100 | ＜15 |
| S2 | 钛铁矿－锆石 | 万山南深水 | Ⅱ | 钛铁矿：16 460<br>锆石：1 419 | 170 | ＞70 |
| S3 | 金红石－钛铁矿 | 万山南深水 | Ⅱ | 金红石：250～750<br>钛铁矿：2 500～7 500 | 200 | 30～40 |
| S4 | 独居石－金红石 | 川岛东南深水 | Ⅱ | 独居石：57<br>金红石：792 | 400 | 30～40 |
| S5 | 金红石－锆石 | 川岛东南深水 | Ⅱ | 金红石：250～500<br>锆石：250～500 | 400 | 40～60 |
| S6 | 金红石－锆石 | 川岛东南深水 | Ⅱ | 金红石：250～500<br>锆石：250～500 | 700 | ＞70 |
| S7 | 金红石－锆石 | 川岛东南深水 | Ⅱ | 金红石：250～500<br>锆石：250～500 | 520 | 40～60 |
| S8 | 金红石－钛铁矿 | 阳江南深水 | Ⅱ | 金红石：4 852<br>锆石：8 530 | 450 | 60～80 |
| S9 | 金红石－钛铁矿 | 阳江南深水 | Ⅱ | 金红石<br>钛铁矿：10 256 | 150 | |
| S10 | 独居石 | 海陵岛－闸坡湾 | Ⅰ | 独居石：5 403 | 130 | ＜15 |
| S11 | 独居石 | 电白港－沙扒镇 | Ⅱ | 独居石：359.7 | 350 | ＜20 |
| S12 | 独居石 | 吴川钳塘－谭巴 | Ⅰ | 独居石：121 | 150 | ＜10 |
| S13 | 独居石－锆石 | 湛江口外南三岛－硇洲岛 | Ⅰ | 独居石：265.8<br>锆石：1 940 | 500 | ＜15 |
| S14 | 独居石－锆石 | 雷州新寮东侧 | Ⅱ | 独居石：123<br>锆石：1 432 | 400 | ＜20 |
| S15 | 独居石－锆石 | 文昌铺前港 | Ⅱ | 独居石：186<br>锆石：1 548 | 60 | ＜20 |
| S16 | 锆石 | 琼东北东坡东侧 | Ⅱ | 锆石：1 060 | 35 | ＜10 |
| S17 | 锆石 | 文昌东侧 | Ⅱ | 锆石：250～750 | 200 | ＜40 |
| S18 | 锆石－钛铁矿－金红石 | 陵水－万宁 | Ⅰ | 锆石：3 274<br>钛铁矿：1 759<br>金红石：2 655.9 | 450 | ＜40 |
| S19 | 锆石 | 陵水藤桥南 | Ⅱ | 锆石：1 078 | 60 | ＜30 |
| S20 | 锆石 | 莺歌海西北 | Ⅱ | 锆石：1 097 | 70 | ＜20 |
| S21 | 金红石－钛铁矿 | 东方西侧 | Ⅱ | 金红石：1 042<br>钛铁矿：9 268 | 60 | ＜20 |
| S22 | 独居石－金红石－锆石 | 昌化港海尾一带 | Ⅰ | 独居石：1 046<br>金红石：847<br>锆石：1 149 | 70 | ＜20 |
| S23 | 锆石 | 白马井港 | Ⅱ | 锆石：250～750 | 110 | ＜20 |
| S24 | 锆石 | 北部湾 | Ⅱ | 锆石：250～750 | 550 | 60～70 |

续表24.5

| 编号 | 砂矿类型 | 位置 | 级别 | 矿种：品位/（g·m⁻³） | 面积/km² | 水深/m |
|---|---|---|---|---|---|---|
| S25 | 锆石 – 金红石 | 唐家西侧 | I | 锆石：1 481<br>金红石：835 | 280 | <10 |
| S26 | 锆石 – 金红石 | 江洪西侧 | I | 锆石：1 511<br>金红石：986 | 330 | <15 |
| S27 | 锆石 – 金红石 | 北海南 – 草潭 | I | 锆石：1 311<br>金红石：171 | 1200 | >70 |
| S28 | 锆石 – 独居石 | 北海 – 犀牛角 | I | 锆石：1 482<br>独居石：67 | 550 | 30～40 |
| S29 | 钛铁矿 – 锆石 –<br>金红石 | 钦州湾 | I | 钛铁矿：15 918.6<br>锆石：897<br>金红石：558.9 | 550 | 30～40 |
| S30 | 锆石 – 金红石 | 广西防城 | II | 锆石：2 239<br>金红石：956 | 130 | 40～60 |
| S31 | 钛铁矿 – 锆石 | 琼西南浅海区 | I | 钛铁矿：5 280～7 199.8<br>（2 站位，下同）<br>锆石：689.6～3 368（6） | | >70 |
| S32 | 钛铁矿 – 锆石 | 琼西南浅海区 | II | 钛铁矿：5 300（1）<br>锆石：996 | | 40～60 |
| S33 | 钛铁矿 – 锆石 | 琼西南浅海区 | II | 钛铁矿：7 428<br>锆石：736.5～1 671（2） | | 60～80 |
| S34 | 钛铁矿 – 锆石 | 琼西南浅海区 | I | 钛铁矿：5 300～9 415（3）<br>锆石：585～2 164（4） | | |
| S35 | 钛铁矿 | 南海西部浅水区 | II | 钛铁矿：5 380 | | <15 |
| S36 | 锆石 | 南海西南部浅水区 | II | 锆石：696.95 | | <20 |
| S37 | 独居石 – 锆石 | 南海西南部浅水区 | II | 锆石：1 123.6～1 484（2）<br>独居石：62.54 | | <10 |
| S38 | 锆石 | 南海西南部陆坡 | I | 锆石：673.1～1 173.95（5） | | <15 |
| S39 | 钛铁矿 – 锆石 | 南海西南部浅水区 | I | 锆石：810.9～1 033.5·（4）<br>钛铁矿：17 781.5 | | <20 |
| S40 | 锆石 | 南海西南部浅水区 | II | 锆石：1 248.15 | | <20 |
| S41 | 钛铁矿 – 锆石 –<br>金红石 | 曾母暗沙浅滩 | II | 钛铁矿：43 990<br>锆石：23 983<br>金红石：1 158 | | <10 |
| S42 | 钛铁矿 – 锆石 –<br>金红石 – 独居石 | 南沙海槽西南浅<br>水区 | II | 钛铁矿：6 095～28 620（2）<br>锆石：10 891～12 720（2）<br>金红石：530<br>独居石：50.88 | | <40 |
| S43 | 锆石 – 独居石 | 南沙海槽西南浅<br>水区 | I | 锆石：954～2 395.6（7）<br>独居石：625 239.6（2） | | <40 |
| S44 | 钛铁矿 – 独居石 | 南海东部深水区 | II | 钛铁矿：9 550<br>独居石：200.34 | | <30 |

| 编号 | 砂矿类型 | 位置 | 级别 | 矿种：品位/（g·m⁻³） | 面积/km² | 水深/m |
|---|---|---|---|---|---|---|
| S45 | 钛铁矿－金红石 | 南海东部浅海区 | Ⅱ | 钛铁矿：9 579<br>金红石：563 | | ＜20 |
| S46 | 锆石 | 南海东部浅海区 | Ⅱ | 锆石：1 577 | | ＜20 |
| S47 | 独居石 | 南海东部深水区 | Ⅱ | 独居石：93.8 | | ＜20 |
| S48 | 独居石 | 南海东部深水区 | Ⅱ | 独居石：400.2 | | ＜20 |
| S49 | 钛铁矿－独居石 | 南海东部深水区 | Ⅰ | 钛铁矿：5 896<br>独居石：354 | | 60～70 |
| S50 | 锆石－独居石 | 台湾岛南部浅水区 | Ⅰ | 锆石：1 617<br>独居石：100.2 | | ＜10 |

4）南海东部异常区

分布有 7 个砂矿异常区（S44～S50），S50 为Ⅰ级异常区，其余为Ⅱ级异常区。

主要矿物为钛铁矿、锆石，次为金红石，其中 S44、S45、S49、S50 为复合异常区，S46 为锆石异常区，S47、S48 为独居石异常区。

#### 24.2.2.2  砂矿高含量区

高含量区主要分布在越东岸外陆架浅水海域，共有 9 个区（C1～C9）。有用矿物主要为钛铁矿（金红石、钛铁矿、锐铁矿）、锆石和石榴石等。由北向南表现出以下特点：由平行海岸分布变为垂直海岸分布；由单矿种、少高含量点向多矿种、多高含量点转变。北部高含量区的有用矿物可能与沿岸流有关；分析南部的钛矿物、锆石是由湄公河携带而来，在入海口附近高含量点多、含量高，远离入海口处高含量点少、含量低；而石榴石的分布则与钛矿物和锆石相反，表明其不是完全来源于湄公河，可能还与沿岸流有关。

## 24.3  铁锰结核与结壳矿产

海洋环境中自生沉积形成的铁锰结核、结壳因其含有高品位的 Mn、Cu、Co、Ni 等多种金属元素，已成为重要的深海矿产资源。

南海是我国铁锰结核、结壳形成和保存的有利海区。海洋综合科学考察已在南海发现了一批铁锰结核、结壳样品，通过研究，揭示了其空间分布以及矿物、地球化学、稀土元素特征。南海陆坡和深海盆是铁锰结核、结壳研究和开发的潜在远景区；铁锰结核、结壳化学成分以 Cu、Ni、Co 含量相对较低和稀土元素含量相对较高为特征，具有以稀土开发为重点的综合利用价值，可望成为我国近海的一种新型矿产。

### 24.3.1  铁锰结核、结壳的分布

根据产出形式，赋存在南海半深海、深海区表层沉积物中的结核和结壳可分为 3 种类型，即铁锰结核，铁锰结壳，以及直径小于 1 mm 的微结核。

南海已发现的铁锰结核和结壳主要分布在 12°N 以北，113°E 以东海区（图 24.2）。

**表 24.6　南海铁锰结核站位表**

| 站位号 | 经纬度 | | 地貌位置 | 水深/m | 结核特征/cm（长度单位） |
| --- | --- | --- | --- | --- | --- |
| | 北纬 | 东经 | | | |
| 79 – 33 | 21°30′00″ | 117°58′05″ | 陆坡 | | |
| 82 – 23 | 21°31′07″ | 118°00′04″ | 陆坡 | 1 656 | 长 1～2.8，壳层 1～5，最大直径 31～37，高 2.1 |
| 10# | 14°00′ | 115°35′ | 中南海山基座 | 3 014 | 壳层厚 3～5 |
| KD18 | 18°28′ | 115°21′ | 陆坡 | 3 400 | 各种形状、大小结核 |
| KD20 | 17°01′ | 115°24′ | 陆坡 | 1 070 | 各种形状、大小结核 |
| KD23 | 16°46′ | 114°36′ | 陆坡 | 1 400 | 各种形状、大小结核 |
| KD35 | 17°01′ | 113°03′ | 陆坡 | 1 500 | |
| 44TKD | 12°48.5′ | 118°51.6′ | 陆坡 | 1 900 | 直径 40 |
| D – 3 – 13 | 13°27.00′ | 112°58.30′ | 陆坡 | 3 090 | |
| SA1 – 28 | 21°11.00′ | 118°16.00′ | 陆坡 | 2 000 | 多种形态，丰度 4 kg/m³ |

资料来源：据陈毓蔚等，1988；邱传珠，1983。

　　已发现的铁锰结核主要有 10 处，分布在台湾浅滩和东沙群岛之间的陆坡区（79 – 33 站、82 – 33 站、SA – 1 – 28 站）、中、西沙周缘岛坡区（KD20、KD23、KD35 站）、北部陆坡坡脚（KD18 站）、深海盆（10# 站），以及南部和西部岛（陆）坡（44TKD 站、D – 3 – 13 站）（表24.6）。在南海深水区内结核的最高含量可占沉积物总量的 2%～3.15%，多赋存在 0.032～2.0 粒级的沉积物中（邱传珠，1983）。南海铁锰结核直径一般为 0.5～6 cm，在南海北部陆坡发现大块体结核，直径一般为 3～8 cm，最大结核体为（22×10×6）cm，重约 1.2 kg。另外，在北部湾涠洲岛附近海域 14～45 m 水深海底沉积物中也发现铁锰结核。结核的赋存和富集状况受水深和海底地下控制，水深越大铁锰结核所含的有用金属元素越多（陈俊仁，1984）。

　　已发现的铁锰结壳有 12 处。其分布区一是中央海盆的海山，如玳瑁海山（8# 站）、珍贝海山（9# 站）和中南海山（S – 10 站）；二是中、西沙周围岛坡（KD21、KD29 站）以及北部和南部下陆坡（KD17、40TKD 站）（表 24.7）。尖峰海山结壳厚 1～3 cm，最厚为 5 cm；中沙台地结壳最厚可达 7 cm。

　　微结核广布于南海四周的陆坡区和深海盆区。以南海东部含量较高，其次是南部的南沙海槽区，含量最低的是南海西部陆坡区。

**表 24.7　南海铁锰结壳站位表**

| 站位号 | 经纬度 | | 地貌位置 | 水深/m | 结壳厚/mm | 基岩 |
| --- | --- | --- | --- | --- | --- | --- |
| | 纬度（N） | 经度（E） | | | | |
| S – 9 | 15°00′ | 118°30′ | 黄岩海山 | 1 000 | | 大洋玄武岩 |
| S – 10 | 14°00′ | 115°06′ | 中南海山 | 3 000 | | 大洋玄武岩 |
| 8# | 17°37′ | 116°59′ | 玳瑁海山 | 3 429 | 1～5 | 大洋玄武岩 |
| 9# | 14°48′ | 116°30′ | 珍贝海山 | 3 116 | 15～20 | 大洋玄武岩 |
| 10# | 14°00′ | 115°35′ | 中南海山 | 3 014 | 15～20 | 大洋玄武岩 |
| 宪北海山 | 16°40′ | 116°50′ | 宪北海山 | | 20 | |
| 尖峰海山 | 19°28′ | 116°25′ | 尖峰海山 | 1 500 | 10～30，最厚 50 | 基－中酸性火山岩 |

续表 24.7

| 站位号 | 经纬度 | | 地貌位置 | 水深/m | 结壳厚/mm | 基　岩 |
| --- | --- | --- | --- | --- | --- | --- |
| | 纬度/（N） | 经度/（E） | | | | |
| KD17 | 18°54′ | 115°21′ | 陆坡 | 2 470 | 上层仅几毫米 | |
| KD21 | 16°50′ | 114°23′ | 陆坡 | 2 170 | 上层仅几毫米 | |
| KD29 | 16°04′ | 114°58′ | 陆坡 | 1 250 | 上层仅几毫米 | |
| 40TKD | 12°21.4′ | 118°48.9′ | 陆坡 | 1 000 | 3.5 | |
| 17°30′以北 | | | 深海平原 | | | 玄武岩 |

资料来源：据王贤觉 等，1984 b；陈毓蔚 等，1998。

### 24.3.2　结核、结壳的矿物、地球化学特征

#### 24.3.2.1　结核、结壳的结构与构造

组成铁锰结核、结壳的矿物主要为铁锰氧化物（$\delta - MnO_2$，$Fe_2O_3$）和氢氧化物 $[Mn(OH)_4$，$FeO(OH)]$ 或含水氧化物（$MnO_2 \cdot nH_2O$，$FeO_3 \cdot nH_2O$）。分析表明，结核、结壳矿物的结晶程度很低，多为不定形的胶状或偏胶状，偶尔见微晶片状结构。具微层状、同心纹层状、球粒状、叠层状及花蕾状等构造。

#### 24.3.2.2　结核、结壳的矿物特征

测试表明，南海结核主要由钙锰矿（10Å 水锰矿）和钠水锰矿（7 Å 水锰矿）组成。此外还有软锰矿、针铁矿、纤铁矿和磁铁矿等。南海结壳主要由钙锰矿和水羟锰矿（2.458Å，1.420Å）组成，其次为钠水锰矿（7.280Å）。此外还有黏土矿物以及长石、辉石、橄榄石等碎屑矿物。南海微结核主要结晶相由钙锰矿、钠水锰矿和水羟锰矿组成（邱传珠，1983；梁美桃等，1988）。

结核、结壳中其他矿物为：六方纤铁矿、羟铁矿、磁赤铁矿等铁矿物；微斜长石、钠长石、阳起石等硅酸盐矿物；蒙皂石、绿泥石等黏土矿物。

#### 24.3.2.3　结核、结壳的地球化学特征

南海结核、结壳以 Mn、Fe 为主要成分，并含有一定量的 Cu、Co、Ni、Ti 等元素。南海结核的元素组成是：Mn 为 13.76% ~ 20.52%；Fe 为 14.13% ~ 18.89%；Cu 为 0.1% ~ 0.58%；Ni 为 0.28% ~ 0.44%；Co 为 0.09% ~ 0.23%（表24.8）。

表 24.8　南海铁锰结核化学成分　　　　单位:%

| 取样位置 | Mn | Fe | Cu | Ni | Co | Ti | Zn | Pb | Ba | Sr | 分析方法 |
| --- | --- | --- | --- | --- | --- | --- | --- | --- | --- | --- | --- |
| KD18 – 1 | 13.76 | 17.94 | 0.17 | 0.28 | 0.09 | 0.58 | | | | | |
| KD18 – 2 | 17.70 | 18.89 | 0.58 | 0.28 | 0.22 | 0.94 | | | | | |
| KD20 | 20.26 | 18.14 | 0.25 | 0.44 | 0.23 | 0.79 | | | | | |
| KD23 | 16.52 | 17.32 | 0.22 | 0.35 | 0.20 | 0.74 | | | | | |
| KD35 – 1 | 18.96 | 17.36 | 0.24 | 0.42 | 0.16 | 0.52 | | | | | |
| KD35 – 2 | 20.52 | 17.21 | 2.47 | 0.31 | 0.17 | 0.41 | | | | | |
| 44TKD | 13.50 | 14.13 | 0.04 | 0.28 | 0.15 | | | | | | |

| 取样位置 | | Mn | Fe | Cu | Ni | Co | Ti | Zn | Pb | Ba | Sr | 分析方法 |
|---|---|---|---|---|---|---|---|---|---|---|---|---|
| 82－23 | 外层 | 22.27 | 29.06 | 2.27 | 0.70 | 2.11 | 0.05 | | | | | 电子探针 |
| | 中层 | 20.93 | 54.59 | 2.23 | | 2.83 | | | | | | 电子探针 |
| | 内层 | 16.29 | 18.81 | 1.65 | 0.85 | 1.86 | 0.16 | | | | | 电子探针 |
| 10# | | 15.40 | 15.17 | 0.10 | 0.43 | 0.14 | 0.54 | 0.07 | 0.07 | 0.08 | 0.10 | X光荧光 |
| 铁锰覆盖膜 | | 25.45 | 4.12 | 0.45 | 0.09 | | 0.15 | | | | | 能谱 |
| | | 38.30 | 3.44 | 0.90 | 0.55 | 0.57 | 0.19 | | | | | 能谱 |
| | | 17.94 | 2.22 | 0.07 | 0.40 | 0.56 | 0.92 | | | | | 能谱 |

资料来源：据陈毓蔚 等，1998。

南海铁锰结壳的元素组成是：Mn 为 12.92% ~ 22.36%；Fe 为 12.27% ~ 20.39%；Cu 为 0.03% ~ 0.47%；Ni 为 0.20% ~ 0.82%；Co 为 0.11% ~ 0.35%；Ti 为 0.23% ~ 1.13%。此外，还含有 Zn、Pb、Ba、Sr、P 等元素。

### 24.3.2.4 铁锰结核、结壳的稀土元素特征

南海铁锰结核、结壳的稀土元素具如下特征（表 24.9）：

1）稀土元素含量高，具有较大的经济价值

南海结核、结壳的稀土元素总量平均值为 $1\,611.25 \times 10^{-6}$，比中太平洋 CP 区结核的 $1\,609.6 \times 10^{-6}$、东太平洋 CC 区结核的 $1\,026.5 \times 10^{-6}$（郭世勤等，1994）都高。尤其是宪北海山结壳、西沙台地北部结核（KD35）稀土元素总量分别达 $2\,453 \times 10^{-6}$、$2\,167 \times 10^{-6}$，接近工业开发品位（3 000 g/t）。

2）稀土分布模式与大洋结核、结壳相似

经球粒陨石标准化后，南海结核、结壳与太平洋结核、结壳具有相似的稀土分布模式，即具有负斜率，Eu 以前的轻稀土尤为显著，Eu 以后变得平缓。无论是南海或太平洋，沉积物的稀土分布模式除 Ce 外，也都与结核、结壳基本相似，即三价稀土在沉积物和结壳中具有相似的分布模式，这说明它们的稀土元素具有同一来源，而非结核、结壳的稀土来自海底沉积物（郭世勤等，1994）。南海结核、结壳的稀土含量是沉积物的几倍，说明稀土元素主要富集在结核、结壳中。

3）具有高的 Ce 异常

Ce 在南海结核、结壳中的富集率很高，几乎占稀土元素总量的 50%，其中宪北海山、尖峰海山、双峰海山（KD17）的结壳和西沙台地的结核均比太平洋结壳、结核具有更高的异常值，说明南海海底介质环境的氧化程度高，是一种更有利于 Fe、Co 沉淀富集的环境。

表 24.9　南海铁锰结核、结壳的稀土元素含量　　　　　　　　　　　　　　$\times 10^{-6}$

| | 样品 | La | Ce | Pr | Nd | Sm | Eu | Gd | Tb | Dy | Ho | Er | Tm | Yb | Ln | Y | REE |
|---|---|---|---|---|---|---|---|---|---|---|---|---|---|---|---|---|---|
| 结壳 | 宪北海山 | 859 | 978 | | 257 | 51 | 11 | 53 | 9 | | 11 | | 4 | 25 | 3 | 192.17 | 2 453.17 |
| | S-9 | 217.37 | 417.56 | 42.03 | 140.30 | 39.58 | 11.82 | 51.72 | 8.56 | 49.35 | 13.46 | 23.94 | 3.86 | 31.09 | 4.59 | 172.44 | 1 227.65 |
| | S-10 | 172.53 | 459.23 | 43.14 | 153.66 | 43.47 | 11.99 | 52.96 | 8.26 | 44.74 | 12.39 | 20.50 | 3.11 | 23.83 | 3.12 | | 1 052.93 |
| | KD-17 | 165.8 | 917 | 41 | 132.6 | 44 | 12.76 | 48 | 9.74 | 53 | 7.3 | 22.12 | 5.44 | 19.60 | 4.98 | 141.80 | 1 625.14 |
| | 尖峰海山 | 113 | 717 | | 147 | 18.4 | 4.53 | | 4.18 | | | | 8.89 | 1.69 | | 127 | 1 141.69 |
| 结核 | KD-35 | 233 | 1 315.5 | 52.82 | 170.5 | 52.83 | 13.95 | 55.83 | 7.65 | 59 | 5.82 | 22 | 4.95 | 19 | 4.87 | 149.17 | 2 166.90 |
| 沉积物 | 陆坡中下部 | 28.19 | 55.77 | | | 4.56 | 0.977 | 4.24 | 0.605 | 3.80 | 0.795 | 2.28 | 0.324 | 2.09 | 0.455 | 21.2 | 147.776 |

资料来源：据陈毓蔚等，1998；王贤觉 等，1994。

## 24.4　天然气水合物资源

我国对南海天然气水合物资源的调查起自 1999 年，中国科学院、中国地质调查局、国家海洋局等部分单位先后在南海开展了大量地质地球物理调查并取得了重大的进展，在南海深水区发现了水合物存在的地质、地球物理和地球化学异常标志，证实我国南海具有良好的天然气水合物资源前景。

### 24.4.1　天然气水合物资源的成矿地质背景

南海是西太平洋最大边缘海之一，其东部为汇聚陆缘，南海板块沿马尼拉海沟向东俯冲，在俯冲带东侧形成叠瓦状逆掩推覆的增生楔，是水合物析出赋存的最有利构造区。南海北部、西部为离散陆缘，因扩张裂陷、剪切、沉降，形成一系列大中型沉积盆地，为有机质的富集提供了最佳场所。南部陆缘则为陆陆碰撞，汇聚与拉伸并存，形成了一系列复合型沉积盆地。因此，我国南海大陆边缘具有形成天然气水合物的良好地质环境。

南海从早白垩世末起，曾发生三次大规模构造运动，使得区内张性断层和褶皱构造发育。中中新统之下沉积层张性断裂发育，有利于烃类气体向上运移；而晚中新世以来的构造活动趋于平静，可为水合物的保存提供有利条件。南海陆坡广阔，仅北部、西部和南部三者的面积就多达 $12 \times 10^5$ $km^2$。在陆坡区海台、海岭、海槽、泥底辟、海底扇发育，都是适于流体运移和水合物形成的常见构造地貌环境。

南海沉积史具有明显的阶段性特征：北部古近系主要为湖泊、滨岸沼泽相、滨浅海相，含厚层泥岩及煤系地层；新近系主要为滨浅海相、半封闭浅海相，第四系为半深海、深海相。总体上有机碳含量比较丰富，其质量分数为 0.46～1.95%，形成多套烃源岩。南部各盆地与北部相似，有机碳含量丰富，也存在多套生烃岩。从古近纪开始，南海曾发生三次快速沉降，并获得沉积物的相应补偿。在上新世莺歌海盆地最大沉积速率可达 40 cm/ka，2.7 Ma 以后有所减慢，但仍为 18 cm/ka；在琼东南盆地的相应时期分别高达 60 cm/ka 和 45 cm/ka；在东沙群岛陆坡区 ODP1144 站位，自 1.1 Ma 以来的沉积速率为 50 cm/ka；在南部陆坡区 ODP1143站位，晚中新世沉积速率达 11.4 cm/ka，快速沉降使南海新生代沉积物可达到比较大的厚度，一般为 6 000～12 000 m，甚至高达 17 000 m。此外，在南海北部海底地形比较复杂，坡度变化大，上陆坡陡，下陆坡缓，晚中新世以来深水重力流相当发育，也导致沉积物的快速沉降和巨厚中、新生代沉积层的发育，欠压实的巨厚沉积中积累了大量的有机质含量，为甲烷气提供了很好的物质来源，可满足水合物形成所需的生物成因甲烷。

在南海大陆架 200 m 水深海域，海底温度为 14℃ ~ 15℃。在陆坡区，则视水深而定，如在 500 m 水深区为 7℃ ~ 10℃；在 1 000 m 水深区大约为 5℃；若水深大于 2 800 m，则温度趋于稳定（2.2℃）。据 ODP184 航次资料，南海北部 2 000 m 以深陆坡区的海底温度一般为 3℃左右。因此，其底水温度在水深大于 500 m 条件下基本可以满足水合物形成的需要。南海地壳热流值总体上较高，但不同海域仍有差别，如中央海盆、西南海盆、西部陆架、南部陆架热流值都比较高，可达 120 mW/m² 以上；西沙海槽（< 60 mW/m²）和笔架南盆地北部、台西南盆地、潮汕盆地、琼东南盆地、南沙海槽盆地等，一般都小于 70 mW/m²，对海底天然气水合物的形成也是有利的。

综上所述，南海陆坡宽广，沉积物厚度大，有机质含量丰富，油气藏分布广泛，有适宜的构造地貌和温压条件，具有良好的天然气水合物成矿条件和找矿前景，尤以北部陆坡区为佳。

## 24.4.2　天然气水合物资源的分布

根据天然气水合物的成矿条件预测，我国南海发育有多个水合物有利成矿区，如西沙海槽、东沙陆坡、台湾西南陆坡、南沙海槽等（图 24.3）。因此从 2002 年以来，在南海北部、西部及南部陆坡区全面开展天然气水合物资源调查和评价工作，通过高分辨率多道地震、海底热流、地形地貌、岩石及生物标志、烃类地球化学异常探测与研究，在南海划出了四个主要水合物潜在分布区，分别位于西沙海槽、东沙海域、神狐海域和琼东南海域。

西沙海槽区的水合物主要分布在西沙海槽的北部斜坡和中部一带，最有利的分布区主要位于海槽北坡和槽底平原，区内似海底反射层（BSR）广泛分布，地球物理特征清晰，地球化学异常明显，海底影像显示可能存在碳酸盐结壳，其次为海槽北坡斜坡和南坡海底高原以及海槽南坡。东沙水合物区主要分布于东沙群岛东部，这里的 BSR、甲烷高含量异常、氯离子和硫酸根浓度异常、碳酸盐结壳和甲烷礁等重要的地球物理与地球化学证据都非常明显，2004 年完成的中德合作航次在该海域就获得大量碳酸盐结壳，圈定了大面积的九龙甲烷礁，显示了很好的天然气水合物资源潜力。神狐水合物区位于北部陆坡中段的神狐暗沙东南海域附近。2007 年在该区的珠江口盆地珠二坳陷南翼实施了水合物钻探作业，在水深 1 230 ~ 1 245 m 的海底下 183 ~ 225 m 处，采获到呈分散浸染状的天然气水合物实物样品，使我国水合物的调查研究取得了突破性进展。

## 24.4.3　天然气水合物资源潜力评价

近年来，各有关方面的专家根据南海海域的地质、地球化学、地球物理资料的综合研究，对南海的天然气水合物矿藏的资源前景进行了粗略的评价，对有关成矿远景的认识也比较一致。天然气水合物资源评价时主要考虑水合物分布面积、水合物层厚度、孔隙度、水合物饱和度、产气因子等基本参数。

根据南海的水深、温度和海底热流资料对水合物潜在的分布面积和水合物稳定带的厚度进行预测。在预测水合物层厚度时，先根据水合物的稳定域确定各区水合物稳定带厚度，然后参考各区典型 BSR 深度以及振幅空白带厚度来修正含水合物层的有效厚度，这样得到南海的含水合物层厚度大致为 10 ~ 570 m。

水合物沉积层的孔隙度则主要利用地震速度来计算，结果显示南海的水合物沉积层孔隙度分布范围大多在 40% ~ 75% 之间，其平均值与 ODP184 钻孔实测值也比较接近。

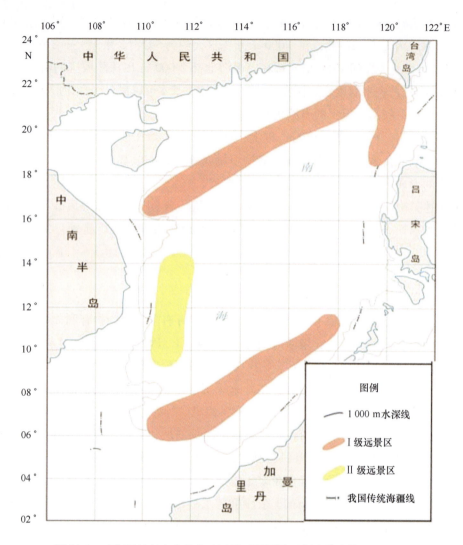

图 24.3 南海天然气水合物找矿远景区预测图（据张洪涛等，2007）

含水合物的饱和度是很难把握的参数，ODP 钻井结果也显示水合物在整个稳定带中分布是不均匀的，最高可达 15%，但整个沉积层内的平均饱和度不太可能很高。根据近年南海水合物勘探研究成果，并与国外相关资料的类比分析，水合物饱和度的取值范围大致定为 1%~7%。另外，天然气水合物最可能的产气因子范围在 121.5~160.5 之间，因此在计算南海水合物资源量时，产气因子取其平均值 150。

根据上述确定的参数，在 50% 概率条件下，利用蒙特卡罗法估算了我国南海水合物远景区的资源量，大约为 $649.68 \times 10^{11}$ $m^3$，相当于 $649.68 \times 10^8$ t 油当量（曾繁彩等，2006）。姚伯初（2001）曾对南海的水合物资源进行过估算，结果为 $643.5 \times 10^8$ ~ $772.2 \times 10^8$ t 油当量，张光学等（2002）也对南海的水合物资源量作过初步评估，大致为 $845 \times 10^{11}$ $m^3$，相当于 $845 \times 10^8$ t 油当量。尽管各位学者的估算结果还有一定的差异，但资源量的估算数值明显都是一个很可观的数字，预示着我国南海天然气水合物的巨大资源潜力。

# 参 考 文 献

鲍根德，李全兴．1993．南海铁锰结核（壳）的稀土元素地球化学［J］．海洋与湖沼，24（3）：304 – 313.
　　1 – 19.

蔡乾忠．2005．中国海域油气地质学［M］．北京：海洋出版社．1 – 202.

成鑫荣．1994．南海表层沉积中的钙质超微化石［M］//汪品先，等：十五万年来的南海．上海：同济大学
　　出版社：158 – 168.

崔学军，夏斌，张宴华，等．2005．地幔活动在南海扩张中的作用数值模拟与讨论．大地构造与成矿学，29
　　（3）L：334 – 338.

程鹏，高抒．2000．北黄海西部海底沉积物的粒度特征和净输运趋势［J］．海洋与湖沼，31（6）：
　　604 – 615.

曾繁彩，吴琳，张光学，等．蒙特卡罗法在天然气水合物资源量计算中的应用［J］．海洋地质与第四纪地
　　质，2006，26（2）：139 – 144.

曾维军，李振五，吴能友，等．1997．南海海域的上地幔活动特征及印支地幔柱［J］．南海地质研究，9：
　　1 – 19.

曾维军．1991．广州—巴拉望地学断面综合研究［M］．南海地质研究．广州：广东科学技术出版社，
　　39 – 64.

陈邦彦．1999．南海大洋钻探184航次初步成果简介［J］．海洋地质，（4）：9 – 52.

陈波，邱绍芳．2000．北仑河口动力特征及其对河口演变的影响［J］．湛江海洋大学学报，20（1）：
　　39 – 44.

陈春福．2002．海南省海岸带和海洋资源与环境问题及对策研究［J］．海洋通报，21（2）：62 – 68.

陈长明，饶春涛．1996．珠江口盆地（东部）新生代油气藏形成条件及类型［J］．复式油田，1（1）：
　　20 – 26.

陈国达．1988．中国东部后地台造山带新生代盆地成因一解［J］．大地构造与成矿学，12（1）：1 – 16.

陈国达．1997．东亚陆缘扩张带———一条离散式大陆边缘成因的探讨［J］．大地构造与成矿学，21（4）：
　　285 – 293.

陈泓君，李文成，陈弘，等．2005．南海北部中更新世晚期以来古海岸变迁及其地质意义［J］．南海地质研
　　究，（1）：57 – 66.

陈俊仁．1983．南海北部内陆架表层沉积物沉积环境的讨论［J］．海洋地质与第四纪地质，3（2）：27 – 37.

陈俊仁．1984．南海北部湾铁锰结核特征［J］．海洋通报，3（3）：46 – 50.

陈俊仁，杨达源．1989．广东田洋火山口湖的晚第四纪沉积特征与环境变化［J］．海洋地质与第四纪地质，9
　　（1）：73 – 84.

陈建芳，郑连福，Wiesner M G，等．1998．基于沉积物捕获器的南海表层初级生产力及输出生产力估算［J］．
　　科学通报，43（6）：639 – 641.

陈玲．2002．南沙海域曾母盆地西部地质构造特征［J］．石油地球物理勘探，37（4）：354 – 362.

陈玲，钟广见．2008．中建南盆地地震地层分析［J］．石油物探，47（6）：609 – 616.

陈丽蓉，徐文强，申顺喜，等．1986．南海北部大陆架和北部湾沉积物中的矿物组合及其分布特征［J］．海
　　洋科学，10（3）：6 – 10.

陈木宏，谭智源．1996．南海中北部沉积物中的放射虫［M］．北京：科学出版社．

陈木宏，张兰兰，张丽丽，等．2008．南海表层沉积物种放射虫多样性与丰度的分布与环境［J］．地球科学，
　　33（4）：432 – 442.

陈毓蔚，桂训唐，等．1988．南沙群岛海区同位素地球化学研究［M］．北京：科学出版社：152 – 164.

陈琴德，何亚寿．1981．珠江河口伶仃洋的潮汐和潮流特性［J］．热带地理，（8）：29 – 35.

陈荣华，汪东军，徐建，等．2003．南海东北部表层沉积中钙质和硅质微体化石与沉积环境［J］．海洋地质

与第四纪地质，23（4）：15－21.

陈文斌，徐鲁强.1993.南海北部颗粒通量初步研究［J］.见：郑连福，陈文斌主编：南海海洋沉积作用过程与地球化学研究［M］.北京：海洋出版社：191－201.

陈益明.1992.华南地区震源机制与应力场特征［J］.华南地震，12（2）：23－31.

戴仕宝，杨世伦，蔡爱民.2007.51年来珠江流域输沙量的变化［J］.地理学报，62（5）：545－554.

杜德莉，王树民，陈弘，等.2001.南海北缘东部盆地油气资源研究［J］.海洋地质与第四纪地质，21（3）：67－74.

丁巍伟，王渝明，陈汉林，等.台西南盆地构造特征与演化［J］，浙江大学学报（理学版），3（2）：216－220.

丁巍伟，杨树锋，陈汉林，等.2006.台湾岛以南海域新近纪的弧－陆碰撞造山作用［J］.地质科学，41（2）：195－201.

邓明，黄伟，李炎.2002.珠江河口悬浮泥沙遥感数据集［J］.海洋与湖沼，33（4）：341－348

范蔚茗，等.1992.张裂环境火山作用的岩石圈地幔组分：雷琼地区新生代玄武岩的地球化学证据［J］.见：刘若新主编.中国新生代火山岩年代与地球化学［M］.北京：地震出版社：320－329.

范信平.1981.试论伶仃洋射流结构和沉积类型的关系［J］.热带地理，（1）：38－42.

付启基，蔡周荣，马驰.2007.南海形成演化综合模式的初步探讨［J］.海洋地质动态，23（9）：1－7.

冯伟文，罗又郎，林怀兆.1991.南沙群岛海区表层沉积物中石英砂表面结构特征及圆度分析初步研究［M］//南沙群岛及其邻近海区海洋环境研究论文集（一）.武汉：湖北科学技术出版社：174－182.

冯文科，薛万峻，杨达源.1988.南海北部晚第四纪地质环境［M］.广州：广东科技出版社，52－54.

冯志强，冯文科，薛万峻，等.1996.南海北部地质灾害及海底工程地质条件评价［M］.南京：河海大学出版社.

葛倩，初凤友，刘敬圃，等.南海表层黏土矿物的分布与来源［J］.海洋地质与第四纪地质，30（4）：57－66.

龚再升.2004.南海北部大陆边缘盆地油气成藏动力学研究［M］.北京：科学出版社.

龚再升，李思田，谢泰俊，等.1997.南海北部大陆边缘盆地分析与油气聚集［M］.北京：科学出版社.

高红芳.2006.南海西部中建南盆地油气远景初步分析与预测［J］.海洋地质、矿产资源与环境学术研讨会：95.

高红芳，白志琳，郭依群.2000.南海西部中建南盆地新生代沉积相及古地理演化［J］.中国海上油气（地质），14（6）：411－416.

高红芳，王衍棠，郭丽华.2007.南海西部中建南盆地油气地质条件和勘探前景分析［J］.中国地质，34（4）：592－598.

高金耀、金翔龙.2003.由多卫星测高大地水准面推断西太平洋边缘海构造动力格局［J］.地球物理学报，46（5）：600－608.

高建理，等.1992.中国海区及其邻域的原地应力状态［J］.地震学报，14（1）：17－28.

郭建卿，陈荣华，赵庆英等.2006.南海北部表层沉积物中浮游有孔虫分布特征与环境意义［J］.海洋学研究，24（1）：19－27.

郭令智，施央申，马瑞士.1983.西太平洋中新生代活动大陆边缘和岛弧构造的形成和演化［J］.地质学报，57（1）：11－12.

郭令智，施央申，马瑞士，1986.论西太平洋弧后盆地区的基本特征和形成机理及其大地构造意义，板块构造基本问题［M］.北京：地震出版社.

郭令智，钟志洪，王良，等.2001.莺歌海盆地周边区域构造演化［J］.高校地质学报，7（1）：1－12.

郭世勤，孙文泓.1994.太平洋多金属结核矿物学［M］.北京：地质出版社：44－50.

黄福林.1986.论南海的地壳结果及深部过程［J］.海洋地质与第四纪地质，6：（1）：31－42.

黄汲清，任纪舜，姜春发，等.1980.中国大地构造及其演化［M］.北京：科学出版社.

黄汲清.1980.论南海的地壳结构及深部过程［J］.海洋地质与第四纪地质.6（1）：31－42.

黄良民.2007.中国海洋资源与可持续发展［M］.北京：科学出版社：107－123.

黄维，汪品先.1998.末次冰期以来南海深水区的沉积速率［J］.中国科学（D辑），28（1）：13－17.

黄元辉，蓝东兆.2005.南海东北部末次冰期以来的沉积环境演变［J］.海洋地质与第四纪地质，25（4）：9－14.

黄以琛，李炎，邵浩，等.2009.北部湾海表温度、叶绿素与浊度分布的遥感研究［J］，北部湾海洋科学研究论文集，第2辑，物理海洋与海洋气象/李炎，胡建宇主编.北京：海洋出版社：154－172.

何家雄，刘海龄，姚永坚，等.2008.南海北部边缘盆地油气地质及资源前景［M］.北京：石油工业出版社：70－129.

何廉声，陈邦彦.1987.南海地质构造图［M］.南海地质地球物理图集.广州：广东地图出版社.

洪汉净，李涛，虢顺民，等.1998.莺－琼盆地构造复合及其与油气关系的研究［J］.中国海洋石油西部公司研究报告.

贺清，仝志刚，胡根成.2005.万安盆地沉积物充填演化及其对油气藏形成的作用［J］.中国海上油气，17（2）：80－88.

季福武，林振宏，杨群慧，时振波.1990.南海东部表层沉积物中轻矿物分布与来源［J］.海洋科学，28（2）：32－35.

金栋梁.澜沧江－湄公河的水资源［J］.水资源研究，1986，7（1）：71.

金庆焕.1989.南海地质与油气资源［M］.北京：地质出版社.

金翔龙.1989.南海地球科学研究报告［J］.东海海洋.7（4）：21－29.

金性春，周祖翼，汪品先.1995.大洋钻探与中国地球科学［M］.上海：同济大学出版社.

姜绍仁，周效中.1993.南沙群岛海域构造地层及构造运动［J］.热带海洋，12（4）：55－62.

金庆焕.1989.南海地质与油气资源［M］.北京：地质出版社.

翦知湣，郑连福.1992.南海表层沉积中的底栖有孔虫与深部水团［M］//业治铮，汪品先主编.南海晚第四纪古海洋学研究.青岛：青岛海洋大学出版社：119－140.

解广轰，涂勘，王俊文，等.1989.中国东部新生代玄武岩Pb同位素组成的地理分布特征和成因意义［J］.科学通报，10：772－775.

匡立春，吴进命，杨木壮.1998.万安盆地新生代地层划分及含油气性［J］.海洋地质与第四纪地质，18（4）：59－60.

康英，杨选，陈杏，等.2008.广东及邻区的应力场反演［J］.地震学报，30（1）：59－66.

寇养琦.1990.南海北部大陆架的古河道及其工程地质评价［J］.海洋地质与第四纪地质，10（1）.37－44

蓝先洪.1991.珠江三角洲△22孔的沉积特征及地层划分［J］.海洋与湖沼，22（2）.148－154

李春初，等.2004.中国南方河口过程与演变规律［M］.北京：科学出版社.

李春初，杨干然.1981.珠江三角洲沉积特征及其形成过程的几个问题［C］.中国海洋湖沼学会编辑，海洋与湖沼论文集.北京：科学出版社，115－122.

李春初.1983.珠江口磨刀门的河口动力与沉积［J］.热带地理，（1）：27－35.

李春昱.1984.亚洲大地构造的演化［J］.中国地质科学院院报，第10号.

李国玉，吕鸣岗，等.2002.中国含油气盆地图集［M］.北京：石油工业出版社.

李家彪.2004.中国边缘海海盆演化与资源效应.北京：海洋出版社.

李家彪.2008.中国边缘海形成演化与资源效应［M］.北京：海洋出版社，1－428.

李家彪，金翔龙，高金耀.2002.南海东部海盆晚期扩张的构造地貌研究［J］.中国科学，32（3）：239－248.

李家彪，孙煜华，郑玉龙，等.2007.南海海洋图集－地质地球物理分册［M］.北京：海洋出版社.

李家彪.2001.南海东部海盆地的张裂特征及扩张方式研究［D］.中国科学院海洋研究所，博士论文.

李家彪，丁巍伟，高金耀，等，2011.南海新生代海底扩张的构造演模式：来自高分辨地球物理数据的新认

识 [J]. 地球物理学报, 54 (12): 3004 - 3015.

李卢玲. 1985. 南海的形成与邻区构造关系. 海洋地质与第四纪地质. 5 (1): 71 - 79.

李美俊, 王铁冠, 王春江. 2006. 新元古代"雪球"假说与生命演化的环境 [J]; 沉积学报; 24 (1): 11 - 17.

李平鲁, 梁惠娴. 1994. 珠江口盆地新生代岩浆作用及其与盆地演化和油气聚集的关系 [J]. 广东地质, 9 (2): 23 - 34.

李思田, 林畅松, 张启明, 等. 1998. 南海北部大陆边缘盆地幕式裂陷的动力过程及 10Ma 以来的构造事件 [J]. 科学通报, 43 (8): 797 - 810.

李四光. 1971. 地质力学概论 [M]. 北京: 科学出版社, 40 - 41.

李四光. 1973. 地质力学概论 [M]. 北京: 科学出版社.

李唐根. 1987. 空间、布格重力异常平剖图. 南海地质地球物理图集 [M]. 广州: 广东地图出版社.

李学杰, 汪良旗, 梁开, 陈芳, 陈超云. 2002. 王金莲琼州海峡海底地层划分及工程地质特性 [J]. 广东地质, 17 (4): 50 - 57.

李学杰, 汪品先, 廖志良, 等. 2008a. 南海西部表层沉积物碎屑矿物分布特征及其物源 [J]. 中国地质, 35 (1): 123 - 130.

李学杰, 汪品先, 徐彩珍, 等. 2008b. 南海西部表层沉积物黏土矿物的分布 [J]. 海洋地质与第四纪地质, 28 (1): 9 - 16.

李延兴, 张静华, 周伟, 等. 2010. 南海及周围地区的现今构造运动 [J]. 大地测量与地球动力学, 30 (3): 10 - 16.

李元山. 1983. 南海北部 (文昌 - 阳江) 浅海区几种有用矿物分布特征 [J]. 第四纪地质, (4): 71 - 82.

李志珍. 1989. 南海深海表层沉积物中的火山碎屑矿物及火山作用 [J]. 海洋学报, 11 (2): 176 - 184.

李志珍, 张富元. 1990. 南海深海铁锰微粒的元素地球化学特征 [J]. 海洋通报, 9 (6): 41 - 50.

林长松, 初凤友, 高金耀, 等. 2007. 论南海新生代的构造运动 [J]. 海洋学报, 29 (4): 87 - 96.

林长松, 唐勇, 谭勇华. 2009. 南海西缘断裂带右行走滑的地球动力学机制 [J]. 海洋学报, 31 (1): 159 - 167.

龙云作, 霍春兰. 1991. 珠江三角洲晚第四纪沉积特征. 南海地质研究, (3): 65 - 76.

吕文正. 1987. 南海中央海盆条带磁异常特征及构造演化 [J]. 海洋学报, 9 (10): 69 - 78.

罗宪林. 1984. 海南岛南渡江波浪型三角洲的形成演化与河口过程 [Z].

罗又郎, 冯伟文, 林怀兆. 1994. 南海表层沉积类型与沉积作用若干特征 [J]. 热带海洋, 13 (1): 47 - 54.

罗又郎, 劳焕年, 王渌漪. 1985. 南海东北部表层沉积物类型与粒度特征的初步研究 [J]. 热带海洋, 4 (1): 33 - 41.

黎明碧, 金翔龙. 2006. 中国南海的形成演化及动力学机制研究综述 [J]. 科技通报, 22 (1): 16 - 20.

刘伯土, 陈长胜. 2002. 南沙海域万安盆地新生界含油气系统分析 [J]. 石油实验地质, 24 (2): 110 - 114.

刘宝林. 2002. 南海国际大洋钻探 184 航次沉积物元素与有机质及轻烃关系的地球化学分析计算与研究 [D]. 北京. 中国地质大学, 25 - 29.

刘宝明. 2000. 南海万安盆地的圈闭类型及其成因分析 [J]. 海洋地质研究, (11): 77 - 85.

刘传联, 邵磊, 陈荣华, 等. 2001. 南海东北部表层沉积中钙质超微化石的分布 [J]. 海洋地质与第四纪地质, 21 (3): 23 - 28.

刘德生, 李志国, 江树茅. 1995, 亚洲自然地理 [M], 北京: 商务印书馆.

刘光鼎. 1992. 中国海区及邻域地质地球物理图集 [M]. 北京: 科学出版社.

刘建国, 陈忠, 颜文, 等. 2010. 南海表层沉积物中细粒组分的稀土元素地球化学特征 [J]. 地球科学, 35 (4): 563 - 571.

刘以宣 . 1984. 南海大地构造与陆缘活化 ［J］. 大地构造与成矿学，8（3）：209 - 226.

刘以宣 . 1984. 一种新型地洼区——南海大地构造演化概述 . 大地构造与成矿学 . 8（2）：194 - 200.

刘昭蜀，陈忠，潘宇 . 1992. 南海海盆的形成演化探讨 ［J］. 海洋科学，（4）：18 - 22

刘昭蜀，黄滋流，杨树康，等 . 1988. 南海地质构造与陆缘扩张 ［M］. 北京：科学出版社 .

刘昭蜀，杨树康，何善谋，等 . 1983. 南海陆缘地堑系及边缘海的演化旋回 ［J］. 热带海洋，2（4）：251 - 259.

刘昭蜀，赵焕庭，范时清，等 . 2002. 南海地质 ［M］. 北京：科学出版社 .

刘志飞 . 2010. 南海沉积物中的黏土矿物：指示东亚季风演化历史？［J］. 沉积学报，28（5）：1012 - 1019.

刘志杰，龙海燕 . 2009. 南海沉积物图解法和矩值法粒度参数计算及对比 ［J］. 中国海洋大学学报，39.

刘振湖 . 2005. 南海南沙海域沉积盆地与油气分布 ［M］. 大地构造与成矿学，29（3）：410 - 417.（2）：313 - 316.

刘忠臣，刘保华，黄振宗，等 . 2005. 中国近海及邻近海域地形地貌 ［M］. 北京：海洋出版社 .

廖志成 . 2003. 再造一个海上广西 - 对广西海洋资源开发利用的思考 ［J］. 南方国土资源，（12）：28 - 30.

梁宏峰，姚德，梁德华，等 . 1991. 南海尖峰海山多金属结壳地球化学 ［J］. 海洋地质与第四纪地质，11（4）：49 - 58.

梁金强，白志琳 . 1994. 层序地层学在万安盆地油气勘探中的初步应用 ［J］. 南海地质研究，（00）：135 - 144.

梁美桃，陈绍谋，吴必豪，等 . 1988. 南海海盆和陆坡锰结核的特征及地球化学的初步研究 ［J］. 热带海洋，7（3）：10 - 16.

南海地质调查指挥部，美利坚合众国哥伦比亚大学拉蒙特 - 多尔蒂地质观测所 . 1986. 南海海洋地质联合调查中方报告（第一阶段）- 第二分册（内部）.

潘国富 . 2003. 南海北部海底气部沉积物声学特性研 ［D］. 上海 . 同济大学：26 - 28.

潘家华，刘淑琴 . 1999. 西太平洋钴结壳的分布、组成及元素地球化学 ［J］. 地球科学，20（1）：47 - 54.

钱建兴 . 1999. 晚第四纪以来南海古海洋研究 ［M］. 北京：科学出版社 .

丘学林，曾钢平，胥颐，等 . 2006. 南海西沙石岛地震台下的地壳结构研究 ［J］. 地球物理学报，49（6）：1720 - 1729.

丘学林，刘以宣 . 1989. 南海及邻区现代构造应力场初探 ［J］. 热带海洋，8（2）：84 - 92.

丘学林，赵明辉，叶春明，等 . 2000. 南海西沙海槽地壳结构的海底地震仪探测与研究 ［J］. 热带海洋，19（2）：9 - 18.

丘学林，周蒂，夏戡原，等 . 2003. 南海东北部海陆联测与海底地震仪探测 ［J］. 大地构造与成矿学，27（4）：295 - 281.

邱传珠 . 1983. 南海铁锰沉积物和火山碎屑沉积物特征及其分布规律的研究 ［J］. 热带海洋，2（4）：270 - 277.

邱燕，黄永样，钟和贤 . 1999. 南海西部海域晚更新世以来沉积与年代讨论 ［J］：71 - 84.// 姚伯初，邱燕 . 1999. 南海西部海域地质构造特征和新生代沉积 .

邱中建，龚再升 . 1999. 中国油气勘探—第四卷 - 近海油气区 ［M］. 北京：石油工业出版社：1088 - 1225.

任继舜，陈廷愚，牛宝贵，等 . 1990. 中国东部及邻区大陆岩石圈的构造演化与成矿 ［M］. 北京：科学出版社 .

任建业，李思田 . 2000. 西太平洋边缘海盆地的扩张过程和动力学背景 ［J］. 地学前缘，7（3）：203 - 213.

苏达权，黄慈流，夏戡原 . 1996. 沦南沙海槽的地壳性质 ［J］. 地质科学，31（4）：409 - 415.

苏广庆，王天行 . 1990. 南海的铁锰结核 ［J］. 热带海洋，9（4）：29 - 35.

尚继宏，李家彪 . 南海东北部陆坡与恒春海脊天然气水合物分布的地震反射特征对比 ［J］. 海洋学研究，2006，24（4）：12 - 20

尚继宏，李家彪 . 2009. 南海东北部陆缘区新近纪早期反转构造特征及其动力学意义 ［J］. 海洋学报 . 31

（3）：73 – 83.

邵磊，等 . 2007. 南海北部深水底流沉积作用［J］. 中国科学，37（6）：771 – 777.

孙东怀，安芷生，苏瑞侠等 . 2001. 古环境中沉积物粒度组分分离的数学方法及其应用［J］. 自然科学进展，11（3）：269 – 276.

孙杰，詹文欢，贾建业，丘学林 . 2010. 珠江口海域灾害地质因素及其与环境变化的关系［J］. 热带海洋学报，29（1）：104 – 110.

孙金龙，徐辉龙，李亚敏 . 2009. 南海东北部新构造运动及其动力学机制［J］. 海洋地质与第四纪地质，29（3）：61 – 68.

孙金龙，徐辉龙，吴鹏，等 . 2007. 粤东南澳—澄海海域晚第四纪沉积特征和沉积环境演变［J］. 热带海洋学报，26（3）：30 – 36.

孙龙涛，詹文欢，孙宗勋，等 . 2005. 南海西缘断裂带的活动性研究［J］. 海洋通报，24（3）：42 – 47.

孙龙涛，孙珍，詹文欢，刘海龄，等 . 2010. 南沙海域礼乐盆地油气资源潜力［J］. 地球科学 – 中国地质大学学报，35（1）：137 – 145.

孙珍，钟志洪，周蒂，等 . 2003. 红河断裂带的新生代变形机制及莺歌海盆地的实验证据［J］. 热带海洋学报，22（2）：1 – 9.

谭启新，孙岩 . 1988. 中国滨海砂矿［M］. 北京：科学出版社 .

涂霞，郑范 . 1989. 南海中北部沉积物中浮游有孔虫含量分布图［M］// 苏广庆，范时清，陈绍谋等 . 南海北部沉积图集 . 广州：广东科技出版社：20.

涂勘，解广轰 . 1992. 南海盆地新生代玄武岩的地球化学特征与 Dupal 型同位素异常区的成因讨论［J］. 见：刘若新主编，中国新生代火山岩年代与地球化学 . 北京：地震出版社，169 – 284.

王宏斌，姚伯初，梁金 . 2001. 北康盆地构造特征及其构造区划 . 海洋地质与第四纪地质，21（2）：49 – 54.

王建华，曹玲珑，王晓静，等 . 2009. 珠江三角洲万顷沙地区晚第四纪沉积相与古环境演变［J］. 海洋地质与第四纪地质，29（6）：35 – 41.

王立飞 . 2002. 南沙海域北康盆地、曾母盆地北部地震反射特征及层序划分［J］. 海洋地质，4：1 – 10

王嘹亮，吴进民，钟广见 . 1994. 南沙海域万安盆地层序地层学分析［J］. 海洋地质，（00）：9 – 19.

王嘹亮，吴能友，周祖翼，等 . 2002. 南海西南部北康盆地新生代沉积演化史［J］. 中国地质，29（1）：96 – 102.

王平，夏戡原，黄慈流 . 2000. 南海东北部中生代海相地层的分布及其地质地球物理特征［J］. 热带海洋学报，19（4）：28 – 35.

王善书 . 1992. 沿海大陆架及毗邻海域油气区（下册）［M］. 北京：石油工业出版社：77 – 315.

王文介 . 1982. 伶仃洋近期淤积演变问题［J］. 热带地理，（2）：43 – 48.

王文介，等 . 2007. 中国南海海岸地貌沉积研究［M］. 广州：广东经济出版社 .

王贤觉，吴明清，梁德华，等 . 1984a. 南海玄武岩的某些地球化学特征［J］. ：4：332 – 340.

王贤觉，陈毓蔚，吴明清 . 1984b. 铁锰结核的稀土和微量元素地球化学及其成因［J］. 海洋与湖沼，15（6）：501 – 514.

王永光，龚振淞，许力，等 . 2005. 中国温度、降水的长期气候趋势及其影响因子分析［J］. 应用气象学报，16（增刊）：85 – 91.

王永吉 . 2008. 东海表层沉积特征与沉积作用［M］// 李家彪 . 东海区域地质 . 北京：海洋出版社：224.

王勇军，陈木宏，陆均，等 . 2007. 南海表层沉积物钙质超微化石分布特征［J］. 热带海洋学报，26（5）：26 – 34.

韦刚建，刘颖，李献华，等 . 2003. 南海沉积物中过剩铝问题的探讨［J］. 矿物岩石地球化学通报，22（1）：23 – 25.

万玲，姚伯初，吴能友 . 2000. 红河断裂入海后的延伸及其构造意义［M］. 南海地质研究（12）. 北京：地质出版社，22 – 32.

万玲，姚伯初，吴能友，等．2005．南海西部海域新生代地质构造．海洋地质与第四纪地质，25（2）：45－52．

万志峰，夏斌，何家雄，等．2007．南海北部莺歌海盆地与琼东南盆地油气成藏条件比较研究［J］．天然气地质科学，18（5）：648－652．

吴必豪，张光学，祝有海，等．中国近海天然气水合物的研究进展［J］，地学前缘（中国地质大学，北京），2003，10（1）：177～189．

吴进民．1999．南海地质构造演化的若干问题［J］．寸丹集——庆贺刘光鼎院士工作50周年学术论文集，61－72．

吴进民，陈艺中，周华．1992．海新生代地质特征及油气分布控制因素．见：中国海区及领域地质地球物理特征．北京：科学技术出版社：369－375．

吴时国，罗又郎．1994．南海南部大陆架的残留沉积［J］．热带海洋，13（3）：47－53．

薛万俊．1987．南海地貌图［C］//南海地质地球物理图集．广州：广东地图出版社．

薛万俊，郑志昌，雷勇，等．1996．南海北部第四纪地层［M］//杨子赓，林和茂主编．中国第四纪地层与国际对比．北京：地质出版社，76－108．

夏斌，崔学军，谢建华，等．2004．关于南海构造演化动力学机制研究的一点思考［J］．大地构造与成矿学，28（3）：221－227．

夏斌，崔学军，张宴华，等．2005．南海扩张的动力学因素及其数值模拟讨论［J］．大地构造与成矿，29（3）：328－333．

夏戡原，黄慈流．深海钻探与南海［J］．地球科学进展，1995．10（3）：246－250．

夏戡原，等．1996．南沙群岛及其邻近还去地质地球物理与油气资源［M］．北京：北京出版社．

谢建华，夏斌，张宴华，等．2005a．南海形成演化探究［J］．海洋科学进展，23（2）：212－218．

谢建华，夏斌，张宴华，等．2005b．印度－欧亚板块碰撞对南海形成的影响研究：一种数值模拟方法［J］．海洋通报，24（5）：47－53．

谢建华．2006．南海新生代构造演化及其成因数值模拟［D］．中国科学研究生院（广州地球化学研究所），博士论文．

谢昕，郑洪波，陈国成，等．2007．古环境研究中深海沉积物粒度测试的预处理方法［J］．沉积学报，25（5）：684－692．

徐君亮．1981．伶仃洋的盐水入侵及盐水活动规律［J］．热带地理，（3）：36－44．

徐建，黄宝琦，陈荣华，等，2001．南海东北部表层沉积中有孔虫的分布及其环境意义［J］．热带海洋学报，20（4）：6－13．

徐明广，马道修，周青伟，等．1986．珠江三角洲地区第四纪海平面变化［J］．海洋地质与第四纪地质，6（3）．93－102．

徐义刚，黄小龙，颜文，等．2002．南海北缘新生代构造演化的深部制约（I）：幔源包体［J］．地球化学，31（3）：230－242．

徐志伟，等．2010．北部湾东部海域表层底质的粒度分布特征［J］．北部湾海洋科学研究论文集，第1辑，胡建宇 杨圣云主编．北京：海洋出版社，2008：143－154．

许浚远，杨巍然，曾佐勋，等．2004．南中国海成因：右行拉分作用与左行转换挤压作用交替［J］．地学前缘，11（3）：193－206．

许浚远，张凌云．1999．欧亚板块东缘新生代盆地成因：右行剪切拉分作用［J］．石油与天然气地质，20（3）：187－191．

许浚远，张凌云．2000a．西北太平洋边缘盆地成因（中）：连锁拉分裂谷系统［J］．石油与天然气地质，21（3）：185－190．

许浚远，张凌云．2000b．西北太平洋边缘盆地成因（下）：后裂谷期构造演化［J］．石油与天然气地质，21（4）：287－292．

许志琴，杨经绥，姜枚 . 2001. 青藏高原北部的碰撞造山及深部动力学——中法地学合作研究新进展 [J].
　　地球学报，22（1）：5 - 10.

鄢全树，石学法 . 2007. 海南地幔柱与南海形成演化 [J]. 高效地质学报 . 13（2）：311 - 322.

袁金红，罗运利，徐兆良，孙湘君 . 2005. 3.0 ~ 2.0 MaBP 南海南部深海沉积物孢粉记录及其对全球气候变化
　　的响应 [J]. 海洋地质与第四纪地质，25（3）：75 - 81.

杨道斐 . 1993. 华南滨海砂矿分布特征和浅海找矿 [J]. 海洋地质，（4）：1 - 22.

杨慧宁，陈忠，颜文，等 . 2002. 南海固体矿产资源与分布 [M] // 张洪涛，陈邦彦，张海启 . 我国近海地质
　　与矿产资源 . 北京：海洋出版社：102 - 109.

杨木壮，吴进明，杨锐，段威武 . 1996. 南沙海域西南部地层划分及命名 [J]. 海洋地质研究（八），（8）：
　　37 - 46.

杨群慧，林振宏，张富元等 . 2002. 南海中东部表层沉积物矿物组合分区及其地质意义 [J]. 海洋与湖沼，
　　33（6）：591 - 599.

杨森楠 . 1997. 中、新生代太平洋陆缘带的构造格局和构造转换 [J]. 地学前缘，4（3，4）：247 - 255.

杨少坤，林鹤鸣，郝沪军 . 2002. 珠江口盆地东部中生界海相油气勘探前景 [J]，石油学报 . 16（4）：
　　231 - 237.

杨胜明，寇新琴 . 1996. 南海北部陆架第四纪地层 [J]. 海洋地质，（3）：14 - 27.

杨胜明 . 1987. 广东红海湾第四纪沉积特征 [J]. 海洋地质与第四纪地质，7（1）：81 - 90.

杨胜明 . 金波 . 1985. 珠江口水下三角洲地貌及沉积特征 [C]. 海岸河口区动力、地貌、沉积过程论文集 .
　　北京：科学出版社：35 - 40.

杨子庚 . 2006. 中国半深海—深海沉积体系 [M] // 何起祥等编著 . 中国海洋沉积地质学 . 北京：海洋出版
　　社：447.

叶柏生，李种，杨大庆，等 . 2004. 我国过去 50a 来降水变化趋势及其对水资源的影响（I）：年系列 . 冰川冻
　　土，26（5）：587 - 593.

叶维强，黎广钊 . 1990. 广西滨海地貌特征及砂矿形成的研究 [J]. 海洋湖沼通报，（2）：54 - 61.

应秩甫，陈世光 . 1983. 珠江口伶仃洋咸淡水混合特征 [J]. 海洋学报，5（1）：1 - 10.

阎贫，刘海龄 . 2002. 南海北部陆缘地壳结构探测结果分析 [J]. 热带海洋学报 21（2）：1 - 12.

阎平，刘海龄 . 2005. 南海及其周缘中新生代火山活动时空特征与南海的形成模式 [J]. 热带海洋学报，24
　　（2）：33 - 41.

姚伯初 . 1991. 南海海盆在新生代的构造演化 [M]. 南海地质研究 . 广州：广东科技出版社：9 - 23.

姚伯初 . 1997. 南沙群岛万安盆地构造研究史再探 [J]. 热带海洋，16（3）：15 - 22.

姚伯初 . 1998a. 南海新生代的构造演化与沉积盆地 [M]. 南海地质研究，武汉：中国地质大学出版社 . 10：
　　1 - 17.

姚伯初 . 1998b. 南海的地质构造及矿产资源 [J]. 中国地质，251（4）：27 - 30.

姚伯初 . 1999a. 南海断裂特征及其构造意义 [J]. 南海西部海域地质构造特征和新生代沉积（姚伯初等主
　　编）：32 - 43.

姚伯初 . 1999b. 南海西北海盆的构造特征及南海新生代的海底扩张 [J]. 热带海洋：18.

姚伯初 . 1996. 南沙海槽的构造特征及其构造演化史 [J]. 南海地质研究（8）：1 - 13.

姚伯初 . 2001. 南海的天然气水合物矿藏 . 热带海洋学报，20（2）：24 - 26.

姚伯初，曾维军，等 . 1994a. 中美合作南海调研报告 [R]. 武汉：中国地质大学出版社 .

姚伯初，曾维军，陈艺中，等 . 1994b. 南海北部陆缘西部的地壳结构 [J]. 海洋学报 . 15（3）：86 - 93

姚伯初，曾维军，陈艺中，等 . 1994c. 南海北部陆缘东部的地壳结构 [J]. 地球物理学报 . 37（1）：27 - 35

姚伯初，曾维军，陈永清，等 . 1995. 南海北部陆缘的重力、热流和地震资料对地壳拉伸模式之检验 [J].
　　地球物理学研究，100（B11）：22447 - 22483.

姚伯初，杨胜明，吴能友，等 . 1998. 粤桂琼滨海砂矿勘探现状与分布特征 [M] // 何其锐 . 南海资源开发研

**538**

究．广州：广东经济出版社：380－397.

姚永坚，吴能友，夏斌，等．2005．南海南部海域曾母盆地油气地质特征［J］．中国地质，35（3）：503－513.

赵焕庭．1984．珠江河口演变的基本过程［J］．热带海洋，3（4）：1－9.

赵焕庭．1989．珠江河口的水文和泥沙特征［J］．热带地理，9（3）：201－212.

赵明辉，丘学林，叶春明，等．2004．南海东北部海陆深地震联测与滨海断裂带两侧地壳结构分析［J］．地球物理学报，47（5）：845－852.

赵泉鸿，汪品先，张清兰．1986．南海北部陆架底质中介形虫的分布［J］．海洋学报，8（5）：590－602.

赵泉鸿，郑连福．1996．南海表层沉积中深海介形虫分布［J］．海洋学报，18（1）：61－72.

中国地质调查局，国家海洋局．2004．海洋地质地球物理补充调查及矿产资源评价［M］．北京：海洋出版社：476－525.

中国科学院南海海洋研究所．1985．南海海区综合调查研究报告（二）［M］．北京：科学出版社：98－101.

中国科学院南海海洋研究所海洋地质构造研究室．1988．南海地质构造与陆缘扩张［M］．北京：科学出版社.

中国科学院南海海洋研究所海洋地质研究室沉积组．1980．南海北部大陆架表层沉积特征［J］．见：南海海洋科学集刊．北京：科学出版社，35－50.

中华人民共和国水利部．2006．中国泥沙河流公报2005［M］．北京：中国水利水电出版社.

中华人民共和国水利部．2007．中国泥沙河流公报2006［M］．北京：中国水利水电出版社.

中华人民共和国水利部．2008．中国泥沙河流公报2007［M］．北京：中国水利水电出版社.

中华人民共和国水利部．2009．中国泥沙河流公报2008［M］．北京：中国水利水电出版社.

中华人民共和国水利部．2010．中国泥沙河流公报2009［M］．北京：中国水利水电出版社.

钟大赉，Tapponnier P，吴海威，等．1989．大型走滑断层—碰撞后陆内变形的重要形式［J］．科学通报，13（7）：526－529.

钟广见，王嶙亮．1995．廷贾断裂特征及其与油气的关系［J］．南海地质研究，（7）：53－58.

钟建强．1993．台西南盆地晚新生代构造演化初步分析［J］．海洋通报，12（5）：44－50.

钟其英．1985．南海海区综合调查研究报告（二）［M］．北京：科学出版社，256－273.

朱炳泉，王慧芬．1989．雷琼地区MORB－OIB过渡型地幔源的同位素证据［J］．地球化学，18（3）：193－201.

朱炳泉，王慧芬，陈毓蔚，等．2002．新生代华夏岩石圈减薄与东亚边缘海盆构造演化的年代学与地球化学制约研究［J］．地球化学，31（3）：213－221.

朱赖民，高志友，尹观，许江．2007．南海表层沉积物的稀土和微量元素的丰度及其空间变化［J］．岩石学报，23（11）：2963－2980.

朱赖民，尚婷，高志友，等．2010．南海表层沉积物中铂族元素的地球化学分布特征及其影响因素［J］．海洋学报，32（1）：56－66.

朱伟林，张功成，杨少坤，等．2007．南海北部大陆边缘盆地天然气地质．北京：石油工业出版社.

周蒂，陈汉宗，吴世敏，等．2002．南海的右行陆缘裂解成因［J］．地质学报，76（2）：180－190.

周蒂，孙珍，杨少坤，等．2011．南沙海区曾母盆地地层系统．地球科学，36（5）：789－797.

周建波，刘建辉，郑常青，等．2005．大别－苏鲁造山带的东延及板块缝合线：郯庐－鸭绿江－延吉断裂的厘定［J］．高校地质学报，11（1）：92－104.

周硕愚，等．2000．中国福建及其边缘海域现时地壳运动定量研究——GPS、断层形变和水准等测量与震源机制结果的综合分析［J］．地震学报，22（1）：66－72.

詹文欢．1993．南海及邻区现代构造应力场与形成演化［M］．北京：科学出版社：28－30.

詹文欢．1998．南海壳体不同深度构造应力研究［J］．大地构造与成矿学，22（2）：97－102.

詹文欢，刘以宣，钟建强，等．1995．南海南部地洼区新构造运动及其动力学机制［J］．大地构造与成矿学，19（2）：95－103.

邹和平. 2005. 南海北部及其沿岸中、新生代壳幔相互作用与构造演化——纪念"陆缘扩张带"概念的倡导者陈国达教授［J］. 大地构造与成矿学. 29（1）：78－86.

邹和平，李平鲁，饶春涛. 1995. 珠江口盆地新生代火山岩地球化学特征及其动力学意义［J］. 地球化学，24（增刊）：33－45.

章伟艳，等. 2002. 南海深水区晚更新世以来沉积速率、沉积通量与物质组成［J］. 沉积学报，20（4）：668－674.

郑之逊. 1993. 南海南部海域第三系沉积盆地石油地质概况［J］. 国外海上油气，（3）：1－131.

张本. 1998. 海南海洋资源与开发［J］. 世界科技研究与发展，20（4）：106－110.

张伯声. 1980. 中国地壳的波浪状镶嵌结构. 北京：科学出版社.

张殿广，詹文欢，姚衍桃，等. 2009 南沙海槽断裂带活动性初步分析［J］. 海洋通报，28（6）：70－77.

张富元，章伟艳，杨群慧. 2003. 南海东部海域沉积物粒度分布特征［J］. 沉积学报，21（3）：452－460.

张富元，章伟艳，张德玉，等. 2004. 南海东部海域表层沉积物类型的研究［J］. 海洋学报，26（5）：94－104.

张富元，张霄宇，杨群慧，等. 2005. 南海东部海域的沉积作用和物质来源研究［J］. 海洋学报，27（2）：79－90.

张光学，黄永样，祝有海，等. 南海天然气水合物的成矿远景［J］，海洋地质与第四纪地质，2002，22（1）：75－81.

张洪涛，张海启，祝有海. 中国天然气水合物调查研究现状及其进展［J］，中国地质，2007，34（6）：953－961.

张进江，钟大赉，周勇. 1999. 东南亚及哀牢山红河构造带构造演化的讨论［J］. 地质论评，45（4）：337－344.

张健，汪集旸. 2000. 南海北部大陆边缘深部地热特征［J］. 科学通报，（10）：1095－1100.

张健，熊亮萍，汪集旸. 2001. 南海深部地球动力学特征及其演化机制［J］. 地球物理学报，44（5）：602－610.

张兰兰，陈木宏，陈忠等. 2010. 南海表层沉积物中的碳酸钙含量分布及其影响因素［J］. 地球科学，35（6）：891－898.

张文佑. 1984. 断块构造导论［M］. 北京：石油工业出版社.

张文佑. 1986. 中国及邻区海陆大地构造［M］. 北京：科学出版社.

张训华. 1997a. 单向拉张与南海海盆的形成［J］. 海洋地质动态，5：1－3.

张训华. 2008. 中国海域构造地质学［M］. 北京：海洋出版社.

张训华. 等. 2005. 中国海域构造地质学［M］. 海洋出版社：132.

张训华，李延成，綦振华，等. 1997b. 南海海盆形成演化模式初探［J］. 海洋地质与第四纪地质，17（2）：1－7.

张训华，朱银奎. 1996. 大洋钻探与南海的形成［J］. 海洋科学，3：42－46.

翟光明，王善书. 1990. 中国石油地质志：卷十六：沿海大陆架及毗邻海域油气区：上册［M］. 石油工业出版社：北京.

Achache J, Courtillot V, Zhou Y X. 1984. Paleogeographical and tectonic evolution of southern Tibet since middle Cretaceous time: new paleomagnetic data and synthesis. Journal of Geophysical Research, 89（12）：10311－10339.

Alldredge A L, Silver M W. 1988. Characteristics dynamics and significance of marine snow［J］. Progress in Oceanography, 20：41－82.

Areshev E G, Tran Le Dong, Ngo Thuong San, et al. 1992. Reservoirs in fractured basement on the continental shelf ofsouthern Vietnam［J］. J. Petrol. Geol., 15（4）：451－464.

Aubouin J D. 1990. DynamicmodelofthewesternPacific［J］. Tectonophysics, 183：1－7.

**540**

Bachman S B , Lewis S D, Schweller W J. 1983. Evolution of a forearc basin, Luzon Central Valley, Philippines〔J〕. Amer. Assoc. Petrol. Geol. ,（67）: 1143 – 1162.

Ben Avraham Z, Uyeda S. 1973. The evolution of the China Basin and the Mesozoic paleography of Borneo〔J〕. Earth Planet. Sci. Lett. , 18: 365 – 376.

Ben – Avraqham Z, Uyeda S. 1973. The evolution of the China Basin and the Mesozoic Paleogeographyof Bomeo〔J〕. Earth Planet. Sci. Lett. , 18: 356 – 376.

Bowin C, Lu R S , Lee C S, et al. 1978Plate convergence and accretion in Taiwan – Luzon region〔J〕. Amer. Assoc. Petrol. Geol. Bull. ,（62）: 1645 – 1672.

Bowin C, Lu R S, Lee C S. 1978. Plate convergence and accretion in Taiwan – Luzon region〔J〕. Amer. Assoc. Petrol. Geol. Bull. , 62: 1645 – 1672.

Bowm C, Sehouten H. 1978. Plate convergence and accretion in the Taiwan – Luzon region〔J〕. Am. Assoc. Petrol. Geol. Bull. , 62: 1645 – 1672.

Briais A, Patriat P, Tapponnier P. 1993. Updated interpretation of magnetic anomalies and seafloor spreading stages in the South China Sea: Implications for the Tertiary tectonics of Southeast Asia〔J〕, J. Geophys. Res. , 98: 6299 – 6328.

Brias A, Pautot G. 2000. Reconstructions of the South China Sea from structural data and magnetic anomalies〔J〕. in: Jin X. , Kudrass H. R. and Pautot G. eds. Marine Geology and Geophysics of the South China Sea. Proc. Symp. on Recent Contributions to the Geological History of the South China Sea. Beijing: China Ocean Press . : 60 – 70.

Chamot – Rooke N , Le Pichon X. 1999. GPS dedermined eastward Sundaland motion with respect to Eurasia co, firmed by earthquakes slip vectors at Sunda and Philippine trenches〔J〕. Earth and Planetary Science Letters, 173: 439 – 455.

Chen G D. 1988. Tectonics of China〔M〕. International Academic Publishers. Pergamon Press in Beijing, China, Toronto.

Chung S L, Lee T Y, Lo C H et al. 1997. Intraplate extension prior to continental extension along the Ailao Shan – Red River shear zone〔J〕. Geology, 25: 311 – 314.

Chung Y, Chang H C, Hung G W. 2004. Particulate flux and 210Pb determined on the sediment trap and core samples from the northern South China Sea〔J〕. Continental Shelf Research, 24: 673 – 691.

Clift P, Lin J. 2001. Preferential mantle lithospheric extension under the South China margin〔J〕. Marine and Petro-leum Geology , 18: 929 – 945.

Emery K O, Zvi B A. 1972. Structure and stratigraphy of the China Basin〔J〕. CCOP Technical Bulletin. 6, United Nations ECAFE.

Engebretson D C, Cox A, Gordon R G. 1985. Relative motions between oceanic and continental Plates in the Pacific Basin〔J〕. Geol. Soe. Am. SPec. 206: 59.

Engebretson D C, Cox A. , Gordon R G. 1984. Relative motions between oceanic Plates of the Pacific Basin〔J〕. J. GeoPhys. Res. , 89: 10291 – 10310.

Folk R L, Ward W C, 1957. Brazos river bar: a study in the signification of grain size parameters〔J〕. Journal of Sedimentary Petrology, 27: 3 – 27.

Fuller M R. , Haston J, Lin B, et. al. 1991. Tertiary paleomagnetism of regions around the South China Sea〔J〕. Jounral of Southeast Asian Earth Sciences, 6（3 – 4）: 161 – 184.

Gao Jinyao, Jin Xianglong. 2004. Joint Application of Altimeter Data and EGM96 to Submarine Tectonic and Geody-namic Study in West Pacific〔J〕. International Association of Geodesy Symposia, Vol. 126//C Hwang, CK Shum, JC Li（eds. ）, International Workshop on Satellite Altimetry, Springer – Verlag Berlin Heidelberg, 2: 131 – 142.

Gao S, Collins M. 1994. Analysis of grain size trends for defining sediment transport pathways in marine environments [J]. Journal of Coastal Research, 10 (1): 70 – 78.

Gatinsky, et al., 1984. Tectonic evolution of Southeast Asia. Tectonic of Asia.

Gatinsky Y G. 1984. Geodynamics of Southeast Asia in relatin to the evolution of ocean basins [J]. Paheogeography Palaeoclimatolog and Palaeoecology.

Gilder S A., Gil J A, Coe R S, et al. 1996. Isotopic and paleomagnetic constraints on the Mesozoic tectonic evolution of south China [J]. Journal of Geophysical Research, 101, 16137 – 16154.

Haile M S. 1969. Geolsyclinal theory and the organizational pattern of the Northwest Borneo Geolsycline [J]. Quat. J. Geol. Soc. Lond., 124: 171 – 194.

Hall R, Ali J R, Anderson C D, et al. 1995. Origin and motion history of the Philippine Sea plate [J]. Tectonophysics, (251): 1229 – 1250.

Hall R. 1996. Reconstructing Cenozoic SE Asia [J] //Hall R, Blumdell D (eds): Tectonic Evolution of Southeast Asia. London. Geological Special Publication., 106: 153 – 184.

Hamilton. Tectonics of the Indonesian region [J]. USGS Prof Paper, 1078, US Gov't Print. Off.

Haruyama S. 1995. Geomorphic environment of Tonkin delta [J]. Tsuda College: The study of International relations, 21: 1 – 13.

Hawkins J W, Lonsdale P F, MacDougall J D et al. 1990. Petrology of the axial ridge of Marianna Trough backarc spreading center [J]. Earth Planet Sci. Lett., 100: 226 – 25.

He L, Wang K, Xiong L, et al. 2001. Heat flow and thermal history of the South China Sea [J]. Physics of the Earth and Planetary Interiors, 126: 211 – 220.

He L, Xiong L, Wang J. 2002. Heat flow and thermal modeling of the Yinggehai Basin, South China Sea [J]. Tectonophysics, 351 (3): 245 – 253.

Hilde T W C, Lee C S. 1984. Origin and evolution of the West Philippine Basin [J], Tectonophysics, 102: 85 – 104.

Hilde T W C, Uyda S, Krovennke L. 1997. Evolution of the western pacific and its margin [J]. Tectonophysics, 38: 145 – 165.

Hinz K, Block M. 1991. Structual elements of the Sulu Sea, Philippines [J]. Geol. Jb. A127: 483 – 506.

Hinz K, Fritsh J, Kempter E H K, et al. 1989. Thrust tectonics along the northwestern continental margin of Sabah/Borneo [J]. Geologische Rundschau, 78 (3): 705 – 730.

Hinz K, SchlUnter H U. 1985. Geology of the dangerous grounds, South China Sea, and the continental margin of southwest Palawan: Results of SONNE cruises SO – 23 and SO – 2 [J]. Energy, 10 (3/4): 297 – 315.

Holloway N H. 1982a. North Palawan Block, Philippines, its relation to Asian mainland and role in evolution of South China Sea [J]. AAPG Bull., 66: 1355 – 1383.

Holloway N H. 1982b. The stratigraphic and tectonic evolution of Reed Bank, North Palawan and Mindoro to the Asian mainland and its significance in the evolution of the South China Sea [J]. APPG Bulletin, 66 (9): 1357 – 1383.

Honjo, Manganini. 1993. Annual biogenic partcile flux to the interior of the North Atlantic Ocean; studied at 34°N 21°W and 48°N 21°W [J]. Deep sea Research II, 40: 587 – 607.

Honjo S. 1996. Fluxes of particles to the interior of the open ocean. In: Ittekkot V et al (eds.), Particle flux in the ocean [J]. New York: John wiley & Sons: 91 – 154.

Honza E. 1995. Spreading mode of backarc basins in the western Pacific [J]. Tectonophysics, 251 (1 – 4): 139 – 152.

Hutchison C S. 1989. Geological Evolution of Southeast Asia [J]. Oxford Monographs on Geology& Geophysics, (13C). Oxford: Clarendon Press.

Hutchison C S. 1991. Neogene arc – continent collision in Sabah, Northern Borneo (Malaysia) – Comment [J]. Tectonophysics, 200: 325 – 332.

Hutchison C S. 1992. The Eocene unconformity on south – east and east Sundalland [J]. Geo. Soc. Malaysia, 32: 69 – 88.

Hyaes D E, Lewis S D. 1984. A geophysical study of the Manila Terneh, Luzon, PhiliPPines 1. Crustal structure, gravity and regional tectonic evolution [J]. J. GeoPhys. Res. (B), 89 (11): 9171 – 9195.

Jackson E D, Shaw H R, Baggar K E. 1975. Calculated geochronology and stress field orientation along the Hawiian chain [J]. Earth and Planet Sci Lett, 26: 145 – 155.

Jennerjahn T C, Liebezeit G, Kempe S. 1992. Particle flux in the northern South China Sea. In: Jin X, Kudrass H R, Pautot G (eds.) [J]. Marine geology and geophysics of South China Sea. Beijing: China Ocean Press.: 228 – 235.

Jerrard R D, Sasajina S. 1980. Paleomagnetic synthesis for southeast Aisa: constraints on plate montions//Hayes D E (Ed.), The tectonic and geologic evolution of southeast asian seas and islands [J]. Geophys. Monogr. Ser. 23: 293 – 316.

Jolivet L. 1986. American – Eurasia plate boundary in eastern Asia and the opening of marginal basins [J]. Earth Planet. Sci. Lett., 81: 282 – 288.

Kao S J, Lee T Y, Milliman J D. 2005. Calculating Highly Fluctuated Suspended Sediment Fluxes from Mountainous Rivers in Taiwan. Terres. Atmos. Ocean. Sci., 16 (3), 653 – 675.

Karig D E. 1971. Origin and development of marginal basins in the western Pacific [J]. J Geophys Res, 76: 2543 – 2561.

Kolb C R, Dobusch W K. 1975. The Mississippi and Mekong Deltas—A comparison [J]. Delta models for exploration. Huston GeologicalSociety: 193 – 204.

Koyama M, Cisowski S M, Pezard P. 1992. Paleomagnetic evidence for northward drift and clockwise rotation of the Izu – Bonin arc since the early Oligocene [J]. Proc. ODP, Scientific Results, 126: 353 – 370.

Ku T L, Broecker W S, Opdyke N. 1968. Camparison of – sedimentation rates measured by paleomagnetic and the ionium methods of age determination [J]. Earth Planet. Sci. Lett., 4: 1 – 16.

Kudrass H R. 1986. Mesozoic and Cenozoic rocks dredged from the South China Sea (Reed Bank area) and Sulu Sea and their Significance for plate tectonic reconstructions [J]. Marine and Petrolum, 13: 19 – 30.

Lacassin R, Malushi H, Leloup P H et al. 1997. Tertiary diachronic extrusion and deform ation of western Indochina: Structural and 40Ar/39Ar evidences from NW Thailand [J]. J Geophys Res, 102 (B5): 10013 – 10037.

Le T P Q, Garnier J, Billen G, et al. 2007. The changing flow regime and sediment load of the Red River [J]. Vietnam. J Hydrol, 334: 199 – 214.

Lee T. Y, Lawyer L A. 1995. Cenozoic Plate reconstruction of Southeast Asia [J]. TectonoPhysics, 251: 85 – 138.

Leloup P H, Harrison T M, Ryerson F J, et al. 1993. Structural, petrological and thermal evolution of a Tertiary ductile strike – slip shear zone, Diancang Shan, Yunnan [J]. J. Geophys. Res., 98 (B4): 6175 – 6743.

Leloup P H, Harrison T M, Tapponnier P, et al. 1995. The Ailao Shan – Red River shear zone (Yunnan, China), Tertiary transform boundary of Indochina [J]. Tectonophysics, 251: 3 – 84.

Li J B. 1997. The rifting and collision of the South China Sea Terrain system [J] //. Wang, Berggren. Proceedings of the 30th International Geological Congress. (13): 33 – 46, VSP.

Li X. 2000. Cretaceous magmatism and lithospheric extension in SE China [J]. Journal of Asian Earth Science, 18: 293 – 305.

Li Z, Saito Y, Matsumoto E, et al. 2006. Climate change and human impact on the Song Hong (Red River) Delta, Vietnam, during the Holocene [J]. Quatern Int, 144: 4 – 28.

Lin A T, Watts A B, Hesselbow S P. 2003. Cenozoic stratigraphy and subsidence history of the South China Sea margin in the Taiwan region [J]. Basin Research, 15, 453 – 478.

Lin H, Hsieh H. 2007. Seasonal variations of modern planktonic foraminifera in the South China Sea [J]. Deep Sea Research Ⅱ, 54: 1634 – 1644.

Lüdmann T, Wong H K, Wang P X. 2001. Plio – Quaternary sedimentation processes and neotectonics of the northern continental margin of the South China Sea [J]. Marine Geology, (172): 331 – 358.

Lüdmann T, Wong H K. 1999. Neotectonic regime on the passive continental margin of the northern South China Sea [J]. Tectonophysics, 311: 113 – 138.

Ludwig W J. 1970. The Malina Trench and west Luzon Trough Ⅲ, seismic refraction measurements [J]. Deep Sea Research, 17 (3): 553 –571.

Ludwig W J. 1979. Pofile – sonobuoy measurement in the South China Sea basin [J]. J. G. R., 84: 3305 –3518.

Ludwing W J, Murauchi S. Houtz R E. 1979. Profiler – sonobuoy measurements in the South China Sea Basin [J]. J. Geophys. Res., 84: 3505 – 3518.

Mathers S, Zalasiewicz J. 1999. Holocene Sedimentary Architecture of the Red River Delta, Vietnam [J]. Journal of Coastal Research, 15 (2): 314 –325.

Mc Manus J, 1988. Grain size determination and interpretation. In: Tucker Med. Techniques in Sedimentology, Backwell, Oxford: 63 –85.

Meybeck M. 2003. Global analysis of river systems: from earth system controls to anthropocene syndromes [J]. Philosophical Transactions of The Royal Society of London Series B, 358: 1935 – 1955.

Milliman J D, Meade R H. 1983a. World – wide delivery of river sediment to the oceans. J Geol, 91: 1 – 21.

Milliman J D, Syvitski J P M. 1992. Geomorphic/tectonic control of sediment discharge to the ocean: The importance of small mountainous rivers [J]. J Geol, 100: 525 – 544.

Milliman J D, Syvitski J P M. 1983b. Geomorphic/tectonic control of sediment discharge to the ocean [J]. Jour Geology, 91 (1): 1 –21.

Morley C K. 2002. A tectonic model for the tertiary evolution of strikeslip faults and rift basins in SE Asia [J]. Tectonophysics, 347: 189 – 215.

Mulder T, Syvitski J P. 1995. Turbidity currents generated at river mouths during exceptional discharges to the world oceans [J]. Journal of Geology, 103: 285 – 299.

Murray R W, Leinen M. 1996. Scavenged excess aluminum and its relation – ship to bulk titanium in biogenic sediment from the central equatorialPacific Ocean [J]. Geochim. Cosmochim. Acta, 60: 3869 – 3878.

Nakamura Y, M cIntosh K, Chen A T. 1998. Prelim inary results of alarge offset seismic survey west of Hengchun Peninsula. southern Taiwan [J]. TAO, 9 (3): 395 – 408.

Nissen S S, et al. 1995. Deep penetrating seismic sounding across the northern margin of the South China Sea [J]. J. Geophys. Res., 100 (B11): 22407 –22433.

Northrup C J, Royden L H, Burchfiel B C. 1995. Motion of the Pacific Plate relation to Eurasia and its Potential relation to Cenozoic extension along the eastern margin of Eurasia [J]. Geology, 23: 719 –722.

Pang X, Yang S K, Zhu M. 2004. Deep – water fan systems and petroleum resources on the northern slope of the South China Sea [J], Acta Geologica Sinica, (3): 626 –631.

Passega R. 1964. Grain size representation by CM patterns as a geological tool [J]. Jour. Sed. Petrology, 34: 830 – 847.

Pflaumann U, Jian Z M. 1999. Modern distribution patterns of planktonic foraminifera in the South China Sea and western Pacific: a new transfer technique to estimate regional sea – surface temperatures [J]. Marine Geology, 156: 41 –83.

Pigott J D, Ru K. 1994. Basin superposition on the northern margin of the South China Sea [J], Tectonophysics, 235: 27 –50.

Prell W L，Blum P. 2003. Pleistocene paleoclimatic cyclicity of Southern China：Clay mineral evidence recorded in the South China Sea（ODP site 1146）//Prell W L, Wang P, Blum P, et al. Proc ODP Sci Res, V184（CD - ROM）. Ocean Drilling Program, Texas A & M University, College Station.

Qiu Xuelin，Zhao Minghui，Ye Chunming. 2003. Ocean bottomseismometer and onshore - offshore seismic experiment in northeastern South China Sea［J］. Geotectonica et Metallogenia, 27（4）：295 - 299.（in Chinese with English abstract）

Ramaswamy. 1993. Lithogenic fluxes to the northern Indian Ocean - an overview //Ittekkot V，Nair R R（eds.）. Monsoon Biogeochemistry［J］. SCOPE/UNEP sonderband, 76：97 - 113.

Rangin C，Huchon P，et al. 1995. Cenozoic deformation of central and south Vietnam［J］. Tectonophysics, 251：179 - 196.

Rangin C，Klein M，Roqoes D. 1995. The Red River fault system in the Tonkin Gulf, Vietnam［J］. Tectonophysics, 243：209 - 232.

Ren J S, Jin X C. 1996. New observations of the Red River Fault［J］. Geological Review, 42（5）：439 - 442.；

Ru K，Pigott J D. 1986. Episodic rifting and subsidence in the South China Sea［J］. Am. Assoc. Petroleum Geol. Bull.，70：1136 - 1155.

Saidova Kh M. 2007. Benthic Foraminiferal Assemblages of the South China Sea［J］. Oceanology, 47（5）：653 - 659.

Scharer U，Tapponnier P，Lacassin R.，et al. 1990. Intraplate tectonics in Asia：A Precise age of Tertiary large - scale movement along the Ailao Shan - Red River shear belt［J］. China. Earth Planet. Sci. Lett.，97（1 - 2）：65 - 77.

Shen Z，Zhao C，Yin A，et al. 2000. Contemporary crustal deformation in east Asia constrained by global positioning system measurements［J］. J. Geophys. Res.，105（B3）：5721 - 5734.

Shi X.，Qiu X.，Xia K，et al. 2003. Characteristics of surface heat flow in the South China Sea［J］. Journal of Asian Earth Science, 22（3）：265 - 277.

Shuyu C，Hsu S，Liu C. 1998. Heat flows off Southwest Taiwan：Measurements over Mud Diapirs and Estimated from Bottom Simulating Reflectors［J］. TAO, 9（4）：795 - 812.

Sibuet J C，Hsu S K，Le Pichon X，et al. East 2002. Asia plate tectonics since15Ma：constraints from the Taiwan region［J］. Tectonophysics,（344）：103 - 134.

Sibuet J C, Hsu S K. 1997. Geodynamics of the Taiwan arc - arc collision［J］. Tectonophysics, 274：221 - 251.

Sibuet J - C, Hsu S - K. 1997. Geodynamics of the Taiwan arc - arc collision［J］. Tectonophysics,（274）：221 - 251.

Stern R J，Lin P N，Morris J D. 1990. Enriched back - arc basin basahs from the northern Marianna Trough：Implications for the magnmtic evolution of back - arc basin［J］. Earth Planet Sci Lett, 100：210 - 225.

Su G，Wang T. 1994. Basic characteristics of modern sedimentation in the South China Sea. In：Zhou D，Liang Y B，Zheng C. K.（eds）, Oceanology of China Seas：407 - 418.

Syvitski J P M，Vorosmarty C J，Ketmer A J et al. Impact of human on the flux of terrestrial sediment to the global ocean［J］. Science, 2005, 308：376 - 380.

Szarek R，Kuhnt W，Kawamura H，et al. 2009. Distribution of recent foraminifera along continental slope of the Sunda Shelf（South China Sea）［J］. Marine Micropaleontology, 71：41 - 59.

Tamaki K，Honza E. 1991. Global tectonics and formation of marginal basins：role of the western Pacific［J］. Episodes, 14：224 - 230.

Tan D，Lamy J M. 1990. Tectonic evolution of the NW Sabah continental margin since the Late Eocene［J］. Geol. Soc. Malaysia, 27：241 - 260

Tang J C，Chemenda A I. 2000. Numerical modeling of arc - continent collision：application to Taiwan［J］. Tec-

**545**

tonophysics,（325）：23 - 42.

Tao Tran Cong. 1992. M aturation of organic m atter in tertiary sediments of M ekong basin, offshore south Vietnam [C]. CCOP/TB：169 - 181.

Tapponnier P G, Peltzer R, Armijo A Y, et al. 1982. Propagating extrusion tectonic in Asia：New insights from simple experiments with plasticine [J]. Geology, 10：611 - 616.

Tapponnier P, Molnar P J. 1976. Slip - line field theory and large - scale continental tectonics [J]. Nature, 264：319 - 324.

Tapponnier P, Peltzer G, Armijo R. 1986. On the mechanics of the collision between India and Asia. //Coward M P, Ries A C. Collision Tectonics. Geol. Soc. Lond. Spec. Publ. 19 ：115 - 157.

Tappormier P, Lacassin R, Leloup P H, et al. 1990. The Ailao Shan/Red River metamorphic belt：Tertiary left lateral shear between Indochina and South China [J]. Nature, 343：431 - 437.

Tate R. B., 2001. The geology of Borneo Island [J]. Geological Society of Malaysia. Kuala Lampur.

Taylor B, Hayes D E. 1980. The tectonic evolution of the South China Sea//Hay D E（Ed.）. The tectonics and geological evolution of Southeast Asia Seas and islands [J]. American Geophysical Union Monograph, 23：89 - 104.

Taylor B, Hayes D E. 1983. Origin and history of the South China Sea Basin//Monog, Hayes D E：The Tectonic and Geologic Evolution of Southeast Asia Seas and Islands. Geophys.. AGU：23 - 56.

Taylor, Hayes. 1983. Origin and history ofthe South China Sea Basin [J]. Hayes D E（ed.）. The tectonic and Geologic Evolution of Southeast Asian Seas an d Islands Part 2. Geophysical Monograph ，27：23 - 56.

Thi Ha Dang, Alexandra Coynel, Didier Orange, et al. 2010. Long - term monitoring（1960 - 2008）of the river - sediment transport in the Red River. Watershed（Vietnam）：Temporal variability and dam - reservoir impact [J]. Science of the Total Environment, 408：4654 - 4664.

Todd S P, Dunn M E, Barwise A J G. Characterizing petroleum charge systems in the Tertiary of SE Asia [M] // Fraser A J, Matthews S J and Murphy R W. Petroleum geology of Southeast Asia. Location：Geological Society Special Publication,（126）：25 - 47.

Tsai Y B. 1986. Seismotectonics of Taiwan, Tectonophysics [J] F,（125）：17 - 35.

Uyeda S. 1977. Some basic problems in the trench - arc - back system. Island Arcs [J]. Deep Sea Trenches and Back-arc Basins.

Van Den Bergh G D, Van Weering Tj C E, Boels J F, et al. 2007. Acoustical facies analysis at the Ba Lat delta front（Red River Delta, North Vietnam）[J]. Journal of Asian Earth Sciences：532 - 544.

Van Maren, Hoekstra. 2005. Dispersal of suspended sediments in the turbid and highly stratified Red River plume [J]. Continental Shelf Research, 25：503 - 519.

Wang C, Yang J, Zhu W, et al. 1995. Some problems in understanding basin evolution [J]. Earth Science Frontiers, 2：29 - 44.

Wang Jiang hai, An Yin, Mark Harrision T, etc. 2001. A tectonic model for Cenozoic igneous activities in the eastern Indo - Asian collision zone [J]. Earth and Planetary Science Letters, 188：123 - 133.

Wang L. 2000. Isotopic signals in two morphotypes of Globigerinoides ruber（white）from the South China Sea：implications for monsoon climate change during the last glacial cycle [J]. Palaeography, Palaeoclimatology, Palaeoecology, 161：381 - 394.

Wang P, Min Q, Bian Y. 1985. Foraminiferal Biofacies in the Northern Continental Shelf of the South China Sea [M] //Wang P., et al. Marine Micropaleontology of China. Beijing：China Ocean Press：151 - 175.

Wang P L, Lo C H, Lee T Y, et al., 1998, Thermochronologicalevidence for movement of the AilaoShan - Red River shear zone：AVietnamese perspective [J]. Geology, 26：887 - 890.

Wang Pinxian. 1999. Response of western Pacific marginal seas to glacial cycles：paleoceangraphic and sedimentological features ［J］. Marine Geology, 156: 5 - 39.

Wang S C, Geller R. J, Stein S, et al. 1979. An intraplate thrust earthquake in the South China Sea ［J］. J. Geophys. Res. , 84: 5627 - 5631.

Wang Tiankai, Chen Mingkai, Lee Chaoshing and et al. 2006. Seismic imaging of the transitional crust across the northeastern margin of the South China Sea ［J］. Tectonophysics. 412: 237 - 254.

Wiesner M G, Zheng L, Wong H K. 1996. Fluxes of particulate matter in the South China Sea ［J］//Ittekkot V, Honjo S ( eds. ) . Particle flux in the ocean. New York: John wiley & Sons: 293 - 312.

Woden R H, Mayall M J, Evan I J. Predicting reservoir quality during exploration: lithic grains, porosity and perme-ability in Tertiary clastics of the South China Sea basin ［M］//Fraser A J, Matthews S J and Murphy R W. Petroleum geology of Southeast Asia. Location: Geological Society Special Publication, (126): 25 - 47.

Wolanski E, Huan N N, Dao L T, et al. 1996, Fine - sediment dynamic in the Mekong River Estuary, Vietnam. Estuarine, Coastal and Shelf Science, 43 (5): 565 - 582.

Wolanski E, Nguyen H N, Spagnol S. 1998. Fine sediment dynamics in the Mekong River estuary in the dry season ［J］. Journal of Coastal Research, 14 (2): 472 - 482.

Wong H K, Wiesner M G. 1994. Steurungsmechanismen der Partikelsedimentation im Sudchinesischen Meer ［J］. A report to MBFT of Germany.

Xia X M, Li Y , et al. 2004. Observations on the size and settling velocity distributions of suspended sediment in the Pearl River Estuary, China ［J］. Continental Shelf Research, 24: 1809 - 1826.

Yan Pin, Zhou Di, Liu Zhaoshu. 2001. A crustal structure profile across the northern continental margin of the South China Sea, Tectonophysics, 338 (1): 1 - 21.

Yang Z. , Besse J. Paleomagnetic study of Permian and Mesozoic sediments from northern Thailand supports the extru-sion model for Indochina. Earth Planet Sci. Lett. 1993, 117: 525 - 552

Yukari Kido, Kiyoshi Suyehiro, Hajimu Kinoshita. 2001. Rifting to Spreading Process along the Northern Continental Margin of the South China Sea ［J］. Marine Geophysical Researches, 22: 1 - 15.

Zhao Q , Wang P , Zhang Q. 1985. Ostracoda in Bottom Sediment of the South China Sea off Guangdong Province, China: Their Taxonomy and Distribution ［M］//Wang P. , et al. Marine Micropaleontology of China. Beijing: China Ocean Press: 196 - 217.

Zhou D, Ru K, Chen H Z. 1995. Kinematics of Cenozoic extension on the South China Sea continental margin and its implications for the tectonic evolution of the region ［J］. Tectonophysics, 251: 161 - 177.

Zou H P, Li P L, Rao C T. 1995. Geochemistry of Cenozoic volcanic rocks in Zhujiangkou basin and its geodynamic significance ［J］. Gechmica, 24: 33 - 45.